国家危机矿山资源接替专项成果

泛北部湾桂、琼铁铜锡铅锌金矿典型矿床研究

王登红　张长青　王永磊　王成辉　梁婷
杨启军　李艳军　蔡明海　魏俊浩　付伟　等著
王东明　李华芹　康先济　常海亮

（陈毓川　叶天竺指导）

地质出版社

·北　京·

内 容 提 要

本书是危机矿山资源接替专项典型矿床研究项目的部分成果，重点研究了广西德保产于钦甲岩体接触带的矽卡岩型铜多金属矿床、大厂矿田产于笼箱盖岩体外带的铜坑式顺层交代型锡多金属矿床、产于滇黔桂金三角的高龙式卡林型金矿、产于龙头山岩体内外部与次火山岩岩浆作用密切相关的龙头山式金矿、产于广平岩体外接触带的佛子冲铅锌矿以及海南西北部产于老变质岩中的石碌式铁铜矿，全面系统总结了每个矿床的地质特征、矿石矿物特征、围岩蚀变特征、成矿地质体特征、成岩成矿时代、成矿物理化学条件、流体包裹体地球化学、同位素地球化学、矿田构造与区域构造演化、成矿专属性，探讨了成矿机制，总结了成矿规律，建立了成矿模式，并指出了各矿种的找矿方向，为泛北部湾地区寻找大矿、好矿提供了范例。

本书是典型矿床研究的专著，涉及铁、铜、金、锡、铅锌等多个主要矿种，涵盖了前寒武纪、古生代、中生代等多个成矿时代，包括了沉积变质型、接触交代型、充填-交代型等多种矿床成因类型，跨越了环太平洋成矿域和特提斯成矿域的多个成矿区带；对泛北部湾及周边地区其他典型矿床的研究、成矿规律的总结、勘查工作的部署、探边摸底工作的开展均有参考价值。本书可供从事地质找矿、矿山地质、科研教学、矿业投资以及宏观经济研究等领域的技术、管理人员使用。

图书在版编目（CIP）数据

泛北部湾桂、琼铁铜锡铅锌金矿典型矿床研究/王登红等著．—北京：地质出版社，2013．5

ISBN 978－7－116－08343－1

Ⅰ．①泛… Ⅱ．①王… Ⅲ．①多金属矿床—成矿规律—研究—广西②多金属矿床—成矿规律—研究—海南省 Ⅳ．①P618．201

中国版本图书馆 CIP 数据核字（2013）第 114562 号

责任编辑：白 铁 于春林
责任校对：韦海军
出版发行：地质出版社
社址邮编：北京海淀区学院路 31 号，100083
咨询电话：（010）82324508（邮购部）；（010）82324579（编辑室）
网 址：http：//www. gph. com. cn
传 真：（010）82310759
印 刷：北京地大天成印务有限公司
开 本：889 mm×1194 mm 1/16
印 张：37．5
字 数：1150 千字
版 次：2013 年 5 月北京第 1 版
印 次：2013 年 5 月北京第 1 次印刷
定 价：150．00 元
书 号：ISBN 978－7－116－08343－1

目 录

第一章　研究区矿产资源及研究概况

北部湾经济区是东南亚地区一个非常重要的政治、经济、文化圈，但是，以“北部湾”为主题词对我国CNKI科技文献数据库进行检索的结果却发现，截至2012年9月28日，在全部422篇博士和硕士论文中，没有一篇是专门针对该地区矿产资源的。这说明，虽然国内外对这一地区的政治、经济、文化、旅游、外交等方方面面的问题都给予了高度重视，自1976年至2012年6月东盟峰会已经举行了20次正式首脑会议，中国与东盟自由贸易区也已于2010年1月1日正式建成，但对于矿产资源的重视程度显然是不够的，与其区域经济自身特征和发展潜力是不相称的。为此，以全国危机矿山接替资源找矿专项的实施为契机，以广西境内的德保、高龙、大厂、龙头山、佛子冲5个典型矿床和海南的石碌铁矿为重点，兼顾广东的石菉铜矿等重要矿床，开展对不同类型、不同时代、不同区域、不同成因典型矿床的系统研究，不但有助于深化典型矿床的研究程度，为老矿山资源接替、探边摸底工作提供科学依据，而且有助于区域矿业经济的合理布局，进而带动区域宏观经济的整体可持续发展。

第一节　经济地理概况

一、地理背景

按照《壮族百科辞典》的解释，北部湾位于我国大陆沿海最西端，面积约13万km^2。其中属于广西的海岸线长达1595 km。广西海岸属台地溺谷型，海岸曲折多湾，岛屿众多，潮汐水道深入内陆，形成许多天然良好港湾，港湾内潮流流速稍大，落潮流大于涨潮流，故而各海湾大都形成5 m以上深度的冲刷深槽。港湾上游没有大河注入，夹带泥沙不多，回淤少，有建设大中型港口的良好自然条件。目前广西区域内有大小港口21个。北部湾是我国四大著名渔场之一，渔场面积近13万km^2，有鱼类500多种，年可捕捞量30多万吨。北部湾滩涂面积280多万亩[1]，近期可开发养殖面积40多万亩，已经开发的养殖面积达7.5万亩。北部湾面临港澳和东南亚，背靠广西腹地和我国大西南，是我国西南往南出海最便捷的通道。

随着改革开放的深入和经济社会发展，我国沿海地区先后被国务院批准组成了环渤海经济区、长江三角洲经济区、海峡西岸经济区、珠江三角洲经济区、泛北部湾经济区五大经济区。本书暂时将环北部湾和泛北部湾环界定为两个概念，前者由围绕北部湾海域的中国广东省雷州半岛、海南省西部、广西南部沿海和越南的北部沿海地区组成，后者包括的范围要更大一些，宜涵盖整个广西壮族自治区和粤西山区，因为其共同的特点是“盆地外围的落后山区”，而山区的脱贫致富不但在于劳动力输出，更重要的是要充分利用当地的自然资源，包括矿产资源。随着《广西北部湾经济区发展规划》的实施，广西北部湾经济区成为我国首个国际区域经济合作区，沿海地区经济活动日渐加深，北部湾经济区引进了核电站、多家造纸、炼油等大型项目，沿海的防城港、钦州、北海三市定位是发展港口、石化、钢铁、造纸、煤电等大项目，其区域经济地位和重要性日益显现。它处于中国-东盟自由贸易区、泛北部湾经济合作区、大湄公河次区域、中越“两廊一圈”、泛珠三角经济区、西南六省协作等多个区域合作交汇点，既是我国通向东盟的水、陆要道，又是促进中国-东盟全面合作的重要门户和基地，区位优势明显，战略地位突出。简言之，泛北部湾经济区是我国进行大西南开发的重点区域，地理位置优越，水陆交通便利，是我国与东南亚国家以及世界经济交往的重要枢纽之一（周中

---

[1] 1亩=666.67m^2。

坚，1991；卜云彤等，1997；彭永岸，1998；黄选高，2004；周毅等，2005；朱坚真等，2007）。

至于“泛北部湾”（Pan-Beibu Gulf Rim），随着“环北部湾经济合作论坛（Pan-Beibu Gulf Rim Economic Cooperation Forum）”等重要政治、经济、外交活动而家喻户晓，虽然目前尚无统一的界定，一般指中国的广西沿海、广东雷州半岛、海南西部，以及越南东北部所围成的海域及临近东盟国家中的越南、马来西亚、新加坡、印度尼西亚、菲律宾、文莱七国。时任中共广西壮族自治区委书记刘奇葆于2006年7月提出“以泛北部湾经济合作区域”和“大湄公河次区域”为两翼、以“南宁-新加坡经济走廊”为中轴，构建中国-东盟地区“一轴两翼”合作局面的新构想，这一构想得到了中央政府的充分肯定和东盟诸国的积极响应。于是“泛北部湾区域”的概念应运而生，影响力越来越大。泛北部湾经济合作有着得天独厚的优势。首先，泛北部湾的东盟各国地理位置邻近，文化共通，开展贸易往来具有得天独厚的地缘经济和地缘文化优势。泛北部湾地区与东盟各国毗邻，华侨、华人众多，中国政治、经济和社会生活各个方面融入该地区，利于开展经济合作。其次，泛北部湾地区局势相对稳定。虽然在该地区，各国内部社会制度、意识形态不同和领土、领海上的争端，但总体而言，该地区政局相对稳定。

泛北部湾区域经济合作是在中国与东盟自由贸易区大区域经济合作框架之下，以其地缘经济因素为主导，以区位和市场为优势，以加深经济合作为目标构建的次区域海上经济合作。它涵盖了所有的海上东盟国家。北部湾经济区是中国西部地区唯一沿海的地区，是西南地区最近的出海大通道，加快北部湾经济港口和临海产业的发展，完善西南出海国际大通道。泛北部湾经济合作有着广阔的前景。加快泛北部湾经济合作，既有利于打破现有区域分工格局，建立中国-东盟分工新秩序，促进中国-东盟自由贸易区向纵深推进，也有利于中国充分利用北部湾资源和区位优势，拓展中国西南地区的对外经济合作的空间，加速改善我国西南地区的投资环境。此外，经济合作使得东盟新五国与中国紧密相连，有助于提高中国在东盟国家中间的认同感❶。

二、工作区范围和自然条件

本书所指泛北部湾桂-粤西-琼西地区包括广西、广东西部和海南北部地区，涉及我国西南部改革开放的重要地区。研究区地理范围为东经106°30′～111°40′之间、北纬19°10′～25°05′之间的区域（图1-1）。行政划分主要涉及广西、广东和海南三省、自治区，在经济上跨西部落后和东部发达两大类型的经济带，交通便利，除海南交通尚显不便外，广西、广东铁路、公路、航空线路四通八达。以广西为例，区内现有5个民用机场80多条航线，铁路有湘桂线、南昆线（南宁—昆明）和南防线（南宁—防城港）、钦北线（钦州—北海）、黔桂—黎湛线等。公路已形成以“五横三纵”8条国道为主干的公路网络。南宁—柳州—桂林、南宁—钦州—北海、宾阳—南宁—防城港的高速公路相继建成。水路珠江客运航线有梧州—肇庆—广州—香港航线，海上客运有北海—海口航线等。

广西壮族自治区位于云贵高原东南边缘，地处两广丘陵西部，南临北部湾海面。整个地势自西北向东南倾斜，山岭连绵、山体庞大、岭谷相间，四周多被山地、高原环绕，呈盆地状，有“广西盆地”之称。地貌总体是山地丘陵性盆地地貌，山系多呈弧形，层层相套，丘陵错综，盆地大小相杂，喀斯特广布，平原主要有河流冲积平原和溶蚀平原两类。河流大多沿地势呈倾斜面，从西北流向东南，形成了以红水河-西江为主干流的横贯广西中部以及支流分布于两侧的树枝状水系。

海南省位于中国最南端，北以琼州海峡与广东划界，西临北部湾与越南民主共和国相对，东濒南海与台湾省相望，东南和南面在南海中与菲律宾、文莱和马来西亚为邻。海南岛四周低平，中间高耸，呈穹山地形，以五指山、鹦哥岭为隆起核心，向外围逐级下降，由山地、丘陵、台地、平原构成环形层状地貌，梯级结构明显。山地和丘陵是海南岛地貌的主要特征，占全岛面积的38.7%。山地主要分布在岛中部偏南地区，山地中散布着丘陵盆地。丘陵主要分布在岛内陆和西北、西南部等地区。在山地丘陵周围，广泛分布着宽窄不一的台地和阶地，占全岛总面积的49.5%。环岛多为滨海

---

❶ 董蕙竹. 2011. 新时期中国与东盟关系研究. 吉林大学硕士学位论文.

平原，占全岛总面积的11.2%。海岸主要为火山玄武岩台地的海蚀堆积海岸、由溺谷演变而成的小港湾或堆积地貌海岸、沙堤围绕的海积阶地海岸。海南岛地势中部高四周低，比较大的河流大都发源于中部山区，组成辐射状水系。

广东省位于中国大陆的南部，东邻福建，北接江西、湖南，西连广西，毗邻港澳，西南与海南省相望，是华南地区、东南亚经济圈的中心地带。广东陆地的地势大体是北高南低，地貌类型复杂多样，有山地、丘陵、台地、平原，以山地和丘陵为主，二者合占全省土地面积的62%。广东境内的山地主要分布于粤北、粤东和粤西，多呈北东-南西走向。南部则为平原和台地。全省山脉大多与地质构造的走向一致，以北东-南西走向占优势。广东的平原可分河谷冲积平原和三角洲平原，而河谷冲积平原在各大小河流沿岸均有断续分布（图1-1）。

图1-1　研究区及典型矿床分布示意图

第二节　矿产资源概况

从海关统计资料来看，我国有色金属的贸易逆差主要源于铜、铝等原材料的进口。近年我国铜产量的60%以上、铝产量的49%、铅产量的33%和锌产量的25%都依赖进口原料（王婧等，2009）。国内有色金属资源的相对稀缺和经济发展引发的有色金属需求量急剧增长，成为我国有色金属工业难以调和的矛盾。为了解决这一矛盾，我国有色金属工业正摸索“走出去，寻合作”的道路。泛北部湾作为我国与东盟跨海联结的纽带，区位独特，资源丰富，具有良好的合作基础和广阔的开发前景。

一、泛北部湾内环矿产资源之不足

本区域在铁、铝、锰、锑、锡、铅锌、金等各种金属矿产资源方面具有优势。其中，广西矿产资源丰富，有色金属、非金属以及黑色金属锰矿等资源储量特别丰富，在全国占有重要地位，是广西的优势矿种。黑色金属锰，特别是一些主要有色金属矿锡、锑、铝、钨、锌、银以及非金属矿、稀有、稀土矿、膨润土、水泥用灰岩、重晶石、滑石、铟、铪、镓等矿产，其储量均居我国前列。就狭义范围的广西北部湾经济区而言，该地区虽然包括南宁、北海、钦州、防城港、玉林、崇左六个市级行政区域，但矿产资源尤其是有色金属、贵金属相对于周边的百色、河池、贵港及梧州等地来说具有天然的联系，如果说以南宁、钦州、防城港市和北海市为核心、崇左市和玉林市为两翼构成广西北部湾经济区的内环，那么，其外环的矿产资源实际上起到了“源区”作用。

据广西国土资源规划院资料，截至2007年，广西北部湾经济区（内环）查明矿产资源63种，其中能源矿产有褐煤、无烟煤、石煤、石油、铀、地热（热矿水），黑色金属矿产有铁、锰、钛、钒，有色金属矿产有铅、锌、铝土矿、铜、锑、钴、钼、钨、锡、汞等，贵金属矿产有金、银，稀有、稀土金属矿产有铌、钽、磷钇矿、锆英石、独居石等，化工原料非金属矿产有硫铁矿、磷、重晶石、砷、泥炭，冶金辅助原料矿产有普通萤石、脉石英、耐火粘土，建材及其他非金属矿产有压电水晶、熔炼水晶、滑石、叶蜡石、石膏、水泥用灰岩、水泥配料粘土、高岭土、膨润土、陶用粘土、粉石英、方解石、玻璃用石英砂、钾长石、云母、饰面花岗岩、砖瓦粘土及建筑石料灰岩、花岗岩等。北部湾经济区内的优势矿种以锰矿、钒矿、石膏、萤石、膨润土、高岭土为主。锰矿主要分布在崇左市，钦州也有一定量分布，查明资源储量14554×10^4t；钒矿仅见于南宁市上林县，为一大型钒矿床，查明资源储量153×10^4t；石膏主要分布在钦州和北海，具有分布集中、规模大等特点，探明储量超过10×10^8t；萤石主要分布于玉林市兴业县，为一大型富矿；膨润土主要分布在崇左市宁明-那堪盆地，查明资源储量6.4亿吨，约占全国的1/4；高岭土矿主要分布在北海，探明资源储量达3.28亿吨，居广西首位，也是全国储量最大、保护最完好的高岭土矿区。

北部湾经济区已探明矿产资源具有以下几个特点：①经济区内铁、煤、铜、磷等国民经济支柱性大宗矿产已查明资源储量少，且多为贫矿。铁矿查明资源储量14136×10^4t，以褐铁矿、赤铁矿贫矿为主，杂质高、难选，只能与区外的富铁矿搭配使用；煤矿查明资源储量85855×10^4t，多为低发热量的褐煤、烟煤，需控制使用；铜矿查明资源储量14.3×10^4t；磷矿查明资源储量3136×10^4t，矿床规模小，属次生淋滤型矿床，品位低、难选，目前未利用。②矿床规模以小型和零星分散资源多，大、中型矿床少。经济区6市共有矿山1677座，其中大型矿山13座，中型矿山38座，仅占总数的2.9%。③锰矿、钒矿、高岭土、膨润土、水泥用灰岩等矿种的资源优势明显。崇左宁明县特大型膨润土矿床2005年底保有资源储量6.4亿吨，约占全国的1/4。崇左大新县已探明锰矿储量1.356亿吨，居全国首位，有“锰都”之称。④整个经济区的矿产分布格局总体上表现为“北多南少”的特点，经济区北面的崇左、南宁和玉林的矿产资源要丰富一些，南面沿海的北海、钦州和防城港的矿产资源相对匮乏，尤其是防城港市，几乎没有中型以上规模的矿床。

北部湾经济区内已完成预查以上的矿产地有532处，其中，勘探71处，详查90处，普查212处，预查159处，详查以上程度的矿产地仅占总数的30.2%。其中，崇左勘查程度相对较高，详查程度以上的矿产地有26处，占查明矿产地的56.5%。其他5市勘查程度较低，南宁详查以上程度的矿产地仅占预查以上矿产地总数的12.5%，而玉林为16.8%，北海为8.3%，钦州为5%，防城港不到2%。北部湾经济区内共有矿山1677座，其中，大型矿山13座，中型矿山38座，小型矿山835座，小矿791个，从业人员3.85万人。年产矿石量合计5525×10^4t，占全区总数的39%，综合利用产值33889万元，年利润35277万元，矿产品销售收入193129万元。主要金属矿产采矿回采率为70%~90%，采矿贫化率为8%~12%，选矿回收率为75%~90%，非金属矿产采矿回采率大多介于85%~90%之间。大、中型矿山企业矿产资源利用水平较高，采选综合回收率达65%以上，小型矿山矿产资源利用水平较低。总体来看，北部湾经济区开发利用在全区处于中低水平，目前开发利用得比较好的矿种只有锰和水泥用灰岩。这两个矿种已逐步形成以大企业为龙头，规模化生产经营的开发利用模式。崇左市大新、天等、土湖三家锰矿企业每年从尾矿库中回收利用锰资源约7×10^4t，综合利用产值达2000万元以上。相比之下，其他一些优势矿种的开发利用还处于起步阶段。以高岭土为例，尽管前几年连续引进了几个大型企业进行大规模的开发建设，但是由于储量不清、矿石质量没有达到预期、矿石开发工艺尚不成熟等诸多原因，如今各企业均未达到设计生产规模，部分项目还未能实现开采投产。优势矿产的资源优势没有得到充分发挥，资源的经济和社会效益尚未充分体现，开发利用的力度有待加强。

二、研究泛北部湾外环典型矿床的必要性

根据《广西北部湾经济区发展规划》所提出的工农业发展目标要求，北部湾经济区在“十一五”期间乃至今后相当长的时间内，经济发展和城市建设的速度将进一步加快，预计对矿产资源的需求将呈持续稳定的增长态势。鉴于泛北部湾经济区内环铁、铜、煤、石油等大宗矿产保有储量严重不足，由外环提供矿产资源将势在必行，而铜、铅锌、金银、锡、锑等有色金属和贵金属恰巧是外环的优势矿产资源。为此，本次研究选择的德保铜矿、高龙金矿、龙头山金矿、铜坑锡多金属和佛子冲铅锌矿均位于广西境内，同时还选择了海南省西部的石碌铁矿。这些矿床也是泛北部湾地区最具代表性的典型矿床，对其研究具有重要的理论和现实意义。同时，从矿产资源可持续发展的角度看，将泛北部湾经济区分为内环和外环也是必要的。

研究区在地质上挟持于东部环太平洋成矿域和西部特提斯-喜马拉雅成矿域两个世界级成矿带之间，成矿条件十分有利，尤其是以广西大厂为代表的超大型锡多金属矿床在世界上也是举足轻重的。其中，广西受欧亚、印度、太平洋三大板块的共同影响，造就了鲜明奇特的地形地貌景观、得天独厚的成矿地质构造条件，使广西地区蕴藏着较为丰富的矿产资源。目前已发现矿种 145 种（含亚矿种），已探明资源储量的矿产有 97 种，约占全国已探明资源储量矿种（212 种）的 45.75%，探明资源储量矿产地 1326 处，保有资源储量矿产地 1286 处。研究区也是广西有色金属和贵金属生产基地，在广西的资源经济中占有重要的地位。其中，南丹大厂超大型锡多金属矿床是我国重要的有色金属基地，其探明储量仅次于个旧。就单个矿体而言，长坡－铜坑的 91 号和 92 号矿体可能是世界上最大的独立锡多金属矿体。佛子冲铅锌矿已经成为桂东地区最大的铅锌生产基地，德保铜矿是广西最大的铜矿生产基地，龙头山金矿、高龙金矿的规模也都达到中型。粤西地区成矿条件也比较优越，形成以银、铜、锰、金等为主的多金属矿产基地，典型矿床有广东石菉铜矿、新榕锰矿及银铅矿化、大沟谷金矿、大降坪硫铁矿、庞西垌银矿床等。海南岛是我国环太平洋构造-岩浆-成矿带的重要区段，矿产资源丰富，自 20 世纪 20 年代开始地质调查以来，已发现近 90 种矿产，200 多处矿产地，尤以石碌富铁矿著称于世。它是我国大型富铁矿床之一，以矿石储量大、品位高、易选冶而闻名，曾为我国钢铁工业及国民经济发展做出过巨大贡献。海南西部还有著名的抱伦和戈枕金矿、东部有蓬莱地区的铝、钴、宝石及东海岸的砂矿等。

在工作区中涉及的 6 个典型矿床之中，广西大厂铜坑锡多金属矿床、佛子冲铅锌矿床、德保铜矿床、海南石碌铁矿等都是 20 世纪 50、60 年代发现并开采利用，经过近 50 年的开发，原有的探明储量已近尾声，资源形势十分严峻。同时，矿山拥有丰富的地质调查和矿产勘查实际资料，但由于受工作任务等方面的限制，矿山企业、勘查单位偏重工作进度、忽视对矿床成矿条件、成矿规律的总结，使得理论研究滞后，严重影响后续勘查方向的确定，不利于矿床外围和深部矿产预测工作的进行。因此，重新归纳整理矿山已有的勘查成果，利用现代新的技术手段和矿山勘查的最新成果，总结分析矿床的成矿条件、成矿环境、成矿物质来源，建立矿床的成矿模式，为矿山外围和深部预测、矿山增储提供技术支撑，实现找矿的新突破已成为迫在眉睫的一项重要任务。

第三节　本次研究概况

一、任务来源及研究过程概述

本书的研究成果主要来自于“桂东-粤西地区铅锌金等矿床成矿规律总结研究项目”（项目编号：

20089946）。该项目属于全国危机矿山接替资源找矿专项下属的典型矿床及成矿规律总结研究项目之一。自2008年危机矿山专项办下达任务书以来，项目组严格按照相关要求，按时完成了各项计划任务。为保证完成任务，2009年3月10～16日，项目组在广西桂林召开了专题研讨会和设计审查会，组织专家对各个子课题设计进行了评审，并对所承担的5个典型矿床开展了集体的野外调研，针对各个矿山的实际情况，进一步修改和完善了工作内容。2010年8月26～30日，项目组召开项目中期检查和2010年工作安排会议。2011年10月底召开了工作总结和下一步工作部署会议。

针对广西铜坑锡矿床，自2009年8月起，课题组在铜坑矿床开展野外样品采集，并对采集的样品进行描述和拍照。2010年7月，在前期工作的基础上，跟踪矿山开采进程，补充研究样品。2011年7月15～28日，重点对矿区外围矿产的产出特征进行调研，并通过了危机矿山项目办专家的野外工作验收。结合野外工作，在室内对野外采集的样品进行了细致的观察和描述、拍照，并根据矿床的研究程度和本次研究的目的和任务，分析处理所采集的各类样品，对代表性岩（矿）石样品开展各类分析测试工作，开展了矿床的岩石学、岩相学、矿物学、地球化学等研究。

针对海南石碌铁矿床，2010年1～3月份，课题组全面搜集区内已有的地质资料，并对资料进行了系统的归纳整理，在以往工作的基础上，确定了工作主要方向和拟解决的主要问题。2010年3～4月份课题组先后分两批赴矿山从事野外调研，参加人员包括2名教授、1名副教授、1名讲师、1名博士研究生和1名硕士研究生，野外工作地点集中在石碌北一矿体、南六矿体、正美矿区、外围朝阳和鸡心等地及正在进行Cu、Co开采的－200 m和－150 m巷道。2010年4～11月份，完成野外考察资料，进行系统整理和数字化归档，并对采集的岩石学和地球化学测试样品进行样品预处理加工。磨制光片、薄片，进行显微镜下初步鉴定，确定进行岩石化学分析的样品。同时，磨制测温片进行包裹体均一温度和冰点温度测定；另外进行单矿物的挑选工作，为后续的测试分析做好准备，2010年11月～2011年4月份，完成经过预处理的各种用途的样品的测试工作。对磨制的光片、薄片进行详细的镜下鉴定，确定矿物的生成顺序和成矿期和成矿阶段。在镜下鉴定的基础上，对测试样品进行分析。2011年4～5月份，完成第二阶段的野外考察工作。主要针对项目要求补充和前期工作需加强的问题，包括构造节理的专项研究和特征岩石碧玉岩的取样，以及矿床在不同深度变化情况、不同成矿期次矿石结构构造、矿物组成等调查，为成矿模式的构建提供地质依据。2011年5～12月份，完成了第二阶段野外工作的室内后续工作。对矿区深部隐伏花岗闪长岩体的鉴定及U-Pb年代学测试，北一矿体矿石中的铁碧玉地球化学及成因综合分析、成矿模式剖析。2012年1～5月份，全面完成各项图件绘制和工作总结。

针对广西高龙金矿床，在前期资料收集及综合分析的基础上，项目组成员于2009年4～5月开始对高龙金矿开展了野外工作，主要对矿区及区域内的地层、构造、矿体、岩石、矿物等进行了实地观察和描述，在矿山企业相关地质人员的协助下，搜集了野外第一手资料，同时为下一步研究工作采集了大量的岩（矿）石标本，同时对矿区范围内鸡公岩南矿段、八渡矿段和那比矿段进行了详细观察和研究。2010年5月主要对采集的样品进行后期室内的测试分析，同时，通过再次的野外工作，对矿区范围内的钻孔资料进行了观察和采样，进行钻孔资料的地球化学分析对比，同时对区域范围内分布的微细浸染型金矿选择贵州贞丰县烂泥沟金矿和水银洞两个矿区进行了野外对比。2011年6～7月，再次赴野外进行高龙金矿矿田构造特征观察，通过厘定控矿构造型式，分析其在控矿构造体系中的位置，追溯控矿构造的发展阶段，以此来划分对应的成矿期和成矿阶段，最后分析成矿后构造对矿床的改造。对断裂、片理、片麻理、节理、擦痕线理进行统计计算，分析求解其力学性质、运动程式、主应力方位，在视为均一介质的岩石中，按剪破裂出现规律预测盲矿。

针对广西龙头山金矿床，课题组分别于2009年、2010年多次赴广西贵港龙头山地区进行野外地质调查研究，重点对龙头山金矿进行了较为细致的野外踏勘和调研工作，对矿床地表露头、开采坑道进行详细的观察，采集典型岩矿标本，并对其进行了系统的描述，搜集了丰富的第一手资料。对龙头山金矿区内主要岩体如平天山岩体、狮子尾岩体，主要金矿点如六仲、六黄、细思、牛角岭金矿点，平天山钼矿点，山底铅锌矿、六雾头铅锌矿等矿床、矿点进行了踏勘和采样工作。在野外工作的基础上，又进行了深入细致的室内研究和测试工作。

针对广西德保铜矿床，2009 年度、2010 年度及 2011 年度，项目组成员多次前往矿山进行野外地质调查工作，对德保铜矿Ⅵ号矿段的 574 中段、612 中段、650 中段及Ⅷ号矿段的 498 中段、536 中段、574 中段、612 中段等进行了全方位的调查和采样工作，对钦甲岩体进行了地表路线地质调查，同时对钦甲岩体周边的几个矿床（点）进行了实地调研，基本完成了典型矿床的野外地质观察、构造描述与样品采集工作，并相继开展了室内样品处理与综合性研究工作。外协单位广西大学配合开展矿田构造研究，与项目承担单位一起开展野外地质调查，基本完成了设计工作任务。

针对广西佛子冲铅锌矿床，2009 年 4 月 ~2011 年 6 月，课题组先后赴矿山进行野外调查 10 批次，分矿田构造、矿床和岩石三个专题进行分工合作。野外工作地点包括佛子冲矿田古益矿区和河山矿区。野外考察完成了地表路线勘查和坑道路线勘查，包括两条井下矿化剖面（地层-岩浆岩-蚀变带-矿体），坑道路线勘查包括了古益矿区的五个中段（220 m、180 m、138 m、100 m 和 60 m），河三矿 150 中段、200 中段、250 中段 ~150 中段之间的斜井，总共研究了 12 条矿体（2#、16#、27#、36#、38#、39#、102#、104#、106#、201#、202#、368#）的成矿特征，详细开展两条矿化剖面（地层-岩浆岩-蚀变带-矿体）研究，总结垂向上矿化蚀变分带特征、矿石结构构造与矿物组成特征和成矿规律。室内工作完成了野外资料整理，部分岩矿测试样品的处理、送样以及上机测试工作。系统开展岩浆岩、矽卡岩的岩石学、成岩系列、成岩成矿年龄研究。针对佛子冲矿田花岗岩发育的范围广、类型多、面积大、与成矿关系密切的特征，在认真研究花岗岩野外地质特征的基础上，系统采集矿田内各类花岗岩样品 60 件，在室内，对花岗岩进行系统岩相学、精确年代学、地球化学研究，厘定了花岗岩的形成序列；划分花岗岩的成因类型，并讨论了花岗岩形成的地球动力学背景。在控矿因素研究上，从区域构造格架入手，通过大比例尺 1∶10000 地质剖面测量，查明佛子冲矿化集中区的构造格架，主要是佛子冲复式向斜的基本特征，包括褶皱、地层、断裂、节理。在矿田尺度上，查清矿床、矿化点与褶皱、断裂的关系，以及矿床、矿化点与不同类型花岗岩在空间上的关系，进而讨论岩浆侵位机制、花岗岩与矿化之间的关系。在矿床尺度上，查明矿体产出的构造空间，主要是矿体与花岗岩断裂构造、接触带构造（硅钙界面）、褶皱、地层岩性之间的关系。系统分析不同尺度下控矿构造特征，查明佛子冲矿田内岩性、构造、岩浆岩与矿体之间关系，主要控矿因素，总结成矿规律，探讨成矿作用并构建成矿模式。完成了项目设计的工作任务。

另外，本次研究也针对广西拉么锌矿床和广东石菉铜矿床开展了野外实地调研工作（2011 年 6 月）。

二、以往研究工作程度及存在问题

本次所重点研究的广西大厂铜坑锡多金属矿床、德保铜坑、佛子冲铅锌矿、高龙金矿、龙头山金矿和海南的石碌铁矿，以往均不同程度地进行过研究，以大厂和石碌研究程度最高。

1. 海南石碌铁矿

自 20 世纪 50 年代中期至今，先后有中南地质局四一〇队，海南岛东方县石碌矿区地质勘探队、广东省地质局海南地质队、广东冶金地质九三四队、马鞍山矿山研究院、中国科学院武汉岩土力学研究所、中山大学、中国科学院大地构造所、地球化学所等单位及科研院所在本区开展了地质、矿山地质和科研工作，取得了丰富的第一手地质资料和丰硕的成果，具体包括：

在地质勘查方面，中南地质局四一〇队和海南岛东方县石碌矿区地质勘探队提交了《海南岛东方县石碌矿区坡积矿地质报告》和《海南岛东方县石碌矿区地质勘探报告》；在 1957 ~1964 年期间，广东省地质局海南地质队，对海南岛石碌矿区进行补充地质勘探。提交了《海南岛石碌矿区补充地质勘探报告》；1968 ~1975 年，广东冶金地质九三四队，对广东省昌江县石碌铁钴铜矿区北一区段铜钴矿床地质勘探，提交了《广东省昌江县石碌铁钴铜矿区北一区段铜钴矿床地质勘探报告》；在 1971 ~1972 年期间，广东省冶金地质九三四队，对海南岛昌江县朝阳铁铜矿进行普查，提交了《海南岛昌江县朝阳铁铜矿普查工作报告》；1975 ~1976 年，广东省冶金地质九三四队，对海南石碌铁钴铜矿区南矿区段补充地质勘探，提交了《海南石碌铁钴铜矿区南矿段补充地质勘探储量计算说明书》；1976～1980年，广东省冶金地质九三四队，对海南富铁矿普查找矿会战，完成了《广东省昌江县石碌铁钴铜矿区铁矿床远景评价报告》的编制草稿。由于历史原因，该报告没有评审出版。2006年6月经海南省地质勘查局组织复制并提交了该“远景评价报告”；1979年至1992年6月矿山对矿区范围内矿体进行了生产勘探，历年完成了北一区段、南矿区段、枫树下区段以及铁矿共生的西段北一铜钴矿体、铜四、铜六、铜十五、钴三等矿体的生产勘探工作，完成钻探进尺44308.36 m；

在矿山地质工程方面，石碌铁矿与马鞍山矿山研究院一起自1977年4月至1979年9月开展铁矿边坡稳定性分析研究工作。1980年8月提交《海南铁矿边坡稳定性分析与计算》报告；中国科学院武汉岩土力学研究所和矿山自1993年4月至1994年4月对北一采场0 m以上初步设计边坡稳定性研究，提交《海南铁矿北一采场零米以上初步设计边坡稳定性验算与计算分析》科研报告；矿山自1998年11月至1999年11月对北一采场南帮东段进行工程地质研究工作，提交《海南钢铁公司北一采场南帮东段工程地质勘察及边坡稳定性初步评估报告》；矿山自1999年9月至2000年7月对北一采场地下钴铜矿进行基建勘探，提交《海南钢铁公司北一区段钴铜矿开采基建勘探地质报告》；

在危机矿山资源接替找矿工作方面，2006年石碌铁矿纳入了危机矿山支撑项目范畴，旨在通过钻探在北一－花梨山、南矿－朝阳一带普查找矿，在外围鸡心、武烈、金牛岭一带开展预查找矿。截至2008年底共完成钻探11482.47 m，施工的14个钻孔均见矿，其中ZK1101孔见3段厚大矿体，累计见矿厚度139.37 m，TFe53.97%，铜矿体3.7 m（品位0.257%），钴矿体2.2 m（品位0.251%）；ZK1302见矿17.02 m，全铁含量44.17%；铜钴矿体厚度3.05 m，Cu最高达7.15%；ZK1202在505～614 m深度累计见铁矿厚度97.01 m，全铁平均45.76%。新增333级别铁矿资源量4000×10^4t矿石，铜钴金属量2×10^4t。可延长矿山服务年限8年，稳定就业7763人❶。

在科研工作方面，1957～1958年，原地质部物探局航测大队九〇五队，完成了1∶10万航空磁测和放射性测量34000 km^2，海南岛西部1∶5万航空磁测，提交了《海南航空磁测报告（1∶10万）》；1975～1976年，中山大学完成了海南石碌矿区红石区段地质填图，提交了《海南石碌矿区红石区段地质图说明书（1∶1万）》；1976年，中科院华南富铁科研队、南海研究所，完成了石碌矿区西南部重力测量，提交了《用重力法在石碌西南部寻找富铁矿工作小结》；1976年，地质部物探局航测大队九〇五队，海南岛岛西航磁测量（1∶5万），提交了《海南航空磁测报告》；1977年，冶金部物探公司航磁大队三分队，完成了海南岛航磁测量（1∶2.5万、1∶5万），提交了《广东省海南地区航磁报告》；1986～1988年，中国科学院大地构造所、地球化学所和海南岛铁矿地测处联合科研组，提交了《海南岛石碌式铁钴铜（金）矿床形成构造背景及其实验学研究报告》；2004年11月～2005年3月，海南省地质勘查局资源环境调查院开展了石碌铁矿及外围矿产资源潜力调查，提交了《海南省昌江县石碌铁矿及外围矿产资源潜力调查报告》。

1986年由中国科学院华南富铁科学研究队编著的《海南岛地质与石碌铁矿地球化学》一书的出版，是对该矿床成矿地质条件及成矿地球化学研究的代表性成果。此外，张仁杰等（1990）、单惠珍等（1991）从地层学角度较为系统地研究了围岩条件；方中等（1993）研究了石碌群中火山岩的岩石学、岩石地球化学特征；徐林（1992）、许德如等（2007）讨论了石碌群的年代及地质意义；张仁杰等（1992）用Sm-Nd法探讨了石碌铁矿的年龄。赵劲松等（2008）对石碌铁矿床中的矽卡岩矿物石榴子石、角闪石、辉石等电子探针分析、石榴子石和磁铁矿中熔融包裹体的成分等进行了研究。

数十年来，不少地质工作者对海南岛石碌铁矿进行过研究，对该矿床的成因也提出过多种观点，如高温热液接触交代、沉积变质-热液交代、卤水成矿及火山沉积-变质等不同成因观点。尽管火山沉积-变质成因观点有不同的分支观点，如海底火山沉积遭受了区域变质及后期热液交代而形成（Yu and Lu，1983），胡志高（1998）还明确提出热液为海底火山热液、区域变质热液和地下水的混合来

---

❶ 全国危机矿山接替资源找矿项目管理办公室技术管理处. 2009. 全国危机矿山接替资源找矿专项2008年度成果报告. 第391～392页.

源；火山沉积-构造改造观点即原始沉积的贫铁矿在韧性剪切带构造透镜体形成过程中经过塑性流动富集、压溶去硅等构造-成岩成矿作用，使贫铁变富铁，形成厚大的“北一”式矿体（侯威等，2007），但多数人还是接受火山沉积-变质成因观点（中国科学院华南富铁矿科学研究队，1986；张仁杰等，1992；覃慕陶等，1998）。尽管如此，以下问题仍然有待于深入研究：

1）矿区内外构造匹配问题。主要表现为：区域构造与矿区构造的匹配关系及矿区内不同构造间的匹配关系。石碌铁矿外围北边发育的韧性剪切带和西边的戈枕韧性剪切带间的联系及其与矿区内向斜的关系，包括形成的次序，组合关系等还不明确；矿区内北西-北北西、北东东-东西及北北东-近南北向三组断裂的切割关系、次序及应力组合关系等也还需深入研究。

2）地层与成矿的关系。矿区铁钴铜矿主要赋存在青白口系石碌群地层中。石碌群第六层是目前所掌握的铁、钴、铜矿产的主要赋存岩层，但主矿区外围的朝阳铁矿点及鸡心铁矿点的赋矿层位并不是石碌群第六层，而是石炭系南好组二段（C_1n^2）石英岩、泥质粉砂岩、粉砂质泥岩夹石英角岩。因此石碌群第六层是否是唯一控制铁矿床形成观点还需要进一步研究。

3）构造与成矿的关系。石碌铁矿矿体主要赋存于北一复向斜中，主矿体都受该构造的影响，但向斜构造的整体形态轮廓不具体，其形成机制不明确。此外，矿区内还发育北西-北北西向断裂构造，其走向与地层构造线基本一致，且主要的富矿体都位于断裂的交汇部位。这些断裂构造与铁矿的成矿关系也缺乏深层次的研究。

4）岩浆岩与成矿的关系。矿区南、北、西 3 面为花岗岩类岩石所环绕。南、北面主要为二叠纪晚世（角闪石）黑云母二长花岗岩，西面主要为三叠纪中世角闪石黑云母二长花岗岩。矿区内尚发育有煌斑岩、辉绿岩、石英斑岩、花岗斑岩、闪长岩等多种脉岩。此外，在石碌群各岩层特别是含矿层中发现多种海相火山岩及火山沉积物质，岩性从基性到酸性都有分布。前人至今还缺乏对这些岩浆岩的高精度的年代学、系统的地球化学和同位素组成及与铁矿成矿关系的研究。

5）矿床成因的系统研究。石碌铁矿床的成因观点至今还存在上述高温热液接触交代型、沉积变质-热液交代型、卤水成矿及火山沉积-变质型、矽卡岩型、IOCG 型等不同成因观点争论，其成矿时代、成矿流体和成矿物质来源及成矿模式等有待进一步研究。

2. 广西大厂铜坑锡多金属矿床

大厂矿田研究历史较长，据张兆瑾 1939 年调查报告所载，矿区最早的地质调查首推 1928 年两广地质调查所乐森璕的工作，其调查报告刊印于当年出版的《两广地质调查所年报》第一卷，它记述了矿区地层、岩性和古生物鉴定，对地质构造及矿产几乎没有涉及。继之有中央地质调查所丁文江和李捷，分别著有《川广铁路线初勘报告》。1938 年初平桂矿务局杨志成到矿区调查，同年 11 月张兆瑾调查了丹池两县锡矿。1939 年由中央研究院地质所、广西省政府共同组织张兆瑾、张更、吴磊伯、杨志成组成联合调查组，完成 1∶5000 大厂，1∶1000 车河、芒场矿区地质图各 1 幅，张更先后著有《广西南丹拉么之自然锑》、《广西南丹大厂锡矿之生遇》、《发展广西矿业之商讨》、《广西之钨矿调查》和张兆瑾著《广西南丹县锡矿地质》。1947 年张文佑、赵金科等也做了地质调查，有文字报告及部分图纸。1948 年夏，省政府杜衡龄陪同中央地质调查所徐克勤、王超翔调查矿区地质矿产，编有《广西南丹灰罗区钨锡矿报告》。以上工作对丹池地区地质构造、地层及长坡、巴里地表地质特征勾画出了基本轮廓。

新中国成立初期，广西工业厅成立丹桂管理处，开始恢复矿业生产，组织民工开采和收购锡砂。1950 年 1 月，广西第三区人民政府矿务管理处曾两次组织李祖材等到矿区调查。同年 6 月，中南地质调查所田奇𦽟、莫柱孙、黎盛斯和中南有色金属管理总局广西分局黄胡芳等到矿区调查，后由莫柱孙编写了《广西河池南丹矿区考察报告》。1952 年 8 月，丹池工程处改为丹桂管理处，该处粟显球对矿田地质资料进行综合整理，编有《关于南丹县地质矿产调查报告》、《南丹县大厂锡矿调查报告》，对矿田地质矿产进行总结。1953 年 9 月霍学海等到矿区调查。同年 10 月，重工业部中南地质勘探公司靳风侗带组到大厂调查，编有《广西南丹县大厂锡矿预查报告》，对大厂进一步地质工作提出计划建议。同年 12 月，中南地质局派周仁沾等到矿区调查，于次年 1 月提交了《广西南丹县大厂车河锡矿区地质踏勘经过及对今后普查与勘探的几点意见》，基本同意中南勘探公司拟定的生产勘探设计，并提出进一步补充意见。1955 年，215 勘探队改建制由湘入桂进驻大厂，先后开展长坡、巴里、龙头山等原生锡多金属矿区和平村、洪塘、同车江、大厂街、冷水冲等砂锡矿床的地质勘查及矿区外围填图工作。至 1958 年 8 月，初步查明长坡、巴里、龙头山原生锡多金属矿区的地质特征，矿体的赋存状态和变化情况以及沙坪、洪塘、平村、同车江、大厂街、冷水冲、老长坡、酸水湾、铜坑、芦塘、芦塘老菜园、下河坪、老木岗、大树脚、新州街、高峰 16 个砂锡矿段，分布在 55 km^2 范围内，有矿面积达 8.1 km^2。同年 10 月提交了《广西大厂锡矿区砂锡矿床储量总结报告书》。11 月提交了《广西南丹大厂锡矿原生矿床储量总结报告书》。1961 年 4 月 ~1962 年 3 月。上述两报告经全国矿产储量委员会邀请设计院、广西冶金地质勘探公司、中南矿冶学院、生产矿山及有关地质勘查单位的现场审查、经广西矿产储量委员会的批准复查后，215 队根据审查意见进行了补勘，并先后提交了《广西大厂锡矿原生矿床储量总结报告书补充说明书》和《广西大厂锡矿原生矿床储量计算补充说明书》。分别核实砂锡矿金属储量：锡 9.4×10^4t，锌 8.8×10^4t，铅 16.1×10^4t，锑 9.7×10^4t；原生矿金属储量：长坡区锡 1.6×10^4t，锌 5.5×10^4t，铅 1.3×10^4t，锑 1.6×10^4t，巴里-龙头矿区锡 7.4×10^4t。1964 年2 ~3 月间，大厂矿务局组织对尾砂坝进行勘探，4 月提交了《大厂矿务局尾砂矿储量总结报告书》，探明沙坪采选厂尾砂锡金属储量4007 t、锌27680 t、铅4908 t、锑2663 t、硫91196 t、砷13091t。同年5 月，广西壮族自治区有色金属工业管理局审查批准。1965 年 5 月，广西冶金地质勘探公司 215 地质队提交《广西大厂锡铅锌矿田洪塘砂锡矿储量总结报告》，探明锡金属远景储量 17316 t。

铜坑锡多金属矿区，由长坡、铜坑大型锡多金属矿和老长坡中型银多金属矿组成，位于大厂锡多金属矿田西带。1954 ~1955 年，长沙和广西冶金地质勘探公司 215 地质队通过对地表出露的 3 条主要裂隙脉（编号为 0、14、16 号）和正在被开采的长坡锡石-硫化物矿床作为突破口，对 3 条已知脉进行编录，并经过坑钻工程的系统施工，先后发现 1、10、38、42、46、47、49、56 等 9 条大脉和 0 号脉旁侧的细脉带矿体。1959 年基本查清长坡 415 中段以上的矿体，并提交了储量总结报告。1962 年在补勘过程中，经深部钻孔追索，圈定出当时矿区规模最大的 91 号矿体。通过坑道施工，发现原来钻孔中认为不具工业价值的细脉矿，共同组成一系列陡倾斜密集平行排列的细脉带，从而圈出又一个大矿体（92 号矿体）。至此，350 m 中段以上已有较完整的控制，1965 年 4 月，该队提交了《广西大厂锡铅锌矿田长坡区储量总结报告》，累计探明金属储量：锡 62.3×10^4t，铅 28×10^4t。锌 181.1×10^4t，锑 23.2×10^4t，银 1712 t，镓 125 t，铟 3924 t，镉 13412 t。同时，215 队在以往工作的基础上，1965 年 9 月提交了《广西大厂锡铅锌矿田、巴里下部龙头山边部矿山评价报告书》，探明储量锡 1.9×10^4t，锌 4.4×10^4t，铅 1.9×10^4t，锑 0.7×10^4t。1979 年提交了《广西南丹县大厂矿田巴里-龙头山锡多金属矿床初勘报告》，探明储量锡 3.2×10^4t，锌 46.1×10^4t，铅 7.6×10^4t，锑 1.8×10^4t，铜 4.6×10^4t。1973 年，215 队在逆掩断层下盘设计施工 4 个深部普查钻孔，确定存在叠瓦构造，并见到若干锡多金属含量不清的矿段。1986 年，375 号钻孔终于发现含银多金属矿体。控制脉状、似层状矿体各 4 个，探明金属储量：银 569.9 t，锌 14.8×10^4t，铅 6.7×10^4t，锑 1.1×10^4t，锡 1.2×10^4t。

1985 年，215 队提交了《大厂锡矿田巴里-龙头山区初勘报告》，探获 100 号及其附近 6 个零星矿体的锡铅锌储量 134×10^4t，其中主矿体 100 号的金属储量为 130.7×10^4t，为确保开发成功，1986 年制订了对 100 号矿体进行勘探的探采结合方案，并于 1990 年矿山基建斜井到位开始实施。经 450 中段勘探坑道和 500、540 中段矿山开拓坑道的揭露和控制，详细而准确地查明了 100 号矿体形态和规模。与初勘相比，新增矿石量 330×10^4t，锡锌铅锑金属储量 95×10^4t，并发现矿石含银 168 g/t，银储量逾千吨，以及零星小矿体 106 号。1995 年，215 地质队提交了《广西南丹县大厂锡多金属矿田巴里-龙头山矿区 100 号矿体勘探报告》。

自 2005 年国家实施危机矿山接替资源勘查项目以来，依靠“广西南丹县铜坑锡矿接替资源勘查项目”，215 队采用坑钻相结合的手段，在黑水沟-大树脚、铜坑深部、长坡深部等地开展普查找矿工作，取得了重大的突破，2006 年以来在黑水沟-大树脚施工 8 个钻孔（ZK1510、ZK1518、ZK1519、ZK1520、ZK1509、ZK1512、ZK1515、ZK1522）均见锌铜工业矿体；通过施工发现 96 号厚大矿体，该矿体平均品位 Zn 5.92%，Cu 0.22%，Ag 25.64g/t，平均厚度 8.74 m。新增资源量（333）矿石量 1836×10^4t，锌金属量 93.66×10^4t，铜金属量 4.34×10^4t，银金属量 542 t。在铜坑深部勘查区的 3 个钻孔（ZK34-2、ZK26-1、ZK18-1），有两个钻孔见矿，其中 ZK26-1 孔见 125 号矿体和 96 号矿体，125 号矿体厚度为 1 m，锡品位 0.05%、锌 0.72%、铜 0.105%、银 7.66 g/t；96 号矿体厚 4.25 m，锡品位 0.09%、锌 5.59%、银 3.49 g/t。ZK34-2 孔见 125 号矿体和 96 号矿体，125 号矿体厚 5.40 m，锡品位 0.05%、锌 2.35%、银 2.64 g/t；96 号矿体厚 8.20 m，锡品位 0.04%、锌 6.54%、铜 0.02%、银 3.16g/t。但是在长坡深部施工的 3 个钻孔，均未见矿体。截至 2008 年底，累计完成坑探 1963 m，钻探 17877.02 m，共探获黑水沟-大树脚一带 94 号、95 号、96 号矿体，累计新增 333 资源量：矿石 4424.8×10^4t，金属量锌 203.12×10^4t，共伴生铅 4.64×10^4t，锑 1.5×10^4t，铜 8.42×10^4t，银 1406.07 t。延长矿山服务年限 20 年以上，稳定就业职工 4146 人❶。

在科学研究方面，矿床的研究程度较高，广西地勘局、广西地质七队、大厂矿务局、中国科学院地球化学研究所、中国地质科学院矿床所等单位先后在 1958 年、1959 年起开始在本矿带进行科学研究。以陈毓川院士为首的科研集体先后在 20 世纪 60 年代（陈毓川等，1964；1965）、80 年代（陈毓川等，1987）、90 年代（陈毓川等，1993；陈毓川等，1996；王登红等，1996）对丹池成矿带及大厂矿田的地质特征、矿石矿物学、区域成矿规律进行了卓有成效的研究，建立了大厂矿带矿床成矿系列和成矿模式；同时，李锡林等（1990，1986）、叶绪孙（1987、1994，1999）、尹国栋（1985）、刘元镇等（1987）、杨冀民（1989）、郜兆典（2002）等从不同角度讨论了原生锡矿床的成矿地质背景、地质特征和成矿规律，论证了花岗岩及其成矿演化是锡多金属矿床形成的主要控制因素。蔡宏渊等（1983）、叶俊等（1985，1989）、雷良奇（1986）、周怀阳等（1987）、张国林等（1987）、陈骏等（1988）、韩发等（1989，1990，1997）、徐新煌（1991）、罗德宣等（1993）、廖宗廷等（1995）、秦德先等（2002）通过对矿区岩浆岩特征、容矿围岩特征以及矿床地球化学等方面研究，则先后提出了大厂矿床形成是早期海底火山喷气同沉积成矿作用和后期与花岗岩有关岩浆热液叠加成矿的认识。涂光炽（1987）在分析了大厂矿田诸多成矿因素后，提出了大厂矿床具有多成因、多来源、多阶段成矿特征的认识。陈洪德等（1989）对丹池成矿带沉积相及盆地演化特征进行了研究。徐珏（1988）对丹池地区矿田构造进行了系统总结，主要强调了燕山期构造的控岩、控矿作用；高计元（1998）研究提出，矿床的分布总体上受桂西北盆-山系的控制，矿床的生成和定位是盆-山系发生、发展和演化到一定阶段的产物；章程（2000）对五圩矿田构造应力场及力源进行了探讨。在成矿流体包裹体和同位素研究方面，徐文炘等（1986）开展了岩体的 Rb-Sr 测年和成矿物理化学条件研究；李荫清等（1988）通过对大厂矿带流体包裹体的详细研究，获得了该区岩浆熔融包体和成矿流体的特征及其演化的一系列重要信息。丁悌平等（1988）通过对大厂矿田岩石和矿物的稳定同位素研究，认为矿石铅与花岗岩浆活动有成因联系；Fu 等（1991、1993）对大厂矿田流体包裹体及 C、O、S 同位素进行了系统研究，认为成矿流体来自于花岗岩。赵葵东等（2002）、蔡明海等（2004）、梁婷等（2008）对长坡-铜坑锡矿体中黄铁矿、闪锌矿等金属硫化物中的流体包裹体进行了 He、Ar 同位素的测试，指出成矿流体中有地幔流体的混入。在矿石矿物学研究上，黄民智、唐绍华等（1988）从金属矿物学、应用矿石学、成因矿石学三个部分对大厂矿床金属矿物及矿石学特征进行了全面系统的总结。李达明、傅金宝、周卫宁（1987、1987、1989）分别对矿区磁黄铁矿、黄铁矿、闪锌矿、锡石的标型特征及指示意义进行研究，说明了矿床形成与岩浆热液有关。

2006 年 3 月～2008 年 3 月，陈毓川院士、王登红研究员负责完成的国家危机矿山接替资源勘查项目“广西南丹县铜坑锡矿接替资源勘查项目”中《广西南丹县铜坑锡矿成矿机制与预测模型》专题研究报告，从成矿物质来源、成矿物质运移和成矿时代等方面对铜坑锡矿的成矿机制进行了探讨。尤其对新发现的 96 号锌铜矿体的地球化学特征进行系统研究，探讨了成矿元素变化和运移过程；分

❶ 全国危机矿山接替资源找矿项目管理办公室技术管理处. 2009. 全国危机矿山接替资源找矿专项 2008 年度成果报告. 第 372～376 页.

析了深部构造与成矿富集机制，并对外围拉索预测区进行了远景评价。可以说该报告是大厂地区近年来科研工作的最新成果。

3. 广西佛子冲铅锌矿

佛子冲铅锌矿自20世纪50年代以来，先后有不少地勘单位、科研院校在佛子冲矿区进行过地质矿产勘查和科研工作，主要的工作成果有：

1959～1960年，广西壮族自治区地质局物探队在佛子冲矿田内分别完成了1∶5万磁法物探和化探测量114 km^2，发现异常12个；1967～1978年，广西冶金地质勘探公司204队先后在铜帽顶、大冲及牛卫等地开展物化探工作，共完成1∶1万磁法和化探14.2 km^2，1∶5万分散流60 km^2，发现铜帽顶、牛卫两个异常区，在矿田内圈出大小化探异常9处，磁异常9处。

研究工作断断续续进行，但认识上很不统一。其中，赵晓鸥等（1990）认为，河三铅锌矿属高-中温岩浆热液-断裂充填交代型矿床；雷良奇（1995）认为佛子冲铅锌（银）矿田发育弱碱质花岗岩系和钙碱质花岗质火山岩系两个岩系，铅锌成矿作用与钙碱质火山岩系尤其是与晚期浅成侵入体（次火山岩）——龙湾二长花岗斑岩（脉）密切相关；雷良奇等（2001，2002）运用综合构造研究方法与TM卫星遥感图像解译探讨火山岩覆盖区隐伏构造框架的控矿规律并阐述了地层、岩浆岩与成矿的关系；徐海（1995、1996）认为佛子冲铅锌矿田及其矿床的形成是地层岩性、构造、岩浆岩三方面联合控制的结果；冯佐海等（1999）从构造变形程度与矿化强度的一致性、构造控矿的定向性、构造控矿的定位性、构造控矿的成带性、构造控矿的等距性等方面总结了构造控矿规律；吴烈善等（2004）对矿区进行了成矿预测研究；王猛（2007）研究了矿区的成矿条件；张会琼（2007）研究了矿区的构造控矿特征与成矿预测；彭柏兴等（1997）对矿区进行了构造发育过程探讨；梁锦叶等（2000）研究了矿区火山岩覆盖区接触-断裂带控矿特征；翟丽娜等（2008）认为佛子冲铅锌矿田成岩成矿作用具有多期（次）成岩作用和两期（次）成矿作用的地质特点：即矿田内佛子冲、大冲一带的铅锌矿床（体）成因上主要与燕山早期花岗闪长岩体有着密切的关系，龙湾铅锌矿床（体）在成因上主要与龙湾二长花岗斑岩类岩体（脉）有关。

综合前人成果，对矿床成因的认识归纳起来可分为四大类：①成矿与岩浆岩密切相关。雷良奇等提出的三层楼成矿模式。包括矽卡岩成矿、热液填充型矿床、火山热液成矿。②成矿与热水活动密切相关。杨斌等（2001）提出热水沉积-叠加改造成矿认识，主要证据包括：a. 良好的古热水活动构造背景。早古生代博白-岑溪断裂带发生同生断裂活动，区域古地温场高；b. 热水沉积岩类构成赋矿围岩。在矿田范围内矿体主要呈层状、似层状相间平行产出，产状与地层一致并随地层同步褶曲，多数矿体直接赋存于类矽卡岩、硅质岩或不纯条带状铁碳酸盐岩等热水沉积岩中；c. 矿石保留同生沉积组构。矿石发育诸如顺层条带状构造、纹层状构造、顺层浸染状构造、软沉积滑动变形构造、同生角砾构造等典型的同生沉积组构；d. 矿石和围岩的地球化学特征具有明显的热水沉积属性等。③沉积层控型矿床。李江等认为，佛子冲铅锌矿沉积层控型，形成于奥陶纪，如果把佛子冲背斜展平，主要矿床都在一个层位上。④成矿与花岗岩有关。韦昌山等认为，佛子冲铅锌矿属于岩浆热液型矿床，南侧的河三、龙湾矿床与花岗斑岩有关，是与花岗斑岩有关的矽卡岩型矿床，古益矿床与大冲闪长岩体有关，是与大冲闪长岩有关的热液填充型矿体。

在找矿方面，2006～2008年，由中国地质科学院地质力学所韦昌山等负责、佛子冲铅锌矿和广西区域地质调查研究院共同参与的《广西壮族自治区岑溪市佛子冲铅锌矿矿产预测》项目，在138 m中段的8#线西翼施工ZK8-138-1钻孔，于标高12～2 m见矿，品位Pb 2.5%、Zn 4.5%，标为201#、202#矿体，虽然矿体规模不大，品位不高，但实现了佛子冲背斜西翼找矿的突破；2008～2010年，广西区域地质调查研究院承担《广西岑溪市佛子冲铅锌矿接替资源勘查》项目，在佛子冲矿田的六塘矿段，钻井工程揭露出的矿体金属量达到中型矿床，表明佛子冲矿田北段依然前景良好；2008年以来，广西271地质队在佛子冲西部的塘坪向斜做了大量的地质工作，作为西部地区矿权的拥有者，在塘坪、石岗矿化集中区都有了一定的突破，表明矿田西部地区同样具有良好的找矿前景。

佛子冲矿区2008年开始危机矿山资源接替找矿工作，当年完成钻探9874.06 m，施工20个钻孔有15个见矿，其中ZK02201见矿5层，累计见矿厚度15.47 m，8条坑道有7条见矿，共新增333资源量：铅 17.85×10^4t，锌 20.66×10^4t，铜 0.78×10^4t，银311.89 t。延长矿山服务年限10年，稳定就业1270人❶。

尽管大多数人认为佛子冲铅锌矿成矿与断裂、花岗岩关系密切，但仍有不少问题尚待解决，如：①佛子冲矿田内，究竟成矿与哪期花岗岩有关？不同期花岗岩对成矿有何不同贡献？②志留系是矿区的唯一地层系统，尽管前人把矿区志留系划分出几个段，但详细地层剖面测量工作表明，包括古益、河三、龙湾矿床及塘坪、黄坡、黄茅田矿化点在内的整个佛子冲矿田，在地表上岩性并没有很大差别，只是表现为西部塘坪地区页岩含量更高，河三地区碳酸盐岩比古益更多，在井下，河三、龙湾富含碳酸盐岩，与古益不同。可见，笼统以志留系作为找矿标志意义不大，况且，志留系成矿元素的高背景值是矿化的结果，还是矿化的来源，值得商榷。另外，也有人认为地层属于奥陶系；③在区域构造上，佛子冲矿田受控于合浦-博白-岑溪深断裂从元古宙末期到现在的长期活动，具有复杂的构造背景，究竟成矿与构造演化的哪个阶段有关，有待进一步工作；④热水沉积模式缺乏充分证据，需要进一步工作，尤其是作为热水沉积主要标志的绿色岩的成因需要进一步研究；⑤成矿物质究竟是来源于地层，还是来源于闪长岩或者是花岗斑岩？⑥成矿时代究竟是哪一期？这些都是本次研究工作所需要解决的关键性科学问题。

4. 广西龙头山金矿

广西龙头山金矿矿产调查、开采历史悠久，区内探明中型金矿床两处、小型金矿床4处。有关地质和物化探队先后在本区进行过多金属矿、铀矿、毒砂矿和金银矿的矿产普查，航空磁测、放测和磁异常查证，1∶20万区调和物探扫面等。

1928年，两广地质调查所朱庭祜等到矿区做过调查，对寒武系一套轻变质碎屑岩地层命名为龙山系。新中国成立后，1958～1961年原中南309队通过放射性普查圈定出6个小铀矿体，1959～1960年广西地球物理探矿队做了1∶5万物化探综合普查，1964～1972年广西区域地质测量队进行贵县幅1∶20万区域地质矿产调查，但均未发现金矿。1979年广西第六地质队进行1∶10万贵县-平南锡、多金属成矿远景区划研究时，确定平天山岩体对铅、锌、银、铜、锡有找矿前景。1982年，该队刘安球普查组在龙头山发现含金破碎带，随后，该队一分队进入矿区全面开展普查工作，先后发现矿体20余个。1987年，广西地质矿产局根据国务院第一次全国金矿地质工作会议关于加强金矿地质勘探工作的精神，为促进龙头山金矿早日开发建设，要求该队分阶段提供设计部门所需地质资料。同年该队应广西黄金公司要求，提交了矿区Ⅰ、Ⅸ号矿体储量计算说明书，供长春黄金设计院对矿区进行经济评价，该院据此提出了矿山建设的初步可行性研究报告，次年提出了矿区建设日处理矿石100 t的初步设计方案。1988年3月，地矿部以委托承包方式，要求广西地质矿产局在1990年底前完成承包储量4 t。为此，该队调整、加强分队力量，采用坑探为主，辅以钻探、水平钻、槽探等手段，按（40～80）m×（40～60）m网度施工坑道，（80～200）m×（40～60）m网度施工钻孔。查明4个矿体，主矿体长510 m，宽20～200 m，厚4.64 m，含金5.0g/t，银16.8g/t；原矿含金4.18 g/t，经全泥氰化法，能选出精矿，回收率92.16%。1990年元月，陈业清等编写提交了《广西贵县龙头山金矿区Ⅰ、Ⅸ号矿体详查中间性地质报告》，同年6月，自治区矿产储量委员会批准金矿储量6009 kg，并认为只有Ⅸ号矿体控制程度较高，可考虑作为矿山建设设计依据，其余可作为矿山总体规划使用。

在科研方面，1979年进行过锡、多金属成矿远景区划，1990年广西第六地质队和地矿部矿床地质研究所开展了“广西贵港市龙头山-龙山地区金矿成矿条件和成矿预测研究”，1991年广西第六地质队完成了“龙头山金矿地质特征及找矿方向”专题报告。对广西龙头山金矿的研究程度相对较低，在矿床地质特征、成矿物化条件及矿床成因等方面取得了一定的成果（李蔚铮等，1998；李福春，1998；黄明智，1999；谢抡斯等，1993；朱桂田，2002；朱文风，2005），但对龙头山金矿区的岩浆

❶ 全国危机矿山接替资源找矿项目管理办公室技术管理处．全国危机矿山接替资源找矿专项2008年度成果报告．2009.4．第380～382页．

演化、成矿地质背景、成矿机理等方面在认识上还存在明显的分歧，包括：①宏观上，龙头山金矿与矿区内岩浆岩活动关系密切，一目了然，但对岩浆演化的次序及其与成矿的关系并没有搞清楚，一种意见认为平天山在先然后是龙头山岩体，另一种意见认为先有龙头山岩体的流纹斑岩然后是平天山岩体再是龙头山岩体的花岗斑岩；②对矿床成因的认识不统一，包括成矿物质的来源、成矿流体的性质、成矿时代等；③对控矿构造的认识不一致，是火山机构 + 断裂构造，或隐爆角砾岩 + 断裂构造，或斑岩 + 断裂？仍值得深入研究；④成矿分带尚未搞清楚，对深部找矿缺乏明确的方向。

在危机矿山资源接替找矿方面，截至到 2008 年底，龙头山金矿区完成坑探 830.7 m，坑内钻 1051.25 m，地表钻 1149.05 m，其中 CM340-8 坑道在火山岩与泥盆系下统莲花山组接触带找到Ⅸ-①号矿体，厚度 22.0 m，金品位 1.02 ~ 11.90g/t（平均 3.22g/t），银品位 8.2 ~ 87.1g/t（平均 28.6g/t）。累计新增矿石量（333 级别）$102 \times 10^4 t$ 矿石量，金 3.33 t。延长矿山服务年限 4 年，稳定就业 303 人❶。

5. 高龙金矿

高龙金矿作为典型的卡林型金矿之一，发现、开发得比较晚。1958 年桂西综合地质大队四分队对高龙煤矿进行普查，发现高郭和鸡公岩锑矿点。1970 年 3 月广西区域地质测量队开展西林幅 1∶20 万区域地质测量时，对上述锑矿点进行过检查。1980 年广西第二地质队普查组李正海等对矿区锑矿进行普查评价，1981 年，贵州省册亨在三叠系地层中发现微细粒金矿后，自治区地质局组织该队李正海等人赴现场参观学习。1982 年后，李正海等人通过对桂西锑矿点已有资料和以锑矿为主采集的数千件样品的分析研究，在高龙矿区发现含金达 1 ~ 2 g/t 的微细粒型金矿。1984 年该队进行 1∶5 万区域地质调查水系沉积物测量，矿区范围圈定出一批锑、砷矿异常。1985 年该队在矿区开展金矿普查找矿工作，首先在鸡公岩矿段北部用槽探揭露发现①—④号矿体。1986 年广西地质矿产局通过桂西金矿（金牙、高龙矿区）大会战，发现见矿宽 20 余米的⑥号工业矿体。1987 年高级工程师张麟到矿区担任分队长，工作进度加快，在西部金龙山发现了金矿体。1990 年 12 月，李甫安、谢家盈、潘有泰等提交了《广西田林县高龙金矿区鸡公岩矿段勘探地质报告》，探明金金属储量 11510 kg，1991 年 5 月经自治区矿产储量委员会审查批准。

在地质勘探工作的同时，该队与成都地质学院和自治区地质测试中心共同对矿区矿石提金工艺进行研究，于 1992 年由该队张麟等编写提交了《广西田林县高龙金矿超微细粒金矿石提金工艺推广应用》获得成功。另外该队与田林县联合建矿开采，至 1992 年生产黄金 21648 两，其中 1992 年创县办矿山年产黄金超万两，破广西历史记录，创利近 2000 万元。1991 年又先后在矿区北部发现⑩号矿体，西部金龙山矿段发现⑧号矿体。

在危机矿山资源接替找矿方面，截止到 2008 年底，高龙金矿区完成钻探 4653.16 m，槽探 10061.28 m^3，浅井 102.7 m，共有 ZK121、ZK41 等 7 个钻孔见到 6、7、2 和 10 号矿体。累计新增（333 级别）金 0.837 t。延长矿山服务年限 1 年，稳定就业 290 人❶。

6. 德保铜矿

广西德保铜矿始建于 1966 年 6 月，目前是广西最大的铜矿生产基地。长期以来，前人从矿物、地层、岩浆岩、物探、控矿因素等方面在该地区开展过研究工作，取得了许多重要的成果，极大的提高了对该矿床成矿规律的认识。

1915 年，法国地质学家蒂帕列特从越南进入广西西部做地质调查时，对该区的一套浅变质岩系进行对比研究，确定其时代属中晚寒武世，并著有《广西西部、云南南部发现相当于越南北部的中上寒武系地层》。1932 年，两广地质调查所徐瑞麟等到广西西南部开展地质矿产调查时，曾到过钦甲，并对矿区褐铁矿进行检查，著有《广西西南部地质矿产》。1956 年初，中南地质局组织群众报矿，提供大量的铁矿产地线索。同年 8 月，该局桂西踏勘组对群众报矿点进行逐点检查。该组黎国初等进入德保县后，在当地乡民农某的带领下检查钦甲铁矿时，发现部分铜矿体露头，初步追索后认为

❶ 全国危机矿山接替资源找矿项目管理办公室技术管理处，全国危机矿山接替资源找矿专项 2008 年度成果报告，2009，4，第 388 ~ 390 页。

该铜矿属矽卡岩型矿床。同年10月，广西地质局四七七地质队桂西分队张学寿等检查该矿时，初步圈定了钦甲花岗岩体范围，并对地表铜矿体进行揭露，认为价值不大。1957年5月广西地质局桂西地质队黎国初等再次进入矿区，采用1∶2000地质填图，1∶1万~1∶5000土壤地球化学测量、重砂测量、放射性测量和地表工程揭露的综合普查找矿，发现铜矿体中含锡较高，并估算了铜、锡、铁矿储量，初步确定矿床属接触变质带高中温热液交代型多金属矿床，有进一步工作价值。1958年5月，广西地质局四二九地质队一分队在地质部物探局长沙大队四〇六物探队配合下，开展以锡为主的普查评价，1∶1万地质填图和地表揭露，新发现Ⅲ号矿体和若干磁异带。但由于当时对矿区复杂地质构造认识不足，对有规律分布的地磁异常未加研究、解剖，做出矿床规模小，工作远景不大，并对地磁异常做出否定的评价，同年10月撤出矿区。1960年4月，广西地质局四三三地质队对以往工作取得地质，地球物理和地球化学探测成果进行分析研究，并到现场检查，认为矿体出露有一定的规模，矿化较强，矿石含铜、锡、铁等多种有用组分，矿体赋存于花岗岩体外接触带泥盆系中的一定层位（实为寒武系中上统），成矿地质条件较好，有进一步工作价值。同年8月，在自治区地质局统一部署下，桂西地质大队二分队（原四三三地质队二分队）再次进入矿区，开展以铜矿为主的综合普查找矿。1961年5月，该局指示在钦甲一带开展1∶2.5万磁法测量、化学测量找矿的地球物理探矿大队八O三队配合桂西地质大队二分队在矿区进行全面普查评价。初步控制9个工业矿体，并分别计算铜、锡金属储量。1962年12月，由广西地质局桂西地质综合大队和地球物理探矿大队提交了《广西德保钦甲锡矿区综合普查勘探报告》，属中间性勘查报告。1966年广西壮族自治区地质局根据铜矿资源短缺，钦甲铜矿相对较富，又有找矿远景，在以往工作的基础上继续进行普查勘探，提交了《德保钦甲铜锡矿区2号矿段储量计算说明书》，探明储量有少量的增加。后期勘查工作中加强地质综合研究，对矿床成矿地质特征、矿体产出形态及其变化规律有进一步认识，指导深部普查，取得较好的找矿效果。1972年，由该队吴鸿济（技术负责人）等编写提交了《广西德保县钦甲铜锡矿区地质普查勘探报告》。累计探明金属储量铜130996 t，其中工业储量104286 t；锡32107 t；伴生铁矿石44×10^4t，硫铁矿石27×10^4t，砷矿物49102 t。1980年5月~1982年11月，广西第二地质队完成了建屯铜锡矿区地质详查工作，探明表内D级储量：铜1210.19 t，其中氧化矿759.71 t，原生矿450.48 t；锡1162.93 t，其中氧化矿963.36 t，原生矿199.57 t。1989年4月~1994年11月，广西第二地质队完成了1∶20万靖西幅水系沉积物地球化学测量工作，在矿区及其外围圈定了1处Cu、Sn、Au多金属综合异常。异常浓度分带清晰，中心位于矿区西南部靖西县同德圩附近（钦甲花岗岩体西缘接触带）。

矿山经过40多年的勘查、开发，积累了大量的地质勘查和生产资料，但目前在研究区开展科研工作的科研院校较少，仅有少量的研究成果刊出，主要涉及德保铜矿床氧化带中砷酸盐矿物的研究，科研工作还有待于进一步加强。前人在矿床地质特征、成矿流体、稳定同位素等方面也做了一定工作，但依然存在一些科学问题尚未解决：①钦甲岩体的时代问题。前人的同位素年龄相差较大，是否存在复式岩体；②矿床成因是“沉积变质热液叠加改造矿床”，或者“沉积变质-岩浆热液矿床”，还是“岩浆期后热液交代矽卡岩矿床”；③成矿物质来源问题，是主要来自地层，还是侵入岩体；④成矿时代问题。

三、主要技术路线及完成情况

矿床是指在地壳中，由地质作用形成的，其所含的有用矿物集合体的质和量在当前的经济和技术条件下能被开采利用，形成矿产品的地质体。矿床有不同的成因类型（或工业类型），某一矿床的成矿地质特征能概括一组相似矿床赋存的地质位置，形成的地质条件和控矿因素、找矿标志的共性和一定理性认识者称典型矿床（陈毓川等，2010）。

典型矿床研究就是归纳具有某类矿床共性和一定理性认识的实际资料，目的是为了准确掌握矿床的成矿地质环境、矿床成矿特征、矿床经济技术条件、主要控矿因素和找矿标志，建立矿床成矿模式和找矿模型，综合分析成矿规律，由已知区推向未知区进行类比预测和评价。

选定典型矿床的原则：①按矿床类型择定每类中的一个或两个以上的矿床作为典型矿床；②矿产地质工作和研究工作程度较高的矿床，至少具有成矿作用测试数据者列入选择对象；③当不具备第②条的地质工作程度比较低的地区，可以选择由矿产勘查工程已经控制的，已达一定规模的、具有基础地质资料（泛指矿区地质图，典型剖面图和矿床（体）样品采样化验资料）视为典型矿床；④在一个地区或某类矿床缺少典型实例时，允许借用邻区或国外的典型矿床进行类比研究。

典型矿床研究的主要内容包括：①研究矿床三度空间分布特征，编制矿体立体图或编制不同中段水平投影组合图、不同剖面组合图。分析矿床在走向和垂向上的变化形成深度，分布深度，剥蚀程度；②研究矿床物质成分，包括矿床矿物成分，主元素及伴生元素成分及其赋存状态、平面、剖面分布变化特征；③划分矿床的成矿阶段，研究主成矿元素在各成矿阶段的富集变化，划分成矿期，说明各成矿期主元素的变化；④分析各成矿阶段蚀变矿物组合，蚀变作用过程中物质成分的带出带入，蚀变空间分带特征，分析主元素迁移过程和沉淀过程的不同蚀变特征；⑤确定成矿时代，成矿作用一般经历了漫长的地质发展历史过程，往往是多期成矿，叠加成矿，因此一般情况下成矿作用时代以矿床就位年龄为代表，就位年龄包括：直接测定年龄、间接推断年龄、地质类比年龄和矿床类比年龄，应收集重大地质事件对成矿的影响年龄；⑥分析成矿地球化学特征：运用各成矿阶段的矿物组合、蚀变矿物组合、交代作用、同位素资料、包裹体成分、成矿温度、压力、酸碱度、氧逸度、硫逸度分析等资料，确定元素迁移富集的内外部条件，地质地球化学标志和迁移富集机理；⑦分析可能的物质成分来源，包括主要成矿金属元素来源，硫的来源，热液流体来源；⑧确定具体矿床的直接控矿因素和找矿标志；⑨联系沉积作用、岩浆活动、构造活动和变质作用等控矿因素分析成矿就位机制及成矿过程；⑩建立矿床成矿模式。

本次危机矿山项目典型矿床研究所采用的技术路线简述如下：①全面系统地搜集与研究工作有关的本地区的地质文献、资料和数据，然后对所获资料（数据）进行综合性对比、分析和归纳，进行资料的二次开发；②以大量野外考察为基础，通过详细的观察和系统的研究总结来归纳各典型矿床的地质特征、构造分布规律，捕获典型矿床研究的各种有用信息，考证不同地质体与成矿时间的关系；③对典型矿床开展必要的测年工作（SHRIMP U-Pb、Re-Os、Rb-Sr、Sm-Nd），利用特征性元素和Sm-Nd、Pb-Pb、Rb-Sr等方法开展岩石源区示踪；开展精确的室内岩（矿）石、矿物化验分析（化学分析、电子探针和稀土元素等）、流体包裹体分析（温压、盐度和成分等）和稳定同位素分析（C、H、O、S、He和Ar等），为典型矿床解剖提供支撑；④总结概括矿床（成矿带）的产出特征、成矿物质来源、时空分布和演化规律特点，探讨成矿环境和成矿过程，完成区带尺度和典型矿床尺度的成矿规律总结；⑤加强与国内相关地勘单位、科研组和专家的交流与合作，不定期召开现场研讨会或会诊会，集思广益，融会贯通，比较客观地总结典型矿床成因和区域成矿规律。

在项目执行过程中，坚持重点解剖、点面结合原则，开展多学科交叉研究，加强综合分析研究，加强各课题之间的合作与交流，相互促进。

本次研究的起止时间为2008年12月至2011年12月，工作周期为3年，提交报告时间为2012年6月。本项目下设6个课题，实行项目负责人及课题负责人负责制，项目负责人负责项目的人员组织、实施工作、提交成果；各课题负责人对相应课题的人员组织、实施研究、提交成果负全部责任。项目建立年度工作汇报及成果交流制度，不定期举行成果交流会和学术研讨会，对已有工作成果进行介绍，以期相互交流、相互借鉴。

本次研究主要采取产学研相结合的方式开展工作，即在前期危机矿山资源接替项目的基础上，以科研单位为主，大学、勘查单位和生产单位辅助完成的办法来共同实施。承担单位和参加单位前期均或多或少有相关地区的工作积累，或者，前期工作的科研专题就是由本次项目的承担单位完成，如中国地质科学院矿产资源研究所和长安大学、广西大学等单位一起完成了“广西南丹县铜坑锡矿接替资源勘查”项目中的“广西南丹铜坑锡矿成矿机制与预测模型”专题研究。

本书就是在上述研究成果的基础上，以铜坑、龙头山、德保、佛子冲、高龙和石碌6个典型矿床的研究报告为基础编写而成的。各典型矿床研究的主要人员为：铜坑锡多金属矿床——梁婷、王登红、王东明、黑欢、王显斌等；佛子冲铅锌矿——杨启军、付伟；石碌铁矿——李艳军、魏俊浩、杜保峰、赵少卿、易建；高龙金矿——张长青、王永磊、邱小平、王成辉；龙头山金矿——王成辉、王登红、张长青、王永磊、康先济、常海亮、李华芹；德保铜矿——王永磊、张长青、王成辉、王登红等。另外，蔡明海负责了铜坑、高龙和德保等矿区的矿田构造研究，宜昌地质矿产研究所李华芹研究员等承担了部分样品同位素年龄的测试工作。全书由王登红统稿。在工作中得到危机矿山项目办叶天竺总工程师、吕志诚处长及韦昌山研究员等的大力支持，得到了陈毓川院士、王瑞江所长、赵一鸣研究员等的精心指导，得到了中国地质科学院矿产资源研究所、长安大学、桂林理工大学、中国地质大学（武汉）及广西华锡集团铜坑锡矿、佛子冲铅锌矿、高龙金矿、德保铜矿、龙头山金矿及海南石碌铁矿等的大力配合，在此一并致谢。

第二章　典型矿床矿区地质特征概要

典型矿床的矿区地质特征主要指矿区范围大比例尺尺度上的地层、构造、岩浆岩等基本地质特征，一般以1：1万～1：5000尺度的地质图为描述对象。对于危机矿山项目涉及的典型矿床成矿规律研究还有其特殊性，尤其是可以通过大量采矿开拓坑道详细地观察矿体的地质特征，系统地采集样品。因此，危机矿山的典型矿床研究不但不能减弱野外工作，而且更要加强地质与地球化学的联合研究，其中，地质方面的主要内容包括：①成矿与围岩的关系，即容矿、赋矿、蚀变围岩等特点与矿体变化的关系；②成矿与构造的关系，总结构造对成矿的控制规律；③成矿与岩浆岩、与变质作用的关系及矿化的空间分布特点；④健全、建立矿区的基础地质图件；⑤建立各种数据库。

第一节　高龙金矿

一、矿区地层

高龙矿区位于西林-百色断褶带西段南西侧的高龙隆起核部附近，面积49 km^2。矿区内断裂、褶皱发育，构造较复杂，沿断裂带中低温热液蚀变比较普遍。根据金矿化所处构造位置，将矿区划分为鸡公岩矿段、鸡公岩南矿段、金龙山矿段和龙爱矿段。鸡公岩矿段位于矿区东部，为区内主要产金矿段，金龙山矿段已发现工业矿体4个，龙爱矿段地质工作程度较低。

矿区出露地层为中、上石炭统、下二叠统、上二叠统合山组和长兴组、下三叠统罗楼群、中三叠统百逢组和河口组（表2-1）（广西壮族自治区地质矿产局，第二地质队，1990）。其中，中、上石炭统䗴类化石丰富，与田林县平山圩剖面马平组和黄龙组相当，由于上下岩性差异不大，未详细划分。下二叠统亦与田林县平山圩剖面茅口阶和栖霞层位相当，岩性相似。与区域上划分相一致。下三叠统罗楼群与西林县石炮剖面罗楼群层位相当，仅岩相略有差异。中三叠统大致与田林县百逢-河口剖面划分相一致。

1）中上石炭统（C_{2-3}）。分布于矿区中心，构成穹隆核部。为厚层-块状（以厚层为主）生物灰岩、生物碎屑灰岩夹少量白云质灰岩，呈浅灰色，具微-细晶结构，单层厚一般为50～80 cm，个别大于2 m，产有孔虫、珊瑚、䗴类等化石。厚度大于240 m。与下伏地层的接触关系不明。

2）下二叠统（P_1）。分布于隆起核部附近，为中层-块状微晶灰岩、生物碎屑灰岩，浅灰色，生物碎屑-微晶结构。单层厚一般为40～80 cm，部分达2 m以上。矿物成分以方解石为主，含少量白云石，有石灰石采场。上部含硅质、白云质团块，大小一般为10～20 cm。生物化石种类较多，主要为有孔虫、䗴类、珊瑚、腕足类、海百合茎、藻类、苔藓虫等，厚度大于329 m，与下伏地层为断层接触。

3）上二叠统合山组（P_2h）。下部为砾岩夹生物碎屑灰岩，碳质泥岩夹煤层（厚0～0.87 m）。砾岩呈灰白-灰色，基底式胶结。胶结物为钙质，砾岩成分为生物灰岩、生物碎屑灰岩及少量假碎屑灰岩，为浑圆状、次棱角状，大小2～10 cm。中部为厚层状生物碎屑微晶灰岩，生物灰岩夹煤层（局部为碳质泥岩，厚0.4～1.88 m）。灰岩呈灰-深灰色，具生物碎屑-微晶结构。单层厚30～50 cm。矿物成分主要为方解石，含少量白云石、黄铁矿。局部夹有硅质和白云质团块，大小为5～10 cm。本组厚122.48～179.83 m。与下伏地层平行不整合接触。

4）上二叠统长兴组（P_2c）。下部为中层状微晶生物灰岩，含生物碎屑微晶灰岩夹煤层（厚度0～1.05 m）。灰岩呈灰-深灰色，具微晶生物结构。单层厚30～50 cm。矿物成分以方解石为主，含少量白云石。产有孔虫、棘皮动物、𩾃类等化石。上部为厚层-块状白云岩，白云质灰岩夹生物灰岩。一般为浅灰色，粉晶-结晶结构，厚层-块状构造。层理不清，断口粗糙，风化外貌如刀砍状。矿物成分为白云石和方解石。在白云质灰岩中夹有厚约8 m的生物灰岩，呈灰色，具微晶生物结构，块状构造，矿物成分主要为方解石。产腕足类、𩾃类等化石。本组厚度大于150.98 m，与下伏地层整合接触。具辉锑矿化。

5）下三叠统罗楼群（T_1ll）。为中层状泥质条带白云质灰岩、生物碎屑灰岩，浅灰色，微-细晶生物碎屑结构，中层状构造为主，局部厚-巨厚层状，泥质条带宽1～5 cm。波状弯曲，缝合线构造较发育。矿物成分主要为方解石及白云石，含少量星点状黄铁矿。生物化石主要有介形虫、瓣鳃类、菊石等，厚度大于58.16 m，与下伏地层断层接触。具辉锑矿化、金矿化。

表2-1 高龙金矿田地层简表

系	统	组	代号	厚度（m）	岩性描述	构造部位	矿产
三叠系	中统	河口组	T_2h	>445	上部为灰绿色中-厚层泥岩、粉砂质泥岩夹黄绿色厚-块状钙质泥岩、粉砂岩及泥质粉砂岩，局部夹厚层砂岩及薄至中层状泥灰岩，下部为灰绿色中-厚层砂岩夹薄层-中层泥岩，局部砂泥岩互层，具有浊积岩特征，底部有同生-准同生滑塌构造	隆起边缘	
		百逢组	T_2b	>1085	主要为中-厚层块状灰绿色细砂岩、粉砂岩夹薄-厚层状泥岩、钙质粉砂岩，顶部夹条带状或透镜状灰岩，局部地区为砂、泥岩互层，底部或近底部常夹凝灰岩或凝灰质砂岩，复理石、类复理石韵律发育，具有浊积岩特征	隆起边缘	辉锑矿化、金矿化
	下统	罗楼组	T_1ll	>60	中层状泥质条带灰岩、生物碎屑灰岩，浅灰色，微晶-细晶生物碎屑结构，中层状构造为主，局部厚-巨厚层状，泥质条带宽1～5 cm，波状弯曲，缝合线构造发育，矿物成分主要为方解石及白云石，含少量星点状黄铁矿，生物化石主要有介形虫、瓣鳃类、菊石等	隆起边缘	辉锑矿化、金矿化
二叠系	上统	长兴组	P_2c	>150	上部为中层状微晶生物灰岩，含生物碎屑微晶灰岩夹煤层，灰岩呈灰-深灰色，具微晶生物结构，单层厚30～50 cm，矿物成分以方解石为主，含少量白云石，化石主要为𩾃类、有孔虫和棘皮动物；上部为厚层-块状白云岩、白云质灰岩夹生物灰岩，一般为浅灰色，具粉晶-细晶结构，层理不清，端口粗糙，风化外貌如刀砍状，矿物成分为白云石和方解石，在白云质灰岩中夹有厚约8 m的生物灰岩，呈灰色、具微晶生物结构，块状构造，矿物成分主要为方解石，产腕足类、𩾃类化石	矿区中心，高龙隆起核部	石灰岩、辉锑矿化
		合山组	P_2h	122～180	下部为砾岩夹生物碎屑灰岩、炭质泥岩夹煤层，砾岩呈灰白色-灰色，基底式胶结，胶结物为钙质，砾岩成分为生物灰岩、生物碎屑岩及少量假碎屑灰岩，为滚圆状、次棱角状，大小2～10 cm；中部为厚层状假碎屑灰岩夹少量生物灰岩；上部为中层状生物碎屑微晶灰岩，生物灰岩夹煤层，灰岩呈灰-深灰色，具生物碎屑微晶结构，单层厚30～50 cm，矿物成分主要为方解石，含少量白云石、黄铁矿，局部夹有硅质和白云质团块，大小5～10 cm		石灰岩、辉锑矿化
	下统	茅口组	P_1m	41～245	灰白、浅灰色厚层块状灰岩、生物灰岩，偶夹白云质灰岩、白云岩		石灰岩、辉锑矿化
		栖霞组	P_1q	158～251	深灰色厚层块状灰岩夹生物灰岩，普遍含燧石团块或条带，局部地区夹白云质灰岩和白云岩及薄层硅质岩		
石炭系	中、上统		C_{2-3}	>240	厚层-块状（以厚层为主）生物灰岩、生物碎屑灰岩夹少量白云质灰岩，呈浅灰色，具微-细晶结构，单层厚一般50～80 cm，个别大于2 m，产有孔虫、珊瑚、𩾃类等化石		石灰岩、辉锑矿化

注：资料来源，广西壮族自治区地质矿产局，1985。

6）中三叠统百逢组下段（T_2b^1）。为薄-中层状粉砂岩、泥岩夹少量厚-巨厚层状细砂岩。粉砂岩与泥岩原生色为灰黑色，风化后呈褐色、泥质与粉砂质相互混杂，微水平层理发育，断口参差状，风化外貌如鳞片状。单层厚一般8～20 cm。细砂岩、呈灰色，单层厚一般为70～200 cm，含泥质较多。矿物成分以石英为主，含长石和云母碎片。厚度大于166.55 m，与下伏地层整合接触。

7）中三叠统百逢组中段（T_2b^2）。为厚-巨厚层状细砂岩夹薄-中层状泥岩、粉砂岩、细砂岩。细砂岩，呈青灰色，细砂结构，单层厚60～200 cm，个别达700 cm，矿物成分以石英为主，含少量长石、岩屑。粉砂岩，呈青灰色、粉砂质结构，单层厚5～30 cm，具底模构造。厚度大于488.64 m。与下伏地层整合接触。

8）中三叠统百逢组上段（T_2b^3）。为薄-中层状钙质泥岩、钙质粉砂岩夹微-薄层生物碎屑层及厚层-块状含钙质细砂岩，透镜状泥灰岩、灰岩、砂质白云岩。钙质泥岩，呈灰黑色，风化后呈粉红色、褐色，单层厚8～30 cm，以十几厘米较为常见，局部含钙较高成为泥灰岩、灰岩。钙质粉砂岩，呈灰黑色，风化后呈粉红色、褐色，含泥质粉砂结构，单层厚12～40 cm，正粒序层变化明显，顶部常有1～5 cm厚泥质，底模构造发育，鲍玛序列C段层理。生物碎屑层呈褐色、由瓣鳃类组成，含钙质、泥质，钙质较高时成为砂质灰岩或砂质白云岩。厚度大于430.22 m。与下伏地层整合接触。

9）中三叠统河口组下段（T_2h^1）。为薄-中层状泥岩、粉砂岩、微-薄层状生物碎屑层夹厚-块状细砂岩。一般呈灰色，风化后为土黄色，韵律变化明显，不含钙或含钙较低。泥岩单层厚5～40 cm，常见鱼鳞蛤化石；粉砂岩单层厚10～50 cm，具底模构造；细砂岩单层厚50～200 cm；生物碎屑层单层厚1～2 cm，总厚131.80～158.37 m。与下伏地层整合接触。

10）中三叠统河口组上段（T_2h^2）。下部为厚层-巨厚层状（以巨厚层状为主）细砂岩夹少量薄-中层状泥岩，微-薄层状生物碎屑岩层。细砂岩，呈青灰色，单层厚50～150 cm，个别达300 cm以上，具底模构造；泥岩，呈灰绿色，单层厚5～40 cm；生物碎屑层厚数毫米。中部为薄-中层状粉砂质泥岩夹中层粉砂岩，微-薄层生物碎屑层。顶部发育一层厚5 m滑塌岩。粉砂质泥岩，一般呈灰色，水平层理发育，风化后易沿层理剥开；生物碎屑层一般厚1～2 cm，最厚可达7 cm。上部中-巨厚层状（以厚层状为主）细砂岩夹薄-中层状泥岩和少量微-薄层生物碎屑层，发育一层厚3 m的滑塌岩。细砂岩单层厚30～220 cm，具泥质条带构造和底模构造；生物碎屑层一般厚数毫米。产鱼鳞蛤化石。本段厚度大于313.30 m。与下伏地层为整合接触。

二、矿区构造

1. 褶皱构造

矿区原是一个轴向近东西的完整背斜构造，后因矿区东西侧F_3、F_1两条近南北向断层破坏，致使两端地层大幅度下降，形成中间相对隆起（高龙隆起）、四周拗陷的地理景观，造成隆起区出露上古生界，四周凹陷区为三叠系，中间老四周新，貌似穹窿（国家辉，1992）。

高龙隆起走向北西西，长短轴比3：2，出露上古生界碳酸盐岩，因属相对刚性体，构造表现以断裂为主，而褶皱则宽缓，四周为三叠系相对柔性层，产状向四周倾斜，三叠系中褶皱发育，按其轴向展布可明显分东西和南北两组，前者多发育在隆起区南北两侧，规模较大；后者多发育在隆起区东西两侧，规模较小，轴长仅1.3 km，倾角较缓，靠近隆起边缘滑脱面附近，次级褶皱相当发育，其规模很小，轴长仅数米至数十米，轴面有歪斜、平卧甚至倒转，轴向多变。总之，隆起周边地层次级褶皱强度由接触带往外逐渐减弱，为滑脱褶皱典型特征（国家辉，1992）。

2. 断裂构造

矿区断裂构造十分发育，按其走向可归纳为近东西向、近南北向和北西西向3组。在隆起区上古生界碳酸盐岩与周边三叠系地层之间，由前两组断裂F_1-F_4联合组成一个环状断裂，其走向长、断距大、破碎带宽，破碎带全部硅化，发育构造石英岩、硅化构造角砾岩、复合角砾岩，其抗风化能力强，为正地形。该环状断裂多次继承性活动，并控制热液活动，是矿区的主要导矿、容矿构造。北西向断裂构造则晚于上述两组断裂（国家辉，1992）。

纵观矿区断裂活动有如下 3 个方面特征：环状断裂由两组断裂联合构成，即近东西向和近南北向，活动仅限于隆起边缘部位，其两端均未穿入周边地层，说明活动很早，控制隆起、坳陷区界线即三叠纪岩相古地理，为基底断层；北西西向断裂发育于基底层及盖层之内，并切穿环状断裂，局部与其复合，说明该期活动较晚，很可能与右江褶皱带形成于同一时期；环状断裂具多次继承性活动，控制热液活动，与蚀变矿化关系密切（国家辉，1992）。

第二节 德保铜矿

矿区位于德保县城南东 25 km 燕洞乡钦甲村红山-古袭一带。达中型规模。

德保铜（锡）矿床位于钦甲花岗岩体北侧外接触带（图 2-1），矿体主要分布于岩体与寒武系接触带附近（离岩体 1 ~ 2 km 范围内）。

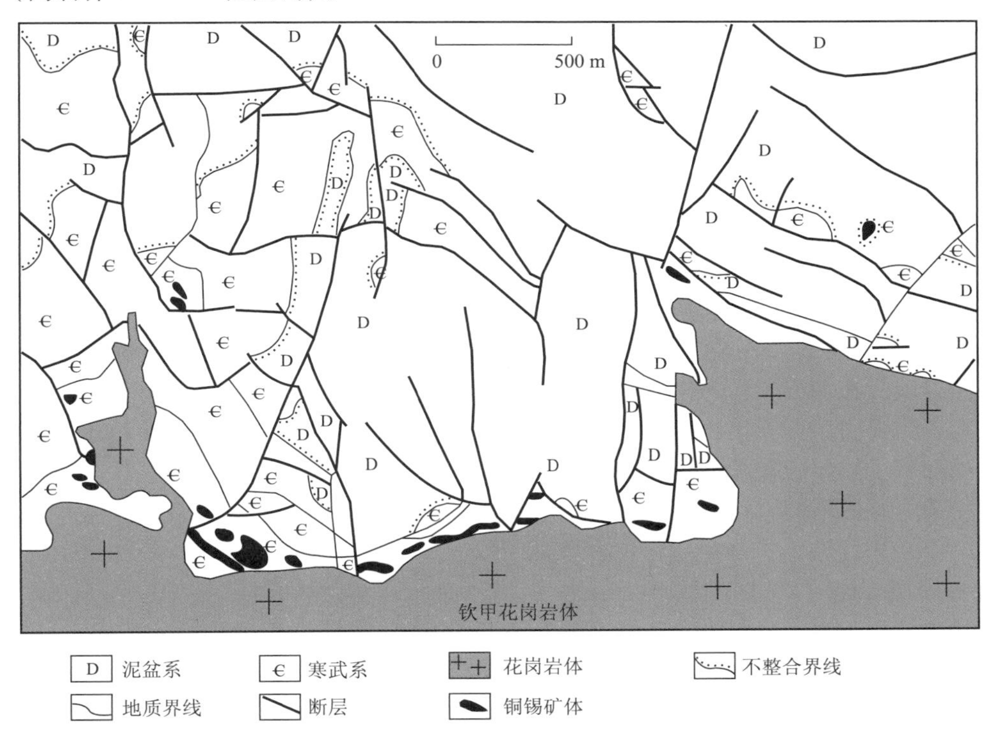

图 2-1 德保铜矿地质简图

矿区内出露的地层有寒武系及下泥盆统莲花山组、那高岭组、郁江组和塘丁组，其中下泥盆统与下伏寒武系呈角度不整合接触，地层倾向一般 350° ~ 30°，倾角 10° ~ 30°，下泥盆统岩层较下伏岩层倾角平缓。寒武系地层因花岗岩侵入而发生不同程度的变质，主要岩性有浅变质砂岩、角岩、大理岩、矽卡岩等，其第 5、第 7 分层为主要的含矿层位。

矿区属单斜构造，局部有较平缓的小褶皱，由于矿区处在两个构造体系复合部位，受应力作用强烈而复杂，构造断裂特别发育。据坑道观察，成矿前和成矿后断裂都有。北西西向断裂很发育，规模较大，其次为北北西和北东向，多属压扭性断裂。这些断裂可能大部分为成矿后断裂，对矿体的破坏作用较明显，多数矿体被断裂切割成菱形块状，剖面上则呈阶梯状排列。

矿区内岩浆活动较为强烈，地表出露的岩浆岩主要为钦甲花岗岩体，岩性为黑云角闪花岗岩，隐伏于地表以下的岩浆岩则有斑状黑云母花岗岩、黑云钾长花岗岩。相对而言，黑云钾长花岗岩中的钾长石斑晶较大，含量较高。上述几种岩浆岩的接触关系并不明显，在坑道内未见到明显的黑云角闪花岗岩与黑云钾长花岗岩及斑状黑云母花岗岩的接触关系。

第三节　铜坑锡多金属矿

一、矿区地层

铜坑矿区出露的地层主要为中、上泥盆统地层。从上到下依次为：

1. 上泥盆统同车江组（D_3^3t）

该组为一套浅海相的陆源碳酸盐岩和泥页岩，其中裂隙脉矿化发育，局部出现层状矿化。

2. 上泥盆统五指山组（D_3^2w）

该组地层可以进一步划分为4个亚层：

大扁豆灰岩（$D_3^{2d}w$）：灰白色，扁豆体粒径较大，一般长轴为2～5 cm，短轴0.5～2 cm，厚度变化大，为几至几十米不等，总厚度15～20 m。局部见有燧石结核或条带。该层含矿性较差，矿化优先沿扁豆体边缘进行，但裂隙脉矿化较发育，如在584中段中可见强烈矿化的层状矿体。

小扁豆灰岩（$D_3^{2c}w$）：灰白色，具有扁豆状构造，扁豆体由近等粒状方解石组成，长轴0.5～2 cm，短轴0.2～0.4 cm，其余为泥灰质以及含炭质硅质、灰质组成，总厚度90～110 m。矿化特征与大扁豆灰岩一致，裂隙脉状矿化较强，矿化优先沿着钙质扁豆体进行交代。

细条带状灰岩（$D_3^{2b}w$）：薄层硅质岩和薄层灰岩相互成层，单层厚度小，1～5 cm，其中钙质条带颜色灰白色，以重结晶方解石为主。含炭硅质层为灰黑色，主要由微晶石英、绢云母组成。颜色黑白相间，条带构造十分明显。总厚度10～20 m。为91号层状和似层状矿体的主要赋矿地层。

宽条带灰岩（$D_3^{2a}w$）：主要为层状的灰岩和泥灰岩，夹有薄层硅质岩。层理构造，单层厚度在5～10 cm，总厚度约15～20 m。在不同的纹层中岩石普遍发生变质作用，灰岩层发生碳酸盐化，主要由粒状方解石组成。泥灰岩层中发生硅化、绢云母化、菱铁矿化。在矿化强烈地段有钾长石化、电气石化。硅质薄层主要由微晶石英组成，具有粒状镶嵌结构。相伴有碳酸盐化、绢云母化。该套地层中矿化较弱，局部可见纹层状矿化。

在上述4个岩层的不同岩性层之间易发生层间滑脱而形成虚脱部位，有利于形成层间脉状矿体，如75号、77号、79号等。

3. 上泥盆统榴江组（D_3^1l）

以条带状硅质岩为主，岩石为深灰色至黑色薄层状-厚层状的硅质岩、硅质页岩，局部含炭质及钙质较高。蔡明海、梁婷等（2005）根据野外地质调查，将其细划分为5层。第一层在最底部，为灰色薄层硅质岩，单层厚度为0.5～6 cm；第二层为灰色薄层硅质岩，岩层发生了变形，形成褶曲；层厚约2 m；第三层为薄－中厚层状硅质岩夹泥岩，泥质含量高，硅质岩层厚1～20 cm，矿化较弱；第四层为灰黑色层纹状薄层硅质岩、硅质岩中钙质结核体发育，褶皱变形较强；第五层为灰黑色薄层硅质岩、产状稳定，变性不明显。该套地层为铜坑大型92号网脉状矿体的主要赋矿地层。

4. 中泥盆统晚期的罗富组（D_2^2l）

覆盖于纳标组之上，其总体展布方向与纳标组基本一致。岩性为深灰色-灰黑色的钙质泥岩、页岩与泥质灰岩互层，夹砂岩、炭质泥岩。该组地层在铜坑矿区主要为锌铜矿体的赋矿层位。

5. 中泥盆统纳标组（D_2^1nb）

在铜坑矿区以泥岩、泥灰岩、页岩为主，夹灰至灰黑色薄至中厚层状中粗粒石英砂岩、细砂岩、泥质灰岩等。

二、矿区岩浆岩

在长坡-铜坑矿区，岩浆活动较为强烈，出露的侵入岩主要为花岗斑岩墙和闪长玢岩墙。花岗斑岩墙在以往的研究成果中，因其产出在铜坑矿床的东部，称为“东岩墙”；闪长玢岩岩脉因产出于铜坑矿床的西部而被称为“西岩墙”。岩脉在铜坑分布呈左侧雁行式或“川”字形排列，走向北北西或近于南北向，倾向东，倾角 50°～90°。

笼箱盖岩体是大厂矿田中规模最大的侵入体，在地表出露很少，仅在笼箱盖地区地表以岩枝状产出，出露面积 $<0.5\ km^2$，主体以隐伏岩体形式出现（陈毓川，1993）。根据钻孔和重力资料，岩体向深部呈巨大的岩基，呈上小下大的锥状，且西缓东陡，向下一直延伸到长坡-铜坑矿的深部。据 2011 年 215 队实施的深部钻探成果，在铜坑深部约 －800 m 以下出现了黑云母花岗岩。

三、矿区构造

长坡-铜坑矿床位于大厂矿田西矿带，总体构造线方向为北西向，区内褶皱、断裂构造发育，主要控矿构造为北西向的大厂复式背斜、北西向大厂断裂及其北东向横向褶皱、断裂和裂隙。

大厂背斜位于大厂断裂的北东侧，北起长坡，往南经过巴里、龙头山、雷打石、那雁、平村、三合村至宝藏，北端在更庄倾伏。南北延长 17 km。背斜由中、上泥盆统地层组成，背斜的西翼陡，倾角大于 70°，局部直立，甚至倒转；东翼较为平缓，倾角小于 40°；两翼不对称（图 2-2）。背斜的轴向 330°～340°，向北部转为 300°，向北西倾伏。在大厂背斜的转折端，由于受力的作用，在核部产生大量的横张裂隙、虚脱空间，为大脉状矿体的充填形成提供空间。

A. 大厂背斜的转折端形成的虚脱空间

B. 大厂背斜的东翼产状平缓

C. 大厂背斜的转折端

D. 大厂背斜转折端大脉状矿体的地表露头

图 2-2　大厂背斜产出特征

北西向的大厂断裂是矿区最为发育、规模最大的断裂，也是丹池断裂带的次级断裂，长约 10 km，走向 310°～340°，总体倾向北东，倾角 20°～85°，在长坡地表可以见到很好的露头（图 2-3）。断裂破碎带宽 0.5～2 m，其中发育有矿化透镜体。断层的性质为逆掩断层，断层面由于受到后期南北向褶皱及地壳上隆、岩浆上拱作用的影响，长期递进演化而呈现舒缓波状起伏，且有多期成矿的特点。大厂断裂既是导矿的通道，又是容矿构造，190 号矿体即赋存于其中。

除了北西向断裂外，北东向断裂的发育程度仅次于北西向，呈密集分布，往往横切北西向断裂。属于张性平移断裂，为燕山晚期拉张伸展作用的产物。东西向断裂不发育，表现为一些规模极小的近东西向的平移断层；南北向断裂常见穿过北西向、北东向两组断裂，具有张性滑移特征。

矿田内北西向和北东向断层交汇发育，构成了大厂矿田构造的主要格架，控制着矿床和矿化区的产出位置，形成矿化分布的北西成带、北东成行的基本格局，在东西向褶皱、断裂和北东向横张褶皱、断裂的交汇部位，往往形成富矿体。同时，矿田内由于滑覆剪切作用，促使大厂矿带的各种不同岩石物理性质的界面因层间滑动而形成层间破碎带，尤其是换层界面，为矿液运移准备了储矿空间，也是矿田内最有利的控矿构造之一。

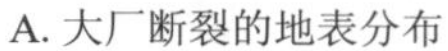

A. 大厂断裂的地表分布　　B. 大厂断裂带中地层的褶皱现象

图 2-3　大厂断裂的产出特征

第四节　龙头山金矿

一、地层

矿区出露地层有寒武系黄洞口组下段，泥盆系下统莲花山组以及第四系。

寒武系黄洞口组（ϵh）：分布于龙头山西北坡及砷矿沟一带。岩性为浅变质细砂岩、泥质粉砂岩、炭质板岩和斑点状板岩。其砂岩类和泥岩类岩石均具有较高的含金量，含金平均值分别是地壳平均含量的 5 倍和 4 倍，而且在砷矿沟一带有沿层间分布的似层状毒砂、黄铁矿、铅锌矿薄层。

泥盆系下统莲花山组（D_1l）：主要展布在龙头山矿区（图 2-4，图 2-5，图 2-6），可分为下、上两段：①下段（D_1l^1）不整合于寒武系黄洞口之上，底部为浅紫红色厚层状砾岩和含砾不等粒砂岩，往上为厚层状细-中粒砂岩夹泥质细-粉砂岩，交错层理发育，与寒武系接触面出现滑脱构造角砾岩，厚度为 110 ~ 216 m；②上段（D_1l^2）泥质粉砂岩夹石英砂岩、细砂岩、不等粒砂岩，其顶部的一层细砂岩微含磷，中间有一层厚 0.21 ~ 0.36 m 的灰绿色白云质含铜泥岩，厚度 146 ~ 260 m。

第四系（Q）：展布在中里地段，零星分布，主要为坡积、残坡积物，厚 0 ~ 20 m。

图 2-4　泥盆系莲花山组地层

图 2-5　460 m 中段莲花山组石英砂岩

二、构造

1. 褶皱构造

龙山背斜是区域上的主要褶皱构造。背斜轴向 NE45°、向南西倾伏，倾伏角 25°。核部为寒武系，两翼为泥盆系和石炭系。背斜两翼不对称，北西翼陡，倾角 35°～45°；南东翼缓，倾角15°～25°。

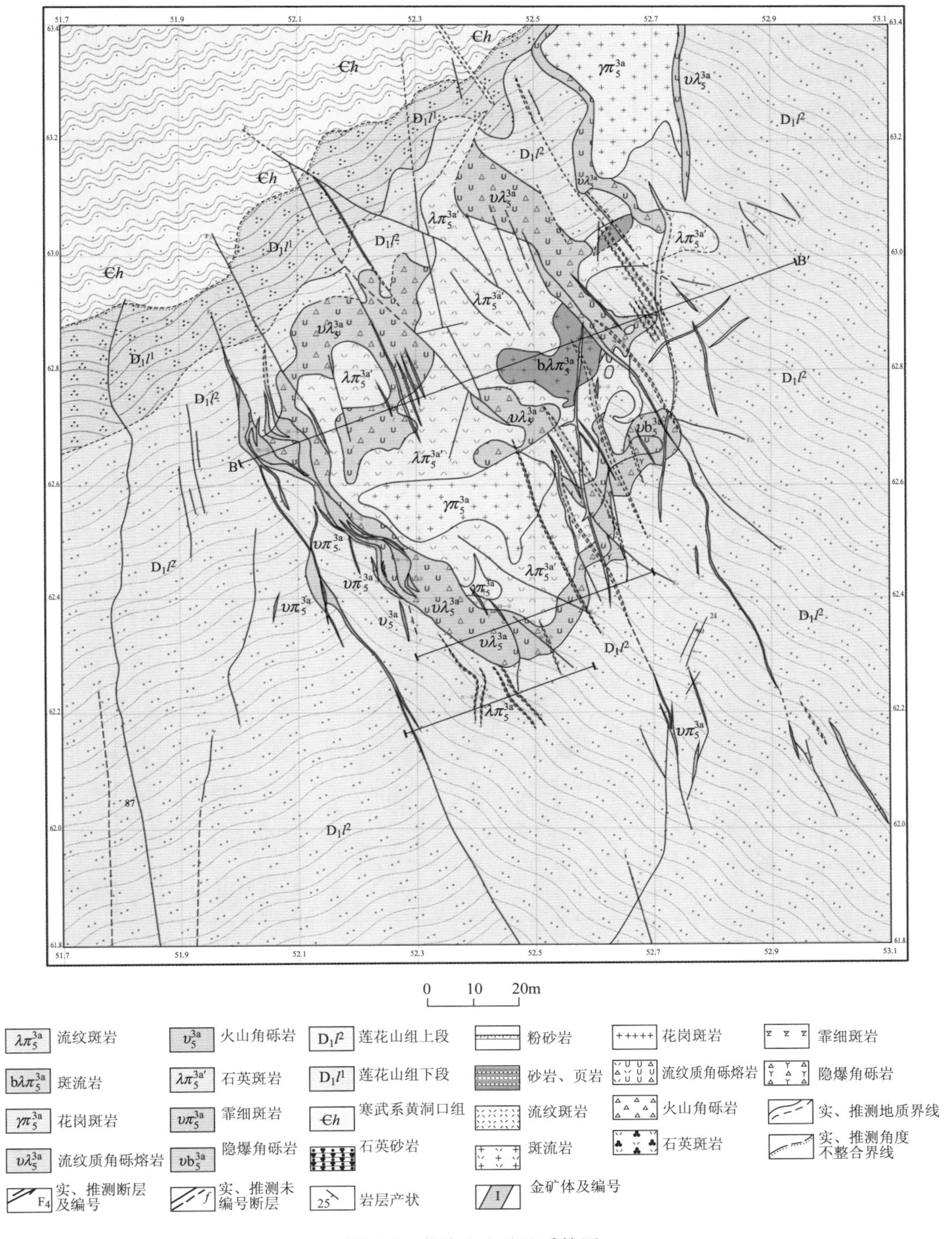

图 2-6　龙头山金矿地质简图

（据龙头山金矿 2007 修改）

龙头山矿区位于龙山背斜南西翼，地层倾向南东或南南西，倾角一般 20°~30°，表现为一单斜构造，局部受断裂构造影响形成挠曲。

2. 断裂构造

矿区断裂构造主要有北东、北西、南北及向东西向等 4 组。其中，北西向和南北向断裂为主要容矿构造（图 2-7）。

1）北东向断裂。在矿区地表的形迹不甚明显，但区域重力资料反映存在一个北东向幔凹与幔凸变异带，沿此带航磁异常明显（李蔚铮等，1998）。因此，北东向断裂属隐伏深断裂，是区域性凭祥-大黎断裂的组成部分。

2）北西向断裂。形迹清晰，但具一定规模的北西向断裂主要分布在外接触带。断裂产状陡立、带内岩石破碎程度低、连通性差、宽度变化大、构造角砾呈棱角状且大小混杂、主断面呈锯齿状或根本没有明显的主断面、两侧围岩无位移，属典型的张性断裂。

野外调查表明，在矿区及外围发育有北西向区域性剪节理和断续分布的北西向陡崖，指示区内存在规模更大的北西向隐伏断裂。

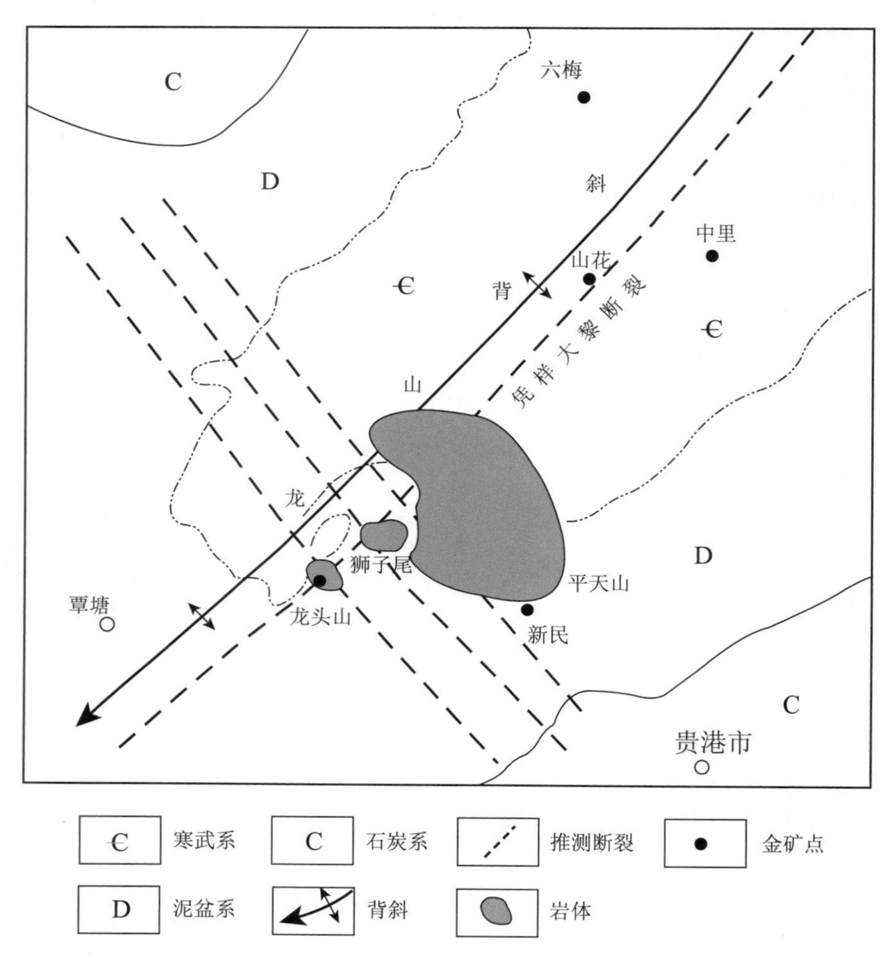

图 2-7　龙头山金矿区域构造简图

3）南北向断裂。规模较小，分布在接触带附近，断裂产状陡立、带内岩石破碎程度低、连通性差、宽度变化大、带内构造角砾呈棱角状且大小混杂、主断面呈锯齿状、两侧围岩无位移，属典型张性断裂。该组断裂成矿后仍有活动，并为晚期霏细斑岩脉所充填，岩脉穿过矿体，但无明显位移。

4）东西向断裂。规模较小，断裂具张性特征。个别东西向断裂内赋存有小规模金矿体。该组断裂成矿后亦有活动，穿过矿体但没有产生明显位移。

由于后期次火山作用过程中张应力作用的叠加改造，区内不同方向的断裂均具有典型张性断裂的特点，表现为断裂产状陡立、沿走向和倾向断裂连通性差、破碎带宽度变化大（0.2～30 m）、带内岩石破碎程度低、带内构造角砾呈棱角状且大小混杂、主断面呈锯齿状、两侧围岩无位移。

3. 节理构造

对矿区范围内971条节理的统计表明，龙头山矿区主要节理有NW340°～355°（主节理）、NNE5°（主节理）、NE20°～50°和NE40°～60°四组。

区内节理以剪节理为主，泥盆系砂岩、流纹斑岩、花岗斑岩及金矿体中的节理特征基本一致。角砾熔岩中因本身微裂隙发育，导致节理产状变化较大，因此，节理产状与其他岩性中的节理略有不同。区内绝大多数节理中无充填物，仅少数剪节理的局部张开地段及小规模张性裂隙中有矿化和蚀变物的充填。

三、岩浆岩

矿区内岩浆活动强烈，主要有龙头山次火山岩体和众多的酸性岩脉。

龙头山火山岩体：沿龙山鼻状背斜倾没端侵入于莲花山组下、中段，具有爆发、超浅成、浅成岩的特征。岩体平面形态呈不规则的等轴状，长700 m，宽600 m，面积0.46 km^2。岩体垂直方向呈岩筒状，略向北西倾斜，东西两侧倾角陡，局部向内倾斜，与围岩接触面比较规则。岩体周围内外接触带发育，硅化、电气石化强烈，岩石坚硬；中间为绢云母化、高岭石化，岩石硬度过低。由于风化剥蚀的差异，致使周围悬崖峭壁高耸，形成四周高、中间低，似塌陷火山口的地貌景观。

次火山岩体与围岩接触界线比较明显，但在熔蚀、同化作用、热液蚀变和角砾岩化作用地段界线比较模糊。次火山岩体周围的岩石，由于受火山爆发作用的影响，形成一定范围的应力-热液矿化蚀变圈，火山颈周围岩石角砾岩发育，碎裂明显，许多大小岩块呈捕虏体或角砾分布在角砾熔岩中，稍远一些岩层被震裂破碎，形成许多断裂、裂隙，其中有爆破角砾岩、热液角砾岩和侵入角砾岩充填，其根部与火山岩连成一体，使火山岩的边界线呈锯齿状，它们经历了相同的热液蚀变和矿化作用，是矿区重要的含矿构造，一些金矿体即产于此中。

震碎角砾岩。震碎角砾岩零星分布于火山机构外缘的泥盆系莲花山组砂岩地层中，由于其空间分布的规模较小且较零散，难以在地质图上单独作为一个填图单元来进行勾绘。震碎角砾岩具角砾状构造，角砾大小混杂、棱角分明，角砾之间无明显位移，具有可拼性。震碎角砾岩的角砾成分为泥质粉砂岩、细砂岩、泥质砂岩等，胶结物主要为云母和泥质，遭受热液蚀变作用部分胶结物被微晶电气石集合体所取代，角砾间裂隙常有石英-电气石细脉产出，并伴有自形-半自形晶粒状黄铁矿化。震碎角砾岩中黄铁矿化发育，平均含Au 900×10^{-9}（谢抡司等，1993）。

火山角砾岩。零星分布在火山机构边缘，尤以东部和北部出露较多，但空间上不连续，难以在地质图上加以反映。火山角砾岩呈灰色，风化后呈杂褐黄色，具火山角砾结构及凝灰碎屑结构，角砾成分以流纹斑岩、熔岩为主，部分为砂岩，多呈棱角状-次棱角状，部分呈熔蚀状，大小自20～30 mm或更大不等。胶结物为小于2 mm的凝灰碎屑物、石英、长石晶屑等。岩石蚀变、矿化较强，平均含Au 630×10^{-9}（谢抡司等，1993）。

角砾熔岩。呈环带状断续分布于火山机构边缘，其与莲花山组砂岩接触界线清晰，但接触面形态不规则。角砾熔岩具角砾状构造，角砾成分为砂岩、流纹斑岩及少许凝灰质和长英质晶屑；基质为流纹质熔岩，具隐晶-霏细或显微晶等熔岩结构。角砾熔岩中部分石英斑晶呈熔蚀港湾状并具显微裂纹，基质中长英质矿物微细斑晶为石英及电气石化长石假晶，属流纹质熔岩。岩石遭受强烈热液蚀变作用，主要有硅化、电气石化、黄铁矿化。岩石平均含Au 730×10^{-9}（谢抡司等，1993）。

流纹斑岩。为主体岩相，分布于火山机构中部，与角砾熔岩呈渐变过渡关系，即从角砾熔岩到流纹斑岩角砾含量逐渐减少至消失。流纹斑岩呈灰黑色、暗绿色，具流纹构造、气孔状构造。斑晶具变余斑状-自碎斑状结构。基质具隐晶微粒结构、变余微粒结构和变余斑状结构。斑晶主要由石英、长石组成，含量较均一。石英斑晶多呈圆形豆状及不规则粒状，表面被熔蚀呈港湾状，粒径大小0.3～

6 mm。长石斑晶呈自形、半自形粒状或不规则板柱状，晶体长一般 0.5 ~ 5 mm，表面也被熔蚀。基质主要由微粒石英、微柱状长石组成，粒径 0.01 ~ 0.03 mm。长石常被电气石取代而呈现长石假晶。流纹斑岩普遍发生了硅化、电气石化和黄铁矿化，平均含 Au 390×10^{-9}（谢抡司等，1993）。

花岗斑岩。分布于火山机构中心，侵位于流纹斑岩中，呈不规则椭圆状岩株、岩枝状。花岗斑岩体东西长约 320 m、南北宽约 70 ~ 100 m，倾向北，往深部宽度逐渐增大，在 580 m 标高南北宽达 300 m，且在花岗斑岩岩体边缘支脉较多，局部侵入角砾熔岩中，与流纹斑岩呈不规则的锯齿状接触。花岗斑岩呈灰白色，地表风化后呈白色和黄褐色，斑状结构，斑晶由石英和长石组成。石英斑晶呈六方双锥体和他形粒状，粒径一般 2 ~ 7 mm，具熔蚀边；长石斑晶呈半自形柱板状，粒径 8 ~ 10 mm。基质主要由微细粒石英、长石组成，粒径一般 0.1 ~ 0.2 mm，具显微花岗结构。该岩石遭受强烈热液蚀变，主要为电气石化、绢云母化、高岭土化和黄铁矿化等。花岗斑岩平均含 Au180×10^{-9}（谢抡司等，1993）。

第五节　佛子冲铅锌矿

一、地层

受广西运动影响，广西大部分地区下古生界地层发生浅变质、褶皱，并以花岗岩的侵位标志着加里东褶皱基底的最终形成。在佛子冲地区，广西运动结束后，区域一直处于隆升状态，直到白垩纪晚期，整个华南处于北西-南东向的伸展阶段，产生白垩纪的火山作用和北北东向的白垩系沉积凹陷带。因此，矿田现出露地层主要有下古生界的奥陶系、志留系，中生界的白垩系及分布零星的第四系。

1）奥陶系。矿区内仅出露上奥陶统（O_3），分布于矿区东部地区，属深海-半深海相陆源碎屑岩沉积建造。岩性以砂岩、粉砂岩夹少量页岩和含砾砂岩为主，厚度大于 478 m。

2）志留系。矿区内仅出露下志留统的大岗顶组、古墓组、莲滩组和中志留统的合浦组，分布于矿区北部、西部和东南部，属深海至半深海笔石相沉积至滨海腕足相沉积，岩性主要以砂岩、石英砂岩、粉砂岩、板岩夹泥质灰岩、钙质砂岩为主，总厚大于 2000 m。根据层序和岩性自下而上进一步将大岗顶组、古墓组、莲滩组划分为上中下 3 段。其中大岗顶组、古墓组的碳酸盐岩是佛子冲矿床的主要赋矿围岩。塘坪地区主要是一套细粒砂岩夹页岩（图 2-8）。

需要指出的是，矿区的奥陶系与志留系有可能属于同一时代的同一套地层，本书暂不重新厘定。图 2-8 及图 9-77 等也暂不修改。

3）白垩系。分布于矿田南部上林-河三一带，下统主要为杂色碎屑岩和紫红色泥质岩，角度不整合于下伏地层之上。在矿区内出露的侏罗系地层主要为火山角砾岩、石英斑岩及流纹斑岩，岩性特征见岩浆岩部分。

4）第四系。主要为全新统和上更新统，以残坡积亚粘土及河流冲（洪）积沙砾岩为主，厚度变化大。

二、岩相古地理

从寒武纪至泥盆纪，由于受到加里东期郁南运动、都匀运动、广西运动的强烈影响，该区经历了复杂的构造古地理演变。震旦纪与寒武纪之交的快速海侵事件之后，研究区变为大片海域，同时发育广泛分布的下寒武统烃源岩系。寒武纪末期的郁南运动造成地壳抬升，在早、中奥陶世形成滇黔桂古陆的雏形；中奥陶世末期的都匀运动，在晚奥陶世至志留纪早期使研究区域总体上升成陆，形成了俗称的“滇黔桂古陆”。志留纪时期从北而南的海侵，造成了“滇黔桂古陆”的部分解体，但未改变大片古陆分布的现状；志留纪末期的广西运动，又使研究区域成为大片古陆。早古生代 3 次构造运动所造成的地壳抬升的结果，导致上奥陶统与志留系由北而南的海侵尖灭，以及研究区域残留不全的奥陶系、志留系和复杂的加里东运动不整合面。下泥盆统形成一套较厚的海侵砂岩系，直接覆盖在褶皱

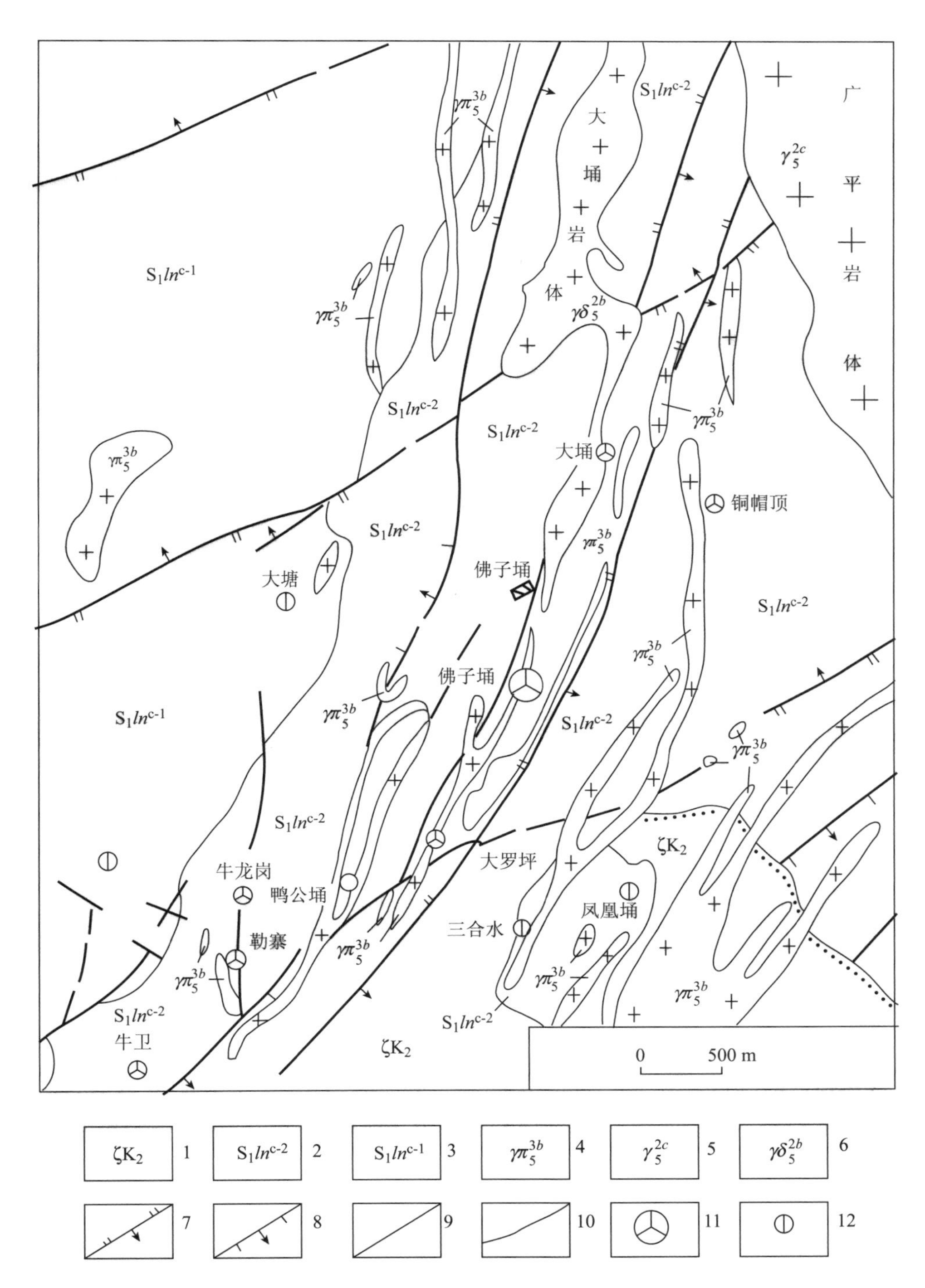

图 2-8　岑溪河三－佛子冲矿田地质略图

（据冶金 204 队资料）

1—上白垩统酸性火山岩；2—下志留统灵山群上组上段；3—下志留统灵山群上组下段；4—燕山晚期花岗斑岩；5—燕山早期花岗岩；6—燕山早期花岗闪长岩；7—逆断层；8—正断层；9—性质不明断层；10—地质界线；11—多金属矿床（点）；12—铅锌矿点

的、浅变质的、不同时代的下古生界地层之上。

在佛子冲矿田及周边广泛出露奥陶系、志留系地层，具复理石一类建造特征。奥陶系、志留系各自构成一个由粗到细的较大沉积旋回。本区仍保留有南华盆地的残余部分——钦州残余海槽，广西运动并未使其褶皱回返，而是继续沉陷。区域上，上志留统防城组（S_3f）与下泥盆统钦州组（D_1q）

为整合接触关系。整个志留系以深水相笔石泥岩沉积为主，部分为滑塌浊积岩，具有深水复理石建造及含锰硅泥质建造的特点，其生物以浮游笔石为主。

三、岩浆岩

矿区岩浆活动强烈，以广泛发育的酸性、中酸性岩为主，次为中基性岩，主要是侵入岩，喷出岩次之。

侵入岩广布全区，主要有形成于印支期的大冲（即大埇岩体。闪长岩-花岗闪长岩）岩体、燕山早期的广平正长花岗岩岩体、燕山晚期的花岗斑岩和石英斑岩。

大冲岩体为花岗闪长岩-闪长岩，分布于矿区北部根竹至大冲、佛子冲一带，呈南北向、北东向岩枝、岩脉侵入由中奥陶统组成的佛子冲背斜核部。岩体中有较多的围岩捕虏体，大小不一，呈角砾状、浑圆状、不规则状。若围岩是钙质岩石，常常与接触交代型铅锌矿体在空间上有一定的关系，为后期成矿提供了有利的空间，但并非成矿母岩，这将在后面章节论述。

广平正长花岗岩岩体为中粗粒斑状黑云母花岗岩，呈岩基分布于矿区东北部，向北东延伸出矿区外，在矿田南西方向糯垌一带仍有出露，空间上展布范围较广，在广西及广东交界部位均有产出，绵延数十千米。

燕山晚期花岗斑岩分布于全矿区，以不规则状岩株出露为主，脉状次之，侵入不同时代的地层和岩浆岩中。岩脉长数十米至4 km，宽数米至百余米，多达百余条，走向为南北向和北东向，密集出现。岩体中常有黑云母花岗岩和中基性岩（暗色）包体。本期侵入岩与成矿关系密切，部分铅锌矿（化）体产出于岩体接触带中或其附近围岩中。这期花岗斑岩为矿田主要成矿母岩，为矿体提供了热源及物源。

矿区喷出岩较发育，为中酸性-酸性喷出岩，形成于晚白垩世，主要分布于矿区东南部河三至都梅、上林一带，按岩性及其结构构造特征进一步分为流纹斑岩和石英斑岩两种。

佛子冲矿区内岩浆作用强烈，并具有多期活动特征，广泛发育酸性、中酸性岩，次为中基性岩。火成岩包括中深成侵入岩、脉状浅成岩、次火山岩-喷出岩三大类。根据火成岩的产状和空间分布，可以分为广平花岗岩岩体、大冲花岗闪长岩-石英闪长岩岩体、新塘-古益花岗斑岩、龙湾英安斑岩、周公顶流纹斑岩。其时代并不相同，其中广平花岗岩岩体的主体可能以志留纪花岗岩为主（李献华，2009），靠近佛子冲则以侏罗纪花岗岩为主，大冲（花岗闪长岩-石英闪长岩）岩体属于广平花岗岩岩体的组成部分，而花岗斑岩、英安斑岩、周公顶火山岩为白垩纪。可见，佛子冲矿区火成岩的多期性和复杂性，有利于成矿元素的长期分异富集。

第六节　石碌铁矿

石碌铁矿床位于昌江-琼海断裂的南部，大地构造位置属五指山褶皱带。矿区位于海南省西部昌江县城南侧，属石碌镇管辖。矿区东西长约11 km、南北宽约5 km、矿区面积约50 km^2（图2-9）。

一、矿区地层

在矿区中心出露的地层主要为蓟县—青白口系石碌群（Qn*s*）和震旦系石灰顶组（Z*s*）（图2-9），二者为断层不整合接触关系。矿区东侧出露有石炭系南好组（C_1n）、青天峡组（C_2q）和二叠系峨查组（P_1e）、鹅顶组（P_1ed）以及南龙组（$P_{1-2}n$），且南好组与下伏地层为不整合接触关系。而寒武系至泥盆系以及三叠系至侏罗系地层在本矿区缺失。

石碌群为矿区主要赋矿岩系，是一套（低）绿片岩相（局部可达角闪岩相）变质为主的浅海相、浅海-泻湖相和/或浅海相-海滨相（含铁）碎屑沉积岩和碳酸盐岩建造，自下而上可分为6个层位：

Qns^1（第一层）：红柱石绢云母石英片岩（图2-10A）、片理化石英岩、含炭质红柱石白云母石英片岩，可见变余水平层理及微粒序层理构造，厚度大于900 m；

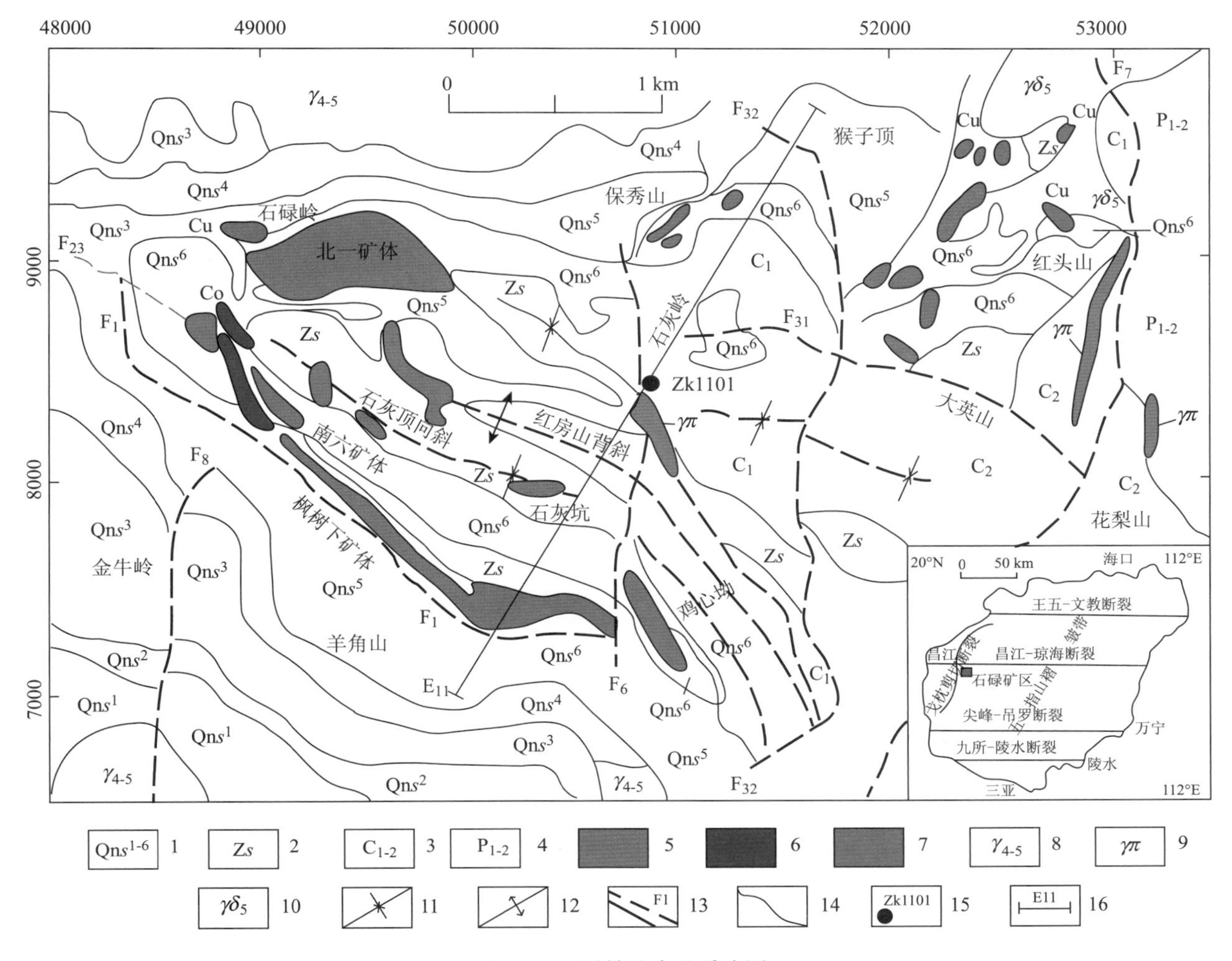

图 2-9 石碌铁矿床地质略图

1—石碌群第一至第六层；2—震旦系石灰顶组；3—中-下石炭统；4—中-下二叠统；5—铁矿体；6—钴矿体；7—铜矿体；8—海西—印支期花岗岩；9—燕山晚期花岗斑岩；10—印支期粗中粒斑状黑云母花岗闪长岩；11—向斜；12—背斜；13—实测及推测断裂；14—地质界线；15—钻孔；16—勘探线

Qns^2（第二层）：蛇纹石化大理岩、镁铁橄榄石大理岩、透辉石透闪石化大理岩（图 2-10B），厚度在 15～100 m 之间；

Qns^3（第三层）：以石英绢云母片岩（图 2-10C）为主，夹含千枚岩、石英片岩和绿泥石、红柱石斑点石英绢云母片岩及硅质条带，可见水平层理和透镜状层理，厚度约 300 m；

Qns^4（第四层）：下部为石英片岩、石英岩（图 2-10D），中部为石英绢云母片岩及千枚岩，上部为石英片岩、石英岩，本层可见不完全干裂、水平层理及微波层理等构造，厚度 80～140 m；

Qns^5（第五层）：主要为绢云母石英片岩（图 2-10E），夹少量硅质岩。可见韵律型水平层理、斜波层理、波状层理，局部可见微斜层理，厚度大于 450 m；

Qns^6（第六层）：是铁矿和钴铜矿的主要含矿岩系，厚度大于 800 m。自上而下可分为 3 段：上段主要由白云岩、含泥质或炭质白云岩（即不纯白云岩）、灰岩及白云质灰岩组成，夹炭质板岩或千枚岩，含 *Chuaria-Tawuia*（宏观藻类）化石（张仁杰等，1989），残余沉积结构发育，但不含矿；中段为主要的含铁岩性段，由条带状、纹层状透辉石透闪石岩（图 2-10F）、含石榴子石绿帘石条带的透辉石透闪石岩（图 2-10G）、条带状透辉石透闪石化白云岩或白云质铁英岩及铁质千枚岩或铁质砂岩组成，局部夹石膏和（含铁）碧玉岩（图 2-10H）等，中间夹含赤铁矿（局部含磁铁矿、假象赤铁矿）多层；下段为主要的含钴铜岩性段，以透辉石透闪石化白云岩、白云岩和条带状透辉石透闪

图 2-10　石碌铁矿床石碌群各层位典型岩石手标本特征

A—第一层红柱石绢云母石英片岩；B—第二层透辉石透闪石化大理岩；C—第三层石英绢云母片岩；D—第四层石英岩；E—第五层绢云母石英片岩；F—第六层透辉石透闪石岩；G—第六层含石榴子石绿帘石条带的透辉石透闪石岩；H—第六层含铁碧玉岩

石岩为主，夹含少量的硅质岩、石英绢云母片岩等。

石碌群第六层中最有意义的是与铁矿体直接接触的条带状透辉石透闪石化白云岩，通常表现由灰白色、黄绿色透闪石和阳起石 + 透辉石组成的条带与白云岩组成的条带交替出现，或者表现由褐红色（石榴子石为主，其次是绿帘石或透辉石）组成的条带与黑色、黑灰色铁氧化物（赤铁矿和磁铁矿）

组成的条带交替出现（图2-10F－G）。薄片鉴定为不纯白云岩热液蚀变形成的矽卡岩。

前人多次报道石碌群中发育了火山物质，李桂兴（1982）在第六层见到钾流纹斑岩，并划分为流纹质熔结凝灰岩-流纹斑岩及基性火山岩系列。吕古贤（1988）在相同层位中发现两层火山凝灰岩，在主矿层底第五层片岩上同一岩段（同已知保秀岭火山岩）又发现几处火山凝灰岩层，厚达10 m以上。另外，矿区第六层附近出露的细碧岩 SiO_2、MgO 含量分别为43.5%～51.4%和3.9%～12.1%（华南富铁科研队，1986；许德如等，2001）。许德如等（2009）在南六矿体也发现一厚约50 cm的凝灰质熔岩。Fang 等（1994）指出西部玄武岩具有 N－MORB 特征，东部玄武岩却具有洋岛玄武岩（OIB）特征，由软流圈底侵诱发玄武质岩浆和中下地壳混合，经历不同程度的部分熔融形成。

二、矿区构造

石碌矿区位于海南岛西端近东西向的昌江-琼海深大断裂和北东向的戈枕韧-脆性断裂交汇部位的东南侧。矿区整体为一轴向为北北西向至近东西向延伸的石碌复式向斜所控制。该向斜西端始于石碌岭，以石灰顶组及石碌群第六层为核心，向外依次为石碌群第五层至第一层所组成。向斜西端翘起收敛，向东倾伏，撒开，倾伏角由西向东由50°渐减为20°甚至更小。它由3个次级褶皱组成，由北而南依次为北一向斜、红房山背斜和石灰顶向斜（图2-11）。

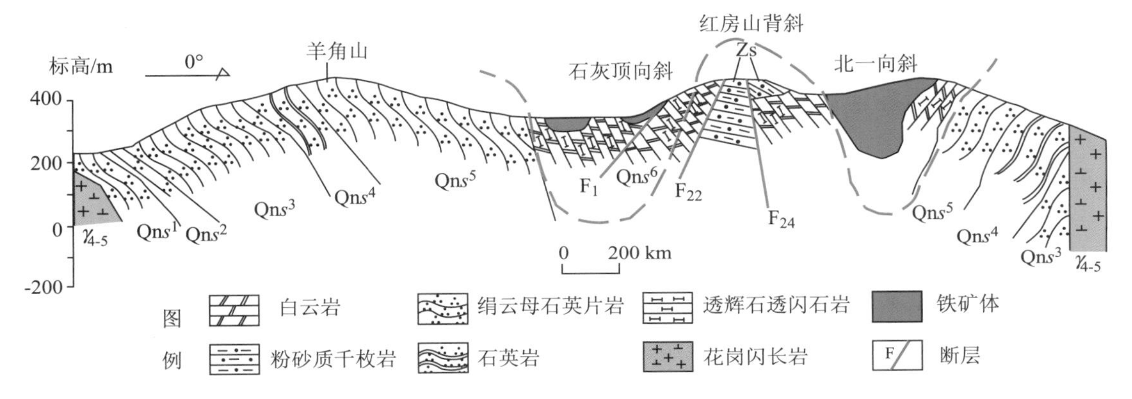

图2-11　石碌铁矿区南北向构造剖面图

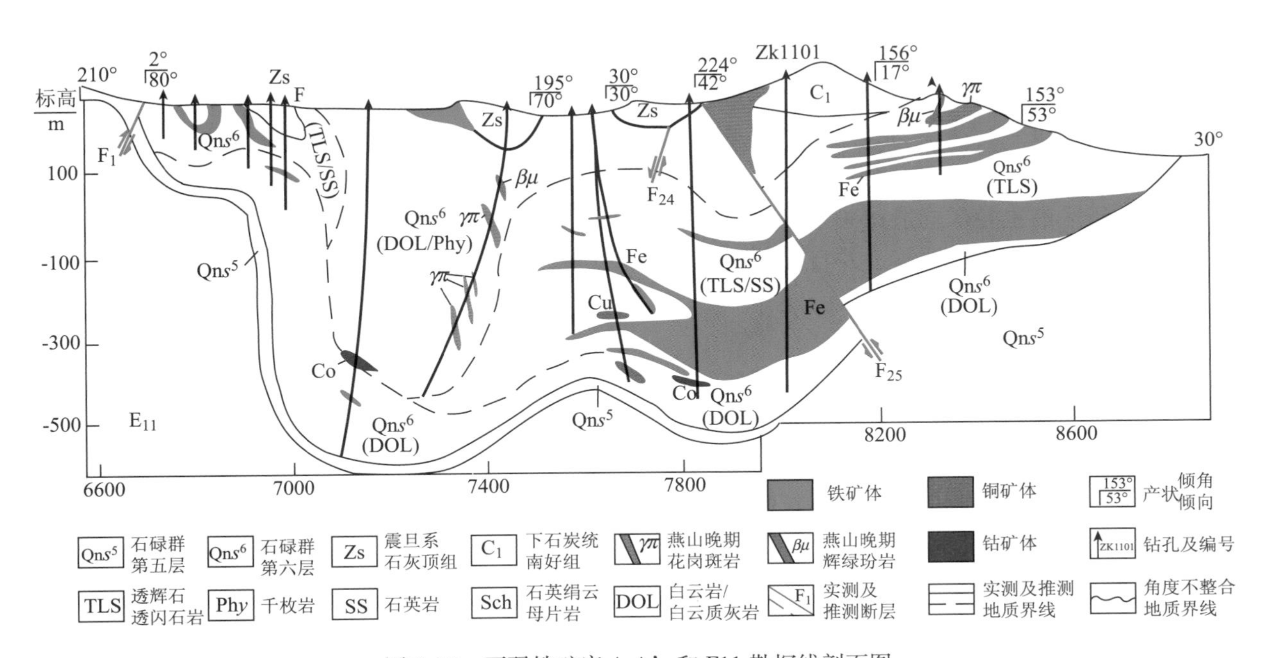

图2-12　石碌铁矿床A-A’和E11勘探线剖面图

（据许德如等，2007）

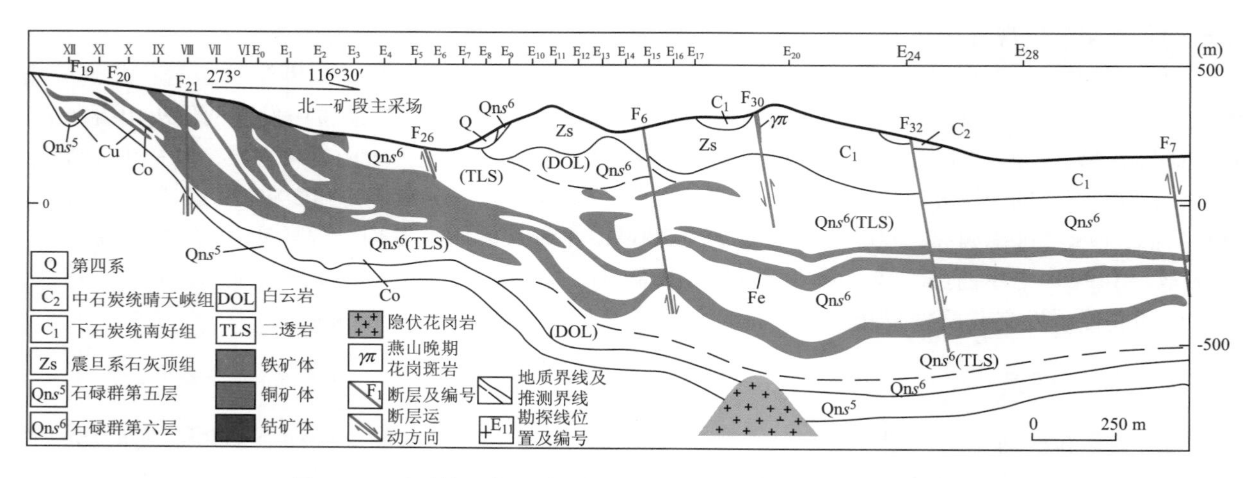

图 2-13 石碌铁矿床西端北一区段至东端花梨山区段垂直剖面图

（据许德如等，2007）

北一向斜的核部由石碌群第六层组成。北一向斜两翼由于受断层或岩浆侵入的影响而不对称，局部出现倒转现象。北翼倾向一般为 220°～245°，倾角 35°～75°；南翼倾向 20°～45°，倾角 75°～55°。向斜西端紧闭、翘起，向斜向东倾伏、撒开，成为隐伏、开阔的宽缓褶皱（图 2-11）。

石灰顶向斜核部由震旦系石灰顶组组成。向斜北翼为石碌群第六层和第五层；南翼即石碌复式向斜的南翼，地层出露齐全，依次为石碌群第六层至第一层。北翼产状较陡且变化较大，倾向南东至南西，倾角 60°～85°；南翼产状较缓，一般倾向东，倾角 30°～40°。

红房山背斜夹于北一向斜和石灰顶向斜之间，以石碌群第五层为核心，两侧为石碌群第六层。北面是北一向斜，南面是石灰顶向斜，两侧的两个向斜都比较宽缓，中间的红房山背斜呈紧闭褶皱，形成上窄下宽的尖楞式褶皱，地表出露宽度一般为 20～50 m，岩层倾角在 70°～90°之间，背斜南翼由于受断层影响，使石灰顶组出露不全。红房山背斜随石碌复式向斜向东倾伏撒开而消失，以致到矿区东部使石灰顶向斜与北一向斜合为一个宽缓的向斜构造。

除了上述 3 个主要褶皱构造外，沿走向和倾向均发育规模更小的次级褶皱。有时在铁矿中也可见到一些规模不大的小褶皱或扭曲。由于矿区经历了多次活动，因此伴随褶皱的发生，构造断裂也比较发育，总体可划分为北西-北北西向、东西-北东东向及近南北-南南东向 3 组（表 2-2）。北西-北北西向断裂以 F_{20}、F_{21}、F_{22}、F_{25}、F_{30}等为代表；东西-北东东向断裂以 F_{26}、F_{27}、F_5、F_{23}等为代表；南北-北北东向断裂则以 F_{19}、F_{29}、F_{32}、F_6、F_7 及戈枕断裂等为代表。其中，矿区最重要的北一区段矿体分布范围内，以北北西向及北东东（近东西）向两组断裂最发育；而矿区南部的北西西向 F_1 断裂则可能为一横贯矿区的主导矿构造；一系列近南北（北北西/北北东）向断裂则不仅在矿区东部横截复向斜，并且使断层东盘矿体滑移、并自西向东逐渐埋深。

三、矿区侵入岩

石碌矿区南、北、西 3 面为侵入岩所环绕，岩石类型以花岗岩类为主。矿区南部、北部为印支-燕山早期斑状/似斑状（角闪）黑云母二长花岗岩、花岗闪长岩。其中花岗闪长岩呈灰白色，中粗粒似斑状结构，块状构造（图 2-14a）。斑晶主要有斜长石、微斜长石和石英（图 2-14b）。斑晶斜长石呈自形板状，粒度大小为 0.5～4 mm，聚片双晶发育，含量约为 20%；斑晶微斜长石粒度大小为 1～5 mm，可见格子双晶，局部偶见卡氏双晶，含量达 10% ±；斑晶石英粒径与微斜长石一致，含量 5% ±。基质为中细粒花岗结构，粒径 0.05～0.15 mm（图 2-14b），主要矿物组成为石英（25% ±）、微斜长石（10% ±）、斜长石（20% ±）和黑云母（10% ±），副矿物包括榍石、磷灰石、锆石和磁铁矿等。另外，该岩体中还可见闪长质包体（图 2-14a），显微镜下可见黑云母包裹含短柱状磷灰石的石英（图 2-14c），反映成岩过程中可能经历了不同岩浆成分的混合作用。这些岩浆岩的 K-Ar、

Rb-Sr和锆石 U-Pb 同位素年龄为 170～320 Ma（汪啸风等，1991a；侯威等，1996；葛小月，2003），$\varepsilon_{Nd}(t)=-17.2\sim-4.2$、$I_{Sr}=0.7063\sim0.7118$，具中等偏高的硅（$SiO_2=68.8\%\sim73.5\%$）和铝（$Al_2O_3=12.8\%\sim15.2\%$），该期花岗岩以壳源为主的钙碱性花岗岩（许德如等，2001；葛小月，2003），有下地壳或地幔成分的加入。

表 2-2　石碌矿区断裂构造一览表

组合		产状			性质
组别	编号	走向	倾向	倾角	
NW 向-NNW 向	F_1	NW320°	SW	50°～75°	压扭性逆断层
	F_2	NW325°	SW	63°	张性正断层
	F_{20}	NW345°	NEE-SWW	2°～25°	压扭性正或逆断层
	F_{21}	NW340°	NEE-SWW	74°～80°	压扭性正或逆断层
	F_{22}	NW300°	NE	60°～64°	压扭性逆断层
	F_{25}	NW320°	NE	54°～64°	压扭性逆断层
	F_{30}	NW315°	NE	68°～90°	张压性断层
	F_{31}	NW300°	SW	58°～80°	张性～张压性正断层
EW 向-NEE 向	F_5	NE60°	SE	80°～73°	压扭性逆断层
	F_{23}	NW290°	S	85°～88°	张压性正或逆断层
	F_{24}	E-W	N 或 S	75°～80°	压性或张压性正或逆断层
	F_{26}	NE60°～70°	SE	65°	张压性正断层
	F_{27}	NE70°	NW	74°～80°	张性正断层
近 SN 向-NNE 向	F_6	NE5°～10°	E	76°～78°	张压性正断层
	F_7	近 S-N	E	49°	张性正断层
	F_8	近 S-N	E	80°～90°	张性正断层
	F_{19}	NE10°～30°	E-W	66°～85°	压扭性正断层
	F_{28}	NE10°～15°	E	80°～90°	张性正断层
	F_{29}	NE20°	NW	80°～82°	张扭-压扭性正断层
	F_{32}	NE5°	E	80°～85°	张性、张压性正断层

矿区内发育花岗斑岩、石英斑岩、闪长玢岩、煌斑岩、辉绿玢岩等岩脉，平面上（图 2-9），这些岩脉呈“S”形态主要沿北北西-北西向和北北东-北东向两组断裂和/或不同岩层界面分布，侵入中心则位于矿区东南面；垂向上，侵位于石碌群第六层主含矿层位的系列岩脉则位于矿体上方或旁侧，且呈小型透镜体作雁列式左行斜列，指示与北北西至北西向逆冲断层（如 F_{25}）运动方向一致。K-Ar 同位素年龄为 97～134 Ma（汪啸风等，1991a；侯威等，1996）。

其中闪长玢岩和花岗斑岩脉是矿区分布最多的两种脉岩：①闪长玢岩脉。为灰黑色，斑状结构，基质为半自形粒状结构（图 2-14d-e）。斑晶为自形-半自形晶，粒径一般 0.2～0.8 mm，含量约 15%～20%，主要为斜长石（含量 10%～15%），角闪石（含量 4%～6%）以及少量黑云母（1%±）；基质为半自形晶，粒径 0.05～0.2 mm，主要由斜长石（含量 35%～40%）、角闪石（含量 15%～20%）、黑云母（10%～15%）及少量辉石（2%～5%）组成。副矿物有磁铁矿、锆石、榍石和磷灰石；②花岗斑岩。呈肉红色，斑状结构，基质为隐晶质结构，块状构造（图 2-14g）。斑晶由正长石（15%±）、石英（12%±）、斜长石（6%±）及少量的黑云母组成（图 2-14h）。斑晶正长石呈肉红色，截面正方形状，可见简单双晶，粒度 0.8～5 mm；斑晶石英呈他形粒状，常见浑圆状或熔蚀状，显示为浅成环境，粒度 0.5～3 mm；斑晶斜长石呈板状，聚片双晶发育，粒度 1～3.5 mm，局部发育绢云母化；黑云母为片状。基质成分为隐晶质正长石（30%±）、斜长石（10%±）、石英

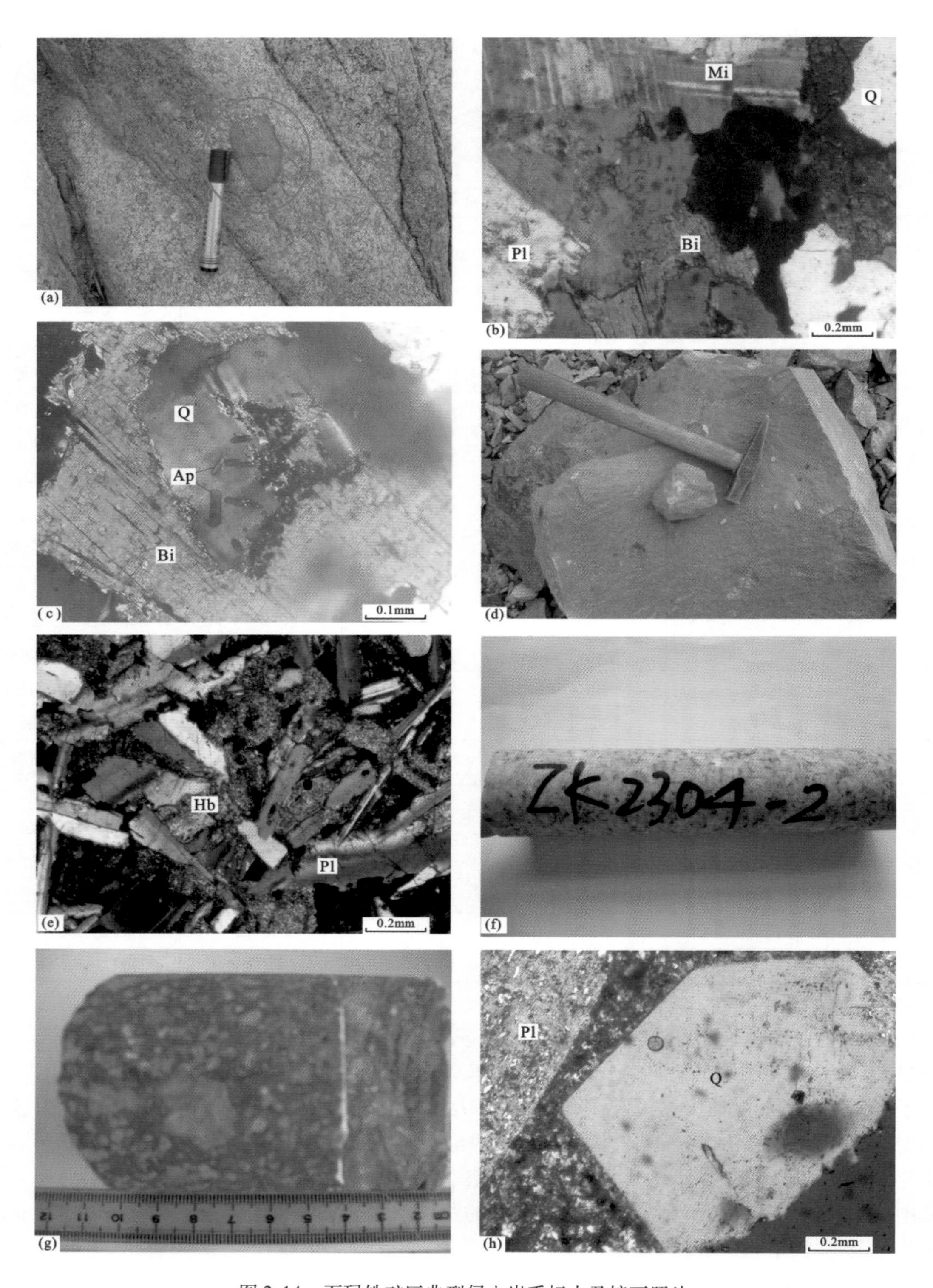

图 2-14　石碌铁矿区典型侵入岩手标本及镜下照片

a—石碌花岗闪长岩含闪长质包体；b、c—花岗闪长岩的显微照片；d、e—闪长玢岩标本及显微照片；f—钻孔 ZK2303 揭露的隐伏花岗闪长岩；g、h—钻孔 ZK1107 中花岗斑岩及斑状结构

(25% ±) 和黑云母 (3%)。副矿物有磷灰石、锆石和磁铁矿等。

矿区中部 ZK2302、ZK2303、ZK2304、ZK1901、ZK1904、ZK2106 和 ZK2107 共 7 个钻孔深部 810 m左右均揭露有隐伏的花岗闪长岩体。岩石呈灰白色，中粗粒结构，块状构造 (图 2-14f)。组成矿物主要有斜长石、微斜长石、石英和黑云母 (图 2-14f)，粒径 0.2 ~ 0.5 mm。

第三章　典型矿床矿体地质特征与矿化分带

不同成因类型的矿床具有明显不同的矿体地质特征和矿化分带现象，单一构造因素控制的矿体往往呈板状体（如高龙金矿），构造和火山机构联合控制的矿体则可能出现复杂的组合形态（如龙头山金矿），层间破碎带及不同岩性界面联合控制的矿体也可以呈层状、似层状（如铜坑91号、92号锡多金属矿体），而元古宙海相火山盆地中形成的沉积矿体即便其原始形态是简单的层状也可能被后期的构造运动改造为复杂的褶皱体（如石碌铁矿）。因此，对典型矿床的矿体形态和矿化分带进行研究，有助于查明矿床的成因并指导深部找矿。

第一节　高龙金矿

一、矿体地质特征

高龙矿区金矿体的总体形态、规模和分布主要受高龙隆起及四周断裂及滑脱破碎带产状和形态的控制。矿体位于穹窿核部周边环状断裂 F_3 硅化构造破碎带及其旁侧的次一级褶皱断裂破碎带中，受构造控制明显，F_3 是矿段的主要控矿、容矿构造，矿体形态主要为较规则的似层状到规则的透镜状，沿走向和倾向有分支、复合、膨胀、尖灭的现象。矿体规模一般长90～850 m，厚3～18 m，斜向延伸变化较大，为8～7200 m，矿体厚度从地表向深部有变薄的趋势（胡明安等，2003）。目前高龙矿区鸡公岩矿段（包括鸡公岩南矿段）为唯一正在开采的矿段，其他矿段均未生产，故仅就鸡公岩矿段进行介绍。

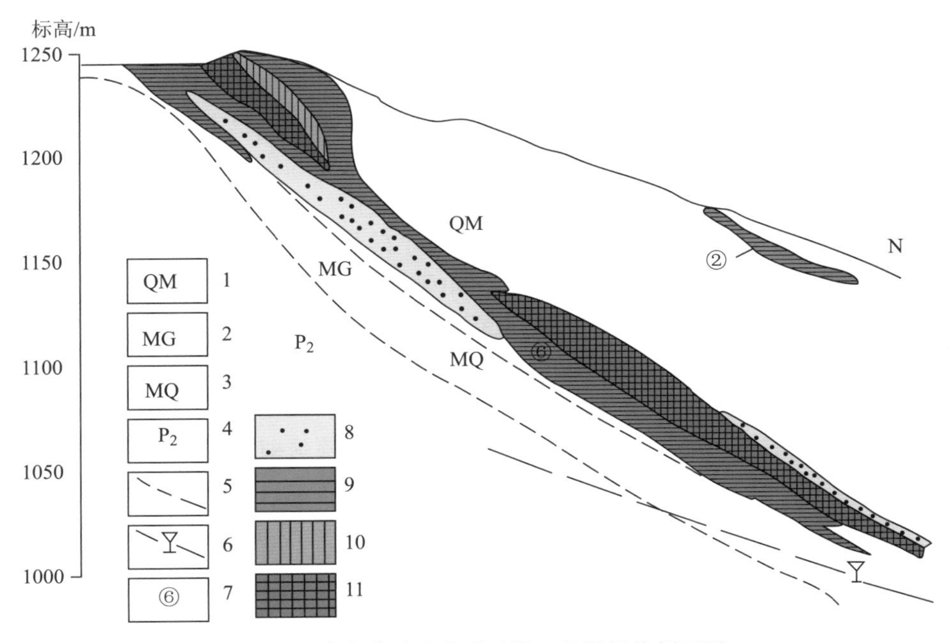

图3-1　高龙金矿鸡公岩矿段8号勘探线剖面图

（据陈开礼和徐智常，2000）

1—砂泥岩裂隙含水层；2—硅化构造角砾岩裂隙含水层；3—构造石英岩含水层；4—碳酸岩裂隙溶洞含水层；5—地质界线；6—地下水位线；7—矿体及编号；8—矿石品位（0～1）g/t；9—矿石品位（1～5）g/t；10—矿石品位（5～10）g/t；11—矿石品位 >10g/t

主要矿体产于二叠系灰岩与三叠系细碎屑岩接触部位的 F_3 断裂带内，以及断裂带靠近三叠系地层一侧的碎屑岩中，其中以6#矿体为代表，矿体的延伸、产状变化、形态特征以及规模大小均受 F_3 断裂的控制（图3-1）。

F_3 断裂带已经被石英脉充填，但沿着倾向，F_3 断裂带表现出膨胀紧缩、陡缓交替的现象。与其相适应，金矿体也表现出膨胀紧缩、厚薄交替的变化规律。在 F_3 膨大部位，石英脉十分发育，断裂带内石英主脉、角砾岩、网脉等分带清楚，沿断裂下盘由下至上依次为上二叠统灰岩带、角砾状构造灰岩带、石英主脉带、角砾状构造砂泥岩带、石英网脉带、石英稀疏细脉带、细碎屑岩带。其中石英主脉由纯净的热液成因石英组成，石英含量约占95%～100%，角砾和金属矿物含量均很少。构造角砾岩分布于石英脉的两侧，尤其在其上盘的三叠系碎屑岩地层中更为发育；角砾状构造灰岩分布于石英主脉下盘的石炭—二叠系灰岩一侧，其角砾主要是灰岩和硅化灰岩碎块，这种角砾在矿区范围内并不十分发育，仅在局部地段零星出现；角砾状构造砂泥岩分布于靠近石英主脉上盘的中三叠统百逢组地层一侧，其角砾主要为已经硅化、黄铁矿化的百逢组粉砂岩、细砂岩和泥质粉砂岩等，经 F_3 断裂构造的破坏形成了角砾，这种角砾岩本身由于硅化而显得坚硬、致密，经过表生风化后呈褐红色，在鸡公岩矿段十分发育，部分角砾岩的含矿性较高，另外，角砾状砂泥岩的角砾可以是未发生硅化和黄铁矿化的粉砂岩、细砂岩和泥质粉砂岩等碎屑岩角砾，相对于硅化角砾砂泥岩，这种角砾硬度较小，致密性、抗风化能力等均较差，地表风化后呈灰色，含金性较差，相对于发生硅化的角砾状砂泥岩而言，这种角砾相对远离矿体而更靠近未发生矿化的百逢组地层一侧；石英网脉主要分布在地层岩石中的石英小脉，这些石英小脉纵横交错，形成网脉状构造，将原有岩石分割、切穿，一般情况下在靠近石英主脉一侧，石英网脉的密度增大，脉幅也增宽，与石英主脉成渐变过渡关系，其中所围限的岩石移动性较大，角砾不具备“可拼接性”；石英细脉分布位置更加远离主脉体，主要由石英细脉组成，一般石英细脉的单脉幅度小，脉体稀疏，所切穿的岩石具有明显的“可拼接性”，逐渐远离石英主脉时，石英细脉逐渐消失，最后过渡到原始岩石地层。以上各分带之间均具有渐变过渡关系，划分标准主要按照角砾的含量、石英脉的幅宽、疏密程度、角砾产状、成分以及距离主构造带的距离等而定。

部分矿体产于 F_3 断裂带上部中三叠统百逢组细碎屑岩地层中，矿体距 F_3 断层一般20～110 m，其产状与6#主矿体相似，这些矿体均未受后期构造破坏，石英脉切穿截割现象不明显，仅有少量稀疏状的石英细脉产出。硅化不强烈，或具有弱硅化特征，黄铁矿颗粒细小，分布较均一，显示微细浸染型矿石特征，是矿区内未经后期热液活动叠加、为后期构造破坏的原生金矿体。

矿区范围内的金矿体具有以下特征：①矿化集中发育在具有硅化、黄铁矿化的角砾状构造细碎屑岩或硅化、黄铁矿化的细碎屑岩内，且具有角砾状构造的硅化、黄铁矿化细碎屑岩的含金品位高于未发生角砾化作用的矿石，但硅化强烈的石英脉体和未发生硅化、黄铁矿化角砾岩中的金含量却很低，一般地区工业品位（如当石英含量大于20%时、当角砾为纯细碎屑岩时，金的品位很难达到工业品位）；②金矿化期的硅化和与成矿后期形成的热液石英脉存在一定的差异，成矿期的硅化一般形成微晶-隐晶或细晶质的石英，且分布较为均匀，并伴随有均匀分布的细小他形-半自形的黄铁矿化。这种硅化使得矿化岩石具有致密坚硬但保留原岩组构的特点，经地表风化后，呈褐红色的褐铁矿化。成矿后的石英脉则表现出很好的石英晶形，一般呈脉状、网脉状、稀疏细脉状等构成各类角砾岩的充填胶结物，这种硅化大都结晶完好且颗粒粗大。这类石英脉虽然不含金，但对前期形成的金矿石具有活化和富集作用；③F_3 断裂带下盘的上二叠统长兴组（P_2c）灰岩一般不发生矿化，也不形成任何金矿体，因此本区找矿勘探工作，一般以此灰岩为金矿体的底界。

二、矿化分带

对于高龙金矿的矿化分带，目前因研究程度不够而尚难下结论。从图3-1可见，对矿体的控制深度从1250 m标高到1000 m标高只有250 m，仅仅在这不大的延伸范围内也可以看出，矿体以中部金含量最高（可达10g/t），向上盘和下盘方向有一定的侧向变化（品位降低至1g/t以下），即可能存在轴向分带。这种特征也可能反映成矿流体的运移方向是自下而上的，再从中部向顶、底板侧向沉淀。

第二节 德保铜矿

一、矿体地质特征

矿区划分Ⅰ、Ⅱ、Ⅲ、Ⅳ、Ⅴ、Ⅵ等6个矿段，包括5个矿体。主要工业矿体产于中上寒武统第5分层（矿体编号3），其次是第7分层的中下部（矿体编号4），在第3分层（矿体编号1）、第4分层（矿体编号2）和第9分层（矿体编号5）中，仅在局部地段见有小矿体，其次偶见第8分层中小矿体和一些充填断裂的脉状矿体。矿体产状近似围岩，矿体一般倾向北北东或北北西，倾角20°~40°，仅局部地方（如56线南段或ZK302孔附近）有小褶皱。

矿体产于岩体外接触带寒武系第3、4、5、7、8、9分层的矽卡岩中，呈似层状、透镜状和不规则团块状。大致作30°方向雁行斜列展布，矿体呈北北西或北北东向倾斜，倾角一般20°~35°，与围岩产状基本一致。各层位的矿体形态和规模有较大的差异，其中以第5、7分层中的似层状矿体为主，分布广，范围较大，形态较稳定，矿石品位较高，铜、锡储量分别占矿区总储量的96.17%和95.31%。其他层位的矿体多为透镜状，不规则团块状，规模小，形态变化大且零星分散、各层位矿体形态、规模及矿石品位见表3-1。

表3-1 德保铜矿各层位矿体形态、规模及矿石品位一览表

赋矿层位	矿体形态	矿体规模/m			矿石品位/%		占矿区总储量比/%	
		长	宽	厚	Cu	Sn	Cu	Sn
9	透镜状	50~100	20~70	1.9~3.0	0.67~0.95	0.32~0.64	1.57	3.42
8	透镜状	30~70	20~50	1.1~26	0.54~1.5	0.51~0.91	0.85	0.96
7	似层状为主，少数透镜	200~750	200~800	2.0~4.5	0.54~1.64	0.24~0.3	30.98	42.26
5	似层状为主，少数透镜状	150~730	100~700	2.0~5.0	0.44~4.56	0.22~0.29	65.19	46.05
4	透镜状	50~100	50~70	1.03~1.67	0.57~0.9	0.2	0.64	0.04
3	透镜状	50~100	50~70	0.84~2.70	0.41~1.5	0.21~0.34	0.78	0.27

（据《广西区域矿产总结》）

矿体赋存的矽卡岩是热液选择含钙质岩层顺层交代而成的。由于含钙质的原岩主要呈层状，少数呈透镜状或不规则团块状，以及热液交代程度不同，所以矽卡岩的形态比含钙质原岩形态复杂，一般是5、7分层中的矽卡岩呈层状、似层状，3、9分层中的矽卡岩呈透镜状、薄层状，4分层中的矽卡岩呈大小不一的小透镜状或团块状。

矿体形态一般和矽卡岩形态相似，由于矿化的不均匀性，有些地方矿体形态变化比矽卡岩形态变化稍大。3矿体和4矿体（主要指7分层下部）一般呈似层状，其次为大透镜状，比较稳定；4矿体的一部分（主要指7分层上部）和1矿体、5矿体常呈不稳定的透镜状；2矿体是不规则不稳定的矿巢或小透镜体。由于矿体受南南西倾向断层的影响，把矿体分割成菱形矿段，故在剖面上呈阶梯状排列。

二、矿化分带

矿体主要产于岩体外接触带的复杂矽卡岩中，多呈似层状、透镜状分布，为矿区的主要工业矿体。极少数矿体产于断裂带中，呈脉状、串珠状产出，仅见于少数或个别钻孔，工业价值不大。矿体距位于同一高度的岩体有一定距离，多分布于花岗岩体外接触带0~130 m范围内，多数距接触带40~60 m，而岩体与围岩接触部位多为角岩化，未见明显的矿化（图3-2~图3-7）。

各矿段的1、2、5矿体，往往局部存在，尤其是1矿体仅在Ⅵ矿段的50—52线的南部存在。这些矿体长度一般不超过100 m，宽度50 m左右，厚度1～3 m，品位铜0.6%～0.9%、锡0.15%～0.2%，规模小，厚度和品位变化大。整个矿区来看，3矿体的铜一般比4矿体品位高，尤其在矿体的中下部更为富集，而锡则恰恰相反；阳起石矽卡岩铜锡矿石含铜量一般比钙铁石榴子石矽卡岩铜锡矿石高；凡有石英脉或后期矿脉充填的地方或接近断裂带的地方铜都比较富集。钙铁石榴子石矽卡岩比其余的矽卡岩含锡高，此外符山石矽卡岩、钙铝石榴子石矽卡岩仅含微量铜锡，氧化带的铜含量一般比原生的低，仅在下部有变富，氧化带的锡含量一般比原生的增高。

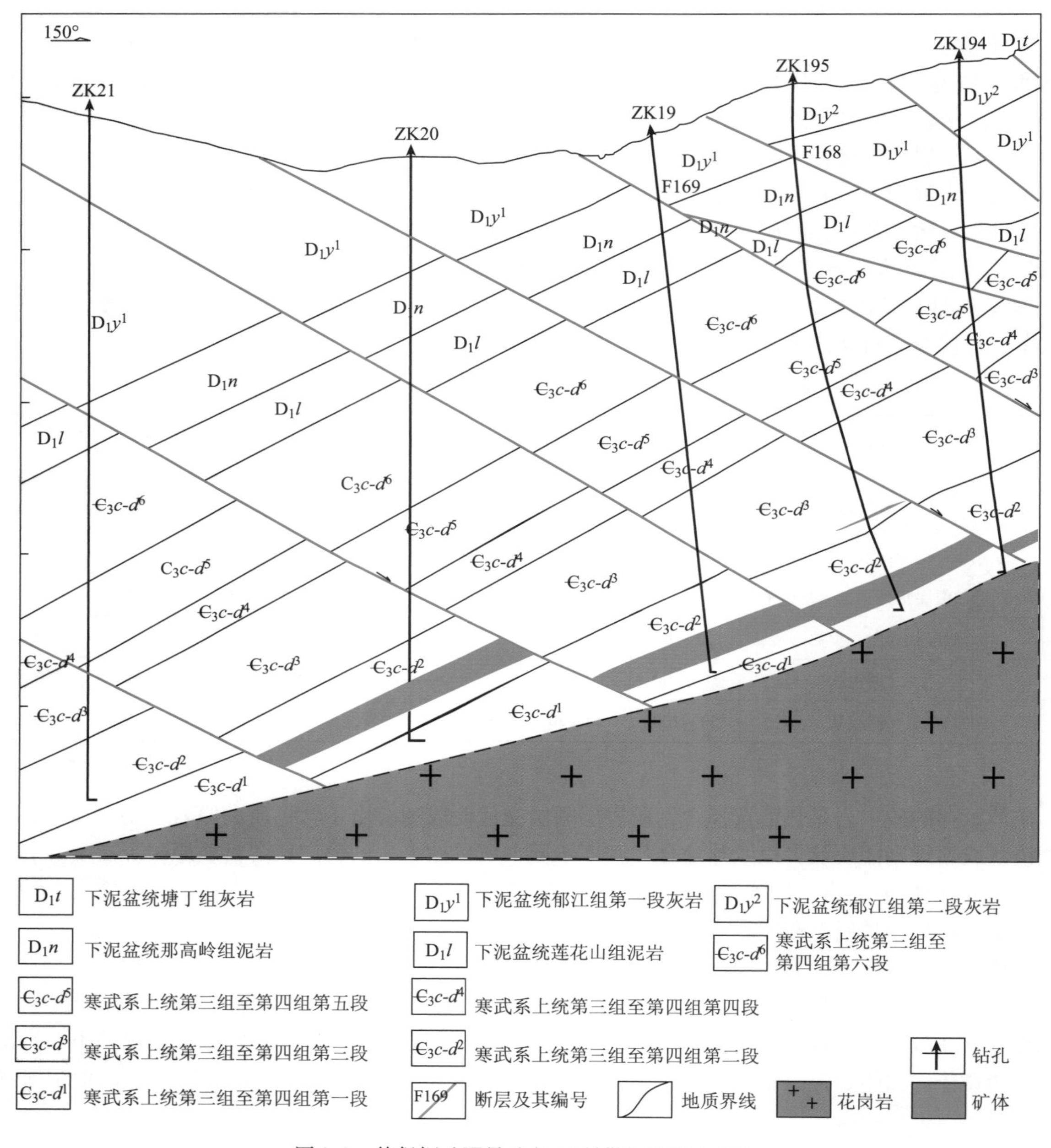

图3-2　德保铜矿Ⅷ号矿段42号勘探线剖面简图

第三节　铜坑锡多金属矿

在长坡-铜坑矿床，根据矿体的产出特征、矿石的矿物共生组合等，矿化表现为明显的垂向分带，即深部的矽卡岩型锌铜矿化、上部为锡多金属硫化物矿化。不同的矿化类型的矿体特征如下：

一、矽卡岩型锌（铜）矿体特征

在铜坑深部355水平以下，罗富组的钙质泥岩、泥灰岩中，分布有似层状的锌铜矿体，目前该类矿体在铜坑矿深部还处在勘探和揭露阶段。根据华锡集团215队以往的勘查资料在铜坑深部主要为94号、95号、96号。矿体在空间上大致互相平行，重叠排列，集中分布时构成富矿地段。其中96号矿体是近年来在实施危机矿山接替资源勘查项目中发现的最大单体锌多金属矿体，取得了铜坑矿床找矿20年来最大的突破。经广西215队估算，在2005～2006年度，大厂矿区获得的94、95、96号矿体矿石资源量（333）共计3483×10^4t，金属量Zn173.08$\times10^4$t，Cu7.55$\times10^4$t，Ag 849 t。其中96号矿体锌金属量超过100×10^4t，相当于两个大型矿床，而且还有很大找矿潜力。

图3-3-1　德保矿区断裂错断矿体

图3-3-2　德保矿区晚期方解石脉切穿早期矿体

图3-4　德保矿区矽卡岩化蚀变

图3-5　德保矿区的角岩化蚀变

图 3-6　德保矿区矽卡岩胶结角岩角砾

图 3-7　德保矿区方解石脉胶结矿石角砾

在铜坑深部，锌铜矿体主要分布在大厂倒转背斜轴部及东翼，花岗斑岩墙的东西两侧、中泥盆统罗富组地层中，受北西向褶断带和北东向挠曲、断裂构造联合控制，在层间破碎带、层间剥离带中呈似层状产出。矿体走向 58°～65°，倾向 328°～335°，倾角 21°～28°。96 号矿体属于全隐伏矿体，矿体走向 58°，倾向北西，倾角 28°，从南西向北东方向侧伏。矿体平均厚度为 8.74 m，平均锌 5.92%，铜 0.22%，银 25.64g/t。锌铜矿体产出呈层状（图 3-8A、C）、透镜状产出（图 3-8D），连续性较好，局部有膨大、收缩、分支复合现象。矿体与上下围岩之间的界线并非完全平直，常呈舒缓波状，也可见有细脉裂隙插入围岩（图 3-8B）。据 215 队勘查资料（范森葵等，2010），矿体分布具有一定的特殊性，即在 43 线以南，矿物组成与锡多金属矿床中 91 号、92 号矿体基本相同，平均 Sn 0.49%、Zn 2.24%、Pb 0.74%、Cu 0.06%；矿体 43 线以北，矿体组成与拉么锌铜矿相似。所以 96 号矿体是集锡多金属和锌铜矿体为一身的，成分自南而北是渐变的。截止 2007 年，有 3 条勘查坑道及 6 个地表钻孔控制了 96 号矿体，工程控制矿体走向长 980 m，倾向宽 210 m，矿体平均厚度 6.25 m，平均品位 Sn 0.07%、Zn 3.07%、Cu 0.29%、Ag 302g/t。根据矿体规模及大厂矿田成矿规律可认为，矿体沿倾向有继续延伸的趋势。

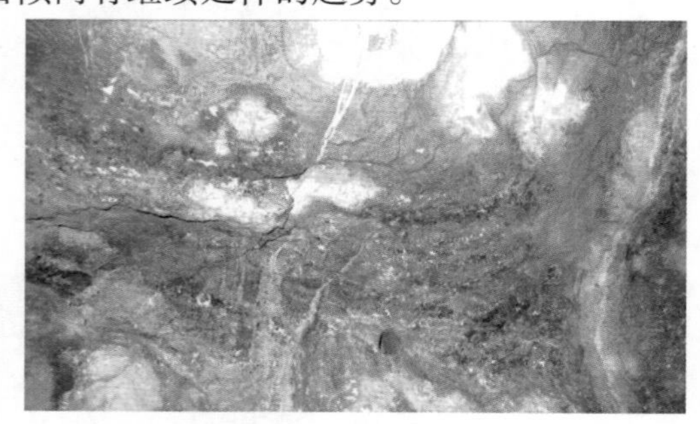

A. 层状锌铜矿，铜坑305中段212线

B. 裂隙脉状的锌铜矿化。铜坑255中段机车场

C. 罗富组地层中层状矿化，255中段216线

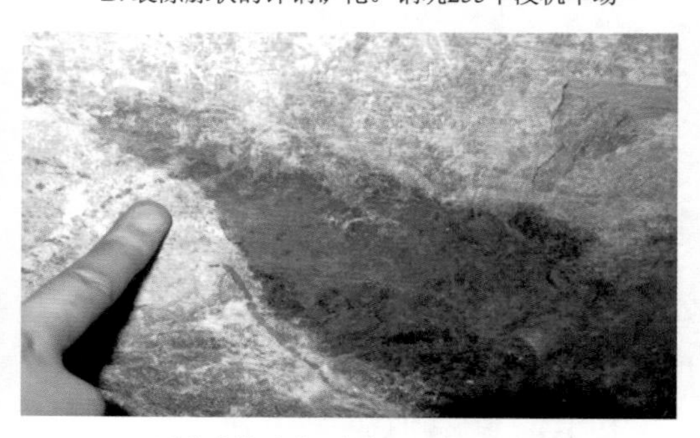

D. 透镜状锌矿化，铜坑255中段，机车场

图 3-8　铜坑锌铜矿体的产出特征

94 号矿体在铜坑矿床深部 31 线以北为锌铜矿体，以南为锡多金属矿体，矿体走向延长为 140 ~ 400 m，倾向延伸长约 140 ~ 400 m，倾斜延深 220 ~ 250 m，厚度 0.52 ~ 20 m，矿体品位 Sn 为 0.15% ~ 2.47%，Zn 为 2.00% ~ 6.48%，平均 3.14%，Pb 为 0.29%，Sb 为 0.06%，Cu 为 0.14%。

95 号矿体（锌铜段）走向延长大于 1500 m，倾斜延深 480 m，厚度 0.66 ~ 31.76 m，平均 3.43 m，矿体品位 Sn 为 0.05% ~ 0.76%，平均 0.11%；Zn 0.1% ~ 7.72%，平均 2.76%，Pb 为 0.11%，Sb 为 0.02%，Cu 为 0.05% ~ 1.36%，平均 0.38%。根据 215 队勘查成果，在黑水沟-大树脚一带，95 号矿体经工程控制长度大于 1200 m，宽约 680 m，平均厚度 3.43 m，平均品位 Zn 4.36%、Cu 0.43%、Ag 36.95g / t。大部分见矿钻孔分布于本区中部及南西部，北东部仅分布两个钻孔。钻孔之间及周边尚有较多空白区域未控制。

二、锡多金属矿体的地质特征

铜坑锡多金属矿体是大厂矿田内规模最具有工业意义的锡石-多金属硫化物矿体之一，目前仍然是长坡 – 铜坑矿床的主要开采对象。矿体的产出形态受赋矿围岩性质和构造部位的控制，有脉状、层状、似层状之分，在空间上有一定的纵向分带性，表现为上部为裂隙脉状，下部为层状-似层状，在不同岩性层的层间滑脱面上有层间脉产出（图 3-9）。

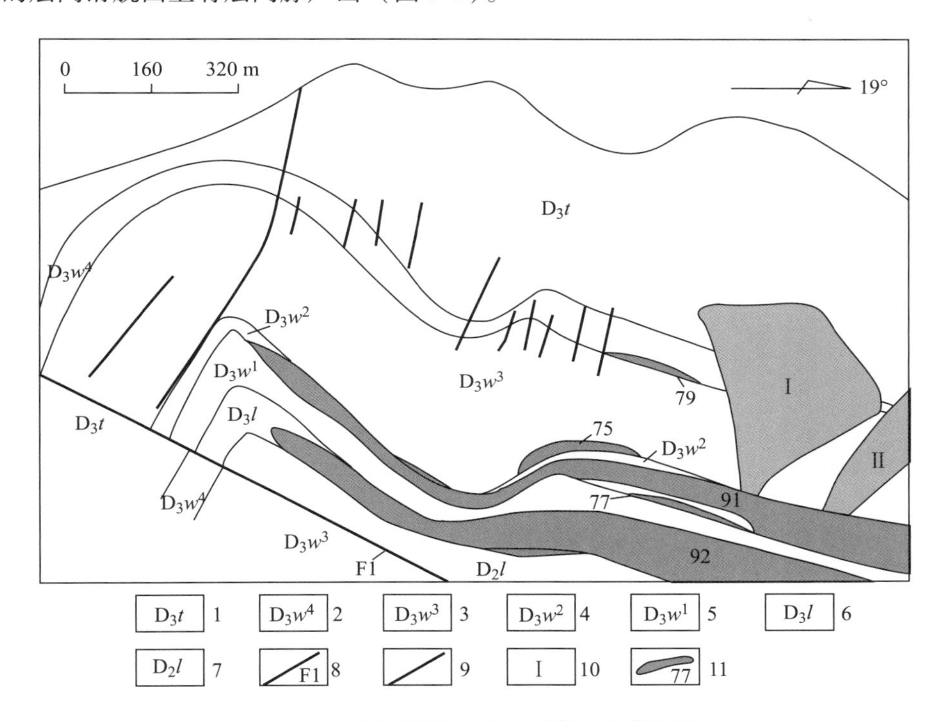

图 3-9　铜坑矿床锡多金属矿体地质剖面图

1—同车江组页岩夹泥灰岩；2—五指山组大扁豆灰岩；3—五指山组小扁豆灰岩；4—五指山组细条带硅质灰岩；5—五指山组宽条带灰岩；6—榴江组硅质岩；7—罗富组泥灰岩；8—大厂断裂；9—大脉型锡多金属矿体；10—细脉带型锡多金属矿体及其编号；11—似层状锡多金属矿体及编号

1. 裂隙脉状矿体

铜坑矿床的脉状矿体由大脉带和细脉带构成。

（1）大脉带

该类矿体发育于矿床的上部，赋存于长坡倒转背斜轴隆起部位的横张断裂-裂隙及其侧裂隙中，发育于石炭系炭质页岩之下的泥灰岩、大小扁豆灰岩，部分可延伸到深部的细条带、宽条带灰岩和硅质岩中。走向 20° ~ 50°，陡倾南东向为主，脉厚 0.1 ~ 1 m 不等，局部达 2 m，沿走向延展几十至数百米，个别矿脉延伸可达 300 m，由一系列 0.2 ~ 1 m 宽的单脉组成。连续性好，且稳定，与围岩界限清楚。矿脉分布从横向上一般穿过长坡背斜轴部，往南西方向终止于大厂断裂，与大厂断裂交汇处形成富矿包，往东北向延伸到背斜的平缓翼，逐渐消失；在纵向上，有向北东方向撒开、向南西方向收敛的趋势（图3-9）。大脉状矿体锡的品位较富，含 Sn 2.06%、Pb 1.92%、Zn8.29%。目前已基本被采空，仅在局部地段可见零星分布。

（2）细脉带

在整个矿区分布较广。主要产出在大厂背斜平缓的北东翼，D_3^3 泥灰岩和 D_3^2 大小扁豆灰岩中。由密集的大致平行的细脉组成（图3-10），脉宽一般0.5～2 cm，个别达10～20 cm，延伸不长，以北东20°～55°走向最为发育，倾向南东，倾角大，一般为70°左右。也有近南北向、东西向、北西向走向的脉体，细脉的密度和矿化强度因岩性和构造部位的不同而异。一般细脉密度约5～10条/米。个别密度较大，可达20～40条/米。从裂隙脉的性质上讲，有两种情况：一是矿体充填于北东向、南北向等张扭性节理中。此类裂隙细脉矿化一般延伸较远，厚度稳定。脉体中矿物共生组合不同，可以分为锡石-石英脉、黄铁矿-闪锌矿脉、磁黄铁矿-毒砂-闪锌矿脉等。同时在以黄铁矿或磁黄铁矿为主要组成的裂隙脉两侧，常常可以出现金属矿物，尤其是黄铁矿、磁黄铁矿向两侧有利的围岩交代的现象。形成"非"字形交代特征（图3-11A、B、C、D）。二是充填于张性节理或破碎带裂隙脉体，矿化一般延伸不远，充填形成的裂隙脉体形状不规则，厚度变化较大，分枝、复合、尖灭或尖灭侧现较多。矿物组合上含有脉石矿物石英、方解石等。往往表现为石英或方解石分布在脉体边部，这类脉体基本上看不到脉体两侧的"非"字形交代现象（图3-11E、F）。

A．泥质灰岩(D_3^{3a})中4号层状矿体，其中包含有围岩的残块，显示沿层交代特点，铜坑613中段12号勘探线

B．裂隙脉穿过层状矿体，层状矿体被截断，铜坑613中段12号勘探线

图3-10　铜坑同车江组泥灰岩中层状矿体

从细裂隙脉空间分布上，往往不跨层，层内往往穿过层状矿体或者与层状、似层状矿体相互穿插。脉体组成多样，从矿物组合上有锡石石英脉、锡石-黄铁矿-闪锌矿-磁黄铁矿-毒砂脉、毒砂-闪锌矿-石英脉，方解石-硫化物-硫盐脉等。其中产于小扁豆灰岩中的3号裂隙脉带矿体规模较大。含锡0.56%，锌2.72%。

2. 沿层交代充填为主的层状、似层状矿体

沿层交代矿床是由矿液在一定的构造范围内强烈交代有利的岩层而形成的。矿化作用在空间上沿一定的构造带进行，形成矿化带。呈层状、似层状产出的矿体是大厂矿区最主要的矿化类型。主要为产于 D_3^1l 硅质岩中的92号矿体、产在 $D_3^{2b}w$ 细条带灰岩中91号矿体两个大型矿体，它们的储量分别占锡矿总储量的53%和27%。经济意义巨大。同时，在不同岩性的接触界面的层间滑脱带上，有层间脉状矿体充填，如77、75、79号层面脉矿体等。

（1）产于同车江组（D_3^3）地层中层状、似层状交代充填矿体

同车江组（$D_3^{3a}t$）的灰岩、泥灰岩中产出的层状、似层状矿体（图3-12）一般厚度较小，沿走向延展也很有限。矿石呈浸染状或块状构造，矿石矿物组成主要为磁黄铁矿、黄铁矿、铁闪锌矿、毒

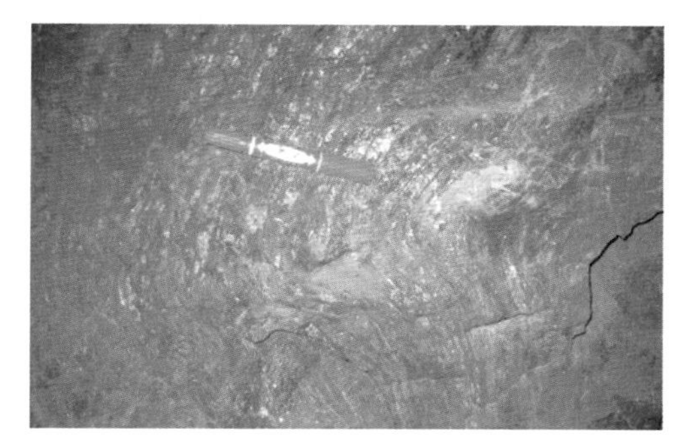

A. 宽条带灰岩中纹层状矿化，铜坑505中段201线

B. 细条带灰岩中的91号矿体中网状裂隙脉矿带
裂隙脉产状150°∠55°。铜坑，455中段14线

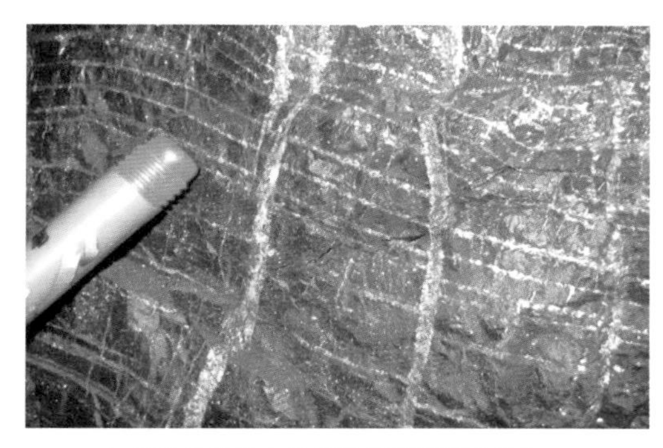

C. 细条带灰岩中的纹层状和裂隙脉矿化，
铜坑483中段10-12线之间

D. 细条带灰岩中裂隙脉向两侧的交代矿化，
505中段14号勘探线

E. 磁黄铁矿交代围岩。DC-24，455中段91号矿体，
反光，*d*=5.8mm

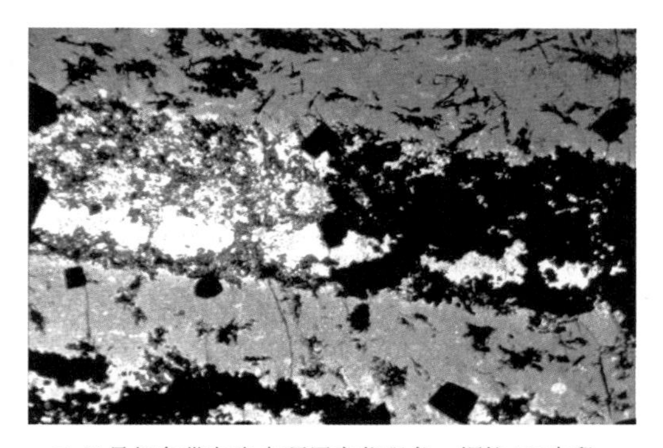

F. 91号细条带灰岩中顺层交代现象。铜坑405中段
28-30勘探线。单偏光，*d*=5.8mm

图3-11　铜坑91号矿体的产出特征

砂、其次为脆硫锑铅矿等。脉石矿物较少，主要为石英和方解石、电气石等。矿体中可见包裹有围岩的角砾，并在裂隙脉通过的部位可见矿层延伸出现明显间断。

（2）产于五指山组扁豆灰岩（$D_3^{2c-d}w$）中的似层状交代矿体

扁豆灰岩具有扁豆状结构，富钙质的灰岩扁豆体大小约3~15 cm，扁豆体之间为富泥质层或泥岩。地层产状相对稳定，厚度15~20 m，岩石颜色为灰白色。矿化首先沿着富钙质的扁豆体进行交代，在裂隙脉发育的部位沿层交代较强烈，扁豆体全部被硫化物所交代形成似层状矿体（图3-10）。矿体的产状与岩层一致，矿体的厚度变化较大。在裂隙脉矿化较强的部位，似层状矿体也比较发育，往往表现为似层状与北东向细裂隙矿脉（110°∠65°）相互穿插。矿石矿物的组成主要为磁黄铁矿、铁闪锌矿，其次为锡石、黄铁矿、毒砂、白铁矿等。脉石矿物主要为石英、方解石，赋矿围岩发生硅化、绢云母化，有时可见针状的电气石产出。

（3）产于五指山组条带灰岩（$D_3^{2(a+b)}w$）中的91号层状似层状交代矿体

91 号矿体是大厂矿区的主要锡矿体之一。锡储量占长坡-铜坑矿床的总储量的27.1%。矿体主体位于长坡背斜平缓的东翼的次一级纵向背斜的轴部和翼部。矿体呈似层状或透镜状，走向北西，倾向北，倾角约15°。沿走向长约480 m，倾向延伸约1000 m，平均厚度超过4 m，最厚达50 m。矿体的锡、锌品位高，平均锡品位1.48%，局部地段富集可达2.08%，锌平均品位为3.05%；铅品位低，平均铅为0.25%。同时还伴生有In、As、Ti、Cd、Bi、Ag等元素。

赋矿围岩为五指山组的条带状灰岩，以细条带灰岩为主。硅质和钙质条带互层，细条带灰岩分层厚度较小，一般0.5～2.5 cm。硅质层硬度大，性脆，而灰岩层硬度小，相对性软，软、硬岩性层互层，在应力作用下，脆性硅质层容易产生细裂隙，裂隙的长度与岩层厚度一致，受层位控制。

91 号矿体由含矿溶液沿着微裂隙充填、并交代裂隙两旁的钙质条带，形成层状-似层状矿体（图3-11）。硅质层多被硅化和电气石化，矿化与蚀变条带互层，与地层整合产出，并可见同步“褶皱”。交代形成的矿化条带与上、下硅质条带之间边缘呈港湾状、锯齿状、缝合线状等不规则接触。富矿条带延伸不稳定，既可以与上下岩层整合接触，平稳延伸很远，也可以仅在地层褶皱的转折端等部位出现，延伸较短，受构造控制明显。充填裂隙脉的组成较为复杂，有锡石脉、锡石-硫化物脉、锡石-硫化物-石英脉、锡石-硫化物-方解石脉等等。在裂隙脉的两侧，可见黄铁矿、磁黄铁矿等硫化物向脉两侧的钙质层交代，形成“非”字形构造。该层中裂隙脉发育的部位，岩层中浸染状似层状矿化也较强。从层状和脉状矿体的产出特征看，二者为同期作用产物。

（4）产于榴江组硅质岩（D_3^1l）中的层状、网脉状92 号交代矿体

92 号矿体在铜坑矿床中规模最大，相当于两个91 号矿体，储量占铜坑矿区的53%，占大厂矿田锡总量的30%。矿体由层纹状矿化、细裂隙脉矿化以及团块状、透镜状矿化等共同组成。主体延长900～1200 m，宽600～700 m，岩层厚度约60～85 m。矿体产状与地层一致，总体走向东西向，倾向北，向北东方向侧伏。矿石中Sn品位平均0.77%～1.4%，Zn平均2.1%。其中层纹状矿体与地层产状一致，在地层强烈褶皱变形处，矿化集中于褶皱的轴部（图3-12A～F）。

细裂隙脉型矿化绝大多数走向为北东向，少数为北西向，倾角一般较陡，在65°～75°，往往密集分布。裂隙脉在矿物组合上有：锡石-石英、锡石-硫化物-石英、锡石-硫化物-硫盐、锡石-硫盐-方解石等。裂隙脉在形态上有两种产状。一是脉壁平直、规整，也可见金属硫化物有向脉壁两侧交代，形成“非”状；二是脉壁呈不规则状，时宽时窄，常见膨缩分支、复合、尖灭侧现等。通过对大量脉体分布特征的观察，不同矿物组合的裂隙脉与纹层矿化是相互穿插的，构成网脉、浸染状矿体，实际上应该为同期作用产物（图3-12G－H）。

在硅质岩的上部，存在有大量的钙质结核体，呈透镜状或椭球状产于中厚层的硅质岩层中，长轴平行于层面，大小一般在数十厘米到1 m左右，结核体与地层界限清楚。该结核体可被硫化物交代，形成透镜状或结核状矿化，矿化首先沿着结核体的边缘进行。当近于北东向的细裂隙脉大量穿过结核体时，强烈交代形成富矿包。

3. 在不同岩性层之间层间滑脱面充填形成的层面脉状矿体

在应力作用下，铜坑矿区不同岩性层之间层间滑脱错动现象十分发育。矿液沿着不同岩性层之间的层间破碎带或层间错动过程中产生虚脱部位充填形成似层状矿体。据统计，层间脉状矿体大约40多条。比较重要的有（从上而下）：上泥盆统中部同车江组的大扁豆灰岩与小扁豆灰岩之间的79 号矿体；小扁豆灰岩与细条带灰岩之间的75 号矿体；细条带灰岩与宽条带灰岩之间的77 号矿体。

（1）大扁豆灰岩与小扁豆灰岩之间的79 号层间矿体

79 号层间脉状矿体分布于大、小扁豆灰岩之间的层间滑脱带，受黑色页岩标志层控制，矿体厚度随所处的大厂背斜褶皱部位不同而变化。靠近大厂背斜轴部或邻近背斜轴部，受次一级北东向背斜叠加的部位较厚，一般约0.8～1 m。产状310°∠25°，与上下围岩整合接触。而远离背斜轴部平缓翼部，矿层较薄至尖灭。矿脉的形态比较规整，在矿体与上盘的大扁豆灰岩接触部位，有顺层产出的方解石细脉、黑色炭质纹层以及细粒黄铁矿纹层。方解石纹层局部表现为香肠状构造、揉皱构造（图3-13A），主要分布在脉体上盘；黑色炭质、硅质纹层以及细粒黄铁矿纹层在脉体上下对称出现，在

A. 宽条带灰岩与硅质岩接触面附近，在宽条带灰岩中层状矿体，铜坑505中段14-1线

B. 硅质岩中矿化钙质结核被裂隙脉穿过。铜坑505中段12-1~14-1线之间

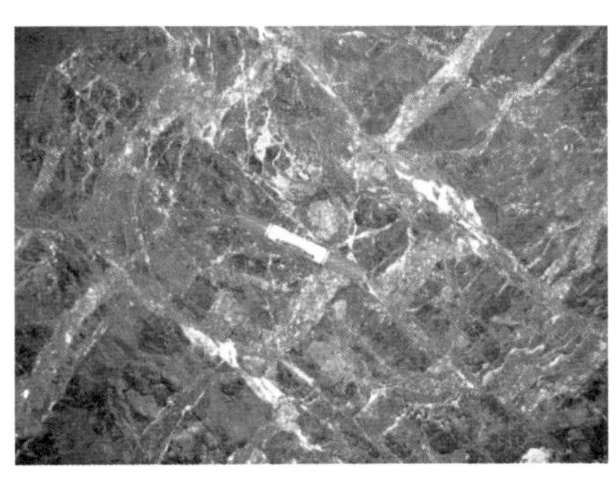

C．硅质岩中网脉状矿化，铜坑405中段2051线

D. 92号层状矿体中包裹围岩，铜坑483中段10-12线

E. 硅质岩层中张性裂隙脉（总体150∠65）发育，铜坑405中段204线特征

F. 硅质岩中的网脉状矿化，铜坑483中段201线

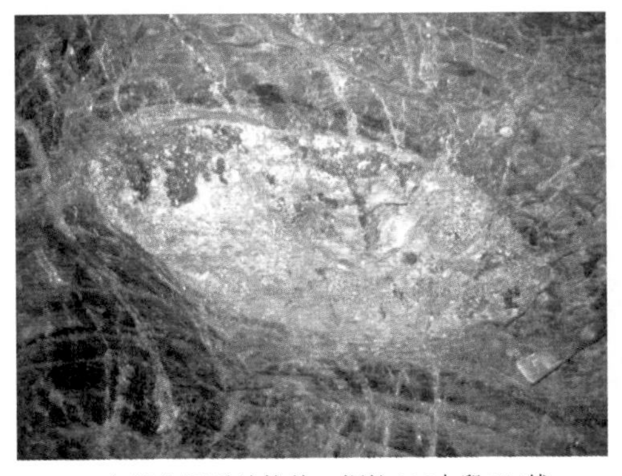

G. 交代的钙质结核体，铜坑405中段204线

H. 被不完全交代的钙质结核。305中段206线

图 3-12　92 号矿体的产出特征

走向上与地层整合产出。在矿体下盘细裂隙小脉发育，穿过层理，但是未穿过 79 号矿体。矿石中主要金属矿物为黄铁矿、白铁矿、铁闪锌矿、锡石、毒砂，其次为磁黄铁矿、脆硫锑铅矿、少量黄铜矿，矿物粒度粗大。脉石矿物主要为石英、方解石等。79 号矿体长 700 m，宽 100 ~ 200 m，平均厚度 1.6 m，品位锡 2.5%，锌 4.83%，铅 0.76%，锑 0.70%。

（2）产于小扁豆灰岩与细条带之间的 75 号矿脉

A. 79号矿体富矿体，产状310°∠25°，矿体厚0.8～1m，554中段10-12线

B. 79号矿体上盘方解石脉及黑色页岩纹层发揉皱，显示左行滑动特征，554中段10-12线

图 3-13　大扁豆灰岩与小扁豆灰岩界面上的 79 号矿体

A. 矿体上下盘均有顺层的方解石条带，层内顺层矿化发生揉皱，显示一种挤压、剪切特征。铜坑483中段10-12线

B. 矿体发育大量顺层产出的含矿石英-方解石脉。铜坑505中段12-1线

C. 矿体层间伸展滑脱现象，铜坑405中段28-1-30线

D. 矿体下盘张性含矿裂隙与矿体相通，铜坑405中段28-1-30线

图 3-14　小扁豆灰岩与细条带灰岩界面上的 75 号矿体

75 号矿脉厚度时宽时窄，变化较大，与所处的构造部位有关，矿脉产状与地层产状基本一致。矿脉具有条带状、层纹状构造，矿化程度不一。矿体上下盘均有顺层的方解石细条带，宽约 0.5 ~ 1cm（图 3-14A、B），层内顺层矿化发生揉皱，显示一种受挤压、剪切作用的特征（图 3-14C）；矿脉上盘方解石发生揉曲，下部为顺层的方解石细条带（图 3-14B）；其中的方解石结晶粗大，垂直层面呈梳状、栉节状产出。在有的地段可见上、下围岩接触面上劈理化带发育，并见层间滑动留下的擦痕。矿脉中含有炭质、污手。在矿脉下盘的细条带灰岩中，斜交 75 号矿体可见含矿的、宽约 0.3 ~ 1 cm 的北东向裂隙脉穿过细条带灰岩，达到层状矿脉，但没有穿过该脉。同时，也可以见到穿过 75 号矿脉的北东向裂隙脉。

三、矿体空间分布特征

大厂锡多金属矿床是世界瞩目的超大型矿床之一，具矿床规模大、品位高、矿物共生组合复杂等特点。铜坑又是大厂矿床的主体，其锡矿储量占整个矿田的 80%，故研究意义、经济价值颇高。

根据成矿元素分布特点，大厂矿田在水平及垂直方向上具有明显的分带特征。水平方向上，以笼箱盖岩体为中心可划分为 4 个环带，内带 W、Bi、Cu、Sn（Zn、As）；内亚带 Sb、As、W（Pb、Zn、Cu、Sn）；中带 Sn、Sb、Pb、Ag、Zn（Cu、As）；外带 Hg、Ag、（Pb、Zn）。垂直方向上，表现为上部 Sn、Pb、Sb；中部 Sn、Zn、Sb；下部 Sn、As、Cu、Zn、Pb。原生晕皆为多元素组合晕，中、内带以 Sn、Cu、Zn、As 组合连续出现为特征，铅低无锑。

在铜坑矿床，矿体的分布也呈纵向分带特征。从深部到浅部具有明显的分带性，表现为由深部的矽卡岩型锌铜矿→硫化物型锌矿→上部锡石-硫化物矿体。矿体赋存部位明显受岩性和构造控制。

从空间产出的位置上，不同矿体产出空间位置有一定规律。对于锡石-硫化物矿体（图 3-10），由上而下，距离大厂背斜核部转折端由近到远，表现为在长坡倒转背斜近轴部横张的断裂-裂隙及其

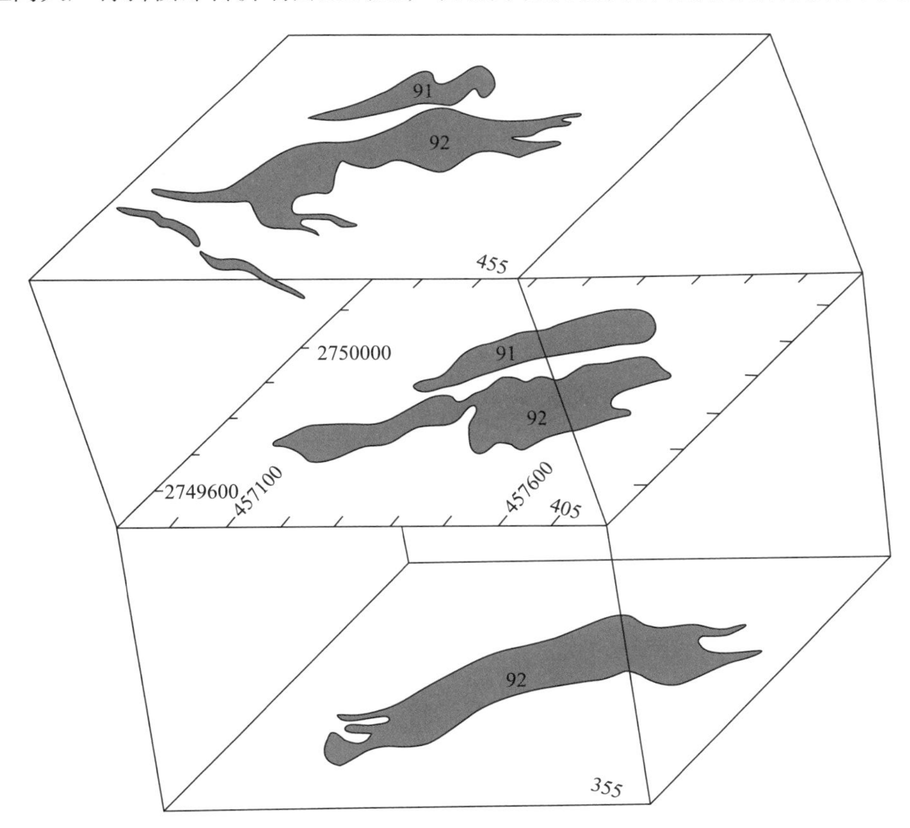

图 3-15　长坡-铜坑矿床平面联接立体图

（转引自王登红硕士论文，1992）

侧向裂隙中，分布大脉和密集细脉带型矿体，往南东方向在 D_3^3 地层中分布有裂隙脉和局部的层状矿体，往南东深部方向五指山组的大、小扁豆灰岩及其两者的层间滑脱面之间，扁豆灰岩与细条带灰岩之间，宽条带灰岩与细条带灰岩之间，依次分布有层间 79 号，75 号、77 号矿体，到五指山组细条带灰岩中的似层状矿体 91 号矿体，榴江组硅质岩中的网脉状 92 号矿体，至矿床深部，主要在铜坑东岩墙以东，纳标组、罗富组的泥灰岩中岩石的脆性减弱，裂隙脉不发育，但出现矽卡岩型的 Zn-Cu 矿体。代表性的有 94、95、96 号矿体，以似层状、层状为主（图 3-15、图 3-16）。

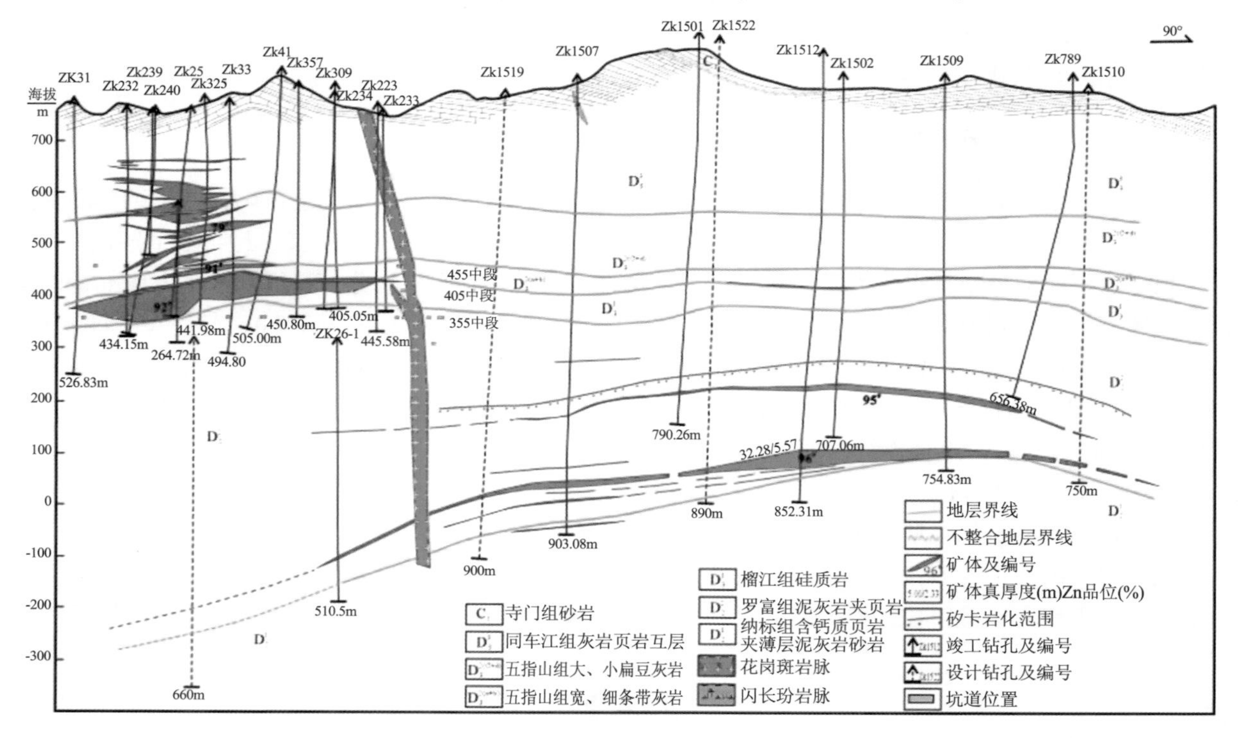

图 3-16　广西铜坑锡多金属矿床矿体分布示意图

（据 215 队资料）

围岩蚀变也表现为一定的分带特征，即在铜矿深部 355 中段以下，罗富组和纳标组的泥灰岩地层中发生矽卡岩化，形成一系列矽卡岩矿物组合，早矽卡岩阶段主要为石榴子石、透辉石、硅灰石、符山石、斧石和方解石等，晚矽卡岩阶段形成石榴子石、绿帘石、阳起石、绿泥石、萤石和方解石等，矿化与晚矽卡岩矿物关系密切；在 355 中段以上的榴江组硅质岩和同车江组的条带状和扁豆状灰岩中，在锡石-硫化物多金属矿体（脉）附近产生电气石化、硅化、绢云母化、钾长石化、绿泥石化、菱铁矿化等。

第四节　龙头山金矿

一、矿体地质特征

在龙头山金矿，已探明的矿体主要可以分为 3 种类型：

1. 产于次火山岩中的金矿体

这类矿体主要产于流纹斑岩和角砾熔岩中，包括Ⅲ、Ⅳ、Ⅹ号矿体等。矿体呈透镜状、脉状，沿走向、倾向均有分支复合，膨大狭缩现象。矿体走向北西西、倾向北东，倾角 76°～90°，一般在 80°以上，主矿体在 580 m 标高以下向北倾伏，倾伏角为 21°。规模较大的Ⅲ-2 矿体长约 200 m，厚度 2. 82 m，品位 Au2. 15～10. 25g/t，平均 4. 78g/t，产状 68°∠80°，矿石以网脉浸染型为主，其次为角砾岩型。

2. 产于岩体接触带与断裂构造复合部位的矿体

主要是Ⅸ号矿带，由12个矿体组成，位于龙头山次火山岩体西部的角砾熔岩和边缘的接触带内，沿火山岩体边缘产出，矿体走向随岩体、接触线的弯曲而呈舒缓波状并平行延伸。矿带总长900余米，走向310°~330°，倾向南西，倾角81°~86°。矿体形态为透镜状、脉状，沿走向、倾向均有膨大、狭缩、分支、复合及尖灭再现现象，并有向南东侧伏规律。矿体走向310°~248°，倾向南西，倾角80°~86°。矿体厚0.56~41.0 m，一般1.58~10 m，平均6.48 m。矿体金品位1.0~41.7g/t，最高达73.13g/t，一般3~7g/t，平均为5.4lg/t。金品位分布不均匀，580 m中段以上金品位较高，特别是3—7线地段形成富矿，金品位10~20g/t，局部达30~50g/t；金品位变化与矿石类型有关，一般角砾熔岩型矿石金品位较高。

3. 产于围岩（砂岩或泥岩）中的断裂裂隙充填型金矿体

该类矿体主要有Ⅰ、Ⅱ号等矿体，产于龙头山西侧外接触带的F_4断裂中。矿体向南西侧伏，呈脉状、似藕节状、串珠状，沿走向和倾向有膨大、狭缩、分叉复合特征。分布于4~19线，控制矿体长740 m，控制矿体标高500~650 m，矿体延深北西段（13~19线）为30~70 m，南东段（8~16线）为20~40 m，中段（0~3线）为200多米。在深部至580、540、460中段矿体断续分布，有尖灭再现和分支复合现象，往深部有变薄直至尖灭的趋势。矿体走向310°~340°，倾向南西，倾角82°~86°，产状与F_4断裂一致。

二、矿化分带

1. 蚀变分带性

龙头山矿区蚀变围岩的交代作用方式是以热水溶液与围岩化学组分之间的渗滤交代为主，蚀变岩石基本保持原岩的结构构造，早期矿物被晚期矿物交代后仍保留原矿物假象。矿区蚀变在空间上的分布也具有一定的规律性，基本上从岩体中心往外可以大致分为3个蚀变带：

1）中心蚀变带：以绢云母化、钾长石化带为主，主要分布于岩体中心的花岗斑岩体内，出露宽度一般为200余米。蚀变作用较弱，主要为绢云母化花岗斑岩、硅化绢云母化花岗斑岩、钾长石化花岗斑岩等，并有较弱的电气石化。

2）次火山岩蚀变带：以硅化、电气石化、黄铁矿化为主，分布于岩体次火山岩相的流纹斑岩、角砾熔岩及岩体内外接触带。黄铁矿化较普遍，特别是内外接触带强烈。蚀变带宽200~360 m，主要蚀变岩有硅化电气石化流纹斑岩、硅化电气石化角砾熔岩、电气石化泥质粉砂岩、电气石化石英角砾岩等。

3）边缘带：绿泥石化、透闪石化、阳起石化、绿帘石化和碳酸盐化为主，多分布于火山岩体边缘和外接触带。距离岩体接触界线约30~50 m，范围较大。

2. 元素分带

根据龙头山矿区实地考察和矿山资料，目前发现的金矿体在垂向上主要集中在650~320 m标高，再往深部金矿体逐渐尖灭。随着危机矿山勘查项目的开展，矿山布置了一些坑内钻，通常于340 m中段开孔，孔深一般300~400 m，目的在于探索深部矿体的延伸和岩体中心相花岗斑岩的含矿性。从目前的情况来看，至0 m标高，基本上次火山岩型矿体趋于尖灭，但在花岗斑岩及其周围蚀变砂岩中发现了一些细脉浸染状的黄铜矿脉，伴随有零星的钼矿化，尚不成规模，零星分布。虽然这一矿化现象印证了以前一些地质资料，但是否有上规模的斑岩型铜矿体还需进一步的工程验证和探索。同时，根据广西地矿局第六地质队技术人员介绍，在龙头山次火山岩体东侧发现了产于石英斑岩中的钨矿化。这些新发现表明矿床在垂向和横向上均具有一定的分带性。

在野外工作期间，作者对危机矿山项目所打的几个钻孔进行了系统编录，同时利用“手持式分析仪”对代表性样品进行成矿元素测试。在编录的过程，查明次火山岩在300 m标高左右均已尖灭，往深部主要是花岗斑岩及莲花山组中段的细砂岩（越往深部蚀变越强，为硅化砂岩）。此外还首次发现矿床深部花岗斑岩及其周围蚀变砂岩中存在一些细脉浸染状的黄铜矿脉，伴随有零星的钼矿化，手持式分析仪测试结果也表明部分样品 Cu 可达边界品位。发现这一现象后，笔者建议矿山在化验过程中增加对 Cu、Mo 元素的测试。尔后，经过矿山同意，将几个深孔的测试结果进行处理，编制了矿床 Cu、Au、Ag 元素随深度变化的曲线图（图 3-17、图 3-18）。从中可以看出，无论是在花岗斑岩还是莲花山组砂岩中，Cu、Au、Ag 由浅往深部变化的规律性非常明显：即往深部，大致在 200 m 标高以下一直到 -100 m 标高，Cu 的含量逐渐升高，不少样品可达边界品位。Au 的矿化主要集中在 250 m 标高以上，往下则品位骤降，基本上没有矿化现象。Ag 与 Au 元素相似，基本上也是呈现往深部矿化减弱的规律性。

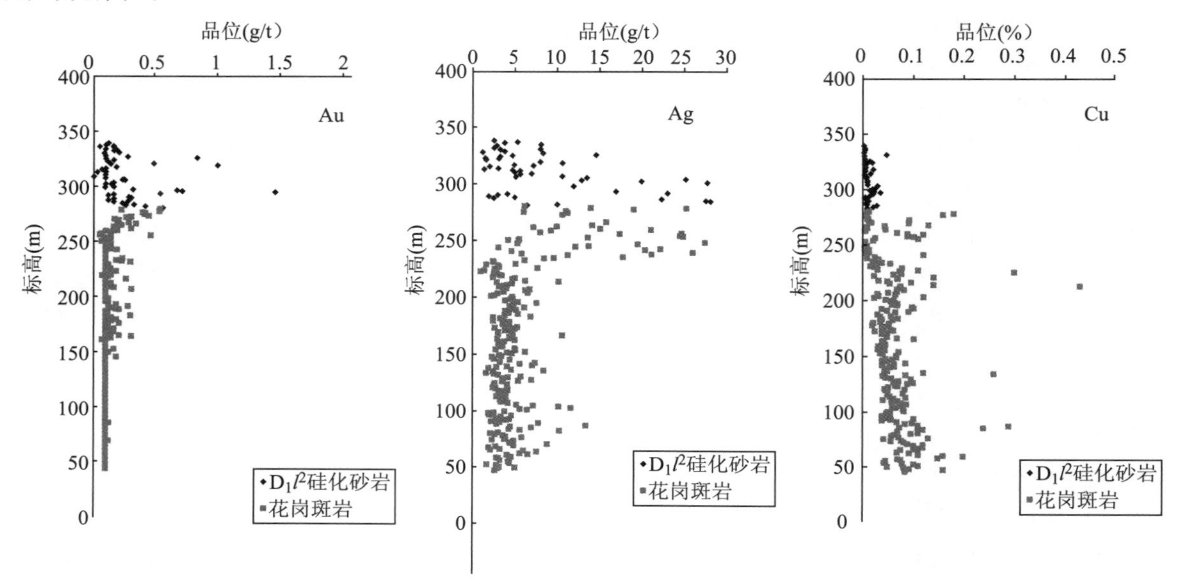

图 3-17　龙头山金矿深部 ZK1702 成矿元素变化曲线图

（数据由广西龙头山金矿提供，测试单位：广西地质矿产测试研究中心）

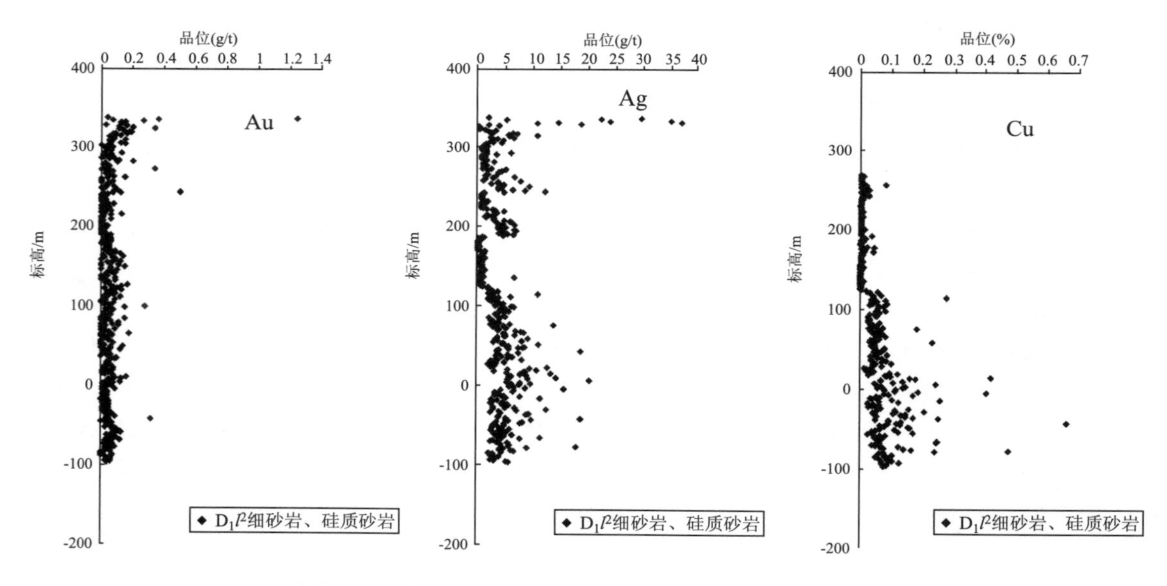

图 3-18　龙头山金矿深部 ZK1202 成矿元素变化曲线图

（数据由广西龙头山金矿提供，测试单位：广西地质矿产测试研究中心）

后期与广西地质六队技术人员交流，得知龙头山金矿外围莲花山组中的确打到了铜矿层，局部地区矿体甚至厚达几十米，初步验证了本次预测结果的可靠性。结合本矿床的资料，认为龙头山金矿深部存在良好的找铜潜力，值得进一步探索。

第五节　佛子冲铅锌矿

一、矿体地质特征

在佛子冲矿田，从北至南（西）可划分为若干矿段，包括六塘、石门-刀支口、大罗坪、舞龙岗、勒寨、水滴、牛卫等7个矿段，除水滴矿段为矿点外，其余矿段均为矿床。已探明铅锌矿体共132个，其中六塘矿段3个（201、103、104号），石门-刀支口矿段92个（主要为1、2、3、7、8、10、11、27、28、35、36、39、40号等）；大罗坪矿段22个（主要为102、104、105、108、109、112、122、130号等）；舞龙岗矿段3个（主要为132号）；勒寨矿段1个（被断层切错成Ⅰ和Ⅱ矿体）；水滴矿段7个（以2、4、135、号为代表）；牛卫矿段4个（以2号矿体为代表）。

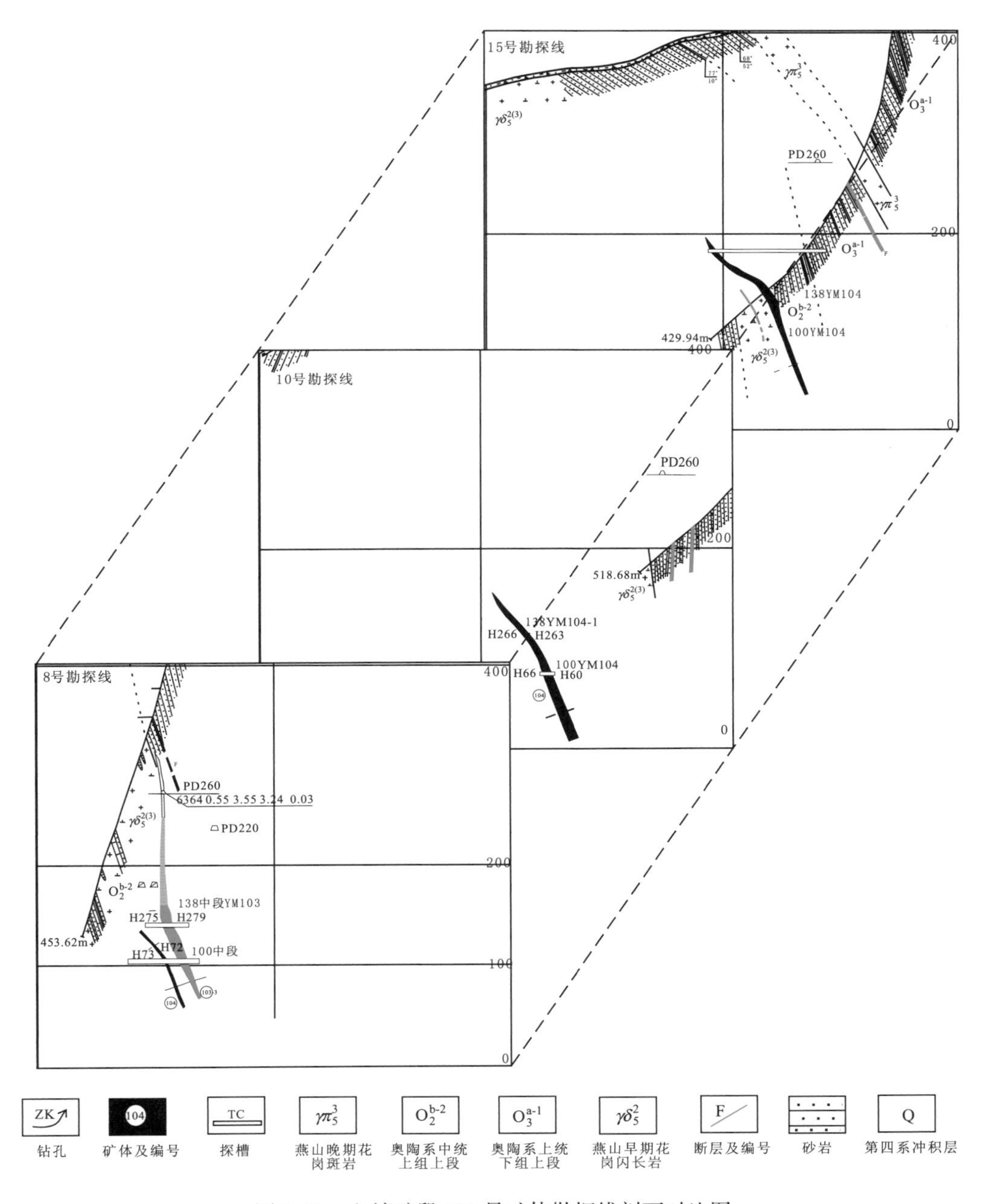

图3-19　六塘矿段104号矿体勘探线剖面对比图

矿田内矿体的形态多种多样，包括层状、似层状、扁豆（透镜）状及瘤（筒）状、脉状和不规则状等，具尖灭再（侧）现及分支复合等现象，形态甚为复杂（图3-19）。矿体走向主要为北北东和北东，次为近南北向和北西向。主矿体长200～500 m，厚数米至35 m，延深一般为200～350 m，主要矿体厚度较稳定，其倾斜方向多与围岩一致。局部矿化不连续，并被断层破坏和岩脉穿插，断裂对矿体形态影响较大。矿体排列有平行和侧羽（雁行）两类，并有过渡类型，侧列以左列为主。

矿床产出型式：可分为“佛子冲式”、“牛卫式”和“龙湾式”3种类型。

1）“佛子冲式”：以佛子冲矿床为代表（含六塘、石门、大罗坪、龙湾等矿床）。矿体主要产于 O_2^{b-2} 和 O_3^{b-2} 地层的灰岩夹层中，以似层状为主，透镜状及不规则状次之，其产状与围岩产状基本一致。单个矿体长一般200～500 m，最长700 m，延深200～400 m，厚一般1～4 m，最厚17 m。层数较多，常有3～6层，多者达10层以上，大致平行排列。矿体标高一般200～300 m，最高450 m，最低－167 m。一般与灰岩交切部位（附近）成矿有利，常形成厚大富矿。

典型矿体有：

六塘矿段104号矿体。为六塘矿段最大的保有矿体（图3-20，图3-21）。位于矿区最北部08～015线100～180 m中段，矿体埋藏标高65～182 m，埋深226～342 m。矿体走向北东-北北东向22°～37°，倾向南东，倾角56°～88°，平均68°，矿体长406 m，倾斜延深125.56 m，厚1.44～10.47 m，平均3.16 m，厚度变化系数为62.97%（较稳定）。矿体呈似层状、脉状，多顺层产出，局部地段与围岩小角度斜交，矿体在010～014线穿入花岗闪长岩体内，其中部主要为块状、条带状铅锌硫化矿石，两端渐变为细脉浸染状、碎裂（状）铅锌硫化矿石。矿石品位Pb 1.86%～10.95%，平均5.15%，Zn1.46%～10.38%，平均4.37%。Pb品位变化系数为50.69%（均匀型），Zn品位变化系数为55.24%（均匀型）。经估算资源储量Pb2.15×10^4t，Zn 1.83×10^4t，Pb＋Zn 3.98×10^4t。矿体围岩为砂岩、粉砂岩、灰岩、花岗闪长岩，蚀变主要有硅化、绿帘石化、局部铅锌矿化、矽卡岩化、碳酸盐化。

石门矿段8号主矿体。层状、透镜状产出（图3-22）。其含矿层位为 O_2^{b-2}，产出位置为石门矿段4—10号勘探线。矿体倾向南东，从4号勘探线到10号勘探线呈尖灭现象，在7号勘探线附近产出最大。矿体标高在200～450 m之间，Pb与Zn品位都在3.8%左右。

刀支口矿段27号矿体。层状产出（图3-23）。其含矿层位为 O_2^{b-2}，产出位置为刀支口矿段18—22号勘探线，180～220中段。矿体倾向125°，从18号勘探线到24号勘探线呈尖灭现象，在22号勘探线附近产出最大。矿体标高在50～400 m之间，Pb品位为3%左右，Zn品位为6%。

大罗坪矿段108号矿体（图3-24）。产于大罗坪背斜东翼，位于36—44线之间10～114 m中段，矿体长170 m，倾斜延深204.72 m，矿体埋藏标高－200～200 m，埋深200～380 m。矿体呈北东东向展布，倾向南东，倾角变化大，55°～70°不等，平均倾角64°，主要呈似层状、脉状产出。矿体厚度变化大，一般厚0.69～6.48 m，平均厚4.50 m；矿石品位Pb 1.15%～3.89%，平均3.71%，Zn0.93%～3.45%，平均3.28%。厚度变化系数为76.98%。Pb品位变化系数为68.38%，Zn品位变化系数为49.79%。

2）“牛卫式”：以牛卫矿床为代表（含勒寨、舞龙岗矿段）。矿体主要产于 S_1b 层位，受层位及断裂双重控制，矿体多出现在主干断层与灰岩的交切部位。矿体形态复杂，呈透镜状、筒状、瘤状、不规则状等，矿体个数少，但厚度大（一般厚10～15 m），延长较短，一般长50～200 m，但延深较大，为50～300 m。另外，勒寨矿床的Ⅰ、Ⅱ筒状矿体的倾向与志留系灰岩的倾向基本一致，倾向240°～270°，倾角60°～75°，向320°方向侧伏，侧伏角40°～70°。

A. 牛卫2号矿体：长100 m，延深157～207 m，厚10～40 m，呈透镜状产出（图3-25），走向60°～75°，倾向南东，倾角50°～70°，矿石品位Pb 4.47%、Zn 4.39%、Cu 0.217%、Ag 74.78g/t。本矿段矿体已基本采完。

B. 舞龙岗132号矿体。赋存于 S_1^{b-2} 灰岩中，地表矿体出露标高440～480 m，分布在断层破碎带中，长120 m，厚度平均4.5 m，延深至250 m被断层切割，已知最大延深200 m，工业矿体厚4.5～

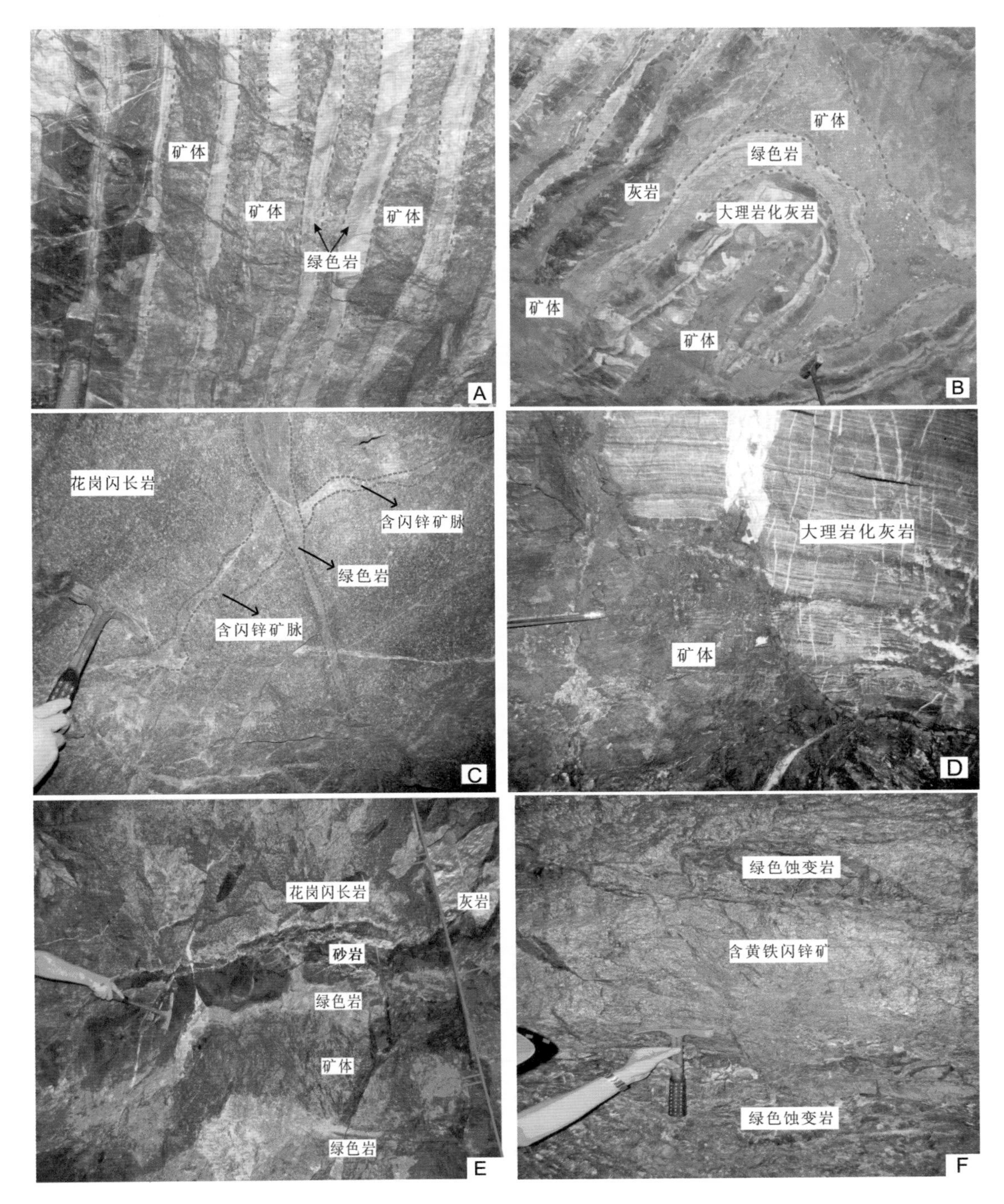

图 3-20　佛子冲铅锌矿矿体的产状特征

A. 条带状矿体与绿色岩互层；B. 矿体与绿色岩同步褶皱；C. 花岗闪长岩中含闪锌矿脉被后期绿色岩脉穿插；D. 灰岩交代成矿；E. 后期断层对矿体的改造；F. 含黄铁闪锌矿体

14.99 m，平均厚 8.15 m。矿体走向、倾向及厚度变化较大。工业矿体长约 100 m，倾向长大于走向长，与勒寨矿体有些类似。矿体分布于矽卡岩中，矽卡岩的最大厚度可达 30 m，矿体总的呈短轴透镜状，长轴 × 短轴约 100 m × 30 m，产状与灰岩层基本一致，走向 350°，倾向西，倾角 60° ~ 70°，根据河三矿 1982 年资料，$C_1 + C_2$ 级硫化矿矿石量 661587 t，金属量铅 9081 t，锌 11120 t，平均品位 Pb1.37%，Zn 1.68%。

C. 勒寨 2 号矿体。位于勒寨矿段 11—41 线 100 ~ 250 m 中段，矿体呈似层状、透镜状产出，矿

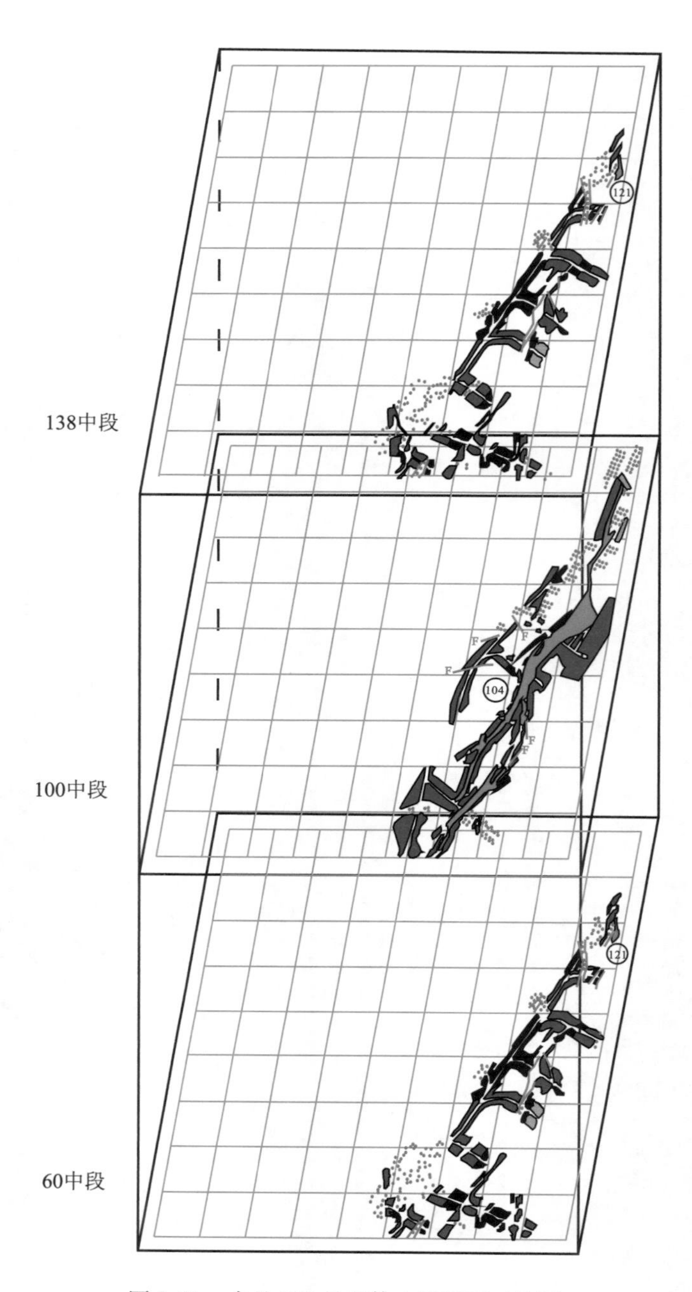

图 3-21　古益 104 号矿体中段平面对比图

体长 278 m，倾斜延深 236.25 m，矿体埋藏标高 75 ~ 296 m，埋深 200 ~ 366.80 m。矿体倾向 108° ~ 132°，倾角 60° ~ 78°。矿体厚度变化大，一般厚 2.77 ~ 10.49 m 不等，最厚 15.05 m，平均厚 4.33 m；矿石品位 Pb 0.17% ~ 1.74%，平均 0.94%；Zn1.15% ~ 3.93%，平均 2.97%。厚度变化系数为 64.88%，Pb 品位变化系数为 57.39%，Zn 品位变化系数为 29.55%。100 m 中段以上矿体已采空，矿体保有资源储量 Pb0.038 × 10^4t，Zn0.12 × 10^4t，Pb + Zn 0.16 × 10^4t。

3）"龙湾式"：由凤凰冲、龙湾矿段组成，矿体产于下志留统大岗顶组上段（S_1d^2）层位内，赋存于含同生砾屑的砂、泥质岩夹厚层状含同生砾屑的不纯泥质灰岩及条带状火山沉积凝灰岩中。矿体主要为似层状、透镜状，有大小矿体 37 个，其中主矿体 14 个，彼此互相平行，一般 3 ~ 5 层，多者 12 层，构成长 2.1 km，宽 400 m 的矿带，单个矿体长 100 ~ 1200 m，延深 200 ~ 500 m，工程控制矿体延深最低标高为 −160 m 以下。凤凰冲矿段处于龙湾矿段的北东段，为龙湾矿段的矿体向北延伸部分，龙湾矿段的矿体向北延伸至被左旋性质的北西向大断裂所错移，断距 400 ~ 500 m，断层上盘

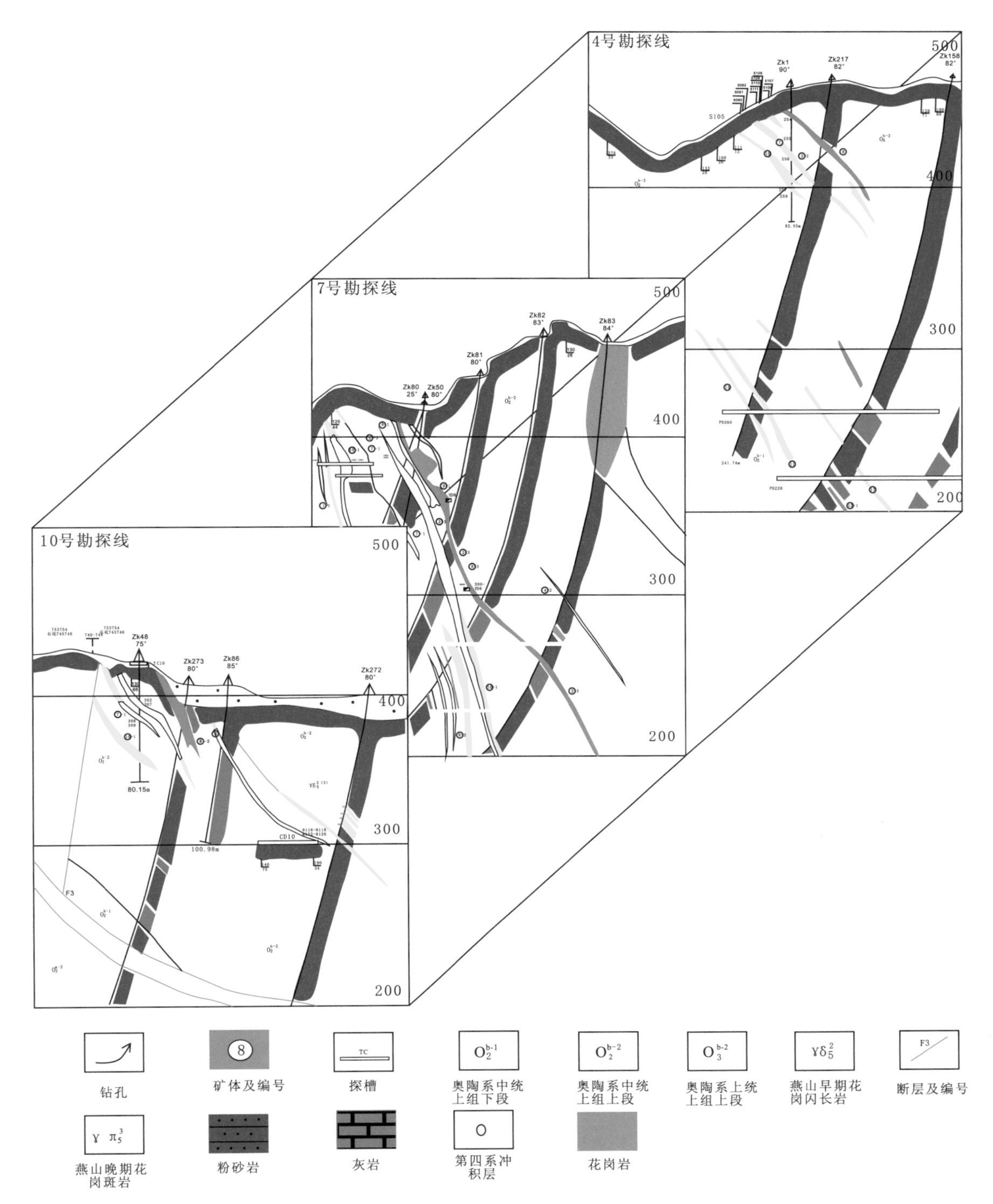

图 3-22　石门矿段 8 号主矿体勘探线剖面对比图

（北东盘）的矿带延伸至火烧洞，长 3.5～4.0 km。凤凰冲矿段矿体赋存层位、容矿岩石特征、矿石结构、构造均与龙湾矿床相同，地表为大面积厚层火山熔岩覆盖，露头差。

二、矿化分带

对于佛子冲铅锌矿的分带性研究目前还非常薄弱，但可能存在水平分带和垂直分带。水平分带表现为以多金属矿产地更靠近广平、大冲和勒寨等中部岩浆岩带，如大冲、铜帽顶、佛子冲、大罗坪、舞龙岗、勒寨和牛卫；远离中部岩浆岩带则无论是西侧的大塘、东侧的凤凰冲、三合水等地均以铅锌为

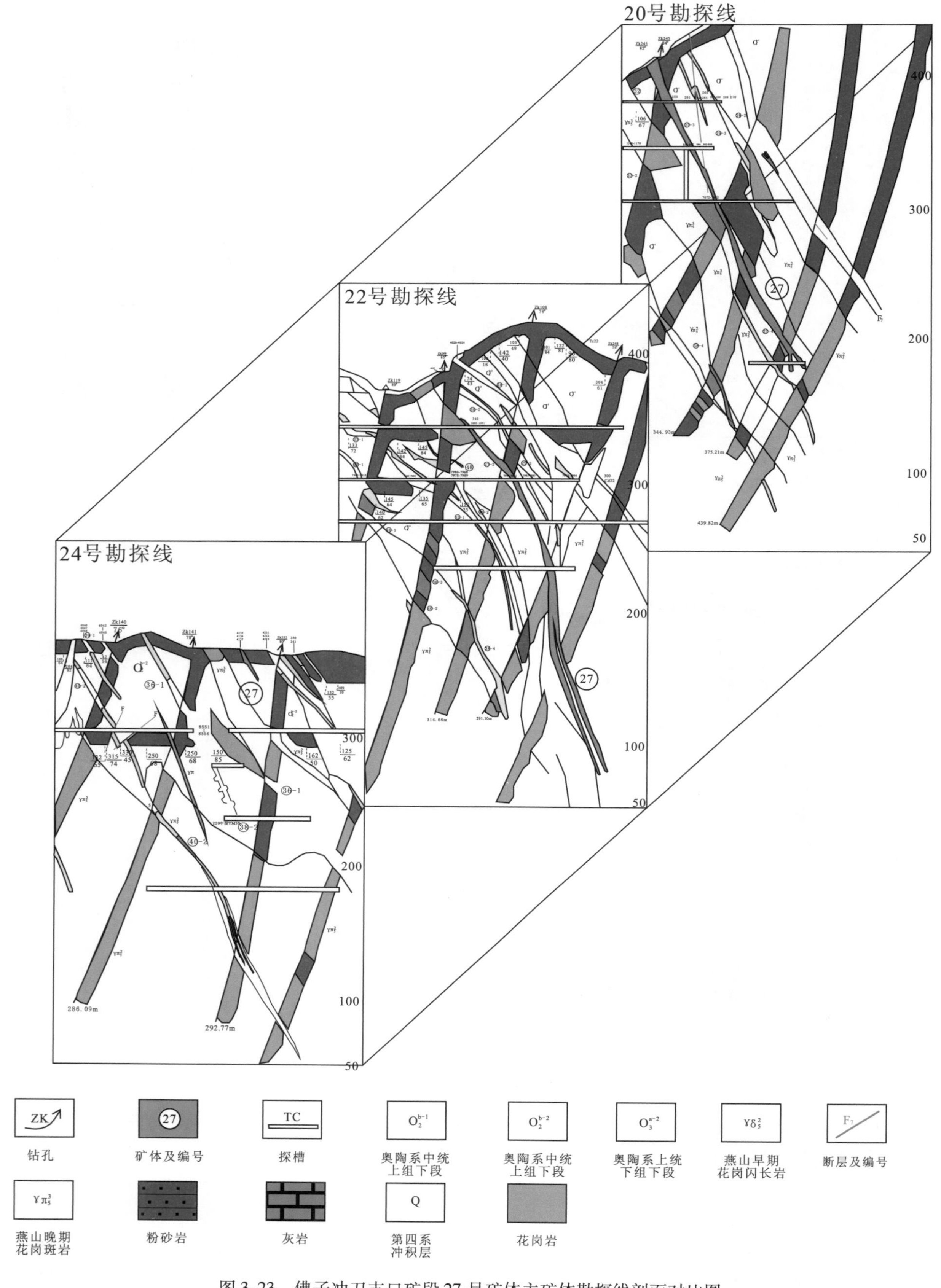

图 3-23 佛子冲刀支口矿段 27 号矿体主矿体勘探线剖面对比图

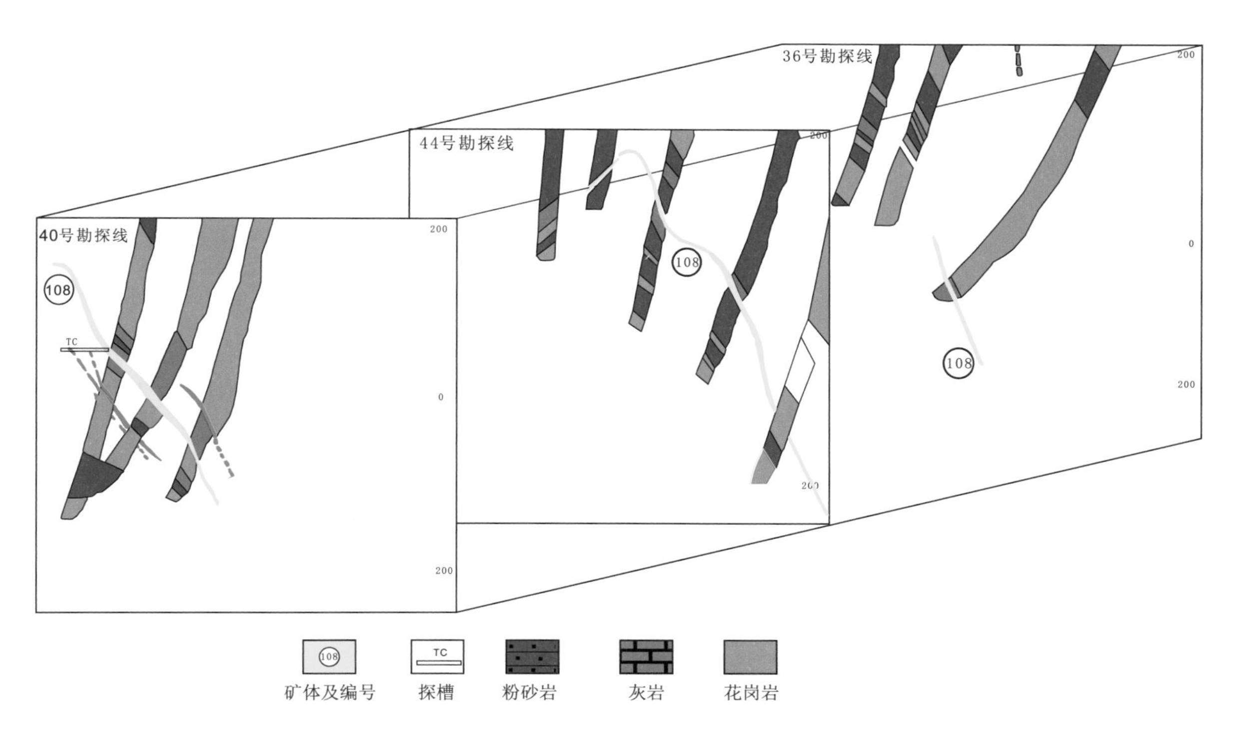

图 3-24　大罗坪矿段 108 号矿体勘探线剖面对比图

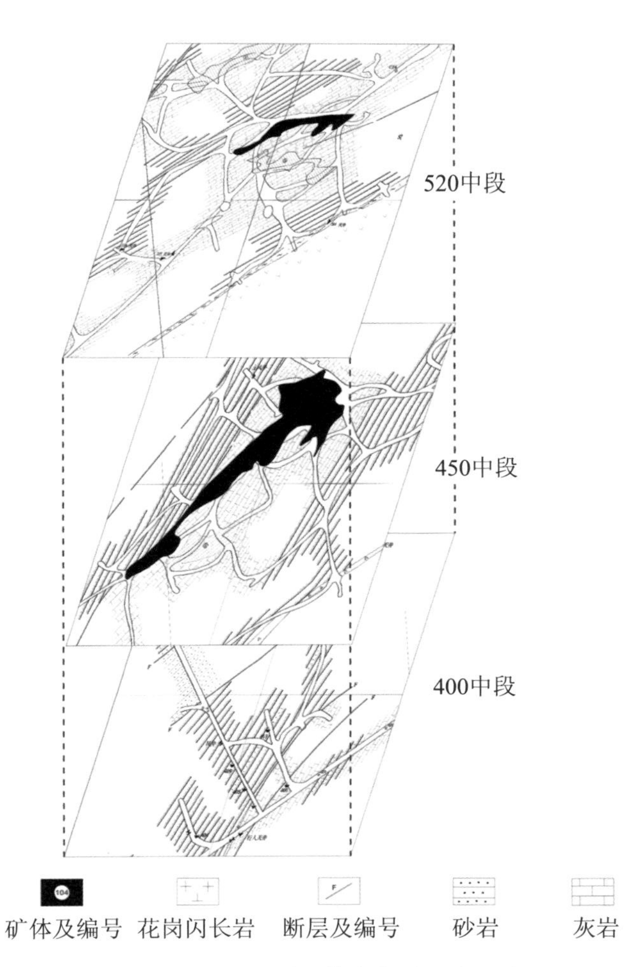

图 3-25　牛卫 2 号矿体中段平面对比图

主，少见铜。南北方向上也显示北侧的石门矿段 Cu 高于南侧的刀支口矿段，而 Ag 则相反，南高北低，显示成矿流体有从北往南运移的趋势，与北部更靠近岩体的地质背景是一致的。垂直方向上，由于深部找矿工作正在进行，目前的矿体还不足以代表整个矿区的全貌，但就同一矿体而言，深部交代、上部充填的现象也是清晰的。因此，从矿化分带看，佛子冲铅锌矿床与岩浆侵入作用的关系是非常密切的。

第六节 石碌铁矿

一、铁矿体地质特征

在石碌矿区西起石碌岭、东止红头山，北临石碌河、南至枫树顶约 11 km^2 范围内，共计有大小铁矿体 38 个，主要分布在北一、南六、枫树下以及保秀-正美区段，但规模较大者仅有北一、南六、枫树下铁矿体，占总储量的 90% 以上。

北一铁矿体：分布于北西起石碌岭，东抵大英山（至 E23 线以东 400 m），南达红房山背斜南东隐伏端，北至石灰顶向斜的北侧，构造上处于北一向斜轴部，占全区目前查明总储量的 80% 以上。东西向已控制长度 3525 m，出露长度 1150 m。矿体厚度，西段铅垂厚最大达 430 m，向东分散成十余层，单层厚度 60 ~ 80 m，至三棱山一带大部分尖灭而只剩 3 层，单层厚度变薄为 20 ~ 30 m，甚至更小。西部地表宽 362 m，深部宽 463 m，往东大于 1 km，单层宽约 500 m。矿体形态总体呈层状-似层状，走向连续分布；横剖面上自西而东矿体呈心形、箱形或层带形。矿体从西到东，由富变贫，由厚变薄（图 3-26）。矿体平均品位 TFe58%、S0.641%、P0.019%。铁矿体出露地表、厚度和规模巨大，呈层状、似层状，品位变化较均匀，适于露天开采，但矿体产状变化较大。

南六铁矿体：位于石灰顶向斜南翼，其分布西起 XXⅢa 线西 57 m，东至 XXXⅡ线趋于尖灭，继续延伸为其下盘枫树下矿体所取代。走向长度 930 m，倾斜深度平均 207 m，矿体出露标高 465 ~ 191 m，高差 274 m。矿体平均厚度 15.0 m。矿体走向 N43°W，倾向北东，倾角 0° ~ 85°。矿体形态为似层状，但往深部因变陡，在向斜凹部又变缓而呈椅形，沿走向、倾向均有分支复合现象。厚度变化沿走向中间厚，两端薄，沿倾向浅部薄而多层，往深部合并增厚或者急剧尖灭。矿体平均品位 TFe51.82%、S0.084% ~ 2.32%、SiO_2 8.21%。开采技术条件较好，宜露天开采。

枫树下铁矿体：位于石碌岭之南东 2 km，构造上处于枫树下向斜的南翼，为枫树下区段最大的铁矿体。矿体走向 N55°W，长度 1800 m，宽度 14 ~ 222 m，出露标高 408 ~ 200 m，高差 208 m。矿体向北北东倾斜，倾角 30° ~ 60°。呈层状-似层状，矿体平均品位：TFe51.59%、S0.025%、P0.011%、SiO_2 17.40%，宜露天开采。

野外调查表明铁矿体具有 3 种产状：层控型、矽卡岩型和断裂充填型。层控型矿体主要为北一矿体，为矿区内主要的矿床类型。矿体位于北一向斜核部的次级背斜中，矿体产状与石碌群第六段岩层一致（图 3-27a – b）。背斜核部劈理发育，从矿体中间至边部透辉石透闪石化增强，品位也由富变贫，矿体中可见椭球状、乳滴状或不规则状的铁碧玉。矽卡岩型铁矿体主要见于南六矿体，矿体与围岩碳酸盐岩接触带发育矽卡岩化（图 3-27c – d），矽卡岩矿物主要有石榴子石、绿帘石、阳起石等，矿体中磁铁矿含量较高。断裂充填型矿体主要见于北一采坑东-东南邦上，铁矿体充填于断裂构造中（图 3-27e – f），严格受断裂控制，产状与断裂一致，甚至是多组断裂联合控制。另外，在矿区外围的正美矿区，见铁矿体穿插地层，产状与石碌群并不一致，甚至有脉状铁矿体插入花岗闪长岩中；朝阳矿区也见南好组地层中有断裂控制铁矿脉，断裂下盘为紫红色粉砂岩，上盘为粉砂质千枚岩。因此，结合北一和南六矿体，铁矿体除受向斜控制外，断裂构造的局部控制现象也很明显，石碌群第六段原岩为碳酸盐岩，热液易于交代叠加形成厚大的富矿体或沿断裂构造充填成矿。

二、铜钴矿体地质特征

矿区范围内目前已发现钴矿体 17 个、铜矿体 41 个，主要分布在北一与南六区段。北一区段规模最大，占全区目前查明总储量的 80% 以上。规模较大者仅有一号、四号铜矿体及一号、三号钴矿体，

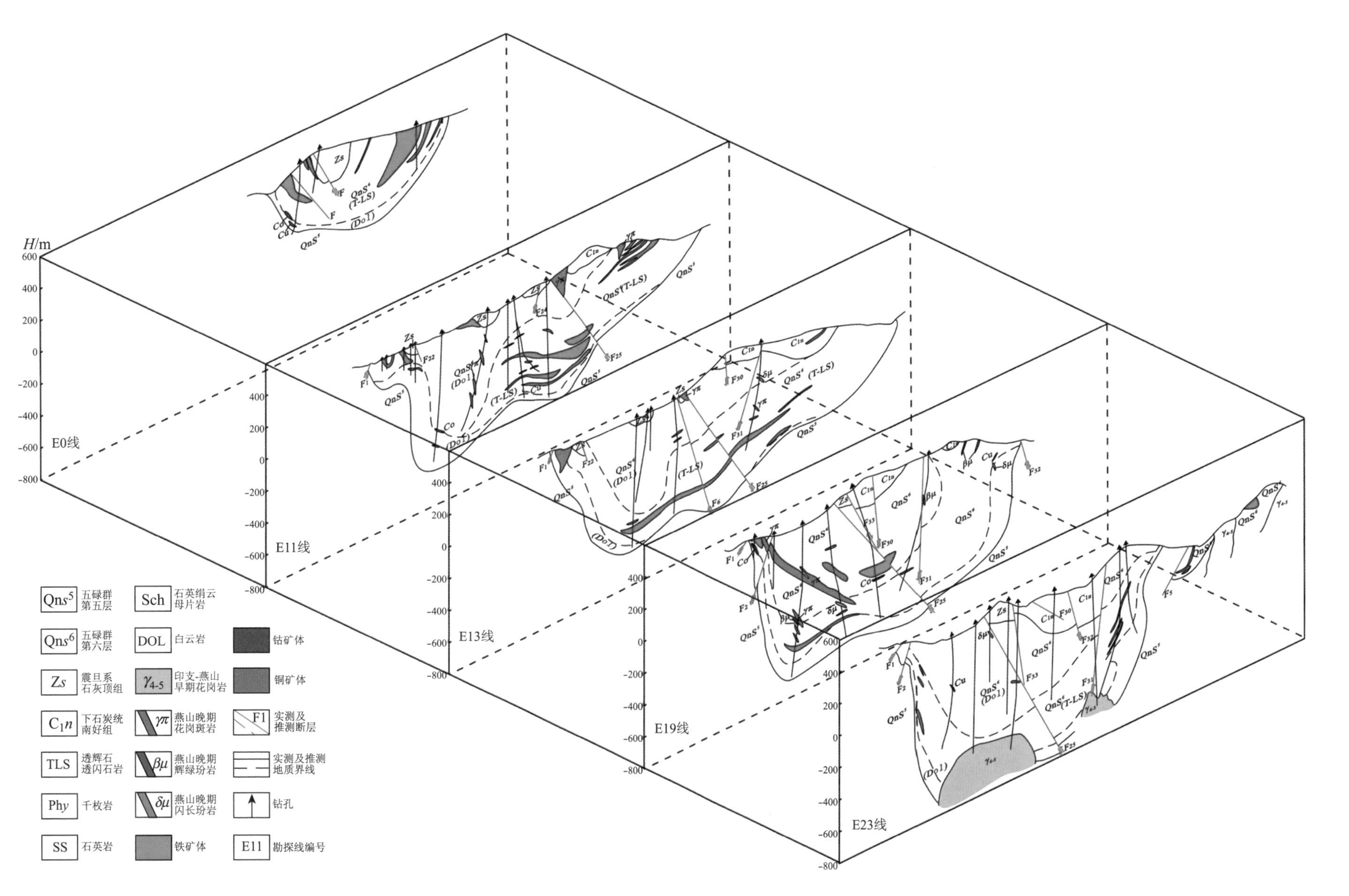

图3-26 石碌铁矿床勘探线剖面图

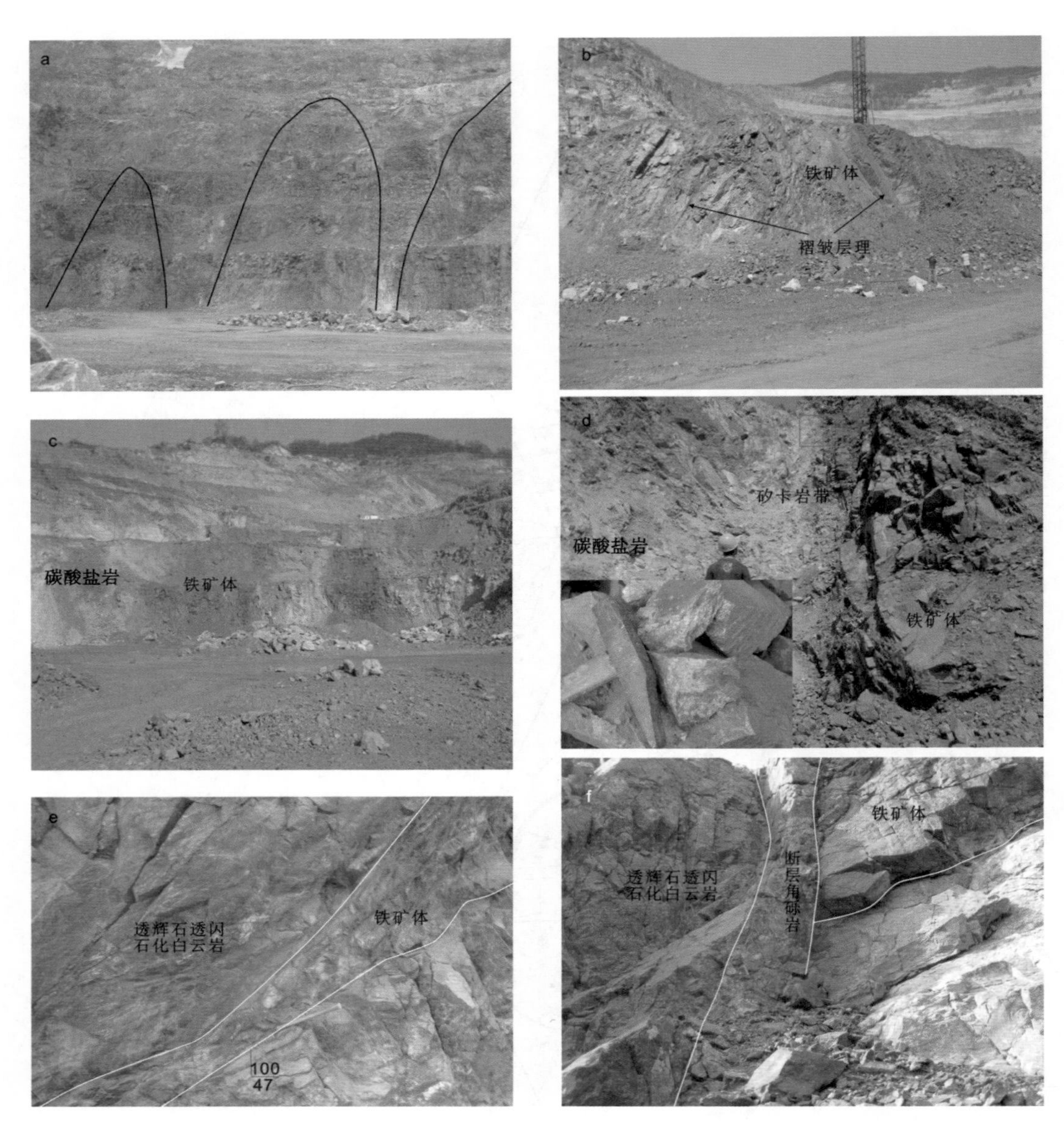

图 3-27　石碌铁矿矿体特征

a—北一矿体采坑东端向斜核部次级背斜中的富铁矿体；b—北一采坑似层状产出于透辉石透闪石化白云岩中的赤铁矿矿体；c-d—南六采坑中矽卡岩型铁矿体及接触带，可见石榴子石、阳起石等矽卡岩矿物；e-f—北一采坑东-东南帮上的受断裂控制的铁矿体

占北一区段总储量的90%以上。铁钴铜矿体从平面分布看，大致以北一复向斜轴为中心，分北、中、南3个矿带：北矿带分布于保秀-正美-红头山一带；中矿带分布于石碌岭（包括红房山背斜南翼）-小英山-三稜山-大英山一带；南矿带分布于南六-枫树下一带。中矿带位于复向斜的槽部，南、北矿带分别位于复向斜的南翼和北翼。

一号钴矿体：分布在北一区段，占全区段矿石总储量的98%，主要赋存于北一向斜南翼及谷部。西起Ⅸa线以西15 m，东延至E8线以东25 m，控制东西延长达1221 m，为隐伏盲矿体。赋存标高西部最高为300 m、东部最低为 -262 m、整个矿体高度为562 m。矿体在剖面上的展开宽度50～557 m，平均宽度191 m。矿体最厚34.44 m，一般2～5 m，平均4.35 m，厚度变化系数115%。矿体形态明显受褶皱构造制约，总体以似层状为主，少数为似层状-透镜状（图3-28、3-29），属中-大型规模。矿体厚度、品位变化的总趋势是：浅部复杂，深部稳定；北翼复杂，南翼稳定；西部复杂，东部稳定。矿体平均品位：Co0.308%、Cu0.75%、Ni0.09%。矿床开采技术条件中等，深部适于坑道

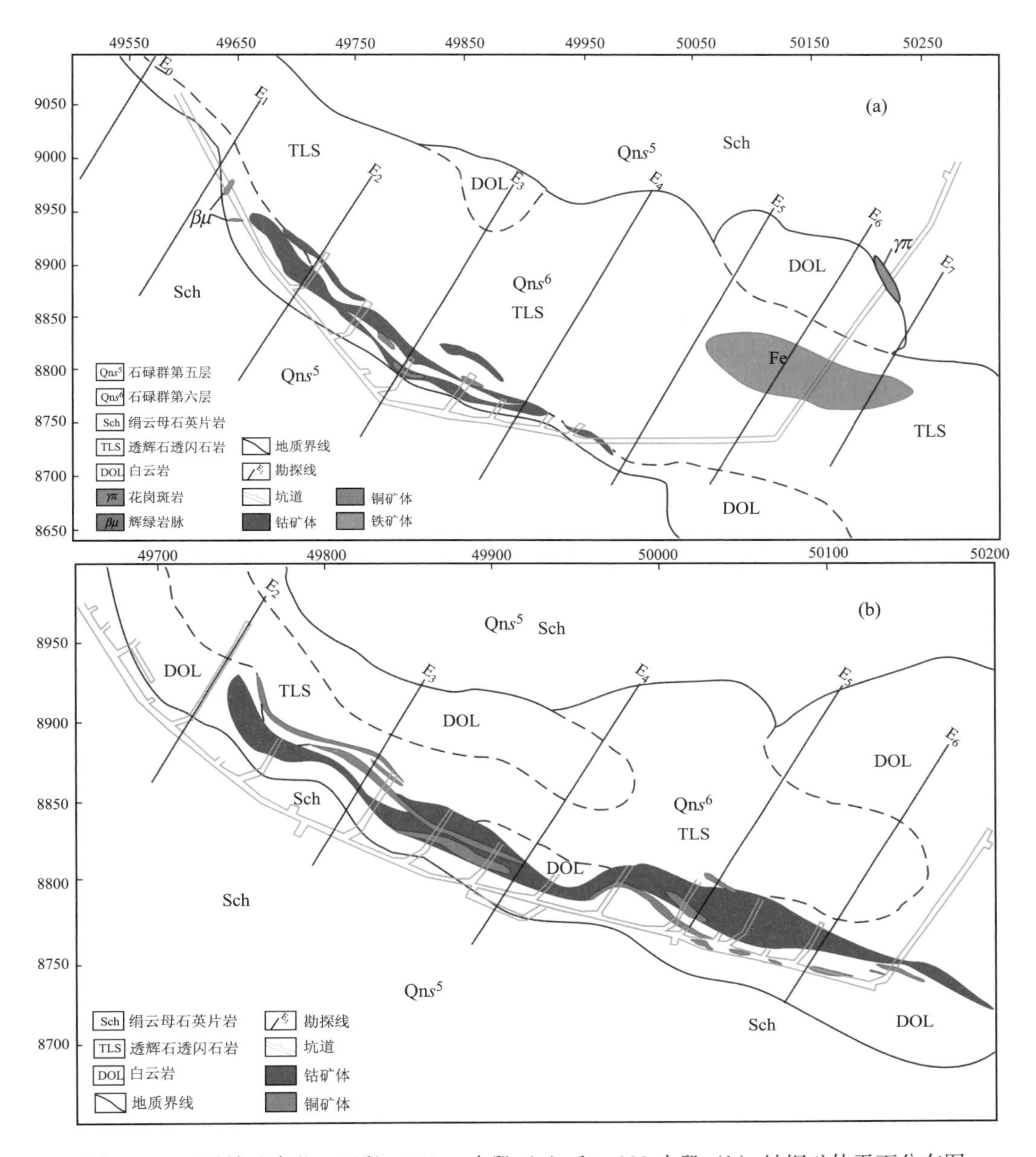

图 3-28　石碌铁矿床北一区段 - 150 m 中段（a）和 - 200 中段（b）钴铜矿体平面分布图

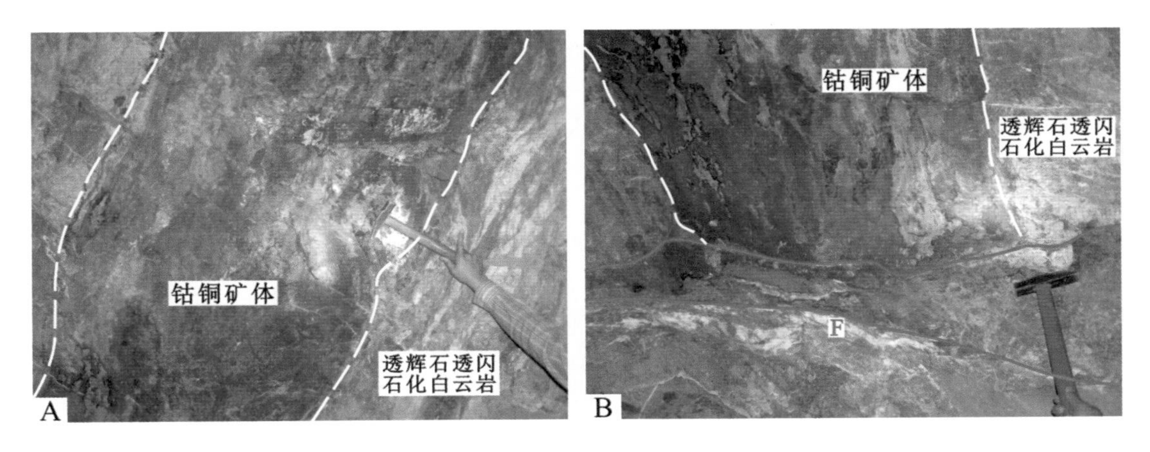

图 3-29　石碌铁矿床北一区段 - 200 m 中段钴铜矿体断裂控矿特征

A—脉状钴铜矿体充填于透辉石透闪石化白云岩层间断裂中；B—脉状钴铜矿体为后期断裂所错断

开采。

一号铜矿体：分布在北一区段，占全区段矿石总储量的92%。矿体主要赋存在北一向斜Ⅻa～Ⅻ线之间的北翼，往东扩延至核部及两翼，至Ⅸ线一带北翼矿体不复存在，仅赋存于核部及南翼。西起Ⅻa线之西20 m，向东延至Ⅷa线以东21 m，长440 m。矿体在Ⅹ线以西出露地表，Ⅹ线往东潜入地下。由西向东倾伏，倾伏角平均35°。出露标高最高450 m，最低160 m，矿体高度290 m。矿体展开宽度20～467 m，平均为257 m。矿体真厚度3～35.71 m，平均6.11 m。厚度变化系数118%。矿体形态总体为向西扬起、向东倾伏的箕斗形。矿体产状总体走向与向斜轴一致，倾角随所在向斜部位的不同而不等（图3-28、3-29）。总体上，本铜矿体为厚度不稳定、形态变化复杂、中型规模之层状-透镜状矿体。矿体平均品位：Cu1.69%、Co0.004%，基本不含镍。矿床开采技术条件中等，浅部矿体可与铁矿一并露天开采，0 m标高以下矿体宜单独地下坑道开采。

三、矿化分带

新元古代石碌群是石碌铁矿床的主要赋矿围岩，而其中的石碌群第六层中下层位则是铁矿体主要含矿岩性段，铁矿体与透辉石透闪石岩具有明显依存关系。石碌铁矿体多呈层状、似层状赋存在轴向北西-南东向复式向斜的槽部和/或两翼向槽部过渡的部位，延伸方向与褶皱轴向一致，从褶皱核部至两翼愈近褶皱核部铁矿层厚度愈大、含量愈高，而向两翼则厚度愈薄、含量愈低。矿区内北西西向断裂 F_1 横贯全区，主要矿体多位于其北侧。一系列近南北（北北西-北北东）向断层则不仅在矿区东部横截复向斜，而且使断层东盘矿体滑移、并自西向东逐渐埋深。尽管矿区内海西—印支期的岩浆活动与成矿关系不大，但早侏罗世（～186 Ma）和早白垩世（～135 Ma）的岩浆活动对叠加成矿的作用明显，在23勘探线深部钻孔已揭露到岩浆岩与石碌群第六层接触带的矽卡岩型铁矿体。多期多阶段的叠加成矿作用使石碌铁钴铜矿床发育明显的水平和垂向分带。

1. 矿体水平分带

从平面分布看，石碌主要铁矿体集中分布于矿区中西部，以北一矿体为最，大致以北一复向斜轴为中心，分北、中、南3个矿带：北矿带分布于保秀-正美-红头山一带；中矿带分布于石碌岭（包括红房山背斜南翼）-小英山-三棱山-大英山一带；南矿带分布于南矿-枫树下一带。中矿带位于复向斜的槽部，南、北矿带分别位于复向斜的南翼和北翼。在矿区西部，矿体主要受北西向复式向斜和 F_1 主干断裂控制，矿体走向也与其一致，延伸较远，直至近南北向断裂 F_{32}，矿体及赋矿地层可能被该类型断裂错断埋藏于地下深处。北矿带的保秀-正美山一带矿体走向则呈北东向，与该区段北东向褶皱轴向一致，且矿体夹于南北向断裂之间（保秀段夹于 F_{32} 和 F_6，正美山段夹于 F_{32} 和 F_7）。而在外围朝阳段分布的贫矿体走向呈北西向，与相邻的燕山期侵入岩脉展布方向一致。此外矿体中的铁矿物赤铁矿与磁铁矿呈此消彼长的反相关关系，西部矿体的赤铁矿含量高于东部，南部矿体的赤铁矿含量大于北部，而磁铁矿含量则相反。另外，石碌矿区伴生的铜矿体主要分布在北一区段西部（Ⅻa～Ⅶa线）；钴矿体则主要分布在北一区段中部及东部（Ⅸa～E8线），其中Ⅸa～Ⅶa线为两者重叠区，钴铜矿体多产于石碌群第六层与第五层的接触界线附近靠近第六层的一侧。

2. 矿体垂向分带

垂向上，矿区西部主矿体形态多为透镜状、似层状，与石碌群各套地层同步褶皱，在地表及浅处多呈枝杈状分布，而在深部逐渐聚合，即分支复合，矿体亦变得更为集中厚大，品位亦更高。根据钻孔揭露及剖面图，从西向东由于被断裂错断而使矿体埋深逐渐增加，西部北一矿体在地表即标高550 m出露，而到中部开采面为标高0 m左右，至东部矿体埋深则达到标高－400 m以下。此外，深部矿体从西向东矿体规模和厚度呈逐渐减小趋势。矿体中赤铁矿与磁铁矿亦呈此消彼长的反相关关系，浅部矿体的赤铁矿含量多于深部矿体，磁铁矿含量则为深部矿体多于浅部。

此外，伴生的钴铜矿体主要赋存于北一向斜南翼及谷部，形态产状明显受褶皱构造的制约，总体以似层状为主，少数为脉状。垂向上钴铜矿体通常位于铁矿体之下，二者通常呈平行叠置关系（图

3-30），只在构造起伏倒转时，钴铜矿体才位于铁矿体之上。除个别地段外，两者通常保持在 30 ~ 60 m 的距离，总体西近东远，南翼近而北翼远。因而，矿体自上而下大致以铁-钴-铜的顺序排列、平行叠置，空间展布上有极大一致性，一般铁矿体规模大，钴、铜矿体规模亦大。

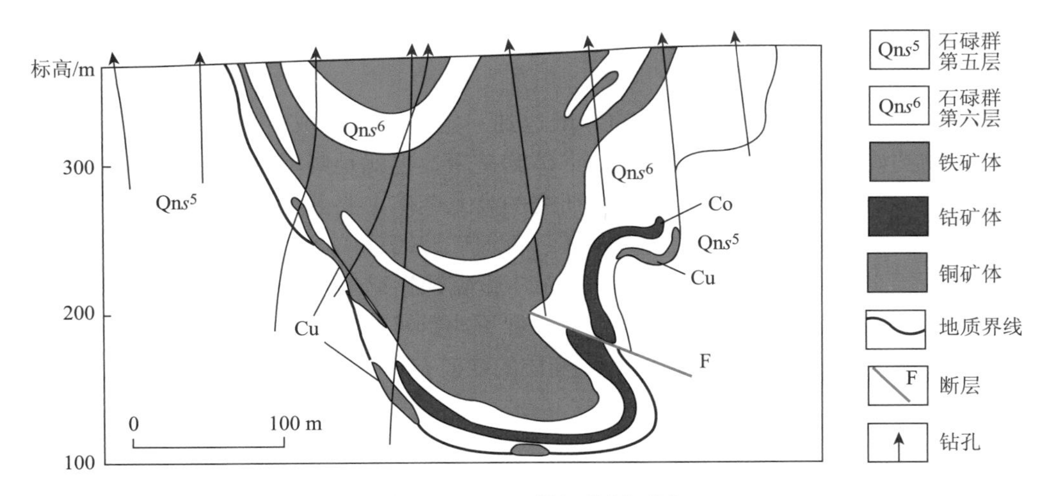

图 3-30　EⅧa 勘探线剖面图

（据中科院华南富铁科研队，1986 修改）

第四章　典型矿床矿石学矿物学特征

矿石是有用矿物的自然集合体，矿石的体量达到一定程度即构成矿体，而矿床又是由矿体组成的。因此，从矿物到矿石，由矿石到矿体，由矿体到矿床，也就是典型矿床研究的基本程序。不同类型的矿床是由不同类型的矿石组成的，本次所研究的高龙金矿主要由含金的蚀变沉积岩及其风化壳岩石组成，德保铜矿和拉么铜锌矿主要由含黄铜矿、黄铁矿、闪锌矿等硫化物的矽卡岩型矿石组成，铜坑锡多金属矿由沿层交代和脉状充填的锡石-闪锌矿-脆硫锑铅矿等金属矿物条带状、块状矿石组成，龙头山金矿由含金的各种各样的蚀变岩浆岩组成，佛子冲铅锌矿与铜坑类似，主要由交代矿石和充填铅锌矿石组成，而海南的石碌铁矿主要由沉积-变质的铁矿石和含铜黄铁矿矿石组成。

第一节　高龙金矿

一、矿石类型

按照矿石的氧化程度，可将高龙矿区的矿石划分为3种类型：氧化矿石、原生矿石和混合矿石。氧化矿石中的$S_{硫化物}/S_{全}$比值<70%，混合矿石的$S_{硫化物}/S_{全}$比值为70%～90%，原生矿石$S_{硫化物}/S_{全}$比值>90%。按照矿石的组构可划分为角砾状矿石、网脉状矿石、块状矿石和土块状矿石（广西壮族自治区地质矿产局第二地质队，1990）。

原生矿石一般为深灰色，与矿区中三叠统百逢组地层岩石一致，其硬度、致密程度和黄铁矿含量高于围岩地层，且褐铁矿化不明显。原生矿石在矿区范围内分布范围较小，仅发育于海拔840 m以下的局部地段。

氧化矿石是目前开采的主要对象，分布较为广泛，矿石呈褐、红褐、灰、灰白色以及杂紫、紫红等颜色，褐铁矿化十分明显。由于风化作用强烈，原岩沉积岩的结构大部分被破坏，黄铁矿已全部或大部分被风化成褐铁矿。

混合矿石产出的海拔较低，一般产于地下水面之上，地表氧化带之下。矿石以褐红色为主，原生黄铁矿及其他硫化物与氧化成因的褐铁矿伴生。矿石的构造多以块状为主，氧化程度较高者颜色为褐红、杂紫和红色，而且结构疏松；氧化程度偏低者，多呈浅灰、灰色，略带浅红色，矿石坚硬致密。在显微镜下可见到黄铁矿、毒砂和辉锑矿等原生金属硫化物和褐铁矿共存的现象。

角砾状矿石在矿区范围内分布最为广泛，矿石主要由硅化、黄铁矿化的原生金矿石角砾构成，被后期热液石英胶结形成致密坚硬的角砾岩，其中的角砾受热液交代而不具可拼接性。在地表或浅表环境下，角砾岩中的原生金属硫化物容易被氧化，由于黄铁矿的氧化导致角砾颜色多变为红褐色。这类矿石由于硅化和石英脉的存在，其抗风化能力较强，矿石除发生褐铁矿化外，其结构构造未发生明显变化。

网脉状矿石也是矿区内一种重要的矿石类型，主要分布于离主石英脉稍远的网脉状硅化带内。矿石表现为原生矿石被后期石英脉所切穿，其原生矿石组成、石英脉的胶结性质等均与构造角砾岩型矿石相同；所不同者，网脉状矿石中石英脉体成分较角砾状矿石少，脉体稀疏，多呈细脉、交织成网状，其中的原生矿石角砾蚀变交代现象不明显，大多数角砾具有明显的可拼接性。

块状矿石主要发育于矿区深部，表现为硅化和黄铁矿化的百逢组细碎屑岩，致密坚硬，没有或少有石英脉切穿，基本上保留了百逢组细碎屑岩的层理特点及地层的其他性质。是矿区内原生矿石的主要组成部分，颜色多为灰色、深灰色。

土块状矿石呈松散状，主要由粘土矿物和岩石、矿石的碎块组成，多分布于地表以及破碎带内，为原生矿石经地表风化改造而成。

二、矿石组构

高龙矿区主要有氧化矿石和原生矿石，氧化矿石的主要矿物组分有粘土矿物、石英，次要矿物为褐铁矿，并含有少量的黄铁矿、方解石、白云石、孔雀石、臭葱石、锑华等；原生矿石主要由石英和细碎屑岩组成，次要矿物为黄铁矿、方解石、白云石、炭质等，并含有少量的毒砂、辉锑矿、闪锌矿、方铅矿、黄铜矿、绿泥石等。

矿石结构主要有草莓状结构、粒状结构、环带状结构、包含结构和交代结构。构造主要有块状构造、角砾状构造、网脉状构造、层状构造、土块状构造、蜂窝状构造、微细浸染状构造等。土块状构造、蜂窝状构造多为氧化矿石的构造特征，其他多为原生矿石的构造特征。

三、含金矿物及金的赋存状态

高龙金矿金的粒度极其微小，具有“不可见”的性质，也因此被许多学者称之为“微细浸染型金矿床”。这种微细浸染型金矿床中的金主要以不可见金的形式赋存在载金矿物中，载金矿物主要为黄铁矿、褐铁矿、辉锑矿、毒砂、粘土矿物等，虽然石英和碳酸盐岩不是金的主要载体，但与金矿化关系十分密切（表4-1）。金以包裹体金、晶格金、晶间金、晶隙金、吸附金的形式产出。针对高龙金矿床中金的赋存状态，国家辉等（1992）曾经进行了系统观察研究，指出金的颗粒粒度较为均一，所见最大粒度为0.012 mm×0.02 mm×0.011 mm，粒度>0.01 mm者占可见金含量的21.61%，粒度介于0.01~0.005 mm之间者占可见金含量的73.03%，<0.005 mm者占可见金含量的5.33%；金的颗粒形态较简单、规则，以近等轴粒状为主（61.05%），次为浑圆状（25.7%）、麦粒状（10.36%），长角粒状甚少（2.92%）；金的赋存状态以粒间金为主，其含量占可见金含量的71.09%，其中，脉石矿物颗粒间占65.76%，褐铁矿与脉石矿物颗粒间占5.33%，裂隙金（主要为褐铁矿裂隙中）占10.66%，包裹金占18.25%（其中脉石矿物包裹金占5.13%，褐铁矿矿物包裹金占13.12%）。

1. 黄铁矿

黄铁矿是高龙矿区围岩地层、蚀变岩和热液活动脉体中普遍存在的主要金属矿物。前面已经述及，矿区内存在3期不同产出状态的黄铁矿：①产于沉积地层中的沉积-成岩期的稀疏浸染状或草莓状、结核状细粒黄铁矿；②赋矿地段成矿期形成的稀疏浸染状或团块状的细粒黄铁矿，其含金性较好；③热液石英脉体中的浸染状黄铁矿，有粗粒和细粒两种状态。国家辉等（1992）、胡明安等（2003）通过电子探针和化学分析显示（表4-2），围岩中和石英脉中的粗粒黄铁矿金含量较低，矿体中细粒黄铁矿的含金量较高，环带状黄铁矿中内核的含金量低于外部边缘。对于不同形态的黄铁矿而言，草莓状黄铁矿中含有价高的金；相比之下，细粒立方体黄铁矿含金量最高，最高可达923×10^{-6}。环带状黄铁矿尽管粒度也较细，但其含金量较低，受到沉积成岩作用影响；粗粒黄铁矿和他形黄铁矿的含金性变化较大，主要与其产出环境有关。

表4-1 高龙金矿原生矿石中金的含量

矿物名称	单矿物含金量/%	矿物在矿石中的含量/10^{-6}	资料来源
粘土矿物	60.44	4.42	国家辉等，1992
石英	34.0	0.90	国家辉等，1992
黄铁矿	1.50	138.00	国家辉等，1992
褐铁矿	2.40	14.55	国家辉等，1992
辉锑矿	微量	355.5	胡明安等，2003；本文
毒砂	微量	510.9	本文

表 4-2　高龙矿区不同产状黄铁矿含金性电子探针分析

类型	产状	样品编号	Au	资料来源	类型	产状	样品编号	Au	资料来源
A	围岩中	G-13	0	①		细粒立方体	9	0.0507	②
A	草莓状	GL87	0.0407	②	B	细粒立方体	1	0.0923	②
A	草莓状	GL91	0.076	②	C	矿体石英脉中（内核）	G-95-1	1.2	①
B	赋矿层中结核状	G-77	0.4	①	C	矿体石英脉中（环边）	G-95-2	2.11	①
	他形	GL1 －2	0．006	②	C	矿体石英脉中	G－131	0	①
	他形	10	0．0547	②	C	粗粒立方体	GL63 －2	0．0283	②
A	他形	GL3	0．0217	②	C	粗粒立方体	GL13	0．0312	②
B	赋矿层中浸染状	G－157	1．49	①	C	粗粒立方体	GL202	0	②
	细粒立方体	GL91	0．051	②	C	粗粒立方体	GL1	0．0865	②
B	细粒立方体	GL202	0．085	②	C	粗粒立方体	GL1 －2	0．064	②
	细粒立方体	5	0．0767	②	A	环带状	GL87 －2	0	②
C	细粒立方体	GL63 －2	0．0596	②	B	环带状	GL1	0．0123	②
	细粒立方体	6	0．0062	②	A	环带状	GL87 －2	0	②

注：①源自国家辉等 1992；②源自胡明安等，2003。金含量单位为%。

2. 辉锑矿

辉锑矿也是一种重要的载金矿物。含金辉锑矿主要产于石英脉中，呈巨大的他形-半自形粒状结构，与石英共生，另有少量呈柱状产于硅化泥岩中，与黄铁矿共生。这两种类型的辉锑矿都具有很高的含金性，含金量为 $12.4\times10^{-6}\sim782\times10^{-6}$，平均值为 711×10^{-6}。两种不同类型辉锑矿不论在含金量还是在其 Sb、S 及 As 等主要元素和 Fe、Co、Ni、Cu 等次要元素组成上，均十分相似，可能反映了两类辉锑矿实为同一期次的产物。

3. 毒砂

矿区毒砂是除黄铁矿外另一主要的载金矿物。主要产于碎屑岩地层中，尤其是在硅化的砂泥岩中较为常见。毒砂粒度相对较小，与细粒黄铁矿相当；呈针柱状者较多，呈细小柱状结构者多与黄铁矿伴生。这种类型的毒砂往往含金较高，含金量为 $10\times10^{-6}\sim1680\times10^{-6}$，平均值为 510.9×10^{-6}。毒砂除了具有较高的金含量外，其他如 Sb、Mo、Co、Ni、Cu 等元素也具有较高的含量（表 4-3）。这些低温元素和中高温元素的相对富集，显示毒砂的形成可能与金、锑等的矿化存在密切联系，其与铜钼等中高温元素的形成也存在一定关系。

4. 硅化

高龙金矿床中的主要含金矿物为黄铁矿、毒砂、辉锑矿以及粘土矿物，硅化围岩的含金量普遍高于较纯石英。石英的含金性较差，尤其是石英主脉中者。从野外矿石分布情况分析，早期的硅化细粒石英与成矿作用关系较为密切，而晚期粗粒石英与成矿关系并不十分密切。通过本次研究，我们认为石英虽然含金性不高，但石英形成阶段的热液活动可能是金再次活化富集的关键因素。

（1）石英微量元素分析

通过对石英中主要元素的测试（表 4-4），可见含量最高的几种元素为 Sb、Fe、Mg、Rb、Sr、Cu、Zn 等。Sb 和 Fe 含量高，与石英脉中多见辉锑矿和黄铁矿颗粒的现象相一致。由于围岩地层为碳酸盐岩和细碎屑岩，Si 和 Mg 又是围岩地层中的高含量元素，它们富集不足为奇。Rb、Sr 这两种元素含量较高则有利于开展石英流体包裹体 Rb-Sr 同位素年代学的测试工作。Cu、Zn 元素与 Hg 元素相关性较好，而 Hg 也是 Au 的指示元素，因此，Cu、Zn、Hg 的出现有助于找矿。对微量元素测试结果的相关性聚类分析也显示 La、Nd、Ce、Y 等稀土元素构成相关性较好的一组元素组合，Rb、Sr、Mg、Sb 等与沉积地层有关的元素则形成另一组相关性较好的组合，Hg、Cu、Zn 等与 Au 关系密切的元素也构成了一组相关性较好的元素组合（图 4-1）。

表4-3　高龙金矿区黄铁矿、毒砂电子探针分析结果表（w_B/%）

序	点号	矿物	As	Ag	Fe	S	Ni	Sb	Cu	Pb	Zn	Au	Co	总量
1	GL2-38-3-3	黄铁矿	0.081	0.026	46.539	52.957	0.000	/	0.062	0.000	0.068	0.000	/	99.7
2	GL2-36-3-3	黄铁矿	3.253	0.000	44.911	50.678	0.132	/	0.087	0.000	0.010	0.000	/	99.1
3	BD-18-3-3	黄铁矿	1.717	0.000	46.189	52.104	0.000	/	0.043	0.000	0.000	0.012	/	100.1
4	BD-13-3-2	黄铁矿	1.134	0.000	45.353	53.010	0.012	/	0.052	0.000	0.039	0.000	/	99.6
5	BD-1-3-3	黄铁矿	0.908	0.000	46.341	52.670	0.000	/	0.050	0.000	0.029	0.042	/	100.0
6	BD-7-3-1	黄铁矿	2.037	0.005	46.034	51.884	0.005	/	0.037	0.000	0.000	0.000	/	100.0
7	BD-8-3-2	黄铁矿	0.873	0.009	45.876	52.293	0.005	/	0.082	0.000	0.000	0.002	/	99.1
8	BD-10-3-3	黄铁矿	1.244	0.001	46.158	52.217	0.000	/	0.130	0.000	0.000	0.000	/	99.8
9	BD-11-3-2	黄铁矿	3.623	0.007	44.776	50.762	0.000	/	0.096	0.000	0.000	0.000	/	99.3
10	BD8-1-2Py	黄铁矿	1.210	0.000	45.688	51.024	0.000	0.052	0.000	0.000	0.011	/	0.046	98.1
11	BD18-1-1Py	黄铁矿	1.243	0.000	46.265	51.089	0.000	0.064	0.000	0.000	0.012	/	0.044	98.7
12	BD13-1-2Py	黄铁矿	1.528	0.000	46.248	51.091	0.027	0.055	0.000	0.000	0.005	/	0.095	99.0
13	BD10-1-2Py	黄铁矿	1.768	0.000	45.444	51.532	0.023	0.064	0.043	0.000	0.020	/	0.078	99.0
14	GL2-36-1Py	黄铁矿	2.609	0.000	45.102	50.464	0.027	0.039	0.040	0.000	0.012	/	0.066	98.4
15	BD1-1-2Py	黄铁矿	3.301	0.000	44.859	50.451	0.000	0.057	0.000	0.000	0.031	/	0.028	98.7
16	BD11-1-2Py	黄铁矿	3.352	0.000	45.600	50.067	0.003	0.035	0.018	0.000	0.006	/	0.063	99.1
17	GL2-38-2Py	黄铁矿	3.806	0.000	44.752	50.336	0.020	0.041	0.031	0.000	0.000	/	0.055	99.0
18	BD7-1-2Py	黄铁矿	5.652	0.000	45.560	47.555	0.000	0.063	0.014	0.000	0.045	/	0.034	98.9
19	GL2-38-3-2	毒砂	40.666	0.000	36.390	22.405	0.000	/	0.041	0.000	0.000	0.000	/	99.5
20	GL2-38-3-1	毒砂	38.701	0.001	36.697	22.601	0.000	/	0.025	0.000	0.000	0.000	/	98.0
21	GL2-36-3-2	毒砂	39.587	0.008	36.247	22.600	0.000	/	0.032	0.000	0.000	0.062	/	98.5
22	GL2-36-3-1	毒砂	38.308	0.000	37.328	24.111	0.000	/	0.044	0.000	0.000	0.000	/	99.8
23	BD-18-3-1	毒砂	37.681	0.000	36.755	24.094	0.017	/	0.060	0.000	0.041	0.027	/	98.7
24	BD-18-3-2	毒砂	41.132	0.000	35.950	22.072	0.000	/	0.056	0.000	0.014	0.168	/	99.4
25	BD-13-3-3	毒砂	38.815	0.002	35.957	23.640	0.011	/	0.075	0.000	0.000	0.044	/	98.5
26	BD-13-3-1	毒砂	38.404	0.000	35.696	23.906	0.035	/	0.048	0.000	0.000	0.037	/	98.1
27	BD-1-3-1	毒砂	39.629	0.000	36.273	22.662	0.131	/	0.038	0.000	0.006	0.000	/	98.7
28	BD-1-3-2	毒砂	38.864	0.005	36.193	23.596	0.027	/	0.035	0.000	0.000	0.007	/	98.7
29	BD-7-3-2	毒砂	38.707	0.003	36.110	23.867	0.014	/	0.066	0.000	0.011	0.000	/	98.8
30	BD-7-3-3	毒砂	39.964	0.000	36.055	22.884	0.000	/	0.008	0.000	0.000	0.000	/	98.9
31	BD-8-3-1	毒砂	37.297	0.000	36.816	24.911	0.008	/	0.044	0.000	0.013	0.128	/	99.2
32	BD-8-3-3	毒砂	39.671	0.016	36.053	22.932	0.009	/	0.048	0.000	0.016	0.001	/	98.7
33	BD-10-3-1	毒砂	38.522	0.004	36.577	23.702	0.000	/	0.007	0.000	0.045	0.010	/	98.9
34	BD-10-3-2	毒砂	39.143	0.000	35.874	24.110	0.000	/	0.000	0.000	0.045	0.003	/	99.2
35	BD-11-3-1	毒砂	39.241	0.000	36.229	22.620	0.014	/	0.019	0.000	0.004	0.000	/	98.1
36	BD-11-3-3	毒砂	38.679	0.000	36.432	23.253	0.009	/	0.053	0.000	0.036	0.075	/	98.5
37	BD7-1-1ds	毒砂	37.877	0.000	36.941	23.822	0.020	0.043	0.000	0.000	0.006	/	0.002	98.7
38	BD11-1-1ds	毒砂	39.058	0.000	36.510	23.050	0.000	0.043	0.031	0.000	0.000	/	0.050	98.8
39	BD10-1-1ds	毒砂	39.112	0.000	36.641	23.366	0.011	0.042	0.051	0.000	0.000	/	0.056	99.3
40	BD18-1-1ds	毒砂	39.603	0.000	36.999	22.689	0.032	0.032	0.000	0.000	0.000	/	0.037	99.4
41	BD13-1-1ds	毒砂	39.752	0.000	36.205	23.202	0.025	0.014	0.028	0.000	0.009	/	0.016	99.3
42	BD8-1-1ds	毒砂	39.862	0.000	35.811	22.360	0.000	0.056	0.009	0.000	0.003	/	0.070	98.2
43	GL2-38-1ds	毒砂	40.838	0.000	35.363	22.526	0.012	0.034	0.000	0.000	0.000	/	0.077	98.9
44	BD1-1-1ds	毒砂	41.189	0.000	35.868	21.852	0.040	0.027	0.000	0.000	0.000	/	0.118	99.1

标注“/”为未检测；单位%；测试单位：中国地质科学院矿产资源研究所。36～39号测点的毒砂中还分别检测出Mo含量0.015%、0.02%、0.022%和0.003%。

表 4-4　高龙金矿石英单矿物微量元素 ICP－MS 测试结果（$w_B/10^{-6}$）

样品号	Y	La	Ce	Nd	Sb	Hg	Cu	Pb	Zn	Ni	Mn	Fe	Mg	Ga	Rb	Sr
GL1-2	0. 21	0. 21	0. 26	0. 13	81. 6	0. 029	0. 78	0. 28	1. 4	0. 29	1. 71	55	43	0. 25	1. 94	34. 8
GL1-4	0. 17	0. 26	0. 28	0. 14	99. 8	0. 028	0. 55	0. 29	0. 53	0. 05	0. 59	15	83	0. 42	2. 88	34. 7
GL1-7	0. 12	0. 17	0. 25	0. 17	165	0. 072	1	0. 25	1. 89	0. 35	1. 9	38	12	3. 15	2. 73	8. 32
GL1-10	0. 08	0. 22	0. 23	0. 14	80. 2	0. 027	0. 83	0. 41	0. 26	0. 37	0. 98	15	12	6. 59	0. 54	1. 37
GL1-12	0. 11	0. 19	0. 27	0. 16	339	0. 14	1. 38	0. 51	0. 94	1. 1	3. 6	21	33	0. 92	2. 65	33. 6
GL1-14	0. 11	0. 21	0. 37	0. 14	230	0. 023	0. 68	0. 44	0. 18	0. 84	1. 1	48	28	0. 52	3. 01	32. 2
GL1-15	0. 2	0. 34	0. 54	0. 2	222	0. 02	2. 52	0. 72	0. 67	0. 19	1. 25	39	37	0. 6	3. 75	32. 3
GL1-17	0. 21	0. 23	0. 21	0. 17	405	0. 27	6. 89	0. 27	7. 02	0. 39	0. 8	42	20	1. 43	3. 26	18. 9
GL1-24	0. 29	0. 43	0. 66	0. 77	99. 8	0. 034	0. 76	0. 49	1	0. 06	1. 43	42	32	2. 04	3. 08	12. 4
GL1-27	0. 24	0. 09	0. 12	0. 09	165	0. 017	1. 06	0. 43	0. 15	0. 19	1	51	100	1. 05	4. 57	28. 1
GL1-39	0. 2	0. 13	0. 26	0. 1	121	0. 02	0. 95	0. 24	0. 29	0. 32	1. 09	38	38	0. 24	2. 95	42. 1
GL1-40	0. 11	0. 15	0. 22	0. 15	76. 8	0. 02	0. 94	0. 31	4. 54	0. 96	0. 64	31	15	1. 95	3. 09	5. 63
GL1-41	0. 06	0. 05	0. 1	0. 05	110	0. 018	1. 06	0. 44	0. 05	6. 59	1. 21	36	12	1. 33	2. 16	6. 8
GL1-42	0. 06	0. 14	0. 26	0. 09	96. 3	0. 023	1. 1	0. 65	1. 02	0. 05	0. 62	33	12	2. 37	2. 92	7. 94
GL2-3	0. 03	0. 07	0. 13	0. 05	1. 48	0. 018	1. 01	0. 19	0. 05	3. 53	1. 09	19	12	0. 06	0. 41	0. 59
GL2-4	0. 08	0. 14	0. 12	0. 09	99. 9	0. 056	0. 84	0. 56	0. 23	0. 11	1. 54	77	27	0. 47	1. 54	4. 49
GL2-6	0. 13	0. 89	0. 74	0. 45	112	0. 41	3. 49	1. 14	42	0. 28	3. 52	83	75	2. 7	1. 47	3. 76
GL2-9	6. 02	0. 36	0. 79	0. 43	2. 08	0. 058	2. 11	0. 67	3. 54	0. 21	11. 3	27	12	0. 09	0. 58	5. 83
GL2-10	0. 18	0. 06	0. 07	0. 05	133	0. 037	2. 2	9. 69	0. 85	0. 06	1. 41	96	12	4. 23	1. 5	1. 77
GL2-12	0. 21	0. 21	0. 23	0. 17	99. 1	0. 018	0. 98	0. 21	0. 69	0. 4	1. 64	40	30	0. 87	1. 51	27. 2
GL2-14	0. 23	0. 2	0. 21	0. 1	87. 4	0. 018	0. 82	0. 33	0. 3	0. 7	1. 36	37	17	2. 3	1. 74	8. 18
GL2-16	0. 05	0. 05	0. 08	0. 05	47. 5	0. 01	0. 94	0. 27	0. 15	0. 05	0. 88	15	25	0. 17	1. 84	34. 5
GL2-21	0. 05	0. 05	0. 06	0. 05	0. 09	0. 017	0. 5	0. 25	0. 25	0. 05	0. 82	100	80	0. 05	0. 36	0. 38
GL2-22	1. 41	2. 26	1. 71	1. 76	3. 63	0. 014	1. 1	0. 63	1. 64	0. 36	2. 9	28	17	0. 29	1. 25	16. 5
GL2-25	0. 07	0. 09	0. 13	0. 06	1. 78	0. 004	0. 53	0. 42	0. 77	0. 78	1. 43	88	12	0. 05	0. 54	0. 89
GL2-27	0. 03	0. 05	0. 05	0. 05	86. 2	0. 007	0. 43	0. 1	0. 05	0. 19	0. 9	15	12	6. 36	1. 4	5. 52
GL2-30	0. 65	0. 14	0. 17	0. 13	59. 9	0. 018	1. 17	0. 35	1. 38	1. 63	2. 94	38	32	0. 34	2. 16	38. 9

测试单位：国家地质实验测试中心。

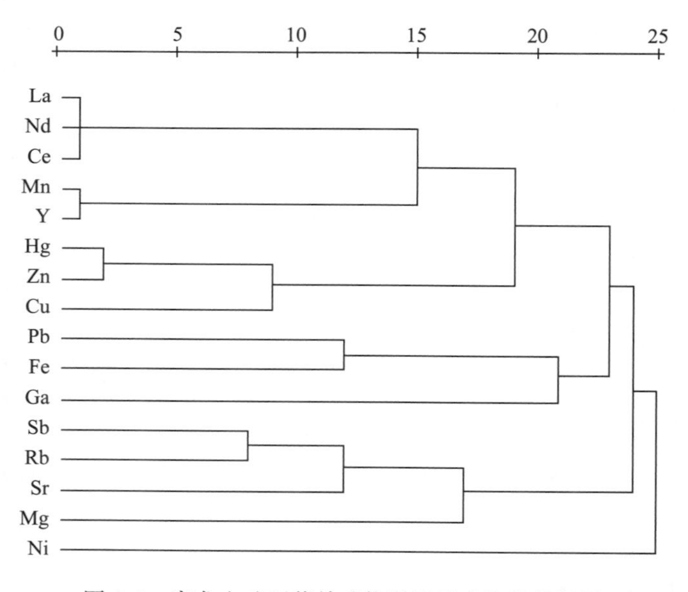

图 4-1　高龙金矿石英单矿物微量元素聚类分析图

（2）石英中子活化分析

中子活化技术是目前为止测量石英中微量元素含量最为准确的一项测试技术。该技术对含量相对较低的元素尤为敏感，它所采用的是测定元素中子个数的方法来计算元素在矿物中的含量，因此是目前最为先进的一项分析技术。但由于高龙石英样品中 Sb 含量较高，而 Sb 经中子活化后放射性很强，对人危害大，而且 Sb 的半衰期很长，因此没有对所有石英样品进行测量，仅选取了其中的一组元素进行了选择性的测试。分析结果显示（表 4-5），用中子活化法得出的微量元素 Sb 的含量与用常规微量元素地球化学分析测试结果具有较好的可比性，其结果大多具有一致性，仅个别含量较高的样品出现了一定的误差（表 4-5）。另外，高龙金矿石英中存在一定的 Au 含量，范围为 $0.94\times10^{-9}\sim36.2\times10^{-9}$，Sb 和 As 的含量较高，范围为 $1.35\times10^{-6}\sim107\times10^{-6}$ 和 $0.42\times10^{-6}\sim36.1\times10^{-6}$。含量最高的元素为 Na，含量范围为 $38.4\times10^{-6}\sim9866\times10^{-6}$。Sb 和 As 这两个元素与 Au 均为低温组合，在地球化学性质上具有相似性，但分析结果显示，这几种元素之间的相关性并不好，同时 Au 与其他几种元素之间的相关性也较差（图 4-2），说明石英中的 Au 含量存在着与围岩地层和矿体中的 Au 不同的赋存方式，元素的赋存方式可能是导致其含量相关性变化的原因。

表 4-5　高龙金矿石英单矿物中子活化分析结果

样品号	高程/m	Au	W	Na	Sc	Fe	As	Sb	La	Sm
GL2-3	1180	1.33	<0.01	38.4	0.014	/	1.06	1.35	0.06	0.01
GL2-4	1174	9.24	<1.7	2585	0.01	/	21.7	107	/	/
GL2-6	1159	36.2	<1.9	2500	0.119	176	13.3	102	3.8	0.19
GL2-9	1181	0.94	<0.02	45.9	0.084	/	0.75	1.48	0.05	0.2
GL2-10	1180	7.30	<2.5	9866	0.007	110	36.1	145	/	/
GL2-14	1207	2.97	<1.0	2238	0.041	/	5.39	91.6	/	/
GL2-16	1205	<1.8	<0.9	1547	0.008	/	1.13	50	/	/
GL2-21	1185	19.0	0.06	50.9	0.032	/	4.55	3.68	1.82	0.28
GL2-22	1186	<3.0	<2.2	8692	0.008	/	8.7	100	/	/
GL2-24	1188	2.79	<0.12	122	0.06	179	2.21	43.7	0.38	0.03
GL2-25	1139	1.53	0.06	69.2	0.032	/	0.42	2.1	0.19	0.03
GL2-27	1143	<3.0	<1.4	2470	/	/	5.74	83.6	/	/
GL2-30	1131	<2.1	<1.0	1875	0.032	/	/	63.1	/	0.03
GL2-12	1191	<3.2	<1.4	2548	0.046	/	/	98.5	/	0.02

注：其中“/”者为未检出，测试单位：中国原子能科学研究院。Au 单位为 10^{-9}，其他元素单位均为 10^{-6}。

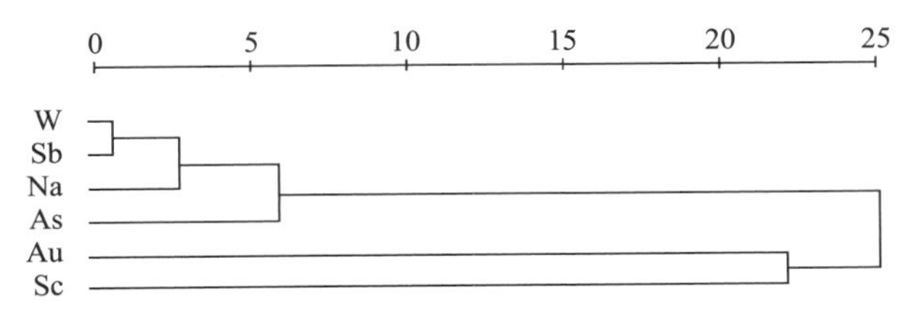

图 4-2　高龙金矿石英单矿物中子活化元素聚类分析图

图 4-3 为由中子活化法测得的石英矿物中微量元素在平面上的变化趋势。该图显示，Au、As、Sb、Na、Sc 等元素的高含量出现在矿区东南部，而 Fe、Au 等元素与其他元素之间相关性较差，由于铁元素检出的样品个数较少，不具有平面的代表性，很难进行平面分布特征的讨论。金主要分布在矿区东南侧靠近中三叠统细碎屑岩地层一侧的石英脉中，而 Na、Sb、As 等主要分布于石英主脉。

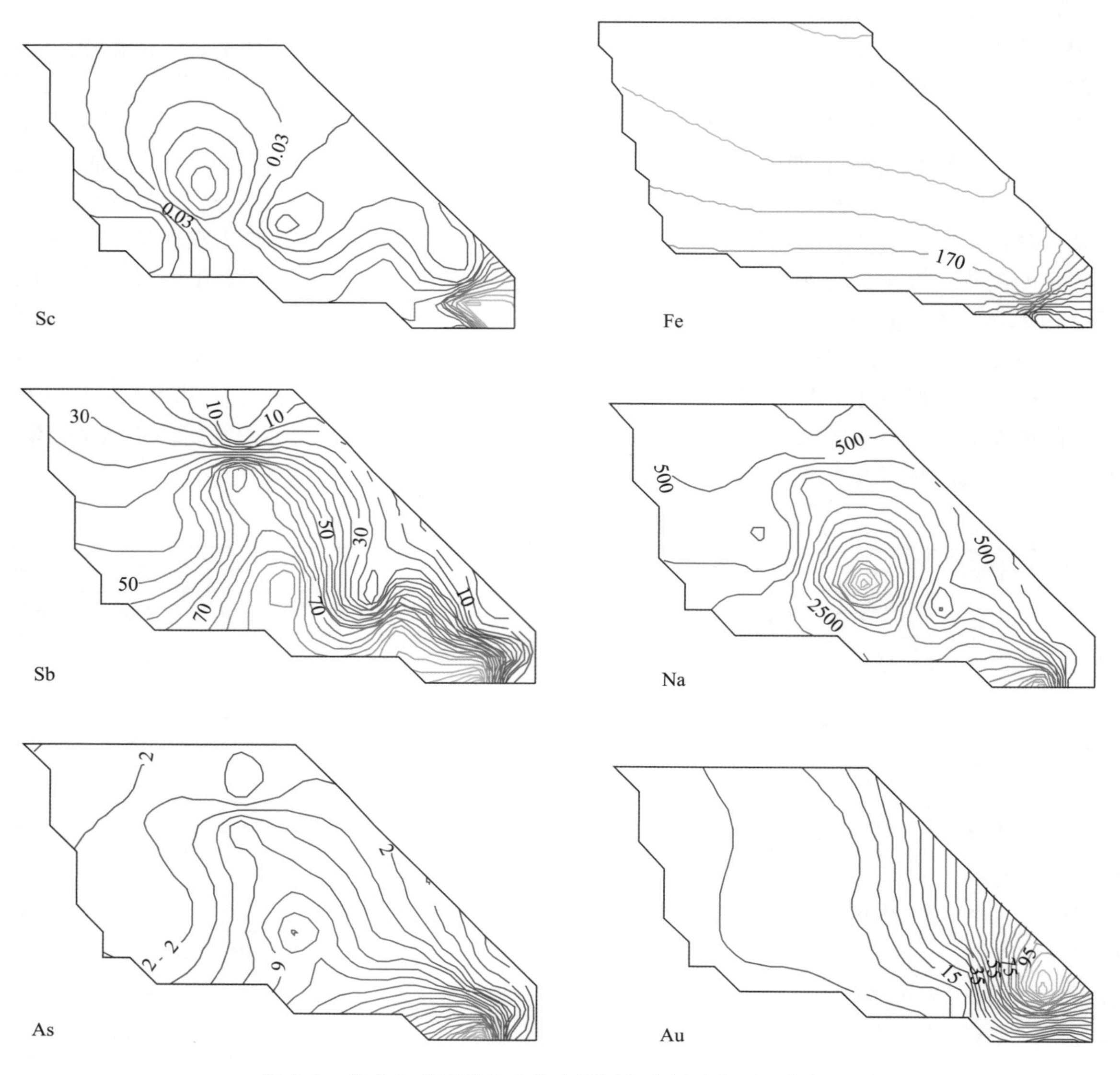

图 4-3 高龙金矿石英单矿物中子活化分析元素平面分布图

（3）流体包裹体特征与石英的成因

对石英流体包裹体温度、盐度的分析可知其均一温度变化范围较大，最小温度为92℃，最大温度>550℃，众值范围在180～270℃和330～380℃之间；盐度总体以低盐度为主，最小盐度值为0.35%，最大值为19.60%，且仅有少数几个值大于10%，众值范围在2.50%～8.68%之间。这一高温、低盐度的特征很难用沉积喷流的低温、高盐度的流体来解释，又与目前流行的盆地流体普遍具有中温、中高盐度的性质存在显著差异，而岩浆热液流体有时具有高温、低盐度的特征。由此可初步推断断裂带中的石英脉具有携带金元素的能力，而成矿可能与深部隐伏的岩体或者岩枝存在一定的联系。

第二节 德保铜矿

德保矿区可根据矿物的共生组合不同将原生矿石划分为：阳起石矽卡岩型铜锡矿石、石榴子石矽卡岩型铜锡矿石、磁铁矿矽卡岩型铜锡矿石、方解石-石英脉型铜锡矿石、块状硫化物矿石等。金属矿物主要为磁铁矿、黄铁矿、毒砂、磁黄铁矿、黄铜矿和锡石。

以Ⅷ号矿段为例，其在612中段的原生矿石以磁铁矿矽卡岩型铜锡矿石为主，磁铁矿主要顺层呈条带状产出，局部地段可见晚期的黄铁矿脉斜切顺层产出的磁铁矿（图4-4），而同一中段也可见到黄铁矿与磁铁矿互为条带状顺层产出的现象，并为后期方解石脉所切割（图4-5）。612中段59线附近磁铁矿矿体与围岩呈截然接触关系（图4-6），而50线附近毒砂较为常见，主要呈脉状分布（图4-7），其形成似乎晚于磁铁矿铜锡矿体，明显可见其切穿早期的磁铁矿矿体。

图4-4　黄铁矿脉斜切层状磁铁矿

图4-5　方解石脉切割早期黄铁矿和磁铁矿

图4-6　磁铁矿与围岩的接触关系（Ⅷ号矿段612中段）

图4-7　呈脉状分布的毒砂（Ⅷ号矿段612中段）

在氧化带，由原生矿石氧化而成的氧化铜锡矿石中的锡比原生矿富而且易选，是矿区采锡的主要对象（图4-8）。

原生矿石构造类型主要有致密浸染状构造、不规则团块状构造、星点浸染状构造、条带状构造、微层状构造、脉状构造、角砾状构造等，其中致密浸染状构造是本区主要矿石类型，以阳起石矽卡岩型铜锡矿石和石榴子石矽卡岩型铜锡矿石为主，黄铜矿、黄铁矿、锡石、磁黄铁矿、毒砂等矿物聚成不规则的星点浸染于矽卡岩中。氧化矿石的构造类型主要有皮壳状、葡萄状、网格状、孔洞状构造等。原生矿石结构类型主要有他形结构、自形或半自形结构、交代溶蚀结构、共边结构、包含结构、放射状结构、充填结构等，氧化矿石结构类型主要有胶状结构、放射状结构及纤维状结构等。

矿石中的金属矿物主要有黄铜矿、黄铁矿、磁铁矿、锡石、毒砂、磁黄铁矿、闪锌矿等（图4-9至图4-14），局部地段见有少量的辉钼矿，非金属矿物主要有钙铁石榴子石、透辉石、阳起石、方解石、石英等。

图4-8　德保铜矿地表氧化矿

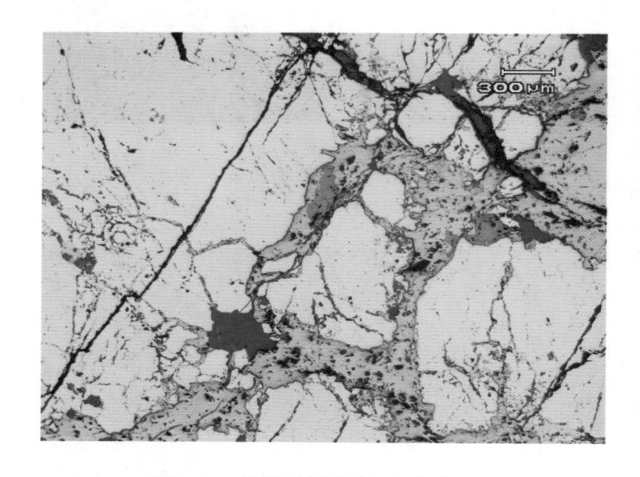

图4-9　黄铜矿沿黄铁矿裂隙充填

图4-10　磁铁矿与黄铁矿

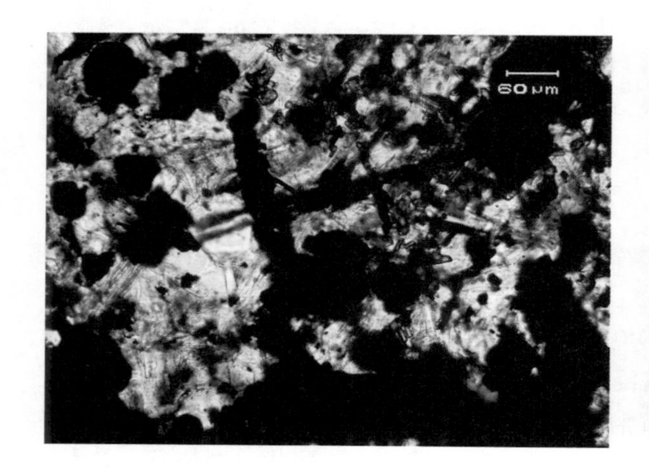

图4-11　矽卡岩中的锡石

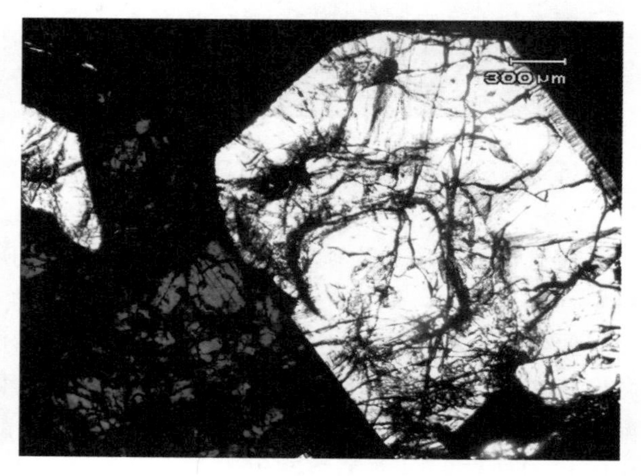

图4-12　闪锌矿与石榴子石

从整个矿区来看，阳起石矽卡岩型铜锡矿石含铜量一般比钙铁石榴子石矽卡岩型铜锡矿石高；凡有石英脉或后期矿脉充填的地方或接近断裂带的地方铜都比较富集。钙铁石榴子石矽卡岩比其余的矽卡岩含锡高；此外符山石矽卡岩、钙铝石榴子石矽卡岩仅含微量的铜锡；氧化带的铜含量一般比原生矿低，仅在下部有变富，氧化带的锡含量一般比原生矿高。

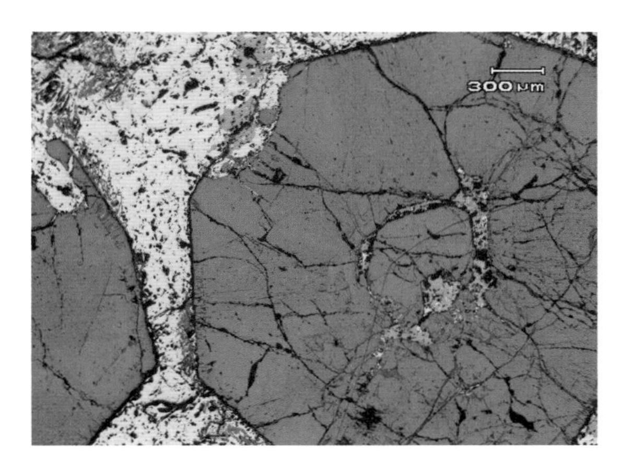

图 4-13　金属硫化物充填交代早期石榴子石

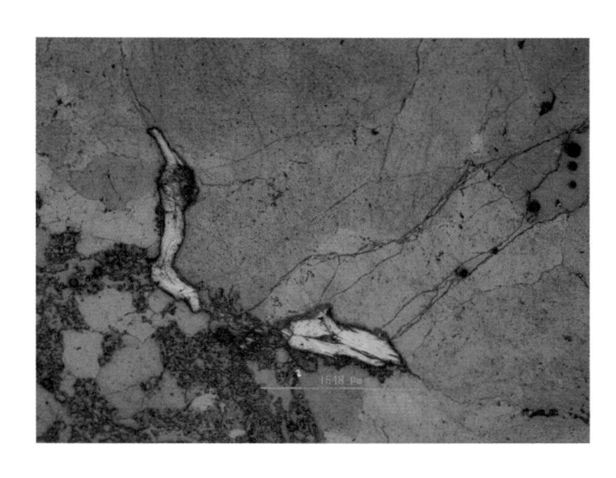

图 4-14　辉钼矿

德保铜矿区矿物的生成顺序大致为：早期干矽卡岩阶段→晚期湿矽卡岩阶段→氧化物阶段→硫化物阶段→碳酸盐阶段（表4-6），与一般矽卡岩矿床的矿物生成顺序一致。

表 4-6　矿区矿石中矿物一般生成顺序表

矿物名称	早矽卡岩 阶　段	晚矽卡岩 阶　段	磁铁矿-锡石 阶　段	硫化物 阶段	碳酸盐 阶段
透辉石					
符山石					
石榴子石					
绿帘石					
阳起石					
云母类					
磁铁矿					
锡石					
闪锌矿					
毒砂					
磁黄铁矿					
黄铁矿					
黄铜矿					
石英					
方解石					
绿泥石					

第三节　铜坑锡多金属矿

一、矿石主要的组构特征

矿石的组构特征是矿石形成过程的客观证据，有助于分析矿床的形成地质条件、物理化学环境、成矿作用及其演化特点，为矿床成因研究提供重要信息。由于构造、岩浆、成矿的多期活动，矿体中矿物组成复杂，矿石的结构和构造也较为复杂。

1. 矿石的构造特征

在铜坑矿床，矿石的构造以充填和交代构造为主。根据矿石的成因，可分为：

（1）交代作用形成的构造

层纹状、条带状构造：是由含矿热液选择性交代条带状灰岩、硅质灰岩中的富钙质条带并保留了原条带状灰岩构造的结果。纹层状矿化与蚀变岩层互层，矿化纹层中可见锡石-毒砂-磁黄铁矿-铁闪锌矿等组合，条带宽一般0.5～2 cm，并可见晚期的磁黄铁矿、闪锌矿、硫盐等矿物呈细脉状穿插纹层（图4-15A、B）。

A. 91号矿体中的条带状构造。铜坑505中段14-1线之间

B. 宽条带灰岩中的条带状矿石。铜坑355中段204线

图4-15　条带状构造

扁豆状构造：是扁豆状灰岩中矿石特有的构造。是由于铁闪锌矿、磁黄铁矿、黄铁矿、锡石等矿物选择性交代扁豆状灰岩中的富钙质扁豆体而形成的。随着交代作用的进行，扁豆体可被彻底交代而使矿石具有块状构造（图4-16）。

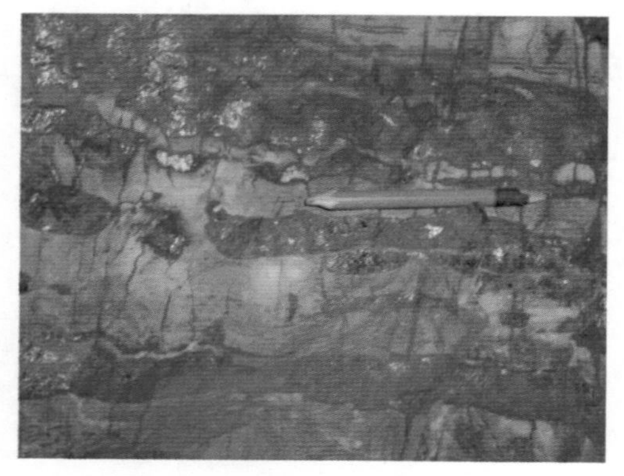

A. 大扁豆灰岩中的扁豆状构造的矿石。
铜坑584中段12勘探线

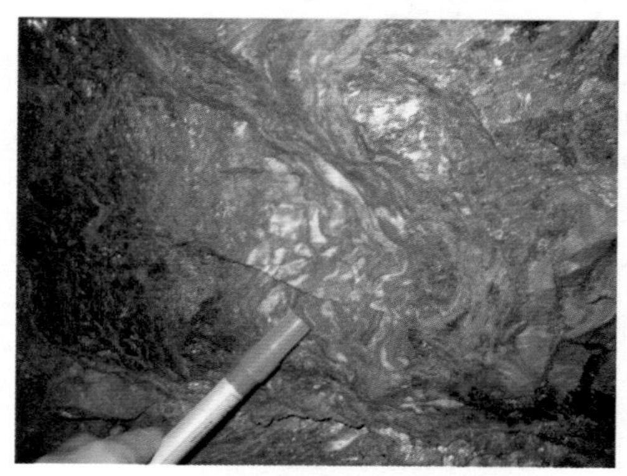

B. 小扁豆灰岩中交代的扁豆状构造的矿石，
中间可见未交代的小扁豆灰岩。
铜坑455中段14号线

图4-16　扁豆状构造

交代网脉状构造：由层纹状矿体与细裂隙脉状矿化相互穿插形成，或者是早期形成的锡石、硫化物被晚期形成的硫化物、硫盐交代而形成不规则的网脉状构造。该构造在条带状灰岩、硅质岩中分布广泛（图4-17）。

A. 硅质岩网脉状矿化。铜坑505中段14-1线之间

B. 细条带灰岩网脉状矿石。铜坑455中段14号线

图4-17　网脉状构造

浸染状构造：沿着条带状灰岩、硅质岩的钙质纹层，主要金属矿物黄铁矿、闪锌矿、毒砂等沿层理方向浸染状交代（图4-18A、B）或者是黄铁矿、毒砂等由裂隙脉的两侧向外顺层浸染状交代，形成由稠密浸染状向稀疏浸染状直到消失。一般顺层延长不远，约几十厘米到2 m左右（图4-18C、D）。

斑杂状、块状构造：矿石矿物含量一般在85%以上，脉石矿物含量很少。矿物分布均匀，无方向性，致密。一般由金属硫化物交代围岩或围岩中的钙质结核、钙质透镜体而成（图4-19）。

A. 细条带灰岩中层纹状、浸染状黄铁矿。铜坑405中段28-1线与30线之间

B. 硅质岩中顺层交代矿体。铜坑505中段14-1线间

C. 细条带灰岩中裂隙脉脉体两侧交代形成的“非”字形构造。铜坑455中段12-1号勘探线

D. 细条带灰岩中的裂隙脉两侧的浸染状矿石。铜坑483中段10-12线之间

图4-18　顺层交代和网脉状构造

A. 泥质灰岩中4号层状矿体。
铜坑613中段12号勘探线

B. 闪锌矿+毒砂为主交代罗富组地层形成
块状矿石。铜坑255中段216线

C. 硅质岩中矿化钙质结核富矿包。
铜坑505中段12-1~14-1线

D. 硅质岩中矿化钙质结核。铜坑455中段202-1线

图 4-19　块状构造

似石香肠构造：条带状灰岩受到应力作用后，硅质条带被压扁、拉长或拉断，金属硫化物交代的钙质部分发生塑性流动，充填了被拉断的硅质部分，而形成石香肠构造。

（2）充填作用形成的构造

细脉状构造：由矿液沿北东向、北西向等裂隙充填形成，在大厂矿区普遍发育，规模大小不一、有细脉状、网脉状、交错脉状，可以是矿液充填围岩裂隙或层间裂隙所成，也可以是后期热液充填于早期形成的矿石裂隙中而成（图4-20）。

A. 细条带灰岩中方解石黄铁矿-铁闪锌矿裂隙脉。
铜坑505中段12-1号勘探线

B．扁豆灰岩中的裂隙脉。铜矿505中段16线

图 4-20　矿石的细脉状构造

块状或条带状构造：矿液沿着张性裂隙或不同岩性的层间滑脱面充填、交代而形成，如大脉状38号矿脉、79号矿体、190号矿体中的块状矿石或条带状矿石（图4-21）。

A. 79号矿体块状矿石。554中段10-12线

B. 190矿体（F_1断裂）中矿石。铜坑505中段4号线

图4-21　充填形成的块状构造

晶洞状构造：在围岩或早期形成的硫化物矿石中有黄铁矿、石英、硫盐等矿物充填在晶洞中。

（3）动力作用下形成的构造

揉皱构造：金属硫化物如铁闪锌矿、黄铁矿、磁黄铁矿等顺层交代有利的岩性，形成条带状构造、受成矿作用过程中构造活动的影响，局部地段矿石形成揉皱构造。

2. 矿石的主要结构特征

矿石结构可以反映矿石矿物之间的相互关系。长坡-铜坑锡矿主要表现出3种形式的结构特征：一是矿物结晶过程中形成的结构，如自形晶结构、半自形－他形结构、生长环带结构；二是交代过程中形成的结构，如交代溶蚀结构、交代残余结构、交代环边结构；三是由于矿物的固溶体分离而形成的结构，如乳滴状结构。

（1）结晶过程中形成的结构

自形晶结构：该结构多为具有较强结晶能力的矿物所具有，如锡石、黄铁矿、毒砂、脆硫锑铅矿等。在矿石中比较常见，矿物表现为自形程度高，具有规则的几何多面体形态。如锡石的四面体或八面体；黄铁矿的立方体或五角十二面体；毒砂的菱面体；脆硫锑铅矿的针状、长柱状等。

半自形或他形结构：当交代作用不强烈时，早形成的矿物被交代溶蚀成为半自形或他形（图4-22）。

矿石矿物为闪锌矿交代自形黄铁矿、毒砂。
d=5.8mm，反射光，ZK1507-20

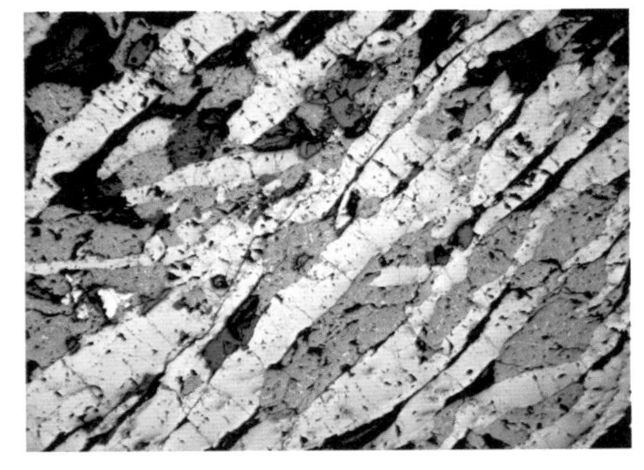

矿石中的闪锌矿和自形长柱状磁黄铁矿。
ZK1511-23，*d*=5.8mm，反射光

图4-22　主要矿物的自形晶-半自形结构

生长环带结构：在黄铁矿、锡石中，由于所含杂质或颜色不同，或由于次生增大而形成环带（图4-23）。

91号富矿体中锡石色带较为发育。铜坑455中段，单偏光，d=5.8mm

硅质岩中星散分布的黄铁矿，具有增生环带结构。铜坑405中段203勘探线，反光，d=2.9mm

图4-23　具有环带结构的锡石和黄铁矿

（2）交代过程中形成的结构

交代溶蚀和交代残余结构：早期形成矿物被晚期矿物交代溶蚀而呈港湾状或筛孔状，或者仅保留有早期矿物的残块或残片（图4-24）。

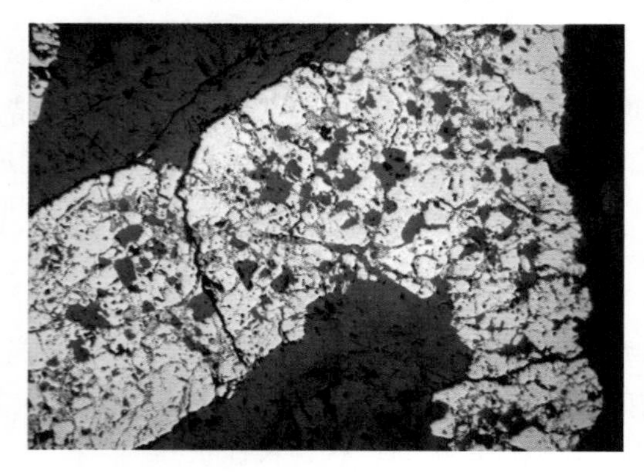

新生的黄铁矿中包含磁黄铁矿的交代残留体。ZK1511-10，反光，d=5.8mm

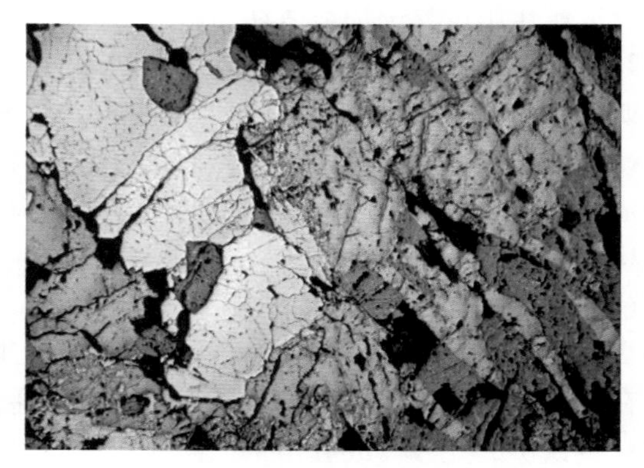

锌铜矿石中的磁黄铁矿、黄铁矿、闪锌矿。ZK1507-23，反光，d=5.8mm

图4-24　交代溶蚀和交代残余结构

交代环边结构：新生的黄铁矿交代早期的胶状黄铁矿，在其周围形成明显的边缘。在白铁矿、磁黄铁矿周围形成自形毒砂、黄铁矿（图4-24）。

（3）矿物固溶体分离形成的结构

乳滴状结构：铁闪锌矿中的黄铜矿、磁黄铁矿或脆硫锑铅矿中的黝铜矿、磁黄铁矿呈均匀或不均匀乳滴状分布，或呈定向不连续的片状、格子状分布（图4-25）

（4）原生沉积结构

在泥灰岩中有微细粒的黄铁矿，呈自形晶草莓结构，呈纹层状分布，图略。

二、主要矿物及其标型特征

1. 矿体中的矿物组成

大厂矿石矿物的组成较为复杂，陈毓川、黄民智（1987，1993）对大厂矿带中矿石矿物进行了详细研究，共鉴定出矿物有120种以上，为大厂矿带矿物学研究奠定了扎实的基础。黄民智、唐绍华

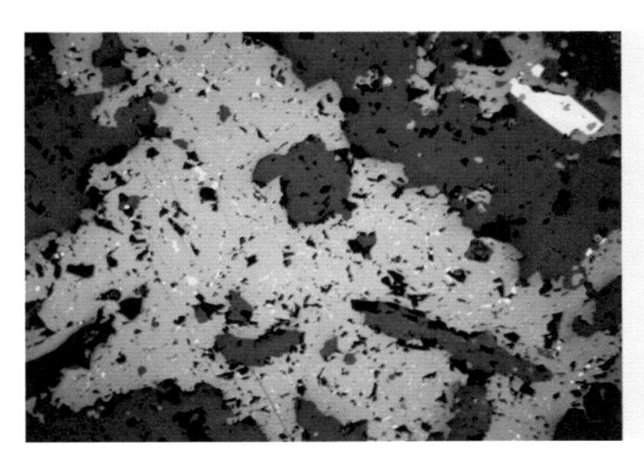

A. 铁闪锌矿中包含有乳滴状的磁黄铁矿。铜坑470中段202线92号矿体。反光，d=2.9mm

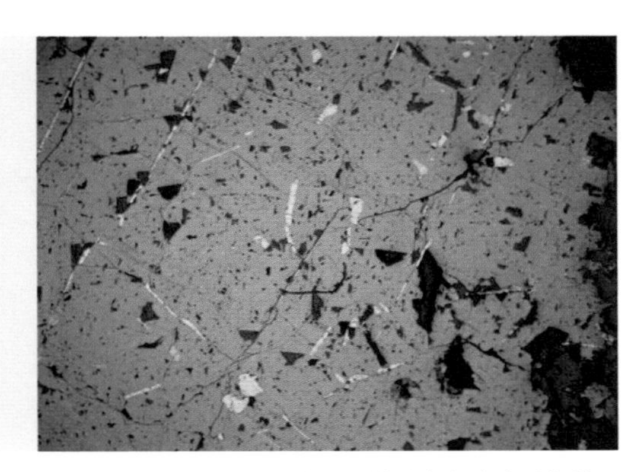

B. 小扁豆灰岩裂隙脉中的闪锌矿中包含有早期的乳滴状磁黄铁矿，又被硫盐矿物交代。d=2.9mm，反光，铜坑455中段14号勘探线

图4-25　矿石的乳滴状结构

(1988) 在《大厂锡矿矿石学概论》一书中，从主要金属矿物及标型特征、有用元素赋存状态及分布规律、成矿的物理化学条件、成矿物质来源及矿床成因等方面进行了比较系统、全面的总结，可以说是迄今为止对大厂矿田金属矿物及矿石学研究较为全面的一本专著。

长坡－铜坑矿石组合复杂，不同矿体的矿石矿物组合不同。对于锡石多金属硫化物矿体，主要的矿石矿物有铁闪锌矿、毒砂、黄铁矿、磁黄铁矿、锡石、脆硫锑铅矿，次要的有白铁矿、黄铜矿、黄锡矿、黝铜矿、方铅矿、胶黄铁矿、硫锑铅矿、辉锑锡铅矿等，脉石矿物主要为石英、方解石、电气石、钾长石、绢云母、菱铁矿等。

锌铜矿体的矿物组成相对较为简单，主要的矿石矿物为铁闪锌矿、黄铜矿、毒砂、磁黄铁矿、黄铁矿等。脉石矿物为方解石、电气石、石英、绢云母以及矽卡岩矿物，如钙铁榴石、透辉石、透闪石、硅灰石、绿帘石、斧石、绿泥石、符山石等。

2. 主要矿石矿物的标型特征

矿物是矿床物质演化过程中元素运动和存在的基本形式，它直接记载和保存着矿石形成所经历的地质过程中物化条件的丰富信息。这种信息，包含在矿物的形态、晶体结构、化学成分、同位素、流体包裹体中，其中化学成分是信息量最大的标型之一，尤其是矿物中特征微量元素的类型和含量，是成矿作用的灵敏指示剂。

陈毓川（1964，1993）、李达明等（1987）、周卫宁等（1987，1989）、傅金宝等（1987）、黄民智等（1988）分别对矿田中主要金属矿物的标型特征进行了研究，取得了不同的认识。在铜坑矿床中，不同矿体中主要矿物相对含量有所差异，此处以锡多金属矿体为重点，通过对几个主要矿物的标型研究来获取成矿的信息。

（1）锡石

锡石是铜坑矿床最重要的工业矿物。在铜坑，锡石呈褐色-浅褐色，晶形以短柱状为主。粒径大小不一，通常在裂隙脉、层面脉中产出的锡石其粒度要略大于纹层状矿体，为0.1～1 mm；在大脉状矿体中，个别可达5 mm，颜色以浅褐色-褐色为主，且具有明显的环带；一般纹层状产出的锡石，颜色较深，为深褐色-浅褐色，环带发育，自形程度低，粒径为0.04～0.3 mm（图4-26）。从与其他硫化物的相互关系上，可见锡石被铁闪锌矿、磁黄铁矿等交代。

在理论上，锡石的化学成分中Sn占48.8%，O占21.2%，常含混入物Fe、Nb、Ta，此外可含Mn、Sc、Ti、Zr、W以及分散元素In、Ga等杂质元素。这些元素以不同的形式（类质同象、机械混入等）寄于锡石中，它们的含量、种类和组合均能够反映锡石的生成环境和条件等。

为了研究矿体中锡石的成分特点，利用日本株式会社JX-8800型电子探针，在长安大学成矿作用及其动力学开放实验室，对不同矿体中的锡石成分进行了分析。测试条件：电压15V，电流20 mA，

A.91层状富矿体中锡石。铜坑455中段，单偏光，d=5.6mm

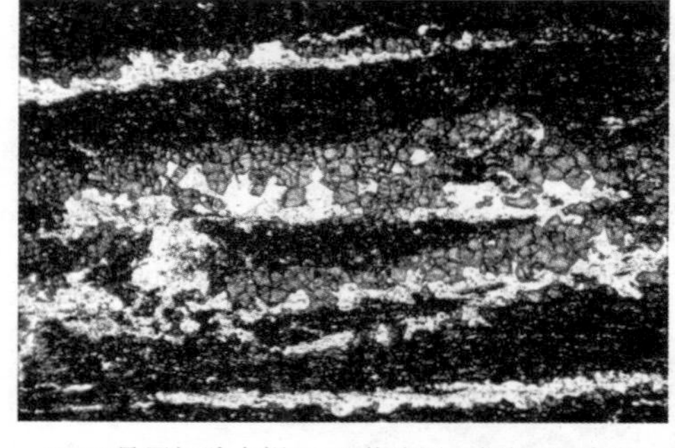

B. 77号层间脉中锡石-石英纹层。铜坑455中段14号勘探线，单偏光，d=2.8mm

C. 细条带灰岩中锡石细脉。铜坑505中段14勘探线。反射光，d=5.6mm

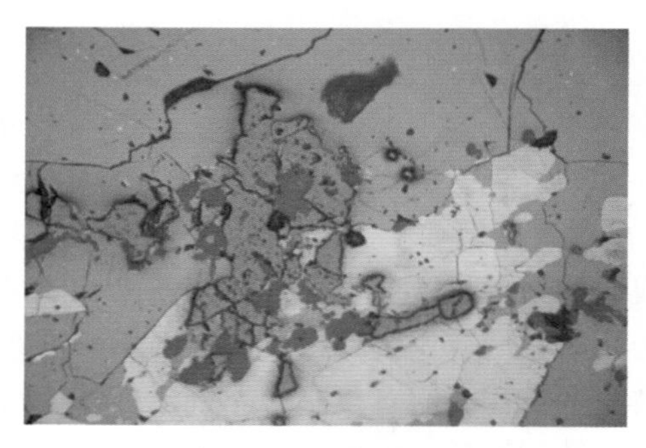

D. 小扁豆灰岩裂隙脉中锡石被磁黄铁矿、铁闪锌矿交代溶蚀。铜坑505中段16号勘探线，反射光，d=1.4mm

E. 硅质岩中锡石及其共生的石英-电气石。铜坑455中段202-1勘探线，单偏光，d=1.4mm

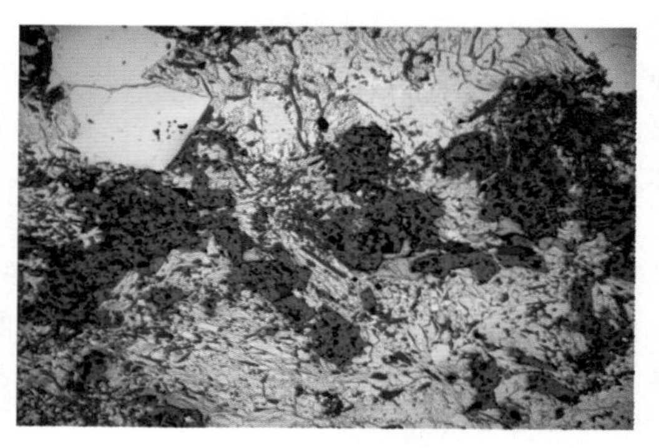

F. 小扁豆灰岩中裂隙脉中锡石被白铁矿包裹。铜坑505中段12-1勘探线，反射光，d=1.4mm

G. 锡石的背散射电子图像，305-2

H. 锡石的背散射电子图像，455-33

图4-26　锡石的主要产出特征

束斑 2 μm，室温：23℃。电子探针分析结果（表 4-7）显示，在铜坑矿床，不同产出特征锡石样品中 SnO_2 的平均含量均大于 95%，杂质元素以 WO_3 含量较高，其次为 TiO_2、FeO。就矿体而言，92 号矿体中锡石 SnO_2 含量较低，平均 95.19%，其 WO_3、TiO_2、FeO、Ta_2O_5 含量相对较高；91 号矿体中锡石 SnO_2 含量在 97.08% ~97.55%，略高于 92 号矿体，其 WO_3、TiO_2、FeO 含量相对较低；脉状矿体中，充填在大厂断裂中的 190 号矿体中锡石的 TiO_2 含量高，达到 2.26%。

表 4-7　锡石化学成分的电子探针分析结果（w_B/%）

编号	505-6	483-4	455-33	DC-26	455-15	455-26	455-4	305-2
样品数	(7)	(15)	(2)	(4)	(3)	(5)	(6)	(6)
	宽条带	91	91	91	77	190	190	92 号矿体
SnO_2	100.3	97.69	97.08	97.55	96.61	96.08	96.73	95.19
WO_3	0.54	0.24	0.06	0.34	0.20	0.25	0.16	1.26
TiO_2	0.95	0.02	0.00	0.04	0.13	2.26	0.67	1.96
FeO	0.18	0.23	0.17	0.20	0.35	0.23	0.12	0.67
CaO	0.36	0.34	0.38	0.34	0.34	0.34	0.34	0.34
Ta_2O_5	0.09	0.13	0.07	0.18	0.08	0.02	0.06	0.14
Al_2O_3	0.02	0.02	0.00	0.00	0.04	0.04	0.03	0.08
MnO	0.02	0.02	0.00	0.01	0.03	0.02	0.03	0.01
MgO	0.11	0.08	0.04	0.03	0.03	0.08	0.05	0.06
BaO	0.05	0.06	0.04	0.09	0.05	0.06	0.07	0.04
ZrO_2	0.02	0.01	0.00	0.03	0.04	0.03	0.02	0.00
Σ	102.6	98.84	97.83	98.80	97.89	99.40	98.27	99.75
WO_3/TiO_2	0.56	12.56	-	9.07	1.50	0.11	0.23	0.65

注：505-6（7）- 12-1 号勘探线。细条带灰岩中裂隙脉；455-15（3）-10-12 勘探线，细条带灰岩中裂隙脉；455-15（3）- 14 号勘探线，宽细条带之间 77 号矿体。455-33（2）-91 号裂隙脉；DC-26（4）-455 中段 91 号富矿体；455-26（5）-205-2 勘探线，大厂断裂 190 号矿体；455-4（6）-大厂断裂 190 号矿体；305-2（6）-206 勘探线 92 号矿体。

就空间而言，锡石中 SnO_2 含量有一定的变化规律，即从矿床深部 92 号层状矿体→91 号矿体→裂隙脉矿体，SnO_2 含量是增大的；表明随着成矿压力降低，氧逸度升高，由下而上，锡石的纯度增大，相应的杂质组分减少，同时，锡石的粒度增大，自形程度增高。对于同一标高不同产状的矿体而言，如 455 中段，由 190 号矿体→层间脉状矿体（77 号）→91 号层状矿体，锡石中 SnO_2 含量也是增大的（如图 4-27），同时也反映了成矿物质的运移可能经历了由 F1 断裂→宽、细条带灰岩接触面上的 77 号层间脉状矿体→向上到细条带灰岩中的 91 号层状矿体的运移过程。为了更加准确研究锡石中微量元素的特征，本次利用 ICP-MS 测试技术对锡石单矿物的微量和稀土元素的含量进行了测定，结果见表 4-8。

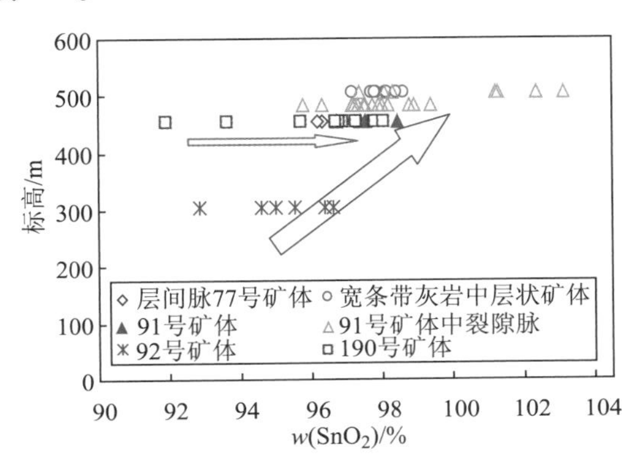

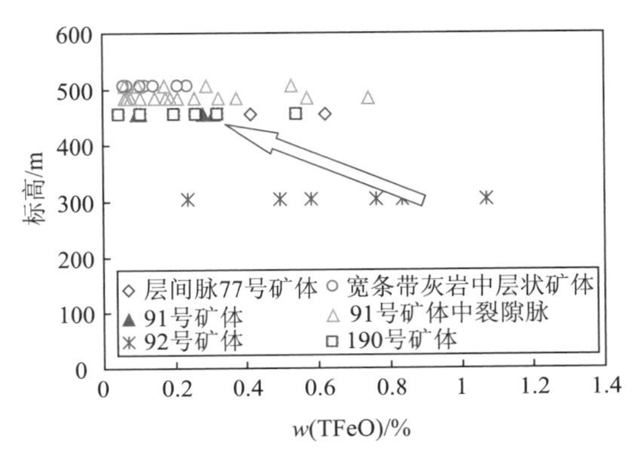

图 4-27　长坡-铜坑矿不同标高锡石中 SnO_2、TFeO 量变化

表 4-8　不同产状矿体中锡石微量稀土元素分析结果（$w_B/10^{-6}$）

元素	XS-1	XS-2	XS-6	XS-3	TK505-5	XS-4	XS-5	TK405-3	DC-26
	大脉状			91 号裂隙脉		92 号裂隙脉			91 号层状矿体
Li	0.316	1.023	0.309	0.502	0.38	0.566	0.538	0.282	3.92
Be	0.039	0.074	0.015	0.093	0.044	0.083	0.084	0.145	0.034
Sc	0.886	0.074	0.017	0.253	0.347	0.325	0.329	0.133	0.129
Ti	19.1	4.475	4.812	37.28	137.4	13.17	13.64	32.51	9.498
Mn	6.954	10.1	24.94	29.15	4.523	13.02	13.47	84.84	6.33
Co	0.377	0.559	0.633	0.241	24.07	0.1	0.11	51.24	1.904
Ga	0.34	0.435	0.235	0.355	0.667	0.371	0.375	0.566	0.411
Rb	0.639	1.464	0.083	0.566	0.219	0.189	0.135	0.427	0.819
Sr	1.39	1.612	0.466	0.809	0.914	0.664	0.498	2.332	0.784
Y	0.41	0.321	0.152	0.18	0.573	0.301	0.294	0.187	0.115
Mo	235.4	3.332	0.237	0.65	0.148	0.414	0.302	0.148	0.184
In	2.118	4.743	6.583	1.771	6.409	4.117	4.021	14.78	5.012
Sb	9.622	23.43	624	389	101.3	311.3	305.9	164.1	34.83
Cs	0.212	0.317	0.268	0.43	0.439	0.448	0.457	0.719	0.614
Ba	51.46	23.97	4.593	5.779	2.782	5.46	5.344	7.894	5.521
La	0.482	0.094	0.199	0.133	0.224	0.143	0.139	0.684	0.076
Ce	0.986	0.272	0.2	0.199	0.828	0.298	0.242	1.539	0.265
Pr	0.102	0.026	0.018	0.012	0.147	0.023	0.023	0.141	0.018
Nd	0.361	0.096	0.038	0.044	0.75	0.073	0.068	0.43	0.05
Sm	0.08	0.033	0.023	0.03	0.188	0.035	0.032	0.067	0.019
Eu	0.039	0.017	0.01	0.007	0.03	0.007	0.008	0.015	0.003
Gd	0.082	0.046	0.019	0.026	0.168	0.049	0.04	0.061	0.021
Tb	0.013	0.011	0.004	0.006	0.02	0.01	0.01	0.007	0.004
Dy	0.067	0.059	0.021	0.033	0.113	0.065	0.063	0.037	0.016
Ho	0.015	0.013	0.005	0.007	0.022	0.014	0.013	0.007	0.004
Er	0.038	0.033	0.013	0.02	0.06	0.033	0.031	0.019	0.01
Tm	0.005	0.005	0.002	0.005	0.01	0.005	0.005	0.003	0.002
Yb	0.038	0.03	0.019	0.023	0.061	0.035	0.036	0.023	0.017
Lu	0.006	0.006	0.003	0.004	0.01	0.007	0.006	0.005	0.003
Hf	0.008	0.011	0.005	0.005	0.005	0.006	0.005	0.007	0.005
Ta	0.012	0.01	0.005	0.005	0.008	0.006	0.004	0.011	0.004
W	6.795	0.937	0.544	10.01	0.568	0.691	0.744	2.318	3.482
Tl	0.015	0.038	0.054	0.023	0.021	0.198	0.198	0.042	0.017
Pb	14.61	26.13	750.1	501.3	127.3	421.5	422.9	248.6	47
Bi	0.829	153.2	280	3.462	4.878	3.634	3.743	78.3	79.5
U	0.178	0.067	0.056	0.164	0.067	0.04	0.04	0.101	0.142
Al	0.0165	0.0291	<0.005	0.0184	<0.005	<0.005	<0.005	0.0136	0.0113
Ca	0.0929	0.1444	0.072	0.0645	0.029	0.0113	0.0125	0.0341	0.023
Cd	0.1233	4.416	2.02	0.4153	1.552	0.4702	0.705	31.51	2.534
Cu	2.325	7.501	499	3.87	6.462	67.82	61.31	52.53	82.14

续表

元素	XS-1	XS-2	XS-6	XS-3	TK505-5	XS-4	XS-5	TK405-3	DC-26
	大脉状			91 号裂隙脉		92 号裂隙脉			91 号层状矿体
Fe	0.2029	0.773	0.3446	0.1102	0.4166	0.5088	0.5022	2.533	0.9295
K	0.0148	0.0171	<0.0100	<0.0100	<0.0100	<0.0100	<0.0100	<0.0100	<0.0100
Mg	0.0066	0.0083	0.0035	0.0059	<0.0020	0.0037	0.0036	0.0044	0.0066
Na	<0.0000	0.0036	0.0037	0.0042	0.0046	0.0043	0.0034	0.0054	0.005
Ni	<1.000	1.75	2.128	1.2	1.7	1.228	1.389	15.29	2.073
V	4.209	<1.000	<1.000	1.045	2.164	<1.000	<1.000	1.628	1.011
Zn	12.75	577	173.8	31.95	112	42.07	51.03	4843	270.7
ΣREE	2.31	0.74	0.57	0.55	2.63	0.80	0.72	3.04	0.51
LREE	2.01	0.52	0.48	0.42	2.14	0.57	0.50	2.86	0.43
HREE	0.30	0.21	0.09	0.13	0.48	0.22	0.21	0.17	0.08
LREE/HREE	7.77	2.65	5.67	3.43	4.67	2.66	2.51	17.75	5.60
LaN/YbN	8.57	2.12	7.08	3.91	2.48	2.76	2.61	20.10	3.02
δEu	1.46	1.33	1.42	0.75	0.51	0.52	0.68	0.70	0.46
δCe	1.00	1.27	0.62	0.92	1.03	1.12	0.93	1.11	1.64
W/Ti	0.356	0.209	0.113	0.269	0.004	0.052	0.055	0.071	0.367
Nb/Ta	30.08	9.60	7.60	8.80	93.75	12.17	17.00	39.09	12.50

微量元素分析结果显示，Ta 含量为 $0.004\times10^{-6}\sim0.012\times10^{-6}$，Mn 含量 $4.523\times10^{-6}\sim84.84\times10^{-6}$，Sc 含量在 $0.017\times10^{-6}\sim0.347\times10^{-6}$；Ti 含量在 $4.475\times10^{-6}\sim32.51\times10^{-6}$，W 含量在 $0.691\times10^{-6}\sim6.795\times10^{-6}$，分散元素 In 的含量在 $1.771\times10^{-6}\sim14.78\times10^{-6}$，Ga 含量在 $0.235\times10^{-6}\sim0.667\times10^{-6}$，Cd 含量在 $0.1233\times10^{-6}\sim31.51\times10^{-6}$，元素含量变化较大。样品中铁含量为 $0.2029\times10^{-6}\sim0.9095\times10^{-6}$。

为了说明锡石中微量元素的含量随着深度的变化，通过 TK405-3-1、DC-26、TK505-5、XS-1 4 个样品来说明铜坑矿床由 405 m→455 m→505 m→683 m 锡石单矿物中元素的变化规律（图 4-28）。可见，In、Fe 的含量与 SnO_2 含量的变化正好相反，随着由深部到浅部，In、Fe 的含量是降低的趋势。V 的含量有增加的趋势，W 总体上是增加的。其他元素中 Cu、Co 含量有下降的趋势，而 V 含量从 405 m 中段的 1.467×10^{-6}→505 m 中段的 1.011×10^{-6}→595 m 中段的 4.209×10^{-6}，呈现上升趋势。

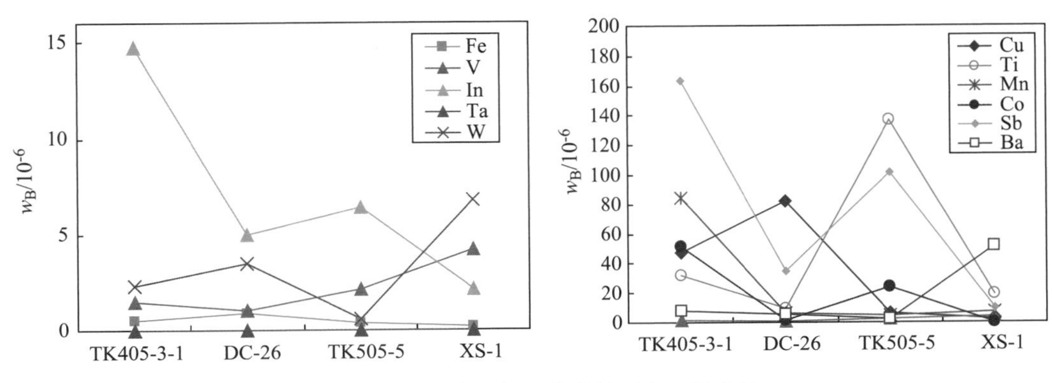

图 4-28　不同中段锡石中微量元素含量变化

W/Ti 的比值常被用来判断锡石的成因，当 W/Ti >1 时，认为是与酸性源区有关，W/Ti <1 时，锡则来自基性源区。测试结果显示，本次分析的样品无论是层状还是脉状产出者，W/Ti 比值在 0.004 ~0.367，均小于1，是否表明 Sn 来自基性源区？还值得商榷。

锡石中稀土元素的含量均较低，ΣREE 为 $0.51\times10^{-6}\sim3.04\times10^{-6}$，91 号层状矿体中锡石含稀土总量最低，为 0.508×10^{-6}，远远低于矿石以及侵入岩体，也低于球粒陨石（4.521×10^{-6}）。LREE/HREE 为 4.67～17.753；La_N/Yb_N为 2.48～20.096，显示出轻稀土富集的右倾配分曲线模式。δCe 为 0.62～1.64，以 91 号层状矿体中最高，明显正异常，其他样品表现为无到弱的正异常。δEu 在 91 号层状和裂隙脉状矿体中均表现为负异常，δEu = 0.46～0.75，在矿床上部的大脉带中则表现为铕的正异常，δEu = 1.33～1.46，这可能反映了大厂不同矿体形成时物理化学条件的差异（图 4-29）。

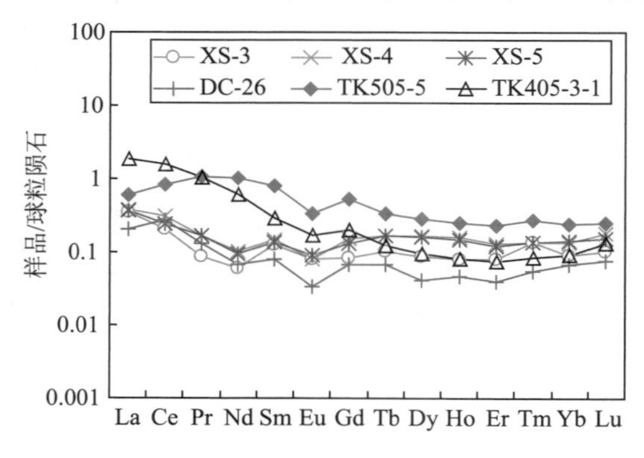

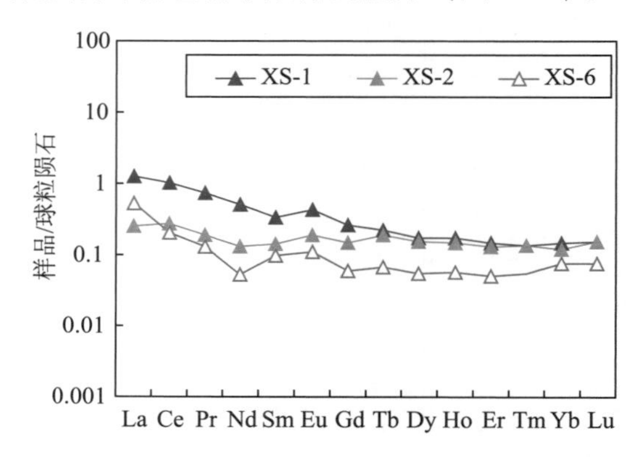

图 4-29　锡石中稀土元素球粒陨石标准化配分模式

（2）黄铁矿

黄铁矿是矿区中普遍存在的金属硫化物，在矿区中可以出现以下几种产出状态：一是在赋矿地层中以草莓状聚集、星散状或纹层状，或交代生物碎屑产出。其在成因上应该属于同生沉积成因；二是在矿体中呈他形-半自形者，与其他金属硫化物共生，可以进一步分为：①以裂隙脉充填方式产出的黄铁矿，多分布在裂隙脉两侧，呈立方体的自形-半自形晶体或集合体产出，与锡石-石英-毒砂-少量的铁闪锌矿产出；②沿层浸染状产出，呈半自形-自形粒状，以立方体为主，呈半自形或他形，有的还包裹有围岩的杂质，可与铁闪锌矿、磁黄铁矿、毒砂、锡石等共生，以沿层交代为主，并含有裂隙充填；③形成的时间较长，共生组合复杂，可与多种硫化物、硫盐等共生，呈他形-半自形。在矿床中，黄铁矿有的发生碎裂，通常黄铁矿可被后期的矿物，如铁闪锌矿等溶蚀交代呈他形或骸晶结构，或沿着矿物的裂隙穿插呈脉状或网脉状。

利用电子探针分析技术，对不同产出状态黄铁矿的化学成分分析结果见表 4-9。与理论值相比，矿体中黄铁矿贫硫，S、Fe 含量偏低，S/Fe 比值大多数高于理论值（1.148），也高于其他不同成因类型矿床。与矿区内同生沉积的黄铁矿相比，矿体中 S、Fe 含量偏低、而 S/Fe 比值在层状与似层状产出矿体中偏高，而裂隙脉状矿体中者偏低。这可能与层状、似层状矿体中有地层中硫的加入有关，而裂隙脉状矿体生成环境相对开放，造成了硫的逸失。

黄铁矿中 Co、Ni 类质同象替代 Fe、Co、Ni 含量以及 Co/Ni 比值具有成因标型意义。通常认为在岩浆结晶分异过程中，由于钴（Co）、镍（Ni）的八面体择位能不同（分别为 7.4cal/mol 和 20.6cal/mol），Ni 倾向富集于八面体配位，因此，镍（Ni）集中于八面配位比例高的岩浆早期结晶形成的硅酸盐矿物中；而钴（Co）则在岩浆晚期形成的矿物中相对富集。这就使得岩浆热液的 Co/Ni 比值大于 1。所以来源于岩浆热液中析出的黄铁矿其 Co/Ni 比值一般都大于 1；由沉积作用形成的矿床或地下渗流水形成的矿床，由于风化产物中 Ni 比 Co 更容易呈吸附状态存在，在外生条件下，粘土质、有机质沉积物中明显富集 Ni，在成岩过程中 Co、Ni 进入溶液，Ni 明显大于 Co 含量，以致沉积成因矿床中 Co/Ni 比值小于 1。沉积-改造（或变质）成因黄铁矿在变质改造过程中，Co、Ni 重新分配，并随着热液改造而使得 Co 的含量相对增高，Co/Ni 比值变化范围大，可以从小于 1 到大于 1。Co、Ni 的这一地球化学性质决定了不同成因黄铁矿中 Co/Ni 比值的相应变化，成为利用黄铁矿成分确定矿床成因的一个标型特征。

表 4-9　大厂黄铁矿化学成分的电子探针分析结果（$w_B/\%$）

矿区	矿化类型	矿体编号	产状	样品数	Fe	S	S/Fe	资料来源
大厂	矽卡岩型锌铜矿体	拉么 101 号	裂隙脉	2	45.90	52.91	1.153	周卫宁等，1987
		拉么 0 号	似层状	1	45.75	53.31	1.165	
		长坡 95 号	似层状	1	46.22	52.68	1.14	
	锡石-硫化物矿体	38 号	大脉状	4	45.11	51.5	1.141	秦德先等，2002
		细脉状	裂隙脉	5	44.79	51.46	1.149	
		长坡 0 号	裂隙脉	12	45.73	52.45	1.147	周卫宁等，1987
		91 号矿体	似层状	6	44.88	52.70	1.174	
		92 号矿体	似层状	3	45.15	53.34	1.182	
			层纹状	4	42.99	50.83	1.182	秦德先等，2002
			纹层状*	4	46.63	53.12	1.139	本文
	同生沉积黄铁矿		纹层状	98	45.42	53.07	1.168	
对比资料	沉积成因黄铁矿				46.16	53.84	1.166	周卫宁等，1987；徐国凤等，1980；邵洁莲，1982；王璞等，1982
	黄铁矿型铜矿床、多金属矿床				47.76	52.24	1.094	
	斑岩型铜矿床				47.67	52.33	1.098	
	与火山作用有关的低温热液高岭土矿床				46.60	53.39	1.146	
	与基性岩有关的铜、镍矿床				46.76	53.24	1.139	
	钒钛磁铁矿矿床				46.65	52.43	1.124	
	沉积-岩浆热液强烈叠加改造铅锌矿床				44.35	48.57	1.095	
	黄铁矿理论值				46.55	53.45	1.148	潘兆橹，1987

铜坑矿区黄铁矿的 Co、Ni 含量较低，锡多金属矿体中 Co 的含量在 $10\times10^{-6}\sim26\times10^{-6}$，Ni 的含量在 $25\times10^{-6}\sim72.7\times10^{-6}$，远低于同生沉积黄铁矿（实测的同生黄铁矿的 Ni 含量平均在 1002.93×10^{-6}，Co 的含量平均在 384.78×10^{-6}），Co/Ni 比值在 0.271～0.532，远远低于矿区同生沉积黄铁矿平均值 2.607；在矽卡岩型锌铜矿体中，Co 的含量平均在 $12.5\times10^{-6}\sim79\times10^{-6}$，Ni 的含量在 $23.7\times10^{-6}\sim110\times10^{-6}$，Co/Ni 比值在 0.527～0.718，高于锡多金属矿体，而近笼箱盖复式岩体产出的拉么矽卡岩型锌铜矿体中 Co/Ni 为 0.354～0.502。另外，我们也测得区内草莓状、胶状黄铁矿的 Co/Ni 平均值为 2.607。显然，该分析结果与陈光远等（1987）给出的结论有矛盾，因而不能仅凭 Co/Ni 比值来判断黄铁矿的成因。但锡石硫化物矿体和矽卡岩型锌铜矿体 Co/Ni 比值是接近的，可能表明其物质来源也相同。

As、Se 在黄铁矿中以类质同象替代硫。铜坑锡石硫化物矿体黄铁矿的 As 含量为 $3717\times10^{-6}\sim8200\times10^{-6}$，平均 5420×10^{-6}；Se 含量在 $12\times10^{-6}\sim49.3\times10^{-6}$，平均为 25.07×10^{-6}；铜坑锌铜矿体中 As 含量 $1100\times10^{-6}\sim5800\times10^{-6}$，平均 3450×10^{-6}，Se 含量在 $14.3\times10^{-6}\sim51\times10^{-6}$，平均为 32.65×10^{-6}，拉么锌铜矿体中 As 含量 $2300\times10^{-6}\sim5900\times10^{-6}$，平均 4100×10^{-6}，Se 含量在 $6\times10^{-6}\sim26\times10^{-6}$，平均为 16×10^{-6}。总体上，Se 含量比典型的沉积成因者（$0.5\times10^{-6}\sim2\times10^{-6}$）高，与热液矿床中者（$20\times10^{-6}\sim50\times10^{-6}$）相近或略低。据陈光远（1987）研究，一般岩浆热液型矿床中黄铁矿 As $>1500\times10^{-6}$，而变质热液型金矿 As 为 $500\times10^{-6}\sim1500\times10^{-6}$。分析结果显示，除了长坡深部 95 号矿体有一个样品的 As 为 1100×10^{-6}外，其余样品 As $>1500\times10^{-6}$，而同生沉积黄铁矿 As 为 90×10^{-6}，说明矿体具有热液成因特征。

Sn、Cu、Zn、Sb、Pb 等在黄铁矿中常呈细分散机械混入物，它们或者以矿物微粒附生在黄铁矿晶体表面而被黄铁矿结晶时包裹呈独立矿物的包裹体存在，或者在后期呈网脉状交代溶蚀的骸晶等不易剔除而存在于黄铁矿中。从不同矿体中元素的含量来看，从铜坑深部的 95 号锌铜矿体→91、92 号锡多金属矿体→ 矿床浅部的大脉状矿体，黄铁矿中 Cu 含量是降低的，而 Sn、Pb、Sb 含量是升高的，Zn 含量由低→高→低。这种元素含量的变化与矿物的共生组合是一致的，如铜坑浅部大脉状矿体中有大量的脆硫锑铅矿等硫盐矿物出现。

（3）闪锌矿

闪锌矿是矿床中重要的硫化物之一，是锌的主要工业矿体（图 4-30），也是分散元素 In、Cd 以及 Ag 的重要载体矿物。在矿床中与磁黄铁矿、黄铁矿、锡石、毒砂、脆硫锑铅矿等伴生，分布极为广泛。在矿床中肉眼观察为黑色至棕黑色，反射色深红色-红棕色，均质体。矿体中闪锌矿的粒径大小不均一，一般在 0.2 ~0.6 mm，最大可到 1 cm 以上。根据 Fe 的含量可以分为两类，一是含铁的闪锌矿，其分布较少，在成矿晚期阶段呈网脉状或浸染状分布于早期硫化物或围岩中，如在大厂断裂中充填的 190 号矿体中，含铁闪锌矿呈棕褐色，细粒状与磁黄铁矿、毒砂等硫化物伴生。二是铁闪锌矿，分布极为广泛，在不同产状的矿体中普遍存在。

A. 小扁豆灰岩中裂隙脉中闪锌矿。铜坑505中段16勘探线

B. 罗富组(D_2^2)中的锌铜矿中闪锌矿。铜坑ZK1507

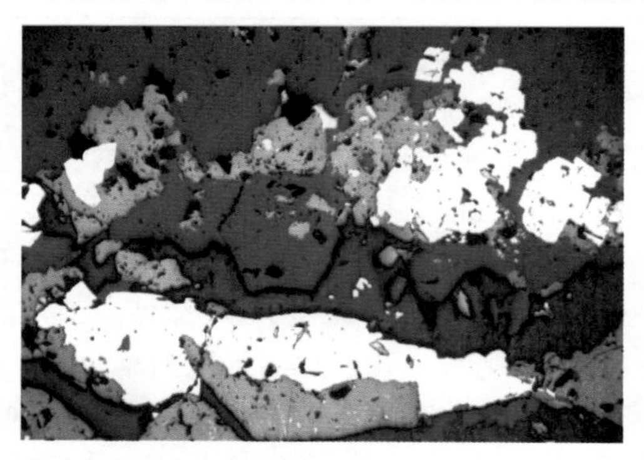

C. 细条带灰岩中。闪锌矿交代黄铁矿，晚期有硫盐交代。铜坑483中段10-12勘探线，反射光，d=2.8mm

D. 大厂断裂190号矿体中。闪锌矿与白铁矿、黄铁矿、毒砂之间关系。铜坑中段205-2勘探线，反射光，d=1.4mm

图 4-30 闪锌矿的产出特征

对矿区闪锌矿的成分，陈毓川（1996）进行了分析（表 4-10），结果显示，铁闪锌矿中 Fe 含量较高，为 9.38% ~13.49%，平均为 11.26%；且相对富 Cd、In、Cu，而含铁闪锌矿中 S 含量略高，平均 32.99%，铁含量在 2.27% ~ 4.62%，平均为 3.45%；相比而言，相对富集 Mn，平均为 0.36%。

在铜坑矿区，闪锌矿以铁闪锌矿为主，可分为两个世代，早期为锡石-石英-毒砂-铁闪锌矿组合。根据陈毓川（1996）分析，该组合中铁闪锌矿中 S 含量为 33.09%，Zn 为 50.90%，Fe 含量为 13.59%，Mn 为 0.36%，Cd 为 0.45%，In 为 0.14%，Cu 为 0.43%，Sn0.25%，Ag 为 0.012%，Bi 0.024%，Ga 0.0026%，基本不含 Ge；第二世代为锡石-硫化物组合，是铜坑矿床中最重要的成矿阶段，以铁闪锌矿、锡石、磁黄铁矿、黄铁矿、毒砂组合为特征，分布广泛。该阶段形成的铁闪锌矿粒度可以粗大，常可包裹有早期形成的锡石、磁黄铁矿、毒砂、黄铁矿等，并可以被晚阶段形成的黄铁

矿、硫盐、黄铜矿等穿插或交代。据陈毓川（1996）分析，该阶段铁闪锌矿中S含量为33.63%，Zn为54.40%，Fe含量为10.34%，Mn为0.24%，Cd为0.44%，In为0.126%，Cu为0.26%，Sn0.16%，Ag为0.004%，Bi 0.020%，Ga 0.0037%，Ge 0.00019%，与前阶段相比，Ga、Ge含量略高。

表4-10　长坡-铜坑两类闪锌矿的化学成分（w_B/%）

元素	1	2	3	4	5	6	7	平均	8	9	平均
	铁闪锌矿								含铁闪锌矿		
S	33.19	33.41	33.21	32.59	33.45	33.36	33.84	33.29	32.78	33.19	32.99
Zn	52.90	49.69	52.94	53.63	55.09	51.72	55.00	53.00	62.34	60.97	61.66
Fe	11.26	13.63	10.84	10.86	9.36	13.49	9.38	11.26	2.27	4.62	3.45
Mn	0.38	0.22	0.26	0.46	0.13	0.19	0.41	0.29	0.30	0.41	0.36
Cd	0.50	0.44	0.43	0.43	0.33	0.34	0.29	0.40	0.30	0.41	0.36
In	0.05	0.08	0.08	0.12	0.09	0.18	0.08	0.10	0.05	0.06	0.06
Cu	0.50	0.19	0.53	0.19	0.19	0.15	0.29	0.29	0.14	0.34	0.24
Sn	0.10	0.41	0.68	0.16	0.06	0.01	0.13	0.22	0.05	0.04	0.05
Pb	0.18	0.40	0.25	0.75	0.04	0.12	0.05	0.24			
Sb	0.13	0.44	0.05	0.42	0.70	0.10	0.04	0.27			
As	0.07	0.14	0.01	0.27	0.02	0.01	0.15	0.10	0.48	0.19	0.34
Bi	0.012	0.02	0.008	0.02	0.02	0.002	0.014	0.014	0.02	0.01	0.015
Ag	0.005	0.0032	0.011	0.008	0.003	0.0025	0.016	0.007	0.032	0.023	0.027
Ga	0.0019	0.0025	0.0023	0.0013	0.0045	0.0032	0.0028	0.0026	0.004	0.034	0.019
Se	0.005	0.0017	0.0006	0.0022	0.0009	0.0044	0.0075	0.0032	0.0004	0.0017	0.0011

资料来源：陈毓川，1996。

在空间上，不同产出状态的锡多金属矿体中闪锌矿主要元素的含量变化不大，陈毓川（1996）、秦德先（2002）对铜坑层状和裂隙脉状产出锡矿体中铁闪锌矿的成分进行过分析，认为其微量元素Cd、In、Ge、Pb、Sb、Bi等具有微小的差异，其原因可能与产出部位、围岩条件、成矿方式等有关。

为进一步说明铜坑矿床中不同类型矿体、不同中段铁闪锌矿中微量元素的含量变化，我们利用ICP-MS分析技术对其微量稀土元素的含量进行了分析，结果见表4-11。

结果显示，在铜坑矿区，铁闪锌矿中除了主要元素Zn之外，还含有一定量的Cu、Pb、Mn、As、Cd、Ga、In、Bi、Sn、Sb等，其中Mn、Cd、In、Ga等以类质同象形式存在，而其他以机械混入物的形式存在。对铜坑锡多金属矿体而言，从矿体深部305水平到上部的613水平，闪锌矿中微量元素的变化具有一定的变化趋势（图4-31）。在空间上，闪锌矿中主量元素Zn的含量变化不大，而In、Cu、Ga、Cd、Mn的含量随深度增加有增大的趋势，Sn、Sb的含量变化则相反，在矿床上部含量较高；Sn、Cu的变化刚好相反，与深部闪锌矿中含有黄铜矿的乳滴状包体有关。

对于不同的矿体，就深部的锌铜矿与锡矿体相比，铁闪锌矿中微量元素的变化也有一定的趋势（图4-32），上部锡矿体中In、Sn、Ga的含量高于深部的锌铜矿体，而除了铜坑613中段D_3^3中似层状产出的锡矿体中1个样品外，其他样品表现出Cu、Mn的含量是低于锌铜矿体的。据前人研究，闪锌矿中Ga/In的比值与闪锌矿的形成温度有直接关系，闪锌矿中Ga/In比值高温为0.001～0.05，平均0.015；中温为0.01～5.0，平均为0.10；低温为1.0～100，平均为11.0。铜坑锡多金属矿体中铁闪锌矿Ga/In为0.011～0.229，平均为0.053，锌铜矿体中Ga/In为0.011～0.159，平均为0.050，均属于高-中温成因。

表 4-11　铜坑不同矿体中闪锌矿的微量元素含量（$w_B/10^{-6}$）

	TK305-3	TK405-16	TK455-26	TK455-11	TK483-6	TK505-25	Tk505-26	TK505-6	TK613-1	ZK976-402.19	ZK976-393.19	ZK1512-807	ZK1512-806.7	ZK1509-712.7
La	0.13	0.44	1.70	0.07	0.16	0.43	0.22	0.42	0.83	0.38	0.71	0.78	0.79	0.66
Ce	0.20	0.57	2.20	0.10	0.26	0.49	0.16	0.33	0.77	0.34	1.14	1.01	1.03	1.09
Pr	<0.05	0.08	0.28	<0.05	<0.05	0.07	<0.05	<0.05	0.11	<0.05	0.15	0.17	0.16	0.16
Nd	0.21	0.40	1.11	0.05	0.07	0.31	0.06	0.15	0.43	0.15	0.54	0.67	0.62	0.68
Sm	<0.05	0.14	0.15	<0.05	<0.05	0.09	<0.05	<0.05	0.12	<0.05	0.14	0.12	0.16	0.22
Eu	<0.05	<0.05	<0.05	<0.05	<0.05	<0.05	<0.05	<0.05	<0.05	<0.05	<0.05	<0.05	<0.05	<0.05
Gd	0.08	0.13	0.11	<0.05	<0.05	0.09	<0.05	<0.05	0.12	<0.05	0.15	0.11	0.13	0.18
Tb	<0.05	<0.05	<0.05	<0.05	<0.05	<0.05	<0.05	<0.05	<0.05	<0.05	<0.05	<0.05	<0.05	<0.05
Dy	0.07	0.17	<0.05	<0.05	<0.05	0.07	<0.05	<0.05	0.13	<0.05	0.17	0.10	0.09	0.19
Ho	<0.05	0.05	<0.05	<0.05	<0.05	<0.05	<0.05	<0.05	<0.05	<0.05	<0.05	<0.05	<0.05	<0.05
Er	<0.05	0.13	<0.05	<0.05	<0.05	<0.05	<0.05	<0.05	0.09	<0.05	0.09	0.06	<0.05	0.08
Tm	<0.05	<0.05	<0.05	<0.05	<0.05	<0.05	<0.05	<0.05	<0.05	<0.05	<0.05	<0.05	<0.05	<0.05
Yb	<0.05	0.15	<0.05	<0.05	<0.05	<0.05	<0.05	<0.05	0.11	<0.05	0.21	<0.05	<0.05	<0.05
Y	0.37	0.98	0.22	0.16	0.08	0.42	0.06	0.23	0.67	0.22	0.87	0.76	0.56	0.98
Lu	<0.05	<0.05	<0.05	<0.05	<0.05	<0.05	<0.05	<0.05	<0.05	<0.05	<0.05	<0.05	<0.05	<0.05
Cu	3968	5602	1564	2174	2969	1666	2244	862	30890	22250	8660	6451	4142	15400
Pb	38.6	105900	57360	482	737	5192	1706	3952	37050	17760	3261	48.9	73.3	289
Zn	492480	377703	496125	504711	499689	429867	498717	508680	465588	492240	470240	465840	425200	470640
Li	2.48	1.64	2.01	2.18	2.71	2.71	3.22	2.73	2.80	4.92	7.84	4.28	9.85	23.9
Be	<0.05	<0.05	<0.05	<0.05	<0.05	<0.05	<0.05	<0.05	<0.05	<0.05	<0.05	<0.05	<0.05	<0.05
Sc	<0.05	<0.05	<0.05	<0.05	<0.05	0.74	0.06	<0.05	<0.05	0.25	1.12	0.52	0.65	1.16
Ti	11.7	1.44	3.85	15.4	15.9	8.95	4.67	12.6	31.2	15.1	25.6	10.9	16.0	24.4
V	13.3	3.05	2.98	2.83	5.81	16.5	2.19	16.4	4.94	3.93	6.20	7.83	9.18	18.1
Cr	71.6	5.93	37.7	29.1	136	47.0	79.4	11.6	25.8	97.2	15.3	35.8	60.4	43.4
Mn	2411	2661	2139	2268	1631	1361	1463	2234	6781	4135	4799	3209	3784	5854
Co	8.04	1.03	0.62	5.57	9.67	16.3	8.63	2.47	1.20	20.1	56.1	13.6	17.5	93.5
Ni	41.6	4.23	20.5	16.8	70.5	32.0	43.9	6.54	28.2	58.1	20.5	22.1	34.8	61.1
Ga	36.8	12.8	79.7	26.1	36.2	21.4	31.5	8.19	8.64	7.54	10.4	4.86	7.02	8.23
As	13.4	209	925	4062	1210	13930	2561	981	8271	7663	8381	883	14.5	195
Rb	0.29	0.42	0.70	0.50	0.27	0.92	0.24	1.22	0.53	0.59	1.64	1.73	2.84	0.45
Sr	1.19	9.36	0.69	0.38	0.65	23.0	0.57	1.48	2.69	3.14	3.31	1.89	1.50	2.43
Zr	0.87	0.25	0.27	0.15	0.85	0.86	0.20	0.41	0.37	2.38	1.27	1.08	0.74	0.80
Nb	0.06	<0.05	<0.05	0.08	0.11	<0.05	0.06	<0.05	<0.05	0.07	4.41	0.11	0.16	0.08
Mo	1.11	0.07	1.24	0.57	1.02	0.61	0.61	1.41	0.26	0.87	2630	20.0	2.80	2.26
Cd	4258	3079	3556	4277	3906	3583	3986	4707	2982	3965	2037	3956	3735	3832
In	1906	393	348	913	655	819	617	758	373	357	176	447	551	51.7
Sn	43.8	15.1	79.2	852	1244	245	515	71.0	346	166	130	23.3	32.2	69.9
Sb	25.8	988	557	181	497	1467	1084	1947	3015	1417	103	14.4	15.3	45.8
Cs	0.12	0.12	0.55	0.18	0.20	0.34	0.13	0.60	0.78	0.28	0.76	1.71	2.74	0.27
Ba	2.06	3.43	2.15	2.52	2.74	15.8	3.09	6.88	7.36	3.10	3.06	0.99	0.90	0.92
Hf	<0.05	<0.05	<0.05	<0.05	<0.05	<0.05	<0.05	<0.05	<0.05	0.08	<0.05	<0.05	<0.05	<0.05
Ta	0.16	<0.05	<0.05	0.14	0.41	<0.05	0.14	<0.05	<0.05	0.21	0.25	0.16	0.28	0.31
W	4.56	0.08	0.34	42.7	6.63	0.29	2.46	0.30	0.46	3.31	587	7.11	3.23	3.95
Tl	<0.05	1.13	1.24	0.14	1.45	0.17	0.63	0.17	4.29	1.53	0.89	0.20	0.14	0.09
Bi	62.9	352	17.1	27.8	344	152	526	98.6	921	1106	2460	88.9	136	153
Th	<0.05	0.06	<0.05	0.06	<0.05	<0.05	<0.05	<0.05	0.20	<0.05	0.10	0.15	<0.05	0.07
U	0.36	<0.05	<0.05	<0.05	<0.05	<0.05	<0.05	<0.05	<0.05	0.07	0.23	0.53	0.27	0.37
Ga/In	0.019	0.033	0.229	0.029	0.055	0.026	0.051	0.011	0.023	0.021	0.059	0.011	0.013	0.159

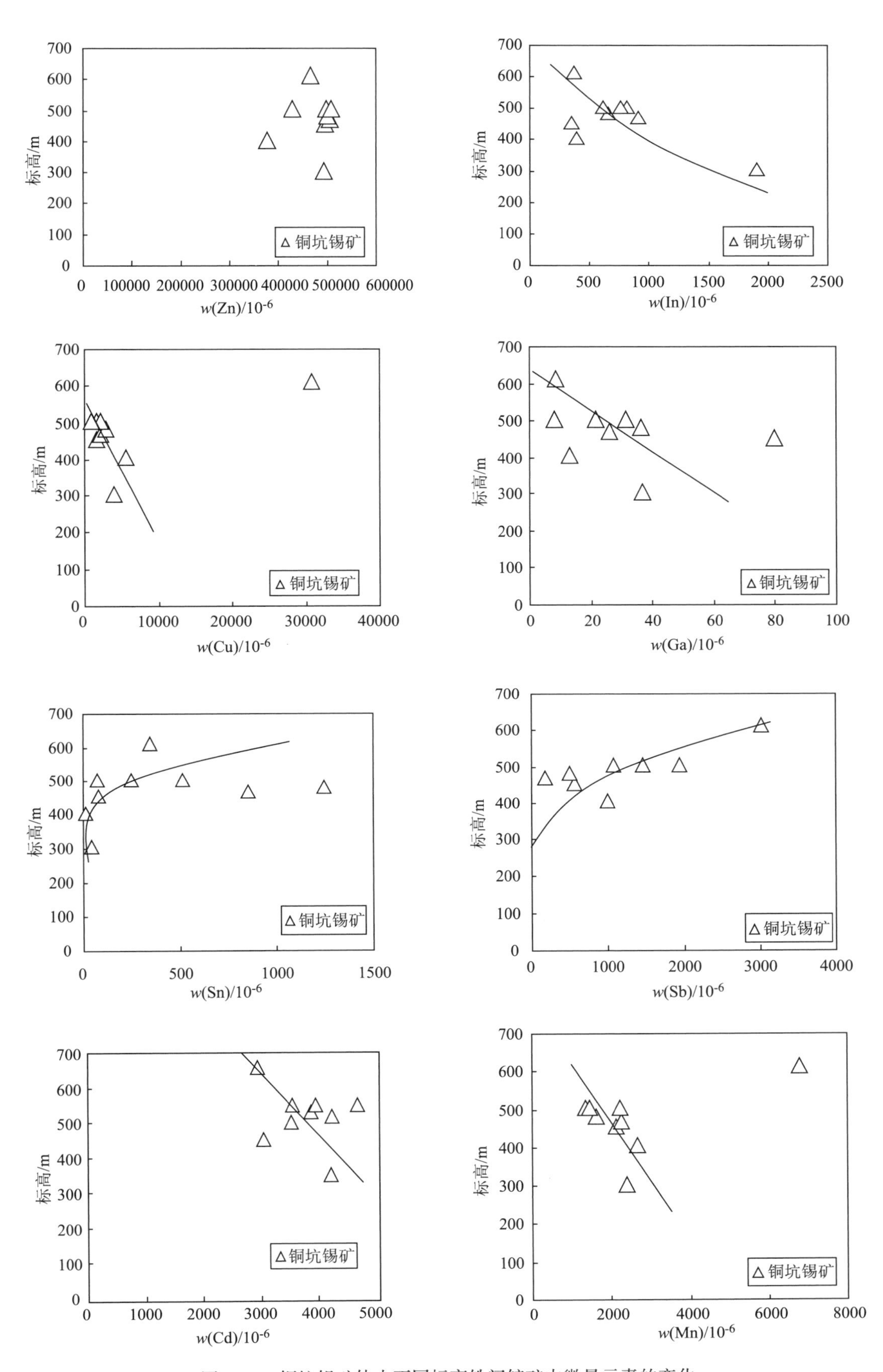

图 4-31　铜坑锡矿体中不同标高铁闪锌矿中微量元素的变化

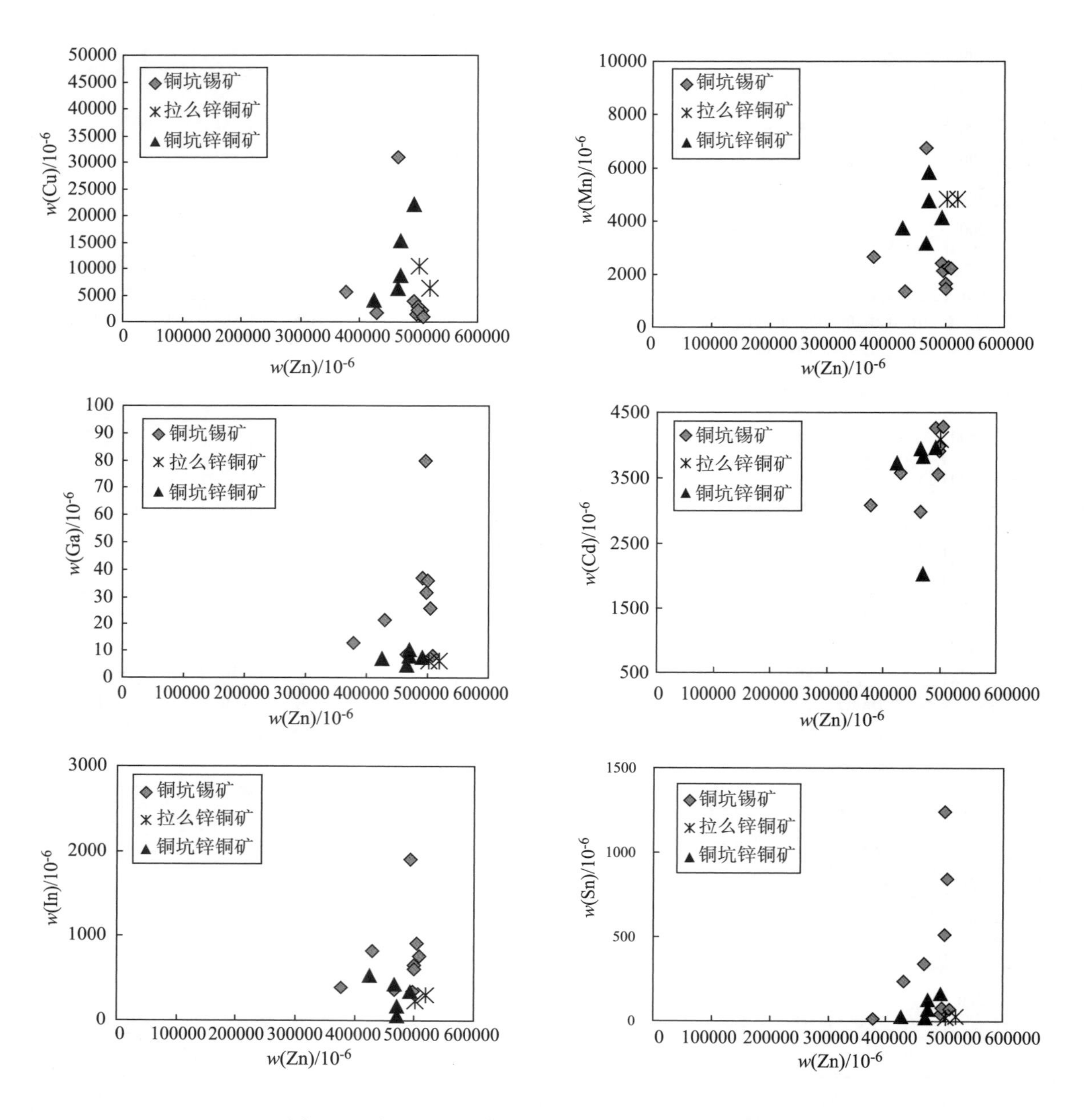

图 4-32　铜坑不同矿体中铁闪锌矿中微量元素的变化

（4）毒砂

毒砂是分布较广，在锡多金属矿体中与锡石关系密切，常以裂隙脉充填或沿层交代方式产出在不同类型矿石中。显微镜下观察，毒砂多呈菱面体自形粒状，粒度较大，粒径一般在 0.2～0.5 mm，最大可达 0.6 cm，常与铁闪锌矿、黄铁矿、白铁矿、磁黄铁矿、锡石等共生，可被黄铁矿、铁闪锌矿、脆硫锑铅矿穿插、交代、溶蚀，也可交代早期的磁黄铁矿、锡石（图 4-33）。

在铜坑的锡石硫化物矿体中，毒砂有 3 个世代，一是产于早期的锡石-石英-毒砂阶段。毒砂呈菱面体自形晶或呈集合体，晶体粗大，粒径 0.15～0.4 mm，最大可达 0.5～0.6 mm，呈无规则连生或平行梳状，可呈独立的裂隙脉产出，毒砂可被黄铁矿、铁闪锌矿、脆硫锑铅矿穿插、交代、溶蚀。第二世代产于锡石-硫化物阶段，与磁黄铁矿、铁闪锌矿、黄铁矿等共生，常常沿层交代，与铁闪锌矿等构成条带状矿石。与晚期的黄铁矿、闪锌矿、锰方解石等共生；第三世代是在硫盐-碳酸盐阶段，可与脆硫锑铅矿、黄铁矿等伴生。

A. 磁黄铁矿交代早期自形的毒砂。铜坑455中段202-1勘探线92号矿体。反射光，d=2.8mm

B. 裂隙脉中自形的毒砂。铜坑613中段，反射光，d=5.8mm

C. 硅质岩中浸染状矿石中磁黄铁矿交代自形毒砂。铜坑405中段203勘探线，反射光，d=5.8mm

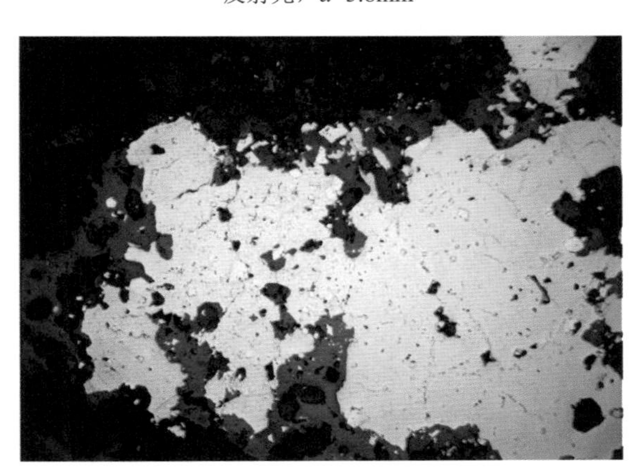

D. 硅质岩中早期毒砂被黄铁矿包裹。铜坑405中段203勘探线，反射光，d=5.8mm

图4-33　毒砂的显微镜下特征

黄民智等（1988）、陈毓川等（1996）对不同阶段的毒砂中化学成分进行了分析（表4-12），结果表明：毒砂中的Fe、S含量从早到晚是升高的，而As含量是减低的。As与S之间呈明显的负消长关系。同时，毒砂中的Pb、Zn、Sb、Ag含量从第一世代→第三世代是逐步递增的，而Se、Te、Au是逐步递减的。Sn、Cu、Bi、In、Co、Ni等在第二世代的毒砂中富集。

表4-12　不同世代毒砂的化学成分平均值（$w_B/10^{-6}$）

世代	Fe（%）	As（%）	S（%）	Sb	Pb	Zn	Sn	Cu	Bi	Se	Te	In	Cd	Ni	Co	Ag	Au
第一	34.48	45.35	19.7	170	25	140	105	80	75	280	23	0.2	12	155	85	90	15
第二	35.21	42.3	21.35	1250	330	200	600	350	700	115	20	8	80	401	250	121	7
第三	35.72	40.36	23	2800	1200	4300	60	150	570	106	13	5	15	133	142	325	1

为了从空间上说明毒砂中微量元素的含量变化，对锡多金属矿体中毒砂的微量元素分析、稀土元素的分析结果见表4-13，图4-34。结果显示，在空间上，毒砂中微量元素含量的变化与闪锌矿等有相似性，即毒砂中Pb、Sb的含量随着深度由深到浅是升高的，而W、Mo的含量变化正好相反，是逐步减少的，Cd、In、Ga等元素的含量则是离散的。同时，从元素之间的相关性可见（图4-35），毒砂中In与Cd、Pb与Sb之间呈正相关，而Co与Ni之间、Cd与Ga之间关系不明朗。

表 4-13　不同产状矿体中毒砂微量元素分析结果（$w_B/10^{-6}$）

原号	TK355－2－1	TK405－3－1	TK455－24	TK455－26	TK470－11	TK483－5	TK613－4
Co	437.5	408	3.711	66.31	198.2	80.4	8.401
Cu	44.32	104.4	140.9	203.2	103.5	382.5	282.6
Fe	76890	358700	376600	345600	370000	287200	354100
K	<100	<100	<100	<100	<100	<100	<100
Li	6636	<4000	<4000	<4000	<4000	<4000	<4000
Mg	276	26	294	23	145	47	110
Mn	11.23	131.5	140.9	294.4	243.7	729.6	298.6
Na	142	102	129	112	169	111	170
Ni	72.56	127.2	42.79	101.2	157.3	52	58.91
P	167	105	246.5	304.7	276.4	171.7	134.7
Pb	36.43	822.2	3118	732.3	1256	981	4219
Ti	<200	<200	<200	<200	<200	<200	<200
V	1.958	<1.000	5.992	2.236	5.266	1.133	5.956
Zn	247.9	10400	5874	2560	21700	39220	4059
Li	0.837	0.258	0.306	0.275	0.227	0.207	0.23
Be	0.025	0.065	0.033	0.015	0.026	0.015	0.031
Sc	0.279	0.114	0.452	0.3	0.345	0.201	0.284
Co	880	564.9	9.35	97.74	277	108.3	16.15
Ni	93.99	146.2	59.54	126.3	180.4	64.05	71.46
Ga	0.646	1.12	0.89	2.381	0.909	5.2	1.103
Rb	4.376	0.666	0.629	0.248	0.641	0.294	0.415
Sr	8.775	3.449	5.758	5.206	6.273	2.887	3.701
Zr	1.678	0.411	3.761	0.639	1.838	0.376	1.744
Nb	0.443	0.303	0.496	0.278	0.61	0.223	0.202
Mo	4.155	0.3	3.334	2.022	2.527	1.484	0.849
Cd	2.674	98.41	19.38	234.8	46.47	596.1	36.96
In	0.971	27.04	3.189	35.36	6.619	105.5	24.06
Sb	519.3	1007	1228	1161	778.3	898.3	6045
Cs	0.838	0.324	0.075	0.111	0.128	0.123	0.117
Ba	19.94	5.714	4.633	4.178	4.475	2.964	7.937
Hf	0.047	0.007	0.044	0.093	0.012	0.009	0.035
Ta	0.02	0.054	0.045	0.029	0.005	0.002	0.005
W	4.118	1.024	9.908	0.91	0.373	0.943	0.175
Tl	0.108	0.203	0.887	0.545	0.393	0.383	0.228
Pb	39.02	992.6	1569	3841	872.1	1158	5103
Bi	521.1	569	50.41	399	94.73	56.48	246.1
Th	0.187	0.135	0.044	0.146	－0.002	—	0.063

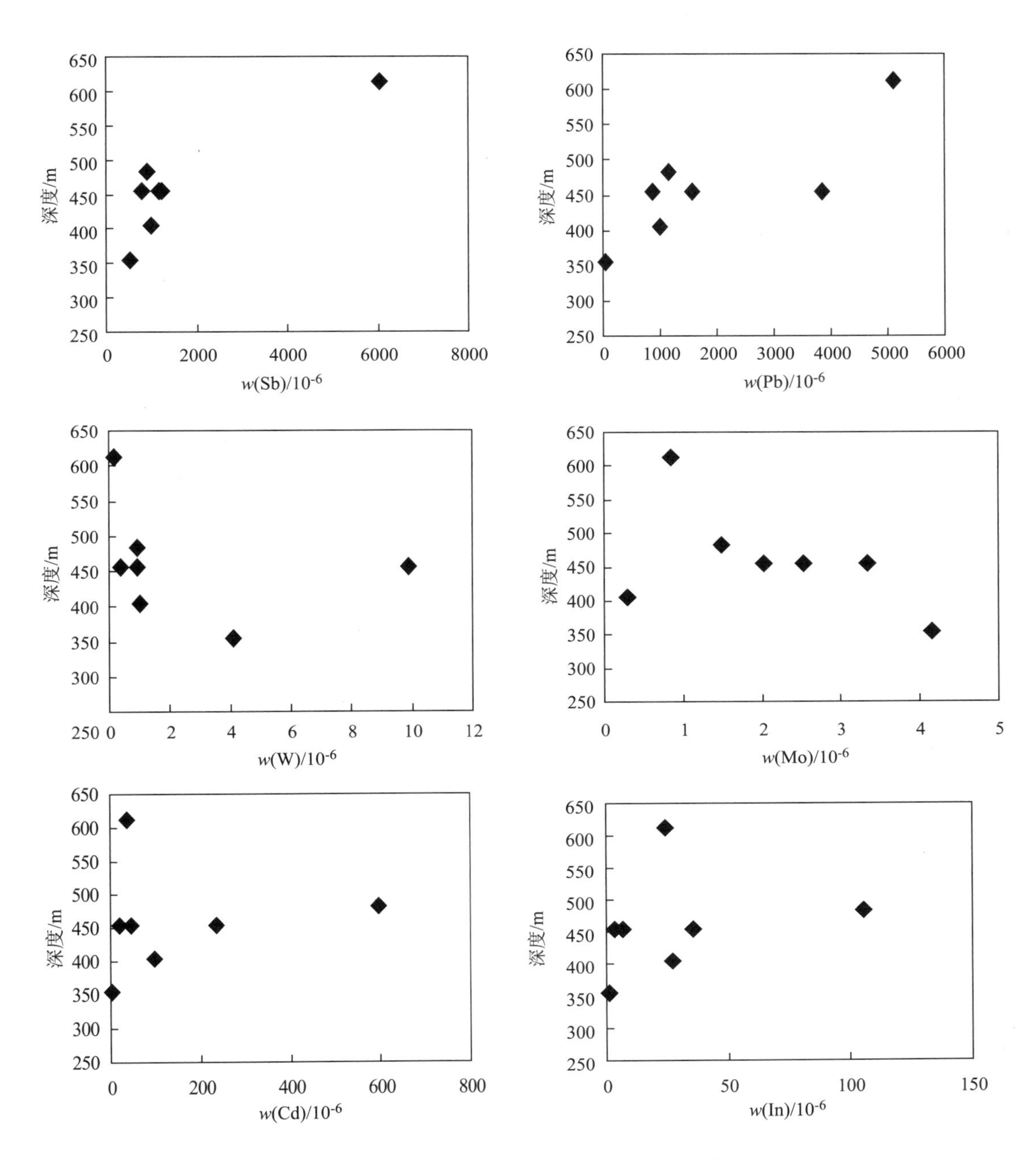

图 4-34 毒砂中微量元素含量随深度的变化

毒砂的稀土元素含量是较低的，但是略高于铁闪锌矿，ΣREE 为 $1.63\times10^{-6}\sim8.76\times10^{-6}$，轻稀土含量高于重稀土，样品中除了细条带灰岩中裂隙脉的 LREE/HREE 为 37.77，La_N/Yb_N 为 187.35，轻稀土强烈富集外，其他样品变化不大，一般为 3.34～7.09；La_N/Yb_N 为 2.01～10.07；δEu 除硅质岩中毒砂-碳酸盐脉中（TK355-2-1）和铜坑上部 D_3^3 中层状矿体（TK613-4）显示正异常（δEu = 1.28 和 1.25）外，其余均显示明显到中等的负异常（δEu 为 0.37～0.54）（图 4-36）；δCe 在 TK613-4 显示为中等负异常（δCe 为 0.57），毒砂-石英脉、77 号层间脉中为明显正异常（δCe 分别为 1.64、1.53），其余均显示为无异常或微弱的异常。考虑分析样品的矿物族和特征，TK355-2-1、TK613-4 应该属于第一、第三世代产物，其余应该属于第二世代，δEu 由负异常到正异常的变化，也可能反映其形成环境的差异。

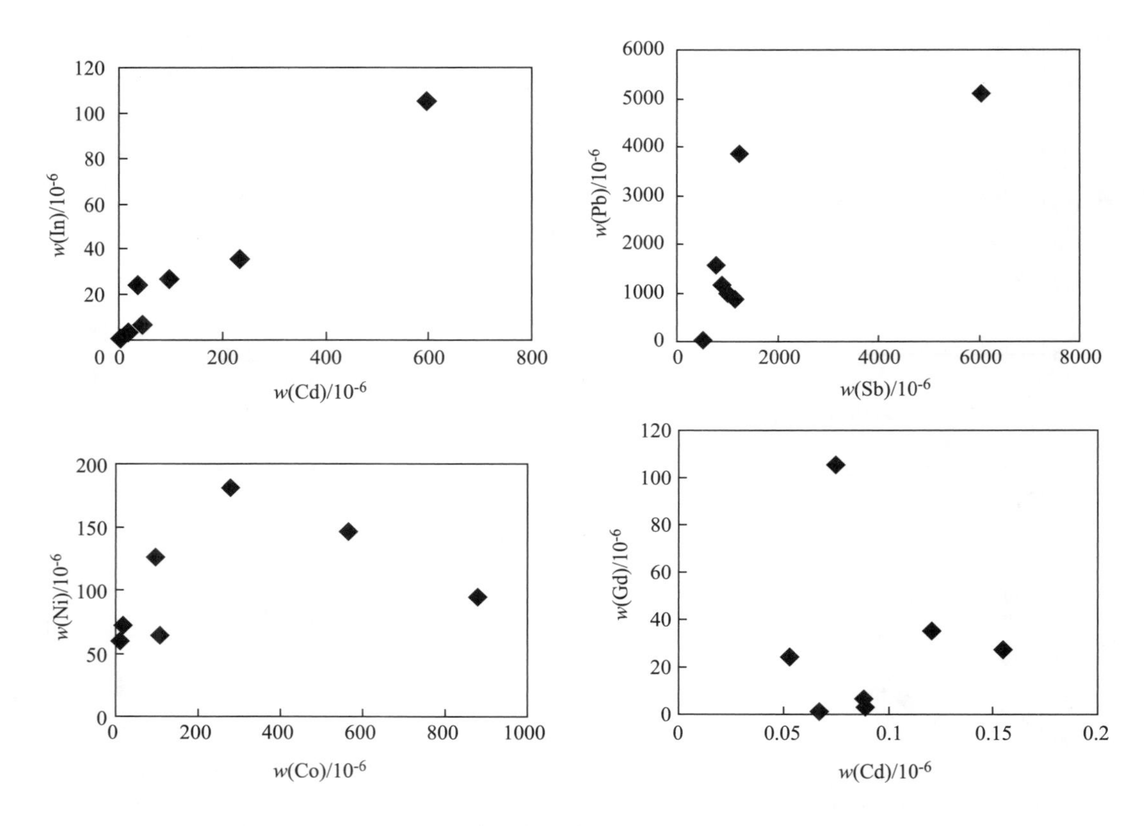

图 4-35　毒砂中元素之间的相关关系图

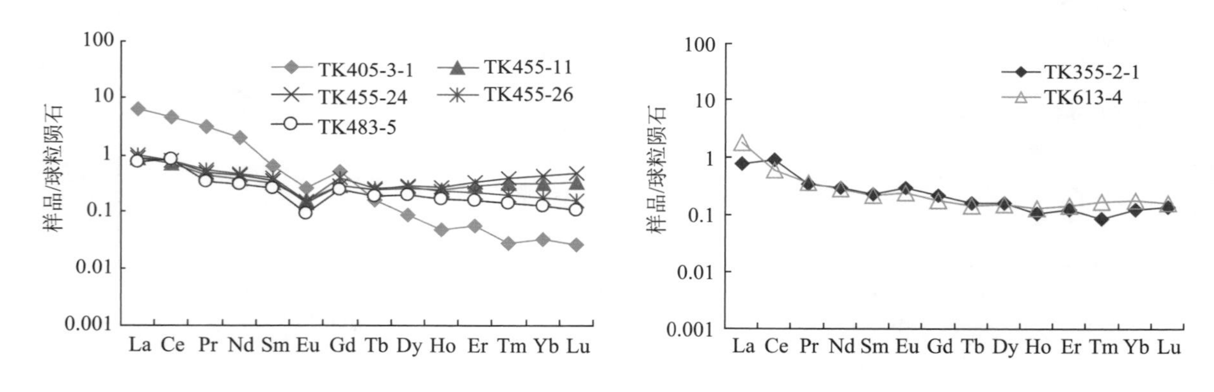

图 4-36　大厂不同矿体中毒砂稀土元素球粒陨石标准化配分曲线

（5）脆硫锑铅矿

脆硫锑铅矿（$Pb_4FeSb_6S_4$）是铜坑矿床中重要的工业矿物，且广泛存在于大厂矿田及其邻区矿床中。以充填裂隙或交代早期硫化物产出；形态上，脆硫锑铅矿呈长柱状、束状、针状、放射状等集合体，沿 *C* 轴方向排列，柱面上发育有纵纹，底面解理发育。最长可达 12 cm，一般为 2 ~ 3 cm，具有丝绢光泽。解理依底面较完全，断口参差状。反光镜下为灰白色，非均质性明显。在大厂矿区，脆硫锑铅矿为最晚期形成，可与铁闪锌矿、磁黄铁矿、黄铁矿、毒砂等密切伴生组成块状矿石。可交代早期形成的磁黄铁矿、闪锌矿等矿物而形成交代残余结构或穿孔结构（图 4-37）。

脆硫锑铅矿中微量元素分析结果（表 4-14）显示，其 Pb 含量为 35.41% ~ 41.94%，平均 38.08%；Zn 含量 2.175% ~ 8.108%，平均 4.208%；Mn 含量 0.084% ~ 0.235%，平均 0.16%；Cu 含量 0.21% ~ 0.34%，平均 0.28%；Ga 含量为 $0.988 \times 10^{-6} \sim 5.309 \times 10^{-6}$，平均 2.64×10^{-6}；Ge

A. 磁黄铁矿被硫盐矿物交代，呈交代交代残余结构。铜坑505中段12-1勘探线细条带灰岩中裂隙脉，反射光，d=5.8mm

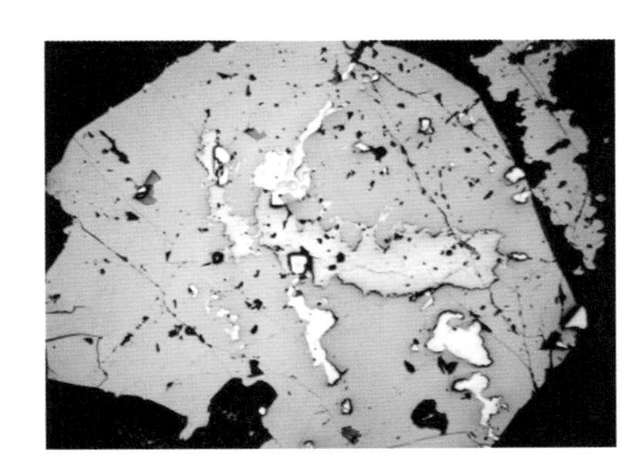

B. 脆硫锑铅矿交代闪锌矿。铜坑613中段12号勘探线，反射光，d=5.8mm

图 4-37　脆硫锑铅矿的显微镜下特征

含量为$5.226\times10^{-6}\sim8.985\times10^{-6}$，平均$6.92\times10^{-6}$；Cd 含量$206.7\times10^{-6}\sim454.2\times10^{-6}$，平均$283.55\times10^{-6}$；In 含量$165.2\times10^{-6}\sim296.6\times10^{-6}$，平均$202\times10^{-6}$。与毒砂等矿物相比，其分散元素 In、Cd 等含量相对富集。

表 4-14　不同产状矿体中脆硫锑铅矿的微量元素分析结果（$w_B/10^{-6}$）

编号	TK455-26	TK455-13	TK455-16	TK505-2
位置	205-2 线，190 号矿体	455 中段 14 线 77 号层间矿	405 中段 203 线硅质岩中裂隙脉	505 中段 16 号勘探线，3 号裂隙矿脉
B	14410	8916	19880	7563
V	180. 9	103. 1	76. 98	94. 79
Cr	24. 6	25. 87	21. 17	22. 04
Mn	2347	1187	2050	838. 6
Co	0. 676	25. 51	0. 418	0. 125
Ni	4. 267	57. 21	4. 052	1. 247
Cu	2254	3422	2172	3291
Zn	22380	81080	21750	43100
Ga	0. 988	5. 309	1. 062	3. 212
Ge	7. 293	8. 985	5. 226	6. 18
As	885. 4	640. 1	762. 6	686. 2
Rb	0. 238	0. 263	0. 308	0. 249
Sr	3. 653	2. 822	3. 852	1. 753
Y	0. 245	0. 206	0. 188	0. 464
Zr	0. 617	0. 556	0. 725	0. 355
Nb	0. 053	0. 046	0. 046	0. 035
Mo	0. 369	0. 391	0. 367	0. 276
Cd	223. 1	454. 2	206. 7	250. 2
In	165. 2	296. 6	153. 2	193
Cs	0. 151	0. 173	0. 122	0. 166
Ba	286. 6	258. 6	281	270. 4
La	23. 27	20. 37	22. 45	21. 87

续表

编号	TK455-26	TK455-13	TK455-16	TK505-2
位置	205-2 线，190 号矿体	455 中段 14 线 77 号层间矿	405 中段 203 线硅质岩中裂隙脉	505 中段 16 号勘探线，3 号裂隙矿脉
Ce	2.095	1.822	2	1.895
Pr	0.07	0.08	0.073	0.079
Nd	0.119	0.166	0.107	0.217
Sm	0.068	0.06	0.046	0.073
Eu	0.031	0.089	0.019	0.034
Gd	0.074	0.03	0.042	0.118
Tb	0.017	0.012	0.01	0.016
Dy	0.116	0.084	0.074	0.102
Ho	0.02	0.01	0.013	0.018
Er	0.032	0.023	0.026	0.038
Tm	0.009	0.008	0.005	0.009
Yb	0.043	0.023	0.029	0.042
Lu	0.009	0.005	0.005	0.004
Hf	0.063	0.055	0.033	0.014
Ta	0.051	0.043	0.032	0.075
W	0.336	0.233	0.061	0.182
Tl	1.505	0.517	1.146	0.663
Pb	419400	354100	372900	376900
Bi	1176	101	1131	11630
Th	0.208	0.155	0.102	0.072
U	0.079	0.055	0.095	0.036
ΣREE	25.97	22.78	24.90	24.52
LREE	25.65	22.59	24.70	24.17
HREE	0.32	0.20	0.20	0.35
LREE/HREE	80.17	115.83	121.05	69.65
La_N/Yb_N	365.69	598.48	523.12	351.87
δEu	1.33	5.72	1.30	1.11
δCe	0.07	0.07	0.07	0.07

脆硫锑铅矿为矿区晚期成矿阶段的产物。在铜坑矿区，ΣREE 含量基本一致，ΣREE = $22.78\times10^{-6}\sim25.97\times10^{-6}$。样品轻稀土含量为 $22.59\times10^{-6}\sim25.65\times10^{-6}$，重稀土亏损，HREE = $0.2\times10^{-6}\sim0.35\times10^{-6}$。LREE/HREE = 80.17 ~ 121.05，La_N/Yb_N = 351.87 ~ 598.48，为轻稀土强烈富集型。δEu = 1.11 ~ 5.72，为强烈的铕正异常，δCe = 0.07，表现为显著的负异常。这与高峰 100 号矿体是一致的（图 4-38）。

3. 主要脉石矿物的特征和指示意义

（1）方解石

方解石作为矿体中的主要脉石矿物，可以呈团块状、脉状等广泛分布于不同类型的矿体和矿石中。分析的样品，是经过手工破碎、淘洗、晾干后，在实体显微镜下挑选出来，其稀土元素分析采用电感耦合等离子质谱（ICP-MS），分别由中国地质科学院国家地质实验测试中心和长安大学成矿作用及动力学开放实验室完成，分析误差 <5%，Ca 化学分析是采用 ICP – AES 分析（表 4-15）。

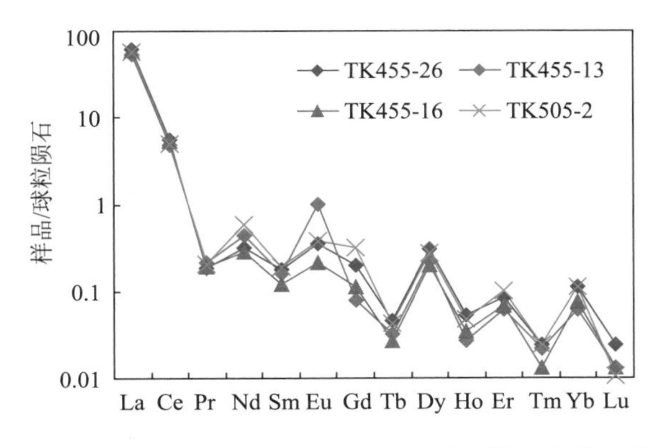

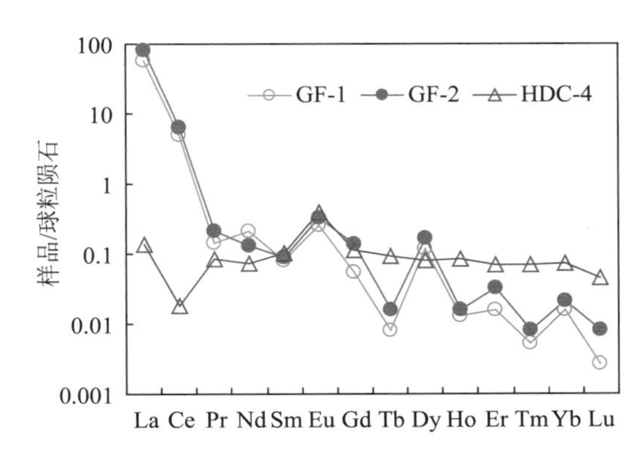

图 4-38　脆硫锑铅矿稀土元素球粒陨石标准化配分模式

表 4-15　铜坑方解石中微量元素含量表（$w_B/10^{-6}$）

元素	TK455-3（2）	TK455-8	TK455-8-1	TK455-17（2）	TK405-5-1	TK455-13	TK505-8
Be	0. 101	0. 011	0. 074	0. 233	0. 352	0. 016	0. 057
Sc	4. 468	4. 685	14. 65	1. 1405	0. 772	2. 532	10. 63
Co	1. 4445	1. 328	17. 29	2. 0155	2. 616	1. 176	15. 38
Ni	15. 71	12. 61	21. 16	12. 22	10. 83	11. 19	15. 76
Ga	0. 404	0. 389	2. 53	8. 611	1. 576	0. 689	0. 45
Rb	0. 57	0. 49	8. 53	0. 623	0. 259	0. 167	9. 31
Sr	133. 4	113. 6	151. 6	142. 4	67. 58	1173	264. 9
Mo	0. 11	0. 299		0. 237	0. 115	0. 077	
Cd	0. 7535	0. 578	2. 62	0. 9875	1. 296	0. 114	2. 86
In	0. 3865	0. 484		0. 0795	0. 018	0. 123	
Cs	0. 157	0. 133	0. 91	0. 193	0. 069	0. 191	1. 43
Ba	3. 4255	2. 58	1. 64	164. 4	28. 13	9. 311	3. 00
W	0. 112	0. 368		0. 1505	0. 93	0. 05	
Ti	0. 013	0. 022		0. 3105	0. 012	0. 007	
Pb	34. 87	69. 01	33. 47	131. 65	186. 5	11. 79	38. 53
Bi	0. 5245	0. 031	0. 90	0. 068	0. 027	0. 056	5. 69
Th	0. 0715	1. 743	2. 56	0. 442	0. 021	0. 039	0. 048
U	0. 028	0. 588	1. 13	0. 083	1. 974	0. 015	0. 013
Mn	6610. 5	4075		4778	7790	3443	
Zn	47. 055	58. 9	322. 6	85. 89	94. 75	8. 43	342. 6
Hf			0. 15				0. 003
Nb			0. 10				0. 10
Zr			0. 48				0. 21
V			21. 13				1. 24
Cr			8. 71				5. 87
Ta			0. 073				0. 009
Cu			7. 64				18. 09
Al_2O_3/%	0. 0189	0. 017		0. 03968	0. 028	0. 008	
CaO/%	51. 7214	52. 358		51. 13375	51. 407	46. 915	
TFe_2O_3/%	0. 12567	0. 17		0. 95039	1. 75	0. 674	
MgO%	0. 34791	0. 193		0. 207205	0. 191	0. 488	

续表

元素	TK483－3	TK455－27	TK455－27－1	TK355－4	TK405－18	TK405－18－1	TK455－11
Be	0.021	0.015	0.07	0.79	0.585	0.73	0.22
Sc	1.692	1.403	11.85	3.454	1.755	12.23	2.122
Co	1.35	1.312	17.20	1.331	1.487	18.44	1.023
Ni	12.7	12.83	20.56	12.12	11.64	20.40	8.432
Ga	0.672	0.353	4.50	0.62	0.834	2.10	0.379
Rb	0.29	0.187	8.38	0.104	0.1	7.90	0.115
Sr	1101	139.8	193.4	358.5	91.32	125.0	126.6
Mo	0.091	0.127		0.094	0.068		0.138
Cd	0.166	0.795	1.19	0.082	0.158	0.36	0.04
In	0.128	0.162		0.025	0.017		0.345
Cs	0.272	0.277	1.49	0.04	0.033	0.95	0.093
Ba	8.606	2.897	4.05	8.818	12.49	11.58	3.927
W	0.075	0.117		0.285	0.281		0.119
Ti	0.011	0.015		0.025	0.01		0.01
Pb	21.75	13.36	53.75	3.756	81.99	2.73	8.268
Bi	0.131	0.079	2.03	0.018	－0.005	4.25	0.075
Th	0.089	0.029	0.028	0.105	0.382	0.56	1.171
U	0.06	0.035	0.01	0.105	0.641	1.10	0.338
Mn	2908	10160		5676	6054		20670
Zn	8.41	74.4	123.3	8.704	20.93	32.74	8.377
Hf			0.075			0.035	
Nb			0.09			0.13	
Zr			0.12			1.67	
V			0.60			55.72	
Cr			5.54			6.22	
Ta			0.045			0.040	
Cu			13.82			7.53	
Al_2O_3/%	0.005	0.011		0.012	0.013		0.1
CaO/%	50.525	48.916		50.763	50.805		41.934
TFe_2O_3/%	0.418	0.336		0.902	0.671		2.779
MgO/%	0.437	0.55		0.128	0.153		2.441

元素	TK455－24	TK355－6（2）	TK355－6－1	GF－9	LM－7	WXF－1	WXF－2
Be	0.38	0.22	0.17	0.07	0.407	0.12	0.14
Sc	16.80	4.71	13.80	0.927	1.21	11.17	11.07
Co	16.70	1.11	19.63	1.174	1.131	19.42	19.32
Ni	18.33	8.7	19.41	11.81	10.11	18.89	18.59
Ga	18.01	0.76	10.86	0.906	1.187	10.90	10.32
Rb	8.73	1.29	7.73	0.201	2.093	7.25	6.97
Sr	124.8	296.3	490.0	374.8	71.57	2166	1964

续表

元素	TK455－24	TK355－6（2）	TK355－6－1	GF－9	LM－7	WXF－1	WXF－2
Mo		0.19		0.178	0.114		
Cd	0.75	0.59	0.73	0.183	0.556	0.66	2.64
In		0.48		0.136	0.039		
Cs	1.07	0.16	0.81	0.179	1.431	0.73	0.72
Ba	13.14	9.08	7.22	12.6	16.91	25.01	23.42
W		0.14		0.049	0.131		
Ti		0.01		0.009	0.02		
Pb	52.42	51.99	21.88	14.18	98.22	35.10	226.4
Bi	0.93	0.06	0.33	0.028	0.014	0.17	0.13
Th	4.88	0.58	0.87	0.111	0.041	0.11	0.16
U	0.31	0.08	0.11	0.213	0.09	0.13	0.087
Mn		28730		1210	5246		
Zn	152.7	40.19	63.56	7.22	34.55	30.10	267.6
Hf	0.040		0.033			0.034	0.012
Nb	0.06		0.10			0.10	0.05
Zr	1.28		0.22			0.29	0.41
V	50.76		19.18			3.27	2.61
Cr	10.97		4.13			6.11	4.52
Ta	0.022		0.040			0.027	0.017
Cu	11.53		13.95			7.98	7.58
Al_2O_3/%		0.05		0.009	0.157		
CaO/%		39.47		52.316	45.656		
TFe_2O_3/%		2.14		0.088	0.977		
MgO/%		1.65		0.281	0.074		

注：TK405-5-1，TK455-13 细条带灰岩与小扁豆灰岩接触面层面脉；TK483-3 细条带与宽条带灰岩的接触面，TK455-3、TK455-8、TK455-8-1、TK455-17 为硅质岩与宽条带灰岩之间接触面；TK483-3、TK508-8 细条带灰岩与宽条带灰岩之间接触面；TK455-27、TK455-27-1，为 38 号大裂隙脉矿体；TK355-4、TK405-18，为 F1 断裂中 190 号矿体；TK455-11，TK455-24，硅质岩中裂隙脉，TK355-6、TK355-6-1 中矿化结核体；GF-9 为 100 号矿体；LM-7 为锌铜矿体；WXF-1、WXF-2，五圩箭猪坡锑矿中方解石。

方解石中 Mn、Sr、Pb、Zn、Ba、Co、Fe、Zn 等微量元素常以类质同象替代的形式存在。对同一产出状态的方解石的分析结果进行了平均，结果显示：方解石中微量元素的分布是不均匀的，总体上讲，铜坑矿床中方解石富含 Mn 的，Mn 平均含量在 $2908\times10^{-6}\sim24700\times10^{-6}$；在 92 号结核体中含量最高为 24700×10^{-6}；其次是 38 号大脉状矿体中的方解石，平均为 10160×10^{-6}；而层面脉状矿体、92 号层状矿体、锌铜矿体中方解石的 Mn 含量相近。100 号矿体中方解石 Mn 含量较低，为 1210×10^{-6}。

方解石中 Sr 含量在层面脉中较高。在小扁豆灰岩与细条带灰岩之间的 75 号脉体中平均为 620.28×10^{-6}；细条带灰岩与宽条带灰岩之间的 77 号脉中平均为 682.95×10^{-6}；92 号矿体中层状为 135.25×10^{-6}；结核状矿体为 259.43×10^{-6}；大厂断裂中充填的 190 号矿体中为 191.61×10^{-6}；38 号大脉状矿体中为 166.6×10^{-6}；相比而言，拉么锌铜矿体中方解石中 Sr 含量最低，为 71.57×10^{-6}；高峰 100 号矿体为 374.8×10^{-6}；而五圩箭猪坡矿床中方解石 Sr 含量为 2065×10^{-6}；远远大于锡多金属矿体和锌铜矿体。其他元素如 Sc、Co、Ni、Rb、Cs 等的变化趋势是基本一致的，显示正相关关系（图 4-39），其中 Cd、In 的含量在 190 号矿体中最低，75 号、77 号层面脉较高。对矿体中方解石的稀土元素分析结果见表 4-16，稀土元素球粒陨石标准化配分曲线见图 4-40。

表 4-16　铜坑方解石的稀土元素含量（$w_B/10^{-6}$）及相关参数表

位置	La	Ce	Pr	Nd	Sm	Eu	Gd	Tb	Dy	Ho	Er	Tm
TK455-3（2）	29.60	76.28	12.37	52.56	9.99	2.95	10.72	1.39	7.72	1.64	4.97	0.67
TK455-8	37.47	96.8	15.67	72.09	18.72	3.613	23.12	3.961	26.2	5.814	17.88	2.414
TK455-8-1	43.53	115.2	18.71	90.83	23.56	4.74	29.12	5.08	33.09	7.41	22.55	3.18
TK455-17（2）	2.14	3.99	0.59	2.63	0.82	0.35	1.31	0.24	1.70	0.37	0.98	0.12
TK455-11	1.355	2.529	0.399	1.692	0.584	0.242	0.83	0.167	1.321	0.295	0.935	0.132
TK455-24	6.14	10.95	1.62	7.00	2.02	2.33	2.84	0.59	4.57	1.21	4.22	0.76
455-92-8	121	317	45.1	224	29.9	3.36	20.8	2.96	14.5	3.42	10.9	1.78
TK355-6（2）	18.21	24.55	4.03	16.58	4.53	2.48	5.56	0.97	6.34	1.25	3.51	0.48
TK355-6	24.62	32.43	5.27	22.45	5.85	3.57	7.44	1.28	8.10	1.56	4.37	0.55
455-91	94.2	248	39.8	188	29.8	3.06	22.3	3.33	17.4	4.17	14.6	2.15
TK505-8	2.07	2.72	0.32	1.28	0.25	1.52	0.41	0.05	0.30	0.06	0.17	0.03
TK483-3	10.85	12.37	1.455	5.165	0.913	0.849	1.089	0.161	1.024	0.218	0.661	0.088
TK405-5-1	0.627	1.063	0.178	0.727	0.227	0.108	0.384	0.083	0.633	0.147	0.439	0.055
TK455-13	24.28	33.34	3.652	13.24	2.635	4.449	3.564	0.556	3.363	0.677	1.784	0.222
505-201（2）	167	214	23.2	96.3	16.1	15.6	9.9	1.58	6.1	0.72	1.51	0.25
455-10	136	345	47.1	224	29.6	3.24	19.5	2.7	11.9	2.81	9.22	1.63
201-8	121	237	35.3	166	36.2	10.1	26	3.97	19.8	2.7	5.68	0.86
TK455-27	33.23	77.3	11.89	50.99	12.17	3.197	12.93	2.047	11.74	2.223	5.885	0.694
TK455-27-1	51.63	121.4	18.68	83.68	19.37	4.45	21.23	3.29	18.60	3.47	8.95	1.08
TK355-4	14.58	25.42	3.862	17.41	5.819	2.096	8.978	1.813	13.21	2.811	8.232	1.066
TK405-18	3.538	6.451	1.084	4.839	1.458	0.455	2.446	0.476	3.498	0.738	2.179	0.271
TK405-18	4.80	8.84	1.42	6.76	2.02	0.59	3.43	0.66	4.70	1.03	2.92	0.38
DC-100	2.01	2.8	0.76	4.27	1.84	0.65	2.06	0.41	3.63	0.66	2.6	0.44
GF-9	1.263	2.319	0.298	1.204	0.259	0.197	0.247	0.037	0.181	0.033	0.095	0.012
LM-7	1.071	1.72	0.256	1.205	0.493	0.17	0.921	0.193	1.412	0.292	0.897	0.138
WXF-1	78.39	112.7	13.35	53.78	16.31	32.68	15.68	1.78	7.40	0.95	1.96	0.21
WXF-2	45.16	60.72	6.52	23.78	5.28	20.51	5.19	0.52	2.26	0.32	0.69	0.081

采样位置	Yb	Lu	Y	ΣREE	LREE	HREE	LREE/HREE	La_N/Yb_N	δEu	δCe
TK455-3（2）	4.59	0.77	57.25	216.22	183.75	32.48	5.66	4.36	0.87	0.93
TK455-8	15.88	2.378	195.8	342.01	244.36	97.65	2.50	1.59	0.53	0.94
TK455-8-1	20.40	3.07	229.2	420.46	296.57	123.89	2.39	1.44	0.55	0.95
TK455-17（2）	0.62	0.08	15.98	15.95	10.53	5.42	1.94	2.34	1.04	0.83
TK455-11	0.807	0.115	9.477	11.40	6.80	4.60	1.48	1.13	1.06	0.81
TK455-24	5.64	0.82	32.21	50.70	30.05	20.64	1.46	0.73	2.98	0.81
455-92-8	11.3	2.29		808.31	740.36	67.95	10.90	7.24	0.41	1.01
TK355-6（2）	2.96	0.37	50.24	91.82	70.38	21.44	3.28	4.16	1.51	0.67
TK355-6	3.49	0.41	60.49	121.40	94.19	27.21	3.46	4.77	1.65	0.67
455-91	14.3	2.78		683.89	602.86	81.03	7.44	4.45	0.36	0.95
TK505-8	0.11	0.02	2.64	9.29	8.16	1.14	7.19	12.28	14.37	0.79
TK483-3	0.576	0.082	9	35.50	31.60	3.90	8.11	12.73	2.60	0.73
TK405-5-1	0.369	0.044	5.682	5.08	2.93	2.15	1.36	1.15	1.12	0.75
TK455-13	1.237	0.145	28.42	93.14	81.60	11.55	7.07	13.26	4.44	0.83
505-201（2）	0.9	0.15		553.31	532.20	21.11	25.21	125.39	3.78	0.81
455-10	9.66	1.96		844.32	784.94	59.38	13.22	9.51	0.41	1.01
201-8	2.73	0.3		667.64	605.60	62.04	9.76	29.95	1.01	0.85
TK455-27	4.138	0.535	69.99	228.97	188.78	40.19	4.70	5.43	0.78	0.91

续表

采样位置	Yb	Lu	Y	ΣREE	LREE	HREE	LREE/HREE	La_N/Yb_N	δEu	δCe
TK455-27-1	6.05	0.75	99.48	362.62	299.21	63.41	4.72	5.77	0.67	0.92
TK355-4	6.383	0.83	107.6	112.51	69.19	43.32	1.60	1.54	0.89	0.79
TK405-18	1.648	0.217	29.08	29.30	17.83	11.47	1.55	1.45	0.74	0.77
TK405-18	2.10	0.29	36.66	39.92	24.42	15.50	1.57	1.54	0.68	0.79
DC-100	3.27	0.49		25.89	12.33	13.56	0.91	0.42	1.02	0.53
GF-9	0.047	0.008	1.311	6.20	5.54	0.66	8.39	18.16	2.38	0.89
LM-7	0.99	0.14	13.34	9.90	4.92	4.98	0.99	0.73	0.77	0.77
WXF-1	1.02	0.11	29.16	336.31	307.21	29.10	10.56	51.88	6.24	0.82
WXF-2	0.36	0.04	9.36	171.43	161.97	9.47	17.11	84.77	11.98	0.83

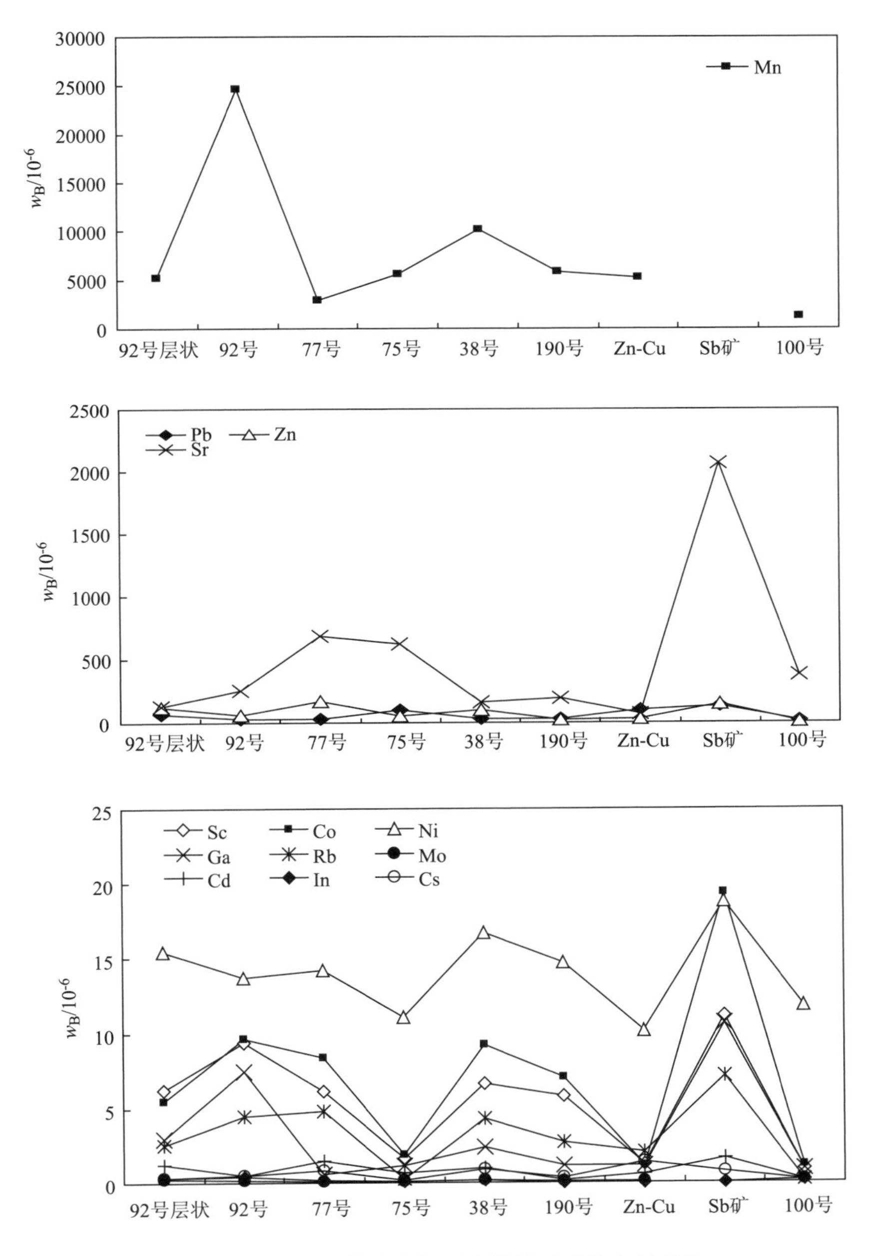

图4-39 不同矿体中方解石中微量元素的含量变化

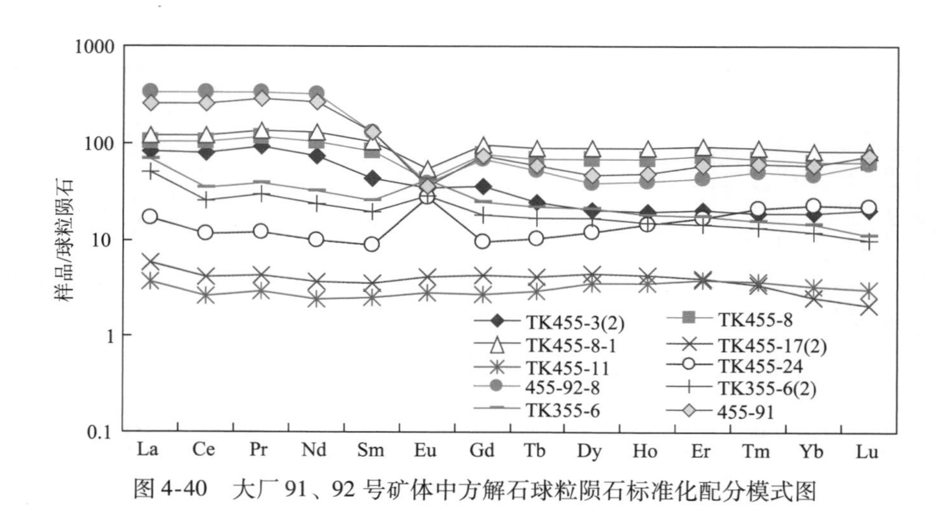

图 4-40　大厂 91、92 号矿体中方解石球粒陨石标准化配分模式图

1）91、92 号矿体中层状产出的方解石（图 2-43），含有较高的稀土总量，如 455－91、TK455-92-8、TK455-8、TK455-8-1，ΣREE 为 $342.01\times10^{-6}\sim808.3\times10^{-6}$，且轻稀土富集，$La_N/Yb_N=2.5\sim10.9$，明显的铕亏损（$\delta Eu$ 为 0.36～0.55），无铈异常（δCe 为 0.94～1.01）；而硅质岩的结核状矿体及裂隙脉状矿体中方解石显示出相反的稀土配分模式，如 TK355-6-1、TK355-6（2）、TK455-24，ΣREE 为 $50.7\times10^{-6}\sim121.4\times10^{-6}$，LREE/HREE ＝1.46～3.28，$La_N/Yb_N=0.73\sim4.77$，即轻稀土略有富集，具有铕正异常（$\delta Eu=1.51\sim2.98$）、铈负异常（$\delta Ce=0.67\sim0.81$）的稀土配分模式。石英-毒砂-方解石脉中，ΣREE ＝ $11.4\times10^{-6}\sim15.75\times10^{-6}$，LREE/HREE ＝1.48～1.94，$La_N/Yb_N=1.13\sim2.34$，无明显的铕异常，$\delta Eu=1.04\sim1.06$，微弱的铈负异常，$\delta Ce=0.81\sim0.83$，显示的是一种平坦的稀土配分模式。

2）产出在不同岩性的层间滑脱面中的层面脉状矿体中的方解石，如 77 号中的 TK505-8、TK483-3、75 号中 TK405-5-1、TK455-13，稀土元素含量较低，ΣREE ＝ $5.08\times10^{-6}\sim93.14\times10^{-6}$，LREE/HREE＝1.36～11.55，$La_N/Yb_N=1.15\sim13.26$；具有弱到强烈的铕正异常，$\delta Eu=1.15\sim14.37$，铈弱负异常，$\delta Ce=0.73\sim0.83$（如 TK455-3、TK455-8），轻稀土略富集（图 4-41）。

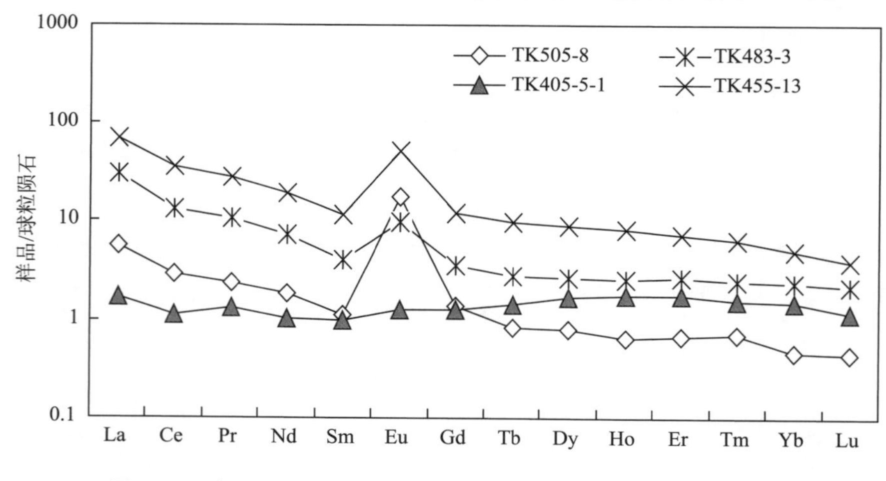

图 4-41　大厂层面脉状矿体中方解石球粒陨石标准化配分模式图

3）在以裂隙脉状产出的方解石，其稀土元素含量较高，其 ΣREE ＝ $228.97\times10^{-6}\sim667.64\times10^{-6}$，LREE/HREE＝4.7～25.21，$La_N/Yb_N=5.43\sim125.39$，轻稀土富集。$\delta Eu$ 除了王登红（2005）测定的 505-501（2）表现为强烈的正异常，$\delta Eu=3.78$，其他为 0.41～1.01，显示明显到无异常；δCe 微弱到无异常，$\delta Ce=0.81\sim1.01$（图 4-42）。

4）充填于大厂断裂中 190 号矿体中的方解石，ΣREE 为 $29.3\times10^{-6}\sim112.51\times10^{-6}$，LREE/

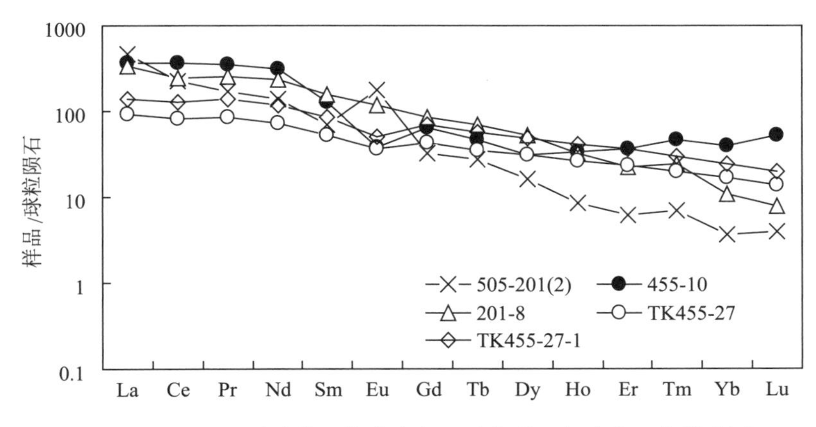

图 4-42　大厂裂隙脉状矿体中方解石球粒陨石标准化配分模式图

HREE 为 1.55～1.60，La_N/Yb_N 为 1.45～1.54，δEu 为 0.68～0.89，δCe 为 0.77～0.79，显示为相对平坦型的稀土配分模式。与 TK455-11、TK455-17、TK405-5-1 相似（图 4-43）。

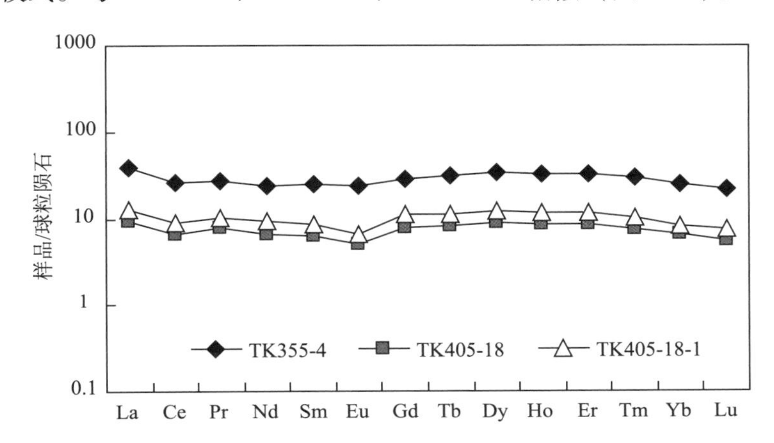

图 4-43　大厂充填于大厂断裂 190 号矿体中方解石球粒陨石标准化配分模式图

综上可见，在铜坑矿床中，方解石中稀土元素的含量是不均匀的。比较而言，相对于早期形成的方解石，如以层面脉状产出的、92 号矿体中结核体中自形粗粒的方解石、早期石英-毒砂脉中的方解石，以及 190 号矿体中的团块状方解石，稀土含量是较低的。在 91 号、92 号矿体中的方解石，以及南北向大裂隙脉中的方解石稀土元素含量是较高的，富集轻稀土。将高峰 100 号矿体中、拉么 Zn-Cu 矿体，以及五圩箭猪坡中 Sb 矿体中的方解石中稀土含量进行对比（表 4-17、图 4-44），可见，100 号矿体中方解石稀土元素含量较低，为 ΣREE 为 $6.2\times10^{-6}\sim25.89\times10^{-6}$，LREE/HREE 为 0.91～8.39，$La_N/Yb_N$ 为 0.42～18.16，δEu 为 1.02～2.38，为不明显或正异常，δCe 为 0.53～0.89，为弱的负异常；锌铜矿体中，稀土元素含量与 100 号接近，且轻重稀土分馏也不明显，显示弱的铕、铈负异常。锑矿中方解石稀土元素含量较高，ΣREE 为 $171.43\times10^{-6}\sim336.31\times10^{-6}$，LREE/HREE 为 10.56～17.11，La_N/Yb_N 为 51.88～84.77，δEu 为 6.24～11.98，显著的正异常，δCe 为 0.82～0.83，为弱的负异常，表现为轻稀土富集的右倾配分模式。稀土的配分模式曲线与王登红（2005）分析的是产于辉锑锡铅矿-方解石大脉带中方解石（505-201（2））是一致的。脉石矿物方解石中稀土元素含量及其相关参数的变化，也反映方解石形成的多阶段性。

（2）电气石

电气石族矿物是具有环状结构并附加有阴离子或水的硼硅酸盐矿物，化学成分比较复杂，结构式为 $XY_3Z_6(BO_3)Si_6O_{18}(OH,F)_4$，其中 X = Na，Na 可局部被 Ca、K 代替；Y = Mg、Fe、Li + Al、Mn；或者 Fe^{3+}，Cr^{3+} 也可进入 Y 位置；Z = Al，也可被 Al^{3+}、Fe^{3+}、Cr^{3+} 占据。B 为三次配位，没有

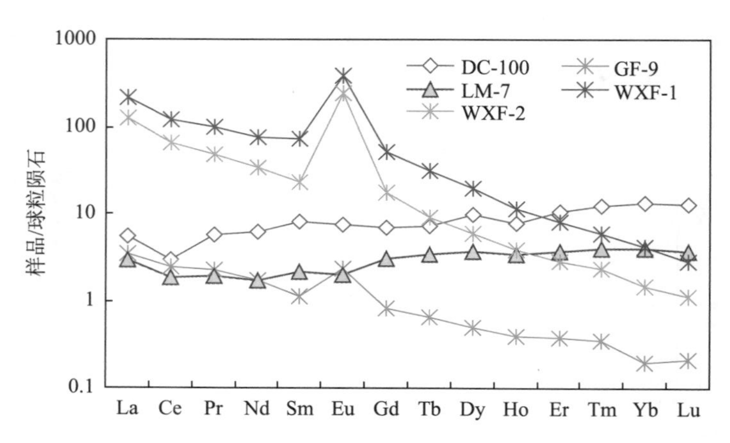

图 4-44　大厂 100 号矿体、锌铜矿体、锑矿体中方解石球粒陨石标准化配分模式图

明显的替代现象，Si 位于四面体位置，可由部分的 Al^{3+} 代替 Si^{4+}。电气石结构中复杂的离子替代，导致在不同的环境下形成不同的电气石种属。以黑电气石、镁电气石、锂电气石作为端元组分，常形成镁电气石-铁电气石之间以及黑电气石-锂电气石之间两个完全的类质同象系列，而镁电气石和锂电气石是不混熔的。

在铜坑矿床中，电气石呈细小的针状，粒径在 0.1 ~ 0.2 mm，与金属硫化物、石英、绢云母、碳酸盐等伴生，出现在裂隙脉或层面脉中，可被晚期的石英包裹。在硅质岩中可见呈纹层状产出，但纹层是局部出现，延伸不远（图 4-45）。从电气石产出的特征来看，应该属于与成矿相伴的热液蚀变的产物。对矿区的电气石电子探针分析结果见表 4-17。

表 4-17　电气石的电子探针分析结果（w_B/%）

	SiO_2	FeO	MnO	Al_2O_3	K_2O	TiO_2	MgO	CaO	Cr_2O_3	Na_2O	Total
TK455-14-6	36.302	1.656	0.014	29.303	0.043	0.183	8.579	2.847	1.227	0.954	81.108
TK455-14-13	38.938	1.889	—	33.977	0.054	0.065	8.255	1.318	0.034	1.232	85.762
TK455-14-16	38.123	1.948	0.077	32.995	0.028	0.14	8.707	1.341	0.008	0.89	84.257
TK455-12	38.224	3.534	0.083	32.437	0.088	0.168	7.37	0.783	0.08	0.779	83.546
TK455-12	38.043	3.377	0.125	32.52	0.075	0.14	7.502	0.716	—	0.69	83.188
TK455-12	38.551	3.615	—	31.855	0.118	0.541	8.338	1.57	0.122	1	85.71
TK455-12	38.32	3.746	0.125	32.769	0.081	0.365	7.97	1.15	0.009	1.148	85.683
TK455-12	38.023	3.362	0.021	31.656	0.085	0.275	8.457	1.964	0.01	0.898	84.751
L590-5-1	35.297	10.454	0.151	35.037	0.027	0.325	1.085	0.16	—	1.988	84.524
L590-5-2	35.03	11.319	0.069	35.311	0.046	0.422	1.094	0.174	—	1.994	85.459
L590-5-3	34.801	13.308	0.014	33.959	0.054	0.328	0.486	0.136	—	1.735	84.821
L590-5-4	34.766	13.594	—	33.646	0.037	0.324	0.425	0.194	—	1.973	84.959
LM590-5-5（核）	36.153	11	0.076	34.771	0.016	0.217	2.181	0.115	—	1.034	85.563
LM590-5-6（边）	37.024	13.546	0.076	33.662	0.039	—	0.598	0.045	0.009	0.846	85.845
LM590-5-7（核）	35.944	11.238	0.09	34.461	0.026	0.331	2.166	0.092	0.037	1.092	85.477
LM590-5-8（边）	36.633	13.279	0.111	32.248	0.036	0.295	2.067	0.086	0.04	1.213	86.008
LM590-5-9（边）	36.268	13.954	0.055	32.723	0.036	0.128	1.299	0.109	0.013	1.136	85.721
LM590-5-10（核）	37.067	10.441	0.125	34.958	0.021	0.128	1.979	0.043	0.027	0.886	85.675

分析结果显示，锡多金属矿体中伴生的电气石，其 SiO_2 含量在 38.123% ~ 38.938%；FeO 含量在 1.656% ~ 3.746%；Al_2O_3 含量在 29.303% ~ 32.995%；MgO 含量在 7.37% ~ 8.707%；拉么笼箱

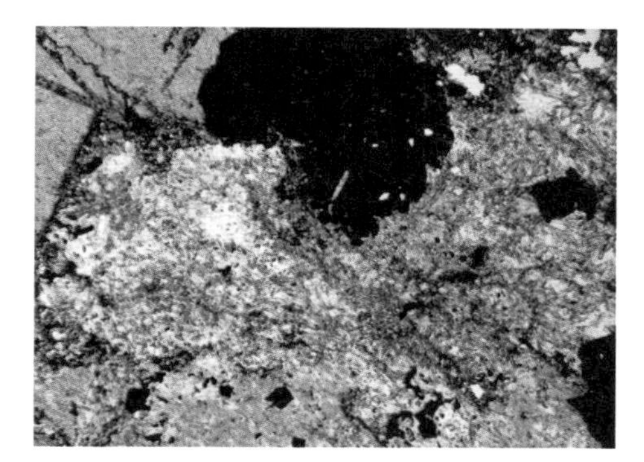

A.91号矿体中与硫化物伴生的石英、电气石。
铜坑455中段14号勘探线，*d*=2.9mm，单偏光

B. 电气石的背散射电子图像。铜坑455中段
14号勘探线

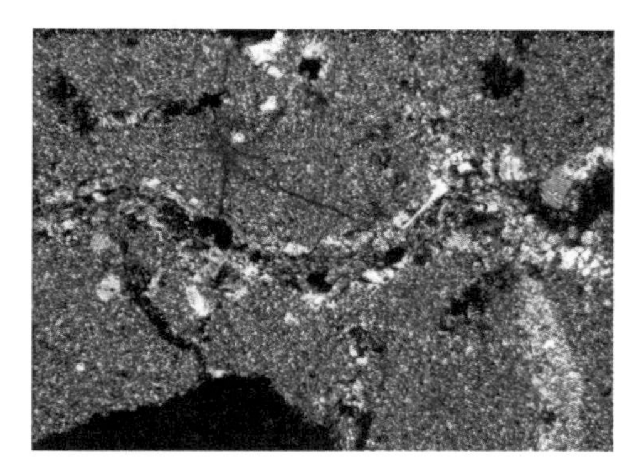

C.硅质岩中电气石纹层。铜坑455中段202-1勘探线，
d=1.4mm，正交偏光

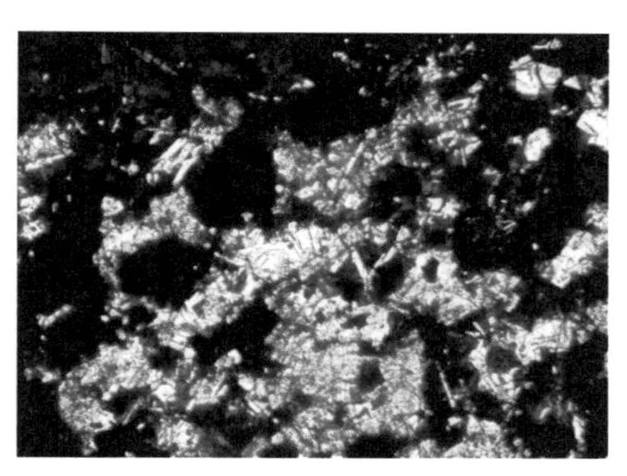

D. 小扁豆灰岩的裂隙脉中与矿化相伴的电气石。
铜坑455中段14号勘探线，*d*=0.7mm 单偏光

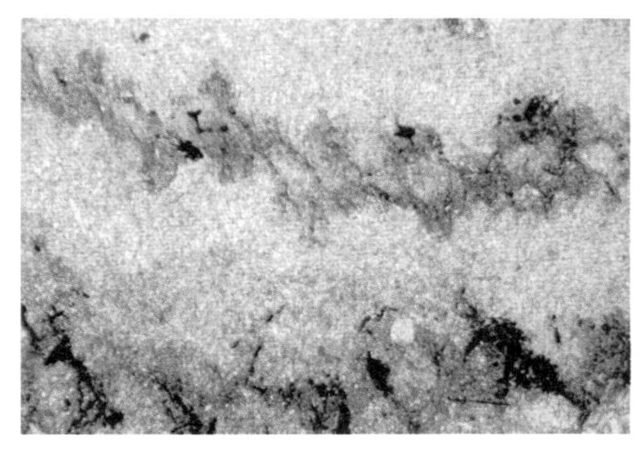

E.细条带灰岩中电气石纹层与矿化相伴。铜坑455
中段14号勘探线，单偏光，*d*=5.6mm

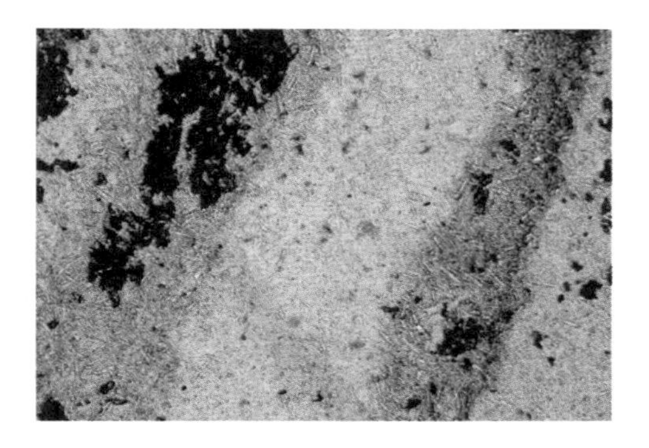

F.小扁豆灰岩中裂隙脉两侧的电气石纹层。
铜坑505中段，单偏光，*d*=1.4mm

G.笼箱盖岩体花岗岩中的电气石。
单偏光，*d*=5.8mm，LM590-2

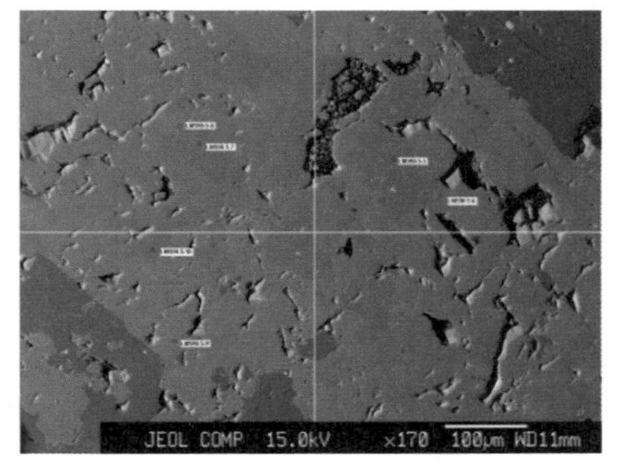

H.笼箱盖岩体花岗岩中电气石的背散射电子图像

图4-45　铜坑矿床中电气石的产出特征

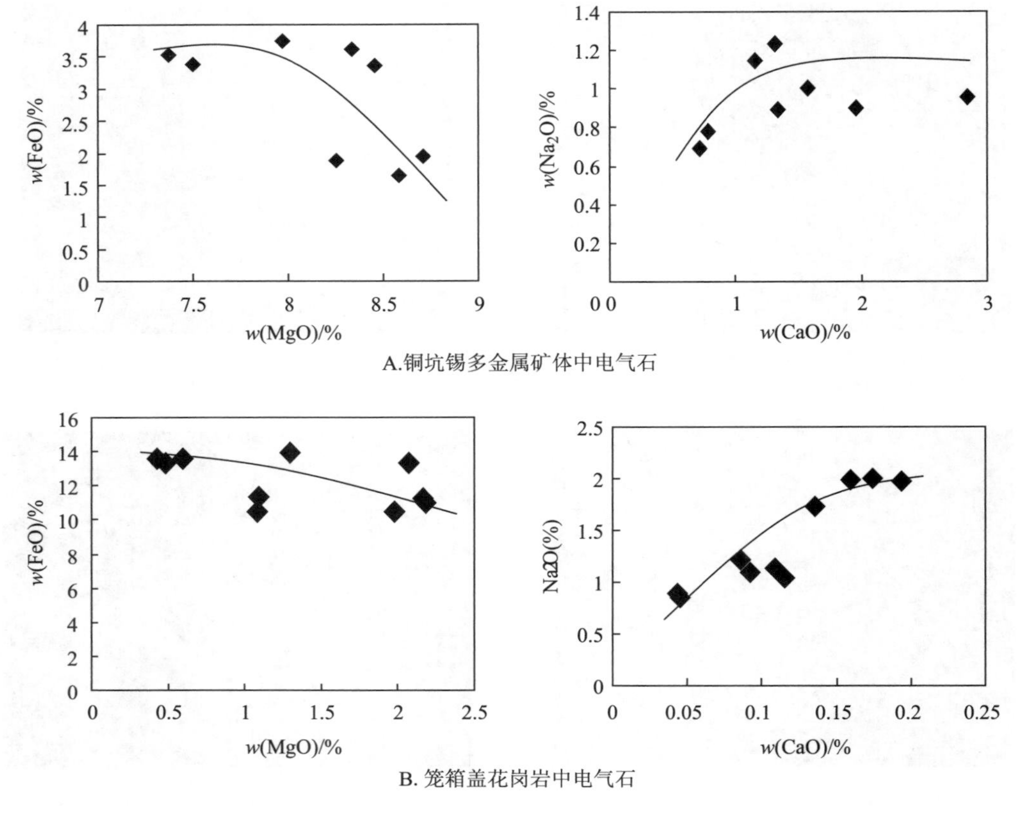

图 4-46 电气石的 FeO-MgO、Na_2O-CaO 之间关系图

盖花岗岩中电气石，颜色呈黑色、长柱状，横截面呈球面三角形，电气石的粒度变化大，一般浸染状粒径较小，脉状产出的粒径大，可达 3 ~ 5 cm。在显微镜下，电气石的色带比较发育。该电气石中 SiO_2 含量在 34.766% ~ 37.067%；FeO 含量在 10.454% ~ 13.954%；Al_2O_3 含量在 32.248% ~ 35.311%；MgO 含量在 0.425% ~ 2.166%；从图 4-46 中可见，锡矿体中电气石为富镁电气石，而笼箱盖花岗岩中的属于富铁端元黑电气石。其中的 FeO 与 MgO 之间、Na_2O 与 CaO 之间相关关系与铜坑矿区是一致，均表现为 FeO 与 MgO 之间有一定的负相关关系，而 Na_2O 与 CaO 之间为正相关关系。

三、矿石的化学成分特征

1. 主量元素特征

对于铜坑锡多金属矿石的成分，梁婷等（2008）进行过系统的研究，矿石中主量元素的分析结果（表 4-18）显示：以层状、条带状、块状产出的矿石中 SiO_2 的含量较高，在 16.9% ~ 53.22%，Al_2O_3 的含量在 1.02% ~ 9.03%，Fe_2O_3 的含量在 8.59% ~ 47.76%，K_2O 的含量在 0.22% ~ 4.69%，且 $K_2O > Na_2O$，这可能反映了脉石矿物是以石英为主，并有绢云母、钾长石、电气石等硅酸盐矿物。而以北东向裂隙脉状产出的矿石中，如 TK470-11、TK455-24、TK483-6，其中 SiO_2 的含量较低，在 0.89% ~ 1.71%，Al_2O_3 的含量在 0.17% ~ 0.51%，Fe_2O_3 的含量在 35.33% ~ 41.35%，K_2O 的含量在 <0.01%，且 $Na_2O > K_2O$，这与其脉石矿物主要为方解石是吻合的。充填于大厂断裂中的 190 号矿体，其主要元素的含量与北东向裂隙脉是一致的。锌铜矿体在铜坑矿床深部主要赋存在罗富组的泥灰岩中，其 SiO_2 的含量为 8.51% ~ 32.85%，Al_2O_3 的含量在 1.62% ~ 7.19%，Fe_2O_3 的含量在 15.85% ~ 1.51%，K_2O 的含量在 0.02% ~ 0.022%，且 $K_2O > Na_2O$，与上部锡多金属矿体的相比，明显富集 CaO，含量为 5.84% ~ 11.51%。拉么锌铜矿中与铜坑 96 号矿体相比，其 Al_2O_3 的含量较低，为 0.36% ~ 0.37%，而 CaO 含量明显偏高，这可能与拉么矿床中强烈的矽卡岩化有关。

表 4-18　大厂矿区不同类型矿石的化学成分分析结果（$w_B/\%$）

编号	SiO_2	Al_2O_3	Fe_2O_3	CaO	MgO	K_2O	Na_2O	TiO_2	MnO	P_2O_5
TK584-1	26.24	3.1	29.74	<0.01	0.41	1.01	0.034	0.21	0.12	0.017
TK505-2	24.42	2.87	18.75	<0.01	0.4	0.05	0.039	0.12	0.089	<0.01
TK455-12	21.61	2.82	12.07	<0.01	0.27	1.52	0.05	0.16	0.091	<0.01
TK505-3-3	35.03	7.21	22.44	<0.01	0.3	4.69	0.057	0.26	0.029	<0.01
TK505-13	38.19	9.03	8.59	<0.01	0.55	6.1	0.19	0.3	0.027	<0.01
TK505－12	23.85	4.72	32.5	<0.01	0.32	3.82	0.05	0.21	0.061	<0.01
TK405-11	53.22	1.02	24.44	<0.01	0.07	0.22	0.015	0.037	0.025	<0.01
TK355-2	28.5	4.33	16.25	<0.01	0.43	3.1	0.055	0.16	0.008	<0.01
TK483-6	0.89	0.1	41.35	<0.01	<0.01	<0.01	0.026	0.006	0.1	<0.01
TK470-11	1.16	0.47	34.93	12	1.77	<0.01	0.013	0.033	0.8	<0.01
TK455-24	1.71	0.51	35.33	10.9	1.46	<0.01	0.015	0.042	1.39	<0.01
TK554-9	17.14	0.17	10.97	<0.01	0.03	0.02	0.022	0.017	0.087	<0.01
TK405-2	16.93	1.32	47.76	<0.01	0.23	0.36	0.049	0.082	0.05	<0.01
TK455-4	0.53	0.08	34.42	<0.01	<0.01	<0.01	0.016	0.015	0.12	<0.01
DTK305-2	32.85	7.19	11.51	15.53	1.38	0.020	<0.01	0.17	1.33	1.08
ZK1507-20	8.51	1.62	17.19	5.84	0.59	0.022	<0.01	0.034	0.32	0.097
ZK1507-16	1.54	0.076	27.73	1.54	0.03	0.014	<0.01	<0.01	0.18	0.065
LM560-2	13.39	0.37	17.55	16.01	0.97	0.035	0.01	0.017	0.28	0.079
LM560-3	9.77	0.36	14.89	23.37	0.46	0.037	<0.01	0.011	0.39	0.14

TK505-12：505 中段 201 线 D_3l 硅质岩中的条带状矿石；TK505-13505 中段 201 线 D_3^{2a} 宽条带硅质灰岩中的条带状矿石；TK505-3-3505 中段 12-1 线细条带灰岩中层纹状矿石；TK405-11405 中段 204 线硅质岩中的层纹状矿石；TK355-2355 中段 204 线细条带硅质岩中的条带状矿石；Tk584-1584 中段 12 号线大扁豆灰岩中的层状矿化；TK505-2505 中段 16 线小扁豆灰岩中的裂隙脉。3 号矿体；TK455-12455 中段 14 线小扁豆灰岩中的裂隙脉，3 号矿体；TK455-11470 中段 202 线 D_3l 硅质岩中的裂隙脉矿石；TK455-24455 中段 2021 线 D_3l 硅质岩中张性裂隙脉矿石；TK483-6483 中段 10-12 线硅质岩中的北东向的裂隙脉；TK455-4455 中段 2021 线大厂断裂中的矿石；TK405-2405 中段 28-30 线宽条带与细条带之间的 75 矿体；TK554-9554 中段 10-12 线 79 号层间脉矿石；DTK305-2 铜坑 305 中段，锌铜矿体；ZK1507-20、16，ZK1507 中 96 号矿体；LM560，拉么矿区锌铜矿体。

2. 成矿元素特征

对矿石中微量元素含量进行了分析，结果（表 4-19、图 4-47）显示，矿石中主要成矿元素和伴生元素的含量变化较大。Sn 的含量在 $41\times10^{-6}\sim1409\times10^{-6}$，平均为 550.81×10^{-6}；Zn 的含量在 0.44%～12.72%，平均为 6.7%；Cu 的含量在 0.01%～0.43%，平均为 0.12%；Pb 为在 0.006%～3.83%，平均为 0.47%，以层面脉矿石中含量较高；Sb 的含量在 0.016%～3.14%，平均为 0.36%，以大厂断裂中 190 号矿体最高，为 3.14%，其次为裂隙脉状矿石；As 的含量在 0.21%～29.42%，平均为 8.50%，以硅质岩中张性裂隙脉矿石含量高。最高为 29.42%，与矿石中毒砂含量高有关；另外 In 为 $3.9\times10^{-6}\sim433\times10^{-6}$，平均为 130.43×10^{-6}；Cd 为 $6.08\times10^{-6}\sim1284\times10^{-6}$，平均为 523.28×10^{-6}，Ga 的含量为 In 为 $2.16\times10^{-6}\sim25.3\times10^{-6}$，平均为 10.39×10^{-6}，均以小扁豆灰岩中裂隙脉矿体含量最高。

表 4-19　铜坑矿石中微量元素分析结果（$w_B/10^{-6}$）

样品号	TK584-1	TK554-9	TK505-12	TK505-13	Tk505-2	TK505-3-3	TK483-6	TK455-12	TK455-4	TK455-11
B	1166	498	1234	237	1501	1051	<2	998	13.3	394
Ge	1.51	1.17	1.4	2.32	1.16	1.9	1.09	1.24	0.68	1.05
Sc	6.67	2.44	4.87	7.23	2.24	7.43	1.93	4.82	0.88	2.95
V	15.6	9.6	34	67	11.9	48.4	2.57	15.4	4.52	40.3
Cr	12.8	7.32	22.8	36.1	7.49	28.5	1.84	12.1	1.46	7.35

续表

样品号	TK584-1	TK554-9	TK505-12	TK505-13	Tk505-2	TK505-3-3	TK483-6	TK455-12	TK455-4	TK455-11
Co	10	1. 87	3. 73	1. 29	8. 76	13. 5	45. 6	22. 5	1	6. 66
Ni	44. 3	2. 92	1. 95	11	3. 56	60. 5	28. 7	15. 7	3. 25	67. 2
Ga	15. 6	7. 22	10. 2	11. 4	21	10. 6	3. 35	25. 3	13. 4	3. 85
Rb	134	43. 5	270	438	5. 93	342	0. 94	148	0. 84	0. 54
Sr	26. 6	11. 2	75. 7	93. 6	16. 7	94. 8	0. 85	26. 6	0. 7	38. 2
Zr	56	16. 8	36	48. 7	19. 3	46. 6	5. 34	39. 2	2. 06	20. 5
Nb	4. 34	2. 17	4. 46	6. 01	1. 04	5. 41	0. 34	3. 94	0. 18	0. 79
Cd	434	187	577	536	969	460	905	1284	803	48. 5
In	206	68. 4	95. 3	107	293	81. 1	133	433	124	8. 75
Sn	597	1218	432	72. 6	1507	280	532	775	1408	41
Cs	11. 4	6. 29	15. 4	33. 2	1. 49	16. 5	0. 33	9. 55	0. 66	0. 19
Ba	190	61. 4	594	610	34. 5	985	5. 47	244	102	6. 31
Ta	0. 47	0. 58	0. 43	0. 59	0. 2	0. 53	0. 19	0. 39	0. 14	0. 21
W	2. 84	4. 84	3. 76	1. 59	7. 93	1. 91	0. 85	1. 75	3. 44	1. 99
Ti	1. 68	0. 77	2. 26	2. 88	3. 56	3	0. 55	0. 87	0. 76	5. 35
Bi	31. 2	169	184	522	21. 1	130	412	67. 2	0. 5	28. 7
Th	5. 36	2. 58	3. 52	5. 16	2. 65	5. 3	0. 07	3. 62	0. 09	1. 48
U	0. 54	0. 44	0. 56	1. 09	0. 58	0. 8	0. 03	0. 39	0. 09	0. 78
Au	0. 043	0. 14	0. 003	0. 002	0. 03	0. 008	0. 12	0. 074	0. 26	0. 02
Ag	45. 6	142	11. 7	6	66. 8	9. 2	166	66. 8	44. 1	22
Cu/%	0. 12	0. 43	0. 1	0. 1	0. 091	0. 069	0. 07	0. 22	0. 09	0. 01
Pb/%	0. 11	0. 51	0. 017	0. 007	0. 89	0. 006	0. 39	0. 31	3. 83	0. 061
Zn/%	6. 02	2. 64	7. 58	6. 65	13. 22	6. 06	10. 51	15. 1	11. 48	0. 74
Sb/%	0. 069	0. 4	0. 015	0. 014	0. 73	0. 01	0. 079	0. 28	3. 14	0. 055
As/%	2. 59	0. 21	0. 49	0. 54	6. 06	2. 04	24. 81	7. 75	4. 73	28. 72
S/%	25. 1	38. 22	29. 42	15. 33	17. 12	26. 45	29. 03	22. 3	35. 02	15. 18

样品号	TK455-24	TK405-11	TK405-2	TK355-2	DTK305-2	ZK1507-20	ZK1507-16	LM560-2	LM560-3
B	597	45	26. 5	752	500	45. 3	19. 3	2. 90	40. 6
Ge	1. 26	1. 31	0. 91	1. 98	1. 68	1. 59	1. 26	3. 63	2. 66
Sc	4. 76	1. 78	1. 47	6. 36					
V	50. 8	45. 1	2. 77	69. 6					
Cr	7. 42	6. 53	1. 16	21. 5					
Co	3. 72	4. 27	8. 91	32. 1	9. 56	19. 2	6. 24	26. 6	27. 0
Ni	37. 9	36. 3	32. 5	66. 3	42. 1	31. 6	5. 32	23. 5	18. 7
Ga	5. 46	2. 16	8. 73	7. 21	21. 8	8. 46	3. 56	7. 23	7. 50
Rb	1. 02	21. 7	2. 69	275	1. 78	5. 85	0. 74	6. 15	6. 19
Sr	33. 6	26. 1	2. 01	58. 6	45. 2	6. 95	5. 14	42. 4	34. 0
Zr	17. 6	10. 7	10. 4	54. 4	54. 8	18. 9	9. 57	24. 2	14. 8
Nb	1. 16	0. 84	0. 26	3. 98	3. 67	1. 20	0. 30	0. 48	0. 89
Cd	26. 2	39. 2	1051	6. 08					
In	3. 9	9. 43	260	3. 07	12. 1	207	232	38. 2	164
Sn	130	26. 8	546	146	151	248	7. 25	183	39. 5
Cs	0. 16	2. 66	0. 31	18. 5	1. 94	2. 85	0. 48	14. 1	11. 2

续表

样品号	TK455-24	TK405-11	TK405-2	TK355-2	DTK305-2	ZK1507-20	ZK1507-16	LM560-2	LM560-3
Ba	10.8	55.2	12.6	2548	5.25	15.2	4.48	4.57	14.2
Ta	0.44	0.31	0.19	0.42	0.23	0.16	0.06	0.05	0.15
W	1.64	1.61	1.48	2.57					
Ti	0.62	1.71	0.61	1.76					
Bi	229	18	36.9	59.9	158	105	34.1	0.58%	858
Th	2.55	0.49	0.14	3.77	4.13	<0.05	<0.05	<0.05	<0.05
U	0.75	0.72	0.07	1.05					
Au	0.024	0.002	<0.0005	0.013	0.024	0.009	0.017	0.030	0.13
Ag	113	4.5	14	5.6	10.8	3.32	2.45	102	7.03
Cu/%	0.019	0.09	0.2	0.1	0.27	0.0563	0.0751	1.30	0.11
Pb/%	0.33	0.016	0.086	0.021	0.00116	0.00172	0.000689	0.00695	0.000623
Zn/%	0.44	0.56	12.72	0.083	11.54	27.36	19.27	19.78	18.66
Sb/%	0.12	0.016	0.079	0.031	0.00298	0.00329	0.0098	0.00233	0.00283
As/%	29.42	0.42	0.14	11.11					
S/%	14.7	16.46	30.26	17.78					

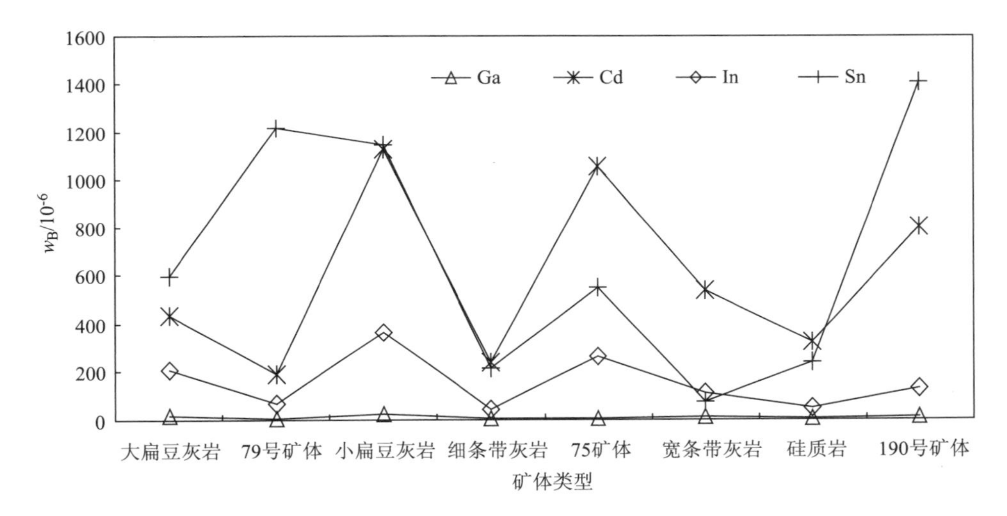

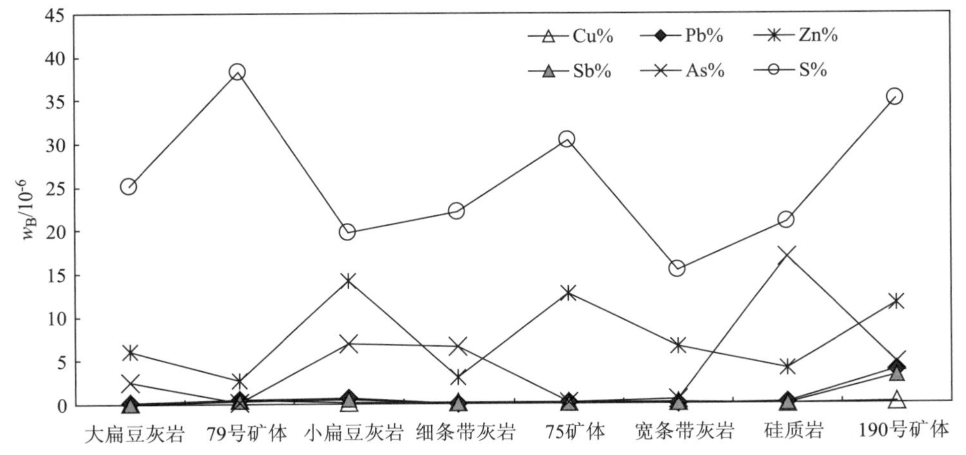

图4-47 铜坑不同层位的矿石中主要成矿元素的含量变化图

从矿体赋存的层位上。由深部硅质岩92号矿体中→宽条带灰岩中层状矿体→75号矿体→细条带灰岩91号矿体→小扁豆灰岩中裂隙脉状矿体→79号矿体→大扁豆灰岩中大脉状矿体，矿化元素的分布是不均匀的，变化较大。Sn含量以小扁豆灰岩中裂隙脉矿石的含量最高，为1507×10^{-6}，矿床上部的裂隙脉状矿体中是高于91号、92号矿体。Cd、In、Zn、S等含量也反映了裂隙脉、层面脉中矿石中高于91号、92号纹层状矿石。Pb、Sb含量在190号矿体中较高。矿石中成矿元素的变化与矿石的矿石矿物组成是有关的。根据对主要矿石矿物电子探针的成分分析，Sn主要是以氧化态形式赋存在锡石中，Zn主要是赋存在铁闪锌矿、少量在含铁闪锌矿中，铜坑矿体中铁闪锌矿中含铁9.38%～13.69%，平均达到11.2%。In、Cd、Ga主要存在与铁闪锌矿中，其次为脆硫锑铅矿，少见磁黄铁矿。Pb、Sb含量不高，主要存在于脆硫锑铅矿以及其他硫盐矿物中。从上述矿石的成分分析，正好与矿石组合是吻合的。

与锡多金属矿体相比，96号锌铜矿体中Sn含量较低（表4-19、图4-48），为7.25×10^{-6}～248×10^{-6}，Zn含量高，为11.54%～27.36%；Cu含量略高，为0.0563%～0.27%，分散元素In含量在12.1×10^{-6}～232×10^{-6}，Ga含量为3.52×10^{-6}～21.8×10^{-6}；Pb含量为6.89×10^{-6}～17.2×10^{-6}，Sb含量为23.8×10^{-6}～98.0×10^{-6}，明显的低于锡多金属矿体。与拉么锌铜矿相比，成矿元素Zn、Cu含量是基本一致的。In含量96号矿体中较高。

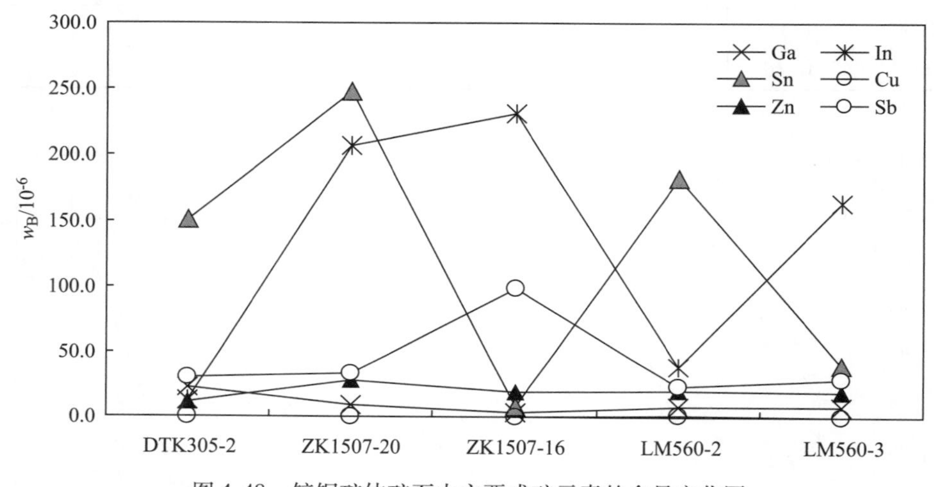

图4-48　锌铜矿体矿石中主要成矿元素的含量变化图

3. 不相容元素特征

利用采用Thompson（1982）球粒陨石数据对矿区内矿石中不相容元素（表4-19）进行标准化处理，得到元素球粒陨石标准化蛛网图（图4-49）。从中可见，锡多金属矿体中矿石中不相容元素的球粒陨石标准化蛛网图的分布是基本一致的，除了充填在大厂断裂中190号矿体、充填于硅质岩中张性裂隙脉中TK470-11、TK455-24、TK483-6外，均表现为大亲石离子Rb、Th、K以及Ta、重稀土Y的明显富集，以及Ba、Sr、Ti的相对亏损。总体的分布与前文讨论的笼箱盖黑云母花岗岩是一致的。充填于硅质岩张性裂隙脉中的矿石中，其Rb含量是较低的，总体的不相容元素的含量也是较低的。铜坑深部锌铜矿体的球粒陨石标准化蛛网图与锡多金属矿体相比，具有一定的相似性，表现为大半径亲石离子Rb、轻稀土La、Ce、P_2O_5、重稀土Y强烈富集，K_2O、Sr、Ti明显亏损，反映了他们形成的条件可能是相近的。

为了更加清楚地反映不相容元素在空间上的变化，对不同层位矿石中不相容元素的含量进行算术平均，利用球粒陨石进行标准化处理，结果（图4-50、图4-51）表明，对于层状产出的91号、92号矿体而言，其不相容元素的含量由92号→91号有增大趋势；对于层面脉中宽、细条带之间的矿体从75号矿体→大小扁豆灰岩之间的79号矿体，不相容元素的含量是增大的；大小扁豆灰岩中裂隙脉矿体由小扁豆灰岩→大小扁豆灰岩，不相容元素也有增加的趋势。对于190号矿体，其不相容元素的含

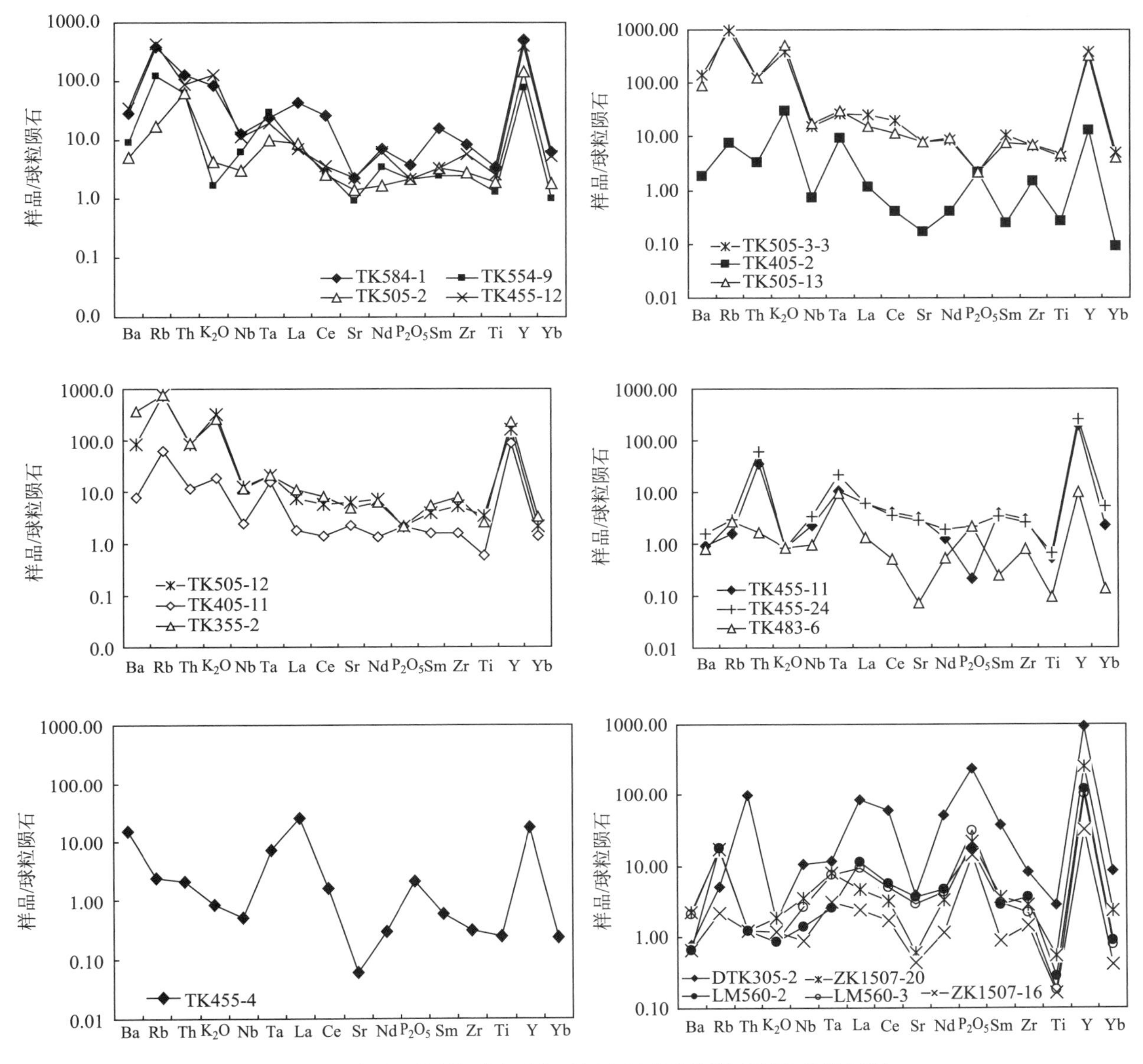

图 4-49　铜坑不同类型矿石中不相容元素球粒陨石标准化蛛网图

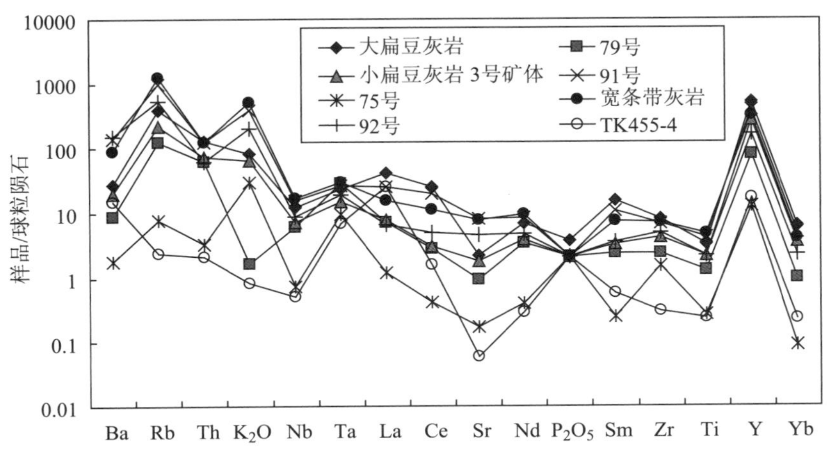

图 4-50　大厂锡多金属矿体中不相容元素原始地幔标准化蛛网图

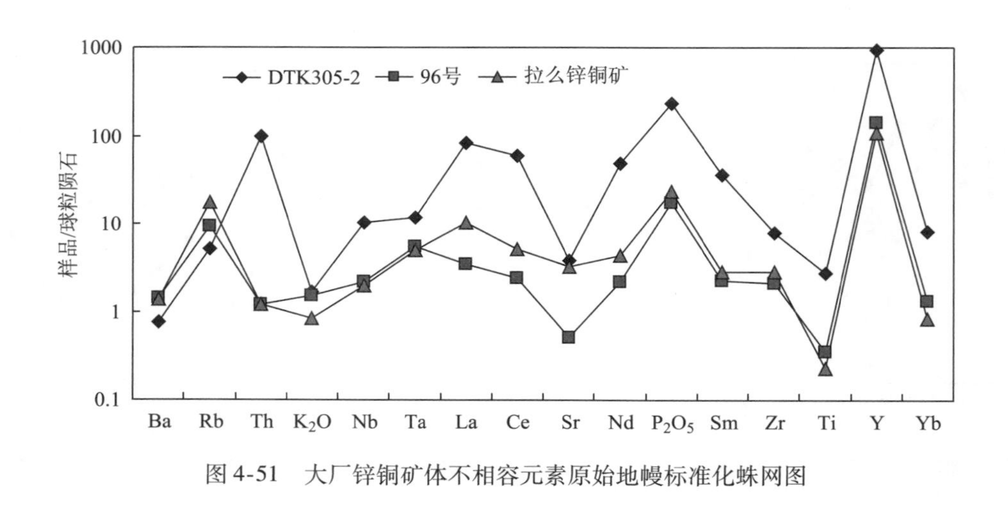

图 4-51　大厂锌铜矿体不相容元素原始地幔标准化蛛网图

量低于其他矿体。不相容元素的这种规律性变化，也反映了成矿溶液的运移特征，即 190 号矿体可能为矿液运移的通道，矿液运移是由下向上进行的。若从沿层交代型矿体与充填的裂隙脉型矿体考虑，应该是裂隙脉状矿体的元素含量高于层纹状，反映了先交代后充填的特征。锌铜矿体中不相容元素的含量变化与锡多金属矿体是一致的，说明元素的来源是相同的。元素含量从近岩体的拉么锌铜矿→大树脚的 96 号矿体→铜坑深部，不相容元素的含量也有增大的趋势。

4. 稀土元素特征

不同类型矿石中稀土元素分析结果见表 4-20。利用球粒陨石（Taloy 等，1985）标准化得到不同类型矿体中矿石的球粒陨石标准化配分模型（图 4-52）。由测试结果显示：

1）大小扁豆灰岩中矿体稀土元素球粒陨石标准化配分模式是基本一致的。扁豆灰岩裂隙脉中 ΣREE 为 $10.92\times10^{-6}\sim67.88\times10^{-6}$；平均 31.38×10^{-6}，LREE/HREE 为 3.03～5.78，La_N/Yb_N 为 4.76～6.76；δEu 为 0.36～0.45；δCe 为 0.43～0.73，稀土配分模型为轻稀土富集，具有中等到强负铕异常和铈的负异常。从小扁豆灰岩→大扁豆灰岩，稀土元素的含量是同步增加的。处于大、小扁豆灰岩之间层间滑脱面上的 79 号矿体中，ΣREE 为 9.63×10^{-6}，明显低于大小扁豆灰岩中裂隙脉矿体，LREE/HREE 为 7.4，δEu 为 0.79；δCe 为 0.52。在细条带灰岩中 91 号矿体 TK505-3-3 与产出在宽条带灰岩中条带状矿石 TK505-13，稀土元素的含量和球粒陨石标准化配分模式是一致的。稀土配分模型为轻稀土富集的，具有中等到强负铕异常和铈的负异常，产于宽条带与细条带灰岩之间层间滑脱面上的 75 号层面脉状矿体中，稀土元素是为含量明显较低，ΣREE 为 2.35×10^{-6}；LREE/HREE 为 5.61，La_N/Yb_N 为 13.18；δEu 为 0.61；δCe 为 0.6，均低于条带灰岩中条带状矿石。

硅质岩中呈层纹状产出的矿石其稀土元素球粒陨石标准化配分模式与宽、细条带中是一致的，ΣREE 为 $5.27\times10^{-6}\sim21.50\times10^{-6}$，LREE/HREE 为 2.23～3.7，$La_N/Yb_N$ 为 1.29～3.45；δEu 为 0.36～0.69；δCe 为 0.75～0.88。产于硅质岩裂隙脉矿石 ΣREE 为 $1.36\times10^{-6}\sim13.59\times10^{-6}$，平均 9.41×10^{-6}，LREE/HREE 为 1.82～7.19，La_N/Yb_N 为 1.13～9.69；δEu 为 0.2～1.07；δCe 为0.57～0.69。其中 TK483-6、TK455-11 球粒陨石标准化配分模式与层纹状矿石是一致，均显示为中等的铕负异常和铈的负异常在稀土含量上，486 水平低于 455 水平，而 TK455-24 产于硅质岩中，以毒砂为主的张性裂隙脉显示弱的铕的正异常，且稀土元素的含量同步高于北东向裂隙脉。这些特点均反映从早到晚稀土元素含量增高。190 号矿体中矿石的 ΣREE 为 10.88×10^{-6}，LREE/HREE 为 32.37，La_N/Yb_N为 111.16，δEu 为 0.03，δCe 为 0.0.12，球粒陨石配分曲线也表现为轻稀土强烈富集，显著铕负异常，铈负异常。

对比不同矿石中的稀土元素含量的变化（图 4-53），除了 190 号样品表现为强烈的负铕异常外，其他样品的球粒陨石标准化配分模式均表现为轻稀土富集、铕铈为中等亏损的右倾配分曲线。矿石之间，从下部 92 号矿体→91 号矿体，层面脉中 75 号→79 号，扁豆灰岩中裂隙脉从小扁豆灰岩→大扁

表 4-20 大厂不同类型矿石中稀土元素含量及相关参数（$w_B/10^{-6}$）

样品号	La	Ce	Pr	Nd	Sm	Eu	Gd	Tb	Dy	Ho	Er	Tm
TK554-9	2.41	2.47	0.46	2.02	0.49	0.13	0.51	0.09	0.42	0.09	0.24	0.04
TK405-2	0.39	0.36	0.05	0.15	0.05	0.01	0.05	0.01	0.05	0.01	0.03	0.003
TK584-1	13.81	22	3.52	14.3	3.16	0.4	3.06	0.51	3.07	0.6	1.68	0.22
TK505-2	2.82	2.19	0.4	2.03	0.67	0.1	0.66	0.12	0.79	0.16	0.47	0.06
TK455-12	2.3	3.1	0.53	2.47	0.67	0.15	1.05	0.23	1.64	0.41	1.27	0.18
TK483-6	0.43	0.44	0.06	0.21	0.05	0.003	0.04	0.01	0.04	0.01	0.03	0.004
TK455-11	1.96	3.55	0.6	2.83	0.79	0.16	0.92	0.14	0.91	0.2	0.59	0.08
TK455-24	1.96	3.02	0.52	2.32	0.69	0.26	0.79	0.16	1.12	0.28	0.96	0.16
TK505-13	5.13	9.94	1.28	5.45	1.54	0.3	1.59	0.29	1.84	0.37	1.04	0.14
TK505-3-3	8.26	17.4	2.14	8.88	2.18	0.32	2.02	0.35	2.07	0.42	1.23	0.18
TK405-11	0.59	1.21	0.24	1.24	0.32	0.04	0.35	0.06	0.42	0.09	0.3	0.05
TK505-12	2.42	4.93	0.7	2.96	0.8	0.16	0.84	0.15	0.94	0.19	0.5	0.08
TK355-2	3.68	7	0.9	3.96	1.13	0.26	1.14	0.22	1.27	0.26	0.76	0.11
TK455-4	8.26	1.4	0.18	0.59	0.12	0.001	0.08	0.01	0.09	0.02	0.06	0.01
DTK305-2	27.4	51.5	7.30	31.4	7.43	0.75	8.04	1.12	5.35	0.95	2.44	0.30
ZK1507-20	1.52	2.68	0.45	2.05	0.72	0.16	1.05	0.18	1.08	0.23	0.63	0.08
ZK1507-16	0.76	1.43	0.20	0.70	0.18	0.10	0.20	<0.05	0.13	0.05	0.08	<0.05
LM560-2	3.64	4.76	0.76	2.86	0.56	0.16	0.62	0.09	0.49	0.09	0.26	<0.05
LM560-3	3.05	4.18	0.64	2.60	0.59	0.13	0.65	0.09	0.42	0.08	0.20	<0.05

样品号	Yb	Lu	Y	ΣREE	LREE	HREE	LREE/HREE	La_N/Yb_N	δEu	δCe
TK554-9	0.22	0.04	2.67	9.63	7.98	1.65	4.84	7.4	0.79	0.52
TK405-2	0.02	0.01	0.44	1.18	1.01	0.17	5.78	13.18	0.36	0.53
TK584-1	1.38	0.18	17.3	67.88	57.18	10.7	5.34	6.76	0.39	0.73
TK505-2	0.4	0.05	4.85	10.92	8.21	2.71	3.03	4.76	0.45	G0.43
TK455-12	1.17	0.18	13.5	15.35	9.22	6.13	1.5	1.33	0.54	0.64
TK483-6	0.03	0.01	0.34	1.36	1.19	0.17	7.19	9.69	0.2	0.57
TK470-11	0.49	0.08	6.69	13.3	9.89	3.41	2.9	2.7	0.57	0.76
TK455-24	1.17	0.18	8.68	13.59	8.77	4.82	1.82	1.13	1.07	0.69
TK505-13	0.89	0.12	10.8	29.92	23.64	6.28	3.76	3.9	0.58	0.89
TK505-3-3	1.12	0.16	13	46.73	39.18	7.55	5.19	4.98	0.46	0.95
TK405-11	0.31	0.05	3.03	5.27	3.64	1.63	2.23	1.29	0.36	0.75
TK505-12	0.48	0.06	5.61	15.21	11.97	3.24	3.69	3.41	0.59	0.88
TK355-2	0.72	0.1	7.91	21.51	16.93	4.58	3.7	3.45	0.69	0.88
TK455-4	0.05	0.01	0.58	10.88	10.55	0.33	32.37	111.63	0.03	0.12
DTK305-2	1.83	0.26	31.7	146.1	266.71	103.22	6.20	10.12	0.30	0.85
ZK1507-20	0.50	0.07	8.63	11.40	18.07	20.70	1.98	2.05	0.56	0.76
ZK1507-16	0.09	0.05	1.05	4.07	7.94	5.85	4.81	5.71	1.61	0.86
LM560-2	0.19	0.05	4.04	14.58	28.73	10.45	6.92	12.95	0.83	0.67
LM560-3	0.17	0.05	3.41	12.90	25.06	9.92	6.54	12.12	0.64	0.70

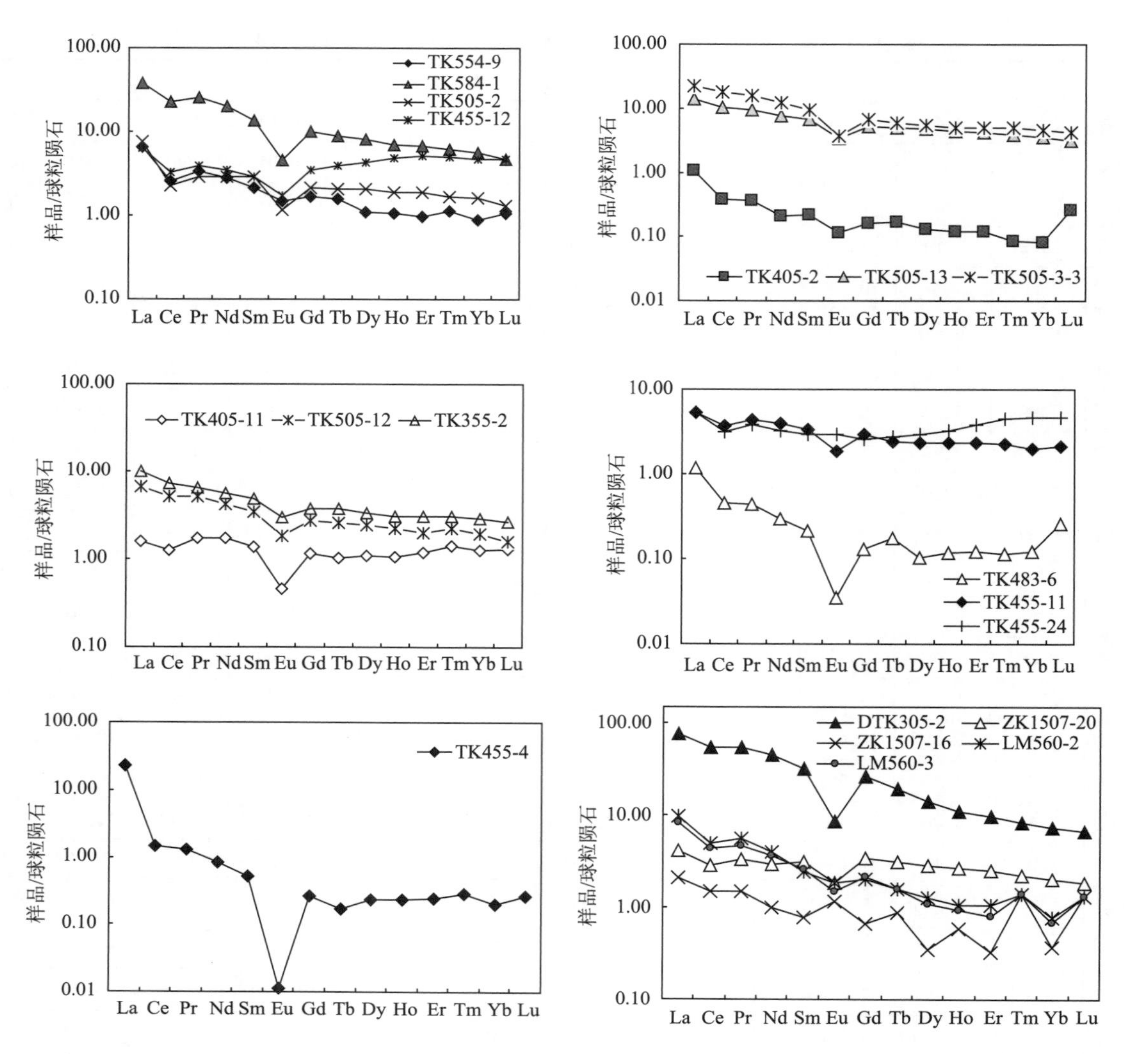

图 4-52　不同类型矿石球粒陨石标准化配分模式图

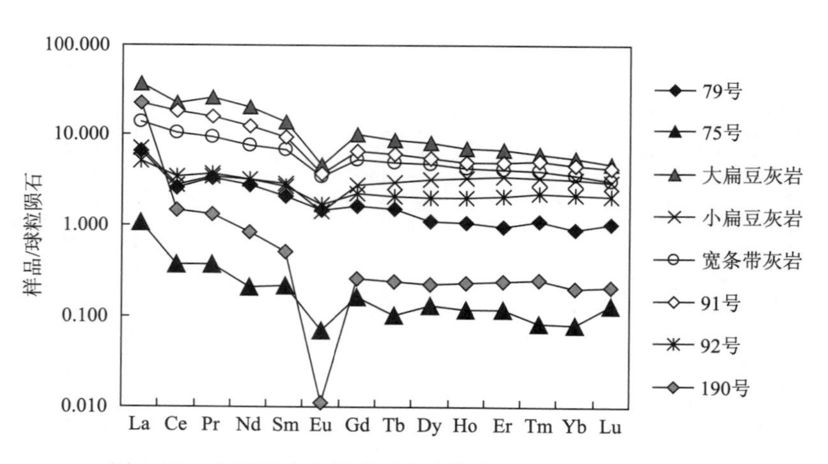

图 4-53　大厂锡多金属矿石中球粒陨石标准化配分模式图

豆灰岩，稀土元素含量均表现为配分曲线的模式是一致的，从下部到上部，稀土元素的含量同步增加，表明不同产状矿体的物质来源是相同的，成矿物质的运移也是从下到上。

锌铜矿体中，在铜坑深部 305 水平样品中 ΣREE 为 146.07×10^{-6}。LREE/HREE 为 6.20；La_N/Yb_N 为 10.12；δEu 为 0.30；δCe 为 0.85；大树脚钻孔中 96 号样品的 ΣREE 为 $4.07\times10^{-6}\sim11.04\times$

10^{-6}，LREE/HREE 为 1.98 ~ 4.81，La_N/Yb_N 为 2.05 ~ 5.71，δEu 为 0.56 ~ 1.61，δCe 为 0.76 ~ 0.86。其中 TK1507-16 中 ΣREE 为 4.07×10^{-6}，LREE/HREE 为 6.20，La_N/Yb_N 为 10.12，δEu 为 0.30，δCe 为 0.85；拉么锌铜矿中 ΣREE 为 12.90×10^{-6} ~ 14.58×10^{-6}，LREE/HREE 为 6.54 ~ 6.92，La_N/Yb_N 为 12.12 ~ 12.95，δEu 为 0.64 ~ 0.83，δCe 为 0.67 ~ 0.70。除了 TK1507 – 16 中稀土配分模式呈现 δEu 正异常外，其他样品的球粒陨石标准化配分模式与锡多金属矿体一致（图 4-54），表明其物质来源具有相似性。

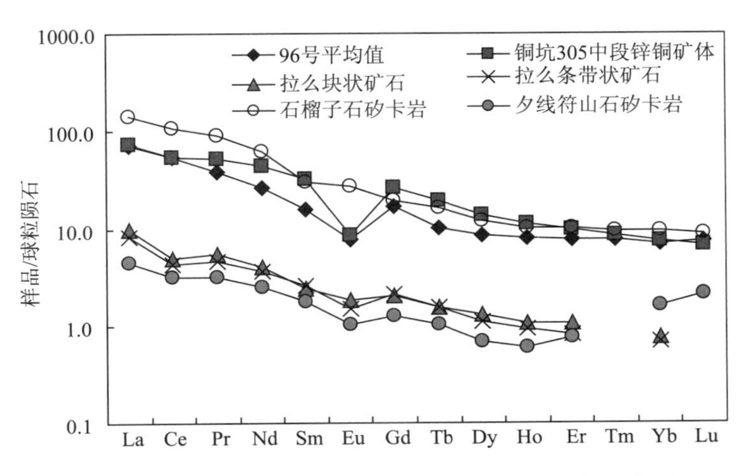

图 4-54　大厂矽卡岩型锌铜矿稀土元素球粒陨石标准化图

为了说明锌铜矿体矿液的运移，将 96 号矿体顶板的石榴子石矽卡岩与底板的矽线石符山石矽卡岩的稀土元素含量与矿体进行对比，可见稀土元素分布呈现明显的规律性：横向上，由拉么锌铜矿→96 号锌铜矿→铜坑深部，稀土元素配分曲线模式是一致的，但元素含量呈明显的同步增高趋势。同时，由 96 号矿体下部的矽线石符山石矽卡岩→96 号矿体→矿体上部的石榴子石矽卡岩，稀土元素也呈现同步增高的趋势，表明锌铜矿体形成的物质来源是一致的，成矿物质的运移是由东向西、由下到上，由近花岗岩到远花岗岩运移的（图 4-54）。

将矿区不同类型矿石的稀土元素含量与区内成矿岩体笼箱盖花岗岩及闪长玢岩、花岗斑岩的稀土元素特征进行对比（图 4-55），可见矿体的稀土元素配分曲线模式与侵入体是一致的。在稀土元素含量上，锌铜矿体的 REE 含量高于笼箱盖花岗岩体、花岗斑岩，而低于闪长玢岩，即介于两者之间。而锡多金属矿体的稀土含量同步减少的。说明矿体形成与侵入岩之间存在密切关系。而锡多金属矿体矿石 REE 含量同步降低，可能是与矿石中大量的方解石等碳酸盐岩的存在有关，稀土元素易于在碳酸盐矿物中富集。

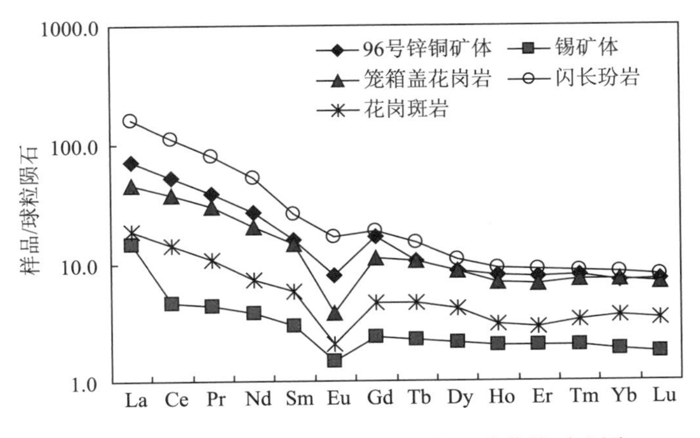

图 4-55　大厂矿体稀土元素标准化配分曲线对比图

第四节　龙头山金矿

一、矿石特征

1. 主要矿石类型

龙头山矿区的矿石按岩性和结构构造可分为次火山岩型矿石、角砾岩型矿石、裂隙充填型矿石及氧化矿石（图4-56）。其中，次火山岩型矿石主要指角砾熔岩、流纹斑岩型矿石，是矿区最主要的矿石类型，如Ⅸ号矿体。矿石具有原岩的结构构造特征，以具网脉浸染状构造为特征，矿石与围岩无明显界线。裂隙充填型矿石为产于构造断裂带中的矿石，具角砾状构造、含金石英、电气石、黄铁矿沿裂隙充填。此类矿石分布在Ⅰ号矿体和Ⅸ号矿体南段。氧化矿石是上述两类型矿石在地表及浅部氧化淋滤所成，该类型主要分布于岩体与地层接触带的外侧，目前多为民采。

a. 网脉浸染型矿石

b. 角砾岩型矿石

图4-56　龙头山金矿的主要金矿类型

2. 矿石结构构造

1）矿石的结构主要有：半自形、自形、他形晶粒状结构，变余微晶结构、粒状变晶结构、细粒花岗变晶镶嵌结构，斑状（似斑状、碎斑状）结构，交代假象结构、熔蚀结构和填隙结构等。

斑状结构：指矿石中具石英、长石、黑云母斑晶，石英斑晶大小一般0.14～4.7 mm，大颗粒石英斑晶呈双锥状，内部裂纹较多，小颗粒石英斑晶外形呈熔蚀粒状、尖棱状、不规则状。长石斑晶呈宽板状，大小0.33 mm×0.47 mm～1.88 mm×2.82 mm；黑云母斑晶切面呈板条状、六边形状，大小0.47 mm×0.7 mm～3.5 mm×3.5 mm。

交代假象结构：指由于强烈蚀变、交代作用导致黑云母、长石等斑晶被石英、电气石等交代而保留原有的晶形结构，如黑云母呈板条状但已被电气石集合体呈假象交代；

熔蚀结构：由于强烈的蚀变作用导致矿石黄铁矿、黄铜矿、石英等矿物边缘具熔蚀现象，如流纹斑岩中石英边缘因熔蚀呈港湾状、蚕食状；

半自形、自形、他形晶粒状结构：指矿石中黄铁矿、电气石、锆石等呈自形、半自形晶粒出现；

变余微晶结构、粒状变晶结构：矿石中绝大部分矿物颗粒细小，呈变晶状出现；

填隙结构：指矿物形成以后受后期构造作用、爆破作用而导致后期形成黄铁矿、电气石、赤铁矿沿石英、长石裂隙或矿石裂隙充填而成。

2）矿石的构造主要有：角砾状构造、块状构造，浸染状构造、蜂窝状构造、碎裂状构造、条带状构造和砂状构造等。

角砾状构造：是龙头山矿床矿石的基本特征，岩石由角砾和胶结物两部分组成，角砾大小一般为

2～25 mm，分布杂乱，多呈尖棱角状、棱角-次棱角状，边缘不平直，成分全是围岩，以石英细砂-中细粒石英砂岩、重结晶石英砂岩及粉砂岩为主，次为泥岩、含粉砂质泥岩和粉砂质泥岩，很少见玉髓质岩屑。碎屑岩中的泥质填隙物和泥岩、粉砂质泥岩已完全被电气石微晶集合体交代；后者仅保存了原岩角砾的假象。胶结物由 <2 mm 的岩屑（成分与角砾相同）、石英晶屑和蚀变矿物电气石和石英集合体组成，构成岩石的角砾状构造。

浸染状构造：黄铁矿等金属矿物呈星点状分布于矿石中；

碎裂状构造：在构造应力的作用下，矿石、矿物发生碎裂、破碎，产生的裂隙通常被后期形成的黄铁矿、石英、电气石等充填；

条带状构造：是指流纹斑岩经热液蚀变、矿化作用改造而呈条带状。

矿区内各矿体矿石的矿物成分基本相同，仅矿物含量多少有所区别。金属矿物主要为自然金、黄铁矿，次为毒砂，黄铜矿、黝铜矿、辉铜矿、兰辉铜矿、方铅矿、闪锌矿、磁铁矿。次生氧化矿物有铜蓝、孔雀石、臭葱石、泡铋矿、褐铁矿、赤铁矿等。脉石矿物主要为石英、电气石，次为绢云母、白云母、高岭土等。微量矿物有锆石、金红石、独居石、硅灰石等。

该区主要有用矿物自然金在氧化矿石中，以单体自然金为主（占89.36%），其他占10.64%。在原生矿石中的自然金有自然金及含银自然金两种，以含银自然金为主（占70%）。原生矿石中的自然金主要呈包裹金、晶隙金和裂隙金 3 种形式存在，以包裹金为主（占45.56%），次为晶隙金（占33.73%），裂隙金（占21.21%）。自然金的粒度以0.01～0.05 mm 及 <0.005 mm 为主，属细粒金和微粒金。据电子探针分析：自然金的成色为969‰，含银自然金的成色为861‰（谢伦司等，1993）。

二、标型矿物特征

1. 龙头山金矿区电气石的产出形态

电气石在龙头山矿区广泛分布（图4-57），如龙头山金矿本区的面型电气石化，矿石中常见电气石-石英细脉。沉积岩、次火山岩乃至成矿后的各种酸性岩脉均不同程度地发育电气石化，而在矿区东侧的平天山岩体中也可见电气石的分布。以下对电气石在龙头山矿区的产出形态做简要介绍：

1）隐爆角砾岩中的电气石主要有 3 种产状：①呈微晶柱状集合体交代砂岩、粉砂岩中的泥质填隙物和泥质岩角砾；②交代充填于角砾之间，像角砾的胶结物一样，或生长于晶洞的边缘；③呈微脉状穿切角砾和胶结物。

2）流纹斑岩中的电气石有两种颜色：浅色的可能为镁电气石，深蓝绿色的为黑电气石，多呈柱状、放射状、菊花瓣状集合体；黄铁矿呈他形粒状集合体，个别呈立方体状，多氧化变为褐铁矿；石英呈粒状，与电气石、黄铁矿 3 者呈假像交代长石和黑云母。在少数晶洞内可见电气石和石英集合体充填其中。

3）角砾熔岩中的电气石有 4 种产状：①在沉积碎屑岩中呈微晶集合体交代填隙物和泥质；②在斑岩中和黄铁矿一起呈假像集合体交代长石和黑云母斑晶，或呈放射柱状集合体，杂乱分布的柱状、微晶状集合体交代基质；③沿碎裂带内的角砾间的空隙发育，形成电气石、黄铁矿、石英集合体、电气石微粒状集合体；④充填于晶洞内，像角砾之间的胶结物一样。

4）花岗斑岩中的电气石主要为黑电气石，呈长柱状集合体，有 3 种产状：①沿压扭性裂隙发育呈脉状；②呈假像交代斜长石和黑云母；③呈柱状集合体分布于斑岩基质中。绢云母化则呈显微鳞片状集合体交代宽板状钾长石，仅保留长石假像，其中也可见少量电气石和石英的集合体；其次绢云母呈集合体交代斑岩中的基质，多分布在长英质矿物粒间，部分交代长石微晶。常呈浸染状、团块状产出。

5）石英砂岩中的电气石有 2 种产状：①交代砂屑间的填隙物，局部发育成电气石集合体团块；②呈微脉状沿岩石中裂纹发育。

6）平天山花岗闪长岩中的电气石主要有两种产出形态：①呈微小的电气石细脉产出；②呈块状电气石岩产出，电气石胶结岩体的碎块而成角砾状。平天山钼矿点的电气石也是这种产出状态。

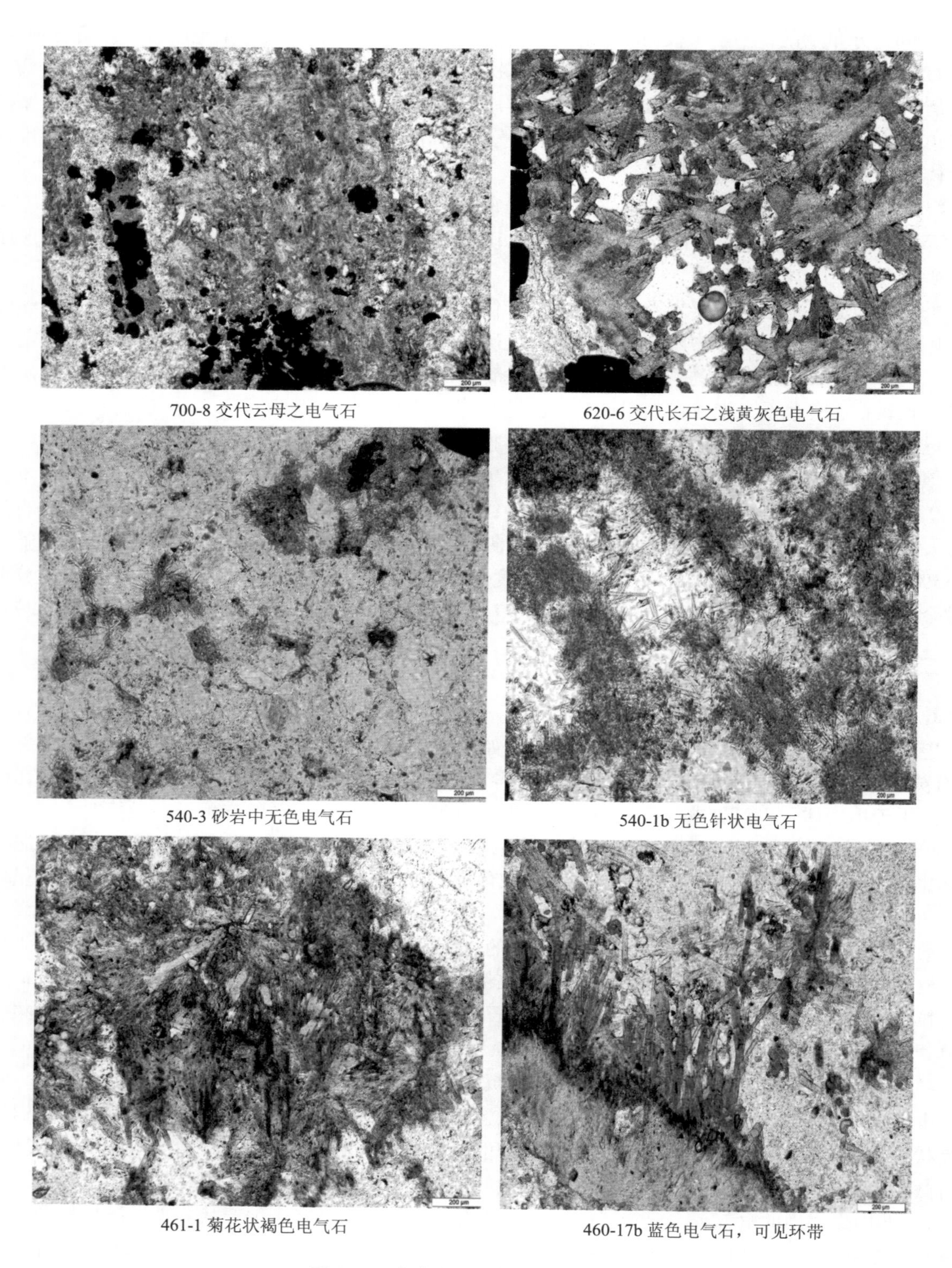

700-8 交代云母之电气石　620-6 交代长石之浅黄灰色电气石

540-3 砂岩中无色电气石　540-1b 无色针状电气石

461-1 菊花状褐色电气石　460-17b 蓝色电气石，可见环带

图 4-57　龙头山矿区各种类型电气石

2. 电气石地球化学特征

为了研究龙头山金矿中电气石的地球化学特征，对区内不同矿床、岩体中的电气石进行了系统采样，并进行了电子探针分析，所测样品描述见表 4-21。电子探针分析在中国地质科学院矿产资源研究所进行，仪器型号为 JEOL JXA－8800R，点分析测试条件为电压 20kV，电流 20 nA，束斑直径 1 μm。测试时除常量元素外，还加测了 Au_2O。结果显示：

表 4-21 龙头山金矿电气石分布特征

序号	矿床（区）	样品编号	岩性	采样位置
1	龙头山金矿	LTS700-1	流纹斑岩	700 中段，15 线
2	龙头山金矿	LTS700-8-1	流纹斑岩	700 中段，7 线
3	龙头山金矿	LTS700-8-2	流纹斑岩	700 中段，7 线
4	龙头山金矿	LTS620-6	流纹斑岩	620 中段 0 线，H80 附近
5	龙头山金矿	LTS540-3	莲花山组砂岩	540 中段 3 线 CD21 中部
6	龙头山金矿	LTS540-20	流纹斑岩	流纹斑岩
7	龙头山金矿	LTS540-16	花岗斑岩	540 中段 15 线附近
8	龙头山金矿	LTS460-1	花岗斑岩	460 中段 4 线，九号矿体
9	龙头山金矿	LTS420-14	角砾熔岩	420 中段 CD6 中部
10	龙头山金矿	LTS420-20a-01	黄铁矿石英脉	420 中段 CD1 -3 附近
11	龙头山金矿	LTS420-20a-02	黄铁矿石英脉	420 中段 CD1 -3 附近
12	龙头山金矿	LTS380-20-01	角砾熔岩	380 中段 6 线
13	龙头山金矿	LTS380-20-02	角砾熔岩	380 中段 6 线
14	龙头山金矿	LTS340-6	石英砂岩	340 中段 YM10
15	龙头山金矿	ZK1203-347（2）	石英砂岩	-7 米标高
16	平天山三八村岩体	PTSD3	花岗岩闪长岩中	三八村
17	平天山钼矿点	PTSM16	电气石岩	三八村北东 5 km

1）龙头山金矿的电气石存在成分上的分带性，大致以 420 ~ 380 m 中段为界，上部的电气石富铁贫镁，属铁电气石端元。其 FeO 含量大多变化于 10% ~17% 之间，MgO 变化于 0.2% ~5% 之间，Al_2O_3 变化于 29% ~37%，CaO 变化于 0 ~0.869%，Na_2O 变化于 0.617% ~2.299%，变化幅度均较小。从 420 中段开始往下，FeO 含量逐渐降低（0.2% ~8%），MgO 增高（0.9% ~10%）；其他组分，Al_2O_3 变化于 25.647% ~37.041%，CaO 变化于 0 ~2.46%，也有升高的趋势。特别是到矿床深部 0 m 标高左右，钻孔中打到硅化砂岩，其基质普遍被电气石交代，电气石的形态呈针状，全部为透明的镁电气石。上述特点反映出电气石化蚀变的连续性，同时也说明其成分在蚀变的早、晚期是有区别的；

2）龙头山金矿中，单颗粒电气石晶体的成分也具有演化特点。如样品 LTS620 -6 中的放射状电气石（图 4-58），从晶体中心往外，FeO 变化为 17.01% ~13.59%，至晶体的最外环则陡降为 6.229%；MgO 在中心为 1.092% ~2.505%，至晶体外环则升到 6.922%。这种现象反映了电气石晶体生长过程中为其提供物质的流体早期富铁而晚期富镁的演化规律；

3）位于龙头山东侧平天山岩体三八村附近的电气石，其 FeO 变化于 4.685% ~6.979%，MgO 变化于 7.708% ~8.149%，Al_2O_3 变化于 30.801% ~31.851%，CaO 变化于 0.959% ~1.166%；而位于三八村岩体北东 2 km、同样产于平天山岩体内部的平天山钼矿点，钼矿化围岩中电气石 FeO 变化于 6.94% ~10.725%，MgO 变化于 7.334% ~8.067%，Al_2O_3 变化于 27.638% ~30.258%，CaO 变化于 0.825% ~1.762%。可见，平天山岩体内的电气石偏向于富镁端元，伴随钼矿化者 FeO 含量有所增加；

4）无论是龙头山金矿（上部、下部）还是旁侧平天山岩体中的电气石均检测到微量的 Au_2O，103 个测点中有 43 个含金，含金最高为 0.059%，最低 0.01%。这表明龙头山的电气石是含金的。鉴于电气石化发生在 560℃ ~320℃ 的气相条件下，高温阶段 Au 的络合物可能与 B 一起从岩浆房中带出。当电气石结晶时，气液中的 pH 值不断改变，部分 Au 的络合物也随之分解而形成自然（单质）金的超显微包体，阴离子部分（如 Cl^- 等）进入电气石晶格，引起组分的重新分配。随着石英、电气石的沉淀，溶液 pH 值变为中性至弱碱性，使黄铁矿沉淀，此时大量的自然金充填在石英、黄铁矿的

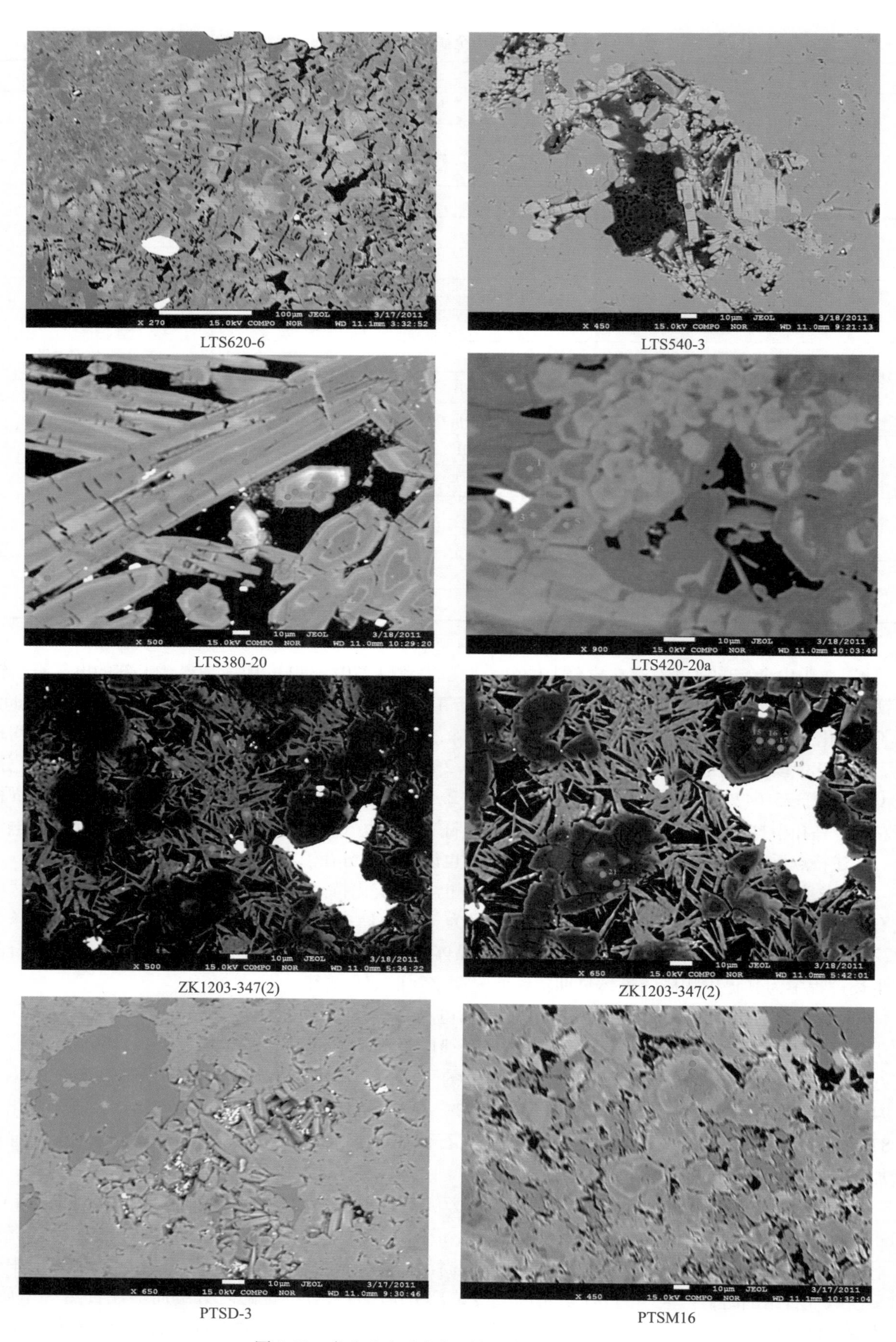

图 4-58　龙头山金矿电气石电子探针分析点位图

晶隙中，或同时被包裹在其中形成金矿石。

第五节　佛子冲铅锌矿

一、矿石矿物及组构特征

佛子冲矿田内的矿石类型主要包括3种：条带状绿帘石矽卡岩型矿石、块状钙铁辉石矽卡岩型矿石以及石榴子石矽卡岩型矿石（图4-59，图4-60），分别主产于佛子冲、河山和龙湾矿段。

图4-59　条带状帘石矽卡岩型矿石
（左：闪锌矿在帘石矽卡岩中呈稀疏浸染状分布；右：闪锌矿在帘石矽卡岩中呈稠密浸染状分布）

图4-60　矽卡岩型矿石
（左：石榴子石矽卡岩型方铅矿石；右：钙铁辉石矽卡岩型铅锌矿石）

矿石物质以方铅矿、铁闪锌矿、闪锌矿、磁黄铁矿为主，少量黄铜矿、黄铁矿，偶见极少量毒砂和白铁矿；脉石矿物主要有透辉石、透闪石、绿帘石，少量绿泥石、石英、方解石、石榴子石。氧化矿物主要有白铅矿、铅钒、磷酸氯铅矿、褐铁矿。根据光片镜下求积定量结果平均含量百分比是：方铅矿9.52%，铁闪锌矿16.54%，闪锌矿9.47%，磁黄铁矿17%～18%，黄铜矿7%～8%，黄铁矿6%～8%，毒砂3%～6%，主要金属矿物特征简述如下：

1）方铅矿：铅灰色，自形半自形立方体和不规则粒状集合体，晶面常弯曲。粒径最大1.5～2 cm，最小0.005 mm。前人据32块光片镜下求积定量分析，方铅矿各粒级含量百分比是：粒径<0.1 mm占13.45%，0.1～0.3 mm占25.19%，0.3～0.7 mm占27.31%，0.9～1.00 mm占

34.02%，方铅矿主要有两个世代。第一世代方铅矿以中粗粒为主，共生矿物主要有铁闪锌矿、磁黄铁矿、黄铜矿，常富集成致密块状矿石，解理发育，常见揉皱结构，多分布在石门矿段；第二世代方铅矿以细晶状为主，矿物组合较简单，主要有浅色闪锌矿和少量黄铜矿，多呈浸染状，伴生稀有元素含量较高。

2）闪锌矿：有铁闪锌矿和闪锌矿两种，前者为第一世代产物，后者为第二世代。

铁闪锌矿：褐黑色、铁黑色，半自形及他形不规则粒状，最大15~20 mm，常与第一世代粗粒方铅矿、磁黄铁矿富集成致密块状矿石，有时穿插交代黄铁矿、磁黄铁矿、毒砂，又被方铅矿、黄铜矿交代。铁闪锌矿中常见黄铜矿、磁黄铁矿乳浊状固溶体。

闪锌矿：棕色至深棕色，自形和他形粒状。粒径1~3 mm，多呈浸染状和条带状，与第二世代细晶方铅矿共生。

3）黄铜矿：黄色不规则粒状、团粒状和乳滴状。有两个世代，第一世代呈固溶体分离乳浊状产于铁闪锌矿中，粒度极小。第二世代为不规则的粒状和脉状，有时穿插交代铁闪锌矿，分布不均匀。

4）磁黄铁矿：第一世代磁黄铁矿呈乳浊状分布于铁闪锌矿中；第二世代磁黄铁矿呈古铜色不规则粒状、薄片状，常与方铅矿、铁闪锌矿构成条带状和块状矿石，又被闪锌矿、方铅矿、白铁矿等交代。

5）黄铁矿：黄白色，自形或半自形立方体，部分为不规则粒状。常被磁黄铁矿或铁闪锌矿包裹。

6）毒砂：银白色，自形柱状，部分为他形柱状集合体，常见与磁黄铁矿、方铅矿、闪锌矿交代。主要分布于石门和河山矿段。

7）白铁矿：含量极少，肉眼难以见到，镜下观察为纤维状集合体局部交代磁黄铁矿。

佛子冲矿田中矿石结构构造十分复杂，种类繁多。通过观察采集的矿石标本和磨制的光片及岩矿鉴定表明，矿区内岩石受多期构造应力作用，矿石的形成具有多期多阶段的特点。常见矿石构造类型有块状构造、浸染状构造、纹层状构造、条带状构造、脉状构造、角砾状构造、晶洞状构造等。常见矿石结构有自形结构（图4-61O）、半自形结构（图4-61C、K）、他形粒状结构（图4-61C）、包含状结构、残余结构（图4-61K）、镶边结构、侵蚀结构（图4-61 P）、乳浊状结构（图4-61J）、压碎结构和揉皱结构等。

二、矿石化学特征

矿石中主要成矿元素（表4-22）为Pb、Zn、Cu、Ag，其中Pb、Zn、Ag在矿体中的含量相对稳定，各矿床平均品位：Pb1.25%~5.10%，Zn1.72%~5.04%，Ag44.36~95.6g/t，Cu变化较大为0.07%~0.38%，仅局部富集。其品位变化系数Pb41%~86%，Zn 50%~97%，Ag 49%~136%，Cu 114%~236%。从河山和古益两矿区矿石化学成分对比来看，佛子冲古益矿区矿石中铅高锌低、铜富银贫，而河山勒寨矿区刚好相反，显示铅低锌高、铜贫银富特征。

表4-22　佛子冲矿田矿石化学全分析结果表（$w_B/\%$）

成分	Pb	Zn	Cu	Ag	Cd	S	Au	SiO_2	Al_2O_3	CaO	FeO	Fe_2O_3	P_2O_5	Zr_2O_3	TiO_2	H_2O	烧失
勒寨	1.66	3.25	0.016	59	0.034	2.58	0.024	37.19	9.76	18.5	14.22	2.76	0.05		0.11	1.72	3.88
佛子冲	3.53	0.16	35.2	0.049	5.52	0.016	36.76	4.35	7.5	0.23	5.95	(TFe)		0.43	0.25		

勒寨矿石中还含有K_2O 0.14%、Na_2O 0.04%、MnO 3.43和MgO 2.25%。

佛子冲矿田，经查证有银的矿物存在（自然银、硫铋铅银矿），但大量的银主要分配在硫化矿物中，呈类质同象进入方铅矿、黄铜矿晶格，从单矿物中银含量表（表4-23）显示银的主要载体矿物是方铅矿、黄铜矿，其分配顺序是：方铅矿>黄铜矿>闪锌矿>黄铁矿。

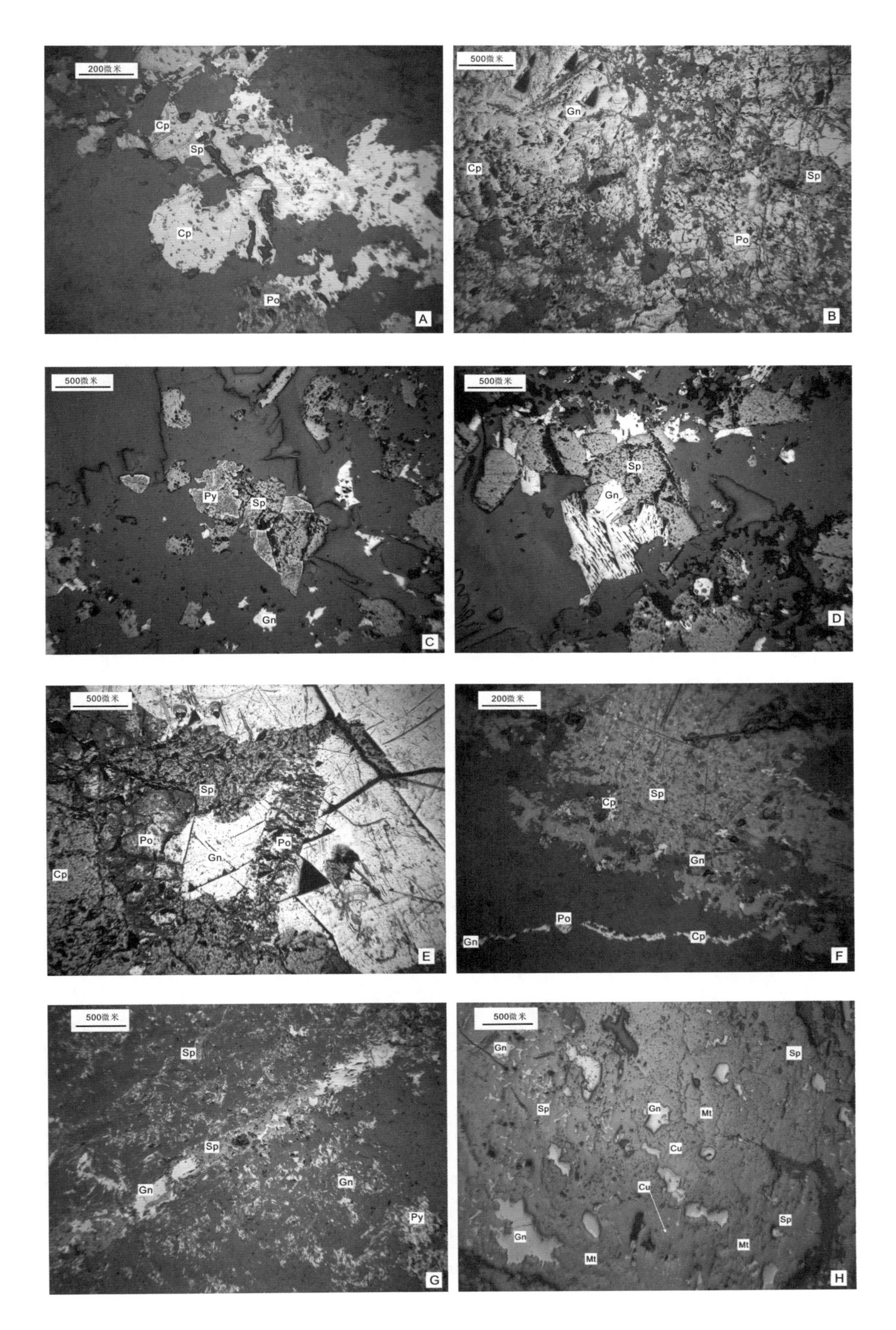
200微米
Cp
Sp
Cp
Po
A
500微米
Gn
Cp
Sp
Po
B
500微米
Py
Sp
Gn
C
500微米
Sp
Gn
D
500微米
Sp
Po
Po
Gn
Cp
E
200微米
Cp
Sp
Gn
Po
Gn
Cp
F
500微米
Sp
Sp
Gn
Gn
Py
G
500微米
Gn
Sp
Sp
Gn
Mt
Cu
Cu
Gn
Mt
Mt
Sp
H

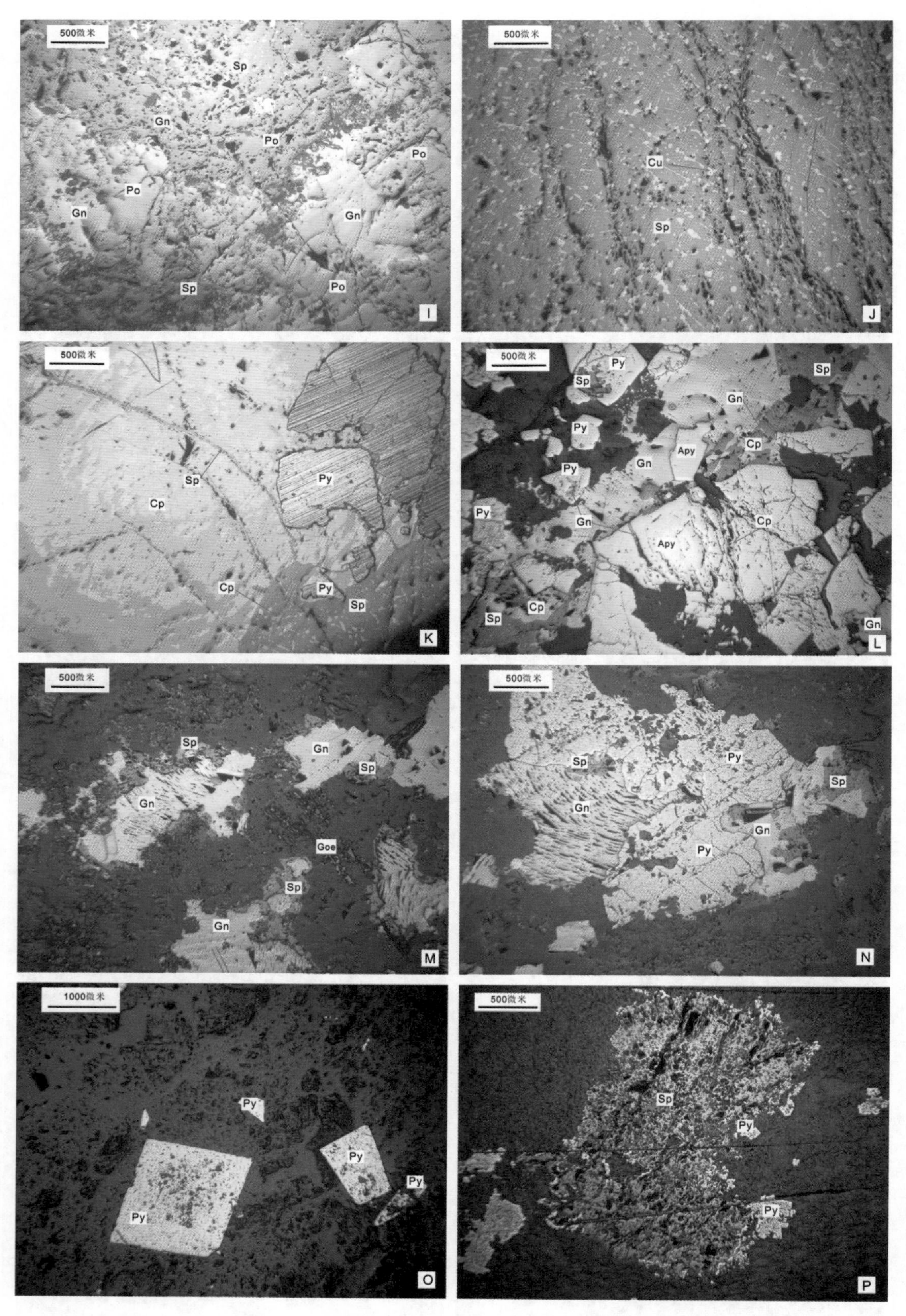

图4-61　佛子冲铅锌矿矿石典型矿物组成及矿相结构

Apy—毒砂；Cp—黄铜矿；Gn—方铅矿；Goe—针铁矿；Mt—磁铁矿；Po—磁黄铁矿；Py—黄铁矿；Sp—闪锌矿

表 4-23　佛子冲矿床单矿物中 Ag 的含量表（g/t）

矿物	方铅矿	闪锌矿	黄铜矿	备注
一般	134～3325	36～435	870～1670	据广西 204 队《佛子冲矿床石门—刀支口矿段勘探报告》，1978
最高	6250	947	1745	
平均	1916	197	1330	

原广西有色 204 队，桂林矿产研究院，中南工大分别于 1978 年、1987 年、1993 年对佛子冲矿田内的佛子冲矿床、牛卫矿床、勒寨矿床进行单矿物中微量元素查定工作，虽然测试单位不同，时间也不同，但结果基本一致（表 4-24）。

表 4-24　佛子冲矿田单矿物元素含量 w_B 特征表

矿物		S（%）	Fe（%）	Pb（%）	Zn（%）	Bi	Sb	Mn	Se	Ag	Cd	Co	Ni	Cu	In
方铅矿	平均值	13.08		85.36		4184	230	76	252	2554	79.86				
	方差	0.28		0.57		4938	187	67.2	205	2650	48.1				
	变化系数	0.02		0		1.18	0.81	0.88	0.81	1.03	0.6				
黄铁矿	平均值	49.03	44.44						12.33	74.48	39.33	166.7	210		
	方差	1.85	1.02						7.37	60.7	30	158	252		
	变化系数	0.03	0.02						0.59	0.81	0.76	0.94	1.2		
闪锌矿	平均值	31.1	9.51		52.41			5400	9	138	5343			5970	13.14
	方差	1.55	2.78		3.94			1899	8.14	66.5	310			0.49	16
	变化系数	0.04	0.29		0.07			0.35	0.9	0.48	0.05			0.82	1.22

除注明外，其余单位均为 10^{-6}（资料来源：桂林矿产研究院，1987）。

方铅矿中的主要杂质元素是 Cd、Se、Sb、Bi、Ag，Ag 含量普遍较高。黄铁矿中以类质同象方式存在的微量元素有 Co、Ni、Se、As 等，以机械混入物方式存在的元素有 Cu、Pb、Zn、Au、Ag 等，Co/Ni 比值多小于 1，可能指示成矿温度偏低。闪锌矿中呈类质同象方式存在的元素有 Ga、Ge、In 等。由于 Ga 置换 Zn 的能力低于 In，故 In 富集于早期闪锌矿中，而 Ga 则富集于晚期闪锌矿中，一般深源热液矿床闪锌矿中的 Ga/In 比值小于 1，而渗滤热液矿床闪锌矿中的 Ga/In 比值大于 1。佛子冲矿田闪锌矿的 Ga、In 含量及 Ga/In 比值变化都较大，可能反映出成矿物质来源的复杂性。

第六节　石碌铁矿

一、铁矿石特征

1. 矿石类型

石碌铁矿在生产过程中，依据矿石的主要有用及有害组分含量，将矿石划分为 5 个工业品级，即：平炉富铁矿（H1）、低硫高炉富铁矿（H2）、高硫高炉富铁矿（H3）、贫矿（H4）和表外次贫矿（H5）。H1 的主要化学特征是全铁含量大于 58%、SiO_2 含量小于 12%、S 含量小于 0.15%、P 含量小于 0.15%；H2 和 H3 的全铁含量均大于 45%，但 H2 中 S 含量小于 0.3%、而 H3 大于 0.3%；H4 中全铁含量在 30% 和 40% 之间，平均大于 30%；H5 中全铁含量在 20%～30% 之间。其中，H1 型平炉赤铁矿矿石最为重要，特别是在北一区段，主要赋存于北一铁矿体的中心部位，贫矿则主要赋存在其他小矿体或主矿体的边部。全区铁矿石品位最高达 69%（全铁），平均为 TFe51.15%，矿石中有害杂质 S、P（P_2O_5 普遍低于 0.05%）等含量低，含有镓、铟、锗等元素。

以矿石结构构造及矿物共生组合为依据，可将铁矿石划分为块状石英赤铁矿型、块状黄铁矿磁铁矿赤铁矿型和矽卡岩型矿石 3 类。

块状石英赤铁矿型矿石：是本矿区最主要的富铁矿矿石类型之一。矿物成分较为简单，主要由赤铁矿、石英、磁铁矿组成，以富含赤铁矿为特征（图4-62A、B）。按矿石中磁铁矿含量的多寡还可以分为石英-赤铁矿和石英-磁铁矿-赤铁矿两种亚型。矿石以块状构造和微晶结构为主要特征。这类矿石主要分布于北一、南六矿体等的富矿层中。一般从矿体的浅部到深部，该类型矿石中磁铁矿的含量有增加的趋势。由于遭受区域变质作用，使得这类矿石的矿物和组构都发生了不同程度的变化。矿石具典型的片状构造，局部具揉皱状构造。赤铁矿多呈鳞片状、板条状，与共生的石英颗粒呈定向排列。该类矿石又被称为片状石英赤铁矿型矿石（图4-62A）。

块状黄铁矿磁铁矿赤铁矿型矿石：为本区高硫高炉富铁矿石，主要是后期热液作用形成的黄铁矿叠加在石英赤铁矿型矿石之上的结果。黄铁矿多呈细脉状、细网脉状产出，其结晶程度较高，颗粒较大（图4-62C）。叠加在矿石之上的也可以为绿帘石脉、方解石脉或它们之间的组合，甚至是具有完整矽卡岩矿物组合的矽卡岩脉（图4-62D、E）。后生磁铁矿同黄铁矿一样，结晶程度较高，颗粒较大，含量变化较大，多呈团块状、脉状、浸染状或局部稠密浸染状产出（图4-62F）。这类矿石主要分布于北一、正美、保秀等矿体的边部，特别是下部常见。

矽卡岩型矿石：多为贫矿石，少数为富矿，呈脉状产出，矿石矿物主要是磁铁矿及少量的赤铁矿（图4-62G），与钴铜矿关系密切。主要分布于北一、南六、正美、保秀等矿体。

在石碌，块状石英赤铁矿或片状石英赤铁矿最主要，其次是块状黄铁矿磁铁矿赤铁矿，而矽卡岩型矿石分布局限，规模不大。此外，在采坑边缘及外围地表可见风化形成的蜂窝状褐铁矿石（图4-62H）。

块状构造：是矿区内最主要的富铁矿构造，主要特征是矿石矿物集合体成致密排列，一般矿石矿物的含量大于80%。依矿物结晶的颗粒大小，可分为微细粒状矿物集合体和中粗粒状结晶颗粒集合体两种。前者多见于块状石英赤铁矿和块状黄铁矿磁铁矿赤铁矿两种矿石中，后者多见于矽卡岩型矿石中（图4-62A、C、G）。

片状（揉皱状）构造：为常见的矿石类型。其特点是矿物集合体有一定排列方向。它是矿石在区域变质作用过程中，由于定向应力的长久持续作用，赤铁矿结晶成鳞片状平行排列，使矿石具明显的片理。片理的产状与围岩千枚理的产状一致。赤铁矿鳞片状大小及矿石片理化的程度随受变质的深浅而异，发育好的片理呈强金属光泽（图4-62A、B）。在剪切应力集中的部位或断裂带附近，矿石受压应力强度较大，赤铁矿片理可揉皱弯曲变形形成揉皱状构造。

脉状构造：在富矿石中主要是黄铁矿集合体呈脉状、网脉状穿插于铁矿石中，在局部地区较为普遍。脉体相对较为平直、规则，脉宽一般为1～3 mm，且变化不大（图4-62C）。在主要矿体的边部、下部，方解石脉、绿帘石脉或绿帘石方解石脉也较为常见，甚至出现矽卡岩脉、磁铁矿脉（图4-62E）。这类脉体在形态上变化相对较大。

2. 矿物组成

石碌矿区铁矿石中金属矿物主要是赤铁矿和磁铁矿，其次是黄铁矿以及较少的表生褐铁矿。非金属矿物主要为石英，其次是绢云母、碧玉、方解石及绿帘石、石榴子石、透辉石、透闪石等矽卡岩矿物。主要矿物的特征如下：

赤铁矿：手标本为钢灰色，鉴定特征为樱桃红色条痕，镜下为灰白色。在块状石英赤铁矿型矿石中，赤铁矿主要呈细鳞片状、鳞片状，少数呈板条状、微晶状。鳞片大小较为均匀，一般为20～50 μm，部分具近定向分布（图4-63A）。在矽卡岩型矿石中，可见赤铁矿沿磁铁矿颗粒的解理或裂隙充填交代（图4-63H），系热液成矿期的产物。

磁铁矿：手标本为铁黑色，条痕黑色，镜下为灰白色略带浅棕色。在矽卡岩型矿石中，磁铁矿多呈中粗粒自形粒状，一般为1～2 mm（图4-63H）。在块状石英赤铁矿型矿石中，磁铁矿近于同时或稍晚于赤铁矿产出，可见二者的共结边结构和较少的交代残余结构（图4-63C、D）。

黄铁矿：手标本为浅铜黄色，镜下为浅黄色。可鉴别出两期，第一期黄铁矿多呈微细粒自形粒状，一般为100～200 μm，较均匀地分布于铁矿石的碧玉团块或碧玉岩中（图4-63E）。第二期黄铁

图 4-62　石碌铁矿各种矿石类型及其特征

A—块状石英赤铁矿型矿石，普遍遭受区域变质作用改造，部分已变为片状石英赤铁矿型矿石（拍摄于北一采场东邦）；B—片状石英赤铁矿型矿石（手标本）；C—块状黄铁矿磁铁矿赤铁矿型矿石，黄铁矿呈规则细脉状、细网脉状充填于块状铁矿石中（拍摄于北一采场西邦）；D—块状铁矿石局部破碎成大小不等的角砾，并为硫化物等所胶结，角砾具较好可拼性；E—块状铁矿石中产出的矽卡岩脉，矽卡岩脉具有完整的矽卡岩矿物组合；F—块状铁矿石中呈稠密浸染状分布的自形磁铁矿颗粒；G—块状磁铁矿矿石；H—地表风化后形成的蜂窝状褐铁矿矿石矿在手标本上成细脉状、网脉状穿插于铁矿石中，且细脉多由单颗粒断续连接体现。镜下多呈中细粒自形-半自形粒状，一般为1 mm±，普遍交代赤铁矿和磁铁矿并包含二者残余的鳞片状晶体（图4-63F）。另外，极少的黄铁矿呈他形粒状充填交代赤铁矿和磁铁矿，与中细粒自形-半自形黄铁矿应为同一期不同环境中的产物。

石英：镜下表面光滑，无风化物，正低突起，无解理，无色透明，干涉色一般为灰白色。石英为铁矿石最主要的脉石矿物，一般多呈近浑圆状、近椭圆状，角砾状等被赤铁矿呈基底式胶结（图4-63A、B）。近浑圆状的石英颗粒粒径一般较大，约100～200 μm，而角砾状的石英颗粒粒径则相对较小，约50～100 μm。在受区域变质作用改造强烈的矿石中，可见角砾状的石英同鳞片状的赤铁矿呈近定向分布。

此外，矿石中的石英、赤铁矿粒间可见绢云母产出，部分矿石中也可见碧玉团块。而在后期热液叠加作用强烈的矿石中可见绿帘石、方解石以及矽卡岩矿物，甚至出现完整的矽卡岩矿物组合，且它们多呈粗细不等的脉状产出。

3. 矿石结构构造

矿区铁矿石结构构造种类较多，它们各自显示了原生沉积成因，区域变质和后期热液叠加的特点。主要的矿石构造分述如下：

浸染状构造：黄铁矿或磁铁矿晶粒呈星散状分布于矿石中，局部呈稠密浸染状（图4-62F）。

角砾状构造：较少见，多位于矿体与钴铜矿体的接触部位或断裂带中。铁矿石局部破碎成大小不等的角砾，被黄铁矿、黄铜矿、方解石等矿物所胶结，角砾通常具有较好的可拼合性（图4-62D）。

蜂窝状构造：主要产出于采坑边缘及外围地表，系铁矿石地表风化为褐铁矿而成（图4-62H）。

矿石主要结构分述如下：

鳞片变晶结构：为富铁矿石中的常见结构，鳞片状或板条状赤铁矿呈定向或非定向排列。鳞片大小一般较为稳定、均匀，以20～50 μm大小者为常见，变质及结晶程度高时鳞片可增大（图4-63A）。

细鳞片状结构：赤铁矿呈细鳞片状杂乱分布，鳞片大小变化较大，且整体相对较小（图4-63G）。

共结边结构：早期赤铁矿和磁铁矿常构成此结构，二者颗粒界面毗邻平整，呈舒缓波状，无相互插入现象（图4-63D）。

交代结构：早期磁铁矿交代赤铁矿现象少见，赤铁矿交代磁铁矿在矽卡岩型矿石中较为普遍。第二期黄铁矿交代早期赤铁矿、磁铁矿也很普遍，前者常包含后二者残余的鳞片状晶体，或充填于其隙间（图4-63C、F、H）。

自形-半自形粒状结构：第一期黄铁矿多呈六面体的自形粒状产出，少部分为其他矿物（磁铁矿、黄铜矿等）交代呈半自形粒状（图4-63E）。第二期黄铁矿则多呈中细粒自形-半自形粒状（图4-63F）。块状石英赤铁矿型矿石中呈稠密浸染状分布的磁铁矿以及矽卡岩型矿石中的磁铁矿大多为八面体的自形-半自形粒状（图4-63G、H）。

他形粒状结构：石英颗粒呈近浑圆状、近椭圆状，角砾状等他形粒状被赤铁矿呈基底式胶结（图4-63A、B）。

另外，铁碧玉中发育有被碧玉交代残留的磁铁矿（图4-64a、b）；同时形成的磁铁矿和赤铁矿互相镶嵌交代（图4-64c）；磁铁矿和赤铁矿中包含有不规则的石英（图4-64d）；细脉状的石英和闪锌矿脉充填在致密块状铁矿石中（图4-64c、d）。铁矿石构造主要为致密块状构造和脉状构造，条带状，浸染状及角砾状少见。

二、铜钴矿石特征

1. 矿石类型

前人根据矿石中矿物共生组合关系及组合中标型矿物的特征，将钴铜矿石划分为三个类型，即含钴黄铁矿矿石、含钴磁黄铁矿矿石和黄铜矿矿石，其中含钴黄铁矿型矿石约占70%。除此之外还有少量的表生氧化矿石，主要由孔雀石、褐铁矿等组成（图4-65h）。本次工作根据矿石中矿石矿物含

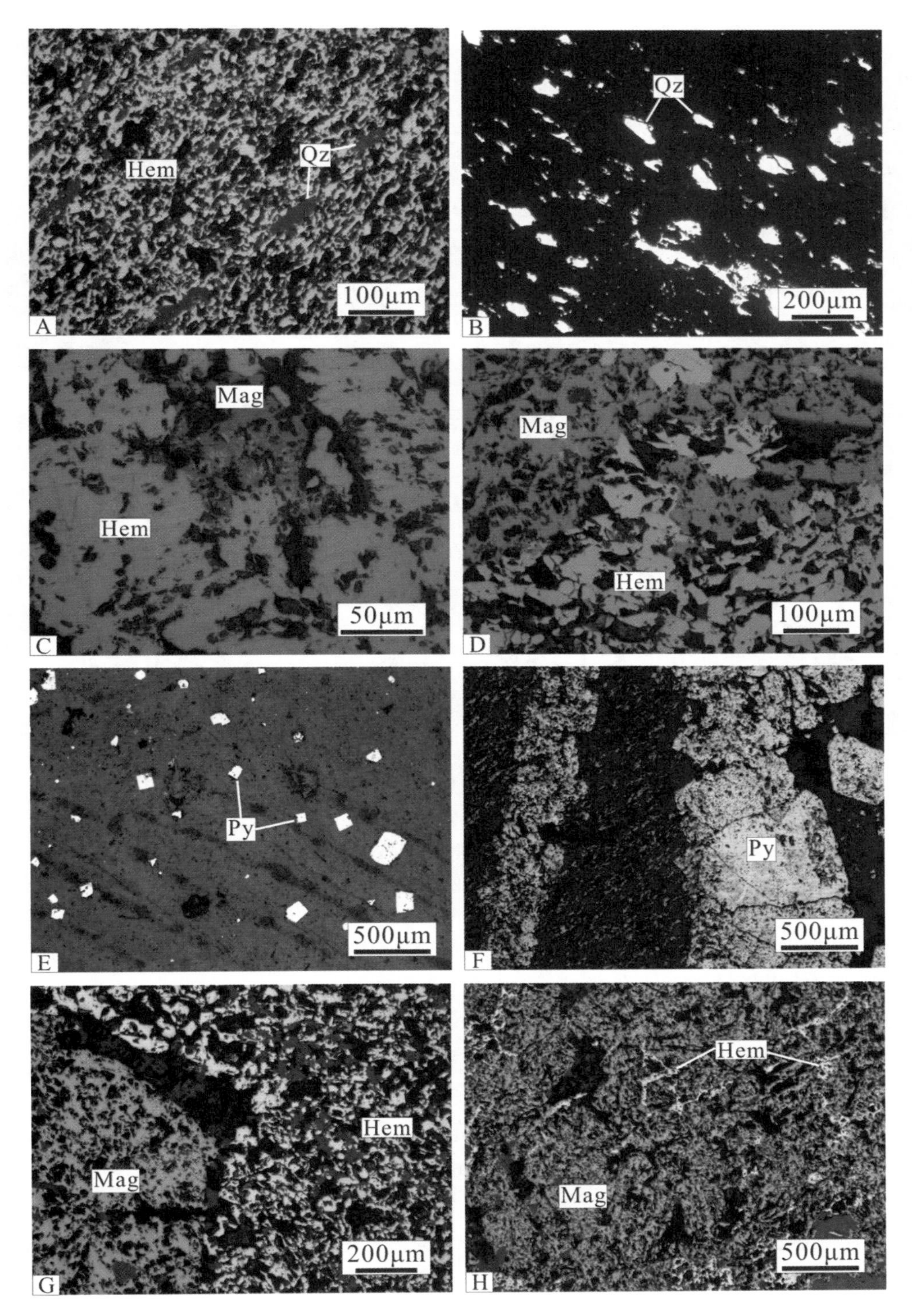

图 4-63　石碌铁矿床铁矿体主要矿物镜下特征

A—细鳞片状、鳞片状赤铁矿粒间分布少量石英颗粒，二者略具定向；B—定向分布于矿石矿物中的石英颗粒；C—磁铁矿局部交代赤铁矿产出，前者稍晚于后者；D—赤铁矿同磁铁矿近于同时产出，形成共结边结构；E—自形粒状均匀散布于脉石矿物中的黄铁矿，颗粒相对细小；F—自形-半自形粒状黄铁矿，颗粒相对粗大，集合体呈脉状；G—细鳞片状、鳞片状赤铁矿中分布的八面体自形-半自形粒状磁铁矿；H—八面体自形-半自形粒状磁铁矿，赤铁矿沿磁铁矿颗粒的解理或裂隙充填交代

量多少细分为富钴铜矿和贫钴铜矿（图 4-65a、g）。导致矿石矿物含量变化的主要原因是白云岩团块的存在（图 4-65e、f）以及硅化和碳酸盐化等蚀变的影响。

矿区钴铜矿体中发现有 40 多种钴、镍、铜矿物，但绝大部分含量少，不具有工业意义。矿石主

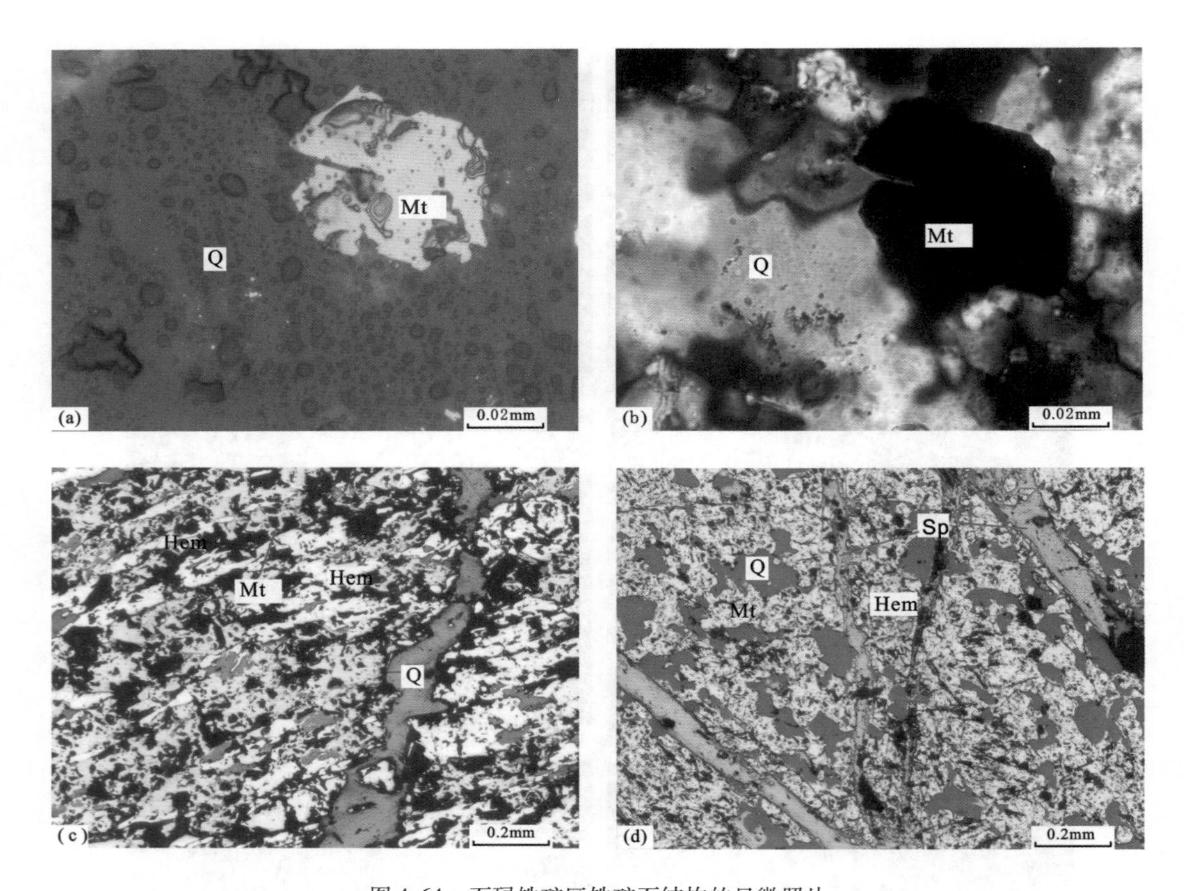

图 4-64　石碌铁矿区铁矿石结构的显微照片

a、b—碧玉岩中浸染状分布的磁铁矿，可见碧玉呈针状嵌入磁铁矿颗粒中，反映赤铁矿形成稍早于碧玉，a 为反射光下，b 为正交光下；c—赤铁矿呈鳞片状与磁铁矿交错分布，构成镶嵌交代结构；d—磁铁矿和赤铁矿中包含有不规则的石英，闪锌矿沿赤铁矿裂隙呈脉状充填交代

要是由黄铁矿、黄铜矿、磁黄铁矿及辉钴矿、白云石等组成。钴元素 67% 呈类质同象分散于黄铁矿和磁黄铁矿中，23% 以辉钴矿形式存在。

2. 矿石矿物组成

铜钴矿石主要是由磁黄铁矿、黄铜矿、黄铁矿和白云石组成，还可见透闪石及极少量的闪锌矿、透辉石、方解石等。主要矿物的特征如下：

磁黄铁矿：手标本为暗古铜黄色，镜下为浅黄色微带玫瑰棕色。细粒结构，他形-半自形结构，粒度一般 200 ~ 500 μm，常同黄铜矿共生（图 4-66A）。

黄铜矿：手标本为铜黄色，镜下亦为铜黄色。以他形-半自形粒状晶出，粒度一般 50 ~ 100 μm。常见其充填交代磁黄铁矿，亦可见二者构成共结边结构，可见黄铜矿近于同时或稍晚于磁黄铁矿产出（图 4-66A、B）。

黄铁矿：手标本为浅铜黄色，镜下为浅黄色。可鉴别出两期，第一期黄铁矿多呈微细粒自形粒状，一般为 100 ~ 200 μm，均匀地散布于白云石中（图 4-66E）。手标本中常观察到的是第二期黄铁矿，镜下多呈中细粒半自形-他形粒状，一般为 200 ~ 400 μm，常被磁黄铁矿和黄铜矿交代（图 4-66B、C、E）。

白云石：手标本多为白色或灰白色，镜下无色，解理纹常见且显著。当富含矿石矿物时，白云石通常被其充填交代甚至包裹（图 4-66D）。矿石中也可见残留的白云岩碎块，大小不等，边界模糊。

3. 矿石结构构造

钴铜矿石结构构造相对简单，构造主要有块状构造、条带状构造、致密浸染状构造；结构主要有半自形-他形粒状结构、自形粒状结构、交代结构等。

图 4-65　石碌铁矿床钴铜矿体矿石类型及其特征

a—块状钴铜矿石，主要矿石矿物为磁黄铁矿和黄铜矿；b—钴铜矿石呈粗细不等的矿脉产出于白云岩中；c—细脉状或网脉状硫化物充填于铁矿石中；d—硫化物矿石包裹铁矿石角砾 e—块状钴铜矿石中包含残余的白云岩团块；f—靠近围岩的块状钴铜矿石中包含残余的白云岩团块；g—浸染状、致密浸染状钴铜矿石，局部呈团块状，脉石矿物主要为白云石，属贫钴铜矿石；h—黄铜矿经地表风化后形成的孔雀石呈被膜状覆盖于矿石表面

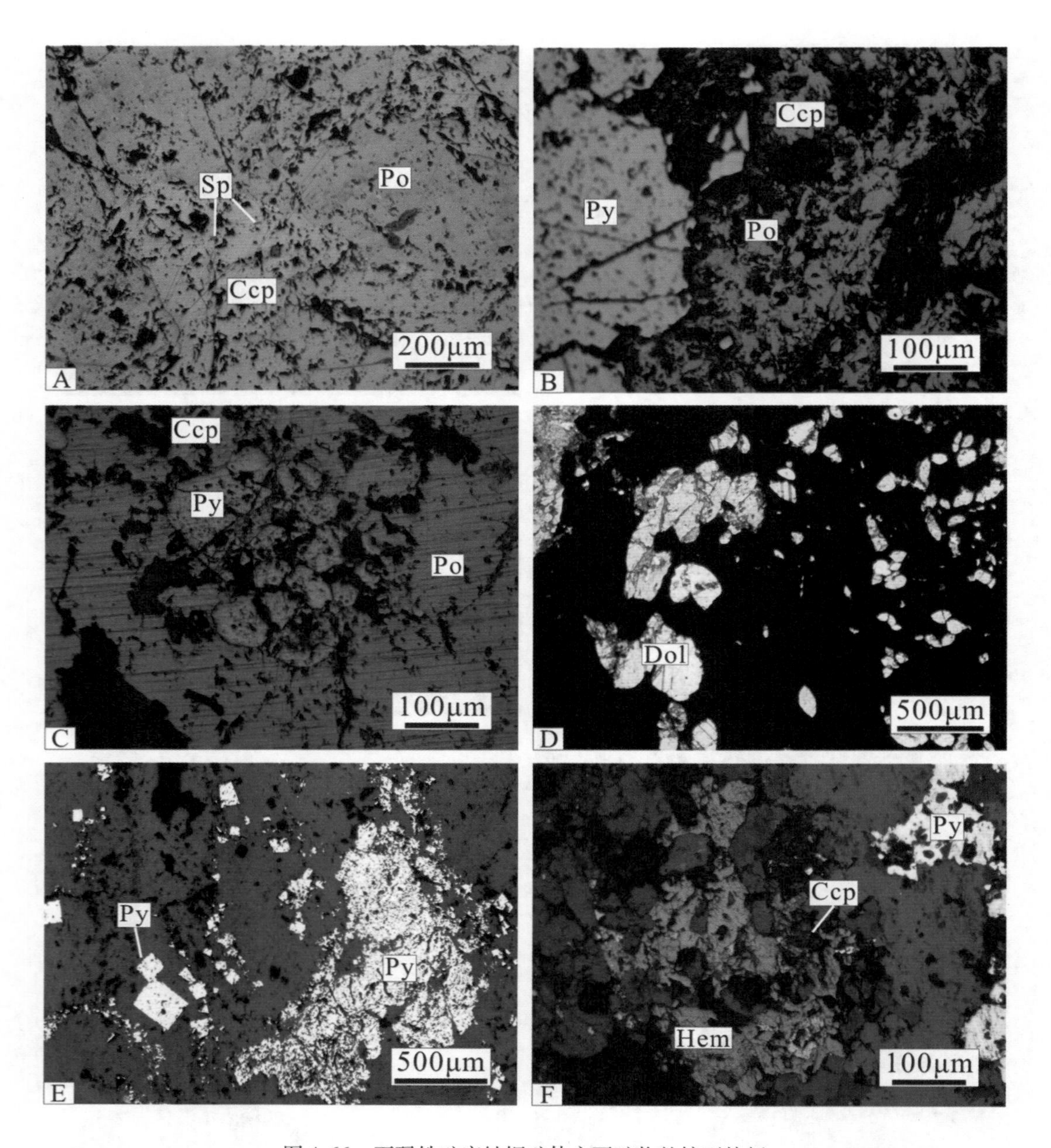

图4-66　石碌铁矿床钴铜矿体主要矿物的镜下特征

A—黄铜矿充填交代磁黄铁矿，黄铜矿中包裹有少数细小的闪锌矿；B—黄铜矿同磁黄铁矿近于同时产出，形成共结边结构，并共同充填交代黄铁矿；C—黄铜矿同磁黄铁矿充填交代黄铁矿；D—白云石为矿石矿物充填交代甚至包裹其中；E—第一期黄铁矿呈微细粒自形粒状均匀散布于白云石中，第二期黄铁矿呈中细粒半自形-他形粒状充填交代产出于脉石矿物粒间；F—蚀变脉中产出的赤铁矿及充填交代于其粒间的黄铜矿

块状构造：富矿石最主要的构造，以磁黄铁矿为主的矿石矿物集合体紧密排列，黄铜矿的含量相对较少，在一定范围内略具变化（图4-65）。矿石中偶尔包含有白云石碎块，大小不等，为含矿热液交代而边界模糊，甚至出现透闪石化等蚀变现象（图4-65e、f）。

脉状构造：矿区内常见的矿石类型。以磁黄铁矿为主的富钴铜矿物集合体充填交代白云岩，呈脉状产出于其中。矿脉的产出密度变化较大，在局部地区可见多条矿脉近平行产出，且一同受到后期断裂裂隙破坏错动或者揉皱变形。矿脉的宽度差别较大，主要为1～4 cm，单条矿脉的宽度变化也较大（图4-65b）。脉体边界弯曲变化，略显不规则，可见尖灭再现及分支复合现象。

浸染状构造：磁黄铁矿、黄铜矿、黄铁矿等硫化物集合体散布于白云岩中，局部呈致密浸染状、团块状等（图4-65g）。

交代结构：黄铁矿、磁黄铁矿、黄铜矿以及白云石之间存在普遍的交代现象，呈交代残余结构、溶蚀边结构，尖角状交代结构等（图4-66A-D）。

共结边结构：磁黄铁矿和黄铜矿构成此结构，二者颗粒界面毗邻平整，呈舒缓波状，无相互插入现象（图4-66B）。

自形粒状结构：早期的黄铁矿多呈六面体的自形粒状产出，均匀散布于白云石中（图4-66E）。

半自形-他形粒状结构：交代后的矿物颗粒通常呈他形粒状（图4-66C-E）。

三、成因矿物学研究

1. 石榴子石

石榴子石为矽卡岩的特征矿物，同时也大量出现在变质岩中，在沉积岩中也以副矿物形式出现。由于该族矿物类质同象置换普遍，晶体化学式为 $A_3B_2(SiO_4)_3$，A 代表 Ca^{2+}、Mg^{2+}、Mn^{2+}、Fe^{2+}；B 代表 Al、Fe^{3+}、Mn^{3+}、Cr、Ti。根据成分可将石榴子石分成铝质榴石与钙质榴石系列。本区两者均有，以钙铁榴石为主，少量锰铝榴石。

本区石榴子石主要赋存在第六层中，或与透辉石构成石榴子石透辉石岩，或与绿帘石构成绿帘石石榴子石岩，或与石英磁铁矿赤铁矿构成贫矿石，有时形成单矿物岩——石榴子石岩。这些岩石多分布在磁铁矿层上下盘，或与绿帘石共生，说明三者同处于一个成因体系中，所以石榴子石可以作为寻找磁铁矿-赤铁矿层的找矿标志矿物。钙铁榴石多呈团块状，粗粒他形集合体为主，自形半自形较少，显非均质性。

本区石榴子石的化学成分及晶胞参数，晶体化学式与比重（表4-25）。钙铁榴石中，含 $Ca_3Al_2(SiO_4)_3$ 分子数为3.1%～22.4%。石榴子石晶胞参数大小与 $Ca_3Fe_2(SiO_4)_3$ 分子含量有一定关系。铝质榴石与钙质榴石相比，前者明显小于后者。在该系列矿物中，晶胞参数大小因成分而异，其变化有一定规律性。其中 $Ca_3Fe_2(SiO_4)_3$ 的晶胞参数最大，$Mg_3Al_2(SiO_4)_3$ 的晶胞参数最小。由于类质同象极为广泛，很难得到单一的端员组分，因而其晶胞参数总是随着 $Ca_3Fe_2(SiO_4)_3$ 分子数的增加而增加。

表4-25　石碌矿区石榴子石化学成分、晶胞参数、比重、晶体化学式

编号		653-4	653-5	653-16	388-14	709-19	B5-8	344-117
矿物名称		钙铁榴石	钙铁榴石	钙铁榴石	钙铁榴石	钙铁榴石	钙铁榴石	锰铝榴石
成分	SiO_2	35.04	34.66	36.52	36	35.79	34.41	37
	TiO_2	0	0	0.28	0.1	0.2	0.32	0.38
	Al_2O_3	3.14	4.18	4.52	4.33	1.68	6.35	18.99
	Fe_2O_3	27.13	25.87	17.02	23.04	19.49	24.95	3.35
	FeO	0.44	0	6.75	1.17	2.18	0	3.26
	MnO	1.5	2.89	0.4	0.3	0.53	0.72	34.03
	MgO	0	0	0	0	0	0	0.28
	CaO	35.26	33.09	35.79	34.9	31.45	34.42	4.91
	K_2O	0.04	0.03	0.03	0	0	0	0.03
	Na_2O	0	0	0	0	0	0	0
晶胞参数		12.059	12.01	11.9	11.86	11.971	11.992	11.683
比重		3.61	3.31	3.58	3.82	3.47	3.81	3.92
产状		绿帘石石榴子石岩	绿帘石石榴子石岩	绿帘石石榴子石岩	绿帘石石榴子石岩	绿帘石石榴子石岩	绿帘石石榴子石岩	绿帘石石榴子石岩

（据冯建良等，1981）

石榴子石的类质同象置换在一定条件下也受变质程度的影响。变质程度随温度压力的增高而加大，变质作用中的矿物所受压力也增大，矿物晶格也随之受到影响，使大半径的离子比小半径的离子更难于进入晶格，因而晶胞参数相应降低。例如，Fe^{2+}离子半径为0.74Å，Al^{3+}离子半径为0.49Å，变质加深，可使Fe^{2+}离于减少，Al^{3+}离于增加，矿物晶胞参数则减小。

根据所搜集的国内外不同成因的22个石榴子石的化学成分作了Al-Ca/（Ca + Mg + Mn + Fe^{2+}）直角坐标图解（图4-67），可见钙质榴石与铝质榴石有明显的不同分区，钙质榴石均为接触变质成因，铝质榴石均为区域变质成因。已知Ca^{2+}、Mn^{2+}、Fe^{2+}、Mg^{2+}离子半径依次递减，但它们的配位数均为8，进入晶格需要的条件就有差异。Ca^{2+}显八次配位所需压力不大，因此钙质榴石形成于接触变质条件下；Mn^{2+}呈八次配位需较大压力，因而锰铝榴石形成于低级区域变质条件下；Fe^{2+}呈八次配位需较大压力，因之铁铝榴石形成于中级区域交质条件中；Mg^{2+}则必须在极大的压力下才能呈稳定的八次配位，故镁铝榴石出现于深成的榴辉岩中。本区以钙铁榴石为主，锰铝榴石少量，说明其成因以接触变质为主，并曾经历过低级区域变质作用。

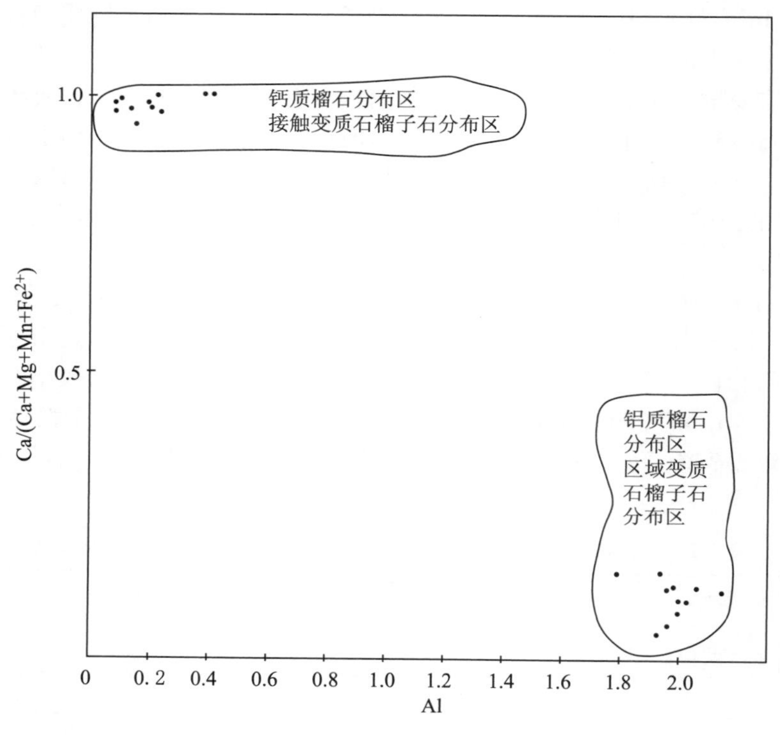

图4-67　石榴子石变质成因分布区

（据中科院华南富铁科研队，1986）

2. 磁铁矿

磁铁矿是本区次要的矿石矿物，本区磁铁矿除富集成磁铁矿石外，还以变斑晶状出现在赤铁矿矿石中（图4-63B）。层状磁铁矿与石英粉砂共生，矿石为变余砂状结构，磁铁矿作为胶结物存在于基质中。共生矿物还有透辉石、透闪石、石榴子石、钾长石等。与热液作用有关的磁铁矿多为脉状穿插赤铁矿或其他矿物（图4-63）。磁铁矿多呈自形-半自形或他形粒状（图4-63）。

石碌矿区磁铁矿中（表4-26）TiO_2（0.04%）、V_2O_5（0.01%）含量低于岩浆型（TiO_2 10.22%、V_2O_5 0.78%）、热液交代型（TiO_2 0.334%、V_2O_5 0.03%～0.60%）、接触交代型（TiO_2 0.183），接近区域变质型（TiO_2 0.089%、$V_2O_5$0.13%）与沉积变质（TiO_2 0.49%、$V_2O_5$0.037%）。BaO含量高，达0.01%～0.09%。磁铁矿晶胞参数、比重、硬度、反射率值与各种成因类型相比亦接近区域变质型（表4-27）。层状磁铁矿赋存在钴铜矿体上部，赤铁矿体中下部，说明在铁质沉积过程中存在还原-氧化的环境。

表 4-26　石碌矿区磁铁矿化学成分含量（w_B/%）

编号	Fe_2O_3	FeO	TiO_2	V_2O_5	MnO	CaO	BaO	Ni	Cr	C
710-28	68.34	30.68	0	0.02	0.04	0.03	0.07	0		
80599-1	68.18	30.69	0.02	0.01	0.12	0		0.01	0.02	0.02
80388-1s	67.93	30.56	0.04	0	0.15	0		0.01	0.02	0.02
709-28	68.1	30.39	0.03		0.03	0.03	0.04	0.01		
530-6-1	67.55	30.36	0.06		0.04	0.09	0.06	0.03		
599-21	68.04	30.46	0		0.08	0.01	0.04			
80724-3	68	30.85	0.17	0.02	0.23	0				
80724-20	67.95	30.6	0.01	0	0.05	0		0	0.01	0.01
秀-5	69.3	31.11	0		0.08	0.02	0.01			
80724-6	67.87	30.26	0		0.19	0		0.01	0.01	0.02
344-78	68.96	30.87	0		0.05	0.01	0.08	0.01		
709-31	68.96	30.84	0		0.03	0.02	0.09	0.13		0.03
80322-3	68.47	30.8	0	0.01	0.07	0			0.01	0.02
Hs-10	67.68	30.6	0.32		0.28	0.04	0.02	0.01		

注：710-28 次贫磁铁矿；80599-1 磁铁矿层中富磁铁矿矿石；80388-1s 透辉透闪磁铁矿石；709-28 石榴阳起绿帘磁铁矿石；530-6-1 石榴磁铁矿石；599-21 贫铁矿石；80724-3 含铁透辉透闪石岩；80724-20 富赤铁磁铁矿石；秀-5 磁铁赤铁矿石；80724-6 块状赤铁磁铁矿石；344-78 含磁铁网脉赤铁矿石；709-31 含硫化物磁铁白云石；80322-3 高硫磁铁矿石；Hs-10 透闪阳起石英贫磁铁矿石（据冯建良等，1981；中科院华南富铁科研队，1986）。

表 4-27　不同成因类型磁铁矿矿床中磁铁矿的晶胞参数、硬度、比重、反射率

矿床类型		岩浆矿床	接触交代	热液交代		区域变质	石碌铁矿
维克硬度值（kg/mm^2）		（550-750）/641	（480-635）/600	镁磁铁矿（560-1100）/758	硅钙镁磁铁矿（946-1594）/1174	（440-570）/542	（604-759）
比值		4.65-4.86	4.626		5.01-5.173	4.93-5.25	
单位晶胞棱长		8.395-8.41	8.384-8.4053	8.383-8.401		8.392	8.366-8.407
在单色光下测定的反射率	440	16.4		20.2	17.2	20.5	20.3-21.6
	460	16.7					20.1-21.1
	480	16.65		19.2	16.1	19.2	20.1-21.1
	500	6.75					19.8-20.9
	520	16.9					20.1-20.9
	540	16.95		19.2	15.8	21.1	20.2-21
	560	17.05					20.3-21.2
	580	17.2		19.1	16	22	20.2-21.3
	600	17.45					20.1-21.4
	620	17.2					20-21.6
	640	16.05		18.7	16	20.5	20.3-21.5

（据中科院华南富铁科研队，1986）

3. 透闪石

本区闪石除透闪石-阳起石外，还有少量普通角闪石，常与透辉石共生，二者有许多相似之处。

透闪石-阳起石产出形态多种多样，半自形-自形长柱状、细纤状、斜状、微晶状、粗晶状及放射状，呈条带或分散在岩石中。多为热变质产物，少数为后期热水溶液交代生成的脉状，穿插早期矿物。透闪石-阳起石多在透辉石透闪石岩中富集成条带，多为不定向排列，纤状变晶结构。与榍石钾长石条带，透辉石条带、绢云母石英条带相间。相间的各条带中矿物截然不同，互不穿插，界线清楚，组分单一。这种明显的物质分异和层次清楚的纹层状构造显示了原始沉积韵律，说明这些矿物的原始物质是经过长期搬运沉积的。

该系列矿物与铁矿体关系密切，透闪石中 Fe^{2+} 与 Mg^{2+} 为完全类质同象代替。折光率与比重值（表4-25）均受 Fe 含量的影响。Fe 含量越高，比重、折光率值越大。这是由于 Fe 的原子量（55.84）是 Mg 的原子量（24.305）的2.3倍。所以含铁越高，矿物比重越大。在透闪石-阳起石中，含铁多少与距铁矿远近直接相关。距矿体越近含铁越高，反之亦然。说明该矿物中 Fe^{2+}、Mg^{2+} 置换受铁矿影响。

根据X-射线粉晶分析结果用手算和电算程序计算的晶胞参数（表4-28）可看出这样的规律，即透闪石-阳起石中 Fe 含量越高，b_0 值越大。这是因为 Fe^{2+} 离子半径呈六次配位的是0.74Å，Mg 离子半径呈六次配位的是0.66Å，前者大于后者。而 b 轴长短又与 M_2 位置的离子半径平均值呈正比，因而 Fe^{2+} 含量多，b_0 就大。透闪石-阳起石化学成分见表4-28。

表4-28　石碌矿区透闪石-阳起石化学元素含量表（w_B/%）

编号	矿物名称	SiO_2	TiO_2	Al_2O_3	Fe_2O_3	FeO	MnO	CaO	MgO	K_2O	Na_2O	Cr_2O_3
344-91	透闪石	57.72	0.03	1.66		3.3	0.14	14.77	19.34	0.15	0.01	
400-24	透闪石	58.78	0.03	1.31		3.9	0.12	14.76	21.31	0.09	0.01	
CK653-25	透闪石	57.85	0	1.28		5.38	0.24	14.81	20.74	0.07	0.02	
710-32	透闪石	58.37	0	1.46		6.86	0.03	14.27	18.78	0.37	0.02	
601-6	透闪石	58.52	0	1.8		7.3	0.19	13.52	16.68	0.06	0.02	
344-104	阳起石	55.67	0.02	1.95		8.71	0.41	14.25	18.09	0.15	0.02	
344-90	阳起石	54.4	0.04	2.85		10.64	0.11	13.93	15.86	0.32	0.02	
77344-85	阳起石	55.48	0.1	1.75		14.1	0.47	11.08	15.48	0.16	0.2	0.08
77344-89	阳起石	53.19	0.19	3.6		9.63	0.22	12.01	17.3	0.82	0.14	0.08
77344-91	透闪石	58.95	0.09	0.21		4.71	0.27	14.12	22.21	0.15	0.17	0.07
77344-93	透闪石	58.83	0.08	0.57		4.67	0.45	13.08	21.93	0.04	0.1	0.07
77344-70	阳起石	55.46	0.13	2.14		13.75	0.35	10.62	15.56	0.19	0.3	0.06
77344-90	阳起石	55.45	0.3	5.82	2.05	7.51	0.15	12.5	14.16	1.64	0.22	0.011

透闪石-阳起石与透辉石-钙铁辉石系列在化学组分上最大的区别在于前者有 $(OH)^-$ 离子，后者没有，因而两者在形成条件上就有了差别。透闪石-阳起石必须在有 H_2O 或 $(OH)^-$ 的情况下才能形成。H_2O 与 $(OH)^-$ 的来源很多，即或在变质温度较高的情况下仍可能获得。比如参加晶格的结晶水，失水温度可在很大区间内变化，从常温到600℃；而具（OH）形式存在的离子与矿物结合紧密，从矿物中逸出需要更高的温度，约600℃～1000℃。如本区似层状硬石膏，即是石膏（$CaSO_4 \cdot H_2O$）在变质不断加深，温度逐渐升高的情况下脱水而成的。这些水分子就可以作为透闪石-阳起石中 $(OH)^-$ 的来源之一。

实验证明，在接触热变质或区域变质的初期阶段，硅镁质碳酸盐就可以变质成滑石；而当温度继续升高，滑石就可变质成透闪石，反应式是：

$$\underset{\text{白云石}}{3CaMg(CO_3)_2} + H_2O + 4SiO_2 \leftrightarrow \underset{\text{滑石}}{Mg(Si_4O_{10})(OH)_2} + \underset{\text{方解石}}{3CaCO_3} + 3CO_2$$

$$\underset{\text{滑石}}{5Mg(Si_4O_{10})(OH)_2} + 6CaCO_3 + 4SiO_2 \leftrightarrow \underset{\text{透闪石}}{3Ca_2Mg_5[Si_4O_{11}]_2(OH)_2} + 2H_2O + 6CO_2$$

透闪石也可由硅质白云岩直接变质而成，反应式是：

$$\underset{\text{白云石}}{5CaMg(CO_3)_2} + 8SiO_2 + H_2O \leftrightarrow \underset{\text{透闪石}}{Ca_2Mg_5[Si_4O_{11}]_2(OH)_2} + \underset{\text{方解石}}{3CaCO_3} + 7CO_2$$

第七节　矿物标型在成因研究方面的应用——以电气石为例

近些年来，矿床学界在界定某一个矿床的成因类型时，往往更多地依据同位素地球化学、包裹体地球化学、微量元素地球化学和稀土元素地球化学等“数字类”依据，而不重视矿物、矿石的形态学特征，对于矿物的结构、矿石的构造、矿脉的产状特征反而研究不够深入。实际上，任何数字类的依据必须以宏观地质特征为前提，也只有基于宏观特征的微观证据以及肉眼看不见的“数字”依据才具有说服力，也才能弥补宏观现象之不足。此处以电气石为例加以说明。

电气石是一种含挥发分的硅酸盐矿物，其化学通式为 $XY_3Z_6[Si_6O_{18}](BO_3)_3W_4$。其中 X 位可以被 Ca^{2+}、K^+，占据，有时也会形成空位（可形成无碱电气石），还可以被 Mg^{2+}、Mn^{2+}、H_3O^+ 占据，Y 位为 Mg^{2+}、Fe^{2+}、Al^{3+}、Li^+ 所占据，通常还会被 Mn^{2+}、Ca^{2+}、Fe^{3+}、Mn^{3+}、Cr^{3+}、Ti^{4+} 占据，Z 位主要被 Al^{3+} 占据，也会被 Mg^{2+}、Fe^{2+}、Cr^{3+}、V^{3+}、Ti^{3+}、Ti^{4+} 占据，W 位主要被 O^{2-}、OH^-、F^-、Cl^- 占据（Slack，1982；Sheaver，1986；Dietrich，1985；Plimer，1988）。由于 XYZ 的位置的置换以及形成环境的不同而表现出来的成分上的差异，形成了结构大致相同、成分有一定差异的众多的电气石种类。Dietrich（1985）的资料统计，电气石矿物种类多达 29 种。其中常见的有黑电气石、镁电气石、钙镁电气石和锂电气石。实际上，在自然界出现最多的是端元之间的固溶体系列。黑电气石-镁电气石和黑电气石-锂电气石是两组完全类质同象系列，而镁电气石与锂电气石之间显然是不混溶的。上述特点决定了电气石具有良好的标型特征。

电气石成分中富含挥发组分 B 及 H_2O，所以多与气成作用有关，多产于花岗伟晶岩及气成热液矿床中。一般黑色电气石形成于较高温度，是正常的无交代的伟晶岩所特有；绿色、粉红色者一般形成于较低温度。早期形成的电气石为长柱状，晚期者为短柱状。此外，变质矿床中亦有电气石产出。花岗伟晶岩中产出的电气石为铁电气石-锂电气石系列。在白云母及二云母花岗岩中与石英、微斜长石、绿柱石共生，为铁电气石；受交代强烈的花岗伟晶岩中多为锂电气石，共生矿物有钠长石、绿柱石、锂云母、铯榴石、铌钽矿物等。我国新疆阿尔泰和内蒙古的花岗伟晶岩均有产出。

尽管地质学家早已注意到富电气石的岩石对成矿环境的指示意义，并逐渐总结出了一些规律，如镁电气石与海底喷流块状硫化物矿床关系密切、黑电气石与锡或锡钨花岗岩有关、锂或锂铁电气石与锂铍铌钽花岗岩有关等，并认识到电气石种类与围岩类型有直接关系：如果围岩为灰岩，往往形成黑电气石，围岩为白云岩则形成镁电气石，但对电气石本身的研究和成因均还存在争议。比如，对于铜坑锡多金属矿床中的电气石就存在岩浆热液交代成因和海底喷气成因两种截然不同的看法。

既然电气石可以形成于不同的环境和地质体，其成分对于环境具有一定的指示意义，为什么还常常出现成因争论呢？这主要跟工作方法有关，即有的研究以地质为基础，电气石只是作为辅助手段；而另外的研究方法则以电气石的化学成分包括其 B 同位素组成为主，以数据来解释地质。如果地质与地球化学两种方法结合得好，应该是没有多大歧见的；如果结合不好就会产生针锋相对的看法。多年来，许多地质学者对电气石和成矿环境的关系进行的大量研究所得到的认识（毛景文，1993；蒋少涌，2000；Henry et al，1985；Jiang et al，1999；王登红，1996 等），基本上是一致的，即：花岗质岩石中电气石属于黑电气石-锂电气石，以富铁为特征（毛景文，1993；蒋少涌，2000），而海底喷流环境块状硫化物矿床中的电气石多以富镁的电气石为主，将镁电气石视为海底火山喷气沉积矿床的一个标志。为此，韩发（1989）、蒋少涌（2000）等将铜坑矿床中镁电气石作为是海底火山喷流沉积成因的一个证据。但是，这种静态的研究方法仍然不能解决实际问题，即不考虑矿物成分的变化趋势而只是拿数字本身来解释成因存在明显的不足。

对于镁电气石是否只产于喷气岩或喷气矿床，王登红（1996）进行了研究，提出了镁电气石并非只见于喷气岩或喷气矿床，它也可以出现在花岗岩中。毛景文等（1993）也提出应用电气石作为成岩成矿指示剂时必须多种因素综合考虑，从动态的角度讨论电气石成分的演变，找出适宜指示环境的可靠标志。电气石成分在空间上的演化可以反映成岩成矿作用。在大厂矿田，与成矿关系密切的笼箱盖花岗岩中的电气石是黑电气石，而矿体中的电气石是富镁的黑电气石-镁电气石的固溶体系列，就成分上而言，矿体中的电气石与沙利文块状硫化物中比较是相似的，但在空间上的演化却是截然不同的。王登红（1996）对于条带状矿化关系密切或与锡石位于同一条带中的电气石的探针分析（表4-29）表明大厂层状锡矿化有关电气石富 Mg 贫 Fe，总体上与澳大利亚某花岗岩中的镁电气石成分相近，与一些块状硫化物矿床中喷气成因也相近，但其成分的时空演化与沙利文及其他喷气成因者明显不同（图4-68、4-69）。这种演化趋势在龙头山金矿区同样可以看到，而龙头山金矿跟海底火山喷气作用无关。

表4-29　电气石的探针分析结果（$w_B/\%$）

点号	产状	SiO_2	TiO_2	Al_2O_3	Cr_2O_3	TFeO	MnO	MgO	CaO	Na_2O	K_2O	NiO	P	合计
4552011B1	硅质条带中黄铁矿边部	38.69	0.14	34.76	0.00	1.67	0.08	9.89	1.61	0.02	0.00	0.02	0.00	88.31
X2s-6-51	闪锌矿（硅质条带中）边部	38.01	0.23	32.03	0.00	2.40	0.19	9.69	0.91	0.06	0.00	0.06	0.11	85.71
X2s-6-52	粒状锡石中心	40.18	0.02	36.84	0.14	2.56	0.00	8.79	0.82	0.02	0.01	0.02	0.02	91.52
221 =521-1	粒状锡石边部右	37.83	0.03	33.23	0.00	3.39	0.00	8.60	0.61	0.00	0.00	0.00	0.09	85.14
221 =521-2 右	粒状锡石边部左	36.09	0.16	30.63	0.40	3.21	0.11	8.37	1.07	0.13	0.00	0.13	0.12	81.38
221 =521-2 左	硅化石英中交代黄铁矿	35.52	0.00	30.33	0.01	3.34	0.17	8.28		0.10	0.00	0.10	0.21	80.09
221 =521-3		37.72	0.11	34.15	0.00	2.43	0.00	8.26	1.00	0.00	0.01	0.00	0.01	85.01
221 =521-5		38.45	0.22	33.68	0.14	3.08	0.03	9.21	1.28	0.14	0.00	0.14	0.19	87.74
澳大利亚某花岗岩		38.30	0.15	36.99		0.22	0.01	8.90	0.00		0.00			

据王登红硕士论文，1992。澳大利亚某花岗岩据王濮等《系统矿物学》。

对于铜坑锡多金属矿体中电气石富镁的成因，王登红（1996）提出：①大厂黑云母花岗岩和花岗斑岩相对于其他生成锡矿的花岗岩来说（表4-30），MgO 含量还是较高的，因此镁电气石化很发育；②电气石中对占据晶格同一位置的 Fe、Mg 两元素来说，Fe 强烈亲硫而形成硫化物，Mg 亲硫性差而只能赋于造岩矿物或蚀变矿物中。铜坑锡矿成矿过程中，成矿溶液中 Fe 趋于形成硫化物，Mg 则在镁电气石等蚀变矿物中富集。前文也反映了电气石中的 Mg、Fe 是呈负相关关系；③铜坑锡矿属于远源矿床，岩浆热液在向外运移过程中继续发生结晶分异，运移距离越长越有助于彻底的演化，而演化过程中 Mg 作为基性造岩元素趋于形成造岩蚀变矿物，而 Fe 趋于形成矿石矿物；④Franco Pirajio（1992）认为与花岗岩有关的 W-Sn 成矿系统，热液成因的电气石的成分与离成矿流体源（花岗岩源）区的远近有关，远离花岗岩源区电气石的铁含量逐步减少。这一点与从笼箱盖花岗岩中的黑电气石→铜坑与蚀变矿物相伴生的富镁电气石是吻合的。同时，据王登红（1996）研究，大厂锡矿在岩浆热液交代围岩过程中，从地层内带出的 Mg 也可进入电气石晶格。91 号矿体范围内被带出的 Mg 最多，因此 91 号矿体及其上部矿体比底部 92 号矿体的电气石含 Mg 更高。从 405 中段向上到 455 中段，电气石的 Ca/（Ca + Mg + Fe）比值和 Mg/（Ca + Mg + Fe）比值都是升高的，尤其是 Ca/（Ca + Mg + Fe）比值从 92 号矿体到 91 号矿体顶部升高了一半，这说明碳酸盐岩地层中被交代出的 Ca、Mg 也是电气石成分的来源之一。

电气石在多种类型的矿床中均可见到，且不论与气化高温热液成矿作用密切相关的钨锡钼铋矿床和各种各样的伟晶岩型矿床，即便是微细浸染型金矿也常见电气石化，如我国新疆沙尔布拉克金矿床中发现有层状电气石岩（李秀华等，1999），澳大利亚 Golden Dyke Dome 金矿床中发现了沿层理发育的电气石岩（Plimer，1988），世界著名的穆龙套金矿床中发育镁电气石-钠长石脉和镁电气石-石英

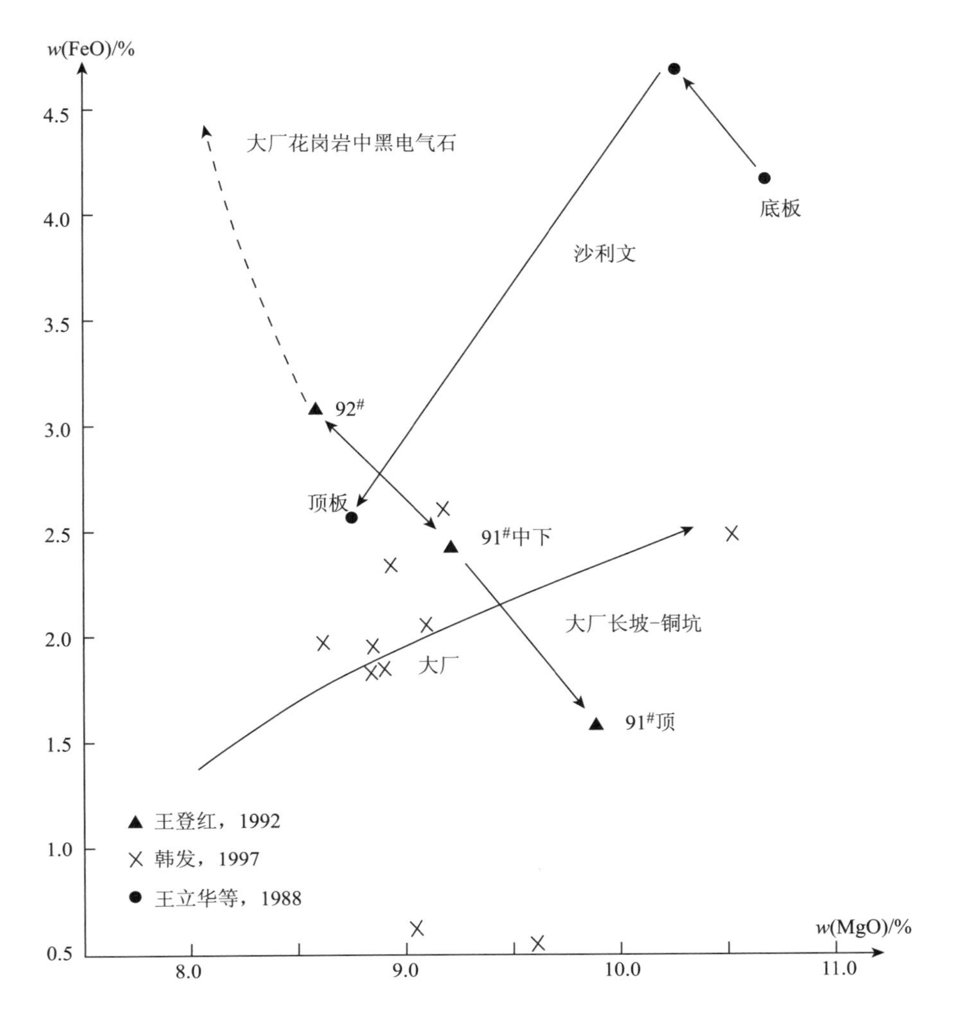

图 4-68　电气石成分的 FeO-MgO 演化图解

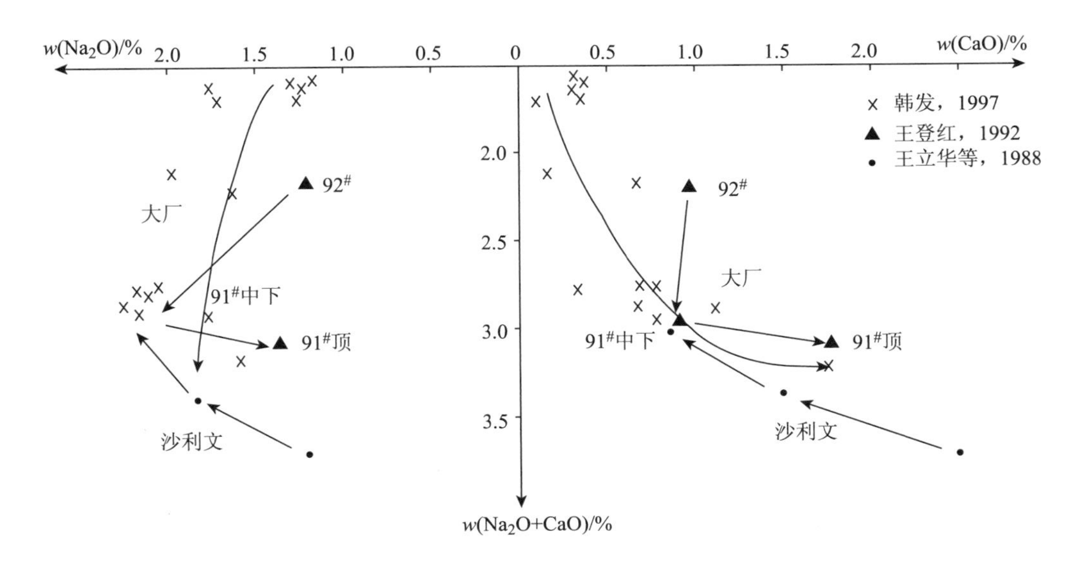

图 4-69　电气石成分演化的 Na_2O-CaO-Na_2O + CaO 图解

脉。本次研究的铜坑锡多金属矿床和龙头山金矿均广泛发育电气石化，是国内两个典型的富电气石矿床，只是一个以金为主，一个是锡多金属。前述研究表明，龙头山地区与矿化有关的电气石具有富铁贫镁的特点，而岩体中的电气石则偏向于富镁端元。富铁电气石可作为矿区范围的找矿标型矿物。

表 4-30　某些锡矿区花岗岩的 MgO 含量（w_B/%）

花岗岩及产地		样数	MgO 范围	MgO 平均	MgO/FeO	Mg/(Mg+Fe)	资料来源
	含锡花岗岩	116		0.33	0.28	0.10	陈吉琛等，1988
	非锡花岗岩	112		1.92	0.58	0.24	
国外	10 个锡矿区的花岗岩		0.01~0.28				朱三光，1989
	13 个非锡矿区的花岗岩		0.05~1.44				
云南	滇西含锡电气石花岗岩	19	0.07~2.60	0.66	0.61	0.21	吕伯西等，1990
	个旧斑状、等粒状花岗岩		0.08~0.87				姚金炎等，1987
广西	桂北 8 个岩体	150	0.23~0.77	0.39	0.30	0.14	毛景文等，1988
	大厂黑云母花岗岩	43	0.06~1.04	0.50	0.31	0.16	陈毓川等，1993
	大厂花岗斑岩			0.72	0.47	0.22	陈毓川等，1993
广东	银岩花岗斑岩	3		0.17	0.09	0.06	陈毓川等，1993
湖南	柿竹园花岗岩	37	0.00~0.57	0.21	1.75	0.25	王书凤等，1988
	香花岭花岗岩	8	0.01~0.44	0.23	0.14	0.08	王立华等，1988
江西	曾家垅二云母花岗岩			0.15	0.14	0.08	周开朗等，1986
	西华山花岗岩	65		0.23	0.18	0.10	吴永乐等，1987

（据王登红，1996）

第五章　典型矿床围岩蚀变特征

各种各样的岩石在气水热液作用下发生一系列变化、导致原有矿物被新的更稳定的矿物所代替的交代作用称为蚀变作用。由于气水热液矿床矿体周边的岩石在成矿过程中经常发生蚀变作用，因此也称为围岩蚀变，被蚀变了的围岩即为蚀变围岩。不同类型的矿床往往对应于不同特征的蚀变作用，矿床学界也常常以蚀变围岩来直接给相应的矿床定名，如矽卡岩型矿床、云英岩型矿床。本次研究的德保、拉么就属于矽卡岩型铜多金属矿床，龙头山金矿则跟电气石化密切相关，佛子冲铅锌矿和铜坑锡多金属矿床则以沿层交代的电气石化、绿泥石化、钾长石化等蚀变为特征，而高龙金矿则主要发育相对简单的硅化。这几个矿床均属于封闭环境下形成的气水热液型矿床，属于典型的后生矿床，其蚀变往往受到岩体接触带、构造热液通道及围岩条件的综合制约，海南的石碌铁（铜）矿则是典型的同生火山热液-海底沉积矿床，但又受到后期多次构造-岩浆事件的干扰、叠加、改造，以至于面目全非，但其“底板围岩蚀变”的特征仍然是可以识别的。

第一节　高龙金矿

高龙矿区断裂构造发生继承性多期次活动，导致热液多期次活动，在成矿阶段形成微细浸染型金矿体。成矿之后又发生构造断裂活动，产生多期多阶段的石英脉和碳酸盐脉。由于成矿后期发生的构造活动切割矿体，导致矿体破碎形成角砾，被石英和方解石等充填胶结，并在一定程度上提高了金品位。由多期多阶段热液活动引起的、与原生金矿体有成因联系的各种围岩蚀变，主要有硅化、黄铁矿化、毒砂化、辉锑矿化和方解石化，局部地段偶见绢云母化和高岭土化。

硅化：是矿区范围内分布最为广泛、与成矿作用关系最为密切的一类蚀变。区内硅化可分为两期活动，其一为细粒石英化期，其二是粗粒石英脉期。细粒石英化期主要见于环状断裂带两侧的岩石中，尤其发育于断裂带附近靠近三叠系细碎屑岩一侧。这期硅化在矿区范围内表现得较为明显，蚀变矿物（石英颗粒）十分细小或者为隐晶质，因此硅化岩石外观致密、细腻，断口呈贝壳状，石英颗粒一般呈他形、紧密镶嵌排列，均匀分布，局部可集中构成微晶脉状。这类细粒石英往往伴有黄铁矿化和金矿化，所形成的硅化细碎屑岩构成了原生细脉浸染状金矿石。粗粒石英脉主要见于环状断裂带内，以产出粗晶石英脉体为特征。这期硅化在矿区范围内表现出条带状或透镜状沿断裂带分布的特征，蚀变矿物（石英颗粒）粗大，因此硅化岩石外观均质、透明，断口具油脂光泽。石英颗粒呈自形晶，许多颗粒具次生加大现象。此类粗粒石英质地较为均一，很少伴有其他矿物，偶见粗粒黄铁矿和辉锑矿，所形成的石英脉本身含金性较差，但对早期形成的金矿化体起到活化富集的作用，导致金矿体的金品位升高。

黄铁矿化：存在3期蚀变，一期为形成于沉积-成岩期的细小草莓状或团块状和细粒浸染状黄铁矿化，产于中三叠统细碎屑岩沉积地层中；二期为矿区最为发育的细粒黄铁矿化，并且与金的富集成矿关系最为密切，多与硅化和硅化角砾岩共生，含金性较好；三期是成矿作用晚期阶段，形成的粗粒黄铁矿产于粗粒石英脉中，其含金性较差。成矿期（第二期）黄铁矿化的结构构造既与沉积-成岩期的细小草莓状黄铁矿化不同，也和成矿期后石英脉中的粗大黄铁矿有别，常与成矿期的硅化（细粒石英化）紧密共生，多呈细小的他形-半自形粒状、碎粒状黄铁矿，少数亦成细粒半自形粒状晶体，在反射光下呈浅黄色，高反射率。

毒砂化：只在鸡公岩矿段有所发现，其分布范围和蚀变强度远不如上述细粒硅化和黄铁矿化普遍。毒砂多为柱状、短柱状，半自形-自形，反射光下呈亮白色，高反射率。晶形断面常为菱形、楔形。常与细粒半自形黄铁矿共生。毒砂颗粒细小，多见于细碎屑岩地层中，在地表氧化带内毒砂往往被风化作用变为臭葱石而很难辨别。

辉锑矿化：在鸡公岩矿段地表有3种产出状态，其一是产于台地灰岩地层中的粗粒辉锑矿，既可与灰岩共生，也可与方解石伴生，其含金性较差；其二是产于石英脉内与石英共生的粗粒辉锑矿，多呈放射状产出，其含金性较差；其三是产于中三叠统百逢组地层中的辉锑矿，辉锑矿粒度较前两种细小，多呈团块状、放射状产出，含金性较高。矿区内辉锑矿具有颗粒粗大、柱状、浅灰色-钢灰色的特点。集合体呈束状，放射状，金属光泽。在反射镜光下，呈灰白色，反射十分明显。

碳酸盐化：在矿区范围内分布并不广泛，主要为粗粒方解石脉或方解石团块，主要与二叠系灰岩和断裂带中的石英脉共生，具有成矿晚期形成的特点，含金性较差。

第二节　德保铜矿

德保矿区的蚀变类型主要有矽卡岩化、角岩化、大理岩化、碳酸盐化、硅化、钾化和钠化等，其中矽卡岩化与铜锡矿化关系密切，尤其是复杂的矽卡岩体多数就是铜锡矿体（图5-1，图5-2），也是区内铜锡矿最重要的找矿标志之一。

图5-1　含铜矽卡岩矿体

图5-2　块状矽卡岩型矿石

一、蚀变类型与分带

矽卡岩化主要分布于岩体与寒武系接触带附近。矽卡岩由薄层泥质灰岩间夹薄层泥岩或泥质条带、硅质岩等互层的岩石蚀变而成。按矿物组合不同，分为石榴子石、透辉石、符山石等简单矽卡岩和由石榴子石、阳起石、普通角闪石、符山石、绿帘石、透辉石等组成的复杂矽卡岩。前者矿化甚微，后者是区内铜锡矿体的主要赋存部位。矽卡岩化还分布于岩体周围一些成分单一、厚度较大的碳酸盐岩石和泥岩中，表现为沿这些岩石的层理或节理裂隙面上分布有由石榴子石、阳起石、透辉石、符山石等矽卡岩矿物组成的细脉。它们均分布于固定的层位中，多呈似层状或透镜状产出。

靠近岩体的矽卡岩主要为富石榴子石矽卡岩。石榴子石（图5-3）通常呈红褐色-褐色，紧密连生，多呈菱形十二面体或四角三八面体的自形-半自形粒状结构，边界较平直，多具有环带结构，是德保铜矿矽卡岩中最主要的造岩矿物。辉石（图5-4）是德保铜矿矽卡岩中另一种重要的硅酸盐矿物，常呈半自形-他形粒状或集合体出现。符山石含量低于石榴子石和透辉石，主要呈长柱状、放射状，常分布于石榴子石和透辉石等矿物的间隙中，在局部地区含量很高，可形成以符山石为主的矽卡岩。绿帘石和角闪石作为后期形成的含水矽卡岩矿物，分布较为广泛，常常交代早期形成的石榴子石、透辉石等无水矽卡岩矿物。绿帘石是矿区内最重要的含水矽卡岩矿物，产出晚于石榴子石、透辉石，常常与角闪石、石英等共同交代早期形成的石榴子石等矿物，通常呈绿色或深绿色，常呈粒状、条状或粒状集合体出现，在局部交代强烈的地区，可形成以绿帘石为主的石榴子石绿帘石矽卡岩。晚期方解石沿石榴子石裂隙选择交代，伴生黄铜矿。

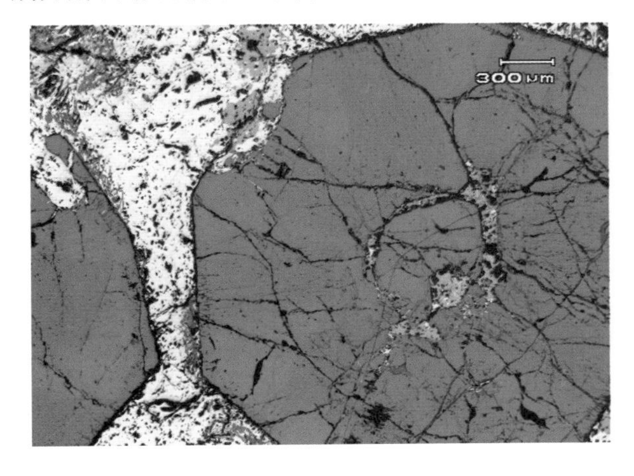

图 5-3　自形石榴子石

图 5-4　透辉石

岩石矿物组合及显微结构显示矽卡岩矿物中矿物交代现象明显，存在若干交代蚀变相，暗示德保铜矿矽卡岩的演化经历了由高温向低温的变化。时间上，由进变期过渡到退变期。进变期具体包括接触变质阶段和进化交代阶段，退变期包括早退化蚀变阶段和晚退化蚀变阶段。

角岩化（图 5-5）在钦甲穹窿附近寒武系的泥质岩石中普遍存在，呈层状或条带状产出，其中薄层者多呈条带状，厚层者多具斑点特征。角岩化的程度和岩石所含变质矿物种类，与原岩物、化特征及其距岩体的远近有着明显的差别。

大理岩化、碳酸盐化分布于岩体外接触带寒武系质纯且单层厚度较大的碳酸盐岩石中，表现为灰岩变为白色细至中粒状的大理岩（图 5-6），呈透镜状、条带状，与矽卡岩和矽卡岩化角岩呈互层交替产出。在大理岩层面，裂隙多具矽卡岩化。部分大理岩中见有黄铁矿脉（图 5-7）。碳酸盐化出现在碳酸盐岩石和含钙质成分较高的泥岩附近且节理、裂隙发育的地段，方解石呈细脉状密布于岩层中（图 5-8）。岩石中裂隙越发育，碳酸盐化越强烈。大理岩和碳酸盐化本身虽不具明显的矿化，但它们往往发育在铜锡矿体或矿化强烈地段的附近，是区内间接的找矿标志之一。

图 5-5　角岩化蚀变

图 5-6　大理岩与磁铁矿的接触关系

硅化主要分布于岩体内和寒武系原岩中含硅质高的岩石中，如 7 分层底、4 分层顶和 10 分层以上的层位中，尤以砂岩中更为明显。它是在地下热液作用下形成的，从围岩中析离出来的 SiO_2 沿岩石节理、裂隙充填呈网脉状、或者是原硅质岩石在高温条件下脱水成为次生石英，如 7 分层和 4 分层

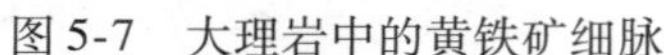

图 5-7　大理岩中的黄铁矿细脉

图 5-8　碳酸盐化蚀变

中的层状石英脉就属这一类型。硅化的强弱与热液活动能力关系密切，也与铜锡矿化程度有一定的联系，表现为二者呈正消长关系，矿体附近硅化明显，硅化越强烈的地段，铜锡矿石品位越高，因此也是矿区一个间接的找矿标志。

钾化或钠化分布于岩体外接触带寒武系矽卡岩附近，常以钾长石、钠长石条带或呈细脉分布于角岩中，有时环绕矽卡岩团块分布，尤以 4 分层最为突出，往往钾、钠化强烈的地段，矿化较好，可作为间接找矿标志。

蚀变的发生是一动态过程，岩石中化学反应和矿物组合常取决于侵入岩的特征、交代流体的成分、原岩性质及总体温压状态等因素。对于德保铜矿，蚀变总体上表现为随着与侵入体距离的不同，岩石中典型矿物组合以及单矿物主元素含量有所变化，一般而言，在矽卡岩中和近岩体部位石榴子石含量稍高，透辉石含量随着距离岩体渐远而渐增，但由于岩性组合的不同等因素，在空间上蚀变分带不明显。

二、蚀变矿物及地球化学特征

德保铜矿区的蚀变矿物主要有石榴子石、透辉石、符山石、闪石类、绿帘石及绿泥石等。

石榴子石多呈较深的褐红色，晶形为菱形十二面体或四角三八面体，自形-半自形粒状结构，普遍具有环带（图 5-9），是德保铜锡矿床矽卡岩中最主要的造岩矿物。德保铜矿床中石榴子石的电子探针分析结果见表 5-1，其化学成分：SiO_2 为 36. 13% ~38. 25%，$FeO_{全铁}$ 为 19. 24% ~27. 94%，CaO 为 33. 1% ~ 34. 31%。石榴子石的端员组分以钙铁榴石（Adr）为主，其变化范围为 63. 36% ~ 97. 86%，其次是钙铝榴石（Gro），其变化范围为 1. 19% ~34. 05%，铁铝榴石（Alm）、锰铝榴石

图 5-9　具有环带结构的石榴子石

(Sps) 及镁铝榴石 (Pyr) 的含量较低。石榴子石的端员组分图解 (图5-10) 显示，德保铜锡矿床的石榴子石属于钙铝榴石-钙铁榴石系列，其中以钙铁榴石为主，含少量的铁铝榴石、锰铝榴石及镁铝榴石，这与世界上典型的矽卡岩型铜矿的石榴子石组分相似，其中矿化主要与钙铁榴石相关，这与广西大厂锡多金属矿床也相似。石榴子石的成分与其形成作用密切相关，钙铝榴石或钙铁榴石主要是流体的扩散交代作用形成的，而钙铁榴石则受岩浆流体的影响较大 (Gaspar et al., 2008)。

图5-10 石榴子石的 Alm + Spe + Pyr-Gro-And 图解

表5-1 德保铜锡矿床矽卡岩中代表性石榴子石的电子探针分析结果 (w_B/%)

	XL-10-1-1	XL-10-1-2	XL-10-2-1	XL-10-2-2	6612-3-1-2	6612-3-2-1	6612-3-2-2	6612-3-2-3	6612-3-3-1
SiO_2	37.015	36.726	36.652	36.742	38.247	37.292	36.3	36.814	36.129
TiO_2	0.287	0.301	0.279	0.278	0.049	0.111	0	0.016	0
Al_2O_3	5.957	5.412	5.619	5.35	7.776	4.186	0	2.59	0.078
Cr_2O_3	0	0	0.013	0	0	0.016	0	0.006	0
FeO	19.243	20.235	20.629	21.164	19.457	22.525	27.939	24.796	26.569
MnO	0.137	0.099	0	0.204	0.627	0.221	0.089	0.138	0
MgO	0.321	0.363	0.35	0.352	0.012	0.118	0.177	0.061	0.183
CaO	33.146	33.28	33.101	33.282	34.109	34.305	33.109	33.565	32.725
Na_2O	0	0.008	0.004	0	0	0.024	0	0	0.009
K_2O	0	0	0	0	0	0	0.005	0	0
P_2O_5	0	0.015	0.009	0	0.003	0.021	0.015	0	0
NiO	0.027	0	0	0.048	0.028	0	0	0.024	0.029
SnO_2	0.394	0.451	0.563	0.492	0.02	0.099	0.143	0.683	2.085
合计	96.527	96.89	97.219	97.912	100.328	98.918	97.777	98.693	97.807

此外，德保铜锡矿床矽卡岩中的石榴子石普遍含有一定量的 SnO_2，变化范围为0.02%～2.09%，这种现象在矽卡岩型锡矿床中较为普遍，如广西大厂拉么的铜锡多金属矿床中的石榴子石也多含有 SnO_2。因此，石榴子石可以作为寻找锡矿的标志矿物之一。初步结果显示，Sn 可能主要与铁呈类质同像赋存于钙铁榴石中。在 SnO_2-FeO_T 图解中，SnO_2 与 FeO_T 具有一定的正相关性 (图5-11)。

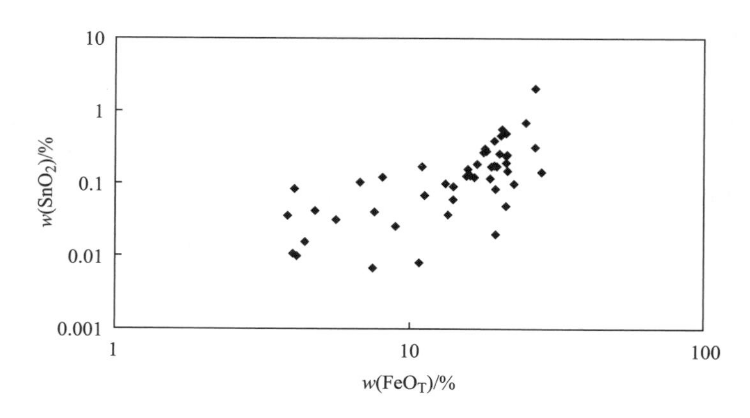

图 5-11　石榴子石的 SnO_2-FeO_T 图解

辉石是德保铜锡矿床矽卡岩中另一种重要的硅酸盐矿物，常呈自形-半自形粒状或集合体出现，部分辉石交代早期的石榴子石（图 5-12，图 5-13）。电子探针分析结果见表 5-2。其化学成分：SiO_2 为 52.59% ~ 55.87%，$FeO_{全铁}$ 为 1.87% ~ 6.68%，MgO 为 13.99% ~ 17.13%，CaO 为 25.21% ~ 26.68%。在 Wo-En-Fs 图解中（图 5-14），德保铜锡矿床矽卡岩中的辉石主要落入透辉石区域。与德保铜锡矿床相比，广西大厂锡多金属矿床的辉石则多为钙铁辉石。

图 5-12　透辉石交代石榴子石

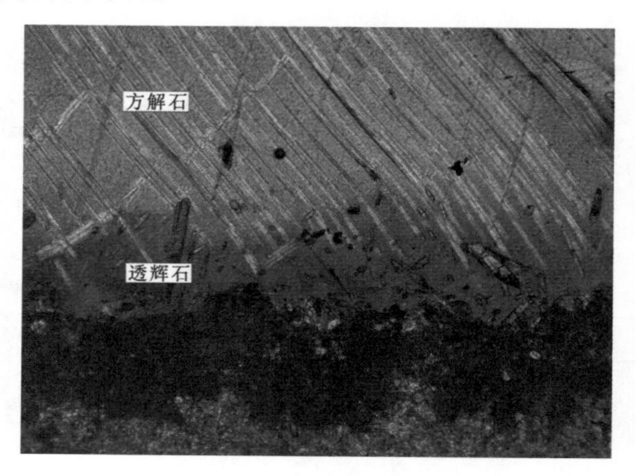

图 5-13　方解石脉与矽卡岩交界处的短柱状透辉石

表 5-2　德保铜锡矿床矽卡岩中代表性辉石的电子探针分析结果（w_B/%）

	6650-4-2-1	6650-4-2-2	6612-3-1-4	6612-3-3-2
SiO_2	52.589	54.226	55.873	55.645
TiO_2	0.066	0.008	0	0
Al_2O_3	2.73	0.47	0.184	0.572
Cr_2O_3	0	0.007	0.009	0
FeO	2.658	6.682	1.872	2.371
MnO	0.099	0.296	0.141	0.227
MgO	16.493	13.993	17.125	16.905
CaO	25.494	25.21	26.679	25.703
Na_2O	0	0.04	0	0
K_2O	0.004	0	0.007	0
P_2O_5	0	0.009	0.013	0.025
NiO	0.017	0	0.005	0.028
SnO_2	0.233	0	0	0
合计	100.383	100.941	101.908	101.476

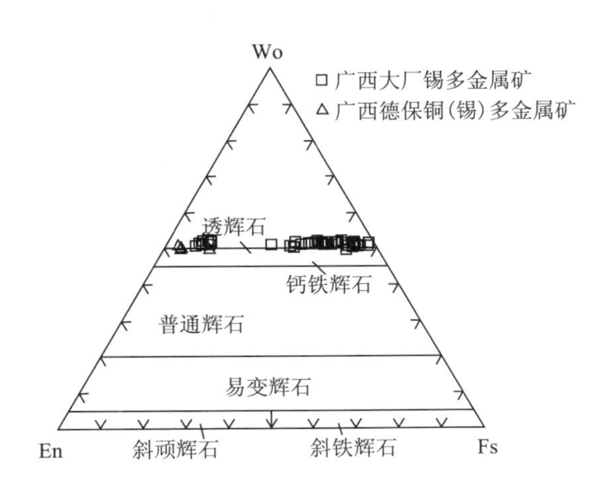

图 5-14 辉石的 Wo-En-Fs 图解

图 5-15 德保矽卡岩中符山石的镜下特征

符山石，也是德保铜锡矿床矽卡岩重要组成矿物之一，常呈放射状集合体产出，并和透辉石、石榴子石共生。镜下环带状结构明显，干涉色 I 级灰，具有靛蓝色异常干涉色（图 5-15），其电子探针分析结果见表 5-3。其化学成分：SiO_2 为 35.32% ~37.89%，Al_2O_3 为 12.44% ~14.94%，$FeO_{全铁}$ 为 4.89% ~6.43%，MgO 为 1.72% ~3.96%，CaO 为 33.60% ~35.67%。

表 5-3 德保铜锡矿床矽卡岩中代表性符山石的电子探针分析结果（w_B/%）

	6650-4-1-1	6650-4-1-2	6650-4-2-3	6612-8-1-1	6612-8-1-2	6612-8-1-3	6612-8-2-1	6612-8-2-2	6612-8-2-3
SiO_2	36.595	36.411	35.323	36.748	35.649	36.82	37.894	36.587	36.33
TiO_2	1.969	1.047	2.509	0.498	0.202	0.461	0.524	0.514	0.189
Al_2O_3	13.982	14.457	13.707	14.808	12.439	14.217	14.935	13.569	12.435
Cr_2O_3	0.059	0.004	0.068	0	0.009	0.011	0	0.021	0
FeO	5.186	5.045	6.07	5.287	6.429	5.635	4.885	5.697	6.394
MnO	0.12	0.173	0.278	0.254	0.201	0.183	0.198	0	0.063
MgO	2.314	2.699	1.722	3.01	3.952	3.26	2.901	3.299	3.964
CaO	33.738	34.348	33.597	35.257	35.661	34.904	35.545	35.095	35.632
Na_2O	0.032	0	0.013	0	0	0.007	0.011	0.021	0.017
K_2O	0	0	0	0	0.013	0	0	0.008	0
P_2O_5	0	0.009	0	0.003	0.021	0	0	0.024	0.015
NiO	0	0	0.018	0	0.034	0	0.038	0.034	0
SnO_2	0	0	0	0	0.02	0	0	0	0
合计	93.995	94.193	93.305	95.865	94.63	95.498	96.931	94.869	95.039

闪石类矿物是德保铜锡矿区内一类重要的含水矽卡岩矿物，通常呈短柱状、片状或放射状产出（图 5-16，图 5-17）。电子探针分析结果见表 5-4，其化学成分：SiO_2 为 38.38% ~54.53%，Al_2O_3 为 1.56% ~12.17%，$FeO_{全铁}$ 为 14.13% ~30.66%，MgO 为 1.83% ~14.09%，CaO 为 0.05% ~12.4%。根据 Leake 等（1997）的分类（图 5-18），角闪石分别落入阳起石、铁阳起石、铁角闪石及铁镁闪石等区域。广西大厂锡多金属矿床的闪石则主要为铁阳起石。

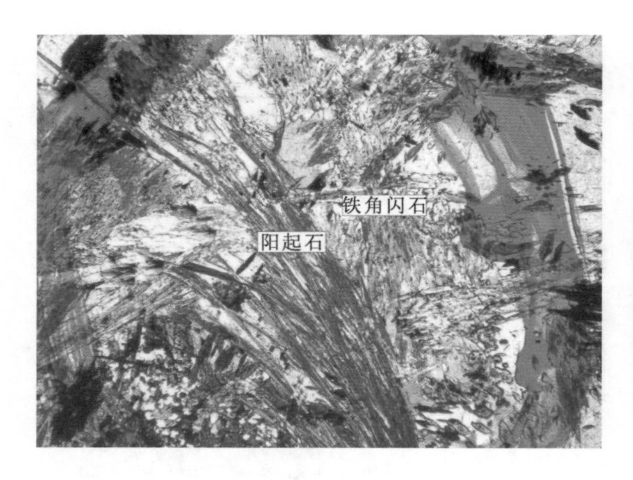

图 5-16　德保铜矿的阳起石与铁角闪石

图 5-17　德保铜矿的铁镁闪石

表 5-4　德保铜锡矿床矽卡岩中代表性闪石的电子探针分析结果（w_B/%）

	D4-5-1-1	D4-5-1-3	D4-5-2-2	8574-8-1-2	8574-8-2-2	6612-3-1-3	D-13-3
SiO_2	46.599	45.49	46.474	38.377	39.095	42.803	54.53
TiO_2	0.098	0.056	0.003	0.156	0.279	0.046	0
Al_2O_3	5.597	5.701	4.88	11.606	12.169	9.057	1.556
Cr_2O_3	0.009	0.012	0.014	0.04	0.006	0.039	0
FeO	26.73	27.669	27.506	30.657	28.047	29.518	16.35
MnO	0.196	0.401	0.268	0.507	0.428	0.468	1.186
MgO	4.742	4.397	4.514	1.828	3.44	2.503	12.379
CaO	11.311	11.296	11.415	10.963	11.161	11.749	11.824
Na_2O	0.726	0.656	0.605	1.277	1.609	0.951	0.356
K_2O	0.509	0.446	0.48	2.163	2.021	0.769	0.165
P_2O_5	0.022	0.01	0.029	0.006	0	0.013	0
NiO	0.058	0	0	0	0.046	0.019	0.016
SnO_2	0.467	0.398	0.796	0	0	0	0
合计	97.064	96.532	96.984	97.58	98.301	97.935	98.362

	612-12-1-2	612-12-2-2	D4-5-1-2	D4-5-2-1	612-12-1-4	6612-5-1-2	
SiO_2	44.709	46.186	52.279	53.22	52.255	53.16	
TiO_2	0.187	0.194	0	0	0	0.01	
Al_2O_3	5.609	5.887	2.599	2.47	2.651	2.369	
Cr_2O_3	0.028	0.048	0	0.019	0.01	0.011	
FeO	27.92	28.366	15.992	14.133	17.949	17.534	
MnO	2.351	2.095	0.356	0.328	0.561	0.223	
MgO	4.764	5.196	12.934	14.085	12.116	12.777	
CaO	0.051	0.174	12.403	12.197	11.868	12.25	
Na_2O	0.025	0.011	0.304	0.195	0.433	0.431	
K_2O	1.065	0.564	0.101	0.126	0.186	0.184	
P_2O_5	0	0	0	0.013	0	0	
NiO	0	0.005	0	0	0	0	
SnO_2	0	0	0.027	0.257	0	0	
合计	86.709	88.726	96.995	97.043	98.029	98.949	

绿帘石，是矿区内最重要的含水矽卡岩矿物，产出晚于石榴子石、辉石，常常与阳起石、绿泥石等共同交代早期形成的石榴子石、辉石等矿物，为中低温退蚀变的产物，多呈绿色或深绿色，常呈粒状、条状或粒状集合体出现，在局部地区形成绿帘石矽卡岩（图5-19）。电子探针分析结果（表5-5）表明，德保铜锡矿区矽卡岩中的绿帘石主要化学成分含量：SiO_2 为38.23%～39.11%，Al_2O_3 为21.72%～25.67%，$FeO_{全铁}$为9.33%～13.77%，CaO为21.99%～24.14%。

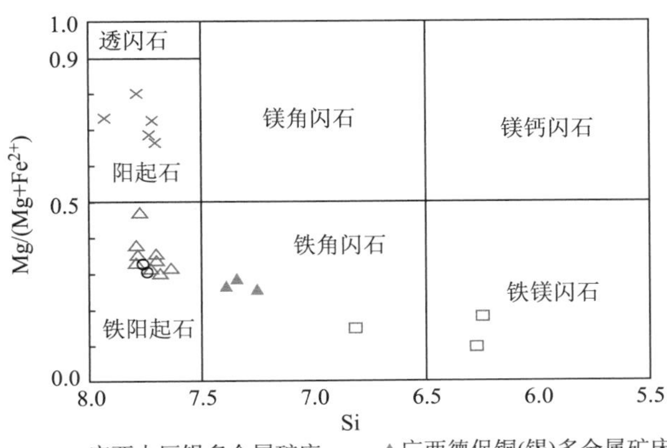

图5-18　德保铜矿矽卡岩中闪石的分类图解

图5-19　德保铜锡矿床矽卡岩中的绿帘石和阳起石

表5-5　德保铜锡矿床矽卡岩中代表性绿帘石的电子探针分析结果（w_B/%）

	612-12-2-1	8574-8-1-1	DB-7-1	612-12-1-1	6612-5-1-4
SiO_2	38.23	38.718	39.107	37.311	37.874
TiO_2	0	0	0	0.032	0.034
Al_2O_3	21.913	23.804	25.673	21.724	22.169
Cr_2O_3	0	0.001	0	0.017	0.02
FeO	13.769	11.502	9.326	12.921	13.601
MnO	0.081	0.167	0.217	0.173	0.063
MgO	0.013	0.018	0.015	0.002	0
CaO	21.992	23.122	24.137	22.598	23.129
Na_2O	0.007	0.002	0	0	0
K_2O	0	0.002	0	0	0
P_2O_5	0.003	0.019	0.028	0.022	0.006
NiO	0	0.003	0	0	0
SnO_2	0.129	0.235	0	0.611	0.003
合计	96.137	97.593	98.503	95.411	96.899

榍石属单斜晶系的岛状硅酸盐矿物，其理想晶体化学式为 CaTi［SiO_5］。由于 Sn^{4+} 和 Ti^{4+} 两种离子半径相近，电荷数相同，当熔体或流体中 Sn 含量较高时，Sn^{4+} 可以类质同像置换榍石中的 Ti^{4+}，并构成榍石-马来亚石 $CaSnSiO_5$ 固溶体系列。本次测试的德保铜锡矿床矽卡岩中榍石含有较高的 Sn（表 5-6），为 7.371%，暗示其可以作为区内寻找锡矿的标志矿物之一。

绿泥石也是德保铜锡矿床常见的蚀变矿物之一，其电子探针分析结果见表 5-6。

表 5-6　德保铜锡矿床矽卡岩中代表性榍石和绿泥石的电子探针分析结果（w_B/%）

样号	矿物	Na_2O	MgO	Al_2O_3	K_2O	CaO	P_2O_5	FeO	TiO_2	SiO_2	MnO	NiO	Cr_2O_3	SnO_2	合计
8574-8-2-1	榍石	0.005	0.011	3.475	0	27.188	0	0.809	28.859	29.933	0.046	0	0.016	7.371	97.713
6612-5-2-1	绿泥石	0	10.331	12.346	0.026	0.408	0	32.6	0.01	31.25	0.031	0.01	0.8	0.027	87.89

第三节　铜坑锡多金属矿

一、蚀变类型

在大厂矿区，自花岗岩侵位到与其有关的热水溶液的产生、运移及成矿，都伴随着一系列的围岩蚀变。由于围岩的性质不同、距离岩浆岩体的距离或深度不同，所形成的蚀变岩、蚀变矿物的组合及其发育程度均有一定的差异。在矿区，围岩蚀变具有一定的分带特征。

1. 云英岩化

云英岩化主要发育于岩体顶部，在笼箱盖岩体从内部到边部，云英岩化略有增强。主要表现为岩体具有花岗变晶结构，黑云母被白云母交代，伴有磁铁矿的析出，斜长石被鳞片状绢云母交代等，副矿物主要有黄玉、电气石和少量的萤石等。

2. 角岩化

主要出现在拉么笼箱盖岩体上部，由纳标组泥灰岩受热变质作用形成。主要的矿物组合为红柱石、硅灰石、钾长石、少量的钙铝榴石和透辉石等。以红柱石角岩为主，其中红柱石成自形的变斑晶出现，粒度粗大（图 5-20），可见十字形分布的炭质包体，电子探针分析结果见表 5-7。目前角岩化在铜坑深部并不发育。

A. 红柱石角岩中红柱石变斑晶，ZK979-652.7，单偏光，*d*=2.5mm

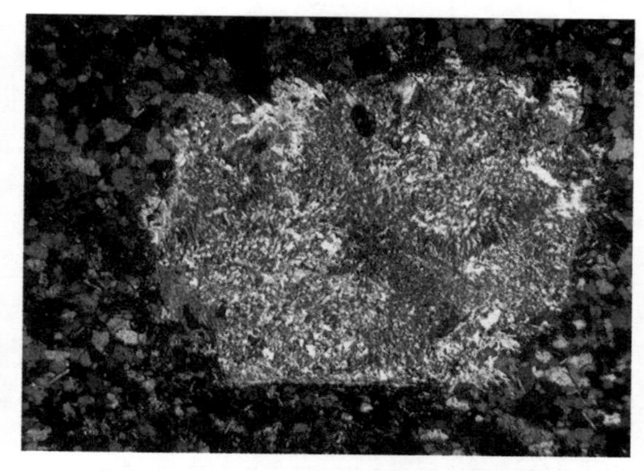

B. 角岩中红柱石变斑晶发生强烈的绢云母化，ZK976-519.4，正交偏光，*d*=2.5mm

图 5-20　铜坑红柱石的显微镜下特征

3. 矽卡岩化

矽卡岩化主要出现在笼箱盖花岗岩出露的拉么一带，其西侧在岩体与扁豆灰岩和条带灰岩的接触处，生成一系列不连续的矽卡岩体，但仍保留有原岩的层理和构造特征。在铜坑深部，矽卡岩化主要发生在305水平以下的纳标组、罗富组泥灰岩地层中。矽卡岩矿物组合主要为石榴子石、透辉石、符山石、硅灰石、斧石、阳起石、绿帘石、绿泥石等（图5-21）。

表5-7　铜坑红柱石电子探针分析结果（$w_B/\%$）

样品	Na_2O	FeO	SiO_2	CaO	TiO_2	Al_2O_3	K_2O	MnO	MgO	Cr_2O_3	合计
979-652. 7-1-2	0. 012	0. 109	36. 363	0. 017	0. 031	59. 201	—	0. 046	0. 009	0. 111	95. 917
979-652. 7-1-1	0. 01	0. 104	36. 877	0. 017	—	59. 779	—	—	0. 028	0. 086	96. 953
979-652. 7-1-3	—	0. 159	36. 395	0. 011	0. 007	59. 461	0. 008	0. 045	0. 007	—	96. 128
979-652. 7-2-1	—	0. 094	35. 481	0. 014	—	59. 217	—	—	—	0. 165	94. 987
979-652. 7-2-2	—	0. 13	36. 392	0. 013	0. 04	59. 056	0. 008	—	0. 034	0. 127	95. 852
979-652. 7-3-1	—	0. 104	35. 904	0. 023	0. 019	59. 158	0. 014	0. 018	—	0. 063	95. 329
979-652. 7-3-2	0. 081	0. 237	36. 75	0. 156	0. 09	58. 39	0. 005	—	0. 06	0. 13	95. 957
976-519. 4-2-1	0. 01	0. 169	36. 572	0. 015	—	58. 512	0. 006	0. 009	—	0. 034	95. 335
976-519. 4-2-2	0. 053	0. 117	36. 064	0. 015	0. 039	58. 88	0. 01	0. 009	0. 013	0. 034	95. 239
976-519. 4-3-1	0. 016	0. 129	36. 233	0. 036	—	59. 268	—	—	0. 05	0. 009	95. 749
976-519. 4-3-2	0. 02	0. 103	36. 497	0. 022	0. 015	59. 076	—	0. 054	0. 022	0. 022	95. 836
976-519. 4-7-1	0. 012	0. 184	36. 214	0. 017	0. 026	58. 638	0. 014	—	0. 037	0. 025	95. 208
976-519. 4-7-2	0. 395	0. 081	36. 793	0. 019	0. 007	59. 264	0. 02	—	—	0. 025	96. 616
979-652. 7-1-1	0. 057	0. 105	35. 435	—	—	59. 183	0. 016	—	—	0. 013	94. 822
979-652. 7-1-2	—	0. 155	36. 176	—	0. 043	58. 298	0. 002	0. 099	0. 003	0. 16	94. 949
979-652. 7-1-2	0. 012	0. 134	36. 481	0. 007	0. 019	58. 622	—	—	0. 028	0. 025	95. 328
979-652. 7-1-3	0. 014	0. 131	36. 74	0. 019	0. 082	58. 993	—	0. 009	0. 037	0. 031	96. 082
979-652. 7-2-1	—	0. 014	36. 283	0. 003	0. 036	58. 038	—	—	0. 026	0. 106	94. 516
979-652. 7-2-2	—	0. 137	36. 812	0. 012	0. 024	59. 123	0. 007	0. 136	—	0. 113	96. 384
979-652. 7-3-1	0. 006	0. 129	36. 839	—	0. 053	59. 143	—	0. 018	0. 003	0. 085	96. 281
979-652. 7-3-2	—	0. 165	36. 723	0. 023	0. 012	59. 294	0. 012	0. 045	0. 001	0. 122	96. 4
979-11-1-1	—	0. 053	35. 39	0. 017	0. 039	58. 764	—	—	0. 063	0. 737	95. 095
979-11-1-2-1	—	0. 189	36. 538	0. 024	0. 058	59. 755	0. 001	0. 027	—	0. 041	96. 662
979-11-1-2-2	—	0. 081	36. 076	0. 004	0. 003	58. 812	—	—	0. 054	0. 013	95. 07

（1）石榴子石

石榴子石是大厂矽卡岩中主要矿物，分布较广。颜色呈浅褐红色、粒径为0.6～5 mm，一般1～2 mm，半自形-自形的菱形十二面体。在显微镜下，为无色，自形粒状，正高突起。根据电子探针分析（表5-8，表5-9），石榴子石主要为钙铝-钙铁榴石。其中内矽卡岩以钙铝榴石为主，外矽卡岩以钙铁榴石为主，钙铝榴石环带结构不发育，全消光或异常消光，符山石、透辉石、硅灰石等共生，可

A. 自形石榴石，含有环带，并包含有透辉石。d=5.8mm，正交偏光，ZK1507

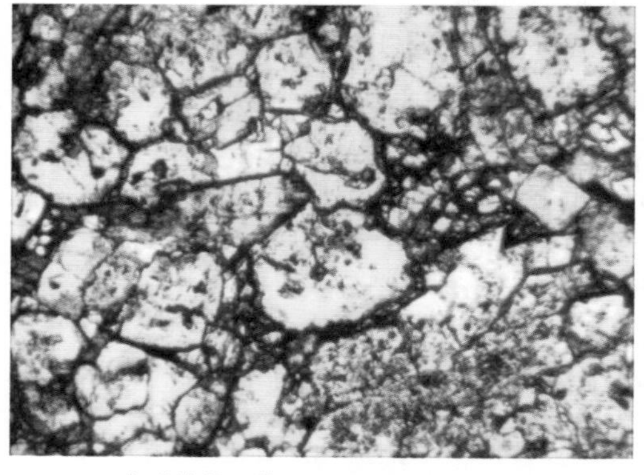

B. 自形粒状石榴石，d=2.5mm，单偏光，zk1520-880

C. 自形柱状的符山石，d=2.5mm，单偏光，ZK1520-86.5

D. 矽线石硅灰石矽卡岩中硅灰石。d=5.8mm，正交偏光，ZK1511-5

E.硅灰石、阳起石、石英，d=5.8mm，单偏光， ZK1511-3

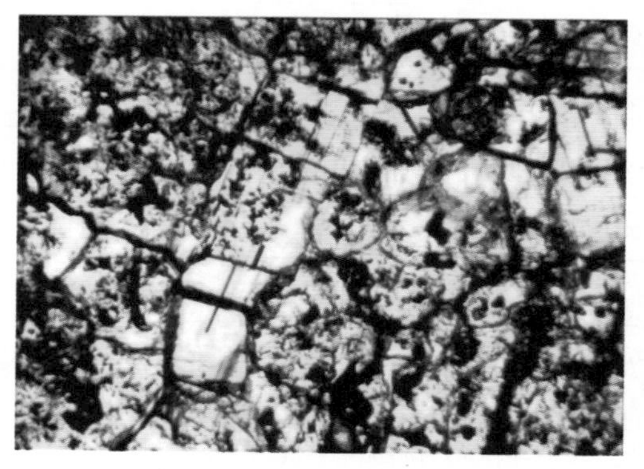

F. 符山石与石榴石共生，d=2.5mm，单偏光，ZK1520-878.4

图 5-21　铜矿深部的矽卡岩矿物

被绿帘石、透辉石交代，呈交代穿心结构。钙铁榴石与矿化关系密切，环带结构发育，具有Ⅰ级灰干涉色，被阳起石、绿帘石等交代。Sn 主要赋存在钙铁榴石中，与铁呈类质同象。在钙铁榴石中，Sn 含量达 0.06～0.253%。且含 Sn 含量与石榴子石中 And 分子含量成正比，可能正是由于石榴子石中容锡，所以在矽卡岩阶段，一般不再生成锡石等锡矿物。

（2）符山石

符山石是矽卡岩中主要矿物之一，在矽卡岩中延续的时间比较长，贯通在整个矽卡岩化阶段。颜色为灰绿色，显微镜下为无色。正高突起，呈不规则粒状或放射状、纤维状集合体产出，柱面上有纵纹。基本不含 Sn（表 5-10），MgO 与 Al_2O_3 之间呈负相关，与 FeO 之间呈正相关。

表 5-8　大厂矿区钙铝榴石电子探针分析结果（w_B/%）

点号	FeO	SiO_2	CaO	TiO_2	Al_2O_3	MnO	MgO	Cr_2O_3	NiO	SnO_2	合计
976-456.3-1	3.509	38.985	36.799	0.046	19.074	0.289	0.125	0.095	0.044	—	98.985
976-456.3-2	4.129	39.223	36.843	0.095	18.893	0.37	0.127	—	—	0.01	99.698
976-456.3-3	3.977	38.89	36.56	0.188	18.756	0.244	0.088	0.198	—	—	98.913
976-456.3-4	3.807	38.941	36.723	0.046	18.814	0.225	0.118	0.047	0.009	—	98.742
979-611.97-1	10.787	37.764	36.303	—	13.497	0.161	0.079	0.538	0.016	0.008	99.164
979-611.97-2-1	8.967	38.083	34.935	0.084	16.21	0.403	—	0.059	—	0.026	98.774
979-611.97-2-2	6.971	36.783	35.227	0.084	16.596	0.431	0.03	0.377	—	—	96.505
979-611.97-2-3	8.81	37.405	35.234	0.068	15.958	0.394	0.007	0.031	—	—	97.922
979-611.97-3-2	9.975	38.165	35.635	0.101	14.23	0.125	0.056	—	0.016	—	98.305
992-593-2-2	8.067	37.532	35.448	—	15.858	0.539	0.006	0.025	—	0.125	97.613
992-593-1-4	6.22	38.534	35.698	0.452	17.849	0.171	0.131	0.031	0.076	—	99.215
992-593-1-5	4.788	38.275	36.769	0.763	17.811	0.162	0.069	—	0.009	0.043	98.703
979-43-4-2	13.133	37.979	34.795	0.2	11.484	0.349	0.109	0.444	—	0.099	98.64
979-7-1-2	4.045	38.53	36.22	0.131	18.627	0.308	0.035	0.032	—	0.086	98.089
979-7-1-3	3.843	38.547	36.423	0.168	18.666	0.29	0.031	—	—	0.036	98.013
979-7-3	3.815	38.53	36.46	0.428	18.403	0.326	0.023	0.076	0.029	—	98.149
979-7-4	4.007	38.216	36.242	0.389	18.225	0.453	0.063	0.035	—	0.011	97.674
979-7-4-2	4.414	36.509	34.528	0.49	17.345	0.216	—	3.82	—	0.016	97.381
979-7-4-3	3.995	38.416	36.656	0.398	18.286	0.082	0.067	—	—	—	97.981
979-46-7-2	1.635	35.85	36.679	0.255	18.091	0.163	0.101	1.164	0.099	—	94.105
979-46-7-3	2.158	36.812	37.236	0.47	18.318	0.054	0.121	0.12	0.051	—	95.375
979-58-2-1	10.981	36.392	33.752	0.197	14.411	0.546	0.016	0.056	—	0.168	96.559
979-58-3-2	7.602	37.601	34.676	0.231	16.671	0.36	0.018	0.047	—	0.041	97.256

表 5-9　大厂矿区钙铁榴石电子探针分析结果（w_B/%）

样品号	FeO	SiO_2	CaO	TiO_2	Al_2O_3	MnO	MgO	Cr_2O_3	NiO	SnO_2	合计
979-43-5-1	15.642	37.178	34.79	0.184	9.331	0.116	0.111	0.003	0.022	0.157	97.536
979-43-5-2	14.049	37.37	34.816	0.052	11.076	0.242	0.027	—	—	0.094	97.756
979-43-3-1	15.594	37.122	34.035	0.206	9.353	0.08	0.062	0.782	—	0.127	97.422
979-43-3-2	13.541	37.321	34.671	0.193	11	0.367	0.049	0.003	—	0.038	97.183
979-43-9-1	14.023	37.555	35.596	0.237	10.709	0.261	0.119	0.012	0.019	0.06	98.591
979-43-9-2	15.977	37.282	35.316	0.11	9.125	0.188	0.071	0.061	—	0.127	98.304
979-43-9-3	16.614	36.727	35.246	0.156	8.52	0.206	0.084	—	0.057	0.123	97.767
530-2-2-1	21.283	34.543	33.874	—	5.089	0.258	0.162	0.154	—	0.196	95.728
530-2-6-1	20.015	35.009	34.316	0.059	5.516	0.151	0.164	0.052	—	0.253	95.645
530-2-6-2	21.086	38.11	33.598	0.186	5.329	0.214	0.314	0.091	—	0.235	99.169
530-2-6-3	21.364	36.19	34.429	0.383	4.859	0.196	0.311	0.06	0.035	0.245	98.154

表 5-10　大厂矿区符山石电子探针分析结果（w_B/%）

样品	Na_2O	FeO	P_2O_5	SiO_2	CaO	Al_2O_3	K_2O	MnO	MgO	Cr_2O_3	NiO	SnO_2	合计
530-2-3-1	—	5.75	0.041	35.054	36.416	13.329	0.003	—	2.774	0.019	0.025	0.01	93.582
530-2-3-2	0.02	5.781	0.002	36.02	36.343	13.526	—	0.081	2.682	0.182	—	—	94.803
530-2-4-1	0.055	6.146	—	35.585	36.162	12.854	—	0.054	2.872	0.013	0.057	—	93.877
530-2-4-2	0.033	6.277	—	34.657	35.299	12.145	0.006	0.081	3.039	0.031	—	0.01	91.762
530-2-5-1	0.088	5.911	0.048	35.592	35.802	13.221	0.011	—	2.248	0.035	—	—	93.222
530-2-5-2	0.067	7.198	0.023	36.38	33.282	11.299	0.008	0.144	3.201	2.932	—	—	94.691
530-2-7-2	0.02	4.125	—	36.262	36.585	15.06	—	0.208	2.709	—	—	0	95.128

（3）硅灰石

分布较广，灰白色，呈柱状、长柱状或放射状集合体产出，主要交代灰岩条带。显微镜下为无色，Ⅰ级橙黄～Ⅰ级灰干涉色，与透辉石、钙铝榴石、绿帘石共生。纯度较高，杂质含量低（表5-11）。

表5-11　大厂矿区硅灰石电子探针分析结果（$w_B/\%$）

样品	Na_2O	FeO	P_2O_5	SiO_2	CaO	Al_2O_3	KO	MnO	MgO	Cr_2O_3	NiO	SnO_2	合计
976-456.3-2-2	0.012	0.264	—	51.241	47.085	0.004	0.409	0.44	0.155	0.004	0.041	—	99.655
992-489.6-1	0.041	0.067	0.036	51.229	48.824	—	0.013	0.018	0.064	0.055	0.093	0.025	100.47
992-489.6-2-1	—	0.206	0.004	51.464	45.53	0.07	0.027	0.005	0.109	0.064	0.468	—	97.947
992-489.6-2-2	—	0.067	0.007	50.775	47.929	—	—	0.007	—	0.055	0.172	—	99.012
992-489.6-2-3	0.044	0.113	0.049	51.188	48.858	—	—	0.007	0.018	0.047	0.057	0.041	100.42
992-489.6-3	0.081	0.101	0.018	49.825	46.839	0.005	0.004	0.019	0.136	0.05	1.4	0.066	98.544
992-489.6-4	0.012	0.069	0.022	49.167	46.198	—	0.054	0.026	—	0.017	1.426	—	96.991
992-334.6-1	—	0.036	0.027	51.524	49.583	—	0.001	—	0.027	0.047	—	—	101.25
992-334.6-2	—	0.019	0.002	51.059	49.627	—	0.019	—	0.009	0.049	—	0.006	100.79
992-334.6-2-1	—	0.012	—	50.851	49.528	—	—	0.013	0.091	0.021	—	—	100.52
992-334.6-2-2	0.034	0.087	0.033	50.995	49.56	—	0.003	—	0.082	0.051	0.032	—	100.88
992-334.6-3-1	—	—	0.011	50.784	49.575	0.047	0.014	0.006	0.018	—	0.042	—	100.5
992-334.6-3-2	0.042	—	0.025	50.565	49.532	0.022	—	—	0.009	0.046	—	0.041	100.28
992-499-1-1	0.017	0.12	0.051	50.96	49.402	0.004	—	0.025	0.055	0.02	—	0.083	100.74
992-499-1-2	0.054	0.082	0.025	51.139	49.217	—	0.001	0.003	0.009	0.051	—	—	100.58
992-499-2-1	0.034	0.101	0.029	51.444	49.654	—	—	—	0.027	0.029	0.019	0.016	101.35
992-499-2-2	0.11	0.094	0.013	51.746	49.109	0.004	0.003	0.018	—	0.095	—	0.003	101.2
979-43-7-1	0.015	0.239	0.022	51.393	48.602	—	—	—	0.091	0.051	0.022	0.006	100.44
979-43-7-2	—	0.323	0.022	50.802	48.625	—	—	0.017	0.11	0.036	—	—	99.935
979-43-8-1	—	0.191	0.04	50.653	49.019	—	—	—	0.064	—	0.013	—	99.98
979-7-3-1	0.383	0.256	0.045	51.741	39.99	—	0.304	0.041	0.128	—	2.228	0.029	95.145
979-7-3-2	0.015	0.302	0.011	52.024	48.726	—	0.073	0.011	0.11	—	0.055	—	101.33
979-46-7-1	0.015	0.145	0.011	51.038	48.267	—	—	0.017	0.073	—	—	—	99.566
976-456.3-2-2	0.012	0.264	—	51.241	47.085	0.004	0.409	0.44	0.155	0.004	0.041	—	99.655
992-489.6-1	0.041	0.067	0.036	51.229	48.824	—	0.013	0.018	0.064	0.055	0.093	0.025	100.47
992-489.6-2-1	—	0.206	0.004	51.464	45.53	0.07	0.027	0.005	0.109	0.064	0.468	—	97.947
992-489.6-2-2	—	0.067	0.007	50.775	47.929	—	—	0.007	—	0.055	0.172	—	99.012
992-489.6-2-3	0.044	0.113	0.049	51.188	48.858	—	—	0.007	0.018	0.047	0.057	0.041	100.42
992-489.6-3	0.081	0.101	0.018	49.825	46.839	0.005	0.004	0.019	0.136	0.05	1.4	0.066	98.544
992-489.6-4	0.012	0.069	0.022	49.167	46.198	—	0.054	0.026	—	0.017	1.426	—	96.991
992-334.6-1	—	0.036	0.027	51.524	49.583	—	0.001	—	0.027	0.047	—	—	101.25
992-334.6-2	—	0.019	0.002	51.059	49.627	—	0.019	—	0.009	0.049	—	0.006	100.79
992-334.6-2-1	—	0.012	—	50.851	49.528	—	—	0.013	0.091	0.021	—	—	100.52
992-334.6-2-2	0.034	0.087	0.033	50.995	49.56	—	0.003	—	0.082	0.051	0.032	—	100.88
992-334.6-3-1	—	—	0.011	50.784	49.575	0.047	0.014	0.006	0.018	—	0.042	—	100.5
992-334.6-3-2	0.042	—	0.025	50.565	49.532	0.022	—	—	0.009	0.046	—	0.041	100.28
992-499-1-1	0.017	0.12	0.051	50.96	49.402	0.004	—	0.025	0.055	0.02	—	0.083	100.74
992-499-1-2	0.054	0.082	0.025	51.139	49.217	—	0.001	0.003	0.009	0.051	—	—	100.58
992-499-2-1	0.034	0.101	0.029	51.444	49.654	—	—	—	0.027	0.029	0.019	0.016	101.35
992-499-2-2	0.11	0.094	0.013	51.746	49.109	0.004	0.003	0.018	—	0.095	—	0.003	101.2
979-43-7-1	0.015	0.239	0.022	51.393	48.602	—	—	—	0.091	0.051	0.022	0.006	100.44
979-43-7-2	—	0.323	0.022	50.802	48.625	—	—	0.017	0.11	0.036	—	—	99.935
979-43-8-1	—	0.191	0.04	50.653	49.019	—	—	—	0.064	—	0.013	—	99.98
979-7-3-1	0.383	0.256	0.045	51.741	39.99	—	0.304	0.041	0.128	—	2.228	0.029	95.145
979-7-3-2	0.015	0.302	0.011	52.024	48.726	—	0.073	0.011	0.11	—	0.055	—	101.33
979-46-7-1	0.015	0.145	0.011	51.038	48.267	—	—	0.017	0.073	—	—	—	99.566

（4）透辉石

也是矿区主要的矽卡岩矿物之一，绿色，呈不规则粒状产出。显微镜下为无色，正高突起，具有Ⅱ级鲜艳干涉色，与钙铝榴石、符山石、硅灰石等共生，根据电子探针分析（表5-12），其大多属于透辉石-钙铁辉石的过渡系列（图5-22）。

表5-12 大厂矿区钙铁辉石电子探针分析结果（$w_B/\%$）

样品	Na_2O	FeO	SiO_2	CaO	Al_2O_3	MnO	MgO	Cr_2O_3	NiO	合计
979-58-4-l3	0.086	26.207	48.557	23.303	0.095	0.459	1.191	0.086	0.076	100.07
979-58-4-1	0.029	25.233	49.243	23.496	0.115	0.504	1.492	—	—	100.14
979-58-4-1	0.041	25.747	49.536	23.592	0.084	0.574	1.678	0.021	—	101.31
979-58-4-2	0.035	25.488	49.107	23.662	0.046	0.495	1.505	0.03	—	100.39
979-58-3-1	0.122	26.343	48.718	23.073	0.123	0.309	1.161	0.003	0.079	99.947
979-58-1-2	0.043	21.364	49.171	23.858	0.828	0.434	3.581	0.03	0.003	99.332
979-58-1-1	0.161	19.889	49.119	23.188	0.498	0.755	4.209	0.105	—	98.233
440-9-4-1	—	22.259	49.512	23.864	0.077	0.534	3.571	0.093	—	99.959
440-9-3	—	20.133	50.674	24.089	0.086	0.366	4.94	0.015	—	100.3
440-9-3-2	0.029	21.737	49.852	23.677	0.04	0.303	3.914	0.06	—	99.667
440-9-2-1	0.103	21.414	49.689	24.011	0.097	0.437	4.053	0.078	0.022	99.908
440-9-2-2	0.163	17.044	49.167	23.394	0.363	0.25	6.616	2.995	—	100.02
440-9-1-t1	0.161	20.116	49.778	23.944	0.344	0.33	4.44	—	0.057	99.32
440-9-1-2	0.168	17.892	50.613	24.335	0.374	0.215	6.114	0.033	—	99.744
979-611-3	0.35	20.038	49.642	24.285	0.169	0.745	4.569	0.039	—	99.857
992-593-1	0.006	20.234	50.289	24.205	0.086	0.781	4.684	—	—	100.3
992-593-1-2	—	14.849	52.039	24.797	0.153	0.473	8.302	—	0.041	100.67
992-593-1-3	0.122	22.881	49.089	23.86	0.117	0.973	2.382	0.051	0.079	99.581
992-593-2-1	0.041	18.269	50.643	24.271	0.08	1.102	5.836	—	—	100.25
992-593-2-2	0.028	20.456	49.819	23.969	0.068	1.073	3.844	—	0.076	99.356
992-593-2-3	0.089	18.541	50.488	24.005	0.029	1.208	5.359	—	0.032	99.76
992-593-2-4	0.047	18.911	50.303	23.989	0.008	0.968	5.006	0.057	0.028	99.325
992-593-2-5	0.118	19.775	49.645	24.186	0.057	1.056	4.216	0.039	—	99.092
992-593-2-1	0.041	23.043	49.574	23.806	0.033	1.326	2.429	0.015	0.009	100.28
992-593-2-2	0.015	23.713	49.089	23.428	0.051	1.281	2.175	0.054	—	99.806
992-593-3-1	0.096	23.486	48.606	23.613	0.258	1.131	2.063	0.128	0.028	99.449
992-593-3-2	0.082	24.172	49.746	23.853	0.069	1.051	1.836	0.018	0.031	100.9
992-593-3-3	0.056	25.153	49.279	23.353	0.108	0.962	1.817	0.101	—	100.85
992-593-4-1	0.404	23.876	48.875	23.288	0.154	1.307	1.406	0.009	0.035	99.402
979-58-6-1	—	25.552	49.185	23.451	0.056	0.715	1.436	—	0.009	100.46
979-58-6-2	0.015	27.818	47.69	23.331	0.159	0.212	0.524	0.077	—	99.837
979-58-6-l3	0.144	25.144	48.138	23.258	0.161	0.353	1.495	0.05	—	98.811
979-58-6-4	0.14	26.469	47.712	23.183	0.465	0.794	0.336	—	—	99.167
530-3-4-1	0.083	22.459	49.461	23.618	0.133	0.693	3.301	0.018	—	99.778
530-3-4-2	0.063	17.976	50.297	24.046	0.178	0.446	6.543	0.073	0.029	99.651
530-3-5-1	—	23.892	48.517	22.529	0.063	0.939	2.324	0.071	—	98.342
530-3-9-1	0.145	22.099	47.79	23.273	0.313	0.861	2.618	0.039	0.032	97.183
530-3-9-2	0.105	23.494	48.757	23.381	0.105	0.79	2.184	0.069	0.038	98.972
979-43-4-3	0.026	4.522	52.795	25.586	0.198	0.417	14.6	0.06	0.013	98.253
979-43-10-1	0.15	5.615	53.423	25.465	0.231	0.127	13.34	0.038	0.051	98.476
979-43-10-2	0.041	6.203	52.759	25.811	0.053	0.408	13.48	—	—	98.807
979-43-10-3	0.024	6.18	53.153	26.018	0.136	0.209	13.45	—	—	99.169
979-7-4-1	0.086	4.552	54.344	25.024	0.674	—	14.73	0.195	—	99.633
979-7-4-2	0.096	5.37	53.655	25.512	0.358	0.172	14.47	0.035	0.022	99.719
979-7-4-3	0.068	6.578	53.416	25.801	0.123	0.136	13.93	0.072	—	100.13
530-3-5-2	—	4.77	52.57	25.899	0.156	0.507	14.05	0.031	0.003	97.989
590-1-4-2	0.082	4.877	52.76	25.125	0.49	0.244	14	0.826	0.035	98.446

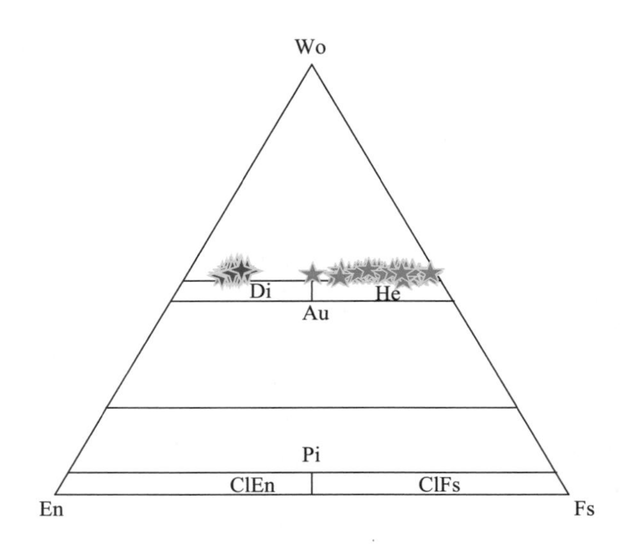

图 5-22 大厂矿区单斜辉石命名图解

（据 Morimoto 等，1988）

Di—透辉石（diopside），He—钙铁辉石（hedenbergite），Au—普通辉石（augite），Pi—易变辉石（pigeonite），ClEn—斜顽辉石（clinoenstatite），ClFs—斜铁辉石（clinoferrosilite）

（5）阳起石

分布少，绿色，为晚期退化蚀变矿物之一。与绿帘石、绿泥石、透闪石、钙铁榴石等共生。显微镜下呈绿色，呈长针状、毛发状或放射状集合体，多色性明显。电子探针分析结果显示（表 5-13），阳起石主要为富铁阳起石。

表 5-13 大厂矿区阳起石电子探针分析结果（w_B/%）

样品	Na_2O	FeO	SiO_2	CaO	TiO_2	Al_2O_3	K_2O	MnO	MgO	Cr2O3	合计
992-574.5－1	0.202	25.658	50.935	11.765	0.069	2.43	0.178	0.601	6.199	—	98.054
992-574.5-1-2	0.287	28.197	50.175	11.636	0.035	2.103	0.21	0.723	5.502	0.087	99.031
992-574.5-1-3	0.155	26.667	50.654	11.893	0.04	1.869	0.115	1.021	5.919	0.015	98.348
992-574.5-1-4	0.116	22.929	50.718	12.22	0.013	2.066	0.13	0.841	7.83	0.849	97.715
992-574.5-2-1	0.165	23.015	55.31	10.05	0.01	1.943	0.13	0.858	4.956	1.736	98.323
992-574.5-6-1	0.203	25.971	49.156	11.462	0.066	2.198	0.151	0.86	5.153	2.51	97.736
992-574.5-6-2	0.216	28.014	49.646	11.767	0.022	2.618	0.172	0.731	5.144	0.09	98.53
992-574.5-6-4	0.295	26.833	49.481	11.899	0.07	2.374	0.189	0.404	5.721	0.169	97.533
992-574.5-7-2	0.152	26.345	49.302	12.229	0.027	3.533	0.261	0.9	4.99	0.12	97.859
992-574.5-7-3	0.211	26.215	54.146	10.16	0.035	1.746	0.114	0.853	4.614	0.023	98.119
992-574.5-8-1	0.288	26.167	49.612	11.87	0.077	2.415	0.241	0.6	5.982	0.117	97.444
992-574.5-8-2	0.181	26.518	49.6	11.913	—	2.296	0.206	0.521	6.163	0.12	97.527

（6）绿帘石

绿色、粒状，分布于石榴子石、透辉石等矿物的粒间，不均匀分布，与阳起石、透闪石等伴生。电子探针分析结果见表 5-14。

表 5-14 大厂矿区绿帘石电子探针分析结果（$w_B/\%$）

样品	FeO	P_2O_5	SiO_2	CaO	TiO_2	Al_2O_3	MnO	MgO	Cr_2O_3	合计
440-9-3-l3	13.044	0.042	36.634	23.467	0.002	21.191	—	0.017	0.38	94.87
440-9-3-l1	11.473	0.037	36.817	23.434	—	21.531	0.143	0.039	1.713	95.283
440-9-2l1	12.704	0.026	37.579	23.625	—	21.155	0.036	0.001	0.043	95.201
440-9-2l2	13.089	—	39.218	23.731	0.053	22.272	0.081	0.001	0.101	98.557
992-574.5-3-1	13.124	0.014	37.181	23.49	0.043	21.734	0.162	—	0.052	95.987
992-574.5-3-2	11.662	0.019	37.701	23.444	0.139	22.752	0.205	0.054	—	96.013
992-574.5-3-3	11.723	0.002	37.924	23.291	0.107	22.515	0.25	0.072	0.015	95.912
992-574.5-4-1	10.899	—	38.156	23.635	0.026	23.1	0.235	—	0.062	96.116
992-574.5-4-2	12.576	0.005	37.741	23.611	0.009	22.089	0.081	0.038	0.025	96.258
992-574.5-5-1	12.474	0.023	38.039	23.649	0.027	22.123	—	—	0.006	96.401
992-574.5-5-2	9.437	—	37.936	23.956	0.05	24.443	0.161	—	0.022	96.036
992-574.5-6-3	9.338	0.044	37.982	23.641	0.033	24.576	0.081	—	—	95.742
992-334.6-3-1	11.761	0.047	37.443	23.802	0.137	22.327	0.235	0.056	0.062	95.88
979-58-2	9.272	0.028	36.324	23.641	0.035	23.159	0.063	—	0.435	93.092

（7）斧石

颜色为褐红色，含量较少，与符山石、硅灰石、绿帘石等共生。显微镜下无色，正高突起，干涉色较低，为Ⅰ级黄白色，显微镜下为无色。正高突起，呈不规则粒状或放射状、纤维状集合体产出，柱面上有纵纹。

4. 硅化

硅化是矿区发育广泛，与矿化关系密切。在矿区主要有3种产出方式：一是在层状、裂隙脉矿体中，分布在硫化物矿物之间，呈他形粒状分布，往往包含有大量的电气石微晶，在矿化强烈之处，硅化也强烈（图5-23）。二是出现在含矿的纹层中或在自形黄铁矿等的边缘或层面脉中，呈粒状镶嵌结构，与碳酸盐矿物（菱铁矿、方解石等）及锡石、硫化物等共生。三是泥质、泥灰质围岩在热液作用下，发生硅化，石英呈半自形粒状，与钾长石、硫化物等伴生。电子探针分析结果显示，石英中 SiO_2 含量在94.323%～98.972%，FeO含量在0.028%～0.137%，MgO含量为0.046%～1.339%，CaO为0.244%～1.689%。

A. 条带状灰岩中层状矿体中的脉石矿物硅化、电气石化。铜坑405中段204勘探线，单偏光，d=0.7mm

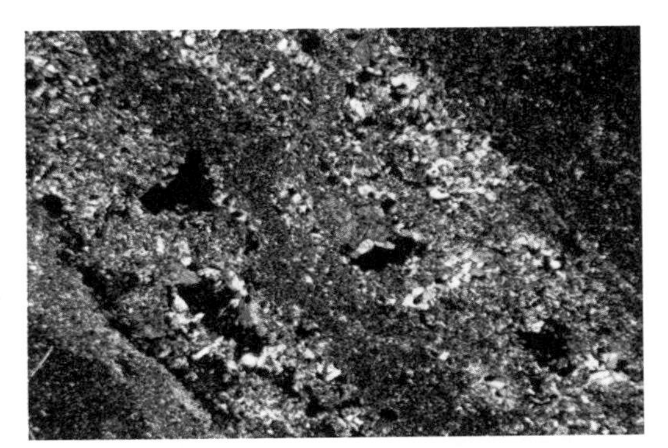

B. 91号层纹状矿化体中的硅化、碳酸盐化。铜坑455中段14号勘探线，正交偏光，d=2.8mm

图5-23 矿层中的硅化、电气石化和碳酸盐化

5. 碳酸盐化

矿区范围内，围岩中的灰岩发生重结晶，或与矿化、硅化、电气石化等相伴出现菱铁矿化，广泛见于层状、裂隙脉状等不同类型矿体中。

6. 电气石化

电气石是锡多金属矿体普遍发育的蚀变矿物之一，呈无色、长针状，与硫化物和石英、方解石等伴生，在矿区有两种产出状态：一是与硫化物和石英、钾长石等伴生，出现在裂隙脉和层面脉或层状矿体中，可以被石英等包裹，长约 0.1～0.2 mm，具明显的热液交代特征。二是在硅质岩中呈细纹层状顺层出现，宽度约 0.1～1 mm，延伸不远，断续分布。

7. 绢云母化

绢云母在矿区普遍发育，与硫化物、石英、电气石等伴生，呈片状，粒径通常在 0.1～0.2 mm。当硫化物呈带状产出时，绢云母往往出现在硫化物带的边部；也可能是原泥质或含泥质的岩层经区域变质作用形成。该类绢云母呈微晶状。在局部定向应力作用下可定向排列；在矿床深部的矽卡岩化、角岩化的岩层中也有少量的绢云母（白云母）产出（图 5-24）。

A. 扁豆灰岩中裂隙脉一侧与电气石共生的绢云母，单层厚度0.2～0.7mm，铜坑505中段，正交偏光，*d*=1.4mm

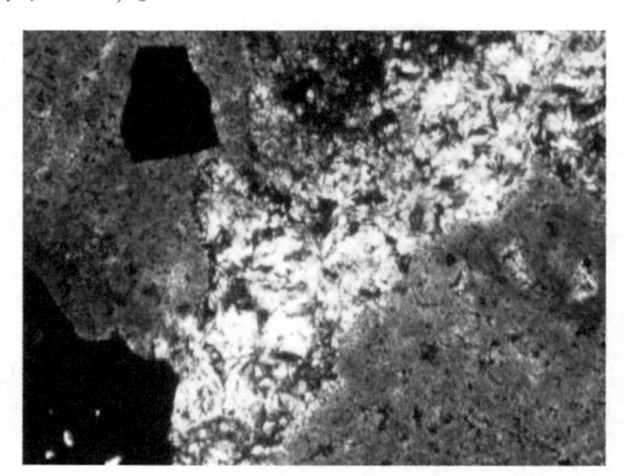

B. 硅质岩中的绢云母化。铜坑405中段20-1线。单偏光，*d*=3.1mm

图 5-24　绢云母的产出状态

矿区与矿化相伴的绢云母，其化学成分经电子探针分析显示，SiO_2 平均含量为 44.159%、FeO 平均含量为 2.95%、MnO 平均含量为 0.186%、Al_2O_3 平均含量为 14.61%、K_2O 平均含量为 7.32%、TiO_2 平均含量为 0.16%、MgO 平均含量为 21.99%、CaO 平均含量为 0.606%、Cr_2O_3 平均含量为 0.018%；Na_2O 平均含量为 0.013%。

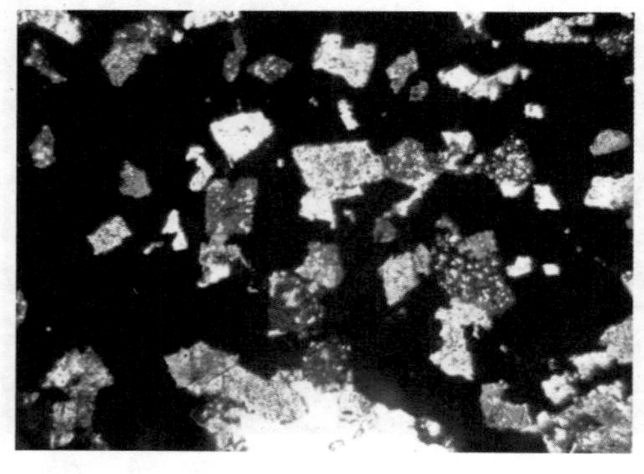

A. 宽条带灰岩中与矿化相伴的新生的长石和石英，长石中包裹大量的颗粒状矿物包体。铜坑505中段14-1线，正交偏光，*d*=0.7mm

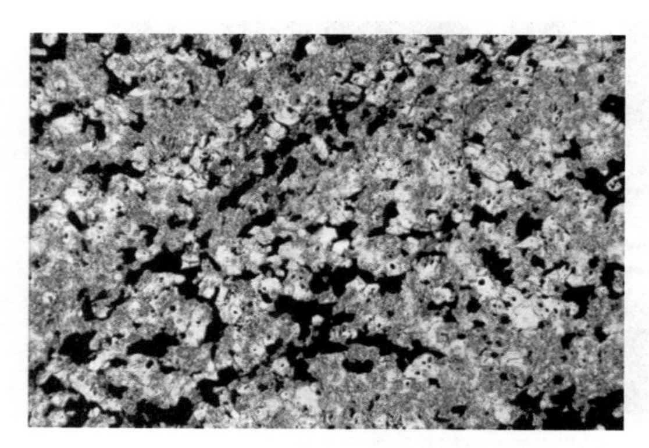

B. 宽条带灰岩中层状矿体中新生的石英和菱形长石。铜坑355中段204勘探线，单偏光，*d*=2.8mm

图 5-25　铜坑矿体中的钾长石的产出状态

8. 钾长石化

钾长石可在矿床上部某些裂隙脉旁作为蚀变矿物产出。钾长石化主要出现在泥质含量较高的宽条带灰岩中，在硅质岩、细条带灰岩中也有少量出现。长石形态呈菱形，与新生石英等共生，长石中包含有大量的石英、电气石等矿物包裹体，与硫化物矿物伴生，呈层状产出（图5-25）。

钾长石电子探针分析结果显示，SiO_2 含量为65.336%～66.435%、FeO含量为0.177%～0.479%、MnO含量为0.028%～0.042%、Al_2O_3 含量为17.927%～19.994%、K_2O 含量为12.847%～14.923%、TiO_2 含量为0.008%～0.024%、MgO含量为0.008%～0.697%、Na_2O 含量为0.02%～0.238%。

二、蚀变分带

在铜坑矿床中，与矿化有关的围岩蚀变具有明显的分带性，这种分带特点和发育程度与原围岩成分、距离岩体的远近和热液本身的成分和温度有密切的联系。

1. 水平分带特征

大厂矿田，矿化蚀变的水平分带是围绕着矿田中部的笼箱盖复式岩体，以笼箱盖隐伏岩体岩隆为矿化活动中心和蚀变分带的中心，向外依次表现为明显的蚀变分带特征。即在矿田的中部拉么矿床，岩体与围岩接触面的内接触带，黑云母花岗岩发生云英岩化，外部的扁豆状、条带状灰岩等发生矽卡岩化，蚀变强度由强到弱，由近岩体的复杂矽卡岩→简单矽卡岩→外围矽卡岩化大理岩（图5-26）。到了大厂矿田西矿带的长坡-铜坑矿床、东矿带的大幅楼等矿床，围岩蚀变以硅化、钾化、电气石化、绢云母化为主。

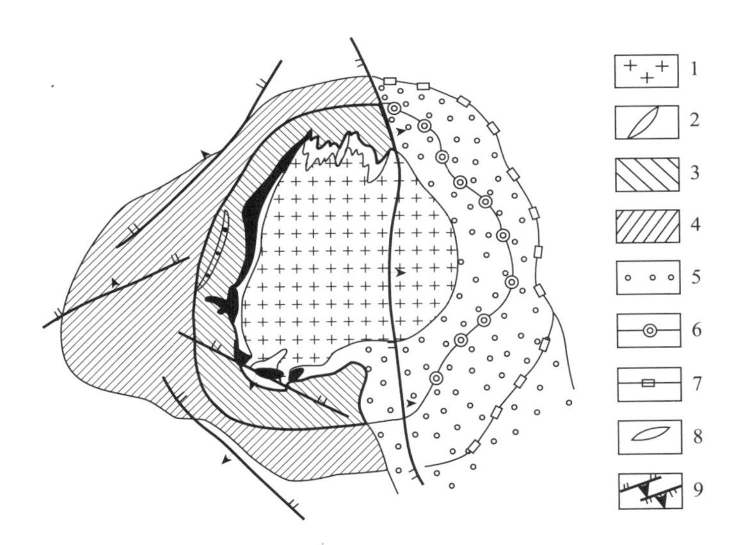

图5-26　笼箱盖地区围岩蚀变与矿体的分布图（500 m标高）

1—黑云母花岗岩体；2—复杂矽卡岩；3—简单矽卡岩；4—矽卡岩化大理岩；5—角岩化带；6—磁黄铁矿、黄铁矿化；7—黄铁矿化；8—锌铜硫化物矿体；9—正断层；10—逆断层

2. 垂直分带特征

由笼箱盖岩体向西至铜坑矿床深部，隐伏岩体目前还没有完全揭露，但从2011年完成的钻孔ZK101看，岩体出露在－800m深度以下，在岩体的外接触带有云英岩化。向上由于岩体的侵位，与围岩形成热变质分带。在铜坑-拉么一带，岩体与罗富组的富铝砂岩等接触时，形成红柱石、钾长石、石英、钙铝榴石等组成的角岩或各种类矽卡岩，当围岩为富钙质泥灰岩时，形成钙铝榴石、透辉石、符山石、硅灰石等为主要成分的矽卡岩，包括钙铝榴石矽卡岩-钙铁榴石透辉石矽卡岩-透辉石符山石硅灰石矽卡岩、绿帘石-阳起石矽卡岩、绿帘石-石榴子石矽卡岩等。拉么铜锌矿与晚矽卡岩阶段形成的绿帘石-阳起石-石榴子石矽卡岩关系密切。

在铜坑深部 D_3^1 硅质岩、D_3^2 条带扁豆状灰岩层中，矿液以充填和交代成矿为主，围岩蚀变与围岩岩性有关，矿液沿富钙质层交代，在裂隙发育或层间滑脱部位充填，围岩蚀变随着物化条件的改变，形成电气石-石英-钾长石组合、电气石-菱铁矿-绢云母-石英组合、绢云母-绿泥石-菱铁矿-方解石组合等。相应也出现矿化分带（图5-27），在笼箱盖岩体的顶部有时形成云英岩型的 W、Mo 矿化，在接触带附近形成含锡的矽卡岩和含锡硫化物 Zn-Cu 矿床，在岩体外围有锡石-硫化物多金属矿床。

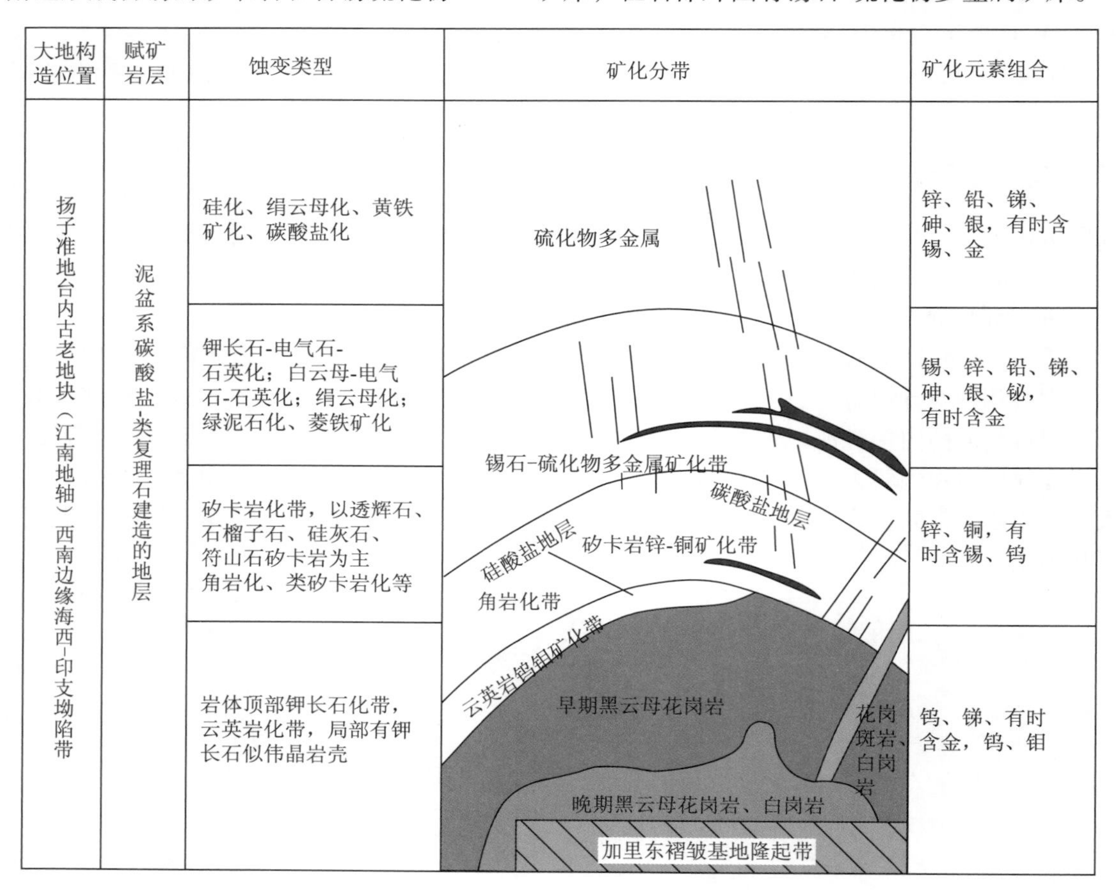

图5-27　铜坑矿床中蚀变垂直分带示意图

成矿元素的分带性，在平面上表现为从岩体向外依次为 Zn、Cu→（W、Sb）→Sn、Zn→Sn 多金属→（Pb、Zn、Ag），在垂向上表现为自下而上依次为 Zn、Cu→ Sn、Zn→Sn Sn 多金属→（Pb、Zn、Ag）。这种分带性显示了岩体对成矿的控制作用，也说明了大厂矿田的矿床属于与燕山晚期岩浆作用有关的热液成因矿床。

三、矽卡岩的地球化学特征

大厂矿田中，近岩体的赋矿围岩普遍发生矽卡岩化、角岩化，在近岩体的拉么锌铜矿床中表现最为强烈。在铜坑矿床深部，罗富组的泥灰岩也普遍发生矽卡岩化、角岩化，形成一套矽卡岩矿物组合。根据矿物的共生组合，矽卡岩的形成分为两大阶段，早期矽卡岩阶段形成硅灰石、钙铝-钙铁榴石、符山石、透辉石等组合，晚期形成绿帘石、阳起石、透闪石、少量的斧石等组合。锌铜矿化主要与晚阶段的矽卡岩化关系密切。

1. 主要矽卡岩矿物的微量和稀土元素特征

为了说明矽卡岩矿物中微量、稀土元素的分布特征，对主要的矽卡岩矿物进行了单矿物的分离和挑选，在长安大学西部资源与地质工程教育部重点实验室进行了微量和稀土元素的分析，结果（表5-15、表5-16）显示：

表 5-15　大厂矿区钙铝-钙铁榴石中微量元素含量（$w_B/10^{-6}$）及相关参数

样号	590-27	590-10	拉么 530-7	ZK992-295. 2	ZK976-471	ZK979-583. 59	ZK979-573. 60	ZK1520-869. 6
Li	29. 41	7. 56	17. 71	27. 42	24. 62	24. 62	10. 56	18. 66
Be	0. 56	0. 17	1. 06	1. 60	2. 76	1. 67	0. 17	0. 41
Sc	22. 26	14. 60	26. 98	21. 28	24. 49	24. 36	15. 20	34. 02
V	146. 8	4. 69	160. 0	114. 4	208. 5	443. 7	123. 0	372. 3
Cr	89. 41	9. 68	63. 24	46. 76	75. 73	65. 03	22. 14	172. 5
Co	19. 80	18. 85	38. 22	36. 79	24. 06	38. 53	16. 77	23. 33
Ni	21. 66	24. 57	24. 51	31. 39	21. 33	28. 62	18. 80	23. 32
Cu	12. 86	10. 40	20. 00	11. 21	14. 01	19. 88	9. 68	15. 29
Zn	250. 5	234. 2	266. 4	83. 33	776. 8	717. 6	258. 3	265. 1
Ga	33. 17	1. 56	33. 92	30. 69	36. 05	29. 33	30. 55	39. 34
Rb	30. 26	12. 54	12. 70	24. 78	16. 50	9. 18	15. 37	15. 55
Sr	33. 74	222. 6	34. 73	54. 91	21. 14	56. 01	9. 39	11. 09
Y	11. 15	17. 39	24. 80	18. 28	26. 84	44. 18	50. 78	22. 76
Zr	123. 9	14. 43	196. 4	76. 75	86. 55	179. 4	107. 4	100. 2
Nb	12. 19	0. 62	16. 72	7. 85	6. 56	17. 67	12. 95	8. 19
Cd	2. 10	2. 77	1. 90	0. 81	7. 01	7. 03	2. 43	1. 59
Cs	17. 85	6. 68	15. 67	20. 97	19. 92	4. 69	24. 43	13. 54
Ba	6. 99	5. 00	7. 29	9. 81	9. 01	6. 59	3. 56	9. 13
La	5. 20	1. 86	13. 16	11. 74	14. 11	22. 95	0. 74	2. 57
Ce	10. 85	4. 27	22. 10	25. 98	24. 54	35. 12	1. 61	4. 12
Pr	1. 35	0. 73	2. 94	3. 30	2. 89	5. 03	0. 39	0. 50
Nd	6. 09	3. 84	11. 95	13. 76	11. 00	21. 22	3. 19	1. 97
Sm	1. 52	1. 20	2. 54	3. 05	2. 25	5. 08	2. 93	0. 50
Eu	0. 30	0. 13	0. 55	0. 68	0. 60	0. 92	0. 44	0. 14
Gd	1. 66	1. 95	3. 17	3. 55	2. 78	6. 69	5. 18	1. 09
Tb	0. 27	0. 37	0. 50	0. 54	0. 46	1. 11	1. 10	0. 26
Dy	1. 81	2. 51	3. 66	3. 47	3. 53	7. 29	7. 48	2. 70
Ho	0. 44	0. 60	0. 89	0. 72	0. 88	1. 58	1. 63	0. 80
Er	1. 53	2. 04	3. 09	2. 14	3. 18	4. 88	4. 77	3. 06
Tm	0. 27	0. 31	0. 52	0. 32	0. 54	0. 72	0. 71	0. 60
Yb	2. 00	2. 25	3. 89	2. 18	4. 09	4. 77	4. 44	4. 31
Lu	0. 31	0. 36	0. 62	0. 35	0. 63	0. 71	0. 61	0. 69
Hf	3. 89	0. 39	5. 99	2. 46	3. 26	5. 23	2. 43	4. 09
Ta	1. 12	0. 081	1. 65	0. 64	0. 79	1. 07	0. 61	0. 99
Pb	8. 51	5. 08	8. 54	8. 73	9. 77	4. 57	4. 12	10. 22
Bi	2. 47	7. 93	34. 74	2. 43	7. 62	3. 61	1. 07	8. 25
Th	4. 49	0. 75	6. 28	6. 91	5. 23	6. 15	0. 49	6. 59
U	0. 65	0. 081	0. 61	1. 18	0. 78	3. 20	0. 10	0. 45
ΣREE	33. 59	22. 44	69. 58	71. 78	71. 48	118. 07	35. 23	23. 31
LREE	25. 31	12. 04	53. 24	58. 51	55. 39	90. 33	9. 31	9. 81
HREE	8. 28	10. 40	16. 34	13. 26	16. 09	27. 74	25. 92	13. 51
LREE/HREE	3. 06	1. 16	3. 26	4. 41	3. 44	3. 26	0. 36	0. 73
La_N/Yb_N	1. 76	0. 56	2. 29	3. 64	2. 33	3. 25	0. 11	0. 40
δEu	0. 58	0. 26	0. 59	0. 63	0. 73	0. 48	0. 34	0. 57
δCe	0. 94	0. 86	0. 81	0. 97	0. 86	0. 74	0. 69	0. 81

表 5-16 大厂矿区矽卡岩矿物的微量和稀土元素含量（$w_B/10^{-6}$）及相关参数

元素	ZK1520-868.8	ZK1520-883	ZK26-1-416.6	ZK1512-876.8	拉么 590-7
	符山石	阳起石	阳起石	符山石	硅灰石
Li	171.6	15.27	24.82	124.5	36.93
Be	7.73	2.28	0.47	18.63	1.28
Sc	23.67	18.58	25.95	17.64	22.76
V	315.2	42.09	532.7	172.8	114.8
Cr	112.9	21.36	196.5	99.19	40.46
Co	29.55	25.35	28.57	25.59	43.44
Ni	25.16	59.49	28.15	20.39	31.63
Cu	11.29	30.85	16.55	15.84	14.08
Zn	280.2	369.7	844.0	465.7	591.1
Ga	38.73	8.77	88.25	29.55	32.38
Rb	11.11	13.54	11.90	11.36	10.10
Sr	144.9	25.80	744.7	163.8	49.60
Y	34.30	4.01	51.13	96.35	27.07
Zr	92.08	20.40	182.3	122.2	128.6
Nb	10.17	0.59	18.90	2.95	18.97
Cd	0.72	0.60	6.37	2.39	3.54
Cs	4.05	2.67	7.27	4.13	7.53
Ba	10.27	1.64	8.64	6.24	12.66
La	190.0	1.69	55.90	223.7	23.78
Ce	214.2	2.79	89.83	389.8	46.76
Pr	19.44	0.39	10.52	47.99	6.10
Nd	58.68	1.64	38.19	175.1	26.51
Sm	7.89	0.34	6.05	30.39	5.77
Eu	4.18	0.065	2.62	7.01	1.09
Gd	9.78	0.52	7.42	32.21	5.81
Tb	1.07	0.08	1.11	4.02	0.84
Dy	5.81	0.57	7.54	20.35	5.03
Ho	1.22	0.13	1.74	3.62	1.06
Er	3.76	0.44	5.84	9.13	3.22
Tm	0.56	0.077	0.92	1.04	0.50
Yb	3.79	0.56	6.29	5.81	3.38
Lu	0.57	0.11	0.89	0.75	0.54
Hf	2.52	0.44	4.93	2.43	3.87
Ta	0.69	0.051	1.31	0.35	1.32
Pb	7.37	6.76	6.44	19.49	11.15
Bi	105.3	6.27	8.61	122.5	19.72
Th	19.11	0.88	21.34	23.60	12.05
U	5.90	0.29	15.41	23.56	1.71
ΣREE	950.92	9.40	234.85	520.95	130.39
LREE	873.99	6.92	203.10	494.39	110.02
HREE	76.93	2.48	31.75	26.56	20.37
LREE/HREE	11.36	2.79	6.40	18.62	5.40
La_N/Yb_N	26.04	2.03	6.01	33.85	4.76
δEu	0.68	0.47	1.19	1.45	0.57
δCe	0.85	0.79	0.82	0.68	0.89

1）微量元素。从原始地幔标准化蛛网图（图 5-28）可见，石榴子石大多具有明显的 Ba、Sr“谷”，Rb、Th、Nb、Y“峰”，如 Zk979-573.6 中的自形钙铁榴石具有明显的 Ta、Nb 富集特征，轻稀土明显亏损。符山石、硅灰石、阳起石中微量元素地幔标准化蛛网图的形态也基本一致，均具有 Rb、Th、U、La、Ce、Nd、Sm 等的“峰”和 Ba、Ta、Nb、Sr 的“谷”。将蚀变矿物与矿区岩体中微量元素的原始地幔标准化蛛网图进行对比，可见其总体变化趋势是一致的，但蚀变矿物中元素含量变化的强度增大。其中变化的原因有待进一步探讨。

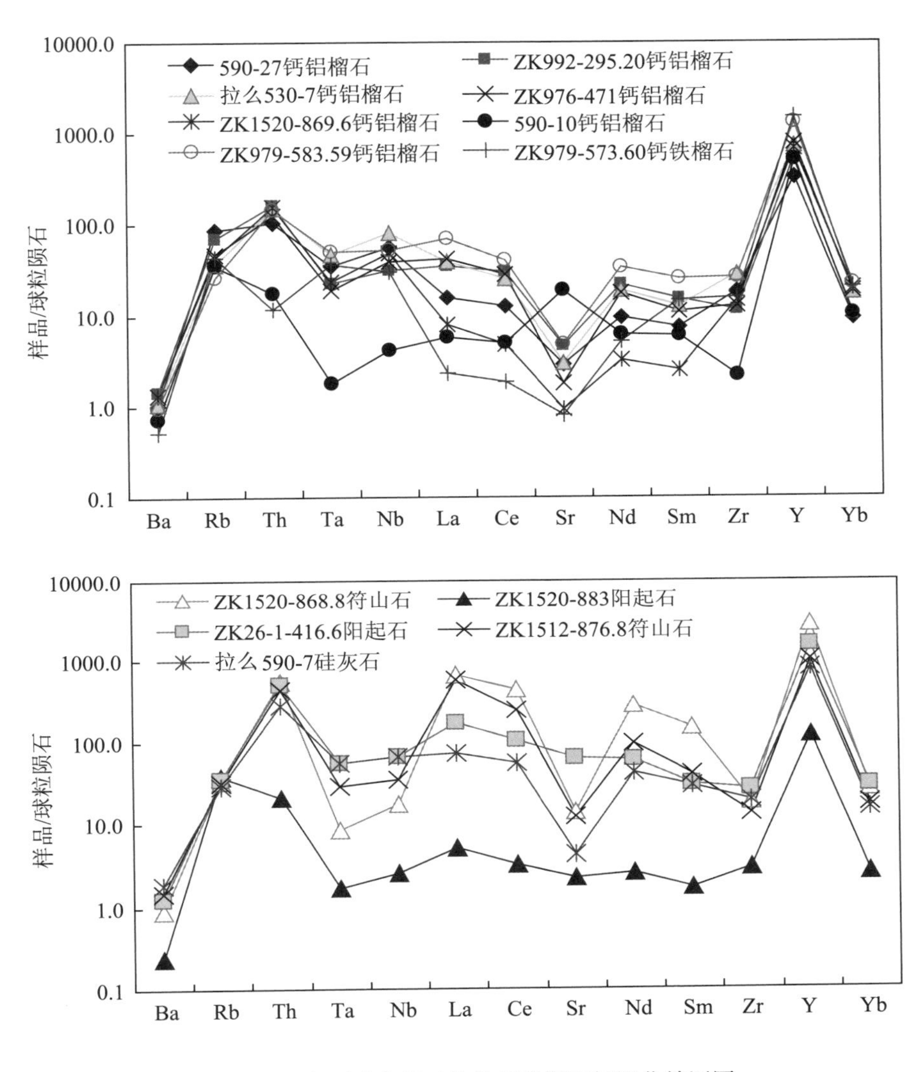

图 5-28　主要矽卡岩矿物的球粒陨石标准化蛛网图

2）稀土元素。石榴子石中稀土元素含量较低，ΣREE 在 $22.436\times10^{-6}\sim118.067\times10^{-6}$，δEu 值在 0.344～0.731，显示明显到中等的亏损；δCe 在 0.692～0.968，显示弱或不明显的亏损。符山石表现为轻稀土明显富集，稀土总量含量高，为 $520.953\times10^{-6}\sim950.918\times10^{-6}$，轻稀土富集，δEu 值 0.681～1.453；δCe 为 0.679～0.849。对阳起石，两个样品的稀土元素含量差异较大。矿物的稀土配分型式总体上是与区内岩体一致的，呈轻稀土富集的右倾配分曲线（图 5-29），但符山石矿物中高稀土含量可能预示着成岩物质的来源并非单一的来源。

2. 矽卡岩化过程中元素的地球化学行为

成矿热液在对围岩进行交代的过程中，不仅能改变围岩的矿物组合、结构构造，而且也会导致成矿元素在空间上的重新分配和有序变化。为了说明岩浆侵位过程中，主要元素等在空间上的变化特

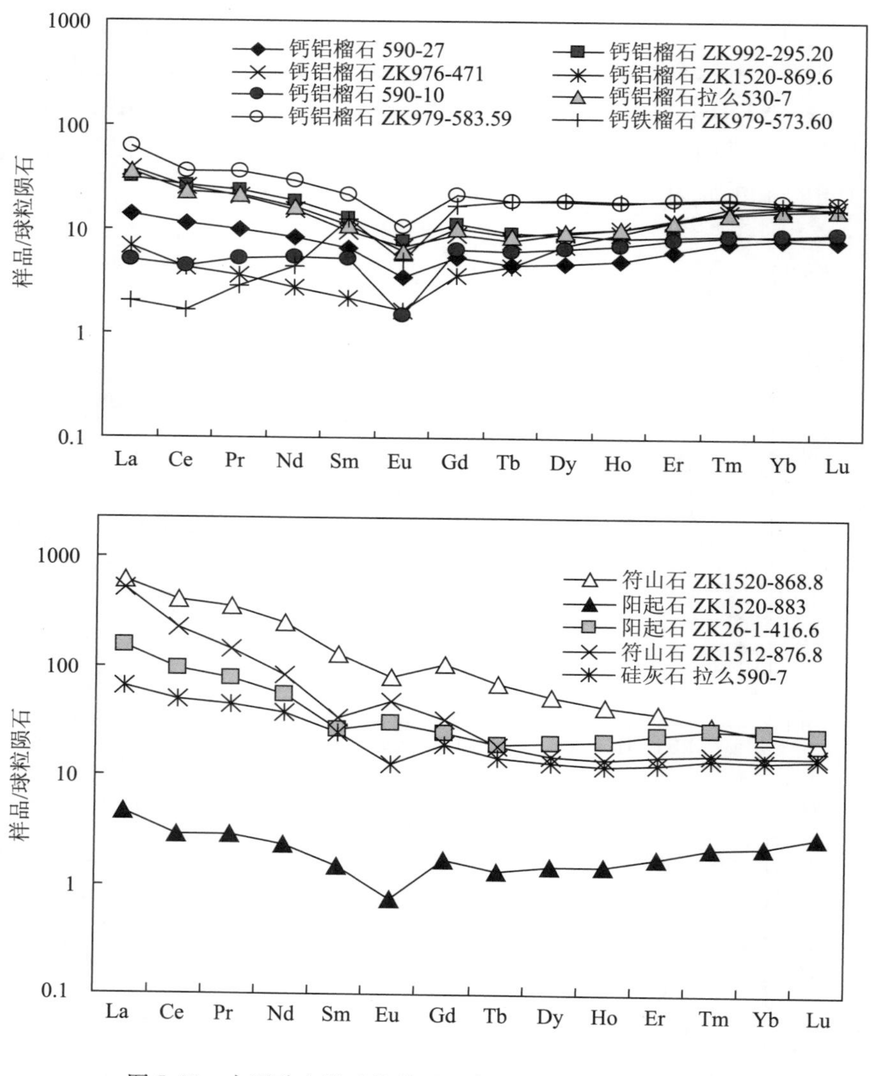

图 5-29　主要矽卡岩矿物稀土元素球粒陨石标准化模式图

征，在此以危机矿山勘查项目实施的 ZK992 钻孔中从深部岩体向上到硅灰石化扁豆灰岩这一段岩芯的系统分析结果（表 5-17），探讨在接触变质过程中赋矿地层中成矿元素的变化特征。

1）在分析的样品中，黑云母二长花岗岩体的蚀变主要为云英岩化。样品 ZK992-766.4、ZK992-758.2 和 ZK992-660.6 均为岩体内接触带的云英岩；样品 ZK992-593 为早矽卡岩阶段的透辉石石榴子石矽卡岩；样品 ZK992-585 和 ZK992-574.5 为强烈矿化的晚阶段绿帘石阳起石矽卡岩；样品 ZK992-566 为透辉石石榴子石矽卡岩中叠加碳酸盐化；样品 ZK992-520.16～489.6 蚀变减弱，为硅灰石化的硅质岩等。从样品的矿物组成上，反映了蚀变由近岩体的云英岩化→强烈矽卡岩化→弱矽卡岩化的变化过程。

2）岩石化学分析结果显示，由黑云母花岗岩向外，岩体中带出 Al_2O_3、K_2O、Na_2O；从围岩中带入 CaO、Fe_2O_3、FeO。无论是早期的透辉石石榴子石矽卡岩（ZK992-593），还是晚期阶段的含矿的绿帘石阳起石矽卡岩（ZK992-585、ZK992-574.5），其 Fe_2O_3、FeO、MnO 均为带入组分，尤其在外矽卡岩的含矿化绿帘石阳起石矽卡岩中带入量更多，在远离岩体的上部弱蚀变的硅灰石化硅质岩中，元素的含量变化不大（图 5-30）。

表 5-17　大厂 ZK992 钻孔中蚀变岩石的化学成分

样号	ZK992-489.60	ZK992-499.00	ZK992-507.84	ZK992-520.16	ZK992-566.00	ZK992-574.50	ZK992-585.00	ZK992-593.00	ZK992-660.60	ZK992-758.20	ZK992-766.40
岩石名称	硅灰石化的含炭钙硅质岩	硅灰石矽卡岩	变斑状炭质硅质岩	含碳的硅灰石矽卡岩	辉石石榴子石矽卡岩化矽卡岩	闪锌矿化绿帘石阳起石矽卡岩	绿帘石阳起石矽卡岩	透辉石石榴子石矽卡岩	含电气石的云英岩化绢英岩	萤石电气石云英岩	弱云英岩化碳酸盐化黑云二长花岗岩
SiO_2	73.63	40.85	80.21	47.94	48.24	45.58	54.14	44.46	55.68	44.69	70.29
Al_2O_3	2.53	1.73	3.47	2.73	10.41	10.03	13.76	8.95	18.12	19.29	14.39
Fe_2O_3	0	0	0	0.26	0.7	3.12	1.13	4.37	0.65	0.96	0
FeO	1.62	0.88	1.29	1.02	2.07	6.52	4.56	9.92	4.28	1.68	2.30
CaO	15.62	42.53	5.38	39.56	28.26	21.16	13.85	26.8	6.9	16.57	2.24
MgO	0.35	0.59	0.89	0.98	2.26	1.66	2.39	1.54	2.22	1.65	0.43
K_2O	1.06	0.25	0.89	0.57	0.52	0.3	2.3	0.072	5.85	4.58	5.07
Na_2O	0.095	0.01	0.026	0.035	0.25	0.16	1.21	0.095	1.93	0.45	2.52
TiO_2	0.1	0.074	0.13	0.11	0.34	0.33	0.42	0.23	0.48	0.11	0.18
P_2O_5	0.29	0.086	0.2	0.45	0.062	0.16	0.089	0.15	0.097	0.21	0.25
MnO	0.091	0.045	0.042	0.041	0.2	1.7	0.66	1.27	0.2	0.084	0.11
灼失	4.53	13.09	7.28	6.24	6.46	8.32	4.83	0.82	2.76	9.31	1.87
V	89.84	94.95	692.6	228.8	132.8	89.11	116.1	91.23	132.2	22.46	12.57
Cr	27.44	27.44	72.28	73.5	51.34	58.73	52.15	35.52	83.27	4.082	18.73
Co	8.47	6.538	6.147	9.227	13.36	11.14	19.07	15.27	15.19	8.759	5.826
Ni	33.02	34.69	143.1	85.88	56.64	51.41	87.87	53.76	35.45	14.07	5.587
Cu	31.43	13.26	75.22	75.37	23.93	63.18	169.2	32.9	97.04	29.32	32.89
Zn	38.67	15.52	40.18	192.6	214.2	1675	1921	467.7	113.2	99.38	73.74
Ga	3.333	2.976	5.13	4.182	13.77	16.18	17.76	18.63	21.66	45.77	24.07
Cd	0.642	0.378	0.915	5.161	1.374	12.29	13.91	2.947	0.633	0.65	0.494
In	0.014	0.01	0.02	0.03	1.143	5.834	2.851	8.547	1.04	1.754	0.291
Cs	4.278	1.17	4.27	2.263	12.14	9.228	72.54	26.28	102.5	178.5	73.5
Ba	143.4	37.3	173.3	306	149.5	49.08	444.7	37.41	614.4	262.8	220.9
Pb	6.178	7.315	6.885	12.12	10.94	310.2	46.07	100.4	298.7	15.45	37.83
La	9.527	8.697	10.99	13.29	28.15	6.018	16.85	16.13	18.32	28.03	24.5
Ce	15.25	13.83	13.19	16.38	47.73	10.92	33.32	29.29	32.59	58.79	55.21
Pr	2.005	1.954	2.173	2.581	5.865	1.683	4.566	3.763	3.87	7.328	6.295
Nd	8.308	8.085	8.719	10.43	22.11	7.426	18.48	15.12	15.19	31.53	23.97
Sm	1.649	1.595	1.571	1.859	3.919	1.735	3.579	3.337	3.05	8.76	5.837
Eu	0.377	0.416	0.461	0.516	0.952	0.353	0.682	0.627	0.749	0.92	0.382
Gd	1.96	1.869	1.984	2.272	4.21	2.001	4.169	3.876	3.895	9.828	5.96
Tb	0.265	0.268	0.289	0.296	0.567	0.313	0.596	0.594	0.549	1.395	0.828
Dy	1.671	1.692	1.886	1.783	3.404	2.132	3.721	3.759	3.485	6.952	4.173
Ho	0.355	0.375	0.423	0.383	0.733	0.446	0.765	0.787	0.746	1.079	0.666
Er	1.045	1.191	1.354	1.161	2.327	1.336	2.348	2.458	2.303	2.768	1.735
Tm	0.133	0.166	0.186	0.153	0.333	0.18	0.343	0.347	0.34	0.354	0.228
Yb	0.929	1.244	1.231	1.053	2.428	1.245	2.356	2.449	2.303	2.441	1.648

注：氧化物单位为%，微量元素和稀土元素为 10^{-6}。

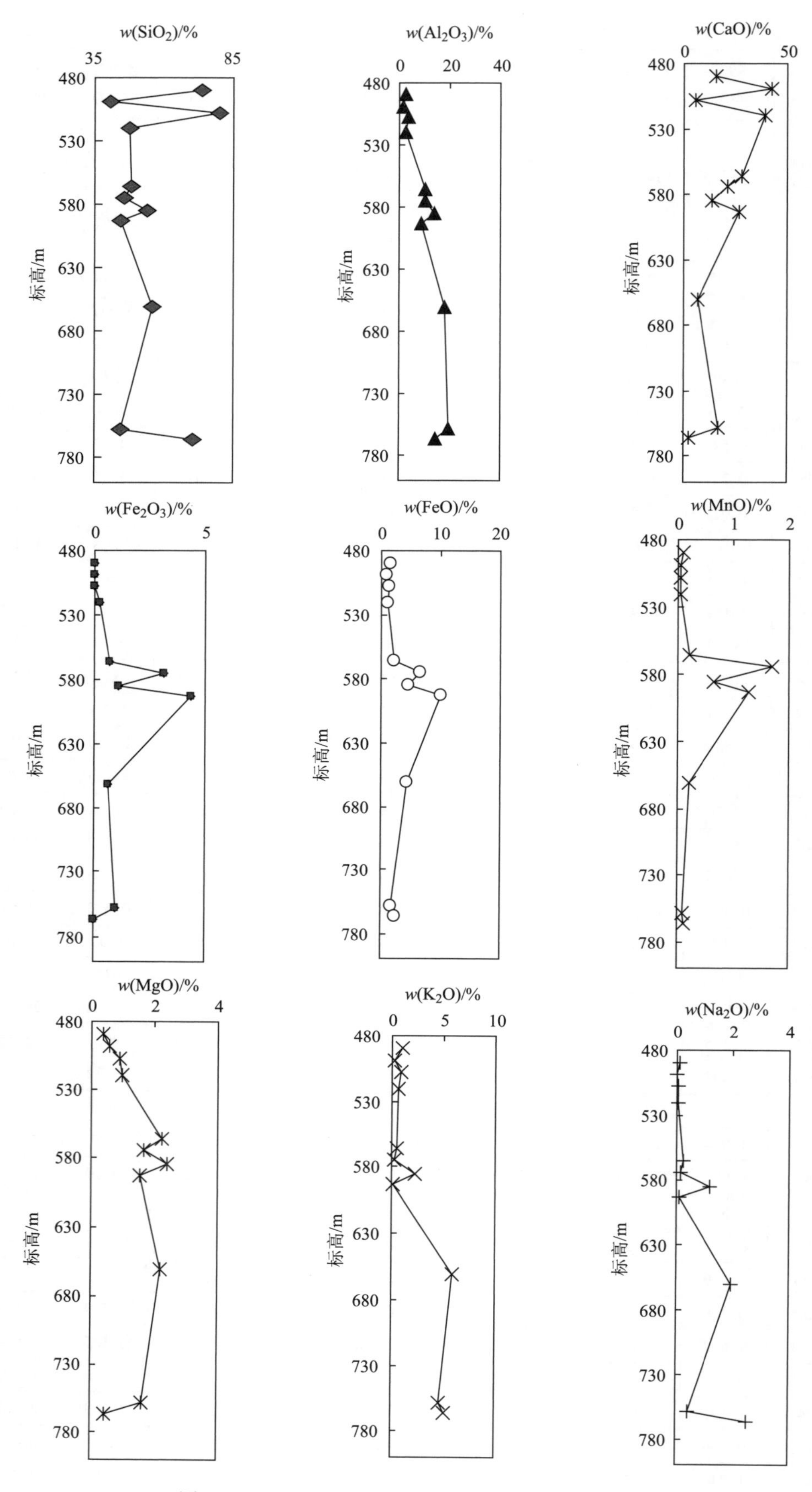

图 5-30　ZK992 中矽卡岩化过程中元素含量的变化

3）主要矿化元素的含量变化也表现出一定的规律性。在绿帘石阳起石矽卡岩中，Cu、Zn、Cd、Pb 含量明显升高，且 In、Ga 含量在云英岩中高于蚀变的黑云母花岗岩，随着远离岩体，Ga 的含量明显降低（图 5-31）。

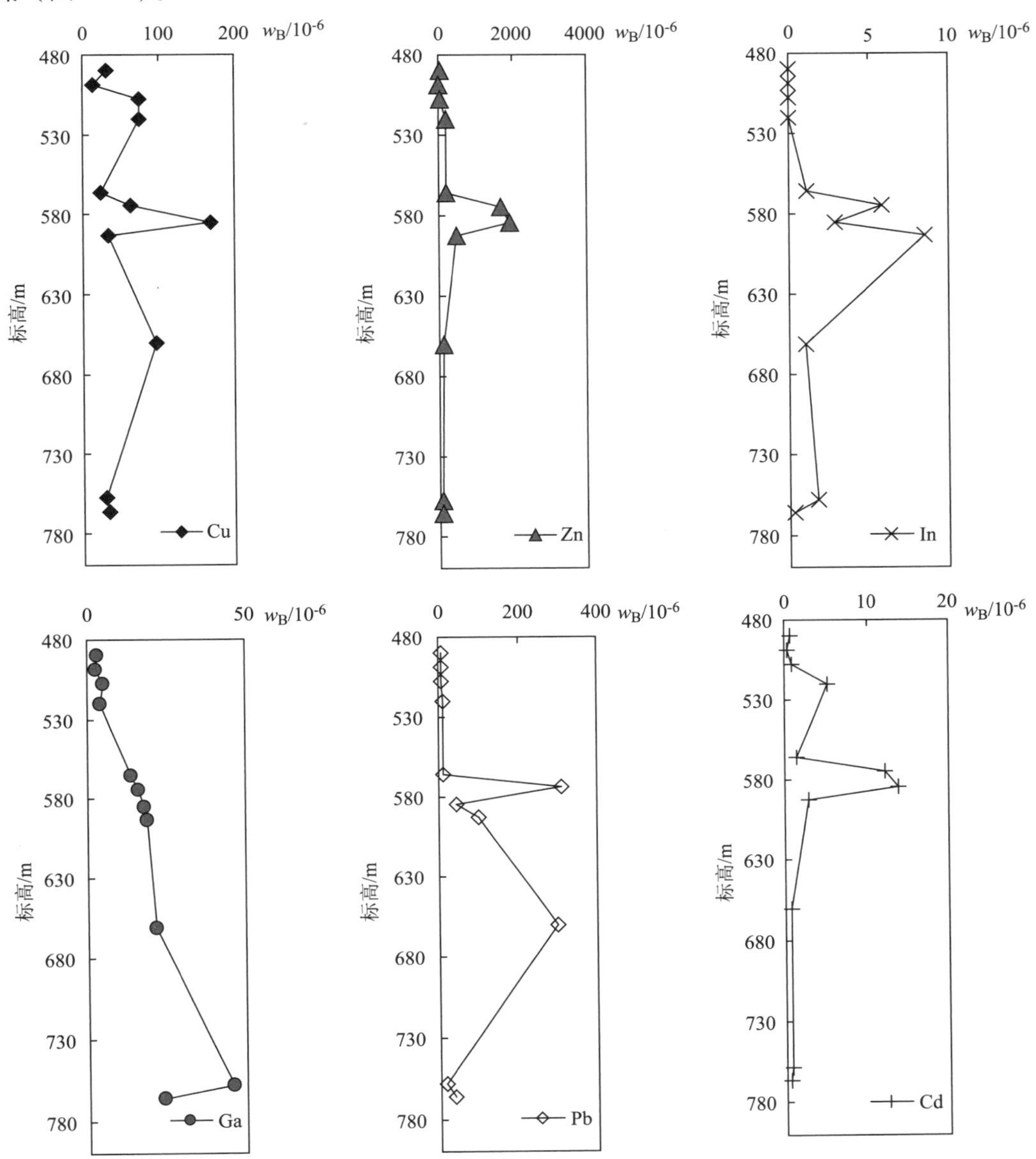

图 5-31　ZK992 中矽卡岩化过程中成矿元素含量变化

4）微量元素含量的变化，与蚀变黑云母花岗岩相比，矽卡岩中 Ba、Rb、Th、K_2O、Nb、Ta、La、Ce 等是同步降低的，Sr 略有增高，弱矽卡岩化围岩中 Nb、Ta、Zr、Hf 的含量低于透辉石石榴子石矽卡岩、绿帘石阳起石矽卡岩。微量元素含量的变化也反映了热液运移方向，即由黑云母花岗岩→矽卡岩→矽卡岩化围岩的运移过程。利用 Thompson（1982）球粒陨石的标准化处理后，得到了花岗岩类微量元素球粒陨石标准化蛛网图（图 5-32），其变化趋势与大厂矿田花岗岩基本一致。

5）稀土元素。矽卡岩中 ΣREE 为 $35.97\times10^{-6}\sim82.90\times10^{-6}$，LREE 含量为 $28.14\times10^{-6}\sim68.27\times10^{-6}$，HREE 为 $7.83\times10^{-6}\sim14.66\times10^{-6}$，LREE/HREE 为 3.59～4.67，$La_N/Yb_N$ 为 3.27～4.83，δEu 为 0.53～0.57，δCe 为 0.80～0.88；透辉石石榴子石矽卡岩晚期叠加碳酸盐化后，其稀土总量增大，ΣREE 在 123.1×10^{-6}，LREE 含量为 108.73×10^{-6}，HREE 为在 14.38×10^{-6}，LREE/HREE 为 7.56，La_N/Yb_N 为 7.83，δEu 为 0.71，δCe 为 0.83；弱矽卡岩化的条带状硅质岩中，其

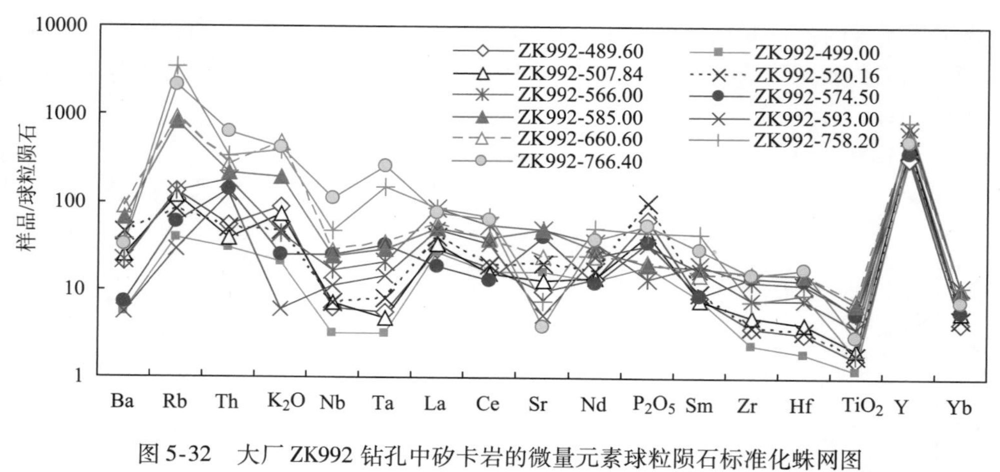

图 5-32　大厂 ZK992 钻孔中矽卡岩的微量元素球粒陨石标准化蛛网图

ΣREE 为 $41.58\times10^{-6}\sim52.31\times10^{-6}$，LREE 含量为 $34.58\times10^{-6}\sim45.06\times10^{-6}$，HREE 为 $6.49\times10^{-6}\sim7.53\times10^{-6}$，LREE/HREE 为 4.92～6.21，$La_N/Yb_N$ 为 4.72～8.53，δEu 为 0.64～0.80，δCe 为 0.60～0.79。稀土元素球粒陨石标准化配分模式与区内花岗岩是一致的，表现为轻稀土富集的、δEu 中等亏损的右倾“V”配分模式（图 5-33）。将矽卡岩化岩石与深部云英岩化黑云母花岗岩相比，表现为由云英岩化黑云母花岗岩→矽卡岩→矽卡岩化条带状硅质岩，其稀土总量是逐渐降低的，δEu、δCe 也是逐渐降低的。这一点与微量元素含量变化是一致的，反映了热液运移的方向是由深部岩体向上运移的。

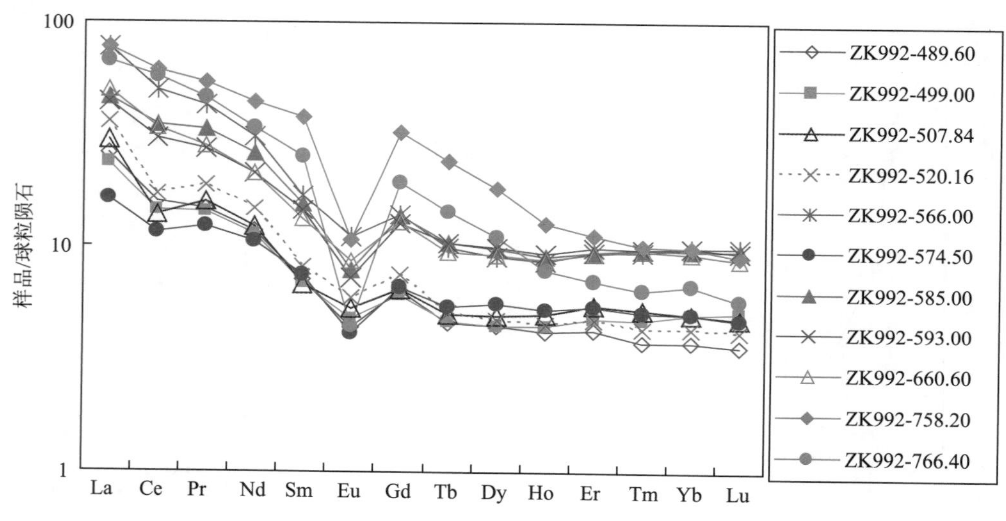

图 5-33　大厂 ZK992 钻孔中矽卡岩及矽卡岩化岩石的稀土元素球粒陨石配分曲线

第四节　龙头山金矿

广西龙头山金矿最显著的特点之一，是矿区岩石普遍遭受强烈的热液蚀变，整个岩筒以及岩体与围岩的内外接触带几乎都遭受了不同程度的气-液交代而形成一系列的蚀变岩。

一、蚀变类型

龙头山矿区的蚀变作用主要有电气石化、硅化、黄铁矿化、钾长石化、绢云母化、高岭土化、绿泥石化，局部有透闪石化、阳起石化、绿帘石化、碳酸盐化和角岩化等。

电气石化。作为本矿区最强烈、分布最广泛的蚀变作用，其对次火山岩和地层围岩的蚀变方式各有不同。在角砾熔岩、流纹斑岩中、花岗斑岩中，电气石化生成大量电气石，呈长柱状、针状或放射状完全交代岩石中的长石和黑云母斑晶，仅保存这两种矿物的假像；或是沿岩屑中的网状裂纹交代基质，少数电气石生在晶洞的边缘。而在岩体的外接触带碎屑岩中，电气石主要呈柱状体交代砂屑中的泥质和胶结物。利用危机矿山深部钻探工程所获得岩芯，本次工作在矿区深部0 m标高的硅化砂岩中也发现了电气石化，主要呈集合体交代砂岩中的泥质。同时，在矿区东部的平天山岩体中也发现了较大范围的电气石化，局部地方可发现较大的电气石脉。因此，电气石化在岩体及其周围形成本区特有的强电气石化面状蚀变。

硅化。硅化也是矿区分布较为广泛的一种蚀变，主要见于次火山岩体内外接触带和断裂破碎带。热液蚀变石英主要有以下3种产状：①呈微细粒镶嵌状集合体充填于角砾之间，或沿岩石中网状裂纹分布；②和电气石、黄铁矿集合体一起充填于角砾之间的晶洞内，局部可见石英晶簇，呈柱状、自形长柱状；③以黄铁矿-石英脉形式产出，组成脉体主体的石英呈粗粒自形柱状晶体，在脉体中排列呈犬牙状交错生长，局部呈块状集合体。同时，硅化与电气石化叠加，形成电英岩化带，是金矿富集带，硅化与金矿化关系密切（谢抡司，1993）。

黄铁矿化。在矿区内比较普遍，主要分布于火山-次火山岩体内和附近的围岩中，尤以次火山岩岩体周围的流纹斑岩、角砾熔岩及外接触带的断裂、裂隙中最强烈。黄铁矿化主要有两种形式：①呈星点状、团块状和细脉状出现，沿角砾间的裂纹、裂隙分布（图5-34）；②与电气石一起交代长石和黑云母斑晶。黄铁矿化贯穿整个热液成矿期，与金矿化关系极为密切。

图5-34 龙头山角砾熔岩中的黄铁矿石英脉

钾长石化。分布于岩体中心的花岗斑岩和与其接触的流纹斑岩中，钾长石呈细脉状穿插、交代斜长石和石英，或充填于岩石的裂隙中。

绢云母化、高岭土化。多见于岩体中心的花岗斑岩和霏细斑岩中，绢云母、高岭石交代岩石中的斜长石斑晶，或以细脉穿插石英斑晶。由于绢云母化和高岭土的作用，使岩石硬度降低，而易被风化剥蚀。

角岩化、透闪石绿帘石化、碳酸盐化等。主要见于外接触带的粉砂岩、泥质粉砂岩和泥岩，该类蚀变相对较弱。

二、围岩蚀变与矿化的关系

龙头山矿区的金矿化与围岩蚀变的分带性存在良好的对应关系。其中，次火山岩蚀变带的电气石化、硅化和黄铁矿化蚀变与金矿化关系密切，金矿体主要赋存于这几种蚀变较强烈的地段。在龙头山PD540—CD15坑道剖面素描图（图5-35）中可以看到电气石化蚀变强度与金矿化的关系：岩石中电气石矿物含量增加时，Au含量也增加，两者呈正相关关系。其他剖面也有类似现象。强电气石化地段往往叠加黄铁矿化和硅化，这是本区金矿的重要标志。

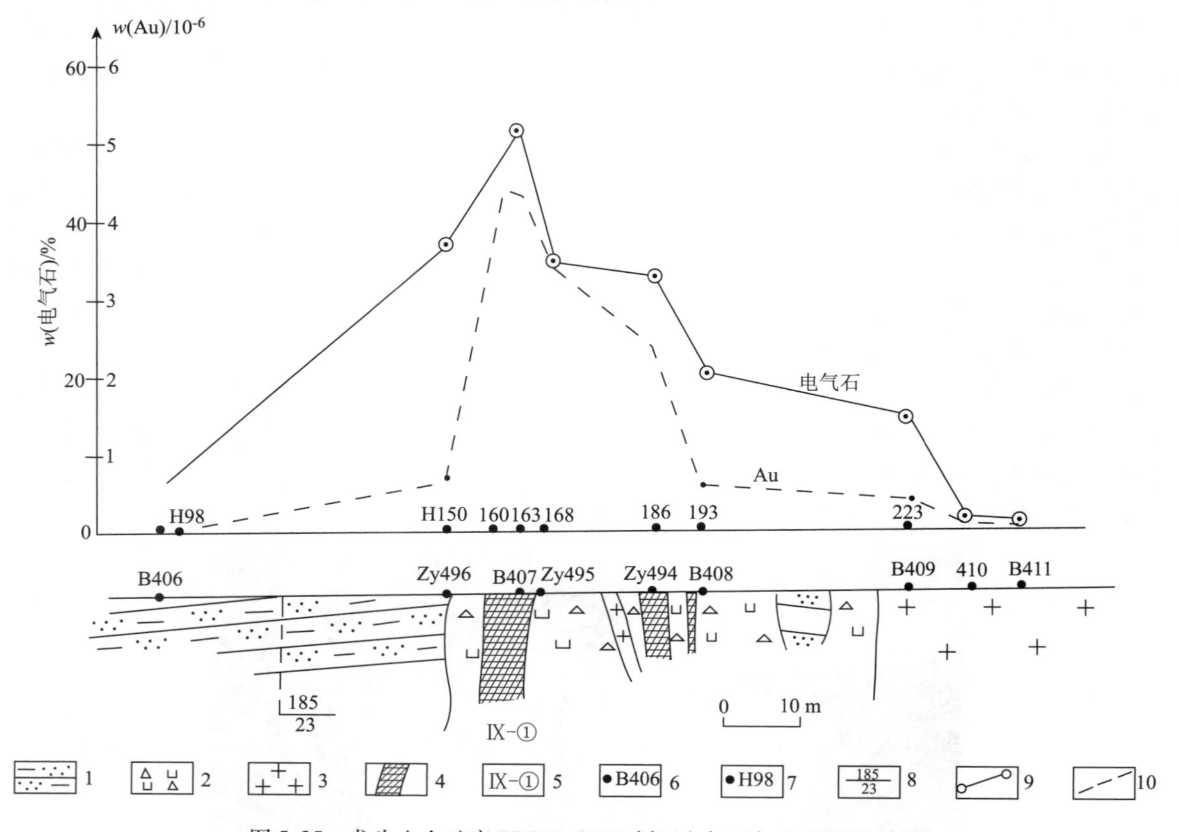

图5-35　龙头山金矿床PD540-CD15剖面电气石与金矿化关系图

（广西第六地质队[1]，1995）

1—泥质粉砂岩；2—角砾熔岩；3—花岗斑岩；4—金矿体；5—矿体编号；6—标本编号；7—样品编号；8—产状（倾向/倾角）；9—电气石含量；10—Au含量

龙头山与中心蚀变带有关的矿化主要是铜，其次是金。2010年，矿山通过危机矿山资源接替项目布置了几个深钻，以探索深部花岗斑岩的含矿性。其中布置于矿区南部、开孔标高为340 m、孔深436.6 m的ZK1203在矿山深部见到了铜矿化，品位最高可达到0.66%。据对岩芯的观察，矿化主要产于花岗斑岩及围岩硅质砂岩中，呈细脉充填状。同时，据以往的资料，在ZK1405钻孔474.0～478.39 m及501.51～514.05 m处分别见两层铜矿，含铜0.274%～0.294%。

第五节　佛子冲铅锌矿

一、蚀变类型

矿区围岩蚀变种类主要有矽卡岩化、硅化、钾化、大理岩化、绢云母化、绿泥石化、碳酸盐化等（图5-36A－F），以绿帘石化最为常见，其中与成矿关系密切的是矽卡岩化、硅化、钾化、大理岩化。矽卡岩化主要包括透辉石化（图5-36D、E）、钙铁辉石化、绿帘石化和阳起石化（图5-36F）等。不

[1] 广西贵港市龙头山-龙山地区金矿成矿条件和成矿预测研究，内部报告。

同围岩的蚀变种类和强度有差异：岩浆岩有绿帘石化、绢云母化、绿泥石化（断裂带附近有退色化、黄铁矿化及碳酸盐化），砂岩发生绿帘石化、硅化，灰岩发生大理岩化、透辉石化（少数透闪石化、绿泥石化），板岩发生沸石化。砂岩、灰岩蚀变较显著，板岩的蚀变很弱。

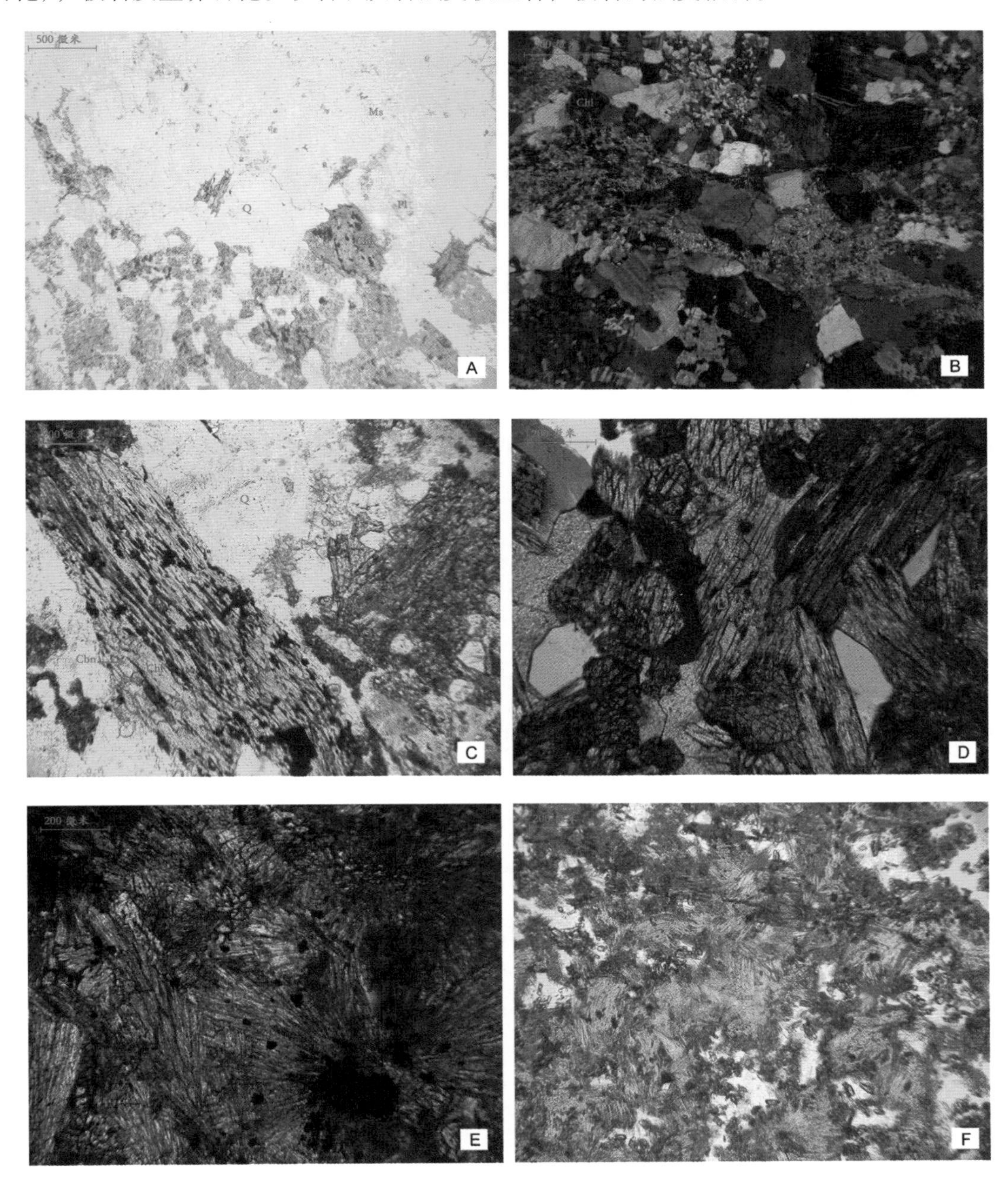

图 5-36　佛子冲铅锌矿床蚀变矿物的镜下显微照片

A—中粒钾长石化花岗岩（－）；B—绢云母化、绿泥石化花岗岩（＋）；C—绿泥石化、绿帘石化、碳酸盐化蚀变带岩体（－）；D—矽卡岩中长柱状透辉石（＋）；E—矽卡岩中放射状透辉石（＋）；F—阳起石化、绿帘石化矽卡岩（－）；Act—阳起石；Cbn—碳酸盐；Chl—绿泥石；Di—透辉石；Ep—绿帘石；Kfs—钾长石；Ms—白云母；Pl—斜长石

（1）矽卡岩化

条带状绿帘石透辉石矽卡岩化。呈典型的草绿色和灰绿色，蚀变矿物以绿帘石为主，次为透辉石。广泛分布于石门-刀支口、大罗坪、龙湾等矿区，一般 3～6 层，最多可达 10 余层。绿帘石、透辉石多呈微细粒集合体产出，构成绿帘石透辉石岩。蚀变现象在岩浆岩与碳酸盐岩的接触带大量出现，而在岩浆岩与碎屑岩的接触带则普遍缺失。条带状“绿色岩”宽度介于 5～20 cm，薄层状，常与大理

岩、金属矿脉或砂泥岩夹层相间发育，形成条带状构造，局部可见条带状“绿色岩”与地层同步褶曲。该类蚀变常产在矿体的外围或与矿脉互层发育，蚀变程度随接近矿体而增强，远离矿体而减弱。

块状钙铁辉石矽卡岩化。色泽主要表现为暗绿和深绿色，在佛子冲矿田的牛卫、舞龙岗、勒寨、龙湾矿区发育，呈透镜状、囊状和厚层块状产出，分布于河三花岗斑岩与围岩地层的侵入接触带以及志留系地层的断裂破碎带中。该类蚀变的产状受构造控制明显。蚀变矿物主要由粒状石榴子石组成，伴生辉石、闪石、绿泥石等多种矿物。明显局限于侵入接触带及大型断层破碎带内部，单个蚀变带的规模较大，指示强烈的热液蚀变作用。矽卡岩内部常发育金属矿化现象，而与围岩之间的界线比较模糊。在手标本特征上，此类“绿色岩”造岩矿物成分主要由钙铁辉石类蚀变矿物相构成，其次有绿帘石、透闪石、石英、方解石，少量石榴子石、黑柱石等，岩石构造呈块状、束状或放射状、聚晶镶嵌构造等，可定名为钙铁辉石岩，符合常见的辉石类矽卡岩特征。

块状石榴子石矽卡岩化。主要表现出褐色和棕色，在龙湾矿段大部和牛卫矿段局部产出，呈透镜状、囊状和脉状，分布于花岗斑岩、英安斑岩与围岩地层的侵入接触带。

（2）硅化

佛子冲矿区的硅化十分发育，可以划分出 4 个蚀变阶段，早期为面状硅化阶段，形成的石英具强波状消光、部分石英具碎裂结构；中期为网脉状烟灰色石英阶段，伴有铅锌矿化，发育在面状硅化之上，部分石英具有弱的波状消光，该蚀变阶段在佛子冲矿床较普遍；晚期为碳酸盐-石英阶段，部分石英脉体中含绿泥石、铅锌矿和黄铁矿，常见绿泥石与石英、方解石等构成细脉穿插透辉岩等前期岩石和主矿体（团块状、层纹状、条带状矿石）；再是成矿期后石英-碳酸盐阶段，由乳白色块状石英和碳酸盐矿物组成的团块或脉体，部分地段伴有黄铁矿产出。

（3）钾化

见于佛子冲石门-刀支口矿段，主要分布在矿区深部 100 中段以下，发育在花岗闪长岩边部，多呈不规则的脉状和浸染状，局部呈细脉状向围岩地层有限延伸。

（4）黄铁矿化

多见于岩浆岩与钙质围岩的侵入接触带附近。在北部佛子冲矿区，蚀变矿物黄铁矿的颗粒较粗，呈浸染状分布于钙质围岩或石英-方解石脉内。在南部牛卫矿区，黄铁矿多呈细粒矿物浸染状或细脉状分布于粉砂岩中。

（5）萤石化

局部见于佛子冲矿区，多与硅化伴生发育于断裂带内，萤石矿物颗粒较粗，呈绿色，与铅锌矿化在空间上关系不明显。

（6）碳酸盐化

广泛分布于矿区内，见于岩浆岩侵入接触断裂带、围岩地层层间破碎带以及岩体内节理带等部位，多呈不规则脉状、网脉状产出，与硅化伴生。其内部的金属矿化主要为粗粒黄铁矿化，是铅锌矿化期后主要的热液蚀变类型。

二、蚀变分带

由于矿床内围岩成分差异性大，围岩蚀变的强度因原岩的差异而在分布上有一定的地域性。韦昌山等（2008）通过野外考察认为，不同岩性蚀变类型不同，岩浆岩表现为：长石类矿物主要表现为绿帘石化、绢云母化，黑云母类矿物绿泥石化（断裂附近有退色化、硅化、黄铁矿化及碳酸盐化）；砂岩绿帘石化、硅化；泥质灰岩、灰岩主要表现为大理岩化、矽卡岩化，次有硅化、绿帘石化。其中，矽卡岩化、硅化和帘石化与成矿关系密切。尽管矿床内围岩蚀变的类型多种多样，但在同一空间内蚀变组合及分带特征并不明显，单一蚀变现象非常普遍且与围岩地层界限清晰，缺乏过渡。

在佛子冲矿区，相对明显的蚀变分带出现在花岗闪长岩与钙质围岩的侵入接触构造带，从岩浆岩到围岩可依次出现岩浆岩→钾化→矽卡岩化→矿化→硅化 + 碳酸盐化→大理岩（灰岩）的蚀变分带现象；对于分布于钙质围岩中的透镜状矿体，沿矿脉走向上的蚀变现象有一定规律性，如在矿体头部的前缘部位可出现矿体（硫化物+绿泥石化）→帘石化→大理岩化→灰岩的蚀变过渡性，沿矿脉侧向上的分带性则不明显。在河三矿区，在花岗斑岩与钙质围岩的接触带会表现出一定的“花岗斑岩→钙铁辉石矽卡岩化→铅锌矿化→黄铁矿化→围岩”的分带性。产于断裂带的蚀变范围局限、类型单一且无明显分带现象。

三、流体蚀变的特殊标志——“绿色岩”

佛子冲矿区广泛发育一套草绿色、深绿色及灰绿色的蚀变岩，因其常与矿体相伴产出，是矿体的直接赋矿围岩，故在以往的研究中备受重视。对于此类蚀变岩的成因，传统认为其形成与燕山期岩浆活动有关，是岩浆热液选择性交代地层中碳酸盐岩夹层而形成的矽卡岩（广西地勘局204队，1973），主要依据是：该类岩石主要由透辉石岩组成，并存在明显的矽卡岩组合（透辉石-钙铁辉石），且矿床中发育矽卡岩蚀变分带现象；雷良奇等根据该类岩石主要发育在侵入接触带，与侵入岩浆岩体的边部相邻、相伴产出，产状与规模严格受侵入接触带构造制约等特点又提出高-中温岩浆热液-断裂充填交代形成的观点（赵晓鸥，1990；雷良奇，1994，1995；韦昌山，2003，2004）。以上两种观点大同小异，可以归纳为岩浆期后热液作用形成的接触交代矽卡岩。但近年来，杨斌等认为该类蚀变岩与传统意义上的接触交代型矽卡岩有很大差别，将其命名为“绿色岩”，并认为“绿色岩”呈层状、似层状产出，发育典型的同生沉积组构，提出了“绿色岩”为热水沉积成因喷流岩的观点（杨斌，2000、2002；吴烈善，2004）。由此可见，前人对佛子冲矿田“绿色岩”的成因颇有争议，它属“矽卡岩”还是“喷流岩”将直接影响对矿床成因的判定。为此，本研究专门对此开展了专题研究。

1. 野外产状及岩石学特征

在前人的研究中，大多将佛子冲绿色岩分为层状绿色岩和块状绿色岩。随着佛子冲矿田深部勘查工作的进展，笔者调查发现绿色岩的野外产状比前人描述得更为复杂，根据野外观察，可将佛子冲矿床的绿色岩分为以下几种（图5-37）：

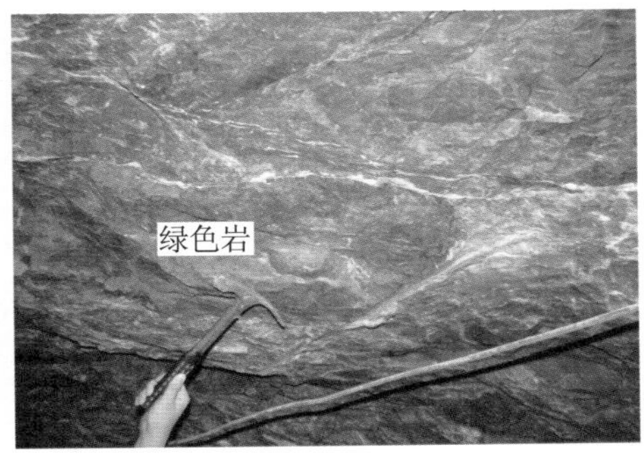

条带状绿色岩块状（透镜状）绿色岩

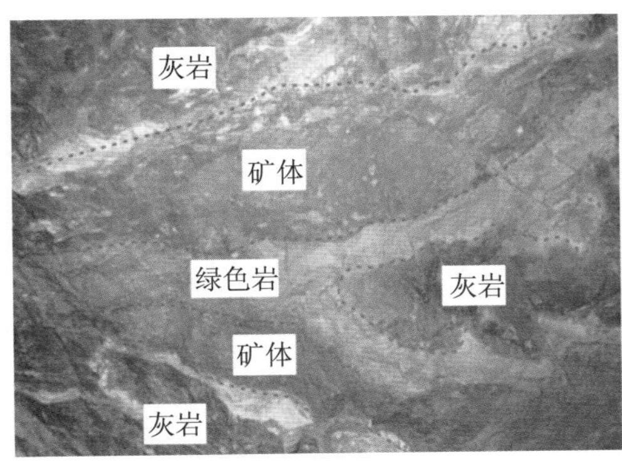

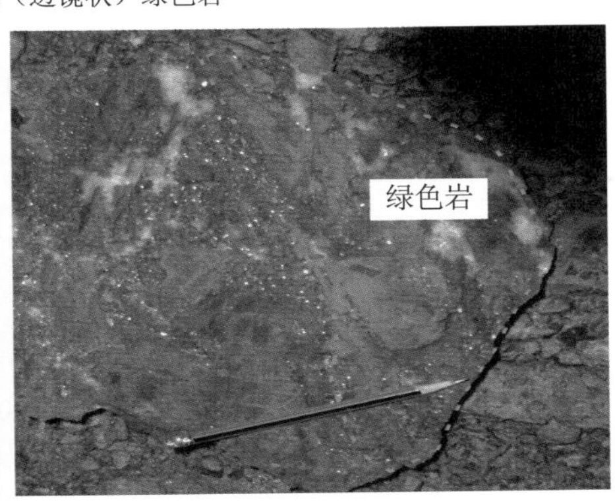

分支复合状绿色岩

角砾状绿色岩

图5-37 不同类型绿色岩野外产状特征

1）条带状绿色岩。广泛分布于佛子冲、龙湾等矿区，主要产在岩浆岩体的边部或附近的奥陶系和志留系碳酸盐岩或含钙泥质粉砂岩层内，由条带状和纹层状绿帘石透辉岩、绿泥石岩、大理岩化灰岩以及它们之间的过渡类型呈互层状产出，故也可称为层状绿色岩。各类岩层界线分明，也常与细粒方铅矿和浅色闪锌矿条带互层产出，条带状绿色岩大多与地层同步“褶曲”。从岩体内接触带向外围地层，常表现出矿体→绿色岩→大理岩（→碳酸盐岩）→粉砂岩的序列变化规律。

2）块状绿色岩。主要分布于矿田中的龙湾、牛卫、勒寨等矿区，产在岩体与地层的侵入接触带，呈透镜状、囊状及不规则块状产出。块状绿色岩中主要有块状构造、放射状或束状构造、晶洞状构造等。块状绿色岩常与铁闪锌矿、方铅矿、磁黄铁矿、黄铁矿及黄铜矿等相伴产出。局部见少量块状绿色岩中有残留的顺层条带状绿色岩。

3）分支复合脉状绿色岩。在古益矿区 180 m 中段发现花岗闪长岩中夹数层绿色岩条带及大理岩，它们相间分布形成条带状特征，但仔细观察发现，部分条带绿色岩分布受构造裂隙控制而形成脉状，且具有分支复合特征。分支的脉状绿色岩所夹持部位为大理岩化灰岩，砂岩和大理岩构成花岗闪长岩的捕虏体，还可见少数绿色岩明显交代大理岩现象，体现出典型的选择性交代、沿裂隙热液交代的特征。

4）角砾状绿色岩。在井下还偶见褶皱构造的核心部位或者岩浆岩内部的断裂破碎带内发育有角砾状绿色岩。

绿色岩具有的各种不规则形状，如条带状、透镜状、分支复合状及角砾状等，体现了选择交代的特征。此外，通过对绿色岩的光（薄）片鉴定发现，佛子冲古益矿区条带状绿色岩的成分以绿帘石为主，并有少量的透辉石、钙铁辉石以及绿泥石；河三矿区块状绿色岩组成成分则以透辉石为主，含少量的钙铁辉石；而龙湾矿区的蚀变带则以石榴子石矽卡岩为主。此为典型的矽卡岩组合，这也正好符合接触交代过程一般要经历从干矽卡岩到湿矽卡岩两个阶段演化的基本规律。

2. X 衍射矿物物相分析

（1）样品及测试条件

“绿色岩”中大多数矿物的结晶粒度非常细小，光学显微镜下难以对其微粒隐晶质矿物进行准确鉴定，采用 X 粉晶衍射物相分析能有效解决这一问题。样品选取 F078、F080、F081 等 3 个代表性“绿色岩”样品，测试工作在桂林理工大学 X 粉晶衍射实验室进行。

（2）分析结果

由 X 衍射分析的图谱显示，绿色岩的矿物成分主要由钙镁、钙铁硅酸盐矿物组成，混杂少量的金属硫化物。3 个分析样品的矿物组合分别为：①绿帘石 + 透辉石 + 钙铁辉石 + 阳起石 + 石英；②透辉石 + 钙铁辉石 + 绿帘石 + 石英 + 闪锌矿 + 黄铜矿；③透辉石 + 钙铁辉石 + 钙铝榴石 + 绿泥石 + 绿帘石 + 方解石 + 闪锌矿等（图 5-38）。其中，单斜辉石（透辉石、钙铁辉石）和绿帘石两类矿物在 3 个样品中普遍出现，表现为主要成岩矿物，而阳起石、钙铝榴石、绿泥石、石英和方解石等矿物个别出现，表现为次要伴生矿物。该分析结果与手标本观察、镜下鉴定结果相符，明确了岩石中显晶质和隐晶质矿物的组成类型基本一致，主要由单斜辉石和帘石类矿物组成，同时确定了在微粒的隐晶质矿物中存在复杂的次要矿物组合，这些主次矿物的组合特征可归属于典型的矽卡岩类矿物组合。

3. 电子探针分析

电子探针技术能有效对单矿物的化学成分进行原位分析。在进行岩石学和物相分析的基础上，选取代表性绿色岩标本切制光薄片，在光学显微镜下标注待分析矿物位置，镀碳膜，上机在中山大学测试中心 JXA－8800R 电子探针仪上进行。分析结果表明，与铅锌矿有关的辉石主要可分为两大类：一类为透辉石，另一类为钙铁辉石（Morimoto，1989）。辉石类矿物的化学组分大致为：矿物化学特征表现出整体相对富集 SiO_2、CaO、FeO 和 MgO，个别样品中 Al_2O_3 和 Cr_2O_3 含量比较高，贫 K_2O、NiO、TiO_2、CoO；重点考虑 FeO 和 MgO 含量的相对高低，可以区分出高铁低镁类辉石和高镁低铁类辉石，它们在矿物类型上可大致对应于钙铁辉石和透辉石。通过辉石矿物端元组分计算，钙铁辉石的端元组分变化在 55.7%～76.02% 之间，只有一个样品为 16.72%。透辉石的组分变化在 16.39%～

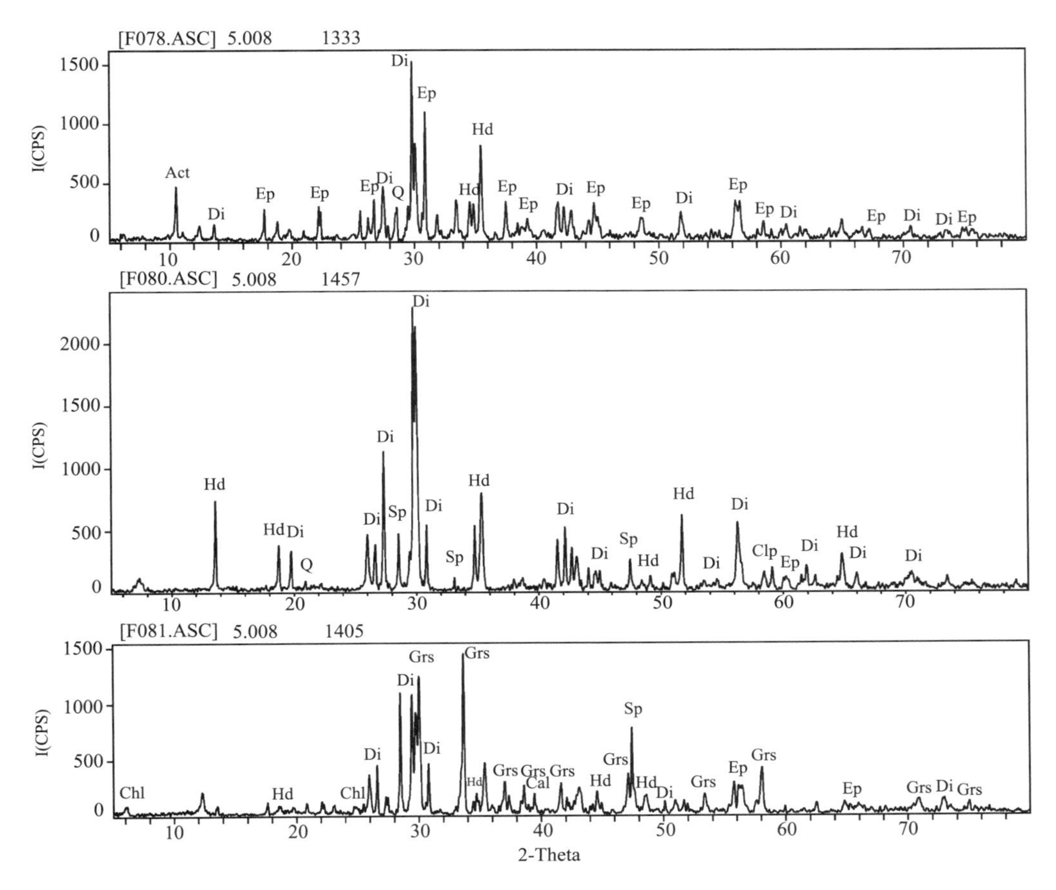

图 5-38 佛子冲绿色岩 X 衍射图

Act—阳起石；Di—透辉石；Ep—绿帘石；Q—石英；Hd—钙铁辉石；Sp—闪锌矿；Clp—黄铜矿；Chl—绿泥石；Grs—钙铝榴石；Cal—方解石

41.08%之间，只有一个样品为83.11%。通过透辉石（Di）-钙铁辉石（Hd）-钙锰辉石（Jo）三角图解分析，我们可以看出绿色岩中的辉石主要为钙铁辉石和透辉石，只含极少量的钙锰辉石，可与世界上典型矽卡岩型铅锌矿床中辉石矿物属性（Meinert，1992）进行良好对比（图5-39）。

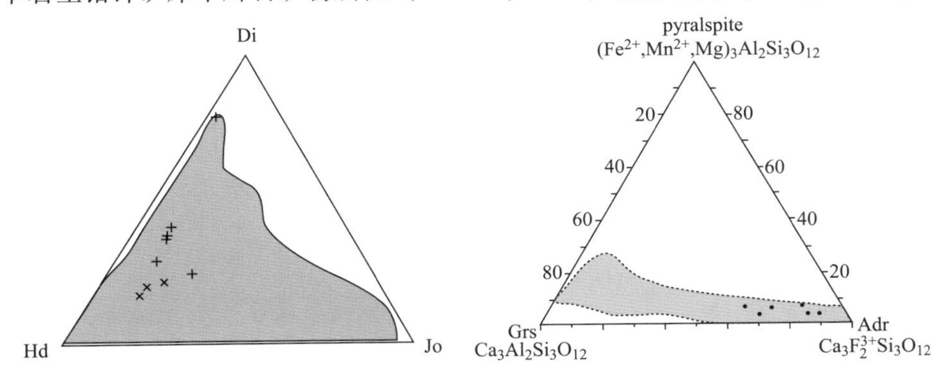

图 5-39 辉石与石榴子石端元组分投点图

阴影部分为世界矽卡岩型铅锌矿辉石区，据 Lawrence D. Meinert，（1992）

绿色岩中帘石类矿物的化学组分大致为：矿物化学特征表现出整体相对富集 SiO_2、CaO、FeO 和 MgO，个别样品中 Al_2O_3 和 Cr_2O_3 含量比较高，贫 MnO、NiO、TiO_2、CoO；通过帘石矿物端元组分计算，绿帘石端元的含量变化在81.42%～81.91%之间，而黝帘石或斜黝帘石端元所占比例很少，说明绿色岩中帘石类矿物以绿帘石为主。此外，对产在龙湾石榴子石矽卡岩中的石榴子石也进行了矿物化学分析，结果表明，石榴子石中相对富集 CaO、FeO 和 Al_2O_3，贫 MnO、MgO，矿物端元组分计算归属于钙铁榴石和钙铁榴石-钙铝榴石过渡类型。

4. 稀土元素分析

稀土元素是良好的地球化学示踪剂，对其组成和配分研究是探讨地质作用和成矿物质来源的重要途径之一。选取典型绿色岩产出剖面，对各类岩性单元包括岩浆岩、绿色岩、矿体、围岩等进行了系统的稀土元素地球化学分析。样品前处理在桂林理工大学完成，上机测试在桂林矿产地质研究院测试中心完成，稀土元素含量使用电感耦合等离子体质谱（ICP-MS）测试。稀土元素标准化同时采用球粒陨石两种标准化处理方法，其中 $Ce/Ce^* = Ce_N/(La_N+Pr_N)/2$，$Eu/Eu^* = Eu_N/(Sm_N+Gd_N)/2$，公式中的 N 可分别代表球粒陨石标准化。结果表明，绿色岩的 ΣREE 为 $17.04\times10^{-6}\sim226.98\times10^{-6}$，LREE/HREE 值为 2.60 ~ 4.74，Ce/Ce^* 为 0.82 ~ 1.02，Eu/Eu^* 为 0.47 ~ 0.62，球粒陨石标准化配分模式图上表现出右斜、陡倾曲线，Eu 负异常 V 形谷显著。

在岩浆岩岩性单元中（表 5-18），花岗闪长岩 ΣREE 为 267.8×10^{-6}，LREE/HREE 值 3.28，Ce/Ce^* 为 1.01，Eu/Eu^* 为 0.88，球粒陨石标准化配分模式图上表现出右倾曲线（图 5-40），Eu 负异常 V 形谷明显；花岗斑岩 ΣREE 为 181.89×10^{-6}，LREE/HREE 值 4.99，Ce/Ce^* 为 1.07，Eu/Eu^* 为 0.65，球粒陨石标准化配分模式图上表现出右斜、陡倾曲线，Eu 负异常 V 形谷明显；花岗岩 ΣREE 为 $149.99\times10^{-6}\sim251.49\times10^{-6}$，LREE/HREE 值 3.19 ~ 3.86，Ce/Ce^* 为 0.99 ~ 1.09，Eu/Eu^* 为 0.63 ~ 1.24，球粒陨石标准化配分模式图上表现出右斜、缓倾曲线，Eu 正异常突起明显。

表 5-18　佛子冲矿化剖面（含绿色岩）稀土元素参数列表

样号	岩性	La	Ce	Pr	Nd	Sm	Eu	Gd	Tb	Dy	Ho	Er
F026-2	贫铅锌矿体	28.6	53.1	6.64	26.5	5.77	2.42	5.84	1.09	6.54	1.25	3.38
F076	绿色岩型矿体	27.9	55.0	5.51	20.7	3.58	1.53	3.99	0.64	3.98	0.57	1.58
F079	铅锌矿体	50.8	91.7	10.2	38.5	7.08	1.44	6.93	1.05	5.76	0.11	0.31
F070	花岗岩	40.8	78.4	9.20	35.8	6.93	1.57	6.91	1.22	7.85	0.77	2.29
F071	钾长石化花岗岩	8.50	16.4	2.09	7.73	1.54	0.32	1.52	0.26	1.50	1.17	3.34
F083	花岗闪长岩	16.6	30.8	3.70	14.19	2.86	0.69	2.47	0.47	2.81	1.51	3.97
F038	花岗斑岩	7.45	14.0	1.62	6.42	1.09	0.19	1.06	0.16	0.92	0.63	1.89
F082	蚀变绿色岩	6.06	11.2	1.25	4.58	0.79	0.09	0.73	0.11	0.59	0.96	2.74
F077	大理岩	46.4	86.7	9.98	36.8	6.40	1.18	5.35	0.84	4.59	0.18	0.57
G05-7	大理岩	47.9	93.8	10.8	42.8	8.01	1.86	7.39	1.24	7.47	0.54	1.59
F074	粉砂岩	21.0	42.7	4.74	18.7	3.48	0.54	2.90	0.50	2.71	1.54	4.37
F075	硅化灰岩	13.3	25.4	2.84	10.9	1.99	0.46	1.81	0.30	1.77	0.31	0.85
G05-7	灰岩	35.5	73.0	7.91	29.2	4.93	0.99	4.45	0.67	3.39	0.35	0.96

样号	Tm	Yb	Lu	Y	ΣREE	LREE	HREE	LREE/HREE	La_N/Yb_N	δEu	δCe
F026-2	0.5	3.08	0.48	33.9	179.09	123.03	56.06	2.19	6.67	1.27	0.94
F076	0.22	1.25	0.17	16.0	94.38	68.84	25.54	2.70	9.48	0.79	0.96
F079	0.05	0.29	0.04	3.13	29.33	23.97	5.36	4.47	15.14	0.36	1.00
F070	0.37	2.28	0.35	21.1	149.99	114.22	35.77	3.19	8.79	1.24	1.09
F071	0.44	2.83	0.44	29.8	251.49	199.73	51.76	3.86	12.89	0.63	0.99
F083	0.58	3.64	0.53	36.3	267.80	205.17	62.63	3.28	9.42	0.88	1.01
F038	0.25	1.69	0.29	17.1	181.89	151.53	30.36	4.99	15.07	0.65	1.07
F082	0.41	2.60	0.43	21.6	226.98	187.46	39.52	4.74	12.80	0.62	0.99
F077	0.08	0.45	0.09	5.25	39.53	30.77	8.76	3.51	17.72	0.54	0.99
G05-7	0.23	1.41	0.21	13.8	115.05	91.16	23.89	3.82	10.69	0.52	1.04
F074	0.64	4.09	0.62	40.1	240.04	172.70	67.34	2.56	7.12	0.69	0.99
F075	0.14	0.89	0.13	8.23	50.41	36.58	13.83	2.64	6.81	0.64	0.95
G05-7	0.13	0.88	0.13	10.0	71.22	54.89	16.33	3.36	10.79	0.74	1.01

测试单位：桂林矿产地质研究院。

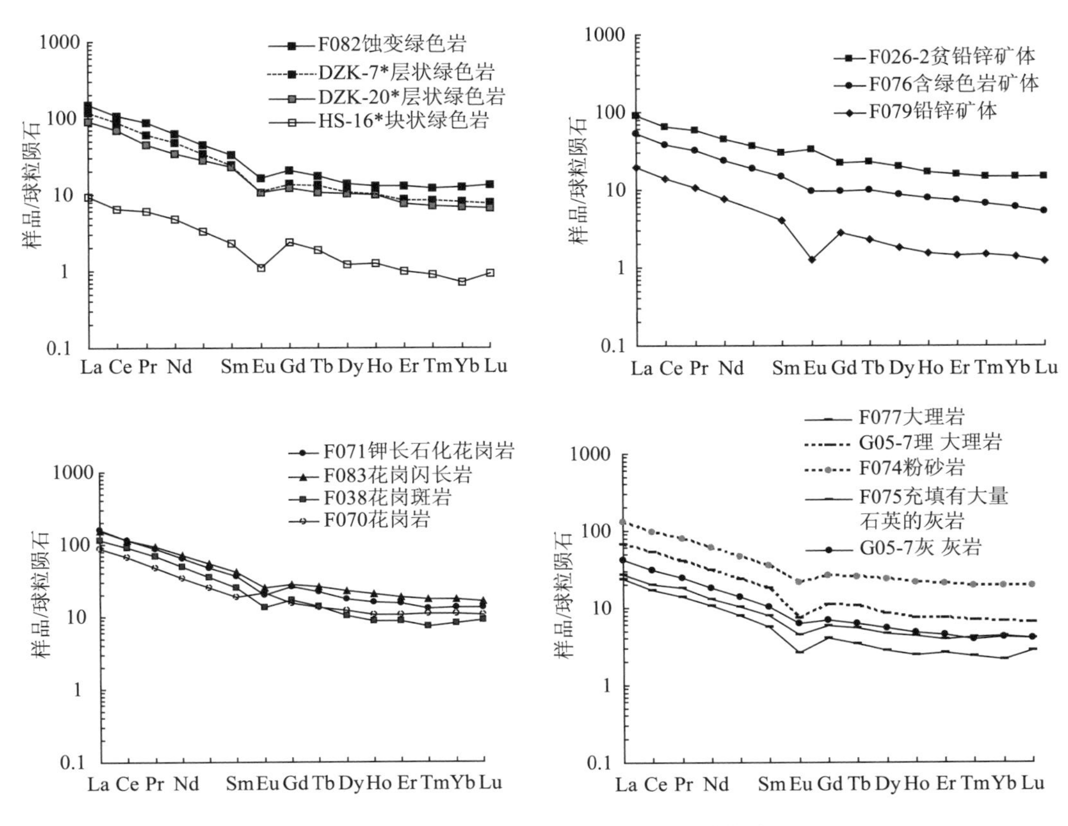

图 5-40 佛子冲各类岩矿石稀土元素配分模式图

矿石中 ΣREE 为 $29.33\times10^{-6}\sim179.09\times10^{-6}$，LREE/HREE 值 2.19 ~ 4.47，Ce/Ce* 为 0.94 ~ 1.00，Eu/Eu* 为 0.36 ~ 1.27，球粒陨石标准化配分模式图上表现出右斜曲线，不同矿石曲线的倾度陡缓变化大，且 Eu 异常有正、负之别，其中 F079 矿石出现显著 Eu 负异常 V 形谷，而 F026-2 出现弱 Eu 正异常。

围岩地层中，大理岩 ΣREE 为 $39.53\times10^{-6}\sim115.05\times10^{-6}$，LREE/HREE 值 3.51 ~ 3.82，Ce/Ce* 为 0.99 ~ 1.04，Eu/Eu* 为 0.69 ~ 0.72，球粒陨石标准化配分模式图上表现出右斜、缓倾曲线，Eu 负异常 V 形谷明显；灰岩 ΣREE 为 $50.41\times10^{-6}\sim71.22\times10^{-6}$，LREE/HREE 值 2.64 ~ 3.36，Ce/Ce* 为 0.95 ~ 1.01，Eu/Eu* 为 0.64 ~ 0.74，球粒陨石标准化配分模式图上表现出右斜、缓倾曲线，Eu 负异常 V 形谷明显；砂岩 ΣREE 为 240.04×10^{-6}，LREE/HREE 值 2.56，Ce/Ce* 为 0.99，Eu/Eu* 为 0.69，球粒陨石标准化配分模式图上表现出右倾、缓倾曲线，Eu 负异常 V 形谷明显。

综合对比发现，所有配分曲线均显示为右倾型，轻稀土元素富集，轻重稀土元素分异较强，绿色岩、矿体、岩体和地层的曲线形态基本一致，但不同岩性单元之间 ΣREE 差异较大，ΣREE 和 LREE/HREE 指标值具有明显的示踪意义。接触交代成因矽卡岩全岩的 REE 分布模式主要受到岩体、碳酸盐地层及流体中 REE 丰度和分配行为的控制。绿色蚀变岩以及矿石的稀土特征指标（ΣREE 和 LREE/HREE）介于碳酸盐岩和岩浆岩之间，表现出对围岩（大理岩和灰岩）的继承性以及后期受岩浆作用的改造性，这与野外观察到的现象相吻合，可认为是岩浆期后热液交代钙质围岩的产物，属交代成因（赵斌等，1999）。

部分矿石表现出正 Eu 异常值得关注。对流体正 Eu 异常的形成机理目前存在认识上的分歧，有长石斑晶/流体离子交换反应、流体迁移过程中颗粒或岩石对 Eu^{2+} 离子相对弱的吸附、吸附与络合的复合作用等多种解释（Bau，1991；Klinkhammer et at.，1994；Hass et al.，1995）。这些形成机制的共同特点是以 Eu 呈二价态离子出现作为前提的，较高的温度是 Eu^{2+} 离子在流体中以主要形式出现的重要条件，因此温度条件是影响流体是否出现正铕异常的重要条件（丁振举等，2000）。此外，Eu

异常被认为可反映成岩环境的氧逸度（肖成东和刘学武，2002）。佛子冲部分矿石出现正铕异常，可能表明其形成温度较高，成矿环境为氧化环境。

5. 讨论

（1）绿色岩是“喷流岩”，还是“矽卡岩”？

前人（杨斌，2001）研究认为，佛子冲矿田中的绿色岩是热水沉积作用的产物，属“喷流岩”，主要依据是：①佛子冲矿区层状绿色岩呈层状、似层状产出，产状与地层一致并同步褶曲，厚度稳定，不因为距某种岩体的远近而出现分带现象；②层状绿色岩中的透辉石、绿帘石等矿物多呈细粒或“雏晶”集合体出现，肉眼较难辨认。层状绿色岩中发育典型的同生沉积组构，形成温度较低（200℃～300℃）；③层状绿色岩主要矿物成分为透辉石，次为绿帘石和绿泥石，矿物组合较简单；④赋矿地层岩性以细碎屑为主，碳酸盐岩呈夹层产于碎屑岩层中，层状绿色岩与碳酸盐岩常呈互层或渐变过渡关系；⑤在博白-岑溪地区下古生界地层中，与层状绿色岩有关的铅锌多金属矿床具有区域性分布特点，这种现象是早古生代区域性海底热水成矿活动的反映。有些矿床，如乐桃铅锌矿，虽然发育有与佛子冲矿田相似的层状绿色岩，但无岩浆岩分布（表5-19）。

表5-19 佛子冲绿色岩与接触交代矽卡岩、热水沉积喷流岩主要地质特征对比表

地质特征	接触交代矽卡岩	热水沉积喷流岩	佛子冲绿色岩
产状特征	受接触带构造及接触带特点所控制，一般呈不规则状、脉状、扁豆状、柱状等，产状变化较大	呈层状、透镜状、条纹、条带状产出，与地层围岩整合接触并同步褶皱	呈条带状、块状（透镜状）、分支复合状及角砾状等不规则特征，主要发育在侵入接触带与岩体的边部及附近
岩石类型	变质岩	沉积岩	变质岩
矿物成分	成分较为复杂、除主要成分石榴子石、辉石外，还有次要矿物数十种，甚至上百种，如绿帘石、方柱石、矽钙硼石、钙柱石、白云母等	成分较简单，常见的喷流岩主要成分为硅质、重晶石、碳酸盐，其次是钾长石、钠长石等	成分较简单，主要成分为绿帘石、透辉石，其次为钙铁辉石、绿泥石等
结构和构造特征	结构较复杂，常呈典型的不均匀粒状变晶结构、纤状变晶结构、斑状变晶结构和包含变晶结构等。构造一般为块状和斑杂状	具微粒状结构、雏晶结构和层纹、条纹、条带状构造，局部发育同生沉积构造	发育纹层、条带状、板状（透镜状）、角砾状构造
分带性	成分、结构和构造具明显的内带和外带之分。内带宽度一般数米，岩石往往具反环带构造；外带从内到外具明显的环带构造	分布并不局限于岩体接触带，也不因距某种岩体的远近而出现分带现象	发育矽卡岩蚀变分带现象，但较微弱，矽卡岩的空间分布局限，蚀变带窄
代表	湖南黄沙坪铅锌矿床（童潜明，1986）	甘肃厂坝铅锌矿床（马国良，1996）	广西佛子冲铅锌多金属矿床

随着佛子冲矿田深部勘查工作的进展，本研究发现绿色岩的野外产状比前人描述得复杂，该类蚀变岩不仅产在围岩地层内，还发育在围岩与地层的侵入接触带，甚至还广泛见于岩浆岩内部的断裂破碎带内。在侵入接触带，绿色岩与侵入岩体的边部相邻、相伴产出，产状主要为层状、似层状的条带状，与地层产状一致，并发生同步“褶皱”，少数呈透镜状和不规则的块状出现。绿色岩的上下盘一般为灰岩、铅锌矿矿体和大理岩，少数为砂岩或花岗闪长岩。绿色岩与上下盘之间无明显的界线，均显逐渐过渡关系，还可见少数绿色岩明显交代大理岩的现象。部分砂岩内部出现有绿色岩化现象，主要介于不同粒度砂岩的岩性界面附近，指示岩性孔隙度差异可能导致流体渗滤行为产生差异，即流体从高孔隙度岩层向低孔隙度岩层穿越时，由于渗透率受阻会导致流体中携带物质沉淀，或在界面附近产生强烈交代作用。花岗闪长岩体内部，特别是靠近岩体边部的节理脉内也会大量出现细脉状和浸染

状绿色岩。

本研究通过镜下、X衍射和电子探针分析可知，绿色岩主要以透辉石、钙铁辉石、绿帘石和钙铁辉石为主。其矿物组合主要包括：早期矽卡岩阶段的透辉石、钙铁辉石和钙铝榴石等高温无水硅酸盐矿物；晚期矽卡岩阶段的绿帘石和阳起石等含水硅酸盐矿物；早期硫化物阶段的绿泥石、碳酸盐、黄铜矿、黄铁矿等高-中温热液矿物；晚期硫化物阶段的方铅矿、闪锌矿等中温热液条件下形成的矿物。稀土元素特征表明，绿色岩稀土配分曲线特征与花岗闪长岩体和花岗斑岩体的稀土配分曲线特征十分相似，表现出绿色岩与矿体具明显的同源性，均与花岗闪长岩体和花岗斑岩体之间具有密切的成因联系。

与国内外典型铅锌矿床中的蚀变岩进行对比联系，发现以辉石和帘石为主的围岩蚀变是矽卡岩型铅锌矿床的典型特征。矽卡岩是发育在中酸性侵入岩与碳酸盐岩接触带形成的一套蚀变硅酸盐矿物组合（Einaudi et al.，1981）。矽卡岩矿床不仅因其矿床类型的重要性和岩石矿物组合的特殊性引起人们的重视，并且包含有从岩浆、高温气成热液到中低温热液交代（充填）作用的许多成因信息（赵一鸣，1986，1990，2002）。Einaudi等（1982）研究指出，在矽卡岩型铅锌矿床的蚀变岩中辉石类矿物的含量远大于石榴子石类矿物。赵一鸣等（1983，1986，1990）通过对福建马坑、大排、辽宁八家子和内蒙古白音诺等与Pb、Zn（Ag）多金属矿化有关矽卡岩的研究，发现与Pb、Zn、Ag矿化密切相关的矽卡岩建造中的主要组成矿物是辉石类和闪石类矿物，且相对富锰质，如锰钙铁辉石、锰钙石、钙蔷薇辉石、锰云斜辉石、锰铝榴石、锰质透辉石和锰质阳起石等。相比之下，尽管佛子冲铅锌矿中的矽卡岩也属辉石类矽卡岩，但辉石的矿物化学成分中并不富锰。由于锰主要来源于碳酸盐岩围岩，这与矿田内碳酸盐岩只以夹层出现，而非大面积分布是相对应的。

综合野外特征、矿物学、地球化学和典型矿床对比分析，本文认为矿区内绿色岩属“矽卡岩”而非“喷流岩”。层状、似层状的条带状绿色岩的发育与花岗闪长岩和花岗斑岩等岩浆期后热液活动有关。岩浆期后热液沿着侵入接触带、围岩地层中破碎带以及地层中高孔隙度岩层活动，对钙质围岩以及砂岩蚀变，在蚀变过程中SiO_2、Fe_2O_3、FeO和MnO等岩浆源成分进入围岩中，形成辉石、帘石和绿泥石类型矿物，即绿色岩化。花岗闪长岩岩体内部的绿色岩也与该类热液活动有关。花岗闪长岩岩体侵入固结后，由于受到后期构造应力的作用，使花岗闪长岩岩体发生一系列的构造裂隙，后期花岗岩岩体的期后热液沿着构造裂隙扩散、渗透，对花岗闪长岩岩体蚀变交代，而使花岗闪长岩岩体局部发生绿色岩化，形成透镜状或块状绿色岩。

（2）“绿色岩”形成的物理化学环境

前人实验地球化学研究表明，矽卡岩的形成主要受物质成分、温度及SiO_2等因素的影响，其矿物组成类型可指示其形成物理化学环境。吴厚泽等（1984）报道，在500及550倍标准大气压力下，其他条件都相同的情况下，加入不同成分的灰岩就形成不同的矿物组合，如加入黑色纯灰岩，合成了晶形完好的钙铁榴石及磁铁矿，而加入白云质灰岩则形成了很好的透辉石及磁铁矿；环境温度不同，形成的矿物组合也不同。在矿物原料相同的条件下，温度分别为500℃、450℃和400℃，其合成产物的矿物组合分别为：钙铁榴石+磁铁矿；钙铁辉石+磁铁矿+钙铁榴石（少量）；钙铁辉石+磁铁矿；SiO_2的化学活动性随着温度变化而变化，在400℃以上SiO_2化学性活泼，可与热液及围岩中的Ca^{2+}、Mg^{2+}、Fe^{3+}等结合形成矽卡岩矿物，而在400℃以下类似反应难以进行。

基于上述依据，我们可以合理推测佛子冲矿区矽卡岩发育的物理化学环境的特殊性，并回答前人对佛子冲矽卡岩不典型性的质疑。本研究认为，蚀变流体温度偏低可能是导致矿区内矽卡岩矿物组合中少见石榴子石的主要原因。龙湾矿段矽卡岩中石榴子石含量远多于辉石，而在河三和佛子冲矿段矽卡岩中辉石占绝对优势，仅见少量石榴子石。该现象的反差指示前者发育的温度环境高，而后者偏低。相比于河三和佛子冲，河三矽卡岩中辉石类矿物多属钙铁辉石，且晶体粒度粗大，常呈放射状和板状顺热液流动方向生长，而佛子冲矽卡岩中辉石多属透辉石-钙铁辉石过渡类型，其矿物结晶粒度小，甚至多为隐晶质，这些特征指示了河三矽卡岩的成岩温度和压力要明显高于佛子冲。

对于矽卡岩的矿物组合类型，佛子冲矽卡岩出现干矽卡岩矿物（辉石）和湿矽卡岩矿物（帘石）

组合发育特征，尽管二者在发育时代上是先后关系，但在空间上相伴且发育规模大。在河三和龙湾矿段则以干矽卡岩矿物为主，很少见后继的湿矽卡岩矿物组合，同时蚀变规模小，指示龙湾和河三矿段岩浆期后热液活动的延续性差，高温蚀变结束后并未延续中低温蚀变，即退蚀变作用弱。Einaudi et al.（1981）认为高温进变质阶段的温度一般达650℃～400℃，而中低温退变质阶段的温度为450～300℃，且退变质阶段 CO_2 逸度明显降低。铅锌硫化物的成矿作用主要与中低温退蚀变作用关系密切，因此从热液蚀变作用的角度分析，佛子冲矿段成矿规模大而河三和龙湾矿段的成矿规模偏小，与该矿段的热液蚀变的空间规模和时间延续性成正相关性。

对于许多绿色岩并非产在岩浆岩与围岩的侵入接触带，而产在远离接触带的围岩地层内的问题，本文认为，矽卡岩矿物并不全是双交代作用形成的，即使远离岩体，只要是沿高渗透岩层或构造通道运移的成矿热液保持高温状态（400℃以上时），无论是热液中的还是地层中的 SiO_2 都能被活化，并与周围环境中的 Ca^{2+}、Mg^{2+}、Fe^{3+} 等结合形成矽卡岩矿物。

（3）“绿色岩”与铅锌多金属成矿的关系

“绿色岩”是佛子冲矿田中找矿勘探的重要标志，大多数矿体均与绿色岩的空间关系密切，呈相邻、相间、相伴、包裹等多种产状关系。野外考察发现，“绿色岩”与矿体的发育时代并不同步，绿色岩的蚀变带通常要大于矿化带，矿体被包夹于蚀变带内，局部可看到铅锌矿脉穿切绿色岩脉的现象，这些证据表明绿色岩的成岩要早于硫化物的成矿时代。从矽卡岩型矿床的普适性概念模型分析，绿色岩和矿体均属于岩浆期后热液地质矿化作用的组成部分，以辉石为主的深色绿色岩代表了岩浆热液早期进变质阶段的产物，以帘石绿泥石为主的浅色绿色岩代表了岩浆热液晚期退变质阶段的产物，而铅锌矿体属于紧随其后的硫化物阶段的产物。简言之，绿色岩是铅锌硫化物矿石母源流体的先驱产物，同时也是矿石沉淀的有利场所。

四、流体蚀变规律

矿区围岩蚀变种类主要为透辉石化、帘石化、硅化、绢云母化、绿泥石化、碳酸盐化、萤石化等，以帘石化最为常见，即前文所述的绿色岩化蚀变。从蚀变产状上看，有充填型热液蚀变与选择交代型蚀变两种，前者是裂隙两侧围岩被蚀变成脉状或外来物质沿岩石裂隙充填形成脉状，后者主要是围岩被交代的产物，交代残余构造显著。

1. 蚀变分带

据王猛等（2007）对佛子冲104号铅锌矿体的研究，在地表处发育着弱硅化、黄铁矿化，弱的绿帘石化；矿体顶部（距地表150 m深度）300～260 m中段是强硅化、云英岩化、绿帘石化、黄铁矿化区；在220 m、180 m、138 m、110 m中段为矿体富集地段，从矿体到围岩，蚀变依次是矽卡岩化（透辉石、石榴子石、绿帘石）、强硅化、星点状的黄铜矿和黄铁矿化、石英-绿泥石-碳酸盐化。

本研究发现，在佛子冲古益矿区，从260 m中段至20 m中段，流体蚀变的产状和组合也发生规律性变化，出现从细脉状碳酸盐岩化→粗脉状碳酸盐岩化+硅化组合→分支复合粗脉状碳酸盐岩化+硅化+萤石化→大脉状硅化的分带规律，类似于华南钨矿的五层楼蚀变分带模式，指示流体运移自下而上的轨迹。在单个矿体的矿头部位，常表现出从硫化物矿体→绿帘石化→大理岩化→碳酸盐岩围岩的蚀变晕。在接触构造带，如古益矿区100 m中段02线，出现从硫化物矿体→透辉石化→绿帘石化→硅化→碳酸盐岩化的侧向分带规律。

2. 选择性蚀变

佛子冲矿区不同的围岩产生不同的蚀变（图5-41）。砂岩、灰岩蚀变较显著，板岩的蚀变很弱。

1）砂岩的蚀变。包含充填型和交代型蚀变，主要有帘石化和硅化。帘石化主要是长石砂岩中的斜长石发生明显蚀变。帘石化与矿化带基本一致，砂岩帘石化以后在岩石外观呈明显的退色化，当帘石中绿帘石较多时呈浅黄色，帘石化是生成于硫化矿形成之前的矽卡岩阶段扩散较远的蚀变，因此帘石化可作为间接的找矿标志。

图 5-41　佛子冲矿区矿头流体蚀变晕

2）灰岩的蚀变。主要是交代型蚀变，在硅钙界面（砂岩与灰岩接触带）则会同时发生充填型和交代型蚀变。蚀变类型有透辉石化、帘石化，少数透闪石化、绿泥石化。

3）板岩的蚀变。主要是沸石化，大多呈脉状充填出现。本区板岩的 MgO 含量较高（平均 4%±）。矿液上升时，板岩中部分 Mg 被带出产生绿泥石化。Mg 析出后，剩余的元素就形成了沸石，故板岩的沸石化基本上产生在矿化带中。

第六节　石碌铁矿

一、蚀变类型

石碌矿区内铁矿体的主要围岩为透辉石透闪石岩或透辉石透闪石化白云岩，围岩蚀变相对普遍。除透闪石化、透辉石化之外，还包括石榴子石化、绿帘石化、硅化以及碳酸盐化。

透闪石化：在主要围岩透辉石透闪石岩和透辉石透闪石化白云岩中十分发育，多呈纹层状、条带状（图 5-42A）。透闪石晶体呈长柱状、针状，长轴 100～200 μm，集合体则常呈放射状、纤维状（图 5-42C、D）。局部可见透闪石晶体发生不同程度的扭曲变形。

透辉石化：发育透闪石化的岩石通常也发育较为普遍的透辉石化蚀变作用，但相对于前者而言较弱，分布也更为局限（图 5-42A）。透辉石晶体呈短柱状，横切面呈正方形或正八边形，粒径 30～80 μm（图 5-42D），同透闪石密切共生。

石榴子石化：分布相对局限，例如在北一采坑，矿体下盘围岩中可见，且越往采坑底部，石榴子石化相对越强烈。石榴子石多呈团块状、条带状叠加分布于透辉石透闪石岩之上（图 5-42B），石榴子石多呈自形粒状分布（图 5-42E）。

绿帘石化：分布较为广泛，但强度较弱。通常同石榴子石共生，但也可见其呈脉状穿插于铁矿石、不同岩性的矿体围岩中（图 5-42B）。绿帘石草绿色，相对自形（图 5-42E、F）。

硅化：分布广泛，透辉石透闪石岩等围岩中可见硅化的影响，或者同石榴子石、绿帘石密切共生（图 5-42E）。

碳酸盐化：在矿区范围内普遍可见，多呈后期脉状穿插于矿石及围岩中（图 5-42F）。

部分透辉石化和透闪石化是区域变质作用期的产物，富钙镁质泥质岩或硅质碳酸盐岩经温度压力的作用，初期变质形成透闪石，在部分温度压力条件适合的地方进一步变质为透辉石。石榴子石化、绿帘石化以及硅化则是一个相对简单的矽卡岩型蚀变组合，系后期热液作用的产物。碳酸盐化则代表了低温热液的影响。

图 5-42　石碌铁矿床铁矿体围岩主要蚀变类型及其镜下特征

A：透辉石透闪石化白云岩，以透闪石化为主的蚀变矿物呈纹层状、条带状沿白云岩的层理产出；B：绿帘石石榴子石化白云岩，绿帘石同石榴子石呈条带状大致沿白云岩的层理产出；C：透闪石交代白云石，呈长柱状均匀分布于后者中；D：透辉石、透闪石交代白云岩；E：以石榴子石、绿帘石以及石英为主的简单矽卡岩矿物组合，石英相对形成较晚而充填交代前二者产出；F：绿帘石自形颗粒充填于脉体中，方解石则相对更晚产出

二、总体矿化蚀变分带

总体上，矿体西近东远，南翼近而北翼远。矿区自上而下大致为铁-钴-铜的顺序排列、平行叠置，空间展布上有极大一致性，但大小有异，一般铁矿体规模大，钴、铜矿体规模也大。平面上，铜矿体主要分布在北一区段的西部（Ⅻa～Ⅶa 线）；钴矿体则主要分布在北一区段中部及东部（Ⅸa～E8 线），其中Ⅸa～Ⅶa 线为两者重叠区。但在垂向上，矿区西部相对来说似乎又以钴矿体为主、而东部以铜矿体为主。垂向上，铁矿体通常位于钴铜矿体之上，只是构造起伏倒转时，钴铜矿体才位于铁矿体之上，且两者显示同揉皱变形特征（图 5-43）。除个别地段外，两者通常保持在 30～60 m 的距离。

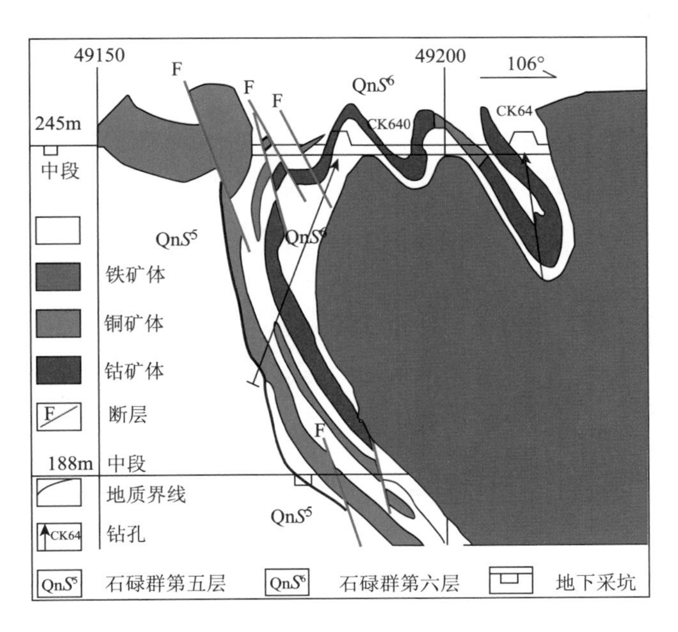

图 5-43　石碌铁矿床北一区段铁矿体与钴铜矿体垂直空间关系图

三、铁矿化蚀变分带

矿区内铁矿体的主要围岩为透辉石透闪石岩或透辉石透闪石化白云岩，围岩蚀变相对较普遍。除透闪石化、透辉石化之外，还包括石榴子石化、绿帘石化、硅化以及碳酸盐化。

通过野外地质观察认识到，铁矿体的蚀变分带并不是很明显。在北一采坑东帮选取现象相对明显的地段进行大比例尺剖面测量以及采集代表性样品，镜下观察到铁矿体蚀变分带大体上以富铁矿体为中心，向外依次为富铁矿体→贫铁矿体→硅化黄铁矿化透辉石透闪石岩→绿帘石化透辉石透闪石化白云岩→绿泥石化碳酸盐化透闪石化白云岩→白云岩（图 5-44）。

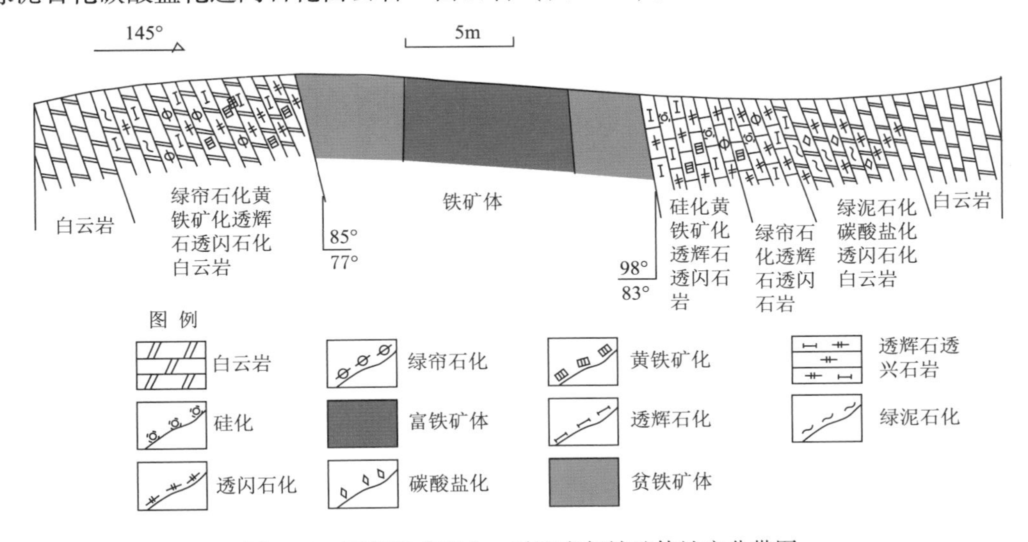

图 5-44　石碌铁矿床北一采坑东帮铁矿体蚀变分带图

四、铜钴矿化蚀变分带

矿区内钴铜矿体主要充填在北西向的断裂构造中，主要围岩为不同程度的透辉石透闪石化白云岩，围岩蚀变主要发育透闪石化、透辉石化、绿泥石化和硅化（图 5-45）。钴铜矿体中的透辉石化和透闪石化则具有明显不同于铁矿体的特征。钴铜矿体蚀变分带明显，大体上以钴铜矿体为中心，向外依次为钴铜矿体→黄铜矿黄铁矿化透辉石透闪石化白云岩→透辉石透闪石化白云岩（图5-46）。

图5-45　石碌铁矿床钴铜矿体围岩主要蚀变类型

A—硅化和绿泥石化；B—透辉石化和透闪石化

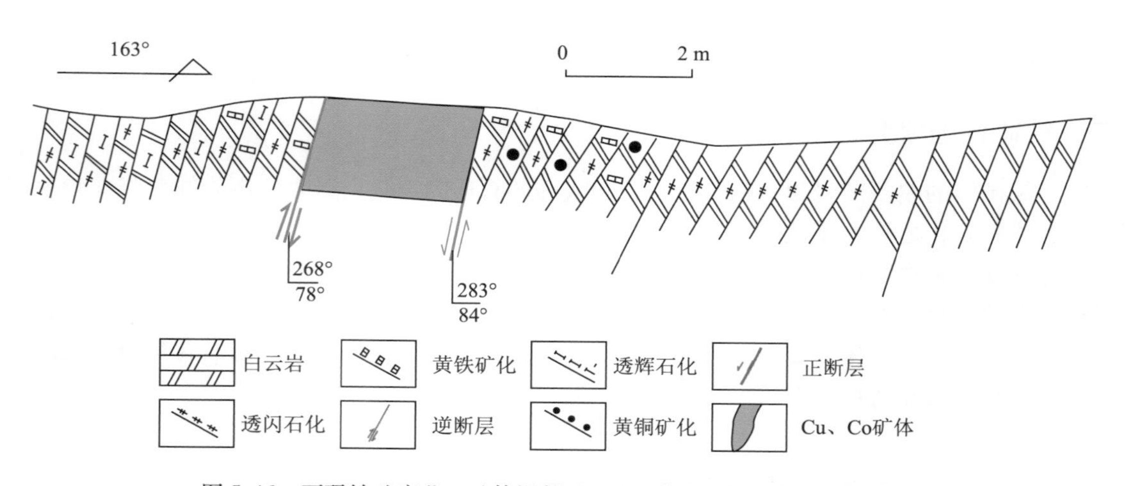

图5-46　石碌铁矿床北一矿体深部 –200 m中段钴铜矿体蚀变分带图

第六章　典型矿床成矿期次与成岩成矿时代

对于成矿时代的确定是区域成矿规律研究的关键性科学问题之一，但是成矿时代的确定除了通过地质上的逻辑分析之外，很大程度上还取决于同位素年代学的技术进步。本次工作借助于辉钼矿 Re-Os、锆石 U-Pb、云母 Ar-Ar 以及石英流体包裹体 Rb-Sr 等时线等最新的同位素年代学技术，对包括高龙金矿、德保铜矿、铜坑锡多金属矿、龙头山金矿、佛子冲铅锌矿和石碌铁铜矿在内的典型矿床均进行较为系统的同位素测年工作，获得了一批重要的新数据，为典型矿床的深入研究与区域成矿规律的总结提供了重要依据。

第一节　高龙金矿

一、成矿期与成矿阶段

高龙金矿的形成与含矿热液的充填、交代作用有关，经历了两个主要的成矿时期及若干个地质阶段，即热液成矿期和表生风化期。在此前的沉积成岩期，主要以沉积作用为主，形成了区内海盆沉积细碎屑岩地层，特别是中三叠统百逢组浊积岩地层，伴随有金元素的初步富集。这为其后金的活化转移并重新沉淀富集、形成高龙金矿体提供了部分成矿物质，构成了金的矿源层。

1. 热液成矿期

热液成矿期是金矿形成的主要时期，各种成因的热液作用不仅从地下深部，也从矿源层中溶解萃取了大量的成矿物质，构成含矿热液。当含矿热液沿着深大断裂迁移，流体通常沿着压力梯度降低的方向运移，本区的含矿流体沿着石炭系—二叠系碳酸盐岩地层与中三叠统细碎屑岩地层接触带等构造带内的应力释放地带运移，因此在接触带处由构造应力突变所形成的断裂构造系统既可成为矿液运移的通道，又由于断裂带内的岩石破碎程度较高，导致岩石的孔隙度和渗透率较高，从而成为金属沉淀的储矿空间。此外，在这样的构造部位，由于物理化学条件发生明显变化，可形成对成矿有利的地球化学障，造成含矿溶液温压条件和溶解度等的急剧变化，热液原有的地球化学平衡遭到破坏，于是金便从溶液中沉淀出来。在两种不同岩性接触的构造薄弱地带，构造活动的继承性也促使含矿热液活动具有脉动性，因此高龙矿床的热液成矿期又可划分为几个阶段：

（1）细粒石英-黄铁矿阶段

这是矿区主要的成矿阶段，也是原生金矿体形成的重要阶段，该阶段的含矿硅化、黄铁矿化岩石多呈灰色。由于含 SiO_2 热液的加入，导致细小粒状石英和细小他形-半自形黄铁矿共生，均匀分布，并使中三叠统百逢组细碎屑岩变得致密坚硬，细粒石英产生的硅化作用明显增强了岩石的坚硬程度，并形成了原生金矿石。当这些金矿石处于表生风化层时，均匀分布的细小黄铁矿由于风化作用而形成褐铁矿，从而导致原来灰色的矿石发生红化作用而成褐红色，并且这种褐红色色调同样具有均匀一致性。在常规的显微镜下可看到这期石英呈十分细小的他形-半自形粒状，均匀地分布于细碎屑岩中，或构成细小微脉。由于这期原生矿石形成时间较早，往往被后期热液活动破坏，构成矿区内广泛分布的构造角砾岩中的角砾。此时形成的微细浸染型矿体被后期构造活动及热液石英脉切穿破坏，除形成构造角砾外，在离石英主脉由近及远依次形成网脉状矿石和稀疏细脉状矿石。该阶段沉淀的元素主要有 Si、S、Fe，其次有少量 Au、Ag、K 沉淀，该阶段形成了以石英、黄铁矿为主、绢云母为辅的矿物组合。

（2）中粒深灰色石英阶段

该阶段形成的石英，一般呈半自形柱状、粒度中等（大于细粒石英-黄铁矿阶段的石英），手标本呈深灰色或烟灰色。在显微镜下，石英晶体中含有大量细小的碳酸盐矿物，粘土矿物及有机质包裹体。此期的热液活动比较局限，仅在矿区的局部地段发育，该期热液活动同样导致硅化矿体的形成，是硫化矿体形成的又一重要事件。

（3）粗粒石英-黄铁矿-辉锑矿阶段

这是矿区内发育最明显、硅化作用最强的一次热液活动。主要表现为粗粒半自形-自形柱状石英晶体构成粗大的石英脉体，构成矿区内的石英主脉。石英脉体厚度可达数十米到数百米，石英脉体从中心向外，构成石英主脉带-构造角砾岩带-石英网脉带-石英稀疏细脉带-原岩或原生矿体带。这期石英脉规模较大，将原生矿体切割、破碎，构成重要的构造角砾岩型矿石或构造角砾岩，由于抗风化能力强，往往在矿区范围内形成突兀的正地形。除石英外，石英脉中还含有少量粗大立方体黄铁矿及粗晶状辉锑矿。虽然这些硫化物含量少，含金性较差，但对于金矿的形成仍然有着重要意义，表现在两个方面：①在石英脉体穿切、破碎原生矿体的地段，由于石英脉体的加入导致原矿体的含金量进一步增加，形成区内富矿体，因此这期含 SiO_2 热液活动对金的活化富集起着重要作用；②与石英脉共生的辉锑矿和黄铁矿虽然在脉体中含量不高，但是这两种硫化物的金含量却很高，尤其是辉锑矿和细粒黄铁矿。这在一定程度上说明在粗粒石英-黄铁矿-辉锑矿阶段仍然可以形成赋矿的硫化物。在显微镜下，这种石英晶体中杂质和包裹体较少，晶体直径在区内表现最大。该阶段成矿溶液带来了大量 Au 及其伴生元素 Sb、Fe、As、Hg、Ag、Cu、Pb、Zn、Bi，矿化剂元素 S、F、Cl 及找矿元素 Si、K、Fe、Sb 等，并沉淀形成了大量石英、黄铁矿及金的富集，是主成矿阶段，也是黄铜矿、方铅矿、闪锌矿的主要沉淀阶段。该阶段与第一阶段叠加部位可形成富矿体。

（4）石英-碳酸盐岩阶段

本阶段热液活动主要形成石英-方解石脉，脉体主要由他形石英（约占 90%）以及团块状、脉状方解石或白云石组成，偶见黄铁矿等硫化物。他们可以作为构造角砾岩中的胶结物而胶结构造角砾。热液活动所形成的岩石、矿物含矿性不好，往往起到切穿、破坏矿体的作用，标志着成矿作用的结束，对成矿意义不大，且分布也较为局限，仅在鸡公岩矿段露天采场见到。该阶段沉淀的物质主要有 Si、Ca、CO_2，但 Fe、S、Au、Ag、As、Sb、Cu、Pb、Zn、Hg 也有少量沉淀。该阶段形成的矿物组合是方解石和石英，也有极少量硫化物但不能形成金矿体。其与第一阶段叠加部位形成贫矿，与第二阶段叠加部位，使 Au 品位增高。

2. 表生风化期

原生矿石中含有黄铁矿等金属硫化物，这些硫化物是金的主要载体矿物。金主要呈类质同象晶格金、包裹体金、晶间金和晶隙金的微细浸染状赋存其中。当这些原生微细浸染型金矿体暴露至地表或近地表时，在表生地下水、富氧、生物活动频繁的常温常压环境下，矿石中的黄铁矿被氧化，逐渐形成褐铁矿而呈褐红色，沉积岩中的硅酸盐矿物（如长石云母类）也相应发生变化而形成粘土类矿物。由于原生载金矿物的破碎和解体，赋存于其中的金便随之被活化、脱落，形成金胶体或极细的微粒，从载金矿物中解离出来，从而使金的赋存状态发生明显变化，有的被次生加大或重结晶，有的则被粘土、褐铁矿等矿物吸附。这种风化作用虽然并未改变金矿体的含矿品位，但却改变了金在矿物中的赋存状态，使矿石易被开采利用，也容易被堆浸提取，从而大大提高了矿石的利用价值。

二、成矿时代

1. 石英流体包裹体 Rb-Sr 等时线法定年

自 20 世纪 80 年代以来，国内外不时有石英矿物或流体包裹体 Rb-Sr 定年的实例报道，但定年成功率不高，其原因包括：①石英矿物中 Rb 和 Sr 的含量很低，一般在 10^{-6} 量级或小于 10^{-6} 量级，因此要求实验室有很低的空白、质谱计有很高的灵敏度和很成熟的 Rb、Sr 分离技术；②Rb 和 Sr 的赋存状态不清楚。Rb 和 Sr 如果不在或不全部在晶格中的话，它们以什么状态存在于什么位置？这一问题不仅影响到所获得年龄数据的地质解释，也关系到相关的定年技术如何改进；③同位素年代学研究与地质和矿床研究的联系还不够紧密，例如对定年矿物的成矿物理化学条件的研究、对后期叠加事件的认识和判别等比较薄弱。一般认为石英矿物中 Rb 和 Sr 存在于流体包裹体中、被包裹在微细矿物中并以类质同像存在于硫化物的晶格中或晶格缺陷中（杨进辉等，2000）。石英矿物中的 Rb 和 Sr 也可能赋存于被包裹的微细矿物中。

高龙金矿床测年样品取自高龙矿区主要矿段——鸡公岩矿段中的6#和9#矿体不同位置的含金石英脉型矿石，是从粉碎（60～80 目）样品中在镜下挑选出的热液石英，样品纯度99%以上。Rb-Sr 等时线法测年对象是金矿体不同位置矿石中石英包裹体内的一组样品，显微镜下观察可见矿石中热液石英半自形-自形晶，粒度0.05～1.0 mm，纯净无杂质，颜色和干涉色均匀。

对高龙金矿床不同矿段样品的金矿石（含金硅化岩）石英 Rb-Sr 法测年同位素数据见表6-1，结果显示两个矿段均未获得较为可靠的等时线年龄结果。$^{87}Rb/^{86}Sr$ 与 $^{87}Sr/^{86}Sr$ 表现出较差的线性关系（图6-1），6#矿段中9个测点等时线年龄为 173±140 Ma。本文测试的9个测点数据仅有5个测点获得了 255±15 Ma 的等时线年龄结果，其余点均位于这一年龄等时线之下。9#矿段6个测点所获得结果之间的离散程度更强，无法确定其平均年龄值。在这些测年结果中，唯一可以获得的信息是由等时线图中最上侧几个测点构成的255 Ma 的等时线年龄，它可能代表了样品中所含矿物的最古老年龄值。这一年龄数据同广西金牙金矿中由黄铁矿 Rb-Sr 等时线法测定的年龄结果（276 Ma）较为接近，表明他们均可能继承了围岩地层的同位素组成，代表的是围岩地层的形成年龄，其他测点数据则反映了石英脉的形成时间应晚于这一地层形成年龄值，说明高龙金矿具有明显的后生成矿特征，或者成矿以后明显受到后期热液活动的影响。

表6-1　高龙金矿6#、9#矿段石英流体包裹体 Rb/Sr 同位素分析结果表

样号	矿段	w（Rb）/10^{-6}	w（Sr）/10^{-6}	$^{87}Rb/^{86}Sr$	$^{87}Sr/^{86}Sr$	2σ
GL1-7	6#矿段	1.969	7.652	0.7422	0.71127	0.00002
GL1-10	6#矿段	0.1032	1.053	0.2826	0.70969	0.00002
GL1-12	6#矿段	2.129	30.35	0.2023	0.71004	0.00001
GL1-14	6#矿段	2.194	29.93	0.2114	0.71009	0.00002
GL1-15	6#矿段	2.403	30.79	0.225	0.71015	0.00002
GL1-17	6#矿段	2.319	17.24	0.388	0.71016	0.00002
GL1-24	6#矿段	2.267	10.43	0.6269	0.71163	0.00001
GL1-7	6#矿段	1.589	7.232	0.6335	0.710077	0.00002
GL1-24	6#矿段	1.973	10.17	0.5596	0.71131	0.00001
GL2-4	9#矿段	0.9616	4.457	0.6222	0.71044	0.00001
GL2-9	9#矿段	0.0735	0.3554	0.5965	0.71047	0.00004
GL2-12	9#矿段	1.347	25.27	0.1538	0.71029	0.00001
GL2-16	9#矿段	1.245	30.32	0.1184	0.71049	0.00001
GL2-37	9#矿段	0.8632	5.028	0.4951	0.71017	0.00001
GL2-30	9#矿段	1.522	36.44	0.1204	0.71035	0.00002

2. 毒砂样品 Re-Os 法定年

随着同位素测试技术的进步，一些新的测年方法如 Re-Os 法、^{40}Ar-^{39}Ar 快中子活化法等相继建立并很快应用到金属矿床的定年中。本次工作开展了高龙矿区另一含金矿物——毒砂样品的 Re-Os 同位素定年工作。但由于毒砂样品的 Re、Os 元素含量太低，未能达到仪器测试的检出限标准值，导致毒砂样品 Re-Os 同位素定年结果失败。

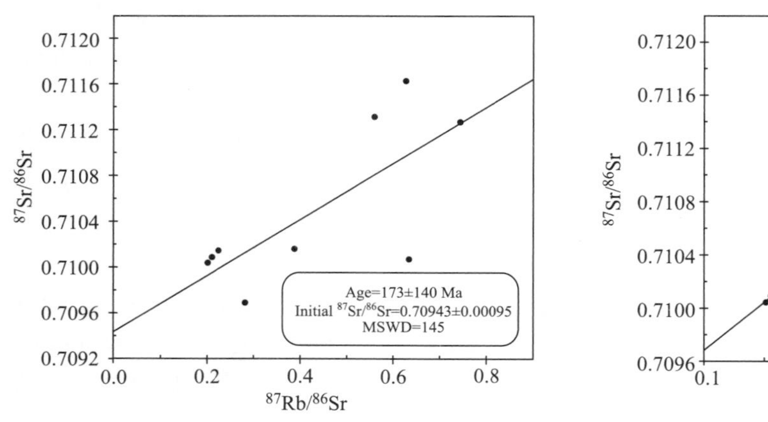

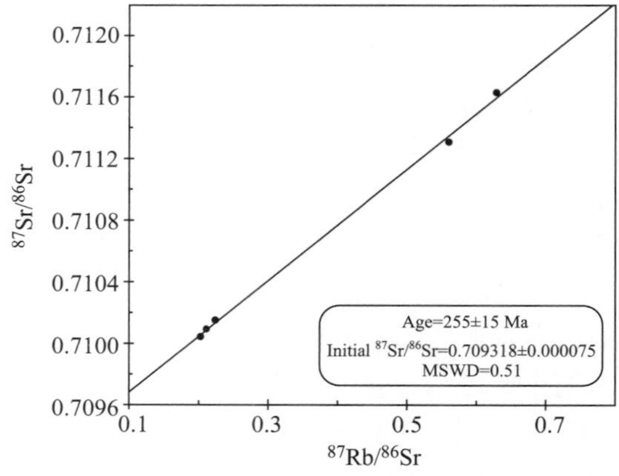

图 6-1　高龙金矿石英流体包裹体 Rb-Sr 等时线图

第二节　德保铜矿

一、成矿期与成矿阶段

根据矿体的分布、矿石的结构构造及各矿物间的相互关系等诸因素，本区矿石矿物的形成主要分为 5 个阶段：早期矽卡岩阶段、晚期矽卡岩阶段、磁铁矿锡石（氧化物）阶段、硫化物阶段及碳酸盐阶段等。在第一、二阶段主要是硅酸盐沉淀，Fe^{3+}为主，f_{O_2}高，形成的主要是一些硅酸盐和部分氧化物；第三、四阶段成矿环境发生变化，逐渐以 Fe^{2+}为主，f_{O_2}低，形成的主要是硫化物和部分氧化物；第五阶段主要是碳酸盐沉积，形成的主要是碳酸盐及部分硫化物，极少有氧化物（表 6-2）。

二、成岩成矿时代

1. 成岩时代

关于德保矿区主岩体——钦甲岩体的时代，前人曾对其进行过 K-Ar、U-Pb、Rb-Sr 等同位素年龄测试，但由于测试方法的缘故，所获得的年龄数据变化范围比较大。本次研究以锆石 U-Pb 法为主，对钦甲岩体不同部位、不同岩性的样品进行了采样分析。其中，样品 G-1 采于钦甲花岗岩体中心部位（地理坐标 23°05′47.8″，106°38′46.2″），标本灰白色，花岗结构，主要由石英、斜长石、钾长石、角闪石及少量黑云母组成，属于黑云母角闪花岗岩（图 6-2a，图 6-2b）。样品 6650-5 采于钦甲花岗岩体北部德保铜锡矿区Ⅵ号矿段 612 中段的隐伏岩体，标本灰白色，似斑状结构，斑晶主要为石英、斜长石，少量碱性长石，其中部分斜长石发生绢云母化蚀变。基质为显微晶质结构，主要有石英、斜长石，少量碱性长石及黑云母，属于斑状黑云母花岗岩（图 6-2c，图 6-2d）。样品 8498-11 采于德保铜锡矿区Ⅷ号矿段 498 中段的隐伏岩体，标本呈肉红色，矿物组成主要为石英、钾长石、斜长石和少量的黑云母，属于黑云母钾长花岗岩（图 6-2e，图 6-2f）。

测试样品经人工破碎后，按常规重力和磁选方法分选出锆石，最后在双目镜下挑选。锆石样品靶的制备与 SHRIMP 定年的锆石样品制备方法基本相同（宋彪等，2002）。在透射和反射光显微镜观察的基础上，选择合适的样品进行了阴极发光研究。锆石阴极发光在中国地质科学院矿产资源研究所国土资源部成矿作用与资源评价重点实验室的 JXA－8800R 型电子探针上完成。

钦甲花岗岩体中锆石样品除少数具有浑圆状的外形外，绝大多数结晶较好，呈典型的长柱状晶形，具有典型的岩浆振荡环带，暗示其主体为岩浆结晶的产物。由锆石的阴极发光图像（图 6-2）可以看出，几乎所有锆石具有清晰的内部结构，具有典型单期生长的同心环带特征。

表 6-2　矿区矿石中矿物一般生成顺序表

矿物名称	早矽卡岩阶段	晚矽卡岩阶段	磁铁矿-锡石阶段	硫化物阶段	碳酸盐阶段
透辉石					
符山石					
石榴子石					
绿帘石					
阳起石					
云母类					
磁铁矿					
锡石					
闪锌矿					
毒砂					
磁黄铁矿					
黄铁矿					
黄铜矿					
石英					
方解石					
绿泥石					

采自钦甲花岗岩体中心部位的 G-1 号样品中锆石 Th/U 比值变化范围为 0.32～0.80，$^{206}Pb/^{238}U$ 年龄具有较小的变化范围，为 432～439.7 Ma，$^{207}Pb/^{235}U$ 年龄变化于 420.4～594.5 Ma 之间。在 U-Pb 谐和图上（图 6-2b），这些锆石具有谐和的 U-Pb 年龄，大部分数据点都位于谐和线上或附近，个别数据点偏离谐和线，表现为$^{207}Pb/^{235}U$ 比值较大，这主要与^{207}Pb 难以测准有关（袁洪林等，2003），而^{207}Pb 的测定结果并不影响$^{206}Pb/^{238}U$ 比值，对采集的 11 个数据进行加权平均值计算，获得$^{206}Pb/^{238}U$ 年龄的加权平均值为 434.8±1.7 Ma（MSWD＝0.95）。

采自德保矿区 650 中段的 6650-5 号样品中锆石 Th/U 比值变化范围为 0.24～0.57，$^{206}Pb/^{238}U$ 年龄具有较小的变化范围，为 441.2～445.9 Ma，$^{207}Pb/^{235}U$ 年龄变化于 372.3～566.7 Ma 之间。在 U-Pb 谐和图上（图 6-2d），这些锆石具有谐和的 U-Pb 年龄，大部分数据点都位于谐和线上或附近，表明这些锆石形成后 U-Pb 体系是封闭的，基本没有 U 或 Pb 同位素的丢失或加入，对采集的 15 个数据进行加权平均值计算，获得$^{206}Pb/^{238}U$ 年龄的加权平均值为 442.4±1.8 Ma（MSWD＝0.2）。

采自德保矿区 498 中段的 8498-11 号样品中锆石 Th/U 比值变化范围为 0.32～0.78，$^{207}Pb/^{235}U$ 年龄变化于 438.9～698.2 Ma 之间。在 U-Pb 谐和图上（图 6-2f），样品点基本分布于一条水平线上，$^{206}Pb/^{238}U$ 年龄集中在 410.4～414.7 Ma 之间。虽然大部分数据点水平的偏离谐和曲线，但分布形式明

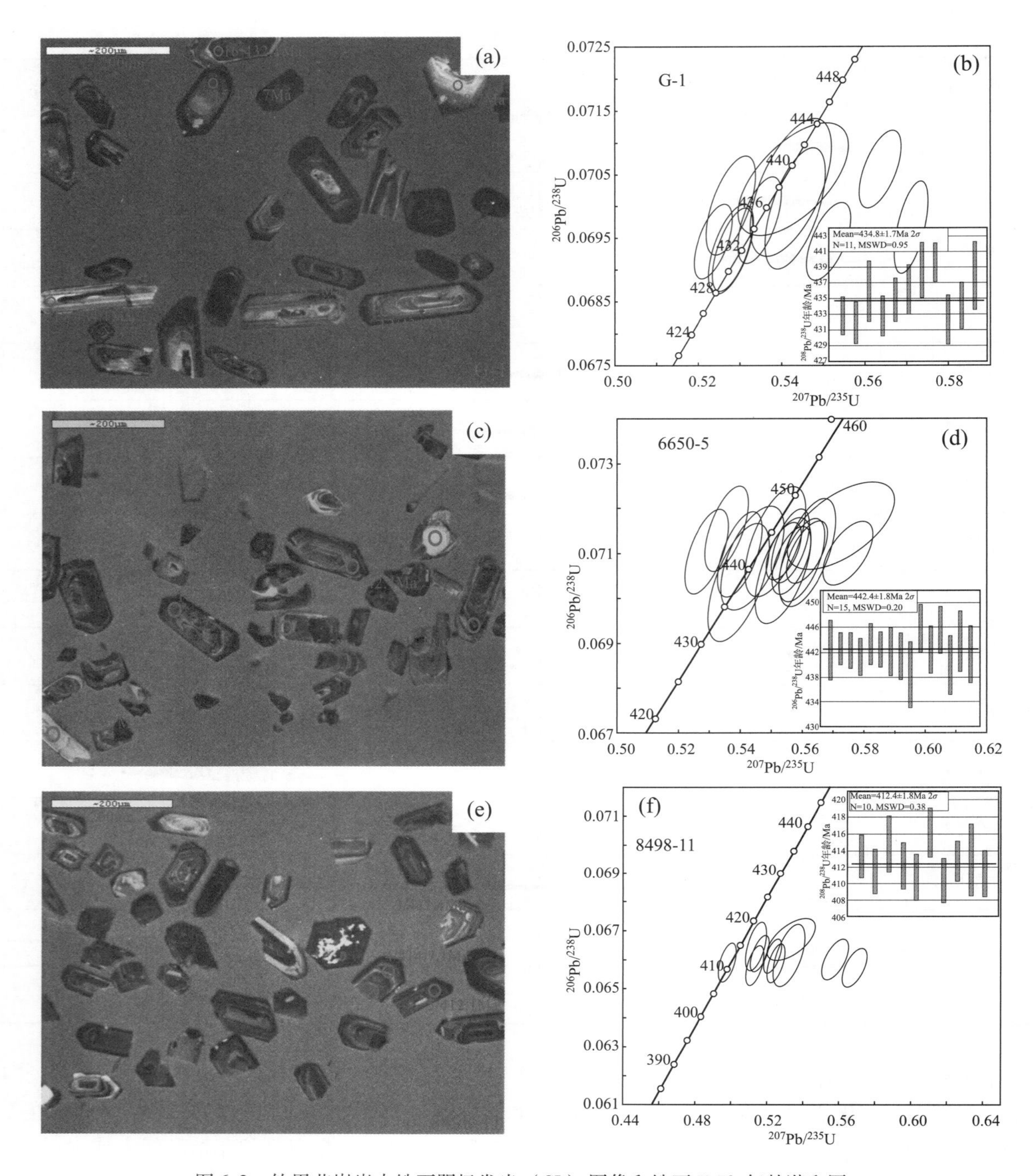

图 6-2　钦甲花岗岩中锆石阴极发光（CL）图像和锆石 U-Pb 年龄谐和图

显不同于 Pb 丢失引起的不谐和（李献华等，1996；Mezger 等，1997），而且锆石 CL 图像也显示清晰、自形的环带（图 6-2e），表明锆石并没有发生或明显发生 Pb 丢失（Connelly，2000）。因此该样品数据点的这种分布同样与 ^{207}Pb 的测定有关，而 ^{207}Pb 的测定结果并不影响 $^{206}Pb/^{238}U$ 比值，所以我们对采集的 10 个数据进行加权平均值计算，获得 $^{206}Pb/^{238}U$ 年龄的加权平均值为 412.4 ± 1.8 Ma（MSWD = 0.38）。

2. 成矿时代

本次用于 Re-Os 同位素年龄测定的 6 件辉钼矿样品（除样品 8498 – 11 外）均采自广西德保铜锡矿床Ⅷ号矿段 612 中段的含辉钼矿石英脉。石英脉中的金属矿物主要为黄铜矿和辉钼矿，其中辉钼矿多成鳞片状集合体镶嵌在石英脉中，黄铜矿则呈细脉状沿裂隙分布。样品 8498 – 11 则采自Ⅷ号矿段

498 中段，辉钼矿呈浸染状分布于粗粒钾长黑云母花岗岩中。辉钼矿样品采用特质工具直接从手标本上挑选，并在实体显微镜下做进一步的检查与选纯，送测辉钼矿样品质纯、无污染，纯度达 98% 以上。Re-Os 同位素分析测试工作在国家地质实验测试中心完成，采用 Carius 管封闭溶样分解样品，Re 和 Os 的分离等化学处理过程及质谱测试过程参见相关文献（Shirey et al.，1995；杜安道等，2001；屈文俊等，2003），测试仪器为电感耦合等离子体质谱仪（TJA X－SERIES ICP－MS）。实验采用国家标准物质 GBW04436 为标样，监控化学流程和分析数据的可靠性。

7 件辉钼矿 Re-Os 同位素测定结果见表 6-3。由表 6-3 可见，辉钼矿 Re 含量介于 6.064×10^{-6} ~ 42.57×10^{-6} 之间，Re 与 ^{187}Os 含量变化较协调，给出的 7 件辉钼矿的模式年龄介于(429.5 ±5.9) ~ (440.0 ±6.9) Ma 之间。除样品 8498-11 外，其他 6 件样品的 Re-Os 模式年龄加权平均值为 435.0 ± 2.5 Ma（MSWD = 0.95）（图 6-3）。采用 ^{187}Re 衰变常数（$=1.666\times10^{-11}$/a（Smoliar et al.，1996），利用 ISOPLOT 软件（Ludwig，1999）对所获得的数据进行等时线计算，6 件辉钼矿样品（除样品 8498-11 外）的 ^{187}Re、^{187}Os 值构成一条 MSWD 为 0.94 的等时线，等时线年龄为 445 ± 11 Ma（图 6-4）。^{187}Os 初始值为 −0.80 ± 0.85，接近于 0，表明辉钼矿形成时几乎不含 ^{187}Os，辉钼矿中的 ^{187}Os 系由 ^{187}Os 衰变形成，符合 Re/Os 同位素体系模式年龄计算条件，说明所获得模式年龄也可反映辉钼矿的结晶时间。

表 6-3　广西德保铜锡矿床辉钼矿 Re-Os 同位素分析结果

原始样号	w（Re）$/10^{-6}$		w（普 Os）$/10^{-9}$		w（^{187}Re）$/10^{-6}$		w（^{187}Os）$/10^{-9}$		模式年龄/Ma	
	测定值	不确定度	测定值	不确定度	测定值	不确定度	测定值	不确定度	测定值	不确定度
612-1	6.064	0.045	0.1722	0.0274	3.812	0.028	27.37	0.23	429.5	5.9
612-3	7.180	0.053	0.0523	0.0177	4.513	0.033	32.96	0.28	436.8	6.0
612-4	7.975	0.086	0.0507	0.0154	5.013	0.054	36.39	0.29	434.2	6.8
612-4	7.180	0.053	0.0523	0.0177	4.513	0.033	32.96	0.28	436.8	6.0
612-7	7.398	0.065	0.0712	0.0451	4.650	0.041	33.97	0.32	437.0	6.6
612-8	11.78	0.09	0.1416	0.0357	7.403	0.054	54.10	0.43	437.0	5.9
8498-11	42.57	0.43	0.3161	0.0364	26.76	0.27	196.9	1.7	440.0	6.9

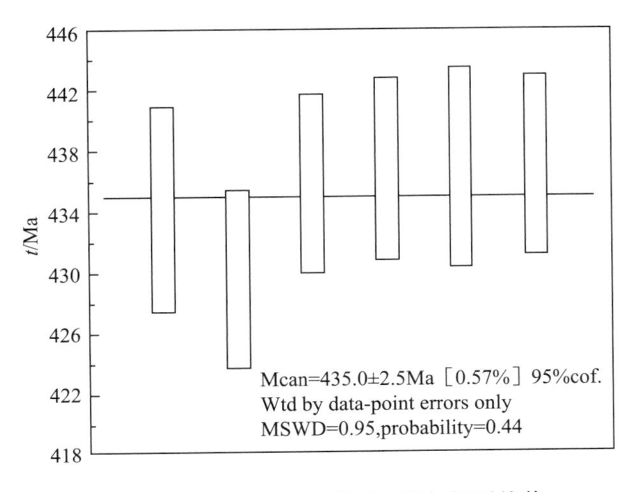

图 6-3　辉钼矿 Re-Os 模式年龄加权平均值

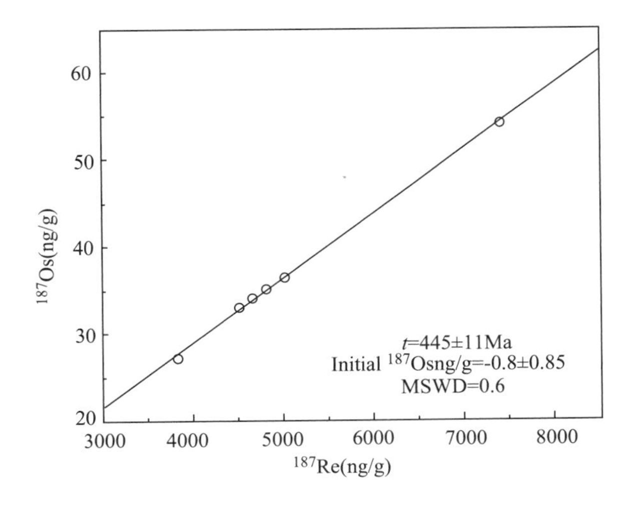

图 6-4　辉钼矿 Re-Os 同位素等时线

对于德保铜锡矿床的成矿时代，郭福祥（1995）认为广西德保铜锡矿床在构造上位于个旧-薄竹山-都龙成矿亚带的东端延伸部位，主要成矿期属于中白垩世。杨冀民等（1989）则根据与成矿有关岩体的 K-Ar 和 Rb-Sr 等时线法间接获得德保铜锡矿床形成于加里东期，未精确厘定成矿时代。本次研究用于 Re-Os 同位素测试的辉钼矿分别取自含黄铜矿石英脉和粗粒黑云母花岗岩中，其中石英脉中的辉钼矿呈片状集合体，颗粒较细（粒度约 1.0 mm），可见黄铜矿充填在辉钼矿晶隙间，获得的 Re-Os 模式年龄加权平均值为 435.0 ± 2.5 Ma，等时线年龄为 445 ± 11 Ma，属于晚奥陶世—早志留世，未受到失藕作用的影响，应代表了德保铜锡矿床的一次成矿事件。这一成果初步证实了陈毓川等（2007）提出的右江地区存在一个加里东期铜锡多金属矿床成矿系列的认识。

粗粒黑云母花岗岩中的辉钼矿呈浸染状分布于岩体中，与石英、钾长石呈共生结构关系，其模式年龄为 440 ±6.9 Ma，稍早于含黄铜矿石英脉中辉钼矿的模式年龄 429.5 ±5.9 Ma ~437 ±6.6 Ma，两者之间虽有一定的时间跨度，但应是由同一成矿作用所形成，其矿化类型的不同可能是由于含矿热液发生卸载的部位不同所致。

第三节　铜坑锡多金属矿

一、成矿期与成矿阶段

大厂锡多金属矿床的形成与燕山中晚期笼箱盖复式岩体有关，并受到多期次的岩浆活动和构造运动、成矿物理化学条件等的制约。矿床中矿体类型和产状多样，矿床分布具有明显的纵向分带，矿石矿物组成复杂，根据矿体的产出特征和矿物的共生组合，将铜坑锡多金属矿床的形成划分为两个成矿期和 6 个成矿阶段，即矽卡岩锌铜矿成矿期和锡多金属成矿期（表 6-4）。

表 6-4　铜坑锡多金属矿床成矿期成矿阶段划分

矿物产出顺序 / 主要矿物 \ 成矿分期	云英岩—矽卡岩成矿期			锡石—硫化物成矿期		
	云英岩成矿阶段	早期矽卡岩成矿阶段	晚期矽卡岩成矿阶段	锡石-硫化物-电气石-石英成矿阶段	锡石-硫化物-硫盐成矿阶段	含锡石-硫化物-硫盐-碳酸盐成矿阶段
石榴石						
符山石						
透辉石						
次透辉石						
硅灰石						
阳起石						
透闪石						
绿帘石						
绿泥石						
钾长石						
白云母						
萤石						
方解石						
石英						
电气石						
锡石						
毒砂						
黄铁矿						
磁黄铁矿						
闪锌矿						
黄锡矿						
黄铜矿						
方铅矿						
脆硫锑铅矿						
硫锑铅矿						
辉锑锡铅矿						
白铁矿						
胶黄铁矿						
磁铁矿						
菱铁矿						
锰菱铁矿						
锰方解石						

1. 含锡矽卡岩型锌铜矿成矿期

铜坑矿床中，下部隐伏的笼箱盖黑云母花岗岩侵位于泥盆系的富碳质泥灰岩地层，目前在铜坑深部还没有见到岩体的顶部和附近围岩中与岩浆活动直接有关的含锡的云英岩等，但在铜坑的355中段以下，在中泥盆统的罗富组、纳标组地层中，形成了矽卡岩化，并有锌铜矿体的产出。根据矽卡岩化与矿化的关系，进一步划分为3个阶段：

1）早期矽卡岩化阶段。形成了无水矽卡岩矿物的组合，主要有石榴子石、符山石、硅灰石等。该阶段形成的石榴子石主要为钙铝-钙铁榴石，形成钙铝榴石符山石矽卡岩、硅灰石矽卡岩、符山石硅灰石矽卡岩等。通过对矽卡岩矿物的电子探针分析，该阶段Sn主要以类质同像存在于钙铁榴石中。其他矿物中含锡很少。

2）晚期矽卡岩阶段。由热液蚀变形成的含水硅酸盐矿物组成，主要有绿帘石、阳起石、透闪石、斧石，绿泥石等。与早期形成的矿物相比，粒度较小。

3）硫化物阶段。含矿热液沿层交代矽卡岩矿物，形成致密块状、浸染状的层状、似层状锌铜矿体。由磁黄铁矿、铁闪锌矿、毒砂、黄铜矿等组成。据矿物的共生组合和交代关系可进一步划分为两个亚阶段：早期硫化物阶段，主要形成磁黄铁矿-毒砂-铁闪锌矿组合，常可见到磁黄铁矿交代早期形成的硅灰石、符山石等，形成交代假象结构。晚期硫化物阶段以黄铁矿-黄铜矿-铁闪锌矿-方铅矿组合为主。

2. 锡石-硫化物成矿期

该成矿期可能与黑云母花岗岩向花岗斑岩的演化有关，成矿期内，矿石矿物组成复杂，主要有锡石、磁黄铁矿、黄铁矿、毒砂、铁闪锌矿和硫盐矿物等，脉石矿物有石英、方解石、钾长石、电气石、绢云母等。根据矿体的产出特征、穿插交代关系和矿物的共生组合，可将锡矿体的形成划分为3个成矿阶段：

1）锡石-硫化物（以黄铁矿、磁黄铁矿为主）-电气石-石英阶段。主要矿物组合为锡石、磁黄铁矿、毒砂、黄铁矿、石英和电气石等，以自形石英和针状电气石、毒砂为特征。

2）锡石-硫化物（以铁闪锌矿为主）-硫盐-石英阶段。主要矿物组合为锡石、黄铁矿、铁闪锌矿、硫盐矿物及石英、绢云母等，该阶段锡石为亮黄色，自形程度较差。

3）硫化物（少量）-硫盐（少量）-石英（少量）-方解石阶段。该阶段主要形成石英-方解石脉，脉中含有少量硫化物和硫盐矿物，偶见锡石矿物。

二、成岩成矿时代

1. 成岩时代

大厂矿床的成因长期以来存在着3种认识：①与花岗岩有关，矿床形成于燕山期，属于后生交代-充填矿床；②成因上与花岗岩无关，矿床形成于泥盆纪，属于同生沉积-喷气矿床或海相火山成因；③沉积-热液叠加成矿，即认为铅、锌、黄铁矿可能来源于地层，而锡来源于花岗岩。成矿时代问题，是大厂矿床成因分歧的焦点之一。限于技术方法方面的条件，20世纪50年代以前，对于成矿时代的确定主要是根据地质观察、根据矿脉与岩体、地层、构造之间的宏观空间关系来推断的；20世纪70年代以前引入了K-Ar法，可以通过测定相关岩石中含钾矿物的K-Ar同位素年龄来确定；70年代之后则可以通过Rb-Sr、Sm-Nd及锆石U-Pb等方法来解决成矿年代问题，但多局限于与金属矿物伴生或共生的脉石矿物或岩体成矿（岩）年龄。而且这些方法存在很多的缺陷，如Rb-Sr和K-Ar体系的封闭温度较低，容易被破坏而导致其年龄值发生偏差等，得出的大厂岩浆岩的侵入时代在81.83～138.6 Ma，不同方法得出的结果偏差较大（陈毓川等，1993）。对大厂侵入岩成岩年龄的精确测定，始于2004年（蔡明海等，2004；梁婷等，2008），2011年梁婷等又利用LA-ICP-MS分析技术对笼箱盖岩体的成岩时代进行了精细测试。

（1）笼箱盖花岗岩体

蔡明海等（2004）利用SHRIMP锆石U-Pb同位素技术对主要采自笼箱盖复式岩体中的细粒黑云母花岗岩（L1）和斑状黑云母花岗岩（L2）进行了定年，$^{206}Pb/^{238}U$年龄的加权平均值前者为93 ±

0.97 Ma（2σ，8 个点），后者为 91 ±0.76 Ma（2σ，10 个点），MSWD = 1.7。李华芹等（2008）也对笼箱盖复式岩体的斑状黑云母花岗岩进行了锆石 SHRIMP 定年，获得$^{206}Pb/^{238}U$年龄加权平均值为 94 ±3.4 Ma（95%可信度），利用 Rb-Sr 等时线测得的年龄为 98.6 ±2.5 Ma（95%可信度），与蔡明海等（2004）测定的结果相近，说明岩体的侵入时间为燕山晚期。虽然前人利用 SHRIMP U-Pb 技术测定了大厂笼箱盖岩体的成岩年龄，但由于分析测定的样品数据点有限，样品的采集也不够系统，测定的结果也无法精确地描述笼箱盖岩体的形成时间和期次。鉴于此，本次工作梁婷等利用单颗粒锆石激光探针 LA-ICP-MS 定年技术，对岩体中不同岩石类型分别进行了精细的定年，获得了一系列新数据，对精细描述笼箱盖岩体的侵入时代具有重要的意义。

测年样品采自拉么锌铜矿体井下 530 水平，岩石类型包括中-粗粒黑云母花岗岩（LM-1）、中-细粒含斑黑云母花岗岩（LM-2）、细粒含斑黑云母花岗岩（LM-3）、似斑状黑云母花岗岩（LM-4）。样品的 CL 图像拍照在在西北大学大陆动力学国家重点试验室扫描电镜实验室和中国地质科学院矿产资源研究所成矿作用与资源评价重点实验室探针室完成。LA-MC-ICP-MS 锆石微区原位定点 U-Pb 定年测试分析在中国地质科学院矿产资源研究所 MC-ICP-MS 实验室完成，锆石定年分析所用仪器为 Finnigan Neptune 型 MC-ICP-MS 及与之配套的 Newwave UP 213 激光剥蚀系统。所研究样品的 CL 图像显示（图 6-5），测试锆石均具有清晰的韵律环带结构，属于典型的岩浆结晶产物（吴元保，2004）。但锆石形貌特征较为复杂，形态上有长柱状、短柱状之分，韵律环带有宽、窄之分、发光强度有强、弱之分，且部分锆石显示具有明显的核-边结构。核边结构也有两种表现：一是在锆石的核部仍显示清晰的岩浆环带特征，边部具有深色的增生边，如 LM-3 样品中 2、3、4、5、7、17、18、19、20、21、22 数据点，LM-1 中的 18、19、20 数据点；另一类为边部岩浆环带特征明显，中部具有深色的核，如 LM-4 中的 8、9、10、11、13、14、17、18 等数据点。这些特征可能是由于热液蚀变作用对原有锆石的淋滤和溶蚀或变质增生等原因造成的。在对锆石 CL 图像的分析的基础上，对不同形貌、不同发光强度、核边发育锆石的不同部位分别进行测定。测定的结果列于表 6-5、图 6-6、图 6-7 中。

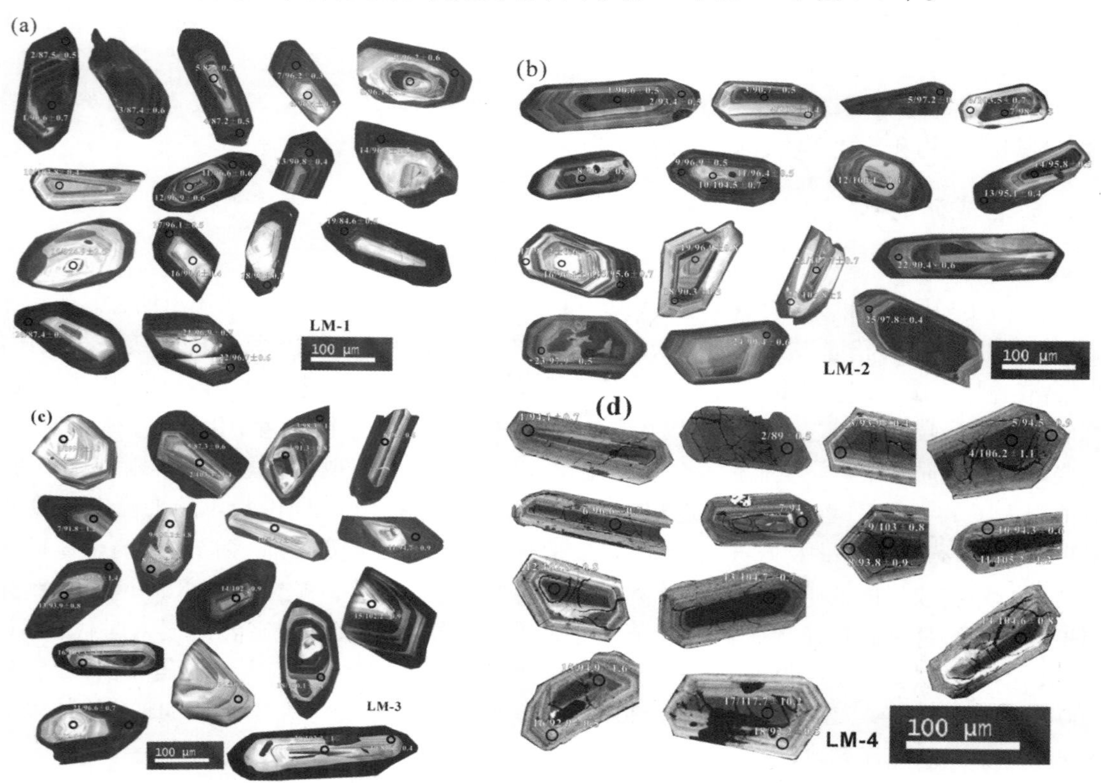

图 6-5　笼箱盖复式岩体中锆石的阴极发光图像

（圈和数字分别表示测点位置，测点编号和$^{206}Pb/^{238}U$表面年龄）

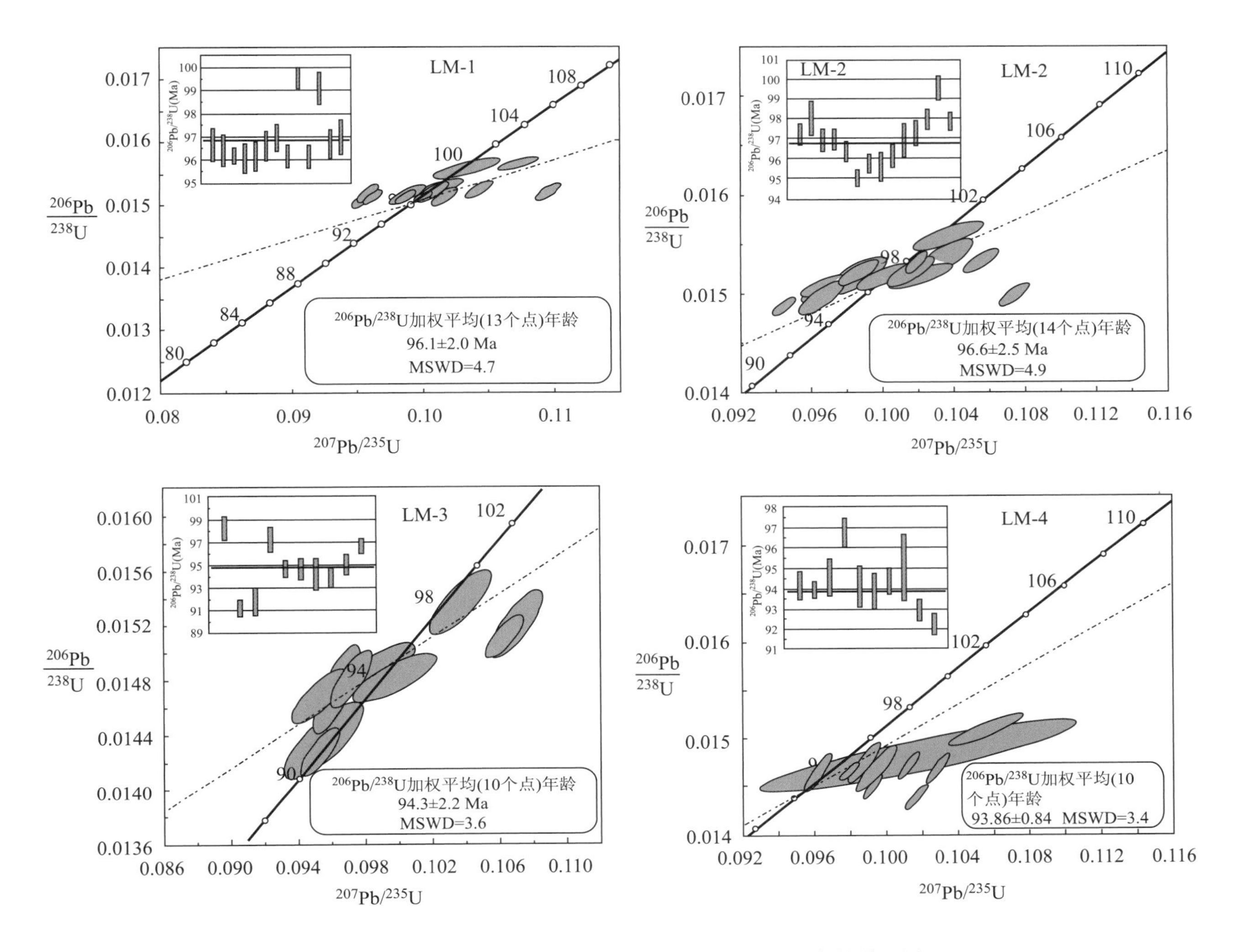

图 6-6 笼箱盖复式岩体主体 LA-ICP-MS 锆石 U-Pb 年龄谐和图

中粗粒等粒状黑云母花岗岩（样号 LM-1）中的锆石呈半自形-自形柱状，环带发育程度、发光强度不同。21 个数据点的表面年龄在 87.35～103.75 Ma，有 13 个数据点的^{206}Pb/^{238}U 表面年龄在 96.0～99.42 Ma，其中的 7 和 8、9 和 10、11 和 12、21 和 22 号数据点分别为锆石的核部和边部，测定结果基本一致，表明为同期锆石，这 13 个点的谐和性较好，^{206}Pb/^{238}U 加权平均年龄为 96.1 ±2.0 Ma，MSWD = 4.7，该年龄可能代表了岩石主体结晶年龄（图 6-6）；有 7 个数据点，如 2、3、4、5、13、15、20，测点的发光强度弱，多处于锆石的深色边缘，^{206}Pb/^{238}U 表面年龄在 86.98～90.75 Ma，如 2 号数据点锆石的核部为 96.65 ±0.7 Ma，代表岩体的主体形成时代，边部为 87.5 ±0.5 Ma，可能是较晚期岩浆作用形成的增生环带。还有一个 10 号数据点，^{206}Pb/^{238}U 表面年龄为 103.8 ±0.3 Ma，在 CL 图上，锆石的发光性较强，韵律环带较宽，明显的与上述锆石不是同期形成的。

对采自中-细粒含斑黑云母花岗岩（样号 LM-2）中的锆石，根据 CL 图像特征，测定了 25 个数据点，^{206}Pb/^{238}U 表面年龄在 90.3～107.96 Ma 之间。其中有 14 个数据点的表面年龄在 95.59～99.44 Ma，^{206}Pb/^{238}U 加权平均年龄为 96.6 ±2.5 Ma，MSWD =4.9。这些数据点谐和性好，锆石呈短柱状，粒径在 120～200 μm，长宽比为 2∶1～3∶1 左右，振荡环带清楚，包括 5、7、8、9、11、13、14、15、16、17、19、23、24、25 号数据点，此类锆石所占的比率较大，代表了该类岩石的主体形成年龄（图 6-6）。有 5 个数据点（包括 1、2、3、18、22 号）的^{206}Pb/^{238}U 表面年龄在 90.33～90.7 Ma 之间，谐和性较好，测定的^{206}Pb/^{238}U 加权平均年龄为 90.9 ±1.5 Ma，MSWD = 7.4，锆石呈长柱状，

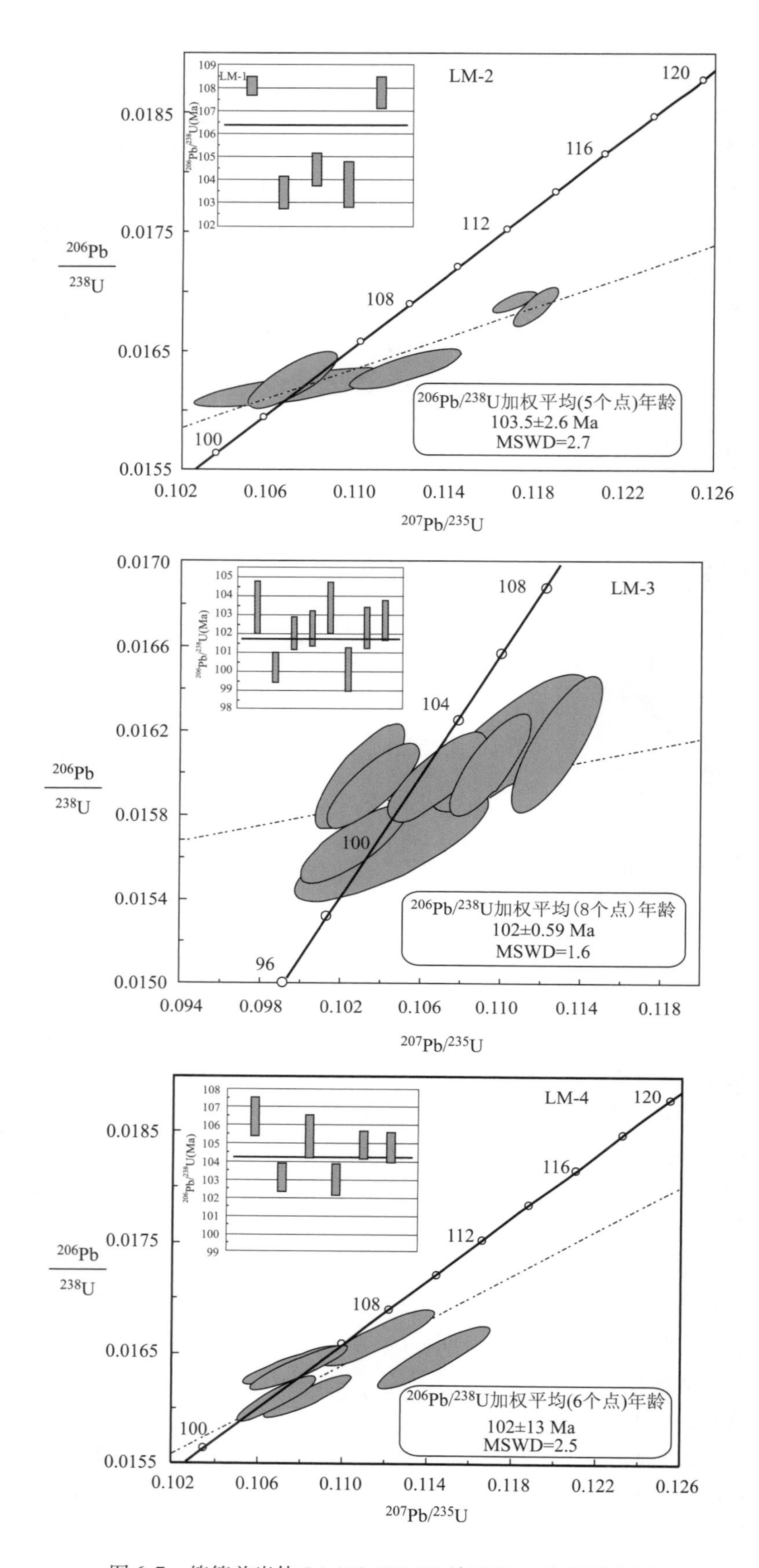

图 6-7 笼箱盖岩体 LA-MC-ICP-MS 锆石 U-Pb 年龄谐和图

粒径在250~300 μm，长宽比为3∶1，振荡环带清楚，环带较窄。还有5个数据点（包括4、6、10、20、21）的$^{206}Pb/^{238}U$表面年龄在103.5~107.7 Ma之间，$^{206}Pb/^{238}U$加权平均年龄为103.5±2.6 Ma，MSWD=2.7，锆石呈长柱状，锆石呈半自形、半截状等，粒径在110~150 μm，长宽比在2∶1左右，锆石具有核-边结构，环带结构不甚清楚，核部呈圆滑状、港湾状、斑杂状（图6-7）。另外还有12号点的$^{206}Pb/^{238}U$表面年龄为100.08 Ma，位于锆石核部，斑杂状分布，因与其他数据谐和性较差，未参与年龄计算。

细粒含斑黑云母花岗岩（样号LM-3）中的锆石以短柱状、半自形为主，在22个颗粒中，除1号锆石（其CL图像呈半截状、半自形，发光强度大，可能为结晶基底残留，$^{206}Pb/^{238}U$表面年龄为893.3 Ma）外，其余21个颗粒的$^{206}Pb/^{238}U$表面年龄在85.14~103.29 Ma，其中10个测点谐和性较好，$^{206}Pb/^{238}U$表面年龄在91.25~98.26 Ma之间，加权平均年龄为94.3±2.2 Ma，MSWD = 3.6（图6-6）。其中有8个测点的$^{206}Pb/^{238}U$表面年龄在100.1~103.28 Ma之间，加权平均年龄为102±0.5 Ma，MSWD = 3.4。这些数据点多位于锆石的核部，发光强度较边部大，环带也较边部宽（图6-7）。另外有3个数据点，$^{206}Pb/^{238}U$表面年龄在85.14~90.1 Ma之间，其中5、19号数据点位于锆石的边部，发光性较弱，$^{206}Pb/^{238}U$表面年龄分别为87.3和85.1 Ma之间，可能为增生边（吴元保，2004），反映了锆石遭受热液蚀变的时间；6号锆石呈长柱状，环带明显比其他锆石窄且清楚，$^{206}Pb/^{238}U$表面年龄在90±0.5 Ma，与LM-1号1、2、22号测点一致。

含长石巨斑的似斑状黑云母花岗岩（样号LM-4）中的锆石较前3个样品自形程度高，呈自形中-长柱状、长宽比为2∶1~3∶1，锆石中裂隙发育，韵律环带窄而清晰，大多具有核-边结构，中心具有深色的核。分别对锆石的核部、边部进行测定，得到18个数据点，有10个数据点（包括1、3、5、6、7、8、10、15、16、18）均位于锆石边部，$^{206}Pb/^{238}U$表面年龄92.2~96.6 Ma，加权平均年龄为92.4±9.0 Ma，MSWD =3.6（图6-6）；有6个数据点（包括4、9、11、12、13、14号）均为锆石的深色核部，$^{206}Pb/^{238}U$表面年龄在102.84~106.23 Ma，加权平均年龄为102±13 Ma，MSWD = 2.5（图6-7）；另有2号数据点$^{206}Pb/^{238}U$表面年龄为89.04 Ma，该粒锆石的发光性较弱，特征与前述的LM-1的3号数据点相似，可能为较晚形成的；17号数据点$^{206}Pb/^{238}U$表面年龄在117.67 Ma，该点与本次测定锆石中只有此一个数据，其存在的原因还有待进一步解释。

上述结果显示，各类岩石中单颗粒锆石的年龄并非一致，存在3个年龄段：

1）岩浆开始活动时间在102~103.8 Ma。中细粒含斑黑云母花岗岩中，有5个数据点的$^{206}Pb/^{238}U$加权平均年龄为103.5 Ma，细粒含斑的黑云母花岗岩中有8个数据点的$^{206}Pb/^{238}U$加权平均年龄为102 Ma，中细粒等粒状黑云母花岗岩中仅有一个数据点，其表面年龄为103.8 Ma，似斑状黑云母花岗岩中有6个数据点的$^{206}Pb/^{238}U$加权平均年龄为102 Ma。从CL图像可见，这组数据点或呈继承锆石的残余核，或呈独立锆石存在，所测部位锆石的震荡环带宽度与岩体主侵位时形成的锆石环带宽度是不同的，震荡环带略宽；从Th/U比值来看，该组锆石的Th/U比值相对较大，一般大于0.4。该组年龄代表较早的一期岩浆活动；

2）笼箱盖地区岩体主要侵位时间在93.86~96.6 Ma。锆石$^{206}Pb/^{238}U$加权平均年龄在中细粒含斑的黑云母花岗岩中为96.6 Ma（14点），在细粒含斑的黑云母花岗岩中为94.3 Ma（10个点）；在中细粒等粒状黑云母花岗岩中为96.1 Ma（13个点），在似斑状黑云母花岗岩中为93.8 Ma（10个点）。这组年龄数据结果基本上和野外地质现象吻合，说明这些岩体的侵入应该是在一个短暂的时限内，在一个阶段岩浆活动还没有结束，另一阶段的侵入活动就已经开始，呈一种连续的脉动过程。所以目前出露的笼箱盖复式岩体中岩体的侵位时间在93.86~96.6 Ma。

3）笼箱盖岩体主体侵位之后的85.1~91 Ma为第三期活动。测定的锆石中，该类数据点多位于岩浆锆石的边缘，或是呈韵律环带细而密集的长柱状（长宽比在3∶1），发光强度较弱，Th/U比值多小于0.1，可能代表了变质增生或热液蚀变的年龄，也代表更晚期的岩浆活动。

表 6-5 笼箱盖岩体中锆石 LA-ICP-MS 的 U-Th-Pb 同位素定年结果

	Pb	Th	U	$^{207}Pb/^{206}Pb$	$^{207}Pb/^{235}U$	$^{206}Pb/^{238}U$	$^{208}Pb/^{232}Th$	$^{232}Th/^{238}U$	$^{207}Pb/^{206}Pb$	$^{207}Pb/235U$	$^{206}Pb/^{238}U$
测点	10^{-6}	10^{-6}	10^{-6}	比值	比值	比值	比值	比值	年龄/Ma	年龄/Ma	年龄/Ma
LM-1-01	6.2	176	548	0.0487	0.1009	0.0151	0.0019	0.32	200.1	97.6	96.6
LM-1-02	41.1	271	6436	0.0497	0.0935	0.0137	0.0016	0.04	189	90.7	87.5
LM-1-03	14.7	146	2084	0.0494	0.0927	0.0137	0.0024	0.07	168.6	90.1	87.4
LM-1-04	47.5	223	7545	0.0529	0.0993	0.0136	0.0019	0.03	327.8	96.1	87.2
LM-1-05	32.3	281	4884	0.0516	0.0965	0.0136	0.0015	0.06	333.4	93.6	87
LM-1-06	7.3	342	442	0.048	0.0989	0.0151	0.0012	0.78	101.9	95.8	96.4
LM-1-07	24.2	173	3524	0.0484	0.1001	0.015	0.0022	0.05	116.8	96.9	96.2
LM-1-08	12	285	1325	0.0463	0.0958	0.015	0.0013	0.21	13.1	92.9	96.1
LM-1-09	28.7	156	4178	0.0491	0.1018	0.015	0.0021	0.04	153.8	98.4	96.2
LM-1-10	27.9	1449	1092	0.0481	0.1073	0.0162	0.0013	1.33	101.9	103.5	103.8
LM-1-11	35.6	172	5586	0.0462	0.0959	0.0151	0.0019	0.03	5.7	93	96.6
LM-1-12	32.5	945	2572	0.0501	0.1044	0.0151	0.0013	0.37	198.2	100.8	96.9
LM-1-13	25	224	3642	0.0481	0.094	0.0142	0.0025	0.06	105.6	91.3	90.8
LM-1-14	43	1065	4633	0.0477	0.0988	0.015	0.0013	0.23	83.4	95.6	96.2
LM-1-15	22.4	185	446	0.0621	0.4419	0.0517	0.0055	0.41	675.9	371.6	324.9
LM-1-16	9.4	241	709	0.0503	0.1073	0.0155	0.0017	0.34	205.6	103.5	99.4
LM-1-17	117.6	5536	3391	0.0465	0.0962	0.015	0.0016	1.63	33.4	93.3	96.1
LM-1-18	6.4	270	266	0.049	0.1034	0.0155	0.0015	1.01	146.4	99.9	99
LM-1-19	57	247.2	9434	0.0522	0.0949	0.0132	0.0018	0.0262	300.1	92.1	84.6
LM-1-20	40.1	347	5736	0.0493	0.0927	0.0136	0.0017	0.06	161.2	90	87.4
LM-1-21	6.7	158	433	0.0489	0.1012	0.0152	0.0023	0.37	142.7	97.9	96.9
LM-1-22	34.5	213	4015	0.0528	0.1096	0.0151	0.0027	0.05	320.4	105.6	96.7
LM-2-01	18.2	234	1836	0.049	0.0958	0.0142	0.0026	0.13	150.1	92.9	90.6
LM-2-02	12.7	216	1140	0.0476	0.0956	0.0146	0.0023	0.19	76	92.7	93.4
LM-2-03	19.5	323	2055	0.0483	0.0941	0.0142	0.0022	0.16	122.3	91.4	90.7
LM-2-04	17.2	189	1410	0.0502	0.1169	0.0169	0.0027	0.13	205.6	112.3	108
LM-2-05	15.9	180	1744	0.0473	0.0986	0.0152	0.0023	0.1	61.2	95.4	97.2
LM-2-06	6.8	179	344	0.0486	0.1071	0.0162	0.0022	0.52	127.9	103.3	103.5
LM-2-07	10	223	661	0.0494	0.1033	0.0153	0.0021	0.34	164.9	99.8	98
LM-2-08	13.5	134	1414	0.0481	0.0998	0.0151	0.0029	0.09	101.9	96.6	96.9
LM-2-09	13.6	206	1244	0.0492	0.1021	0.0152	0.0023	0.17	166.8	98.7	96.9
LM-2-10	6.3	147	359	0.0503	0.112	0.0163	0.0024	0.41	209.3	107.8	104.5
LM-2-11	16.7	226	1769	0.0468	0.0968	0.0151	0.0022	0.13	35.3	93.8	96.4
LM-2-12	9.6	394	387	0.0483	0.1039	0.0156	0.0017	1.02	122.3	100.4	100.1
LM-2-13	27.8	316	3379	0.0461	0.0943	0.0149	0.0021	0.09	400.1	91.5	95.1
LM-2-14	26.3	493	2327	0.052	0.1074	0.015	0.0022	0.21	287.1	103.6	95.8
LM-2-15	10.6	112	1132	0.0471	0.0964	0.0149	0.0038	0.1	53.8	93.5	95.6
LM-2-16	7.2	292	309	0.0469	0.0969	0.015	0.002	0.95	55.7	93.9	96.1
LM-2-17	8.5	128	771	0.0487	0.1015	0.0152	0.0025	0.17	200.1	98.1	97.2
LM-2-18	20	372	2120	0.0482	0.0938	0.0141	0.0021	0.18	109.4	91	90.3
LM-2-19	8.8	347	532	0.0479	0.0983	0.0151	0.0017	0.65	98.2	95.2	96.9
LM-2-20	7.7	228	436	0.0483	0.1068	0.0162	0.0021	0.52	122.3	103	103.8
LM-2-21	21.7	122	2084	0.0508	0.1179	0.0168	0.0045	0.06	231.6	113.2	107.7

续表

	Pb	Th	U	$^{207}Pb/^{206}Pb$	$^{207}Pb/^{235}U$	$^{206}Pb/^{238}U$	$^{208}Pb/^{232}Th$	$^{232}Th/^{238}U$	$^{207}Pb/^{206}Pb$	$^{207}Pb/235U$	$^{206}Pb/^{238}U$
测点	10^{-6}	10^{-6}	10^{-6}	比值	比值	比值	比值	比值	年龄/Ma	年龄/Ma	年龄/Ma
LM-2-22	36	343	4754	0.0496	0.0964	0.0141	0.0019	0.07	172.3	93.5	90.4
LM-2-23	16	259	1382	0.0501	0.1055	0.0153	0.0023	0.19	198.2	101.8	97.9
LM-2-24	8.5	197	587	0.0487	0.1036	0.0155	0.0021	0.34	200.1	100.1	99.4
LM-2-25	32.5	256	4161	0.0483	0.1018	0.0153	0.0016	0.06	122.3	98.4	97.8
LM-3-01	14.3	51	67	0.0684	1.4104	0.1498	0.0229	0.75	883.3	893.3	899.7
LM-3-02	5.8	190	252	0.0504	0.1105	0.0161	0.002	0.75	216.7	106.4	103.3
LM-3-03	23.4	134	2947	0.0485	0.1025	0.0154	0.0024	0.05	124.2	99.1	98.3
LM-3-04	19.4	213	2407	0.0481	0.094	0.0143	0.0025	0.09	105.6	91.2	91.3
LM-3-05	25	196	3490	0.0497	0.0932	0.0136	0.0019	0.06	189	90.5	87.3
LM-3-06	37.2	1596	1697	0.0642	0.1247	0.0141	0.0016	0.94	750	119.3	90.1
LM-3-07	11	152	1170	0.0477	0.0942	0.0143	0.003	0.13	83.4	91.4	91.8
LM-3-08	20.4	204	2179	0.0506	0.1059	0.0152	0.0024	0.09	233.4	102.2	97.2
LM-3-09	7	91	623	0.0478	0.1026	0.0157	0.003	0.15	87.1	99.2	100.2
LM-3-10	9.6	322	600	0.0485	0.0985	0.0148	0.0019	0.54	127.9	95.4	94.7
LM-3-11	21.7	136	2993	0.0471	0.0959	0.0148	0.0024	0.05	53.8	93	94.7
LM-3-12	20.4	160	2780	0.0474	0.095	0.0147	0.0023	0.06	77.9	92.2	94.2
LM-3-13	10.6	316	675	0.0466	0.094	0.0147	0.0022	0.47	31.6	91.2	93.9
LM-3-14	8.6	270	370	0.0475	0.1036	0.0159	0.0021	0.73	76	100.1	102
LM-3-15	7.7	290	286	0.0487	0.1068	0.016	0.002	1.01	200.1	103.1	102.2
LM-3-16	9.9	134	785	0.0508	0.1128	0.0162	0.0027	0.17	231.6	108.6	103.3
LM-3-17	7.8	246	609	0.0477	0.0973	0.0149	0.0016	0.4	83.4	94.3	95
LM-3-18	10.7	148	974	0.0486	0.1046	0.0156	0.0039	0.15	127.9	101	100.1
LM-3-19	28	111	4173	0.0502	0.0921	0.0133	0.003	0.03	205.6	89.5	85.1
LM-3-20	6.4	177	329	0.0467	0.103	0.016	0.0023	0.54	35.3	99.5	102.2
LM-3-21	19.8	96	2124	0.0506	0.1052	0.0151	0.0054	0.05	220.4	101.6	96.6
LM-3-22	13.5	230	1022	0.0497	0.1095	0.016	0.0026	0.23	189	105.5	102.6
LM-4-01	28.8	733	2493	0.0498	0.1007	0.0147	0.0019	0.29	187.1	97.5	94.1
LM-4-02	24.6	166	3556	0.0493	0.0944	0.0139	0.0022	0.05	161.2	91.6	89
LM-4-03	14	62	1911	0.047	0.0949	0.0147	0.004	0.03	55.7	92.1	93.9
LM-4-04	5.4	71	326	0.0496	0.1117	0.0166	0.0055	0.22	176	107.5	106.2
LM-4-05	19	96	2694	0.0472	0.0959	0.0148	0.0035	0.04	61.2	93	94.5
LM-4-06	9.8	405	435	0.0502	0.1039	0.0151	0.0019	0.93	205.6	100.4	96.6
LM-4-07	8.6	118	983	0.0481	0.0967	0.0147	0.003	0.12	101.9	93.7	94
LM-4-08	15.2	153	2078	0.0462	0.0928	0.0147	0.0025	0.07	9.4	90.2	93.8
LM-4-09	3	104	192	0.0492	0.1082	0.0161	0.0029	0.54	166.8	104.3	103
LM-4-10	21.2	193	2673	0.0487	0.0988	0.0147	0.0029	0.07	131.6	95.7	94.3
LM-4-11	2.8	82	147	0.0514	0.1143	0.0164	0.0035	0.56	257.5	109.9	105.2
LM-4-12	6.1	233	338	0.0485	0.1067	0.0161	0.0022	0.69	124.2	103	102.8
LM-4-13	9.6	380	421	0.0479	0.1076	0.0164	0.002	0.9	94.5	103.7	104.7
LM-4-14	9.8	377	483	0.0481	0.1078	0.0164	0.002	0.78	101.9	104	104.6
LM-4-15	14.6	162	1903	0.0467	0.0995	0.0148	0.0076	0.09	35.3	96.3	94.9
LM-4-16	23.5	262	3510	0.0482	0.0964	0.0145	0.0013	0.07	109.4	93.5	92.9
LM-4-17	3	108	197	0.0597	0.1228	0.0184	0.0642	0.55	594.5	117.6	117.7
LM-4-18	30.8	235	4292	0.05	0.0993	0.0144	0.0022	0.05	198.2	96.1	92.2

可见，笼箱盖岩体是经历了3期岩浆活动形成的复式岩体，即岩浆活动从102～103.8 Ma开始，上升侵位在笼箱盖地区的时间为93.86～96.6 Ma，在85.1～91 Ma还有一次岩浆或热液活动。最后一次岩浆活动与成矿后的花岗斑岩墙（91 Ma）、闪长玢岩墙（91 Ma）属于同期活动（蔡明海等，2006），但是否同源还需要研究。另外，从锆石本身特征考察，一般高温下由于微量元素扩散快，常常形成较宽的结晶环带，低温条件下微量元素扩散速度慢，一般形成较窄的岩浆环带。对比本次测定的锆石形貌，可见102～103 Ma的数据点，相应的锆石或是呈短柱状，环带相对较宽，长宽比在1.5∶1～2∶1，或呈独立锆石出现或呈继承锆石的残余核存在；87～90 Ma的锆石在CL下发光强度较弱，韵律环带较窄，锆石多呈长柱状，长宽比在3∶1，呈单个颗粒存在或者呈锆石的环边存在。因此，上述锆石的形貌特征和韵律环带特征正好也反映了结晶分异过程中从早到晚岩浆结晶温度的变化。

综上所述，笼箱盖岩体的侵入次序为：似斑状黑云母花岗岩（102.13 Ma）→中细粒含斑的黑云母花岗岩（96.6 Ma）、细粒含斑的黑云母花岗岩（94.3 Ma）→笼箱盖岩体主体的中细粒等粒状黑云母花岗岩（96.1 Ma），延续时间约6 Ma。考虑到所分析的岩石属于钙碱性过铝质系列，都显示出右倾“V”型稀土配分模式，具有同源性（陈毓川等，1993；蔡明海等，2004；梁婷等，2008）。所以可以认为笼箱盖复式岩体是同源、不同期次不同阶段岩浆活动形成的。

（2）脉岩

对于大厂脉岩的成岩时代，蔡明海等（2006）对“东岩墙”花岗斑岩和“西岩墙”石英闪长玢岩进行了锆石SHRIMP U-Pb同位素测年。结果显示，石英闪长玢岩为91±0.80 Ma（2σ，8个点），MSWD=1.11；花岗斑岩脉为91±0.74 Ma（2σ，12个点），MSWD=1.13。说明了东、西岩墙虽然岩性不同但其侵入时代是一致的。这一结果也与Fu ML等（1991）、秦德先等（2002）利用全岩Rb-Sr法测定的结果是一致的。

（3）讨论——大厂岩浆岩的侵入期次

对大厂侵入岩体侵入期次的划分，存在着多种不同的意见（蔡宏渊等，1986；王思源等，1990；广西215地质队，1990；陈毓川等，1993，1995；蔡明海，2004）。但共同的认识是岩浆活动属于燕山晚期，是在相同的构造环境下，不同阶段岩浆活动的产物。

对于岩浆岩的侵入期次，早期陈毓川等（1993）将其划分为5期：最早是中基性-中酸性岩浆活动，形成辉绿玢岩（该岩石特征类似于本文所定命的闪长玢岩）、将花岗斑岩中见到的杏仁状辉绿玢岩（也即在ZK39-1岩心中所见的花岗斑岩中包裹的具有杏仁状构造的闪长玢岩）也归为这一期。第二期为主岩浆活动期，形成笼箱盖复式花岗岩体；第三期形成花岗斑岩脉；第四期为白岗岩脉的侵入；第五期为西岩墙——闪长玢岩脉的侵入。以往发表的文章中多采用上述的划分方案。随着铜坑矿床深部巷道的揭露，大量野外地质现象也显示大厂岩浆活动可以分为4个阶段：

第一阶段是大厂侵入岩的主要活动阶段，以笼箱盖复式岩体的侵入为标志。岩浆活动开始于102～103 Ma，依次形成似斑状黑云母花岗岩、含斑黑云母花岗岩；主体黑云母花岗岩的形成是在93～96 Ma，后期又受到在83～91 Ma热液活动的影响。总体上，笼箱盖岩体的成岩时间是短暂的，并存在第一次侵入的岩浆还没有完全固结、第二次岩浆侵入活动就已经开始的可能性。

第二阶段为闪长岩脉的侵入。闪长玢岩的侵入也是多阶段的，最早可能为具有杏仁状构造特征的闪长玢岩，该岩石目前还没有见到以独立的岩体出现，但在花岗斑岩中、偶尔能在闪长玢岩中见到其捕虏体。随后是闪长玢岩的侵入，在其中见到有黑云母花岗岩、似斑状黑云母花岗岩的捕虏体。同时又在石英闪长玢岩、花岗斑岩中以捕虏体形式出现，在该岩石中可见有硫化物出现。第三次活动为石英闪长玢岩（91 Ma）的侵入，其中可见闪长玢岩、黑云母花岗岩的捕虏体，也见到大量的围岩角砾以及矿石的角砾，说明其形成应该是在成矿之后。

第三阶段为东岩墙花岗斑岩（91 Ma）的侵入。该岩脉也穿过矿体，其间可见到有黄铁矿、闪锌矿等矿物，并包含有石英闪长玢岩等捕虏体。说明其成岩时代应晚于成矿阶段或与其相近。

第四阶段形成白岗岩床或其岩脉的侵入，成矿时代可能为81～84 Ma（陈毓川，1993）。该岩石在铜坑矿床目前很少见到，需要进一步研究。

2. 成矿时代

关于铜坑矿床的成矿时代，王登红等（2004）、蔡明海等（2006）、梁婷等（2008、2011）、李华芹（2009）等采用不同的方法进行了测定，结果显示，铜坑91号矿体中透长石形成于91.4 Ma，石英形成于94.5～93 Ma，高峰100号矿体中的石英形成于94.56 Ma，说明成矿作用发生于91～95 Ma期间。但利用Re-Os等时线、Ar-Ar法得到的毒砂、锡石、黄铁矿等金属矿物的年龄变化大（锡石127.8 Ma、毒砂89±19 Ma、黄铁矿122±44 Ma），一般认为是测试技术还不成熟所致，但无论如何均显示其形成于燕山期而非泥盆纪同生沉积成因。至于其金属矿物年龄数据的变化，也可能正是沿层交代作用的一个特征，即或多或少保留有被交代地层的信息而使得结果偏老，但也可能反映成矿过程是漫长的，尤其是可能存在与“岩浆期后热液”对应的“岩浆期前”成矿流体（王登红等，2010），只是由于“岩浆期前热液”所形成的矿物由于受到岩浆期高温事件的破坏而很难将早期的同位素封闭体系保留下来，以至于同位素时钟的启动仍然要等到“岩浆期后”。

为了进一步探讨是否存在“岩浆期前”成矿流体，本次工作对大厂矿区笼箱盖岩体接触带上的拉么锌铜矿进行了成矿年代的研究，结果表明拉么矽卡岩矿体中的石英形成于101 Ma（表6-6，图6-8），早于92号矿体中的石英约8 Ma，早于100号矿体中的石英约7 Ma，早于91号矿体中的石英约6 Ma。同一种石英矿物，在同一个实验室（宜昌地质矿产研究所同位素实验室），采用同一种方法（石英流体包裹体Rb-Sr等时线），由同一个专家团队（李华芹研究员等）完成测试工作，所获得的数据具有可比性。为与其他矿物相比，本次还对本次危机矿山深部资源接替找矿工作中新发现的96号锌铜矿体中的石榴子石进行了Sm-Nd同位素定年，获得6个样品的等时线年龄为95 Ma，与铜坑91号矿体中的石英年龄接近。在不考虑实验误差的情况下，鉴于石榴子石的年龄小于石英，说明笼箱盖岩体附近存在多期次、多阶段的成矿流体，而岩体附近的成矿流体不见得早于外接触带的成矿流体。也就是说，传统的认为成矿流体从岩体结晶分异出来成矿的“单一方向、单一期次、单一温度变化”的岩浆热液成矿理论应结合具体问题具体分析。

表6-6　广西大厂拉么锌矿含矿石英脉中石英矿物中流体包裹体Rb-Sr同位素年龄测定结果

序	实验室编号	原送样号	样品名称	w（Rb）$/10^{-6}$	w（Sr）$/10^{-6}$	$^{87}Rb/^{86}Sr$	$^{87}Sr/^{88}Sr$（1σ）
1	77	DLM22	含矿石英脉石英矿物	0.3062	0.2721	3.247	0.71642±0.00006
2	79	DLM24	含矿石英脉石英矿物	0.7773	0.5545	4.045	0.71751±0.00020
3	80	DLM25	含矿石英脉石英矿物	0.4762	0.5143	2.671	0.71536±0.00010
4	81	DLM26	含矿石英脉石英矿物	0.4622	0.1596	8.364	0.72328±0.00088
5	82	DLM27	含矿石英脉石英矿物	0.7403	0.1652	12.95	0.73032±0.00013
6	83	DLM28	含矿石英脉石英矿物	1.004	0.263	10.94	0.72725±0.00007
7	85	DLM30	含矿石英脉石英矿物	0.4384	0.6875	1.839	0.71419±0.00007
8	86	DLM31	含矿石英脉石英矿物	2.182	1.208	5.213	0.71852±0.00003
9	G2	DLM23	含矿石英脉石英矿物	0.7988	0.523	4.408	0.71772±0.00001
10	G5	DLM31	含矿石英脉石英矿物	2.308	1.185	5.621	0.71917±0.00008

备注：$\lambda\ ^{87}Rb=1.42\times10^{-11}a^{-1}$；t=101 Ma±2 Ma（$1\sigma$）；$^{87}Sr/^{86}Sr=0.71144\pm0.00017$（$1\sigma$）；参加线性处理样品数为：10。宜昌地质矿产研究所李华芹等测。

用于Sm-Nd同位素测定的样品均采自国家危机矿山接替资源项目中实施的ZK1507中，研究样品为早期矽卡岩阶段的符山石硅灰石石榴子石矽卡岩，测定对象为肉红色钙铝-钙铁榴石。石榴子石样品的Sm和Nd含量及其同位素组成见表6-7。石榴子石的Sm和Nd含量分别为$1.083\times10^{-6}\sim3.848\times10^{-6}$和$4.33\times10^{-6}\sim20.67\times10^{-6}$，$^{147}Sm/^{144}Nd$为0.1095～0.1365；$^{143}Nd/^{144}Nd$为0.511881～0.511985。除去ZK1511-11、ZK1511-19两个样品偏差较大，其他4个样品的线性吻合性较好，计算的等时线年龄为95±11 Ma（MSWD = 0.0094），$^{143}Nd/^{144}Nd$初始比值为0.5118598±0.0000095（图6-9）。

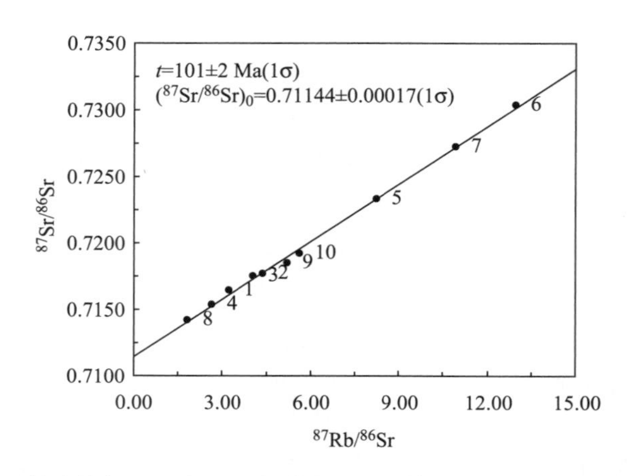

图 6-8　拉么锌铜矿区含矿石英脉中石英流体包裹体 Rb-Sr 等时线年龄

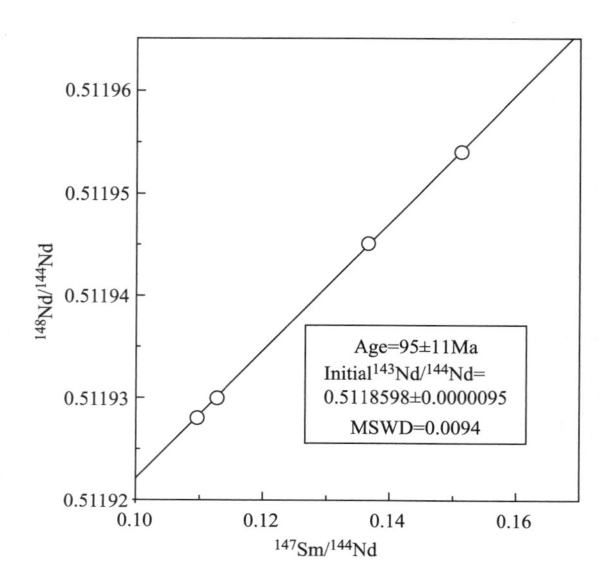

图 6-9　矽卡岩中石榴子石的 Sm-Nd 等时线图

表 6-7　广西大厂锌铜矿中石榴子石 Sm-Nd 同位素组成

样品号	采样位置	w（Sm）/10^{-6}	w（Nd）/10^{-6}	$^{147}Sm/^{144}Nd$	$^{143}Nd/^{144}Nd \pm 1\sigma$
L-6	916m	1. 083	4. 33	0. 1513	0. 511954 ±0. 000008
L-8	920. 34m	3. 636	20. 09	0. 1095	0. 511928 ±0. 000005
L-14	891. 5m	3. 848	20. 67	0. 1126	0. 511930 ±0. 000003
L-16	873. 42m	2. 162	9. 583	0. 1365	0. 511945 ±0. 000008
L-19	899. 7m	1. 783	9. 563	0. 1128	0. 511985 ±0. 000008
L-11	951. 5 m	1. 546	8. 378	0. 1117	0. 511881 ±0. 00004

第四节　龙头山金矿

一、成矿期与成矿阶段

据矿物组合特征，结合系统的岩矿鉴定和黄民智等前人研究成果，可将龙头山金矿划分为 3 个成矿期 6 个成矿阶段：

I. 气成-热液期（次火山岩侵入阶段）。包括 3 个阶段：

石英-电气石阶段（I_{1-1}）。是分布广、蚀变最强烈的1个阶段，该阶段产物以电气石为主，其次是石英，伴生有粒状金红石。该阶段最主要的特征是在流纹斑岩岩浆侵出和爆发过程中，富含大量的B、Cl、H_2O、CO_2等挥发组分的气化高温热流体，与早先已固结的角砾熔岩、流纹斑岩及围岩中铝硅酸盐矿物进行交代作用，生成了大量的典型气成矿物——电气石，并伴有少量的石英和金红石。电气石以细小针状、毛发状、球粒状为特征，分布十分广泛，在岩体内外接触带均有产出。交代长石的电气石在镜下颜色一般为浅黄色，交代黑云母的电气石在镜下一般为褐色-浅绿色，并伴随有微量的金红石晶粒。在外接触带的泥质岩、砂岩、粉砂岩中交代形成的电气石也为浅色的微细针状、毛发状晶体。这一阶段形成的电气石均为镁电气石或含铁镁电气石。

金-黄铁矿-电气石-石英阶段（I_{1-2}）。常叠加在第一阶段产物之上，主要是石英和电气石，见有少量黄铁矿和微量毒砂、磁黄铁矿、辉铋矿。该阶段电气石化十分强烈，火山岩中被交代的长石已不复存在，仅有少量黑云母斑状残晶。电气石在对原岩交代过程中带出大量的Si、K、Ca等成分为下阶段形成绢云母、钾长石、石英、碳酸盐矿物奠定了丰富的物质基础。同时对原岩中成矿元素，首先是Au的浸取、活化、迁移和富集起到了先行作用，是成矿作用的前奏。本阶段电气石中含Au平均为0.58%，是本矿床中各阶段电气石含Au量最高者。

金-石英-多金属硫化物阶段（I_{1-3}）。以黄铁矿、石英、绢云母为主，其次为黄铜矿、辉铜矿、闪锌矿、方铅矿、自然银、银金矿等，是重要的金、银矿化阶段，常呈细脉状穿切早期矿化蚀变岩石。该阶段电气石以晶粒较大而有别于早阶段，常呈纤维状、柱状及针状组成的球粒状集合体叠加在早阶段电气石化的长石斑晶之上，并有石英粒状集合体伴生。在次火山岩的基质中有电气石、石英呈团块状分布，且石英颗粒有加大现象，局部可形成电英岩。黄铁矿在这个阶段中结晶较晚呈细小粒状集合体分布，常见熔蚀交代石英、电气石现象。从该阶段矿物组合可见，不仅形成温度仍然较高，而且组分较前阶段复杂，除含大量的B、Cl、H、O等挥发组分外，又增加了Fe、As、S等组分，且随S的浓度加大，由微量的单硫化物（磁黄铁矿、毒砂）到晚期较多黄铁矿产出。同时，又有自然金的析出，多赋存在早期形成的石英、黄铁矿的晶隙及晶间裂隙中，黄铁矿微金分析结果含Au较高（1.6%）。它是龙头山次火岩型金矿床形成的主要成矿阶段。

Ⅱ. 热液期（花岗斑岩侵入阶段）。也可分为3个成矿阶段：

石英-绢云母-黄铁矿-电气石阶段（$Ⅱ_{2-1}$）。主要矿物有石英、黄铁矿、绢云母、黑云母，其次为电气石、钾长石、白铁矿、黄铜矿、高岭土和碳酸盐等，呈团块状、脉状叠加在早期蚀变阶段产物之上。该阶段是花岗斑岩侵入之后气化高温热液自交代作用的结果，其中的电气石含Au，黄铁矿也含Au，平均达0.85%。主要分布在花岗斑岩顶部及其附近的围岩中。

该阶段是花岗斑岩侵入之后气化高温热液自交代作用的结果。主要分布在花岗斑岩顶部及其附近的围岩中。主要矿物组合为绢云母、石英、黄铁矿，伴有电气石、钾长石、绿泥石及碳酸盐矿物和少量的金红石、黄铜矿。由于早期的B经交代作用已形成电气石沉淀，此时B元素已大大减少，溶液中含K量相对增高，与花岗斑岩中的酸性斜长石斑晶和基质中微晶进行交代，生成绢云母集合体布满长石凝晶，构成长石假象，而在基质中则呈网脉穿切原岩，使原岩更富SiO_2，这种富K、Si溶液在与原岩中斜长石发生交代作用时，生成钾长石斑晶，而原岩中Ca与挥发分中CO_2形成碳酸盐矿物。此阶段含矿溶液中的H_2S随温度的降低，于晚期硫逸度稍高而有黄铁矿的沉淀。该阶段中电气石、黄铁矿含Au较高，分别为0.44%和0.85%，也是金的成矿阶段。

石英-多金属硫化物阶段（$Ⅱ_{2-2}$）。是硫化物形成的主要阶段，在420 m中段可见呈块状的黄铁矿。其他矿物有黄铜矿，其次为毒砂、铁闪锌矿和少量的蓝辉铜矿、硫砷铜矿、磁黄铁矿、白铁矿，以及较早结晶的辉钼矿、辉铋矿等。脉石矿物石英、绢云母、绿泥石等。

该阶段是硫化物形成的主要阶段。矿物组合以石英为主，约占90%，硫化物仅占10%左右，以黄铁矿、黄铜矿为主，其次为毒砂、铁闪锌矿等。该阶段矿化多以石英-硫化物细脉或网脉状产于花岗斑岩体及其近矿的围岩中，形成含金斑岩型铜矿化体，并叠加在早期（I_1）形成的金矿体之上，使次火山岩型金矿体内矿物组合复杂化，例如出现辉铜矿中包裹有含银自然金的颗粒。该阶段黄铁矿平均含 Au1.21%，Ag0.10%，黄铜矿含 Au0.47%，Ag0.30%，蓝辉铜矿 Au0.71%，Ag0.73%，毒砂含 Au0.15%，Ag0.01%。但位于矿床深部斑岩型铜矿体中含 Au 品位很低，仅作为伴生 Au 产出。

石英—碳酸盐阶段（$Ⅱ_{2-3}$）。石英和白云石呈微细脉产出。

Ⅲ. 表生期

指矿石在大气和水的作用下，经氧化作用形成氧化带。表生期对金的次生富集起了积极作用。

二、成岩成矿时代

1. 成岩时代

对于成岩时代问题，前人也已做了相应的工作，但得到的结果彼此之间存在较大的差异性，这可能与当时的测试技术方法和精度有关，如全岩 K-Ar 法测年很难获得燕山期前花岗岩类的精确定年数据，传统的锆石 U-Pb 定年法也无法排除源区继承锆石对年龄测定结果的影响；而在成矿时代方面相应的报道则较少。为此，本次工作中，系统采集了区域上具有一定代表性的岩体、矿石样品进行年代学研究。对于成岩时代，统一采用目前技术较为成熟、精度较高的 SHRIMP U-Pb 锆石测年技术，对平天山岩体、狮子尾岩体也进行了锆石测年。加上前人对龙头山流纹斑岩、花岗斑岩所做的 SHRIMP U-Pb 锆石测年工作，基本上可构建起成岩成矿谱系。

（1）龙头山岩体

龙头山岩体呈岩筒状，从中间向外岩性依次为花岗斑岩、流纹斑岩、含围岩角砾流纹斑岩（角砾熔岩）。对于该岩体，王登红、陈富文等（2008，2011）测定了其中花岗斑岩和流纹斑岩的年龄，花岗斑岩体出露于矿区中心（380 m 中段），侵位于流纹斑岩中，呈岩株或岩枝产出，主要由石英、钾长石、更长石及黑云母组成；流纹斑岩采自花岗斑岩的外缘和岩体中部至北部（380 m 中段），具变余斑状-碎斑状结构，主要由石英、长石组成。测试结果如图 6-10、图 6-11 所示，花岗斑岩的成岩年龄为 100.3 ± 1.4 Ma，流纹斑岩的成岩年龄为 102.8 ± 1.6 Ma。野外坑道中可见花岗斑岩侵入流纹斑岩的接触关系（为花岗斑岩沿裂隙面侵入，局部可见冷凝边），同位素测年结果也佐证了这种岩浆侵位的先后关系，二者的形成时间仅相差约 3 Ma，表明二者应属同期岩浆作用的产物。

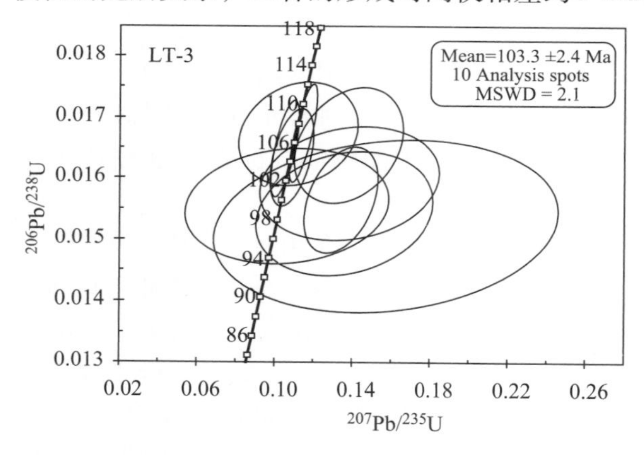

图 6-10 龙头山含矿流纹斑岩锆石 SHRIMP U-Pb 年龄谐和图
（陈富文等，2008）

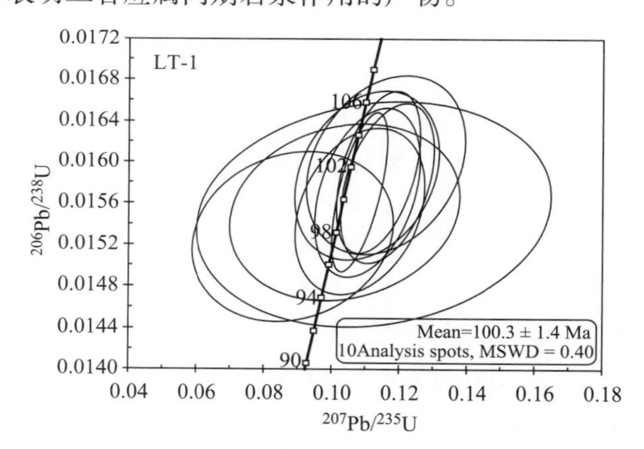

图 6-11 龙头山含矿花岗斑岩锆石 SHRIMP U-Pb 年龄谐和图
（陈富文等，2008）

（2）平天山岩体

平天山岩体位于龙头山岩体的东边，本次测年样品的采样位置为岩体中部三八村附近侵入岩株，地理坐标 23°10.492′；109°32.771′，岩性为花岗闪长岩，岩石呈灰-浅灰色，细粒花岗结构，岩体普遍具有黄铁矿化和电气石化现象。测年样品为花岗闪长岩大样中分选出的符合 SHRIMP U-Pb 法定年的锆石。从锆石阴极发光照片可以看出，几乎所有锆石内部均具有清晰的震荡环带，表现为典型的岩浆锆石。同位素测试结果见表 6-8 和图 6-12。

表 6-8　广西龙头山地区平天山岩体锆石 SHRIMP U-Pb-Th 同位素测年结果

测点	^{206}Pbc/%	U/10^{-6}	Th/10^{-6}	^{232}Th/^{238}U	^{206}Pb*/10^{-6}	^{207}Pb*/^{206}Pb*	±%	^{207}Pb*/^{235}U	±%	^{206}Pb*/^{238}U	±%	^{206}Pb/^{238}U 年龄/Ma
PTS-1.1	0.23	1372	212	0.16	18.1	0.0469	2.8	0.0988	3.0	0.01528	1.2	97.8±1.2
PTS-2.1	1.70	376	230	0.63	5.11	0.0431	12	0.092	12	0.01555	1.6	99.5±1.5
PTS-3.1	2.90	220	150	0.71	2.85	0.0351	24	0.071	24	0.01463	1.7	93.6±1.6
PTS-4.1	0.86	559	315	0.58	7.18	0.0440	6.6	0.0900	6.8	0.01484	1.3	94.9±1.2
PTS-5.1	7.92	845	580	0.71	11.7	0.0640	11	0.131	11	0.01489	1.4	95.3±1.4
PTS-6.1	2.38	604	257	0.44	8.13	0.0530	8.8	0.1117	8.9	0.01529	1.3	97.8±1.2
PTS-7.1	1.47	303	146	0.50	3.95	0.0440	11	0.0909	11	0.01499	1.4	95.9±1.4
PTS-8.1	0.91	413	241	0.60	5.46	0.0506	6.1	0.1066	6.2	0.01527	1.3	97.7±1.3
PTS-9.1	1.04	199	83	0.43	2.60	0.0488	9.8	0.101	9.9	0.01506	1.5	96.4±1.5
PTS-10.1	0.77	366	188	0.53	4.86	0.0484	8.0	0.1023	8.1	0.01534	1.4	98.1±1.3
PTS-11.1	1.64	332	217	0.67	4.36	0.0451	5.8	0.0936	5.9	0.01504	1.3	96.3±1.3
PTS-12.1	0.66	460	220	0.49	5.94	0.0520	5.5	0.1071	5.7	0.01495	1.3	95.7±1.2
PTS-13.1	1.42	178	161	0.94	2.29	0.0526	19	0.107	19	0.01481	2.0	94.8±1.9
PTS-14.1	0.60	420	291	0.72	5.48	0.0490	7.7	0.1021	7.8	0.01510	1.3	96.6±1.3

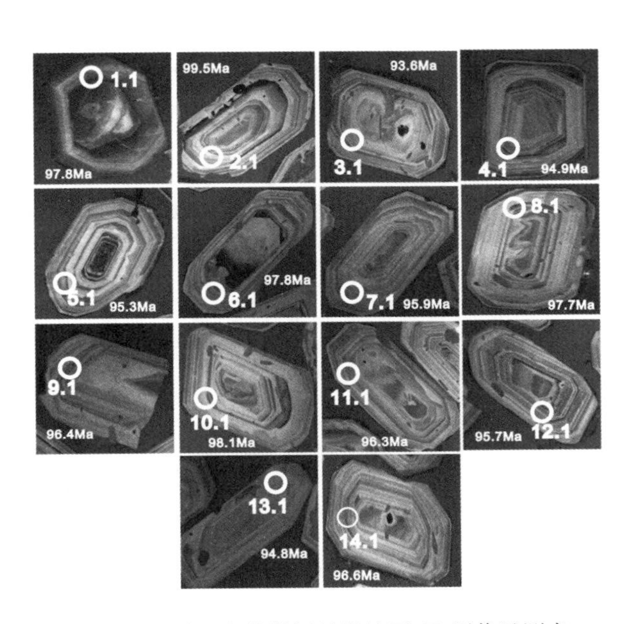

图 6-12　平天山花岗闪长岩锆石 CL 图像及测点

从表 6-8 中可以看出，所测 14 颗锆石中 U 的含量相对比较均一，为 $178\times10^{-6}\sim604\times10^{-6}$（仅一个点的含量为 1372），Th 的含量比较均匀，为 $146\times10^{-6}\sim580\times10^{-6}$，Th/U 比值为 0.44～0.94（仅一个点的比值为 0.16），这与典型岩浆岩锆石（一般 >0.4）相近，表明这些锆石为岩浆锆石，局部的异常值则可能与锆石中的裂纹分布有关。经计算获得 14 个锆石 ^{206}Pb/^{238}U 年龄值相对集中，变化范围较小，为 93.6～99.5 Ma。在协和图中各数据点成群分布，^{206}Pb/^{238}U 比值年龄的加权平均值为 96.5±0.7 Ma（MSWD=0.7），代表了花岗闪长岩的形成时代，即该岩体侵位于晚白垩世（图 6-13）。

（3）狮子尾岩体

狮子尾岩体位于龙头山岩体的东北角，出露面积较小，呈岩株侵入下泥盆统中。采样位置地理坐标 23°10.236′；109°30.149′。花岗斑岩为基质具变余显微粒状结构的变余斑状结构，斑晶主要为石英、长石，少量黑云母斑晶约占岩石总体积的 30%～48%。基质主要为钾长石，次为石英，斜长石很少。测年样品为花岗闪长岩大样中分选出的符合 SHRIMP U-Pb 定年的锆石。从锆石阴极发光照片

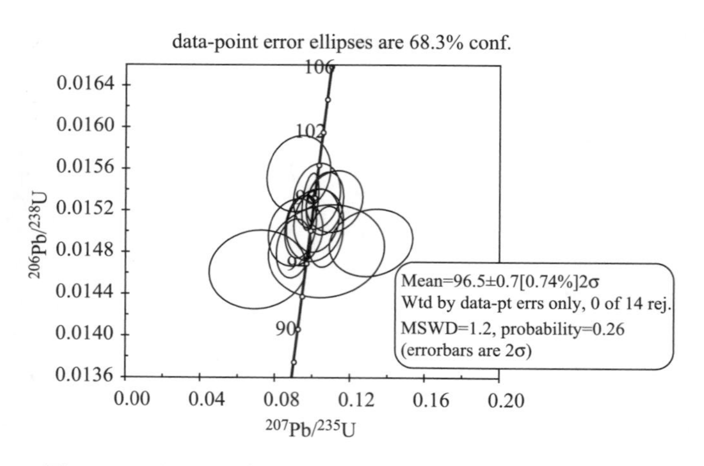

图 6-13　平天山花岗闪长岩锆石 SHRIMP U-Pb 年龄谐和图

可以看出，几乎所有锆石内部均具有清晰的震荡环带，表现为典型的岩浆锆石。同位素测试结果见表 6-9和图 6-14。从表 6-9 中可以看出，所测 14 颗锆石中 U 的含量有一定的变化，为 $484\times10^{-6}\sim1808\times10^{-6}$，Th 的含量比较均匀，为 $237\times10^{-6}\sim1275\times10^{-6}$，Th/U 比值相对集中，为 0.30～0.73，这与典型岩浆岩锆石（一般 >0.4）相近，表明这些锆石为岩浆锆石，局部的异常值则可能与锆石中的裂纹分布有关。经计算获得 16 个锆石 $^{206}Pb/^{238}U$ 年龄除了两个点外其值相对集中，变化范围为 91.44～105.03 Ma。在协和图中各数据点成群分布，$^{206}Pb/^{238}U$ 比值年龄的加权平均值为 99.4 ± 1.3 Ma（MSWD = 0.7），代表了花岗斑岩的形成时代，即该岩体侵位于燕山晚期（图 6-15）。

表 6-9　广西龙头山地区狮子尾岩体锆石 SHRIMP U-Pb-Th 同位素测年结果

测点	^{206}Pbc/%	U/10^{-6}	Th/10^{-6}	$^{232}Th/^{238}U$	$^{206}Pb^*$/10^{-6}	$^{207}Pb^*/^{206}Pb^*$	±%	$^{207}Pb^*/^{235}U$	±%	$^{206}Pb^*/^{238}U$	±%	$^{206}Pb/^{238}U$ 年龄/Ma	
SZW-1. 1	0. 03	562	373	0. 69	68. 4	0. 07057	0. 73	1. 379	1. 1	0. 1417	0. 79	854. 3	±6. 3
SZW-2. 1	0. 24	1597	803	0. 52	20. 7	0. 0475	2. 4	0. 0986	2. 5	0. 01505	0. 79	96. 28	±0. 75
SZW-3. 1	0. 55	735	373	0. 52	9. 60	0. 0494	4. 4	0. 1030	4. 5	0. 01513	0. 89	96. 78	±0. 86
SZW-4. 1	0. 29	1037	257	0. 26	14. 3	0. 0477	2. 2	0. 1052	2. 4	0. 01600	0. 82	102. 33	±0. 83
SZW-5. 1	1. 29	1208	473	0. 40	17. 3	0. 0446	5. 3	0. 1011	5. 4	0. 01643	0. 84	105. 03	±0. 87
SZW-6. 1	0. 00	1338	437	0. 34	18. 2	0. 04978	1. 7	0. 1090	1. 9	0. 01587	0. 79	101. 53	±0. 80
SZW-7. 1	0. 00	1013	290	0. 30	13. 5	0. 04992	2. 0	0. 1069	2. 2	0. 01553	0. 85	99. 35	±0. 84
SZW-8. 1	0. 08	1684	1122	0. 69	22. 9	0. 04747	1. 6	0. 1036	1. 7	0. 01583	0. 77	101. 25	±0. 78
SZW-9. 1	0. 09	484	187	0. 40	49. 1	0. 06465	1. 0	1. 050	1. 3	0. 11783	0. 79	718. 0	±5. 4
SZW-10. 1	0. 97	490	237	0. 50	6. 20	0. 0428	7. 8	0. 0861	7. 8	0. 01460	1. 0	93. 42	±0. 95
SZW-11. 1	0. 25	1445	445	0. 32	19. 2	0. 0476	2. 6	0. 1011	2. 7	0. 01541	0. 80	98. 59	±0. 78
SZW-12. 1	0. 34	940	503	0. 55	12. 4	0. 0469	2. 8	0. 0991	3. 0	0. 01534	0. 85	98. 12	±0. 83
SZW-13. 1	0. 33	1054	413	0. 41	14. 2	0. 0468	3. 9	0. 1013	4. 0	0. 01569	0. 83	100. 38	±0. 83
SZW-14. 1	0. 35	1498	579	0. 40	19. 9	0. 0471	2. 6	0. 1000	2. 8	0. 01540	0. 81	98. 53	±0. 80
SZW-15. 1	0. 56	1135	456	0. 42	15. 5	0. 0476	3. 1	0. 1036	3. 2	0. 01579	0. 81	100. 97	±0. 82
SZW-16. 1	1. 61	1808	1275	0. 73	22. 6	0. 0469	5. 0	0. 0924	5. 0	0. 01429	0. 82	91. 44	±0. 74

（4）岩浆岩侵入次序

本区燕山期处于大陆边缘活动带阶段，构造运动强烈，以断裂活动为主，同时伴随有频繁的岩浆活动。凭祥-大黎深大断裂此时又复活和发展，南北向之挤压褶断带，明显地穿切广西山字型构造前弧，龙头山次火山岩体就产在龙山鼻状背斜南西倾没端与南北向断裂交汇部位。本次年代学研究结果表明，在燕山晚期，来自深部岩浆房的流纹质熔浆沿深大断裂上侵至地壳浅部，随着温压迅速降低，

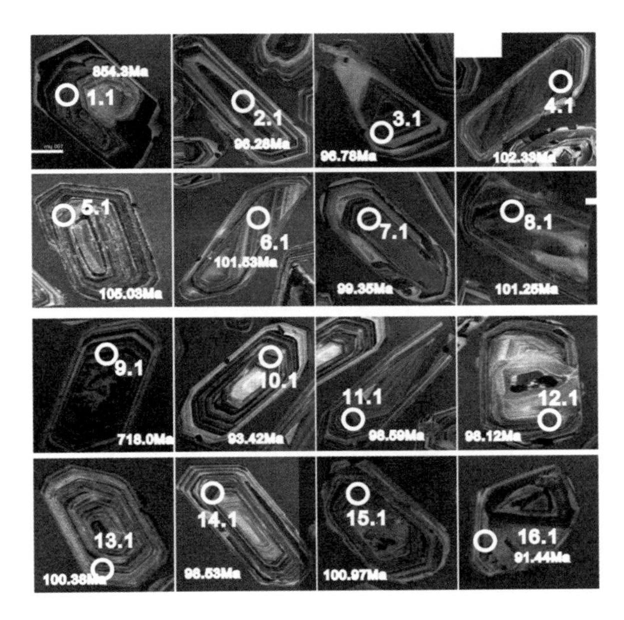

图 6-14 狮子尾花岗斑岩锆石 CL 图像及测点

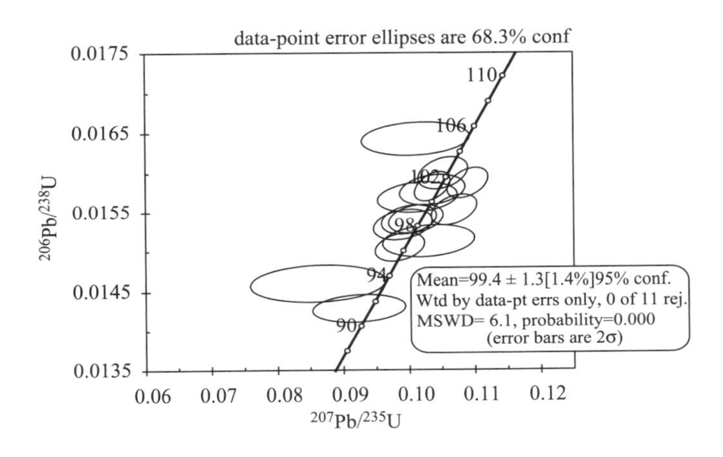

图 6-15 狮子尾花岗斑岩锆石 SHRIMP U-Pb 年龄谐和图

前锋冷凝后，其后续熔浆受阻而可能发生隐爆作用，震碎围岩并可能胶结围岩角砾，形成含围岩角砾的流纹斑岩，同时（103 Ma）后续流纹质岩浆继续上侵，形成流纹斑岩，并经热液蚀变形成金矿化，此为第一阶段；此后（约 100 Ma），上侵的酸性岩浆继续沿大的裂隙侵入（龙头山岩体中心相花岗斑岩及狮子尾岩体），这中间可能发生了一定的多金属矿化，以铜、钼、钨为主，但普遍矿化规模不大，此为第二阶段；至 96 Ma 左右，后续岩浆房中的酸性岩浆大规模侵入，形成地表分布面积较大的平天山岩株，并伴随有钼、铅锌的矿化，此为第三阶段。因此，区域上的岩浆岩推测为同一个岩浆房，只是于同期不同阶段、不同空间位置侵入，形成现在所见到的龙头山地区岩浆岩分布格局。

上述 103 ~95 Ma 期间的壳幔岩浆活动及其成矿作用，在广西具有一定的普遍性。王登红等（2004，2009，2010）、梁婷等（2008）先后多次对广西境内的大厂锡多金属矿田和大明山钨钼多金属矿田进行过同位素年代学的研究，获得的成岩成矿年龄数据也集中在这一时期。可见，丹池成矿带从南段的大明山矿田到北西段的大厂矿田以及与之相交的北东向大瑶山成矿带的成矿作用都是在燕山晚期发生的，而且几乎是同时发生。考虑到丹池矿带内和大瑶山成矿带同一时期幔源岩浆岩的普遍存在及区域大地构造背景，初步认为成矿作用可能与幔源物质的上涌、深大断裂通达到地幔有关。

2. 成矿时代

相对于成岩时代研究，本区成矿时代的报道相对较少。而另一方面，本区的矿化类型多样，虽然具有矿化规模普遍不大的特点，却也形成了以金为主，铅锌、钼、钨并存这样一个多金属矿化的矿田。这些矿化，既有分布于岩体内部或其接触带（龙头山），也有分布于龙山复背斜核部的寒武纪地层当中。因此，精确厘定其成矿时代对指示其成矿物质来源具有重要的意义。本次工作主要采集了龙头山金矿成矿阶段黄铁矿-石英脉样品和平天山钼矿辉钼矿样品，分别运用 Rb-Sr、Re-Os 同位素测年方法进行测试。

对采于龙头山 540 中段 3 线 IX-②矿体（主成矿阶段的黄铁矿石英脉）中的石英样品进行了测年研究。研究过程发现，虽然石英中气液包裹体相对较少，给测试工作带来一定难度，但仍然获得了 101 Ma 的 Rb-Sr 等时线年龄（图 6-16），与岩体锆石年龄基本一致。

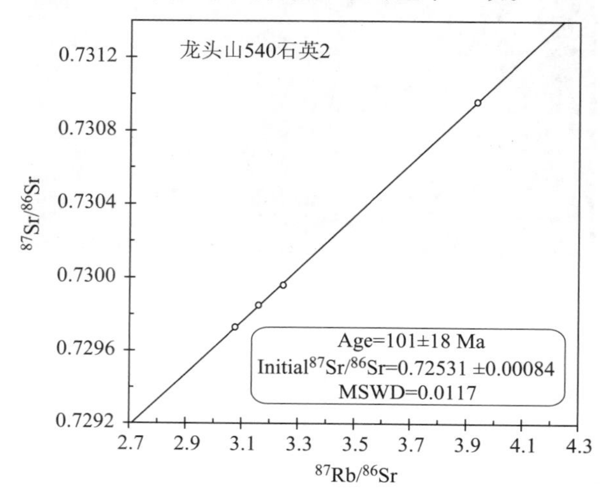

图 6-16　龙头山金矿黄铁矿石英脉 Rb-Sr 测年结果

区域上平天山钼矿点的辉钼矿年龄为 96 Ma，与其岩体年龄（96 Ma）完全一致。说明龙头山金矿和平天山钼矿基本上都是岩浆作用的产物，区域内存在 100 Ma 左右燕山晚期构造-岩浆成矿事件。

第五节　佛子冲铅锌矿

一、成矿期与成矿阶段

根据野外矿体分布、矿物共生组合、矿石结构构造和矿物穿插关系等，可将本区原生硫化物矿床的成矿过程分为两个成矿期 4 个成矿阶段，即矽卡岩期和石英硫化物期，矽卡岩阶段、热液硫化物阶段（早、晚两次硫化物阶段）、石英-方解石阶段。其中，矽卡岩阶段为干矽卡岩阶段，硫化物阶段持续时间长，由于矿液的间歇性补给，致使矿物的生成有两个世代。各成矿期次及主要矿物的生成顺序见图 6-17。在成矿期，早期硫化物阶段的矿物组合为：铁闪锌矿-方铅矿-黄铁矿-磁黄铁矿组合、白铁矿-黄铜矿组合、铁闪锌矿-方铅矿-磁黄铁矿-毒砂组合、铁闪锌矿-方铅矿-黄铁矿-黄铜矿组合；晚期硫化物阶段的矿物组合为：浅色闪锌矿-方铅矿、方铅矿-黄铁矿、浅色闪锌矿-黄铁矿组合。

二、成岩成矿时代

1. 成岩时代

对佛子冲矿区岩体时代的精确厘定，在很大程度上制约人们对该矿床成因的认识，也一直受到同行关注。前人对佛子冲矿区的岩体也做过一些年代学工作，如 K-Ar 法和 Rb-Sr 法定年，但年龄数据范围很宽，精度也不够；近年来也有不少同行做了相应的锆石定年，但在矿区只是针对某个岩体，没有系统地开展工作。本次对佛子冲火成岩系列进行了系统的年代学研究，采集样品 6 件，分别代表了 6 个不同的岩体，即：大冲（花岗闪长岩-石英闪长岩）岩体（石英闪长岩）、广平花岗岩岩体（花岗岩）、新

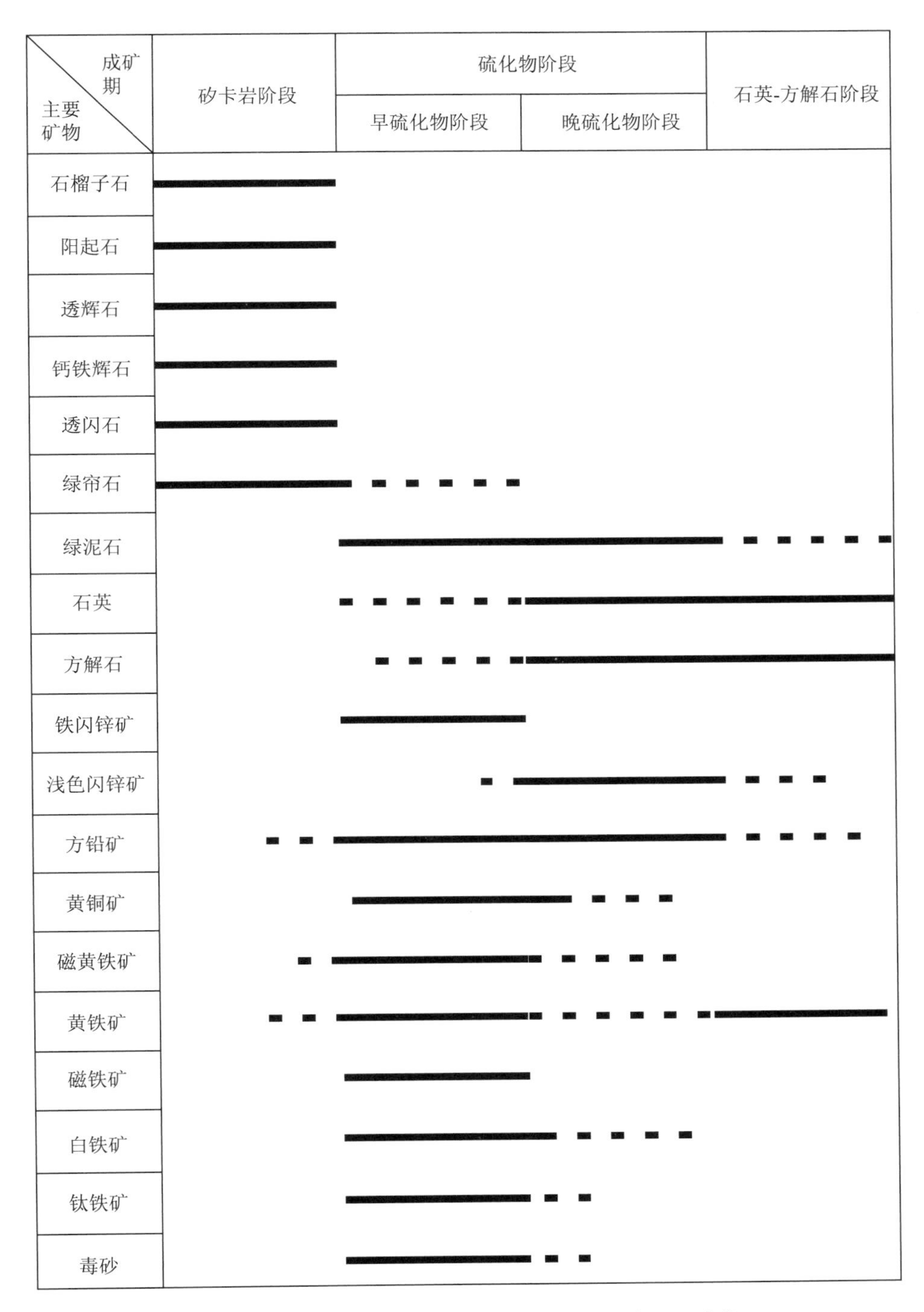

图 6-17　不同成矿期次、成矿阶段矿物组合类型及演化

塘-古益矿区花岗斑岩、河三矿区花岗斑岩、龙湾花岗斑岩和龙湾英安斑岩，涵盖了矿区与成矿关系密切的所有岩体，为研究大地构造演化、岩浆演化序列及矿床成因奠定了基础。各类样品特征如下：

大冲（花岗闪长岩-石英闪长岩）（F10－2）：采自佛子冲矿区古益矿 60 m 中段 02 线 103 号矿体附近。岩性为石英闪长岩，灰绿色，半自形柱状结构，块状构造，主要成分为斜长石和石英，角闪石。斜长石呈灰白色，板柱状，完全解理，玻璃光泽，大小为 1～5 mm，含量为 45%；石英为浅灰白色，他形粒状，油脂光泽，贝壳状断口，大小为2～4 mm，含量为 40%；角闪石呈暗绿色，长柱状，完全解理，玻璃光泽，大部分具有蚀变现象，含量为 15%。

广平花岗岩岩体（F10－26）：采自大坡联兴采石场。岩石呈肉红色，中粒花岗结构，块状构造。

矿物成分为钾长石，斜长石，石英，黑云母。钾长石呈肉红色，半自形到他形，板柱状，完全解理，玻璃光泽，卡氏双晶，大小为4~13 mm，含量约为35%。斜长石呈灰白色，半自形，板柱状，完全解理，玻璃光泽，大小为2~5 mm，含量为20%。石英为浅灰白色，他形粒状，油脂光泽，贝壳状断口，大小为2~4 mm，含量为35%。微斜长石呈灰白色，半自形，板柱状，含量为5%。黑云母为鳞片状，珍珠光泽，一组极完全解理，有轻微蚀变，含量约5%。

新塘-古益花岗斑岩（F10－19）：采自古益矿180 m中段015线。岩石呈肉红色，斑状结构，块状构造；斑晶主要有：钾长石、斜长石、石英。斑晶约占60%。钾长石，肉红色，短柱状，自形程度好，大到15 mm×25 mm，小到2 mm×4 mm，玻璃光泽，硬度大于小刀，解理发育，含量10%。斜长石，白色，半自形-他形，大小2~5 mm，硬度大，玻璃光泽，含量约占40%。石英，无色透明，他形粒状，粒度大小2~6 mm，断口油脂光泽，含量10%。基质主要由隐晶质斜长石、石英、绿泥石组成，含量约为40%。

河三花岗斑岩（H10－3）：采自河三矿250 m中段29线。岩石呈灰绿色，板状结构，块状构造，斑晶较小，约占20%~35%，斑晶主要有：斜长石、石英。斜长石，灰白色，半自形柱状，粒度最大可达4 mm×7 mm，一般为2 mm×4 mm，硬度大于小刀，玻璃光泽，可见一组解理，含量约15%；石英，无色透明，他形粒状，颗粒大小约2~7 mm，断口具有油脂光泽，硬度大，无解理，含量约10%。基质主要由斜长石、石英微晶组成，约占65%。

龙湾花岗斑岩（L10－5）：采自龙湾矿100 m中段2线。岩石呈浅肉红色，斑状结构，块状构造，斑晶约占60%，斑晶主要有钾长石、斜长石、石英，少量角闪石、黑云母、白云母。钾长石，肉红色，长柱状，自形程度好，大到10 mm×20 mm，小到3 mm×7 mm，玻璃光泽，硬度大于小刀，具有卡氏双晶，发育一组解理，含量约15%。斜长石，灰白色，半自形-他形，短柱状，大到15 mm，小到3 mm，多数为3~5 mm，具有玻璃光泽，硬度大，发育一组解理，含量约15%，斜长石有轻微蚀变而呈浅绿色。石英，无色透明，他形粒状，颗粒大到10 mm，小到1 mm，一般多为4~6 mm，石英无解理，有裂纹发育，断口具油脂光泽，硬度大，含量25%。角闪石，黑绿色，他形粒状，大小1~2 mm，硬度大，含量5%。黑云母，黑色，细小片状，具有珍珠光泽，硬度小，具有一组极完全解理，含量<1。白云母，白色，细小片状，具有珍珠光泽，硬度小，具有一组极完全解理，含量<1%。基质主要由斜长石、钾长石、石英、黑云母、绿泥石组成，由于斜长石绿泥石化，基质呈浅绿色，基质含量40%。

龙湾英安斑岩（L10－1）：采自龙湾矿100 m中段6线。岩石呈灰绿色，斑状结构，块状构造。主要成分有石英，钾长石，黑云母。石英为浅灰白色，他形粒状，油脂光泽，贝壳状断口，大小为2~4 mm，含量为18%；钾长石呈肉红色，半自形到他形，板柱状，完全解理，玻璃光泽，卡氏双晶，大小为4~13 mm，含量约为8%；黑云母为鳞片状，珍珠光泽，一组极完全解理，有轻微蚀变，含量约4%。

选用单颗粒LA-ICP-MS原位锆石U-Pb定年的方法对上述样品进行时代的确定。首先用常规方法粉碎样品并分选出锆石，在双目镜下挑选出晶形和透明度较好的锆石颗粒，然后与标样一起制靶，用于阴极发光（CL）研究和U-Pb定年。锆石的分选在河北廊坊地质研究院进行，然后在中国地质大学（武汉）完成制靶，而锆石阴极发光照相在中国科学院广州地球化学研究所离子探针中心阴极发光实验室完成。锆石U-Pb年龄在中国地质大学（武汉）地质过程与矿产资源国家重点实验室激光剥蚀等离子体质谱仪（LA-ICP-MS）上测定，激光斑束直径30 μm，频率10 Hz。数据处理采用ICPMSDataCal7.2程序进行校准检验，样品的加权平均年龄计算及谐和图的绘制采用ISOPLOT3.0软件（Ludwig，2003），所给定的同位素比值和年龄误差（标准偏差）在1σ水平，具体实验原理和流程详见文献（柳小明等，2007）。

分选出来的锆石大部分为无色透明、长柱状自形晶体，亦可见少量半自形短柱状及不规则形状，晶体形态及大小较一致。显微镜下及阴极发光照相显示，环带结构发育（除大冲（花岗闪长岩-石英闪长岩）岩体F10－2），核较小，为结晶锆石，Th/U比值0.11~1.26，平均0.62，只有少数几个点小于0.3，其余均大于0.3，属于典型的原生岩浆结晶锆石，锆石大小为100~200 μm。激光剥蚀选择环带发育的锆石，选点位于边缘环带，代表佛子冲地区的岩浆结晶年龄。

（1）大冲（花岗闪长岩-石英闪长岩）岩体

大冲（花岗闪长岩-石英闪长岩）岩体（F10－2）：锆石阴极发光（CL）特征显示锆石晶形主要为长柱状、亦可见少量半自形等粒状；锆石晶体长约50～350 μm，宽约50～150 μm，长宽比为1∶1～7∶1，核部较小，大部分锆石振荡环带不明显，多呈散漫状影像（图6-18）。对该样品选择其中晶形较好的18颗锆石进行了了相应的年龄测试（表6-10），在谐和图上（图6-19），样品中绝大多数测点投影在谐和曲线上及右侧，表明部分锆石存在铅丢失现象。18个样品点的^{206}Pb/^{238}U年龄为240～288 Ma（1σ），除F10－2－7、9、16点外（304、294、396 Ma），其余点都相对较集中，多集中投影在260 Ma附近，它们的^{206}Pb/^{238}U加权平均年龄为245±3 Ma（MSWD =3.3），Th、U含量和Th/U比值分别为85.6×10^{-6}～3108×10^{-6}、81.3×10^{-6}～648×10^{-6}和0.26～0.80，除一个点外，其余Th/U均大于0.3，显示岩浆成因锆石特征，可代表岩浆侵位年龄。另外，有3颗锆石年龄偏老，落在294～396 Ma，CL图像显示具有继承锆石的特点，其在谐和线上位于上方，可能代表捕获锆石的年龄（图6-19）。

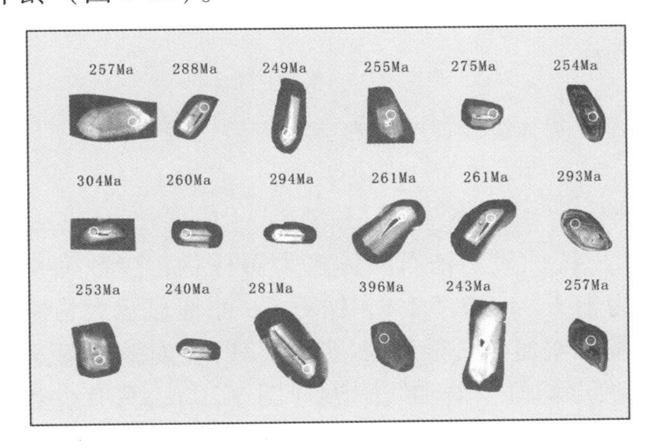

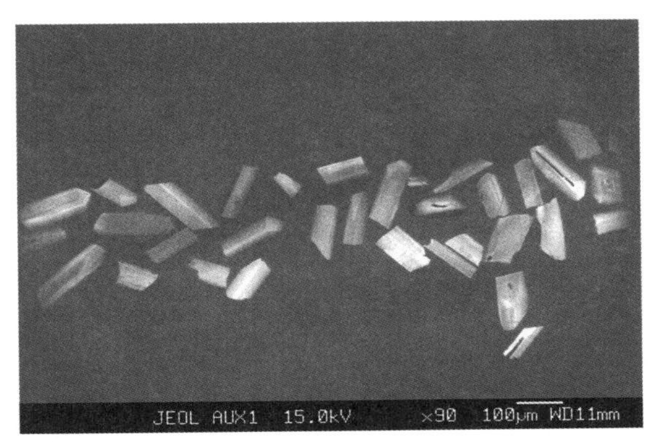

图6-18　大冲（花岗闪长岩-石英闪长岩）岩体锆石阴极发光照片及分析点位置

表6-10　佛子冲矿田大冲（花岗闪长岩-石英闪长岩）岩体LA-ICP-MS原位锆石U-Pb年龄分析结果

样品号及点号	U/10^{-6}	Th/10^{-6}	232Th ^{238}U	^{206}Pbc	^{207}Pb/^{206}Pb	Err/%	^{206}Pb/^{238}U	Err/%	^{206}Pb/^{238}U 年龄/Ma
F10-2-1.1	212	96.2	0.45	10.60	0.0655	4.7	0.04	1.4	257
F10-2-2.1	192	90.7	0.47	13.02	0.1357	3.3	0.05	1.3	288
F10-2-3.1	228	161	0.71	11.67	0.0641	5.2	0.04	1.3	249
F10-2-4.1	331	201	0.61	16.62	0.0530	5.0	0.04	1.1	255
F10-2-5.1	353	235	0.67	21.62	0.1053	3.5	0.04	1.2	275
F10-2-6.1	354	267	0.75	18.68	0.0605	3.8	0.04	1.2	254
F10-2-7.1	282	123	0.43	16.26	0.0592	4.5	0.05	1.6	304
F10-2-8.1	273	151	0.55	14.59	0.0760	4.7	0.04	1.2	260
F10-2-9.1	421	253	0.60	24.54	0.0583	3.5	0.05	1.0	294
F10-2-10.1	409	310	0.76	21.68	0.0517	3.8	0.04	1.0	261
F10-2-11.1	182	85.6	0.47	10.16	0.0926	5.5	0.04	1.5	261
F10-2-12.1	163	90.3	0.56	10.25	0.0961	7.4	0.05	1.8	293
F10-2-13.1	364	289	0.80	18.68	0.0483	3.9	0.04	1.1	253
F10-2-14.1	319	200	0.63	15.15	0.0538	3.5	0.04	1.1	240
F10-2-15.1	275	162	0.59	16.69	0.0824	4.5	0.04	1.4	281
F10-2-16.1	81.3	36.4	0.45	9.74	0.3180	5.2	0.06	3.6	396
F10-2-17.1	202	136	0.68	9.60	0.0470	5.9	0.04	1.3	243
F10-2-18.1	648	170	0.26	31.27	0.0707	3.4	0.04	1.0	257

分析单位：中国地质大学（武汉）地质过程与矿产资源国家重点实验室。

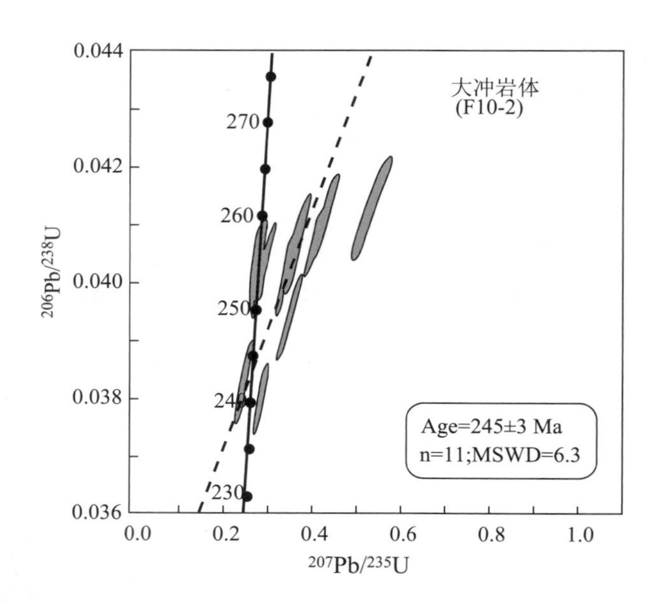

图 6-19　大冲（花岗闪长岩-石英闪长岩）岩体锆石 U-Pb 谐和年龄图

（2）广平花岗岩岩体

广平花岗岩岩体（F10－26）：锆石阴极发光（CL）特征显示锆石晶体多为短柱状，少数为长柱状，晶体长约 80～250 μm，宽 60～100 μm，长宽比为 1.3：1～2.5：1，锆石 CL 图像显示大量锆石呈浑圆状，由核及外部圈层组成。核部及边部均可见发育明显的震荡环带（图 6-21）。对该样品选择其中 18 颗锆石进行了相应的年龄测试（表 6-11），多数点均位于谐和线附近（图 6-20），只有少数点落在谐和线右侧，表明有少量的 Pb 丢失，18 个样品点的 $^{206}Pb/^{238}U$ 年龄为 166～188 Ma（1σ），所有点都相对较集中，多集中投影在 175 Ma 附近，它们的 $^{206}Pb/^{238}U$ 加权平均年龄为 170.8 Ma（MSWD＝6），Th、U 含量和 Th/U 比值分别为 $619\times10^{-6}\sim4118\times10^{-6}$、$1255\times10^{-6}\sim4031\times10^{-6}$ 和 0.29～1.21。除一个点 F10-26-11 点 Th/U 比值为 0.29 外，其余均大于 0.3，结合阴极发光照片的震荡环带，均属于典型的岩浆成因的锆石，因此该岩体的结晶年龄应该为 170 Ma 左右。

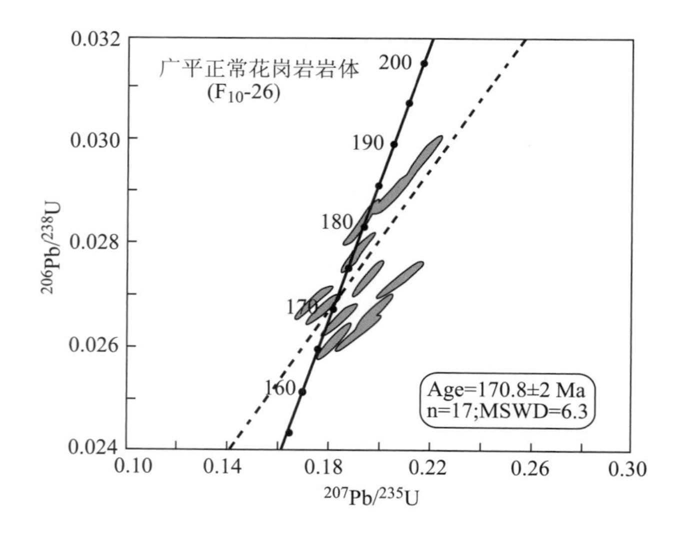

图 6-20　广平岩体锆石 U-Pb 谐和年龄图

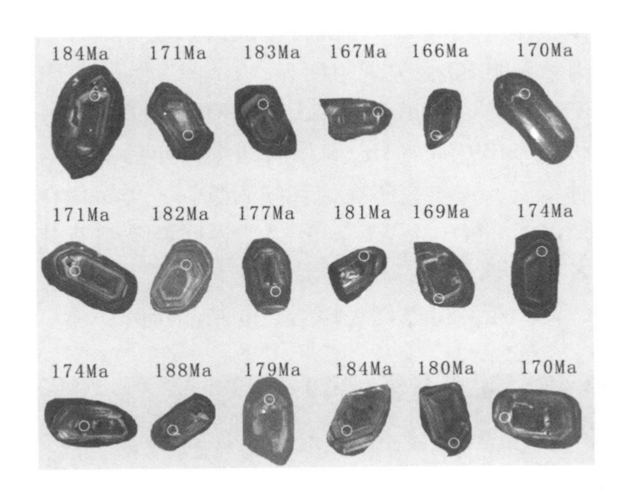

图 6-21　广平花岗岩岩体锆石阴极发光照片、分析点位置及谐和年龄图

表 6-11　佛子冲矿田广平花岗岩岩体 LA-ICP-MS 原位锆石 U-Pb 年龄分析结果

样品号及点号	$U/10^{-6}$	$Th/10^{-6}$	$^{232}Th/^{238}U$	^{206}Pbc	$^{207}Pb/^{206}Pb$	Err/%	$^{206}Pb/^{238}U$	Err/%	$^{206}Pb/^{238}U$ 年龄/Ma
F10-26-1. 1	1718	1546	0. 90	65. 8	0. 0512	2. 6	0. 03	1. 0	184
F10-26-2. 1	3481	1419	0. 41	107. 6	0. 0507	2. 1	0. 03	0. 9	171
F10-26-3. 1	2761	2175	0. 79	101. 8	0. 0530	2. 3	0. 03	1. 0	183
F10-26-4. 1	1928	2337	1. 21	71. 7	0. 0527	3. 0	0. 03	0. 9	167
F10-26-5. 1	4428	3806	0. 86	151. 0	0. 0503	2. 4	0. 03	0. 9	166
F10-26-6. 1	1878	698	0. 37	58. 4	0. 0539	2. 7	0. 03	0. 9	170
F10-26-7. 1	1492	1022	0. 69	51. 0	0. 0468	2. 7	0. 03	0. 8	171
F10-26-8. 1	1469	986	0. 67	60. 3	0. 1066	3. 8	0. 03	0. 9	182
F10-26-9. 1	3311	2323	0. 70	116. 6	0. 0496	2. 1	0. 03	0. 9	177
F10-26-10. 1	3439	2177	0. 63	120. 9	0. 0490	2. 2	0. 03	1. 1	181
F10-26-11. 1	2165	619	0. 29	65. 35	0. 0501	2. 4	0. 03	0. 8	169
F10-26-12. 1	3183	3033	0. 95	118. 2	0. 0517	2. 0	0. 03	0. 8	174
F10-26-13. 1	1398	948	0. 68	48. 2	0. 0552	2. 9	0. 03	0. 9	174
F10-26-14. 1	1992	788	0. 40	67. 6	0. 0528	2. 2	0. 03	1. 1	188
F10-26-15. 1	4031	4118	1. 02	153. 7	0. 0520	2. 1	0. 03	0. 8	179
F10-26-16. 1	1255	853	0. 68	45. 2	0. 0490	2. 7	0. 03	0. 9	184
F10-26-17. 1	3158	2666	0. 84	114. 6	0. 0492	2. 1	0. 03	1. 0	180
F10-26-18. 1	2794	3128	1. 12	103. 1	0. 0479	2. 1	0. 03	0. 7	170

（3）花岗斑岩

新塘-古益花岗斑岩（F10－19）：锆石晶体多为自形长柱状及半自形短柱状，亦可见少量半自形等粒状，长约 80～350 μm，宽约 50～100 μm，长宽比为 1.6∶1～3.5∶1，根据 CL 图像可以将锆石分为两种，第一种锆石为核、边双层结构组成，核部、边部均发育明显的震荡环带（图 6-22）；第二种锆石有明显的韵律环带发育，晶体的晶面有少量熔蚀坑及不规则熔蚀边，显示其经历过流体作用改

造的痕迹。本次对其中18颗锆石进行了18个点的测试工作（表6-12），锆石测试结果较分散，一部分位于谐和线附近（图6-24），一部分位于谐和线右侧，表明Pb丢失现象明显；Th、U含量和Th/U比值分别为$447\times10^{-6}\sim4081\times10^{-6}$、$526\times10^{-6}\sim3378\times10^{-6}$和0.14～1.25，除F10－19－16号点外，其余均大于0.3。18个样品点的$^{206}Pb/^{238}U$年龄为107～139 Ma（1σ），所有数据点年龄都相对比较集中，但在谐和图上出现明显两类，对应前面的两种锆石，一类聚集在谐和线附近，一类聚集在谐和线右侧较远部位，它们的$^{206}Pb/^{238}U$加权平均年龄为106.1 Ma（MSWD ＝9.8）。说明两类锆石其在经历岩浆的结晶过程中受到不同构造环境的改变，使其中一部分锆石Pb丢失较严重，但一致的谐和年龄，说明后期的改造对岩浆的年龄干扰较小，因此，谐和年龄可以代表该岩浆的结晶年龄。

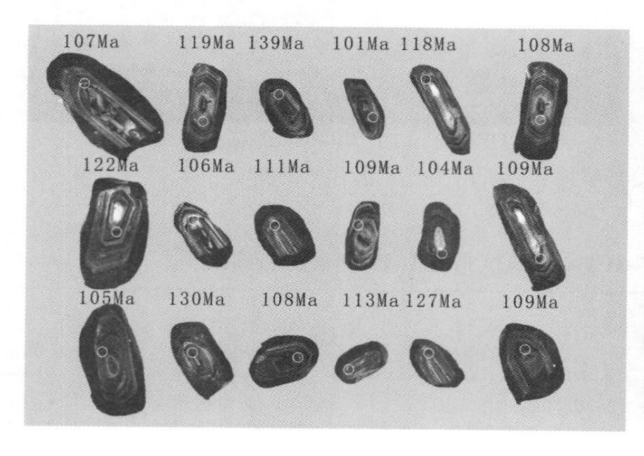

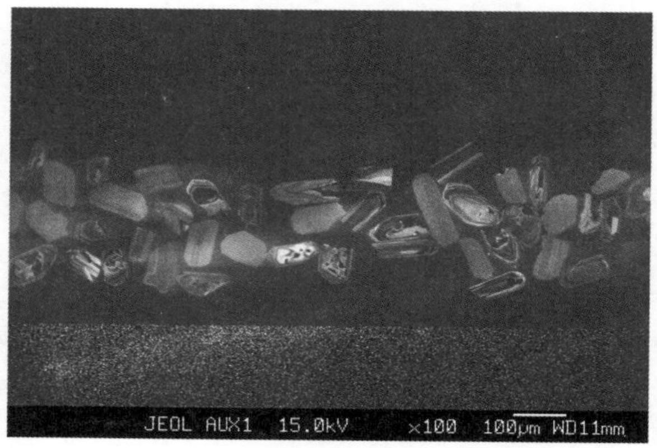

图6-22　佛子冲矿田新塘-古益花岗斑岩锆石阴极发光照片、分析点位置及谐和年龄图

表6-12　佛子冲矿田新塘-古益花岗斑岩LA-ICP-MS原位锆石U-Pb年龄分析结果

样品号及点号	$U/10^{-6}$	$Th/10^{-6}$	$^{232}Th/^{238}U$	^{206}Pbc	$^{207}Pb/^{206}Pb$	Err/%	$^{206}Pb/^{238}U$	Err/%	$^{206}Pb/^{238}U$ 年龄/Ma
F10-19-1.1	2642	1547	0.59	58.4	0.0576	2.5	0.02	0.9	107
F10-19-2.1	526	521	0.99	14.89	0.1267	5.0	0.02	1.8	119
F10-19-3.1	1442	1808	1.25	51.2	0.2042	7.5	0.02	5.7	139
F10-19-4.1	2046	1151	0.56	40.6	0.0510	2.7	0.02	0.8	101
F10-19-5.1	1378	447	0.32	34.4	0.1664	5.5	0.02	2.0	118
F10-19-6.1	2240	987	0.44	49.9	0.0853	4.0	0.02	1.1	108
F10-19-7.1	2256	1364	0.60	64.1	0.1692	5.8	0.02	2.2	122
F10-19-8.1	2499	1234	0.49	50.8	0.0552	2.5	0.02	0.8	106
F10-19-9.1	3378	4081	1.21	88.3	0.0832	2.9	0.02	1.0	111
F10-19-10.1	2511	1091	0.43	52.9	0.0724	3.6	0.02	1.0	109
F10-19-11.1	1641	767	0.47	31.03	0.0470	3.5	0.02	1.1	104
F10-19-12.1	2314	937	0.40	45.36	0.0473	3.4	0.02	1.1	109
F10-19-13.1	1945	635	0.33	35.62	0.0458	4.2	0.02	0.9	105
F10-19-14.1	1426	695	0.49	44.2	0.1975	24.3	0.02	1.7	130
F10-19-15.1	2822	1502	0.53	57.4	0.0503	6.3	0.02	0.8	108
F10-19-16.1	1375	189	0.14	25.50	0.0461	6.7	0.02	1.3	113
F10-19-17.1	1372	780	0.57	42.4	0.1186	10.2	0.02	3.4	127
F10-19-18.1	950	527	0.56	19.92	0.0548	5.2	0.02	1.1	109

河三花岗斑岩（H10－3）：锆石晶体多呈自形长柱状，少量为半自形短柱状及等粒状。锆石长80～350 μm，宽约50～100 μm，长宽比为1.6∶1～3.5∶1。该样品与新塘-古益花岗斑岩相像，根据CL图像亦可将锆石分为两种，第一种锆石为核、边双层结构组成，核部、边部均发育明显的震荡环带（图6-23）；第二种锆石有明显的韵律环带发育，晶体的晶面有少量熔蚀坑及不规则熔蚀边，显示其经历过流体作用改造的痕迹。本次对其中18颗锆石进行了18个点的测试工作（表6-13），锆石测试结果相比较新塘-古益花岗斑岩集中，大部分点均落在谐和线及其附近（图6-25），只有两个点位于谐和线右侧较远部位，表明存在少量的Pb丢失现象；Th、U含量和Th/U比值分别为301×10^{-6}～6430×10^{-6}、960×10^{-6}～5119×10^{-6}和0.22～1.26，除L10－3－7号点外，其余均大于0.3。18个样品点的$^{206}Pb/^{238}U$年龄为104～121 Ma（1σ），L10－3－7除外（549 Ma），所有数据点年龄都相对比较集中，它们的$^{206}Pb/^{238}U$加权平均年龄为106.8 Ma（MSWD =2.1）。因此，虽说存在两类锆石，但后期流体作用的影响并未对岩浆结晶的时间起到明显的干扰作用，只是少量表现出了Pb丢失现象，故其所有点的年龄数据较一致，也很好的反映了花岗斑岩的结晶年龄。因此，谐和年龄可以代表该岩浆的结晶年龄，这与新塘-古益花岗斑岩的年龄也较一致，表明其为同期的岩浆岩。

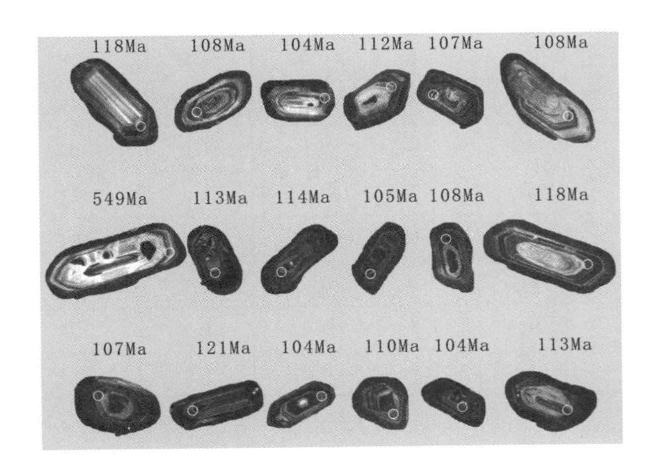

图6-23 佛子冲矿田河三花岗斑岩锆石阴极发光照片、分析点位置图

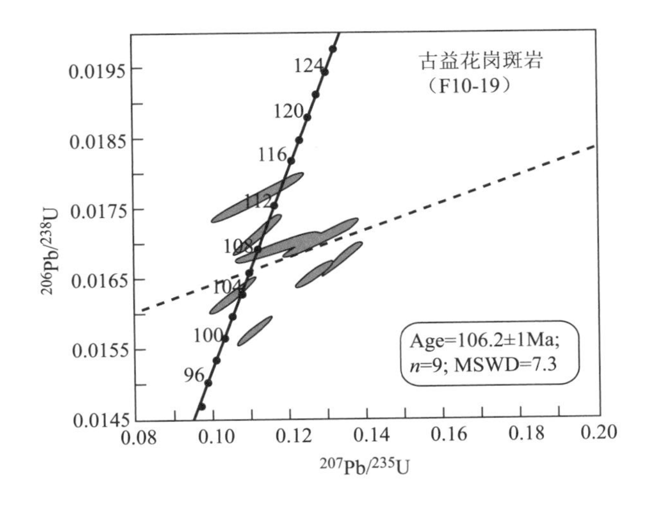

图6-24 新塘-古益花岗斑岩锆石U-Pb谐和年龄图

表 6-13　佛子冲矿田河三花岗斑岩 LA-ICP-MS 原位锆石 U-Pb 年龄分析结果

样品点号	U/10⁻⁶	Th/10⁻⁶	$^{232}Th/^{238}U$	^{206}Pbc	$^{207}Pb/^{206}Pb$	Err/%	$^{206}Pb/^{238}U$	Err/%	$^{206}Pb/^{238}U$ 年龄/Ma
H10-3-1. 1	972	555	0. 57	22. 88	0. 0638	3. 5	0. 02	1. 6	118
H10-3-2. 1	5119	6430	1. 26	126. 1	0. 0497	2. 2	0. 02	0. 9	108
H10-3-3. 1	2181	1179	0. 54	43. 4	0. 0467	3. 1	0. 02	0. 9	104
H10-3-4. 1	1162	731	0. 63	25. 34	0. 0492	3. 8	0. 02	1. 3	112
H10-3-5. 1	1627	1392	0. 86	36. 8	0. 0577	4. 0	0. 02	1. 1	107
H10-3-6. 1	2366	1033	0. 44	47. 3	0. 0479	3. 2	0. 02	1. 0	108
H10-3-7. 1	1344	301	0. 22	125. 12	0. 0660	2. 0	0. 09	2. 6	549
H10-3-8. 1	1751	1032	0. 59	38. 3	0. 0536	3. 2	0. 02	1. 1	113
H10-3-9. 1	3680	1475	0. 40	75. 9	0. 0485	2. 6	0. 02	1. 3	114
H10-3-10. 1	2424	793	0. 33	46. 94	0. 0483	3. 0	0. 02	1. 1	108
H10-3-11. 1	3357	1305	0. 39	66. 7	0. 0492	2. 8	0. 02	1. 0	108
H10-3-12. 1	1321	1500	1. 14	36. 1	0. 0535	3. 5	0. 02	1. 0	118
H10-3-13. 1	3897	1618	0. 42	77. 1	0. 0488	2. 4	0. 02	1. 0	107
H10-3-14. 1	1611	634	0. 39	34. 76	0. 0491	3. 1	0. 02	1. 3	121
H10-3-15. 1	2019	761	0. 38	38. 23	0. 0466	3. 0	0. 02	1. 1	104
H10-3-16. 1	2369	910	0. 38	48. 4	0. 0497	2. 4	0. 02	1. 1	110
H10-3-17. 1	960	547	0. 57	19. 24	0. 0466	3. 8	0. 02	1. 4	104
H10-3-18. 1	2192	1112	0. 51	46. 5	0. 0513	2. 9	0. 02	1. 2	113

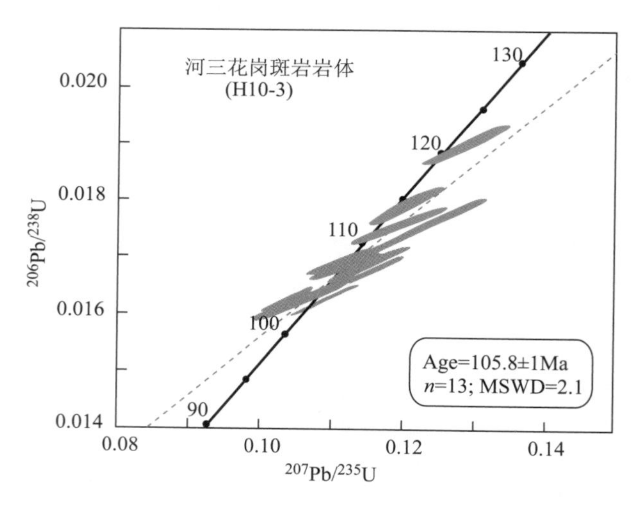

图 6-25　河三花岗斑岩锆石 U-Pb 谐和年龄图

龙湾花岗斑岩（L10－5）：锆石晶体多为自形长柱状及半自形短柱状，长约 50～200 μm，宽约 30～150 μm，长宽比为 1.3∶1～1.7∶1，根据 CL 图像特征显示锆石大多由核、边双层结构组成。核部、边部均发育明显的岩浆成因的震荡环带（图 6-26）。本次工作对其中 18 颗锆石进行了 18 个点的定年工作（表 6-14），均选择边部震荡环带较好的锆石进行打点，锆石年龄数据分散，一部分落在谐和线及其附近（图 6-27），一部分落在谐和线右侧，显示 Pb 丢失较为严重，Th、U 含量及 Th/U 比值为69.4×10^{-6}~2765×10^{-6}、163×10^{-6}~3886×10^{-6}和0.11~1.42。除L10-5-1、10、12、13等4个点以外，其余均大于0.3，结合锆石阴极发光表现出来的震荡环带，表明其为岩浆成因锆石。测试结果显示所有锆石$^{206}Pb/^{238}U$年龄分布在104~123 Ma之间，除L10-5-8号点（153 Ma）外，其余年龄均较集中，平均年龄为110 Ma左右，但在谐和图上表现出较为分散的现象，其由于Pb丢失严重，导致其数据点位较分散，$^{206}Pb/^{238}U$谐和年龄为103 Ma（MSWD=4.4），较平均年龄小，也进一步证明其Pb的明显丢失现象。但其算数平均值110 Ma可以作为岩浆结晶的年龄，这与古益、河三的花岗斑岩在年龄上较为一致。

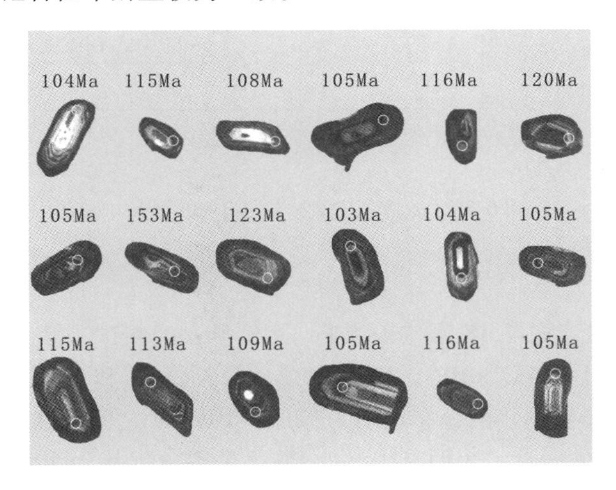

图6-26　龙湾花岗斑岩锆石阴极发光照片及U-Pb谐和年龄图

表6-14　佛子冲矿田龙湾花岗斑岩LA-ICP-MS原位锆石U-Pb年龄分析结果

样品号及点号	U/10^{-6}	Th/10^{-6}	$^{232}Th/^{238}U$	^{206}Pbc	$^{207}Pb/^{206}Pb$	Err/%	$^{206}Pb/^{238}U$	Err/%	$^{206}Pb/^{238}U$年龄/Ma
L10-5-1.1	641	69.4	0.11	12.26	0.0653	4.9	0.02	1.2	104
L10-5-2.1	1406	756	0.54	30.80	0.0516	3.2	0.02	1.0	115
L10-5-3.1	2467	732	0.30	48.84	0.0588	2.7	0.02	0.9	108
L10-5-4.1	3180	1721	0.54	67.4	0.0671	2.7	0.02	0.8	105
L10-5-5.1	2297	848	0.37	47.6	0.0502	3.0	0.02	1.2	116
L10-5-6.1	778	474	0.61	19.63	0.0946	3.5	0.02	1.3	120
L10-5-7.1	2339	783	0.33	44.92	0.0556	2.8	0.02	0.8	105
L10-5-8.1	163	205	1.26	6.66	0.1980	9.6	0.02	6.3	153
L10-5-9.1	798	1134	1.42	23.5	0.0799	4.6	0.02	1.4	123
L10-5-10.1	5608	1370	0.24	101.6	0.0508	2.5	0.02	0.9	103
L10-5-11.1	879	347	0.40	16.86	0.0499	3.8	0.02	1.1	104
L10-5-12.1	3458	992	0.29	64.8	0.0554	2.5	0.02	1.2	105
L10-5-13.1	1264	148	0.12	25.55	0.0599	4.3	0.02	1.0	115
L10-5-14.1	2844	1060	0.37	61.6	0.0654	2.7	0.02	0.9	113
L10-5-15.1	1239	504	0.41	27.24	0.0847	4.1	0.02	1.3	109
L10-5-16.1	1510	741	0.49	29.62	0.0501	3.4	0.02	1.1	105
L10-5-17.1	2031	1217	0.60	44.2	0.0475	3.1	0.02	1.4	116
L10-5-18.1	3886	2765	0.71	84.6	0.0557	2.7	0.02	0.7	105

（4）龙湾英安斑岩

龙湾英安斑岩（L10-1）：锆石晶体多为自形长柱状、短柱状及少量等粒状。长约50~200 μm，宽约30~100 μm，长宽比为1.7∶1~2∶1，CL图像显示锆石普遍发育有明显的韵律环带，少量晶体

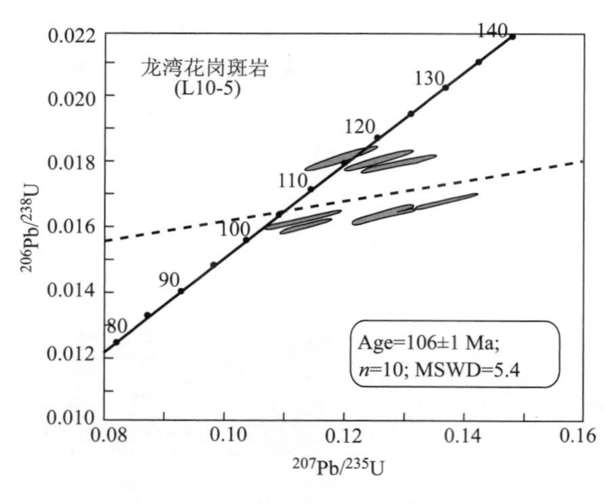

图 6-27　龙湾花岗斑岩锆石 U-Pb 谐和年龄图

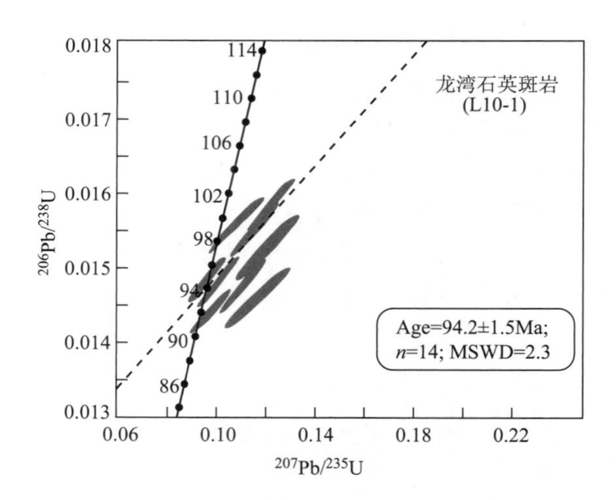

图 6-28　龙湾英安斑岩锆石 U-Pb 谐和年龄图

的晶面存在熔蚀坑及不规则熔蚀状（图 6-28）。选取该样品 18 颗锆石进行了 18 个点的测试（表 6-15）。结果显示其 Th、U 和 Th/U 比值分别为 $170\times10^{-6}\sim447\times10^{-6}$、$223\times10^{-6}\sim625\times10^{-6}$和 0.57 ~ 1.25，显示为岩浆成因锆石。样品测试结果显示 18 个数据年龄分布范围为 92.2 ~ 103 Ma 之间，在谐和图上分布相对集中（图 6-29），都在谐和线及其右侧附近，表明有少量的 Pb 丢失现象，其$^{206}Pb/^{238}U$ 加权平均年龄为 95.3 Ma（MSWD =4.9），代表岩浆侵位时间。

表 6-15　佛子冲矿田龙湾英安岗斑岩 LA-ICP-MS 原位锆石 U-Pb 年龄分析结果

样品号及点号	$U/10^{-6}$	$Th/10^{-6}$	^{232}Th ^{238}U	^{206}Pbc	^{207}Pb ^{206}Pb	Err/%	$^{206}Pb/^{238}U$	Err/%	$^{206}Pb/^{238}U$ 年龄/Ma
L10-1-1.1	412	306	0.74	7.66	0.0488	5.4	0.01	1.3	92.2
L10-1-2.1	461	309	0.67	8.54	0.0486	4.9	0.01	1.5	94.7
L10-1-3.1	255	219	0.86	4.90	0.0577	7.0	0.01	1.7	93.3
L10-1-4.1	462	571	1.24	10.20	0.0536	4.8	0.01	1.2	95.6
L10-1-5.1	268	170	0.64	4.99	0.0553	5.5	0.01	1.6	94.3
L10-1-6.1	223	162	0.73	4.59	0.0726	8.6	0.02	2.2	101
L10-1-7.1	360	239	0.66	7.05	0.0540	5.7	0.02	1.5	99.0
L10-1-8.1	273	195	0.72	5.30	0.0510	6.1	0.02	1.6	97.5
L10-1-9.1	245	198	0.81	4.96	0.0627	7.0	0.02	1.7	99.1
L10-1-10.1	478	343	0.72	9.84	0.0562	5.1	0.02	1.3	103
L10-1-11.1	245	173	0.71	4.79	0.0600	8.1	0.02	1.9	97.6
L10-1-12.1	625	447	0.72	12.46	0.0506	4.4	0.02	1.4	100
L10-1-13.1	385	220	0.57	7.37	0.0507	6.1	0.02	1.5	99.6
L10-1-14.1	490	353	0.72	9.24	0.0472	5.0	0.01	1.3	94.8
L10-1-15.1	385	357	0.93	7.93	0.0515	5.9	0.02	1.5	98.2
L10-1-16.1	483	327	0.68	9.74	0.0569	5.5	0.02	1.5	101
L10-1-17.1	384	251	0.65	7.84	0.0635	5.3	0.02	1.5	103
L10-1-18.1	230	187	0.81	4.72	0.0732	6.9	0.02	2.1	102

2. 岩浆岩成岩谱系

根据花岗岩系列岩浆锆石 U-Pb 定年结果所得出的精细年代学研究结果，可以得出佛子冲矿区花岗质岩石的年龄序列：

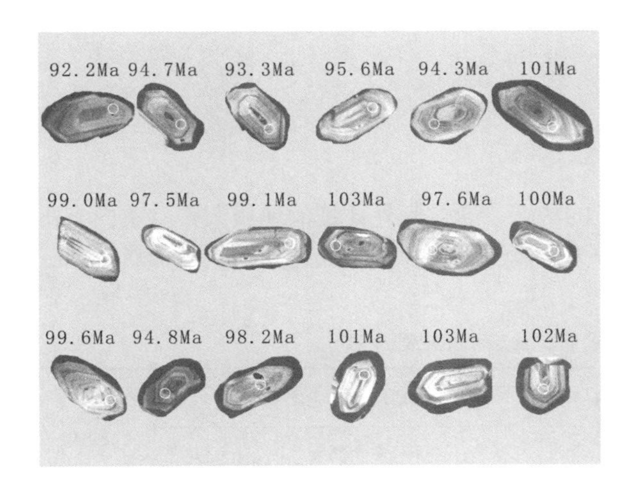

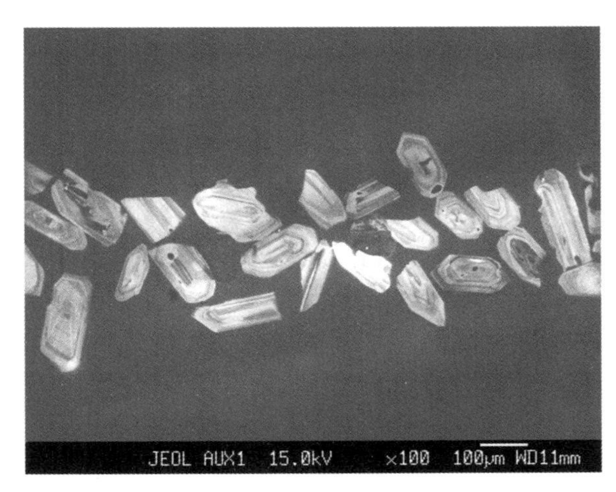

图 6-29 龙湾英安斑岩锆石阴极发光照片及分析点位置

1）大冲花岗闪长岩年龄为 245 Ma。

2）广平花岗岩岩体的年龄为 170.8 ±2 Ma。

3）新塘-古益、河三、龙湾 3 个地区的花岗斑岩是同期的，105.8 ~ 106 Ma，其年龄在误差范围内是完全一致的。

4）英安斑岩为 94.2 ±1 Ma，与上部覆盖的周公顶流纹斑岩是一致的，英安斑岩与流纹斑岩相连，前者代表次火山岩相，后者代表喷出相，与前人测定的周公顶流纹斑岩年龄基本一致。

广平岩体和大冲岩体属于两个不同的花岗岩单元，而不是前人划定的同一岩体。这与两者显著的岩性差别特征一致，广平花岗岩岩体是二长花岗岩，大冲岩体是石英闪长岩-花岗闪长岩。大冲（花岗闪长岩-石英闪长岩）岩体更有可能与区域上位于西北部的三叠纪花岗岩同源。上述年龄的精确厘定为讨论花岗岩的成因，探讨佛子冲铅锌矿的成矿模式提供了可靠的依据。

3. 成矿时代

佛子冲铅锌矿区前人做过大量的年龄测试工作，特别是对矿区岩浆岩，雷良奇（1995）得到广平杂岩体全岩铷-锶同位素等时线年龄为 326 ±5 Ma（海西期），大冲花岗闪长岩岩体黑云母钾氩年龄值为 152 Ma，河三英安质熔岩的年龄为 128 ±11 Ma（燕山期）；呈北北东走向的花岗斑岩岩体（脉）钾长石钾-氩年龄值为 75.5 Ma。虽然前人对佛子冲铅锌矿床的成因给出了众多不同观点，但是对铅锌矿床最终定位机制的认识还是基本一致的，都认为矿床最终构成工业矿床与该区多次的岩浆岩活动有着密切联系，所以在讨论成矿时代时，一般都以野外地质调查得出的与成矿有密切联系的岩浆岩的形成时代来佐证成矿时代。本次研究根据锆石 U-Pb 定年技术，对矿田范围内所有花岗岩系列的成岩年龄进行了精细年代学研究，可以得出佛子冲矿区花岗质岩石的年龄范围为 245 ~ 94 Ma，从老到新依次为：大冲（闪长岩-花岗闪长岩）岩体 245 Ma，广平正长花岗岩岩体 170.8 Ma，新塘-古益花岗斑岩 106 Ma，河三花岗斑岩 105.8 Ma，龙湾花岗斑岩 106 Ma，龙湾石英斑岩 94.2 Ma。依据野外证据，即大量矿脉穿插进入大冲岩体内部，可以确定成矿时代并非花岗闪长岩侵位的海西期，根据地质上矿体与花岗斑岩的密切联系，可推测成矿作用应该发生在燕山晚期。

近来，宜昌所李华芹研究员采用闪锌矿单矿物铷-锶同位素定年技术，对佛子冲铅锌矿 104 号矿体的成矿时代进行了探索性研究，取得了 134.7 Ma ±3.5 Ma（2σ）的年龄值，反映出 104 号矿体可能也是形成或者定位于燕山晚期。由于佛子冲古益矿区和牛卫矿区的矿体定位时间相差不大，表明佛子冲铅锌矿床的形成可能都是在燕山晚期。这与前人提出的与花岗闪长岩有关的铅锌矿体是燕山早期形成的观点明显不符。虽然利用矿石矿物如闪锌矿、黄铁矿进行直接定年的工作正在开展，由于测试技术方面的原因，本次研究中尚未能有效地解决佛子冲矿床的成矿时代问题，但无疑对以往的认识提出了新的挑战。

第六节　石碌铁矿

一、成矿期与成矿阶段

石碌铁矿床成矿作用复杂，成矿具有多期多阶段的特点。通过野外详细的地质调查、室内丰富的岩矿石镜下观察，将石碌铁钴铜矿床的成矿期次划分为喷流沉积期、变质改造期、铁叠加成矿期、铜钴叠加成矿期和表生期 5 个成矿期（表 6-16）。

表 6-16　石碌铁钴铜矿床成矿期次及矿物生成顺序表

成矿期次与阶段 / 主要矿物	喷流沉积期	变质改造期	铁叠加成矿期		钴铜叠加成矿期			表生期
			高温热液阶段	中高温热液阶段	石英-绢云母蚀变阶段	多金属硫化物阶段	碳酸盐阶段	
磁铁矿	━━			━━				
铁碧玉	——							
黄铁矿	——					━━		
磁黄铁矿	——					━━		
黄铜矿	——					━━		
赤铁矿		━━		——				
石榴子石			——					
透辉石			——					
透闪石			——	——				
阳起石			——	——				
黑云母			——	——				
绿帘石			——	——				
镜铁矿				——				
绿泥石				——	——			
石英					━━			
绢云母					——			
辉钴矿						——		
斑铜矿						——		
闪锌矿						——		
辉铜矿						——		
方解石							——	
蓝铜矿								——
褐铁矿								——
孔雀石								——

喷流沉积期：海底（潜）火山喷溢而出的富硅铁胶体在物理化学条件合适的部位沉淀，形成原始的含磁铁矿的碧玉岩，以及黄铁矿、磁黄铁矿、黄铜矿等硫化物，磁铁矿早于铁碧玉形成。脉动式喷溢形成多层矿体及铁钴铜的原始分带。

变质改造期：加里东期的北东向的挤压作用，形成北西向的石碌复式向斜，早期形成的矿胚层与地层同时变形，原始矿层发生了不同程度的压溶去硅作用，形成层状的矿体。由于压力和氧化还原条件的变化，磁铁矿大部分被氧化成赤铁矿，粒径变大，由细鳞片状过渡为鳞片状、板条状，且部分具定向分布特征。铁矿体的主体已基本定型。

铁叠加成矿期：后期热液的叠加成矿作用在矿区内相对不均一，在南六、北一矿体的边部和底部、正美及保秀矿区较为明显。根据矿物组合及其生成顺序，可分为 3 个阶段：高温热液阶段、铁氧化物阶段和中低温热液阶段。

高温热液阶段：相当于矽卡岩型矿床中早期矽卡岩阶段，先后形成了石榴子石及极少的透辉石。

中高温热液阶段：该阶段形成了矽卡岩型铁矿石中的磁铁矿、赤铁矿及少量的镜铁矿，脉石矿物主要有少量的透闪石、蛇纹石、绿帘石、阳起石、绿泥石及黑云母等。

铜钴叠加成矿期：在后期热液叠加作用下，热液的迁移、沉淀，体现出较为明显的热液矿床的特征，主要形成脉状铜钴硫化物矿石。根据矿物组合及结构构造，可进一步分为石英-绢云母蚀变阶段、硫化物阶段及碳酸盐阶段。第一阶段形成石英、绢云母和绿泥石等蚀变矿物；第二阶段形成黄铁矿、磁黄铁矿和黄铜矿，另有少量的辉钴矿、斑铜矿、辉铜矿和闪锌矿；第三阶段形成少量的石英和方解石。

表生期：在矿区及其外围处于地表或近地表的矿石，在表生氧化淋滤作用下，各个矿物发生一定的次生变化。主要形成褐铁矿、蓝铜矿和孔雀石等次生氧化矿物，宏观上表现为铁帽。

二、成岩成矿时代

1. 成岩年代

（1）石碌花岗闪长岩

本次在矿区北部的石碌河采集了 6 件新鲜的花岗岩样品。岩石呈灰白色，块状构造，中粗粒似斑状结构，斑晶主要为斜长石、微斜长石和石英。此外，岩体中常可见灰色闪长质包体。石碌花岗闪长岩体锆石 U-Pb 年代学定年样品采自石碌河谷新鲜岩石出露处（N19°14′9.6″，E109°2′30.7″，h = 100 m）的花岗闪长岩体，样号为 ZrSL-1。岩相学研究显示蚀变较弱，局部发育轻微的绿泥石化，受后期地质作用影响不明显。

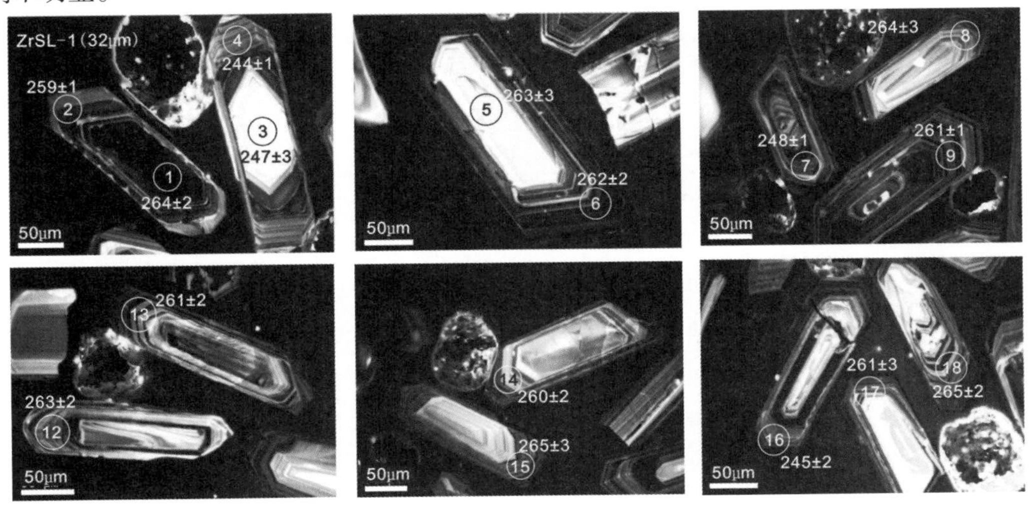

图 6-30　石碌矿区花岗闪长岩 ZrSL-1 锆石形态及 CL 图像

（圆圈及圈中数字分别表示分析点位和测点编号，圈外年龄示$^{206}Pb/^{238}U$表面年龄）

石碌花岗闪长岩中的锆石为无色-浅黄色，半透明，颗粒以长柱状为主，粒径通常为 100 ~ 250 μm，大者可达 400 μm，长宽比为 3∶1 ~ 5∶1。CL 图像显示该岩体中的锆石有两种类型（图 6-30）：①发育典型岩浆成因的生长振荡环带，无晶核和增生边；②具有明显的核边结构，具微弱环带或无环带的晶核被新生岩浆锆石包裹，包括晶核为自形晶（ZrSL-1-3，4）。

花岗闪长岩体所测锆石 U 和 Th 含量分别为 $58.14 \times 10^{-6} \sim 2458.41 \times 10^{-6}$ 和 $149.25 \times 10^{-6} \sim 7999.21 \times 10^{-6}$，Th/U 比值为 0.14 ~ 0.39（表 6-17），大于变质锆石 Th/U 比值（<0.1，Hoskin and Black，2000；Griffin et al.，2004），为典型的岩浆成因锆石（Hoskin and Schaltegger，2003）。

表 6-17　石碌铁矿区典型侵入岩锆石 LA-ICPMS U-Pb 定年结果

测试点号	$Th/10^{-6}$	$U/10^{-6}$	Th/U	U-Th-Pb 同位素比值				年龄/Ma			
				$^{207}Pb/^{206}Pb$	$^{207}Pb/^{235}U$	$^{206}Pb/^{238}U$	$^{208}Pb/^{232}Th$	$^{207}Pb/^{206}Pb$	$^{207}Pb/^{235}U$	$^{206}Pb/^{238}U$	$^{208}Pb/^{232}Th$
ZrSL-1-1	214.15	2338.10	0.09	0.0493	0.2916	0.0427	0.0132	161	260	269	265
ZrSL-1-2	2617.84	8658.05	0.30	0.0490	0.2774	0.0409	0.0126	146	249	258	254
ZrSL-1-3	66.03	164.21	0.40	0.0521	0.2887	0.0402	0.0124	300	258	254	249
ZrSL-1-4	552.39	2686.04	0.21	0.0498	0.2714	0.0394	0.0120	187	244	249	241
ZrSL-1-5	68.72	408.74	0.17	0.0831	0.8027	0.0690	0.0385	1272	598	430	764
ZrSL-1-6	946.03	4917.20	0.19	0.0509	0.2891	0.0411	0.0128	235	258	259	257
ZrSL-1-7	540.39	2552.28	0.21	0.0497	0.2671	0.0389	0.0121	189	240	246	243
ZrSL-1-8	340.47	1163.57	0.29	0.0507	0.2925	0.0418	0.0132	228	260	264	265
ZrSL-1-9	324.29	2368.52	0.14	0.0533	0.3026	0.0410	0.0156	343	268	259	313
ZrSL-1-10	360.24	1720.18	0.21	0.0516	0.2925	0.0410	0.0133	265	261	259	266
ZrSL-1-11	231.65	860.65	0.27	0.0516	0.2937	0.0411	0.0133	333	261	260	267
ZrSL-1-12	280.63	840.31	0.33	0.0529	0.3020	0.0412	0.0141	324	268	261	283
ZrSL-1-13	359.05	1507.87	0.24	0.0513	0.2912	0.0411	0.0133	254	260	260	268
ZrSL-1-14	152.02	837.50	0.18	0.0572	0.3287	0.0412	0.0174	502	289	260	349
ZrSL-1-15	166.73	809.29	0.21	0.0503	0.2870	0.0413	0.0133	209	256	261	267
ZrSL-1-16	1460.14	4186.80	0.35	0.0564	0.3028	0.0388	0.0136	478	269	245	272
ZrSL-1-17	363.75	1626.76	0.22	0.0502	0.2888	0.0416	0.0127	211	258	263	255
ZrSL-1-18	604.08	3430.10	0.18	0.0514	0.2946	0.0414	0.0135	261	262	261	271
ZrSL-2-1	537.40	1219.97	0.44	0.0479	0.2614	0.0392	0.0125	100	236	248	252
ZrSL-2-2	182.99	404.34	0.45	0.0498	0.2707	0.0394	0.0122	187	243	249	246
ZrSL-2-3	917.28	1712.15	0.54	0.0472	0.2575	0.0392	0.0114	57.5	233	248	229
ZrSL-2-4	2377.22	4154.52	0.57	0.0516	0.2805	0.0388	0.0123	333	251	245	247
ZrSL-2-5	873.11	931.73	0.94	0.0498	0.2687	0.0388	0.0115	187	242	245	230
ZrSL-2-6	755.56	1806.74	0.42	0.0505	0.2888	0.0411	0.0124	220	258	259	249
ZrSL-2-7	194.01	505.21	0.38	0.0494	0.2697	0.0397	0.0118	165	242	251	237
ZrSL-2-8	429.75	555.03	0.77	0.0501	0.2675	0.0389	0.0119	211	241	246	239
ZrSL-2-9	159.22	373.92	0.43	0.0507	0.2740	0.0393	0.0123	228	246	249	247
ZrSL-2-10	539.63	529.52	1.02	0.0499	0.2709	0.0394	0.0128	191	243	249	256
ZrSL-2-11	354.50	1221.09	0.29	0.0481	0.2638	0.0395	0.0122	106	238	250	244
ZrSL-2-12	795.33	1886.29	0.42	0.0531	0.3126	0.0423	0.0143	345	276	267	287

续表

测试点号	$Th/10^{-6}$	$U/10^{-6}$	Th/U	U-Th-Pb 同位素比值				年龄/Ma			
				$^{207}Pb/^{206}Pb$	$^{207}Pb/^{235}U$	$^{206}Pb/^{238}U$	$^{208}Pb/^{232}Th$	$^{207}Pb/^{206}Pb$	$^{207}Pb/^{235}U$	$^{206}Pb/^{238}U$	$^{208}Pb/^{232}Th$
ZrSL-2-13	1327.51	4582.28	0.29	0.0508	0.2782	0.0395	0.0119	232	249	250	240
ZrSL-2-14	551.66	552.35	1.00	0.0490	0.2643	0.0390	0.0123	146	238	247	246
ZrSL-2-15	107.59	379.82	0.28	0.0516	0.2799	0.0393	0.0130	265	251	248	261
ZrSL-2-16	381.66	560.05	0.68	0.0542	0.2911	0.0391	0.0128	389	259	247	256
ZrSL-2-17	56.95	168.93	0.34	0.0545	0.2972	0.0388	0.0114	394	264	245	229
ZrSL-2-18	595.88	672.31	0.89	0.0538	0.2912	0.0394	0.0122	365	259	249	245
ZrSL-2-19	367.91	1265.78	0.29	0.0540	0.2958	0.0396	0.0127	372	263	250	256
ZrSL-2-20	606.82	738.28	0.82	0.0548	0.2978	0.0393	0.0133	467	265	248	267
ZK2303-2-01	140.46	151.28	0.93	0.09008	0.27295	0.02045	0.00756	1427	245	130	152
ZK2303-2-02	227.62	278.01	0.82	0.13451	0.37678	0.0205	0.01777	2158	325	131	356
ZK2303-2-03	270.43	310.79	0.87	0.06911	0.20132	0.02085	0.00611	902	186	133	123
ZK2303-2-04	231.46	218.78	1.06	0.04609	0.11878	0.01869	0.00599	3	114	119	121
ZK2303-2-05	390.83	390.89	1.00	0.0709	0.1785	0.01826	0.00553	955	167	117	112
ZK2303-2-06	277.95	721.49	0.39	0.08779	0.24194	0.02146	0.01237	1378	220	137	249
ZK2303-2-07	223.13	246.21	0.91	0.17205	0.64675	0.02829	0.01943	2578	506	180	389
ZK2303-2-08	104.18	134.63	0.77	0.09054	0.25678	0.02057	0.00607	1437	232	131	122
ZK2303-2-09	251.56	241.71	1.04	0.04699	0.13157	0.02031	0.00646	49	126	130	130
ZK2303-2-10	126.79	158.58	0.80	0.24374	0.94504	0.02874	0.02691	3145	676	183	537
ZK2303-2-11	132.86	161.01	0.83	0.07846	0.21917	0.02026	0.00607	1159	201	129	122
ZK2303-2-12	180.83	247.69	0.73	0.06163	0.16635	0.01958	0.00603	661	156	125	121
ZK2303-2-13	115.91	118.79	0.98	0.10298	0.26667	0.01878	0.00547	1679	240	120	110
ZK2303-2-14	315.76	380.93	0.83	0.05945	0.16131	0.01968	0.00608	584	152	126	123
ZK2303-2-15	203.97	226.51	0.90	0.08518	0.23081	0.02155	0.00696	1320	211	137	140

注：样品 ZrSL-1 采自石碌花岗闪长岩，样品 ZrSL-2 采自闪长玢岩脉，样品 ZK2303-2 采自隐伏花岗闪长岩体。

选择韵律环带明显的岩浆锆石，进行了 18 个点的定年分析。所有数据点都位于谐和线上或稍偏谐和线，构成非常集中的锆石群（图 6-31），表明这些颗粒形成后 U-Pb 同位素体系是封闭的，基本没有 U 或 Pb 同位素的丢失或加入。14 颗锆石的 $^{206}Pb/^{238}U$ 年龄变化于 259 ± 1 ~ 265 ± 2 Ma 之间，$^{206}Pb/^{238}U$ 加权平均年龄为 262 ± 1 Ma（MSDW = 0.9），该年龄代表了花岗闪长岩侵位年龄。这一年龄与 Li et al.（2006）报道的五指山花岗片麻岩的年龄一致（锆石 SHRIMP 年龄 262 ± 3 Ma 和 267 ± 3 Ma）。另外 4 颗锆石 $^{206}Pb/^{238}U$ 年龄变化于 244 ± 1 ~ 247 ± 3 Ma 之间，$^{206}Pb/^{238}U$ 加权平均年龄为 245 ± 2 Ma（MSDW = 0.6），可能为后期岩浆热事件的反应。

（2）闪长玢岩脉

闪长玢岩脉主要沿北北东和北东向断裂侵入于新元古界石碌群和石灰顶组及北部中二叠世花岗闪长岩体中，地表出露宽度 0.5 ~ 5 m 不等。LN-8 采自石碌河中花岗闪长岩中，其他样品均取自石碌铁矿区中。闪长玢岩脉为灰黑色，斑状结构，基质为半自形粒状结构。斑晶为自形-半自形晶，粒径一般 0.2 ~ 0.8 mm，含量约 15% ~ 20%，主要为斜长石（含量 10% ~ 15%），角闪石（含量 4% ~ 6%）以及少量黑云母（1% ±）；基质为半自形晶，粒径 0.05 ~ 0.2 mm，主要由斜长石（含量 35% ~ 40%）、角闪石（含量 15% ~ 20%）、黑云母（10% ~ 15%）及少量辉石（2% ~ 5%）组成。副矿物有磁铁矿、锆石、榍石和磷灰石。样品 ZM-5 手标本较新鲜，但镜下局部见轻微的绿泥石化和绢云母化。SL-26 局部可见硫化物颗粒，薄片中角闪石发生碳酸盐化，斜长石绢云母化较强。用于锆石 U-Pb 定年的样品为 SLN-8 和 ZM-5 的组合样（ZrSL-2），测试激光束斑直径为 24 μm。

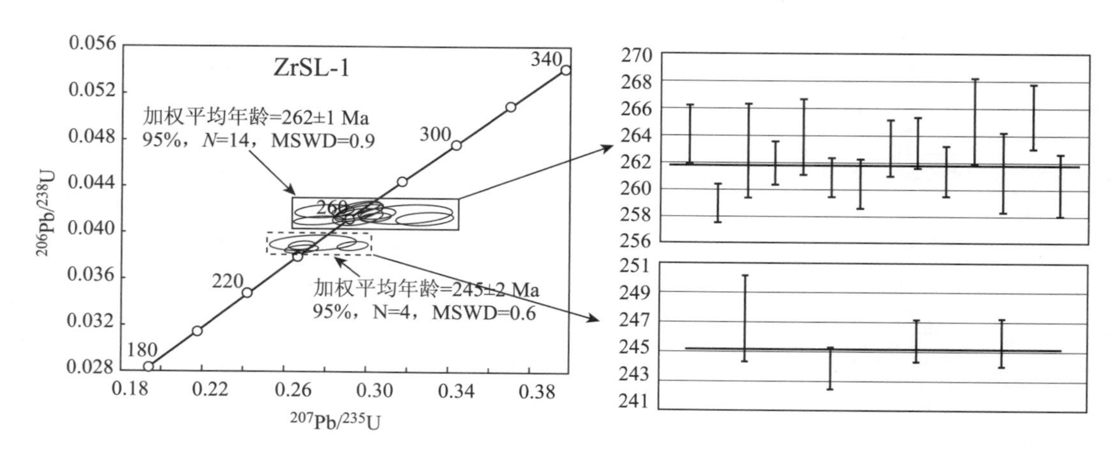

图 6-31　石碌矿区花岗闪长岩锆石 U-Pb 年龄谐和图

闪长玢岩脉中锆石为无色-浅黄色，半透明，颗粒以短柱状和等轴状为主，粒径大多为 40～120 μm，大者可达 250 μm，长宽比为 1∶1～2.5∶1。CL 图像显示该岩体中的锆石有两种类型（图 6-32）：①发育典型岩浆成因的生长振荡环带，无晶核和增生边；②具有明显的核边结构，具微弱环带或无环带的晶核被新生岩浆锆石包裹，包括晶核为自形晶（ZrSL-2-6）或晶核边部被熔蚀成浑圆状（ZrSL-2-2、11、12 和 14）。

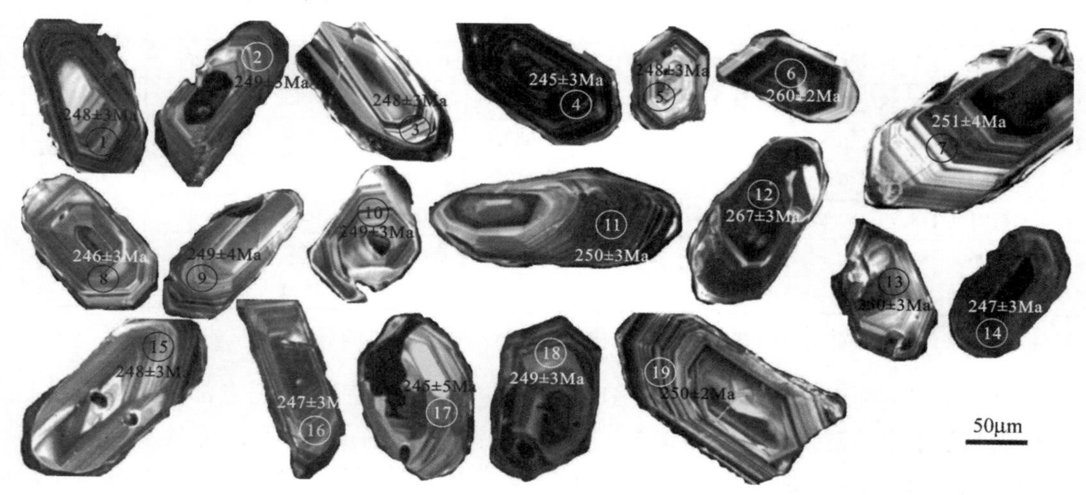

图 6-32　石碌地区闪长玢岩脉（ZrSL-2）中锆石形态和阴极发光（CL）图像

圆圈及其中数字分别表示分析点位和测点编号；圈外年龄示$^{206}Pb/^{238}U$ 表面年龄

所测锆石 U 和 Th 含量分别为（56.95～2377.22）$\times 10^{-6}$和（168.93～4582.28）$\times 10^{-6}$，Th/U 比值为 0.28～1.02（表 6-17），明显大于变质锆石 Th/U 比值（<0.1，Hoskin 等，2000；Griffin et al.，2004），为典型的岩浆成因锆石。选择韵律环带明显的岩浆锆石，进行了 20 个点的定年分析。所有数据点都位于谐和线上构成非常集中的锆石群（图 6-33）。核部 ZrSL-2-6 和 ZrSL-2-12 两点的年龄为 260±2 Ma 和 267±3 Ma，与石碌花岗闪长岩谐和年龄 262±1 Ma 一致，可能为捕获锆石。其余 18 颗锆石的$^{206}Pb/^{238}U$ 年龄变化于 245±3～251±4 Ma 之间，$^{206}Pb/^{238}U$ 加权平均年龄为 248±1 Ma（MSWD=0.4），该年龄代表了闪长玢岩脉侵位年龄。

（3）隐伏花岗闪长岩

矿区中部 ZK2302、ZK2303、ZK2304、ZK1901、ZK1904、ZK2106 和 ZK2107 7 个钻孔深部～810 m 左右均揭露有隐伏的花岗闪长岩体。岩石呈灰白色，中粗粒结构，块状构造。组成矿物主要有斜长石、微斜长石、石英和黑云母，粒径 0.2～0.5 mm。锆石 U-Pb 定年样品 ZK2303-2 取自钻孔 ZK2303

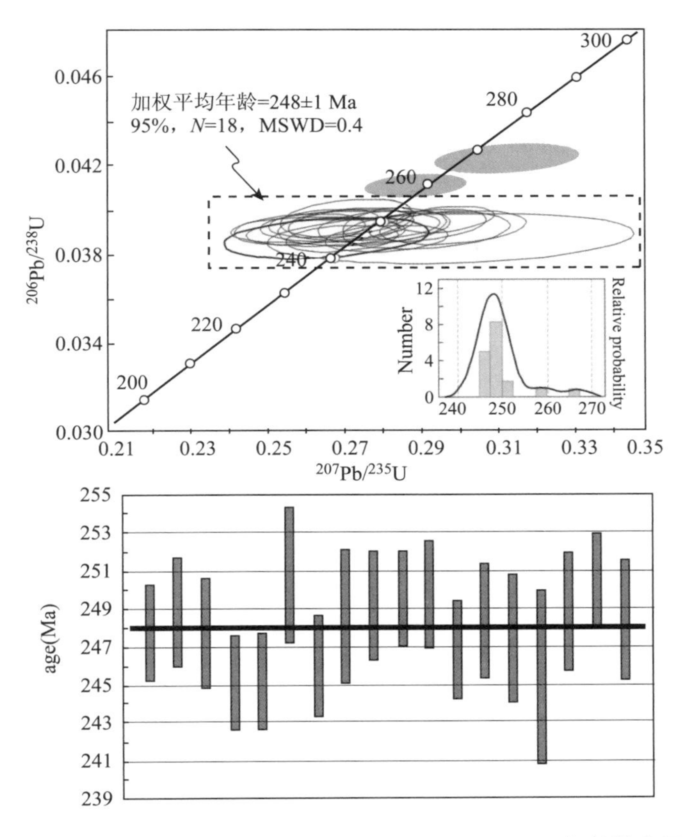

图 6-33　闪长玢岩脉（ZrSL-2）锆石 LA-ICPMS U-Pb 年龄谐和图

加权平均年龄为去掉 ZrSL-2-6 和 ZrSL-2-12 外 18 个岩浆锆石测点的加权结果

深部 846 m 处，岩石新鲜，测试激光束直径为 32 μm。岩石锆石为无色-浅黄色，半透明，颗粒以短柱状和等轴状为主，粒径大多为 40～100 μm，大者可达 150 μm，长宽比为 1∶1～2∶1。CL 图像显示该岩体中的锆石发育典型岩浆成因的生长振荡环带（图 6-34），个别具有晶核和增生边。

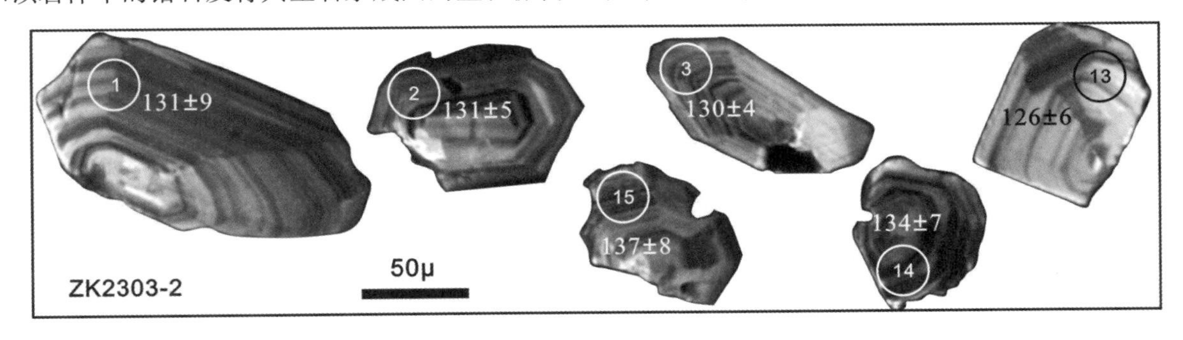

图 6-34　石碌矿区隐伏花岗闪长岩 ZK2303-2 典型锆石形态和阴极发光（CL）图像

圆圈及其中数字分别表示分析点位和测点编号；圈外年龄示 $^{206}Pb/^{238}U$ 表面年龄

所测锆石 U 和 Th 含量分别为（118.79～721.49）$\times10^{-6}$ 和（115.91～277.95）$\times10^{-6}$，Th/U 比值为 0.39～1.06（表 6-17），明显大于变质锆石 Th/U 比值，为典型的岩浆成因锆石。选择韵律环带明显的岩浆锆石，进行了 15 个点的定年分析。13 个点位于谐和线上构成非常集中的锆石群（图 6-35），$^{206}Pb/^{238}U$ 年龄变化于 126±7～137±8 Ma 之间，加权平均年龄为 133±3 Ma（MSWD = 0.3），该年龄代表了隐伏岩体侵位年龄。核部 ZK2303-2-07 和 ZK2303-2-07 两点偏离谐和曲线较远，$^{206}Pb/^{238}U$ 年龄为 180±9 Ma 和 187±6 Ma，与矿区外围儋州岩体年龄（186±3 Ma，葛小月，2003）及戈枕韧性剪切带蚀变绢云母 Ar－Ar 年龄（187±8 Ma，Zhang et al.，2011）一致，可能为捕获锆石。

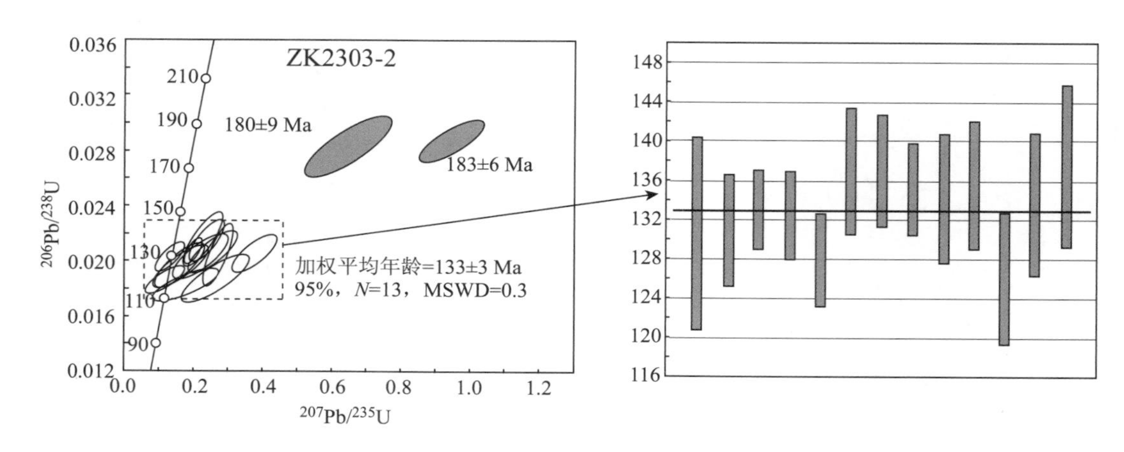

图 6-35　石碌矿区隐伏花岗闪长岩 ZK2303-2 锆石 LA-ICPMS U-Pb 年龄谐和图

加权平均年龄为去掉核部 ZK2303-2-07 和 ZK2303-2-07 两点外 13 个岩浆锆石测点的加权结果

2. 成矿年代

铁矿床定年一直是矿床学研究的难点，前人多应用蚀变矿物间接定年或铁矿石 Rb-Sr、Sm-Nd 法定年，但考虑到成矿期次的复杂性及同位素体系封闭温度、后期变质、构造、蚀变及风化等的影响，这些年代学数据是否代表成矿时代还有待斟酌。Valley et al.（2009）尝试性地通过对铁矿石中热液锆石采用 SHRIMP U-Pb 法确定了美国 Adirondack 地区铁矿年龄，其与该区构造-岩浆活动时间较为一致，为铁矿年代学研究提供了一种新的参考方法。

石碌铁矿床至今仍没有一个准确可信的年代学数据，这严重制约了对该矿床成矿机制的理解，主要原因之一是自 20 世纪 80 年代后期以来有关石碌铁矿床的科研工作基本停止，新的成矿理论和技术方法均未得到应用。为了对石碌铁矿床成矿年龄直接精确定年，本文对赤铁矿石应用了锆石 LA-ICP-MS U-Pb 定年方法。

用于锆石 U-Pb 年代学测定的样品采自北一采场（N19°14′9.6″，E109°2′30.7″，h = 100 m）中致密块状的富铁矿体，铁矿石重约 8 kg，样品号为 KZrSL。先对其清洗干净，但仅挑选出了 14 颗细小的锆石。测试样品中锆石多呈棕色、褐色，半透明到不透明，个别含有细小的包裹体，多数为短柱状自形晶，个别为不规则状及椭圆状，粒径为 30 ~ 80 μm。除部分锆石阴极发光较强外，多数阴极发光不强，甚至在超高压条件下 CL 图像也较为模糊，应为典型的热液锆石。热液锆石内部结构复杂，不规则片状、蠕虫状、多孔状，个别具细小的矿物颗粒（图 6-36）。而阴极发光较强的锆石个别具核边

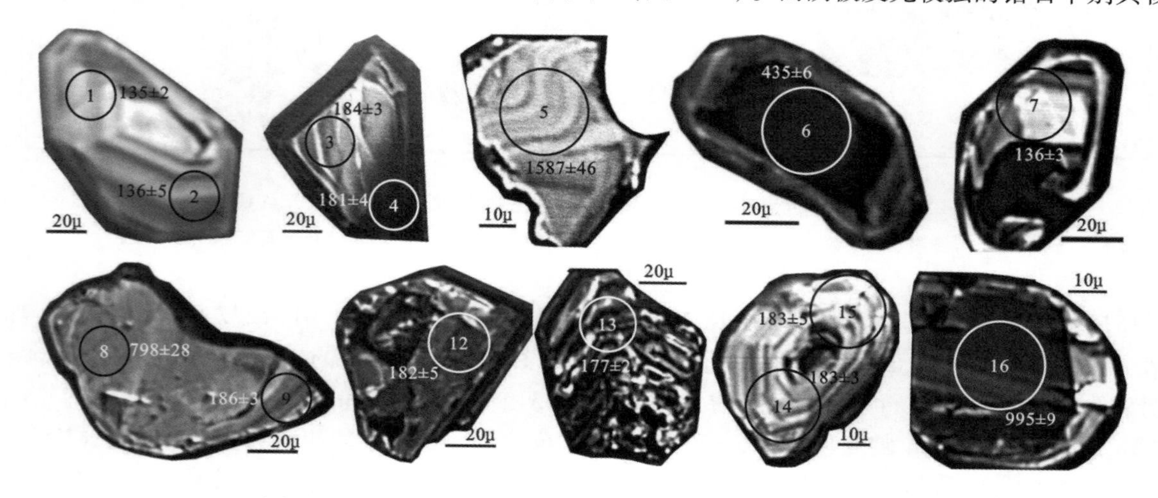

图 6-36　石碌矿区铁矿石中锆石形态和阴极发光（CL）图像

圆圈为测试点，圈内数字为点号，圈外年龄为表观年龄，>1000 Ma 为 $^{207}Pb/^{206}Pb$ 年龄，<1000 Ma 为 $^{206}Pb/^{238}U$ 年龄

结构，并可见环带，应为岩浆锆石（Corfu et al.，2003；Wu and Zheng，2004）。一般来说，热液改造过的岩浆锆石往往呈长柱状自形晶（Dubinska et al.，2004；Hoskin，2005），本文所研究的热液锆石可能主要是从 Zr 饱和热液中直接结晶而成的，而不是热液对岩浆锆石蚀变改造的结果。当然也有部分锆石具有岩浆锆石核，不排除少量热液锆石是由岩浆锆石改造而成。

利用 LA-ICP-MS 对 KZrSL 样品中的 12 颗锆石进行了 16 个点的定年分析（表 6-18），其中 6 个点年龄较老，U 和 Th 含量分别为 $31.64\times10^{-6}\sim319.41\times10^{-6}$ 和 $18.59\times10^{-6}\sim327.34\times10^{-6}$，Th/U 比值为 0.39～1.02，ΣREE 含量为 $95.83\times10^{-6}\sim973.67\times10^{-6}$（表 6-19），LREE 含量较低，具显著 Ce 正异常，$(Sm/La)_N$ 比值为 81.24～748。其中有 3 个点 $^{207}Pb/^{206}Pb$ 年龄变化为 995～1836 Ma，$^{206}Pb/^{238}U$ 年龄变化为 1000～1911 Ma（图 6-37）。另外 3 个点 $^{206}Pb/^{238}U$ 年龄为 435～798 Ma，这可能是激光打点至岩浆锆石区域和部分年轻热液锆石区域的结果，即二者的混合区域所致。

表 6-18　石碌铁矿床热液锆石 LA-ICPMS U-Pb 定年结果

点号	$^{232}Th/10^{-6}$	$^{238}U/10^{-6}$	Th/U	$^{207}Pb/^{206}Pb$	$^{207}Pb/^{235}U$	$^{206}Pb/^{238}U$	$^{208}Pb/^{232}Th$	$^{207}Pb/^{206}Pb$ 年龄/Ma	$^{206}Pb/^{238}U$ 年龄/Ma
KZrSL-1	671.15	606.28	1.11	0.04963	0.14422	0.02115	0.0075	176	134.9
KZrSL-2	96.52	178.02	0.54	0.0574	0.16288	0.02124	0.00661	505.6	135.5
KZrSL-3	288.89	616.97	0.47	0.04797	0.19021	0.02888	0.00875	98.2	183.6
KZrSL-4	367.3	729.04	0.5	0.05052	0.19282	0.02851	0.00822	220.4	181.2
KZrSL-5	80.73	173.07	0.47	0.09796	3.80807	0.27868	0.08428	1587	1585
KZrSL-6	327.34	319.41	1.02	0.05812	0.56537	0.06982	0.02271	600	435
KZrSL-7	143.72	219.4	0.66	0.05566	0.15672	0.02132	0.00695	438.9	136
KZrSL-8	27.46	31.64	0.87	0.09401	1.72072	0.13185	0.04652	1509	798
KZrSL-9	41.98	408.48	0.1	0.10394	0.41719	0.02931	0.08889	1695	186.2
KZrSL-10	18.59	50.5	0.37	0.117	5.31711	0.3296	0.09593	1911	1836
KZrSL-11	78.07	200.55	0.39	0.06044	0.91145	0.10769	0.03135	620	659
KZrSL-12	1629.66	2393.43	0.68	0.09297	0.37704	0.0287	0.00794	1487	182.4
KZrSL-13	2200.91	2188.98	1.01	0.11094	0.43069	0.02775	0.00693	1817	176.5
KZrSL-14	338.17	285.94	1.18	0.05964	0.2379	0.02885	0.00923	591	183.3
KZrSL-15	205.75	232.11	0.89	0.05591	0.21383	0.02877	0.01134	450	182.8
KZrSL-16	175.86	308.52	0.57	0.0702	1.63002	0.16691	0.05023	1000	995

另外 10 个点的 $^{206}Pb/^{238}U$ 年龄为 135±2～186±3 Ma（表 6-18），其 U、Th 含量分别为 $173.07\times10^{-6}\sim2393.43\times10^{-6}$ 和 $41.98\times10^{-6}\sim2200.91\times10^{-6}$，明显高于上述 6 个残留锆石，Th/U 比值为 0.10～1.18，也与一般的变质成因锆石不同。ΣREE 含量为 $459.82\times10^{-6}\sim2042.73\times10^{-6}$（表 6-19），LREE 含量较岩浆锆石和变质锆石高，$(Sm/La)_N$ 比值为 1.34～38.15，明显低于岩浆锆石，并具弱的正 Ce 异常，中等负 Eu 异常，稀土配分曲线也表现为相对平坦的曲线（图 6-38），这些特征均明显区别于岩浆锆石和变质锆石（Ewan et al.，2007；毕诗健等，2008）。在热液锆石判别图解上（图 6-39），也显示这 10 颗锆石与 Boggy Plain 岩体（Hoskin，2005）和海南抱伦金矿床尖峰岭岩体（张小文等，2009）中的热液锆石近似，判断为典型的热液锆石。其中 7 颗热液锆石 $^{206}Pb/^{238}U$ 年龄为 177±2～186±3 Ma，加权平均年龄为 182±3 Ma（MSWD = 1.3），为早侏罗世；另外 3 颗热液锆石年龄为 135±2～136±3 Ma，加权平均年龄为 135±3 Ma（MSWD = 0.1），为早白垩世，可能代表了另一期热液叠加成矿作用。

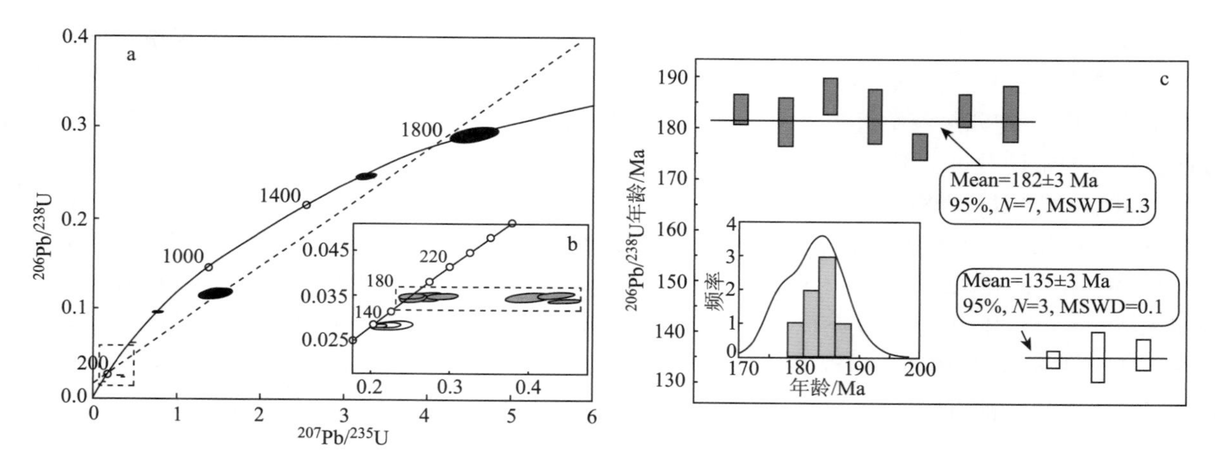

图 6-37 石碌铁矿区铁矿石中锆石 U-Pb 年龄谐和图

表 6-19 石碌铁矿床矿石中锆石微量元素分析结果（$w_B/10^{-6}$）

点号	La	Ce	Pr	Nd	Sm	Eu	Gd	Tb	Dy	Ho	Er	Tm
KZrSL-1	0.51	41.88	0.67	2.57	1.68	0.42	13.51	2.44	37.5	17.46	84.72	23.66
KZrSL-2	1.87	40.55	0.5	2.24	1.62	0.44	10.79	3.33	43.22	18.19	90.63	21.5
KZrSL-3	0.21	15.19	0.11	1.65	2.75	0.22	16.5	5.39	72.13	28.14	129.22	29.57
KZrSL-4	0.29	17.38	0.12	1.69	2.34	0.39	16.04	6.2	69.13	26.46	121.05	27.03
KZrSL-5	0	18.76	0.01	0.2	0.86	0.13	7.76	2.57	38.93	16.68	82.7	19.24
KZrSL-6	0.09	22.19	0.17	2.25	4.5	1.22	26.08	8.83	106.88	39.93	178.04	37.78
KZrSL-7	4.22	31.1	1.45	7.76	6.62	1.44	25.33	8.51	105.32	42.52	198.87	43.12
KZrSL-8	0.03	3.95	0.12	1.29	2.14	0.12	8.05	2.38	26.79	9.44	41.12	8.79
KZrSL-9	0.11	3.3	0.18	1.74	2.79	0.2	9.94	4.17	55.65	23.2	114.33	27.88
KZrSL-10	0	0.64			0.36	0.17	1.75	0.53	8.49	3.73	17.97	4.47
KZrSL-11	0.02	8.94	0.23	4.82	9.45	0.57	41.77	11.98	131.99	46.07	185.26	36.22
KZrSL-12	7.36	91.46	3.45	17.24	9.34	0.95	26.45	11.51	147.29	61.05	316.1	86.36
KZrSL-13	11.37	90.33	5.72	19.33	11.61	1.07	24.27	12.68	141.1	54.04	296.47	81.12
KZrSL-14	1.7	36.64	0.12	1.45	3.06	1.31	15.57	4.68	55.36	19.56	84.7	18.22
KZrSL-15	1.59	32.98	0.03	1.67	3.69	0.99	14.7	4.81	52.96	20.29	90.43	19.97
KZrSL-16	0.03	10	0.23	4.25	7.01	0.7	42.7	13.32	145.95	52.44	216.72	42.9

点号	Yb	Lu	Ti	Y	Zr	Nb	Hf	Ta	Eu/Eu*	Ce/Ce*	TZr（℃）	（±）
KZrSL-1	212.56	65.71	6.77	655	445042	6.31	9473	4.26	0.19	14.89	708	11
KZrSL-2	223.12	49.13	2.69	591	453506	2.58	11570	0.88	0.24	10.09	637	10
KZrSL-3	269.81	54.38	3.63	864	453692	2.97	10564	2.53	0.08	24.43	659	11
KZrSL-4	251.45	50.8	8.43	787	434024	6.29	9969	4.48	0.14	23.29	726	12
KZrSL-5	193.32	39.92	7.77	1499	467127	2.2	12595	0.61	0.11	536.78	719	12
KZrSL-6	364.47	71.56	4.07	1192	454461	3.37	9897	1.09	0.27	33.04	668	11
KZrSL-7	419.76	86.77	10.64	1252	458899	2.07	9192	1.92	0.3	3.07	746	12
KZrSL-8	85.75	17.81	4.86	1266	454957	0.89	9930	0.4	0.08	9.49	681	11
KZrSL-9	283.38	58.2	3.06	690	457197	1.82	12077	1.97	0.1	4.54	646	10
KZrSL-10	46.42	11.29	4.24	1124	454912	0.06	7955	0.04	0.55		671	11
KZrSL-11	305.28	57.55	2.95	1227	453286	2.62	8728	1.15	0.07	11.52	644	10
KZrSL-12	1049.72	214.46	46.53	1046	398744	58.89	19409	40.96	0.17	4.44	897	15
KZrSL-13	942.16	193.97	57.17	980	425522	60.72	21472	39.29	0.19	2.73	921	15
KZrSL-14	179.5	37.95	2.47	598	455822	1.65	11295	0.64	0.47	14.13	631	10
KZrSL-15	203.36	43.95	2.69	651	455205	1.69	11335	0.64	0.36	15.25	637	10
KZrSL-16	369.27	68.17	11.01	1483	467274	0.77	10383	0.56	0.1	13	749	12

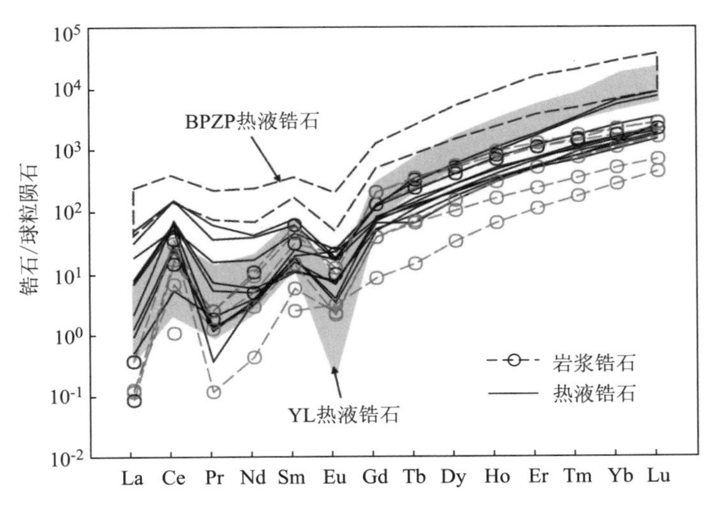

图6-38 石碌铁矿区铁矿石中锆石稀土元素标准化配分曲线

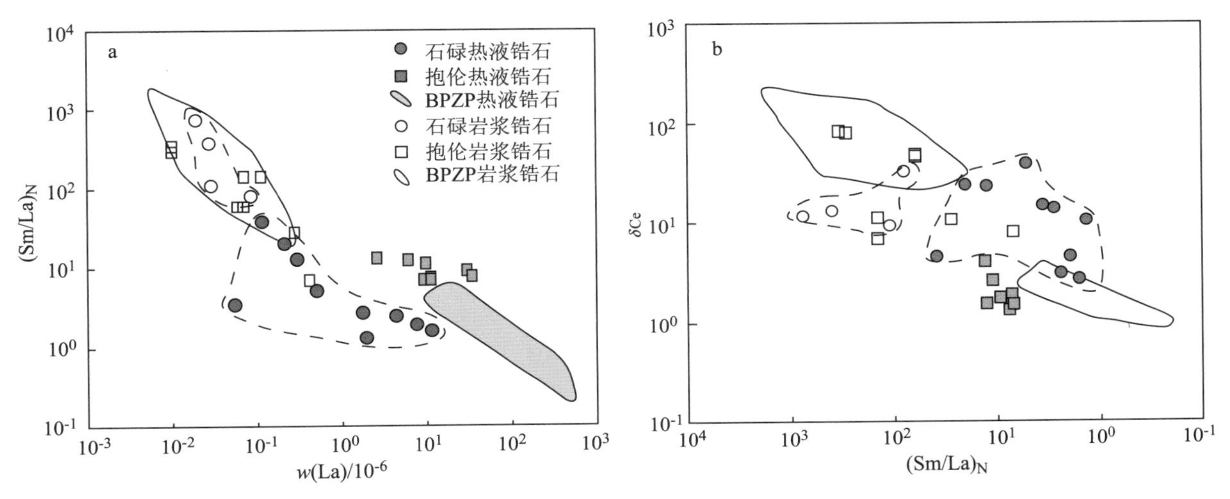

图6-39 不同成因锆石 $(Sm/La)_N$—La（a）及 δCe—$(Sm/La)_N$（b）相关图解

底图及 Boggy Plain 岩体数据来自 Hoskin（2005）；海南抱伦金矿区锆石数据来自张小文等（2009）

3. 成岩成矿演化

在海南，海西—印支期花岗岩类构成了侵入岩的主体。本次测得石碌花岗闪长岩体锆石 U-Pb 年龄为 262 ± 1 Ma，略小于全岩 Rb-Sr 年龄（274 ± 6 Ma。汪啸风等，1991a），其形成时代为中二叠世，属海西—印支期侵入岩。Li et al.（2006）和陈新跃等（2011）分别用锆石 SHRIMP 和 LA-ICP-MS U-Pb 法获得了海南岛五指山花岗质片麻岩锆石年龄为 262 ~ 269 Ma。付建明等（1997）将 1∶5 万昌江县幅范围内的花岗岩类划分为保梅岭独立岩石单元和石碌、邦溪等超单元，并对保梅岭岩体进行 TIMS 锆石 U-Pb 年代学研究，其中 7 个年龄数据变化在 245 ~ 272 Ma，平均 265 M。这表明，上述岩体为中二叠世同一期岩浆侵入作用的产物。前人应用锆石 SHRIMP 和 LA-ICPMS U-Pb 法在海南厘定出了一些 240 ~ 250 Ma 高精度的岩浆侵入体年代学数据（谢才富等，2005，2006；张小文等，2009；周佐民等，2011），这些早三叠世侵入岩如尖峰岭超单元、琼中深掘村、麻山田等单元等主要为 A 型花岗岩类。琼中黑云母二长花岗岩基锆石 SHRIMP U-Pb 年龄为 237 ± 3 Ma（葛小月，2003），石碌矿区闪长玢岩脉年龄为 248 ± 1 Ma，也为该期岩浆作用产物。

在石碌矿区及其周围也分布有印支—燕山早期的岩浆岩，前人所测 K-Ar、Rb-Sr 和锆石 U-Pb 同位素年龄为240～170 Ma（汪啸风等，1991a；侯威等，1996；葛小月，2003）。石碌矿区邻近的大坡岩体Rb-Sr年龄为191 Ma（汪啸风等，1991a；葛小月，2003）。其东北侧邻近的儋县黑云母二长花岗岩基锆石SHRIMP U-Pb年龄为186 Ma，谢才富等（1999）在琼东地区也获得175.5 Ma的锆石TIMS U-Pb年龄。这些研究表明，在240～170 Ma期间，海南岛发生过一次时间较长的构造-岩浆-热事件。

石碌矿区除西部有134 Ma的K-Ar年龄（汪啸风等，1991a；侯威等，1996）外，至今没有其他高精度的成岩年龄报道，但深部隐伏花岗闪长岩体（133 Ma）却为该时代的产物，与围岩石碌群第六段发生接触交代也可能形成了部分矽卡岩型矿石。但是，王智琳等（2011）对石碌ZK0604钻孔深部300 m处的侵入岩进行LA-ICP-M S锆石U-Pb定年，获得93±2 Ma的数据，与矿区内花岗斑岩脉相同和辉绿岩脉具有一致的年龄（94 Ma，唐立梅等，2010），应为后期脉岩。

可见，石碌铁矿床经历了复杂的演化历史。其中，喷流沉积成矿作用与石碌群第六段中的双峰式火山岩有关，这已基本达成共识。伍勤生（1985）测得石碌群第五、六层岩（矿）石的Rb-Sr年龄为588～499 Ma；中科院华南富铁科研队（1986）测定石碌群第6层Rb-Sr全岩等时线年龄为330 Ma；汪啸风等（1991b）测得石碌群第六层黑色炭质板岩和透辉石透闪石岩Rb-Sr全岩等时线年龄为711±45 Ma和459±13 Ma；张仁杰等（1992）测得矿石Sm-Nd等时线年龄为841±20 Ma；许德如等（2007）测得石碌群第六层沉积岩中锆石SHRIMP U-Pb年龄为960～1300 Ma。根据石碌群中宏观藻类化石（张仁杰等，1989）及地层间的覆盖关系，将石碌群定位中新元古代比较合理，加里东期、海西期的Rb-Sr年龄可能为后来区域变质事件的记录。

至于热液叠加成矿的时代，尽管许德如等（2009）采用Ar-Ar法获得透闪石211.7 Ma和132.1 Ma的年龄，认为是两个主成矿期。但是211.7 Ma这一年龄数据并没有相对应的岩浆活动事件，却与区内北东向韧性剪切带年龄一致（白云母Ar-Ar坪年龄221～230 Ma，陈新跃等，2006b；Zhang et al.，2011），可能为区域变质事件的响应。132.1 Ma与本次所测得的深部隐伏花岗闪长岩体（133 Ma）和热液锆石U-Pb第二组年龄（135 Ma）一致，应为早白垩世成岩事件的记录。热液锆石182 Ma的年龄值与儋县岩基（186 Ma；葛小月，2003）一致，与大坡岩体（Rb-Sr年龄为191 Ma，汪啸风等，1991a）也接近，甚至矿区内石碌群第四段中也有190 Ma的构造热事件记录（陈新跃等，2006b；Zhang et al.，2011）。许德如等（2009）测得铁矿石、石榴子石和透闪石矿物内部Sm-Nd等时线年龄为212.9 Ma，明显大于热液锆石年龄。这可能与铁矿区成岩、成矿作用的长期性、复杂性有关，也可能与同位素年代学方法不同有关，如福建马坑铁矿床中石榴子石Sm-Nd年龄（161.2±4.9 Ma）比辉钼矿Re-Os年龄（130.5±0.9 Ma）大30 Ma（王登红等，2010）。因此，石碌铁矿区早侏罗世的叠加成矿事件可能与儋县岩基的侵位有关。

综上所述，石碌矿区经历了中新元古代的海相双峰式火山作用、早侏罗世儋县黑云母二长花岗岩的侵入作用和早白垩世的深部隐伏花岗闪长岩的侵入作用，以石碌群双峰式火山作用最重要，燕山期的岩浆活动可能有一定的叠加作用，而海西期的岩浆活动及印支期的区域性构造热事件可能起改造和破坏作用。

第七章 典型矿床成矿流体地球化学

流体是自然界物质和能量的载体及重要的成岩成矿介质，它们广泛参与各种地质作用，并在一定程度上控制和影响着地球内部物质和能量的交换及各种地质作用的地质动力学过程（Fyfe et al.，1978）。现今完好保存于自然界各类岩石和矿物中的流体包裹体，是地史时期其所经历的构造-热事件中活动热流体的唯一天然样品（Roedder E，1979）。通过流体包裹体研究可获取其他任何途径都无法得到的有关古地质流体的重要信息（P-T-V-X 参数），这对查明各种地质作用的物理化学条件（环境）、水-岩相互作用、分析各种地质作用内在机制及地球动力学过程均具有十分重要的意义。在金属矿床学研究领域，对与成矿有关的古地质流体的研究，已经成为了解成矿流体来源、成分、成矿条件、成矿深度、成矿流体演化过程中金属元素活化、迁移、沉淀机制的有效手段。

第一节 高龙金矿

一、流体包裹体特征

1. 流体包裹体特征

高龙金矿含有可测流体包裹体的矿物包括粗粒石英、细粒石英、方解石、闪锌矿。本次测试包裹体主要集中在石英中，其次为方解石和闪锌矿。这些矿物流体包裹体的特征如表 7-1 所示，高龙金矿的流体包裹体与其他金矿床流体包裹体类似，具有包裹体小，气液比稳定，流体组分较为单一，大多为不规则形状的特点。原生流体包裹体的大小主要集中在 2～10 μm 之间，少量包裹体大于 10 μm，但最大不超过 25 μm；包裹体形态以不规则状为主，其次有椭圆形、负晶形、浑圆型等形态，气液比一般集中在 5%～30% 之间，个别高达 60%，成为富气相包裹体；包裹体组分多以气液两相盐水溶液为主，极个别测试样品可见油气包裹体和含有 CO_2 包裹体。

由于高龙金矿矿区范围内石英矿物中的流体包裹体部分体积太小（<1 μm），测试难度较大，导致测试结果存在误差，也不排除部分样品确实经受过高温流体的影响而具有一些特殊性。另外，在方解石和石英样品中，存在部分流体包裹体体积较大，但形状不规则，其流体包裹体在 550℃ 的条件下仍未均一，这类包裹体不排除泄露或者被后期破坏的可能，因此本次研究暂将两类包裹体搁置起来，仅对规则的、原生标志清晰的、测试误差较小的包裹体进行温度、盐度讨论及相应温压条件的计算。

包裹体均一温度变化范围较大，最小为 92℃，最大为 438℃，众值范围在 180～270℃ 和 330～380℃ 之间；盐度总体以低盐度为主，最小值为 0.35%，最大值为 19.60%，且仅有少数几个值大于 10%，众值范围应在 2.50%～8.68% 之间。由于矿区内含 CO_2 流体包裹体非常少，仅靠一两个包裹体的部分均一温度和完全均一温度很难获得准确的成矿压力，因此本次测试的流体包裹体均一温度并未进行压力校正，并不能真正代表石英脉的形成温度，但由于本区断裂构造控矿作用明显，而断裂带内成矿压力低，进行压力校正后的成矿温度与目前测得的均一温度差别不大，因此，本文姑且用流体包裹体的均一温度来代表成矿温度。

2. 流体包裹体分类

根据流体包裹体均一法测温数据、含矿性及标本的野外产出状态，可将高龙矿区的矿物流体包裹体分为以下 4 类（图 7-1、表 7-1）：

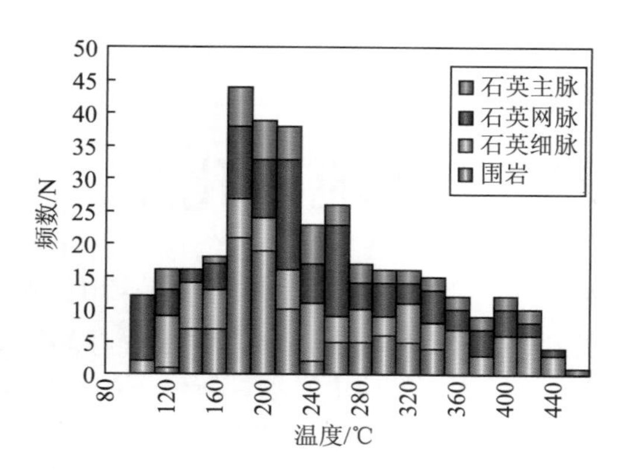

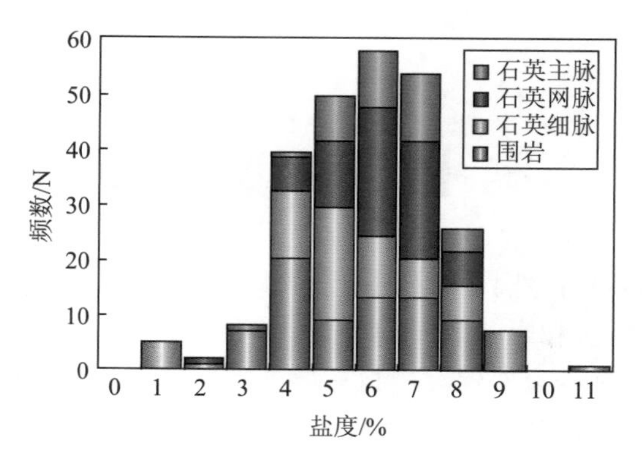

图 7-1　高龙金矿不同类型石英流体包裹体均一温度、盐度直方图

表 7-1　高龙金矿不同类型石英流体包裹体特征表

石英类型	样品号	测定点数	主矿物	类型	种类	形态	大小/μm	相比/%	完全均一 T/℃	平均 /℃	盐度 /%	平均 /%	资料来源
石英主脉	GL32	3	石英	原生	V-L	不规则、椭圆形、浑圆形	5～6	5～15	289～347	317			①
	GL74	9	石英	原生	V-L	不规则、椭圆形、浑圆形	3～8	5～10	228～328	270			①
	GL1-10	7	石英	原生	V-L	不规则、规则	2～12	3～5	117～271	177	3. 55～6. 59	5. 06	②
	GL1-24	11	石英	原生	V-L	不规则	2～6	5～20	327～395	294	7. 73～7. 86	7. 80	②
	GL1-48	10	石英	原生	V-L	规则、不规则	2～6	5～20	116～403	256	4. 95～6. 74	6. 10	②
	GL1-49	4	石英	原生	V-L	不规则、规则	2～6	5～10	265～417	374	7. 17～8. 00	7. 59	②
	GL1-56	1	石英	原生	V-L	规则、不规则	2～3	20	282	282	2. 9	2. 9	②
	GL1-58	15	石英	原生	V-L	规则、不规则	2～8	5～20	177～308	213	4. 65～6. 88	5. 81	②
	GL2-16	3	石英	原生	V-L	规则	2～6	5～10	190～324	257	7. 31～8. 00	7. 66	②
	GL2-16	6	方解石	原生	V-L	规则	2～12	5～15	142～212	181	2. 90～4. 18	3. 55	②
石英网脉	G4	3	石英	原生	V-L	不规则、椭圆形、浑圆形	5	5～10	268～330	296			①
	GL33	5	石英	原生	V-L	不规则、椭圆形、浑圆形	5～8	5～10	152～309	233			①
	GL43	4	石英	原生	V-L	不规则、椭圆形、浑圆形	3～5	5～10	324～430	374			①
	GL73	2	石英	原生	V-L	不规则、椭圆形、浑圆形	3～5	5	33～291	162			①
	GL1-11	1	石英	原生	V-L	不规则	3	20	350	350			②
	GL1-13	3	石英	原生	V-L	规则	2～3	3～10	101～254	153	4. 49	4. 49	②
	GL1-17	8	石英	原生	V－L	不规则、规则	2～10	3～20	119～286	309	1. 05～6. 74	5. 27	②
	GL1-18	12	石英	原生	V－L	规则、不规则	2～5	10	162～287	196	5. 41～7. 73	6. 16	②
	GL1-20	8	石英	原生	V－L	规则、不规则	2～5	3～15	206～288	238	5. 11～6. 16	5. 65	②
	GL1-21	10	石英	原生	V－L	不规则、规则	2～5	5～10	163～258	224	4. 49～6. 45	5. 18	②
	GL1-22	13	石英	原生	V－L	规则、不规则	2～12	5～20	82～248	109	19. 60	19. 6	②
	GL1-29	13	石英	原生	V－L	不规则、规则	2～10	5～15	146～241	183	4. 03～6. 59	5. 58	②
	GL1-31	7	石英	原生	V－L	规则、不规则	2～7	5～20	156～412	243	4. 65～7. 02	6. 09	②
	GL1-35	9	石英	原生	V－L	不规则、规则	2～6	5～20	198～414	292	3. 06～7. 59	4. 89	②
	GL1-38	6	石英	原生	V－L	不规则	2～5	10	315～386	352	6. 74～8. 68	7. 58	②
	GL1-40	9	石英	原生	V－L	不规则	2～12	5～10	203～425	315	3. 55～7. 45	5. 43	②
	GL1-6	8	石英	原生	V－L	不规则	2～14	5～14	216～400	312	3. 06～6. 16	4. 89	②
	GL41	11	石英	原生	V－L	不规则、椭圆形、浑圆形	5～10	5～20	124～384	268			①

续表

石英类型	样品号	测定点数	主矿物	类型	种类	形态	大小/μm	相比/%	完全均一 T/℃	平均/℃	盐度/%	平均/%	资料来源
石英细脉	G2	5	石英	原生	V-L	不规则、椭圆形、浑圆形	5~6	5~10	270~335	310			①
	G3	12	石英	原生	V-L	不规则、椭圆形、浑圆形	5~10	5~20	154~311	244			①
	GL44-1	14	石英	原生	V-L	不规则、椭圆形、浑圆形	3~8	5~10	161~361	235			①
	GL65	4	石英	原生	V-L	不规则、椭圆形、浑圆形	5~6	5	271~242	229			①
	GL207	13	石英	原生	V-L	不规则、椭圆形、浑圆形	5~15	5~10	119~186	153			①
	GL1-34	6	石英	原生	V-L	规则	2~6	5~10	219~308	257	4. 34~4. 80	4. 58	②
	GL1-37	15	方解石	原生	V-L	不规则、规则	2~16	5~40	151~401	216	3. 23~6. 45	4. 26	②
	GL1-41	2	石英	原生	V-L	不规则	2~5	5~10	416~438	427	5. 71	5. 71	②
	GL1-42	4	石英	原生	V-L	规则	2~5	5	305~424	368	8. 41	8. 41	②
	GL1-51	8	石英	原生	V-L	规则、不规则	3~10	3~10	103~427	264	4. 65~10. 61	6. 33	②
	GL1-55	7	石英	原生	V-L	不规则、规则	2~6	5~15	232~387	322	4. 65~7. 31	5. 85	②
	GL1-8	11	石英	原生	V-L	不规则、规则	2~8	5~10	315~413	351	3. 23~5. 86	4. 84	②
	GL2-37	15	方解石	原生	V-L	不规则、规则	2~10	5~30	99~382	218	1. 91~5. 11	3. 77	②
	GL2-8	9	石英	原生	V-L	规则、规则	2~6	3~20	107~307	201	3. 06~8. 68	6. 39	②
	GL2-8	4	石英	原生	LCO_2	规则、不规则	2~10	20~5	371~398	381	3. 71~4. 44	4. 17	②
	GL2-9	12	石英	原生	V-L	规则	2~5	5~25	132~328	199	6. 74~8. 41	7. 54	②
	GL2-9	7	闪锌矿	原生	V-L	不规则、规则	2~12	3~10	92~134	118	0. 18~0. 88	0. 57	②
围岩	GL1-23	15	方解石	原生	V-L	不规则	2~14	5~30	169~306	220	4. 18~7. 45	5. 60	②
	GL1-45	15	方解石	原生	V-L	不规则、规则	2~40	3~10	120~267	185	2. 74~4. 18	3. 34	②
	GL1-46	16	方解石	原生	V-L	不规则、规则	2~18	5~20	126~188	162	2. 41~4. 96	3. 40	②
	GL2-15	18	方解石	原生	V-L	不规则、规则	2~24	5~10	148~218	180	5. 56~7. 17	6. 22	②
	GL2-3	17	石英	原生	V-L	不规则、规则	2~8	5~30	171~33	289	5. 86~7. 31	6. 57	②

注：①来源自胡明安等，2003；②为本项目实测，测试单位：中国地质大学（北京）。

1）主脉石英中的包裹体。这类样品主要采自矿区内石英主脉体，测试矿物主要是石英，其次为方解石。测试结果显示，均一温度分布范围为170~374℃，众数范围在190~330℃之间，这类包裹体具有温度跨度大、峰值不明显的特征，说明矿区范围内形成石英的热液流体具有长时间演化的特征。部分石英样品表现出极高的均一温度，其原因尚不十分清楚，盐度分布范围相对集中，在3. 37%~7. 66%之间，说明多阶段热液活动的盐度变化不大。

2）网脉状石英中的包裹体。这类样品主要采自矿区内靠近石英主脉体石英网脉带中的角砾岩，其中角砾岩的成分既可以是硅化灰岩、硅化细碎屑岩，也可以是未硅化的灰岩和细碎屑岩，但以硅化岩石角砾为主，测试矿物为石英。测试结果显示，均一温度分布范围为100~430℃，众数范围在150~280℃之间。这类包裹体具有单峰特征，但其温度值略低于石英主脉的温度，可能是石英热液在与围岩角砾接触交代过程中发生水岩反应而导致温度下降的结果。这也说明石英网脉和石英主脉之间为相同热液流体作用的产物。盐度分布范围也相对集中，在4. 49%~8. 30%之间，分布特征略高于石英主脉的盐度，但总体上盐度差异不大，在测定误差范围之内。

3）细脉状石英中的包裹体。这类样品主要采自矿区内靠近石英网脉的细脉带内的石英。测试矿物主要为石英，其次为方解石和闪锌矿。测试结果显示，均一温度分布范围为120~438℃，众数范围在130~420℃之间，其均一温度不具有明显峰值，但仍可与石英网脉的流体包裹体均一温度对比，其温度也低于石英主脉温度而与石英网脉的温度范围类似，说明石英细脉与石英主脉和石英网脉的热液流体具有相同来源。此类样品含有浅色闪锌矿，矿物中的流体包裹体均一温度明显低于石英中的均一温度，主要是由于闪锌矿结晶温度较低，说明闪锌矿的形成阶段晚于石英主脉的形成时间，其形成可能晚于石英脉的形成，也可能形成于热液石英的最晚期阶段。盐度分布范围相对集中，在3.77% ~ 8.41%之间，仅一个闪锌矿样品的盐度偏低，其值为0.57%，说明闪锌矿流体来源与石英存在一定的差异。

4）碳酸盐岩中的包裹体。样品主要采自围岩地层中，其中，方解石主要产于石炭系—二叠系碳酸盐岩地层靠近石英主脉的一侧，其次为产于中三叠统细碎屑岩地层和石英主脉内，多呈团块状和脉状产出；石英主要为产于炭质泥岩中的后期石英脉（明显穿插泥质岩地层的特点），但与石英主脉的关系尚不清楚。测试结果显示，均一温度分布范围为160 ~300℃，众数范围160 ~220℃之间。这类包裹体的形成温度明显低于区内石英脉的形成温度，说明在石英脉形成之后明显存在一期低温的碳酸盐热液阶段，代表了区内成矿作用的结束。盐度分布范围相对集中，在3.34% ~6.57%之间，分布特征与石英主脉、石英网脉和石英细脉的盐度特征差异不大，但其范围更加集中，考虑到流体温度的差异，认为围岩碳酸盐岩的流体与石英阶段流体并非同一阶段。

根据流体包裹体寄主矿物特征，也可将高龙矿区的流体包裹体分为以下4类（图7-2）：

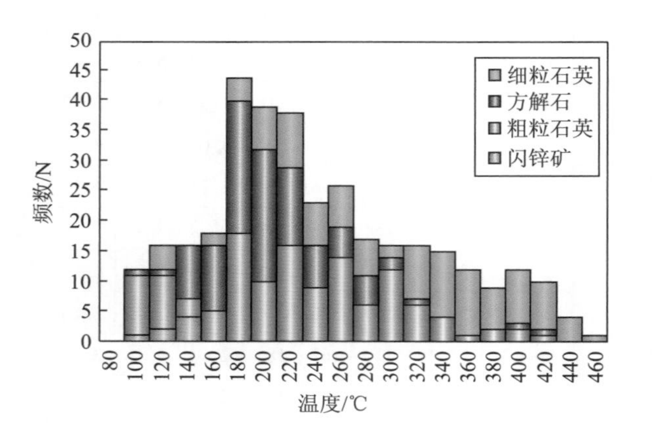

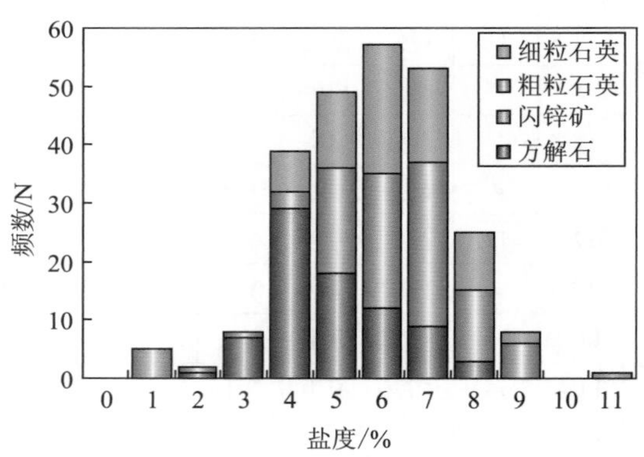

图7-2　高龙金矿不同矿物中流体包裹体温度、盐度直方图

1）粗粒石英流体包裹体。这类石英在区内分布广泛，既可产于石英主脉带也可产于网脉带和细脉带中。其形成温度范围较宽，均一温度范围为130 ~420℃，众数范围为150 ~300℃，盐度范围为2.65% ~8.41%，众数范围为4.50% ~7.80%，这类粗粒石英均一温度单主峰的特点与石英主脉中流体包裹体均一温度特点类似，说明矿区范围内的热液活动具有多期多阶段的特点；盐度变化幅度不大，说明不同阶段流体性质变化不大。

2）细粒石英流体包裹体。这类石英与粗粒石英类似，但其分布范围比较局限，主要分布于石英主脉带两侧的靠近石英网脉带的位置。其形成温度范围与粗粒石英类似，范围较宽，均一温度范围为160 ~550℃，众数范围为170 ~280℃、320 ~420℃，盐度范围为5.05% ~19.60%，众数范围为5.50% ~7.58%，这类石英的主峰特点明显高于粗粒石英均一温度分布范围，说明早期形成的细粒石英较晚期粗粒石英具有更高的温度，是导致含硅质热液和金矿化的主要热液活动期次；盐度虽有个别异常值的存在，这可能源自受到围岩岩性或个别包裹体测量时观察误差的影响，但是其盐度众数范围仍落于粗粒石英盐度范围之内，说明两类石英的成矿流体具有同源性。

3）方解石流体包裹体。这类方解石分布范围相对较广，既可产于围岩碳酸盐岩中，亦可产于细碎屑岩中，还可产于石英主脉带内，是区内分布较广，但发育规模远小于石英的一类热液蚀变矿物。其形成温度明显有别于石英的形成温度，具有低温成因特征，均一温度范围为120 ~320℃，众数范围为180 ~250℃，具有低温单峰值特点，盐度范围为3.34% ~6.22%。从均一温度和盐度范围考虑，方解石的形成与石英的形成并非同一期热液活动的产物，结合野外地质体穿插关系和显微镜下矿物共生组合观察，初步得出碳酸盐岩形成阶段晚于石英形成阶段，该阶段的热液活动代表着区内成矿作用的结束。

4）闪锌矿流体包裹体。在矿区范围内仅发现一例含流体包裹体的闪锌矿样品，该闪锌矿颜色较浅，便于流体包裹体的均一温度测试。闪锌矿产于石英细脉带的石英脉中，与石英共生，其角砾为粉砂质泥岩。该闪锌矿均一温度为118℃，盐度为0.57%，明显低于石英的结晶温度，由于闪锌矿在矿区内发现数量少、代表性较差，很难说明其形成的阶段和环境，但根据其温度和盐度值可推断闪锌矿的形成与方解石的形成阶段类似，与方解石一起代表了低温低盐度热液活动。

3. 流体包裹体的空间变化

1）平面变化趋势。通过对高龙矿区平面上流体包裹体的分析测试可以看出，在靠近石英主脉附近，流体的温度较高，而靠近下盘灰岩附近石英和上盘细碎屑岩中的石英细脉中石英的流体温度相对较低。石英主脉在走向上流体温度变化不大，在测区中部，由于测试样品点较少，导致中部区域的流体温度在图中显示为较低（图7-3）。总体而言，石英主脉的流体温度较高，自主脉中心向两侧围岩方向石英网脉和石英细脉带温度逐渐降低，说明热液在与围岩地层接触过程中由于水岩相互作用而导致温度低于主脉。

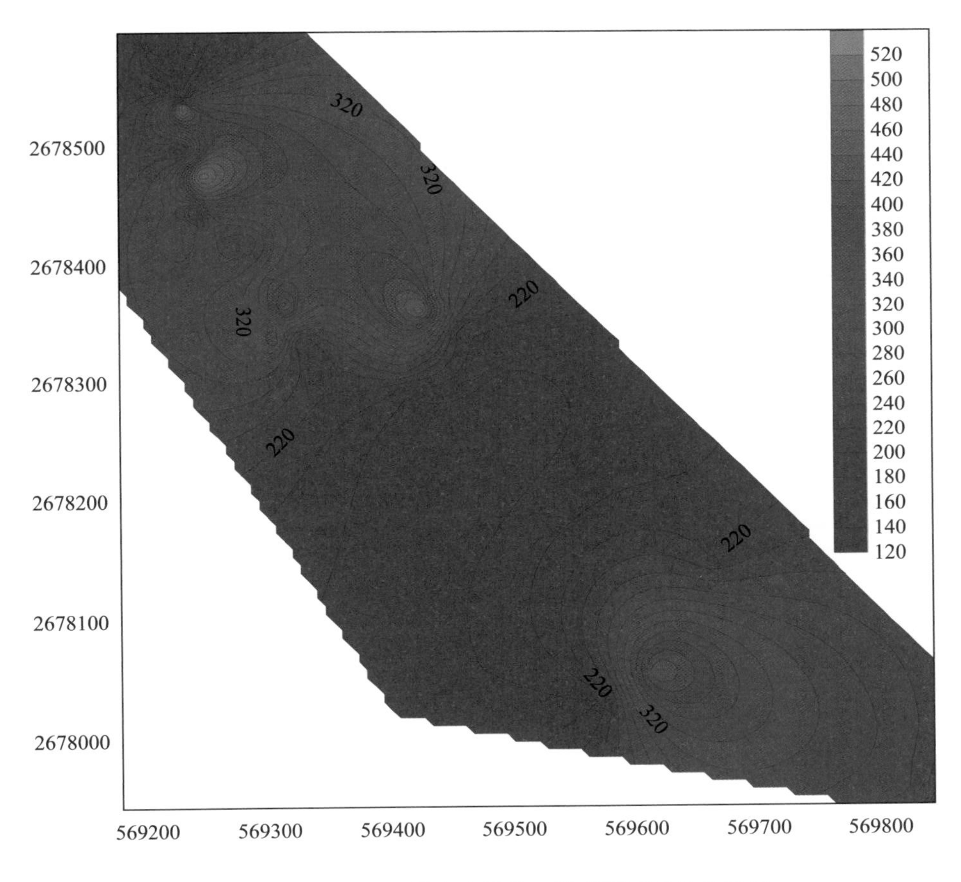

图7-3　高龙金矿流体包裹体均一温度平面变化趋势图

2）随深度变化规律。根据高龙金矿不同采样位置将区内的流体包裹体投影到垂直剖面上，结果显示，随着深度的不断增加，温度和盐度均有一定程度的增加趋势，但由于在野外采样过程中采场中部无法采样，中部地区样品密度不够，再者在中部石英脉和地层中发育较多的方解石脉，导致均一温度和盐度值明显降低，尤其是温度表现出低值特征（图7-4）。虽然区内石英和方解石流体包裹体的均一温度和盐度均有一定程度随深度增加而逐渐增大的趋势，但是温度和盐度之间并不具备同步增长的相关关系，均一温度变化较盐度随深度增长的更为明显。

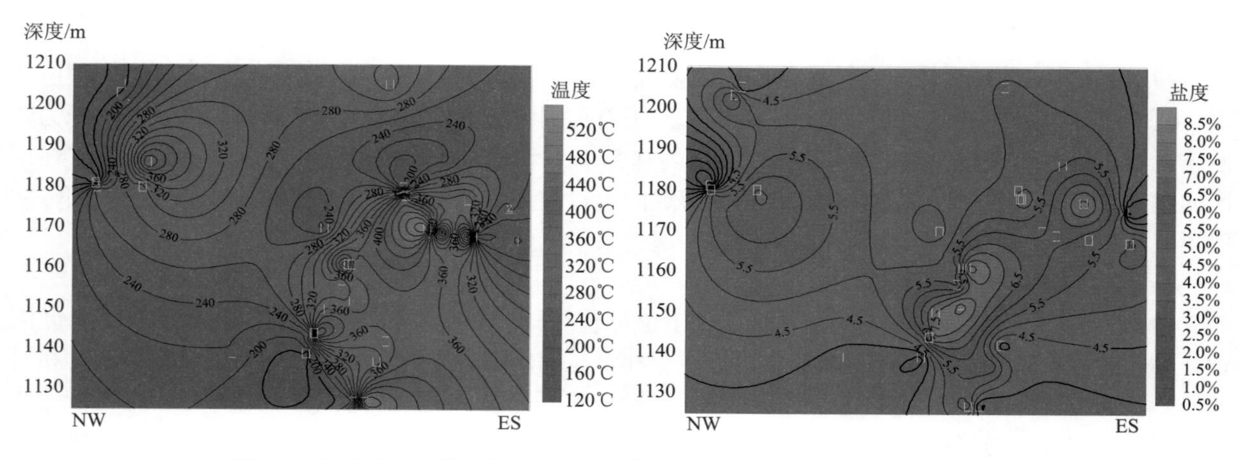

图 7-4　高龙矿区石英、方解石矿物流体包裹体均一温度、盐度剖面变化图

4. 流体包裹体组分

高龙矿区石英流体包裹体的气液两相组分含量见表 7-2、表 7-3、表 7-4。包裹体气相组分以 H_2O 为主，其次为 CO_2 和 H_2，还有少量的 CH_4、N_2 和 CO。液相组分以 Na^+、Ca^{2+}、SO_4^{2-}、Mg^{2+} 为主，其次为 K^+、Mg^{2+}、F^-、Cl^-、NO_3^-。采自构造角砾岩中、石英脉中和硅化岩中的石英流体包裹体气相组分的含量大体相近，且 H_2O、CO_2、H_2、CO、CH_4 各组分的浓度相对比例也相同，反映出硅化阶段、主石英脉阶段、石英网脉阶段的流体来源基本相似，暗示其来源和成因相同。

表 7-2　高龙金矿石英流体包裹体流体液相组分分析结果表（μg/g）

样品号	F^-	Cl^-	NO_3^-	SO_4^{2-}	Na^+	K^+	Mg^{2+}	Ca^{2+}	$Na^+/(Ca^{2+}+Mg^{2+})$	Na^+/K^+	SO_4^{2-}/Cl^-
GL1-2	0.1739	0.5195	/	1.786	1.528	/	0.2116	3.831	0.38		3.44
GL1-4	0.3326	0.3562	/	1.34	2.076	/	0.1887	0.8021	2.10		3.76
GL1-7	0.1862	0.3835	/	1.236	0.314	0.2019	0.1346	0.1346	1.17	1.56	3.22
GL1-10	0.3434	0.3363	/	1.809	0.588	0.8467	0.1411	6.656	0.09	0.69	5.38
GL1-12	0.1592	0.5574	0.1183	1.67	1.16	0.6825	/	0.364		1.70	3.00
GL1-14	0.4195	0.8414	/	1.125	1.451	0.8164	0.0454	0.4989	2.67	1.78	1.34
GL1-15	0.3563	0.5322	/	3.121	1.597	1.134	/	0.3702		1.41	5.86
GL1-17	/	0.4082	0.0999	29.81	3.796	1.456	0.1713	2.826	1.27	2.61	73.03
GL1-24	0.1953	0.5789	/	0.9318	1.247	0.8706	/	0.8942		1.43	1.61
GL1-27	0.3417	0.6671	/	4.116	0.6276	0.4881	0.093	4.277	0.14	1.29	6.17
GL1-39	0.334	1.042	0.127	1.27	0.9408	0.6586	0.3293	1.999	0.40	1.43	1.22
GL1-42	0.5087	0.7946	0.5554	3.932	0.9073	0.8798	0.165	1.155	0.69	1.03	4.95
GL2-3	/	3.585	/	3.655	2.434	1.183	0.1137	1.365	1.65	2.06	1.02
GL2-12	0.2193	0.5492	/	9.703	2.27	1.44	0.1221	2.685	0.81	1.58	17.67
GL2-16	0.1408	1.418	/	1.166	1.039	0.5541	0.0693	1.27	0.78	1.88	0.82
GL2-27	0.1557	0.4903	/	6.584	2.696	1.487	0.0697	1.139	2.23	1.81	13.43
GL2-30	1.587	0.6627	/	6.992	1.48	0.8654	0.0455	1.571	0.92	1.71	10.55

注："/"表示达不到检测线或者未检测出；本检测由核工业地质分析测试研究中心分析。

表 7-3　高龙金矿石英流体包裹体流体气相组分分析结果表（μg/L）

样品号	H_2	N_2	CO	CH_4	CO_2	H_2O（气相）
GL2-30	1.846	0.5596	0.0723	0.1066	1.706	4.127×10^5
GL2-27	0.867	0.3197	/	0.0359	0.58	2.865×10^5
GL2-10	0.4229	0.3319	0.0559	/	0.5603	4.127×10^5
GL2-9	0.5828	0.4443	0.0654	0.067	2.838	2.865×10^5
GL2-3	0.4013	0.2799	0.0306	0.0209	1.763	4.127×10^5
GL1-24	1.106	0.2005	0.0614	0.0584	0.4078	2.865×10^5
GL1-17	0.4446	0.2056	0.0826	0.032	0.4153	4.127×10^5
GL1-39	0.4268	0.2	/	0.029	0.4261	2.865×10^5
GL1-16	0.4791	0.2167	0.154	/	0.3512	4.127×10^5
GL2-4	0.2647	3.832	0.0995	/	1.299	2.865×10^5
GL1-41	1.345	0.3496	/	/	0.2145	4.127×10^5
GL1-27	1.182	0.2544	0.0703	0.1062	/	2.865×10^5
GL2-25	0.4128	0.5688	/	0.0349	3.198	4.127×10^5
GL1-15	0.8359	0.2588	0.0689	0.0886	0.3766	2.865×10^5
GL2-21	2.546	0.2354	/	0.07	1.387	4.127×10^5
GL1-10	1.115	9.118	/	0.2659	4.168	2.865×10^5
GL1-42	5.085	54.6	/	/	/	4.127×10^5
GL1-12	9.101	0.7893	1.5477	0.5106	6.399	2.865×10^5
GL1-14	9.672	1.907	/	0.2168	1.527	4.127×10^5
Gl1-7	1.533	0.8383	0.1955	0.107	1.518	2.865×10^5

注：“/”表示达不到检测线或者未检测出；本检测由核工业地质分析测试研究中心分析。

表 7-4　高龙金矿石英流体包裹体流体有机组分分析结果表（μg/L）

样号	CH_4	C_2H_4	C_2H_6	C_3H_6	C_3H_8	iC_4H_{10}	nC_4H_{10}	iC_5H_{12}	nC_5H_{12}
GL1-2	0.7499	0.0773	0.5369	0.0091	0.7188	0.0013	0.0060	0.0804	0.3142
GL1-4	0.7583	0.0602	0.5230	0.0116	0.3301	0.3389	0.0305	0.1861	0.4871
GL1-7	0.1753	0.0054	0.1393	0.2001	0.1096	/	0.0238	0.0145	0.0776
GL1-10	0.1487	0.0072	0.1086	0.0346	0.0573	/	0.0145	0.0056	0.0283
GL1-12	0.2478	0.0045	0.1369	0.0007	0.0979	/	0.0243	0.0273	0.0759
GL1-14	0.3242	0.0096	0.1637	0.0013	0.1257	0.0084	0.0037	0.0438	0.1048
GL1-15	0.4660	0.0197	0.2775	0.0050	0.2797	0.0135	0.0130	0.0787	0.1724
GL1-17	0.2446	0.0063	0.1491	0.0008	0.0210	0.0055	0.0165	0.0272	0.0785
GL1-24	0.6979	0.0353	0.3668	0.0066	0.0056	0.0136	0.0113	0.0511	0.1373
GL1-27	0.8972	0.0326	0.4162	0.0043	0.0187	0.0026	0.0183	0.2157	0.3527
GL1-39	0.3407	0.0124	0.2076	0.0013	0.0374	0.0095	0.0074	0.0370	0.1059
GL1-41	0.2104	0.0062	0.1494	0.0008	0.1253	0.0096	0.0054	0.0152	0.0556
GL1-42	0.3086	0.0375	0.2009	0.0034	0.2032	0.0063	0.0060	0.0131	0.0536
GL2-3	0.2515	0.0120	0.1533	0.0009	0.1594	0.0064	0.0049	0.0063	0.0385
GL2-4	0.1818	0.0074	0.2515	0.0005	0.1835	0.0105	0.0069	0.0120	0.1868
GL2-9	0.3601	0.0044	0.0798	0.0036	0.0592	0.0037	0.0024	0.0027	0.0158
GL2-10	0.1152	0.0127	0.1051	0.0013	0.1140	0.0042	0.0028	0.0029	0.0209
GL2-12	0.5662	0.0294	0.3103	0.0040	0.4036	0.0058	0.0020	0.0746	0.2026
GL2-16	0.3138	0.0116	0.1966	0.0010	0.1727	0.0143	0.0086	0.0186	0.0775
GL2-21	0.4907	0.0302	0.4309	0.0036	0.4410	0.0037	0.0030	0.0344	0.1384
GL2-25	0.2709	0.0053	0.1351	0.0009	0.1250	0.0052	0.0024	0.0028	0.0275
GL2-27	0.2000	0.0031	0.1214	0.0005	0.1075	0.0089	0.0054	0.0120	0.0494
GL2-30	0.6507	0.0275	0.3167	0.0060	0.4066	0.0051	0.0050	0.1310	0.2748

注：“/”表示达不到检测线或者未检测出；本检测由核工业地质分析测试研究中心分析。

在早期硅化细粒石英阶段，成矿溶液浓度较大，高浓度成矿溶液含有丰富的成矿物质，其演化奠定了主成矿阶段的物质基础、成矿溶液中碱金属离子＞碱土金属离子含量，$Na^+ > Mg^{2+}$，$K^+ > Ca^{2+}$，由于碱金属离子的大量存在，使得含矿溶液偏碱性，有助于 SiO_2 大量溶解、迁移、渗透、交代。此外，SO_4^{2-}、F^- 离子大量存在，其含量也大于成矿期和成矿后阶段的离子含量，气相组分中除 CO_2 含量高外，CH_4 等典型的还原性气体的含量不高，说明成矿流体还原性不强，流体类型属于 $SO_4^{2-}-Na^+-Ca^{2+}-Cl^--H_2O$ 型。在粗粒石英的主成矿阶段，成矿溶液浓度也较高，但溶液中 Na^+、K^+ 含量相对降低、Ca^{2+}、Mg^{2+} 离子含量明显增高，SO_4^{2-} 含量仍然较高，CH_4、H_2 含量增高，CO_2 的含量变化较大，但总体含量有所降低，说明流体的盐度降低、还原性增强，流体包裹体类型为 $SO_4^{2-}-Na^+-Ca^{2+}-H_2-H_2O$ 体系。在石英细脉-碳酸盐化阶段，成矿溶液浓度继续降低，K^+、Na^+、SO_4^{2-} 等离子浓度明显降低，Ca^{2+}、Mg^{2+}、F^-、Cl^- 等的含量有所降低，CH_4 含量减少，说明成矿溶液的还原性降低，成矿作用进入晚期阶段，成矿流体为 $CO_2-Ca^{2+}-Mg^{2+}-H_2O$ 体系。

总体来讲，高龙金矿整个成矿过程中流体浓度具有由高到低的变化趋势，成矿作用是在较强的还原环境下发生的。成矿开始和结束阶段还原性相对较弱；成矿溶液中各类阴阳离子含量随着成矿作用的演化同样具有逐渐减少趋势，其中 K^+、SO_4^{2-}、F^- 在成矿早期含量最高，到主成矿阶段 Na^+、Ca^{2+}、Mg^{2+} 和 CH_4 等的含量升高，成矿后这些离子含量又逐渐降低；各阶段成矿流体中均含有 CO_2，它的存在极大提高了成矿热液的酸度，成矿作用可能是在酸性的流体介质中发生的。

Roedder E. 等（1979）认为，当流体包裹体组分中 $Na^+/K^+ < 2$，且当 $Na^+/(Ca^{2+}+Mg^{2+}) > 4$ 时，成矿流体具有岩浆热液的特点；当 $Na^+/K^+ > 10$，且 $Na^+/(Ca^{2+}+Mg^{2+}) > 1.5$ 时，成矿流体具有热卤水的特点，介于两者之间是可能为沉积型或层控型成因。此外，Na^+、Ca^{2+}、Cl^-、SO_4^{2-} 含量高，$SO_4^{2-}/Cl^- < 1$，则是卤水成因的特点。然而，高龙金矿流体组分既不具备标准的岩浆热液特征，也与地下卤水存在较大差异，结合矿床地质特征，认为流体可能受到围岩地层的影响较大，尤其是含 Na^+、K^+ 质的碎屑岩和含 Ca^{2+} 和 Mg^{2+} 质的碳酸盐岩的影响。考虑到 K^+、Na^+ 受碎屑岩影响，Ca^{2+}、Mg^{2+} 受碳酸盐岩影响分别具有同步性的特点，Na^+/K^+、SO_4^{2-}/Cl^- 以及 Cl^-、SO_4^{2-} 等指标仍可作为判别流体来源的参数。在高龙金矿区，早期石英流体包裹体溶液中 K^+、Na^+、F^-、SO_4^{2-} 含量较高，而 Ca^{2+}/Mg^{2+} 含量相对偏低，这些高含量元素是岩浆热液流体的主要组分，暗示在高龙矿区深部可能有隐伏岩体提供岩浆水并参与成矿。因此，成矿流体中不能排除有岩浆热液参与的可能，对于矿区内的石英热液来源更是如此。成矿晚期阶段溶液中 Ca^{2+}、Mg^{2+} 含量增加，K^+ 减少，可能是与碳酸盐岩区的岩溶地下水参与成矿有关，因为碳酸盐岩溶解可造成 Ca^{2+}、Mg^{2+} 等碱土离子的激增。随着成矿作用的进行，成矿晚期岩溶地下水逐渐增多，溶液浓度大幅度下降，标志着成矿作用终结。总之，本区成矿流体具有多来源、多成因特征，既有岩浆热液的参与，又有深成地下水的加入。

二、成矿流体物理化学参数的估算

1. 成矿压力

高龙金矿成矿压力的确定，主要采用包裹体 CO_2 浓度法、岩石压力、深度计算法等（广西地质矿产局，1992）。

CO_2 浓度计算法。由于高龙金矿中 CO_2 包裹体缺乏，导致 CO_2 成矿压力的计算并不容易。根据矿物包裹体成分分析结果，计算 CO_2 在包裹体中所占重量百分比，并根据实测包裹体的均一温度，投影在 H_2O-CO_2 体系热水溶液的 CO_2 浓度与温度、压力的关系图（图 7-5）上，压力值均在 10^7Pa 左右，高龙矿区压力计算为 $1.2\times10^7 \sim 1.5\times10^7$Pa。

岩石压力计算法。根据邵洁连计算金矿成矿压力和深度的经验公式：$T_0 = 374 - 290\times N$(℃)，$P_0 = 219 + 2620\times N$(10^5Pa)，$H_0 = P_0/(300\times10^5)$(km)，$P_1 = P_0 \cdot T_1/T_0$($10^5$Pa)，$H_1 = P_1/(300\times10^5)$(km)，式中 N 为盐度，T_0 为初始温度，P_0 为初始压力，H_0 为初始深度，P_1 为成矿压力，T_1 为实测温度，H_1 为成矿深度。将 N、T_1 代入上述公式，所求成矿压力和成矿深度见表 7-5（广西地质矿产

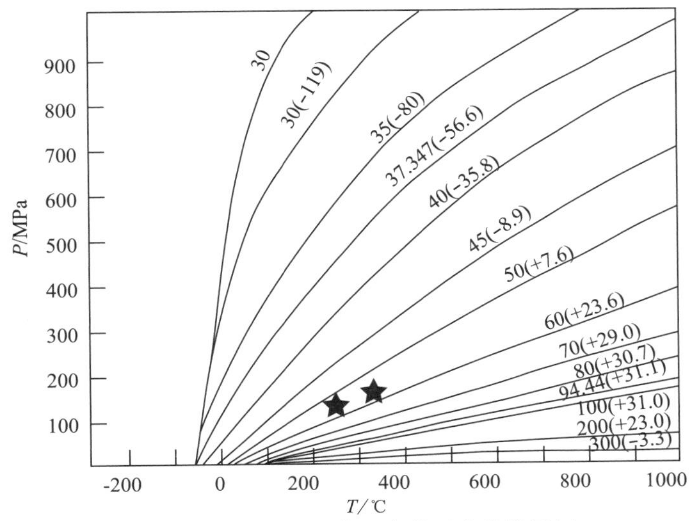

图 7-5　高龙金矿流体包裹体压力估算图解

图中等溶线的单位为 cm^3/mol，括号内数字为 CO_2 的部分均一温度

（底图据 Van den Kerkhof and Thiery，2001）

局，1992）。

表 7-5　高龙金矿成矿压力和深度计算一览表

T_1	T_0/℃	$P_1/10^5$ Pa	$P_0/10^5$ Pa	N/%	H_0/km	H_1/km
153	615.41	225.37	906.49	26.24	3.022	0.751
213	791.40	378.87	1407.69	45.37	4.692	1.263
254	587.21	351.37	826.185	23.175	2.754	1.191
351	383.02	224.26	244.68	0.98	0.816	0.748

岩石静压力法。根据地壳岩石增压率，即地壳深度每增加 1 km，压力大致增加 2.5×10^7 Pa，结合本区的成矿深度较浅的状况，若按深度为 200～2000 m 估算，则岩石静岩压力为 5×10^6～5×10^7 Pa（广西地质矿产局，1992）。

上述所述，用两种方法估算的成矿压力和深度虽有差异，但比较接近，也与根据包裹体成分、离子组合类型分析所得成矿深度较浅的结论大体一致。但这些计算都未考虑构造运动的影响。

2. 成矿热液的酸碱度（pH）

矿体围岩中存在绢云母化，而这种绢云母化是由钾长石蚀变所成。成矿热液的酸碱度应在绢云母的稳定场内，即其 pH 值的上、下限可分别由钾长石-绢云母和绢云母-高岭石的共生界限来确定（广西地质矿产局，1992）。

设 $\alpha_{固}=1$，$\alpha_{H_2O}=1$

$$3KAlSi_3O_8+2H^+ \rightleftharpoons KAl_3Si_3O_{10}(OH)_2+6SiO_2+K^+$$

$$K_1=\alpha K^{1+}/\alpha H^{2+} \quad (1)$$

$$3KAl_3SiO_{10}(OH)_2+2H^++3H_2O \rightleftharpoons 3Al_2Si_2O_3(OH)_4+2K^+$$

$$K_2=\alpha_{K2+}/\alpha_{H2+} \quad (2)$$

式中 αK^+ 为 K^+ 的活度。根据 $\alpha K = mK^+\cdot\gamma K^+, Lg\gamma K^+ = -A^2K^+ + \sqrt{I}, I=\frac{1}{2}\Sigma m_1 Z_1^2$，并根据包裹体成分测定结果（表 7-2、表 7-3、表 7-4），换算为重量克分子浓度；$mK^+=0.085\times10^{-4}$（m），$mNa^+=2.609\times10^{-4}$（m），$mCa^{2+}=9.1\times10^{-4}$（m），$mMg^{2+}=6.012\times10^{-4}$（m），$mF=1.453\times10^{-4}$（m），$mCl^-=6.029\times10^{-4}$（m），$mHCO^-=41.885\times10^{-4}$（m），$mSO_4^{2-}=1.65\times10^{-4}$（m）

$$I = \frac{1}{2}\Sigma m_1 Z_1^2 = \frac{1}{2}[0.085 \times (+1)^2 + 2.609(+1)^2 + 9.1 \times (+2)^2 + 6.042(+2)^2 +$$

$$1.453(-1)^2 + 6.029 \times 10^{-4}(m) + 41.885(-1)^2 + 1.654 \times (-2)^2] \times 10^{-4} = 5.962 \times 10^{-8}$$

$$Lg\gamma K^+ = -0.509Z_2K + \sqrt{I} = 5.09 \ (+1)^2 \ \sqrt{5.902 \times 10^{-8}} = -0.039$$

$$\gamma K^+ = 0.9135$$

$$\alpha K^+ = mK^+ \cdot \gamma K^+ = 0.085 \times 10^{-4} \times 0.9135 = 7.7648 \times 10^{-8}$$

$Lg\alpha K^+ = -5.11$，代入 pH_1 公式，得（表7-6）。

上述计算结果表明，随着温度由高到低，pH_1、pH_2 由低到高。

表7-6　高龙金矿化学反应平衡常数及 pH_1、pH_2 计算结果表

温度	150℃	200℃	250℃	300℃	350℃
LgK_1	8.80	8.45	8.12	7.82	7.60
LgK_2	8.08	7.10	6.20	5.44	4.90
pH_1	9.51	8.335	9.17	9.02	8.91
pH_2	9.15	8.66	8.21	7.83	7.56

3. 成矿热液的氧化还原电位（Eh）

根据化学反应式：

$$CO_2 \ (g) + 8H^+ \ (ag) + 8e^- \rightleftharpoons CH_4 \ (g) + 2H_2O \ (e)$$

$$E_h = -\Delta GT^0/23.068n + RT \ [\lg \ (f_{CO_2}/f_{CH_4}) - 8pH]$$

$R = 2.48 \times 10^{-5}$，$n = 8$，pH 已知，可求 ΔGT^0

$$\Delta GT^0 = \Delta G298 - T\Delta CP \ [\lg \ (T/298) + 298/T - 1]$$

$$m_{CO_2} = 8.22 \times 10^{-4} \ (m),\ m_{CH_4} = 9.813 \times 10^{-4} \ (m)$$

$$f_{CO_2}/f_{CH_4} = m_{CO_2}/m_{CH_4} = 8.22/9.813$$

在200℃时，算式 $\Delta GT^0 = -41.404$（Kcal）

$$E_{h1} = -(-41.404)/(23.062 \times 8) + 2.48 \times 10^{-5} \times 473 \ [\lg \ (8.22/9.813) - 8 \times 9.335]$$
$$= -0.6525V$$

$$E_{h2} = -(-41.404)/(23.062 \times 8) + 2.48 \times 10^{-5} \times 473 \ [\lg \ (8.22/9.813) - 8 \times 8.866]$$
$$= -0.5891V$$

可见，在200℃时，E_h 为 $-0.5891 \sim -0.6525V$。

4. 逸度

在成矿过程中，由于上覆压力变化不大，可看成外力条件不变。但由于 f_{O_2}、f_{S_2}、f_{CO_2} 使内压不断发生变化，所以要了解各挥发分的逸度及变化趋势。

（1）氧逸度（f_{O_2}）

假设包裹体在封闭时各种水溶液气体在某一温度下达到了平衡，则

$$CO_2 \ (g) + 2H_2O \ (g) \rightleftharpoons CH_4 \ (g) + 2O_2 \ (g)$$

$$Lgf_{O_2} = 1/2LgK + 1/2Lg\gamma CO_2 + 1/2LgxCO_2 + Lg\gamma H_2O + LgxH_2O + LgP - 1/2Lg\gamma CH_4 - 1/2gxCH_4$$
$$= 1/2Lg\left(\frac{\gamma CO_2}{\gamma CH_4}\right) + 1/2Lg\left(\frac{xCO_2}{xCH_4}\right) + Lg\gamma H_2O + LgP + LgxH_2O$$

$$LgK = -41857/T + 0.077$$

在200℃时，$LgK = 88.49$

$$m_{H_2O} = 3597.778 \times 10^{-4} \ (m),\ mCO_2 = 8.22 \times 10^{-4} \ (m),\ mCH_4 = 9.813 \times 10^{-4} \ (m)$$

在200℃、30 MPa 时，$\gamma CO_2 = 0.7744$，$\gamma H_2O = 0.0366$，$\gamma CH_4 = 1$。

$$Lgf_{O_2} = -43.7$$

$$f_{O_2} = 10^{-43.7} \ (bar) = 10^{-44.7} \ (MPa)$$

（2）硫逸度（f_{S_2}）

根据化学反应式：

$$2FeS + S_2\ (g) \rightleftharpoons 2FeS$$

$$K = 1/f_{S_2}$$

根据 Barnes（1979）公式计算，此反应在200℃时，

$$LgK = 31.72$$

$$K = 10^{31.72}\ (bar)$$

$$f_{S_2} = 1/K = 10^{-31.72}\ (bar) = 10^{-32.72}\ (MPa)$$

（3）二氧化碳逸度（f_{CO_2}）

根据徐文炘（1985）的研究，假定反应式：

$$CO_2\ (g) + H_2O\ (L) \rightleftharpoons H_2CO_3\ (外观)$$

当其达到平衡时，可推导出如下公式：

$$f_{CO_2} = \frac{mH_2CO_3\ (外观) \cdot \gamma H_2CO_3\ (外观)}{KCO_2 \cdot OH_2O}$$

$$f_{O_2} = \frac{mH_2CO_3\ (外观) \cdot \gamma H_2CO_3\ (外观)}{KCO_2 \cdot OH_2O}$$

式中 K_{CO_2}、Kg 分别为平衡常数，两式相除得：

$$f_{CO_2} = \frac{Kg}{K_{CO_2}} \cdot f_{O_2}$$

经计算，在300℃、200℃、160℃时，f_{CO_2}分别为 1.8×10^8 MPa、1.1×10^8 MPa、6.9×10^2 MPa。

5. 离子强度（*I*）

成矿热液中正负离子之间的静电作用，使成矿热液的非理想性增强，反应在离子强度上，I 值越大，非理想型越强。

$$I = 1/2\Sigma m_i Z_i^2$$

m_i—离子摩尔浓度；Z_i—离子电价。经计算，在300℃、200℃时离子强度分别为1.64、3.74。表明随温度增加 I 较小，非理想性减弱（广西地质矿产局，1992）。

第二节　德保铜矿

本次研究样品采自德保铜矿的花岗岩和原生矿石（流体包裹体显微测温在中国地质大学流体包裹体实验室完成）。首先在显微镜下划分出包裹体类型并选出适合测温的包裹体，而后利用英国产 Linkam THMSG600 冷/热台（-196/600℃）进行测温，均一和冰点温度测定误差分别为 ±2℃ 和0.1℃，尽可能对同一包裹体进行冰点和均一温度的双重测试。冰点测定时，升温速度由开始时的10℃/min 渐次降低为5℃/min、3℃/min，接近相变点时的升温速率减小到1℃/min。均一温度测定时，开始时的升温速率可以较快，达20℃/min，在一相接近消失时，升温速率降低到5℃/min。

一、流体包裹体特征

观测表明，样品中的石英、方解石、石榴子石矿物一般均捕获有丰富的流体包裹体，绿帘石中捕获有熔融包裹体，尤其是石英、方解石中的流体包裹体极为发育。流体包裹体以原生为主，石英中的次生包裹体也较为发育。根据流体包裹体在室温时的相态特征，可划分出富液相包裹体（Ⅰ）、含子矿物的多相包裹体（Ⅱ）、熔融包裹体（Ⅲ）等3种类型，个别为富气相包裹体（图7-6至图7-13）。

Ⅰ类：富液相气液两相（L+V）包裹体，由液相（L）和气相（V）组成，以液相为主，气液比［$V_气/(V_气+V_液)$］一般小于40%，是本区各类寄主矿物中的主要类型，含量一般占包裹体总数的90%～95%。室温下为两相（V+L）（图7-6至图7-8），气相百分数一般为5%～20%，形态为不

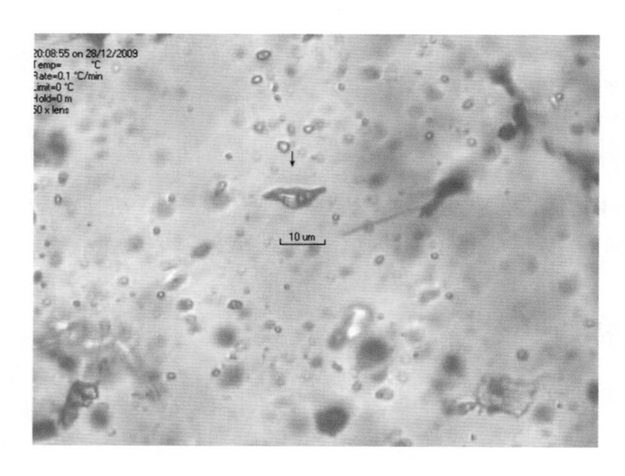

图 7-6　石英中 V－L 包裹体

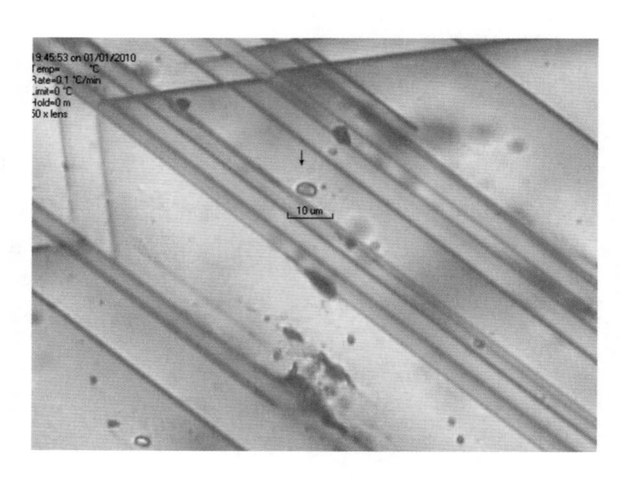

图 7-7　方解石中 V－L 包裹体

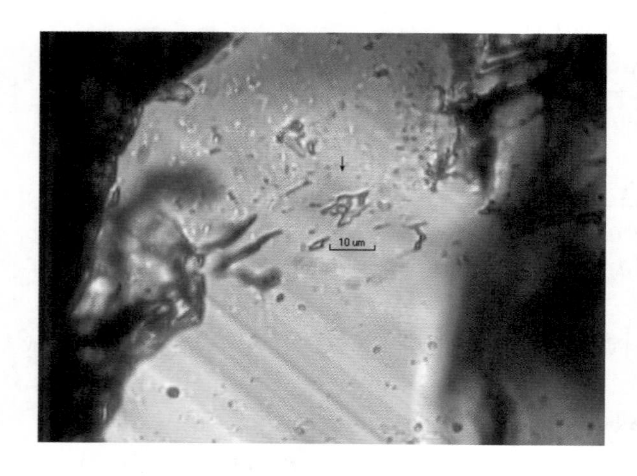

图 7-8　石榴子石中 V－L 包裹体

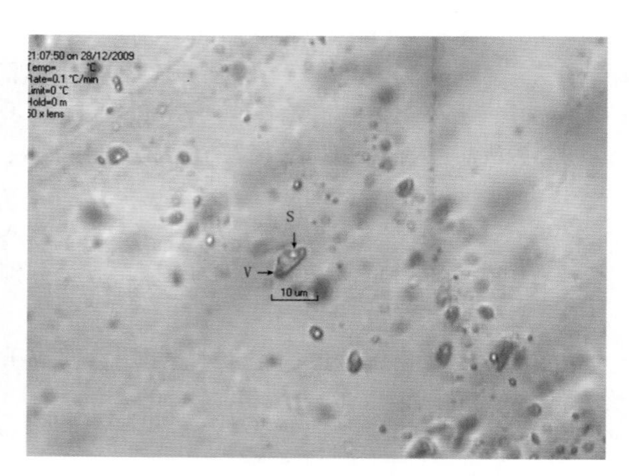

图 7-9　石英中 V－L＋S 包裹体

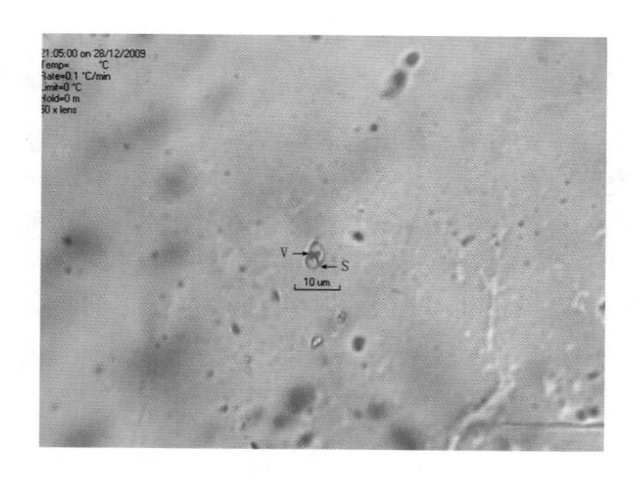

图 7-10　石英中 V－L＋S 包裹体

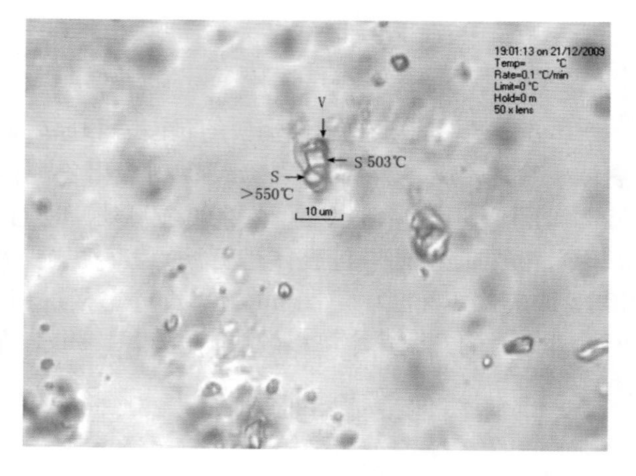

图 7-11　花岗岩石英斑晶中 V－L＋S 包裹体

规则状、近圆形、近椭圆形、负晶形等，多为 2～8 μm 左右。其均一温度变化范围为 113～304℃，主要集中在 140～240℃，盐度为 4.43～21.89% NaCl equiv，范围比较宽广。

Ⅱ类：含子矿物多相（L＋V＋S）包裹体（图 7-9 至图 7-12）。该类包裹体也比较常见，含气相、液相和固相子矿物（部分子矿物可能为 NaCl）。包裹体大小 5～15 μm，气液比 5% 左右，子矿物

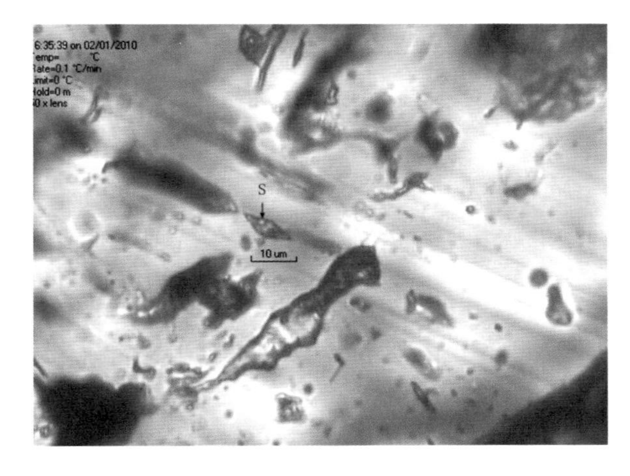

图7-12　石榴子石中V-L+S包裹体

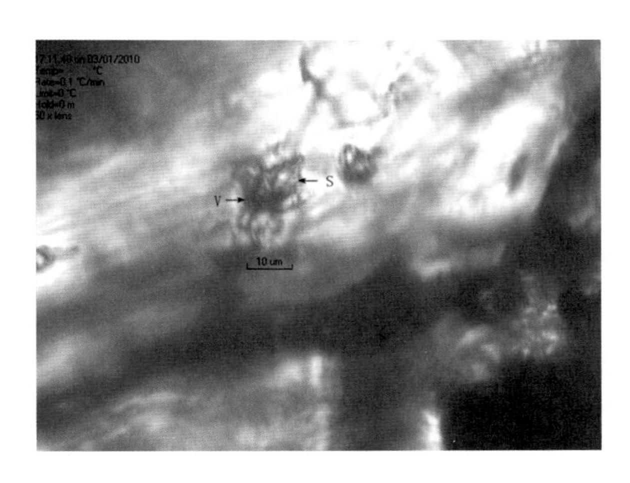

图7-13　绿帘石中硅酸盐熔融包裹体

一般为1个，部分2个。子矿物一般晚于气泡消失，完全消失时温度为210～460℃，含盐度变化范围为33.48%～54.51%，气泡完全消失时温度为136～168℃。部分子矿物至包裹体爆裂时也未消失。

Ⅲ类：含硅酸盐熔融包裹体，该类包裹体主要见于绿帘石中，形态为不规则状，大小5～12 μm，气液比10%～20%（图7-13）。

根据测定的均一温度和盐度（表7-7），方解石中流体包裹体的盐度普遍较低，一般小于13%，其变化范围为4.43%～12.16%，但其均一温度变化范围较宽（141～304℃）。石英中流体包裹体的盐度普遍较高，一般大于13%，其变化范围为9.60%～54.51%，但其均一温度变化范围较窄，主要集中在140～200℃，其中花岗岩石英斑晶中含子矿物流体包裹体的盐度变化范围为32.39%～54.51%。绿帘石中流体包裹体的盐度变化范围为13.07%～13.94%，均一温度变化范围为214～237℃。石榴子石中流体包裹体的盐度和均一温度明显分为两个区域，其中部分石榴子石的盐度偏高，其盐度变化范围为20.07%～21.89%，均一温度变化范围为222～234℃，而部分石榴子石的盐度偏低，其盐度变化范围为7.45%～10.39%，均一温度变化范围为201～251℃（图7-14，7-15）。

表7-7　广西德保铜矿原生流体包裹体显微测温结果表

主矿物	种类	形态	大小/μm	相比/%	CO_2包裹体			子晶消失T/℃	完全均一T/℃	冰点T/℃	盐度/%
					初溶T/℃	笼形物消失T/℃	部分均一T/℃				
样号：XL-8											
方解石	V-L	规则	10×14	20					274	-6.3	9.60
方解石	V-L	规则	6×6	10					233	-6.5	9.86
方解石	V-L	规则	8×8	20					279	-6.8	10.24
方解石	V-L	规则	6×8	10					255	-6.1	9.34
方解石	V-L	规则	5×5	10					225	-6.8	10.24
方解石	V-L	规则	4×5	10					222	-6.6	9.98
方解石	V-L	规则	3×9	20					246	-6.0	9.21
方解石	V-L	规则	8×10	10					244	-5.5	8.55
方解石	V-L	规则	5×6	20					284	-5.8	8.95
方解石	V-L	规则	7×8	10					213	-6.1	9.34
方解石	V-L	规则	8×10	10					216	-6.5	9.86

续表

主矿物	种类	形态	大小/μm	相比/%	CO_2 包裹体			子晶消失 T/℃	完全均一 T/℃	冰点 T/℃	盐度/%
					初溶 T/℃	笼形物消失 T/℃	部分均一 T/℃				
样号：XL－8											
石榴子石	V-L	规则	5×16	10					229	－18.7	21.47
石榴子石	V-L	不规则	12×12	10					231	－18.3	21.19
石榴子石	V-L	不规则	6×30	10					222	－18.0	20.97
石榴子石	V-L	不规则	10×24	10					228	－17.8	20.82
石榴子石	V-L	不规则	6×8	10					230	－16.8	20.07
石榴子石	V-L	不规则	7×12	10					231	－19.3	21.89
石榴子石	V-L	不规则	6×12	10					234	－18.8	21.54
石榴子石	V-L+S	不规则	3×10	5					228		
样号：612-2											
方解石	V-L	规则	2×3	10					188	－6.6	9.98
方解石	V-L	规则	4×6	10					217	－6.4	9.73
方解石	V-L	规则	2×7	20					233	－6.9	10.36
方解石	V-L	规则	2×3	10					199	－6.2	9.47
方解石	V-L	规则	3×5	10					195	－5.6	8.68
方解石	V-L	规则	3×8	20					238	－5.8	8.95
方解石	V-L	规则	4×4	15					235	－6.9	10.36
方解石	V-L	规则	8×8	20					280	－5.9	9.08
方解石	V-L	规则	4×8	10					210	－5.7	8.68
方解石	V-L	规则	4×6	20					271	－6.0	9.21
石英	V-L	不规则	6×14	10					188	－7.4	10.98
石英	V-L	规则	3×4	10					145	－8.4	12.16
石英	V-L	规则	5×10	20					235	－6.4	9.73
石英	V-L	不规则	2×5	10					191	－7.3	10.86
石英	V-L	不规则	2×10	15					229	－6.3	9.60
石英	V-L	规则	5×6	10					195	－7.4	10.98
石英	V-L+S	规则	4×6	5				>430 爆裂	144		>50.85
石英	V-L+S	规则	5×7	5				>474 爆裂	141		
石英	V-L+S	不规则	5×8	5				288	142		
石英	V-L	规则	2×4	10					192		
石英	V-L	不规则	6×8	10					151	－8.4	12.16
石英	V-L+S	规则	5×8	5				>428 爆裂	167		
样号：8574-6											
方解石	V-L	不规则	1×4	10					212	－2.7	4.49
方解石	V-L	不规则	2×4	10					186	－2.6	4.34
方解石	V-L	规则	2×4	10					194	－2.8	4.65
方解石	V-L	不规则	2×5	10					188	－3.1	5.11
方解石	V-L	规则	2×5	5					141	－3.5	5.71
方解石	V-L	不规则	3×3	20					211	－3.2	5.26
方解石	V-L	规则	2×3	10					215	－3.3	5.41
方解石	V-L 富气	规则	2×6	70					455→V	－3.6	5.86

续表

主矿物	种类	形态	大小/μm	相比/%	CO_2包裹体			子晶消失 T/℃	完全均一 T/℃	冰点 T/℃	盐度/%
					初溶 T/℃	笼形物消失 T/℃	部分均一 T/℃				
样号：8574－6											
方解石	V-L	规则	3×5	5					194	－2.8	4.65
石榴子石	V-L	不规则	3×6	5					203		
石榴子石	V-L	不规则	6×6	10					207		
石榴子石	V-L	不规则	2×6	10					204	－7.0	10.49
石榴子石	V-L	不规则	2×4	20					227		
石榴子石	V-L	规则	2×4	15					251	－5.6	8.68
石榴子石	V-L	不规则	7×10	10					222	－4.7	7.45
石榴子石	V-L	不规则	8×8	10					230	－5.4	8.41
石榴子石	V-L	不规则	3×6	10					201	－5.1	8.00
样号：8536-16											
方解石	V-L	不规则	3×5	20					291	－5.9	9.08
方解石	V-L	不规则	2×8	15					304	－4.9	7.73
方解石	V-L	不规则	4×6	10					215	－4.7	7.45
方解石	V-L	不规则	2×6	10					203	－5.1	8.00
方解石	V-L	规则	4×6	10					217	－4.5	7.17
方解石	V-L	规则	4×4	15					218	－5.9	9.08
方解石	V-L	规则	4×6	10					227	－5.9	9.08
方解石	V-L	规则	3×3	10					167	－5.6	8.68
方解石	V-L	规则	2×3	10					186	－5.7	8.81
方解石	V-L	规则	3×3	10					185	－5.4	8.41
方解石	V-L	规则	2×3	10					196	－4.6	7.31
方解石	V-L	规则	3×3	10					185	－5.4	8.41
方解石	V-L	规则	3×3	10					208	－4.7	7.45
方解石	V-L	规则	4×5	10					233	－4.8	7.59
方解石	V-L	规则	4×5	10					221	－5.3	8.28
样号：6612-2											
石英	V-L	不规则	3×5	20					159	－19.3	21.89
石英	V-L	不规则	3×6	10					148		
石英	V-L	不规则	1×5	10					188	－19.5	22.03
石英	V-L	规则	3×3	20					187	－19.2	21.82
石英	V-L	规则	2×3	10					154		
绿帘石	硅酸盐	规则	5×6	20				>550	>550		>66.75
绿帘石	V-L	规则	2×4	10					214	－9.6	13.51
绿帘石	V-L	不规则	2×8	10					244	－10.0	13.94
绿帘石	硅酸盐	不规则	8×8	20				>409	409爆裂		
绿帘石	硅酸盐	不规则	12×12	10				>457	457爆裂		
绿帘石	V-L	规则	2×4	10					237	－9.2	13.07
样号：G-3											
石英	V-L+S	不规则	5 × 10	5				260	157		35.32
石英	V-L+S	不规则	6 × 8	3				230	168		33.48
石英	V-L+S	不规则	8 × 12	5				460	136		54.51
石英	V-L+S	规则	5 × 6	5				350	153		42.4
石英	V-L+S	不规则	4 × 8	5				210	141		32.39
石英	V-L+S	规则	8 × 12	5				503，>550	147		>66.75

续表

主矿物	种类	形态	大小/μm	相比/%	CO_2包裹体			子晶消失 T/℃	完全均一 T/℃	冰点 T/℃	盐度/%
					初溶 T/℃	笼形物消失 T/℃	部分均一 T/℃				
样号：G-3											
石英	V-L+S	不规则	10 × 15	5				>360 爆裂	156		>43.34
石英	V-L	不规则	8 × 14	10					174	-17.1	20.30
石英	V-L	不规则	6 × 6	5					163	-16.6	19.92
石英	V-L	不规则	8 × 10	5					164	-16.0	19.45
石英	V-L	规则	5 × 6	5					151	-14.8	18.47
石英	V-L	规则	5 × 6	5					162	-14.7	18.38
石英	V-L	规则	5 × 10	5					150	-17.1	20.30
石英	V-L	规则	6 × 9	5					156	-16.8	20.07
石英	V-L	规则	8 × 10	10					193	-16.3	19.68
石英	V-L	不规则	6 × 12	10					190		
方解石	V-L	规则	4×6	5					166	-7.8	11.46
方解石	V-L	规则	4×6	5					163	-7.8	11.46
方解石	V-L	规则	5×10	5					144	-7.6	11.22
方解石	V-L	规则	3×4	5					175		
方解石	V-L	规则	2×4	10					171	-8.1	11.81
方解石	V-L	规则	4×5	5					185	-6.6	9.98
方解石	V-L	规则	6×12	10					217	-6.7	10.11
方解石	V-L	规则	5×10	5					187	-8.0	11.70
方解石	V-L	规则	4×8	5					184	-8.1	11.81
方解石	V-L	规则	3×5	10					202	-7.6	11.22
方解石	V-L	规则	2×5	10					193	-7.5	11.10
方解石	V-L	规则	10×12	10					190	-8.2	11.93
方解石	V-L	规则	4×6	10					208	-7.7	11.34
方解石	V-L	规则	6×8	5					175	-7.5	11.10
方解石	V-L	规则	10×12	5					142	-8.0	11.70
方解石	V-L	规则	6×8	10					194	-7.5	11.10
样号：8612-3											
石英	V-L	规则	3×4	5					155	-12.4	16.34
石英	V-L	不规则	3×6	5					186	-10.6	14.57
石英	V-L	不规则	3×5	10					148	-10.3	14.25
石英	V-L	不规则	5×6	5					150	-12.4	16.34
石英	V-L	不规则	3×6	10					160	-12.6	16.53
石英	V-L	规则	4×6	5					168	-13.1	16.99
石英	V-L	不规则	6×12	10					172	-11.4	15.37
石英	V-L	不规则	3×8	10					184		
石英	V-L	不规则	6×10	10					113	-8.2	11.93
石英	V-L	不规则	8×12	10					188	-9.3	13.18
石英	V-L	不规则	4×8	10					161	-9.7	13.62
石英	V-L	规则	3×5	10					207	-11.5	15.47
石英	V-L	不规则	3×12	10					191	-10.0	13.94
石英	V-L	不规则	5×8	10					204	-10.9	14.87
石英	V-L	不规则	6×14	5					206	-10.2	14.15
石英	V-L	不规则	5×6	10					208	-10.5	14.46

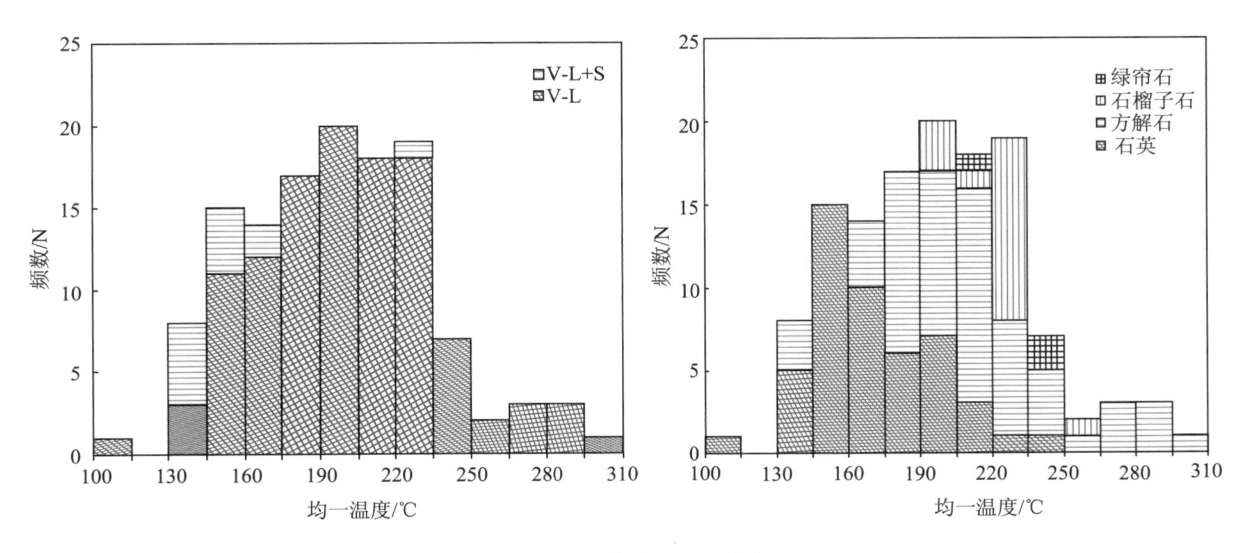

图 7-14 包裹体均一温度直方图

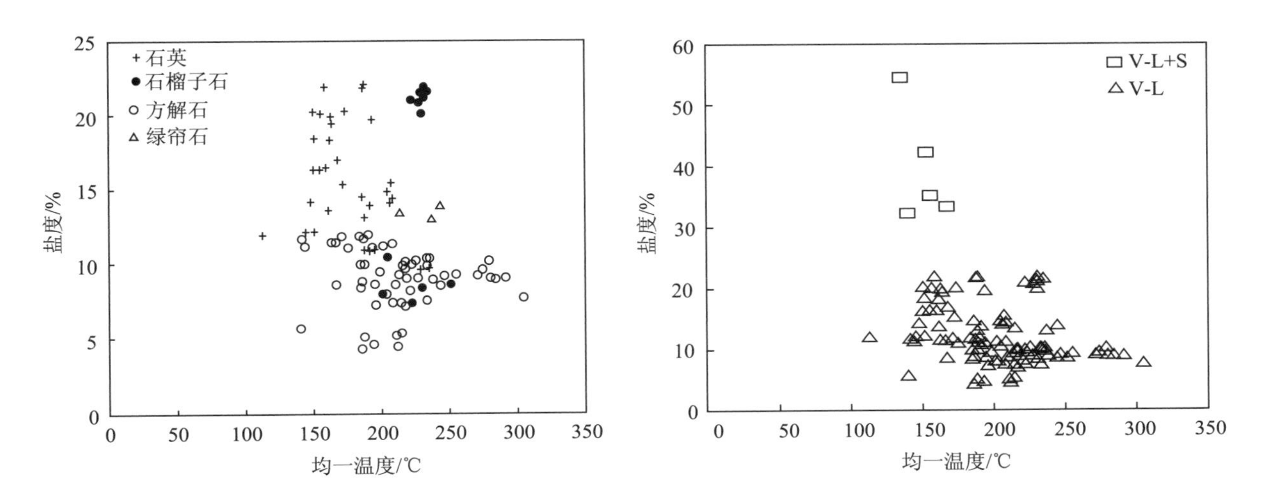

图 7-15 流体包裹体均一温度-盐度直方图

将均一温度（T_h/℃）和盐度（%）投影到图 7-16 中可求得流体密度。方解石中流体密度为 0.85～1g/cm³，石英中流体密度为 0.95～1.1g/cm³，绿帘石中流体密度为 0.9～0.95g/cm³，石榴子石中盐度高的流体密度为 0.97～1g/cm³，盐度低的流体密度为 0.85～0.95 g/cm³。

根据矿石中石英氧同位素及成矿温度，采用 Clayton et al.（1973）的公式 $1000\ln\alpha_{石英-水}=3.38\times10^{-6}T^{-2}-3.4$，求得成矿溶液中 H_2O 含量为 12.4‰～15.4‰，表明有大气降水参与成矿作用，暗示成矿流体具有多源性。

二、成矿流体压力及成矿深度估算

根据成矿压力和成矿深度经验公式（据邵洁涟，1986）：

①T_0（初始温度）$=374+920\times N$（成矿溶液的盐度）（℃）

②P_0（初始压力）$=219+2620\times N$（成矿溶液的盐度）（10^5Pa）

③H_0（初始深度）$=P_0\times1/(300\times10^5)$（km）

④P_1（成矿压力）$=P_0\times T_1$（矿区实测成矿温度）$/T_0$（10^5Pa）

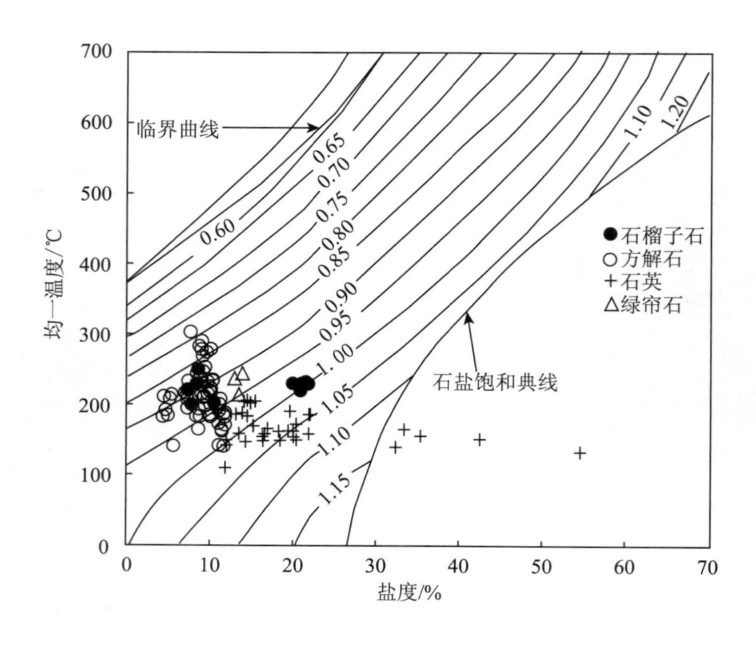

图 7-16　成矿流体密度图解

⑤ H_1（成矿深度）$=P_1\times1/(300\times10^5)$（km）

德保铜矿床的盐度区间为 4.34%～54.51%，由公式①求得初始温度 T_0 为 413.9～875.5℃，平均值 495.1℃；由公式②计算出初始压力 P_0 为 332.71×10^5Pa～1647.16×10^5Pa，平均值为 563.8×10^5Pa；由公式③计算得初始深度 H_0 为 1.11～5.49 km，平均值为 1.88 km。

由公式④求得德保铜矿的成矿压力 P_1 为 121.85×10^5Pa～320.37×10^5Pa，平均值为 220.57×10^5Pa；由公式⑤计算出成矿深度 H_1 为 0.41～1.07 km，平均值为 0.74 km。

上述成矿压力及成矿深度仅为经验估算，可能代表不了当时的成矿压力、成矿深度，有一定的误差，但也具有一定的参考意义。

矿床形成深度的差异与岩浆氧化状态、岩浆结晶程度以及流体分离时间等因素有关。根据形成深度，有的学者将矽卡岩分为浅成相 1～4 km，中深相 4～15 km，深成相 15～40 km。大部分学者认为矽卡岩形成在浅部，有些学者将其延伸至 >10 km 深度，特别是含 W 矽卡岩。浅部主要形成与 I 型花岗岩类有关的矽卡岩型 Cu-Au 矿床，深部则形成与 S 型花岗岩类有关的矽卡岩型 W-Sn 矿床。

第三节　铜坑锡多金属矿床成矿流体

一、流体包裹体特征

对大厂锡多金属矿床的流体包裹体，前人做了许多研究工作。李荫清等（1988）、陈毓川等（1993）对包括铜坑锡矿在内的丹池锡多金属成矿带进行了流体包裹体研究，认为带内成矿流体主要有两种来源：一类为与黑云母花岗岩有关的岩浆热流体；另一类为天水。成矿早期以岩浆流体为主，成矿晚期则以天水成分占主导。M. Fu 等（1993）对大厂矿田的拉么矽卡岩型锌铜矿和铜坑-长坡锡矿流体包裹体研究表明，前者的成矿流体以高温（450～500℃）、高盐度（>35%）为特征，CO_2 较少，$CO_2/CH_4<0.01$；后者为中温（450～250℃）、中-低盐度流体（<30%～6%），CO_2 占优势，CO_2/CH_4 为 0.01～>10。蔡宏渊和张国林（1983）利用爆裂法对脉状和层状矿体中锡石、黄铁矿、磁黄铁矿的温度进行测定，得到层状矿化的温度为 340～450℃，脉状矿化的温度为 210～374℃等。蔡明海等（2005）、梁婷等（2008）对长坡-铜坑锡矿体的流体包裹体研究也开展了一些研究工作。

1. 实验条件

流体包裹体研究是以铜坑矿床锡多金属矿体为主要研究对象，在以往工作的基础上，对采自铜坑矿床脉状（包括层面脉）和层状矿体的矿石样品进行了光、薄片的观察和显微测温实验，在以往研究的基础上，本次选择其中10件样品进行了单个包裹体的激光拉曼光谱分析。显微测温实验利用LinkamTHM600冷热台，可测温度范围为－196～600℃，冷冻数据和加热数据精度分别为±0.1℃和±2℃，在长安大学成矿作用及其动力学实验室完成。激光拉曼光谱测定在西安地质矿产研究所完成，仪器型号为英国Renshaw公司inVia型激光拉曼探针，实验条件为Ar＋激光器波长514.5 nm，激光功率为40 mw，扫描速度为10s/6次叠加，光谱仪狭缝10 μm，实验室温度23℃，湿度为65%。

2. 流体包裹体类型和特征

铜坑矿床中，矿物组成复杂。方解石、石英是区内最主要的脉石矿物，发育有大量的流体包裹体，且多为形态规则的原生或次生包裹体（图7-17）。按流体包裹体在室温下的物理相态和流体包裹体化学组成，将包裹体分为 $NaCl-H_2O$ 体系（Ⅰ型）、CO_2-H_2O 体系（Ⅱ型）。

（1）CO_2-H_2O 体系（Ⅱ型）包裹体

以含有较多的 CO_2 为特征，在铜坑矿床中普遍分布。包裹体形态一般较规则，为负晶形、椭圆形、不规则状等，呈零星状或散点状自由分布或与 $NaCl-H_2O$ 型包裹体混合分布。包裹体长轴3～40 μm（多为5～15 μm）。按室温下包裹体的相数，这类包裹体可以分为三相型（Ⅱ－1）和两相型（Ⅱ－2）。

Ⅱ－1型包裹体：由 L_{H_2O}、L_{CO_2} 和 V_{CO_2} 相组成（图7-17-A、B），CO_2 相的体积分数为20%～80%。加热时均一于 CO_2 者，称为富 CO_2 包裹体，均一于 H_2O 者，称为富 H_2O 包裹体。

Ⅱ－2型包裹体：由 L_{H_2O}、V_{CO_2} 或 L_{H_2O}、V_{CH_4} 两相组成（图7-17-C、D、E），CO_2 相的体积分数为20%～75%，在加热过程中同样出现均一于 CO_2 和均一于 H_2O 的两种情况。

（2）$NaCl-H_2O$（Ⅰ型）体系包裹体

此类包裹体主要由NaCl和 H_2O 组成，可分为单相型（Ⅰ－1）、两相型（Ⅰ－2）和多相型（Ⅰ－3）。

Ⅰ－1型包裹体：由液相水 L_{H_2O} 组成，主要在晚期阶段石英矿物中发育，包裹体呈负晶形和多边形自由分布或沿石英矿物微裂隙分布，但不穿过矿物边界。包裹体大小相差悬殊，小者长轴仅0.*n* μm，大者长轴可达40 μm。

Ⅰ－2型包裹体：由液相水 L_{H_2O} 和气相水 V_{H_2O} 两相组成（图7-17-F、G），是 $NaCl-H_2O$ 型包裹体最主要的类型，分布较广。形态为负晶形、多边形和椭圆形，呈小群状集中分布或与其他类型包裹体混合分布。包裹体长轴约2～40 μm（多为3～15 μm），气相百分数为10%～80%（多为10%～20%）。

Ⅰ－3型包裹体：含NaCl子晶多相包裹体（图7-17－H），包裹体内除气、液两相外，尚有固相子晶，气相一般占包裹体体积的15%～20%，子矿物主要为浅色的石盐子晶，具立方体、长方形晶形，体积与包裹体中气相体积接近。该类包裹体比较少见，主要在Ⅰ和Ⅱ矿化阶段的石英矿物中发育，常与 CO_2 型包裹体共生，包裹体长轴约3～35 μm（多为3～15 μm）。

二、流体包裹体测定参数

1. CO_2-H_2O 体系包裹体特征

（1）均一温度

蔡明海、梁婷等（2008）对8件层状矿体、7件裂隙脉状矿体中的 CO_2-H_2O 体系中包裹体的测定，有关的数据见表7-8。结果显示，固相 CO_2 熔化温度 t_{mCO_2}/℃为－56.7～－59.6℃，比纯 CO_2 的三相点（－56.6℃）略低，说明有少量的 CH_4 等成分存在，这一点已经在包裹体成分分析结果中证实。CO_2 笼形水合物熔化温度（T_{mcl}）为1.0～9.7℃。CO_2 的部分均一温度为18.5～29.0℃。其中18个均一到气相，28个均一到液相（图7-18）。对183个 CO_2 型包裹体的完全均一温度数据进行统计，

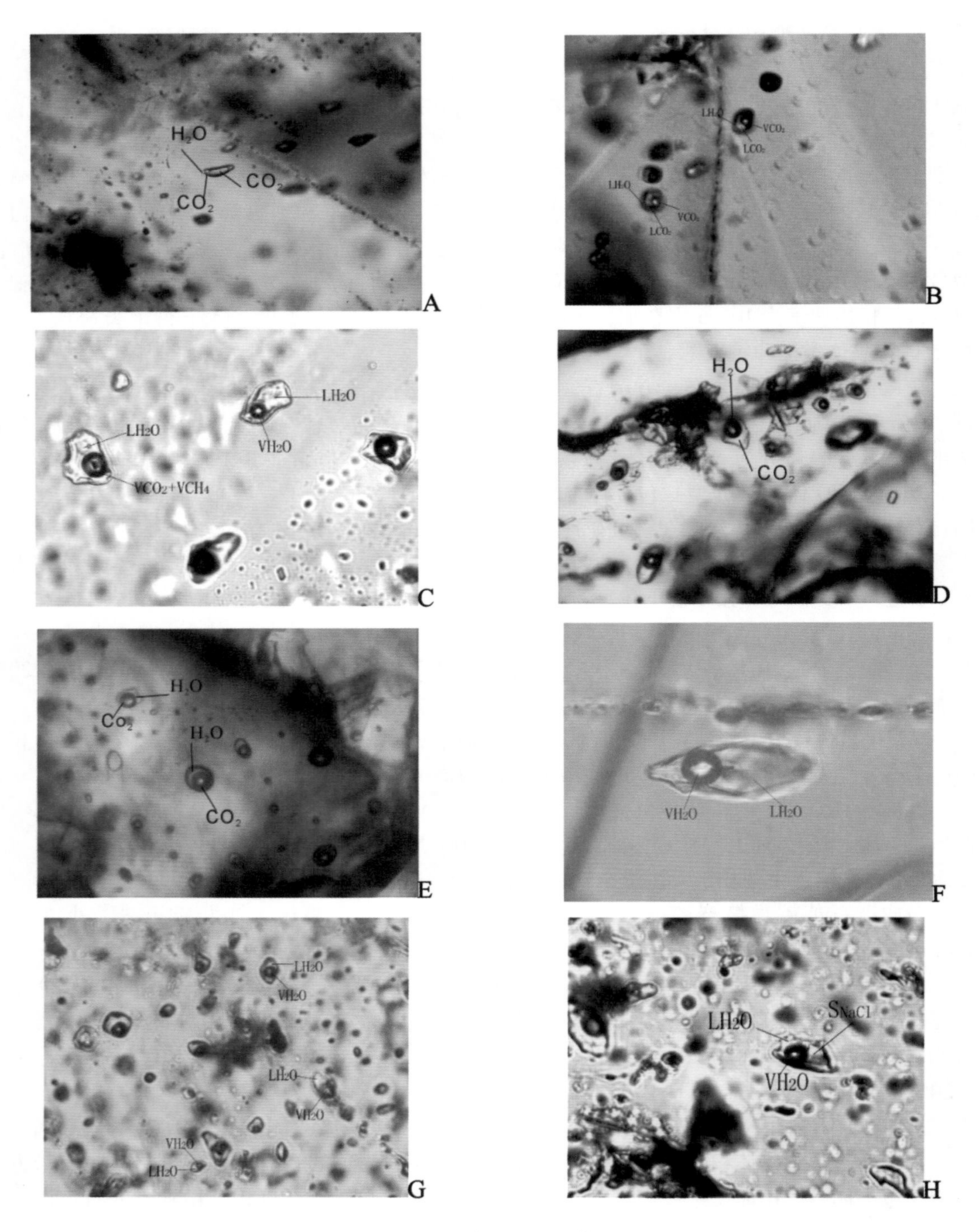

图 7-17　铜坑锡矿中包裹体类型

其中均一于 H_2O 溶液的富水包裹体 104 个，均一温度范围为 210～370℃，集中于 275～365℃；均一于 CO_2 相的富 CO_2 相包裹体 79 个，均一温度为 280～365℃（图 7-19）。富 CO_2 和富 H_2O 两组包裹体的均一温度基本一致。表明这些 CO_2 相和 H_2O 相体积变化很大的包裹体在成矿过程中是在大致相同的温度条件下捕获的共生包裹体。

（2）盐度和密度

应用 Bozzo 等（1973）的公式进行盐度计算，铜坑-长坡矿区 CO_2 型包裹体水溶液的盐度（NaCleq）为 0.62%～14.67%，主要为 1%～7%（表 7-8）。

运用 CO_2 均一温度和包裹体的完全均一温度在纯 CO_2 气、液相均一时的温度-密度参数表（刘斌

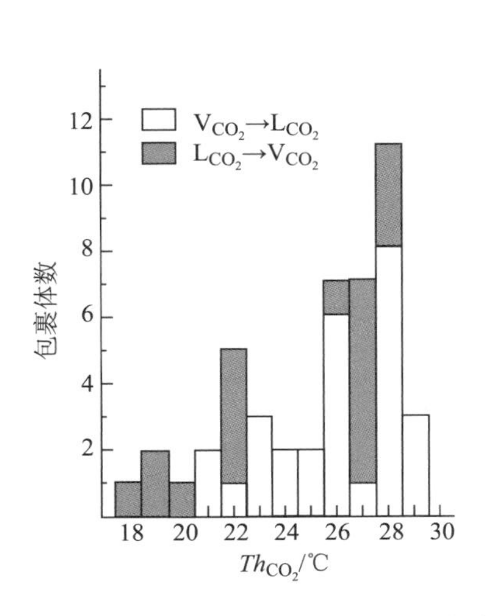

图 7-18　铜坑 CO_2 包裹体部分均一温度直方图

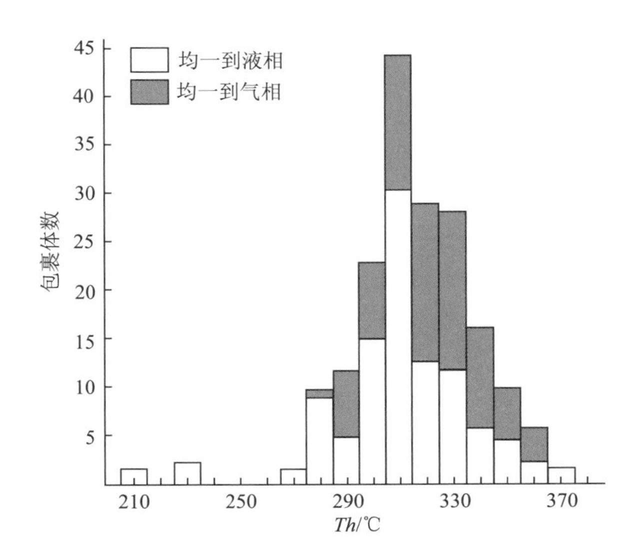

图 7-19　铜坑 CO_2 型包裹体完全均一温度直方图

等，1999），求得相应包裹体 CO_2 相的密度为 0.180～0.755g/cm^3（表 7-8）。可分为两组：①低度组：密度为 0.180～0.282g/cm^3；②高密度组：密度为 0.630～0.755g/cm^3。

应用完全均一温度和求得的盐度数据，在 NaCl－H_2O 体系参数表（刘斌等，1999）中查得相应包裹体水溶液的密度为 0.512～0.913g/cm^3。

CO_2 型包裹体的总密度应考虑 CO_2 和 NaCl－H_2O 两部分之和，采用刘斌等（1999）公式计算：

$$\rho_{(total)}=\varphi(CO_2)\cdot\rho(CO_2)+[1-\varphi(CO_2)]\cdot\rho_{aq}$$

式中 ρ_{total} 为流体总密度（g/cm^3），$\varphi(CO_2)$ 为 CO_2 部分均一时 CO_2 相的体积分数，$\rho(CO_2)$ 为 CO_2 部分均一时 CO_2 相的密度（g/cm^3），ρ_{aq} 为 CO_2 部分均一时水溶液的密度（g/cm^3）。计算得出 CO_2 型包裹体中流体的总密度为 0.300～0.866g/cm^3。其中富 H_2O 包裹体为 0.613～0.866g/cm^3，富 CO_2 包裹体为 0.300～0.687 g/cm^3（表 7-8）。

2. NaCl－H_2O 体系包裹体

（1）均一温度

对铜坑锡多金属矿体 30 个样品中气液两相 NaCl－H_2O 型包裹体进行测定，共获得 274 个气-液包裹体均一于液相的均一温度（表 7-9），利用数据点作出均一温度直方图（图 7-20）。从中可见，包裹体中的均一温度分布范围很宽，从 140～440℃，主要集中在 3 个温度区间：380～460℃（为高温区间），260～370℃（中高温）；130～240℃（低温），分别代表着 3 个成矿阶段。

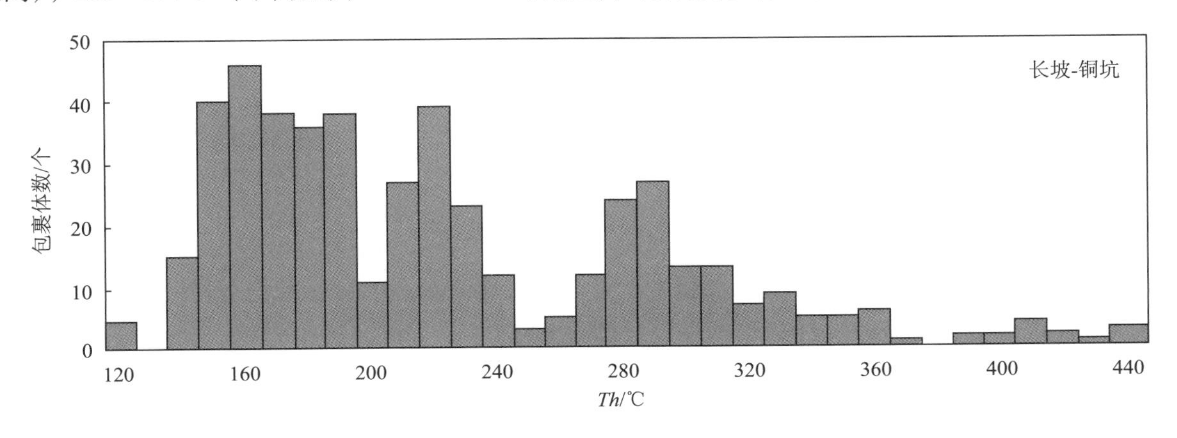

图 7-20　长坡-铜坑锡多金属矿体包裹体均一温度直方图

表 7-8 铜坑 CO_2-H_2O 型包裹体参数

样品编号	矿体	t_{mCO_2}/℃	T_{mcl}/℃	Th_{CO_2}/℃		Th_{total}/℃		盐度/%	密度/g·cm^{-3}			压力/MPa	深度/km
				V→L	L→V	H_2O	CO_2		CO_2	H_2O	总		
TK405-15	层状	-58.0	7.0	28.0		310		5.77	0.653	0.757	0.726	105	3.97
		-59.0	7.6		27.0		330	4.69	0.266	0.704	0.397	28	1.06
		-59.0	7.7		27.5		345	4.51	0.274	0.694	0.400	29	1.10
		-56.7	7.8	28.5		370		4.32	0.642	0.626	0.631	140	5.29
TK405-31	脉状	-58.0	0.8		28.0		320	14.67	0.282	0.847	0.452	23	0.87
		-57.0	5.0	28.0		310		9.08	0.653	0.803	0.754	91	3.44
		-58.0	1.0		22.5		320	14.44	0.212	0.840	0.388	17	0.64
TK355-4	层状	-58.5	9.1	21.0		310		1.83	0.755	0.712	0.729	160	6.05
		-59.5	9.3		19.0		335	1.43	0.183	0.654	0.324	12	0.45
		-59.0	9.0	29.0		300		2.03	0.630	0.734	0.700	110	4.16
		-59.5	9.2		19.5		340	1.63	0.186	0.730	0.431	14	0.53
TK355-1	层状	-59.0	6.0	23.5		210		7.48	0.724	0.913	0.866	88	3.33
TK554-2	脉状	-56.8	8.3	22.0		310		3.38	0.743	0.730	0.735	140	5.29
		-56.8	8.3	21.5		300		3.38	0.749	0.767	0.761	145	5.48
		-57.0	8.8		22.0		320	2.42	0.208	0.691	0.353	25	0.94
		-57.0	8.8		22.5		325	2.42	0.212	0.678	0.352	29	1.10
TK505-5	层状	-56.7	9.3	25.5		280		1.43	0.696	0.771	0.743	150	5.67
		-57.0	9.7		28.0		365	0.62	0.282	0.512	0.351	39	1.47
		-56.7	8.2	27.5		360		3.57	0.662	0.629	0.637	148	5.59
		-56.7	8.2		20.5		365	3.57	0.194	0.616	0.300	22	0.83
TK505-7	脉状	-56.8	9.3	26.0			322	1.43	0.688	0.684	0.687	145	5.48
		-56.7	8.0	28.5		300		3.95	0.642	0.755	0.732	105	3.97
		-56.9	8.7	29.0		360		2.62	0.630	0.604	0.613	121	4.57
TK505-15	层状	-58.5	3.5	29.0		315		11.29	0.630	0.796	0.743	96	3.63
		-58.5	8.5		28.0		320	3.00	0.282	0.701	0.408	34	1.28
		-56.8	3.8	28.5		280		10.87	0.642	0.858	0.815	71	2.68
TK505-16	层状	-59.5	9.3		27.5		330	1.43	0.274	0.659	0.390	30	1.13
		-59.0	8.7	27.4		230		2.62	0.664	0.850	0.789	83	3.14
		-56.8	9.1	27.6		330 –		1.83	0.662	0.664	0.663	147	5.56
TK483-3	脉状	-56.8	7.5	26.5		335		4.87	0.680	0.700	0.690	143	5.40
		-57.0	8.5		27.5		310	3.00	0.274	0.725	0.409	28	1.06
		-56.8	7.5		26.0	340		4.87	0.252	0.693	0.473	27	1.02
		-56.7	7.5	28.0		320		4.87	0.653	0.725	0.709	114	4.31
TK455-3	脉状	-56.7	4.0		27.5		340	10.58	0.274	0.763	0.430	29	1.10
		-56.8	8.0	28.5		315		3.95	0.642	0.725	0.707	112	4.23
		-56.7	9.0	29.0		320		2.03	0.630	0.691	0.676	120	4.54
TK455-15	脉状	-56.8	6.3	24.0		270		6.97	0.717	0.834	0.797	113	4.27
		-56.8	6.3	23.0		268		6.97	0.731	0.830	0.798	131	4.95
		-56.7	6.0	26.5		270		7.48	0.680	0.839	0.804	92	3.48
TK455-19	层状	-57.5	9.5	23.5		290		1.03	0.724	0.743	0.737	150	5.67
		-58.0	9.0		27.5		340	2.03	0.274	0.646	0.348	38	1.44
DC05	脉状	-57.0	8.5	24.5		285		3.00	0.710	0.772	0.752	122	4.61
		-58.0	9.5		22.5		290	1.03	0.212	0.743	0.371	25	0.94
		-56.8	6.1	26.0		280		7.31	0.688	0.824	0.749	110	4.16
DC37	层状	-59.5	3.5	25.5		305		11.29	0.696	0.826	0.784	109	4.12
		-59.6	4.8		18.5		320	9.39	0.180	0.787	0.362	13	0.49

注：t_{mCO_2}—固相 CO_2 熔化温度；T_{mcl}—笼形物熔化温度；Th_{CO_2}—CO_2 相部分均一温度；Th_{total}—完全均一温度；φ—CO_2 部分均一时的体积分数；$x_{(CO_2)}$，$x_{(H_2O)}$ 和 $x_{(NaCl)}$—分别为 CO_2 包裹体中 CO_2、H_2O 和 NaCl 的摩尔分数；V—气相；L—液相。

对铜矿矿床不同矿物组合中样品的包裹体均一温度测定结果进行统计（图7-21），结果显示，矿区早期的锡石-毒砂-石英脉组合中，均一温度在340～380℃、主要集中在370℃左右，锡石-硫化物-石英-方解石脉中，包裹体的均一温度在270～370℃；晚期的锡石-硫盐-方解石脉中均一温度在170～300℃，各阶段测定的包裹体温度略有重叠，反映了成矿的多阶段性。铜坑锡多金属矿体主体的形成温度在270～370℃。

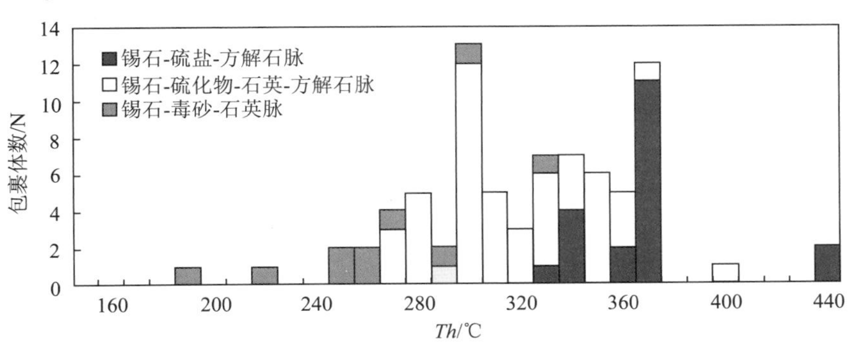

图7-21　铜坑不同矿化阶段均一温度变化图解

锌铜矿体中包裹体分析结果（图7-22）显示，在铜坑深部锌铜矿体的均一温度为370～460℃，与锡多金属矿体第一阶段的成矿温度相近。

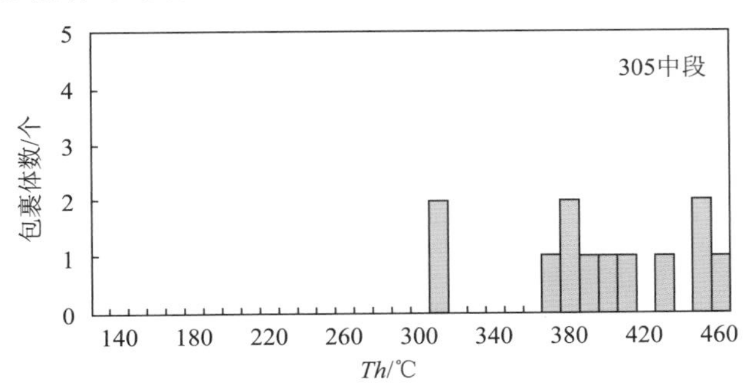

图7-22　长坡-铜坑锌铜矿体包裹体均一温度直方图

为了说明均一温度在空间上的变化，对不同中段包裹体的均一温度进行统计（图7-23）可见，从下到上，在150m高差范围，均一温度变化范围由较窄到较宽，各中段均一温度都具有多峰特点，恰好反映了不同阶段的成矿温度。且从温度总体变化上看，由上到下，随着深度的增加，均一温度值具有升高趋势。

（2）盐度和密度

利用NaCl－H_2O型包裹体的冰点温度，在NaCl－H_2O体系冷冻温度-盐度参数表（卢焕章，2004；Bodnar，1993）中查得盐度为0.35%～21.11%，众值在2%～14%（表7-8），盐度的直方图见图7-24，具有中盐度的特征。

密度的计算，采用刘斌、沈昆（1999）的密度计算公式：$\rho_1=A+B\cdot T+C\cdot T^2$。式中$\rho_1$为盐水溶液密度（$g/cm^3$），$T$为均一温度（℃）；$A$、$B$、$C$为盐度的函数：$A=A_0+A_1\cdot w+A_2\cdot w^2$；$B=B_0+B_1\cdot w+B_2\cdot w^2$；$C=C_0+C_1\cdot w+C_2\cdot w^2$。式中$w$为盐度（质量百分数），含盐度参数为：$A_0=0.993531$，$A_1=8.72147\times10^{-3}$，$A_2=-2.43975\times10^{-5}$；$B_0=7.11652\times10^{-5}$，$B_1=-5.2208\times10^{-5}$，$B_2=1.26656\times10^{-6}$；$C_0=-3.4997\times10^{-6}$；$C_1=-2.12124\times10^{-7}$，$C_2=-4.52318\times10^{-9}$。得出长坡-铜坑矿区NaCl－$H_2O$的密度为0.353～1.03$g/cm^3$（表7-9）。均一温度与密度之间具有较好的反相关关系，盐度与密度则有一定的正相关关系（图7-25）。

表 7-9　NaCl – H_2O 体系中流体包裹体的温度、盐度、密度

样品	矿体	均一温度		盐度/%		密度/（$g \cdot cm^{-3}$）	
编号	产状	范围	平均值	范围	平均值	范围	平均值
TK355 – 4	层状	310 ~ 340	321. 25	1. 63 ~ 2. 03	1. 73	0. 324 ~ 0. 729	0. 546
TK405 – 31	脉状	310 ~ 320	316. 67	9. 08 ~ 14. 44	12. 73	0. 388 ~ 0. 754	0. 531
405 – 8	层状	192. 9 ~ 444. 6	359. 691	0. 53 ~ 15. 17	5. 5	0. 353 ~ 0. 850	0. 643
TK405 – 15	层状	310 ~ 370	338. 7	4. 32 ~ 5. 77	4. 823	0. 397 ~ 0. 631	0. 539
TK455 – 19	层状	290 ~ 340	315	1. 03 ~ 2. 03	1. 53	0. 348 ~ 0. 737	0. 542
TK455 – 3	脉状	315 ~ 340	325	2. 03 ~ 10. 58	5. 52	0. 43 ~ 0. 707	0. 604
455 – 6 – 2	脉状	201. 4 ~ 356. 8	265. 8	0. 35 ~ 13. 18	5. 901	0. 662 ~ 0. 931	0. 818
455 – 27	大脉	190. 6 ~ 216. 3	204. 6	1. 74 ~ 5. 11	3. 212	0. 858 ~ 0. 909	0. 884
TK455 – 15	脉状	268 ~ 270	269. 33	6. 97 ~ 7. 48	7. 14	0. 797 ~ 0. 804	0. 799
TK483 – 3	脉状	310 ~ 340	326. 25	3 ~ 4. 87	4. 402	0. 409 ~ 0. 709	0. 57
TK505 – 15	层状	280 ~ 315	305	3 ~ 11. 29	8. 38	0. 408 ~ 0. 815	0. 655
TK505 – 5	层状	280 ~ 365	342. 5	0. 62 ~ 3. 57	2. 29	0. 3 ~ 0. 743	0. 508
TK505 – 16	层状	230 ~ 330	296. 67	1. 43 ~ 2. 62	1. 96	0. 39 – 0. 789	0. 614
505 – 17	层状	233. 1 ~ 413. 2	335	1. 91 ~ 10. 11	3. 13	0. 520 ~ 0. 882	0. 656
TK505 – 7	脉状	300 ~ 360	327. 33	1. 43 ~ 3. 95	1. 67	0. 613 ~ 0. 732	0. 677
505 – 3 – 1	脉状	212. 5 ~ 361. 5	291. 5	6. 3 ~ 19. 05	12. 082	0. 723 ~ 0. 918	0. 85
505 – 7	脉状	188 ~ 225. 4	199. 1	1. 06 ~ 4. 49	2. 99	0. 845 ~ 0. 910	0. 889
554 – 2	层面脉	210 ~ 466. 7	364. 96	12. 51 ~ 17. 26	14. 578	0. 375 ~ 0. 988	0. 705
TK554 – 2	脉状	310 ~ 326	313. 75	2. 42 ~ 3. 38	2. 9	0. 352 ~ 0. 761	0. 55
305 – 2	脉状	310 ~ 449	403. 4	0. 35 ~ 13. 83	8. 4	0. 466 ~ 0. 644	0. 613
560 – 2（锌铜矿体）	层状	149. 4 ~ 364. 3	223. 3	4. 03 ~ 16. 34	10. 052	0. 803 ~ 1. 062	0. 927
560 – 3（锌铜矿体）	层状	185. 4 ~ 403. 9	258. 03	6. 01 ~ 12. 51	10. 275	0. 669 ~ 0. 966	0. 868

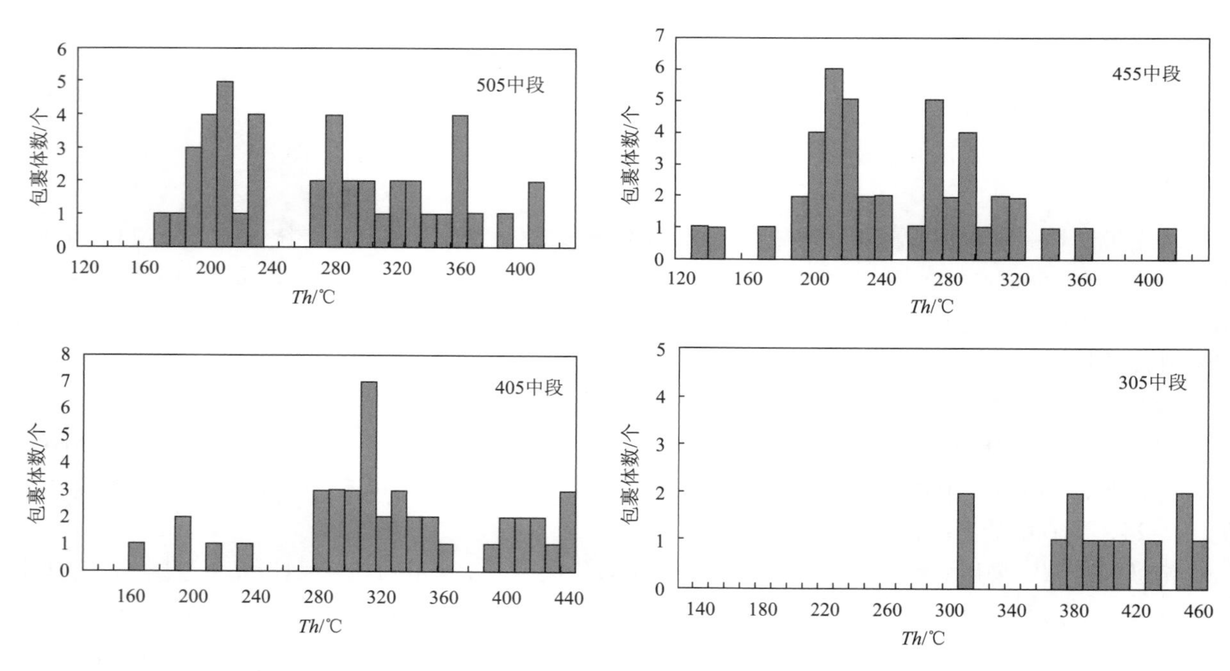

图 7-23　长坡-铜坑不同中段包裹体均一温度直方图对比

将长坡-铜坑矿区的两相包裹体均一温度、盐度、密度之间关系与拉么矽卡岩型锌铜矿进行对比（图 7-26），可见长坡-铜坑锡矿区在成矿温度上与深部的锌铜矿相比是略低的，盐度是接近的，锌铜矿体的密度是略低于锡多金属矿体，与拉么锌铜矿体相比较，拉么锌铜矿体的盐度、密度仅高于铜坑

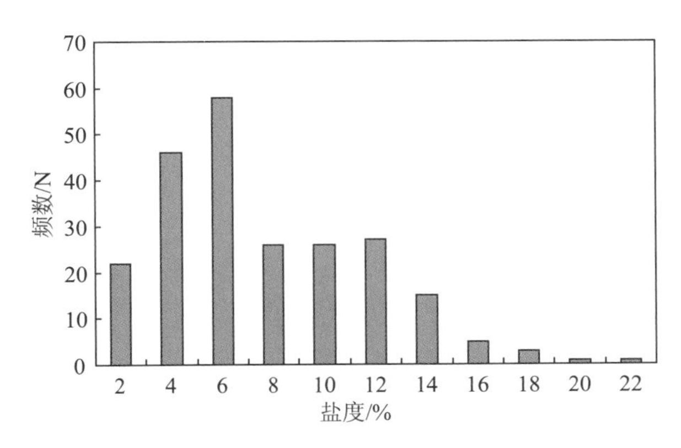

图 7-24 长坡-铜坑 NaCl－H_2O 型包裹体盐度直方图对比

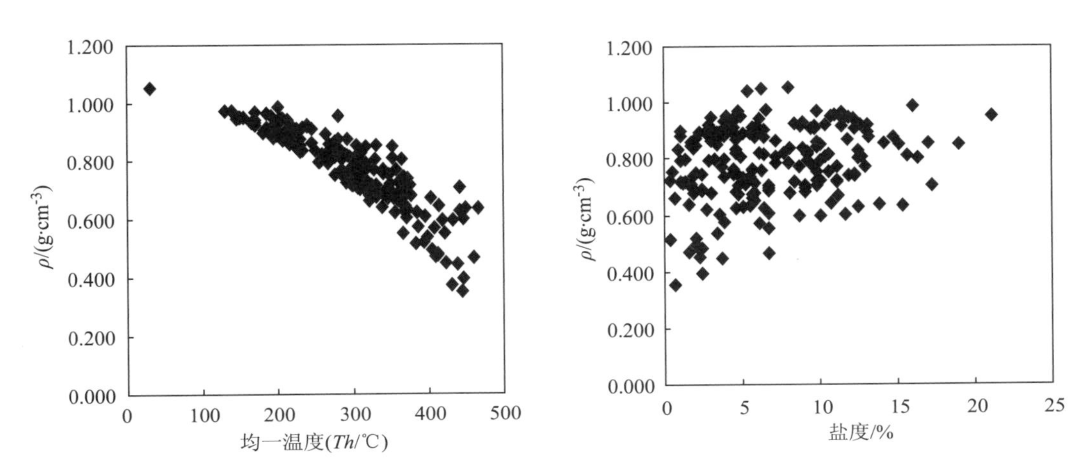

图 7-25　铜坑 NaCl－H_2O 体系中密度和盐度、均一温度的关系

深部的锌铜矿体，从空间位置上，拉么锌铜矿体近花岗岩体，这可能反映了成矿流体在近岩体→远离岩体密度、盐度是升高的。

3. 成矿流体特征

由上述的流体包裹体的特征研究表明，铜坑锡矿体中，无论是层状产出的、还是脉状产出的矿体中，流体包裹体均具有相同的特征。在类型上普遍发育 CO_2－H_2O 包裹体，与其共生的有两相 NaCl－H_2O 体系包裹体和含子晶的多相包裹体，它们均属于成矿阶段的原生包裹体。

测定的锡矿体中富 CO_2 包裹体均一于 H_2O 溶液的富水包裹体，均一温度范围为 210～370℃，集中于 275～365℃；均一于 CO_2 相的富 CO_2 相包裹体，均一温度为 280～365℃。NaCl－H_2O 两相包裹体，均一温度分布范围很宽，从 140～440℃，主要呈现为 3 个温度区间：380～460℃，260～370℃，130～240℃，分别代表着 3 个成矿时期。锌铜矿体的成矿温度较高，在 380～460℃，锡矿体中 3 个成矿阶段的温度分别集中在 340～380℃、270～370℃、170～300℃。同时，对不同中段矿体均一温度分析结果显示，从深部到浅部，温度是降低的，表现了顺向分带的特征。

在包裹体成分上，含 CO_2 包裹体普遍发育，与 NaCl－H_2O 共存，且均一温度相近、密度和盐度相近，可能意味着区内在成矿阶段存在着流体的沸腾现象。根据李荫清等（1988）研究成果，区内笼箱盖岩体是在近 1000℃和大于 100 MPa 的压力下，侵位于泥盆系的硅质岩、灰岩和泥灰岩、砂岩等岩层中。在岩浆结晶作用的晚期，随着流体向上运移集中，积聚于岩体顶部的岩浆期后流体，势必造成内压增大，当内压超过围岩的静压力时，导致岩体顶部破裂，从而使得流体沸腾。这种沸腾的流体在高温下使得岩体发生云英岩化，当与泥盆系的碳酸盐发生反应时，使其发生矽卡岩化，形成矽卡岩矿物组合。李荫清等（1988）测定矽卡岩中石榴子石、符山石的包裹体以气液包裹体和含子晶的多相包裹体为主，均

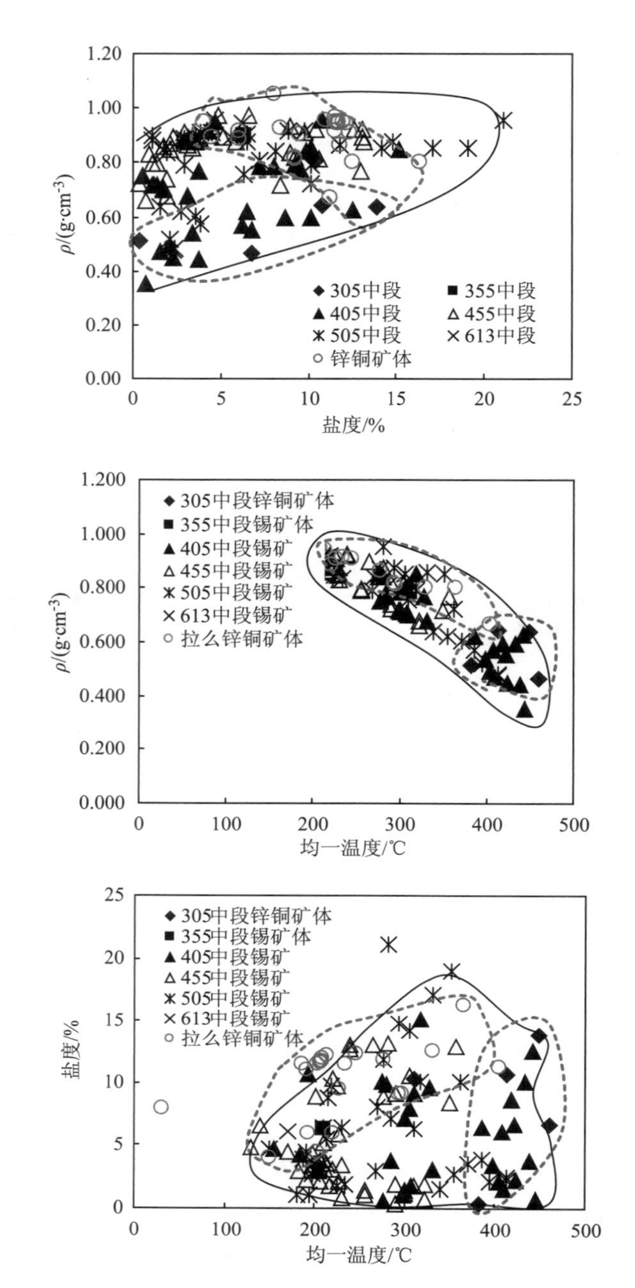

图 7-26　长坡-铜坑矿区包裹体的密度-盐度-密度关系图

一温度在 520～750℃，按照多相包体求得的盐度在 33.3%～60%，这与蔡明海等（2005）测定铜坑含子晶包裹体的盐度值为 29.66%～35.99% 是相吻合的。表明矽卡岩形成阶段流体的盐度很高，这可能是岩体早期钾化过程中，分离出的 K^+、Na^+、Ca^+ 等离子转入流体内的结果，致使流体的浓度加大。铜坑锡矿体中的含子晶包裹体可能为早期阶段形成的包体。

综上所述，铜坑锡多金属矿床中，早期矽卡岩形成过程中的流体以高温、高盐度为特征。随着流体向上运移，内压力降低，流体发生沸腾，形成了多种成分包裹体的不混溶组合。早期锌铜矿体形成阶段则以中高温、中等盐度为特征，锡多金属矿体以中温、中-低盐度、CO_2 占优势。

三、流体包裹体的成分

对流体包裹体的成分采用激光拉曼探针成分分析方法，结果见表 7-10。本区流体成分并不复杂，主要为 CO_2、H_2O，少量的 H_2S、CH_4 以及微量的气相 CO、N_2、H_2，盐水溶液中可含有 Cl^-、CO_3^{2-}、

HCO^{3-}。除了两个样品气相成分以 CH_4 为主（气相中 CH_4 相对摩尔百分数为41.70% ~92.78%）外，其他样品中 CO_2 主要集中在气相中，相对摩尔百分数为63.74% ~1.29%；液相中 CO_2 含量很少（CO_2 的相对摩尔百分数为0.13% ~4.85%）。H_2O 主要在液相中存在，所有样品中 H_2O 的摩尔百分数高达95.08% ~9.87%；CH_4 主要在气相中出现，相对摩尔百分数变化较大，为6.09% ~92.78%，液相中只有3个样品含有微量的 CH_4，相对摩尔百分数为0.03% ~0.07%；另外有的样品中含有不等量的气相 H_2S、CO、N_2 和 H_2。

表7-10　铜坑流体包裹体的成分测定结果

样品号	X气相/% *							X液相/% *				盐水溶液/mol·L⁻¹		
	CO_2	H_2S	CH_4	CO	N_2	SO_2	H_2	CO_2	CH_4	H_2O	HS^-	Cl^-	CO_3^{2-}	HCO_{3-}
TK455 - 15	63.74		36.26					4.85	0.07	95.08			0.65	
TK405 - 15	91.29	2.62	6.09					2.09		97.91				0.01
TK455 - 8	59.6		16.5		23.9	2.2		5.5		89.6	0.02	0.52		
TK505 - 22	79.3		18.2						3.2	96.8			0.01	0.01
BTK305 - 2	84.32		14.27		1.41			1.07		98.93				0.11
TK554 - 2	75.07		10.36	14.57				2.16	0.04	97.8		0.58	0.07	
TK613 - 2 - 1	100									100				
1512 - 805.6 - 1	82.7	6.7	7.8		1.3		1.5			94.1			0.5	0.3
1512 - 805.6 - 2	93.1		6.9							100				
1512 - 805.6 - 3	89.5		10.5					6.7		93.3				0.1
1507 - 721.9 - 1	83.9		16.1					5.2		94.8				
1507 - 721.9 - 2	100							12.1		87.9				0.5
1507 - 721.9 - 3	58.4		41.6							100				
1509 - 751.6 - 1	100									100				
1509 - 751.6 - 2	100									100				
Lm560 - 3			92.78				7.22	0.13	0.03	99.84				0.02
Lm560 - 2	32.18	26.12	41.7					0.13		99.87		0.16		

注：* 为相对摩尔百分数。分析者：中国地质调查局西安地质矿产研究所王志海、李月琴。

激光拉曼光谱分析的结果进一步确认了长坡-铜坑锡矿床的流体包裹体成分与拉么锌铜矿体的成分是基本一致的，均以 CO_2-H_2O、$NaCl-H_2O$ 为主，含有少量的 CH_4、H_2S 以及极少量的 N_2、H_2、CO。盐水溶液中含有极少量的 Cl^-、CO_3^{2-}、HCO_3^-。相对比而言，长坡-铜坑矿区流体包裹体以气相 CO_2、液相 H_2O 为主，拉么锌铜矿体中流体包裹体以气液相 H_2O 为主，气相 CH_4 含量相对较高。

四、压力和深度估算

1. 利用 CO_2-H_2O 体系包裹体联合求压和估算深度

如前所述，铜坑矿区的流体包裹体有 CO_2-H_2O、$NaCl-H_2O$ 两个体系，利用包裹体中 CO_2-H_2O 体系密度判断成矿压力和深度。

含 CO_2 和 H_2O 的流体在一定的温度和压力条件下为有限互溶的均一流体相，随着温度的降低，CO_2 和 H_2O 彼此溶解度降低，表现为不混溶。在铜坑矿体中，同一薄片同时出现富 CO_2 包裹体和富 H_2O 包裹体，且为同时捕获。利用 CO_2 包裹体和 H_2O 包裹体联合相图（图7-27）（Roedder，1972），可以获得包裹体的捕获压力。即根据 CO_2 包裹体的部分均一温度，获得 CO_2 的盐度，并由此得到 CO_2 的密度，同时还测定与其共生的富水相包裹体的盐度和均一温度，并获得 H_2O 的密度，根据 CO_2 包裹体和 H_2O 包裹体联合相图找到相应的位置，并确定压力（表7-8）。得出铜坑矿床流体捕获的压力为12 ~150 MPa，平均为83.09 MPa，与李荫清等（1988）得出的结果是相近的。

矿床形成时成矿的流体充填于岩石裂隙中，这些裂隙或开放，或封闭，或半开放半封闭。对于封闭体系而言，流体所受的压力为上覆岩石的静压力，对于开放体系而言，所受的压力主要为流体的静压

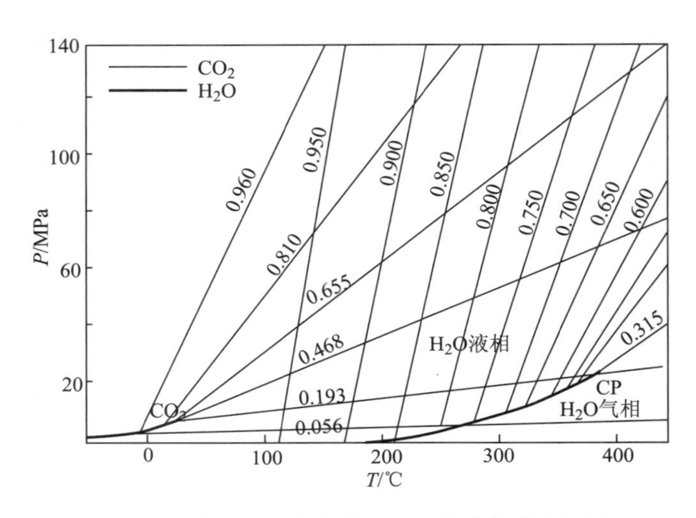

图 7-27 铜坑 CO_2 包裹体和 H_2O 包裹体联合相图

力，对于半开放、半封闭体系应该是岩石静压力和流体静压力的综合影响。对于所研究对象而言，所受的压力与其所处的地质位置有关，压力的大小反映地质体所处的深度。按静岩压力计算公式 $P=h\rho g$（式中 P 为压力，h 为深度，ρ 为上覆盖层的平均密度（此处取 2.7g/cm^3），g 为重力加速度（9.8 m/s^2）），得出成矿深度范围变化较大（0.49～5.29 km），平均深度为 3.14 km。

2. 锡石微量元素地质压力计

锡石中的 In 含量可作为衡量压力的标志之一，H. H. 尼库林（1981）制定出推断锡石沉淀时距离古地表深度（km）的经验公式：$H_1=3.15-0.95\lg c$。

式中 H_1 为距离古地表的深度（km），$\lg c$ 为 In 的含量（10^{-6}）算术平均值对数。

根据上述公式，利用前文对锡石单矿物的微量元素分析结果，对铜坑矿床中锡石沉淀时的深度进行计算，得出大脉状矿体中 3 个样品中 In 的平均含量为 4.48×10^{-6}，形成的平均深度为 2.53km；91 号裂隙脉矿体中两个样品 In 平均含量为 4.09×10^{-6}。形成深度平均为 2.56 km，92 号裂隙脉中两个样品平均 In 含量为 7.64×10^{-6}，形成深度平均为 2.31 km，92 号层状矿体中 1 个样品平均 In 含量为 5.012×10^{-6}，形成深度平均为 2.48 km。

按静岩压力计算公式 $P=h\rho g$（式中 P 为压力，h 为深度，ρ 为上覆盖层的平均密度（取 2.7g/cm^3），g 为重力加速度（9.8 m/s^2）），得出成矿压力大脉矿体中为 66.98 MPa；91 号裂隙脉矿体为 67.97 MPa；92 号裂隙脉中 61.15 MPa；92 号层状矿体中为 65.75 MPa；平均压力为 65.46 MPa。

综上，铜坑矿体的形成深度可能在 1～3 km 的范围内。

五、成矿溶液 pH、E_h 值

成矿溶液的 pH、E_h 值对成矿溶液中各种化学组分的反应及其沉淀影响很大，对成矿过程中矿物质的沉淀析出与否起着重要作用。黄民智等（1988）年根据矿物的共生组合，对矿区成矿溶液的 pH、Eh 值进行过深入的探讨。长坡-铜坑矿床在锡石-硫化物成矿过程中，同时可出现一组钾长石、石英、绢云母（白云母）的蚀变矿物组合。它们具有以下平衡反应：

$3KAlSi_3O_3+H_2 \rightleftharpoons KAl_3SiO_{10}(OH)_2+6SiO_2\ (2K^++2e^-)$

钾长石（kf）　　　　绢云母（Ser）　　石英（q）

其平衡方程为 $pH=1/2\lg K-\lg\alpha_k^+-1/2\lg(\alpha_{ser}\cdot\alpha_q^+/\alpha_{Kf}^{\ 3})$

式中 K 为平衡常数，可根据 Helgson（1969）资料中查得；α_{k^+} 为钾离子活度，可通过液相包裹体成分中 Na^+/K^+ 比值及冷冻法测出的总含盐度求得；α_q 为石英活度（$\alpha_q=1$）；α_{kf} 为钾长石活度，与其摩尔分数相同；α_{ser} 为绢云母（白云母）活度，可根据 Barnes（1979）资料查得。从表 7-11 中可见，根据矿床中锡石-硫化物成矿最佳温度 400～300℃范围内产出的矿物共生组合计算，得到 pH 值在 4.7～5.4

范围内，与水在350℃时的中性线值（pH =5.84）比较，属弱酸性到中性。

根据热力学推导的氧化电势（E_h）与pH值及自由能的关系，可求得E值。其方程式为：

表7-11　铜坑成矿流体中盐度、钾离子浓度及pH值

温度	盐度	$\lg K$	R_{k+}	M_{k+}	α_{k+}	$\lg K^+$	pH
400	10	7.2	0.1	0.8	0.08	-1.1	4.7
370	7	7.6	0.13	0.39	0.05	-1.31	5.1
300	5	8.4	0.2	0.30	0.06	-1.22	5.4

$$\Delta Z_E = \Delta Z^0 - \Delta n_{H^*} \cdot RT/0.43\ \mathrm{pH} - \Delta n_e FE_h$$

当反应系统处于平衡时$\Delta Z_E = 0$

$\therefore \Delta Z^0 = \Delta n\mathrm{H} \cdot RT/0.43\ \mathrm{pH} + \Delta n_e FE_h = 9.242T \cdot \mathrm{pH}\ +46124E_h$

式中ΔZ^0—标准反应自由能变化，以J表示；n_{H^+}—氢离子数目；R—通用气体常数，8.319 J/K·mol；T—绝对温度；n_e—电量，离子的克当量数[1]；F—法拉第常数，96555 J/V·mol；pH—溶液的酸碱度；E_h—电动势或氧化电势（伏特）。计算所用标准状态下热力学式的值列表7-12。

反应式（1）的ΔZ^0的计算如下：

$$\Delta Z^0_{298} = \Delta Z^0_{ser} + 6\Delta Z^0_Q + 2\Delta Z^0_K - 3\Delta Z^0_{Kf} - 2\Delta Z^0_{H^+} = -36.82$$

$$\Delta \mathrm{H}^0_{298} = \Delta \mathrm{H}^0_{ser} + 6\Delta H^0_Q + 2\Delta H^0_K - 3\Delta H^0_{Kf} - 2\Delta H^{0+}_H = -41.83$$

$$\Delta S^0_{298} = (\Delta \mathrm{H}^0_{298} - \Delta Z^0_{298})/T = -0.0186\ 卡^{[1]}$$

据以上方程式，用近似外推法求出温度为673K和573K及pH分别为4.7和5.4条件下的E_h值。

$$\Delta Z^0_{673} = \Delta Z^0_{298} - \Delta \mathrm{S}^0_{298}(T_{673} - T_{298}) = -29.305\ 卡$$

代入公式，并依次计算573K的ΔZ^0。计算结果如下：

当温度为400℃、pH =4.7时，$E_h = -0.6344$，

当温度为300℃、pH =5.4时，$E_h = -0.6207$。

在矿床中硫化物组合内常出现磁黄铁矿向黄铁矿演化的平衡共生组合。它的出现可代表成矿过程中硫形成的平衡条件，其形成的化学平衡反应式为：

$FeS + H_2S \rightleftharpoons FeS^{2+}\ (2H^+ + 2e^-)$

根据平衡方程式，利用有关热力学常数，用近似外推法求出温度在673K和573K及pH分别为4.7和5.4条件下的E_h值，其结果为：

当温度为400℃、pH =4.7时，$E_h = -0.6347$，

当温度为300℃、pH =5.4时，$E_h = -0.6202$。

可见，铜坑矿床形成于300~400℃、弱酸性至中性介质、还原环境。

六、成矿溶液中硫、氧、二氧化碳逸度及其变化关系

黄民智等（1988）、陈毓川等（1993）利用铜坑中矿物的共生组合，对成矿溶液中硫、氧逸度和CO_2分压等用热力学方法进行了估算。

1. 硫逸度（f_{S_2}）的估算

在矿床成矿过程中控制f_{S_2}的主要矿物组合（因素）是：毒砂+黄铁矿；黄铁矿+磁黄铁矿；黄铁矿+闪锌矿和磁黄铁矿+闪锌矿等。绝大多数硫化物是在Fe-As-S和Fe-Zn-S系统中反应形成。利用其中典型矿物组合进行f_{S_2}估算，可用

$$FeS + 1/2S_2 \rightleftharpoons FeS_2 \qquad (1)$$

$$\lg f_{S_2} = -\lg K$$

[1] 克当量数指物质的量；1卡≈4.1868 J，下同。

或

$$FeAsS + 1/2S_2 \rightleftharpoons FeS_2 + As \quad (2)$$

$$\lg f_{S_2} = -2\lg K$$

式中 K 为反应平衡常数。现以（1）式为例，根据 Borton（1969）计算的 K 值，黄铁矿在 200～400℃生成时，硫逸度变化在 10^{-11}～10^{-2}Pa 之间。

根据各阶段主要硫化矿物平衡共生组合，利用前人做的 Fe－As－S 和 Fe－Zn－S 系统中温度-逸度或温度-组分-逸度图，进一步了解矿床中各阶段矿物组合的演变关系。

（1）毒砂形成时的硫逸度及其变化

毒砂是锡石-硫化物建造中最早形成的硫化物矿物之一。在矿化的不同阶段中均有产出，并出现于各阶段的典型矿物共生组合中。通常，毒砂在形成过程中由于硫逸度（f_{S_2}）的变化而出现 As/S 比值的变化。每个组合中的毒砂组分不仅是温度而且是硫逸度的函数。因此，可以根据毒砂组分所测算的不同世代毒砂形成的平衡温度（表 7-12），利用 Borton（1969）确定的 Fe－As－S 体系中毒砂的硫化物反应平衡图解（图 7-28），求得平衡时的硫逸度（表 7-13）。

表 7-12　铜坑不同世代毒砂成分中 As 的原子百分含量和平衡温度

世代	含量（原子%）			分子式	As/S（原子比）	平衡温度/℃
	Fe（Co＋Ni）	As	S			
第一世代	33.67	33.33	32.88	$FeAs_{0.99}S_{0.98}$	1.01	415
	33.57	32.55	33.89	$FeAs_{0.97}S_{1.01}$	0.96	370
第二世代	33.67	30.98	35.35	$FeAs_{0.92}S_{1.05}$	0.88	357
	33.67	30.30	36.03	$FeAs_{0.90}S_{1.07}$	0.84	313
	33.67	30.30	36.03	$FeAs_{0.90}S_{1.07}$	0.84	313
第三世代	33.67	28.62	37.71	$FeAs_{0.85}S_{1.12}$	0.76	220
	33.67	28.28	38.05	$FeAs_{0.84}S_{1.13}$	0.74	180

（据黄民智等，1988）

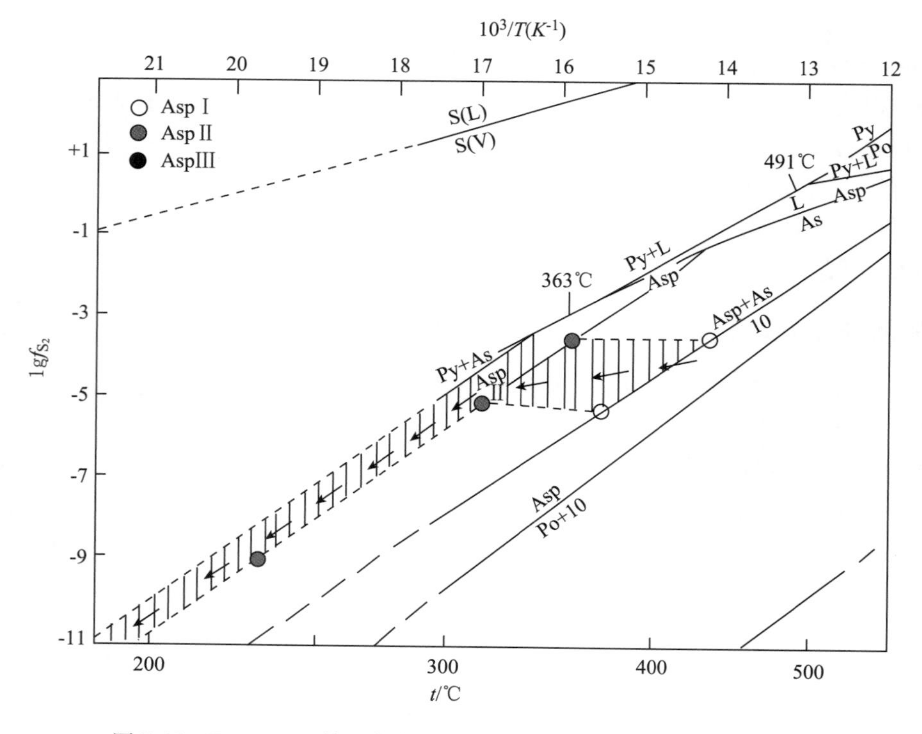

图 7-28　Fe－As－S 体系中毒砂的硫化反应图解（箭头为演化方向）

表 7-13　铜坑不同世代毒砂平衡温度及硫逸度

世代	平衡矿物	As（原子%）	温度范围/℃	$\lg f_{S_2}$（Pa）
Asp_1	斜方砷铁矿＋自然砷	33.33～32.55	415～370	－3.5～－5.2
Asp_2	黄铁矿＋磁黄铁矿	30.98～30.30	357～313	－3.2～－5.0
Asp_3	黄铁矿＋（磁黄铁矿）	28.62～28.28	220～185	－9.0～－11.4

从以上所得硫逸度可见第一和第二世代毒砂的硫逸度变化区间相似，而第三世代毒砂的形成温度降低，相应硫逸度也迅速下降至 $10^{-11.4}$Pa。毒砂形成的硫逸度在 $10^{-3.2}$～$10^{-11.4}$Pa 区间。

（2）闪锌矿形成时的硫逸度及其变化

根据 Borton 和 Scott 等的实验资料，与磁黄铁矿、黄铁矿相平衡的闪锌矿可以稳定在一个很大的温度范围内，在一定的成矿温度下，闪锌矿中 FeS 分子百分含量主要决定于成矿环境的硫逸度（f_{S_2}）。其关系式如下：

FeS（分子%）$=72.26695-15900.5/T+0.01448\lg f_{S_2}-0.38819\ (10^8/T)\ -\ (7250.5/T)\ \lg f_{S_2}-0.34486\ (\lg f_{S_2})$

式中 T 为闪锌矿形成时的绝对温度。

根据闪锌矿在锡石-硫化物矿石建造中 3 个世代中的 FeS（分子%）和相应的形成温度，按上述公式计算结果列于表 7-14 中。

表 7-14　铜坑不同世代闪锌矿中 FeS%与形成温度及硫逸度变化范围

世代	平衡矿物	FeS（分子%）	温度范围/℃	$\lg f_{S_2}$（Pa）
$S_{phⅠ}$	黄铁矿＋磁黄铁矿	25.58	450～350	－1.0～－4.0
$S_{phⅡ}$	黄铁矿＋磁黄铁矿	17.87	350～200	－3.1～－10.0
$S_{phⅢ}$	黄铁矿	3.63	250～100	－6.8～－11.5

利用闪锌矿、磁黄铁矿和黄铁矿等矿物平衡组合中闪锌矿的 FeS（分子%）含量计算所得不同温度条件下的 f_{S_2} 可见，$S_{ph_Ⅰ}$ 形成时的 f_{S_2} 为 10^{-1}～10^{-4}Pa 之间，$S_{ph_Ⅱ}$ 形成时的 f_{S_2} 为 $10^{-3.1}$～10^{-10}Pa 之间，晚期 $S_{ph_Ⅲ}$ 的 f_{S_2} 更低，为 $10^{-6.8}$～$10^{-11.5}$Pa。与磁黄铁矿和黄铁矿组合按热力学公式计算结果非常相似，同时与 Fe－As－S 体系中 $T-X-\lg f_{S_2}$ 图（图 7-29）比较，结果也很吻合。各阶段共生组合矿物随温度的降低，f_{S_2} 随之降低。

综上所述，矿床中锡石-硫化物矿石建造中大量的闪锌矿、毒砂、黄铁矿、磁黄铁矿等硫化物，在各个不同阶段、不同温度条件下相互共生产出，形成时期长，形成的温度区间大，因而 f_{S_2} 变化范围也较大，可见，黄铁矿、闪锌矿、毒砂等这些“贯通性”矿物，可以稳定在一个很大的区间。在矿床中锡石-硫化物成矿期硫化物形成温度在 450～150℃间，f_{S_2} 在 10^{-1}～$10^{-11.5}$ Pa 间；而大量硫化物产出在中期阶段，即温度在 350～200℃，f_{S_2} 在 10^{-8}～10^{-10}Pa 为最佳条件。

2. 氧逸度及二氧化碳逸度的估算

（1）硫化物平衡反应时的氧逸度（f_{O_2}）估算

据黄民智等（1988）研究，矿床中控制 f_{O_2} 的矿物平衡共生组合较多，但具有热力学常数，可进行热力学计算的仅有以下几种，其主要平衡反应式为：

$$SnO_2+H_2S \rightleftharpoons SnS+H_2O+0.5O_2 \quad (1)$$

$$2FeS+0.666O_2 \rightleftharpoons FeS_2+0.333Fe_3O_4 \quad (2)$$

$$FeS+H_2S+0.5O_2 \rightleftharpoons FeS_2+H_2O \quad (3)$$

利用热力学势 Z_0，获得下列平衡方程式：

$$\Delta Z_0=\Delta Z_0-\Delta nO_2\cdot RT/0.43\cdot\lg f_{O_2}$$

当反应系统处于平衡时 $\Delta Z_0=0$

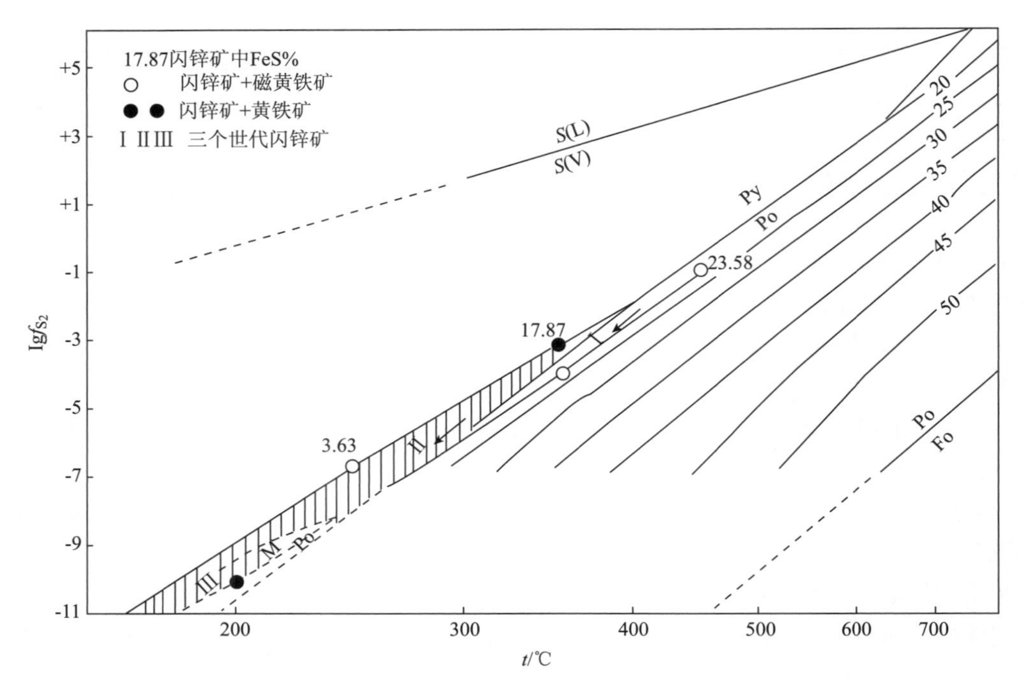

图 7-29 铜坑 Fe－Zn－S 体系中 $T-X-\lg f_{S_2}$ 图

（虚线为外推部分，箭头为演化方向）

$$\lg f_{O_2} = 0.43\Delta Z_0/\Delta n O_2$$

据上述方程式，用近似外推法求出温度在473K、573K、673K 时的 $\lg f_{O_2}$。由表 7-15 可见，各矿物组合在不同温度条件下形成时所需的氧逸度，随着成矿温度的下降而减小。同时，在温度恒定的条件下，不同矿物组合达到平衡共生时所需要的氧逸度亦不相同，其中①磁黄铁矿、黄铁矿组合是矿床中大量锡石-硫化物产生时的主要矿物组合之一，其所需氧逸度代表该阶段硫化矿物形成的大致范围，而随着成矿环境氧逸度的增高，即出现②磁黄铁矿、黄铁矿、微量细小磁铁矿的组合，同时在与之相当的氧逸度范围内可形成与硫盐矿物共生的硫锡矿。表 7-15 中显示当形成温度恒定在 300℃时，随着 $\lg f_{O_2}$ 的增加而出现不同矿物组合，其中第②组合平衡时所需 $\lg f_{O_2}$ 相似，但随着温度的降低，第②组矿物组合所需氧逸度差别加大，当温度降至 200℃时，锡石蚀变为硫锑矿时 $\lg f_{O_2}$ 为 －36.5，它比磁黄铁矿蚀变为黄铁矿时的氧逸度（$\lg f_{O_2}$ 为 －47.53）相对要高得多。

表 7-15 铜坑各矿物组合在不同温度条件下的氧逸度

编号	矿物平衡组合	400℃	300℃	200℃	反应式
1	锡石⇌硫锑矿？	－24.27	－29.38	－36.30	(1)
2	磁黄铁矿⇌黄铁矿＋磁铁矿	－23.30	－30.30	－41.80	(2)
3	磁黄铁矿⇌黄铁矿	－31.92	－38.36	－47.53	(3)

（2）矿物包裹体气相成分计算氧及二氧化碳逸度

矿床中包裹体气相成分分析结果显示，除大量 H_2O 外，以 CO_2 为主，其次为少量的 CO、H_2、CH_4 等，还有微量的 N_2。根据李秉伦（1993）以各种气体反应式的平衡常数与逸度的关系，推导出逸度与各种气体的摩尔分数的关系式：

$$E = \lg X_{CO_2} - \lg X_{CH_4} + 2\lg X_{H_2O}$$

$$F = \lg X_{H_2O} - \lg X_{H_2}$$

$$C = 4\lg X_{CO_2} - \lg X_{CH_4} + 2\lg X_{H_2O}$$

$$D = 4\lg X_{H_2} - \lg X_{CH_4} - 2\lg X_{H_2O}$$

黄民智等（1988）将E、F和C、D分别利用 $\lg f_{O_2}-T$ 图解和 $\lg f_{CO_2}-T$ 图解，计算出锡石-石英-毒砂阶段（锡石Ⅱ$_1$、石英Ⅱ$_1$）和锡石-硫化物阶段（石英Ⅱ$_2$）形成时的氧逸度（$\lg f_{O_2}$）和二氧化碳逸度（$\lg f_{CO_2}$）。从表7-16中可见，在锡石-硫化物成矿期的最早阶段，当锡石、石英形成温度为450～390℃时，f_{O_2}为10^{-23}～10^{-24} Pa，f_{CO_2}为$10^{8.2}$ Pa。中期阶段石英形成温度在350℃左右时，f_{O_2}为10^{-24}Pa，f_{CO_2}为$10^{8.1}$ Pa。

表7-16　铜坑矿物包裹体气相成分平衡温度氧和二氧化碳逸度

样号	矿物	$\lg X_{CO_2}$	$\lg X_{H_2}$	$\lg X_{CH_4}$	$\lg X_{CO}$	$\lg X_{H_2O}$	平衡温度	$\lg f_{O_2}$	$\lg f_{CO_2}$
DT2－1－5	锡石Ⅱ$_1$	－1.74	－1.69	－2.28		0.03	400℃	－23	
405－18－1	锡石Ⅱ$_1$	－2.46	－2.37	－4.0		－0.01	390℃	－24	
Dch－73	石英Ⅱ$_1$	－1.92	－2.83	－3.0	－2.86	－0.01	400℃（450℃）	－24	8.2
Dch－75	石英Ⅱ$_2$	－1.61	－2.89	－3.0	－2.83	－0.01	350℃（440℃）	－26	8.1

第四节　龙头山金矿成矿流体地球化学

为了研究龙头山金矿的成矿流体特征，本次工作系统采集了相关样品进行岩相学和显微测温，同时也对外围平天山岩体以及平天山岩体附近的狮子尾岩体、产于寒武系破碎带中的六仲金矿进行了取样并进行包裹体研究，以期探讨整个龙头山矿区的流体演化特征。流体包裹体测温工作在宜昌地质矿产研究所（高温部分）和长江大学（低温部分）流体包裹体实验室完成，测温仪器为英国产Linkam THMS－600型冷热台，测温范围为－198～＋600℃，初溶温度、冰点和均一温度精度范围分别为±0.5℃、±0.1℃和±2℃。同时，为了前后表述的一致性，特对本次研究中鉴定的包裹体类型做以下约定和说明：①气体包裹体（富气包裹体）是指 $V/(V+L)\geq 50$～90 vol %的包裹体，根据颜色的不同又将其分为暗色气体包裹体（其中的气泡壁又厚又黑）和普通气体包裹体（其气泡壁薄而显得较透明）两种；②两相气液包裹体（富液包裹体）是指 $V/(V+L)<50$vol%的包裹体；③单相液体包裹体是指不含气泡的水溶液包裹体；④高盐度包裹体是指在室温时或稍微冷冻便出现盐类子矿物的包裹体，其中盐类子矿物主要为NaCl或NaCl＋KCl。另外，将测试过程含NaCl子晶高盐度包裹体中气相消失的温度定为 Tv，NaCl子晶消失的温度定为 Ts。

一、龙头山金矿流体包裹体特征

为了系统研究矿床的流体演化特征，本次工作在矿床自上而下共计10个中段进行了系统踏勘和采样，采集了各种类型矿石、各种成矿阶段、围岩以及岩体中心侵入相花岗斑岩的流体包裹体研究标本，力图在空间上探寻矿床的流体特征。

1. 金-黄铁矿-电气石-石英阶段（I_{1-2}）的包裹体特征

样品采自380 m中段Ⅸ矿体，流纹斑岩已遭受强烈的电气石化、黄铁矿化、绢云母化、硅化等。其中含有约15%±的浅色硅质角砾，大小约0.2～5 mm，另有少量石英斑晶碎片和小气孔。样品中大致存在如下3种石英：①石英斑晶及其碎片。②早期角砾或硅化电气石化时（I_{1-1}阶段）形成的混浊状细小石英颗粒或微晶。③小气孔中的石英微晶。其中石英斑晶及其碎片又可分为两种情况：第一种斑晶碎片，因重结晶作用而显得十分光洁透明，碎片大小约0.3～2 mm，其中含有大量高盐度包裹体以及少量气体包裹体和两相气液包裹体（有些两相气液包裹体经冷冻后可结晶出NaCl子晶）。高盐度包裹体中各种相所占的比例往往是变化的，有的还含KCl子晶；所有包裹体中的气泡壁显得又黑又厚（可能含有H_2S、CH_4等）。这些包裹体在碎片中呈自由分布或沿晶体蚀变交代边分布，明显与蚀变和重结晶作用有关（I_{1-2}阶段）。包裹体形态有圆形、椭圆形、小柱状、菱形和各种不规则状；包裹体大小为3～40 μm。第二种斑晶碎片较完整，但晶体透明度差且裂纹多，其中常有少量黑云母和锆石等固体包裹体，这里的流体包裹体主要是体积较大而形状不规则的单相水溶液包裹体和气体包裹体（但这种气体包裹体与前述同类包裹体不同——此处的气泡壁薄和气泡较透明），另有少量细小岩浆包裹体之残余，在这种石英斑晶中高盐度包裹体极少。本次仅对透明小碎片中的流体包裹体（1－01 和 1－04 测区，见图 7-30）进行了测定，结果见表 7-17。

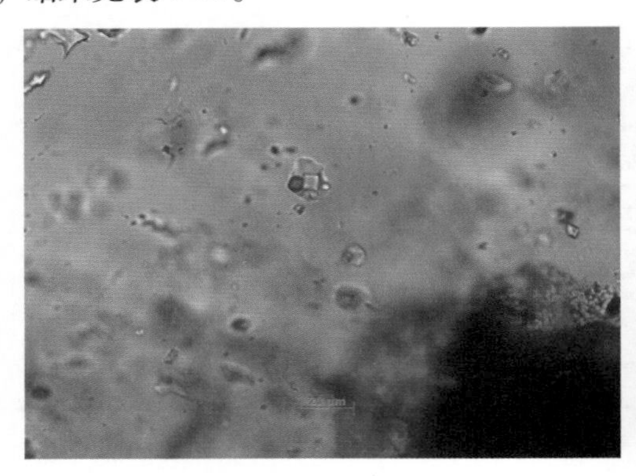

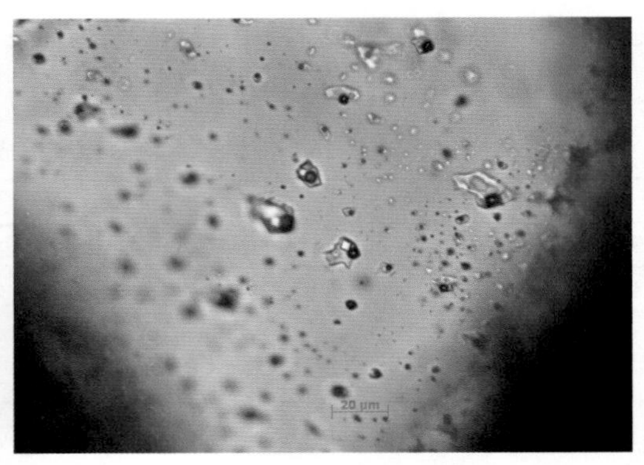

图 7-30　龙头山金-黄铁矿-电气石-石英阶段流体包裹体显微照片

（左为 1－01 测区，右为 1－04 测区）

表 7-17　龙头山金矿金-黄铁矿-电气石-石英阶段包裹体测温结果

序号	测区	消失温度			盐度/%	密度/（g·cm^{-3}）
		KCl	NaCl	V		
1	01		324	324	36.5	
2	01		279	265	38.6	
3	01		284	>350		
4	01		306	>350		
5	01		314	>350		
6	01		320	315	39.4	1.07
7	01		340	320	40.8	
8	01			263		
9	01		194	173	31.6	
10	01		220	380	32.9	
11	01		284	345	36.7	
12	01		220	487	32.9	
13	01			>>500		
14	01		314	316	38.9	1.07
15	01		307	515	38.5	
16	01		296	360	37.6	
17	01		330	405	40.1	
18	01		200	185	31.9	
19	01		252	348	34.8	
20	01		325	306	39.8	
21	01		276	254	36.3	
22	01		306	375	38.4	
23	01		290	372	37.2	
24	01			>>500		
25	04		450	261	51	
26	04		238	239	42.5	
27	04		>430	265	>49	
28	04		320	200	39.4	
29	04		250	250	34.6	1.09
30	04		>260	260	>35.3	

在1－01和1－04测区共有上百个包裹体，测定时对每个包裹体的具体位置、形态大小和组成相态等特征进行了详细素描和照相，测定结果显示，总共仅有24个包裹体测出了完全均一化时的温度，其余要么只测到了气泡消失时的温度，而未测到NaCl子晶的消失温度，或者相反，只测到NaCl子晶消失时的温度，而未测到气泡的消失温度，还有很多包裹体甚至来不及记录或者未能看清它们有关相的消失温度（注：在实验测定中不宜多次反复进行加热-冷却，否则包裹体容易发生破损或泄漏。从而给出一些不真实的均一温度值）。总的均一温度范围为194～515℃（图7-31），实际上还有7～8个包裹体加热至400～500℃时，要么其中的气泡尚远远不能消失，要么其中的NaCl子晶尚未全部消失。在这24个包裹体中既有气泡先消失者（$Tv<Ts$），又有NaCl子晶先消失者（$Tv>Ts$），也有相当一部分是二者基本同时消失（$Ts \approx Tv$）。这些数据在$Ts-Tv$关系图（图7-33）上的投影点较分散（几乎从170～490℃（Tv）温度段都有），数点主要紧靠170～320℃温度段的中斜线分布，其次分布在中斜线的右下方，少数分布在中斜线的左上方，表明流体曾不止一次地沸腾，体系呈现盐水（L）+气体（V）+固体石盐（H）不混溶状态，有的包裹体同时吸入了一定数量的NaCl固体物质而使其投影点落在中斜线左上方，有的则同时捕获了不等量的气体而使其投影点落在中斜线的右下方甚至离中斜线很远的地方。这些相比关系不正常的包裹体导致样品中的总盐度NaCl子晶熔化温度和气泡消失温度的增高和分散（Ramboz. C.，1982；Roedder，E.，1984；Shepherd，T. J.，1985；刘斌等，1999）。实际上流体的最高沸腾（形成）温度可能主要是370～320℃左右，相应瞬间压力为136×10^5～75×10^5Pa，盐度为39.4%～42.4%，如图7-31所示，Th峰值主要集中在320～380℃，盐度峰值主要集中在36%～42%（图7-32），而其他过高的温度值和盐度值没有意义。

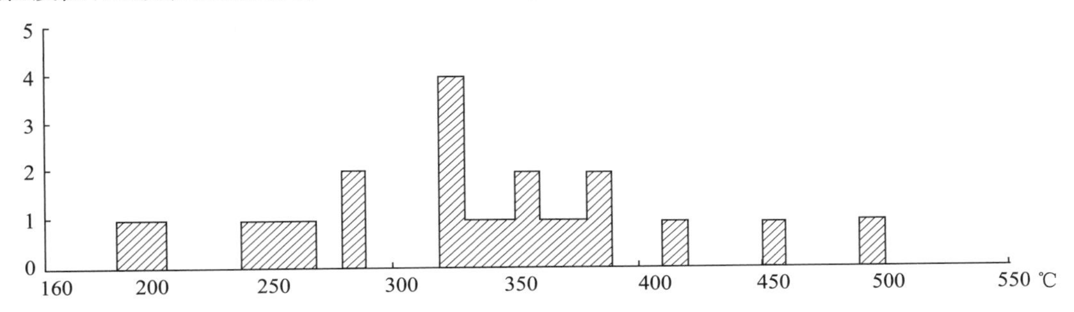

图7-31　龙头山金-黄铁矿-电气石-石英阶段包裹体均一温度直方图

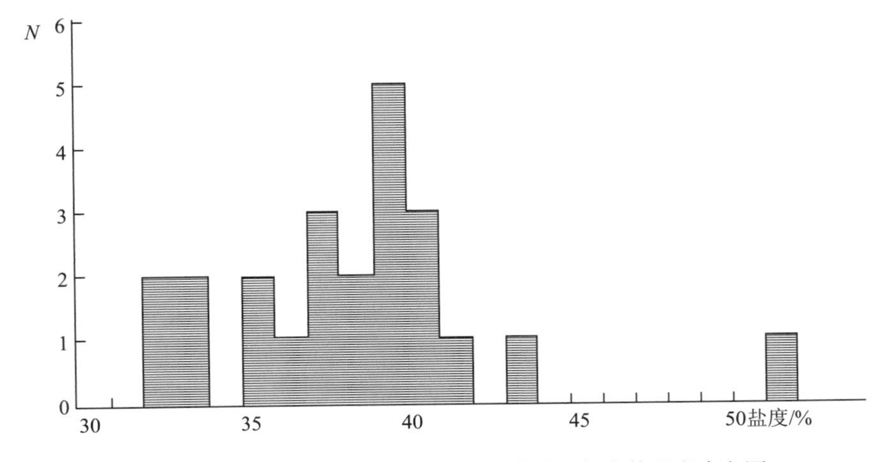

图7-32　龙头山金-黄铁矿-电气石-石英阶段包裹体盐度直方图

2. 金-石英-多金属硫化物阶段（I_{1-3}）包裹体特征

样品采自流纹斑岩中的黄铁矿-石英脉。从手标本可以看出，脉体的半边宽度为1～2 cm，估计脉宽应为2～4 cm。据镜下观察，石英脉具明显的梳状构造，且由脉壁至脉体中心又分3个生长阶段，第一

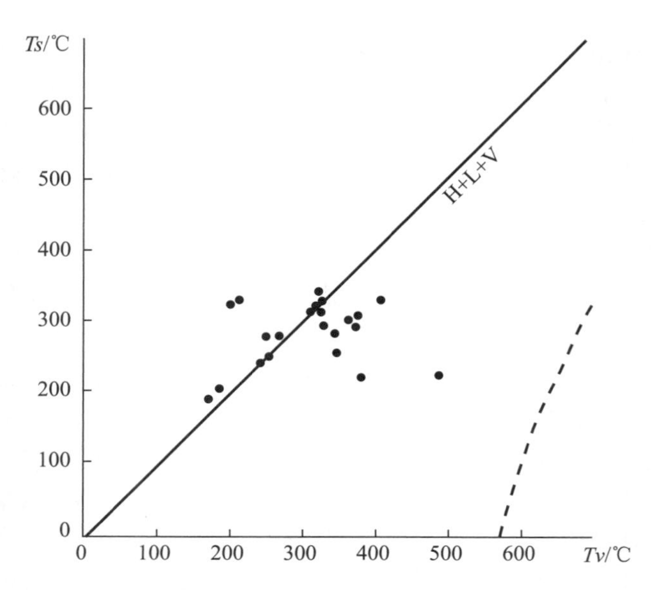

图 7-33 龙头山金-黄铁矿-电气石-石英阶段包裹体 *Tv* – *Ts* 关系图

生长阶段的石英紧靠脉壁垂直生长，晶体细小（长约 1 ~2 mm），第二和第三生长阶段的石英晶长度分别为 3 ~7 mm 和 5 ~8 mm。这些晶体往往又出现 3 ~4 个生长环带（生长纹）。另一较特殊现象是在犬牙状晶体之间或在每一生长阶段初期可能系骤然降温（散热）而使 SiO_2 迅速成核沉淀而形成许多隐晶质-微细粒石英集合体。从流体包裹体分布特征及其与晶体生长纹间的关系来看，其中的包裹体应该主要是原生的，少数是假次生的。但流体包裹体的种类却十分繁杂，其中既有大量单相水溶液包裹体，又有很多形态极不规则的气体包裹体或暗色气体包裹体以及气液比变化很大的两相包裹体，同时还有 NaCl 和 KCl 子晶含量很不一样的高盐度包裹体。这些包裹体经常混杂在一起或各自单独成群分布（图 7-34）。本次对围岩（流纹斑岩）中的石英斑晶（16 – 02 测区），围岩中与电气石化有关的石英（16 – 01 测区）以及脉体的第一生长阶段（16 – 03 测区）、第二生长阶段（16 – 04 测区）和第三生长阶段（16 – 06 测区）中的包裹体进行了测定。流体包裹体大小为 3 ~40 μm；包裹体形态为不太规则，或为圆形、椭圆形、米粒状和小柱状。共获得 96 个均一温度值（表 7-18）和 95 个盐度值。无论均一温度还是盐度，变化范围皆十分广泛，均一温度从 175 ~515℃，盐度从 1. 56% ~72. 0%。从不同产状（不同测区中）的均一温度看（图 7-35），以石英斑晶中的包裹体温度范围最广泛（从 175 ~515℃），其他 4 个测区的包裹体均一温度虽有差别，但总的来说其 *Th* 一般≤350℃。

1）围岩（流纹斑岩）石英斑晶（16 – 02 测区），其中的包裹体从最高温度直至最低温度都有见及，在 *Ts* – *Tv* 图上的投影点沿中斜线及其两边分布（但主要是分布在中斜线之左上方），显示出多次热液叠加的迹象。其最高温部分可能与岩浆晚期分异出来的碱性氯化物饱和溶液有关。

2）与电气石化有关的石英（16 – 01 测区）分布在脉体围岩的电气石集合体中，石英呈不规则的小柱状，其边部常有小电气石晶体伸入。其流体包裹体类型主要是高盐度包裹体、气体包裹体、两相气液包裹体和单相液体包裹体。测定结果为（图 7-36）：高盐度包裹体均一温度 222 ~363℃，盐度 26. 8% ~50. 0%；两相气液包裹体 190 ~290℃，盐度 1. 6% ~10. 99%；单相气液包裹体均一温度未测出，盐度为 2 wt% NaCl。此外有些高盐度包裹体当加热至 400℃时，其中的 NaCl 子晶仍远远不能消失，可能是同时捕获了饱和出来的 NaCl 小晶体；另有少量富气包裹体当加热至 350℃时（附近其他包裹体基本上早已全部均一）其中的气泡尚无明显变化，可能是同时捕获了不混溶的小气泡。在 *Ts* – *Tv* 关系图上（图 7-37），多数投影点主要分布在中斜线 150 ~350℃这一段及其两边。

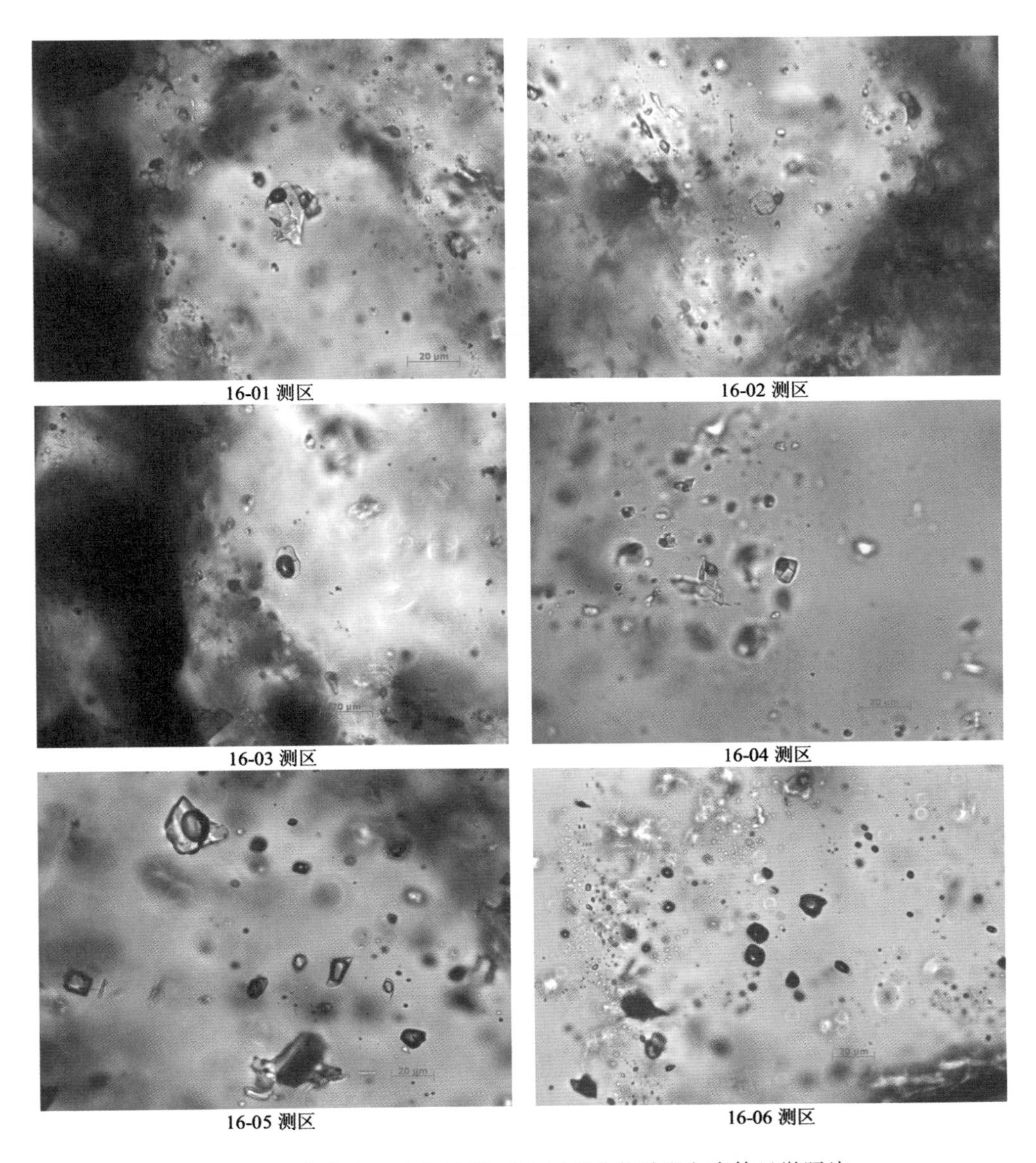

图 7-34　龙头山金矿金-石英-多金属硫化物阶段包裹体显微照片

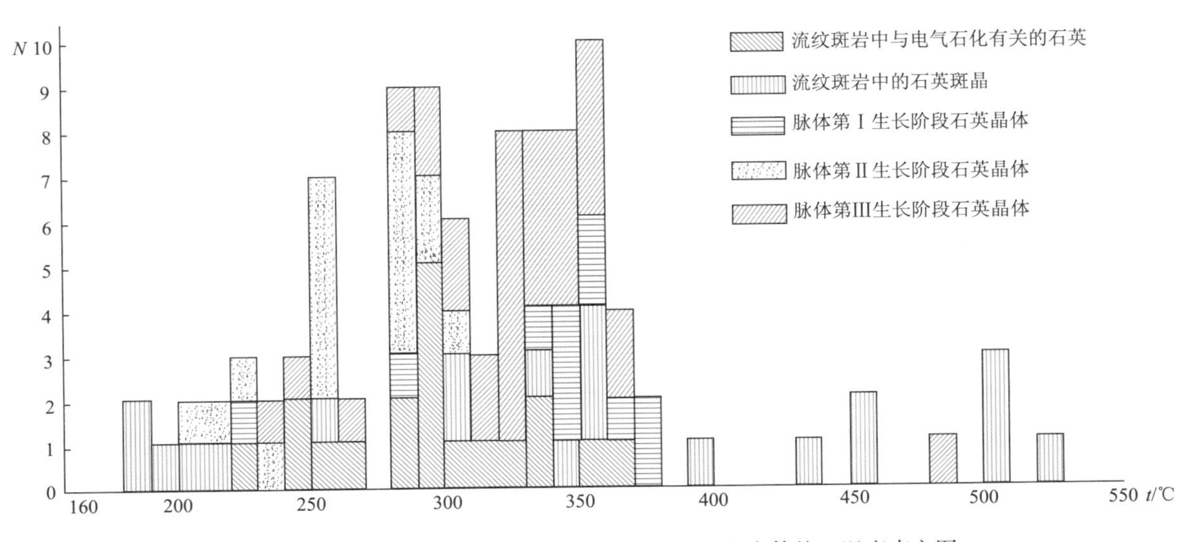

图 7-35　龙头山金矿金-石英-多金属硫化物阶段包裹体均一温度直方图

表7-18　龙头山金矿金-石英-多金属硫化物阶段包裹体测温结果

序号	测区	消失温度			冰点/℃	盐度 %	序号	测区	消失温度			冰点/℃	盐度 %
		KCl	NaCl	V					KCl	NaCl	V		
1	01		248	150		34.6	72	04		> >350	212		> >41.5
2	01		318	265		39.2	73	04		> >350	250		> >41.5
3	01		328	238		40	74	04	180	240	248		42.5
4	01		290	236		37.2	75	04		252	233		34.8
5	01		290	265		37.2	76	04			203	-12	16
6	01		195	347		31.7	77	04			210	-11	15
7	01		294	287		37.5	78	04			248	-5.8	9
8	01		277	294		36.3	79	04			248	-5.5	8.5
9	01		295	305		37.6	80	04			254	-5.5	8.5
10	01		283	237		36.8	81	04			221		
11	01	102	363	235		50	82	04			> >350	-5.6	8.7
12	01	99	> >400	239		>54.0	83	04			> >350	(V)	
13	01		50	222		26.8	84	04		共4个	> >350	-18	21.2
14	01			单相	-1.2	2	85	04				-10.2	14.2
15	01			单相	-1.2	2	86	04				-12	16
16	01			240			87	04					26.8
17	01			240			88	04				-2.8	4.6
18	01			240			89	04				-3.1	5.1
19	01			190	-2.5	4.2	90	04				-10.2	14.2
20	01			?	-0.9	1.6	91	06		480	295		54.2
21	01			>350			92	06		> >510	300~		> >57.5
22	01		>340	282		40.8	93	06			320-v		
23	01		97	281		27.9	94	06			290	-7.4	11
24	01	102	330	126			95	06	179	220			
25	01			290	-7.4	10.99	96	06			> >350		
26	01		> >400	305			97	06				-7.2	10.8
27	01		>350	305			98	06				-7.2	10.8
28	01		105	295		28.1	99	06				-7.3	10.9
29	01	97	>350	290		>49.0	100	06	240	>400	310		>60
30	01		495	430			101	06			320	-18.9	21.6
31	02		430	380			102	06			315	-19	21.68
32	02		387	282			103	06		>400	305		>46
33	02		447	403			104	06			320-L	-2.2	3.71
34	02		515	300			105	06			320-V		
35	02		350	> >550			106	06			>350 (V)		
36	02	275	495	352		72	107	06			>350-L	-18.8	21.8
37	02		450	380		51	108	06			240	-7.8	11.5
38	02		175	126		30.7	109	06			>350	-12.5	16.5
39	02		180	144		31	110	06			>350	-12.5	16.5
40	02		196	145		31.7	111	06			>350	-10.2	14.2

续表

序号	测区	消失温度			冰点/℃	盐度 %	序号	测区	消失温度			冰点/℃	盐度 %
		KCl	NaCl	V					KCl	NaCl	V		
41	02		209	184		32.4	112	06			>350	-5.5	8.6
42	02		350	250		41.5	113	06			>350	-9.2	13.1
43	02		334	318		40.3	114	06			>350	-9.4	13.3
44	02			251			115	06			>350	-5.5	8.6
45	02		280	348		36.5	116	06			>350	-12	16
46	02		294	350		37.5	117	06			>350	-7.2	10.8
47	02		500	374		56.1	118	06			320	-12.5	16.5
48	03			344			119	06			345	-13	17
49	03		235	>>410		33.8	120	06			358		
50	03		280	260		36.5	121	06			302		
51	03		350	328		41.5	122	06			280		
52	03		195	215		31.7	123	06			302		
53	03		373	320		43.4	124	06		>360	292		>42.3
54	03		>>410	309		>>47	125	06			348		
55	04		350	322		41.5	126	06			335		
56	04		370	297		43.1	127	06			335		
57	04		327	305		39.9	128	06			231.6		
58	04		340	317		41.5	129	06			>360		
59	04		341	296		41.6	130	06			>360		
60	04		360	340		43.3	131	06			300	-9.2	13.1
61	04		>>410	370		>>47	132	06			350	-9.2	13.1
62	04			302			133	06			335		
63	04			290	-3.2		134	06			346	-9.4	13.3
64	04			279	-3.4		135	06			333		
65	04			282	-2.9		136	06			328	-9.2	13.1
66	04			282	-3.5		137	06			340		
67	04			280	-1.2		138	06			330		
68	04			282			139	06			315		
69	04			290			140	06			315		
70	04		>>350	190		>>41.5	141	06			>360		
71	04		>>350	202		>>41.5	142	06			350	-5.5	8.5

3）脉体第Ⅰ生长阶段的石英（16-03测区，图7-34），在生长纹的上方，晶体多裂纹并呈混浊状，这时流体包裹体一般不发育，仅在裂纹不很发育的地方有少量气泡偏大的两相气液包裹体，这种包裹体当加至410℃时几乎都远远不能均一（仅一个 $Th=344$℃），有一个高盐度包裹体的 $Ts=235$℃，而 $Tv\geqslant 410$℃且在生长纹下方的晶体显得透明光洁，流体包裹体发育。这次测的都是这里的包裹体，其均一温度范围为215~373℃，盐度为31.6%~43.9%。在 $Ts-Tv$ 图上（图7-37），有关投影点主要集中紧靠中斜线的300~340℃这一段的左上方及其线上。显示在此温度期间流体出现了明显沸腾。

4）脉体第Ⅱ生长阶段的石英（16-04测区）。这一阶段石英晶体又可据其生长环带分为3个世

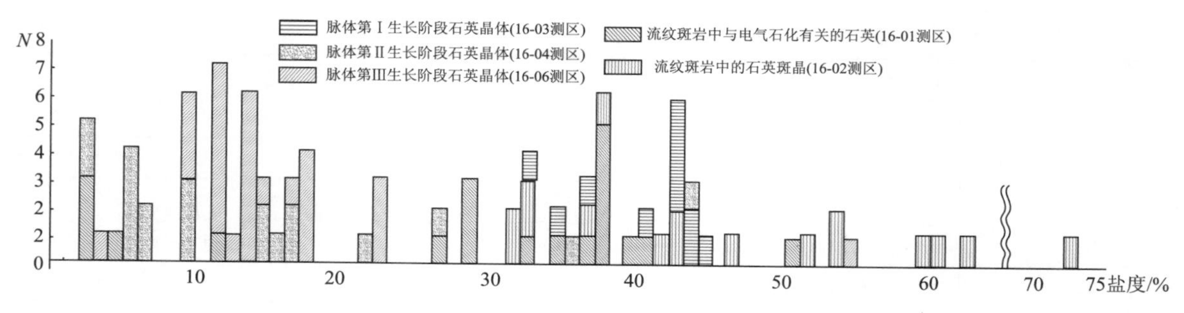

图 7-36　龙头山金矿金-石英-多金属硫化物阶段包裹体盐度直方图

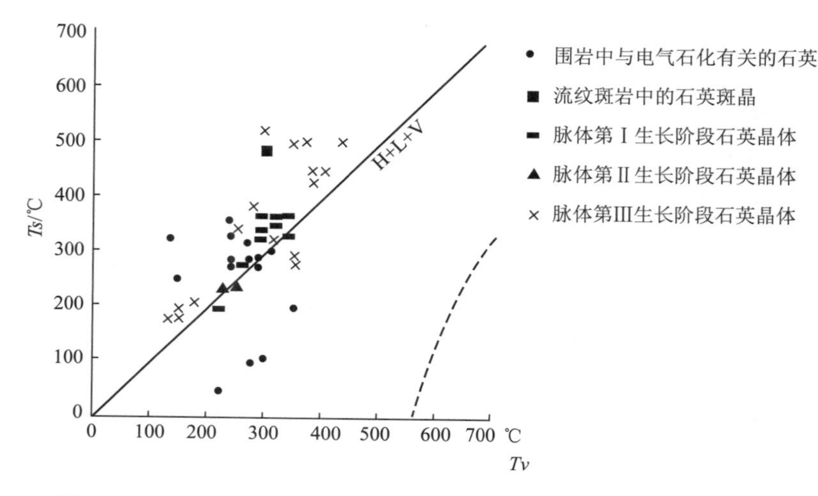

图 7-37　龙头山金矿金-石英-多金属硫化物阶段包裹体 *Tv* – *Ts* 关系图

代，整个晶体几乎皆呈混浊状，布满了裂纹，仅在裂纹不发育的地方可以见到少量气泡包裹体，两相气液包裹体群，有时也可见到高盐度包裹体。因此在测定中基本上只测了两相气液包裹体的资料，而高盐度包裹体很少。总的均一温度为 203 ~ 302℃，盐度为 2.06% ~42.5%，其中仅获得两个高盐度包裹体的均一温度值，在 *Ts* – *Tv* 关系图上其投影点正好位于中斜线 240℃左右交切部位。不过有一些高盐度包裹体的气泡消失温度仅 190 ~ 250℃，但 NaCl 子晶在 350℃时仍远远不能消失；也有很多两相气液包裹体中的气泡在 350℃时仍远远不能消失。这些包裹体可能是当晶体产生裂纹时包裹体发生了泄漏，或者是在重结晶时出现了卡脖子现象。也可能是同时捕获了沸腾流体中的不混溶相。总之这些包裹体大多属非正常包裹体。

5）脉体第Ⅲ生长阶段石英中的包裹体。在晶体中有大量自由分布的高盐度包裹体并逐渐过渡为以气体包裹体为主伴有少量高盐度包裹体的沸腾流体包裹体组合。测到一个气体包裹体的 *Th* = 320℃；众多高盐度包裹体中的气泡一般在 300 ~320℃时消失，但其中的 NaCl 子晶直至 480℃仅有一个消失，其余直至 508℃时很多 NaCl 子晶尚未熔完或相差很远。在 *Ts* – *Tv* 关系图上，有关投影点落在离中斜线左上方较远的地方，其 *Tv* 值为 300℃处，而其他又大又多的高盐度包裹体虽未获得最终均一温度值，但其 *Tv* 值都在 300 ~320℃之间，这就暗示流体曾在这个温度条件下发生了沸腾，包裹体被捕获时同时捕获了数量不等的共存 NaCl 固体。在晶体 A 中主要是两相气液包裹体以及气泡较大的富气包裹体和气体包裹体，仅有少量盐饱和及过饱和的高盐包裹体。并在同一视域中出现均一温度基本一致，均一方式各异的两相气液包裹体，气体包裹体和高盐度包裹体群。气体包裹体与两相气液包裹体在晶内相同短裂隙中密切共生（假次生包裹体），而高盐度包裹体孤立分布在两短裂隙之间（原生包裹体）。其测定结果如表 7-19。

根据不同盐度 NaCl – H_2O 溶液沸腾曲线的深度-温度图解（Haas J，1971），盐度为 20% 的 NaCl 水溶液在 320℃沸腾时，其通往地表水柱的深度约为 900 m（大致相当 90×10^5Pa）。

表 7-19　龙头山第Ⅲ阶段石英中的包裹体测温结果

包裹体类型及编号	Tem/℃	Tm/℃	Ts/℃	Tv/℃	S/%
气体包裹体 1		-2.2		>350	3.7
气体包裹体 2				320	
气体包裹体 3				320	
两相气液包裹体 1	-56（?）	-18.9		320	21.87
两相气液包裹体 2		-19.0		315	21.95
两相气液包裹体 3	-56（?）	-19.0			
高盐度包裹体 1			$T_{S_1}=240$，$T_{S_2}=400$	310	
高盐度包裹体 2			$T_S\geqslant400$	305	>47.44

上述结果表明，龙头山矿区金-石英-多金属硫化物阶段流体包裹体具有以下几点规律：

1）尽管石英脉的脉幅不大，且也有因快速冷却而形成的隐晶质-微细晶质 SiO_2 集合体，而且裂隙时而开放时而封闭甚至间歇中断，但它却是本次研究中所遇到的结晶环境最稳定，包裹体保存最完好的石英脉；

2）在该样中几乎所有测区（从石英斑晶-与电气石化有关的石英-脉体各个生长阶段石英）的部分高盐度包裹体中都遇到一定数量的含 KCl 子晶者，说明成矿流体（特别是早期）较富钾；但两相气液包裹体主要是 $NaCl-H_2O$ 溶液；至成矿作用晚期流体含有一定数量的 Ca^{2+}、Mg^{2+}，属 $NaCl-CaCl_2$（$MgCl_2$）$-H_2O$ 体系；

3）普遍存在盐不饱和的两相气液包裹体和气体包裹体（或富气包裹体组合），可能与成矿作用晚期下渗大气降水的稀释有关，其沸腾（形成）温度为320℃左右，瞬间压力约 90×10^5Pa；

4）样品中高盐度包裹体的有关投影点在 $Ts-Tv$ 图上（图 7-37）皆沿中斜线及其两侧分布（其 Tv 大致在 130～430℃ 温度段，Ts 在 50～520℃ 温度段），显示随着成矿温度从 350℃ 逐渐冷却至 150℃时，其蒸汽压出现同步降低和保持沸腾状态；

5）在黄铁矿-石英脉的围岩——流纹斑岩石英斑晶中，保存着可能是成矿前与流纹斑岩有关的碱性氯化物饱和溶液所组成的高温高盐度包裹体；

6）按照矿脉中高盐度包裹体的 $Th=350°$ 和相应饱和盐度约 40% 左右，计算出流体沸腾时的瞬间压力为 110×10^5Pa。

3. 花岗斑岩石英-绢云母-黄铁矿-电气石阶段包裹体特征

样品采自龙头山金矿 380 中段花岗斑岩，蚀变十分强烈（电气石化、黄铁矿化、硅化、绢云母化），长石仅呈一假晶；石英斑晶较多，其中常有似脉状黄铁矿石英微脉穿入，晶体中充满了暗色气体包裹体或网状单相水溶液包裹体。蚀变较弱的石英斑晶中有时有岩浆包裹体残余。斑晶中普遍高盐度包裹体较多，但其中的 NaCl 或 KCl 子晶的含量多少不一，有的几乎充满整个腔体（高盐度包裹体中多富含 KCl 子晶），此外还有两相气液包裹体等。包裹体大小为 3～32 μm；包裹体形态较规则，如为短柱状、浑圆状、椭圆形或似菱形等（图 7-38）。本次共对 18-02、04、05 和 06 测区石英斑晶中的包裹体进行了测定，共获得 62 个均一温度值和 57 个盐度值（表 7-20，图 7-39，图 7-40），总的来说其均一温度和盐度范围十分宽广，如 Th 从 160～470℃都有分布，而且有些包裹体当加热至很高温度（特别是气体包裹体）甚至在 500℃时仍不能均一。不仅均一温度高，而且高盐度包裹体中的气泡消失温度也比石英脉中同类包裹体的相应值偏高，如此样品中有 1/4 的高盐度包裹体气泡消失温度≥300℃。流体包裹体中的盐度值为 14.57%～70.00%，且 KCl 含量较高（KCl 含量一般为 13.0%～40.0%，但不是所有高盐度包裹体中都含 KCl 子晶）。在 $Ts-Tv$ 关系图上，有关投影点多分布在中斜线的左上方，或者说主要表现为在 $Tv=150\sim360$℃ 范围内投影点从中斜线起向 Ts 增高或降低方向漂移，反映石英斑晶经受了多次热液叠加和强烈沸腾，并且不断有大气降水混入使溶液盐度降低（变为不饱和)。从图7-41可以看出，沸腾包裹体的均一温度值应该<340℃，盐度应不高于42.0%（个别除外)，据此计算出沸腾应≤97×10^5Pa。

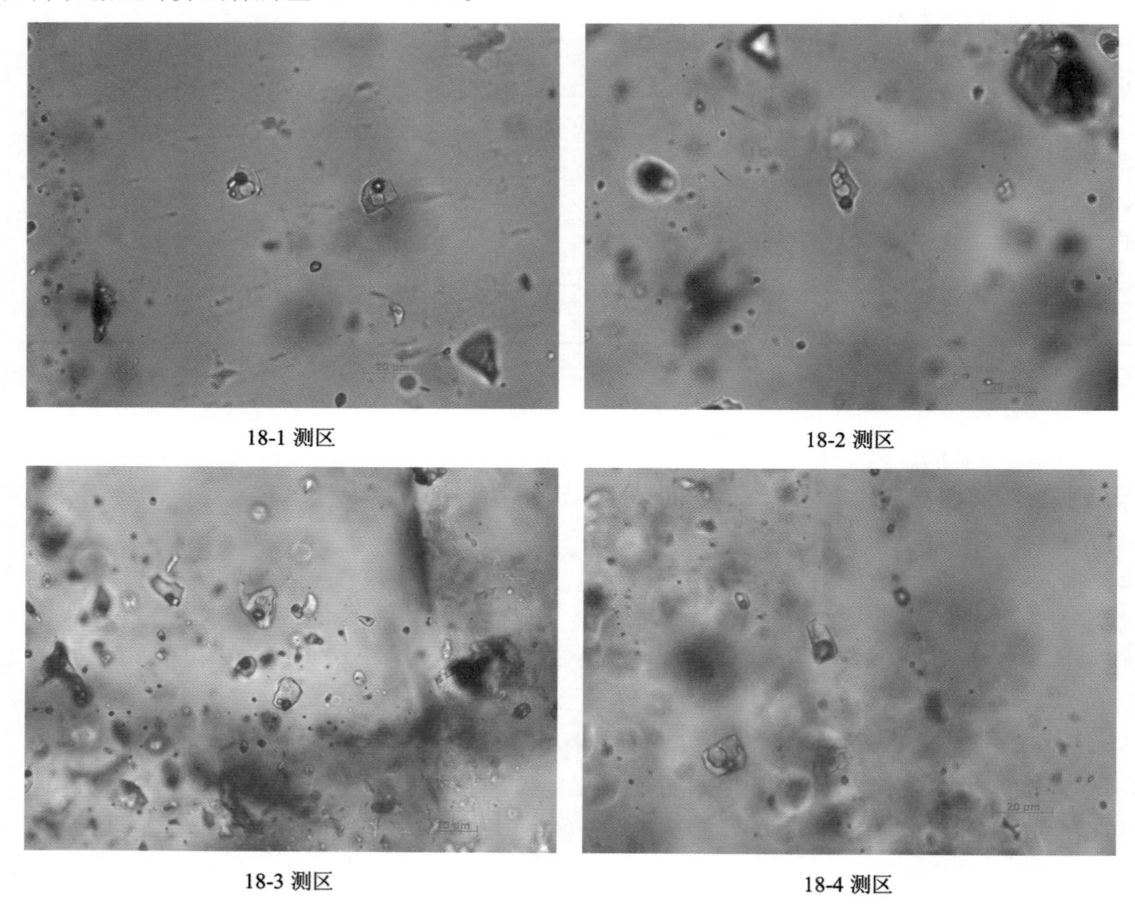

图7-38 龙头山石英-绢云母-黄铁矿-电气石阶段流体包裹体显微照片

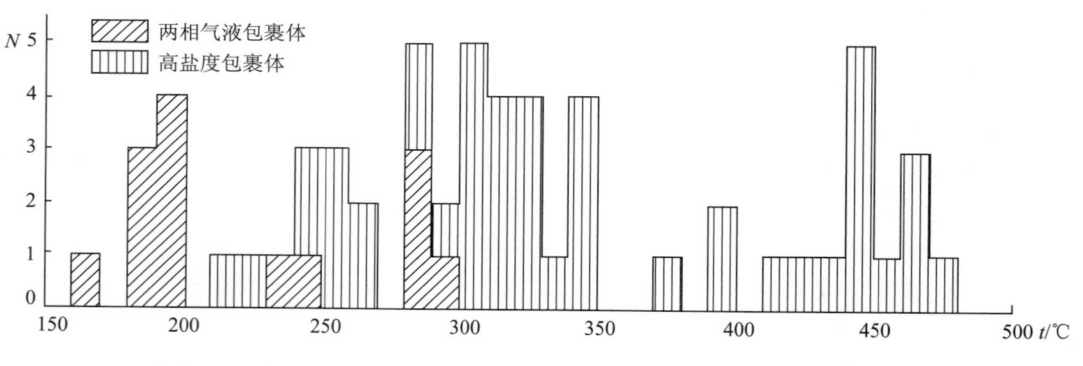

图7-39 龙头山石英-绢云母-黄铁矿-电气石阶段包裹体均一温度直方图

二、龙头山区域流体包裹体特征

除了矿区外围产于破碎带中的六种金矿外，在龙头山金矿床中无论是产于角砾熔岩或流纹斑岩中的浸染状矿石，还是网脉状矿石，抑或各种黄铁矿-石英脉，甚至在外围的平天山花岗岩体及位于其中的电石英脉或狮子尾花岗斑岩，其石英中的流体包裹体类型和特征都十分相似：

1）大量的暗色气体包裹体和高盐度包裹体紧密共生，或各自相对独立成群，有时在暗色包裹体中还捕获有不混溶的NaCl子晶；

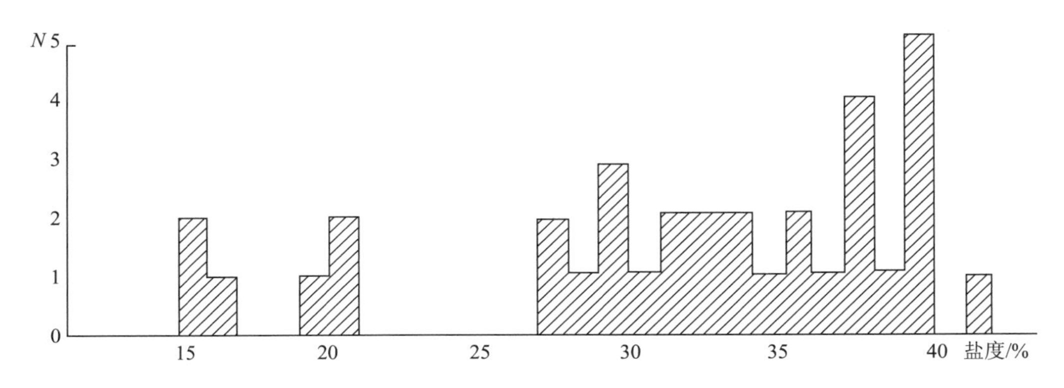

图 7-40　龙头山石英-绢云母-黄铁矿-电气石阶段流体包裹体盐度直方图

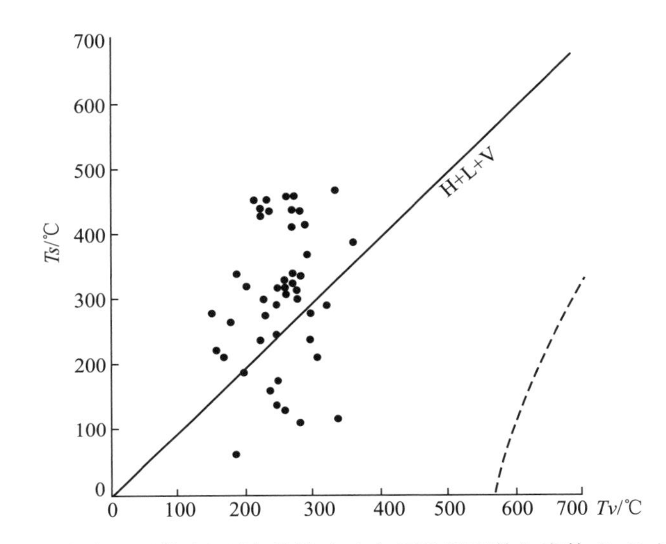

图 7-41　龙头山石英-绢云母-黄铁矿-电气石阶段流体包裹体 *Tv-Ts* 关系图

2）高盐度包裹体中的 NaCl 子晶含量以及气液比经常是不同的（指在同一样品甚至在同一微区中），有时还出现 KCl 子晶；

3）从这些包裹体之间的分布关系来看，在绝大多数情况下是同时的，也不存在颈缩和泄漏痕迹；

4）除上述两种包裹体外，还有两相气液包裹体或富气包裹体以及单相液体包裹体；

5）缺少液态 CO_2 或含 L_{CO_2} 的包裹体；

6）两相气液包裹体与高盐度包裹体之间的关系不像黑色气体包裹体与高盐度包裹体之间那样密切（虽然也常与高盐度包裹体在一起），经常是各自相对独立成群，或者两相气液包裹体沿晶内短裂隙分布（也经常沿后期裂隙分布）；在晶洞状水晶中，随着晶体生长先后，可见到由气体包裹体 + 高盐度包裹体逐渐过渡为富气包裹体-两相气液包裹体-单相水溶包裹体的变化过程；相反的现象也曾见及，这里是在水晶中部为两相气液包裹体，而往晶体的生长末端却是高盐度包裹体 + 气体包裹体 + 单相水溶液包裹体组合；

7）无论是高盐度包裹体或是其他类型包裹体也都有裂隙分布的现象；

8）在有关主矿物中基本上看不到构造应力作用痕迹，却经常见到由于快速冷却后 SiO_2 急剧过饱和而形成的由隐晶质-微晶石英结合体所组成的“冷凝边”（主要分布在黄铁矿石英脉、石英细脉-微脉或网脉状石英中）。

上述流体包裹体类型和组合特征说明，当深部流体骤然上升到其饱和蒸气压与外压相等时，盐水溶液发生沸腾，分离出气相（气泡）并大量逸出，使溶液中的盐度逐渐增高并达到饱和、过饱和。矿物在结晶时捕获了这种饱和或过饱和盐水或与之共存的蒸气，形成上述沸腾流体包裹体组合。

鉴于龙头山金矿的流体包裹体类型与特征几乎与平天山花岗岩的流体包裹体完全一致，而龙头山金矿距平天山花岗岩很近，且平天山花岗岩是区内唯一出露面积最大的侵入体，其他小岩体、岩脉或次火山岩类皆系平天山花岗岩同源同期不同阶段之产物。另据前人资料，从龙头山到丽茶山一带，其下可能是一个大的隐伏岩体。因此有理由认为平天山花岗岩与龙头山金矿有着直接的成因联系，即平天山花岗岩不仅为成矿作用提供了充分的热源，促使地下水发生对流循环并萃取围岩中的金属元素，而且平天山花岗质岩浆分异出来的大量岩浆热液也直接参与了成矿作用。

根据龙头山金矿床的流体包裹体类型和组成相态可以判断，成矿流体主要为 $NaCl-KCl-H_2O$ 体系，仅在晚期有时为 $NaCl-CaCl_2-H_2O$ 体系，因此其阴离子主要是 Cl^-，阳离子主要是 Na^+，其次是 K^+；其气相成分应该主要是 H_2O，而 CO_2 含量应很低（测试中始终未见到有液态 CO_2）。在龙头山金矿床中电气石化十分普遍而强烈，但在包裹体测定中镜下无法获得有关 B 的讯息，是以后值得注意的一个问题。

三、成矿物理化学条件

1. 成矿温度

黄民智等（1995）曾利用 Chaixmeca 显微冷热台（精度 ±0.1℃）对矿田内 70 多件石英样品进行了均一温度测量，并将龙头山、龙山、山花等矿床所测的均一温度作直方图。

1）从龙头山矿床均一温度直方图（图 7-42）中可见，龙头山矿床成矿温度较高，变化区间较大（570～170℃），具多峰特征，同时两个成矿期之间温度有叠加现象。温度变化复杂表明矿床多期、多阶段成矿的特点。根据均一温度的测试结果，各期（阶段）温度范围为：

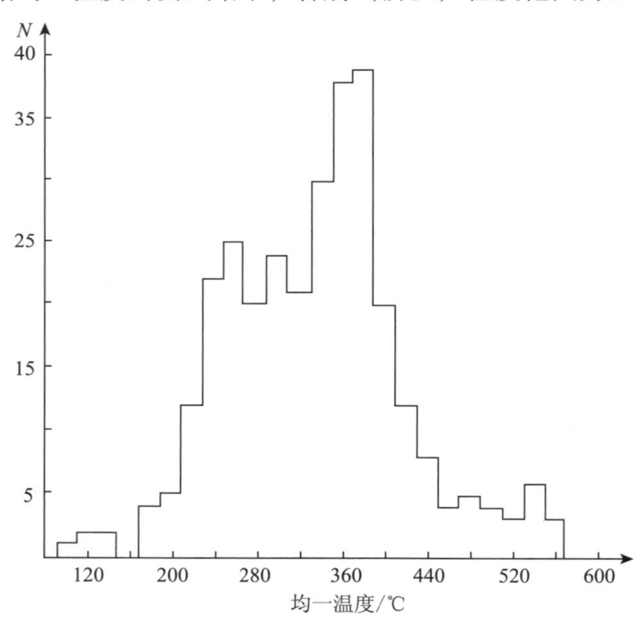

图 7-42　龙头山矿床石英包裹体均一温度直方图

与流纹斑岩、角砾熔岩有关的气化-高温热液成矿亚期（I_1）的温度区间在 560～400℃之间，其中早期的电气石化阶段（I_{1-1}）的温度在 560～480℃之间，其最佳温度为 450℃左右；晚期电气石-石英-黄铁矿阶段（I_{1-2}）的温度范围为 500～400℃之间，其中电气石、石英生成的最佳温度在 480℃左右，而毒砂、黄铁矿结晶温度在 440～380℃左右，以 400℃为最佳温度，该阶段是矿床主要成金矿的阶段，自然金形成温度可能稍低于黄铁矿；

与花岗斑岩成矿有关的高、中温热液金铜硫化物成矿亚期（I_2）的温度区间为440～170℃，其中最早的钾长石-绢云母-石英-黄铁矿阶段（I_{2-1}）的温度为440～400℃；早、中期金、铜硫化物阶段（I_{2-2}）的成矿温度为400～320℃，其中毒砂形成温度为405～370℃，其最佳温度为370左右；中期硫盐-硫化物阶段（I_{2-3}）的成矿温度比上一阶段稍低，其主要温度在320～280℃，最佳温度为300℃左右；晚期含方铅矿-石英脉（I_{2-4}）和无矿石英-白云石脉（I_{2-5}）的温度区间为280～170℃，最佳温度分别在240℃和200℃。

2）龙山矿床石英包裹体均一温度在360～180℃之间，其中主要成矿阶段在300～260℃左右，与矿床中毒砂成分测得的温度（280℃）相当。龙山金银多金属硫化物矿床成矿温度比较集中，属中温热液矿床。

3）山花破碎带型金矿床成矿温度较低，山花矿床中均一温度一般较低，变化范围不大，在300～100℃之间，从直方图的峰值可以大致划分为3个阶段：①300～260℃范围代表了其中石英-硫化物阶段形成的温度，其最佳温度为280℃，与矿体中毒砂成分计算出的温度（260℃）表现了一致性；②240～160℃代表了含金白云石-石英成矿阶段形成的温度，其中最佳温度为200℃，是金的主要成矿温度；③140～100℃为无矿石英脉的形成温度代表了成矿的尾声。山花金矿床属中、低温热液型金矿床。

4）矿田中其他矿床石英包裹体均一温度测试结果为：①旺衣冲多金属矿床位于龙头山外围附近，成矿温度较高，变化区间较大（500～200℃）；②新民金银多金属矿床均一温度变化在420～200℃之间，其峰值集中在300℃左右；③三八村黄铁矿点中石英包裹体均一温度在360～300℃之间；④福六岭碎裂带型金矿石英包裹体均一温度变化在360～170℃之间，与山花金矿床形成的温度相似。

2. 成矿流体的pH值和E_h值

龙头山矿床中与矿化关系最为密切的蚀变以电气石-石英组合和钾长石、绢云母、石英组合最为典型，但因电气石、石英组合中许多参数不够完整，对其中pH等值难以估算。现利用矿床中具有代表性的绢云母、石英组合进行计算，其平衡反应式：

$$3KAlSi_3O_8 + 2H^+ \rightleftharpoons KAl_2[AlSi_3O_{10}][OH]_2 + 6SiO_2 + 2K^+ + 2e^- \quad (1)$$

钾长石（Kf）　　绢云母（Ser）　　石英（Q）

其平衡方程式为：

$$pH = 1/2\log K - \log\alpha_k^+ - 1/2\log(\alpha_{ser} \times \alpha Q^6/\alpha_{kf}{}^3) \quad (2)$$

式中K为平衡常数，根据D. A. Crerar和H. L. Barne（1976）、J. W. Shade（1976）给出的T、K数据：T 250℃，300℃，350℃的K值分别为9.0、8.4、7.8. 其线性方程为$\text{Log}K = 12 \sim 0.012T$

式中$\alpha_k{}^+$为钾离子活度，可通过液相成分中的Na^+/K^+比值及冷冻法测出的总含盐度求得；α_Q石英活度（$\alpha_Q = 1$），α_{se}为绢云母活度（绢云母中Cl^-、$F^- << OH^-$，因此取1）；α_{kf}为钾长石活度，与摩尔分数相同，为0.85）。

根据主要成矿时的流体温度420～300℃计算所得pH值为4.48～4.41左右，与水在350℃中性线（pH=5.84）相比，属弱酸-中性。

根据龙山、山花等矿床中流体温度平均在260℃、200℃左右，利用绢云母、硅化估算其pH值在4.45～4.49左右，与水在250～200℃时的中性线（pH=5.60，5.65）比较属弱酸-中性。

根据热力学推导的氧化电势（E）与pH值及自由能的关系，可以求E值。其方程式为：

$$\Delta Z_E = \Delta Z^0 \ (\Delta n_{H^+} \times RT/0.43) \times pH - \Delta n_e FE \quad (3)$$

当反应系统处于平衡时，$\Delta Z_E = 0$

$$\Delta Z^0 = (\Delta n_{H^+} \times RT/0.43) \times pH + \Delta n_e FE = 9.242T \times pH + 46124E \quad (4)$$

式中ΔZ^0为标准反应自由能变化，以J表示；n_{H^+}为氢离子数；R为通用气体常数，8.319J/（K·mol）；T为绝对温度；n_e为电量，离子的克当量数；F为法拉第常数，96555J/（V·mol）；pH为溶液的酸碱度；E为电动势或氧化电势（伏特）。计算所用标准状态下热力学式的值列在表7-21中。

反应式（1）ΔZ^0 计算如下：

$$\Delta Z^0_{298} = \Delta Z^0_{ser} + 6\Delta Z^0_{ser} + 2\Delta Z^0_{K+} - 3\Delta Z^0_{kf} - 2\Delta Z^0_{H+} = 151.90$$

$$\Delta H^0_{298} = \Delta H^0_{ser} + 6\Delta H^0_{Q} + 2\Delta ZH^0_{K+} - 3\Delta H0_{kf} - 2\Delta H0H + = -175.13$$

$$\Delta S^0_{298} = (\Delta H^0_{298} - \Delta Z^0_{298}) / T = -0.078J$$

据以上方程式，用近似外推法求出温度为369K和573K，pH值为4.48和4.41条件下的E值。

$$\Delta Z^0_{693} = \Delta Z^0_{298} - \Delta S^0_{298} (T_{693} - T_{298}) = -121.12J$$

代入公式（4），并以此计算573K的ΔZ^0，再代入（4）式，计算结果：龙头山矿床中I_2成矿期的E_h值为：

当温度为420℃时，pH值为4.48，$E_h = -0.623$，

当温度为300℃时，pH值为4.41，$E_h = -0.507$。

在矿床中硫化物组合内常出现磁黄铁矿向黄铁矿演化的平衡共生组合，它的出现代表成矿过程中硫化物形成的平衡条件，其形成的化学平衡反应式为：

$$\underset{(Po)}{FeS} + H_2S \rightleftharpoons \underset{(Py)}{FeS_2} + (2H^+ + 2e^+)$$

反应式（5）的ΔZ^0计算如下：

$$\Delta Z^0_{298} = \Delta Z^0_{py} + 2 \times \Delta Z^0_{py} - \Delta Z^0_{p0} + \Delta Z^0_{H_2S} = -89.68$$

$$\Delta H^0_{298} = \Delta H^0_{py} + 2 \times \Delta Z^0_{py} - \Delta H^0_{p0} + \Delta H^0_{H_2S} = -89.68$$

$$\Delta S^0_{298} = (\Delta H^0_{298} - \Delta Z^0_{298}) / T = -0.078J$$

用以上方程式，用近似外推法求出龙头山硫化物组合（$I_{2-2\sim4}$）的温度673K和473K，pH为4.41条件下的E值。

$$\Delta Z^0_{673} = \Delta Z^0_{298} - \Delta S^0_{298} (T693 - T298) = -55.89J$$

代入公式（4），并以此计算473K的ΔZ^0，再代入（4）式，计算出$E_h = -0.595 \sim -0.418$。龙山硫化物组合形成温度300～200℃，pH为4.45，用上式计算出$E_h = -0.422 \sim -0.333$。

山花金矿床中矿物组合十分单一，利用成矿流体中下列反应式：

$$CH_4 + 2H_2O \rightleftharpoons CO_2 + 8H^+ + 8e$$

$$CO + H_2O \rightleftharpoons CO_2 + 2H^+ + 2e$$

在温度为300～100℃，pH为4.49，用上式计算出$E_h = -0.515 \sim -0.256$

3. 成矿流体中硫、氧、二氧化碳逸度

1）硫逸度

矿石内绝大多数硫化物是在Fe-S、Fe-As-S、Fe-Zn-S系统中反应形成的。利用磁黄铁矿→黄铁矿组合或黄铁矿-毒砂组合等进行f_{S_2}的估算，其平衡反应式为：

$$FeS + 1/2S_2 \rightleftharpoons FeS_2,\ \log f_{S_2} = -\log K \quad (1)$$

$$FeAsS + 1/2S_2 \rightleftharpoons FeS_2 + As,\ \log f_{S_2} = -2\log K \quad (2)$$

K为反应常数，$\log K = -\Delta GT/2.303 \cdot RT$。以（1）式为例，根据Barton（1969）计算的K值，得到在350℃、300℃、259℃、200℃条件下的log$K$值分别为4.41、5.51、7.27、9.03；以（2）式为例，得到350℃、300℃、250℃、200℃条件下的log$K$值分别为14.05、16.23、18.90、21.50，计算（1）式在温度350～200℃时，f_{S_2}为$10^{-4.4} \sim 10^{-9.0}$；计算（2）式在温度350～200℃时f_{S_2}为$10^{-7.0} \sim 10^{-10.8}$。

毒砂形成时f_{S_2}及其变化据矿围中毒砂的平衡温度（表7-21）及其共生组合类型，利用Barton（1969）确定的Fe-As-Sa系统中毒砂的硫化反应图解求得硫逸度：龙头山I_{1-2}阶段f_{S_2}为$10^{-1} \sim 10^{-3}$；I_{2-2}阶段f_{S_2}为$10^{-3} \sim 10^{-4}$；龙山矿床f_{S_2}为10^{-7}；山花矿床为10^{-8}。

闪锌矿形成时的f_{S_2}，根据Barton和Scott等（1969）的实验资料，与磁黄铁矿、黄铁矿相平衡的

闪锌矿可以稳定在一个很大的温度范围内，在一定的成矿条件下，闪锌中 Fe 分子百分含量主要决定于成矿环境的硫逸度（f_{S_2}）。其关系如下：

$$FeS（分子\%）=72.267-15900.5/T+0.015\lg f_{S_2}$$
$$=0.388\ (10^8/T)\ -\ (7250.5/T)\ \lg f_{S_2}-0.345\ (\lg f_{S_2})$$

式中 T 为闪锌矿形成时的温度。根据龙头山、龙山、山花3矿床中闪锌矿 FeS 分子百分含量分别为17.84、6.70、4.03；相应的成矿温度分别为350～200℃，300～200℃，300～100℃，求得 f_{S_2} 分别为 $10^{-3.1}\sim10^{-10.0}$，$10^{-5.9}\sim10^{-10.6}$，$10^{-0.1}\sim10^{-11.5}$。

2）氧逸度及二氧化碳逸度

为了便于将包裹体成分数据不经过繁琐的计算便可揭示出更多的成岩成矿过程的物理化学参数，李秉伦等（1986）对超临界状态的成岩成矿作用作出了几种不同压力下的 $\lg f_{O_2}$-T、$\lg f_{CO_2}$-T 和 E_h-T 图解。现利用包裹体气相成分结果，据李秉伦等（1986）以各种气体反应式的平衡常数与逸度关系，推导出逸度与各种气体的摩尔分数的关系式：

$$C=4\lg X_{CO_2}-\lg X_{CH_4}+2\lg X_{H_2O}$$
$$D=4\lg X_{H_2}-\lg X_{CH_4}-2\lg X_{H_2O}$$
$$E=\lg X_{CO_2}-\lg X_{CH_4}+2\lg X_{H_2O}$$
$$F=\lg X_{CO_2}-\lg X_{H_2}$$

将C、D和E、F分别利用所绘制的 $\log f_{O_2}$-T 图解和 $\log f_{CO_2}$-T 图解，估算出各类矿床及各成矿期形成时的氧逸度（$\log f_{O_2}$）和二氧化碳逸度（$\log f_{CO_2}$）值列于表7-20。计算结果表明：龙头山矿床流体中氧逸度较高，并随成矿期（阶段）的发展温度逐渐下降，氧逸度也不断下降，从 I_1 期的电气石、石英、黄铁矿组合→I_2 期含金硫化物组合（I_{2-2}）硫盐、硫化物组合，平均氧逸度（f_{O_2}）从 10^{-24}→10^{-30}→10^{-34}。二氧化碳逸度（f_{CO_2}）较低，也具有从 10^{-3}→10^{-5}→10^{-7} 的逐渐降低的趋势。龙山和山花矿床流体中氧逸度相对龙头山为低，龙山（f_{O_2}）为 10^{-33}→10^{-43}；山花 f_{O_2} 为 $10^{-34}\sim10^{-53}$ 更低些，但是龙山的 f_{CO_2} 更低（为 $10^{-8}\sim10^{-10}$），山花 f_{O_2} 相对稍高（为 $10^{-4}\sim10^{-7}$），与龙头山相应。

表7-20　龙头山矿田矿物包裹体气相成分、平衡温度和氧、二氧化碳逸度

采样地点	$\log X_{CO_2}$	$\log X_{CH_4}$	$\log X_{CO}$	$\log X_{H_2O}$	平衡温度/℃	$\log f_{O_2}$	$\log f_{CO_2}$
龙头山 I_1	0.21	-1.52	-1.30	1.73	500～460	-22～-25	-3～-4
龙头山 I_{2-2}	0.06	-1.70	-1.30	1.83	400～320	-27～-32	-4～-6
龙头山 I_{2-3}	0.06	-1.52	-1.40	1.50	320～280	-32～35	-6～-7
龙山	-0.39	-2.22	-1.52	1.04	300～180	-33～-43	-8～-10
山花	-0.22	-1.10	-1.22	1.95	300～100	-34～-53	-4～-7

（据黄民智等，1999）

第五节　佛子冲铅锌矿成矿流体地球化学

一、流体包裹体显微测温

为反映成矿过程中流体性质及演化规律，挑选6件代表性样品，分别为G01（代表石英硫化物初期不含矿流体）、G02-1和G02-2（代表石英硫化物早期成矿流体）、G04-3和G04-6（代表石英硫化物晚期成矿流体）、G06（代表石英方解石期不含矿流体）等。将流体样品磨成厚度为0.25～0.3 mm双面光包体片，选取透明矿物石英、方解石等进行流体包裹体岩相学和显微测温研究。包裹体显微测温工作在桂林理工大学流体包裹体实验室利用英国产 THMS 600 冷热台进行，可测温度范围

为 $-196\sim600$℃，精度为 ±0.1℃。THMS 600 的地质应用原理：由显微镜与冷热台组成的显微测温系统，通过观测透明矿物中包裹体在加热和冷却过程中相态的可逆变化，来获得矿物包裹体中气液的形成温度、压力、盐度和化学状态等方面丰富的地质信息。观察包裹体的岩相学特征也在 THMS 600 的显微镜下进行的。

1. 包裹体岩相学

佛子冲铅锌矿床的流体包裹体主要发育在石英、方解石、闪锌矿、萤石等矿物中，既有原生包裹体，也有次生包裹体和假次生包裹体。按卢焕章等（2004）的分类方案，矿床中流体包裹体可见纯液体包裹体、液体包裹体、气体包裹体、含子矿物包裹体、含液体 CO_2 包裹体 5 类。对 6 件与矿化有关的样品（6 件石英和 1 件方解石）进行磨片观察分析，并主要研究这些样品中呈孤立状、星散状及群状分布的原生包裹体，其岩相学特征如下（表 7-21）：

表 7-21　佛子冲矿区包裹体流体包裹体岩相学特征

包裹体类型	气液比	大小/μm	形态	分布
纯液体包裹体	全为液相	1~10	浑圆状、不规则状	较发育，常与其他包裹体共生
液体包裹体	5%~45%	3~15	浑圆状、长条状、椭圆状、不规则状、负晶形	在石英中分布较普遍
气体包裹体	60%~80%	5~15	浑圆状、长条状、不规则状	分布较少，常与其他包裹体共生
含液体 CO_2 包裹体	50%~90%	6~30	浑圆状、不规则状	分布很少，常呈孤立状与其他包裹体共生
含子矿物包裹体	10%~30%	10~25	长条状、不规则状	在测定样品中分布很少

纯液体包裹体（图 7-43A，B）。在室温下全为液相，包裹体长轴 1~10 μm，其形态浑圆状、不规则状。此类包裹体较发育，在测定样品中均可见到，常与其他包裹体共生。

液体包裹体（图 7-43C，D，E）。由气相和液相组成，气液比 5%~45%，加热时均一到液相。包裹体长轴 3~15 μm，多数在 5~10 μm，其形态为浑圆状、长条状、椭圆状、不规则状、负晶形。此类包裹体在石英中分布较为普遍，存在于成矿各阶段。

气体包裹体（图 7-43A）。由气相和液相组成，气液比 60%~80%，加热时均一到气相。包裹体长轴 5~15 μm，其形态为浑圆状、长条状、不规则状。此类包裹体在测定样品中分布较少，常与其他包裹体共生。

含液体 CO_2 包裹体（图 7-43F，G）。在低于 CO_2 临界温度时可见 VCO_2、LCO_2 和 LH_2O 三相，CO_2 相的体积分数为 50%~90%。包裹体长轴 6~30 μm，其形态为浑圆状、不规则状。此类包裹体在测定样品中分布很少，常呈孤立状或与其他包裹体共生。

含子矿物包裹体（图 7-43H）。由子矿物+液相+气相组成，气液比 10%~30%。子矿物为淡灰色，晶形较好，呈长方体、立方体，占包裹体总体积的 10%~30%，主要为石盐。包裹体长轴 10%~25%，其形态为长条状、不规则状。此类包裹体在测定样品中分布很少。

2. 流体包裹体显微测温

根据这些样品的气液包裹体均一温度测试结果可见，石英、方解石中气液包裹体均一温度变化较大，介于 143~361℃，主要集中在 150~320℃，可分为 150~210℃和 260~320℃这两个主要区间，并在 195℃、275℃出现明显的峰值。>300℃的均一温度可指示高温流体，<200℃均一温度指示低温流体，二者之间可能代表冷热流体混合后的产物。

通过流体包裹体冷冻法冰点与盐度关系表（据 Bodnar，1993），将测试样品气液包裹体的冰点温度换算为盐度。根据样品气液包裹体盐度测试结果（表 7-22，图 7-45）可见，石英、方解石中气液包裹体盐度变化较大，介于 1.2%~17.3%之间，主要集中于 1.2%~13.4%，峰值为 1.5%。表明成

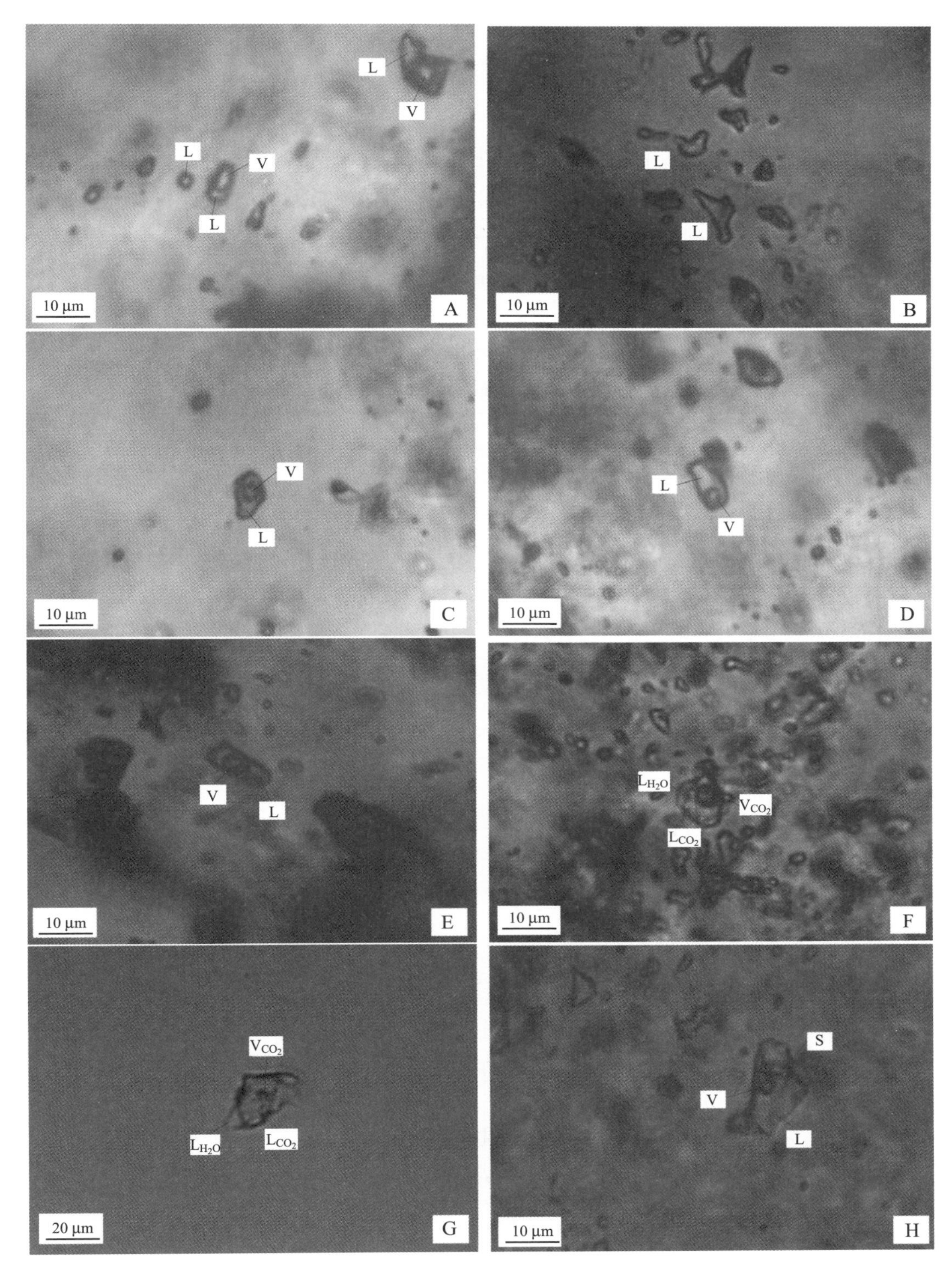

图 7-43　佛子冲铅锌矿床矿物中流体包裹体的显微照片

A—纯液体包裹体、气体包裹体，透射光，单偏光；B—纯液体包裹体；C、D、E—液体包裹体；
F、G—含液体 CO_2 包裹体；H—含子矿物包裹体

矿热液活动由早到晚盐度变化较大，主体为低-中等盐度的成矿流体。在均一温度与盐度关系图（图 7-46）中，随着石英硫化物初期不成矿流体→石英硫化物早期成矿流体→石英硫化物晚期成矿流体→石英方解石期不含矿流体的时间演化，流体温度和盐度同步降低，可能指示了岩浆源流体和天水流体的混合作用。

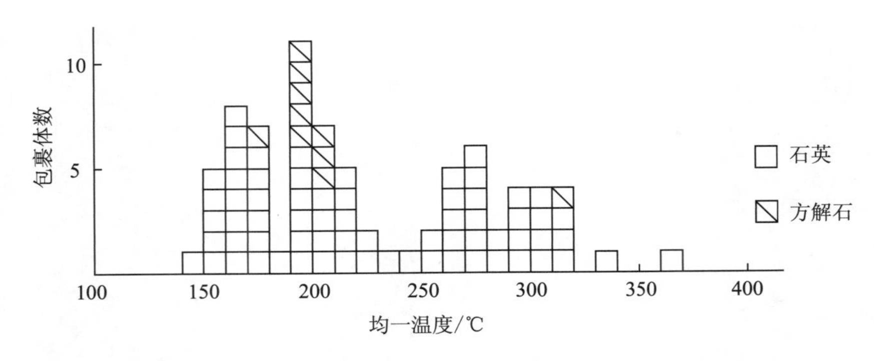

图 7-44　佛子冲铅锌矿床流体包裹体均一温度直方图

表 7-22　矿物包裹体均一温度和盐度测试结果

样品编号	测定矿物	均一温度/℃		盐度/%		采样位置
		范围	平均值	范围	平均值	
G01－1	石英	143～361（15）	221	3.2～17.5（15）	7.8	地表石英脉
G02－1	石英	272～314（5）	291	9.7～12.5（5）	11.0	地表石英脉
G02－2	石英	261～332（16）	290	7.6～13.2（16）	10.4	地表石英脉
G04－3	石英	152～235（15）	180	1.3～6.0（15）	3.4	佛子冲 100m 中段 05 线
G04－6	石英	169～224（12）	215	1.3～4.2	2.3	佛子冲 100m 中段 05 线
G06－1	石英	159～193（5）	171	1.9～3.4（5）	2.5	佛子冲 60m 中段 011 线
	方解石	180～317（10）	208	1.3～3.7（10）	1.8	佛子冲 60m 中段 011 线

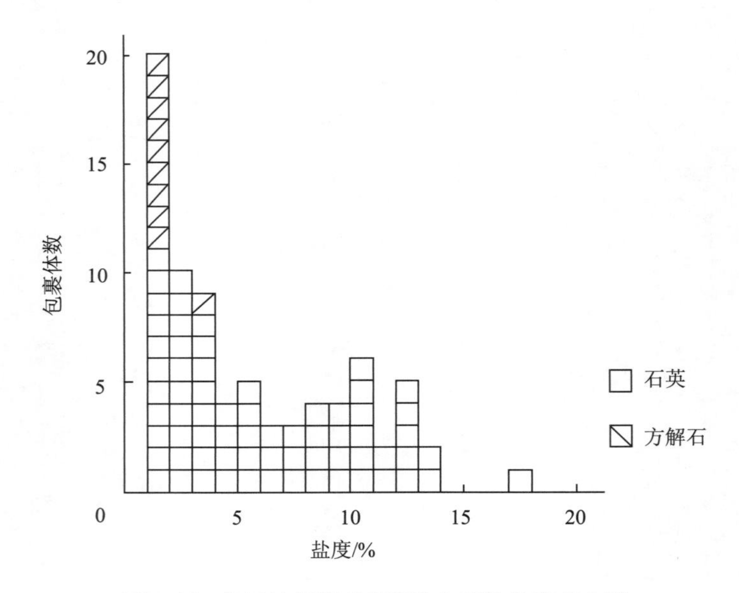

图 7-45　佛子冲铅锌矿床流体包裹体盐度直方图

包裹体密度的计算根据刘斌（1999）的密度计算公式。$d=a+b\times t+c\times t^2$；式中：$d$ 为流体的密度；t 为均一温度（℃）；a、b、c 为无量纲参数（盐度的函数）。其关系式为：$a=a_0+a_1\times\omega+a_2\times\omega^2$；$b=b_0+b_1\times\omega+b_2\times\omega^2$；$c=c_0+c_1\times\omega+c_2\times\omega^2$；式中 ω 为盐度（%）；当含盐度为 1%～<30% 时，

$a_0=0.993531$；$a_1=0.008872147$；$a_2=-0.0000244943$；

$b_0=0.0000034997$；$b_1=-0.000052208$；$b_2=0.00000126656$；

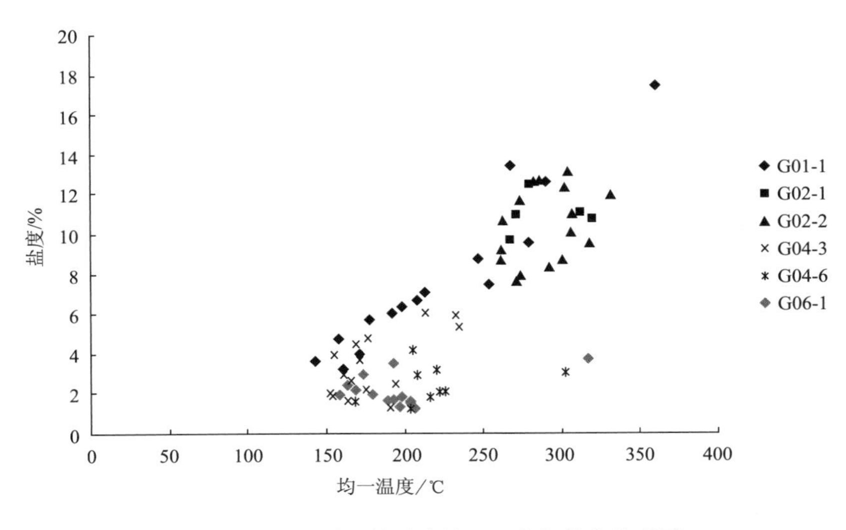

图 7-46　佛子冲铅锌矿床均一温度与盐度关系图

$c_0 = -0.0000034997$；$c_1 = 0.000000212124$；$c_2 = -0.00000000452318$

通过计算，获得佛子冲铅锌矿床 7 件样品成矿流体的密度值如表 7-23 所示。由表 7-23 可见，成矿流体属低等密度流体，并有从早期到主成矿期降低，主成矿期到晚期升高的趋势。由图（图 7-47）可见，佛子冲矿区石英和方解石的密度范围介于 0.83 ~ 0.92g/cm³ 之间，与计算结果基本一致。

表 7-23　佛子冲铅锌矿床流体包裹体密度计算结果表

样品编号	测定矿物	均一温度/℃		盐度/%		密度/(g·cm⁻³)
		范围	平均值	范围	平均值	
G01-1	石英	143 ~ 361（15）	221	3.2 ~ 17.5（15）	7.8	0.90
G02-1	石英	272 ~ 314（5）	291	9.7 ~ 12.5（5）	11.0	0.84
G02-2	石英	261 ~ 332（16）	290	7.6 ~ 13.2（16）	10.4	0.83
G04-3	石英	152 ~ 235（15）	180	1.3 ~ 6.0（15）	3.4	0.92
G04-6	石英	169 ~ 224（12）	215	1.3 ~ 4.2	2.3	0.86
G06-1	石英	159 ~ 193（5）	171	1.9 ~ 3.4（5）	2.5	0.92
	方解石	180 ~ 317（10）	208	1.3 ~ 3.7（10）	1.8	0.87

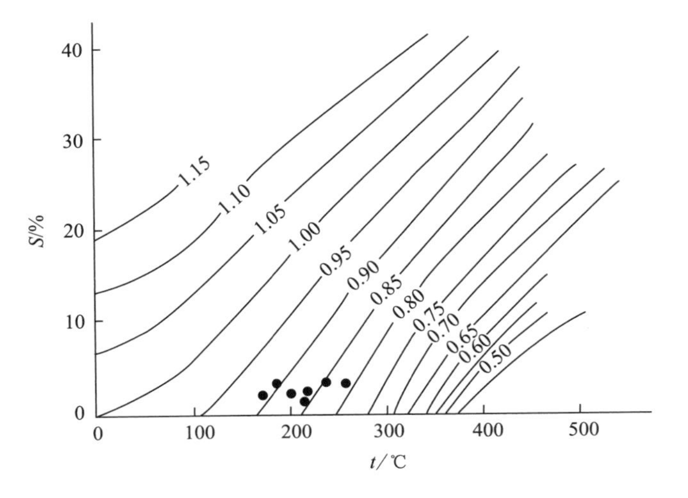

图 7-47　佛子冲铅锌矿床 NaCl - H_2O 体系中与蒸汽共存的低密度图

（底图据 Ahmad S N，1980）

二、包裹体成分分析

（1）样品及测试条件

样品选取能代表不同成矿阶段的典型流体标本，包括早期石英硫化物阶段 F055、晚期石英硫化物阶段 G04－1，G04－3，G04－7 和石英方解石阶段 G06－1 等，从手标本中挑选较纯的石英和方解石部位进行碎样，碎至60 目挑选单矿物，保证纯度在98%以上。送样至中国地质科学院矿产资源研究所，运用 GC－2010 型气相色谱仪和 HIC－SP Super 型离子色谱仪进行包裹体气液相成分分析（表7-24）。

表7-24　佛子冲铅锌矿床石英流体包裹体气相成分数据表

样品号	单位	CH_4	$C_2H_2+C_2H_4$	C_2H_6	CO_2	H_2O	O_2	N_2	CO
F055	μg/g	0.341	0.857	0.029	384.703	100.351	136.349	780.594	64.810
	mol %	0.023	0.058	0.002	26.205	6.836	9.288	53.173	4.415
G04－1	μg/g	0.230	0.364	0.010	167.079	165.891	92.557	457.845	18.400
	mol %	0.025	0.040	0.001	18.515	18.384	10.257	50.738	2.039
G04－3	μg/g	0.057	0.247	微量	67.495	101.101	33.378	177.666	0
	mol %	0.015	0.065	0	17.764	26.609	8.785	46.761	0
G04－6	μg/g	0.121	0.155	微量	101.451	252.789	62.349	290.613	6.347
	mol %	0.017	0.022	0	14.212	35.413	8.734	40.712	0.889
G06－1	μg/g	0.100	0.254	微量	112.989	137.083	63.315	324.239	8.197
	mol %	0.015	0.039	0	17.486	21.214	9.798	50.178	1.269

测试单位：中国地质科学院矿产资源研究所。

（2）分析结果

根据质量摩尔浓度和气体摩尔分数计算（表7-25），不同成矿阶段包裹体液相成分中阳离子主要为 K^+、Na^+、Ca^{2+}、Mg^{2+}，阴离子主要为 SO_4^{2-}、Cl^-、NO_3^-、F^-。在液相组分阳离子中，基本上都是 $Ca^{2+}>K^+>Na^+>Mg^{2+}$。就阴离子而言，SO_4^{2-} 含量大于 Cl^-、F^-，反映了成矿热液的富硫特点。气相成分主要是 N_2、H_2O、CO_2 和 O_2，其次是 CO、CH_4 等有机气体含量很少，大部分情况是 $N_2>CO_2>O_2>H_2O>CO>CH_4$。因此，流体类型主要为 Ca^{2+}-K^+-SO_4^{2-} 型。

表7-25　佛子冲铅锌矿床石英流体包裹体液相化学成分分析结果

样品号		F055	G04－1	G04－3	G04－6	G06－1
阳离子（μg/g）	Li^+	0	0	0	0	0
	Na^+	2.102	1.006	2.150	2.521	2.383
	K^+	15.192	2.870	4.904	7.953	2.420
	Mg^{2+}	0.796	0	0.644	0	1.037
	Ca^{2+}	27.127	14.977	14.090	31.671	33.324
阴离子（μg/g）	F^-	1.383	0.171	0.171	0.670	0.229
	Cl^-	2.837	2.298	3.438	2.113	4.100
	NO^{2-}	0.022	0	0	0	0
	NO^{3-}	2.511	1.886	2.038	2.228	2.420
	SO_4^{2-}	10.209	7.326	7.704	13.065	9.068
	Br^-	0.072	0	0.100	0.083	0.138
K^+/Na^+		7.23	2.85	2.28	3.15	1.02
Ca^{2+}/Mg^{2+}		34.08	－	21.88	－	33.14
F^-/Cl^-		0.49	0.07	0.05	0.32	0.06
水化学类型		SO_4^{2-}－Cl^-－NO_3^-－Ca^{2+}－K^+型	SO_4^{2-}－Cl^-－NO_3^-－Ca^{2+}－K^+－型	SO_4^{2-}－Cl^-－NO_3^-－Ca^{2+}－K^+－Na^+型	SO_4^{2-}－Cl^-－NO_3^-－Ca^{2+}－K^+－Na^+型	SO_4^{2-}－Cl^-－NO_3^-－Ca^{2+}－K^+－Na^+型

测试单位：中国地质科学院矿产资源研究所。

矿物包裹体液相成分 F^-/Cl^- 和 K^+/Na^+ 比值可作为判断成矿流体来源的辅助标志。与岩浆有关的高中温热液矿床和变质及混合岩化热液矿床，F^-/Cl^- 和 K^+/Na^+ 比值常 >1，而地下水热液中 F^-/Cl^- 和 K^+/Na^+ 比值较低。佛子冲铅锌矿床 F^-/Cl^- 比值为 0.05 ~ 0.49，K^+/Na^+ 比值为 1.02 ~ 7.23，这与中低温热液矿床的包裹体成分特征相似，表明成矿流体成分具有岩浆源和地下水源混合热液的特征。

对比成矿流体早晚阶段包裹体成分的差异，发现液相成分数据变化具有一定的来源示踪意义，表现为指示岩浆源的成分数据（K^+、SO_4^{2-}、F^-）逐步下降，而指示天水源的成分数据（Ca^{2+}、Mg^{2+}）含量增高。但气相成分的示踪意义不明显，在不同阶段均表现出天水源的成分数据的绝对优势。

三、成矿热力学研究

1. 逸度

根据佛子冲铅锌矿床流体包裹体均一温度、盐度与气液体成分测试结果，计算各样品的氧逸度（$\lg f_{O_2}$）、二氧化碳逸度（$\lg f_{CO_2}$）和硫逸度（$\lg f_{S_2}$）。计算结果见表 7-26。

表 7-26　佛子冲铅锌矿床流体逸度计算结果

样号	G04 - 3	G04 - 6	G06 - 1	DZK - 20	DLP - 4	HS - 16
矿物	石英	石英	石英	浅色闪锌矿	浅色闪锌矿	石榴子石
$\lg f_{O_2}$	-47.41	-41.30	-47.42	-53.34	-51.01	-32.55
$\lg f_{CO_2}$	-1.82	-1.03	-1.79	-4.11	-2.14	0.71
$\lg f_{S_2}$	-18.84	-16.46	-19.51	-17.20	-16.51	-7.53
数据来源	本文			杨斌（2001）		

（1）氧逸度（$\lg f_{O_2}$）

根据包裹体气相成分来确定氧逸度的计算。因为成矿流体中普遍存在 CO_2、CO、CH_4、H_2 等，故可以并建立以下反应式和计算式：

$$H_2O\ (L) \rightleftharpoons H_2\ (L) + 1/2O_2\ (L) \quad (5-1)$$

$$CH_4\ (L) + 2O_2\ (L) \rightleftharpoons CO_2\ (L) + 2H_2O\ (L) \quad (5-2)$$

根据以上两式可得：

$$\lg f_{O_2} = 2\lg K_{5-1} + 2\lg f_{H_2O} - 2\lg K'_{H_2} - 2\lg X_{H_2} \quad (5-3)$$

$$\lg f_{O_2} = \lg f_{H_2O} + 1/2\lg\ (K'_{CO_2} - K'_{CH_4}) + 1/2\lg\ (X_{CO_2}/X_{CH_4}) - 1/2\lg K_{5-2} \quad (5-4)$$

其中：K'_i 为组分 i 的亨利常数，K_i 为反应 i 的平衡常数，f_{H_2O} 为水蒸气饱和蒸汽压值，X_i 为气体 i 的摩尔分数。

组分 NaCl 的重量摩尔浓度可用公式 $m_i = \dfrac{G_i}{M_i \times G_{H_2O}} \times 1000$（其中 G_i 为溶质 i 的重量，M_i 为溶质 i 的原子量或分子量，G_{H_2O} 为水的重量）求出。经过计算，5 件样品的 m_{NaCl} 都小于 2 m，所以选用纯水体系的亨利常数标准值。根据各个样品测出的均一温度（表 7-24），用拉格朗日内插公式 K_i（K'_i）$= \dfrac{t - t_1}{t_0 - t_1} \times K_0 + \dfrac{t - t_0}{t_1 - t_0} \times K_i$ 求出不容温度下的 K_i 和 K'_i（t 为实测温度），也可求出 $\lg f_{H_2O} = \dfrac{t - t_1}{t_0 - t_1} \times \lg f_{H_2O}$（0）$+ \dfrac{t - t_0}{t_1 - t_0} \times \lg f_{H_2O}$（1）

而 X_i 由公式 $X_i = \dfrac{n_i}{\sum n} = \dfrac{n_i}{nH_2O + nCO + nCO_2 + nCH_4 + nH_2 + nN_2}$ 求得，其中，$n_i = G_i/M_i$。再利用公式 $m_1 = \dfrac{G_i}{M_i \times G_{H_2O}} \times 1000$ 求出组分 i 的重量摩尔浓度，就可得到 $\lg f_{O_2}$ 的值。

按公式求得的各阶段的 $\lg f_{O_2}$ 值由表 7-27 所示：代表矽卡岩阶段的石榴子石中的矿物包裹体 $\lg f_{O_2}$

为 -32.55，代表热液硫化物阶段的浅色闪锌矿中的矿物包裹体 $\lg f_{O_2}$ 为 $-53.34 \sim -51.01$（平均 -52.175），代表晚期石英、方解石阶段的石英中的矿物包裹体 $\lg f_{O_2}$ 为 $-47.42 \sim -41.30$（平均 -45.377）。

（2）二氧化碳逸度 $\lg f_{CO_2}$

研究区内铅锌矿床形成时的二氧化碳逸度可用下列反应求出：

$$CH_4\ (L) + 2O_2\ (L) \rightleftharpoons CO_2\ (L) + 2H_2O\ (L) \qquad (5-5)$$

$$CH_4\ (L) + 3CO_2\ (L) \rightleftharpoons 2H_2O\ (L) + 4CO\ (L) \qquad (5-6)$$

据上两式可得：

$$\lg f_{CO_2} = \lg K_{4-5} + 2\lg f_{H_2O} + \lg K'_{CH_4} - 4\lg K'_{H_2} + \lg X_{CH_4} - 4\lg X_{H_2} \qquad (5-7)$$

$$\lg f_{CO_2} = \lg f_{H_2O} + 3/4\lg K'_{CO} - 1/3\lg K'_{CH_4} - 1/3\lg K_{4-6} + 4/3\lg X_{CO} - 1/3\lg X_{CH_4} \qquad (5-8)$$

将已知数据代入公式（5-7）和（5-8），求得各阶段的 $\lg f_{CO_2}$ 的范围见表 7-27。代表矽卡岩阶段的石榴子石中的矿物包裹体 $\lg f_{CO_2}$ 为 0.71，代表热液硫化物阶段的浅色闪锌矿中的矿物包裹体 $\lg f_{CO_2}$ 为 $-4.11 \sim -2.14$（平均值为 -3.125），代表晚期石英、方解石阶段的石英中的矿物包裹体 $\lg f_{CO_2}$ 为 $-1.82 \sim -1.79$（平均值为 -1.547）。

（3）硫逸度 $\lg f_{S_2}$

热液成矿期出现磁黄铁矿-黄铜矿-黄铁矿等矿物组合，计算 $\lg f_{S_2}$ 可以从黄铁矿-磁黄铁矿组合求出，即：

$$FeS_2 \rightleftharpoons 2FeS + 1/2S_2\ (g) \qquad (5-9)$$

$$\lg f_{S_2} = 2\lg K$$

依据 Ripley 和 Ohmoto（1977，1988）、Patterson D J（1981）提出的磁黄铁矿和黄铁矿平衡反应常数与形成温度的线性关系的 K 值经验公式：

$$\lg K = 7.1628 - 0.7617 \times 10000/T + 0.00103 \times 100000/T\ (T\ \text{为绝对温度}) \qquad (5-10)$$

求得各阶段的 $\lg f_{S_2}$（表 7-27）：其中代表矽卡岩阶段的石榴子石中的矿物包裹体 $\lg f_{S_2}$ 为 -7.53，代表热液硫化物阶段的浅色闪锌矿中的矿物包裹体 $\lg f_{S_2}$ 为 $-17.20 \sim -16.51$，代表晚期石英、方解石阶段的石英中的矿物包裹体 $\lg f_{S_2}$ 为 $-19.51 \sim -16.46$（平均值为 -16.855）。由表 7-27 可知，佛子冲矿床的成矿流体逸度（$\lg f_{O_2}$、$\lg f_{CO_2}$ 和 $\lg f_{S_2}$）从矽卡岩阶段到热液硫化物阶段具有降低的趋势，从热液硫化物阶段到晚期石英-方解石阶段总体上具有升高的趋势，说明成矿过程是一个逸度不断变化的过程，体现了佛子冲矿床成矿的复杂性。

2. pH 和 E_h

（1）pH 值

Crerar（1978）研究 $CO_2-H_2O-NaCl$ 体系，提出该体系 pH 方程：

$$(\alpha_{H^+})^2 = \frac{2K_{H_2CO_3}K_{HCl}P_{CO_2}}{Kg[2K_{HCl} - (K^2_{NaCl} + 4K_{NaCl}\Sigma Na^+)^{1/2}]} \times \{1.0 + [-K^2_{NaCl} + 4K_{NaCl}\Sigma NaCl^{+1/2}]/(2K_{NaHCO_3})\}$$

式中，$\Sigma Na^+ = [(2m_{NaCl} + K_{NaCl})^2 - K^2_{NaCl}]/(4K_{NaCl})$，$P_{CO_2} = f_{CO_2}$，$K_i$ 是平衡常数。当计算出 α^+_H（H^+ 的活度）后，再根据公式 $pH = -\lg\alpha^+_H$ 得到 pH 值。根据包裹体气液成分及均一温度，计算出佛子冲矿区成矿流体的酸碱度见表 7-27。

表 7-27　佛子冲铅锌矿床成矿流体 pH 值和 Eh 值

样号	G04-3	G04-6	G06-1	DZK-20	DLP-4	SM-2	HS-16
矿物	石英	石英	石英	浅色闪锌矿	浅色闪锌矿	石英	石榴子石
pH	5.47	5.68	5.53	6.44	5.50	5.52	5.62
Eh	0.081	0.128	0.077	0.13	0.06	0.046	0.25
数据来源	本文			杨斌（2001）			

（2）E_h 值

E_h 值取决于碳的主要存在形式 CO_2-CH_4。

由反应：CO_2（L）$+8H^+$（L）$+8e=CH_4$（L）$+2H_2O$（L）得出计算公式：$E_h = E_T^0 + 2.48\times 10^{-5}T$ [lg（lg（m_{CO_2}/m_{CH_4}）-8pH）]

其中，E_T^0 为温度 T 时反应式的标准氧化还原电位（表 7-28）。根据包裹体气液相成分测试及均一温度，计算出佛子冲矿区成矿流体的氧化还原电位（E_h）。由表 7-28 可见，成矿流体的酸碱度（pH）值介于 5.47～6.44 之间，呈弱酸性。氧化还原电位（E_h）为 0.046～0.25。从石榴子石矽卡岩阶段到热液硫化物闪锌矿阶段到石英-方解石阶段，pH 值具有先升高后降低的趋势；氧化还原电位（E_h）值具有降低的趋势，说明成矿的氧化还原环境不断转变。

表 7-28　不同温度下的标准氧化还原电位（V）

温度/℃	100	150	200	250	300	350	数据来源
E_T^0	0.3713	0.3812	0.3924	0.4047	0.4182	0.4326	金景福、胡瑞忠，1990

3. 逸度总硫活度和总碳活度

（1）总硫活度

一般认为，热液中存在 5 种硫的稳定溶解类型，假定成矿热液中这些溶解类型之间的反应达到平衡，则硫的主要溶解类型的总活度可通过下列各式计算：

$$H_2S(aq) + \frac{1}{2}O_2(g) = H_2O(L) + \frac{1}{2}S_2(g) \qquad (5-11)$$

$$\lg\alpha_{H_2S} = 1/2\lg f_{S_2} - 1/2 f_{O_2} - \lg K_{4-11}$$

$$H_2S(aq) = H^+ + HS^- \qquad (5-12)$$

$$\lg\alpha_{HS^-} = \lg K_{4-12} + \lg a_{H_2S} + pH$$

$$HS^- = H^+ + S^{2-} \qquad (5-13)$$

$$\lg\alpha_{S_{2}^-} = \lg K_{4-13} + \lg\alpha_{HS^-} + pH$$

$$3O_2(g) + S_2(g) + 2H_2O(L) = 2H^+ + 2HSO_4^- \qquad (5-14)$$

$$\lg\alpha_{HSO_4^-} = 1/2\lg K_{4-14} + 3/2\lg f_{O_2} + 1/2\lg f_{S_2} + pH$$

$$H_{SO_4^-} = H^+ + SO_4^{2-}$$

$$\lg\alpha_{SO_4^{2-}} = \lg K_{4-15} + \lg a_{HSO_4^-} + pH \qquad (5-15)$$

其中，K_i 为反应式 i 的平衡常数。根据 lg$K$ 值和已知的 pH、f_{O_2}和f_{S_2}，求得总硫活度（表 7-29）。

（2）总碳活度

与上述同理求总碳活度。根据下列反应：

$$CO_2(g) \rightleftharpoons CO_2(aq) \qquad (5-16)$$

$$\lg\alpha_{CO_2} = \lg K_{4-16} + \lg f_{CO_2}$$

$$CO_2(g) + H_2O(L) \rightleftharpoons H_2CO_3(aq) \qquad (5-17)$$

表 7-29　佛子冲铅锌矿床总硫活度和总碳活度计算结果

样号	G04－3	G04－6	G06－1	DZK－20	DLP－4	SM－2	HS－16
矿物	石英	石英	石英	浅色闪锌矿	浅色闪锌矿	石英	石榴子石
$\lg\alpha_{\Sigma S}$	－5.691	－5.088	－6.018	－1.896	－2.287	－2.107	－0.521
$\lg\alpha_{\Sigma C}$	－3.622	－2.837	－3.591	－5.988	－4.194	－4.265	－0.907
数据来源	本文			杨斌（2001）			

$$\lg\alpha_{H_2CO_3} = \lg K_{4-17} + \lg f_{CO_2}$$

$$H_2CO_3\ (g) \rightleftharpoons H^+ + HCO_3^- \qquad (5-18)$$

$$\lg\alpha_{HCO_3^-} = \lg K_{4-18} + \lg\alpha_{H_2CO_3} + pH$$

$$HCO_3^- \rightleftharpoons H^+ + CO_3^{2-} \qquad (5-19)$$

$$\lg\alpha_{CO_3^{2-}} = \lg K_{4-19} + \lg\alpha_{HCO_3^-} + pH$$

也可求出总碳活度（表7-29）：

$$\alpha_{\Sigma C} = \alpha_{CO_2} + \alpha_{H_2CO_3} + \alpha_{HCO_3^-} + \alpha_{CO_3^{2-}}$$

从表7-29可以看出：①佛子冲铅锌矿床流体中总硫活度 $\alpha_{\Sigma S}$ 为 $10^{-6.018}$ ~ $10^{-0.521}$，总碳活度 $\alpha_{\Sigma C}$ 为 $10^{-5.988}$ ~ $10^{-0.907}$；②从矽卡岩阶段到热液硫化物阶段到晚期石英-方解石阶段，总硫活度依次降低，说明硫化物含量依次增加；而总碳活度先降低后升高，说明碳酸盐矿物的含量是先升高后降低的过程，也反映了佛子冲铅锌矿床成矿阶段的复杂性。

四、成矿压力与成矿深度

成矿压力的估算可根据邵洁涟（1988）提出的经验公式进行计算：

$$P_1 = P_0 \times T_h / T_0 \times 0.1$$

式中 P_1 为成矿时的压力，单位MPa；P_0 可由公式 $P_0 = 219 + 26.2 \times S$ 计算出，为成矿溶液形成时的初始压力，其中 S 为流体包裹体溶液的盐度；T_h 为流体包裹体的均一温度，单位为K；T_0 为成矿溶液形成时的初始温度，由公式 $T_0 = 374 + 9.2 \times S$ 计算，其中 S 为流体包裹体溶液的盐度。

$$H_1 = P_1 / 250\ (km)$$

式中 P_1 为成矿时的压力，单位为 10^5Pa；H_1 为成矿深度（成矿深度按照地压梯度（27.5 MPa/km）计算）。矿床流体的压力与成矿深度见表7-30。早期阶段石英中包裹体压力变化较大，变化范围为31.27 ~ 80.31 MPa，平均值为46.93 MPa；主成矿期阶段石英包裹体压力变化较小，变化范围为50.31 ~ 68.99 MPa，平均值为59.57 MPa；晚期石英方解石阶段中石英和方解石中包裹体压力变化范围为27.88 ~ 45.69 MPa，平均值为32.79 MPa。综合判定，佛子冲矿区的成矿深度区间为1.27 ~ 2.41 km，与中低温热液型铅锌矿床的常规深度基本相符。

表7-30 佛子冲铅锌矿床流体包裹体压力及成矿深度计算结果

样号	矿物	压力范围/MPa	压力平均值/MPa	成矿深度范围/km	成矿深度平均值/km
G01 - 1	石英	31.27 ~ 80.31	46.93	1.25 ~ 3.21	1.88
G02 - 1	石英	55.68 ~ 65.62	60.21	2.23 ~ 2.62	2.41
G02 - 2	石英	50.31 ~ 68.99	58.93	2.01 ~ 2.76	2.36
G04 - 3	石英	27.88 ~ 44.54	32.02	1.12 ~ 1.78	1.28
G04 - 6	石英	28.99 ~ 39.64	34.50	1.16 ~ 1.59	1.38
G06 - 1	石英	29.67 ~ 35.44	31.83	1.19 ~ 1.42	1.27
	方解石	29.71 ~ 45.69	32.79	1.19 ~ 1.83	1.31

第六节　石碌铁矿成矿流体地球化学

一、流体包裹体岩相学特征

在石碌铁矿，石英、方解石、透辉石、透闪石、重晶石、绿帘石和石榴子石等非金属矿物中普遍发育流体包裹体，但镜下观察，流体包裹体一般都很细小（多数为1 ~ 5 μm）且稀少，易被忽略。

本次工作主要对喷流沉积期的碧玉和叠加成矿期共生的石榴子石、石英、绿帘石进行了观察。其中，碧玉中的流体包裹体分布较少，通常呈椭圆形和不规则状，长轴长度多小于10 μm，气相占包裹体体积5%～15%，相态界线较细且清晰（图7-48A）；石榴子石中的包裹体同样分布较少，且包裹体小，长轴长度多小于5 μm，多为椭圆形，气相占包裹体体积为15%～25%（图7-48B）；石英中的包裹体较多，长轴长度多小于5 μm，多为不规则状或近三角状，气相占包裹体体积比例较大，多在50%±（图7-48C）；绿帘石中的包裹体多为椭圆形或近圆形，长轴长度多在5 μm±，气相占包裹体体积比例较大，多在40%～50%（图7-48D）。

图7-48　石碌铁矿区各类流体包裹体特征

A—喷流沉积期碧玉中的水溶液富液相包裹体；B—铁叠加成矿期石榴子石中的水溶液富液相包裹体；C—叠加成矿期石英中的水溶液富液相包裹体；D—叠加成矿期绿帘石中的水溶液富液相包裹体

二、流体包裹体显微测温

本次包裹体测温工作在中国地质大学（武汉）流体包裹体实验室完成。测试对象为SL-109等多个标本中的叠加成矿期共生的石榴子石和石英，其中石榴子石仅测试了小于650℃的均一温度，而石英则测试均一温度和对应的冰点。冷冻试验时，将加热和冷冻控制器切换至冷冻状态，以50℃/min的速度开始降温，降温过程中注意是否有含CO_2包裹体，即出现“双眼皮”现象，一般降至80℃，此时包裹体一般已处于冰冻状态，可见冰晶；然后以20～30℃/min的速度升温，温度至-20℃时，在此过程中可见包裹体中冰晶开始融化；再降低升温速度，采用10℃/min的速度，可以观察冰晶的不断融化，冰晶一般会裂成很多块，小块的逐渐消失，仅留下少量较大的冰块；再一次降低升温速度，选取0.1～1℃/min的升温速度，此时可以观察到冰块有时会依附在气泡上，造成气泡的移动，或者观察最大的冰块，冰晶完全融化时的温度即需要测得的冰点温度*Tm*（ice）。加热试验时，开始以40～60℃/min的速度升温，注意观察包裹体气泡的变化，当气泡开始变小或者快速移动时，应该减慢升温速度，以10～20℃/min为宜。当观察到气泡变得很小时，此时已经接近均一，将升温速度降至5℃/min左右，观察到气泡最终消失，此时记下其温度，即为均一温度 *Th*。均一之后，可以升温10～20℃，然后降温，观察气泡是否重新出现，再升温，可更准确地测得其均一温度，精度可达±1℃。

三、流体包裹体均一温度和冰点温度

本次共测得均一温度数据58个，其中石榴子石28个，分布范围479.6～578.5℃，峰值为500～570℃，平均533.2℃；石英30个，分布范围232.8～437.5℃，峰值为310～450℃，平均355.1℃（图7-49、7-50）。石英的冰点数据30个，分布范围-8.1～-3.8℃，平均-5.8℃（图7-51）。

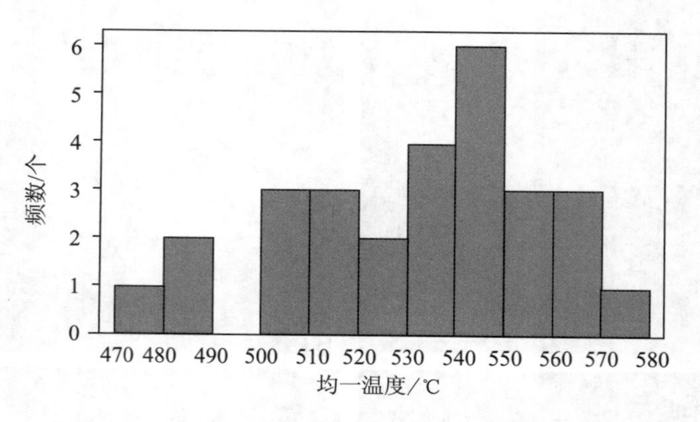

图7-49　石榴子石流体包裹体均一温度数据直方图

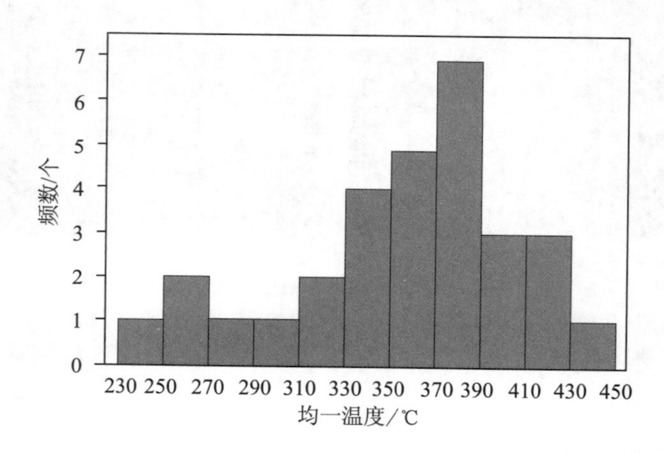

图7-50　石英流体包裹体均一温度数据直方图

四、流体包裹体盐度和密度

1. 盐度

根据对流体包裹体的岩相学观察和测温实验，该矿床的流体主要为简单盐水溶液系统，根据冰点温度 *Tm*（ice）计算流体盐度的近似值。

根据Hall（1988）提出的计算公式：

$$W = 0.00 + 1.78Tm - 0.0442Tm^2 + 0.000557Tm^3;$$

该公式中，*W* 为NaCl的质量分数，*Tm* 为冰点温度（℃）（取绝对值）。本公式只适用盐度值在0～23.3% NaCleqv之间的流体包裹体。计算出本次试验中石英流体包裹体的盐度分布范围为6.2%～11.8% NaCleqv（本书中如无特殊说明，盐度都是以NaCl配平的，余同）。

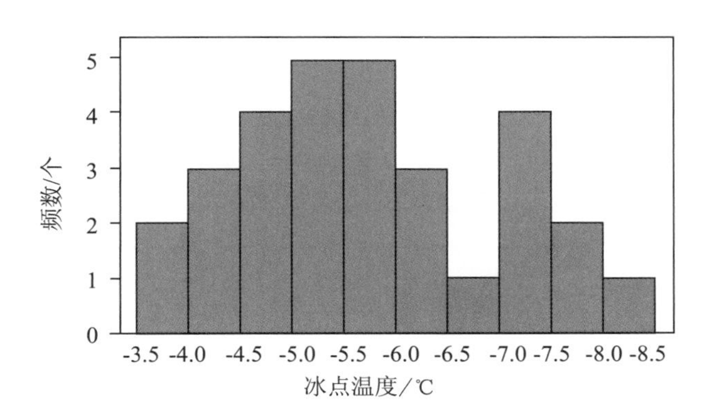

图 7-51　石英流体包裹体冰点温度数据直方图

2. 密度

对于盐水溶液系统的流体包裹体密度有如下经验公式：

$$\rho = A + Bt + Ct^2$$

式中：ρ 为流体的密度（g/cm^3），t 为包裹体的均一温度（℃）。参数 A、B、C 为盐度函数，盐度 W 在 1% ~30% 之间时，其取值为：

$$A = 0.993531 + 8.72147 \times 10^{-3} \times W - 2.43975 \times 10^{-5} \times W^2$$

$$B = 7.11652 \times 10^{-5} - 5.2208 \times 10^{-5} \times W + 1.26656 \times 10^{-6} \times W^2$$

$$C = -3.4997 \times 10^{-6} + 2.12124 \times 10^{-7} \times W - 4.52318 \times 10^{-9} \times W^2$$

由于本次计算所得流体盐度均低于 30%，适用上述经验公式。通过计算得出，石英流体包裹体的密度值为 0.58 ~0.89g/cm^3。

五、成矿压力与深度估算

1. 成矿压力

卢焕章等（2004）指出对于中-低盐度的 $NaCl - H_2O$ 包裹体，它们的捕获压力可以通过不同盐度 $NaCl - H_2O$ 体系等容线温度-压力图解投图估算得出。刘斌等指出，对于中-低盐度的 $NaCl - H_2O$ 包裹体，也可以采用等容式进行估算：$P = a + bt + ct^2$

P—压力（bar），t—温度（℃），a、b、c 为无量纲的参数。不同的温度下 a、b、c 参照不同的盐度和密度下的参数值。

通过上述不同的方法进行流体包裹体的压力估算，结果较为相似，得出压力为 22.3 ~51.7 MPa。

以上压力数据均未进行校正，且压力估算本身存在一定的探索性和不确定性，因此该压力可能只是代表成矿阶段的最小压力值。

2. 成矿深度

采用静岩压力估算法，可以根据静岩压力经验公式：$H = P/27$

H—深度（km），P—压力（MPa）

近似得出石碌铁矿床矽卡岩期的成矿深度为 0.83 ~1.92 km。该成矿深度只能作为一个估算值，仅代表矿床形成的最浅深度。

六、流体包裹体成分

该部分数据资料均来源于许德如等（2009）。样品来自富赤铁矿矿石 ZSL6 –5 中的单矿物赤铁矿和石英、贫铁矿样品 ZSL6 –9 中的单矿物石榴子石和磁铁矿以及二透岩 ZSL6 –22 中的单矿物透闪石（表 7-31 ~表 7-36）。

表 7-31　石碌矿区矿物群体包裹体分析结果

样品号	矿物名称	爆裂温度/°C	气相成分（10^{-6}）					液相成分（10^{-6}）	
			H_2O	CO_2	CO	CH_4	H_2	K^+	Na^+
ZSL6－5	石英	100－500	212.50	1.17	0.02	0.00	0.09	0.49	0.51
ZSL6－9	石榴子石	100－500	215.60	1.20	0.02	0.00	0.07	0.51	1.20
ZSL6－9	磁铁矿	100－400	127.36	11.40	0.05	0.02	0.12	2.98	0.47
ZSL6－5	赤铁矿	100－400	306.20	2.05	0.02	0.00	0.09	3.07	1.65
ZSL6－22	透闪石	100－400	442.65	117.50	0.07	0.02	0.16	0.99	0.67
样品号	矿物名称	液相成分（10^{-6}）							
		Ca^{2+}	Mg^{2+}	Li^+	F^-	Cl^-	SO_4^{2-}	HCO_3^-	pH
ZSL6－5	石英	1.07	0.17	0.01	0.05	2.01	0.00	0.00	6.60
ZSL6－9	石榴子石	6.12	1.41	0.01	0.11	3.05	0.00	0.00	6.70
ZSL6－9	磁铁矿	52.81	7.94	0.05	0.22	1.87	0.00	7.10	6.80
ZSL6－5	赤铁矿	2.65	1.96	0.02	0.12	3.50	0.00	0.00	6.70
ZSL6－22	透闪石	137.88	4.34	0.01	0.15	1.50	0.00	114.50	7.10

表 7-32　石碌矿区 ZSL6－5 石英包裹体液体成分

	K^+	Na^+	Ca^{2+}	Mg^{2+}	Li^+	Cl^-	F^-	SO_4^{2-}	HCO_3^-	H_2O
$w_B/10^{-6}$	0.49	0.51	1.07	0.17	0.01	2.01	0.05	0.00	0.00	212.50
ρ_B（g/L）	2.30	2.39	5.02	0.80		9.44	0.24	0.00	0.00	
克-摩尔换算因数	0.02558	0.04350	0.04990	0.08224		0.05263	0.02821	0.02082	0.01639	
mol^{-1}	0.059	0.10	0.25	0.066		0.50	0.007			

表 7-33　石碌矿区 ZSL6－5 赤铁矿中包裹体液体成分

	K^+	Na^+	Ca^{2+}	Mg^{2+}	Li^+	Cl^-	F^-	SO_4^{2-}	HCO_3^-	H_2O
$w_B/10^{-6}$	3.07	1.65	2.65	1.96	0.02	3.50	0.12	0.00	0.00	212.50
ρ_B（g/L）	10.07	5.41	8.69	6.43		11.48	0.39	0.00	0.00	305.20
克-摩尔换算因数	0.02558	0.04350	0.04990	0.08224		0.05263	0.02821	0.02082	0.01639	
mol^{-1}	0.26	0.24	0.43	0.53		0.60	0.01			

表 7-34　石碌矿区 ZSL6－9 石榴子石中液体成分

	K^+	Na^+	Ca^{2+}	Mg^{2+}	Li^+	Cl^-	F^-	SO_4^{2-}
$w_B/10^{-6}$	0.51	1.20	6.12	1.41	0.01	3.05	0.11	0.00
ρ_B（g/L）	2.37	5.57	28.39	6.54	0.05	14.15	0.51	0.00
克-摩尔换算因数	0.02558	0.04350	0.04990	0.08224		0.05263	0.02821	0.02082
mol^{-1}	00.6	0.24	1.42	0.54		0.75	0.014	

$H_2O = 215.60 \times 10^{-6}$。

表 7-35　石碌矿区 ZSL6－9 磁铁矿中包裹体液体成分

	K^+	Na^+	Ca^{2+}	Mg^{2+}	Li^+	Cl^-	F^-	HCO_3^-
$w_B/10^{-6}$	2.98	0.47	52.81	7.94	0.05	1.87	0.22	7.10
ρ_B（g/L）	23.46	3.70	415.83	62.51	0.39	14.72	1.73	55.91
克-摩尔换算因数	0.02558	0.04350	0.04990	0.08224		0.05263	0.02821	0.01639
mol^{-1}	0.60	0.16	20.75	5.14		0.77	0.049	0.92

$H_2O = 127.36 \times 10^{-6}$。

表 7-36　石碌矿区 ZSL6－22 样品透闪石中包裹体的液体成分

	K^+	Na^+	Ca^{2+}	Mg^{2+}	Li^+	Cl^-	F^-	HCO_3^-
$w_B/10^{-6}$	0.99	0.67	137.88	4.34	0.01	1.50	0.15	114.50
ρ_B (g/L)	2.24	1.51	311.24	9.80	0.023	3.39	0.34	258.47
克-摩尔换算因数	0.02558	0.04350	0.04990	0.08224		0.05263	0.02821	0.01639
mol^{-1}	0.057	0.066	15.53	0.81		0.018	0.0096	4.24

$H_2O=442.65\times10^{-6}$。

根据以上分析结果和计算结果，对包裹体中流体类型进行了划分：

石英包裹体中的阳离子浓度 $Ca^{2+}>Na^+>K^+>Mg^{2+}$，阴离子浓度 $Cl^->F^-$，流体成分类型为 Ca^{2+}（Na^+，K^+）-Cl^-型；

赤铁矿包裹体中阳离子浓度 $K^+>Ca^{2+}>Mg^{2+}>Na^+$，阴离子浓度是 $Cl^->>F^-$，流体成分类型属 K^+（Na^+）－Cl^-（F^-）型；

石榴子石包裹体中阳离子浓度 $Ca^{2+}>Mg^{2+}>Na^+$，阴离子浓度是 $Cl^->>F^-$，流体成分类型属 Ca^{2+}（Mg^{2+}）－Cl^-型；

磁铁矿包裹体中阳离子浓度是 $Ca^{2+}>Mg^{2+}>K^+>Na^+$，阴离子浓度是 $HCO_3^->Cl^->>F^-$，流体成分类型属 Ca^{2+}（Mg^{2+}，K^+，Na^+）－HCO_3^-（Cl^-）型；

透闪石包裹体中阳离子浓度是 $Ca^{2+}>Mg^{2+}>Na^+$，$Cl^->>F^-$，阴离子浓度是 $HCO_3^->Cl>>F^-$，流体成分类型属 Ca^{2+}（Mg^{2+}，K^+，Na^+）－HCO_3^-（Cl^-）型。

由此可知，石英和石榴子石包裹体中的流体属于同一个类型，即简化为 Ca^{2+}-Cl^-型；赤铁矿单独为一个类型，即 K^+（Na^+，Ca^{2+}，Mg^{2+}）－Cl^-（F^-）型；磁铁矿和透闪石包裹体中流体属于同一类型，即简化为 Ca^{2+}（Mg^{2+}）－HCO_3^- 型。但矛盾的是，石英和赤铁矿属于同一个样品（ZSL6－5）的主要矿物，一个为 Ca^{2+}－Cl^-型，另外一个为 K^+（Na^+，Ca^{2+}，Mg^{2+}）－Cl^-（F^-）型，表明石英和赤铁矿不是在相同的介质条件下形成。类似的情况还有石榴子石和磁铁矿，它们是同一标本（ZSL6－9）中的主要矿物，其包裹体中流体成分也分属不同类型，石榴子石为 Ca^{2+}－Cl^-型，磁铁矿属 Ca^{2+}（Mg^{2+}）－HCO_3^- 型，同样说明它们不是在同一流体体系中形成的。但是，钙铁榴石中的熔融包裹体研究表明，熔融包裹体捕获的熔体由含 Ca、Fe、Al 和挥发分（H_2O 和 CO_2）的硅酸盐熔融体组成，冷却过程中，由于温度缓慢降低，赤铁矿、钙铁榴石、石英、方解石和透辉石从上述硅酸盐熔体中析出，剩下的残余熔体不混溶，变成含有 Ca 和 Si 等杂质的铁质熔体、含 Si、Fe 的碳酸盐熔体和含 Ca、Al、Fe 的硅酸盐熔体（赵劲松等，2008）。

第八章　典型矿床同位素地球化学

同位素地球化学是矿床学研究的重要方法之一，侧重于解决成矿物质来源等关键问题。但是，由于“同位素”看不见摸不着，不像矿石结构构造那么直观，也不像常量元素、微量元素和稀土元素那样多多少少可以与地质特征互相验证（如铅锌矿石的 Pb、Zn 含量与铅锌矿物多少相对应），同位素组成目前来说还是一个相对独立的“体系”，其“指纹”作用、“示踪”意义是别的方法难以代替的，其争论也往往是最激烈的，因此，本书对于同位素数据的处理原则是：不唯数据，不离地质。

第一节　高龙金矿同位素地球化学

一、硫同位素

高龙金矿区域地层 $\delta^{34}S$ 值变化范围为 -4.80‰～13.10‰，众值集中在 9.17‰～13.22‰之间，属“重硫型”；含矿层 $\delta^{34}S$ 值变化范围为 -12.0‰～32.29‰，其中其他样品 $\delta^{34}S$ 值众值在 6.6‰～15.64‰之间，除个别样品外也具有“重硫型”特征，但其范围明显大于围岩地层 $\delta^{34}S$ 值范围；石英脉中 $\delta^{34}S$ 值范围为 -15.27‰～12.50‰，众值集中在 0.10‰～12.50‰和 -15.27‰～-12.50‰（表 8-1，图 8-1a）。其中矿石和石英脉中的负值多来自辉锑矿的 $\delta^{34}S$ 值，说明辉锑矿样品 $\delta^{34}S$ 值与其他样品值差别较大，可能为不同物质来源或不同成矿阶段产物。

表 8-1　高龙金矿不同岩石、不同矿物硫同位素组成统计表

测试岩石/矿物	样品数	采样位置	$\delta^{34}S$（‰）	资料来源
碳质泥岩	3	鸡公岩围岩地层	-4.80～6.60	胡明安等，2003
辉锑矿	2	隆起区围岩地层	9.5～9.7	本文
黄铁矿	5	矿区周围 T_2b^2 地层	2.90～13.22	王国田等，1989；国家辉等，1990
构造角砾岩	1	鸡公岩含矿层	7.10	胡明安等，2003
硅化碎屑岩	2	鸡公岩含矿层	22.77～32.29	胡明安等，2003
辉锑矿	2	鸡公岩含矿层	-12.0～-11.1	本文
毒砂	1	鸡公岩含矿层	7.99	国家辉等，1992
黄铁矿	8	鸡公岩含矿层	0.36～15.64	国家辉等，1992
黄铁矿	1	龙爱含矿层	9.01	国家辉等，1992
黄铁矿	2	金龙山含矿层	11.70～12.14	国家辉等，1992
黄铁矿	4	鸡公岩石英脉	1.73～12.50	国家辉等，1992；王国田等，1989
辉锑矿	1	高郭锑矿点石英脉	0.10	国家辉等，1992
辉锑矿	1	鸡公岩石英脉	-15.27	国家辉等，1992
辉锑矿	1	北沟石英脉	-1.40	王国田等，1988
辉锑矿	2	鸡公岩石英脉	-14.0～-12.50	王国田等，1988；本文

注：本文金含量在国家地质实验测试中心完成。

不同产出状态硫化物的 $\delta^{34}S$ 值也存在一定差异，围岩地层中黄铁矿和辉锑矿的 $\delta^{34}S$ 值范围分别为2.90‰~13.22‰、9.5‰~9.7‰，矿层中黄铁矿、辉锑矿、毒砂的 $\delta^{34}S$ 值范围分别为0.36‰~15.64‰、-12.0‰~-11.1‰、7.99‰，石英脉中黄铁矿和辉锑矿的 $\delta^{34}S$ 值范围分别为1.73‰~12.50‰、-15.27‰~0.10‰。围岩地层中黄铁矿和辉锑矿的 $\delta^{34}S$ 值具有相似的特征，但矿层和石英脉中黄铁矿和辉锑矿具有明显差异，石英脉中和矿层中辉锑矿具有相似的特征，两者之间可能存在某种联系（图8-1b）。

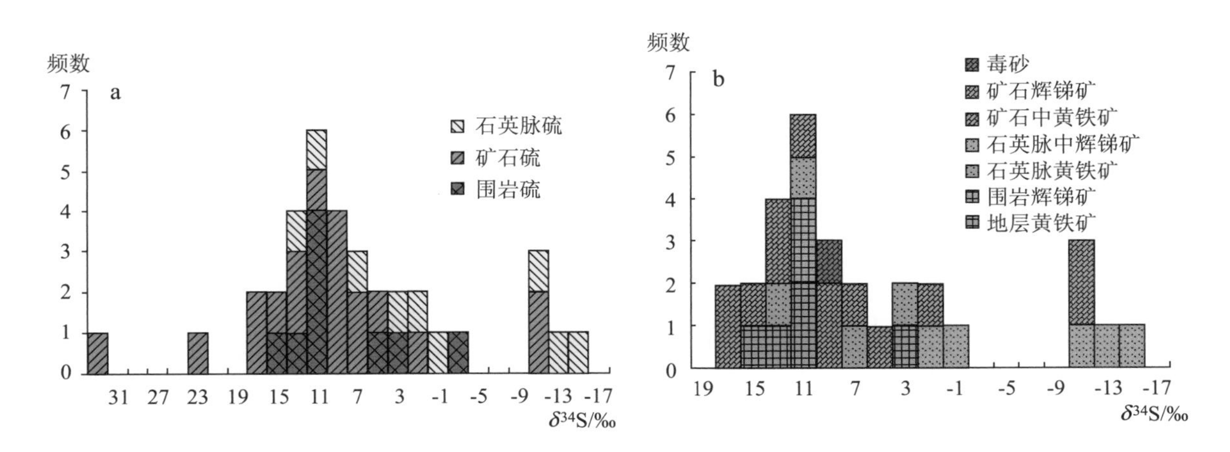

图8-1 高龙金矿硫同位素组成柱状图

（a为不同产状硫同位素柱状图，b为不同产状硫化物硫同位素柱状图）

二、铅同位素

由于矿区铅元素背景值低，金属硫化物不很发育，且普遍遭受氧化淋失的缘故，高龙金矿很少有铅的独立矿物——方铅矿出现，但黄铁矿、毒砂较发育，为主要载金矿物，这些矿物和石英与金矿化关系极为密切。在对高龙金矿微量元素地球化学特征研究时发现，铅与金呈正相关关系，所以测试黄铁矿等金属硫化物中的铅同位素对追踪黄铁矿等的成因，进而探索金的矿质来源和成矿环境颇有益处。研究发现，铅同位素在从原生到次生环境的搬运过程中是恒定不变的，即铅同位素在原生和次生环境中是稳定的，所以利用铅同位素探讨遭受氧化淋滤作用的高龙金矿矿质来源是合适的。

对高龙金矿代表性样品进行了铅同位素测定，铅同位素组成变化范围小，较为均一，反映了它们具有相似的来源特点（表8-2）。

将铅同位素测定值分别投影到 $^{207}Pb/^{204}Pb-^{206}Pb/^{204}Pb$ 和 $^{208}Pb/^{204}Pb-^{206}Pb/^{204}Pb$ 图解中，显示样品的投影点均落在正常铅增长曲线上（图8-2），说明铅为正常铅。将高龙金矿铅同位素分析结果投于不同地质环境铅同位素演化曲线上，显示样品较接近造山带铅演化曲线，有几件样品落于单阶段上地壳铅演化曲线附近，说明高龙金矿铅的初始来源主要是上地壳，部分是造山带（图8-2）。

从晚泥盆世至晚二叠世，尤其晚二叠世，桂西北地区地壳拉张下陷，形成坳陷区，四周古陆向其中提供了大量的陆源碎屑物，带来了上地壳铅；同时，广泛的基性火山喷发，带来了上地幔和下地壳铅，此外，高龙矿区以砂泥岩等陆源碎屑岩为主，且滑塌堆积、浊积岩等重力流快速侵蚀堆积产物又很常见。以上种种现象可以看作是造山带产生的直接地质依据。造山带铅的形成机理为沉积作用、火山作用、岩浆作用、变质作用以及急速的侵蚀循环作用，像搅拌机一样把源于地幔、上地壳和下地壳的铅充分混合，形成具有均一U/Pb和Th/Pb的造山带铅。

表 8-2　高龙金矿单矿物铅同位素分析结果表

矿床名称	样品号	位置	测试矿物	$^{206}Pb/^{204}Pb$	$^{207}Pb/^{204}Pb$	$^{208}Pb/^{204}Pb$	资料来源
高龙金矿	184		黄铁矿	18.27	15.63	38.31	吴江，1991
高龙金矿	PD9		黄铁矿	18.47	15.68	38.65	吴江，1991
高龙金矿	102		黄铁矿	18.32	15.63	38.4	吴江，1991
高龙金矿	848		黄铁矿	18.36	15.65	38.47	吴江，1991
高龙金矿	806		黄铁矿	18.28	15.62	38.45	吴江，1991
高龙金矿	114－2		黄铁矿	18.45	15.71	38.74	吴江，1991
高龙金矿	G13	T_2b^2 地层	黄铁矿	18.6783	15.7613	39.0216	国家辉等，1992
高龙金矿	G127	鸡公岩矿石	黄铁矿	18.6919	15.7345	38.886	国家辉等，1992
高龙金矿	G144	金龙山矿段	黄铁矿	18.7003	15.7667	39.0513	国家辉等，1992
高龙金矿	G100	PD16 矿石	黄铁矿	18.3925	15.6492	38.2667	国家辉等，1992
高龙金矿	G1	TC5002	毒砂	18.7083	15.7054	38.9952	国家辉等，1992
高龙金矿	G126	6 号矿体顶部	辉锑矿	20.3798	15.6983	38.3091	国家辉等，1992
高龙金矿			黄铁矿	18.708	15.705	38.995	张永忠等，2008
高龙金矿			黄铁矿	18.691	15.734	38.886	张永忠等，2008
高龙金矿			黄铁矿	18.7	15.766	39.051	张永忠等，2008
高龙金矿			黄铁矿	18.392	15.649	38.266	张永忠等，2008
高龙金矿			黄铁矿	20.379	15.698	38.309	张永忠等，2008
高龙金矿			黄铁矿	18.414	15.672	38.632	张永忠等，2008
高龙金矿			黄铁矿	18.149	15.581	38.074	张永忠等，2008
高龙金矿			黄铁矿	18.199	15.687	38.624	张永忠等，2008
高龙金矿	GL10		围岩黄铁矿	18.680	15.760	39.020	朱赖民等，1999
高龙金矿	4GL9		石英	18.150	15.581	38.074	朱赖民等，1999
高龙金矿	4GL3－1		辉锑矿	18.199	15.688	38.625	朱赖民等，1999
高龙金矿	4GL7		金矿石	18.415	15.672	38.633	朱赖民等，1999
高龙金矿	G－2		黄铁矿	18.27	15.63	38.31	谢卓熙，2000
高龙金矿	G－3		黄铁矿	18.47	15.68	38.65	谢卓熙，2000
高龙金矿	G－4		黄铁矿	18.32	15.63	38.4	谢卓熙，2000
高龙金矿	G－5		黄铁矿	18.36	16.65	38.47	谢卓熙，2000
高龙金矿	G－6		黄铁矿	18.28	15.62	38.45	谢卓熙，2000
高龙金矿	G－9		黄铁矿	18.45	15.71	38.74	谢卓熙，2000

在高龙金矿，无论是三叠系百逢组（T_2b^2）地层中黄铁矿，还是热液型黄铁矿，以及被热液改造的地层中黄铁矿，其铅同位素组成没有大的差异，说明它们之间有成因联系，即有共同的铅源，铅源

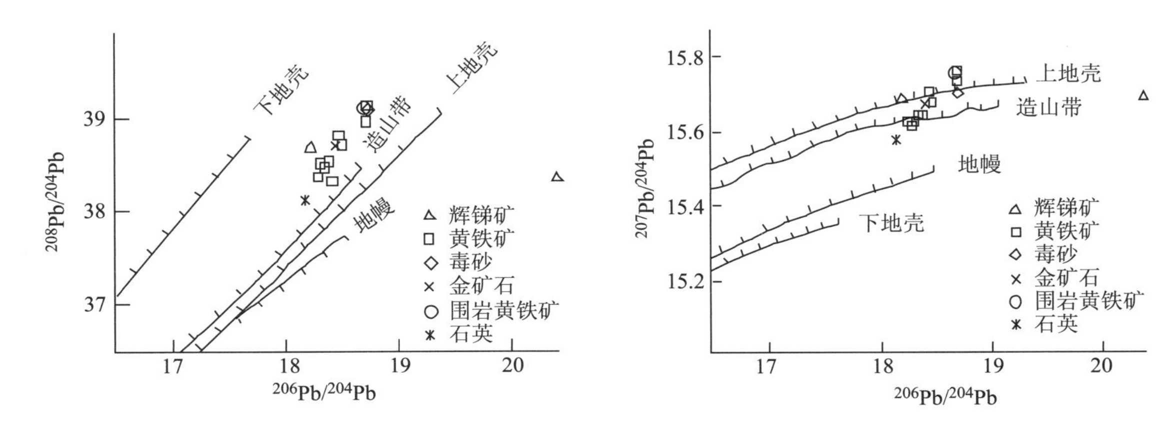

图 8-2　高龙金矿单矿物铅同位素结果投影图

（底图据 Zartman 和 Haines，1988）

于地层。铅是黄铁矿中的微量元素，而黄铁矿又是载金矿物，所以推测金亦可能源于地层。至于辉锑矿的特殊性可能有两个原因，其一为该样品与其他样品不是同一批分析结果，可能存在分析中的系统误差；其二是由于辉锑矿作为金成矿晚期热液产物，在热液运移过程中可能受到 U、Th 等放射性元素的污染，造成^{206}Pb 增长过快。

综上所述，高龙金矿铅为正常铅，铅的初始来源为上地壳和造山带，矿石铅的直接来源是矿区围岩，并由此推测金亦可能来源于围岩。另据初始铅含有造山带来源铅的特征及相关的地质现象，初步判定矿区的古地理环境为坳陷区，区内接受了大量陆源碎屑物和基性火山物，并得以充分混合，形成了富含金的沉积地层，为金矿的形成提供了物质基础。

第二节　德保铜矿同位素地球化学

一、铅同位素

同位素地球化学是探讨成矿物质来源较为有力的工具，已应用于许多金属甚至是非金属矿床，而在诸多同位素研究中，铅同位素是研究最早、发展最快、资料较丰富和成果较多的同位素之一，利用铅同位素组成来判别成矿物质的来源是一种非常有效的手段。

矿石铅是指在各种热液环境中沉淀下来的不含 U、Th 的金属矿物（如方铅矿、黄铜矿、闪锌矿等）中的铅，矿石铅的同位素组成主要受源区的初始铅、U/Pb 比值，Th/U 比值及形成时间等因素的制约，而基本不受形成后所处的地球化学环境的影响，因此，通过矿石铅同位素组成的分析（表 8-3），可以获得有关成矿物质来源的信息。

本次测定的矿物为黄铜矿、黄铁矿、磁铁矿、毒砂、辉锑矿等，结果（表 8-3）显示，矿石铅的组成范围相对集中，Pb^{206}/Pb^{204} = 18.198 ~ 18.551，Pb^{207}/Pb^{204} = 15.677 ~ 15.754，Pb^{208}/Pb^{204} = 38.485 ~ 38.825（不包括辉锑矿），其中黄铜矿 Pb^{206}/Pb^{204} = 18.275 ~ 18.551，Pb^{207}/Pb^{204} = 15.677 ~ 15.733，Pb^{208}/Pb^{204} = 38.502 ~ 38.814，黄铁矿 Pb^{206}/Pb^{204} = 18.198 ~ 18.314，Pb^{207}/Pb^{204} = 15.685 ~ 15.698，Pb^{208}/Pb^{204} = 38.485 ~ 38.486，毒砂 Pb^{206}/Pb^{204} = 18.245 ~ 18.356，Pb^{207}/Pb^{204} = 15.688 ~ 15.691，Pb^{208}/Pb^{204} = 38.515 ~ 38.607，磁铁矿 Pb^{206}/Pb^{204} = 18.257 ~ 18.388，Pb^{207}/Pb^{204} = 15.688 ~ 15.754，Pb^{208}/Pb^{204} = 38.489 ~ 38.825。研究区内不同矿脉、不同矿石矿物（黄铁矿、黄铜矿、磁铁矿、毒砂）之间的铅同位素组成非常相近，不同矿体同种矿石矿物以及相同矿体不同矿石矿物的铅同位素组成范围也不具明显的差别，其相应的 Pb^{206}/Pb^{204}、Pb^{207}/Pb^{204} 和 Pb^{208}/Pb^{204} 基本一致，表明它

们之间具有同源性。矿石铅的同位素模式年龄为195～421 Ma，主要集中在300～410 Ma，矿石铅的模式年龄比较接近，也暗示着这些金属矿物为同一时期形成，并具有同源性。

表8-3 德保铜矿铅同位素组成

样品	$^{206}Pb/^{204}Pb$	$^{207}Pb/^{204}Pb$	$^{208}Pb/^{204}Pb$	t/Ma	$^{206}Pb/^{207}Pb$	t/Ma	Th/U	$\Delta\alpha$	$\Delta\beta$	$\Delta\gamma$
辉锑矿	18.795	15.634	38.483	445	1.20	-72.80	3.57	118.91	21.66	46.61
磁铁矿	18.388	15.754	38.825	445	1.17	368.20	3.94	94.68	29.5	55.91
磁铁矿	18.257	15.688	38.489	445	1.16	383.10	3.85	86.88	25.19	46.77
黄铜矿	18.459	15.72	38.787	445	1.17	278.50	3.88	98.91	27.28	54.88
黄铜矿	18.412	15.733	38.789	445	1.17	326.90	3.9	96.11	28.13	54.93
黄铜矿	18.306	15.711	38.704	445	1.17	375.50	3.92	89.8	26.69	52.62
黄铜矿	18.551	15.705	38.814	445	1.18	195.10	3.83	104.39	26.3	55.61
黄铜矿	18.275	15.677	38.502	445	1.17	357.50	3.85	87.96	24.47	47.13
黄铜矿	18.394	15.698	38.658	445	1.17	298.30	3.85	95.04	25.84	51.37
黄铜矿	18.367	15.688	38.597	445	1.17	305.50	3.84	93.43	25.19	49.71
黄铁矿	18.198	15.685	38.486	445	1.16	421.00	3.88	83.37	24.99	46.69
黄铁矿	18.314	15.698	38.485	445	1.17	354.70	3.82	90.28	25.84	46.66
毒砂	18.356	15.691	38.607	445	1.17	316.80	3.85	92.78	25.38	49.98
毒砂	18.245	15.688	38.515	445	1.16	391.50	3.87	86.17	25.19	47.48

利用铅同位素构造模式图可以区分不同构造环境中的铅源，由于造山带铅只是一种短期存在的环境，故铅可以划分为3种大的地质环境：地幔、上地壳和下地壳，而造山带铅同位素组成可被视为地壳和地幔铅不同比例混合的结果。从Zartman和Doe（1981）的铅构造模式图（图8-3）上可见，在$Pb^{207}/Pb^{204}-Pb^{206}/Pb^{204}$图解中，德保铜矿样品大多分布于上地壳铅演化曲线附近，在$Pb^{208}/Pb^{204}-Pb^{206}/Pb^{204}$图解中大多分布于下地壳与造山带铅演化曲线之间，综合分析认为，德保铜矿铅同位素显示铅以壳源为主。

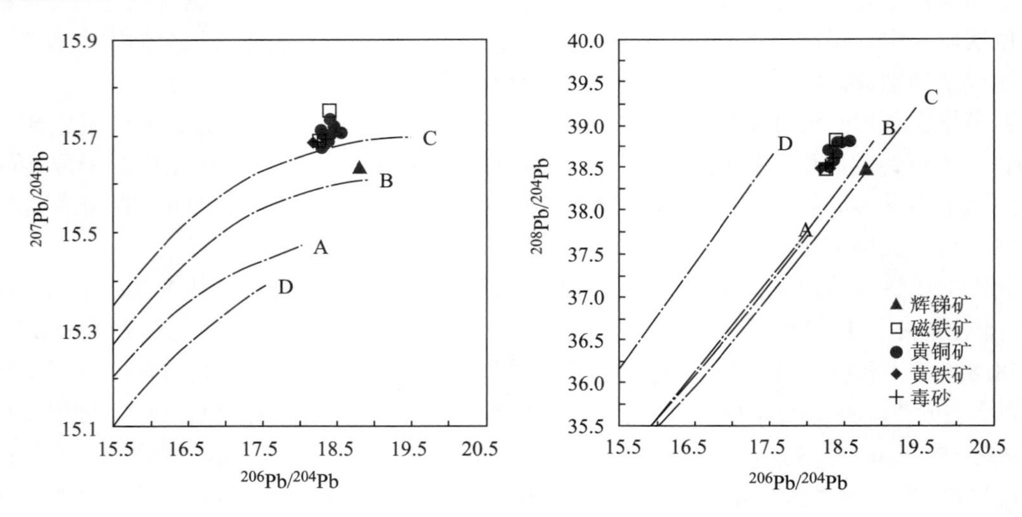

图8-3 德保铜矿铅同位素构造模式图

A—地幔（Mantle）；B—造山带（Orogene）；C—上地壳（Vpper Crust）；D—下地壳（Lower Crust）

二、硫同位素

前人曾对德保铜矿的硫同位素组成进行研究，积累了大量的硫同位素数据（表8-4），测试样品有黄铜矿、黄铁矿、毒砂等。

表8-4 德保铜矿硫同位素测定结果

岩矿名称	矿物	$\delta^{34}S$/‰	岩矿名称	矿物	$\delta^{34}S$/‰
薄层角岩	黄铁矿	2.89	矽卡岩团块	黄铁矿	1.5
钾长石角岩	黄铁矿	6.3	矽卡岩团块	黄铁矿	0.1
钾长石角岩	黄铁矿	-2.3	矽卡岩团块	黄铁矿	0.6
钾长石角岩	黄铁矿	3.69	灰白色方解石脉	黄铁矿	-31.8
含铜矽卡岩矿石	黄铁矿	-10	灰白色方解石脉	黄铁矿	-26.7
含铜矽卡岩矿石	黄铁矿	0.2	灰白色方解石脉	黄铁矿	-27.6
含铜矽卡岩矿石	黄铁矿	0.4	灰白色方解石脉	黄铁矿	-29.2
含铜矽卡岩矿石	黄铁矿	-0.2	灰白色方解石脉	黄铁矿	-31.9
含铜矽卡岩矿石	黄铁矿	0.7	细粒花岗岩	黄铁矿	1.7
含铜矽卡岩矿石	黄铁矿	1	中粒花岗岩	黄铁矿	2.8
含铜矽卡岩矿石	黄铁矿	1.8	中粒花岗岩	黄铁矿	1.1
含铜矽卡岩矿石	黄铁矿	0.2	粗粒花岗岩	黄铁矿	7.4
含铜矽卡岩矿石	黄铁矿	0.6	含铜矽卡岩矿石	黄铜矿	-0.8
含铜矽卡岩矿石	黄铁矿	-0.2	含铜矽卡岩矿石	黄铜矿	0.2
含铜矽卡岩矿石	黄铁矿	-1	含铜矽卡岩矿石	黄铜矿	-0.4
含铜矽卡岩矿石	黄铁矿	0.6	含铜矽卡岩矿石	黄铜矿	1.2
含铜矽卡岩矿石	黄铁矿	0.3	含铜矽卡岩矿石	黄铜矿	0.5
含铜矽卡岩矿石	黄铁矿	0.1	含铜矽卡岩矿石	黄铜矿	-1.4
含铜矽卡岩矿石	黄铁矿	0.3	含铜矽卡岩矿石	黄铜矿	-1.1
含铜矽卡岩矿石	黄铁矿	-0.4	黄铜矿矿石	黄铜矿	1.3
含铜矽卡岩矿石	黄铁矿	0.7	黄铜矿矿石	黄铜矿	0.3
含铜矽卡岩矿石	黄铁矿	1	矽卡岩团块	黄铜矿	0.5
含铜矽卡岩矿石	黄铁矿	0.4	矽卡岩团块	黄铜矿	0.6
含铜矽卡岩矿石	黄铁矿	6.1	含铜矽卡岩矿石	毒砂	0.9
含铜矽卡岩矿石	黄铁矿	0.9	含铜矽卡岩矿石	毒砂	1
含铜矽卡岩矿石	黄铁矿	4.2	含铜矽卡岩矿石	毒砂	0.8
矽卡岩团块	黄铁矿	1.7	含铜矽卡岩矿石	毒砂	0.2
矽卡岩团块	黄铁矿	0.6	矽卡岩团块	毒砂	0.7
矽卡岩团块	黄铁矿	2.5	矽卡岩团块	毒砂	0.2
矽卡岩团块	黄铁矿	-0.7	矽卡岩团块	毒砂	0.7
矽卡岩团块	黄铁矿	7.4	矽卡岩团块	毒砂	1.3
矽卡岩团块	黄铁矿	1.7	细粒花岗岩	毒砂	0.2

注：数据来源于杨冀民等（1986）。

总体上，德保铜矿矿石中硫同位素 $\delta^{34}S$ 分布范围为 -10‰~7.4‰，极差为 17.4，多数为 -1‰~1‰。矿石中黄铁矿的 $\delta^{34}S$ 值普遍高于黄铜矿、毒砂，符合硫同位素已达平衡的规律，反映矿床成矿流体中硫同位素分馏达到了平衡。在 $\delta^{34}S$ 频率直方图（图 8-4）上可见，德保硫化物的 $\delta^{34}S$ 值变化范围为 -31.8‰~7.4‰，具有一定的塔式效应，反映了硫同位素较为均一，分馏不显著。其主峰突出地分布在零区左右，表明硫可能来自一个深源岩浆。加里东期大规模的岩浆活动，应为德保铜矿深源硫占优势的原因之一。

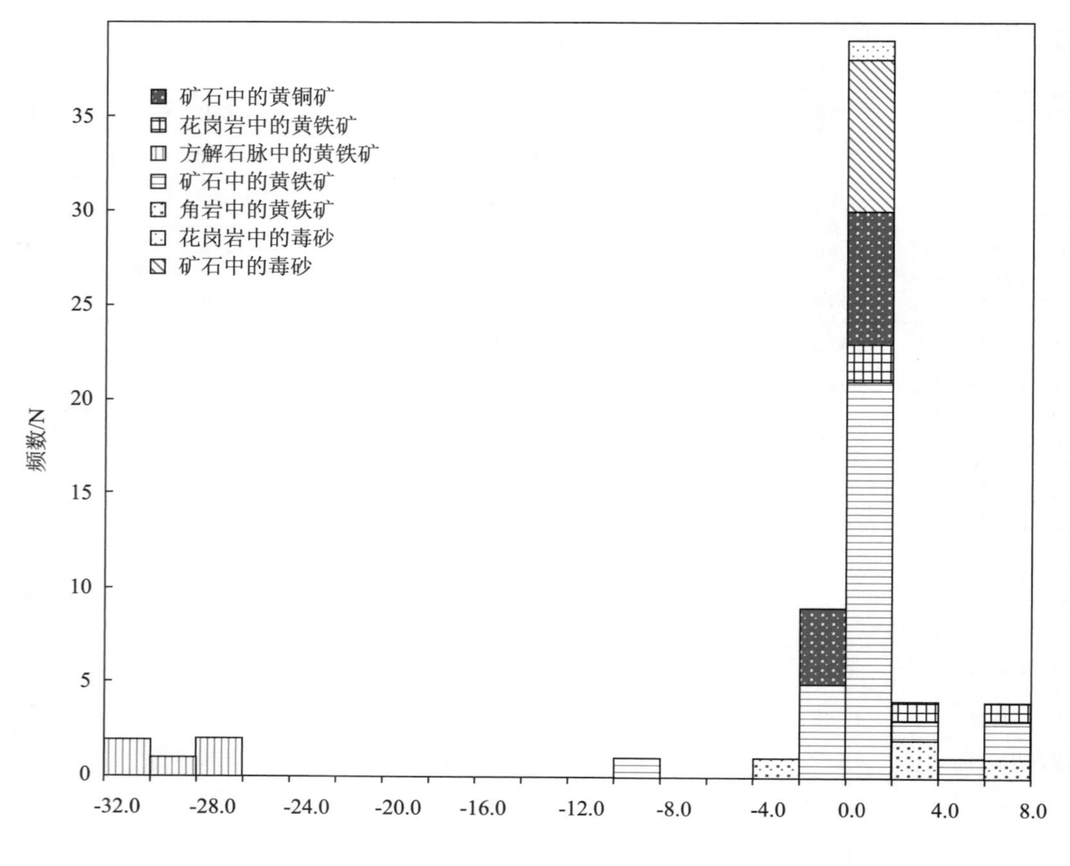

图 8-4　硫同位素直方图

德保铜矿 $\delta^{34}S$ 值分布范围与离岩体远近关系密切，如岩体附近 4~7 分层当中 $\delta^{34}S$ 多集中于 -0.2‰~1‰，与岩体 $\delta^{34}S$ 相近似，趋向于零，而离岩体稍远点的 14、17 分层 $\delta^{34}S$ 值分布分散，并离零值较远，在 -2‰~6‰。断裂带方解石脉中黄铁矿的 $\delta^{34}S$ 值均趋向于极大的负值，为 -26.7‰~-31.9‰，这些特征说明，成矿是在高温条件下进行的。

第三节　铜坑锡多金属矿同位素地球化学

一、硫同位素

铜坑矿床的硫同位素组成，前人做了大量的研究，取得了大量的研究成果。梁婷等（2008）对大厂的硫同位素特征也进行了研究，本文充分搜集前人资料，取得不同类型矿体中 187 个硫化物样品的同位素组成数据，为了便于对比，补充了铜坑外围矿床闪锌矿等的分析，结果（表 8-5）显示，不同时期、不同单位测定的结果基本一致，重现性较好，说明结果是可靠的。

表 8-5　长坡-铜坑矿床硫同位素组成（$\delta^{34}S$/‰）

矿体		样号	采样位置	样品描述	黄铁矿	闪锌矿	磁黄铁矿
大脉状矿体	0号矿脉	Dch－10	长坡725中段	黄铁矿-闪锌矿-方解石	－4.5		
		Dch－19	长坡635中段	硫盐-黄铁矿	－2.5		
		Dch－22	长坡595中段2号线	黄铁矿-闪锌矿-硫盐-锡石	－2.3	－2.8	
		Dch－23	长坡595中段4号线	黄铁矿-闪锌矿-硫盐-锡石	－1.1	－5	
		Dch－24	长坡595中段1号线	黄铁矿-闪锌矿-硫盐-锡石	－2.8	－7.1	
		Dch－27	长坡550中段4号线	黄铁矿-闪锌矿-锡石脉	－2.8		
		Dch－33	长坡550中段1号线	黄铁矿-闪锌矿-硫盐-锡石	－2.5		
		Dch－39	长坡550中段2号线	黄铁矿-闪锌矿-锡石	－3.1		
		Dch－34	长坡550中段2号线	黄铁矿-闪锌矿-锡石脉	－3.2	－3.7	
		Dch－36	长坡505中段3号线	粗晶黄铁矿-闪锌矿（含锡石）	－4.5		
		Dch20－1	长坡635中段	闪锌矿-黄铁矿粗晶体		－4.3	
		DC38	长坡685中段	硫化物、硫盐、锡石、方解石、石英		－3.8	
		DC39	长坡635中段	硫化物、硫盐、锡石、方解石、石英	－3.4		
		DC43	长坡595中段	硫化物、硫盐、锡石、方解石、石英	－3.0	－3.4	
		DC29	长坡550中段	硫化物、硫盐、锡石、方解石、石英	－4.4	－7.9	
		DC50	长坡505中段	硫化物、硫盐、锡石、方解石、石英	－4.1	－2.9	
	38号脉	Dch－7	长坡725中段	黄铁矿-闪锌矿-硫盐	－4.2		
		Dch－14	长坡685中段	粗晶黄铁矿-闪锌矿-方解石	－5.0	－8.2	
		Dch－15	长坡685中段	粗晶闪锌矿-黄铁矿		－9.3	
		Dch－21	长坡635中段	黄铁矿-锡石-方解石脉	－5.4		
		Dch21－2	长坡635中段	黄铁矿-锡石-方解石		－2.7	
		Dch26－1	长坡595中段1号线	脉壁灰岩黄铁矿化	－4.1		
		Dch25－2	长坡595中段3号线	黄铁矿-闪锌矿-硫盐	－3.8	－3.7	
		Dch－3	长坡550中段6号线	毒砂-闪锌矿-磁黄铁矿	－4		
		Dch－28	长坡550中段2号线	黄铁矿-闪锌矿-硫盐-锡石	－3.6		
		Dch38－1	长坡505中段4号线	黄铁矿-毒砂-闪锌矿-锡石	－1.7		
		Dch38－2	长坡505中段4号线38号脉边部细脉	闪锌矿-黄铁矿-锡石	－3.4	－4.4	
		Dch－1	长坡505中段0号线	闪锌矿-磁黄铁矿	－3.1	－3.9	
	38号脉	Dch32－1	长坡505中段0号线	黄铁矿-闪锌矿		－7.2	
		Dch－4	长坡505中段6号线	毒砂-闪锌矿-磁黄铁矿	－3.1		
		Dch－67	长坡505中段	黄铁矿-锡石-石英	－3.5		
		CHP238	725中段	大脉状矿石	－3.4		
		CHP638	550中段	大脉状矿石	－2.4		
		DC7	长坡550中段	大脉状矿石	－4.0	－9.0	
层间脉状矿化	75号	Dch－11	725中段	锡石-铁闪锌矿-黄铁矿-磁黄铁矿	－3.1		
		Dch18－1	635中段0号线	脆硫锑铅矿-锡石-黄铁矿-闪锌矿		－4.6	
		Dch31－2	550中段0号线	方解石-黄铁矿	－3.7		
		C8817	505中段6号穿脉	条带状黄铁矿	－0.2		
		Dc－27	505中段6号穿脉	条带状黄铁矿	－4.1		
		T8832	405中段18号穿脉	条带状黄铁矿	－7		
		DC51	505中段	条带状黄铁矿	－3.8	－3.7	
	79号	DT－7	长坡595中段	大扁豆灰岩中岩层交代矿层	－3.7		

续表

矿体		样号	采样位置	样品描述	黄铁矿	闪锌矿	磁黄铁矿
91号矿体	层状矿体	DT1－4	铜坑405中段	闪锌矿沿层交代灰岩		－1.9	
		DT－6	铜坑405中段	闪锌矿-毒砂沿层交代灰岩		0.7	
		DT－6	铜坑405中段	闪锌矿-毒砂沿层交代灰岩			0.4
		DT－5	铜坑405中段	方解石-闪锌矿-锡石-毒砂沿层交代		－0.1	
		DT－16－1	铜坑405中段	条带状锡石-黄铁矿组合	－4.2		
		DC12	长坡505中段	条带状矿石	－2.5		
		D T18	铜坑，405中段	条带状磁黄铁矿			－5.6
		D T23	铜坑，405中段	浸染状黄铁矿	－3.5		
		D T25	铜坑，405中段	条带状磁黄铁矿			－1.0
		T8833	铜坑405中段18号穿脉	条带状闪锌矿		－6.5	
		DT9024－1	405中段22号穿脉	条带状磁黄铁矿			－2.8
		DT9024－2	405中段22号穿脉	条带状磁黄铁矿			－3.8
		DT9024－3	405中段22号穿脉	条带状磁黄铁矿			－2.8
	脉状矿体	DC54	铜坑，505中段	硫化物-锡石脉	－2.0		
		D T11	铜坑，405中段	硫化物-锡石脉		－7.3	－7.9
		D T19	铜坑，405中段	毒砂-石英脉		－2.2	
		D T26	铜坑，405中段	硫化物-锡石脉			
92号矿体	层状矿化	Dch－30	长坡550中段2号线	黄铁矿	－3.3		
		Dch－30	长坡550中段2号线	黄铁矿		－5.3	
		Dch－44	长坡358中段	黄铁矿-硫盐-方解石-黄铁矿	－2.0		
		Dch－45	长坡358中段	黄铁矿-硫盐-方解石-锡石	－2.0		
		Dch－45	长坡358中段	黄铁矿-硫盐-方解石-锡石		－1.2	
		DT 32	铜坑，595中段	硫化物结核		－3.2	
		DT 49	铜坑，595中段	条带状矿石	－3.6		
		DC－11	长坡550中段	黄铁矿团块	－3.4		
		DC－15	长坡550中段	条带状黄铁矿	－2.2	－1.6	
		DC－8	长坡550中段	条带状黄铁矿	－2.5		
		DC－17	长坡550中段	条带状黄铁矿	－2.5		
		DC－25	长坡505中段	条带状矿石	－4.5		
		DC－391	长坡550中段4号穿脉	条带状黄铁矿	－2.7		
		C8843	长坡505中段16号穿脉	条带状黄铁矿	－2.9		
		C18－1	长坡505中段14号穿脉	条带状黄铁矿	－0.7		
		C14	长坡505中段14号穿脉	条带状黄铁矿	－3.7		
		B－81	455中段17号穿脉	黄铁矿闪锌矿矿石	1.3	1.66	
		B－82	455中段8号穿脉	层状含闪锌矿的黄铁矿矿石	－1.75		
		CHP38	505中段10号线	条带状矿石	－3.5		
	层状矿化	CHP39	505中段10号线	致密块状矿石		－4.3	
		CHP66	505中段10号线	条带状矿石	－4.1		
		CHP75	505中段12～14号穿脉	致密块状矿石		－0.1	
		CHP57	505中段16～18号穿脉	致密块状矿石		－5.1	
		DCH7－16－1	505中段16号线	条带状矿石	－3.5		
		DCH17－47	455中段17号穿脉	致密块状矿石		1.4	
	网脉状细脉状矿石	B－84	455中段8号穿脉	脉状多金属硫化物矿石	－5.11	－2.68	－3.17
		DCV16－1	550中段16号线	细脉状矿石	－3		
		DCV12－1	505中段12号线	细脉状矿石	－2.7		
		DCV20－1	505中段20号线	细脉状矿石	0.8		
		DCV17－1	455中段17号穿脉	细脉状矿石	－3.8		
		DCV17－4	455中段17号穿脉	细脉状矿石	－3.4		
		DC3	长坡550中段	硫化物-锡石脉	－2.5	－4.6	
		DC10	长坡550中段	硫化物脉	+3.6	+2.3	+1.1
		DC30	长坡550中段	硫化物脉	+0.4		

续表

矿体	样号	采样位置	样品描述	黄铁矿	闪锌矿	磁黄铁矿
小扁豆灰岩（D_3^{2c}）	DC9030	长坡 550 中段 8 号穿脉	条带状黄铁矿	-3.8		
	DT9029	铜坑 446 中段 22 号穿脉	条带状闪锌矿		+2.6	
	T8835	铜坑 405 中段 26 号穿脉	条带状磁黄铁矿			-1.2
	DT905	铜坑 405 中段 18 穿脉	条带状闪锌矿		-3.4	
	DT9026	铜坑 405 中段 22 穿脉	条带状磁黄铁矿			-5.3
宽条带灰岩（D_3^{2a}）	DC9019	长坡 530 中段 12 号穿脉	条带状黄铁矿	-5.0		
	C8829	长坡 505 中段 6 号穿脉	条带状黄铁矿	-0.8		
	DC9013	长坡 505 中段 10 号穿脉	条带状黄铁矿	-2.1		
	DT24	铜坑，405 中段 18 号穿脉	黄铁矿斑晶	-5.1		
	DT24-7	铜坑，405 中段 18 号穿脉	黄铁矿斑晶	-4.0		
	T8816	铜坑，405 中段 28 号穿脉	条带状闪锌矿		-6.8	
	T1	铜坑 405 中段 22-1 穿脉	条带状矿石		+1.1	-0.5
	DC34	长坡 685 中段	条带状矿石	-3.5	-2.3	
	DT8	铜坑 405 中段	条带状黄铁矿	-4.5		
	DT9	铜坑 405 中段	条带状矿石		-5.9	-5.9
	DT10	铜坑 405 中段	条带状矿石		-7.5	
裂隙脉矿化	DC33	长坡 685 中段	硫化物-硫盐-方解石脉	-3.2		
	DC35	长坡 685 中段	硫化物-硫盐-方解石脉	-1.1	-3.1	
	DT31	铜坑 595 中段	锡石-石英-硫化物脉	+0.2	+1.3	
	DT43	铜坑 685 中段	硫化物-硫盐-方解石脉	-4.3		
	DT44	铜坑 685 中段	硫化物-硫盐-方解石脉	-4.7	-5.4	
	DT47	铜坑 685 中段	硫化物-硫盐-方解石脉	-0.7	-2.8	
	DT50	铜坑 685 中段	硫化物-硫盐-方解石脉	+9.6	-1.4	
	DT-9	595 中段	黄铁矿-毒砂-锡石脉	-1	-5	
	DT-8	595 中段	黄铁矿-闪锌矿-锡石脉	+0.2		
	DCH-37-1	505 中段	黄铁矿闪锌矿-锡石	-3.7		
	DCH-37-2	505 中段（围岩）	黄铁矿闪锌矿-锡石		-5.3	
	DCH-37-2	505 中段（围岩）	黄铁矿闪锌矿-锡石		-2.1	
	DCH-37-2	505 中段（围岩）	黄铁矿闪锌矿-锡石		-1.6	
92 号矿体	Tk455-26	455 中段 92 号矿体	条带状矿石	-1.5		
92 号锌铜矿体	ZK1507-23	792 米处 96 号锌铜矿石	块状矿石	3.7		
	ZK1507-16	785 米处 96 号锌铜矿体	块状矿石		-4.3	
	DTK355-2	铜坑 355 中段 96 号锌铜矿体	块状矿石		-6.1	
	Zk976-3	96 号锌铜矿体	块状矿石		-0.3	
100 号矿体	GF75-1	75 中段	磁黄铁矿+脆硫锑铅矿+闪锌矿+黄铁矿+毒砂+锡石		12	
	GF-6	120 中段	磁黄铁矿+脆硫锑铅矿+闪锌矿+黄铁矿+毒砂+锡石		11.1	
锌铜矿体	L-2	650 中段 1 号矿体	块状矿石		-1.6	
	L-3	530 中段 0 矿体	块状矿石		0.1	
	L-7	500 中段 3 矿体	块状矿石		0.5	
	L-11	530 中段 5 矿体	块状矿石		1.6	
	L-12	530 中段 1 矿体	块状矿石		0.4	
	L-19	530 中段 1 矿体	块状矿石			2.2
	L-20	500 中段	块状矿石		2.5	
	L-21	630 中段 0 矿体	块状矿石			2.84
	LM560-3	560 中段块状锌铜矿体	块状矿石		-2.4	
锑矿床	Cs-5	茶山锑矿床	辉锑矿+闪锌矿+方解石		-5.1	
	Wx-1	箭猪坡锑矿 0 水平	辉锑矿+闪锌矿+方解石		3.6	
	Wx-2	箭猪坡锑矿 0 水平	辉锑矿+闪锌矿+方解石		4.5	
芒场	Dss-3	大山矿区	闪锌矿+磁黄铁矿		-0.6	

综合陈毓川等（1993）、梁婷（2011）、韩发（1997）、秦德先（2002）、丁悌平（1997）等资料。

长坡-铜坑锡多金属矿体中的$\delta^{34}S$值变化于-7.9‰～+3.6‰之间，主要集中在-2‰～-6‰之间（图8-5）。其中黄铁矿的$\delta^{34}S$值变化为3.6‰～-7‰，众值在-5.1‰～+1.3‰，平均为-2.574‰；闪锌矿的$\delta^{34}S$值变化范围较宽，为+1.3‰～-7.9‰，平均为-3.56‰，比黄铁矿更偏向于负值；磁黄铁矿中$\delta^{34}S$值变化为+0.4‰～-7.9‰，平均为-2.71‰；可见各硫化物之间的$\delta^{34}S$组成相当均一，表明硫的来源是稳定的。但在同时测定的硫化物样品中，多数样品$\delta^{34}S_{黄铁矿}>\delta^{34}S_{闪锌矿}$；但也有相反的情况，说明共存矿物质之间并没有完全达到硫同位素平衡。长坡-铜坑锡矿体中79件闪锌矿的$\delta^{34}S$为2.6‰～-7.9‰，平均为-3.43‰，其中层状矿体中条带状矿石中闪锌矿的$\delta^{34}S$值为2.6‰～-7.5‰，平均为-2.29‰，脉状矿体为2.3‰～-9.3‰，平均为-4.11‰。总体上，层状与脉状矿体的$\delta^{34}S$值变化范围基本一致（图8-6），说明它们可能具有相同的来源。

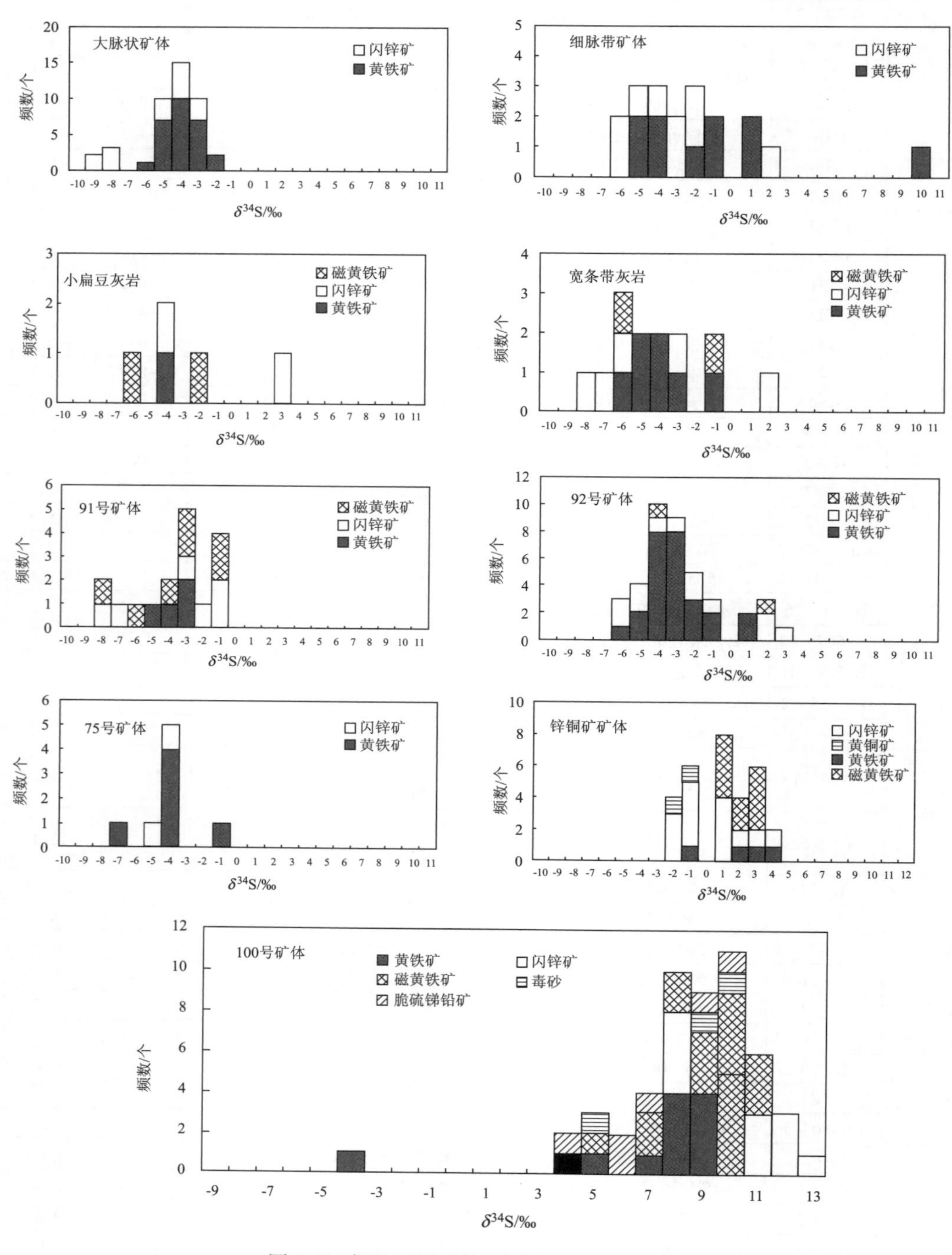

图8-5 铜坑不同矿体硫同位素组成直方图

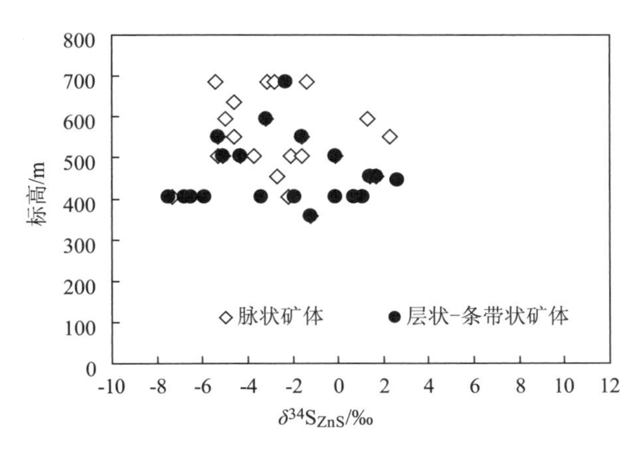

图 8-6　大厂层状-条带状矿体与脉状矿体中闪锌矿的 $\delta^{34}S$ 组成

长坡-铜坑锡矿体的分布由下到上具有明显的分带性。王登红（1992）曾发现硫同位素具有空间分带性。对铜坑矿床中铁闪锌矿的 $\delta^{34}S_{CDT}$ 测试结果（表 8-6）显示，不同矿体间 $\delta^{34}S$ 值的变化具有显著的规律性，如 92 号矿体，不同标高闪锌矿 $\delta^{34}S$ 平均值，均显示由下部向上部 $\delta^{34}S$ 值降低的变化规律（图 8-6）。同时，无论是层状-条带状矿体，如深部硅质岩中 92 号矿体→宽条带灰岩中层状矿体→细条带灰岩中的 91 号矿体→层面脉状矿体→大脉状，还是脉状矿体，如小扁豆灰岩中矿体→细裂隙脉矿体→大脉状矿体，$\delta^{34}S$ 值也是由深部向上是趋于降低的。

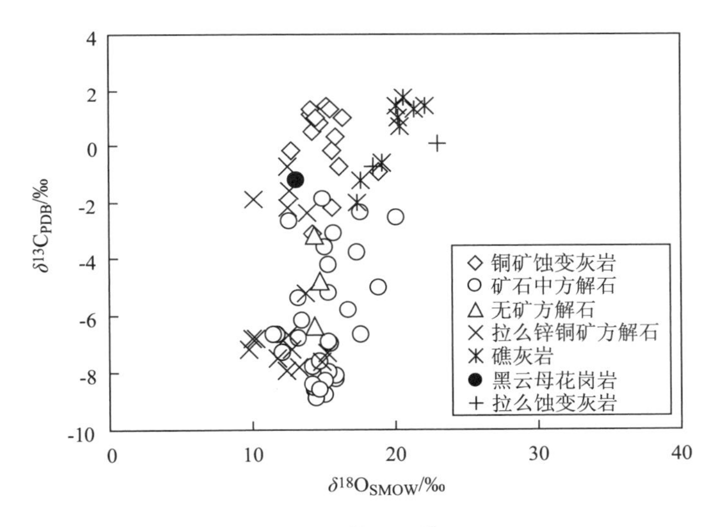

图 8-7　大厂 $\delta^{13}C-\delta^{18}O$ 值图解

对于矿床在大厂矿田最晚期形成的锑矿物的硫同位素组成，茶山锑矿中闪锌矿中为 $-5.1‰$，而在五圩锑矿床中显示为正值，为 $3.6‰\sim4.5‰$，可能反映了晚期有逆向分带的演化特征。

在热液矿床中，由于热液成矿作用中固-液相间的同位素分馏，热液形成的硫化物的 $\delta^{34}S$ 值一般并不等于热液总的 $\delta^{34}S$ 值，而是总硫同位素组成、f_{O_2}、pH、离子强度和温度的函数。即 $\delta^{34}S=f(\delta^{34}S_{\Sigma S}, f_{O_2}, pH, I, T)$，并且这种影响在高温（$>400℃$）和中低温（$<300℃$）条件下是不同的。因此，热液矿物的硫同位素组成不仅取决于源区物质的 $\delta^{34}S$ 值，而且取决于含硫物质在热液中迁移和矿物沉淀时的物理化学条件（Ohmoto，1972；韩吟文，2003）。热液总硫的同位素组成表示为：

$\delta^{34}S_{\Sigma}=\delta^{34}S_{H_2S}\times\chi_{H_2S}+\delta^{34}S_{HS^-}\times\chi_{HS^-}+\delta^{34}S_{S^{2-}}\times\chi_{S^{2-}}+\delta^{34}S_{SO_4^{2-}}\times\chi_{SO_4^-}+\delta^{34}S_{\Sigma SO_4^-}\times\chi\Sigma_{SO_4^-}$。

式中 χ_{H_2S} 为溶液 H_2S 相对于总硫的摩尔分数，即 $\chi_{H_2S}=m(H_2S)/m(\Sigma S)$。在大厂矿区主要的

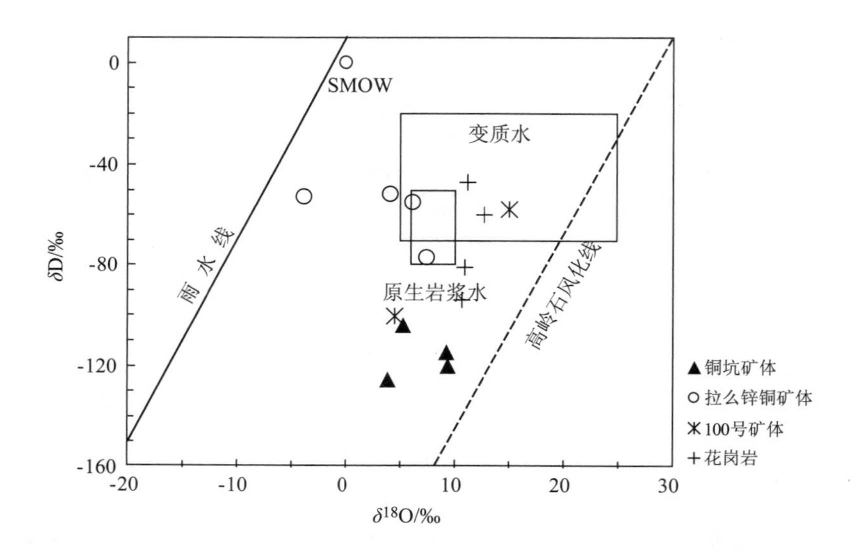

图 8-8 铜坑流体包裹体的 $\delta^{18}O-\delta D$ 关系图

矿石矿物为硫化物，硫元素主要以硫化物形式出现，基本上未见有硫酸盐类矿物。根据上述公式，可以认为大厂闪锌矿的 $\delta^{34}S$ 值可以近似地代表成矿溶液中的总硫同位素值。

矿床中硫来源是多样的，大致可以分为3类，即地幔硫、地壳硫、混合硫（韩吟文，2003）。徐文炘（1995）根据600多件样品硫同位素数据统计，把我国锡矿床硫源分为岩浆来源和岩浆+地层的混合来源，指出典型岩浆硫来源矿床的溶液全硫同位素组成为 -2‰～+6‰；混合来源硫 $\delta^{34}S_{\Sigma S}$ 较大，一般大于 +12‰，$\delta^{34}S$ 有较大的正值，变化范围较大。

长坡-铜坑矿床的矽卡岩型锌铜矿体中闪锌矿 $\delta^{34}S$ 为 -6.1‰～0.1‰，平均为 -1.03‰，与笼箱盖黑云母花岗岩的 -1.0‰一致（何海州，1996），矿体中的硫为岩浆硫来源。锡矿体中，无论是层状还是脉状矿体，闪锌矿的硫同位素变化范围是基本一致的，从 2.6‰～-7.9‰，平均 -3.43‰。从产出位置上，长坡-铜坑锡矿体远离笼箱盖隐伏岩体，在层位中位于矽卡岩型锌铜矿体之上，与锌铜矿相比，轻硫富集。由笼箱盖花岗岩→矽卡岩型锌铜矿→铜坑锡多金属矿体，$\delta^{34}S$ 值降低，重硫减少，轻硫富集，这种变化趋势在不同类型或产状的矿体中或单一矿体内部的表现是一致的，说明物质来源与锌铜矿体一样，与下部隐伏岩体有关。可见，同位素组成的变化反映了成矿物质在由下向上运移的过程中，轻、重同位素本身存在分馏效应，成矿早期矽卡岩型锌铜矿阶段以岩浆硫为主，锡矿形成阶段可能有地层硫的加入，为混合硫。

造成岩浆热液晚期（或上部）轻硫富集的原因，可能是由于从岩浆活动到矽卡岩期再到锡石-硫化物期，随时间的推移，当热液在重力场中自下而上向外运移的漫长历史过程中，轻、重同位素由于质量差异而发生分异，重者趋于下沉而轻者由于质量小、活动性大而“上浮”，因此有重者先参与结晶而轻者趋于晚期或上部富集的特点。这也表明，矿床成矿系列中各成因类型间的内在联系跟成矿的整个历史过程有关，表面上并不相同的一些特征（如 $\delta^{34}S$）是有其历史原因的，它们是各个阶段的产物，但本质上与统一的成矿作用有关。由此推测，如果在铜坑的深部找矿，找到矽卡岩型及云英岩型、高温气化热液型的可能性较大，此时如有闪锌矿，其 $\delta^{34}S$ 值可能高于长坡-铜坑矿床。

二、碳、氧同位素

利用碳氧同位素组成可以反映矿体中碳酸盐的成因和演化，可以为找矿提供一定的依据。对大厂地区的碳氧同位素组成，前人做了大量的工作（表8-6），可借以进行系统的归纳和分析。

表 8-6　铜坑矿床中围岩和各类方解石的碳氧同位素组成

序号	样品名称	位置	描述	$\delta^{13}C_{(PDB)}$/‰	$\delta^{18}O_{(SMOW)}$/‰
DC－05	小扁豆灰岩	长坡550水平		－0.90	18.90
DC－18	扁豆灰岩	长坡550水平		1.10	14.10
DC－19	扁豆灰岩	长坡550水平		1.30	14.10
DC－20	扁豆灰岩	长坡550水平		1.40	15.20
LM－29	扁豆灰岩	拉么530水平		0.10	23.00
LM－69	扁豆灰岩	拉么650水平		－0.70	18.50
S－2－1	蚀变灰岩	水平2	蚀变灰岩	0.3	15.9
S－2－3	蚀变灰岩	水平2	蚀变灰岩	－0.2	15.6
S－2－5	蚀变灰岩	水平2	蚀变灰岩	－3.1	14.3
S－2－6	蚀变灰岩	水平2	蚀变灰岩	－2.2	15.6
S－2－8	蚀变灰岩	水平2	蚀变灰岩	－0.7	16.1
S－3－2－1	蚀变灰岩	水平3	蚀变灰岩	－4.4	
S－3－4	蚀变灰岩	水平3	蚀变灰岩	－0.2	12.8
S－3－4－5	蚀变灰岩	水平3	蚀变灰岩	－1.5	
S－5－1	蚀变灰岩	水平5	蚀变灰岩	0.5	14.3
S－7－16	蚀变灰岩	水平7	蚀变灰岩	0.8	14.8
S－8－1	蚀变灰岩	水平8	蚀变灰岩	1	14.5
S－8－2	蚀变灰岩	水平8	蚀变灰岩	1.3	15.5
S－8－28	蚀变灰岩	水平9	蚀变灰岩	1	16.4
DC－14	方解石	长坡405水平	91－2号脉方解石晶洞	－4.20	15.40
DC－50	方解石	长坡505水平	0号脉硫盐-闪锌矿-锡石-黄铁矿组合	－3.60	15.10
DC－38	方解石	长坡685水平	0号脉，块状黄铁矿-闪锌矿-锡石大脉	－7.30	12.10
DC－07	方解石	长坡550水平	38号脉，含方解石-锡石-闪锌矿-硫盐	－6.80	13.30
15		长坡685 m	38号脉硫化物-方解石	－8	15.4
18－15	方解石	长坡725水平	38号脉粗晶闪锌矿脉，含黄铁矿-方解石	－8.00	15.40
		长坡595 m	辉锑锡铅矿-方解石	－8.3	15.1
DC－01	方解石	长坡595水平	方解石-辉锑锡铅矿-锡石小脉	－8.90	14.50
31－1		长坡550 m	75号脉黄铁矿-方解石	－6.7	11.8
DC－49	方解石	长坡635水平	细条带状层间矿体，含巨晶方解石	－7.80	14.30
DC－12	方解石	长坡550水平	91号矿体细条带灰岩中沿层黄铁矿脉	－8.10	29.60
	方解石	长坡505水平	91－1号脉	－3.80	17.40
	方解石	铜坑405 m	91号矿体硫化物-硫盐-方解石	－8.5	14.4
DC－03	方解石	长坡550水平	92号矿体中硫化物裂隙脉	－5.40	13.20
DC－30	方解石	长坡550水平	石英-锡石-硫化物细脉，含方解石	－5.00	18.90
DC03	方解石	长坡550水平	92号矿体中硫化物裂隙脉	－5.40	13.20
DC－35	方解石	长坡685水平	闪锌矿-黄铁矿-硫盐脉，含方解石	－1.90	15.00
Dch－13		长坡685 m	0号脉硫化物-硫盐-方解石	－7	15.5
Dch－10	方解石	长坡725水平	0号硫化物-方解石	－8.80	15.10
	方解石	长坡685 m	锡石-方解石	－8.6	14.4
25－－2	方解石	长坡595水平	38号脉黄铁矿-闪锌矿-硫盐	－5.80	16.80
25－2		长坡595 m	38号脉硫化物-硫盐-方解石	－5.8	16.8
DC－42	方解石	长坡635水平	38号脉，巨晶方解石脉，含黄铁矿-闪锌矿-硫盐	－8.20	15.90
18－21	方解石	长坡635水平	38号脉黄铁矿-锡石-方解石脉	－8.1	15.90
25－1		长坡595 m	38号脉晚期黄铁矿-方解石	－2.6	20.1
18－2		长坡635 m	75号脉硫化物-方解石	－6.7	17.6
40		长坡505 m	75号脉晚期黄铁矿-方解石	－2.4	17.6
44		铜坑358 m	92号矿体顺层硫盐-方解石	－6.9	15.4
		长坡455 m	91号矿体辉锑矿-方解石	－3.1	15.8
DC－43	方解石	铜坑三中段分层	黄铁矿-毒砂-方解石脉，含闪锌矿-硫盐	－8.40	14.30

续表

序号	样品名称	位置	描述	$\delta^{13}C_{(PDB)}$/‰	$\delta^{18}O_{(SMOW)}$/‰
47		铜坑 358 m	92 号矿体硫化物-硫盐-方解石	-7.6	14.7
DC-22	方解石	铜坑三中段分层	含方解石的黄铁矿脉	-8.60	14.70
DT-22	方解石	铜坑 405 水平	晚期方解石脉	-0.9	13.60
S-3-9	方解石	水平 3	矿体中方解石	-6.7	11.5
S-5-8	方解石	水平 5	矿体中方解石	-5.2	15.4
S-7-20	方解石	水平 7	矿石方解石	-6.2	13.5
S-7-28	方解石	水平 7	矿石方解石	-2.7	12.6
S-2-4	方解石	水平 2	方解石脉	-4.8	14.8
S-2-7	方解石	水平 2	方解石脉	-3.2	14.4
S-3-3	方解石	水平 3	方解石脉	-6.4	14.4
LM-54	矿体中灰岩残体	拉么 623 水平		1.50	18.70
LM-61	方解石	拉么 675 水平	条带状磁黄铁矿-闪锌矿-毒砂矿石	-6.80	10.00
LM-66	方解石	拉么 675 水平	毒砂矿石	-6.80	10.20
LM-68	方解石	拉么 650 水平	毒砂-磁黄铁矿-黄铜矿	-7.50	11.80
LM-69	方解石	拉么 650 水平	矽卡岩化小扁豆灰岩中的闪锌矿-黄铁矿-毒砂细脉	-5.20	13.70
LM-90	方解石	拉么 590 水平	1 号矿体中闪锌矿-方解石矿石	-7.20	12.80
LM-70	方解石	拉么 623 水平	浅色黑云母花岗岩		
LM-87	方解石	拉么 590 水平	小扁豆灰岩中的闪锌矿-黄铁矿-毒砂细脉	-1.60	12.60
LM-91	方解石	拉么 590 水平	溶洞中的方解石	-0.70	12.50
		拉莫 500 m	矽卡岩中顺层硫化物-方解石	-6.7	12.5
		拉莫 500 m	顺层硫化物-方解石脉	-7.2	9.7
		拉莫 500 m	顺层硫化物-方解石脉	-7.9	12.4
LM-93	方解石	拉么 530 水平	0 号矿体中闪锌矿-菱铁矿-方解石-石英-萤石脉	-2.20	12.50
LM-95	方解石	拉么 500 水平	辉锑矿-黑色方解石脉穿切闪锌矿-黄铁矿组合	-1.90	10.10
	方解石	拉么 500 水平	辉锑矿-方解石脉穿切闪锌矿-铁白云石脉	-2.40	13.90
LM-100	铁白云石	拉么 730 水平	沿层交代硫化物脉	-7.60	14.90
LM-96	铁白云石	拉么 500 水平	闪锌矿-黄铁矿-铁白云石细脉	-7.30	15.20
LM-99	铁白云石	拉么 500 水平	铁白云石细脉	-7.80	13.20
L-1	方解石	拉么矿床	大理岩中方解石	2	22.8
L-3	方解石	拉么矿床	大理岩中方解石	0.2	17.9
L-4	方解石	拉么矿床	大理岩中方解石	1.1	22.2
L-6	方解石	拉么矿床	大理岩中方解石	1.6	22.8
100-17	礁灰岩	巴里 479 孔 463.5 m		-5.90	16.80
100-8	礁灰岩	巴里 462 孔 433.0 m		1.20	22.10
	礁灰岩	巴里 39-1 孔	20 个样平均值	0.58	21.44
	花岗斑岩	巴里 39-1 孔		-0.1-2.0	14.83-19.36
LM-70	方解石脉		黑云母花岗岩中方解石脉	-1.20	13.10

据陈毓川等（1993）、丁悌平（1997）、M. Fu 等（1991）及本次工作成果。

从分析结果可见，赋矿蚀变围岩中灰岩的 $\delta^{13}C$ 为 -4.4‰～1.4‰，$\delta^{18}O$ 为 12.8‰～23‰，大多 <20‰。在矿体中 $\delta^{13}C$ 为 -2.6‰～-8.9‰，$\delta^{18}O$ 为 11.5‰～29.6‰，晚期方解石脉中 $\delta^{13}C$ 为 -0.9‰～-6.4‰，$\delta^{18}O$ 为 13.6‰～14.4‰。龙头山海相礁灰岩中，$\delta^{13}C$ 为 0.58‰～-5.9‰，$\delta^{18}O$为 16.8‰～22.10‰。笼箱盖黑云母花岗岩中方解石脉的 $\delta^{13}C$ 为 -1.20‰，$\delta^{18}O$ 为 13.10‰。相比而言，从蚀变灰岩的 $\delta^{18}O$ 组成来看，由典型的海相碳酸盐礁灰岩→铜坑蚀变的灰岩→笼箱盖的黑云母花岗岩，$\delta^{18}O$值逐渐降低。矿体中方解石的 $\delta^{18}O$ 值变化不大，在 12.6‰～20.3‰之间。$\delta^{13}C$ 则变化较大，铜坑蚀变灰岩中，$\delta^{13}C$ 值在 -4.4‰～1.4‰，矿体中方解石的 $\delta^{13}C$ 值在 -2.6‰～-8.6‰，且低于笼箱盖黑云母花岗岩中方解石的 $\delta^{13}C$（-1.2‰），拉么锌铜矿体中 $\delta^{13}C$ 值在 -1.9‰～-7.9‰。综合前人成果可见，随着远离岩体，$\delta^{18}O$ 值由拉么锌铜矿→铜坑锡多金属矿有增大的趋势，并向灰

岩方向演化。$\delta^{13}C$ 值却不同，矿体中 $\delta^{13}C$ 值低于灰岩和花岗岩。利用 $\delta^{13}C-\delta^{18}O$ 值图解（图8-7），可见 $\delta^{13}C$、$\delta^{18}O$ 之间呈现一定的正相关关系，表明了两者之间具有一定的同源性。

从碳氧同位素的组成来看，矿体中的碳主要为岩浆来源，而地层中交代出来的碳可能由于长坡区裂隙发育且距地表近而以 CO_2 气相的方式逸失，其机理是：$CaCO_3+H_2O \rightarrow Ca^{2+}+2OH^-+CO_2\uparrow$ 或 $CaCO_3+2H^+ \rightarrow Ca^{2+}+H_2O+CO_2\uparrow$。实际上，矿体受同样的地层控制。因此，从 $\delta^{13}C$、$\delta^{18}O$ 的组成是从近岩体→远离岩体，从近矿→远矿，也反映了成矿热液运移方向。

三、氢、氧同位素组成

对于大厂矿床氧同位素组成，黄民智等（1997）、刘姤群（1997）；尹意求（1990）、叶绪荪等（1987）、陈毓川等（1993）、丁悌平等（1997）做了大量的工作（表8-7），结果显示，不同矿物中流体的 $\delta^{18}O$ 值具有明显的差异，而不像花岗岩中的 $\delta^{18}O$ 值基本是相近的。如测定的铜坑锡石中 $\delta^{18}O$ 值变化3.9‰~8.85‰（叶绪荪，1985），锡石中的 $\delta^{18}O$ 值变化于3.8‰~5.4‰，石英的氧同位素值为11.99‰~22.7‰（叶绪荪，1985），石英包裹体中为15.01‰。可见矿物与包裹体之间存在同位素的交换。拉么花岗岩中，矿物的同位素与流体的同位素组成基本一致。若从矿体的分布上来，铜坑锡石中流体包裹体中的氧同位素组成具有从92号矿体到裂隙脉中减少的趋势。δD值在铜坑矿石的锡石包裹体中较低，为-115‰~-125.7‰，拉么锌铜矿体中δD值为-52‰~-55‰. 花岗岩中为-47‰~-94‰。从矿体的分布上，有由近岩体→岩体，δD值有降低的趋势。

表8-7 大厂花岗岩及矿体流体包裹体的氢氧同位素组成

样号	采样地点	测定矿物	$\delta^{18}O_{H_2O\ SMOW}$/‰	$\delta D_{H_2O\ SMOW}$/‰	$\delta^{18}O_{H_2O\ SMOW}$/‰	资料来源
150	长坡细脉带	锡石	3.8	-125.7		叶绪荪，1985
138	100号矿体	石英	15.05	-57.8		
138A	100号矿体	锡石	4.47	-100.3		
L-25	拉么锌铜矿	闪锌矿	6.2	-55		李明琴（1990）
l-26	拉么锌铜矿	石英	-3.8	-53		
L-27	拉么锌铜矿	萤石	4.1	-52		
Lm-590	拉么锌铜矿	石榴子石	7.4	-77		梁婷等，2010
XS-6	大脉状	锡石	5.2	-104		
d-405-2	92号矿体中	锡石	5.4	-120	9.4	M. Fu，1991
D-cu-2	92号矿体	锡石	5.2	-115	9.2	
L-13	拉么花岗岩		12.70	-60.00	12.2	
L-15	拉么花岗岩		10.70	-94.00	10.1	
D732-32	铜坑ZK732黑云母花岗岩		11.20	-47.00		
D708-1616	铜坑ZK732黑云母花岗岩		10.90	-81.00		

在 $\delta^{18}O-\delta D$ 关系图（图8-8）上，铜坑锡多金属矿体处于岩浆水的下侧，花岗岩处于岩浆水的右侧，拉么锌铜矿体处于原生岩浆水及其左侧。矿物中包裹体同位素的组成，不仅仅取决于其原始的来源，而且在运移过程中既有与围岩的交换也有大气水和岩浆水蚀变的混合水。从测定样品看，花岗岩中 $\delta^{18}O$ 值与原生岩浆水相比有增大，可能与花岗岩蚀变有关。拉么锌铜矿体中 $\delta^{18}O$ 组成与铜坑锡矿体相近，δD明显高于铜坑锡矿体，其中蚀变矿物石榴子石中以岩浆水为主，矿石中显示有大气水的加入。从矿体中氢氧同位素组成看，成矿早期应该以岩浆水为主，逐渐有不同比例大气降水的参与而形成混合的热液。

四、铅同位素组成

大厂矿区铅同位素研究前人（陈毓川，1993；韩发，1997；高计元，1999；秦德先，2002，等）做了大量的工作。梁婷等（2008、2009）在充分收集前人已有的资料的基础上，又补充完成了13件铅同位素样品测定，分析结果（表8-8）显示：

表 8-8　长坡-铜坑矿铅同位素组成及相关参数

样号	采样地点	样品名称	对象	$^{206}Pb/^{204}Pb$	$^{207}Pb/^{204}Pb$	$^{208}Pb/^{204}Pb$	$^{207}Pb/^{206}Pb$	t/Ma	μ	ω	Th/U	V1	V2	$\Delta\alpha$	$\Delta\beta$	$\Delta\gamma$	资料来源
LM－1	拉么 560 中段	电气石细粒花岗岩	全岩	19. 462	15. 755	39. 076	0. 809	－409	9. 68	35. 07	3. 51	91. 96	94. 02	121. 40	27. 44	42. 85	梁婷等，2008
LM－2	拉么 560 中段	中粒含斑黑云母花岗岩	全岩	19. 106	15. 75	39. 241	0. 824	－150	9. 69	37. 40	3. 74	86. 87	74. 83	100. 89	27. 15	47. 25	梁婷等，2008
LM－3	拉么 560 中段	粗粒黑云母花岗岩	全岩	20. 02	15. 788	39. 124	0. 789	－790	9. 71	33. 04	3. 29	107. 28	121. 32	153. 56	29. 63	44. 12	梁婷等，2008
DL730－9	拉么 730 m 中段	黑云母花岗岩	钾长石	18. 345	16. 1	37. 739	0. 878	765	10. 48	38. 41	3. 55	89. 87	103. 39	120. 53	54. 35	40. 95	陈毓川等，1996
DL530－6	拉么 530 m 中段	黑云母花岗岩	钾长石	18. 403	15. 964	39. 315	0. 8675	590	10. 19	43. 91	4. 17	115. 86	74. 88	108. 09	44. 14	76. 01	陈毓川等，1996
DT33A	铜坑 405 m 中段	花岗斑岩	全岩	18. 975	15. 69	38. 762	0. 8269	－132	9. 59	35. 69	3. 60	72. 07	72. 40	93. 34	23. 24	34. 46	丁悌平等，1988a
DT33B	铜坑 405 m 中段	花岗玢岩	全岩	18. 801	15. 685	38. 808	0. 8343	－11	9. 59	36. 71	3. 70	68. 75	63. 34	83. 32	22. 91	35. 69	丁悌平等，1988a
CH－12	长坡 685 m 中段	0 号脉	脆硫锑铅矿	18. 488	15. 689	38. 789	0. 8486	221	9. 63	38. 37	3. 86	76. 47	59. 04	82. 21	24. 09	44. 83	陈毓川等，1993
CH－19	长坡 635 m 中段	0 号脉	脆硫锑铅矿	18. 482	15. 705	38. 762	0. 8497	244	9. 66	38. 44	3. 85	77. 44	60. 60	83. 75	25. 25	45. 15	陈毓川等，1993
CH－22	长坡 595 m 中段 2 线	0 号脉	脆硫锑铅矿	18. 625	15. 865	39. 337	0. 8518	332	9. 96	41. 59	4. 04	101. 80	69. 42	99. 32	36. 13	64. 65	陈毓川等，1993
CH34	长坡 505 m 中段	1 号脉	脆硫锑铅矿	18. 467	15. 714	38. 868	0. 8509	266	9. 68	39. 06	3. 91	81. 23	59. 96	84. 58	25. 94	48. 96	陈毓川等，1993
CH26－1	长坡 595 m 中段	38 号脉	脆硫锑铅矿	18. 73	15. 937	39. 393	0. 8509	343	10. 09	41. 92	4. 02	106. 70	76. 19	106. 38	40. 89	66. 65	陈毓川等，1993
CH28	长坡 550 m 中段 2 线	38 号脉	脆硫锑铅矿	18. 56	15. 908	39. 365	0. 8571	425	10. 06	42. 54	4. 09	108. 02	71. 77	103. 21	39. 45	69. 67	陈毓川等，1993
CHP238	长坡-铜坑 725 m	38 号脉	黄铁矿	18. 58	15. 805	39. 027	0. 8506	294	9. 85	39. 95	3. 93	90. 16	67. 30	93. 52	32. 02	54. 53	秦德先，2002
CHP638	长坡-铜坑 505 m	38 号脉	黄铁矿	18. 492	15. 744	38. 810	0. 8514	284	9. 74	38. 96	3. 87	81. 84	63. 45	87. 51	27. 98	48. 21	秦德先，2002
TK505－19	铜坑 505 中段	3 号裂隙脉	黄铁矿	18. 5006	15. 7226	38. 829	0. 8498	252	9. 70	38. 79	3. 87	80. 13	61. 57	85. 47	26. 43	47. 31	梁婷等，2008

续表

样号	采样地点	样品名称	对象	$^{206}Pb/^{204}Pb$	$^{207}Pb/^{204}Pb$	$^{208}Pb/^{204}Pb$	$^{207}Pb/^{206}Pb$	t/Ma	μ	ω	Th/U	V1	V2	$\Delta\alpha$	$\Delta\beta$	$\Delta\gamma$	资料来源
C925	长坡 505 中段号穿脉	91 号中裂隙脉矿化	脆硫锑铅矿	18.527	15.721	38.827	0.8485	232	9.69	38.61	3.86	79.22	61.82	85.37	26.23	46.34	韩发，1997
T9286	铜坑 405 中段 20－1 穿脉	宽条带灰岩中的裂隙脉		18.675	15.747	39.038	0.8432	158	9.72	38.89	3.87	82.63	63.67	88.20	27.59	48.75	
DCV12－1	铜坑 455 m 中段 12 线	92 号细脉状矿石	黄铁矿	18.525	15.724	38.834	0.8488	237	9.70	38.68	3.86	79.71	61.96	85.66	26.45	46.75	秦德先等，2002
DCV17－1	铜坑 455 m 中段 17 线			18.583	15.792	39.050	0.8498	277	9.82	39.91	3.93	89.47	66.00	92.29	31.08	54.37	
T9288	铜坑 405 中段 20－1 穿脉	92 号硫化物结核	脆硫锑铅矿	18.671	15.732	38.975	0.8426	143	9.70	38.52	3.84	79.85	63.07	86.74	26.55	46.37	韩发等，1997
T9299	铜坑 455 中段 17 号穿脉	92 号裂隙脉矿化		18.606	15.693	38.795	0.8434	141	9.63	37.77	3.80	73.74	60.92	82.84	24.00	41.47	
T9287	铜坑 405 中段 20－1 号穿脉			18.657	15.716	38.927	0.8424	133	9.67	38.25	3.83	77.62	62.07	85.17	25.46	44.66	
DC92－1	长坡 505 中段 10 号穿脉	92 号大脉状矿化		18.528	15.727	38.858	0.8488	238	9.70	38.79	3.87	80.48	61.98	85.95	26.65	47.46	
DC92－2	长坡 505 中段 11 号穿脉			18.552	15.711	38.843	0.8469	202	9.67	38.44	3.85	78.01	61.14	84.46	25.44	45.44	
DT08	铜坑 405 m 中段	沿层条带状矿石	黄铁矿	17.73	15.3	37.510	0.8629	294	8.95	33.61	3.63	31.34	30.70	43.51	−0.96	13.55	丁悌平等
DT17	铜坑 405 m 中段	条带状磁黄铁矿矿石	磁黄铁矿	17.4	15.41	37.640	0.8856	673	9.22	37.13	3.90	54.57	34.98	54.71	8.47	33.94	
DT20A	铜坑 405 m 中段	沿层交代矿层中		18.48	15.62	38.480	0.8452	141	9.50	36.50	3.72	62.93	56.60	75.53	19.23	33.03	
DT21B	铜坑 405 m 中段	沿层交代矿层中	闪锌矿	18.98	15.48	38.100	0.8156	−431	9.19	31.38	3.30	56.34	75.20	93.63	9.54	16.80	
DC9030	长坡 505 中段 10 号穿脉	小扁豆灰岩中条带矿石	黄铁矿	18.058	15.709	38.906	0.8699	546	9.73	41.66	4.14	93.14	53.79	83.52	27.17	62.76	韩发等，1997
DT9024	长坡 405 中段 22 号穿脉	91 号条带状矿石	磁黄铁矿	18.422	15.723	38.751	0.8535	308	9.71	38.91	3.88	80.44	61.41	85.36	26.73	47.70	
DC9019	长坡 530 中段 12 号穿脉	宽条带灰岩条带状矿石	黄铁矿	18.500	15.718	38.881	0.8496	247	9.69	38.96	3.89	80.99	60.60	85.03	26.11	48.48	
C8834	长坡 550 中段 16 号穿脉	92 号条带状矿石		18.503	15.706	38.844	0.8488	231	9.66	38.67	3.87	78.93	60.05	83.89	25.25	46.75	
C15	长坡 550 中段 14 号穿脉			18.494	15.703	38.755	0.8491	233	9.66	38.33	3.84	76.75	60.67	83.58	25.06	44.47	

续表

样号	采样地点	样品名称	对象	$^{206}Pb/^{204}Pb$	$^{207}Pb/^{204}Pb$	$^{208}Pb/^{204}Pb$	$^{207}Pb/^{206}Pb$	t/Ma	μ	ω	Th/U	V1	V2	$\Delta\alpha$	$\Delta\beta$	$\Delta\gamma$	资料来源
DT032	铜坑 405 m 中段	92 号沿层交代结核	磁黄铁矿	18.45	15.63	38.560	0.8472	176	9.52	37.08	3.77	66.61	56.15	76.44	20.04	36.67	丁悌平等
CHP38	铜坑 505 m 中段 10 线	92 号条带状矿石	黄铁矿	18.5	15.727	38.841	0.8501	258	9.70	38.88	3.88	80.84	61.79	85.89	26.75	47.89	
DCH7－16－1	铜坑 505 m 中段 16 线			18.549	15.762	38.948	0.8497	265	9.77	39.38	3.90	85.24	64.18	89.35	29.07	51.10	秦德先等，2002
DC17－1	铜坑 455 m 中段 17 线			18.528	15.737	38.935	0.8494	250	9.72	39.21	3.90	83.25	61.96	86.91	27.36	50.07	
CHP39	铜坑 505 m 中段 10 线	92 号块状矿石	闪锌矿	18.549	15.58	38.662	0.8399	39	9.41	36.49	3.75	61.67	52.18	71.74	16.21	33.49	
DCH17－47	铜坑 505 m 中段 17 线			18.534	15.733	38.876	0.8489	241	9.71	38.89	3.88	81.30	62.37	86.54	27.06	48.08	
TK455－26	铜坑 455 中段	190 号		18.537	15.7269	38.8616	0.8484	232	9.70	38.76	3.87	80.31	62.06	85.96	26.61	47.27	
ZK1507－23	大树脚 zk1507	96 号锌铜矿体	闪锌矿	18.5537	15.714	38.9893	0.849593	204	9.67	39.06	3.91	81.78	59.79	84.76	25.65	49.49	梁婷等，2008
ZK1507－16	大树脚 zk1507	96 号锌铜矿体	闪锌矿	18.45	15.6816	38.7849	0.83832	239	9.62	38.50	3.87	76.75	57.96	81.43	23.69	45.52	
DTK355－2	铜坑 355 中段	锌铜矿矿石	闪锌矿	18.4966	15.7146	38.9173	0.848344	246	9.68	39.10	3.91	81.66	59.87	84.70	25.88	49.39	
DTK305－1	铜坑 305 中段	矿化矽卡岩	全岩	18.7503	15.7188	39.1192	0.848709	69	9.66	38.53	3.86	79.95	61.49	85.66	25.38	47.02	
LM560－2	拉么	条带状锌铜矿石	闪锌矿	18.5152	15.7072	38.9385	0.846943	223	9.66	39.01	3.91	80.99	59.26	84.02	25.29	48.97	
LM560－3	拉么	块状锌铜矿石	闪锌矿	18.5052	15.7056	38.9509	0.849949	229	9.66	39.10	3.92	81.42	58.86	83.85	25.21	49.54	
1	龙头山孔深 263 m	100 号块状矿石	脆硫锑铅矿	18.65	15.68	38.86	0.8408	93	9.60	37.67	3.80	72.90	59.73	81.68	22.95	41.12	高计元，1999
2	龙头山孔深 337 m	100 号块状矿石	脆硫锑铅矿	18.6	15.64	38.85	0.8409	79	9.52	37.53	3.82	70.35	55.81	77.69	20.28	40.23	
3	龙头山孔深 354 m	100 号块状矿石	脆硫锑铅矿	18.68	15.71	39.03	0.841	109	9.65	38.48	3.86	78.93	60.76	84.65	24.97	46.37	
4	龙头山	100 号块状矿石	脆硫锑铅矿	18.66	15.696	38.879	0.8412	106	9.63	37.85	3.80	74.55	60.99	83.25	24.04	42.19	
G9225	高峰矿 540 中段，1 号穿脉	100 号块状矿石	脆硫锑铅矿	18.721	15.775	39.148	0.8426	160	9.77	39.35	3.90	86.58	65.41	91.00	29.43	51.78	韩发，1999
G9220	高峰矿 540 中段，2 号穿脉	100 号块状矿石	黄铁矿结核	18.617	15.711	38.893	0.8439	155	9.66	38.28	3.84	77.44	61.48	84.60	25.23	44.74	
DC－G－1	高峰矿 540 中段	100 号块状矿石	方铅矿	18.671	15.731	38.986	0.8425	141	9.69	38.55	3.85	80.03	62.86	86.65	26.48	46.62	
DC－G－32	高峰矿 450 中段，0 号穿脉	100 号块状矿石	脆硫锑铅矿	18.635	15.739	38.981	0.8446	177	9.71	38.81	3.87	81.61	63.08	87.33	27.15	48.05	
DC－G－28	高峰矿 450 中段，4 号穿脉	100 号块状矿石	脆硫锑铅矿	18.615	15.723	38.921	0.8446	172	9.68	38.52	3.85	79.26	62.14	85.76	26.09	46.20	
GF－75－3	75 中段	100 号块状矿石	闪锌矿	18.6413	15.7379	38.9976	0.844245	171	9.71	38.83	3.87	81.74	62.89	87.24	27.06	48.24	梁婷等，2008
GF－6	100－150 中段之间	100 号块状矿石	闪锌矿	18.694	15.7364	39.0185	0.841788	132	9.70	38.61	3.85	80.68	63.27	87.22	26.79	47.06	

计算参数：$a_0=9.307$，$b_0=10.294$，$c_0=29.746$，$\lambda_8=1.55125\times10^{-10}\alpha^{-1}$，$\lambda_5=9.8485\times10^{-10}\alpha^{-1}$，$\lambda_2=4.9475\times10^{-10}\alpha^{-1}$，$t$（地球年龄）$=44.3\times10^{8}\alpha$（据 Doe，1974）

1）笼箱盖花岗岩全岩$^{206}Pb/^{204}Pb$比值变化范围为19.462～20.02，$^{207}Pb/^{204}Pb$为15.75～15.788，$^{208}Pb/^{204}Pb$为39.076～39.241，计算得出的特征参数μ（$^{238}U/^{204}Pb$）、ω（$^{232}Th/^{204}Pb$）、Th/U分别为9.68～9.71、33.04～37.40和3.29～3.74；其中钾长石$^{206}Pb/^{204}Pb$比值为18.345～18.403，$^{207}Pb/^{204}Pb$为15.964～16.1，$^{208}Pb/^{204}Pb$为37.739～39.315，特征参数μ（$^{238}U/^{204}Pb$）、ω（$^{232}Th/^{204}Pb$）、Th/U分别为10.19～10.48、38.41～43.91和3.55～4.17；花岗斑岩和石英闪长玢岩的$^{206}Pb/^{204}Pb$比值分别为18.975和18.801，$^{207}Pb/^{204}Pb$分别为15.685和15.69，$^{208}Pb/^{204}Pb$分别为38.762和38.808，特征参数μ（$^{238}U/^{204}Pb$）、ω（$^{232}Th/^{204}Pb$）、Th/U分别为9.59、35.69、3.60和9.59、36.71、3.70。相比而言，黑云母花岗岩$^{206}Pb/^{204}Pb$比值、$^{208}Pb/^{204}Pb$比值和$^{207}Pb/^{204}Pb$比值高于后两者，说明岩浆活动由早期到晚期，放射性成因的铅含量降低。

2）长坡-铜坑矿床中，不同产状矿体中铅同位素组成相似。矿床上部大脉状0号、38号矿体，其$^{206}Pb/^{204}Pb$比值变化范围为18.482～18.73，$^{207}Pb/^{204}Pb$为15.689～15.937，$^{208}Pb/^{204}Pb$为38.365～39.393；特征参数μ（$^{238}U/^{204}Pb$）、ω（$^{232}Th/^{204}Pb$）、Th/U分别为9.63～10.09、38.37～42.54、3.85～4.09。裂隙脉状产出的矿体中$^{206}Pb/^{204}Pb$比值变化范围为18.525～18.675，$^{207}Pb/^{204}Pb$为15.693～15.792，$^{208}Pb/^{204}Pb$为38.795～39.050，特征参数μ（$^{238}U/^{204}Pb$）、ω（$^{232}Th/^{204}Pb$）、Th/U分别为9.63～9.82、37.77～39.91、3.86～3.93，与大脉状矿体一致。层状矿体中，除了丁悌平（1988）测定4个数据（DT08、DT17、DT20A、DT20B）整体上偏低外（$^{206}Pb/^{204}Pb$比值变化范围为17.4～18.98，$^{207}Pb/^{204}Pb$为15.3～15.62，$^{208}Pb/^{204}Pb$为37.51～38.48，特征参数μ（$^{238}U/^{204}Pb$）、ω（$^{232}Th/^{204}Pb$）、Th/U分别为8.95～9.50、33.61～37.13、3.30～3.90），其他样品的$^{206}Pb/^{204}Pb$比值变化范围为18.05～18.549，$^{207}Pb/^{204}Pb$为15.58～15.762，$^{208}Pb/^{204}Pb$为38.56～38.948，特征参数μ（$^{238}U/^{204}Pb$）、ω（$^{232}Th/^{204}Pb$）、Th/U分别为9.09～9.77、36.49～39.38、3.75～4.14，与裂隙脉基本一致。

3）锌铜矿体$^{206}Pb/^{204}Pb$比值变化范围为18.45～18.7503，$^{207}Pb/^{204}Pb$为15.6816～15.7188，$^{208}Pb/^{204}Pb$为38.7849～39.1192，特征参数μ（$^{238}U/^{204}Pb$）、ω（$^{232}Th/^{204}Pb$）、Th/U分别为9.62～9.68、38.50～39.10、3.86～3.92。

4）100号矿体$^{206}Pb/^{204}Pb$比值变化范围为18.6～18.721、$^{207}Pb/^{204}Pb$为15.64～15.775，$^{208}Pb/^{204}Pb$为38.148～39.148，特征参数μ（$^{238}U/^{204}Pb$）、ω（$^{232}Th/^{204}Pb$）、Th/U分别为9.52～9.77、37.53～39.35、3.80～3.90。

对比矿区岩浆岩、铜坑脉状、层状锡多金属矿体、100号块状锡多金属矿体以及锌铜矿体的铅同位素组成，可见他们的铅同位素组成是相似的，说明具有相同的铅源。

将岩石和矿石矿物的铅同位素投影到$^{206}Pb/^{204}Pb-^{207}Pb/^{204}Pb$、$^{206}Pb/^{204}Pb-^{208}Pb/^{204}Pb$图（图8-9、图8-10）上，可见不同类型矿体中铅同位素的组成，除丁悌平（1988）测定的4个样品外，其他矿体（包括长坡-铜坑脉状、层状-条带状锡矿体、龙头山100号锡矿体以及拉么矽卡岩型锌铜矿体）的投影点相对集中并有一定的线性关系，可能具有相同的来源或演化历史。笼箱盖花岗岩体全岩放射性成因铅的含量高于其中钾长石铅的含量，可能与全岩样品中强烈的次生变化有关。

不同类型、不同产状矿体中铅同位素组成相近，说明他们具有相同的来源或演化历史。Doe和Zartman（1979，1981）在研究世界上各类矿床大量铅同位素数据的基础上，提出把铅同位素与地质环境和时间联系起来的构造模式，根据同位素比值投影点的分布特征及与不同地质单元平均演化曲线的关系判断成矿物质的来源。由图8-9的$^{207}Pb/^{204}Pb-^{206}Pb/^{204}Pb$图上，可见，不同矿体中硫化物的数据主要落在上地壳，部分落在上地壳与造山带演化曲线之间；图8-10中数据落在下地壳与造山带演化曲线之间。模式中造山带代表的是相对于上地壳、下地壳、地幔3种短期存在的环境，其铅同位素组成可被视为地壳和地幔物质以不同的比例混合的结果。所以这一结果表明矿石中铅应该主要为地壳源铅，也有地幔组分的加入。

五、氦氩同位素示踪

稀有气体，尤其是He和Ar，在地壳和地幔中具有极不相同的同位素组成，他们是壳-幔相互作

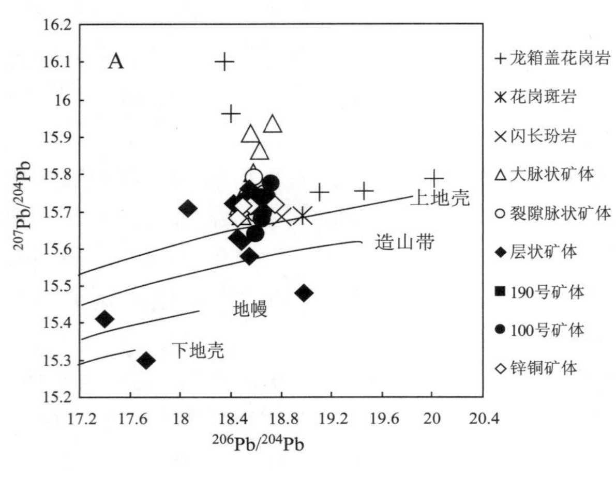

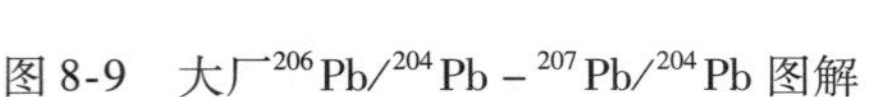
图 8-9 大厂$^{206}Pb/^{204}Pb-^{207}Pb/^{204}Pb$图解

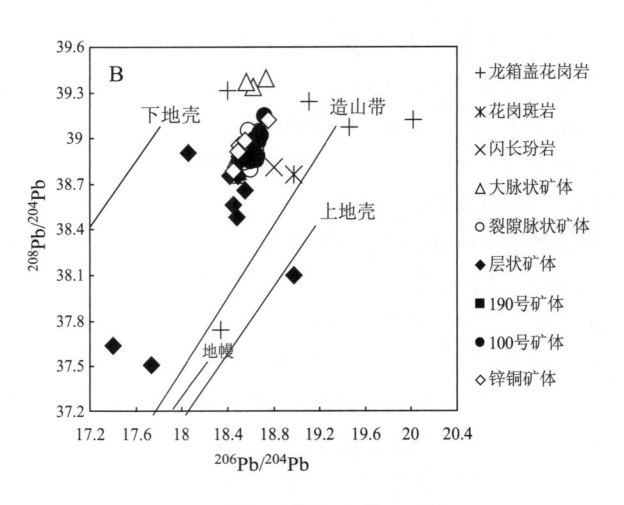

图 8-10 大厂$^{206}Pb/^{204}Pb-^{208}Pb/^{204}Pb$图解

用过程中极灵敏的示踪剂。蔡明海等（2004）、梁婷等（2008）对铜坑矿床中一些主要的矿石矿物中的 He 和 Ar 同位素组成进行了分析。分析方法采用压碎法，操作过程为：①先将样品用丙酮在超声波中清洗 20 min，烘干；②真空中 120℃去气 24 小时；③压碎样品，释放出气体；④释放出的气体经海绵钛泵、锆铝泵、活性炭液氮冷阱 4 级纯化，活性气体均被去除，氩、氙被冷冻，纯净的 He 和 Ne 进入分析系统；⑤进入分析系统的 He、Ne 经加液氮的钛升华泵再次纯化去掉微量 H_2、Ar；⑥于 −78℃释放 Ar，进行 Ar 同位素分析；⑦根据压碎后通过 160 目（0.100 mm）的样品重量，计算样品的氦氩含量。测试仪器为乌克兰产 MI1201IG 惰性气体同位素质谱仪。^{3}He 用电子倍增器接收，^{4}He 用法拉第杯接收。分辨率：电子倍增器为 1200，法拉第杯为 760。使用标准为大气，$^{3}He/^{4}He=1.4\times10^{6}$。分析单位是中国地质科学院矿产资源研究所，分析结果见表 8-9。

矿物内的 He 和 Ar 主要有 3 种赋存状态：①圈闭在流体包裹体中；②矿物晶格中由 U、Th 和 K 衰变而产生的后生放射成因 He 和 Ar；③矿物表面吸附的 He 和 Ar。Stuart et al（1994）研究证明用压碎样品来提取稀有气体，矿物晶格内放射成因的^{4}He 和^{40}Ar 并未释放出来，且流体包裹体对氦有很好的保存能力。在 U、Th 含量较低时，流体包裹体中 U、Th 产生的原地放射性成因的^{4}He 对$^{3}He/^{4}He$ 比值的影响也只在测试误差范围内。所以基本上可以代表原生流体包裹体或成矿流体的初始值。前人（Turner et al.，1993）研究表明，空气、大气降水、地幔及地壳是热液流体惰性气体的主要来源。空气中大气 He 含量很低，不足以对地壳流体的 He 同位素组成产生影响（Stuart et al.，1994；Marty et al.，1989），大气降水和海水中 He、Ar 同位素组成与大气中几乎相同，其典型的 He 和 Ar 同位素组成为：$^{3}He/^{4}He=1$ Ra（Ra 代表大气氦的$^{3}He/^{4}He$ 值，为 1.4×10^{-6}），$^{40}Ar/^{36}Ar=295.5$，$^{40}Ar/^{4}He$ 值约为 0.01。地幔是地球中^{3}He 主要储库，具有高^{3}He 的特征，而放射性元素含量很低，^{4}He 基本保持了地球形成时原始氦的同位素组成。地幔中$^{3}He/^{4}He=6\sim9$Ra，Ar 以放射性^{40}Ar 为主，变化较大，$^{40}Ar/^{36}Ar>40000$，地壳岩石中，由于 U、Th 衰变产生的放射性成因的^{4}He 被扩散进入地下水、热液流体等，$^{3}He/^{4}He$ 的特征值≤0.1Ra（绝大多数情况下介于 0.01～0.05 Ra 之间），$^{40}Ar/^{36}Ar\geq45000$，$^{40}Ar/^{4}He$ 值为 0.16～0.25（Simmons et al.，1987；Stuart et al.，1995；胡瑞忠等，1999；Burnard et al.，1999）。可见，地壳中 He 和地幔中 He 的$^{3}He/^{4}He$ 值存在高达 1000 倍的差异，所以即使地壳流体中有少量的幔源 He 的加入，用 He 同位素也能识别出来。Ar 在深部系统中是微量的，深部来源岩浆流体中$^{40}Ar/^{36}Ar$ 比值也会由于浅部低温海水或者大气降水来源流体的加入，引起较大的变化（胡华斌等，2005）。因此，利用 He、Ar 同位素是可以有效地区分成矿流体的地幔来源和地壳来源，示踪不同流体之间的混合作用。

表 8-9 中的测试结果显示，锡矿体中^{4}He 为 0.015～6.71 cm^3 STP/g，平均为 1.41cm^3 STP/g，$^{3}He/^{4}He$比值为 0.21～3.35Ra，平均为 1.49Ra，即高出地壳$^{3}He/^{4}He$ 比值 1～2 个数量级，显示成矿

表 8-9 大厂锡矿 He 和 Ar 同位素组成

样号	测定矿物	矿体形态	$^{3}He/^{4}He/10^{-6}$	$^{4}He/10^{-6}cm^{3}$ STP /g	$^{40}Ar/^{36}Ar$	$^{40}Ar/10^{-7}$ cm^{3} STP /g	R/Ra	$^{40}Ar/^{4}He$	$^{3}He/^{4}He/10^{-6}$	He 地幔/%
DC6	黄铁矿	大脉型	1.61 ±0.09	6.71	283 ±1	18.74	1.2	0.28	1.61	14.48
DC7		细脉带型	1.64 ±0.27	2.75	273 ±1	4.84	1.2	0.18	1.64	14.75
DC46	黄铁矿	细脉带型	2.19 ±0.17	1.72	286 ±1	2.12	1.6	0.12	2.19	19.76
DC43		层面脉型	4.12 ±0.37	1.03	305 ±1	2.17	2.9	0.21	4.12	37.34
505 - 201	方解石	大脉型	0.3	0.405	266	12.02	0.214	2.97	0.3	2.55
505 - 201FK	辉锑锡铅矿	大脉型	0.79	0.436	318	12.48	0.564	2.86	0.79	7.01
455 - 10 - 91	锡石	层状（91）	0.79	0.708	344	5.47	0.564	0.77	0.79	7.01
455 - 918	闪锌矿		4.18	0.052			2.986		4.18	37.89
455 - 918	磁黄铁矿		1.56	0.056	319	1.92	1.114	3.43	1.56	14.03
455 - 918	黄铁矿		4.69	0.015	323	8.15	3.35	54.33	4.69	42.53
DC44			2.99 ±0.56	1.77	327 ±1	6.93	2.1	0.39	2.99	27.05
455 - 91 - 12	方解石				312	2.77				
455 - 92 - 2	黄铁矿	层状（92）	1.79	0.134		6.8	1.279	5.07	1.79	16.12
DC45			2.27 ±0.33	1.55	283 ±1	4.3	1.6	0.28	2.27	20.49
T38 *			3.50 ±0.10	3.67	323 ±2	24.04	2.5	0.65	3.5	31.69
DC100	方铅矿	100 号矿体	1.32	0.118			0.943		1.32	11.84
DC100 - 220 - 2	脆硫锑铅矿		0.96	1.184			0.686		0.96	8.56
G - 10 *	黄铁矿		2.5 ±0.3	2.22	312 ±2	1.58	1.8	0.07	2.5	22.59
G - 15 *			3.0 ±0.8	1.06	327 ±1	26.59	2.1	2.51	3	27.14
G - 25b *			2.4 ±0.3	0.81	446 ±18	23.48	1.7	2.9	2.4	21.68
DC20	黄铁矿	SN 向 Sb 矿脉	1.09 ±0.11	1.82	268 ±1	7.46	0.78	0.41	1.09	9.74
L - 69 *	萤石	拉么萤石	0.98 ±0.04	2.29	310 ±3	10.75	0.7	0.47	0.98	8.74
CS	闪锌矿	茶山	0.941	0.13		80	0.672	61.54	0.941	8.39

* 据赵奎东、蒋少涌、肖红权、倪培等，2002；其余据梁婷（2008）。

流体中存在幔源氦。同时，所测得值又低于地幔 $^{3}He/^{4}He$ 比值，指示了流体中壳源氦的普遍存在，因此，成矿流体中的氦同位素是地幔和地壳两种流体的混合。He 同位素组成在 $^{3}He-^{4}He$ 同位素图解（图 8-11）上所有样品的投影点较为集中，投点位于地幔端元和地壳端元之间，偏向地壳一侧。

根据壳-幔混合模式，地幔氦所占的比例可以被计算出来。表达式为：

$$He_{地幔}(\%) = [(^{3}He/^{4}He)_{样品} - (^{3}He/^{4}He)_{地壳}]/[(^{3}He/^{4}He)_{地幔} - (^{3}He/^{4}He)_{地壳}] \times 100。$$

地壳 $^{3}He/^{4}He$ 的端元值为 2×10^{-8}，地幔 $^{3}He/^{4}He$ 的端元值为 1.1×10^{-5}（Stuart et al，1995）。计算结果表明，长坡-铜坑锡矿体矿物中幔源 He 所占的比例为 2.55% ~ 37.34%，平均为 19.71%。且从矿物之间的生成顺序来讲，早期矿物中幔源 He 的含量高，晚期大脉状矿体中方解石的含量最低，为 2.55%；矿田中晚期 Sb 矿脉及茶山萤石-石英脉中幔源 He 所占的比例比锡矿体也是降低，分别为 9.74% 和 9.56%（表 8-9），反映了大厂矿区成矿流体主要来自地壳，但同时有地幔流体的参与。且从成矿的早期到晚期，成矿流体中幔源氦的含量依次减少，壳源氦则相应增加。

铜坑锡矿样品中 $^{40}Ar/^{36}Ar$ 数值范围接近，为 266 ~ 327，平均为 316.24，与大气饱和水同位素组成（$^{40}Ar/^{36}Ar=295.5$）接近，大大低于地壳放射成因（$^{40}Ar/^{36}Ar\geq45000$）和地幔放射成因（$^{40}Ar/^{36}Ar>40000$）的比值。晚期锑矿脉和茶山萤石-石英脉样品中的 $^{40}Ar/^{36}Ar$ 比值也是一致的。在 $^{40}Ar/^{36}Ar-^{3}He/^{4}He$ 图解（图 8-12）上，所有样品数据点表现出与氦同位素图（图 8-12）一致的分布特征，即分布在大气饱和水和地幔之间，反映成矿流体中有大气降水流体的加入，且随着成矿由早期到晚期，大气降水流体参与成矿的作用可能加强。

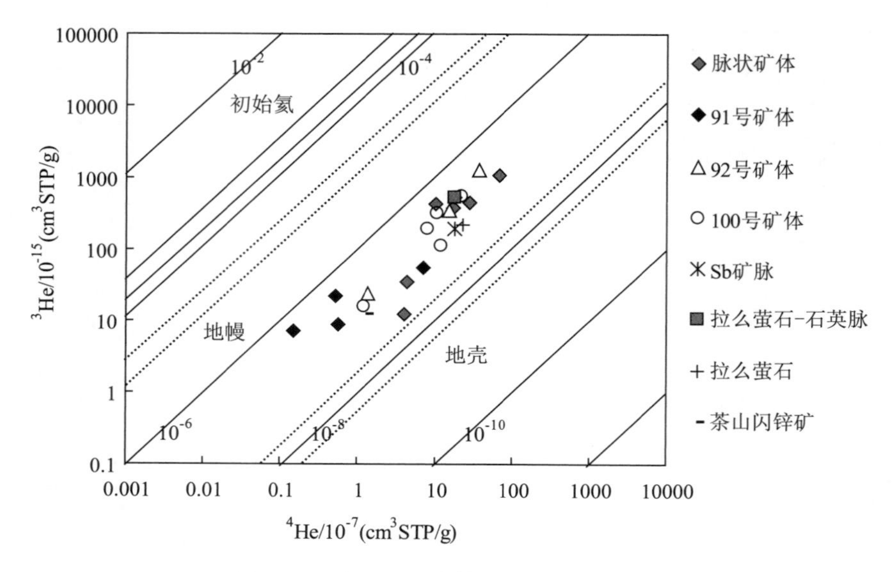

图 8-11　大厂成矿流体的 He 同位素组成

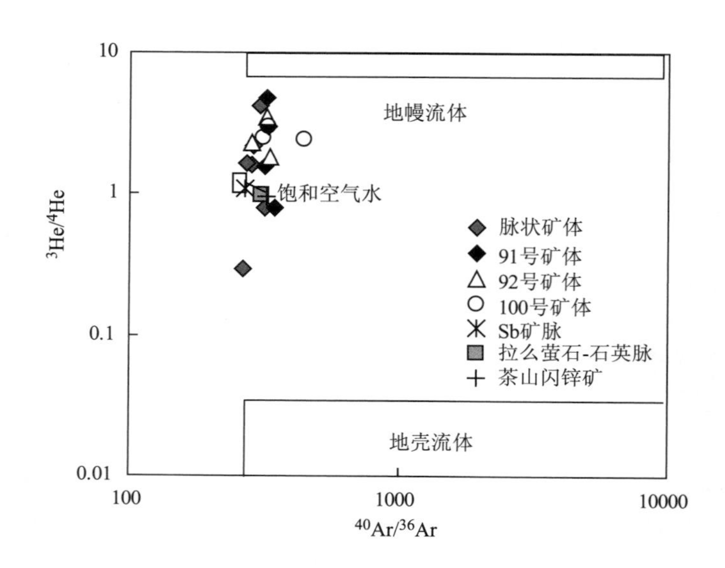

图 8-12　大厂$^3He/^4He-^{40}Ar/^{36}Ar$的相关关系图

在$^3He/^4He-^{40}Ar/^4He$相关图（图 8-13）上，锡矿体的数据点基本上沿着平行 X 轴方向分布，表明成矿流体中氦同位素$^3He/^4Ar$的变化基本上不受地壳放射成因的氩的影响。$^{40}Ar/^{36}Ar-^3He/^{36}Ar$图解（图 8-14）上，所有样品数据点也基本沿着 X 轴方向平行排列，表明氩同位素$^{40}Ar/^{36}Ar$的变化基本上不受幔源氦的影响。可见，成矿流体中氦和氩同位素组成的变化是相互独立的，表明不同类型矿体具有相同的流体来源和混合过程，只是由于后期成矿环境的差异而形成了不同类型的矿体。

进一步对比也可以发现，黄铁矿在脉型矿体^4He值为$1.03\times10^{-6}\sim6.71\times10^{-6}cm^3STP/g$，$^{40}Ar$值为$2.17\times10^{-7}\sim18.74\times10^{-7}cm^3STP/g$，$^3He/^4He$值为 1.2～2.9Ra、$^{40}Ar/^{36}Ar$值为 273～305；层状矿体$^4He$值为$0.015\times10^{-6}\sim3.67\times10^{-6}cm^3STP/g$，$^{40}Ar$值为$4.30\times10^{-7}\sim24.04\times10^{-7}cm^3STP/g$，$^3He/^4He$值为 1.11～3.35Ra，$^{40}Ar/^{36}Ar$值为 283～327，表明二者之间典型放射性成因的^4He和^{40}Ar浓度及$^3He/^4He$、$^{40}Ar/^{36}Ar$比值并没有明显差别，也反映了不同形态矿体具有相同的成矿流体来源，且为同期成矿作用的产物。同时结合区内地质演化历史分析以及茶山萤石$^3He/^4He$值为 0.7Ra，$^{40}Ar/^{36}Ar$为 310，$^{40}Ar/^4He$为 0.47（赵葵东等，2002），可以推测区内参与成矿的地壳流体主要为燕山晚期岩浆

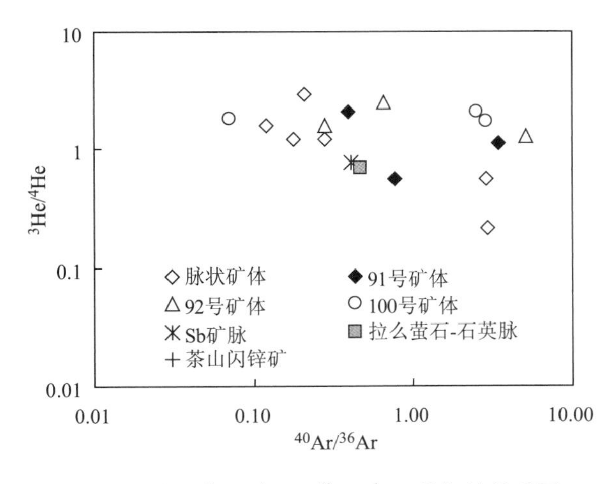

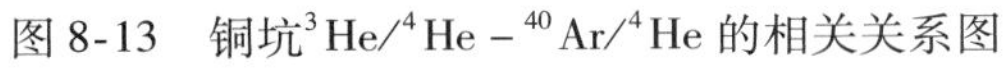
图 8-13　铜坑$^3He/^4He-^{40}Ar/^4He$的相关关系图

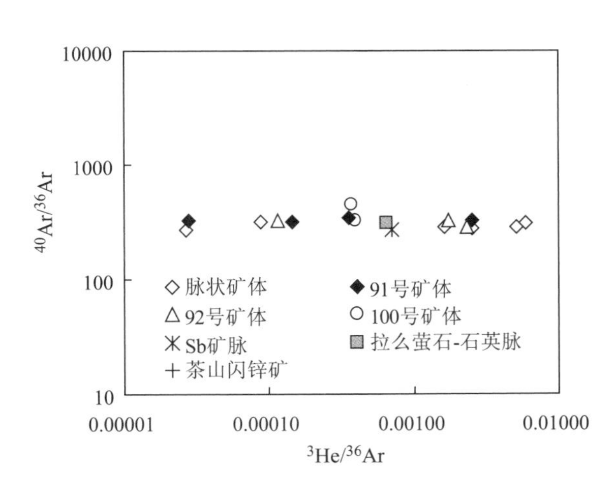

图 8-14　铜坑$^3He/^4He-^3He/^{36}Ar$的相关关系图

流体。

综合分析表明，长坡-铜坑矿床不同产出形态矿体具有一致的成矿流体来源，即主要为岩浆流体与地幔流体混合产物，但晚期有大气水的加入，如铜坑大脉状矿体中方解石、辉锑锡铅矿，100 号矿体中的方铅矿、脆硫锑铅矿中$^3He/^4He$ 为 0.21～0.94Ra，$^{40}Ar/^{36}Ar$ 值为 266～318；晚期茶山锑矿$^3He/^4He$为 0.78Ra，$^{40}Ar/^{36}Ar$ 值为 268，$^{40}Ar/^4He$ 值为 0.41，反映晚期成矿流体主要以岩浆流体与大气水混合为主，仅有少量地幔组分参与，成矿流体晚期大气降水成分有所增加。

第四节　龙头山金矿同位素地球化学

一、碳氢氧同位素特征

对采自龙头山金矿和外围六仲破碎带型金矿的 4 件石英样品进行了氢氧、碳氧同位素分析。测试工作在中国地质科学院矿产资源研究所进行。所测试的石英经过破碎、过筛，粒级达 40～60 目，然后在实体显微镜下反复挑纯（纯度在 99% 以上）。石英的氧同位素分析，采用 BrF_5 制样，采用国际标准与 $\delta^{18}O_{SMOW}=+9.8\%$。

在石英流体包裹体氢同位素分析时，样品处理过程为：①将样品用 1∶1 HCl 微热浸泡 2 小时后，用去离子水多次洗涤，以除去石英中少量碳酸盐矿物和表面尘土等杂质，将样品置于烘箱（< 105℃）中烘干；②称样 5～10g，用管式电炉加热至 150℃左右，在抽真空状态下加热去气历时 1 天，以除去样品表面吸附水和一些次生包裹体水，真空达 10^{-3} 数量级；③样品加热爆破，与铂、铀反应生产氢气。将经过去气处理的样品接入系统，升温至 700℃，提取包裹体，将释放的 H_2O、CO_2、CH_4 等经过 600℃rCuO 炉，用液氮冻住 H_2O+CO_2，再用干冰提供 CO_2 供质谱仪测定。采用国际标样 QYTB－SMOW，用 MAT－251EM 质谱仪测定 $\delta^{13}C$ 和 δD。精度为 δ 氢 = ±2‰，σ 碳 = ±0.5‰。碳氧同位素分析，样品处理是将样品与 100% 硝酸放在真空状态恒温反应，制备 CO_2，用 MAT－251EM 质谱仪测定 $\delta^{13}CPDB$ 和 $\delta^{18}OPDB$。实验精度 $\sigma=\pm0.2‰$。$\delta^{18}O_{SMOW}=1.03086$，$\delta^{18}O_{PDB}=30.86$（Oneil，1979）。将分析的氢、氧、碳同位素结果及前人资料列于表 8-10。

其中成矿热流体 $\delta^{18}O_{H_2O}$值是利用测得的石英矿物同位素数据及其包裹体均一温度，采用石英-水同位素分馏方程：$1000\ln\alpha=3.38\times10^6/T^2-3.4$（Clayton 和 O'Nei1，1972），其中 $\alpha=(\delta^{18}O_{SMOW}+1000)/(\delta^{18}O_{SMOW}+1000)$。岩浆岩流体，采用石英-水同位素分馏方程：1000Inα 石英-水 $=2.51\times10^6\cdot T^{-2}-1.95$（Clayton 和 O'Nei1，1972），$\delta^{18}O_{H_2O}$值变化在 10.4～10.8 之间。

表 8-10 龙头山地区各矿床、岩体氢、氧、碳同位素组成

采样位置	岩（矿）石	测试矿物	δD/‰（石英）	$\delta^{18}O_{石英}$/‰	$\delta^{18}O_{H_2O}$/‰	平衡温度/℃	$\delta^{13}C$/‰（PDW）	资料来源
平天山岩体	花岗闪长岩			10.6	10.4	750～700		广西第六地质队（1995）
	花岗岩			11.2	10.9			
狮子尾	花岗斑岩			11.0	10.8	750～700		
龙头山金矿	硫化物石英脉中石英 I_{1-2}	石英	-76	11.3	10.3			本文
	硫化物石英脉中石英 I_{1-2}	石英	-70	15.0	10.1			
	硫化物石英脉中石英 II_{2-1}	石英	-66	14.0	10.0			
	流纹斑岩	石英		11.1	10.4	720～700		广西第六地质队（1995）
	花岗斑岩	石英		11.0	10.5			
	硅化石英岩中脉状石英	石英		13.4	10.2			
	硅化、电气石化角砾熔岩中石英	石英		13.5	10.3			
	早期含金石英脉中石英	石英		15.1	10.8	400		
	硫化物石英脉中石英 I_{2-2}	石英	-48	12.5	7.5	420～320（360）		
	硫化物石英脉中石英	石英		12.9	7.9			
	硫盐、硫化物脉中石英 I_{2-3}	石英		13.2	6.3	300		
	方铅矿石英脉中石英	石英		15.3	4.8	240～200		
	晚期无矿石英脉中石英	石英		17.7	4.0	200～160		
	粉砂岩中白云石脉	白云石		19.5	3.6		-1.0	
旺衣冲	粉砂岩中晚期石英晶簇	石英		14.6	2.9			
龙山金矿	Ⅳ#矿体中含金硫化物脉中石英	石英	-51	12.1	5.2			
山花金矿	含金白云石-石英脉中白云石	白云石			2.6		-5.1	
	矿脉上盘浊积岩中石英脉	石英	-44	15.6	4.0			
六仲金矿	含金石英-绿泥石脉	石英	-92	14.4				本文

注：旺衣冲、龙山为产于泥盆系粉砂岩中的含金银多金属硫化物矿床；山花、六仲为产在寒武系中的构造破碎蚀变岩型金矿。

从表 8-10 中可以看出，龙头山金矿各成矿阶段石英的 $\delta^{18}O_{石英}$ 值变化在 11.0～19.5 之间，成矿流体 δD 变化于 48‰～－76‰。龙头山矿床中不同成矿期、成矿阶段中石英 $\delta^{18}O_{H_2O}$ 值变化在 10.8‰～4‰之间，其中早期与流纹斑岩、角砾熔岩有关的气成高温热液阶段 $\delta^{18}O_{H_2O}$ 值在 10.8‰～10.2‰之间，与流纹斑岩的 $\delta^{18}O_{H_2O}$ 值相当，表明成矿流体中水为再生平衡岩浆水。而后期花岗斑岩阶段中，由早阶段到晚阶段，其 $\delta^{18}O_{H_2O}$ 平均值自 7.7‰→6.3‰→4.8‰→3.8‰，逐渐降低，表明至演化后期，热流体中可能逐步有大气降水参入。

平天山岩体和狮子尾岩体的 $\delta^{18}O_{石英}$ 值变化在 10.6‰～11.2‰之间，$\delta^{18}O_{H_2O}$ 值变化在 10.4‰～10.9‰；产在各岩体外围的龙山、山花、六仲等破碎带型金矿中，$\delta^{18}O_{石英}$ 值变化在 12.1‰～15.6‰之间，而其 $\delta^{18}O_{H_2O}$ 值则明显减小，变化于 2.6‰～5.2‰之间。

以上数据表明，矿田内热流体中水的来源十分复杂。就单个矿床而言，如龙头山金矿，其早期与流纹斑岩、角砾熔岩有关的气成高温热液阶段成矿流体中水为再生平衡岩浆水，而后期花岗斑岩阶段中，成矿流体中逐渐有大气水的加入，整个矿床具有从成矿早期到晚期逐步演化的特点。就区域上来说，外围的龙山、旺衣冲等产于泥盆系粉砂岩中含金银多金属硫化物矿床，表现为再生岩浆水混合大气降水，具有岩浆热液改造的特点；而产于寒武系中山花、六仲等破碎带蚀变岩型金矿则以大气降水为主。这种特点，很可能反映了区域上的金银等多金属矿化与龙头山、平天山等岩浆岩活动有关。

将本次所测及前人已测的龙头山、龙山、山花石英中氢-氧同位素共 6 件样品投影在 $\delta D-\delta^{18}O$ 图解中，样品 δD 集中在 -44‰～-92‰之间，极差值为 48，离散度较大。其对应的 $\delta^{18}O_{H_2O}$ 值在 10.3‰～4.0‰之间。其中龙头山矿床样品分早、晚期成矿阶段。从图 8-15 中可以看出，龙头山金矿大多落入原生岩浆水范围内；破碎带型金矿则有一定变化，其中龙山含金硫化物阶段的投影点落在岩浆水附近，有少部分雨水加入；山花矿床中氢、氧同位素值落在雨水混合区；六仲金矿氢、氧同位素值落在岩浆水范围之外。这与上述的流体演化特点是一致的。

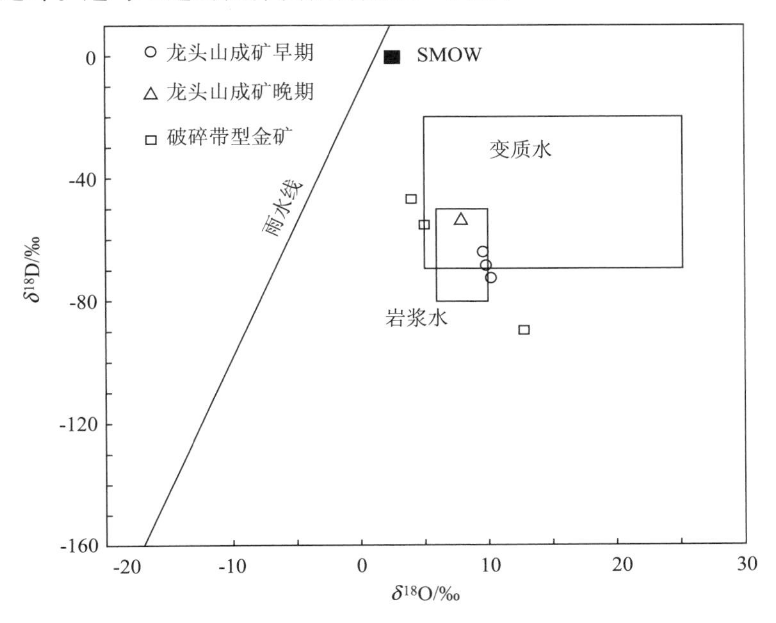

图 8-15　龙头山金矿区石英 δD-$\delta^{18}O$ 图解
（底图据卢焕章等，2004，有修改）

对于碳同位素，本次工作中送样 4 件测试，实验结果为“包体碳含量太少未测出”。广西第六地质队（1995）测得龙头山矿床石英-白云石脉中白云石 $\delta^{18}O$ 为 19.5‰，$\delta^{13}C$ 为 -1.0‰（表 8-10）；其相应的平衡温度大致在 200℃左右，计算 $\delta^{18}O_{H_2O}$ 值为 3.6‰。因此，推测成矿晚期有大气降水参与的低温热流体流经 D_1l 地层中，并与含碳酸盐成分的物质发生交代。而山花金矿床中与金有密切关系的石英-白云石脉，其中白云石 $\delta^{18}O$ 值为 14.9‰，$\delta^{13}C$ 值为 -5.1‰，具有岩浆热液改造的特点。

综上，从 C、H、O 同位素的特征来看，本矿区含矿流体具有多来源特点。其中龙头山金矿等高温热液矿床的含矿流体主要来源于岩体，有部分雨水加入；岩体外围破碎带型金矿的流体则可能大多以大气降水为主。从演化的角度来看，区域矿化的成矿流体随着同岩体距离的增加，大气降水的成分逐渐增多，甚至以大气降水为主，因此区域内的金银矿化很可能与本区岩浆活动有关。

二、硫同位素特征

黄铁矿是矿床中广泛分布的重要硫化物，本次工作中系统采集了次火山岩体、花岗斑岩、矿体、围岩中不同产状、不同标高共计 16 件黄铁矿单矿物样品，进行 S 同位素测试。同时，搜集了前人 25 件测试结果列于表 8-11。从表 8-11 中可以看出，龙头山 41 件黄铁矿样品的 $\delta^{34}S$ 变化于 -2.7‰～5.5‰，极差 8.2‰，平均 1.35‰，相对较为集中，在直方图上作正向稍偏陨石硫的塔式分布（图 8-16）。

具体来看，花岗斑岩 $\delta^{34}S$ 变化于 -2.7‰～1.9‰，平均值 0.16‰；角砾斑岩 $\delta^{34}S$ 变化于 -0.7‰～2.8‰，平均值 1.38‰，流纹斑岩 $\delta^{34}S$ 变化于 -1.4‰～5.5‰，平均值 1.87‰；围岩的 $\delta^{34}S$ 变化于 -1.1‰～2.48‰，平均值 1.27‰。总体来看，整个矿床由中心向外，$\delta^{34}S$ 值有增加的趋势。由下自上，$\delta^{34}S$ 的变化也有这种趋势，而这可能与矿床形成时 f_{O_2} 的变化有关。综合来看，矿区 $\delta^{34}S$ 离散度小，相对集中，表明矿床的硫源较为统一，可能为含矿重熔型岩浆携带寒武系地层中的深源硫。

表 8-11　龙头山金矿硫同位素组成

序号	样品编号	采样位置	样品描述	$\delta^{34}S$/‰
1	LTS380－16	380 中段，CD6	流纹斑岩面理上的黄铁矿	2.2
2	LTS380－17	380 中段 CD6	CD6 流纹斑岩石英脉膨大处发育的黄铁矿，呈鸡窝状	4.8
3	LTS380－18	380 中段，CD8－2	380 CD8－2 流纹斑岩中的黄铁矿	5.5
4	LTS420－8	420 中段 3#采场北	角砾熔岩中的细脉状黄铁矿	2.8
5	LTS420－9	420 3#采场北	角砾熔岩晶洞中的黄铁矿	1.8
6	LTS420－14	420 CD6 中部，	角砾熔岩大裂隙中的黄铁矿	－0.7
7	LTS420－18	420 4#采场	角砾熔岩中的团块状黄铁矿	0.8
8	LTS420－22	420 CD1－3 附近	花岗斑岩裂隙面中的层状黄铁矿	－2.7
9	LTS460－18	460 中段 6 线矿体	流纹斑岩中的黄铁矿	－1.4
10	LTS460－19	460 沿脉南东段 H105 处	石英砂岩中的黄铁矿细脉	－0.2
11	LTS500－2	500 中段 3 线中	部矿体中的黄铁矿	1.1
12	LTS500－12	500 中段 15 线，	流纹斑岩中团块状黄铁矿	0.9
13	LTS540－10	3 线 CD21 中部南东 30m	砂岩中的黄铁矿	2.1
14	LTS540－15	540 中段 15 线，CD15，	角砾岩中的黄铁矿	1.6
15	LTS620－4	620 中段，13 线 CD3	流纹斑岩矿石中的黄铁矿	0.1
16	ZK1203－402	zk1203 孔 402 米处	硅化砂岩中黄铁矿（与黄铜矿共生）	－1.1
17	ZY405	1402 孔 54m	D_1l 粉砂岩中网脉状黄铁矿	2.3
18	ZY414	1402 孔 214m	D_1l 砂岩中细粒浸染状黄铁矿	0.6
19	ZY416	1402 孔 222m	霏细斑岩中细粒黄铁矿	1.2
20	ZY420	1402 孔 262m	致密块状粗晶黄铁矿	2.2
21	ZY454	1402 孔 459m	D_1l 硅化砂岩中网脉状黄铁矿	1.7
22	ZY456	1402 孔 468m	D_1l 硅化砂岩中粗晶黄铁矿脉	2.2
23	ZY471	1402 孔 539m	D_1l 硅化粉砂岩中黄铁矿-黄铜矿-石英	0.3
24	ZY480	1402 孔 583m	ϵh 硅化粉砂岩中粗晶黄铁矿脉	1.8
25	ZY485	1405 孔	花岗斑岩中浸染状黄铜矿-黄铁矿	0.5
26	ZY487	1405 孔	花岗斑岩中浸染状黄铜矿-黄铁矿	0.1
27	ZY490	1405 孔	花岗斑岩中浸染状黄铜矿-黄铁矿	0.6
28	CS6－1	PD540 CD15	电气石、黄铁矿化黑云花岗斑岩	1.72
29	CS6－2	PD540 CD15	电气石化花岗斑岩中细粒黄铁矿	1.90
30	RZ24－1	PD540 240m	硅化、电气石化流纹斑岩粗晶黄铁矿	1.60
31	RZ24－2	PD540 240m	硅化、电气石化流纹斑岩粗晶黄铁矿	1.66
32	RS－3	PD540 CD11	流纹斑岩内金矿体中粗晶黄铁矿	1.91
33	RZ18－1	PD540 CD15	硅化、电气石化角砾熔岩中粗晶黄铁矿	1.54
34	RZ18－2	PD540 CD11	硅化、电气石化角砾熔岩中细晶黄铁矿	0.64
35	RZ20－1	PD580 CD11	硅化、电气石化角砾熔岩中黄铁矿	1.55
36	RS－1	PD580 CD11	硅化、电气石化角砾熔岩中粗晶黄铁矿	2.04
37	RS－2	PD580 CD11	硅化、电气石化角砾熔岩中细晶黄铁矿	2.12
38	RS－6	PD460 CD11	硅化、电气石化角砾熔岩中粗晶黄铁矿	1.73
39	RS－7	PD128 YD1	隐爆角砾岩中粗晶黄铁矿	2.48
40	ZY5942	ZK1801 61m	D_1l 粉砂岩中黄铁矿	1.1
41	ZY4604	ZK28011 70m	D_1l 粉砂岩破碎带中黄铁矿	2.2

1～16 为本文测试，17～27、40～41 引自广西第六地质队（1995），28～39 引自谢伦司等（1990）。

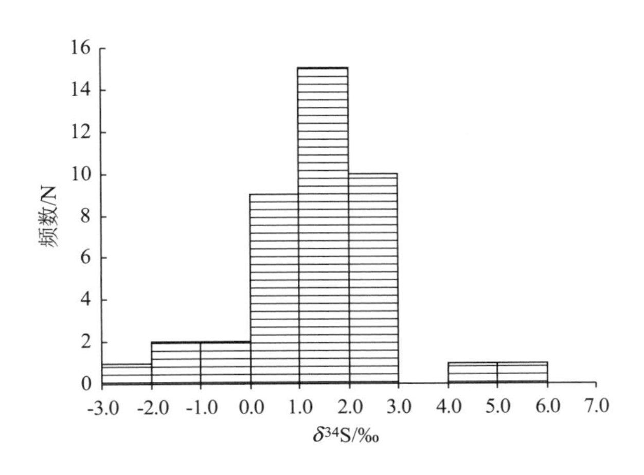

图 8-16 龙头山金矿同位素组成直方图

三、铅同位素特征

铅在浸取、转移和沉淀的过程中，其同位素组成一般不发生变化，因而矿石的铅同位素组成相对稳定或明显变化能够说明矿床中成矿物质是单一来源还是具有多来源。本次工作中主要在龙头山金矿系统采集了16件样品进行测试。综合前人结果可见：

平天山三八村黄铁矿 $^{206}Pb/^{204}Pb$ 为 17.131，$^{207}Pb/^{204}Pb$ 为 15.391，$^{208}Pb/^{204}Pb$ 为 37.824；μ 值为 9.22；

龙山破碎带金矿中黄铁矿 $^{206}Pb/^{204}Pb$ 为 18.481，$^{207}Pb/^{204}Pb$ 为 15.714，$^{208}Pb/^{204}Pb$ 为 38.943；μ 值为 9.68；

砷矿沟破碎带中黄铁矿 $^{206}Pb/^{204}Pb$ 为 19.495，$^{207}Pb/^{204}Pb$ 为 15.678，$^{208}Pb/^{204}Pb$ 为 38.814；μ 值为 9.53；

山底铅锌矿中方铅矿 $^{206}Pb/^{204}Pb$ 为 18.541，$^{207}Pb/^{204}Pb$ 为 15.691，$^{208}Pb/^{204}Pb$ 为 38.867；μ 值为 9.63；

龙头山金矿 $^{206}Pb/^{204}Pb$ 变化范围为 18.159～19.019，平均 18.55，$^{207}Pb/^{204}Pb$ 变化范围为 15.6316.17，平均 15.74，$^{208}Pb/^{204}Pb$ 变化范围为 38.61～40.24，平均 39.04；μ 值变化范围为 9.51～10.52，平均 9.73。

由此可见，龙头山金矿包括外围岩体和铅矿床的铅同位素比值十分稳定，变化较小，显示正常铅的特征。图 8-17 显示，龙头山金矿黄铁矿铅同位素组成主要集中在上地壳演化线附近，部分分布在造山带附近，表明矿床铅可能主要来源于上地壳，但也有其他来源。其他几个矿床，如砷矿沟、山底铅锌矿、龙山破碎带金矿的铅也大致分布在上地壳演化线的附近，表明其可能也是壳源为主。而值得注意的是，平天山岩体中黄铁矿落在了地幔演化线上，暗示其来源可能具有幔源的特点。

根据相关学者的研究（Doe et al，1974；Stacey et al，1975），铅同位素中的 μ 值对于矿床的物质来源有一定的指示意义：低 μ 值（低于 9.58）的铅通常来自下部地壳或上地幔；而具高 μ 值（大于 9.58）的铅来自铀、钍相对富集的上部地壳岩石。龙头山金矿中，μ 平均值为 9.73，其他几个矿床的 μ 值也大多大于 9.58，显示出壳源特点。平天山三八村岩体的 μ 值为 9.22，小于 9.58，其黄铁矿铅主要来源于下地壳或上地慢。μ 值的分布特点与上述不同圈层铅的演化曲线图解具有较好的一致性。

广西第六地质队（1995）的研究成果也表明，龙山矿田方铅矿和黄铁矿中的铅均为单阶段演化的正常铅，它们一般未经过地壳放射成因铅的污染。同时其铅同位素比值具有造山带铅的特征，而造山带铅同素组成是地幔源，下地壳源、上地壳源铅均一化的结果。尽管本区铅均符合 H－H 模式的单阶段铅，但它们提供了比 H－H 模式更为复杂的演化历史。本区既有接近幔源或下地壳源，年龄老的深源铅，也有后期成矿过程中矿液对地层中黄铁矿等矿物的溶蚀改造再沉淀，但尚未彻底改造的、年

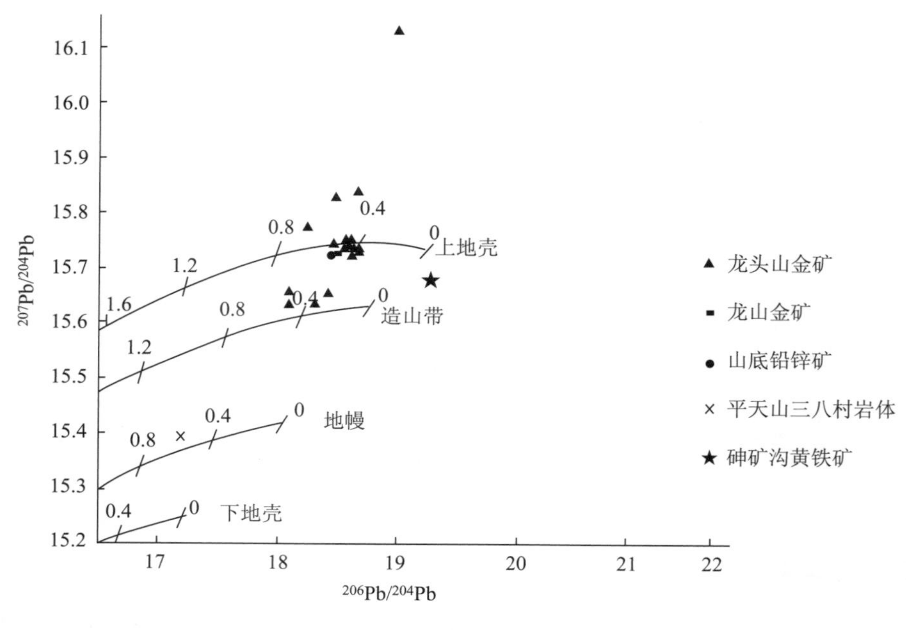

图 8-17　龙头山金矿区铅构造模式图

（底图据 Doe and Zartman）

龄值相对稍低的正常铅，且具有明显的继承性特征。要保存单阶段演化的正常铅，使它们不受地壳放射成因铅的污染，其地质条件之一是由大陆边缘及其附近的深层玄武岩安山岩火山作用过程中形成，并迅速埋藏于火山沉积物中。龙山矿田正位于大陆边缘活动带，寒武系地层中浊积岩的普遍存在，正好是一种造山带中快速侵蚀堆积的结果，具有单阶段演化历史，后来被再次搬运而未使同位素组成发生明显变化的铅，被迅速埋藏起来留在了地层中。

第五节　佛子冲铅锌矿同位素地球化学

一、氢氧同位素分析

在进行流体包裹体分析的基础上，选取 9 件与矿化有密切联系的石英样品，进行氢、氧同位素分析。首先将所采集的样品逐级破碎、过筛，粒级 40 ~ 60 目，然后在实体显微镜下反复挑选纯净石英，使其纯度在 99% 以上。样品经清洗、去吸附水和次生包裹体后进行分析。

对于氢同位素分析，采用爆裂法从石英包裹体中取水，其测试程序为：加热石英包裹体样品使其爆裂，释放挥发分，提取水蒸气，然后在 400℃ 条件下使水与锌反应产生氢气，再用液氮冷冻后，收集到有活性炭的样品瓶中。测试工作在中国地质科学院矿产资源研究所同位素实验室完成测试，用 Finningan MAT 251 EM 质谱计进行测试。氢和氧同位素采用的国际标准为 SMOW。氢同位素的分析精度为 ±2‰，氧同位素的分析精度为 ±0.2‰。获得石英样品的 $\delta^{18}O$ 值后，根据氧同位素平衡分馏方程：$1000(\delta O_{石英}-\delta O_{水})=3.38\times10^6/T^2-3.40$（Clayton，1973）计算出流体包裹体水的 $\delta^{18}O$ 值。本研究还收集了张乾（1993）和杨斌（2001）对本矿床的氢、氧同位素分析数据，进行综合对比分析。

研究表明，佛子冲铅锌矿床成矿流体的 δD 和 $\delta^{18}O$ 值分别 −74.80‰ ~ −41‰，−7.41‰ ~ 6.20‰之间（表 8-12）。在 δD-$\delta^{18}O$ 图解上（图 8-18），大部分样品落于原始岩浆水区与大气降水线之间，且离大气降水线较近，只有两个样品落于原生岩浆水区，表明成矿流体主要是大气降水补给加热的循环地下水，部分成矿流体可能以原始岩浆水为主，晚期有大气降水的补给，使得成矿溶液具有大气降水与岩浆水的混合特征。

表 8-12 佛子冲铅锌矿床矿物流体包裹体水的氢、氧同位素组成

原样号	样品名称	δD_{V-SMOW}‰	$\delta^{18}O_{H_2O}$‰	备注	资料来源
F023	石英	-58	-0.78	佛子冲 180 中段，有暗色矿物充填	本文
F033	石英	-55	-4.58	佛子冲 180 中段，无矿化现象	
F047	石英	-59	-4.48	佛子冲 100 中段，有明显矿化现象	
F050	石英	-50	-4.68	佛子冲 100 中段，有明显矿化现象	
F052	石英	-50	-5.38	佛子冲 100 中段，有明显矿化现象	
F055	石英	-50	-0.58	佛子冲 100 中段，有明显矿化现象	
F075	石英	-56	-1.08	佛子冲 60 中段，有明显矿化现象	
G2-2	石英	-41	+1.22	古益往河三地表，有明显矿化现象	
G06-1	石英	-50	-1.68	佛子冲 60 中段，无明显矿化现象	
82F-10	石英	-60.30	+6.20	午龙岗	张乾（1993）
82F-4	闪锌矿	-52.70	+6.04	勒寨	
82F-20	闪锌矿	-69.00	-2.19	牛卫	
82F-41	闪锌矿	-63.80	+1.92	佛子冲	
LZ-2-17	铁闪锌矿	-55.20	-4.23	勒寨	杨斌（1999）
DLP-4	浅色闪锌矿	-74.80	-3.58	大罗坪	
D363-1	石英	-56.00	-7.41	塘坪	

分析单位：中国地质科学院矿产资源研究所。

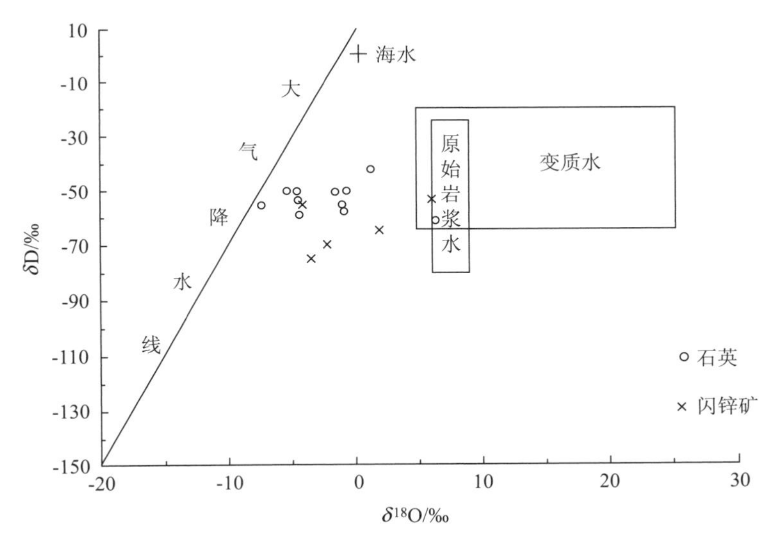

图 8-18 佛子冲矿带成矿流体的 $\delta D-\delta^{18}O$ 图解

（底图据 Sheppard，1986）

二、碳氧同位素分析

由于前人对矿区内方解石脉和大理岩碳、氧同位素进行了比较系统的研究（杨斌，2000），本研究未再补充新的数据。分析表明，方解石脉和大理岩 $\delta^{18}O_{smow}$ 值分布于 9.7‰～13.2‰范围，$\delta^{13}C_{PDB}$ 值分布于 -0.1‰～2.7‰之间，其中 $\delta^{18}O_{SMOW}$ 值大大低于正常海相灰岩（$\delta^{18}O_{SMOW}$ 为 22‰～30‰）和大理岩（$\delta^{18}O_{SMOW}$ 为 15‰～27‰）。在 $\delta^{18}O-\delta^{13}C$ 图解上，佛子冲碳酸盐岩样品投点均远离正常沉积碳酸盐，与岩浆、地幔源碳、氧同位素范围较接近，表明这种大理岩或大理岩化灰岩形成于较高温度，推断受燕山期岩浆热液强烈改造的结果。

三、硫同位素分析

从佛子冲和河山矿段分别选取高品位矿石，从中挑选新鲜纯净的方铅矿、闪锌矿、黄铁矿单矿物样品，纯度达99%以上，由中国地质科学院矿产资源研究所同位素实验室进行硫同位素分析。硫化物样品以 Cu_2O 作为氧化剂制样在1000℃真空条件下反应15 min，将S氧化为 SO_2，再用 SO_2 进行硫同位素测试，所用质谱计型号为MAT 251 EM，以VCDT为标准，测试精度为±0.2‰。

根据佛子冲铅锌矿106件样品的硫同位素组成测试数据表明（表8-13，表8-14）：佛子冲两类矿床的硫同位素组成基本相同，$\delta^{34}S$ 值主要集中在 -0.43‰ ~ -4.3‰。方铅矿 $\delta^{34}S$ 的变化范围为 -0.43‰~4.0‰（平均值为1.82‰，$n=49$），闪锌矿 $\delta^{34}S$ 的变化范围为0.2‰~3.6‰（平均值为2.51‰，$n=38$），黄铁矿 $\delta^{34}S$ 的变化范围为1.3‰~4.3‰（平均值为3.01‰，$n=15$），磁黄铁矿 $\delta^{34}S$ 的变化范围为2.3‰~2.9‰（平均值为2.57‰，$n=3$），仅有1件黄铜矿 $\delta^{34}S$ 为3.4‰。总体上（平均值），$\delta^{34}S_{黄铁矿（磁黄铁矿、黄铜矿）} > \delta^{34}S_{闪锌矿} > \delta^{34}S_{方铅矿}$，表明硫化物矿物之间的硫同位素基本上达到同位素分馏平衡。

表8-13　牛卫式矿床的硫同位素组成（‰）

样品号	采样位置	方铅矿	闪锌矿	黄铁矿	磁黄铁矿	资料来源
N350-4	牛卫350中段	1.0	2.0			5
N3504	牛卫350中段4号矿体	1.0	2.0	1.3		4
N4202	牛卫420中段4号矿体	1.2	2.0			4
N4205	牛卫420中段4号矿体	1.0	1.8		2.3	4
N4502	牛卫450中段4号矿体	1.1	2.0			4
N45031	牛卫450中段4号矿体	1.2	1.7		2.5	4
T143	牛卫450中段（三中段）		3.4			3
T146	牛卫400中段（三中段）			2.5		3
N450-2	牛卫450中段	1.1	2.0			5
H096	勒寨150中段4号矿体		2.9			本研究
L250-2	勒寨250中段	1.3	2.3			5
L2502	勒寨250中段2号矿体	1.3	2.3	2.9		4
L300-9	勒寨300中段	1.8	2.9			5
L3006	勒寨300中段2号矿体	1.3	2.3			4
L3009	勒寨300中段2号矿体	1.8	2.9		2.9	4
L30011	勒寨300中段2号矿体		2.3			4
L350-25	勒寨350中段	1.0	2.2			5
L35025	勒寨350中段1号矿体	1.0	2.2			4
L35026	勒寨350中段1号矿体	1.0	1.9			4
T131	勒寨395坑	1.1				3
16	牛卫—勒寨	1.0	3.3	3.9		1
27	牛卫—勒寨	1.8		2.7		1
56	牛卫—勒寨	1.8				1
12391	牛卫—勒寨	2.49				2
12392	牛卫—勒寨	1.62				2
123931	牛卫—勒寨	2.37	0.86	2.68		2
123951	牛卫—勒寨	3.24	3.10			2
123961	牛卫—勒寨	2.80		3.24		2
H106	水滴14线132矿脉		3.4			本研究
T1121	水滴破碎带矿体	2.2	2.8			3
T121	水滴层状矿体		0.2			3
算术平均值		1.54	2.32	2.66	2.57	

表 8-14 佛子冲式矿床的硫同位素组成（‰）

样品号	采样位置	方铅矿	闪锌矿	黄铁矿	黄铜矿	资料来源
G05－2	佛子冲 100 中段 206 号矿体		3.0			本研究
F065	佛子冲 100 中段 201 号矿脉		2.9			本研究
F057	佛子冲 100 中段 102 号矿脉			4.3		本研究
F042	佛子冲 138 中段 201 号矿脉		3.6			本研究
F026－1	佛子冲 180 中段 38 号矿脉		2.3			本研究
F020	佛子冲 180 中段 40 号矿脉		3.0			本研究
石门 1	石门坑 615 采样点	2.4				3
石门 2	石门坑 614 采样点	3.6				3
石门 3	石门 7 号脉 574 采样点	2.3				3
石门 4	石门 7 号脉 579 采样点	1.4				3
石门 5	石门 7 号脉 568 采样点	3.0				3
石门 6	石门 7 号脉 572 采样点	3.7				3
石门 7	石门 7 号脉 571 采样点	2.6				3
石门 8	石门 7 号脉 608 采样点	2.4				3
石门 9	石门坑矿石堆	3.2				3
刀支口 2	刀支口 623 采样点	4.0				3
刀支口 3	刀支口 648 采样点	3.0				3
刀支口 4	刀支口矿石堆	2.4				3
刀支口 7	ZK222 钻孔	3.2				3
刀 300	刀支口 22 穿脉	0.8	0.38	2.9		3
T44	刀支口 24 穿脉				3.4	4
DZK－20	刀支口	－0.43	1.77			5
1411	石门－刀支口	3.26				2
1412	石门－刀支口	2.54	1.27	3.15		2
1413	石门－刀支口	2.54				2
1414	石门－刀支口	2.24	1.80	3.19		2
DLP－4	大罗坪	0.3	1.4			5
LONPY	龙湾民窿	0.85	3.02	2.96		4
FPY	凤凰民窿	0.665	2.85	3.70		4
算术平均数		2.11	2.54	3.24	3.4	

资料来源，1—佛子冲铅锌矿山资料；2—广西区调院；3—204 队；4—雷良奇等（1995）；5—杨斌（2001）。其余本文资料，分析单位为中国地质科学院矿产资源研究所。

硫化物矿石的硫同位素组成可以反映出硫同位素的原始比值以及成矿过程中引起的硫同位素分馏的作用（Ohmoto 和 Rye，1979；Ohmoto 和 Goldhaber1997）。热液矿床硫化物的 $\delta^{34}S$ 值主要取决于硫的来源以及成矿时的物理化学条件，主要是氧逸度和 pH 值（Hoefs，1997）。

在热液矿床中，硫化物矿物的 $\delta^{34}S$ 值不一定等于成矿热液中总硫 $\delta^{34}S_{\Sigma s}$ 值，而是总硫同位素组成、f_{O_2}、pH、离子强度和温度的函数，即 $\delta^{34}S = f(\delta^{34}S_{\Sigma s}, f_{O_2}, pH, I, T)$。因此，热液总硫的同位素组成表示为：$\delta^{34}S_{\Sigma s} = \delta^{34}S_{H_2S} \times \chi_{H_2S} + \delta^{34}S_{HS^-} \times \chi_{HS^-} + \delta^{34}S_{S}^{2-} \times \chi_{S}^{2-} + \delta^{34}S_{SO_4^{2-}} \times \chi_{SO_4^{2-}} + \delta^{34}S_{\Sigma SO_4^-} \times \chi_{\Sigma SO_4^-}$（式中 χ_{H_2S} 为溶液 H_2S 相对于总硫的摩尔分数，即 $\chi_{H_2S} = m(H_2S) / m(\Sigma s)$）。在佛子冲矿田主要的矿石矿物为硫化物，硫元素主要以硫化物形式出现，基本上未见有硫酸盐类矿物。根据上述公

式，可以认为在低f_{O_2}和低 pH 值环境下，硫化物矿物的$\delta^{34}S$值可以近似代表成矿热液中总硫$\delta^{34}S_{\Sigma s}$值（Hoefs，1997）。因此，这些佛子冲铅锌矿床硫化物样品的平均$\delta^{34}S$值（2.23‰）可近似代表成矿热液中的总硫$\delta^{34}S_{\Sigma s}$值。幔源硫值，说明成矿热液中的硫源主要是幔源硫或岩浆硫。

在硫同位素组成直方图上（图 8-19），样品$\delta^{34}S$值较集中分布于 0～4‰之间，变化不大，在直方图上呈陡立的塔式分布，表明硫的来源相似或具有继承性。根据不同储库硫同位素特征来看，本矿床$\delta^{34}S$值同幔源硫（0‰～3‰，Ohmoto 和 Goldhaber，1997）相近，结合矿区内发育的燕山期岩浆岩以及与矿体之间密切的空间关系，可以认为硫来源于岩浆热液体系。

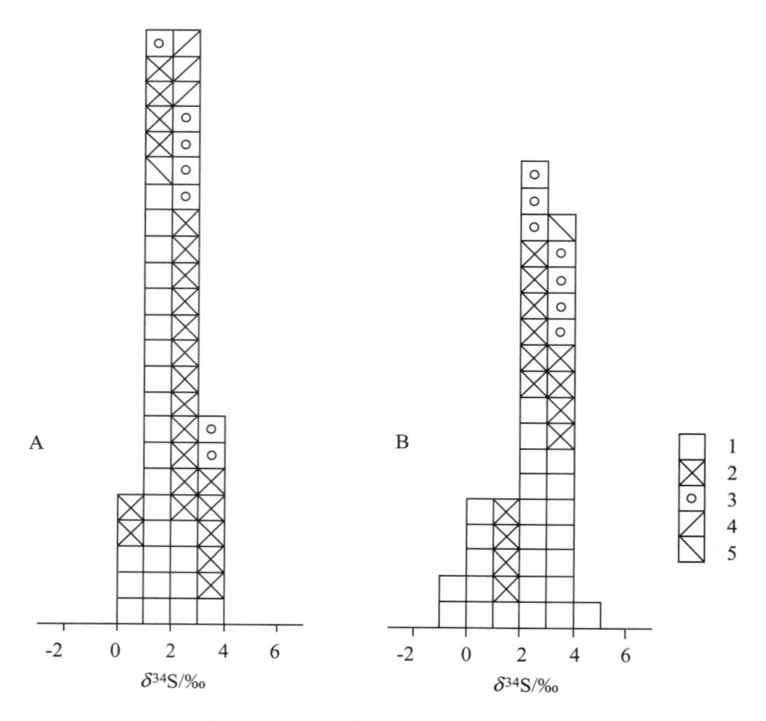

图 8-19　佛子冲硫同位素组成直方图

1—方铅矿；2—闪锌矿；3—黄铁矿；4—磁黄铁矿；5—黄铜矿。A—牛卫式矿床；B—佛子冲式矿床

四、铅同位素分析

与前述硫同位素分析样品相一致，挑选新鲜纯净方铅矿、闪锌矿、黄铁矿单矿物样品 8 件，纯度达 99% 以上，送国土资源部宜昌矿产地质研究所同位素实验室进行铅同位素分析，分析仪器为 MAT261 固体同位素质谱仪。搜集张乾（1993）对矿区内岩体和围岩中铅同位素数据，便于进行综合分析。佛子冲矿田矿石、岩体和围岩的铅同位素组成相当稳定，其中矿石$^{206}Pb/^{204}Pb$比值的变化范围为 18.59～18.79，极差为 0.2，平均值为 18.68，$^{207}Pb/^{204}Pb$比值的变化范围为 15.65～15.86，极差为 0.21，平均值为 15.74，$^{208}Pb/^{204}Pb$比值的变化范围为 38.17～39.58，极差为 1.41，平均值为 39.11；岩浆岩的长石$^{206}Pb/^{204}Pb$比值的变化范围为 18.08～18.48，极差为 0.4，平均值为 18.29，$^{207}Pb/^{204}Pb$比值的变化范围为 15.36～15.66，极差为 0.3，平均值为 15.56，$^{208}Pb/^{204}Pb$比值的变化范围为 38.42～38.69，极差为 0.27，平均值为 38.58；围岩$^{206}Pb/^{204}Pb$比值的变化范围为 19.18～19.47，极差为 0.29，平均值为 19.3，$^{207}Pb/^{204}Pb$比值的变化范围为 15.88～15.93，极差为 0.05，平均值为 15.9，$^{208}Pb/^{204}Pb$比值的变化范围为 39.44～39.61，极差为 0.17，平均值为 39.54。相比而言，这三者的$^{206}Pb/^{204}Pb$比值、$^{207}Pb/^{204}Pb$比值和$^{208}Pb/^{204}Pb$比值的关系为：围岩 > 矿石 > 岩浆岩的长石。

根据 Doe 法计算矿石、岩浆岩和围岩的模式年龄，除了围岩铅模式年龄均为负值外，矿石的铅模式年龄介于95.5～215 Ma之间，岩浆岩的铅模式年龄介于193.2～388.7 Ma之间。由于矿石铅Doe法年龄主要集中在100～200 Ma范围内，最接近燕山期，该年龄代表了主成矿期年龄，反映了成矿流体的铅来源与燕山期岩浆岩有关（赵晓鸥，1990）。但根据围岩、矿石、岩浆岩长石的$^{206}Pb/^{204}Pb$比值、$^{207}Pb/^{204}Pb$比值和$^{208}Pb/^{204}Pb$比值的关系式（围岩 > 矿石 > 岩浆岩的长石），说明矿石铅并非全部由岩浆岩提供，可能有一部分更富放射成因铅（围岩中铅）的加入。

对本文测试的8件矿石样品进行相关参数（μ、Th/U）计算。矿石μ值介于9.54～9.94之间，高于地幔铅的μ值（8～9），这种高μ值铅提示了成矿物质为上地壳来源。矿石铅的Th/U比值介于3.84～4.05之间，与地壳的Th/U比值（约为4）基本相当，揭示了成矿物质的壳源特征。在$^{207}Pb/^{204}Pb-^{206}Pb/^{204}Pb$图上，佛子冲矿田样品的投点主要落在上地壳，部分落在上地壳与造山带增长曲线之间，在$^{208}Pb/^{204}Pb-^{206}Pb/^{204}Pb$上，样品的投点落在下地壳与造山带增长曲线之间，其中矿石样品明显呈线性关系，表明矿石铅主要为壳源铅，但也有幔源铅的加入（图8-20）。

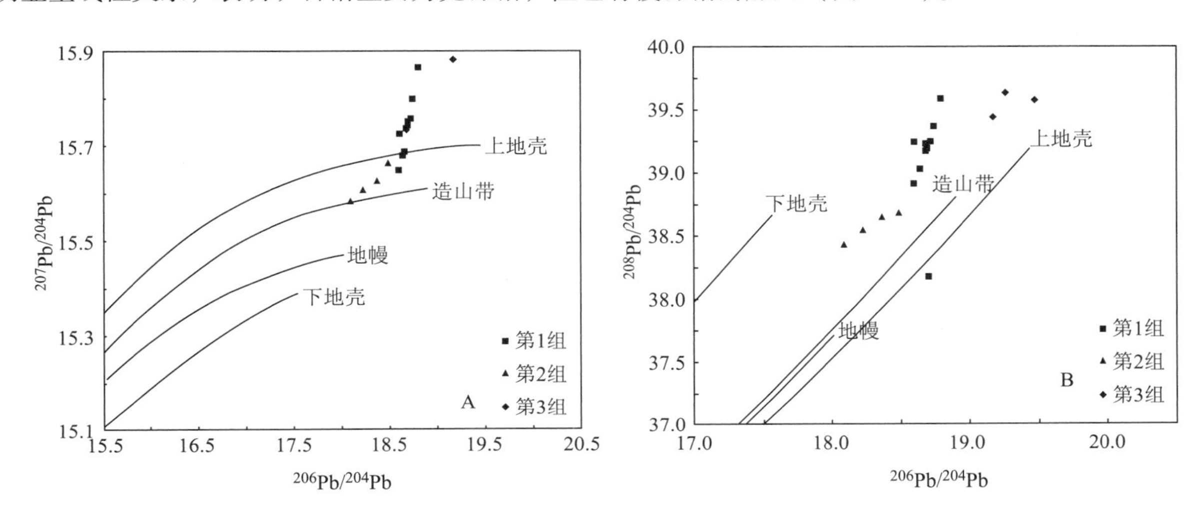

图8-20　佛子冲矿田铅同位素构造模式图

第1组为矿石，第2组为花岗斑岩和二长花岗岩中的长石，第3组为下志留统灰岩

第六节　石碌铁矿同位素地球化学

一、硫同位素

石碌矿区内不同地质体中的黄铁矿、黄铜矿、磁黄铁矿等硫化物的硫同位素$\delta^{34}S$值组成列于表8-15中。铁矿石为3.1‰～19.5‰，矿体围岩为-3.8‰～20.9‰，铁矿体与矿体围岩硫同位素组成较一致（图8-21），但明显区别于花岗岩（2.1‰～4.3‰）和侵入岩脉（4.5‰～8.9‰）（罗年华，1978；中科院华南富铁科研队，1986），反映铁矿体中的硫很可能来源于围岩。同时根据硫同位素组成分布范围（图8-21）以及数据离散程度大的特点，推测矿床成矿物质可能是沉积来源。与典型沉积矿床不尽相同，80%的样品同位素组成变化范围在+10‰～+18‰之间，富集^{34}S，相似于火山型矿床，石碌铁矿床的硫很可能来源于原始火山喷发后的沉积地层中（罗年华，1978）。-150 m和-200 m中段铜钴矿石中的9件硫化物$\delta^{34}S$值变化为16.0‰～17.3‰（表8-15），且磁黄铁矿、黄铁矿和黄铜矿$\delta^{34}S$值接近，与廖震等（2011）的研究结果一致，表明铜钴矿石中的S可能也来源于火山岩地层。但是，岩浆热液改造型热液脉矿石中硫化物的$\delta^{34}S$值为2‰～8‰，明显低于地层来源S，与矿区内侵入岩中硫化物一致，表明岩浆热液改造型矿石属于岩浆热液活动的结果，其硫主要来自岩浆热液。

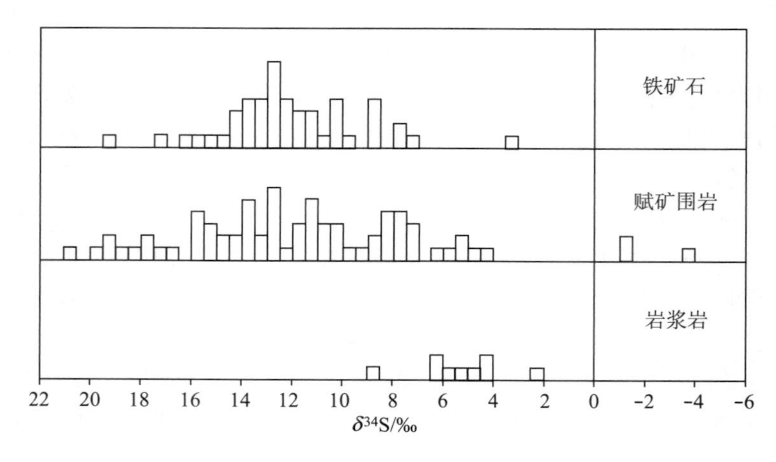

图 8-21　石碌铁矿床矿石、围岩、岩浆岩硫同位素分布特征

（数据来自罗年华，1978；中科院华南富铁科研队，1986）

表 8-15　石碌铁矿床硫同位素组成 $\delta^{34}S$（‰）

<table>
<tr><th colspan="2">岩矿石名称</th><th>样品个数</th><th>变化范围</th><th>平均值</th></tr>
<tr><td colspan="2">辉绿岩脉</td><td>1</td><td>5.6</td><td>5.6</td></tr>
<tr><td colspan="2">煌斑岩</td><td>1</td><td>6.5</td><td>6.5</td></tr>
<tr><td colspan="2">细粒花岗岩</td><td>9</td><td>2.1～4.3</td><td>3</td></tr>
<tr><td colspan="2">重晶石</td><td>7</td><td>11.6～21.2</td><td>17.5</td></tr>
<tr><td colspan="2">铁矿石</td><td>48</td><td>0.2～19.5</td><td>12.1</td></tr>
<tr><td colspan="2">白云岩和白云质灰岩</td><td>11</td><td>-1.4～18.4</td><td>9.4</td></tr>
<tr><td colspan="2">绢云母石英片岩</td><td>13</td><td>-3.84～15.9</td><td>8.6</td></tr>
<tr><td colspan="2">白云岩</td><td>11</td><td>11.1～17.5</td><td>16.0</td></tr>
<tr><td colspan="2">赤铁矿石</td><td>2</td><td>3.1～7.9</td><td>5.5</td></tr>
<tr><td colspan="2">磁铁矿石</td><td>1</td><td>14.9</td><td>14.9</td></tr>
<tr><td colspan="2">铁质碧玉岩</td><td>4</td><td>18.7～21.5</td><td>19.7</td></tr>
<tr><td colspan="2">透辉石透闪石岩</td><td>23</td><td>7.0～16.1</td><td>11.8</td></tr>
<tr><td colspan="2">含铁千枚岩</td><td>3</td><td>8.9～12.9</td><td>10.3</td></tr>
<tr><td colspan="2">辉绿岩脉</td><td>3</td><td>4.5～8.9</td><td>6.6</td></tr>
<tr><td colspan="2">岩浆热液改造型热液脉矿石</td><td>4</td><td>2～8</td><td></td></tr>
<tr><td rowspan="10">铜钴矿石</td><td></td><td>12</td><td>8～18</td><td></td></tr>
<tr><td>TK-1-1</td><td>黄铜矿</td><td>17.0</td><td></td></tr>
<tr><td>TK-1-1</td><td>黄铜矿</td><td>17.0</td><td></td></tr>
<tr><td>TK-1-2</td><td>磁黄铁矿</td><td>17.3</td><td></td></tr>
<tr><td>TK-2-1</td><td>黄铜矿</td><td>16.0</td><td></td></tr>
<tr><td>TK-2-2</td><td>黄铁矿</td><td>16.5</td><td></td></tr>
<tr><td>TK-2-3</td><td>磁黄铁矿</td><td>16.5</td><td></td></tr>
<tr><td>TK-3-1</td><td>黄铜矿</td><td>16.7</td><td></td></tr>
<tr><td>TK-3-2</td><td>黄铁矿</td><td>16.8</td><td></td></tr>
<tr><td>TK-3-2</td><td>黄铁矿</td><td>16.7</td><td></td></tr>
</table>

据罗年华（1978）、中科院华南富铁科研队（1986）、廖震等（2011）及本项目。

二、铅同位素

富铁矿石、铜钴矿石的铅同位素和花岗质岩石、闪长玢岩和围岩（白云岩）全岩铅同位素结果见表8-16。4件硫化物的$^{206}Pb/^{204}Pb$为17.351～17.466，$^{207}Pb/^{204}Pb$为15.462～15.501，$^{208}Pb/^{204}Pb$为37.085～37.321；富铁矿石的$^{206}Pb/^{204}Pb$为18.67，$^{207}Pb/^{204}Pb$为15.3，$^{208}Pb/^{204}Pb$为39.1（中科院华南富铁科学研究队，1986）。

表8-16 石碌铁钴铜矿床硫化物、花岗质岩石和白云岩铅同位素组成

地质体	样号	测定对象	$^{206}Pb/^{204}Pb$	$^{207}Pb/^{204}Pb$	$^{208}Pb/^{204}Pb$	$(^{206}Pb/^{204}Pb)_t$	$(^{207}Pb/^{204}Pb)_t$	$(^{208}Pb/^{204}Pb)_t$	资料来源
石碌花岗闪长岩体	SLN-1	全岩	17.686 ±0.008	15.476 ±0.002	37.881 ±0.006	17.589	15.475	37.783	本项目
	SLN-2	全岩	18.261 ±0.004	15.582 ±0.004	38.329 ±0.014	18.073	15.581	38.140	
	SLN-3	全岩	18.945 ±0.002	15.594 ±0.002	38.498 ±0.003	18.626	15.592	38.176	
	SLN-5	全岩	18.906 ±0.004	15.577 ±0.004	38.652 ±0.010	18.581	15.575	38.324	
闪长玢岩	SLN-8	全岩	18.679 ±0.006	15.596 ±0.003	39.290 ±0.008	18.322	15.579	38.431	
	SL-27	全岩	18.091 ±0.003	15.473 ±0.003	38.281 ±0.007	17.932	15.465	38.116	
	ZM-5	全岩	17.123 ±0.003	15.378 ±0.003	37.461 ±0.009	16.624	15.354	36.591	
	SL-26	全岩	17.735 ±0.003	15.480 ±0.002	38.135 ±0.004	17.728	15.480	38.119	
钴铜矿石	TK-1-1	黄铜矿	17.416 ±0.002	15.462 ±0.002	37.157 ±0.009				
	TK-2-1	黄铜矿	17.351 ±0.001	15.462 ±0.001	37.085 ±0.005				
	TK-2-3	磁黄铁矿	17.466 ±0.004	15.501 ±0.003	37.321 ±0.006				
	TK-3-1	黄铜矿	17.359 ±0.002	15.471 ±0.003	37.093 ±0.009				
铁矿床	SL－-76-30	富铁矿石	18.67	15.3	39.1				中科院华南富铁队，1986
白云岩	SL-76-80	全岩	18.71	15.79	38.84	18.353	15.773	37.981	
	SL-76-101	全岩	19.95	15.23	37.14	19.791	15.222	36.975	

石碌岩体、闪长玢岩和白云岩Pb校正年龄为$t=183$Ma。

石碌花岗闪长岩体全岩Pb同位素组成$^{206}Pb/^{204}Pb$为17.686～18.945，$^{207}Pb/^{204}Pb$为15.476～15.594，$^{208}Pb/^{204}Pb$为37.881～38.652；闪长玢岩全岩Pb同位素组成$^{206}Pb/^{204}Pb$为17.123～18.679，$^{207}Pb/^{204}Pb$为15.378～15.596，$^{208}Pb/^{204}Pb$为37.461～39.290；白云岩全岩Pb同位素组成$^{206}Pb/^{204}Pb$为18.71～19.95，$^{207}Pb/^{204}Pb$为15.23～15.79，$^{208}Pb/^{204}Pb$为37.14～38.84，三者均以放射性成因为特征。以对应的U、Th和Pb含量及叠加成矿年龄$t=183$ Ma进行校正，三者$^{206}Pb/^{204}Pb$、$^{207}Pb/^{204}Pb$、$^{208}Pb/^{204}Pb$分别为17.589～18.626、15.475～15.592、37.783～38.324；16.624～18.322、15.354～15.579、36.591～38.431；18.353～19.791、15.773～15.222、36.975～37.981（表8-16）。

铁矿石和铜钴矿石的硫化物Pb同位素组成差别较大，后者明显低$^{206}Pb/^{204}Pb$和$^{208}Pb/^{204}Pb$，但高$^{207}Pb/^{204}Pb$（图8-22）。同时，铁矿石和铜钴矿石与矿区内的围岩白云岩、花岗闪长岩和闪长玢岩也具有明显不同的Pb同位素组成，表明成矿物质来源与这3个地质体无关，与成岩成矿年代学数据结论一致。一种可能的解释是成矿物质来源于石碌群中双峰式火山岩。

三、钕同位素

石碌铁矿石的Sm、Nd含量各为0.14×10^{-6}～0.6×10^{-6}、0.341×10^{-6}～2.506×10^{-6}，$\varepsilon_{Nd(841\ Ma)}$

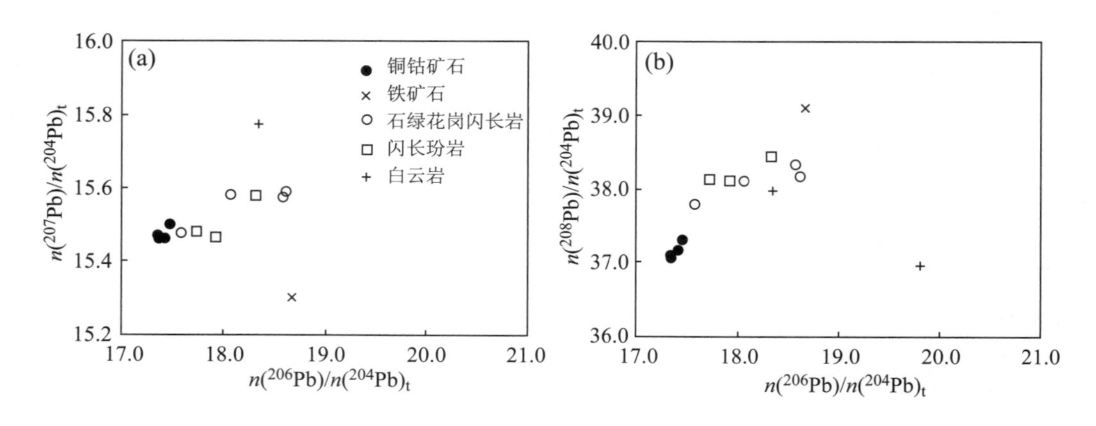

图 8-22 石碌铁钴铜矿床硫化物、花岗质岩石和白云岩铅同位素组成图

$=-6.84\sim-5.13$，$\varepsilon_{Nd(183\ Ma)}=-9.86\sim-0.82$，二阶段钕模式年龄 $T_{2DM(841\ Ma)}$ 为 1917 ~ 2056 Ma，$T_{2DM(183\ Ma)}$ 为 1032 ~ 1766 Ma；透辉石透闪石化白云岩 Sm、Nd 含量分别为 $3.38\times10^{-6}\sim8.677\times10^{-6}$、$14.85\times10^{-6}\sim31.77\times10^{-6}$，$\varepsilon_{Nd(960\ Ma)}=-7.45\sim-4.99$，$\varepsilon_{Nd(183\ Ma)}=-12.31\sim-8.49$，$T_{2DM(960\ Ma)}$ 为 2009 ~ 2207 Ma；白云岩、儋县花岗岩、流纹岩和玄武岩的 Sm、Nd 含量及 $\varepsilon_{Nd(t_1)}$、$\varepsilon_{Nd(t_2)}$、$T_{2DM(t_1)}$ 和 $T_{2DM(t_2)}$，其中 t_1 为地质体年龄，t_2 为热液锆石年龄 183 Ma。从 Nd 同位素组成和 Nd 模式年龄看（表 8-17），除玄武岩外，无论是铁矿石、赋矿围岩，还是外围中生代的儋县花岗岩和流纹岩，均具较低的负 $\varepsilon_{Nd(t)}$ 值，反映他们的源区可能主要是古老地壳，而 Nd 模式年龄也比较接近古-中元古代抱板群各套岩石形成年龄（1440 ~ 2355 Ma）（梁新权，1995；方中等，1995；马大铨等，1997；许德如等，2002，2007a），因此其源区可能是深部发生了部分熔融的抱板群基底。t_1-T_{2DM} 图中（图 8-23）铁矿石 T_{2DM} 介于白云岩和玄武岩之间，同时也位于白云岩、儋县岩基和透辉石透闪石化白云岩之间，显示铁矿石位于玄武岩、白云岩和儋县岩基之间，可能暗示成矿与玄武岩和儋县岩基有关。

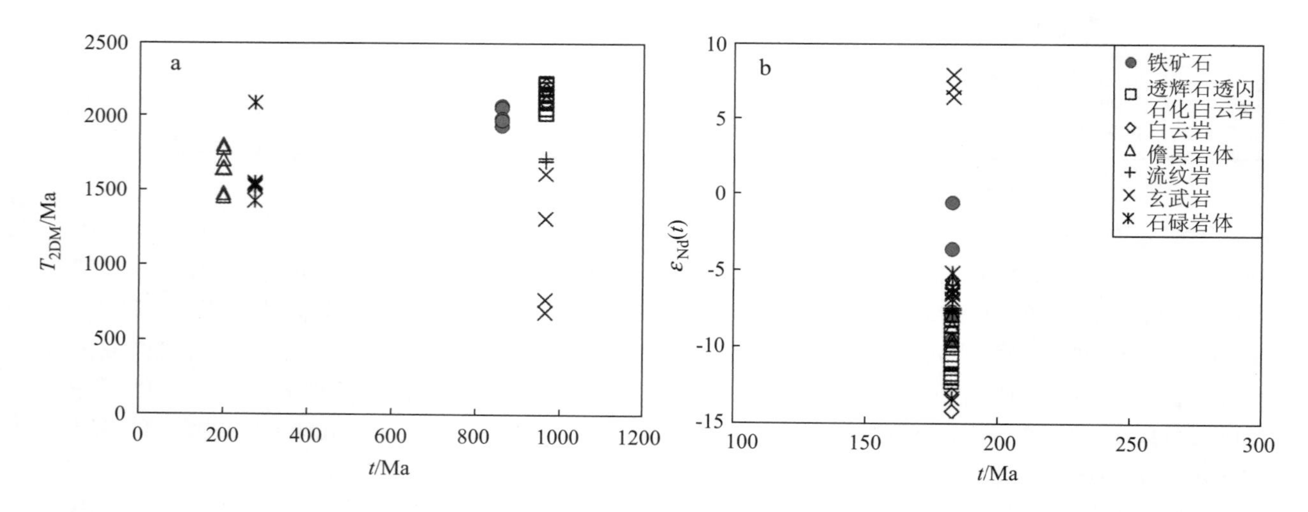

图 8-23 石碌铁矿床矿石、围岩、火山岩和侵入岩 $t-T_{2DM}$ 及 $t-\varepsilon_{Nd}$（t）图

石碌群白云岩、透辉石透闪石岩数据引自许德如等（2009）；铁矿石数据引自张仁杰等（1992）；儋县花岗岩数据引自葛小月（2003）和雷裕红等（2005）；昌江县流纹岩和玄武岩数据引自方中等（1993）

表 8-17 石碌铁矿床矿石、围岩、火山岩和侵入岩 Nd 同位素组成及特征值

岩性	样品号	$Sm/10^{-6}$	$Nd/10^{-6}$	$^{147}Sm/^{144}Nd$	$^{143}Nd/^{144}Nd$	t_1	t_2	$\varepsilon_{Nd}(t_1)$	$\varepsilon_{Nd}(t_2)$	$T_{2DM}(t_1)$	$T_{2DM}(t_2)$	资料来源
透辉石透闪石化白云岩	BY034	5.372	24.29	0.1326	0.511934	960	183	-5.27	-12.24	2031	1958	许德如等，2009
	F8-07	4.442	20.21	0.1329	0.511986			-7.02	-11.23	2172	1877	
	F9-08	5.631	21.69	0.1570	0.512088			-5.97	-9.81	2087	1761	
	SL6-1-2	4.238	23.57	0.1087	0.511902			-7.45	-12.31	2207	1964	
	ZSL6-15	3.38	14.85	0.1376	0.512013			-6.64	-10.82	2141	1843	
	ZSL6-21-1	5.947	31.77	0.1132	0.511892			-6.55	-12.61	2134	1988	
	ZSL6-22	6.002	30.15	0.1204	0.511930			-5.89	-12.03	2081	1941	
	SL6-7	8.677	30.07	0.1745	0.512125			-5.91	-9.49	2082	1736	
	ZSL6-21	5.855	21.56	0.1642	0.512164			-4.99	-8.49	2009	1655	
白云岩	F8-12	1.65	5.036	0.1981	0.512288	960		-7.02	-6.86	2168	1523	
	ZSL-6-29	0.48	2.38	0.1220	0.511862			-5.97	-13.40	2083	2052	
	SL26	0.227	1.097	0.1251	0.511806			-7.45	-14.56	2203	2146	
铁矿石	琼枫-1	0.245	0.809	0.1831	0.512213	840		-6.84	-7.98	2056	1613	张仁杰等，1992
	琼枫-2	0.367	1.235	0.1797	0.512196			-6.81	-8.23	2053	1634	
	北88-29	0.537	1.496	0.2172	0.512466			-5.57	-3.84	1953	1277	
	北88-8	0.14	0.341	0.2477	0.512657			-5.12	-0.82	1917	1032	
	琼枫-4	0.6	2.506	0.1477	0.512074			-5.75	-9.86	1968	1766	
儋县花岗岩	97HN1	2.2	9.1	0.1484	0.512163	186		-8.12	-8.14	1627	1626	葛小月，2003
	99HN66-1	2.6	13.7	0.1159	0.512038			-9.79	-9.82	1762	1762	
	HN23	12.54	77.24	0.0983	0.512003			-10.11	-10.15	1789	1789	雷裕红等，2005
	HN24	7.267	42.22	0.1041	0.512074			-8.89	-8.92	1689	1690	
	HG2-3	5.047	31.16	0.098	0.512100			-8.16	-8.19	1630	1631	
	HN20-1	6.8	28.04	0.1467	0.512283			-5.74	-5.76	1434	1433	
	HN22	4.942	21.31	0.1403	0.512263			-5.98	-6.00	1454	1453	
流纹岩	SL5-3km	4.33	20.88	0.1253	0.512139	960		-0.96	-8.07	1680	1621	方中等，1993
	LY18-1	8.79	41.09	0.1297	0.512154			-1.21	-7.88	1700	1605	
	LY18-6	4.73	22.32	0.1281	0.512158			-0.94	-7.76	1677	1596	
玄武岩	JYVR	2.29	5.85	0.23648	0.513086			3.86	7.81	1289	329	
	SL-6-A	6.09	27.89	0.13208	0.512236			0.10	-6.34	1594	1480	
	FR-SK-10	6.25	25.32	0.14927	0.512935			11.65	6.90	657	403	
	FR-SK-12	4.3	17	0.15308	0.512906			10.61	6.25	741	456	
石碌花岗闪长岩体	SLN-1	6.051	29.94	0.1223	0.512273	262		-4.64	-5.38	1407	1403	本项目
	SLN-2	5.585	24.76	0.1365	0.51224			-5.76	-6.36	1497	1482	
	SLN-3	4.951	24.45	0.1225	0.5122			-6.07	-6.81	1523	1519	
	SLN-5	6.234	31.88	0.1183	0.512203			-5.87	-6.66	1506	1506	

四、氧同位素

石碌铁矿床中 $\delta^{18}O$ 组成（表8-18）：赤铁矿为1.1‰~10.7‰，平均值为4.8‰；磁铁矿为2.4‰~10.87‰，平均值为5.9‰；石英为6.35‰~20.4‰，平均值为15.5‰；白云石为13.5‰~23.3‰，平均值为19.8‰（冯建良等，1980；刘宏英，1982；中科院华南富铁科研队，1986；许德如等，

2009）。赤铁矿与磁铁矿的氧同位素变化范围一致，且均为正值，可排除陆源沉积来源，而与火成岩的 $\delta^{18}O$ 范围（5‰～13‰）较为接近，但平均值略低于火成岩的 $\delta^{18}O$。此外贫铁矿石的 $\delta^{18}O$ 为 8.4‰～10.7‰，明显高于富铁矿石，说明作用于贫铁矿石的热液具有负的 $\delta^{18}O$。因此推测铁成矿热液很可能既有岩浆（火山）来源，后期也有呈负值 $\delta^{18}O$ 的大气降水加入。

表 8-18　石碌铁矿床氧同位素组成

岩矿石名称	样数	$\delta^{18}O$/‰	平均值	资料来源
赤铁矿	31	1.1～10.3	3.9	中科院华南富铁科研队，1986
磁铁矿	15	2.6～9.7	6.15	
石英		12.6～20.4	16.5	
白云石	5	13.5～23.25	18.7	
赤铁矿		2.3～6.6	4.45	刘宏英，1982
磁铁矿		2.4～8.8	5.6	
铁矿石中石英	4	13.5～14.0	13.7	
围岩中石英	5	18.1～19.5	18.8	
富铁矿石	6	4.7～7.3	6	许德如等，2009
贫铁矿石	5	8.4～10.7	9.5	
透辉石透闪石岩	10	7.7～11.5	9.6	
白云岩	3	18.5～23.3	20.9	
赤铁矿	17	2.32～9.11	5.7	冯建良等，1980
磁铁矿	16	2.43～10.87	6.7	
石英	15	6.35～19.49	12.9	

第九章　典型矿床矿田构造与区域构造演化

对矿田构造的研究，尽管是典型矿床研究的一部分，但近年来在强调矿床地球化学研究的大背景下有所减弱，以至于影响到运用典型矿床的研究成果指导地质找矿的现实意义。本次工作在对矿床地质、矿床地球化学进行研究的同时，也开展了矿田构造的研究，取得了显著成效。

第一节　高龙金矿

一、成矿构造性质及组合

滇黔桂地区晚古生代坳陷区中的小隆起区及其边缘是控制金矿产出的有利构造部位，高龙隆起就是区内古隆起构造控矿的典型实例。因此，对高龙隆起（穹窿构造）的特征及其成因的研究成为高龙金矿乃至整个滇黔桂地区金矿床成因研究的重要组成部分。高龙隆起边缘的控矿断裂在二叠纪至三叠纪都有活动迹象，那么，这些断层具有后期断裂性质还是同生断层的性质？这一问题的解决将对于沉积喷流成因和后生热液成因认识的界定起到关键作用。

高龙金矿位于桂西北右江盆地西林-百色褶断带内，大地构造位置属于华南板块西南缘，南侧与太平洋板块俯冲带相接，西侧与印度板块相邻，该区经历多次地壳运动，地质构造较为复杂。加里东运动和广西运动以后该区成为一相对稳定的浅海台地碳酸盐岩沉积区。东吴运动期间，地壳发生强烈拉张，形成陆壳活动裂陷带，造成大面积的坳陷区和局部上升的隆起区，控制了三叠纪的岩相古地理及沉积建造，也奠定了中生代乃至现今的地质构造格架。根据高龙矿区出露地层的岩性组合特征和构造表现形式，把矿区地层划分为两个构造层；一是华力西旋回中后期沉积的中上石炭统至二叠系的台地碳酸盐岩；二是印支早、中期沉积的中下三叠统陆棚斜坡至深海沉积的泥灰岩及陆屑砂泥岩。由于受到不同构造层地质体结构的制约，沉积建造的差异决定了基底构造层形成隆起区、盖层构造层形成坳陷区及两者之间的接触边缘断裂 3 种构造单元具有不同的构造特征。

1. 褶皱构造

（1）隆起区褶皱

由于三叠系沉积盖层厚度小，抬升至陆地后易被风化剥蚀，使得上古生界碳酸盐岩出露地表，形成局部隆起。根据地层出露情况，在桂西北地区可圈定出多个晚二叠世隆起区，如隆林、西林、乐业、凌云、凤山、天峨、高龙、八渡、阳圩、龙川、龙田等等。这些隆起区呈零星孤岛状或半岛状分布于大面积的凹陷区内或边缘部位。这些隆起构造的特点是褶皱宽缓呈箱状、屉状、隆起状或短轴背斜状。断裂多为纵张，横张数量少，规模小，但节理、裂隙较为发育，主构造线以东西向为主，其次为北西向、北东向。高龙隆起分布于田林高龙、龙爱、龙显、金龙山等地，呈东西向长 6 km，南北宽 4 km 的椭圆形。核部地层为石炭系马平组，围翼由下二叠统、上二叠统、下三叠统地层组成，周边被断层切割，即被近东西向和近南北向两组断裂切割的断块隆起（图 9-1）。

根据高龙矿区出露地层的岩性组合特征和构造表现形式，把矿区地层划分为两个构造层；一是华力西旋回中后期沉积的中上石炭统至二叠系的台地碳酸盐岩，分布于高龙隆起区，属相对刚性岩层，为坳陷区的基底层，走向北西西，长短轴比 3：2，出露上古生界碳酸盐岩，构造表现以断裂为主；二是印支早、中期沉积的中下三叠统陆棚斜坡至深海沉积的泥灰岩及陆屑砂泥岩，属相对柔性岩层，为坳陷区盖层，分布于高龙隆起周边，产状向四周倾斜，三叠系中褶皱发育，按其轴向展布可明显分东西向和南北向两组，前者多发育在隆起区南北两侧，规模较大；后者多发育在隆起区东西两侧，规

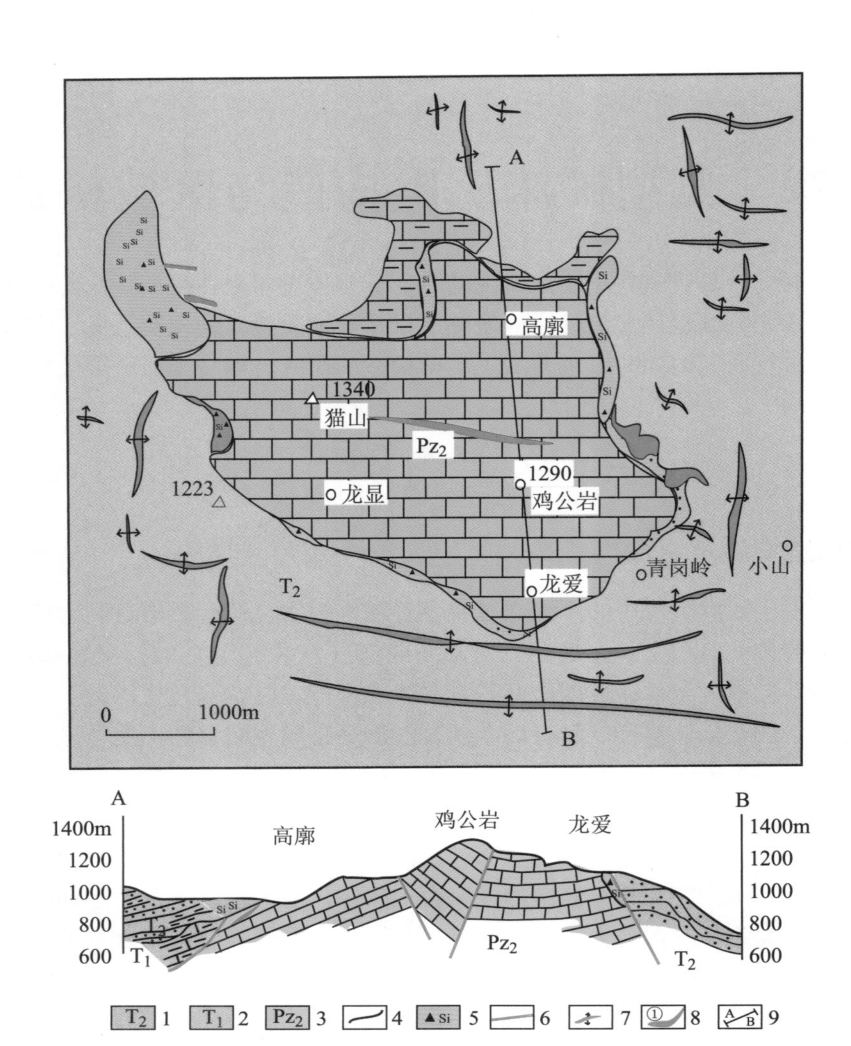

图 9-1 田林高龙隆起构造褶皱及典型剖面图

（据李力和蒋云武，1995）

1—中三叠统碎屑岩地层；2—下三叠统碳酸盐岩地层；3—上古生界碳酸盐岩地层；

4—地层界限；5—硅化带；6—断层；7—褶皱；8—矿体；9—剖面位置

模较小，倾角较缓，靠近隆起边缘滑脱面附近，次级褶皱相当发育，其规模很小，其轴长仅数米至数十米，轴面有歪斜、平卧甚至倒转，轴向多变。总之，隆起周边地层次级褶皱强度由接触带往外逐渐减弱，是滑脱褶皱的典型特征。隆起区为孤立的碳酸盐岩台地，发育有大量的珊瑚、海绵礁、海百合等化石以及煤层。下三叠统为台地边缘相薄层状泥质灰岩夹泥岩，岩层产状平缓，轴部近水平产状，倾角在5°左右，翼部倾向四周，倾角 10°～20°。隆起东部和南部上升活动明显，由下三叠统或上二叠统直接与中三叠统百逢组第三段地层直接接触，并具有强烈的硅化蚀变。除隆起边缘发育断层外，隆起内部也发育有北西西向断层，且该断层具有活动时间长，具区域性断裂的特征，导致隆起南北两部分因地壳升降差异而发育不同的岩相。同时，区内发育次级断裂，导致局部地区缺失栖霞组，形成不整合界面，加之上二叠统底部有砾岩存在。这些迹象表明，高龙隆起可能是一个经历多次升降运动的碳酸盐岩台地。高龙隆起控制了金、锑矿化，区内除高龙金矿外，还存在有龙爱、龙显、金龙山、猫山等多处矿化，具有一定的找矿远景。

（2）坳陷区褶皱

此处的坳陷区是指中三叠世以来的沉积盆地，也即三叠系分布区。三叠系沉积盖层多为复理石建造，容易发生柔性变形，其内部褶皱构造极为发育，多为线性紧闭褶皱，甚至出现倒转褶皱（图

9-2)。桂西北地区东西向褶皱显示出由南向北推覆倒转的特征，而南北向褶皱显示由西向东推覆，叠加在东西向褶皱构造之上。这反映了东西向褶皱较早，南北向褶皱稍晚，伴随着褶皱多发育逆冲推覆断裂及其派生断层。但不少断裂受坳陷区内散布的隆起区基底的影响而改变了形态和方向，大致表现出西部呈北西西向，东部呈北北西向，中间呈北西向。隆起周边坳陷区边缘，沉积盖层渐薄且与刚性灰岩接触，在南北向、东西向挤压应力作用下易发生滑脱褶皱、滑动断裂。这些褶皱、裂隙系统往往与隆起边缘基底断裂毗邻，构成低压扩容带而成为理想的容矿空间，区内的超微细粒浸染型金矿多产于其中，受断层和地层的双重控制。

a.福达三叠系中的紧闭褶皱

b.高龙鸡公岩东三叠系中的紧闭褶皱

c.鸡公岩矿段内倒转向斜

图 9-2　高龙地区坳陷区紧闭和倒转褶皱发育

2. 断裂构造

区域上断裂比较发育，以近东西向区域性大断裂为主，如高龙矿区北侧的平乐-高龙断裂和穿过高龙矿区的八渡-那棉断裂，这些深大断裂呈北西向，延伸可达数十千米，最终表现的性质为正断层。受这两个区域性断裂的控制，高龙矿区总体表现为近东西向构造，近东西向穹状隆起及四周的边缘断层以及靠近断裂附近往往出现斜歪或者倒转的次级褶皱，断裂与褶皱线方向基本一致。

高龙地区中间为局部古隆起，四周由近南北向和近东西向的 4 条断裂围限。这 4 条环状断裂活动时间长，在二叠纪至三叠纪都有活动痕迹。这些边缘断裂控矿作用明显（胡明安等，2003）。

（1）近东西向断裂

八渡-那棉大断裂（F_6）：是区内最大的一条断裂，近东西向展布，贯穿整个高龙矿区，两端向外侧延伸较远，其总长度超过50 km，在区内东起渭荣向北西西经高提、火绳坳、猫山北侧，向西延入西林县境内的那棉一带。该断裂切割下泥盆统至中三叠统地层，地层断距较大，在高龙一带的断距为200～500 m，断面倾向北，倾角70°左右，断层性质为正断层，横切高龙隆起。断裂带破碎特征明显，带内普遍发育强烈的硅化破碎带，宽20～50 m，破碎带由构造角砾岩、构造透镜体组成，局部发育断层泥和片理构造，断层面常呈波状起伏，两侧地层多发育有牵引褶皱。由于硅化强烈，地貌上常形成陡崖或陡坎，在高龙隆起的灰岩区内，断裂破碎带充填石英脉和硅化灰岩角砾。石英脉多平行于断裂带方向。后期方解石脉充填于断裂中并切割前期的石英脉。有两组节理比较发育，一组倾向20°，倾角70°～80°，另一组倾向320°，倾角20°，前者充填石英脉并被充填于后者的方解石脉切割。灰岩具有白云岩化和方解石化，当断裂穿过三叠系碎屑岩地层时，多形成构造破碎带和片理化带，破碎带有角砾岩和构造透镜体组成，围绕透镜体多发生片理化。角砾岩中的角砾成分多为砂岩、泥岩，棱角、次棱角状，分选差，杂乱分布，胶结物常为石英网脉。

乐平-高龙断裂（F_4-F_5）：是区内又一近东西向的区域性深大断裂，穿过高龙矿区北侧，东起平朗，向西经高瓦、高龙，在高龙附近分成南北两支，南支向南西西达金将，与八渡-那棉断裂相连，北支向北西西经陆寨至那朋区内延伸达50 km。该断裂切割泥盆系—中三叠统地层，断距一般为100～1000 m，以高龙北侧一带断距最大，可达3000 m左右，断层产状和性质各处表现不一。在高龙一带具有正断层性质，断层倾向北，倾角70°～80°。沿断裂带通常发育有长1～50 m、宽3～10 m的硅化带，带内发育构造角砾岩、构造透镜体等，通常充填有石英脉和方解石脉。普遍具有硅化特征，局部可见水平擦痕，具有右行平移性质，靠近断层附近的岩层往往发育牵引褶皱，表明断层具有明显的多期活动特征。在高龙附近的南支断裂（F_4）以强烈硅化为主要特征，沿断裂带分布宽20～50 m的硅化破碎带，有石英脉充填，最后为方解石脉充填，发育晶洞，并切穿石英脉。断裂带内的X节理发育，产状分别为140°∠80°和220°∠40°。石英脉被上述两组节理切割，并呈串珠状排列，表明该断裂经历了张性与压性之间相互转换的多阶段演化过程。高龙附近北支断裂（F_5）亦发育有硅化破碎带，但其强度低于北支，局部尚见平行于断裂带的片理。晚期亦有两组节理发育，产状分别为130°∠85°和200°∠80°，与晚期区域构造应力方向基本一致。

（2）北西向断裂

猫山断裂（F_1-F_2）：位于高龙乡买花坪、龙爱、龙显和猫山一带，该断裂呈北西西向延伸，为高龙隆起的西南部边缘，构成了隆起区与坳陷区的边缘断裂，北西端与八渡-那棉断裂交汇，区内长13 km。断裂切割二叠系—中三叠统第三段地层，断距较大，一般为500～2000 m，具有正断层性质，断面倾向变换明显、波状起伏，发育有构造透镜体、断层角砾岩及断层泥，局部可见擦痕，断裂北西端倾向南西，倾角70°，南东端倾向北东，倾角80°，是高龙隆起南西分界面，断层发育强烈的硅化，断层三角面明显。由于地形干扰及后期北北东向断层的错动，在平面地质图上，断层呈蛇曲展布，在地表往往形成陡崖或山脊。断层附近地层缺失较多，断层东北盘为二叠系碳酸盐岩岩溶地貌，岩石裸露区断层西南盘为中三叠统百逢组第三段砂岩夹泥岩地层，为侵蚀缓坡地貌，基岩出露较差，多为浮土覆盖，故两者在地貌上明显差异，即使在基岩出露较差的情况下，亦可大致确定地层产状。断裂破碎带一般宽10～30 m，局部可宽达50 m，由硅化角砾岩组成，角砾直径1～10 cm，一般4～5 cm，角砾成分为硅化灰岩、硅化砂岩、硅化泥岩以及石英团块等，由石英脉和铁质胶结。石英脉发育，充填于断裂带中及两侧围岩中。灰岩中同时具有较强的白云岩化现象。从石英团块作为角砾岩角砾来看，该断裂带经历多期热液活动。断层东南端截割中三叠统百逢组第三段和第四段地层，断距大于500 m，硅化较强及发育断层角砾岩，硅化带宽3～30 m，一般为数米宽，具有压扭性高角度逆冲断层性质。猫山断裂对微细浸染型金矿床起着重要的控制作用，是龙爱、龙显金矿化的主要控矿构造，金矿化主要沿隆起边缘断裂带附近的硅化带发育，具有良好的找矿前景。

弄南断裂（F_7）：南弄断裂东侧起于高龙矿区东南部南弄村，向北西经那七至西林者么，在平抱附近汇入八渡-那棉断裂，长约15 km。断裂处于高龙隆起区东南侧的坳陷区内，是高龙隆起与那盆线性向斜的交接部位，是不同构造形态的分界线。该断裂明显切割中三叠统百逢组第三段至河口组第一段，断距200～1000 m，断面倾向西南，倾角40°～75°，一般50°～70°，属正断层，在地貌上为一比较平直的低洼沟谷地带。沿着断裂带形成强烈的片理化和硅化角砾岩带，宽一般10～30 m，泥岩中片理化特别发育，片理化方向与断裂方向一致；砂岩中节理也发育，节理方向也平行于断裂带。岩层产状近断裂带变陡，倾角多为70°～80°，远离断裂带则变缓，一般为30°～40°。局部发育角砾岩，角砾大小为4～20 cm，成分以细砂岩为主，呈棱角状、次棱角状，具张性断裂特征，但局部发育砂岩构造透镜体，其边缘为片理化泥岩包围，并见擦痕，显示一定的压性或压扭性特征。

（3）南北向断裂

鸡公岩断裂（F_3）：位于高龙东面鸡公岩-龙爱一带，南起龙爱，往北东至火绳坳折向北西经鸡公岩，再转向北北西终止于高龙-乐平断裂带。长约5 km，呈向东突出的北北东向断裂，是高龙隆起的东部边界。断裂切割二叠系至中三叠统百逢组第三段地层，具正断层性质，断距500～1200 m，断面倾向北东和东向，倾角70°以上。强烈硅化是该断层的主要特征，形成20～200 m宽的硅化带，一般为30～50 m，近硅化带的上盘碎屑岩岩层，常发育小的揉皱和硅化，下盘灰岩中方解石具有明显重结晶现象，多见石英脉充填于裂隙。鸡公岩矿段矿体发育处岩石破碎最为强烈，破碎带主要由强烈硅化角砾岩和构造角砾岩组成，硅化角砾岩由强烈的破碎岩块被网状石英脉胶结而成，形成突出地面的锥状，鸡公岩即因这一突出地貌而得名。鸡公岩断裂是多期热液活动产物，早期形成的硅化岩成为后期构造角砾岩的角砾。该断层是控制高龙鸡公岩一带金锑矿床的主要构造，金矿床赋存于硅化石英岩外侧的硅化粉砂岩和硅化泥岩之中，主要矿体围绕硅化体外侧分布，金矿化集中形成于中期挤压破碎硅化阶段（即硅化构造角砾岩形成阶段），而后期拉张阶段主要形成脉状石英。鸡公岩断裂切割早期形成的近东西向八渡-那棉断裂，又被后期北北东和近东西向的断裂所切割。

平塘、金将断裂（F_8）：位于平塘和金将一带，是区内较小的两条断裂，走向均为北北东，长度均较短，仅2～3 km，宽度1～50 m，断距在100 m以上，断面一般倾向西，一般为260°～280°，断面较陡，一般大于60°，陡处近直立。这两断裂基本上沿袭了碳酸盐岩台地的西部边界，在断面附近也发育破碎带，且硅化，形成硅化角砾岩和构造角砾岩。金将断裂则发育有一系列的北北东向断层，具有明显的张性断裂性质。这两条断裂均与硅化和金矿化关系密切。

（4）X型断裂

X型断裂是具有生成联系的两组相伴断裂。在高龙矿区，除了近东西向和南北向的断裂外，在隆起区的中部存在一组北北东和北西西走向的断裂，共同组成一组X型断裂组合。北北东和北北西向向断裂早期具有右行剪切性质，切断地质界线，水平断距在100 m以上（胡明安等，2003）。两者彼此交叉、切割组成共轭X型构造，反映挤压应力方向为近东西向，北北东、北北西向断裂在晚期表现出以走滑为主，运动方向相反的特点，反映出近南北向的挤压应力状态。

3. 构造对成矿作用的控制

在高龙金矿，构造对金矿的控制作用十分明显，总体上为隆起构造控矿，具体表现为裂谷环境、古隆起、边缘断裂及局部凹陷等不同层次的构造控制了不同级别的矿化。

裂谷环境控矿。在滇黔桂地区，晚加里东—印支期为重要的裂谷带发展阶段，在该区域形成了由北东向丘北-广南裂谷、北西向右江裂谷及北西向六盘水裂谷组成的三联裂谷系，三联裂谷系的交点正处于黔西南地区，使黔西南地区成为目前重要的微细浸染型金矿成矿区。

基底隆起控矿。右江裂谷带从泥盆纪中晚期开始到晚二叠世，发生大规模张裂，形成了隆起与拗陷交错局面。由于大面积拗陷，形成了孤岛、半孤岛状的小隆起区。这些小隆起区的边缘常为一些后期断裂所围限。正是这些后期断裂为热水上涌提供了通道。隆起区边缘断裂地段又是地下热水与海水相遇混合的地带，物理化学条件在这里发生明显变化，有利于成矿物质沉淀，而隆起边缘断裂系统又成为热水成矿物质沉淀的有利场所。因此这种晚古生代坳陷区中小隆起区及其边缘是控制本类型金矿的有利构造条件，高龙隆起就是滇黔桂地区古隆起构造控矿的典型实例。

（1）裂谷环境的控矿作用

桂西北地区自加里东运动结束以后，在上古生代为一相对稳定的浅海台地，沉积了较稳定而岩性单一的浅海碳酸盐岩地层。这一时期，地壳逐渐被拉伸，局部地方形成凹槽。直到上古生代晚期，特别是东吴运动，强烈的拉张作用形成了桂西晚二叠世裂谷。裂谷的形成和演化，奠定了桂西北地区中生代构造格局，对细粒浸染状金矿的形成与分布有明显的控制作用。滇黔桂“金三角”所有的卡林型金矿均位于右江盆地的构造范畴内。因此，右江盆地对成矿的控制作用毋庸置疑。构造对成矿的控制，首先体现在盆地的构造演化对成矿过程的控制。

右江盆地最早被称之为“右江再生地槽”，是从稳定地台发展而来的槽台相互转化的构造环境（广西地矿局，1985；黄汲清，1986；卢重明，1986）。板块构造理论被引入后，“右江裂谷”，“右江弧后盆地”，“南盘江海”等一系列构造属性被提出。

曾允孚等（1983）认为右江盆地的构造演化可分为海西期的被动陆缘裂谷盆地阶段和印支期的弧后盆地阶段，其最鲜明的特色是弧后盆地阶段。“南盘江海”说认为右江盆地曾经是一个独立的广阔的洋盆（吴根耀等，2001；吴浩若，2003）。“右江裂谷”一词由柳淮之等（1986）提出，认为右江地区为陆内裂谷，是特提斯-喜马拉雅构造域的东延部分。从泥盆纪晚期开始裂开，到三叠纪早期，部分地区转化为洋壳（那坡发育海相基性熔岩和放射虫硅质岩）。但裂谷并未按照“威尔逊旋回”发展下去，而在三叠系末期的印支运动中“夭折”了。北西向地幔柱的上升是右江裂谷形成的本质原因。

上述观点不尽相同，但都关注到右江盆地发展演化历史中的特殊之处：①从上泥盆统到下二叠统，区内以硅质岩夹灰岩为特征，局部有辉绿岩，在上二叠统层状基性岩之上为基性火山碎屑沉积岩、沉凝灰岩的巨厚堆积，喷溢口外围则为火山碎屑沉积岩；②晚二叠世时期，在盆地边缘碳酸盐岩台地上，生物化石成层堆积，组成生物碎屑灰岩，而在盆地内的深水环境中，生物极少发育，在沉凝灰岩中的灰岩夹层内偶见生物化石；③盆地区内岩浆活动就时代而言，主要为晚泥盆世榴江期和晚二叠世两期，榴江期可延续到早石炭世早期，晚二叠世早期最为强烈，在盆地内有基性岩，少量安山岩和石英安山岩侵入和海底喷溢，多呈层状，下部有岩墙状侵入体，盆地边缘台地内有花岗岩岩基和隐伏花岗岩体存在；④重力测量资料表明，盆地内剩余重力异常均为正值，边缘台地及古岛均为负值，正值的分布与盆地形态大致相同，在田林至百色一带呈东西向，田林西部呈南北走向，可见上地幔物质上涌，可能是导致盆地内岩石比重高于两侧硅铝质和碳酸盐岩比重的主要原因；⑤从晚泥盆世到晚二叠世，显示出盆地内外岩相和地层厚度的差别和相互补偿，地层厚度由中间薄发展到中间厚，早中三叠世开始盆地下陷，接受大量浊积岩，盆地内的地层总厚度明显较台地边缘厚；⑥整个右江盆地呈明显的三角形。地质构造线在云南部分呈北东向，在广西部分呈北西向。而贵州部分，重力和航磁资料均显示存在一个明显的南北向构造（王砚耕等，1996），并且在南部转为东西向。3 个方向的构造线存在，暗示右江盆地为一在陆壳基底上发育起来的“三叉形”裂谷盆地。其中北西向和北东向两支发育良好，但南北向裂谷却“夭折”了，故南北向构造不发育，但深部物探有显示；⑦“再生地槽”期间，浊流流向总体为由南向北（吴江等，1992，1993b），且盆地关闭的推移方向亦由南向北，与“三叉形”裂谷的发展演化类似，即沉积物由造山带流向大陆内部。

总之，右江地区是一个在陆壳基底上裂解而成的裂谷盆地，局部地区可出现具洋壳性质的盆地（八布蛇绿岩）。在印支—燕山期经历了造山过程，印支运动显示桂西地区岩浆活动显著，地层沉积间断明显，早三叠世的基性-中酸性火山岩向中三叠世的酸性火山岩转变；上三叠统角度不整合于下伏地层之上。在黔西南地区，由于远离岛弧，故火山岩不发育，上三叠统与下伏中三叠统为连续整合沉积，但上三叠统是沉积于扬子被动大陆边缘碳酸盐台地上的，且逐渐转为陆相磨拉石沉积，反映盆地已经关闭。表明滇黔桂地区印支运动以来处于一个动态的演化过程，是一个时间和空间上推移的造山过程。

（2）基底隆起的控矿作用

由于裂谷作用的结果，区内形成了一些晚古生代隆起，这些古隆起与金矿化的关系为下一步找矿指出了方向。按古隆起展布方向及浅层构造特征可以分为3个区域：天峨、凤山、巴马、达良等隆起，以北北西向为主，金矿化较弱；乐业、凌云、八南屯、院子、龙川、龙田、玉凤等隆起，以北西向为主，金矿化发育，控制了明山、金牙、罗楼、浪全、平山、八南、林布、更新等金矿床（点）；安然、隆林、德峨、西林、隆或、朝阳、高龙、八渡、阳圩及贵州板其等隆起，以北西西向为主，控制了高龙、隆或、马雄、那比及贵州板其等金矿床（点）。根据区内深大断裂及古隆起的控矿特征，可以将桂西北划分为3~4个金矿化集中区，乐业、凌云隆起周边及右江大断裂两则为金矿化发育较好的地区。已知明山、金牙、罗楼、高龙、隆或等金矿均产于古隆起边缘，表明古隆起周边为有利成矿的地区。一些小隆起大致具等距分布特征，如南北向排列的（贵州板其）-隆或、朝阳-高龙-（云南马路-者桑）-桂西的龙迈-妖皇山-百南等隆起，东西向排列的龙川-龙田-巴马等隆起，北东向排列的院子-八南屯-达良-鱼翁等隆起。远离隆起区的坳陷区内至今尚未发现微细浸染型金矿床，基底隆起对这类金矿床的控制作用不言而喻。

对于高龙金矿床，主矿体展布受隆起与滑脱构造的控制。滑脱构造在鸡公岩和鸡公岩南矿段，北北西或近南北走向，向东缓倾，从上盘三叠系细碎屑岩中发育的北东向强变形褶皱（枢纽产状50°~68°∠26°~34°）判断，为左行下滑运动方式。金矿体还受到滑脱构造次级断裂（近东西向南倾和北东走向南东倾）的控制，使得主矿体形态较为复杂。在滑脱构造左行下滑运移过程中，隆起核部快速隆升，造成较大应力差，成矿流体沸腾爆破，形成硅化气液角砾岩含矿建造；应力差还驱使岩层中软弱的碳质物聚集成碳质层或碳质包，成为金矿体的顶板和屏蔽保护层。龙爱矿段—金龙山矿段，滑脱构造表现为北西西走向南西缓倾的略具右行的下滑断层。金矿体延伸长度约5 km，同样发育硅化、硫铁矿化、萤石化、气液角砾岩等热液蚀变作用，总体规模与主矿体相当。低品位层状金矿体沿低角度滑脱构造分布，经历风化淋滤作用，在碳酸盐岩岩溶空间形成红土型金矿体。

从隆起南西和北东两侧滑脱构造的右行与左行下滑方式，推断高龙隆起运动矢量大致为从北西向南东方向高角度仰冲。矿田南东端推测为矿化薄弱段，北西端和北东与南西两侧为矿化较强地段。由此推测，高龙隆起西部的金龙山矿段具有较好的找矿远景。

环形构造是指具有对称中心的环状地质体，以圆形、椭圆形轮廓出现于卫星影像上，其大小不等，一般半径几千米至几十千米。按照成因可分为岩浆活动成因、构造活动成因、地貌地质（如岛礁）成因等。倪师军等（1997）在滇黔桂地区解译出70多个遥感环形构造，并通过实地验证后发现有20多个环形构造与金矿化关系密切，金矿化出现在这些环形构造中或者边缘上。他们认为这些环形构造通常与地下的岩浆活动有关，岩浆活动导致的蚀变晕、中心式地热、气流扩散及磁电异常均可形成环形构造异常。环形构造部位一般含金丰度较高，Sb、Hg、As等相关元素组合较好，较易富集成矿，金矿化主要分布于这种环形构造的边缘，若再附加线性构造，则找矿前景更好。隆起构造虽为裂谷环境内的次级构造，主要控制矿田（或矿床）的产出，即矿床（田）多分布于宽缓背斜或环形构造与断裂构造的复合部位，其边部或外围通常有岩浆分布，如革档、烂泥沟、世加、金牙、明山等金矿，高龙金矿也具有环状构造附加线性构造的特征，区内高龙基底隆起和四周环形断裂共同构成了高龙金矿区典型的环状构造。虽然高龙金矿边部未见岩体出露，但根据环形构造内热液蚀变矿物特征，推断高龙金矿的形成可能与地壳深部断裂和岩浆活动存在联系。

总之，高龙金矿总体受高龙隆起和滑脱构造控制，隆起核部为石炭系—二叠系碳酸盐岩组成，外部为三叠系细碎屑岩，两类岩性的界面既是滑脱构造的活动空间，也是金矿体的赋存部位。从硅化、硫铁矿化、萤石化、气液角砾岩等热液蚀变广泛发育，可以推断高龙隆起为一个构造热隆起。

（3）边缘断裂控矿作用

滇黔桂地区诸多金矿床的矿体受矿区尺度断裂及破碎带的控制。如烂泥沟、紫木凼、丫他、高龙等矿床。矿床内部的不同方向和产状矿体，均分别位于应力场内的破碎带系统之中。高龙矿区断裂构造十分发育，按其走向可归纳为近东西向、近南北向和北西西向3组。在隆起区上古生界碳酸盐岩与周边三叠系地层之间，由前两组断裂的F_1-F_4联合组成一个环状断裂，其走向长、断距大、破碎带宽，破碎带全部硅化，发育构造石英岩、硅化构造角砾岩、复合角砾岩，其抗风化能力强，为正地形，地貌表现甚为雄伟壮观。具角砾岩、复合角砾岩构造，该环状断裂多次继承性活动并控制热液活动，是矿区的主要导矿、容矿构造，北西向断裂构造晚于上述两组断裂。

高龙金矿已经查明的金矿体或金矿化体，都分布于高龙隆起边缘的断裂破碎带以及北西西向断裂带内，这些断裂破碎带多集中分布于隆起区晚古生代碳酸盐岩和边缘三叠系碎屑岩接触带内或附近的不整合面蚀变带内。区内的金矿化蚀变较为强烈，分布范围大，蚀变类型主要有硅化、黄铁矿化、粘土矿化、毒砂化等。主蚀变矿化带就产出于不整合面蚀变带内，边缘断裂则严格控制了蚀变矿化带的展布。如 F_3、F_6 和 F_9 控制了鸡公岩矿段，F_2 控制了龙爱矿段，F_1 控制了金龙山矿段。边缘断裂带的构造破碎带往往成为含矿热液渗流、交代和矿体就位的空间。区内的金矿体多呈似板状、豆荚状或透镜状产出于断裂破碎带内，矿体延伸方向往往与断裂延伸方向基本一致，在倾向上，矿体在断裂陡倾部位变薄，缓倾部位变厚。这种豆荚状、透镜状矿体的形成往往反映出构造应力导致的岩石破碎、不连续、波状变形等的结果。

在断裂带内，往往出现多层矿体。这可能与在断裂带内常常发育多级次破碎带或滑脱断层有关。这些次级破碎带大多与主断层面平行，它们分别在成矿有利部位储存了金矿体，从而造就了剖面上的多“层”矿体。如鸡公岩矿段主断层面形成较宽的硅化角砾岩带，角砾岩带外侧是2#金矿体，在2#金矿体东侧的碎屑岩地层中，又发育有受正断层控制的小型金矿体。在1#金矿体北东侧碎屑岩中，发育一次级破碎带，形成近10 m宽的破碎带，其上盘的砂岩、粉砂岩夹泥岩地层明显褶皱变形，形成平卧-翻转褶皱，破碎带发育蚀变矿化，构成小的金矿体。

另外，高龙金矿体或金矿化蚀变体与断裂破碎带关系极为密切，大多数矿体产于断裂破碎带内，少数矿体分布于破碎带上盘或下盘地层内的次级构造（褶皱、断裂）部位，矿化强度往往随着与破碎蚀变带的距离增大而减弱乃至消失，矿化与蚀变明显具有正相关性。高龙环状断裂的分支断裂破碎带和轴向近于平行边缘轮廓的滑脱褶皱及与其同序次的断裂、劈理、节理、层间破碎带等构造系统均与导矿断裂系统具有成因联系，它们的形成和导矿基底断裂的复活为同一应力场作用结果。它们彼此沟通，使得导矿断裂附近形成低压扩容带，为成矿提供有利空间。当深部高压成矿热液沿基底导矿断裂上涌时，在这些构造系统内发生减压沸腾、渗透扩散等作用，导致成矿流体的物理、化学条件发生改变，引起矿质沉淀、成矿。

（4）构造地球化学

本次工作对鸡公岩矿段内的含金蚀变构造带和矿段外非含金蚀变构造带进行了构造地球化学研究，结果（表9-1，图9-3）显示，高龙矿区内外蚀变构造剖面元素含量及其变化基本类似，并未发现含矿剖面和非含矿剖面之间存在明显差异。两者均含有As、Sb、Cu、Zn、Hg、Rb、Sr等元素，且其含量基本类似。无论是矿区内还是矿区外的构造剖面，As、Sb均为高含量元素，Ag、Hg、Sn为低含量元素，其含量也大体相近，如Sb含量的众值范围为 $100\times10^{-6}\sim1000\times10^{-6}$，As含量的众值范围为 $10\times10^{-6}\sim100\times10^{-6}$ 之间，Hg、Sn的含量众值集中分布在 1.0×10^{-6} 附近，Ag含量通常都小于 1.0×10^{-6}，矿区外围构造蚀变剖面中Mo、Cu、Zn的出现，且Cu、Zn的含量可与As、Sb含量相匹配，显示出硅化带中存在中高温元素。

二、构造演化

高龙金矿位于北西西向的西林-百色断褶带西段弧形拐弯处的高龙隆起部位。且核部由上古生界碳酸盐岩、翼部由中三叠统碎屑岩组成，其中发育一系列次级褶皱。轴向以近东西向为主（轴面产状172°∠60°，枢纽产状274°∠4°），其次为北西西向。矿区断裂十分发育，根据其与矿化的关系、展布方向，可分为成矿前断裂、成矿期断裂和成矿后断裂（图9-4）（胡明安等，2003）。

1. 成矿前断裂

区内主要含矿断裂大都经历了破碎-蚀变、矿化-再破碎的复杂过程。断裂构造大都形成于燕山期或燕山期以后，控矿断裂多是如此。但同时，区内燕山期之前形成的石炭系—二叠系碳酸盐岩台地形成过程中的边缘断裂为后来断裂构造的活化奠定了基础。台地周围沉积了一套以砂岩、粉砂岩、泥岩为主要成分的碎屑岩，其含金量相对较高，具有较高的金、砷背景值，三叠系碎屑岩可构成了金的矿源层，其中的泥质岩则起到了某种程度的对含矿液体的隔挡屏蔽、沉淀富集的作用。灰岩台地和碎屑岩的西、南、北、东边接触带，为构造薄弱部位，易于破坏，分别被后来的 F_1、F_2、F_3、F_4 断裂所利用，形成滑脱破碎带。

表 9-1　高龙金矿构造地球化学剖面测试结果统计表（$w_B/10^{-6}$）

样品原号	Nd	Sm	Y	Rb	Sr	Cu	Ag	K（%）	As	Sb	Ba	Au（ng/g）	Hg
GL1－17	1.21	0.28	1.71	4.22	13.7	8.18	0.63	0.064	54.3	1375	42.1	273	1.91
GL1－24	1.81	0.47	0.52	2.89	15.1	5.61	0.04	0.063	5.11	78.3	32.5	7.41	0.058
GL1－12	1.89	0.5	2.29	3.76	19.5	26.1	2.04	0.068	93.8	1569	109	56.6	1.41
GL1－42	9.02	1.37	8.33	88.8	11.6	28.8	0.31	1.58	593	173	224	2466	5.36
GL2－27	0.33	<0.05	0.23	1.46	5.93	5.59	0.01	0.03	13	42	8.56	12.1	0.035
GL2－30	0.38	0.08	2.7	2.84	31.3	7.74	0.09	0.049	7.98	40.3	58.3	2.45	0.03
GL2－21	4.62	0.98	3.16	2.55	51.5	8.04	0.11	0.048	14.8	19.2	108	169	1.14
GL2－12	1.27	0.17	1	3.44	24	5.22	0.05	0.07	13.7	81.1	31	6.79	0.066
GL2－6	2.79	0.36	1.12	3.82	13.4	6.59	0.09	0.063	29.8	50.6	54.5	79.3	0.26
GL2－3	0.43	0.08	0.61	2.28	1.05	9.41	0.01	0.031	8.47	82.3	6.46	107	0.1
GL2－4	2.06	0.31	1.33	3.69	11.3	23.1	0.59	0.06	69.6	49.8	72	181	2.43
GL2－6	2.79	0.36	1.12	3.82	13.4	6.59	0.09	0.063	29.8	50.6	54.5	79.3	0.26
GL2－9	19.5	3.32	11	152	20.6	51.8	0.18	2.84	1001	683	434	323	2.1
GL2－10	0.87	0.13	0.85	4.73	5.26	6.01	1.74	0.084	463	11420	19	30.8	2.33
GL1－2	0.99	0.2	3.25	2.17	14.1	6.93	0.03	0.039	29.1	93.6	24.2	1.65	0.061
GL1－4	0.51	0.06	0.58	2.29	21.3	4.86	0.03	0.041	5.58	95	20.6	2.02	0.055
GL1－7	1.22	0.48	1.26	2.93	14.5	7.45	0.28	0.051	55.1	522	115	13.6	0.43
GL1－10	2.23	0.41	1.24	0.99	4.34	4.85	0.03	0.027	3.93	86.3	11.7	2.22	0.008
GL1－12	1.89	0.5	2.29	3.76	19.5	26.1	2.04	0.068	93.8	1569	109	56.6	1.41
GL1－14	12.2	1.95	12.7	76.1	15.6	14.9	0.03	1.48	195	49.4	242	93	1.79
GL1－15	11.2	1.54	10.2	90.3	27	11.3	0.04	1.55	44.7	164	267	3.04	1.53

注：测试单位为国家地质实验测试中心。

2. 成矿期断裂

高龙矿区主要断裂为近东西向断裂和近南北向断裂，其中近东西向断裂为区域性深大断裂，是区内主断裂，贯穿整个矿区，断面向南倾，倾角 60°～80°，断裂带中劈理化、透镜体发育，具有压扭性断裂性质。近南北向断裂受近东西向断裂限制，呈近弯曲拐折的南北向展布，其破碎带十分发育，是区内最为重要的控矿构造之一，其中充填有构造石英脉、硅化构造角砾岩等，局部地段发育金矿化或锑矿化，金矿体主要分布在南北向和近东西向断裂带上盘次级挤压破碎带中。主要含矿断裂在成矿期产生多次活动，且以继承性为主，表现为各阶段产物多次叠加，矿区的构造变形受力方式上表现为近南北向挤压和近东西向挤压交替进行。多期次构造活动促使含矿热液间歇式沿断裂上升，导致矿化的多阶段发育。含矿断裂叠加活动强烈部位岩石发生破碎，有利于含矿热液交代充填，是不同阶段热液蚀变和矿化叠加的有利部位。断裂部位发育的挤压破碎带通常发育强烈的硅化，在两组断裂交汇部位这种硅化尤为明显。根据硅化破碎带的岩石结构构造等特征，硅化带具有一定的分带现象，靠近隆起区一侧为硅化灰岩带，由大量石英脉穿插、交代灰岩而成，脉体产状不规则，宽度变化较大，远离

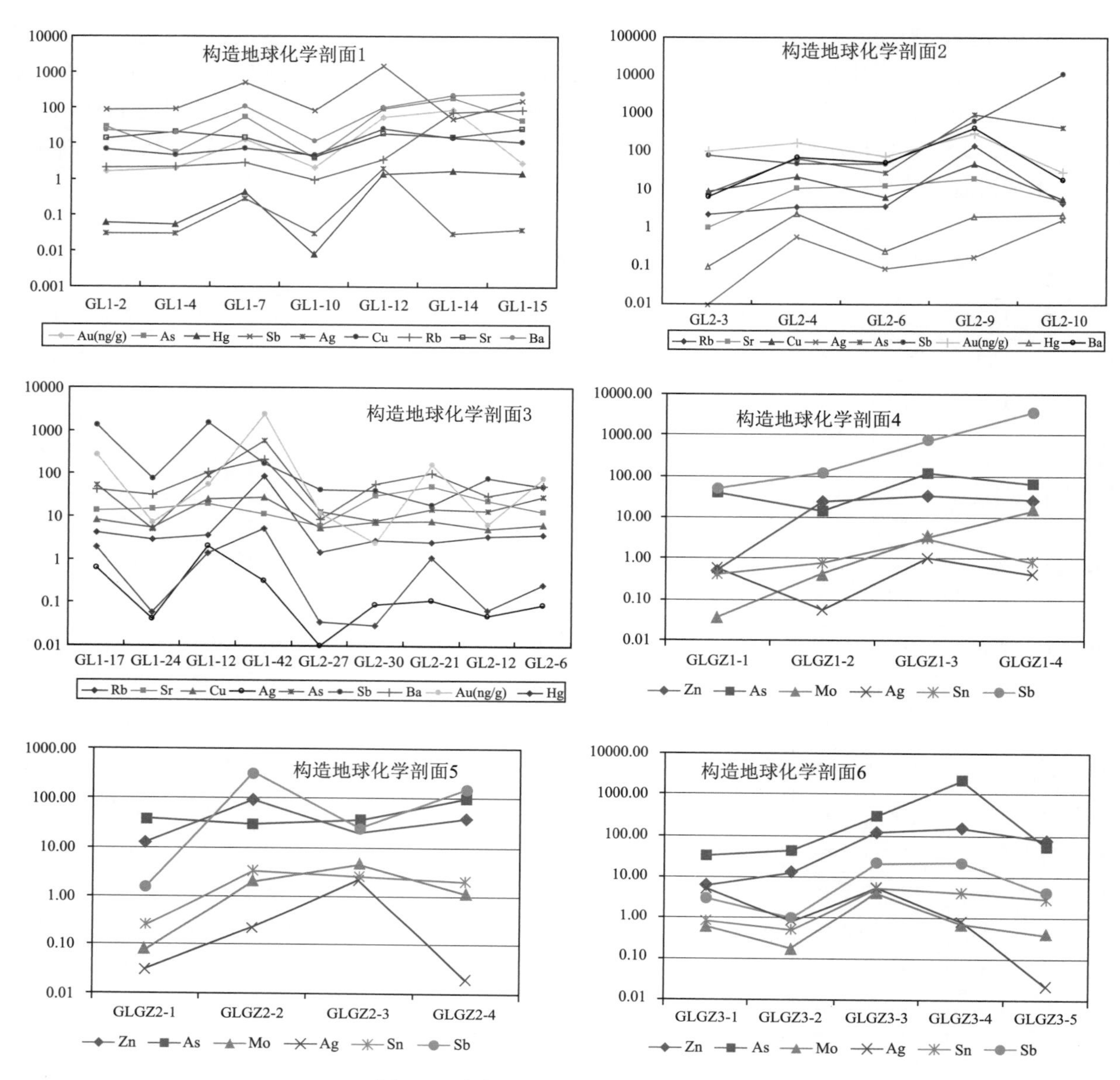

图 9-3　高龙金矿构造地球化学剖面图

剖面 1 ~ 3 为鸡公岩矿区内含金蚀变构造带剖面，剖面 4 ~ 6 为矿段外围非含金蚀变构造带剖面

断层面灰岩含脉率降低，该带是在破裂灰岩基础上发展而来的；中带为构造石英脉带，分布在硅化破碎带中部，厚度变化较大，一般为数十米，以乳白色致密块状石英为主，夹有少量灰岩或碎屑岩角砾，围绕角砾的石英脉通常发育有圈层状玛瑙纹，反映形成环境相对安定；靠近坳陷区一侧为硅化角砾岩带，由大量乳白色石英脉穿插、胶结或交代围岩角砾而成，角砾成分以砂岩为主，角砾周围石英脉的玛瑙纹也比较发育，该带是在断裂带内砂泥岩构造角砾岩基础上形成的，局部地段构成金矿体。角砾岩中石英脉的玛瑙纹现象反映了石英脉形成于相对安定的水体环境，其沉淀过程具有脉动性且热液成分随时间演化而发生变化。

3. 成矿后断裂

主要为区内北北西向和北北东向断层，其中，北北西向断层为扭转平移断层，北北东向为顺扭平移断层，为一套共轭 X 扭断裂，它们切割早期断裂及矿体，但位移量不大，根据位移方式来看，是区域近南北向水平挤压的产物。此外，区内主体近东西向和近南北向断裂再次发生继承性活动，使矿体或石英脉再破碎，矿体和顶板或底板断层接触，金品位突然降低，局部形成尚未固结的断层角砾岩和断层泥。但一般活动强度不大，对矿体的产出空间位置影响不强烈或无太大影响。碳酸盐化的出现

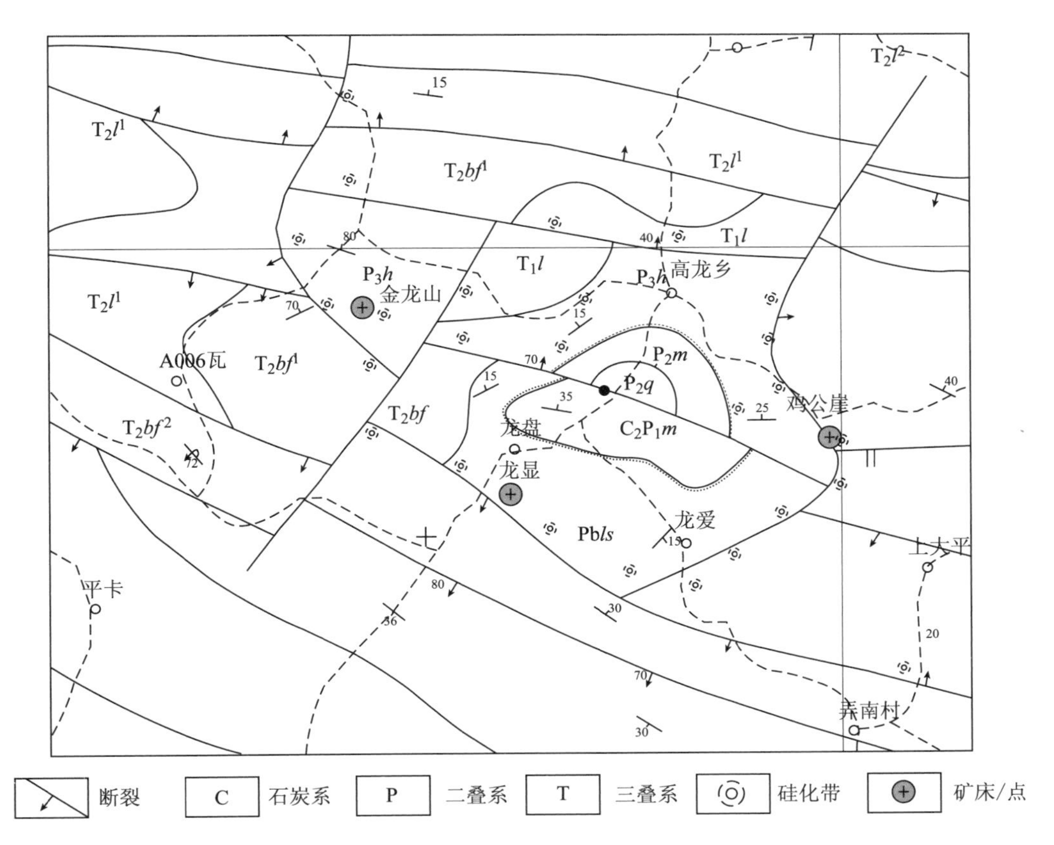

图 9-4　高龙金矿矿区构造简图

（据全国重要矿产资源潜力评价项目，2011）

（局部地段发育方解石脉或团块），标志着热液成矿作用的结束。

总之，高龙金矿以隆起边缘断裂为主要含矿断裂，这些断裂具有多期次、继承性活动特点，后期构造活动沿袭早期构造活动特征，多期次活动表现在强度、性质上有所变化，但总体上断裂产状基本保持不变。成矿前和成矿期的构造活动对金矿化起着重要的作用（表 9-2）。

表 9-2　断裂构造活动与金成矿的关系

断裂活动					围岩蚀变		成矿作用		备注说明
期		阶段	性质	强度	类型	强度	阶段	强度	
喜山期	成矿后	Ⅳ	张性	弱	碳酸盐化	弱	微晶状方解石大脉（或团块）	极弱	断裂再次破碎，成矿作用结束（表生富集除外）
燕山期	主成矿期	Ⅲ	张性	较强	硅化、黄铁矿化、碳酸盐化	极强	金富集、乳白色石英脉、方解石脉	较强	形成南北走向的断裂破碎带，如6#、9#矿体、金龙山矿段等地的次级断裂，部分地段矿化叠加，石英脉、方解石脉充填裂隙
		Ⅱ	压性	强	硅化、多金属硫化物化	较强	金矿化、硅化、黄铁矿化、毒砂化	强	形成滑脱构造，造就容矿断裂空间，含矿热液胶结交代构造角砾岩，为主期成矿，发生多期强烈硅化
前燕山期	成矿前	Ⅰ	张性	强	白云岩化		无	无	台地的西、南、东边接触带，为构造薄弱部位，易于破坏，分别被后来的 F_1、F_2、F_3、F_4 断裂所利用，形成滑脱破碎带。

（据胡明安等，2003）

三、应力应变测量

1. 区域构造应力场

高龙矿区属于江南古陆与粤北古陆之间右江盆地的一部分，是中、新生代滨太平洋成矿域与特提斯成矿域结合部位，构造应力场明显受其控制。其中，桂西北地区地质构造主要受北东-南西向作用力的影响，形成北西-南东向的地质构造格架，高龙矿区亦处于这一构造应力场之中。但局部构造应力场的应力分布状况又与其一定的边界条件有关，高龙隆起区及其周边构造线方向有近东西向、近南北向、北西向、北东向等多组，其中以近东西向为主，其次为近南北向、北西向、北东向，主要形成于印支—燕山早期，同时受燕山期构造运动影响较为强烈。

区内高龙隆起的形成，主要受横弯褶皱作用的控制，可能是在垂向应力作用下形成的，其轴面应力垂直于最大主应力轴。此外，区内水平作用力也较为发育，主要应力场应为近南北向应力，其次为北东-南西向应力，在这些应力作用下，形成中间地层局部隆升、四周地层相对拗陷的地形地貌。高龙隆起受基底隆起所控制，表现为受近东西向和近南北向两组继承性断裂所控制的断块隆起，反映出后期的近南北向和近东西向最大应力场，由于高龙隆起处于长期的上升隆起状态，最后又发育一组近圆形的断裂，很可能是垂直作用力下形成的横弯褶皱。

近东西向构造主要为断层，多发育于高龙隆起北部及外围，在隆起北部边缘，即是利用已有的近东西向断裂破裂面发育而来的，具有高角度的张扭性特征，切割北北东向断裂，具有顺时针扭动特点，在早期形成的断裂面普遍发育近南北向和近东西向两组节理。东西向构造主要发育于高龙隆起东部外围三叠系砂岩、泥岩地层中，是晚期构造近东西向构造运动的结果。多期构造运动也反映在构造特征上，尤其在区域性断裂面上，既具有压性特征，又具有张性和扭性特征，有各种方向的擦痕，硅化普遍且具有多次硅化特征，叠加和改造的现象有时出现，反映出受多期构造运动的影响，在同一地区出现不同时期不同构造应力场形成的各种构造现象。

2. 高龙金矿应力分析

高龙矿区构造活动具有叠加、复合、改造等一系列的继承性活动特征。其中，下二叠统—上二叠统地层构成南北走向滑斜，猫山北二叠系灰岩中岩层产状发生变化，以及猫山东南部中石炭统灰岩形成背斜构造，在F_{10}断层北侧的中上石炭统灰岩里发育一向斜构造，猫山南西的上二叠统灰岩中发育一组近东西向褶皱，这些均说明高龙隆起在早三叠世以前即已发生构造隆升作用。金龙山矿段F_1断层南西侧，中三叠统百逢组第三段地层半圈闭，构成近南北向向斜，在F_{10}南侧则形成一背斜构造，下三叠统—中三叠统碎屑岩广泛发育轴向近东西向的褶皱，南北向断裂产生东西向的伸展滑脱，这些均说明在印支期区内发生近南北向和近东西向的挤压活动；龙爱矿段以南及F_5断层以北的近东西向褶皱被改造成东西-南西-东西-北东东-南东向的叠加褶皱，东西走向断裂产生南北向伸展滑脱，这些说明在燕山早期区内受到南北向挤压应力；南北向断裂在滑脱基础上翻转，表现为逆冲，北东、北西向断裂发生走滑运动，东西向断裂继承性活动且发生翻转，表现为逆冲，北东、北西向断裂反向运动，隆起核部抬升，四周再次下滑。这些均说明，在燕山期，发育有东西向和南北向双方向的挤压应力活动，造成了高龙隆起的最终定位和金矿体的就位。鸡公岩断裂内晚期方解石脉和团块以及无色石英细脉的广泛发育，加之局部切断矿体小规模断裂和X节理的发育，说明在成矿后期，区内在南北向的挤压应力下，发生东西向构造的逆冲推覆和南北向断裂构造的伸展活化。

高龙金矿的力学模型矿区围压等值线图如图9-5所示，计算结果表明高龙矿区围岩压力特点为西高东低，南高北低，其中鸡公岩和金龙山一带出现负值区，是金矿体产出部位，其周围为高值部位，显示矿液由高压向低压部位运移、聚集、沉淀成矿。应变能等值线图（图9-6）显示，矿区中部为高值带，中心点位于F_4断裂西段以南，F_4东段、F_1断裂附近为次高值带，梯度变化大，F_1断裂以西、F_3断裂以东为低值区，梯度变化小，金矿体产出部位，东部的鸡公岩矿段和南部的龙爱矿段位于低值带，西部金龙山矿段位于高值带的边缘。最大主应力等值线图（图9-7）显示，西部和区内东北角部位为高值点，中部为低值区，F_3、F_1大致沿等值线分布，矿体相对低值部位。最大主应力方向图

（图 9-8）显示，在 F_4、F_{10}断裂带与最大主应力方向垂直或大角度相交，F_1、F_2 断裂带与最大主应力方向平行或小角度相交，反映了断裂的力学性质以南北向挤压应力为主，同时东西向的挤压应力在某一特定阶段发挥重要作用（广西地质矿产局，1992）。

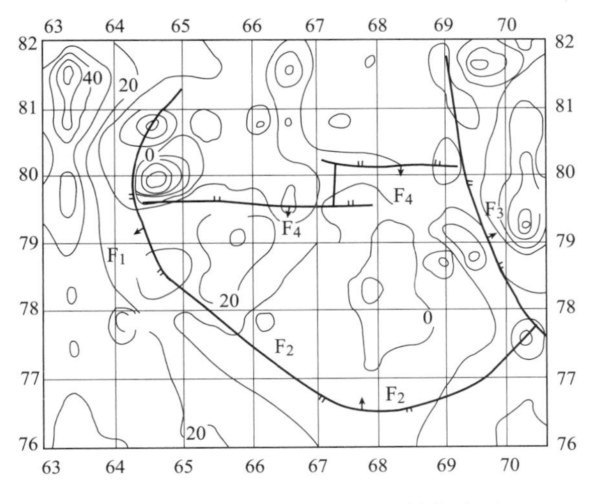

图 9-5　高龙矿区成矿期围压等值线图

（据广西地质矿产局，1992）

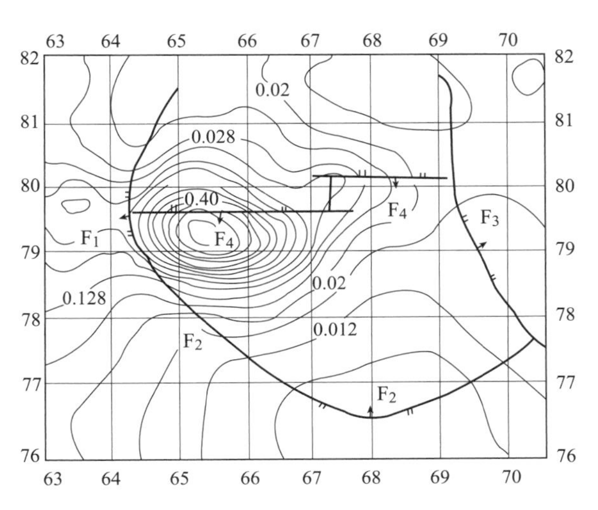

图 9-6 高龙矿区成矿期应变能等值线图

（据广西地质矿产局，1992）

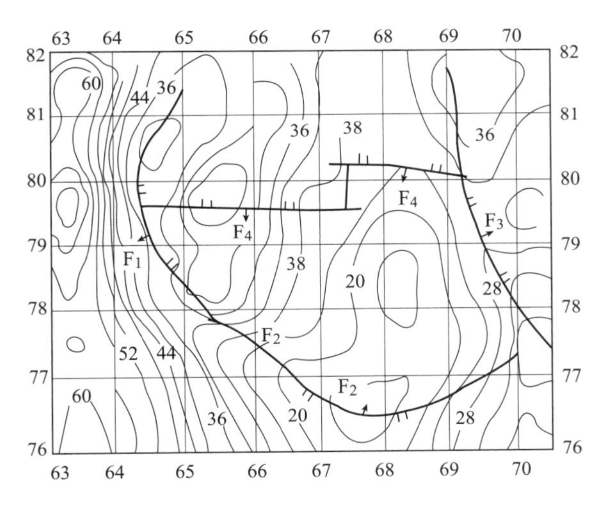

图 9-7　高龙矿区成矿期最大主应力（压应力）等值线图

（据广西地质矿产局，1992）

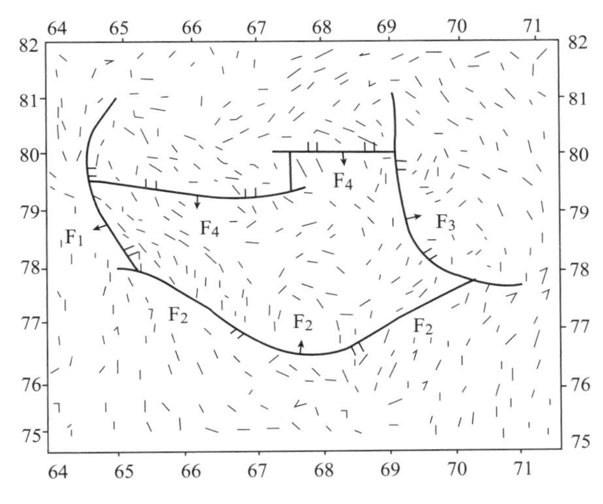

图 9-8　高龙矿区成矿期最大主应力方向图

（据广西地质矿产局，1992）

3. 断裂活动与成矿关系

高龙金矿主要断裂具有多期继承性活动的特点，区内主要含矿断裂在成矿前已经形成，伴随成矿过程而发展，成矿后期再次发生活化。区内的构造活动分为 3 期（表 9-3 和图 9-9），其中第二期断裂活动又细分为两个阶段，这两阶段的断裂活动对金成矿作用起着重要的控制作用。成矿前区内主要含矿断裂经历了破碎-蚀变、再破碎的复杂过程。高龙地区的断裂构造受近东西向的区域性深大断裂活动的影响，大都形成于印支期或燕山早期。燕山期之前形成的石炭系—二叠系碳酸盐岩台地地形为后来的断裂构造的发育奠定了基础，台地周围沉积的碎屑岩建造含金值普遍高于区内背景值，尤其是其中的砂岩、粉砂岩含金和砷的值相对较高，这为区内金矿体的形成提供了物质来源。灰岩与碎屑岩之间的接触带由于岩石物性差异较大，形成构造薄弱部位，易于遭到破坏，被后期的构造热液活动所利用，形成断裂滑脱面或者直接赋存金矿体。

表 9-3 高龙金矿应力分析图表

构造期	主应力方向	构造变形特征	推测时代	应力椭球
成矿前	近南北向挤压	近东西向褶皱构造、南北向张性破碎带	前燕山期	
成矿期	东西向挤压	近南北向褶皱并叠加在早期的南北向褶皱上，南北向断裂滑脱，北西向左行剪切断裂，北东向右行剪切断裂形成	燕山期	
	南北向挤压	东西向断裂破碎带产生，南北向断裂伸展	燕山期	
成矿后	南北向挤压	南北向断裂伸展	燕山晚期-喜马拉雅期	

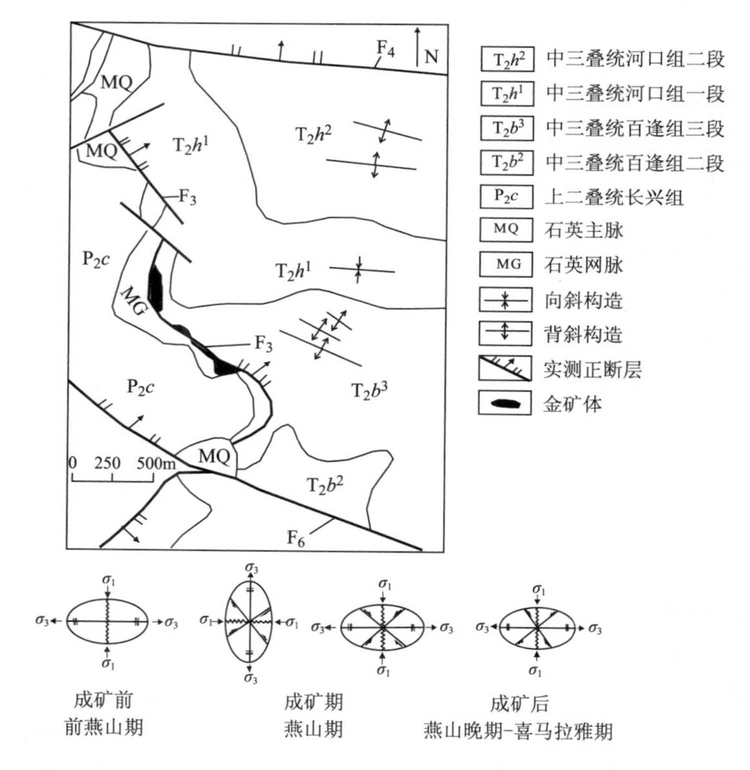

图 9-9 高龙矿区鸡公岩矿段控矿构造及应力分析图

根据野外的观察和室内分析研究，可将高龙金矿成矿作用期间发生的构造活动划分为两期，早期以垂向主应力为特征，东西向挤压运动和南北向伸展为主，期间导致了近南北向的逆冲推覆断层 F_1、F_3 的形成和燕山期之前形成的东西向断层的伸展活化，导致隆起区的再次上升和近东西向断层的滑脱。晚期仍以垂向主应力为特征，南北向的挤压应力大于东西向的应力，导致东西向逆冲推覆断裂的发育和南北向伸展断层的活化运动。期间伴随构造运动的发生发展，热液活动频繁，导致区内硅化、碳酸盐化、云母化、黄铁矿化、毒砂化，以及金矿化等广泛发育。矿区构造变形的受力方式上总体表现为在垂向主应力作用下，近南北向和近东西向挤压应力的交替进行，从而导致多期次的构造活动和含矿热液的间歇性、脉动式的流体活动，指示矿化的多阶段发育，含矿断裂叠加活化强烈部位，岩石破碎明显，有利于含矿热液岩破碎带上升、充填、交代，以及矿质的富集沉淀成矿。

第二节　德保铜矿

德保铜矿位于桂西右江古生代裂陷盆地之靖西地块的南东部位，经历了自加里东运动以来的多期次构造作用，构造格局复杂。构造不仅控制了区内的成岩、成矿作用，成矿后断裂构造对矿体的破坏作用也是明显的。

一、矿田构造特征

德保铜矿位于北北东向龙光背斜与北西向黑水河断裂交汇处、钦甲岩体北侧外接触带（图9-10）。

1. 区域构造

北北东向龙光背斜、钦甲穹窿以及北西向、北东向和东西向断裂组成了区域构造格架（图9-10）。区域上的褶皱构造可分为两类：其一是保留在寒武系（加里东构造层）中的线性褶皱，由于岩

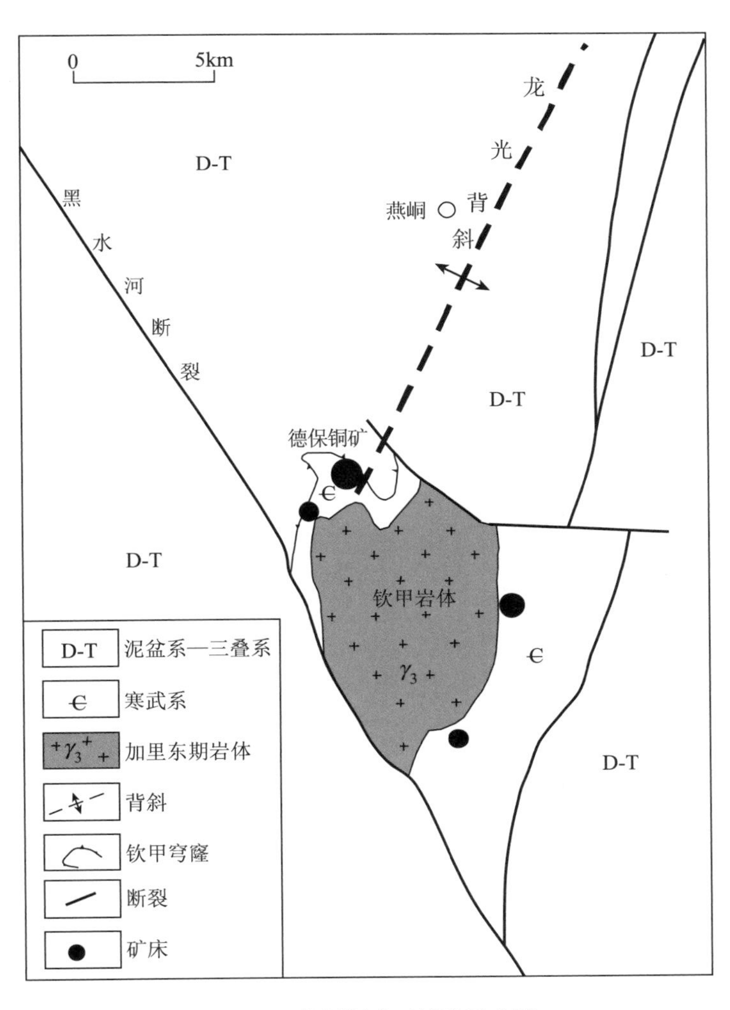

图9-10　德保铜矿区域地质略图

浆侵入和后期褶皱、断裂的叠加，褶皱形态复杂、轴向变化大，总体构造线为近东西向，与东侧大明山-大瑶山一带寒武系中褶皱方向基本一致，局部呈北西向或北东向；第二类褶皱由寒武系组成核部，泥盆系—三叠系盖层组成两翼，系印支期褶皱。该类褶皱的轴向变化大，大致以德保-钦甲一线为界，东部以北东-北北东向为主，如龙光背斜、大帮向斜、大旺背斜、贵屯向斜等；西部以北西向为主，如贺屯背斜、岳圩向斜等。其中，北北东向龙光背斜为主要褶皱构造。

北北东向龙光背斜由寒武系基底岩系组成核部，泥盆系—三叠系盖层组成两翼，系印支期褶皱。背斜核部寒武系中尚保留有早期北西西向、北东东向、北东向和北西向等多个方向的线形褶皱，西南端由于褶皱和断裂的叠加导致寒武系大面积出露，形成了“钦甲穹窿”。“钦甲穹窿”中心部位侵入有加里东晚期的钦甲岩体，四周为不同方向的断裂所围限。

区域上断裂构造发育，主要有北西向和北东向两组，其次为东西和南北向。不同方向断裂大多数切割到了泥盆系或中三叠统地层，表明其形成时间为印支、燕山期或者在印支和燕山期早先存在的断裂产生了再次活动。其中，北西向黑水河断裂与德保矿区构造的发展演化关系最为密切。

北西向黑水河断裂为区域上主要断裂构造，走向340°左右、倾向南西，倾角40°～50°。断裂带长>80 km、宽1～20 m，切割了寒武系和泥盆系、钦甲花岗岩体，以及北东向、北北东向的褶皱和断裂，断裂带内有后期基性岩脉充填。在德保矿区的开采坑道和岩体南侧黑水河均见到早期挤压构造透镜体被片理发育的断层泥所包裹，断层面具水平擦痕，两盘岩层呈明显的挠曲，断裂两旁次级断层和挤压片理发育，后期有石英、方解石脉或基性辉绿岩脉充填。此外，在黑水河一带见断层上盘（南西盘）向南东方向斜落，具张扭性。

上述特征表明，北西向黑水河断裂至少经历了3期活动，早期以压性为主，形成挤压片理和构造透镜体；后期为压扭性，擦痕近于水平；最晚期为张（扭）性活动，导致上盘向南东方向斜落，并有基性岩脉充填。

区域上北东向断裂大多向南东倾斜，倾角40°～70°，断裂性质以压扭性为主，晚期有张扭性再

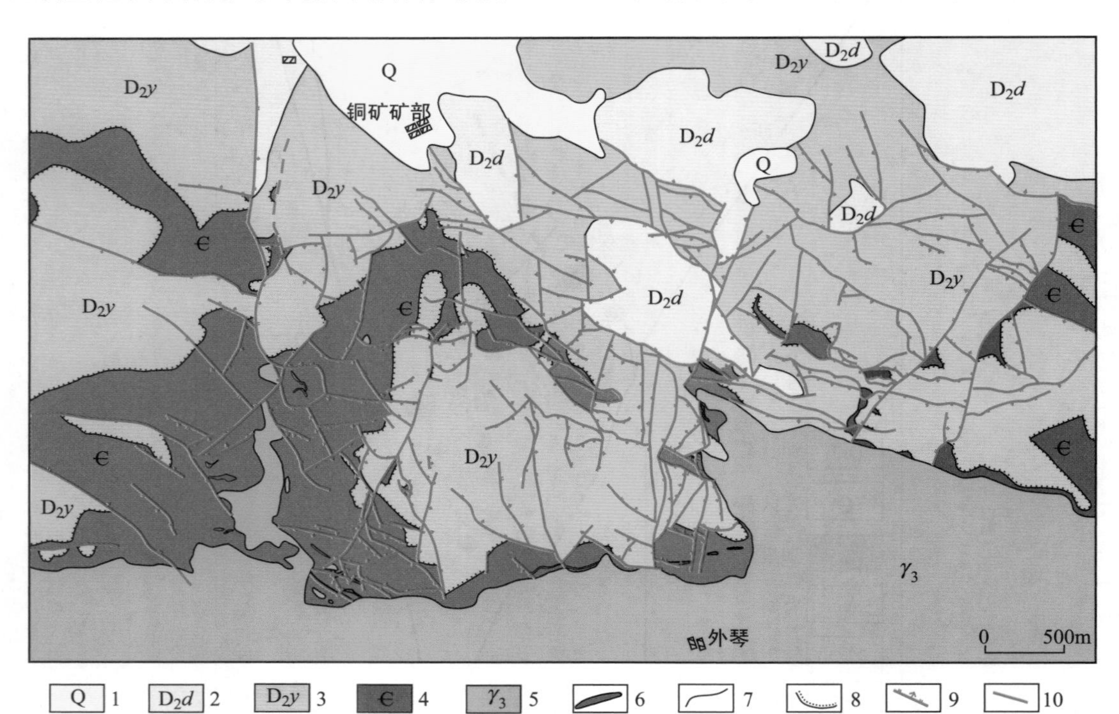

图9-11　德保铜矿地质构造图

1—第四系；2—泥盆系东岗岭组；3—泥盆系郁江组；4—寒武系；5—加里东期花岗岩；6—铜矿体；7—地质界线；8—不整合界线；9—正断层；10—性质不明断层

活动；近南北向断裂大多向东倾斜，倾角50°~70°，断裂性质以（压）扭性为主；近东西向断裂倾向南或北，切割了北东向和北西向断裂，表明其形成时代较晚。

2. 矿田构造

德保矿区断裂构造极其发育，褶皱居于次要地位，形成了区内独具特色的构造格局（图9-11）。

（1）褶皱

德保矿区位于北北东向龙光背斜西南端的北西一翼、钦甲穹窿北侧，矿区地层总体呈单斜产出，其中，寒武系（基底岩系）倾向一般NW350°~NE30°，且以北西向倾斜为主，局部向北东倾斜，倾角一般25°~60°；泥盆系（盖层）不整合其上，地层倾向一般NW320°~NE30°，倾角相对较缓，一般15°~40°（图9-11）。矿区寒武系中所保留的小褶皱或挠曲轴向以北东向、北北东向为主，次为北西向，与区域上加里东构造层中线形褶皱总体呈近东西向的特点有所差别，反映了局部应力特点。

（2）断裂

矿区不同方向断裂构造均较发育，形成网格状的构造格局（表9-4，图9-11）。主要断裂计有北西向、北北西或近南北向、北东向及东西向等4组，并以北西向、北北西或近南北向两组最为发育。

表9-4　德保矿区主要断裂特征简表

组别	产状	规模及断面特征	断裂带充填物	断裂性质	与矿体关系
北西向	220°~250°∠40°~75°	长50~1000 m、宽0.3~5 m±，断面基本平直	带内见黄铁矿化、黄铜矿化及围岩张性角砾，破碎带中穿插有更晚期的含矿方解石脉	早期以压性为主，成矿期以压扭性为主，成矿后产生张（扭）性活动，垂直落差0.4~120 m、水平错距0~240 m	为容矿构造之一，后期活动破坏矿体
北北西或近南北向	倾向南西西或北东东，倾角60°~75°	长300~670 m宽0.5~20 m，断面呈锯齿状	矽卡岩化碎裂岩，局部发育黄铁矿化、黄铜矿化	成矿期为张扭性，后期以张性为主。垂直落差25~75 m、水平错距25~35 m	为容矿构造之一，后期活动破坏矿体
北东向	300°~310°∠60°~70°	长30~150 m。宽0.2~2 m。断面呈波状起伏，有近水平擦痕	碎裂状角岩、大理岩、矽卡岩及矿石角砾，有晚期方解石脉充填	早期为张性，后期为压扭性，晚期为张性。垂直落差20~120 m、水平错小	早期对成矿起控制作用，后期破坏矿体
东西向	倾向北或南，倾角60°~80°	长30~350 m宽0.2~3 m，断面平直时见擦痕	由两盘岩层的岩石角砾组成，充填有方解石脉	早期压扭性，晚期为张扭性	破坏矿体

北西向断裂。该组断裂发育，大致平行成组出现，如F_{22}、F_{54}、F_{153}、F_{169}、F_{248}、F_{290}等。断裂走向310°~340°、倾向南西，极少部分向北东倾斜，倾角一般40°~75°。该组断裂切过了泥盆系和寒武系以及矿体，断裂面沿走向和倾向均呈舒缓波状，在主断裂旁侧发育有“入”字型分枝的次级断裂。破碎带长50~1000 m、宽一般0.3~5 m±，带内发育有大小不等的构造透镜体和大小混杂、棱角分明的张性构造角砾，局部见黄铁矿化、黄铜矿化。断裂面上具明显的斜擦痕和阶步，显示上盘（南西盘）向南东方向斜落，垂直落差0.4~120 m，一般20~30 m，平面上成反时针扭动，水平错动距离0~240 m不等。北西向断裂为区内容矿构造之一，具多期活动特征，早期以压性为主，成矿期以张扭性为主，局部有矿化充填交代，成矿后又有压扭性、张（扭）性再活动且切割矿体，断裂性质总体表现为张（扭）性。

北北西或近南北向断裂。该组断裂走向350°左右、倾向以南西西为主，少数向北东东倾斜，倾角60°~75°。断裂带长约300~670 m、宽0.5~20 m，断面呈锯齿状，局部光滑，北北西或近南北向断裂带内岩石产生了矽卡岩化，局部赋存有铜矿体，后期活动切割了北西向断裂和矿体，剖面上显示上盘斜落，垂直落差一般25~75 m，水平错距25~35 m。北北西或近南北向为区内容矿构造之一，成矿期以压扭性为主，局部赋存有矿体，成矿后又有张（扭）性再活动，产生反时针扭动，切割矿体。

北东向断裂。该组断裂走向30°~40°、倾向以北西为主，倾角60°~70°，少数反倾斜。北东向断裂规模较小，破碎带长一般 30 ~ 150 m、宽一般 0. 2 ~ 2 m，由碎裂的角岩、大理岩、矽卡岩和矿石角砾组成，充填有晚期方解石脉。断面呈波状起伏，有近水平擦痕，中间为灰色方解石所胶结的黄铁矿在其中呈网脉状，两侧为白色方解石脉。北东向断裂经历了 3 期活动，早期张性活动形成断层角砾岩和宽窄不一的断裂带，后期为压扭性活动，晚期张开并充填有方解石脉。垂直落差一般 20 ~ 30 m，最大为 120 m，水平错动距离较小。早期对成矿起了导矿通道作用，后期破坏了矿体，断裂性质总体表现为张性。

东西向断裂。区内也较发育，走向近东西、倾向北，部分倾向南，倾角较陡，一般 60° ~ 80°左右。断裂带长 30 ~ 350 m、宽 0. 2 ~ 3 m，断裂面平直，切割北西向断裂，剖面上显示上盘斜落，垂直断距 12 ~ 64 m，平面上南盘向东扭动，最大水平扭距为 300 m。东西向断裂是区内破矿构造，主要经历了早期压扭性活动和晚期张扭性活动，晚期作用强度低，断裂性质总体表现为压扭向。

上述各组断裂中，仅部分北西向和南北向断裂内局部有矿化的充填和交代，分别控制了Ⅵ矿段 5 - 1⑤等矿体及Ⅳ矿段地表矿体，其他断裂均为成矿后断裂或成矿后产生再活动，主要起破坏作用。

顺层破碎带。在寒武系中发育有一系列顺层产出的破碎带，长 80 ~ 750 m、宽 1. 6 ~ 4 m，产状与所在地段地层的产状基本一致。带内常发育有不同程度的矿化和蚀变作用，特别是钙质层中的顺层破碎带中矽卡岩化、黄铁矿化、黄铜矿化发育，控制了区内层状铜锡矿体的产出。

（3）接触带构造

钦甲岩体与寒武系呈侵入接触，局部为断裂接触或为泥盆系不整合覆盖。平面上，接触界线呈港湾状，沿北西和北北西方向伸入地层中，凸出的方向与矿区主要构造方向一致（图 9-12）；剖面上，接触面呈波状起伏，但倾角较平缓，一般 15° ~ 35°（图 9-13）。

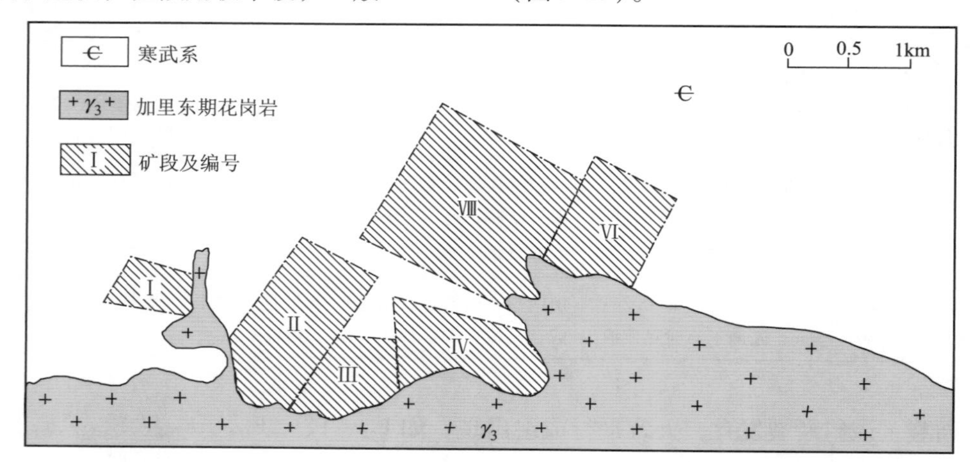

图 9-12　平面上岩体与地层接触关系

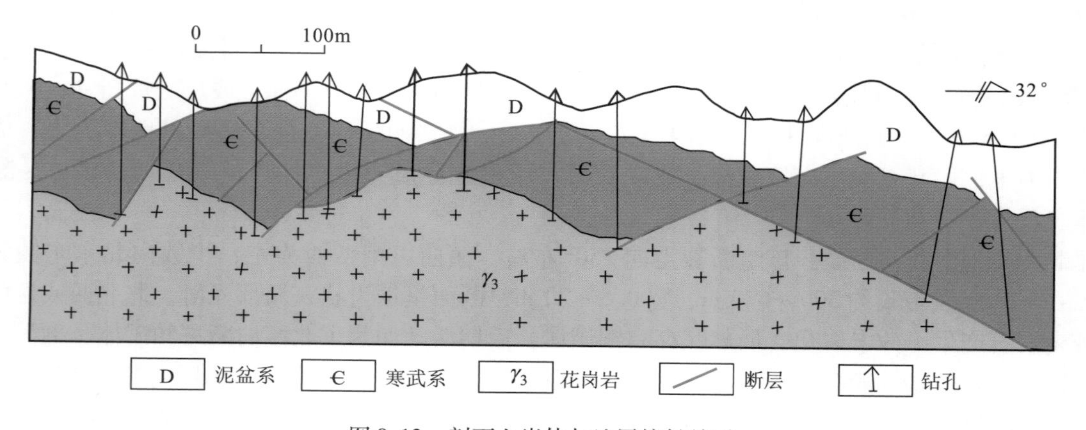

图 9-13　剖面上岩体与地层接触关系

（4）节理

区内节理构造发育，但以剪节理为主，张节理一般延伸较小，长度多小于 3 m、宽度多小于 0.02 m，且形态不规则，难以进行产状的测量。统计表明，区内剪节理主要有 280°～300°、340°、22°和 85°等 4 组，其次为 320°、35°、60°、东西向和南北向等 5 组（图 9-14）。这些剪节理中绝大多数没有充填物，仅部分寒武系中的北西和北东向节理中有脉状和浸染状孔雀石分布。

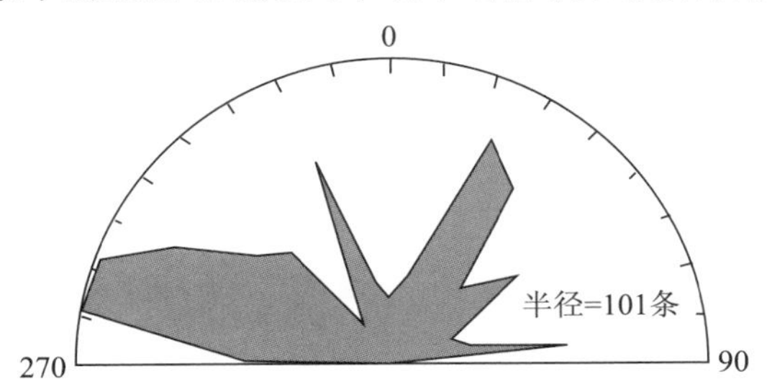

图 9-14 德保矿区节理走向玫瑰花图

区内不同地质体中的节理特征如下：

泥盆系中的节理。主要有 292°一组，次为 25°、52°、85°等 3 组（图 9-15a），由于泥盆系为成矿后沉积的盖层，其中的节理也是成矿后节理，反映了成矿后的构造作用特征。

寒武系中的节理。主要有 22°向和东西向两组，次为 300°、320°、340°、60°、85°等 5 组（图 9-15b）。

岩体中的节理。主要有 282°、320°、345°等 3 组，次为 35°、60°二组（图 9-15c）。

矿体中的节理。主要有 340°、85°、35° 3 组，次为 282°、312°两组（图 9-15d）。

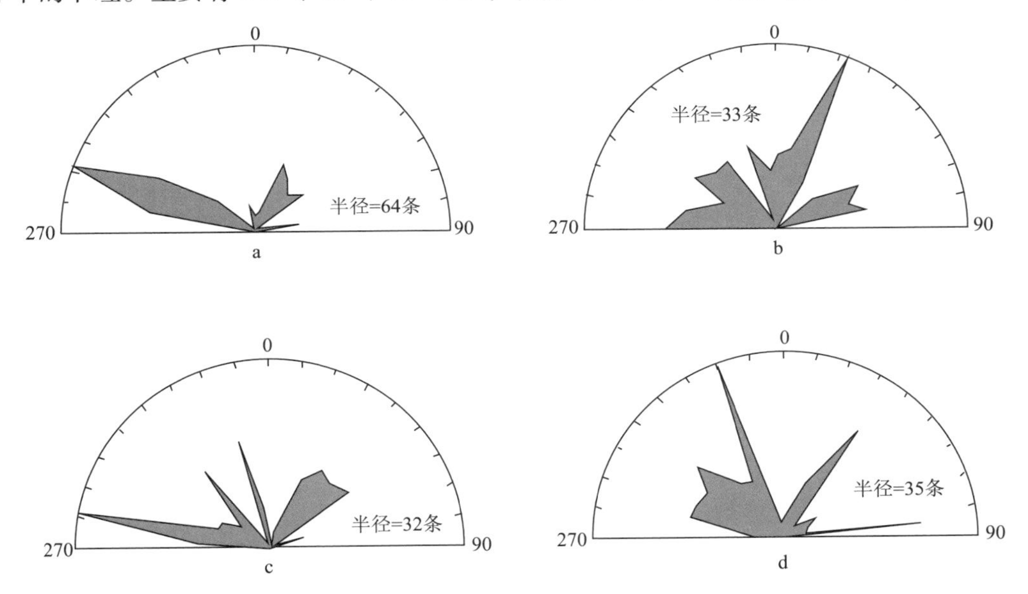

图 9-15 德保矿区不同地质体中的节理走向玫瑰花图

a—泥盆系中的节理；b—寒武系中的节理；c—岩体中的节理；d—矿体中的节理

由上可见：①加里东构造层（寒武系）中的节理以 22°方向和近东西向两组占主导，均有别于其他地质体中节理的特征，应代表了最早期的构造作用特点。矿区寒武系构造层中保留的小褶皱以北西向为主，因此，22°方向和近东西向两组可能系该期褶皱过程中形成的剪节理，反映了最早期矿区构造应力为北东-南西向挤压作用；②盖层中节理以 292°一组占主导，与寒武系、加里东期岩体，以及加里东期所形成的矿体中的节理有所区别，反映了成矿后构造作用特点；③矿体与岩体中的节理特征基本一致，只不过在发育程度上略有差异，表明二者可能为同期产物，经历了相同的构造作用，佐证了矿区成岩、成矿同属加里东期产物。

3. 构造应力作用特征

对寒武系、钦甲岩体和泥盆系中共轭节理以及矿体中矿化共轭节理的测量统计结果表明，寒武系地层和加里东期岩体中44组共轭节理的主应力优势方位有53°、78°、350°和300°等4组，σ_1 产状分别为53°∠36°、78°∠20°、170°∠0°和300°∠6°（图9-16）；20组有孔雀石充填的共轭节理显示成矿期主应力优势方位为北西向，σ_1 =300°∠6°（图9-17）；泥盆系地层中35组共轭节理的主应力优势方位为北东向和北北西-南东东向，σ_1 分别为68°∠0°和170∠0°（图9-18）。区内铜成矿与加里东期钦甲花岗岩体有关，属接触交代成因的矽卡岩型矿床，矿体均赋存于寒武系，泥盆系不整合其上，应属加里东期成矿。因此，成矿前的构造形迹仅保留在寒武系中，成矿后构造形迹主要保留在泥盆系中。泥盆系中共轭节理统计所得出的主应力优势方位应代表成矿后应力作用特征，有孔雀石充填的共轭节理统计的主应力方位代表了成矿期应力作用特征。总之，成矿前主应力优选方位为53°左右，成矿期为300°左右，而成矿后为68°~78°和170°左右。

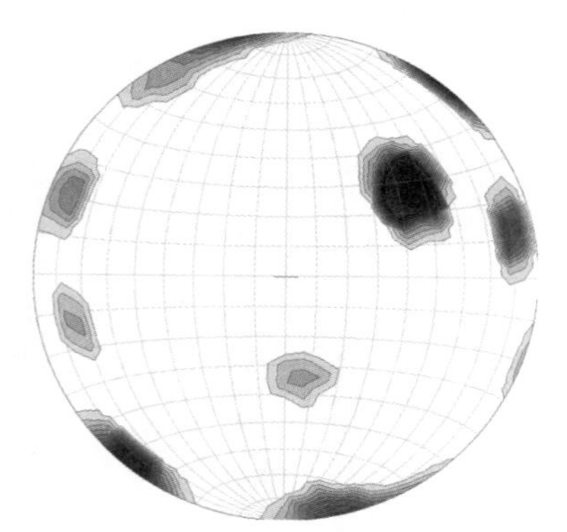

图9-16 寒武系中 σ_1 等密图

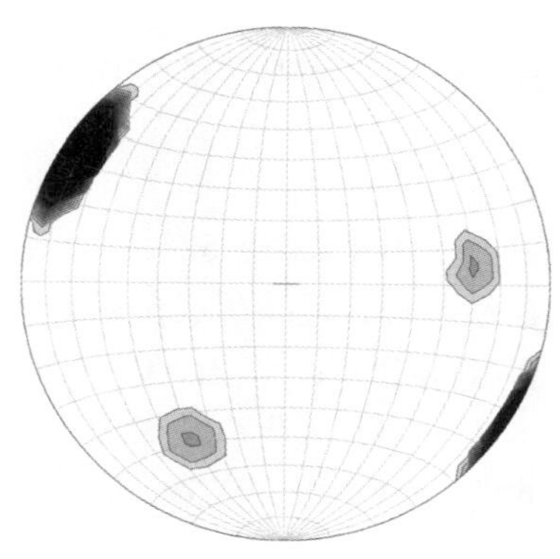

图9-17 成矿期 σ_1 等密图

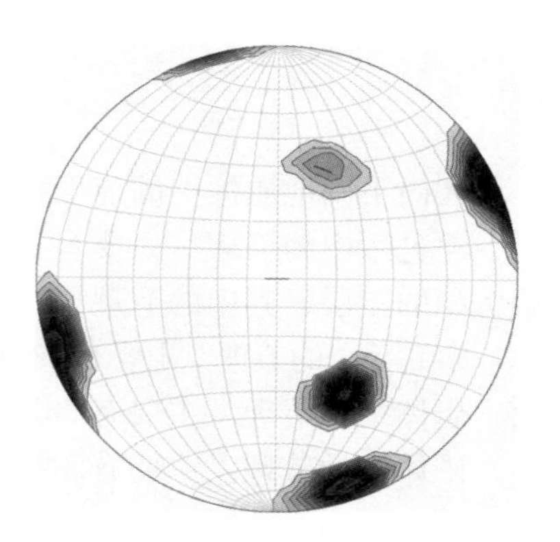

图9-18 成矿后 σ_1 等密图

二、构造演化及作用特征

1. 区域构造演化

广西境内的寒武系可分桂东和桂东南区、桂北区、靖西区和桂西区等4个沉积区，前两区为碎屑岩区；桂西区为碳酸盐岩区，靖西地区沉积特征则介于前两区与桂西区之间，为碎屑岩夹碳酸盐岩（广西地质矿产局，1985）。早奥陶世，云开地块向北移动（丘元禧，1993），与扬子台地相互作用形成近南北向挤压，靖西地区以及东侧的大明山-大瑶山地区缺失奥陶系和志留系，寒武系形成了近东西向线形褶皱，该期构造运动相当于莫柱荪提出的郁南运动。晚奥陶世—早志留世的构造作用主要影响的地区在桂东北，而郁南运动影响了广西的大部分地区，因此，吴浩若（2000）将“郁南运动”归属为加里东运动的主期。晚奥陶世—早志留世，扬子地块与华夏地块之间产生了近东西挤压事件（吴浩若，2000），形成了近南北向、北北东向褶皱构造。该期褶皱主要发育在桂东北地区，靖西地区受其影响，产生了褶皱叠加。区内钦甲岩体不同单元锆石 $^{206}Pb/^{238}Pb$ 加权平均年龄分别为412.4 Ma、434.8 Ma、442.4 Ma（王永磊等，2011），德保铜矿辉钼矿的Re-Os等时线年龄为445 Ma（王永磊等，2010），为晚奥陶世—志留纪产物。因此，该期成岩、成矿作用可归属为加里东晚期。晚古生代靖西地区为一套地台型沉积，以碎屑岩、碳酸盐岩石为主，局部夹硅质岩。中三叠世的印支运动导致靖西地区发生强烈褶皱，不同地区褶皱轴向变化较大，大致以德保-钦甲一线为界，东部以北东向为主，如龙光背斜、大帮向斜、大旺背斜、贵屯向斜等；西部以北西向为主，如贺屯背斜、岳圩向斜等。燕山期，靖西地区以断裂作用为主，钦甲穹窿、德保穹窿等穹窿构造最终定型。

2. 矿田构造演化

根据区域构造演化及本次应力测量结果，矿区主要经历了4次构造作用，分别与加里东期主期、加里东晚期、印支期和燕山期构造事件相对应，区内成岩和成矿作用则发生在加里东晚期。

成矿前（早奥陶世，郁南运动）。矿区压应力方向为北东-南西向，$\sigma_1=53°\angle36°$（图9-19a），形成了加里东构造层（寒武系）中北西向褶皱，以及北西向黑水河断裂。该期构造作用过程中，黑水河断裂以挤压为主。

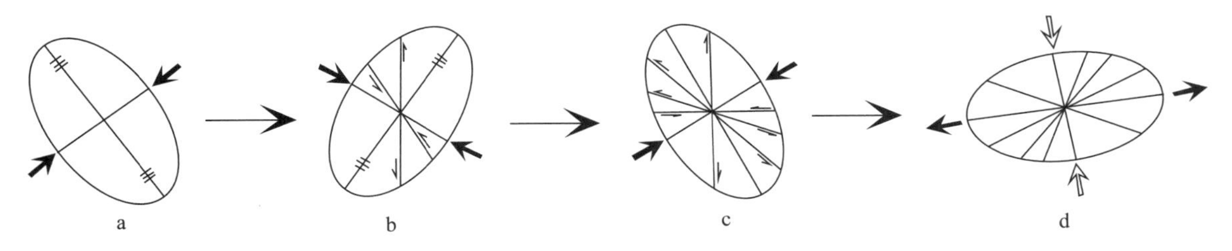

成矿前：NE-SW方向挤压 σ_1=53°∠36°　成矿期：NE-SW方向挤压 σ_1=300°∠0°　成矿后：NE-SW方向挤压 σ_1=68°~78°∠0°~20°　成矿后：SN方向挤压和EW向伸展，σ_1=170°∠0°

图9-19　德保矿区不同时期构造应力作用特征

成矿期（晚奥陶世—志留纪，加里东晚期）。以北西-南东方向挤压为主，$\sigma_1=300°\angle6°$（图9-19b）。形成了北东向褶皱，由于北东向褶皱与北西向褶皱的叠加作用，钦甲地区形成隆起（钦甲穹窿雏形），在其与北西向黑水河断裂的交汇部位有钦甲岩体的侵位。该期构造作用下，北西向断裂产生张扭性活动，南北向断裂产生压扭性活动，并在岩体与寒武系接触带部位，以及北西向、南北向断裂局部张开部位含矿热液充填-交代成矿，该期伴生的层间破碎带中有层状矿化产出。该阶段构造活动具脉动性，形成早期主矿化阶段和后期的含矿方解石脉。

成矿后（印支期、燕山期）。成矿后区内经历了印支期和燕山期构造叠加，主应力方向分别为北东东-南西西向和北北西-南东东向，σ_1分别为68°~78°∠0°~20°和170∠0°，根据区域构造特征及印

构造作用时代	应力作用特征	主要构造及地质事件
成矿前（郁南运动）	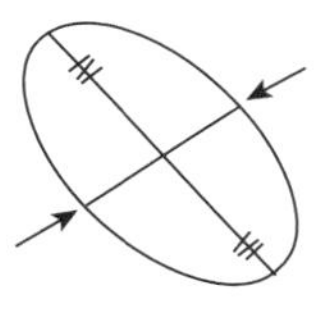	早期北东-南西方向的挤压作用，形成了北西向褶皱及北西向压性破碎带。
成矿期（加里东晚期）	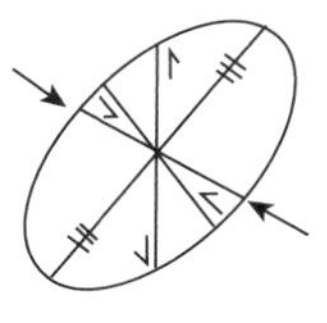	北西-南东方向挤压，北东向褶皱叠加，形成钦甲隆起，钦甲花岗岩体侵位。北西向断裂产生张扭性活动，南北断裂以压扭性活动为主，接触带及有利构造部位成矿。该阶段构造活动具脉动性，形成早期主矿化阶段和后期的含矿方解石脉。
成矿后（印支期）	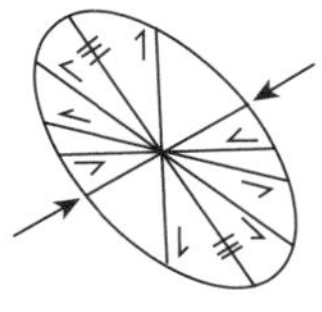	北东东-南西西方向的挤压，早先的北东向褶皱产生叠加作用，从而形成北北东向龙光背斜，北西断裂和南北向断了产生压扭性活动，北东向断裂和东西向断裂产生张扭性活动，这些断裂破坏矿体。
成矿后（燕山期）	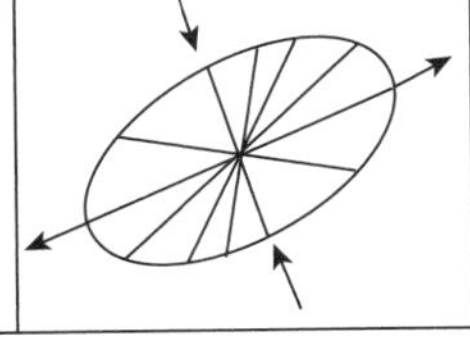	以近南北挤压、近东西向伸展作用为特征，钦甲穹窿定型，不同方向断裂产生张性或张扭性再活动，进一步破坏矿体。

图9-20　德保铜矿构造演化及作用特征

支期龙光背斜特征判断，前者应为印支期，后者为燕山期。

印支期区内以北东东-南西西向挤压为主（图 9-19c），前期北东向褶皱产生叠加作用，形成北北东向龙光背斜，北西向黑水河断裂产生压扭性活动；燕山期，区内以近南北向挤压、东西向伸展为主（图 9-19d），不同方向断裂产生张性或张扭性再活动，进一步破坏矿体，通过该期作用，钦甲穹窿最终定型，不同方向断裂构造产生张性或张扭性活动，进一步破坏矿体。

德保铜矿构造演化及作用特征见图 9-20、9-21。

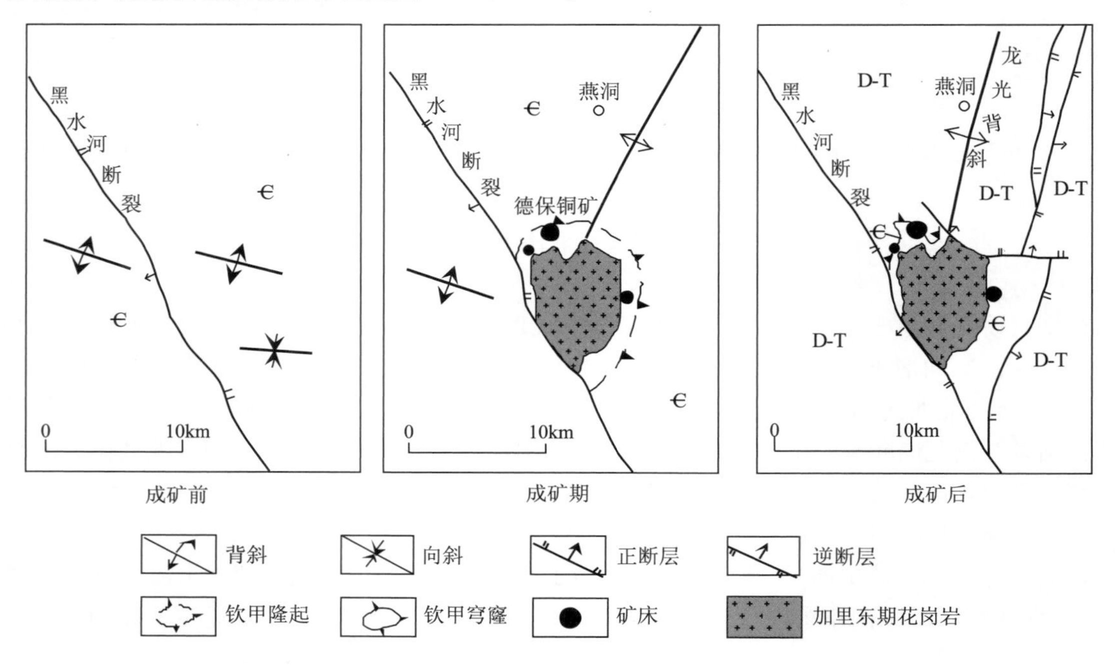

图 9-21　德保铜矿构造演化序列图

三、构造对成岩成矿的控制作用

1. 构造对成岩作用的控制

加里东早期（早奥陶世），矿区受北东-南西方向挤压，形成了最早期的北西向褶皱，以及北西向黑水河断裂。晚奥陶世—志留纪（加里东晚期）区内以北西-南东方向挤压为主，形成北北东向褶皱，北西向断裂产生张扭性活动。由于北东向褶皱与北西向褶皱的叠加作用，钦甲地区形成隆起（钦甲穹窿雏形），在其与北西向黑水河断裂的交汇部位控制了钦甲岩体的侵位（图 9-22）。

2. 构造对成矿作用的控制

钦甲岩体的接触带构造及寒武系钙质层中的顺层破碎带是区内重要的控矿构造，北东向、北西向和南北向断裂等断裂早先起到导矿、容矿作用，但晚期与其他方向断裂一起产生了张性或张扭性再活动，并破坏矿体。

1）岩体接触带对成矿的控制。区内矿化主要沿钦甲岩体的接触带产出，大多分布在距接触面 0～130 m 范围内的外接触带，多数距接触带 40～60 m（图 9-23）。岩体接触带平面呈不规则波状弯曲，花岗岩体边缘的内凹部位和小岩枝（舌）凸出部位是成矿的有利地段；剖面上，接触带产状形态不规则，呈波浪状起伏，倾角较平缓（15°～25°）的地段有利于成矿，倾角变陡部位（40°～60°），矿化减弱。

2）顺层破碎带控矿作用。寒武系特别是钙质含量高的层位，在构造作用下由于岩性差异产生层间滑动，形成层间滑动破碎带或岩层扰曲，控制了层状矿体的产出，是区内重要的控矿构造。顺层破碎带产状与围岩的产状近似，倾角较平缓（25°～45°）（图 9-23）。

3）北西向断裂控矿作用。区内矿体大多呈北西向产出，在北西向断裂密布地段，矿石品位明显

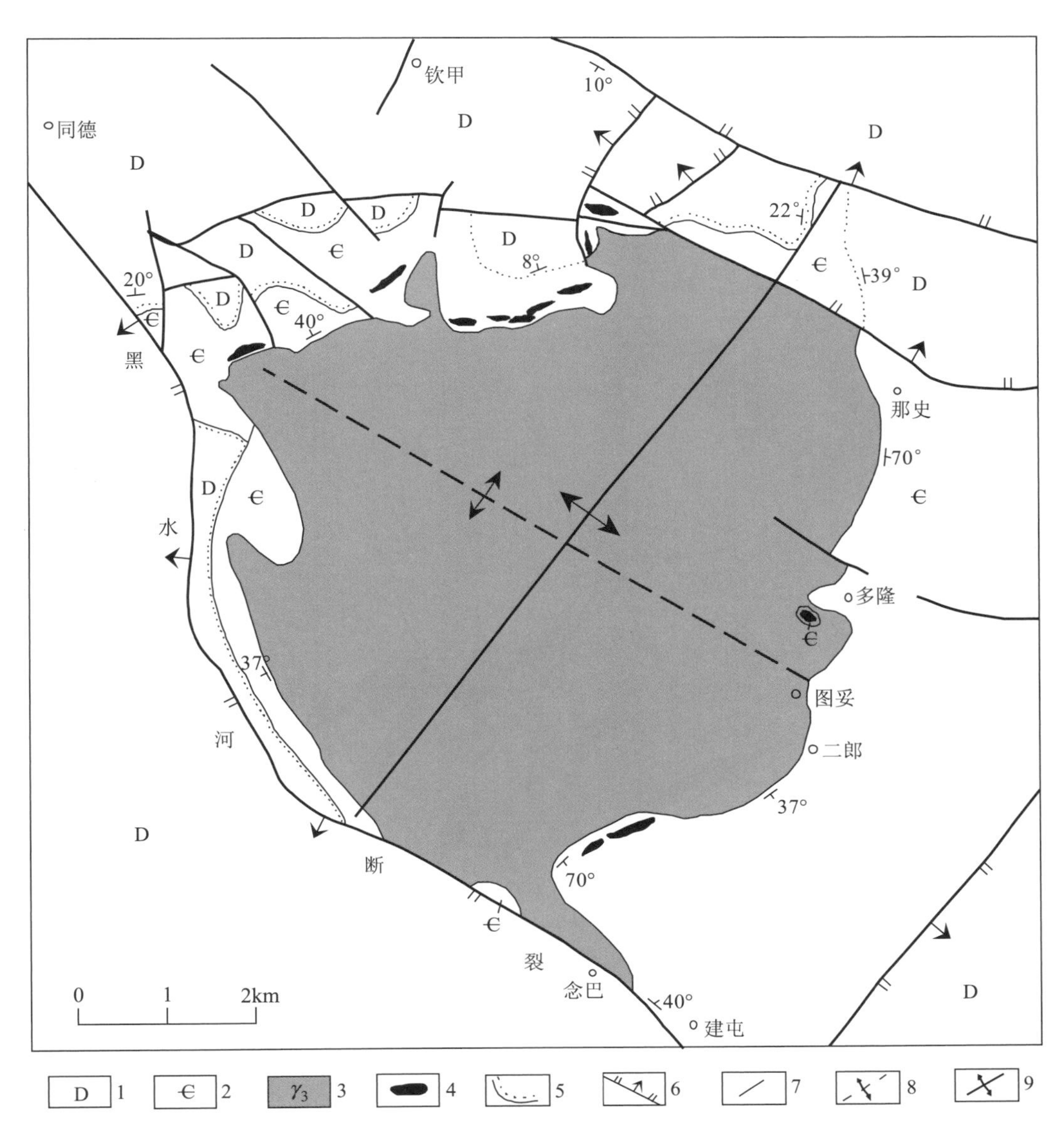

图 9-22 广西德保县钦甲岩体及外接触带附近地质图

（据广西第二地质队 1984 资料改编）

1—泥盆系；2—寒武系；3—加里东期花岗岩；4—铜矿体；5—不整合界线；6—正断层；7—性质不明的断层；8—加里东主期褶皱轴；15—加里东晚期褶皱轴

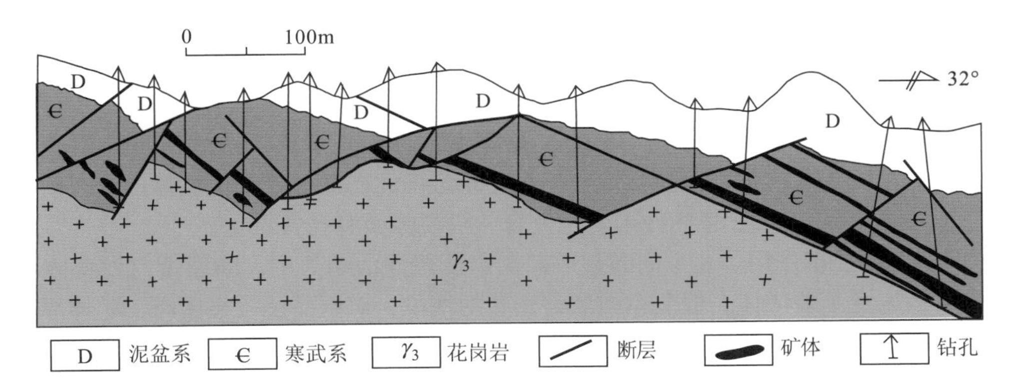

图 9-23 接触带部位控矿特征

增高，矿体厚度加大，反映了北西向断裂对成矿的控制作用（图9-24）。成矿期北西向断裂在早期压性破碎带的基础上产生张扭性再活动，矿体在北西向断裂带局部膨大部位产出。如Ⅵ矿段612 m中段见一条北西向断裂，产状235°∠55°，在断裂带膨胀部位形成了一个宽0.3～5 m，长>50 m的透镜状5－1⑤矿体（图9-25）。构造地球化学剖面测量表明，远离北西向破碎带铜矿化明显减弱（图9-25）。表明北西向断裂为主要的导矿和容矿构造。此外，从图9-25还可以看出，近南北向和东西向断裂中Cu元素含量并无明显增高，表明近南北向只是少数地段赋存有矿化，为容矿构造，导矿作用不明显，而东西向断裂对成矿的控制不明显，只是起破坏作用。

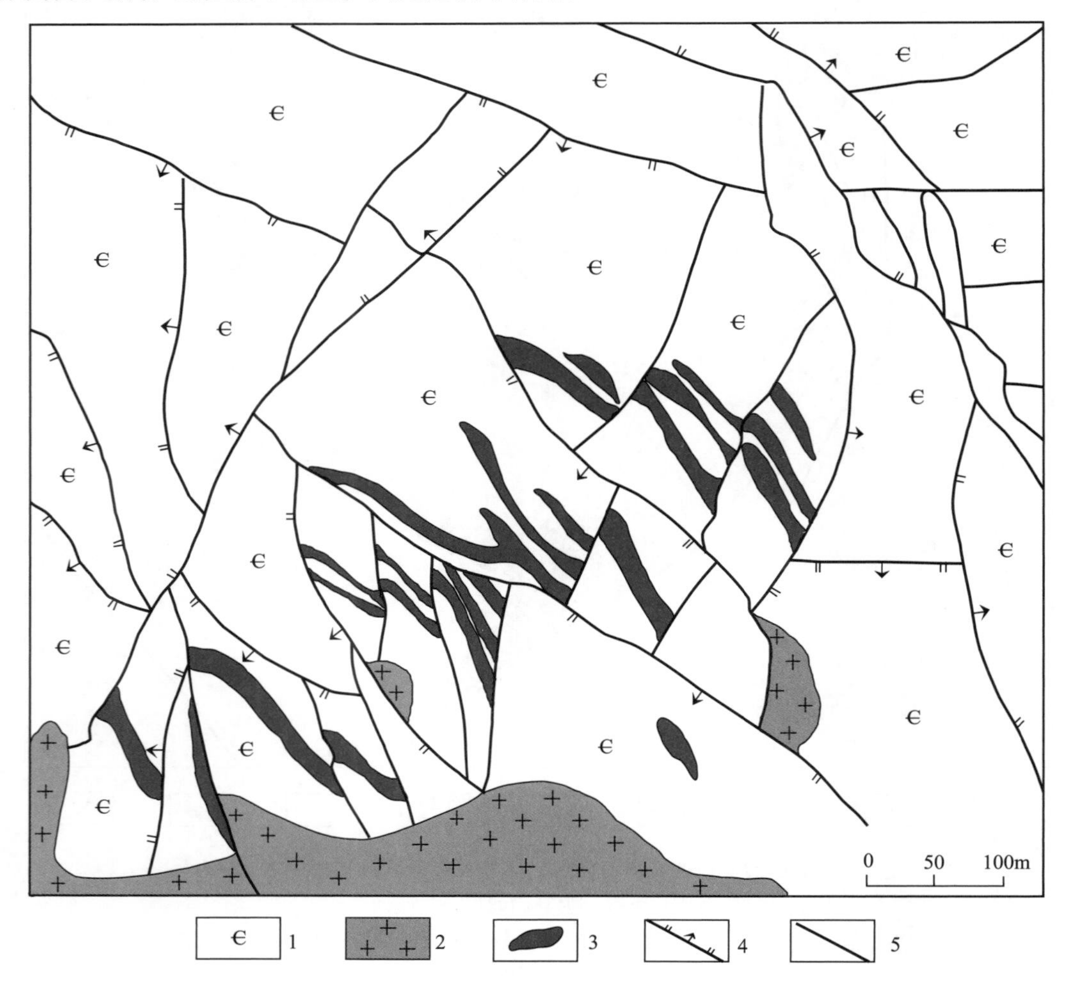

图9-24　德保矿区Ⅱ矿段900 m中段地质略图

（据广西第二地质队1984资料改编）

1—寒武系；2—钦甲花岗岩；3—铜矿体；4—正断层；5—性质不明断层

4）北北西-近南北向断裂控矿作用。北北西-近南北向断裂在成矿期产生压扭性活动，大多数地段破碎带内无矿化蚀变现象，仅在Ⅳ矿段地表见有一条近南北向断裂控制了矿体产出。断裂带总体产状90°∠70°，断裂带宽约20 m，带内矽卡岩化发育，沿裂隙面有孔雀石化。

5）北东向断裂的控矿作用。北东向断裂成矿期以压扭性活动为主，断裂带内发育矽卡岩化和黄铁矿化，断裂带内未见工业矿体，但北东向断裂密布的地段，矿石品位明显增高，矿体厚度加大，因此推测，北东向断裂早期对成矿起了导矿通道作用，后期破坏了矿体。

综上所述，德保铜矿区主要控矿构造为岩体接触带、寒武系中沿钙质层发育的顺层破碎带，以及北西向、北北西-近南北向和北东向断裂，其中，北东向为导矿构造，顺层破碎带和北北西-南北向断裂属容矿构造，北西向断裂既是导矿构造又是容矿构造。

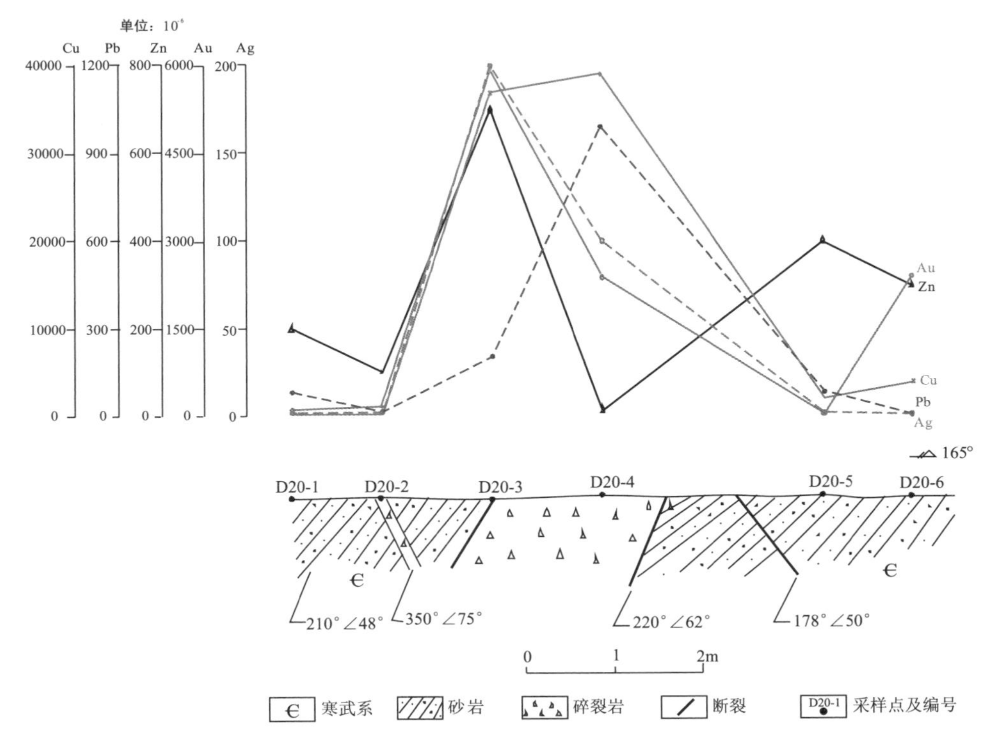

图 9-25　德保矿区Ⅵ矿段 612 m 中段构造地球化学剖面图

3. 成矿后断裂构造对矿体的破坏作用

德保铜矿形成于加里东晚期，成矿后又经历了印支期和燕山期的构造作用，因此，后期构造对矿体的破坏最用尤为明显，这也是本矿区特色。成矿后，北西向、北北西-近南北向、东西向和北东向等不同方向均产生了再活动，但最终以张性为主，因此，绝大多数断裂构造最后的特征表现为张性或张扭性，它们导致了矿体在垂向上的斜落和平面上的错动（图 9-23、图 9-26、图 9-27）。

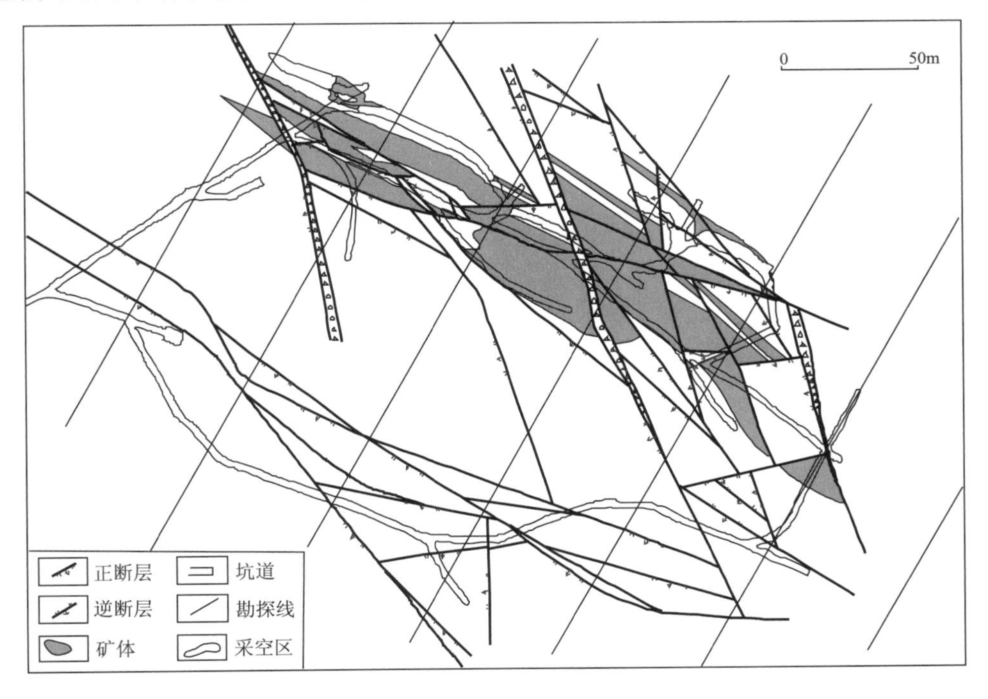

图 9-26　612 m 中段地质平面图

（据矿山资料编绘）

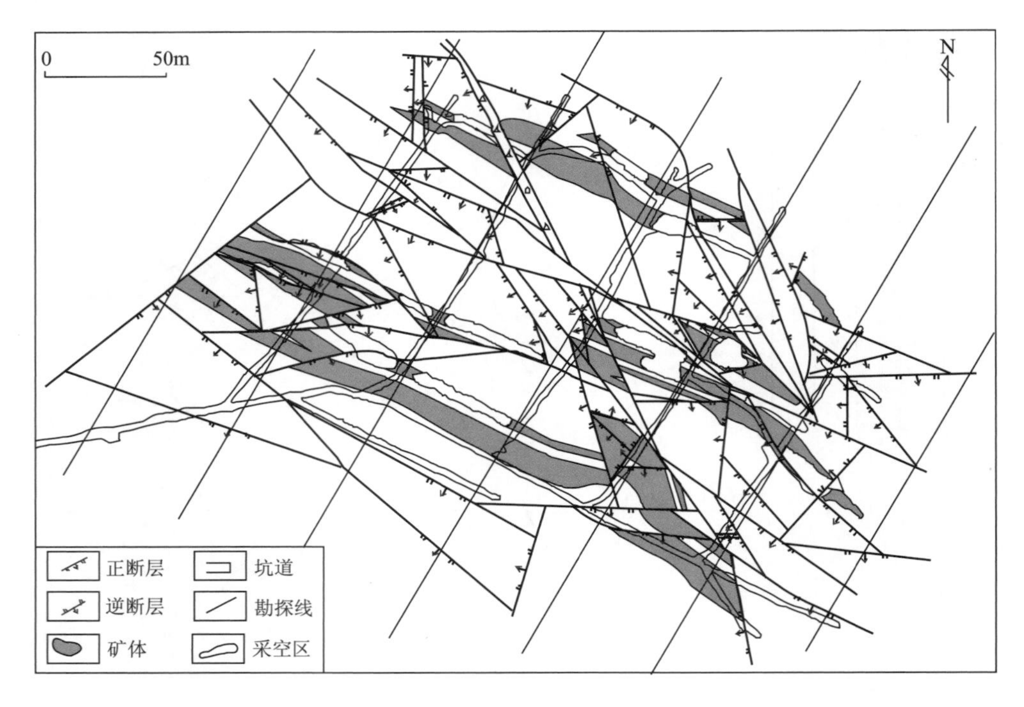

图 9-27　652 m 中段地质平面图

（据矿山资料编绘）

初步统计，北西向断裂造成矿体的垂直落差 0.4 ~ 120 m，一般 20 ~ 30 m，平面上成反时针扭动，水平错动距离 0 ~ 240 m 不等；北北西或近南北向断裂造成矿体垂直落差一般 25 ~ 75 m，水平错距 25 ~ 35 m；北东向断裂造成矿体垂直落差一般 20 ~ 30 m，最大为 120 m，水平错动距离较小；东西向断裂造成的垂直落差 12 ~ 64 m，平面上南盘向东扭动，最大水平扭距为 300 m。成矿后断裂主要起破坏作用，但个别穿切到泥盆系砂岩中的北西向断裂仍有 Cu、Zn 等元素的富集，表现出在加里东成矿后区内还产生过成矿流体作用，因此不排除区内有后期成矿的叠加（图 9-28）。

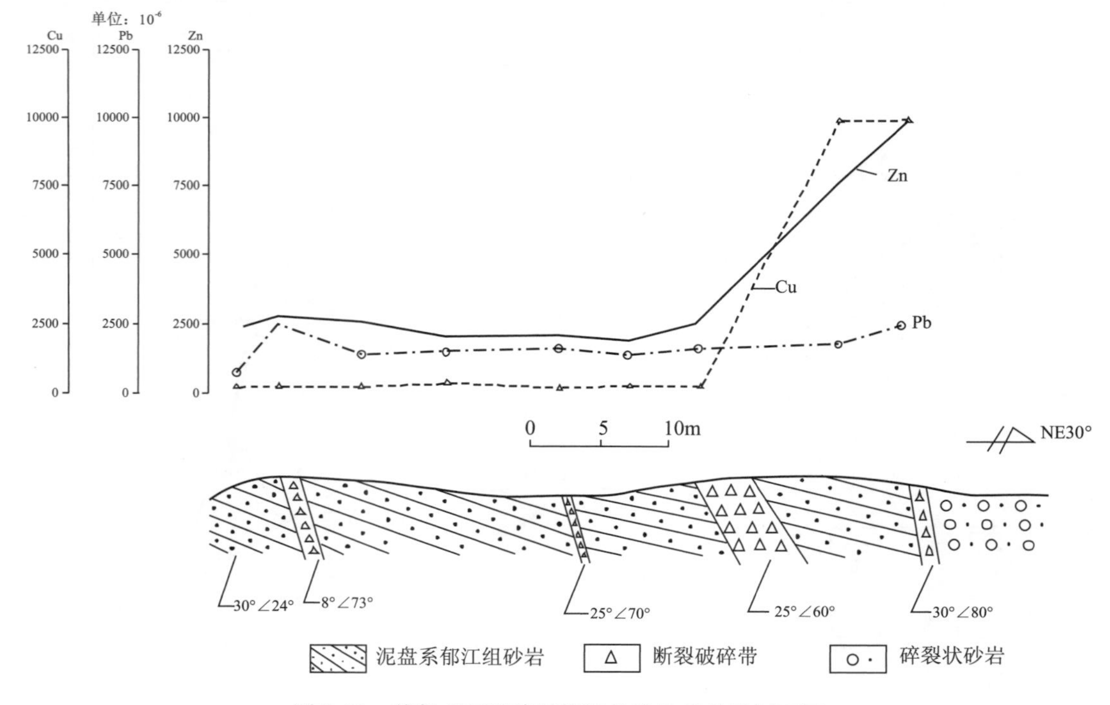

图 9-28　德保矿区招待所附近构造地球化学剖面图

四、构造控矿特征及构造控矿模式

1. 构造控矿特征

1）钦甲穹窿的雏形（称为“钦甲隆起”）形成于加里东晚期，定型于燕山期，北西向黑水河断裂与“钦甲隆起”的交汇部位控制了加里东晚期钦甲岩体的侵位。矿体主要分布在岩体外接触带0～130 m范围内的寒武系中，多数距接触带40～60 m。岩体接触带平面上的内凹或外凸部位对成矿有利；剖面上，接触带呈波状起伏，产状平缓处有利于成矿，倾角陡立则不利于成矿。

2）寒武系中沿钙质层发育的顺层破碎带，以及北西向、北北西或近南北向、北东向断裂为主要控矿构造。其中，北东向为导矿构造，顺层破碎带和北北西-南北向断裂属容矿构造，北西向断裂既是导矿构造又是容矿构造。

3）北西向和北东向两组断裂密布的地段，矿石品位明显增加，矿体厚度增大，尤其一些高品位致密块状硫化物矿石，绝大多数赋存于两组断裂密集分布地段。

4）不同方向的断裂在成矿后发生了张性或张扭性活动，切割矿体，造成矿体在垂向和平面上的位移。其中，北西向断裂造成矿体的垂直落差0.4～120 m，一般20～30 m，平面上成反时针扭动，水平错动距离0～240 m不等；北北西或近南北向断裂造成矿体垂直落差一般25～75 m，水平错距25～35 m；北东向断裂向断裂造成矿体垂直落差一般20～30 m，最大为120 m，水平错动距离较小；东西向断裂造成的垂直落差12～64 m，平面上南盘向东扭动，最大水平扭距为300 m。

2. 矿液运移方向及矿体侧伏方向

研究表明（张燕挥等，2011），位于岩体附近寒武系4～7分层中矿石 $\delta^{34}S$ 多集中于 -0.2‰～+1‰，与岩体的 $\delta^{34}S$ 相近似，趋向于零；而离岩体稍远点的14、17分层中矿石 $\delta^{34}S$ 值分布于 -2‰～+6‰范围内，离零值较远且较分散；断裂带中 $\delta^{34}S$ 均趋于极大的负值为 -26.7‰～-31.9‰。这些特征说明，成矿热液的来源为钦甲花岗岩体。

本次对有矿化充填的20组共轭节理进行了测量和统计分析，求得其交线优势产状为171°∠80°，根据项目组对华南地区多个内生金属矿床的研究认为，成矿期共轭节理的交线产状可反映矿体侧伏方向和矿液运移方向，由此推测，区内矿体向南侧伏，成矿流体来自南侧的钦甲岩体，即矿液自南而北、由深部岩体向上运移。

3. 构造控矿模式

德保铜矿构造控矿模式（图9-29）可归纳为：①成矿受钦甲岩体接触带构造控制，矿体产在岩体外接触带0～130 m范围的内寒武系中，多数距接触带40～60 m。岩体接触带平面上的内凹或外凸部位对成矿有利；剖面上，接触带呈波状起伏，产状平缓处有利于成矿，倾角陡立则不利于成矿；②寒武系中沿钙质层发育的顺层破碎带、北北西或近南北向断裂为容矿构造，北东向断裂为导矿构造，北西向断裂既是导矿构造又是容矿构造；③北西向和北东向两组断裂密布地段，矿石品位明显增加，矿体厚度增大；④不同方向的断裂在成矿后发生了张性或张扭性活动，切割矿体，造成矿体在垂向和平面上的位移；⑤区内矿体向南侧伏，成矿流体自南而北、由深部岩体向上运移。

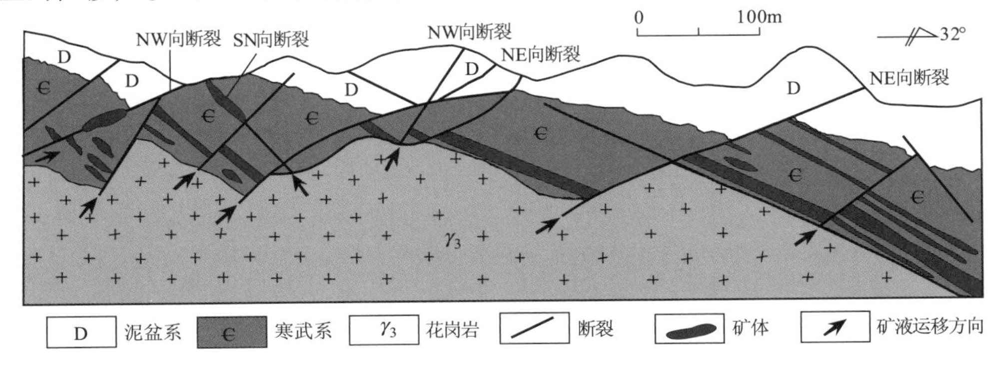

图9-29 德保铜矿构造控矿模式图

第三节 铜坑锡多金属矿

一、矿田构造基本格架

位于江南古陆西南缘、右江盆地东北侧的北西向丹池褶断带是在加里东基底的基础上，伴随古特提斯洋打开、接受泥盆系—中三叠统盖层沉积，后经褶皱和断裂作用而形成的。大厂锡多金属矿田产在该褶断带中段，多期次构造作用形成了矿田内较为复杂的构造格局。

1. 基底构造

根据南丹地区1：20万区域重力及航磁资料综合推断，丹池褶断带及邻区的基底构造表现为呈北西向展布的“两隆夹一拗”，即东侧的“木伦-皮老街-河池隆起”、西侧的“拉顿-罗富-龙河隆起”，中间为“南丹-大厂-保平拗陷”。基底断裂主要有北西向、北东向、南北向和东西向等4组，且以北西向断裂最为醒目（孙德梅等，1994）。结合广西地区1：100万区域重力及地震测深资料（广西壮族自治区地球物理探矿队，1993）综合分析，在加里东构造面深度推断图上，可以判读出北西向、北东向、南北向和东西向等多组方向构造的影响，在结晶基底面深度推断图上基本上只能看出北西向构造的影响，而在莫氏面深度推断图上仅有北西向构造的反映（图9-30），由此推断北西向基底断裂的影响深度达到了中下地壳抑或上地幔，属深断裂，而北东向、南北向和东西向3组基底断裂仅在加里东基底构造面有所反映，其影响深度有限（蔡明海等，2004）。

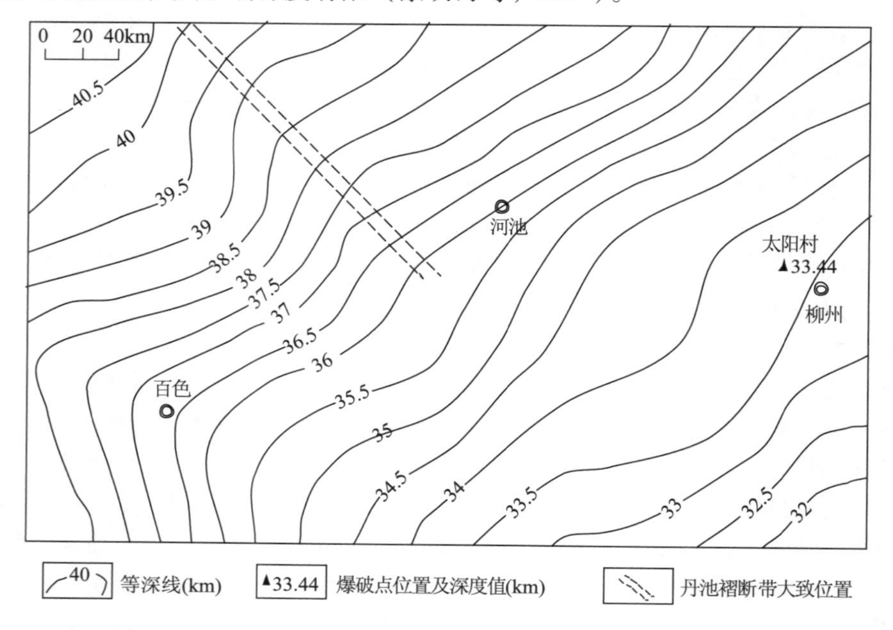

图9-30 丹池地区莫霍面等深线推断图

（据广西壮族自治区地球物理探矿队，1993）

2. 盖层构造

区内泥盆系—中三叠统盖层中发育有北西向、北东向、南北向和近东西向等多组方向的褶皱和断裂，其中，北西向构造是矿田内的主干构造（图9-31）。

（1）褶皱构造

北西向褶皱是矿田内主要褶皱构造，计有大厂背斜、笼箱盖背斜和八面山向斜、老菜园向斜等，另有一些小规模北东向、南北向和近东西向小褶皱。

①大厂背斜

北西向大厂背斜分布在矿田西部的更庄-铜坑-巴里-龙头山一带（图9-31），北西端在更庄附近向

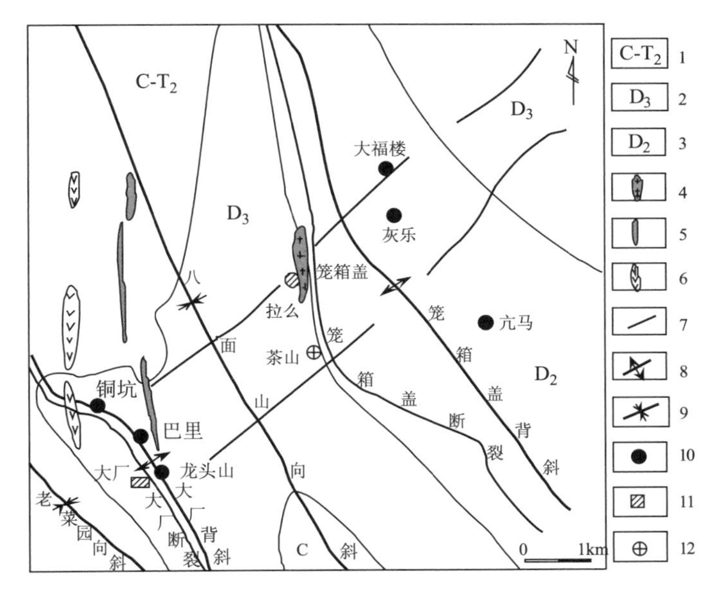

图 9-31　大厂矿田构造纲要图

1—石炭系—中泥盆统；2—上泥盆统；3—中泥盆统；4—白垩纪花岗岩；5—花岗斑岩脉；6—闪长玢岩脉；7—断裂；8—背斜；9—向斜；10—锡多金属矿；11—锌铜矿；12—钨锑矿

北西倾伏，南东端在矿田之外的拉朝附近向南东倾伏，延长约 25 km、宽约 2～4 km。中泥盆统纳标组（D_2nb）一套泥岩、泥灰岩、粉砂岩、礁灰岩或罗富组（D_2l）一套泥岩、页岩、泥灰岩、粉砂岩组成背斜核部，上泥盆统榴江组（D_3l）、五指山组（D_3w）、同车江组（D_3t）一套硅质岩-碳酸盐岩-碎屑岩系组成两翼。背斜轴面倾向北东、倾角 40°～90°。背斜两翼不对称，北东翼平缓，岩层产状 50°～80°∠10°～45°；南西翼相对陡立，岩层产状 230°～260°∠30°～85°。背斜总体轴向 335°±，但

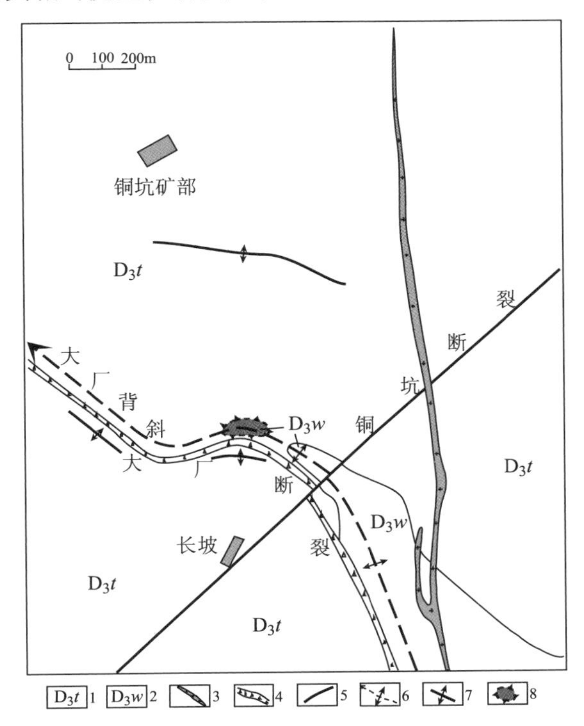

图 9-32　大厂背斜长坡段构造略图

1—上泥盆统同车江组；2—上泥盆统五指山组；3—花岗斑岩脉；4—大厂断裂带；5—断裂；6—大厂背斜；7—次级背斜；8—大厂背斜轴部的局部隆起

局部变化较大，龙头山一带（礁灰岩发育地段）为350°±，长坡-铜坑段为270°±，铜坑到更庄一带为330°±，形成了一个反“S型”弯曲（图9-32）。

大厂背斜枢纽具有波状起伏特点，总体向北西方向倾伏，但在长坡段和巴里-龙头山段出现分别向北西和南东的双向倾伏，形成了两个局部隆起（图9-33）。

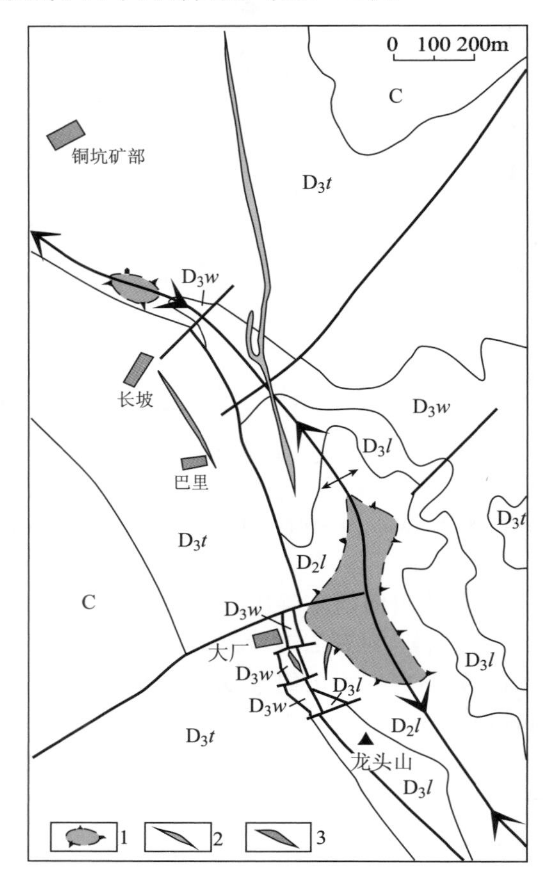

图9-33　大厂背斜长坡-龙头山段构造略图

1—背斜轴部局部隆起段；2—闪长玢岩脉；3—花岗斑岩脉；C—石炭系；D_3t—上泥盆统同车江组；D_3w—上泥盆统五指山组；D_3l—上泥盆统榴江组；D_2l—中泥盆统罗富组

大厂背斜中次级小褶皱发育，形态复杂，但总体可分为两类：第一类次级褶皱的枢纽方向与主褶皱基本一致，由于岩性组成的不同，次级褶皱形态变化较大，在相对刚性岩层中（砂岩、灰岩），次级褶皱形态与所处地段主褶皱形态基本一致，在软弱层中（泥岩、页岩），次级褶皱轴面产状与所在翼的地层产状基本一致，具同斜倒转褶皱特点，该类褶皱系主褶皱作用过程中形成的次级褶皱；第二类小褶皱分布在大厂背斜的北东翼，轴面产状与地层产状不协调，褶皱形态呈尖棱状，部分为等厚褶皱，这类小褶皱往往分布在某一岩性层内，造成了所在地段岩层的不协调，系晚期层间伸展剪切作用产物。大厂背斜由于不同方向断裂及小褶皱的叠加使其形态进一步复杂化。

②笼箱盖背斜

分布于矿田中部的笼箱盖背斜是区域性丹池背斜的组成部分，位于丹池背斜中段（丹池背斜自南而北由五圩背斜、大厂背斜、芒场背斜组成），区内延长约15 km、宽约2～6 km。由中泥盆统罗富组（D_2l）泥岩、泥灰岩、粉砂岩组成核部，上泥盆统榴江组（D_3l）硅质岩和五指山组（D_3w）灰岩组成两翼。背斜枢纽呈波状起伏，轴线总体呈330°方向展布，但各段有明显变化，北段（李家村-杉木冲）为315°～325°，中段（杉木冲-茶山）为近南北，南段（茶山-八步街）303°～330°，形成了一个反“S型”弯曲。背斜轴面倾向北东、倾角40°～90°。背斜两翼不对称，其中，北东翼平缓，岩层产状 20°~50°∠10°~40°；南西翼陡立，岩层产状 200°~240°∠40°~72°。在笼箱盖背斜两翼均发育有次一级褶皱构造。

③八面山向斜

分布在笼箱盖背斜与大厂背斜之间的八面山—鱼泉洞一带，轴向 330°左右，长约 21 km、宽约 4~5 km。北段（鱼泉洞—罗马村）由石炭系—中三叠统地层组成；南段（羊角尖—八面山—拉棚）主要由上泥盆统和石炭系地层组成。

④老菜园向斜

位于矿田西南侧，向斜轴部大致沿翁逻—老菜园—宽洞一线展布，长约 15 km、宽约 2~3 km，组成向斜地层在宽洞以南为上泥盆统，以北为石炭系和二叠系。老菜园向斜轴向总体北西，但在宽洞附近为近南北，呈反“S 型”弯曲。

区内北西向褶皱以原始层理为褶皱面，平面上表现为线状平行排列的褶皱群，且沿轴向具有反“S 型”拐弯特点，地表出露部分长宽比为 4~10，背斜枢纽波状起伏，但总体向北西倾伏；剖面上岩层弯曲形态为圆弧状，两翼不对称，北东翼平缓，南西翼陡立，褶皱岩层两翼夹角一般 30°~80°，褶皱轴面倾斜北东，倾角 40°~90°。北西向褶皱属中等 - 斜歪倾伏褶皱，两翼次级褶皱发育，具复式褶皱特点。需要说明的是，区内北西向褶皱普遍具有反“S”型拐弯的特点，这与褶皱过程中所受的应力作用有关，即在北东-南西方向挤压过程中兼具有左行剪切作用，造成了不同地段轴向的变化，形成了总体以北西向为主，局部呈南北向或东西向展布的特点，也就是说主褶皱局部呈南北向或东西向展布并非不同期褶皱叠加的结果。

大厂矿田除上述规模较大的背、向斜褶皱外，尚发育有次一级北西向、北东向、南北向和近东西向褶皱构造，这些次级褶皱总体可分为 3 类：

第一类小褶皱的枢纽方向与主褶皱基本一致，由于主褶皱呈反“S 型”拐弯，相应的次级褶皱计有北西向、南北向和近东西向等 3 组。由于岩性组成的不同，次级褶皱形态变化较大，在相对刚性岩层中（砂岩、灰岩），次级褶皱形态与所处地段主褶皱形态基本一致，在软弱层中（泥岩、页岩），次级褶皱轴面产状与所在翼的地层产状基本一致，具同斜倒转褶皱特点。该类次级褶皱尽管轴向不同，但它们均与相应地段的主褶皱或所在地段的地层在形态或产状上基本协调一致，系主褶皱作用过程中形成的次级小褶皱，并非后期形成的叠加褶皱。

第二类小褶皱分布在北西向背斜的北东平缓翼，轴面产状与地层产状不协调，褶皱形态呈尖棱状，部分为等厚褶皱，这类小褶皱往往分布在某一岩性层内，造成了所在地段岩层的不协调，系晚期层间伸展剪切作用产物（图 9-34）。

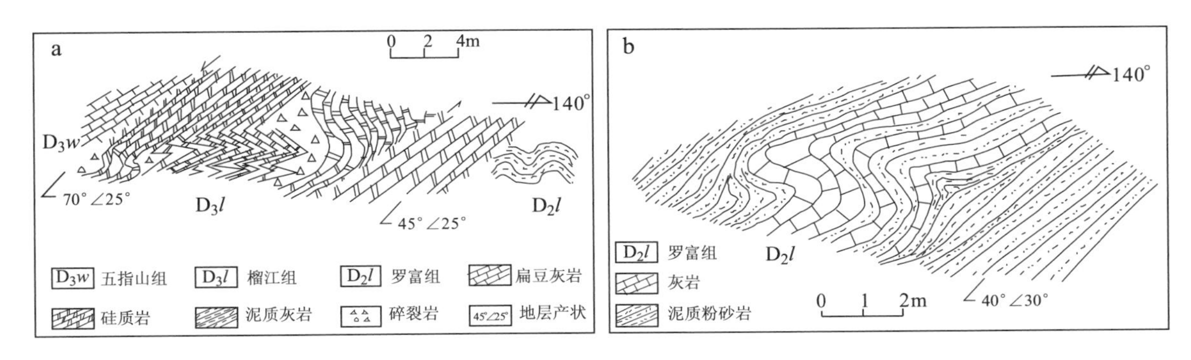

图 9-34　笼箱盖背斜东翼伸展剪切变形（大厂灰乐剖面素描）

a—上泥盆统榴江组的硅质岩层中的剪切变形；b—中泥盆统泥灰岩层中的剪切变形

第三类小褶皱与断裂作用有关，系断裂作用过程中形成的牵引褶皱，轴向计有北东向、东西向和南北向等 3 组，且以北东向为主，东西向和南北向牵引褶皱仅在骆马小学、鱼泉洞等地偶见。该类褶皱规模一般都非常有限，露头尺度上往往就可观察到整个形态，向两侧很快消失（图 9-35）。

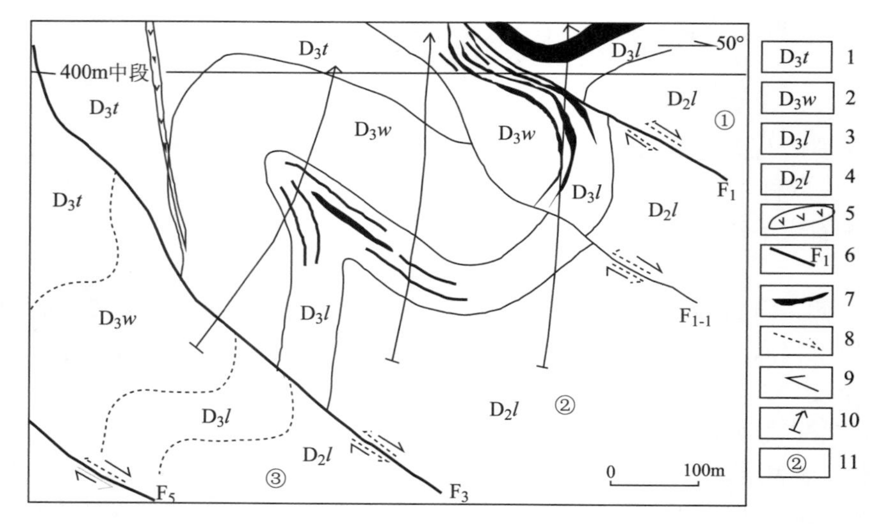

图 9-35　长坡矿床深部区 125 勘探线剖面图

（据广西 215 队 2010 年勘查资料编制）

1—上泥盆统同车江组；2—上泥盆统五指山组；3—上泥盆统榴江组；4—中泥盆统罗富组；5—闪长玢岩脉；6—断裂及编号；7—锡矿体；8—断裂早期运动方向；9—断裂晚期运动方向；10—钻孔；11—叠瓦状构造带编号

东西向褶皱在后期近南北向挤压过程中有褶皱叠加现象，使其形态复杂化，如长坡段的东西向次级褶皱具有裙边化特征。

（2）断裂构造

大厂矿田北西向、北东向、南北向和东西向断裂构造以及层间滑动破碎带发育。

①大厂断裂

位于大厂背斜轴部偏南西翼的止北村-龙头山-长坡-更庄一线，断裂带长约 10 km、宽 0.5 ~30 m，总体走向 335°±、倾向北东，倾角变化大，在地表主断面倾角一般 60°~80°，向深部明显变缓，一般 30°~60°，具“犁式”断裂特征。走向上大厂断裂在长坡段变为近东西向，同大厂背斜一样，也形成了一个反“S 型”弯曲（图 9-32）。据断裂两侧出露地层岩性判断，大厂断裂逆冲断距为 100 ~600 m。

在大厂背斜的南西翼发育有多条与大厂断裂（F_1）相平行的北西向断裂（F_{1-1}、F_3、F_5 等），它们与 F_1 断裂的特征基本一致，早期断裂上盘依次向上逆冲，在剖面上呈上下叠置关系，组成叠瓦状逆冲构造带。以 F_1、F_3 和 F_5 3 条规模相对较大且相互平行产出的断裂为自然边界，自上而下分为 3 个叠瓦状构造带（图 9-35）。其中，①号叠瓦状构造带由 F_1 断裂及其上盘的一系列次级褶皱和断裂组成，是铜坑矿区 91、92 号层状矿体以及脉状矿体的赋存部位。②号叠瓦状构造带分布在大厂背斜西翼 F_1 和 F_3 断裂之间，由次级褶皱和小断裂组成，新发现的 115、77、77－1、77－2 号等矿体均赋存于该褶皱断裂带中。③号叠瓦状构造带分布于大厂背斜西翼 F_3 和 F_5 断裂之间，由次级褶皱和若干次级断裂组成，断裂带内新发现有 116、117 号矿体。上述逆冲断裂叠加在大厂背斜南西翼，带内发育有多个次级倒转褶皱，造成了大厂背斜“倒转”的现象。

②笼箱盖断裂

笼箱盖断裂属丹池断裂组成部分，位于笼箱盖背斜轴部偏南西翼的塘头-杉木冲-笼箱盖-茶山-坡村一线（图 9-31），区内长约 17 km，宽 5 ~200 m，断裂总体方向北西，但局部有挠曲和分枝。在拉么以南和杉木冲以北段为 330°，拉么至杉木冲段为 360°，同样形成了一个反“S 型”弯曲，并在拉么的拐弯处向西分枝，呈“入字型”产出。笼箱盖倾向北东，倾角一般 40°~60°，局部在 80°以上。断裂切割中上泥盆统地层，断层线两侧地层缺失明显，见老地层逆掩于新地层之上，具逆冲性质。在笼箱盖地区，见中泥盆统纳标组与上泥盆统五指山组地层接触，断距在 500 m 以上。沿断裂带角砾岩和劈理带发育，偶见有不规则石英脉穿插。笼箱盖断裂在大多数地段的形迹表现得并不十分清晰，只在地貌上表现为狭长山沟，地层被挤压变陡或挠曲，挤压带宽数米至百余米且不连续。

区内北西向断裂是同方向基底断裂进一步活动的产物，根据区域上沿断裂带分布有奥陶纪海相基性火山岩及加里东期花岗斑岩（郜兆典，2002）等特征判断，该断裂在加里东期就已经存在，于晚古生代早期伴随古特提斯洋打开时进一步活动，控制了晚古生代断陷盆地的生成和发展，是泥盆纪时期的同沉积断裂（陈洪德等，1989；徐珏等，1968；郜兆典，2002），印支构造期产生逆冲推覆再活动，燕山期转化为张扭性（蔡明海等，2004）。

③铜坑断裂

位于关山-冷水冲-铜坑-杉木冲-大福楼一线（图9-31），断续长约13 km，走向北东、倾向北西，倾角60°~80°，局部反倾。断裂切割中上泥盆统至二叠系地层和北西向断裂，北西盘往西斜落，南东往东斜升，断距0~70 m，沿线断层标志明显。在关山西侧的炮木湾一带见断层角砾岩和挤压破碎带，角砾成分为灰岩，硅质、泥质和方解石胶结，挤压破碎带宽2~3 m，在笼箱盖沿公路见断裂带内发育有张性断层角砾岩，角砾成分为砂岩，粒径0.5~8 cm，泥质胶结；在大坪及其北侧见到劈理化带，带宽0.5~1.5 m；在铜坑一带，断层南东盘牵引褶皱发育。野外观察表明，北东向铜坑断裂以张扭性活动为主。

④茶山断裂

位于宽洞-止北村-茶山-车河一线，断续长约13 km，走向北东、倾向南东，倾角60°~80°，局部反倾。断层切割中、上泥盆统至下石炭统地层以及北西向断裂，在宽洞西侧见上泥盆统五指山组扁豆灰岩与上泥盆统同车江组页岩接触，在茶山一带见上泥盆统榴江组硅质岩与五指山组扁豆灰岩接触，判断其水平错距在100 m以上。此外，区内北东向断裂还有塘头断裂、鱼龙断裂等，它们的特征和性质与铜坑断裂和茶山断裂基本一致。北东向断裂是在海西期拗陷沉积过程中同方向的同沉积断裂基础上发育起来的，经历了早期压扭性和晚期张扭性作用。除铜坑断裂、茶山断裂、塘头断裂、鱼龙断裂等规模较大的北东向断裂外，矿田内特别是铜坑矿区尚发育有次一级北东向断裂，它们是在早先背斜轴部横张节理基础上发育起来的，同样以张扭性活动为主。

⑤南北向断裂

矿田内南北向断裂主要分布在西部的巴里-铜坑-鱼泉洞一带以及中部的笼箱盖、茶山一带，多条断裂平行产出，呈“川”形分布，具左行排列特征。南北向断裂长30~1500 m、宽0.2~15 m，以向东陡倾为主，局部西倾，它们均为张（扭）性断裂，多为花岗岩、花岗斑岩脉、闪长玢岩脉、方解石脉，以及辉锑矿-石英脉、白钨矿-辉锑矿-萤石-方解石脉等充填。野外观察表明，区内南北向断裂主要经历了一期以张性为主兼具扭性的构造作用，后期局部地段叠加有张性活动，它们往往穿切锡多金属矿体和锌铜矿体，但断裂两侧位移不明显，表明断裂作用以拉张为主，剪切作用并不强烈。

⑥东西向断裂

矿田内东西向断裂不发育，规模较小，长一般小于200 m，宽0.1~0.5 m，通过断面上的擦痕和阶步判断，该方向断裂属右旋剪切断裂，但两盘岩层平移距离一般小于5 m。

⑦层间滑动破碎带

矿田内不同地层岩性的接触面附近由于岩性差异，在后期的伸展剪切过程中常发育有不同程度的层间滑动破碎带，如榴江组（D_3l）硅质岩与上部的五指山组（D_3w）宽条带灰岩及下部的罗富组（D_2l）砂页岩之间、五指山组（D_3w）细条带硅质灰岩与上部的扁豆灰岩及下部宽条带灰岩之间，罗富组（D_2l）泥灰岩与泥砂质岩层之间，以及石炭系灰岩与底部泥盆系碎屑岩层之间均发育有层间破碎带，层间破碎带宽0.10~30 m，长30~1200 m，带内常见有伸展剪切作用形成的小褶皱构造。这些层间破碎带主要分布在大厂背斜和笼箱盖背斜的北东平缓翼，在相对陡立的南西翼则不发育，这是由于在后期拉张剪切过程中陡立的一翼主要靠断裂和裂隙来调整应力，因而难以形成具一定规模的层间滑脱破碎带。

大厂矿田除上述褶皱和断裂构造外，还发育有岩体侵位所形成的接触带构造，以及龙头山一带礁灰岩甘心块体周缘形成的“穿刺构造”。

（3）侵入接触构造

矿田内的侵入接触构造可分为两类。第一类是在花岗岩体冷凝收缩作用下形成的原生裂隙构造，在笼箱盖地区这些裂隙构造环绕隐伏岩体呈规律性变化，在岩体的北侧裂隙构造走向近东西，在北西侧呈北东，岩体西侧呈近南北，南西侧呈北西，南东侧则为北东，形成了一个环形裂隙带。第二类侵入接触构造是在岩浆的热烘烤下，接触带附近泥盆系处于塑性－半塑性状态，形成了一套独特的热变质构造形迹。最明显的是形成于接触带附近的揉皱构造，它们大小不一，无一定方向，有的为斜歪-平卧柔曲，有的呈卷曲状褶曲。这种流变褶曲仅分布在距接触带数十米宽的范围内。

（4）礁灰岩顶部的类刺穿构造

在矿田西部的龙头山—巴里山一带，由于纳标组（D_2n）生物礁灰岩是个巨大宝塔形块体，岩层沉积时礁体隐伏在较柔性的沉积物中，成岩时它刺入上覆岩层，并在礁体周围产生揉皱和滑塌。在后期构造作用下，因其物理性质与上覆岩层的差异较大，因而产生与上覆地层褶皱不相协调的构造，并且将盖在其上的岩层拱起，局部还刺入其中，形成与刺穿构造有所近似的类刺穿构造。现将核部和顶部特征描述如下：

核部：原为生物礁灰岩长成的穹丘。其长轴方向与区域构造基本一致，走向为北北西。在平面上呈椭圆形，东坡缓、西坡陡，南北脊状延伸，在空间上呈穹隆状凸起。核体表面与上覆地层常呈断裂接触，在近接触面的礁体上部发育有多组裂隙，局部密集成带。在礁体的中、下部发育有缓倾斜的剪切裂隙带，呈雁行排列，其展布方向与区域构造线相一致，主要为北北西向和北东向。

顶部：在礁灰岩上部的上覆岩层受到强烈挤压而成为倒转背斜，并形成大面积的破碎带和层间裂隙带。破碎带产于核部隆起部位，是由于礁体的上冲和北西向逆掩断层的错动，在礁灰岩上部的硅质岩被挤压破碎而成。断裂构造在礁体北西侧较发育，为向西南撒开的帚状构造，具有张裂性质，这可能与礁体被挤压或上冲有关。层间裂隙带构造分布于礁体的外接触带，其中以北东侧最为发育。在礁体隆起处，层间裂隙构造紧贴于礁灰岩的顶板之上。

3. 矿田构造组合样式

（1）构造组合

早期挤压变形构造组合。包括北西向大厂背斜、笼箱盖背斜、老菜园向斜和八面山向斜等主褶皱以及北西向、近东西向、南北向和北东向次级小褶皱，大厂断裂和笼箱盖断裂等北西向断裂的逆冲作用，铜坑断裂和茶山断裂等北东向断裂的压扭性活动，褶皱轴部以及断裂带附近的挤压劈理等。

晚期拉张剪切变形构造组合。包括层内伸展剪切褶皱（图9-34）、近东西向褶皱叠加、层间滑动破碎带、北西向和北东向断裂产生的张扭性再活动、南北向张（扭）性断裂、拉断石香肠及肠状褶曲等。晚期拉张剪切变形构造明显叠加在早期挤压变形构造之上并受其制约，应为晚期构造作用产物。

（2）构造的垂向分带特征

大厂矿田构造的垂向分带以西矿带的铜坑矿床最具代表性，矿床上部位于大厂背斜轴部局部隆起地段，上覆岩层压力较小，处于相对开放的体系，因此，构造变形多以北东向张性或张扭性断裂、裂隙为主，断裂和裂隙张开度相对较大；矿床下部由于有上覆岩层的压力作用，同时地层岩性又是硅质岩和灰岩互层、泥灰岩与泥砂质互层，不同岩性间物理性质相差较大，在拉张、剪切作用下易于产生层间滑动形成层间破碎带，从而形成了上部以陡倾斜的裂隙和断裂构造为主，下部以层间滑动破碎带为主的构造垂向分带。

4. 构造作用时限的界定

万天丰（1989）研究指出，我国东部印支构造事件，除中朝板块与扬子板块中部表现微弱外，其他地区几乎都普遍发育大中型纵弯褶皱及其伴生的断裂系，华南地区印支构造事件的演化特征具有明显的差异性，扬子板块东南部、南华与湘桂地块构造作用时间主要发生在中三叠世末期（T_2）。Carter 等（2001）提出亚洲东南部的“印支运动”Sibumasu 地块向印支-华南地块斜向汇聚的主碰撞期为258～243 Ma。邓希光等（2007）获得桂东南大容山岩体、旧州岩体和台马岩体的SHRIMP锆石U-Pb年龄分别为233±5 Ma、230±4 Ma和236±4 Ma。上述资料表明，印支运动在华南地区是存在的，其作用方式以挤压为主，高峰期作用时间为中三叠世（T_2）。大厂矿田内早期北西向褶皱使带内泥盆系至中三叠统地层卷入其中，其褶皱机制为纵弯褶皱作用，褶皱样式以紧闭线形的等厚褶皱为主，与区域上下白垩统（K_1）地层中发育的开阔-平缓型的褶皱样式明显不同，褶皱变形特征及变形地层时代的限制，表明区内早期挤压褶皱构造发生在中三叠世，属印支期构造事件的产物，构造作用的时间与中国东部华南地区印支构造事件（T_2）相对应，也与桂东南大容山岩套的成岩时代相吻合。晚期的拉张伸展作用发生在挤压作用之后，控制了带内的成岩、成矿作用。成岩、成矿年代学研究表明（陈毓川等，1993；王登红等，2004；蔡明海等，2005，2006；李华芹等，2008），晚期构造作用时间为晚白垩纪（K_2），属燕山晚期构造作用产物。

5. 构造应力作用特征

区内北西向褶皱以原始层理为褶皱面，平面上表现为线状平行排列的褶皱群，背斜两翼普遍发育有次级小褶皱和层面擦痕，层面擦痕垂直于褶皱枢纽，指示上层相对于下层向背斜转折端滑动，在陡立的南西翼及褶皱转折端部位平行轴面的挤压劈理发育，上述特征表明北西向褶皱的形成机制以纵弯褶皱作用为主。根据褶皱轴线方向总体为335°左右判断，该期构造应力场的最大主应力σ_1方向为245°左右，即印支期区内应力作用为北东-南西方向挤压。

应用实测的119组共轭剪节理投影统计表明，区内最大主应力轴优选方位为252°和354°两组，σ_1产状分别为252°∠6°和354°∠10°，分别对应于印支期北东-南西方向挤压和燕山晚期近南北向挤压、近东西向伸展的构造应力场，其他方向的应力优选方位不明确，属局部派生应力，不应该作为一期单独的构造作用来看待。统计资料与实际观察的构造现象相吻合，也进一步佐证了大厂矿田内盖层构造主要经历了印支期（T_2）挤压和燕山晚期（K_2）伸展剪切两期构造作用。最大主压应力倾角平缓，分别为6°和10°，反映不论是印支期还是燕山晚期构造作用均以水平应力场为主。

二、构造演化过程及其作用特征

1. 丹池褶断带构造演化

丹池褶断带构造演化主要经历了早泥盆世（D_1）—中三叠世（T_2）的断陷沉积、中三叠世（T_2）晚期的挤压褶皱和晚白垩世（K_2）的伸展剪切三大发展阶段。

（1）断陷沉积阶段（海西期）

广西运动后，丹池褶断带及邻区上升为陆地，经夷平之后又下降接受沉积。早泥盆世初期区内地壳比较稳定，在地台之上形成了莲花山组（D_1l）一套滨岸相砂岩建造。从早泥盆世塘丁期（D_1t）开始，地壳活动性增强，进入拉张的构造环境，地台逐渐趋向活化。构造拉张活动主要表现为地壳发生张裂，在北西向基底断裂的基础上，形成北西向同沉积断裂，并发育演化为丹池裂陷盆地。在北西向断裂的持续张裂作用下诱发了北东向张性断裂构造，二者共同控制了丹池成矿带内泥盆纪、石炭纪沉积（陈洪德等，1989；燕守勋，1997），造成了区内独特的构造和古地理面貌（图9-36）。

根据丹池沉积盆地的沉积、构造特点，可进一步划分为陆内裂陷阶段、被动陆缘裂陷阶段、走滑裂陷阶段、弧后拗陷阶段与萎缩衰亡阶段（李孝全等，1988；陈洪德等，1989）。

1）陆内裂陷阶段（早泥盆世早期—早泥盆世中期）。早泥盆世初期，由于区域性拉张作用，在江南古陆和桂西陆地（巴马-乐业一带）之间形成了一北西向的拗陷带，北西向基底断裂的张裂引起地壳差异性沉陷，形成丹池地区呈线状分布的陆内半地堑式裂陷盆地，沉积了厚达700 m的砂岩夹泥岩和少量砾岩。

2）被动边缘裂陷阶段（早泥盆世晚期—早石炭世）。从早泥盆世晚期塘丁期开始，随着区域性张裂作用的加剧和古特提斯洋的打开，该区进入被动陆缘裂陷阶段。该期同沉积断裂活动强烈，经历了从半地堑盆地到地堑式盆地的发展过程，北西向张性断裂和北东向张性断裂联合控制了沉积的构造演变。沉积建造以次稳定型建造为主，并出现了典型的台-沟相间格局。

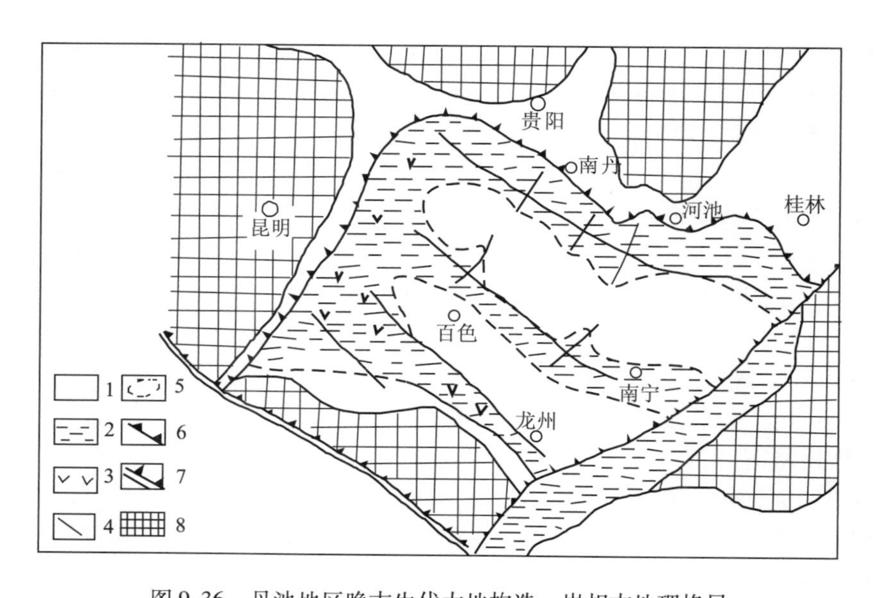

图 9-36　丹池地区晚古生代大地构造 - 岩相古地理格局
（据陈洪德等，1989）
1—浅海台地相沉积区；2—深海槽沟相沉积区；3—玄武岩；4—同生断裂；5—相变线；
6—地块边界；7—板块边界；8—古陆区

在塘丁期，构造裂陷作用增强，区域性海侵扩大，西侧的桂西陆地沦于水下发育成碳酸盐岩台地，沿丹池断裂带则发育为较深水的盆地，以泥岩和灰岩沉积为特征。北西向断裂和北东向断裂的联合作用在盆地内部引起局部隆起，为生物礁发育奠定了基础。

在中泥盆世早—中期，裂陷作用相对稳定，大厂龙头山生物礁在海底隆起的基础上开始生长。

在中泥盆世末期—晚泥盆世，海侵范围最大，同沉积断裂活动最为强烈，沉积相分异显著，盆地两侧为连续分布的碳酸盐台地，盆地内则为硅质岩、硅质泥岩沉积，到晚泥盆世晚期变为条带状灰岩和扁豆状灰岩组合，碳酸盐台地扩大，盆地收缩、变浅。

在石炭纪，丹池断裂裂陷作用再次加剧，沉积盆地演化为被动陆缘上的地堑式盆地。盆地内为硅质岩、泥岩和凝灰岩沉积。到中晚石炭世主要为盆地充填，相分异逐渐变得不明显，广泛沉积碳酸盐岩。

3）走滑裂陷阶段（二叠纪）。二叠纪时期区域构造作用的变化导致北西向断裂发生走滑活动，在晚石炭世基本填平的基础上发育形成丹池走滑裂陷盆地，沉积盆地的形态呈反“S 型”，沉积建造由次稳定型向非稳定型变化。据相带展布和沉积灰岩岩脉的特点，北西向断裂应属左旋走滑性质。

4）弧后拗陷阶段（早三叠世—中三叠世）。同沉积断裂活动趋于稳定，盆地整体拗陷，长期以来的盆-台格局消失，丹池盆地与隆林-百色盆地连为一体，早三叠世尚存在大量碳酸盐孤台，到中三叠世时，仅在局部地区保持碳酸盐台地沉积，沉积建造以非稳定型陆源复理石建造和火山复理石建造为特征。

5）萎缩衰亡阶段（中三叠世）。随着古特提斯洋的俯冲、关闭和沉积物的超补偿充填，使盆地面积不断缩小，直至完全关闭。

（2）挤压褶皱阶段（印支期）

到中三叠世（T_2），由于印支板块开始向中国南部的碰撞挤压，并受江南古陆西南缘边界的制约，产生北东-南西方向强烈的构造挤压，在盖层（D—T_2）中形成北西向紧闭线状褶皱群以及同方向的逆冲断裂，奠定了丹池褶断带的构造格局。由于北西向和北东向同沉积断裂交汇部位往往沉积厚度增大，在褶皱过程中形成了后来背斜轴部的局部隆起，即背斜轴部的局部隆起区主要受同沉积断裂所控制，后期构造叠加并不是形成隆起的主要原因。由于印支期挤压过程中伴随有左行剪切作用，导致了北西向褶皱呈现出反“S 型”展布的特点。印支期强烈的褶皱挤压及推覆，导致地壳普遍抬升，山脉隆起，右江再生地槽收缩，发生海退，晚三叠世的泻湖-陆相碎屑岩沉积仅见于南丹之西的火基—鲁王山一带。印支运动后本区总体抬升幅度较大，沉积终止，缺失侏罗系—白垩纪沉积。

（3）伸展剪切阶段（燕山期）

与华南区域背景一致，燕山晚期区内进入地壳伸展阶段，构造形式表现为一套拉张-张剪性构造组合，深部岩浆在地壳伸展作用下，沿基底断裂上升，并贯入盖层中的南北向张性断裂带中，形成大厂、芒场、笼箱盖等地区的岩墙、岩床、岩脉、岩株等。地壳的伸展作用还表现为断陷盆地的形成，如邻区宜山冲谷等地一些南北向、东西向的小型白垩纪断陷盆地。

燕山晚期是丹池褶断带构造定型阶段。带内总体构造特征表现为：北西向褶皱局部叠加有伸展剪切褶皱，使褶皱形态进一步复杂化。北西向断裂在基底断裂的基础上经历了海西期同沉积阶段的构造活动，在印支期以逆冲活动为主要特征，燕山晚期发生张扭性改造。由于后期构造作用已进入表浅层次，应力易于释放，因此北西向断裂构造在地表并不连续，也很难找到连续的断面，而是表现为由诸多相互侧列的小断层、劈理化带以及地层挠曲变形等组成的一条变形带。北东向断裂是带内发育程度仅次于北西向断裂的一组断裂构造，它也是在北东向基底构造的基础上发展起来的，在同沉积阶段以及印支期挤压作用过程中，主要作用在于调整两侧伸展（同沉积阶段）和收缩（印支期挤压阶段）量的不一致，到燕山晚期发生张扭性改造，所以北东向断裂总体表现为张扭性。由于相同的原因，北东向断裂地表形迹也并不十分清晰，同样由一组相互平行侧列产出的小断裂组成。南北向断裂是在追踪和改造早期裂隙构造的基础上发展起来的，具左列特征，但主要活动时期为燕山晚期，是燕山晚期的主要张性构造，由于其张开空间最大，往往为同构造期的岩体、岩脉所充填。

综上所述，丹池褶断带构造活动始于海西期，伴随古特提斯洋的开裂，北西向基底断裂产生张裂活动，形成了江南古陆西南边缘的丹池断陷带；中三叠世（T_2）晚期的印支运动导致褶皱迴返，形成了北西向主干构造，奠定了丹池褶断带的构造格架；晚白垩世（K_2）燕山运动最终定型。

2. 大厂矿田构造演化

大厂矿田位于丹池褶断带中段，与丹池褶断带经历了同样的演化过程，即海西期北西向基底断裂产生张裂活动，具有同沉积断裂特征，在北西向持续张裂作用下，产生了北东向张性横向调整断裂，亦具有同沉积断裂特征。印支期北东-南西方向挤压，σ_1 产状为 252°∠6°，形成北西向主褶皱和次级小褶皱、北西断裂产生逆冲作用、形成北西向劈理化带，北东断裂产生压扭性再活动。燕山晚期北东东-南西西方向引张，σ_1 产状为 354°∠10°，形成层间滑动破碎带、层间伸展剪切褶皱、北西向和北东向断裂的张扭性再活动、南北向张（扭）性断裂、拉断石香肠、北东东向叠加褶皱等。燕山晚期构造活动伴随岩浆侵位（东岩墙、西岩墙、花岗岩）和锡多金属成矿（图 9-37、9-38、9-39）。

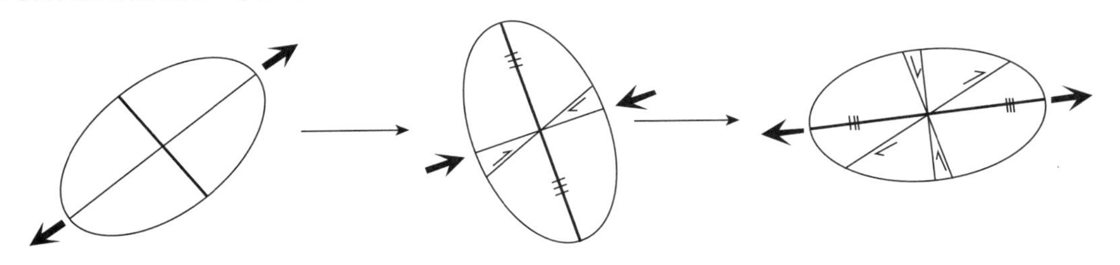

加里东期古特提斯洋开裂，北西基底断裂产生张裂活动形成丹池拗陷带

印支期北东-南西方向挤压，σ_1=252°∠6°

燕山晚期北北西-南南东方向挤压，σ_1=354°∠10°，近东西向拉张

图 9-37　大厂矿田构造应力演化

三、构造作用下成矿元素的迁移行为

对构造与成矿关系的研究以往主要侧重于构造作用产生的机械变形和位移所提供的空间，即强调构造对成矿的导矿、容矿空间条件以及构造对矿床、矿体产出的空间制约关系。20 世纪 80 年代以

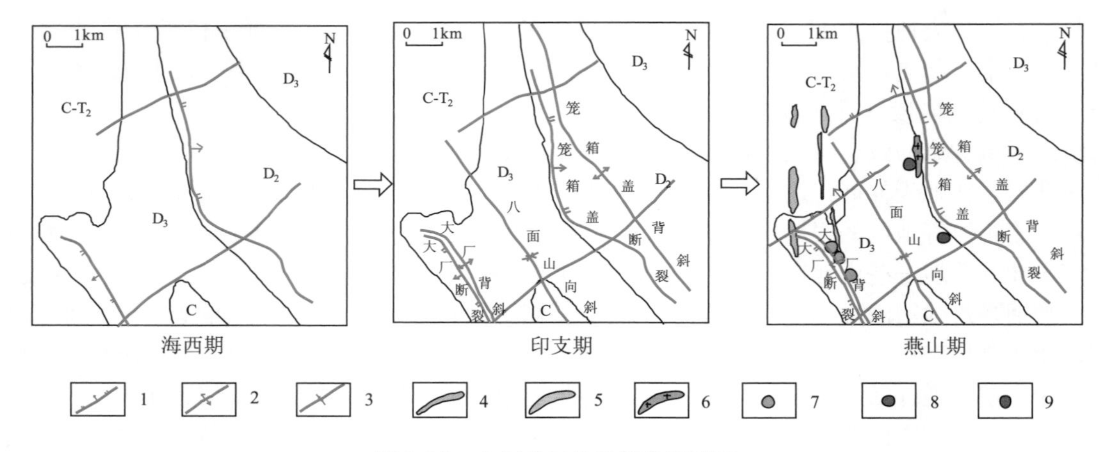

图 9-38 大厂矿田构造演化序列图

1—断裂；2—背斜轴；3—向斜轴；4—西岩墙；5—东岩墙；6—白垩纪花岗岩；7—锡多金属矿；8—锌铜矿；9—钨锑矿

构造作用时代	应力特征	变形样式	地质事件及主要构造
海西期	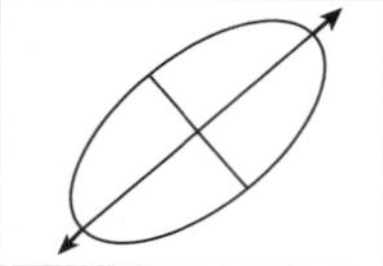	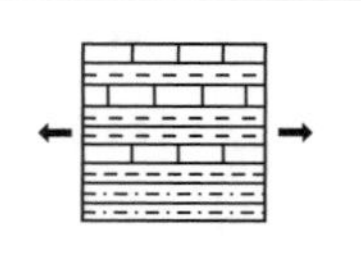	拉张凹陷，接受D-T$_2$一套碎屑岩-碳酸盐岩-硅质岩沉积，北西向、北东向同沉积断裂活动
印支期	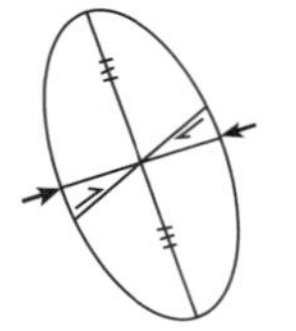	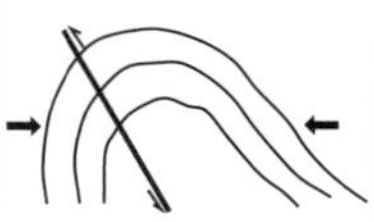	挤压作用，形成北西向大厂背斜、北西向断裂产生逆冲作用，北东向断理解产生压扭性活动
燕山期	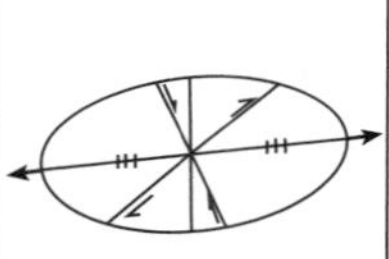	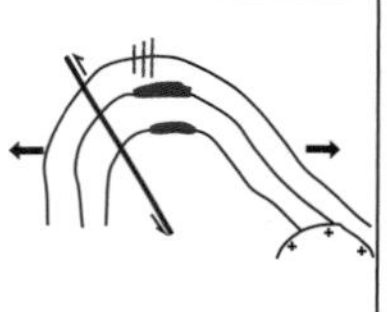	拉张剪切，北西向、北东向断裂产生张扭性活动，南北向断裂张(扭)活动，形成北东东向小规模褶皱，拉断石香肠、肠状褶曲及层间滑脱构造等，伴随岩浆作用和锡多金属成矿

图 9-39 大厂矿田构造演化及应力作用特征

来，人们逐渐认识到构造活动中还包含有化学过程，构造不仅仅提供了导矿和容矿空间，本身也是一种重要的成矿作用。本次工作分别对不同时期的构造变形层和不同方向的断裂开展了构造地球化学剖面测量，探讨了构造作用过程中元素地球化学行为。

1. 地层变形样式与成矿元素的迁移

上泥盆统榴江组（D_3l）硅质岩是大厂矿田铜坑矿床92号超大型矿体的赋矿围岩，对这套硅质岩与锡多金属成矿之间的联系也就成为了研究者们关注的焦点。以往对硅质岩与成矿之间的关系主要有以下两种认识：一是硅质岩属喷流成因，在喷流沉积过程中成矿元素富集成矿（蔡宏渊等，1983；雷良齐，1986；张国林等，1987；陈洪德，1989；韩发等，1989，1997；秦德先等，2002，1998）；二是硅质岩由于其特殊的物理性质，在后期构造作用下微裂隙构造发育，有利于含矿热液的充填、交代，是一种有利的赋矿围岩（陈毓川等，1985，1993；叶绪孙等，1999；王登红等，2004）。为进一步研究硅质岩与成矿之间的关系，探讨构造作用下成矿元素的迁移行为，在大厂背斜北东翼的高峰新州测制了一条D_3l硅质岩的构造-地球化学剖面，该剖面硅质岩层厚约126 m，其中、上部保留有印支期挤压变形迹象，燕山晚期伸展剪切构造叠加在其下部（图9-40）。

根据硅质岩的岩性及变形特征将其细分为5层，自下而上依次为：

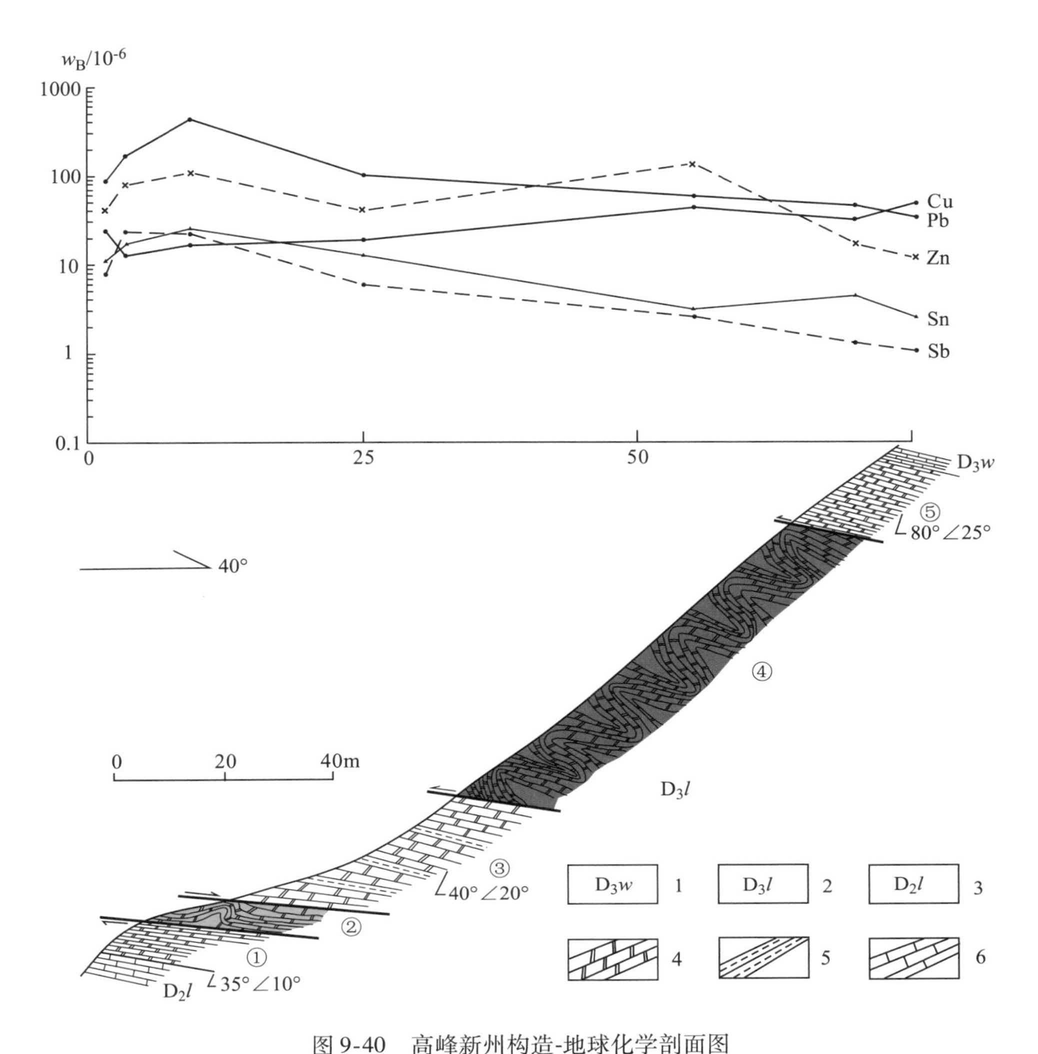

图 9-40　高峰新州构造-地球化学剖面图

1—上泥盆统五指山组；2—上泥盆统榴江组；3—中泥盆统罗富组；4—硅质岩；5—泥岩；6—灰岩

第①层：位于 D_3l 的最底部，厚约 4 m，岩性为灰色薄层硅质岩，单层厚 0.5 ~6 cm，一般 1 ~2 cm，层面上往往分布有泥质薄膜，岩层产状 35°∠75°，层面平直，层理实际上已被一组剪切劈理所取代，反映了燕山晚期构造变形特征，该层内 Sn、W、As、Pb、Zn 均有一定程度的富集，但 Cu 元素含量较两侧岩石中要低。

第②层：厚约 2 m，岩性为灰色薄层硅质岩，层内岩层发生了变形，形成挠曲和褶皱，褶皱形态为尖棱状，部分为等厚褶皱，轴面产状 240°∠75°，枢纽走向 10° ~40°，与印支期挤压褶皱的形态及产状明显不同。此外，在该层内还见有配套的小型正断层，应为燕山晚期伸展剪切作用形成的一套构造组合。在该层内除 Cu 元素外，Sn、W、As、Pb、Zn 等成矿元素发生了明显富集。

第③层：厚约 20 m，岩性为灰-土黄色薄-中层状硅质岩夹泥岩，以泥质含量高为特征，硅质岩中发育有钙质结核及含 Mn 粉砂质泥岩透镜体。硅质岩层厚 1 ~20 cm、泥岩夹层厚 2 ~15 cm，该层内发育有小型逆断层，断层产状 40°∠65°，保留了印支期构造变形特征。该层中 Sn、As、Pb、Zn、Cu 等成矿元素均没有产生富集。

第④层：该层厚约 80 m，岩性为灰黑色层纹状薄层硅质岩，硅质岩中钙质结核发育，褶皱变形较强，这些褶皱构造的轴面产状 55°∠55°、枢纽走向 310° ~345°，与第②层中的剪切褶皱形态明显不同，轴面产状也刚好相反，而与印支期褶皱形态及轴面产状相一致，系印支期褶皱形成的次级褶皱。该层中除 Zn、Cu 元素含量相对较高外，其他成矿元素如 Sn、As、Pb 没有发生富集。

第⑤层：厚约20 m左右，岩性为灰黑色薄层状硅质岩，岩层产状较稳定（80°∠25°），变形特征不明显。该层中除Cu元素含量较高外，其他成矿元素也没有发生明显富集。

考察元素在后期构造作用下的迁移特征，首先要分析这些地质体中元素的背景含量特征，这里我们用远离矿区的南丹罗富剖面中榴江组（D_3l）各元素的含量值来代表榴江组沉积岩石元素的背景含量（表9-5）。

表9-5　上泥盆统榴江组（D_3l）不同岩性元素背景含量（单位10^{-6}）

岩性	Sn	W	Cu	Pb	Zn	As	Sb
硅质岩	2.2	1.8	38.4	13.1	45.5	0.70	1.00
泥质岩	1.9	0.8	69.2	14.6	48.8	33.04	4.14
页岩+粘土	10	2.0	57	20	80	6.6	2.0
克拉克值	2.0	1.5	55	12.5	70	1.8	0.2

硅质岩、泥质岩据陈毓川等，1993；页岩+粘土据维诺格拉多夫，1962；克拉克值据泰勒，1964。

2. 北西向断裂中成矿元素的迁移

北西向断裂是矿田内的主干断裂构造，与成矿关系也最密切。该方向的断裂经历了印支期挤压逆冲作用和燕山晚期张扭性改造，在其局部张开地段赋存有工业矿体，如铜坑190号矿体。图9-41是在大厂铜坑矿床505中段南大巷测制的一条横穿大厂断裂（F_1）的构造地球化学剖面，从中可以看出，北西向大厂断裂中Sn、Pb、Zn、Sb等成矿元素明显发生了同步富集，而Cu含量变化不明显，在构造带中并没有产生富集，这与硅质岩地层剖面所反映的现象一致，即W、Sn、Pb、As和Sb等元素的富集与构造作用密切相关，而Cu的富集可能与构造作用关系不密切。

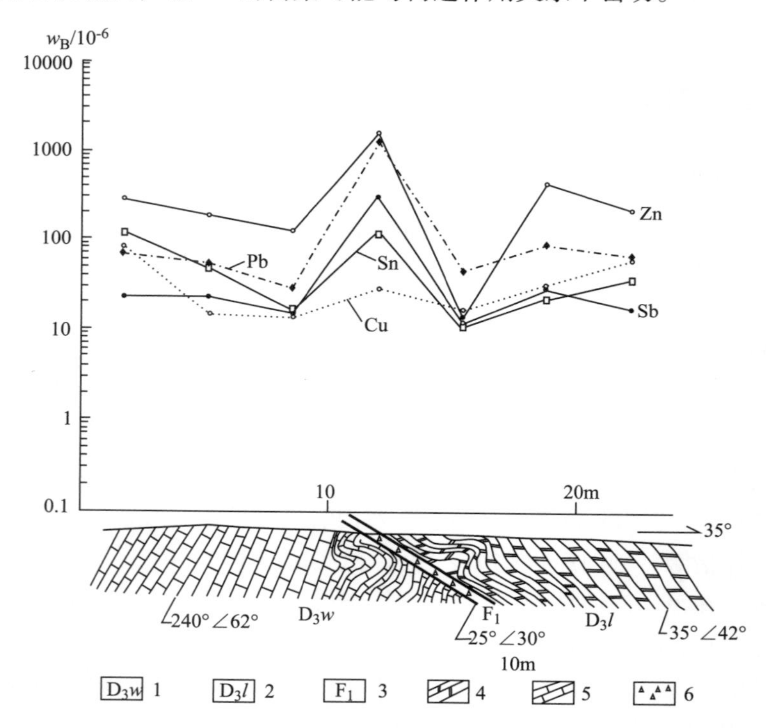

图9-41　铜坑505中段北西向断裂构造地球化学剖面图

1—上泥盆统五指山组；2—上泥盆统榴江组；3—大厂断裂；4—硅质岩；5—灰岩；6—构造角砾岩

3. 南北向断裂与成矿元素的迁移

南北向断裂是矿田内燕山晚期的主要张性构造，并为岩脉所充填，这些岩脉总是与锡多金属矿体交织在一起，它们穿切了矿体，岩脉本身虽没有发生明显的矿化，但在岩脉与地层围岩的接触面附近以及岩脉中的裂隙构造内发育有黄铁矿化，这说明岩脉的形成在主成矿阶段之后，但二者的相隔时间不会太长。图9-42是在大厂矿田铜坑矿床505中段测制的一条横穿“东岩墙”的地球化学剖面。分析结果指示岩脉内W、Sn、Pb、Zn、As、Sb、Cu等成矿元素含量低，说明岩脉本身与成矿的关系不大，但在岩脉两侧的破碎带中W、Sn、Pb、Zn、As、Sb等成矿元素明显发生了同步富集，接触面附近的断裂破碎带具有张扭性特征，反映了燕山晚期构造变形的特点，说明燕山晚期南北向张性断裂的构造活动引起了W、Sn、Pb、Zn、As、Sb等成矿元素的富集。此外，还可以看出Cu元素含量变化与SN向张扭性构造活动之间关系不密切。

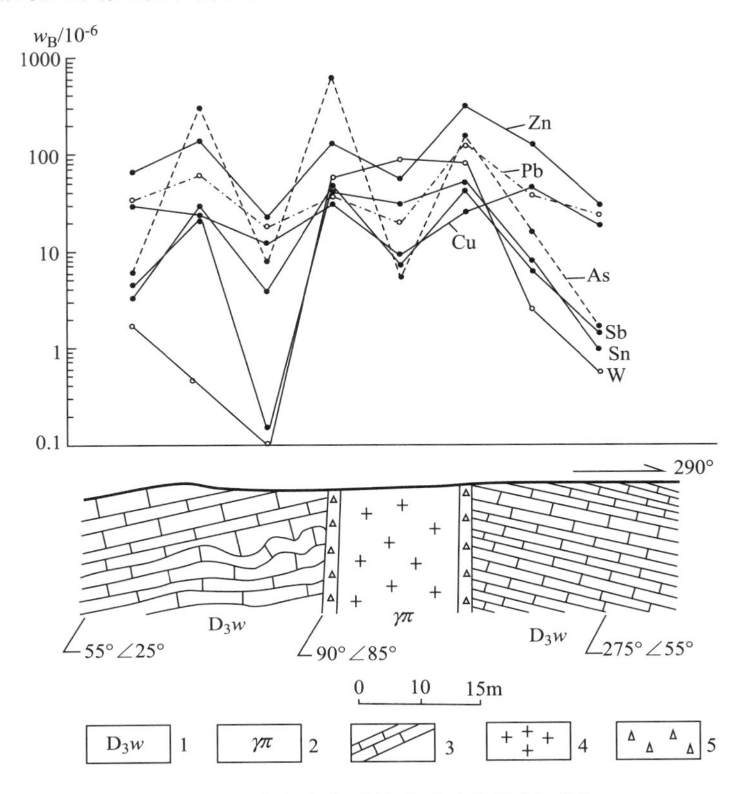

图9-42　南北向断裂构造地球化学剖面图

1—上泥盆统五指山组宽条带灰岩；2—花岗斑岩脉；3—灰岩；4—花岗斑岩；5—构造角砾岩

为了更好地论述成矿与构造之间的联系，这里还列举了在芒场矿田东侧（芒场背斜东翼）所观察到的地质现象。在芒场矿田东侧的大排一带纳标组（D_2n）石英砂岩中发育有沿层面分布的条带状黄铁矿和沿层间裂隙分布的脉状黄铁矿，黄铁矿呈半自形细粒状及粉末状两种形式产出，与大厂矿区所谓的层状矿化特征非常相似，但在该地段及其附近没有发现明显的燕山晚期张剪性构造作用的迹象，尤其没有见到层间剪切滑脱现象。黄铁矿取样分析结果为：Sn 17.9×10^{-6}、W 5.78×10^{-6}、Cu 399×10^{-6}、Pb $<1.00\times10^{-6}$、Zn 330×10^{-6}、As 575×10^{-6}、Sb 5.76×10^{-6}、Ag 1.00×10^{-6}。分析数据表明，在地层沉积过程中某些层位和岩性中可能有Sn等成矿元素的初始富集，但如果没有燕山晚期构造的叠加作用则难以形成具工业意义的矿化。

以上事实说明：①矿田内W、Sn、Pb、Zn、As、Sb等成矿元素的迁移富集与燕山晚期的伸展剪切构造活动关系密切，主要受张扭性断裂构造及层间滑脱构造、剪切褶皱、剪切劈理等控制，没有燕山晚期的构造作用的叠加则难以形成工业矿体。②构造作用不仅形成了有利的导矿、容矿空间，而且还引起了成矿元素的迁移富集，构造作用本身也是一种成矿作用。③Cu元素在构造活动过程中并没有产生显著富集，它与W、Sn、Pb、Zn、As、Sb等元素的迁移机制有所差别，也不同步。Sn多金属矿化与燕山晚期构造作用相关联，Cu矿化主要分布在岩体接触带部位，在远离接触带的矿床中一般很难看到黄铜矿，说明Cu成矿可能完全与区内的笼箱盖岩体以及与之接触的灰岩相关联，是岩浆热液与灰岩相互交代作用的产物。

四、构造控矿机制探讨

1. 丹池成矿带的构造控制

丹池成矿带自北而南产出有芒场、大厂、五圩等锡多金属矿田，其中，超大型锡多金属矿床两个（铜坑、龙头山）、大-中型锡铅锌锑汞矿床15个、小型矿床（点）200多个，组成了我国南方地区著名的丹池成矿带。丹池成矿带的展布与南丹-大厂-保平北西向基底拗陷带及丹池褶皱带相一致，反映了北西向基底断裂及丹池褶断带对成矿带的控制作用（图9-43）。

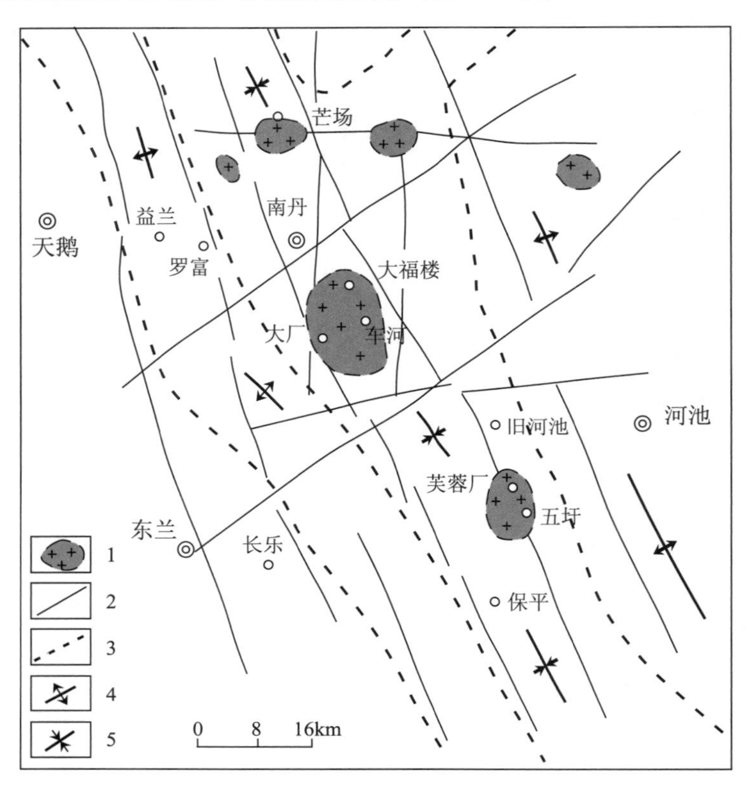

图9-43　丹池成矿带基底构造推断图

（据孙德梅等1994资料改编）

1—推测花岗岩；2—推断基底断裂；3—隆起及拗陷边界；4—基底隆起区；5—基底坳陷区

区内海西期的拉张裂陷及印支期的挤压褶皱与古特提斯洋的打开和闭合相关联，海西—印支期区内主要受古特提斯构造域的影响。燕山晚期区内构造作用的主压应力方向为南南东-北北西方向，与中国东部四川期（135～52 Ma）应力场相吻合（万天丰，1993）。构造体制以伸展剪切为主导，但仍存在来自太平洋板块俯冲挤压作用的影响，属太平洋构造域作用范畴（蔡明海等，2004）。由此可见，丹池成矿带正好位于两大构造域交替作用的复合部位。可见，北西向基底拗陷带、丹池褶断带及古特提斯和太平洋两大构造域的交替复合共同控制了丹池成矿带的产出。

2. 矿田定位的构造控制

丹池褶断带内北西向和北西向断裂在海西期的拗陷沉积过程中具同生断裂特征，二者联合控制了丹池带内泥盆纪、石炭纪沉积。在两组断裂的交汇部位，尤其是北东向断裂的北西一侧形成次级拗陷，其沉积厚度均较带内其他地段有所增大（陈洪德，1989）（图9-44）。

在印支期挤压褶皱作用下，早期沉积厚度较大的部位形成了后来北西向褶皱的高点，即所谓的局部隆起区。燕山晚期构造-岩浆及成矿作用主要叠加在这些相对隆起的地区，形成了芒场、大厂及五圩等矿田。由此可见，早期北西向和北东向同沉积断裂构造的交汇部位控制了丹池褶断带内矿田的产出，同时还由于北东向断裂发育的等距性，形成了三大矿田大致间距为35 km的等距分布。

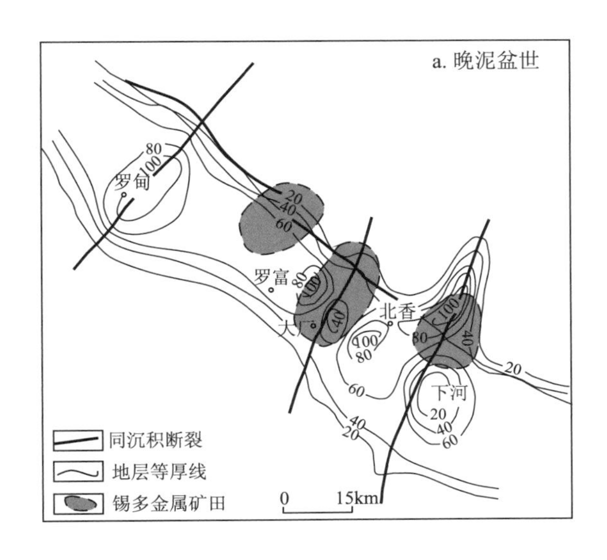

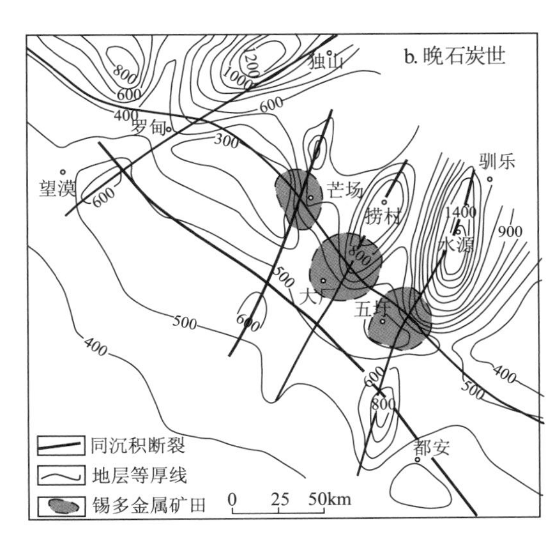

图 9-44　丹池盆地早石炭世沉积厚度与同沉积断裂关系

（据陈洪德等改编，1989）

对于带内褶皱轴部局部隆起的原因，前人认为是后期褶皱或断裂叠加所致（徐珏等，1988）。野外调查发现，丹池成矿带内北东向褶皱是印支期配套形成的滑褶皱构造，一般只在北东向断裂旁侧发育，且规模较小。铜坑矿区北东东向的褶皱系大厂背斜近东西向拐弯部分，且有一系列同方向、几何形态相似的次级褶皱，它们均为印支期褶皱的产物，燕山晚期主要是近东西方向的伸展，南北向挤压作用强度不大，因此，北东东向褶皱叠加强度有限，只是使早期同方向褶皱进一步复杂化。南北向断裂是燕山晚期的主要张性构造，但断距小，因此北东向褶皱、北东东向褶皱叠加或者是南北向断裂的作用都不可能是形成丹池带内隆起构造的本质原因，局部隆起应与早期沉积作用有关。

3. 矿床定位的构造控制

矿田内的矿床定位受以下 3 种形式的构造控制。

（1）北西向与北东向构造交汇部位控制矿床产出

大厂矿田自西而东发育有北西向的大厂断裂、笼箱盖断裂及车河断裂，由北向南发育有北东向的铜坑断裂、茶山断裂。在这两组断裂的交汇部位分别产出有大福楼 Sn 多金属矿床，铜坑 Zn、Cu 矿床（隐伏），铜坑-长坡 Sn 多金属矿床，灰乐 Sn 多金属矿床和茶山 W、Sb 等，表明矿田内矿床的定位是受北西向和北东向断裂的交汇部位控制（图 9-45）。

（2）北西向断裂和褶皱的拐弯部位是成矿有利空间

大厂断裂和大厂背斜在长坡段由北北西向→近东西向→北西向拐弯，呈反“S”型，在成矿期张扭性应力作用下，近东西向的转折部位属局部张开地段，从而形成了有利的构造空间，铜坑锡多金属矿床正好位于的这一转折部位（图 9-46）。需要说明的是，长坡段近东西向主褶皱是大厂背斜的组成部分，与主褶皱配套的一系列近东西向次级小褶皱其形态与主褶皱基本一致，应属背斜同期的次级褶皱，后期褶皱的叠加只是使其形态进一步复杂化。

（3）背斜轴部的局部隆起段是有利的成矿空间

北西向大厂背斜总体向北西倾伏，倾伏角 4°～26°，但在长坡段背斜轴部同车江组泥砂质地层向四周倾斜，同标高上局部出露有下部五指山组扁豆灰岩，形成一个局部穹状隆起，铜坑矿床即产在这一隆起部位。巴里和龙头山矿床也同样位于巴里-龙头山局部隆起段（图 9-47）。

4. 矿体产出的构造控制

（1）西矿带锡多金属矿体的构造控制

大厂西矿带以铜坑矿床最为典型。铜坑矿床位于大厂背斜北东翼、大厂断裂（F_1）上盘，由似

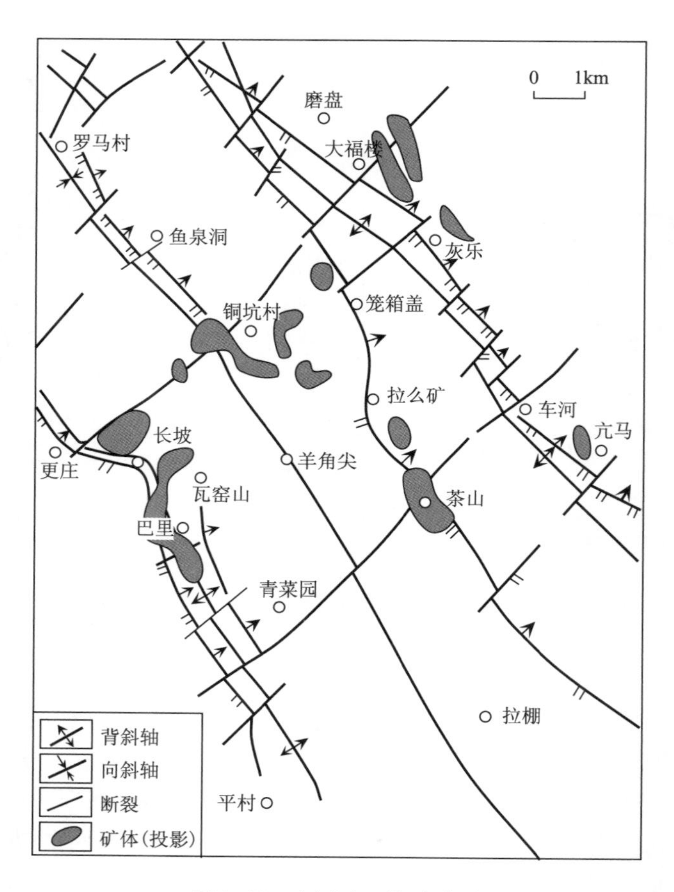

图 9-45　大厂矿田构造略图

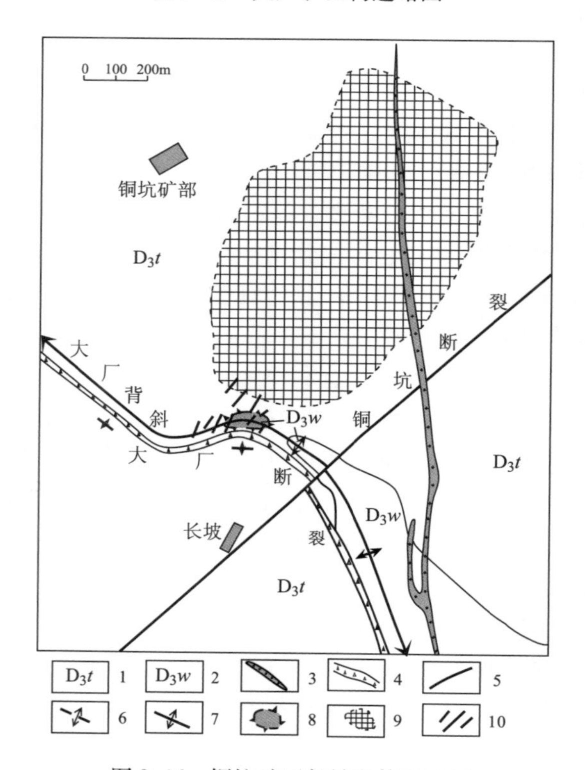

图 9-46　铜坑矿区长坡段构造略图

1—同车江组；2—五指山组；3—花岗斑岩脉；4—大厂断裂带；5—断裂；6—大厂背斜；7—次级背斜；8—背斜轴部的局部隆起；9—隐伏锡多金属矿体的投影；10—大脉型矿体

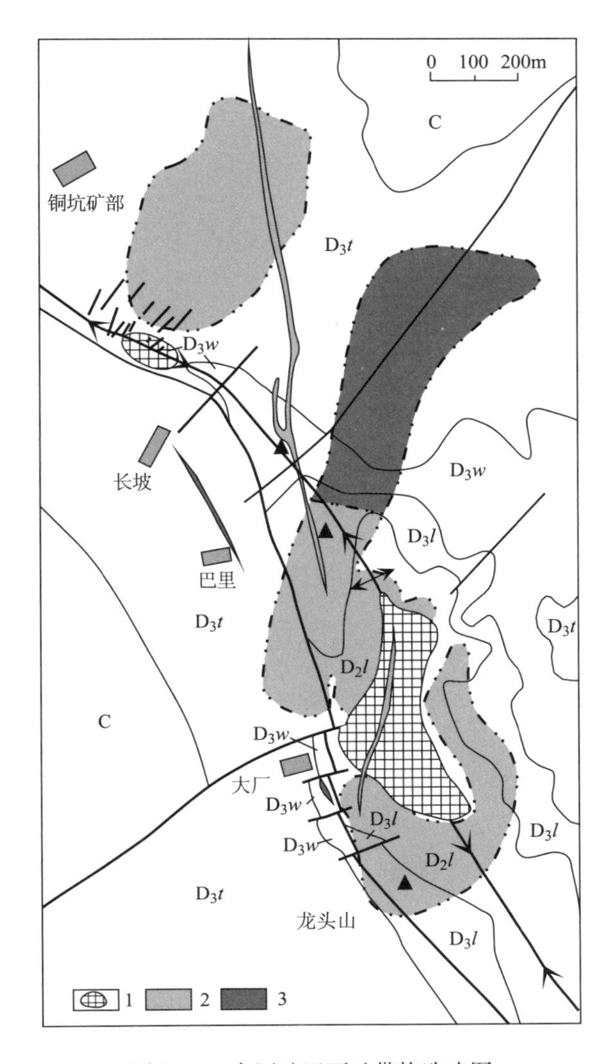

图 9-47 大厂矿田西矿带构造略图

1—背斜轴部的局部隆起；2—锡多金属矿投影；3—锌铜矿投影

层状矿体和脉状矿体组成，二者在空间上作有规律的分布，由下往上依次为 92 号、77 号、91 号、75 号和 79 号似层状矿体、细脉带型矿体和大脉型矿体。近年来，在铜坑矿 92 号矿体深边部中泥盆统罗富组泥岩、泥灰岩、粉砂岩中新发现了 94 号、95 号和 96 号锌铜矿体。

大脉型矿体的控矿构造。大脉型矿体产于大厂背斜轴部的长坡隆起段（图 9-46），由一系列陡倾斜的北东向矿脉组成，共计有 200 多条，主要矿脉有 0 号、14 号、38 号等。矿脉从地表往下延深至大厂断裂（F_1），到 505 m 中段后渐趋减少、尖灭。单脉长一般 100 ~ 500 m、宽 0.1 ~ 1.8 m，延深 100 ~ 300 m。大脉型矿化受北东向断裂控制，断裂产状 110° ~ 140°∠65° ~ 85°。该组控矿断裂是在早期背斜轴部横张节理的基础上发展起来的，经历了早期压扭性和晚期张扭性构造作用，早期挤压变形的产物呈张性角砾分布于晚期张扭性构造之中。矿化主要受晚期张扭性构造控制（图 9-48）。

细脉带型矿体的控矿构造。细脉带型矿体分布于大厂背斜北东翼近东西向次级背斜轴部，处于大脉型矿脉群的北东向延伸部位，赋矿标高低于大脉型矿体。细脉带型矿体受密集分布的陡倾斜微细裂隙控制，裂隙产状以 110° ~ 140°∠65° ~ 85°为主，其次为 160° ~ 180°∠60° ~ 65°和 220° ~ 245°∠70° ~ 80°，即走向以北东为主，其次为东西向和北西向。微细裂隙的构造性质以张、张扭性为主，细脉密度为 5 ~ 10 条/m，单条细脉厚 0.5 ~ 1.0 cm，长一般小于 15 m，组成的脉带长 400 ~ 600 m，延深 200 m 左右，在 685 ~ 645 m 标高宽约 130 m，往下迅速变窄，延至 91 号矿体附近渐趋尖灭。由于细脉所赋存的岩性不同，其特征略有差异。灰岩和页岩中除北东向陡倾斜的细小脉外，还见有沿层面

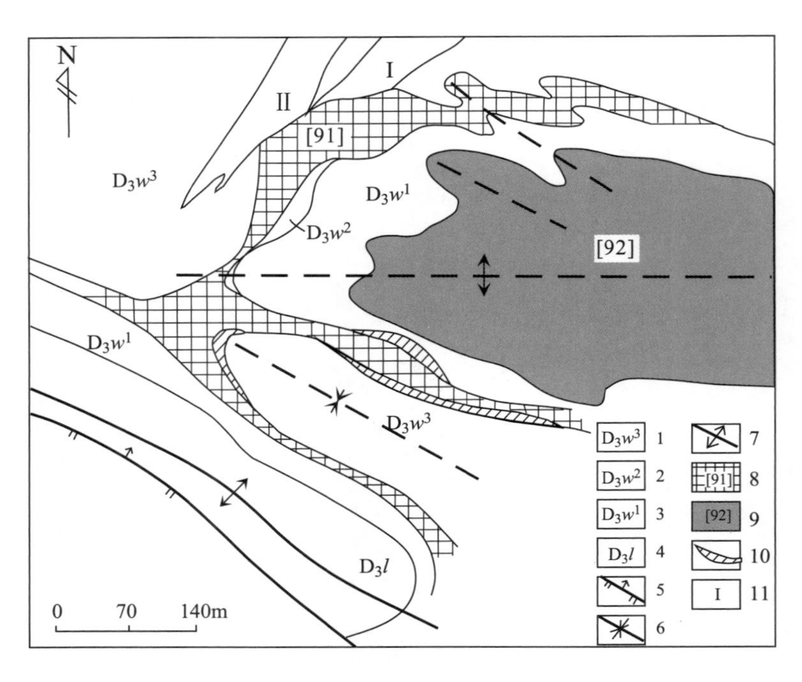

图 9-48　铜坑矿床 505 中段地质平面图

（据铜坑矿资料改编）

1—五指山组小扁豆灰岩；2—五指山组细条带硅质灰岩；3—五指山组宽条带灰岩；4—榴江组硅质岩；5—断层；6—向斜轴；7—背斜轴；8—91 号矿体；大脉型矿体；9—92 号矿体；10—层面矿脉；11—细脉带矿体及编号

产出的平缓细脉；“扁豆状灰岩”中的细脉常呈“非”字，交代特征明显。

似层状矿体的控矿构造。铜坑矿区的似层状矿体分布在大厂背斜北东平缓翼，总体受燕山晚期伸展剪切所形成的层间破碎带控制，根据控矿构造特点不同可分为两种情况：①严格受不同岩性界面附近的层间滑动破碎带控制。该类型矿体主要有产于上泥盆统五指山组大扁豆（D_3w^4）与小扁豆灰岩（D_3w^3）界面之间的 79 号矿体、五指山组小扁豆灰岩（D_3w^3）与细条带硅质灰岩（D_3w^2）界面之间的 75 号矿体，以及五指山组细条带硅质灰岩（D_3w^2）与宽条带灰岩（D_3w^1）之间的 77 号矿体。控矿的层间滑动破碎带具有膨胀收缩特点，多数地段破碎带紧闭，仅为形态不规则具典型张性构造控制的方解石细脉充填，在局部张开地段充填有锡多金属矿体，因此矿体规模较小，连续性差。②受整个变形层所控制。该类型矿体主要有产于五指山组细条带硅质灰岩（D_3w^2）中的 91 号矿体以及榴江组硅质岩（D_3l）中的 92 号矿体等，控矿构造为整个含硅质高的变形层。由于赋矿岩性层的物理性质脆、层理发育，在燕山晚期伸展剪切构造作用下，在早期次级褶皱及不同方向裂隙构造的基础上叠加有晚期剪切褶皱和裂隙构造，使得整个赋矿层发生变形，表现为局部产状凌乱，次级褶皱、揉皱和细网脉状裂隙构造发育，含矿热液沿褶皱虚脱部位和微细裂隙充填交代，形成了厚大的似层状 91 号、92 号矿体，矿体总体受变形层控制，但局部穿层产出。此外，91 号、92 号似层状锡多金属矿体的产出还受大厂背斜次级褶皱控制（图 9-48）。控制 91 号和 92 号矿体的次级褶皱轴向近东西，与大厂背斜在该段的轴向一致，系印支期褶皱过程中形成的次级褶皱，在燕山晚期近南北向挤压作用下有褶皱的叠加作用，使得其形态进一步复杂化。92 号深边部新发现的 94、95 和 96 号锌铜矿体则主要受隐伏岩体的局部凸起部位、罗富组中的泥灰岩层及层间滑动破碎带联合控制。

礁灰岩中 100 号矿体的控矿构造。100 号矿体为大厂西矿带中泥盆统纳标组礁灰岩中大而富的隐伏锡多金属矿体。矿体呈扭曲的麻花状，与围岩界线清晰，矿体厚大部位围岩蚀变一般不发育，但在 -50 ~ -120 m 标高范围内，矿体厚度变薄，发育有较强烈的大理岩化，大理岩化分布宽度可达 300 m。这一特征表明成矿是沿一个早先存在、且形态不规则的空间充填而成，在空间狭窄部位，热散发较慢，从而引起灰岩的大理岩化，矿化充填的空间可能为早先发育的溶洞。100 号矿体延至 -200 m

中段后，矿体明显受北西向断裂控制，断裂产状 220°∠30°～50°，断面总体较光滑、平整，但局部不规则，具张扭性特征，系大厂断裂的上盘的次级断裂构造。综上所述，龙头山礁灰岩中 100 号矿体的控矿构造为北西向断裂 + 溶洞。

（2）中矿带锌铜、钨锑矿控矿构造

拉么锌铜矿体和茶山钨锑矿产于大厂矿田中矿带，中矿带控矿构造可分为以下几种类型：

笼箱盖隐伏岩株顶部的环状裂隙控矿。隐伏岩体的上拱作用导致在其周边形成呈环状分布的张性裂隙构造，并与早先断裂和裂隙相叠加，控制了含钨锑萤石-方解石脉的产出。

南北向断裂带构造控矿。陡立的南北向断裂带是燕山晚期主要张性构造之一，张扭性特征明显，断裂带内不但充填有花岗岩脉，两侧围岩发生矽卡岩化，而且充填有热液型锌铜、钨锑多金属矿脉，例如拉么 4 号矿体，笼箱盖顶部 730 m 中段的 9 号、10 号、11 号、12 号、13 号矿体，以及诸多的萤石-白钨矿矿脉。

北西向接触-断裂带构造控矿。北西向接触-断裂带构造主要分布在拉么矿区的中南段，为笼箱盖断裂的次级断裂与接触带复合构造，控制了锌铜矿体产出。

层间滑动破碎带控矿。在上泥盆统五指山组不同岩性接触面附近，以及深部中泥盆统罗富组不同岩性界面附近常发育有不同程度的层间滑动破碎带，它们控制了似层状产出的锌铜矿体。

（3）东矿带锡多金属矿控矿构造

东矿带产出的大福楼、灰乐和亢马等锡多金属矿体的控矿构造特点与西矿带铜坑矿相类似，上部为陡倾斜的裂隙控矿，下部为缓倾斜的层间破碎带控矿，并以大福楼矿区最具代表性。大福楼矿区控矿构造可分为以下 3 类：

细脉群矿体的控矿构造。大福楼地段细脉密集成群分布，主要受北西向微细裂隙控制。控矿裂隙性质主要为张扭性，优势产状为 245°∠50°～60°，其次为北东向和南北向裂隙，产状分别为 135°∠75°和 95°∠78°。

大脉型矿体的控矿构造。大福楼矿区规模最大的大脉型矿体为 0 号脉，受陡倾斜的北西向断裂控制，并被晚期北东向和东西向断裂切错。

似层状矿体的控矿构造。在矿区深部下泥盆统塘丁组不同岩性界面附近发育有层间滑动破碎带，控制了似层状矿体产出，如 21 号、22 号矿体。

5. 构造变形样式垂向分带对矿体空间形态的控制

成矿过程中构造样式的垂向变化控制着矿体形态的垂直分带，即矿床上部由于上覆岩层压力较小，处于相对开放状态，因此，构造变形多以张及张扭性裂隙为主，裂隙规模相对较大，形成大脉型及细脉型矿体；矿床下部由于有上覆岩层的压力作用，同时地层岩性物理性质差异，在伸展剪切构造作用下，产生了一系列层间滑动和微裂隙组合构造，控制了 91 号、92 号、94 号、95 号和 96 号等层状矿体的产出。正是这种构造变形样式的分布特征控制了矿床上脉下层的矿体形态分带。

五、构造控矿模式

1. 成矿的构造条件

矿田内北西向断裂构造的影响深度达到了下地壳或上地幔，是锡多金属矿成矿过程中深部幔源流体运移的前提条件，因而也是锡多金属矿成矿的主导因素和必要条件。燕山晚期所形成的一套张剪性构造组合是矿液充填-交代的有利条件，特别是层状-细网脉状裂隙组合的构造变形层，包括层内剪切褶皱、层间滑脱破碎带、层内细-网脉状裂隙构造等，它为成矿提供了成型的构造空间，是形成具一定规模似层状矿体的重要条件。北西向大厂断裂和大厂背斜沿走向从龙头山、巴里、长坡、铜坑到更庄呈反“S 型”拐弯，长坡段断裂走向和背斜轴向变为近东西向，在燕山晚期的张扭性作用下这一拐弯部位形成了局部张开空间，有利于矿液充填和交代成矿。大厂背斜轴部的局部隆起地段在构造作用下易于应力释放形成有利的张性构造空间，大脉型矿体主要分布于局部穹状隆起地段。笼箱盖隐伏岩体的局部凸起部位以及中泥盆统泥灰岩层中层间滑动破碎带是深部似层状锌铜矿体成矿的构造条件。

2. 构造控矿的主要特点

铜坑锡多金属矿受燕山晚期一套张剪性构造系统控制，深边部的锌铜矿主要受隐伏岩体局部凸起、中泥盆统罗富组中泥灰岩层及层间滑动破碎带控制。

大厂背斜北东翼平缓，在燕山晚期伸展剪切的构造过程中易于产生层间滑动形成层间滑动破碎带，因此似层状矿体主要产于背斜的北东一翼。背斜南西翼岩层产状陡立，加上北西向叠瓦状逆冲构造带（F_1、F_3、F_5）的叠加，后期构造作用过程中主要靠断裂和裂隙来调整应力，难以形成成型的构造空间，因此，背斜南西翼叠瓦状逆冲构造带内尽管产生了强烈的变形，但所形成的构造空间窄小且分散，难以形成具一定规模的锡多金属矿体。近年来的工程控制也证实，南西翼叠瓦状逆冲构造带内的锡多金属矿体不仅规模小，而且分散，不同剖面上所发现的矿体难以相互连接，如77号、77－1号、77－2号、115号、116号、117号等诸多矿体，随着控制程度的增高，工程之间的矿体很难相互连接，实际上都是一些小而零散的矿体。

矿床上部由于上覆岩层压力较小，处于相对开放的体系，因此，构造变形多以北东向张及张扭性裂隙为主，裂隙张开的规模相对较大，主要形成了大脉型及细脉型矿体；矿床下部由于有上覆岩层的压力作用，同时地层岩性又是硅质岩和灰岩互层或泥灰岩与泥岩、砂页岩互层，在燕山晚期伸展剪切作用下，产生了一系列层间滑动和微细裂隙的组合构造，控制了91号、92号等似层状锡多金属，以及94号、95号和96号似层状锌铜矿体的产出。正是这种构造变形样式的分布特征控制了铜坑矿床上脉下层的矿体形态分带。

铜坑矿床深边部的锌铜矿体往往产在隐伏岩体的局部凸起部位。

含锡多金属热液主要以北西向断裂为其上升通道并向两侧运移，也有沿断裂、裂隙和层面构造运移的壳源岩浆流体和大气降水，但含锌铜热液主要来自岩浆期后热液和大气降水，主体沿接触带构造和层间滑动破碎带运移成矿。

3. 构造控矿模式

基于上述认识，将大厂矿田铜坑矿床构造控矿模式归纳为图9-49。

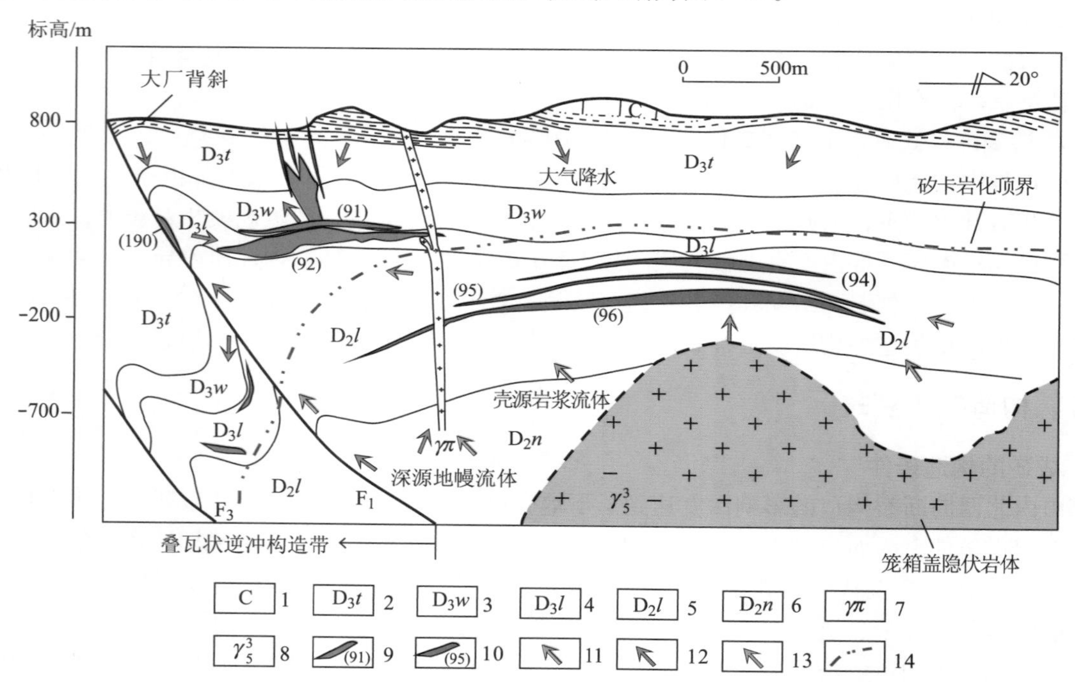

图9-49　铜坑矿床构造控矿模式图

1—石炭系灰岩；2—上泥盆统同车江组页岩、泥岩；3—上泥盆统五指山组灰岩、硅质灰岩；4—上泥盆统榴江组硅质岩；5—中泥盆统罗富组泥岩、泥灰岩、粉砂岩；6—中泥盆统纳标组泥岩、泥灰岩、礁灰岩；7—花岗斑岩脉；8—笼箱盖隐伏花岗岩；9—锡多金属矿体；10—矽卡岩型锌铜矿体；11—幔源流体；12—岩浆热流体；13—循环的大气降水；14—矽卡岩化顶界线

第四节 龙头山金矿

一、矿田构造特征

龙头山金矿大地构造位置位于华南褶皱带、桂中-桂东盆地之大瑶山-镇龙山隆起的西南段，是两广接壤地区大瑶山-怀集北东东向金多金属成矿带上一个受火山机构和断裂构造联合控制的中型金矿床（图9-50）。区内经历了加里东期、印支期和燕山期构造活动，形成了较为复杂的构造格局。

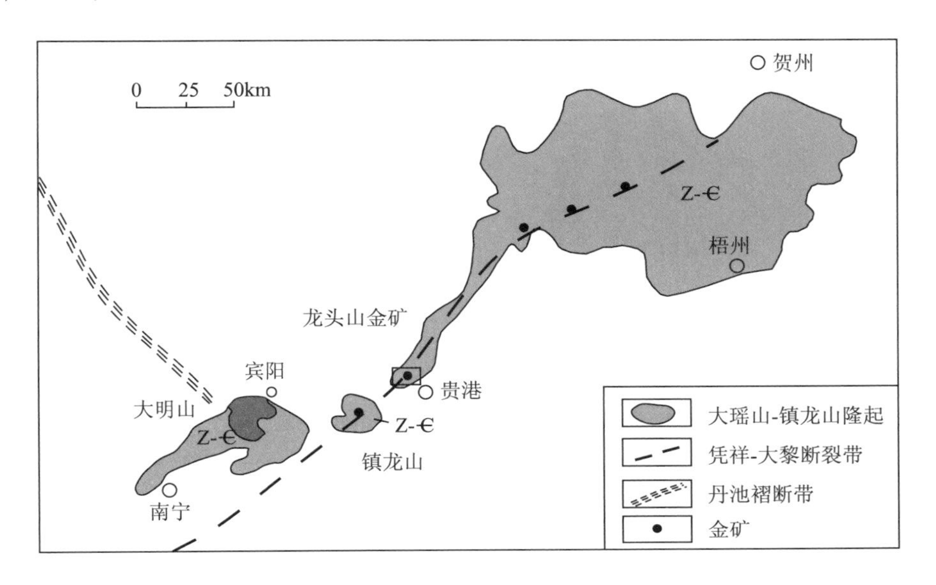

图9-50 龙头山金矿构造位置示意图

1. 区域构造特征

区域上的主干构造为大瑶山复背斜和凭祥-大黎断裂带。大瑶山复背斜展布于贵港-昭平古袍-藤县大黎-广东怀集一线，轴向北东-北东东，东段（昭平古袍-广东怀集）呈北东东向，西南段（昭平古袍-贵港）为北东向。背斜核部由震旦系培地组硅质岩、碎屑岩组成，寒武系复理石建造组成两翼，核部及翼部次级褶皱均较发育。该褶皱主体形成于加里东期，印支期局部有褶皱再叠加，使其形态进一步复杂化。由于褶皱作用，在桂中-桂东拗陷盆地中出露有大面积分布的震旦系—寒武系浅变质地层，称大瑶山隆起或大瑶山-镇龙山隆起。

龙山背斜即为大瑶山复式背斜西南段的组成部分（图9-51），背斜轴向45°左右，向西南倾伏，倾伏角约25°，为一鼻状复背斜。龙山背斜长约80 km，宽6～11 km，核部为加里东构造层（震旦—寒武系）组成的褶皱基底，发育一系列紧密线状次级褶皱，构造线为北东-北东东向，两翼由泥盆系、石炭系和二叠系组成，泥盆系呈角度不整合覆盖在寒武系之上。背斜两翼不对称，北西翼陡，倾角35°～45°；南东翼缓，倾角15°～25°。龙山背斜系印支期叠加褶皱。

区域上的主干断裂为凭祥-大黎断裂带，分布于凭祥—贵港—藤县大黎—贺州一线，西南延伸进入越南，东北延至广东怀集。断裂带走向40°～80°，长大于650 km、宽10～30 km。断裂带西南段（凭祥-昭平古袍）走向北东、倾向南东，倾角40°～80°；东段（昭平古袍-广东怀集）走向北东东，倾向变化大，上部倾向北西，下部倾向南东，倾角70°左右。沿断裂带航磁异常呈正负相伴的异常成群密集分布，布格重力异常显示该断裂带为一重力梯度带，且自莫霍面起以上各界面均有显示，属深断裂（广西壮族自治区地球物理探矿队，1993）。凭祥-大黎深断裂带控岩、控矿作用十分明显，西大明山、龙头山、平天山和东段的古袍、大黎等岩体，以及大瑶山隆起上的诸多金矿床与其关系密切。该断裂带在龙头山矿区范围内呈隐伏产出，1：20万区域重力测量证实，该深断裂带主体从矿区附近

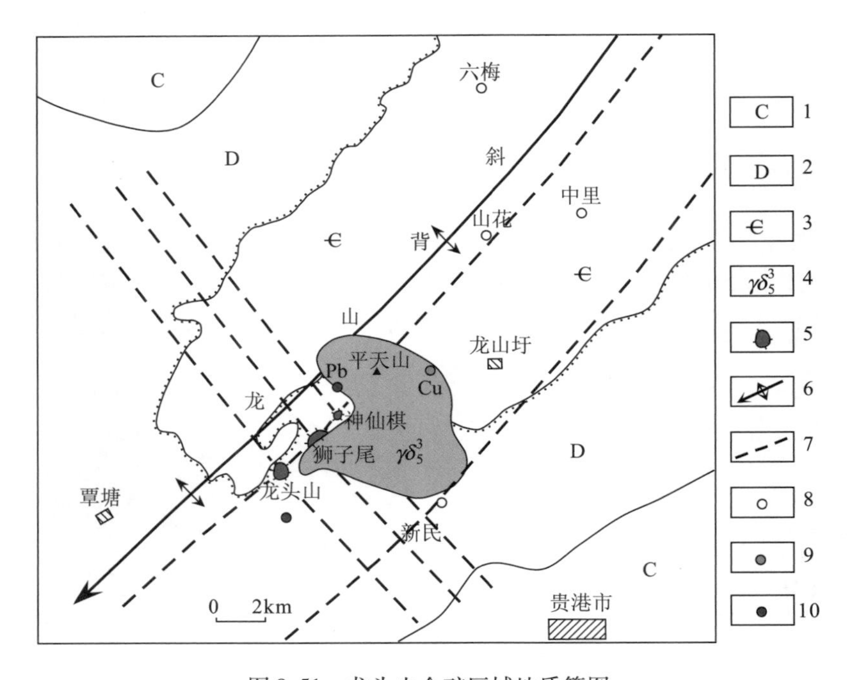

图 9-51 龙头山金矿区域地质简图

1—石炭系；2—泥盆系；3—寒武系；4—燕山晚期花岗岩；5—火山机构；6—背斜轴及倾伏方向；7—推测断裂；8—金矿；9—铜矿；10—铅矿

的新民一带通过（李蔚铮等，1998）。

2. 矿田构造特征

龙头山金矿位于北东向龙山背斜的南东翼，寒武系浅变质碎屑岩组成褶皱基底，泥盆系莲花山组砂岩不整合其上。基底构造线以北东-北东东向为主，盖层内主要发育北西-北西西向、南北向、北东向和东西向等不同方向的断裂构造，以及火山机构（图 9-52）。

（1）褶皱构造

龙头山金矿区基底褶皱为加里东构造层（震旦—寒武系）中一系列呈北东-北东东向展布的紧密线形褶皱，泥盆系盖层则呈单斜产出，地层走向 70°～110°、倾向 160°～200°，倾角 10°～30°。泥盆系莲花山组砂岩中局部发育有形态不规则的挠曲或小褶曲，小褶皱主要发育在砂岩中的泥质粉砂岩夹层中，影响宽度一般小于 20 m，向两侧逐渐正常，露头上可见其消失。小褶皱轴向 30°左右，与龙山背斜轴向基本一致，系龙山背斜褶皱过程中派生的次级褶皱。

（2）断裂构造

区内断裂构造主要有北西-北北西向、南北向、北东向及东西向等 4 组，以北西-北北西向断裂为主。

北西-北北西向断裂。北西-北北西断裂为区内主要断裂构造，分布于龙头山火山机构的东西两侧，如 F_2、F_4、F_{21}、F_{53}等。该组断裂走向 310°～350°、倾向南西，倾角 75°～85°，局部向北东反倾斜。断裂带长 200 m 至 1000 余米，宽 0.2～30 m，带内岩石普遍发生硅化、褐铁矿化和黄铁矿化，多数地段赋存有金矿体，是区内主要的容矿构造。北西-北北西向断裂的构造形迹一般比较清晰，主断面上偶见有擦痕和阶步，如 380 中段西约 120 m 处北西向断裂面上擦痕倾角为 20°，擦痕和阶步共同指示北东盘往南东方向运移。该组断裂的总体特征表现为：断裂产状陡立，以向南西倾斜为主，局部反倾斜；断裂带内岩石破碎程度低，沿走向和倾向连通性差；断裂带宽度变化大，带内构造角砾呈棱角状且大小混杂；主断面多呈锯齿状或根本没有明显的主断面，但局部可见光滑断面且发育有擦痕和阶步；两侧围岩基本无位移（图 9-53、图 9-54）。综上所述，区内北西-北北西向断裂总体表现为以张性为主兼具扭性特征。野外调查发现，在矿区及外围泥盆系和寒武系中北西-北北西向剪节理极其

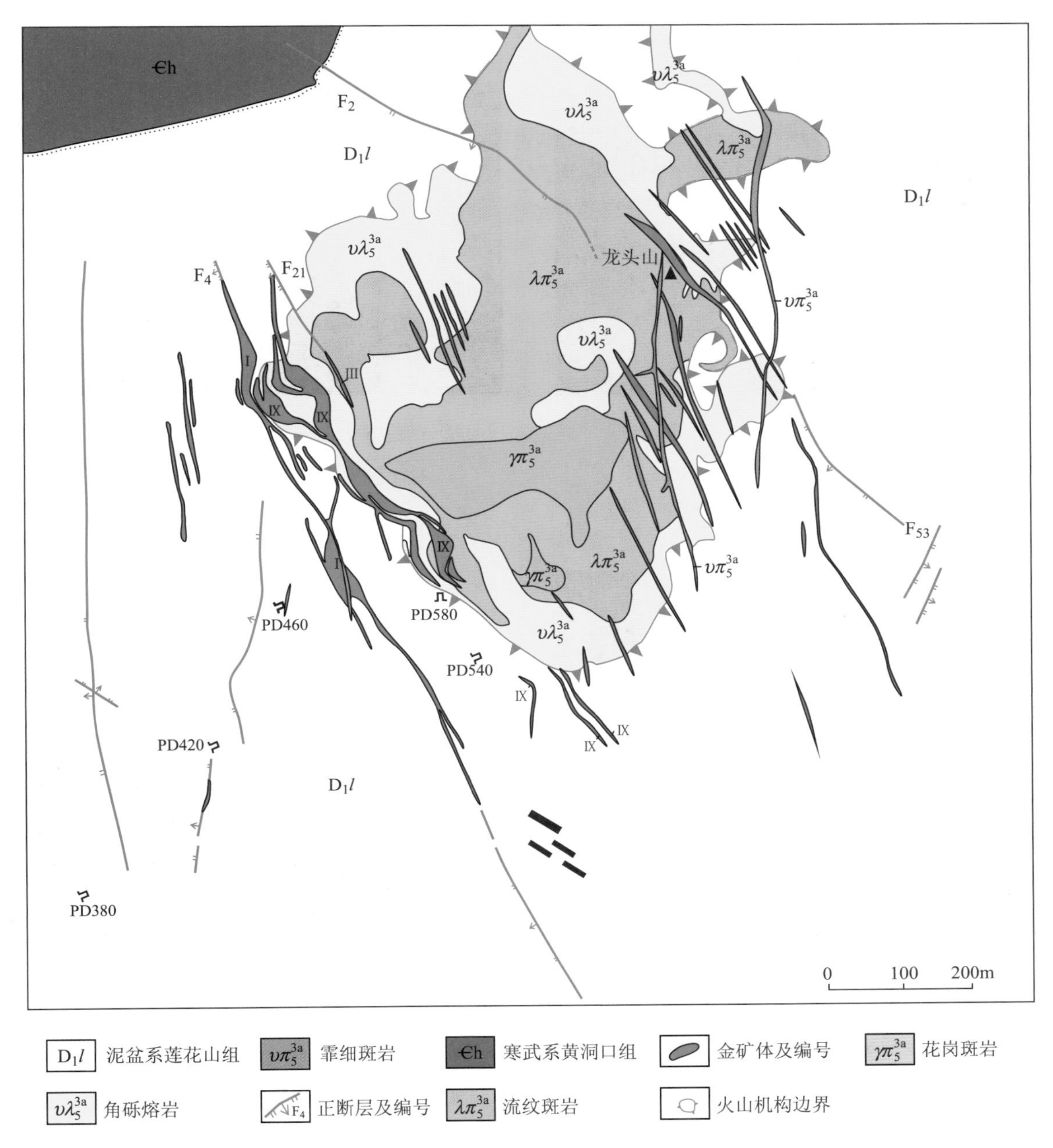

图 9-52　龙头山金矿地质构造略图

发育，具有区域分布特征（图 9-55），常见有断续分布的北西-北北西向陡崖（图 9-56）。此外，龙山矿田 127 条含金矿脉的控矿断裂有 118 条呈北西-北北西向；山花地区 1：1 万化探测量结果表明，有数十条北北西向延伸 1 km 至数千米、宽几米至几十米的狭长异常带；镇龙山矿田北部的尖峰山、三灶金锑矿床、洗马塘金-毒砂矿床、那歪金银多金属矿床均受北西-北北西向张扭性断裂控制（李蔚铮等，1998）。这些特征共同指示，区内可能存在规模更大的北西-北北西向隐伏断裂。

南北向断裂。分布于龙头山火山机构的东部和西南侧，走向近南北，倾向东或者西，倾角近于直立。该组断裂规模较小，断裂带长一般 15 ~ 520 m，宽一般 0.4 ~ 5.0 m，主要分布在接触带附近。断裂带内岩石破碎程度低、沿走向和倾向连通性差、断裂带宽度变化大、带内构造角砾呈棱角状且大小混杂、主断面多呈锯齿状、有枝状分叉，两侧围岩基本无位移，属典型张性断裂。该组断裂带内发育有硅化、褐铁矿化和黄铁矿化，局部赋存有金矿体，为区内容矿构造之一。南北向断裂成矿后仍有活动，并为晚期霏细斑岩脉所充填，岩脉穿过矿体，但没有明显位移。

图 9-53　地表北西向 F_4（镜头朝北西）
断裂内岩石破碎程度低，没有贯通到地表，
无明显位移，局部可见光滑断面

图 9-54　420 m 中段北西向 F_4 断裂（镜头朝北西）
断裂带内岩石破碎程度低，裂隙发育但没有
明显的主断面，两侧基本无位移

图 9-55　北西向区域性剪节理（镜头朝北西）

图 9-56　平天山北西向陡崖（镜头朝北东）

北东向断裂。除区域性隐伏的凭祥-大黎断裂带外，在龙头山矿区东南部莲花山组砂岩中发育有小规模的北东向断裂。断裂走向 40°左右、倾向南东，倾角 75°～85°，长几十至百余米，宽 0.1～2 m，断裂带内发育有棱角分明、大小混杂的张性构造角砾。断裂带内发育有硅化、褐铁矿化，局部赋存有金矿体，为区内容矿构造之一。北东向断裂断面呈锯齿状，带内岩石破碎程度低、见有张性构造角砾，属张性正断层。

东西向断裂。主要分布在龙头山火山机构的东部和西部，断裂规模较小，断裂带长 20～250 m、宽 0.05～1.0 m，走向 85°～115°，倾角近于直立，主断面常呈锯齿状，张性特征明显。东西向断裂内赋存有小规模金矿体，该组断裂成矿后亦有活动，并见有霏细斑岩充填，穿过矿体但没有产生明显位移。区内不同方向的断裂均以张性活动为主要特征，表现为断裂产状陡立、沿走向和倾向断裂连通性差、破碎带宽度变化大（0.05～30 m）、带内岩石破碎程度低、带内构造角砾呈棱角状且大小混杂、主断面多呈锯齿状且有枝状分叉、两侧围岩无位移，这些断裂主要系次火山作用过程中上拱的张应力作用对早期节理的叠加改造所致，其中，北西-北北西向断裂是在区域性剪节理基础上发展起来的，因此，规模相对较大，且较发育，局部具扭性特征。

（3）火山机构特征

龙头山陆相次火山岩侵位于下泥盆统莲花山组砂岩中，形成了一个峰顶海拔标高 869 m，周边悬崖峭壁、高差达 160～600 m 的孤峰式火山地貌景观。龙头山火山机构为一残存的火山颈构造，由火山喷发产物与次火山岩体侵入堵塞通道构成。火山颈在平面上呈不规则卵圆形，南北长720 m、东西宽690 m，面积约0.5 km^2。在垂向剖面上呈近于直立的筒状，与泥盆系莲花山组砂岩的接触面不规整，筒壁倾角较陡，总体趋向南东倾斜，岩颈边部垂直节理、裂隙和流面构造发育，流面倾角陡大致与筒壁平行，局部流纹呈涡流状。筒状火山机构由外向内分为震碎角砾岩→火山角砾岩→角砾熔岩→流纹斑岩→花岗斑岩等相带，且以后3者为主体。各相带大致呈同心圆状或半圆环状，外围则为强硅化的莲花山组砂岩所环绕（图9-57）。震碎角砾岩、火山角砾岩、角砾熔岩属爆-溢相，分布在火山机构边缘，侵入亚相流纹斑岩位居火山机构的中部偏北，而次火山亚相花岗斑岩构成岩颈中央的侵入体。晚期的石英斑岩、霏细斑岩、石英闪长玢岩和英安流纹斑岩等主要分布于岩体内、外接触带并充填于北西-北北西向、南北向和东西向断裂或裂隙中，呈岩脉、岩墙产出。火山机构各相带岩石均产生了不同程度的热液蚀变和矿化作用，局部赋存有金矿体。火山机构各相带特征如下：

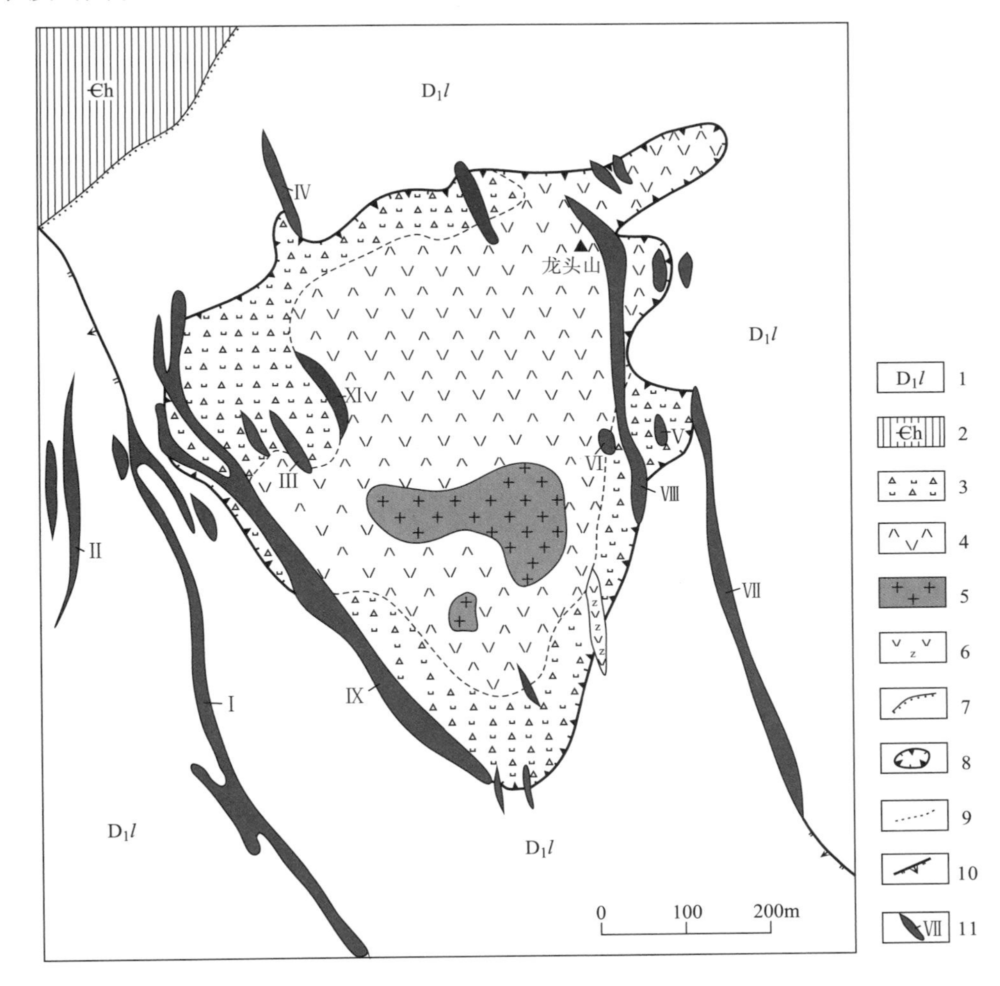

图9-57　龙头山金矿矿田构造图

1—泥盆系莲花山组；2—寒武系黄洞口组；3—燕山晚期角砾熔岩；4—燕山晚期流纹斑岩；5—燕山晚期花岗斑岩；6—霏细斑岩脉；7—不整合界线；8—火山机构边界；9—渐变过渡界线；10—正断层，11—金矿体及编号

（4）节理

龙头山矿区不同方向节理构造发育，并以无充填的剪节理为主，沿节理面局部有褪色化和铁质析出现象。区内的张性节理一般规模小，形态不规则，偶见有褐铁矿细脉或石英、方解石细脉充填。对矿区范围内971条节理的统计表明，区内主要节理有310°~355°、5°、20°~50°、40°~60°和87°等5组（图9-58）。从图9-59中可以看出，区内泥盆系砂岩中主要节理为345°一组，其次为285°、2°、75°和87°4组。流纹斑岩中主要节理为345°一组，其次为310°、276°、2°、75°和87°5组。花岗斑

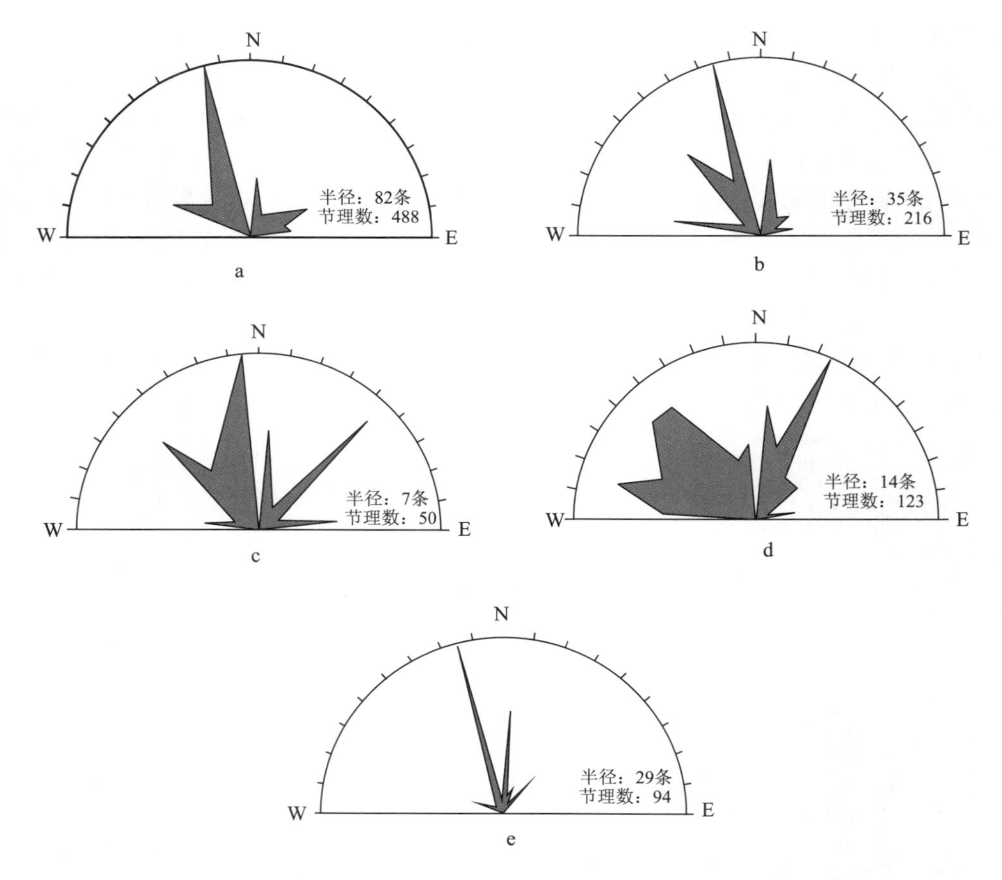

图 9-58　龙头山金矿田不同地质体中的节理

a—砂岩中的节理；b—流纹斑岩中的节理；c—花岗斑岩中的节理；d—角砾熔岩中的节理；e—金矿体中的节理

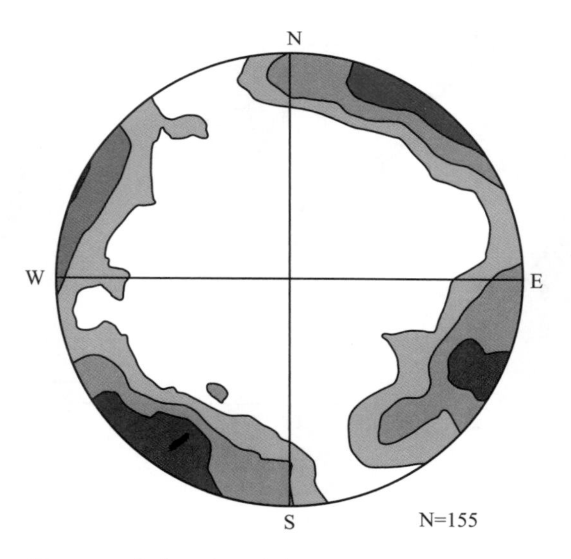

图 9-59　龙头山矿区最大主应力轴等面积投影图

岩中主要节理为 354°和 42°二组，其次为 320°、2°和 87° 3 组。角砾熔岩中因其本身微裂隙发育，导致节理产状变化较大，因此，节理产状比较凌乱。金矿体中主要节理为 345°一组，其次为 2°、30°和 40° 3 组。不同地质体中节理分布特征表明：①除角砾熔岩因其自身微裂隙发育导致节理产状变化大外，其他地质体中节理特征基本一致；②北西-北北西向节理最发育，与区域上节理分布特征一致；③火山机构各岩相带中北西-北北西的节理亦较发育，指示了火山作用过程中北西-北北西向基底断裂产生了强烈活动。

(5) 构造应力作用特征

本次对区内泥盆系砂岩、次火山岩及矿体中的155组共轭剪节理进行了测量和统计分析，求得主应力 σ_1 有两组优势产状，分别为120°∠1°和212°∠12°（图9-60），表明泥盆系盖层岩系沉积后主要经历了两期构造作用，主应力 σ_1 的优选方位分别为南东-北西向和北东-南西向。区内加里东构造层中保留有北东-北东东向构造痕迹，并以发育北东-北东东向紧密线形褶皱为特征，因此推测，加里东期构造应力为近南北向挤压。印支期龙山背斜轴向45°左右，构造应力作用方向因为北西-南东向挤压。本次统计求得的两组应力产状中，北西-南东向挤压作用应与印支期龙山背斜形成的构造作用相对应，而北东-南西向压应力作用反映了燕山晚期构造作用特点。

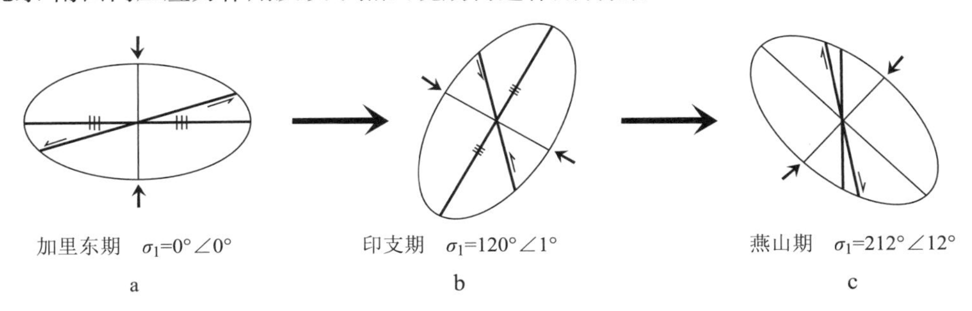

图9-60 龙头山矿区构造应力作用特征

二、构造演化过程及作用特征

1. 构造作用时代的厘定

区内北东-北东东向紧密线形褶皱仅保留在加里东构造层（震旦—寒武系）内，属加里东期构造作用产物。区域性北东-北东东向凭祥-大黎断裂（矿区为北东向）属褶皱同期构造，始于加里东期。北东向龙山背斜参与褶皱的地层影响到了三叠系及其以前层位，叠加在大瑶山背斜之上，应属印支期构造叠加作用产物。此时，北东向断裂（凭祥-大黎断裂带组成部分）进一步活动。

近年来SHRIMP定年研究表明（陈富文等，2008），流纹斑岩成岩年龄为103.3 Ma，花岗斑岩为100.3 Ma，它们系同期岩浆作用的产物，即区内成岩作用发生在燕山晚期。组成火山机构的不同岩相及不同方向的断裂构造均发生了矿化和蚀变作用，因此，与火山作用相关的构造活动属燕山晚期。

东西向和南北向断裂的后期活动切割矿体，并为晚期的霏细斑岩等岩脉充填，为成矿后断层。

2. 不同期构造组合

成矿前构造组合。包括了加里东期和印支期构造，主要有保留在加里东构造层（震旦—寒武系）中的北东-北东东向紧密线形褶皱（大瑶山复背斜组成部分）、北东-北东东向凭祥-大黎断裂带、北东向龙山背斜，北西-北北西向隐伏断裂，以及在盖层和基底岩系内均有发育的北西-北北西向剪节理等。

成矿期。构造主要包括筒状火山机构、北西-北北西向剪节理、不同方向张性断裂（以北西-北北西向为主，次为南北向、东西向和北东向）、不规则的张性节理、层间滑动破碎带等。

成矿后。东西向和南北向张性小断裂进一步活动。

3. 区域构造演化

震旦纪—志留纪（广西期），研究区位于华南裂陷盆地西大明山-大瑶山盆中隆起地段，仅发育有震旦系和寒武系，为一套厚约5000 m的浅变质碎屑岩夹硅质岩建造，缺失奥陶系—志留系（郭福祥，1994）。加里东运动形成大瑶山复背斜，在背斜的轴部开始产生早期的断裂作用，生成了凭祥-大黎断裂带，并伴随有强烈岩浆作用，如古袍岩体、六岑岩体等加里东期岩体，共同组成了北东-北东东向构造岩浆岩带。印支期，与华南印支期构造作用相一致，强烈的挤压褶皱作用导致海盆消失，大瑶山背斜产生褶皱叠加作用，泥盆系—中三叠统地层参与褶皱，形成了北东向龙山背斜。燕山期，在北东向和北西-北北西向构造联合作用下，形成了平天山岩体、大黎岩体以及呈等距分布的龙头山、狮子尾和神仙棋火山机构，该期构造岩浆作用控制了大瑶山-怀集成矿带上金多金属成矿作用。

4. 矿田构造演化

加里东期（挤压机制）。近南北向挤压，形成北东-北东东向褶皱（仅保留在加里东构造层内）及北东-北东东向凭祥-大黎断裂带（图9-60a）。

印支期（挤压机制）。南东-北西方向挤压，$\sigma_1 = 120° \angle 1°$，形成北东向龙山背斜（基底及盖层均参加了褶皱），北东向断裂产生压扭性再活动，形成北西-北北西向剪节理及隐伏的北西-北北西向剪切断裂（图9-60b）。

燕山晚期。燕山晚期区内存在两种构造联合作用：①北东-南西方向挤压，$\sigma_1 = 212° \angle 12°$（图9-60c），北东断裂产生张（扭）性再活动、北西-北北西向断裂仍以剪切作用为主，二者联合控制了龙头山次火山岩体的中心式喷发和侵位，形成了龙头山火山机构。印支期和燕山晚期北西-北北西向节理始终以剪切作用（近于纯剪切）为主，仅局部地段产生张裂作用，这就是北西-北北西向节理绝大多数并没有充填矿化的原因；②岩体上拱形成的局部张应力作用，在火山机构及其周缘产生北西-北北西向、南北向、北东向和东西向等不同方向张性构造，其中，北西-北北西向断裂叠加在早期同方向剪节理基础上，因而局部具有扭性特征（图9-61、图9-62）。

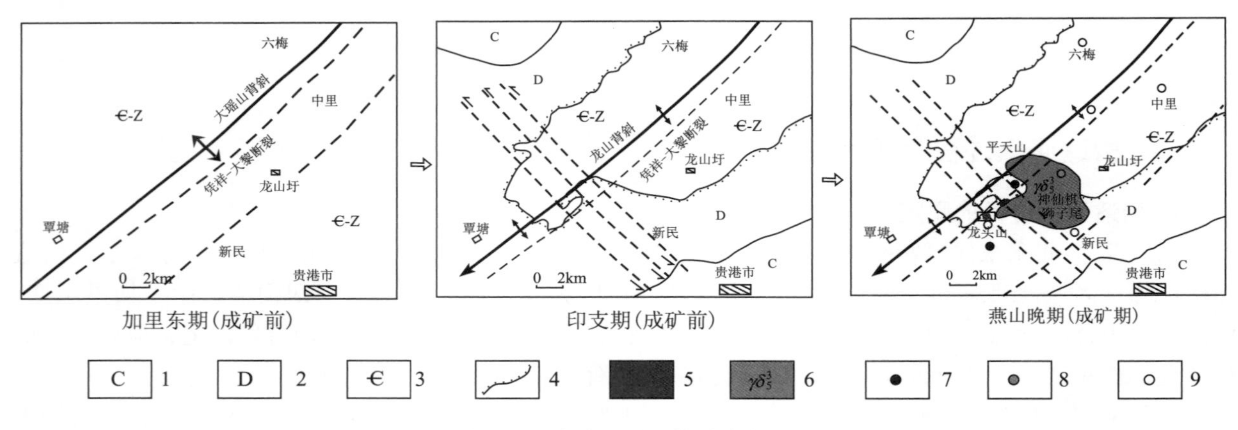

图9-61　龙头山矿田构造演化图

1—石炭系；2—泥盆系；3—震旦系—寒武系；4—不整合界线；5—火山机构；6—平天山岩体；7—铅矿；8—铜矿；9—金矿

三、构造对成岩和成矿的控制作用

1. 构造对成岩的控制

龙头山矿区火山-次火山岩及邻区的平天山岩体以及六梅-新村一带的二长花岗斑岩等均分布于北东向龙山鼻状背斜西南倾伏段，受北东向隐伏断裂带（凭祥-大黎断裂带的组成部分）和北西-北北西向隐伏断裂带联合控制，二者交汇部位控制了平天山花岗闪长岩及龙头山、狮子尾、神仙棋等3个次火山岩体的侵位，形成了龙头山、狮子尾、神仙棋等3个大致呈等距分布的筒状火山颈构造，均具有中心式喷发的特点。

2. 火山机构对成矿的控制

区内金矿体均分布在火山机构周缘，明显受火山机构控制（图9-63）。在火山机构不同岩相中，金矿体主要分布在火山机构边缘相的角砾熔岩和流纹斑岩中。中心相的花岗斑岩虽然普遍发生了金矿化，但只有个别小规模的张性破碎带中可达工业品位，如380 m中段施工的ZK1901孔在40.93～42.93 m处含金6.36g/t，现有勘探和采矿工程在花岗斑岩中尚没揭露具开采价值的工业金矿体。

3. 断裂构造对成矿的控制

区内金矿体产在火山机构周缘，但断裂构造对成矿的控制也是明显的，金矿体主要呈340°～

构造作用时代	应力作用特征	地质事件及主要构造
成矿前 (加里东期)	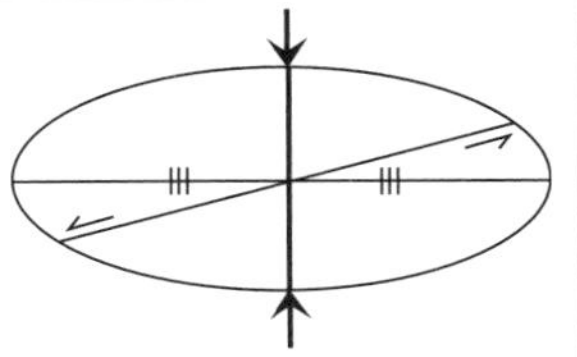	近南北向挤压，形成北东-北东东向褶皱及北东-北东东向凭祥-大黎断裂 (挤压性为主)
成矿前 (印支期)	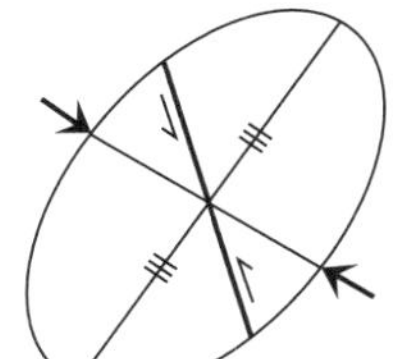	南东-北西方向挤压，形成北东向龙山背斜、北东向断裂产生压扭性再活动、北西-北北西向剪节理及隐伏的北西-北北西向剪切断裂。 (挤压性为主)
成矿期 (燕山晚期 100~103Ma)	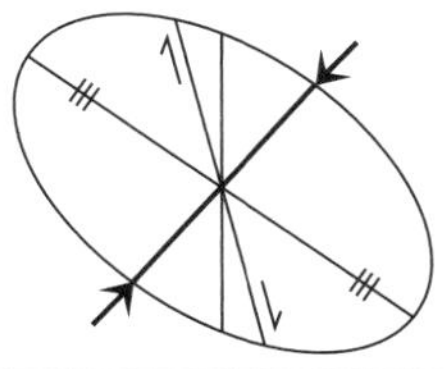	构造有两种作用方式：①北东-南西方向挤压，北东断裂产生张扭性活动、北西-北北西向断裂仍以剪性为主，形成火山机构；②岩体上拱产生的局部张应力作用，形成不同方向张性断裂、裂隙。两者联合控制了龙头金成矿作用。
成矿后		东西向和南北向断裂进一步活动，切割矿体并为晚期岩脉充填。

图 9-62　龙头山金矿构造作用特征

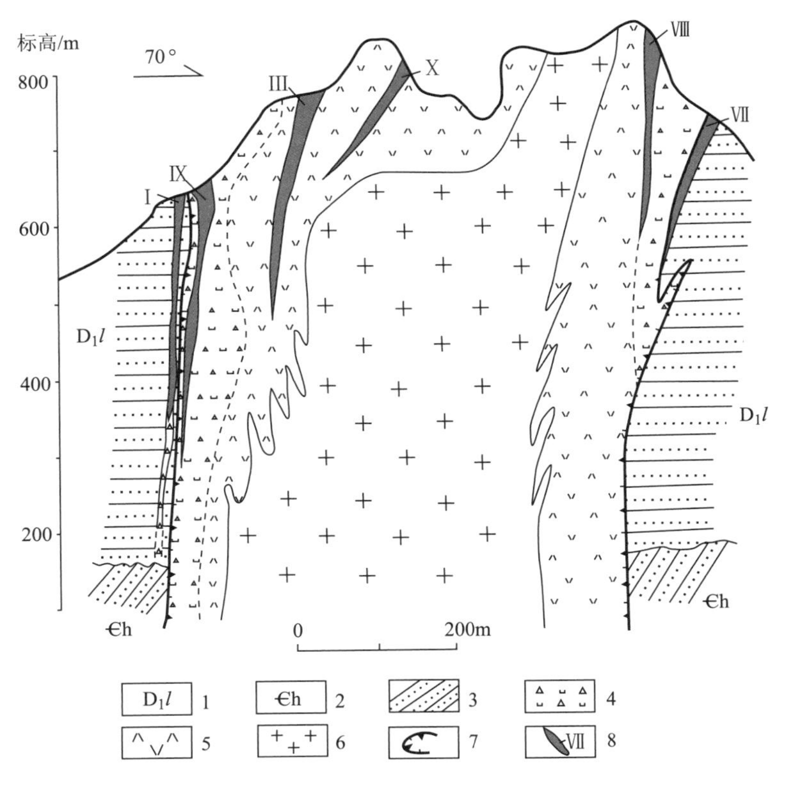

图 9-63　龙头山金矿剖面图

1—泥盆系莲花山组；2—寒武系黄洞口组；3—砂岩；4—角砾熔岩；5—流纹斑岩；6—花岗斑岩；7—火山机构边界；8—金矿体及编号

350°方向产出，其次为近南北向、北东向和东西向。断裂对成矿的控制可分为3种情况：

1）规模较大的北西-北北西向张（扭）性断裂控矿。330°～350°方向的张（扭）性断裂主要分布在火山机构边缘接触带部位，控制了Ⅰ号、Ⅸ号等主矿体的产出。由于该组断裂以张性为主，兼具扭性，因此，矿体沿走向具有拐弯、膨胀收缩、枝状分叉（图9-64）以及尖灭侧现且呈左列分布（图9-65）等特点，沿倾向则出现楔形尖灭或辫状收尾（图9-66）。

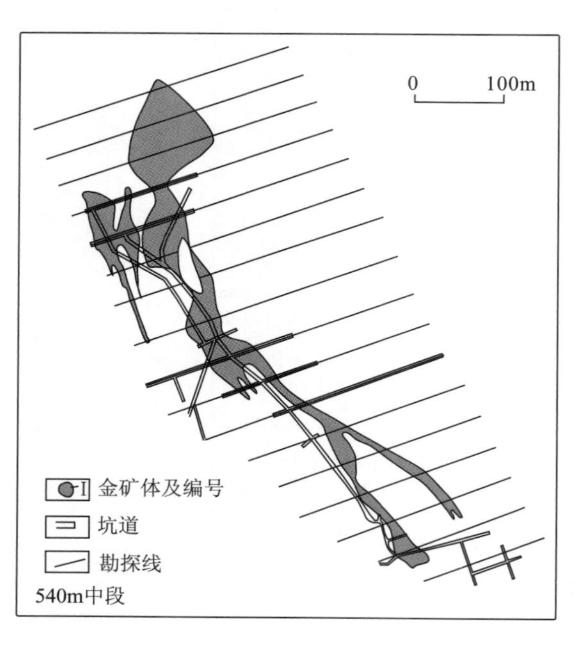

图9-64 540 m中段Ⅰ矿体沿走向变化特征
（据龙头山矿山资料编制）

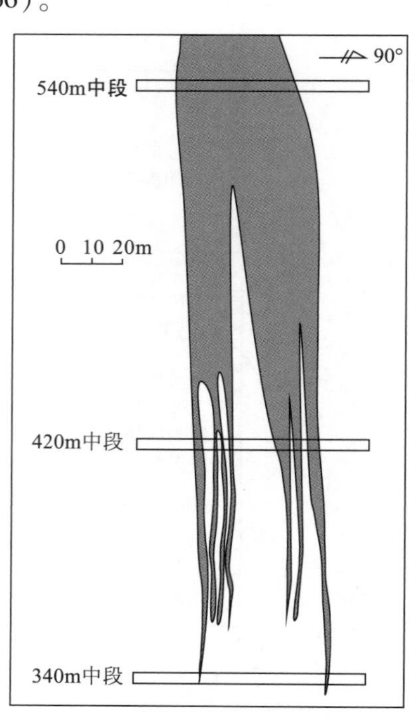

图9-65 龙头山Ⅰ号矿体沿倾向辫状结尾
（据龙头山矿山资料及本次调查编制）

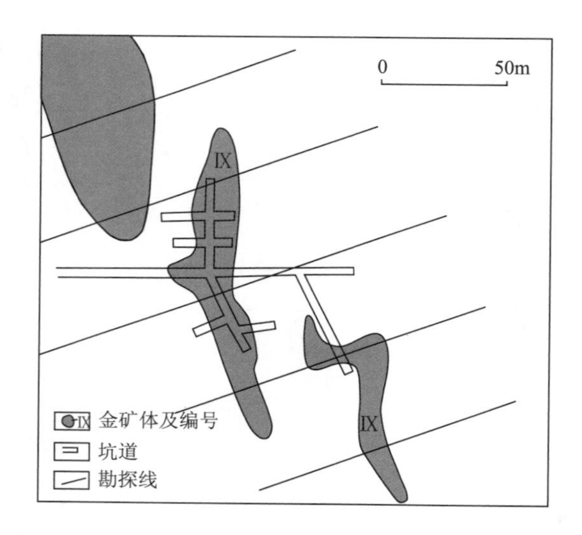

图9-66 龙头山340 m中段Ⅸ号矿体沿走向侧列分布
（据龙头山矿山资料编制）

2）南北向断裂控矿。南北向断裂所控制的矿体主要产在火山机构的南部边缘，由于该组断裂规模较小，因此，矿体主要呈小透镜状产出。

3）火山机构内的断裂叠加控矿。火山机构中的角砾熔岩和流纹斑岩均发生了不同程度矿化，但叠加有北西-北北西向、南北向、北东向和东西向等不同方向的张性断裂，金品位明显增高，形成富矿包。由于火山机构内的张性断裂规模一般较小，延伸长一般 <20 m，宽 0.2 ~ 1.5 m，因此，产于火山机构内的富矿包规模也较小。

4）顺层滑动破碎带控矿。在北西-北北西向张性断裂旁侧莲花山组砂岩中偶见有顺层产出的破碎带，但顺层破碎带沿走向延伸较小，一般小于 15 m，远离断裂带顺层破碎带消失，因此，顺层破碎带内赋存的矿体规模小（图 9-67）。

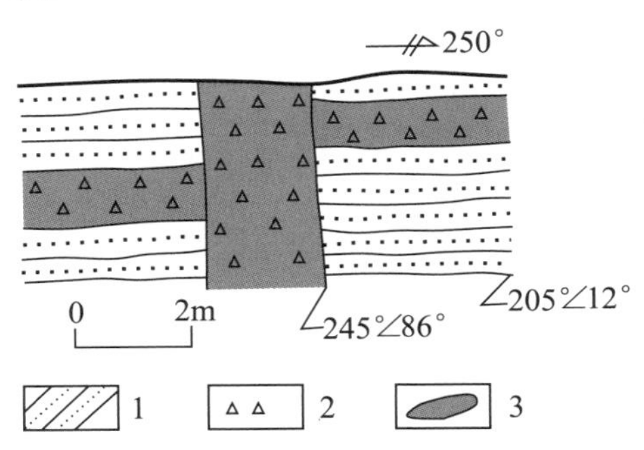

图 9-67　龙头山 420 m 中段的莲花山组砂岩中的顺层矿化

1—莲花山组砂岩；2—构造角砾岩；3—金矿体

4. 节理构造与成矿关系

区内节理构造中大多数无充填物，特别是北西-北北西向主节理，由于在印支期及燕山期构造作用下它们均处于纯剪切状态，因而不利于矿液充填-交代。从在 540 m 中段测制的构造地球化学剖面（图 9-68）可以看出，区内金矿化强度与节理密度并没有明显的正相关关系，这是因为区内节理绝大多数为剪节理，并无充填，仅节理的局部张开段有矿化和蚀变产物充填。此外，在零星发育的微张裂隙中亦充填有金矿化。因此，区内矿化强度与节理发育程度关系不密切，只与张性断裂和局部发育的小规模张性裂隙有关。

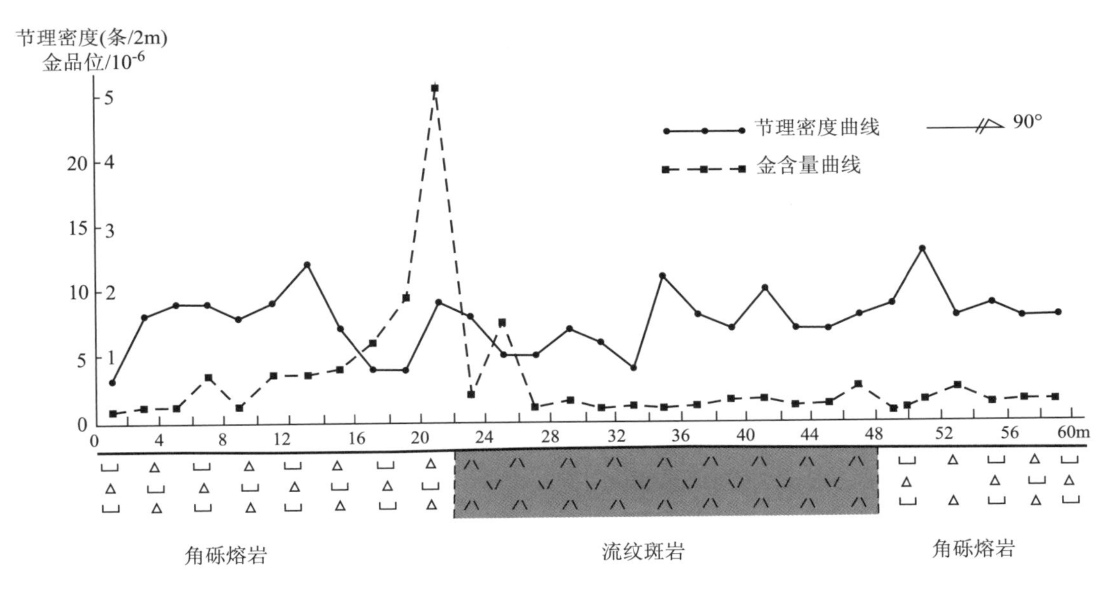

图 9-68　龙头山金矿 540 m 中段节理密度与金含量关系图

四、构造控矿特征及构造控矿模式

1. 构造控矿特征

龙头山矿区金矿体受火山机构和断裂构造联合控制，不同构造所控制的矿体特点有所不同。

火山机构控矿。龙头山火山机构的不同岩相均产生了不同程度的金矿化，平均含金(180～900)×10^{-9}，表明在火山喷发及随后的花岗斑岩侵位过程中均有含金热液的作用，并在火山机构边部的角砾熔岩和流纹斑岩中矿化强度有所增高，局部形成金矿体。此种情况下所控制的金矿体随机分布在火山机构的边缘相带（角砾熔岩、流纹斑岩）中，规模小，品位低，即便是角砾熔岩中规模较大的Ⅸ号矿体，在地质图上标绘的是一个走向长约500 m的主矿体，但实际上也是由一系列沿火山机构边缘密集分布的小矿体群所组成的（图9-69）。分布于火山机构边缘的低品位金矿体，当叠加有北西-北北西向、南北向、北东向和东西向等不同方向的张性断裂或形态不规则的张性裂隙构造时，局部矿化强度增高，形成富矿包。由于区内北西-北北西向构造发育，因而小矿体群的总体走向以北西-北北西向为主。

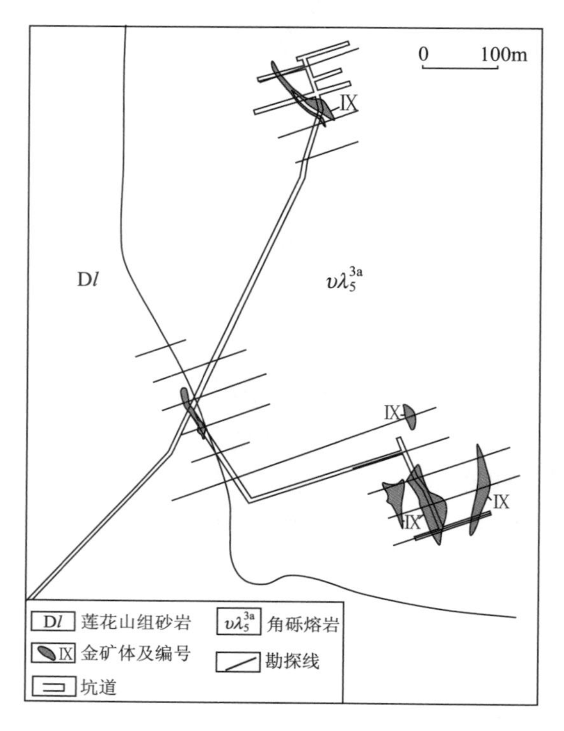

图9-69　龙头山380 m中段Ⅸ矿体分布特征

北西-北北西向断裂控矿。区内规模较大的北西-北北西向断裂主要分布在火山机构外侧的泥盆系砂岩中，成矿期以张性活动为主兼具扭性。由于该组断裂是叠加在早期剪节理（区内优势节理）的基础上，因而断裂的延伸有一定规模，但断裂连通性差，岩石破碎程度低，矿体仅在断裂带局部张开地段赋存，呈藕节状产出，厚度变化大，从0.2～30 m不等，沿走向具有膨胀收缩、枝状分叉、拐弯、尖灭侧现且呈左列分布等特点，沿倾向呈辫状结尾或楔形尖灭，倾向延深有限，到340 m中段大部分矿体基本尖灭。北西-北北西向断裂所控制的矿体具有向南东方向侧伏的特点，侧伏角在25°左右。如Ⅰ号矿体纵投影图反映出金矿体及富矿包向南东方向赋存标高依次降低，显示了向南东侧伏的特点（图9-70）。在中段联合图上（图9-71），产于角砾熔岩中的Ⅸ号受火山机构及北西-北北西向断裂联合控制，随着矿体赋存标高的降低，即540 m中段→460 m中段→380 m中段→340 m中段，矿体逐渐向南东偏移，纵坐标方向从800坐标线→600坐标线→400坐标线，横坐标方向从2000坐标线→2200坐标线→2400坐标线偏移，也显示了矿体向南东侧伏的特点。矿体向南东侧伏的特点可能与火山机构向南东陡倾斜及北西-北北西向张（扭）性断裂的北东盘往南东方向斜落有关。

火山机构中不同方向的张性断裂控矿特点。火山机构中发育有不同方向的张性断裂，但以北西-北北西向为主，次为南北向、北东向和东西向，由于其规模较小，因此所控制的金矿体或富矿包多呈小透镜状产出。

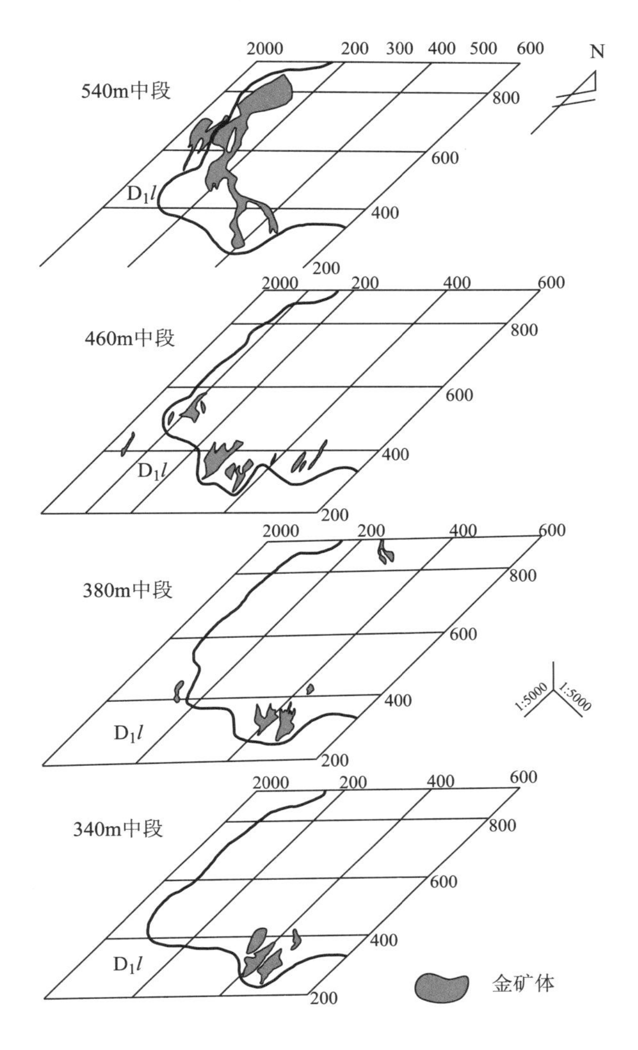

图 9-70　龙头山金矿中段联合图

（据龙头山金矿 2009 年资料编绘）

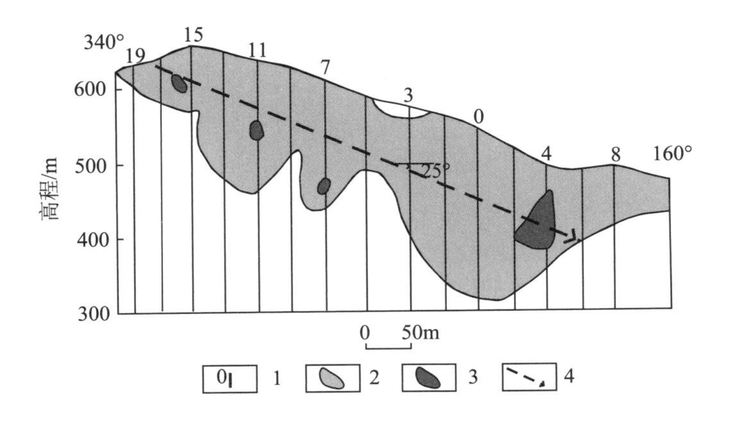

图 9-71　龙头山金矿体Ⅰ号矿体纵剖面图

（据李蔚铮等，1998）

1—勘探线及编号；2—金矿体；3—富矿包；4—矿体侧伏方向

2. 矿液运移方向

区内金矿体主要分布在火山机构的边缘相带（角砾熔岩、流纹斑岩）及外围泥盆系莲花山组砂岩中，矿体产状陡立且有向南东侧伏的特点；成矿期北西-北北西向张（扭）性断裂的北东盘往南东方向斜落。因此推测，矿液可能是沿火山通道的深部自南东方向上且向北西方向运移的。

3. 构造控矿模式

1）火山机构及火山-次火山岩侵位过程中形成的北西-北北西向、南北向、北东向和东西向一套张性断裂系统联合控矿。火山机构控矿是指随机分布在火山机构边缘相中的一些规模小、品位低的金矿体，叠加在张性构造部位矿体品位增高形成富矿包；张性构造系统则包括不同方向张性断裂和层间滑动破碎带，其中，规模较大的矿体主要赋存在北西-北北西向断裂中。由于北西-北北西向是主构造线方向，因此，区内矿体走向亦以北西-北北西向为主，其他方向的控矿断裂规模小，因此，所控制的矿体呈小透镜体产出。

2）主矿体主要分布在火山机构边缘，受北西-北北西向断裂控制（如Ⅰ号主矿体）或与该方向断裂叠加有关（如Ⅸ号主矿体），火山机构内的金矿体规模一般较小。

3）北西-北北西向断裂附近分布有顺层产出的金矿体，但金矿体延伸一般小于15 m。

4）矿体延深有限。由于控矿构造以张性为主，局部兼具扭性，因此，矿体沿走向具膨胀收缩、尖灭侧现、拐弯、枝状分叉等特点，向深部呈楔形尖灭或辫状结尾，倾向延深可能有限。

5）矿体向南东方向侧伏，北西-北北西向断裂带中所赋存的矿体这一特征尤为明显。矿体侧伏的原因可能与火山机构向南东陡倾斜及北西-北北西向张（扭）性断裂的北东盘往南东方向斜落有关。

6）成矿流体可能是沿火山通道的深部自南北方向上且向北西方向运移的（图9-72）。

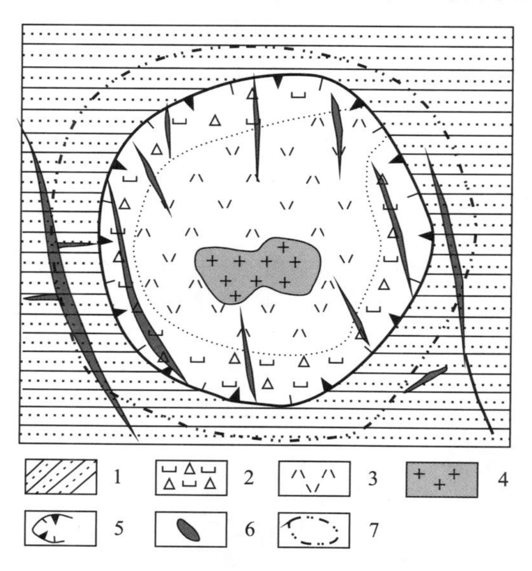

图9-72　龙头山金矿构造控矿模式图

1—泥盆系莲花山组砂岩；2—角砾熔岩；3—流纹岩；4—花岗斑岩；5—火山机构边界；6—金矿体；7—强烈硅化边界

第五节　佛子冲铅锌矿

一、区域构造格架

佛子冲矿田位于岑溪-博白断裂带上，而岑溪-博白深大断裂带是桂东南重要的骨架构造，其西侧为六万大山隆起，其南西起自北部湾内，经合浦、博白、陆川、玉林、北流、岑溪至广东封开、怀集多罗山一带，延伸呈辗转曲折状，陆上全长达410 km，宽7～30 km，走向40°～60°。该断裂活动时间长，从前寒武纪以来长期活动，现在依然是一条活动断裂。在矿区，岑溪-博白断裂表现为由一系列断裂组成的断裂组。这些断裂组在北北东方向上表现为一系列的平行大断裂，在北西、近东西方向上表现为次一级断裂系。北北东向断裂系是主体断裂系，岑溪-博白断裂深达上地幔，为壳幔相互作用、深部热能、物质上升提供条件，进而为花岗质岩浆的形成与演化、成矿作用提供了条件。岑溪-博白断裂在佛子冲矿田可对应于牛卫断裂，而牛卫断裂与佛子冲背斜构成佛子冲铅锌矿的矿田构造格架。

作为一条长期继承发展演化的深大断裂，岑溪-博白断裂控制着两侧的沉积建造、岩浆活动、变质作用及构造变动。李正祥等（2003）认为形成于1000 Ma前后的Rodinia大陆包括扬子古陆和华夏古陆，也就是说，新元古代时期，扬子古陆和华夏古陆都是Rodinia大陆的组成部分。而Rodinia大陆的裂解是通过陆内裂谷、沉降盆地来实现的，表现为深大断裂和岩浆岩带。Rodinia大陆裂解的结果首先在华夏古陆的北缘形成岑溪-博白多岛洋（覃小锋，2004），这是岑溪-博白深断裂的雏形，信宜市茶山镇板内裂谷型玄武质细碧角斑岩667～663 Ma的年龄数据，表明岑溪-博白断裂带最早在新元古代末期开始形成。

进入古生代，岑溪-博白断裂的活动特征更加明显，宏观上表现为多岛洋的逐步碰撞，云开古陆与桂西地块拼合。在岩石记录上表现为变质作用和岩浆侵位，晚加里东运动（即广西运动）造成早古生代岩石的普遍变质和褶皱变形，形成华南统一的加里东基底，这个基底在广西普遍存在，而且与成矿关系密切。在岩浆作用上，岑溪-博白断裂是一条加里东花岗岩带，包括大宁岩体、诗洞岩体、七星岩体、广平岩体、北界岩体、宁潭岩体等。其中，广平岩体是由一系列北东向条带状花岗岩体组成的复式杂岩体，具有明显的岩墙扩展式侵位特征，断裂控岩性质清楚。

印支运动是华南的主要地质事件之一，它控制着华南总体的构造格架和特提斯展布。大规模侵位的大容山印支花岗岩、十万大山印支花岗岩等呈条带状分布，明显受控于岑溪-博白断裂带，李献华等（2009）、郭新生等（2001）在岑溪-博白断裂带和十万大山东西两侧厘定出一条北东向分布的板内型钾玄质侵入岩带，表明中生代时期的岑溪-博白断裂仍然是一条切割地幔的深断裂。大容山、十万大山大规模强过铝S型花岗岩的产出，代表的是后碰撞环境，壳幔相互作用的增强，响应的是二叠纪末-三叠纪初Pangea超大陆的演化过程。

燕山期是对岑溪-博白断裂的活动和叠加改造时期。在断裂带内，燕山期花岗岩广泛分布于断裂带内，既有条带状分布（如广平岩体在佛子冲矿田内的部分），也有中心式岩株状侵位（如姑婆山岩体、花山岩体、佛子冲的新塘岩体等），规模大小不等，数量繁多。近于东西向的特提斯构造域向北北东向的太平洋构造域转化。广平岩体西缘171 Ma的中侏罗世A型花岗岩的产出，表明这种构造体质转换在中侏罗世之前就已经完成了。太平洋板块俯冲控制下的环太平洋构造域，由于板块俯冲方向从斜俯冲转化为近于平行俯冲，造成岩石圈的拆沉、地幔上涌，强烈的壳幔相互作用，地壳的熔融和花岗岩的侵位，促使岑溪-博白断裂经历挤压、伸展、走滑的全部过程，目前，太平洋板块依然平行俯冲，岑溪-博白断裂的新构造运动主要表现为走滑运动。

二、矿田构造特征

矿区构造是区域构造及其发生发展在矿区的具体表现，受区域构造制约，但又有特殊性，区域断裂的各个部位，构造形迹的发育类型和发育程度是有差异的，除了区域构造本身的制约之外，还受到基底特征、盖层性质、构造叠加、地层岩性、岩浆发育等一系列因素的影响。佛子冲矿田内受到关注最多的褶皱、断裂构造分别是佛子冲背斜和牛卫断裂，但详细的区域地层分析和剖面测量结果表明，佛子冲矿田构造是十分复杂的，褶皱、断裂都很发育，而且具有多期性。

1. 褶皱构造

总体上看，佛子冲矿田中部的纯塘地区分布有志留系，西部塘坪以西地区为奥陶系，东部广平岩体东侧西江流域的郁南地区出露的是由寒武系—奥陶系交替出现的褶皱地区，褶皱枢纽走向为北东

45°~50°。因此，佛子冲矿田及其东西两侧的外围共同组成复式向斜，向斜中心在纯塘地区，由志留系组成，其西翼在新地-灵山顶地区是志留系，东翼是奥陶系、寒武系。两翼地层都被广平杂岩体侵位破坏，东翼是广平岩体，西侧是糯垌岩体，西翼基本相连，东翼不连续，被广平岩体分割。褶皱枢纽走向与岑溪-博白断裂方向一致，两者有着内在的成生联系。

佛子冲复式向斜的次级褶皱构造在佛子冲地区也广泛出露，在佛子冲矿田内主要存在佛子冲背斜、塘坪向斜、大冲背斜和六九顶背斜4个宽缓的以北东向和北北东向为主的褶皱。实际上，在长达6000 m的实测剖面中，每个褶皱中包含多个小型背斜、向斜，其形态不一，但大多数是宽缓褶皱，少部分是东陡西缓的褶皱。

（1）佛子冲背斜

佛子冲背斜为佛子冲矿区的主体褶皱（彭柏兴等，1997），背斜轴向呈北东30°~20°，长约11 km，宽1~2 km。核部地层为志留系砂岩、页岩，局部为灰绿色板岩夹砂岩。北西翼较陡，局部有倒转现象。东翼地层倾向南东，西翼倾向北西，沿核部有二长花岗岩侵入。两翼近轴部发育有平行轴向断层，断层和岩浆活动使褶皱的北西翼残缺不全。两翼地层中有层状、似层状矿体产出。沿走向被走向北东50°~70°的大塘断裂和牛卫断裂切断成3段。①北段北起三岔口，经大冲至大塘一带，轴向20°，核部地层主要为中奥陶统，两翼为上奥陶统。靠近背斜轴的西翼被与背斜轴向一致的压扭性断裂切割，使两翼地层特征有所不同，沿背斜被晚侏罗世大冲花岗闪长岩体侵入，使背斜两翼显示出不对称。②中段北起大塘，向南经佛子冲、河三至牛卫，是以两条北东50°~70°断裂为界的背斜主体部分，亦是佛子冲铅锌矿田的主体，既是成矿背斜又是赋矿背斜。南北长4 km，宽约4 km，核部由中奥陶统及上奥陶统组成，翼部由上奥陶统上部和下志留统组成，两翼不对称，东翼较陡，倾角45°~70°，西翼较缓，倾角40°~50°。由于受到后期压扭性的北东向F_1、F_9断裂和北西向压扭性断裂的错移，使背斜成为不规则叠瓦状断块，加之后期酸性、中酸性岩浆岩的侵入，使背斜显得残缺不全。③南段位于牛卫断裂东南一带，组成牛卫断裂的东南盘（下降盘），由于被晚白垩世流纹斑岩、石英斑岩岩被覆盖，背斜隐伏，仅在南部有少量上奥陶统出露，说明岩被不厚。物探异常资料显示，石英斑岩岩被之下的佛子冲背斜南段可能存在隐伏矿体。佛子冲背斜在佛子冲-大塘剖面上清楚可见（图9-73）。

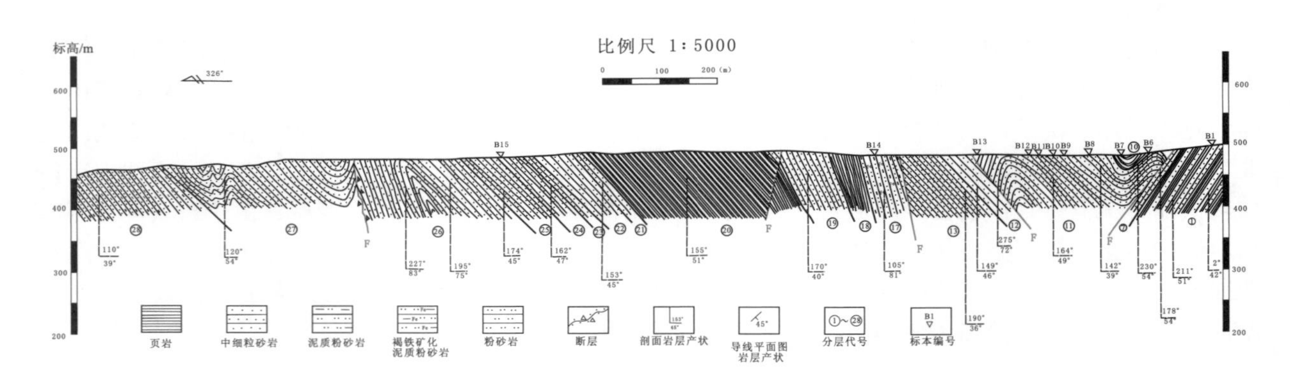

图9-73　大塘-佛子冲实测剖面图

（2）塘坪复向斜

塘坪复向斜位于矿区西部，南起塘坪，经纯塘向北延伸到白板，轴向20°。由岑溪市南渡经樟木坪往北延伸入矿区，长约50 km，宽约10 km，规模大，为一复式向斜，由向斜主轴向南东翼方向依次有顶基背斜、水滴顶向斜等次一级褶皱，局部铅锌矿化。佛子冲矿区属于该向斜的南东翼，由水滴向斜、大塘向斜、塘坪水库背斜等组成次级褶皱，在塘坪水库-炯岭剖面上可以见到一系列次级褶皱（图9-74）。复式向斜的西翼和东翼次一级褶皱都具有宽缓褶皱特点，其核部为下志留统连滩组上段，两翼为连滩组中、下段，总体上褶皱平缓开阔，两翼不对称，被北北东向数条断层切割而复杂化，次级褶曲发育，东南翼陡，西北翼缓。复向斜北端被广平花岗岩侵吞、被晚白垩世凤凰岭火山岩所覆盖，出露不全。

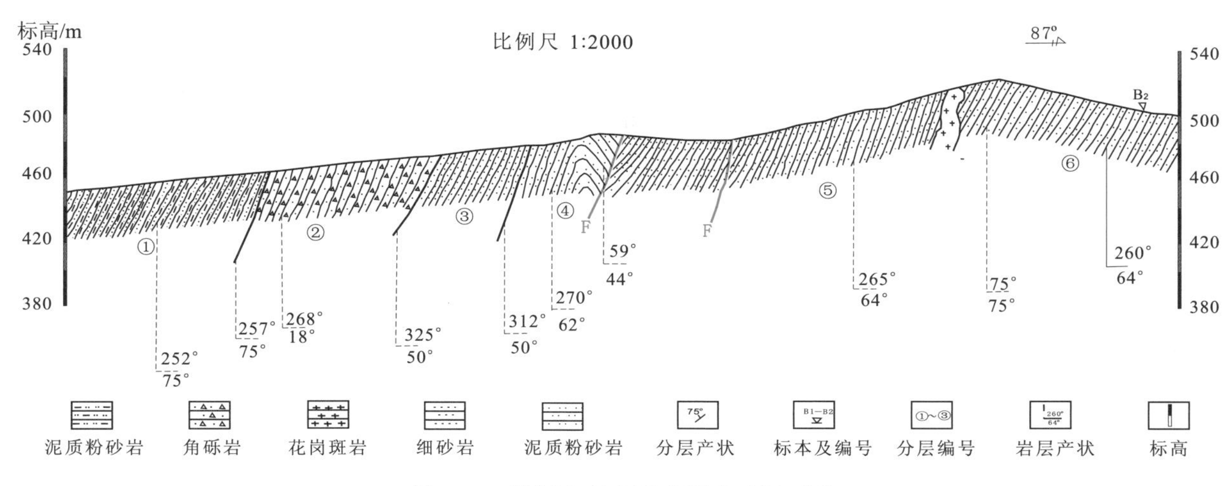

图 9-74　塘坪水库-炯岭实测地质剖面图

（3）大冲背斜

轴向约 80°，与佛子冲背斜平行斜列，首尾交错，核部地层为中奥陶统，两翼为上奥陶统，地层组成与佛子冲背斜一致，具雁形特征。大冲背斜核部为大冲花岗岩侵位，破坏了背斜的完整性。

（4）六九顶背斜

轴部位于六九顶一带，轴向北东向，向南西倾伏，属于复式不对称背斜，两翼次一级平行褶皱较发育，背斜南东翼较缓，北西翼较陡，局部倒转。

2. 断裂构造

矿区断裂发育，除与主褶皱近于平行的北北东向断裂外，北东向、南北向、北西向断裂比比皆是，纵横交错，其性质有正、逆断层和平移断层等，不同规模、不同级别和不同时期的断裂都有，某种意义上说矿区是以断裂为主体的构造格局。

（1）北北东向断裂

位于佛子冲背斜的两翼、核部和东翼，相距 400～800 m，倾向南东，倾角 40°～70°，延伸大于 5 km，断层面上擦痕、阶步、羽状裂隙发育，具压扭性和多期活动特点，对白垩纪以来的岩浆活动和成矿作用起到重要的控制作用。另外，北北东向断裂在矿区西部纯塘、白板一带也有分布。

龙树炯断层（F_1）位于佛子冲背斜西翼近轴部，走向 33°，倾向南东，延长约 4 km。断层上盘（东侧）的 O_2^{b-1} 地层逆掩于断层西侧的 O_3^{a-1} 及 O_3^{a-2} 地层之上，属逆断层，垂直断距约 200～400 m。300 中段 12 线穿脉坑道中可见厚 10 m 的片理化破碎带，显示压扭性特征，主断裂面下盘的次一级扭性羽裂发育，产状 105°∠56°，指示断层上盘上升。该断层在石门口被 F_2 断层切断。断层的北段及南段均为花岗闪长岩侵入，属成矿前断层，为佛子冲矿床的导矿构造之一。

太平顶断层（F_7）位于佛子冲背斜东翼大罗坪-太平顶-铜帽顶西坡一线，断层长 4.5 km 以上，北段走向为 15°，南段走向 32°，倾向南东，倾角 42°～69°。沿断层普遍可见宽大的破碎带，如 300 中段 14、24 线穿脉见断层破碎带宽 3～10 m，同时片理化及挤压构造透镜体发育，显示压扭性质，并指示断盘之东侧相对下降。该断层具多次活动，早期为逆冲断层，成矿后再次活动，为正断层，垂直断距 150～400 m。

铜帽顶断层（F_{12}）走向近南北，延长达 10 km 以上，沿断裂有花岗斑岩脉侵入充填，倾向东，属逆断层，垂直断距约 200～400 m，形成时间较早，燕山晚期再次活动。根据地层层序推断，在铜帽顶一带深部存在 O_2^{b-2} 含矿层位。

（2）北东向断裂

分布于矿区中南部象棋-牛卫-火烧垌一带，走向50°～60°，主要倾向南东，以逆断层为主，有牛卫（F_9）、大塘（F_{10}）断裂等，两者相距约4 km，近于平行延伸，长均大于20 km，特征基本相似，是加里东期以来多期活动断裂。牛卫断裂（F_9）北东段走向45°～55°，倾向南东，倾角52°左右；南西段倾向北西，倾角45°～55°。矿田内延长11 km，北东端进入广平岩体，南西经松桥延至区外，直至岑溪新圩，总长大于27 km。断裂破碎带宽5～20 m，构造透镜体、构造眼球体、挤压片理发育，局部出现糜棱岩，片理化带因后期构造活动而揉曲，透镜体上亦发育有水平擦痕。牛卫断裂沿断裂有不同时期、不同性质的岩浆活动，有花岗闪长岩、花岗斑岩和英安熔岩产出，部分地段出现熔岩破碎角砾，说明断裂具长期和多期活动特点，且是铅锌矿化的成矿断裂。

（3）南北向断裂

多出现在矿区西部，以勒寨断裂（F_{13}）、水滴断裂（F_{20}）为代表，两者相距1 km，特征类似，长2.5～3 km，倾向西，倾角59°～60°，具压性特征，破碎带一般宽5～10 m，勒寨断裂破碎带局部宽达5～100 m，已发现部分矿体赋存于断裂中，说明为成矿主断裂，而在断裂破碎带中又有矿体角砾，说明成矿后断裂再次活动。南北向断裂组以F_{12}、F_{13}、F_{14}为代表，它们在牛卫与F_9相交。断层中平行走向的片理发育，F_{14}局部有构造片麻岩出露。

矿区内各类岩石构造单元可以斜贯矿区的公路实测剖面作为代表（图9-75）。

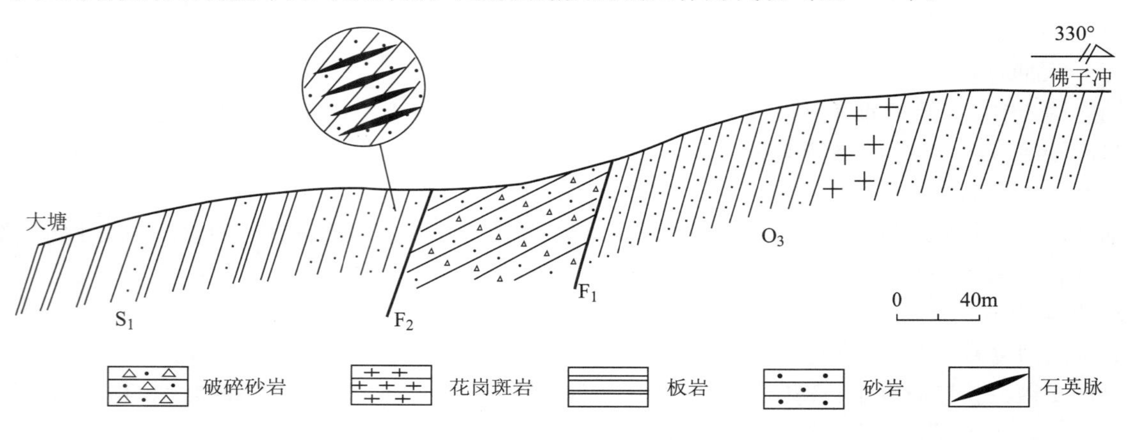

图9-75 佛子冲-大塘信手剖面图

综上所述，佛子冲地区各个方向上的断裂构造中与铅锌矿的产出有着直接或间接的关系，主要以北东向构造为基础，北北东向构造为主导，南北向和北西向构造为次，不同程度地控制着铅锌矿的产出和分布。

3. 节理构造

节理是地质作用过程中没有明显位移的断裂，也是地壳上部岩石中发育最广的一种构造。在节理比较发育的岩层中，节理的存在为矿液上升、分散、渗透提供了构造条件，因此，一些矿区中矿脉的形状、产状和分布与该区节理的性质、产状和分布有密切关系。通过在矿区范围内8个节理点的研究和1200多条节理倾向方位的统计，可把本区节理分作以下几组（图9-76）：

1）北北东向节理组。该区比较发育，在各节理点都有显示（图9-77），走向10°～30°，倾向南东，倾角50°～60°。节理的延长性和延深性都比较好。节理面平直或波状弯曲，裂口紧闭，充填于节理系中的脉岩呈带状。

2）北东向节理组。不很发育，常见切割挤压片理、劈理成带分布。节理面平直，裂口略为张开，走向为35°～55°，主要倾向南东，倾角陡。延展性和延深性都不太大，发育有呈带状的岩脉充填其中。该组节理一般与北向的节理配对构成“X”形节理（图9-77）。

3）北东东向节理组。较为发育，在多个节理点都有显示，为该地区的优势走向节理组。常见切割片理、劈理成带分布，走向北50°～80°东，倾向南东或北西，倾角较倒，延深性、延长性较好。

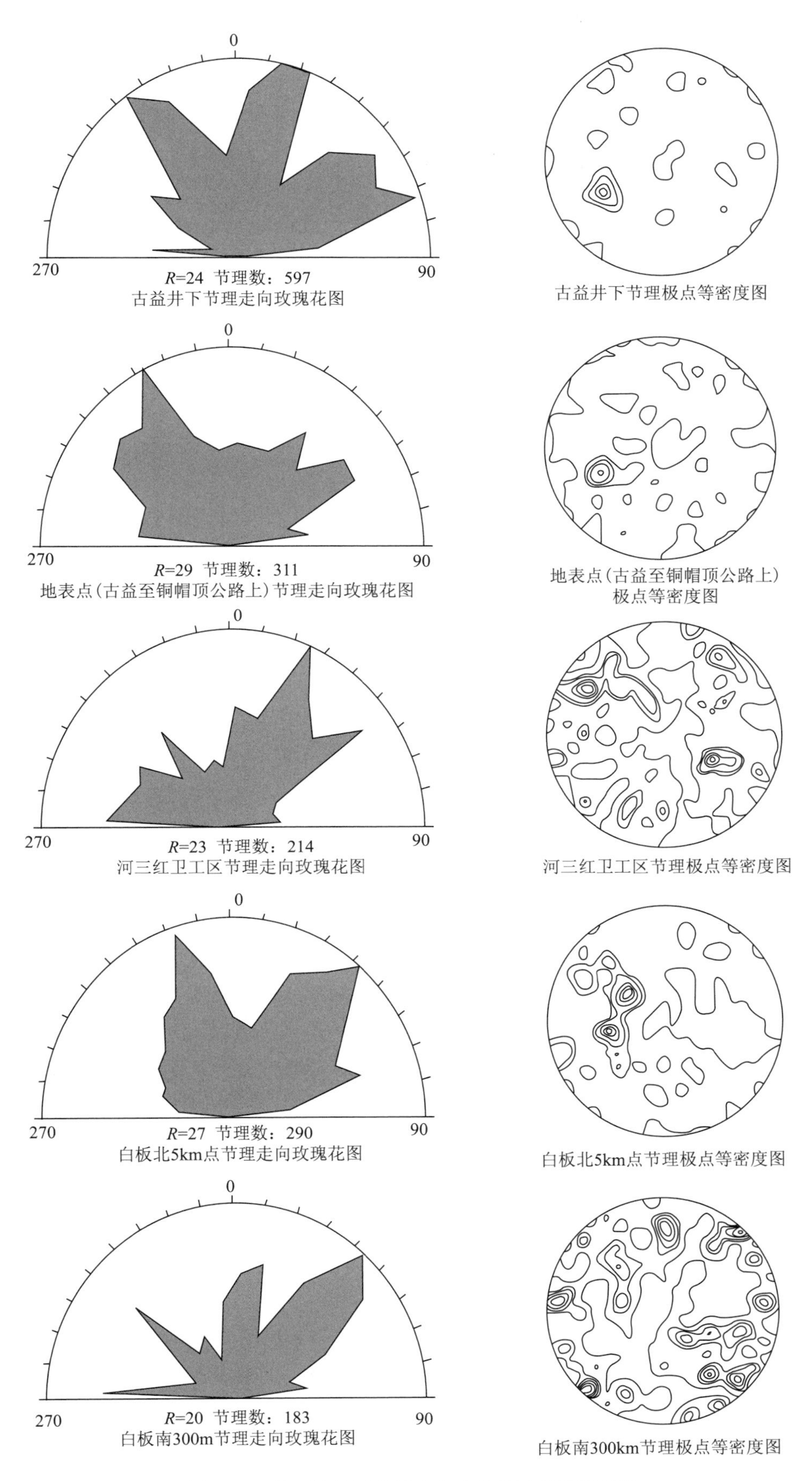

图 9-76　佛子冲地区节理走向玫瑰花图和等密度图

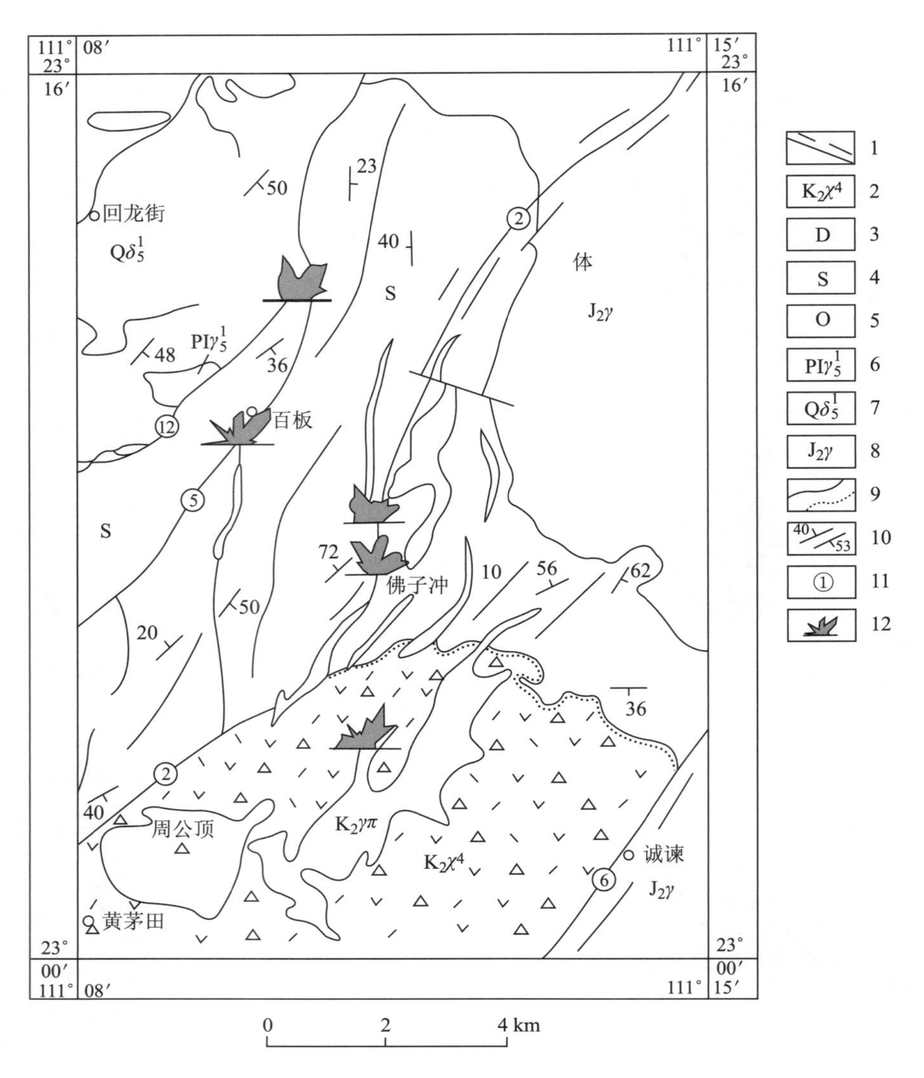

图 9-77　佛子冲矿田构造纲要图略图

1—压扭性断层；2—上白垩统英安质角砾岩；3—泥盆系；4—志留系；5—奥陶系；6—斜长花岗岩；7—石英闪长岩；8—侏罗纪花岗岩；9—地质界线及沉积不整合界线；10—岩层产状；11—断层编号；12—走向玫瑰花图

节理平直，裂口略张开，节理系中发育有岩脉充填。

4）北西向节理组。非常发育，在各节理点都有显示，为该地区的优势走向节理组，走向西320°～340°北，以向北为主，倾角较陡。延展性、延深都比较好，节理面平直，裂口紧闭。

5）近东西向节理组。不很发育，常斜切挤压片理、劈理分布，节理面平直，裂口紧闭。走向北东 80°～北西 80°，以倾向南为主，倾角 70°～80°。节理的延长性、延深性较差。

三、矿田构造格局及其对成岩成矿的作用

控制成矿的地质因素主要有岩浆因素、构造因素及岩性因素等，而构造因素对成矿起着至关重要的作用，它直接为成矿作用提供动力、能量、通道及场所。构造不仅控制矿床形成，同时在很大程度上也影响着矿床的破坏与保存（翟裕生，1998）。矿体的形态、产状常常由构造控制，矿区与成矿关系密切的构造主要有岩体接触带、褶皱、断裂、节理和虚脱构造等。

1. 控矿构造

（1）接触带控矿

在佛子冲矿田，花岗岩接触带控矿分为两种情况，一种是矽卡岩型矿床，矿体产在花岗岩与碳酸

盐围岩接触带的矽卡岩中，成矿物质来源于花岗质岩浆热液，如河三、龙湾矿床的矿体；另一种是矿体产在花岗岩与围岩的接触带，接触带可以是断层接触，顶板是围岩，底板是花岗岩，没有矽卡岩发育，如古益 100 m 中段 016 线揭露的矿体。

表 9-6　佛子冲地区不同地质点节理几何特征参数

序号	节理测量地点	测量总数/组	优势走向	长度/m	开度/mm	间距/cm	密度（条/m）	σ_1 方位	σ_2 方位	区内主应力方轴（据万天丰，2003）			
										地质年代（Ma）	σ_1（°）	σ_2（°）	σ_3（°）
1	古益 100 中段	58	近北西 近北东东	1～10 最长＞15	1～12	1～30	8	近东西	近南北	加里东期 （513～386）	2∠12	92∠8	182∠78
2	古益 60 中段	104	近北西 近北东东	1～10 最长＞15	1～10	2～40	8	近东西	近南北	海西期 （386～257）	近东西 （?）	近南北 （?）	（?）
3	古益 138 中段 2 线	126	近北西 近北东东	1～12 最长＞15	1～12	1～30	8	近东西	近南北	印支期 （257～205）	175∠10	85∠8	355∠80
4	古益至铜 帽顶地表点	311	近北西 近北东东	0.5～15 最长＞17	1～15	2～50	12	近东西	近南北	燕山期 （205～135）	291∠17	21∠8	111∠73
5	白板村南 300 m 处	183	近北东	1～20 最长＞22	1～15	10～60	14	近南北	近东西	燕山早期 （135～52）	205∠11	295∠3	26∠78
6	白板村	174	近北东	0.5～20 最长＞25	1～12	10～40	10	近南北	近东西	燕山晚期 （52～23.5）	95∠6	5∠1	275∠84
7	白板村 北 5 km 处	116	近北东 近北北西	0.8～10 最长＞13	1～15	2～50	10	近南北	近东西	喜马拉雅期 （23.5～0.78）	352∠4	262∠2	82∠89
8	河三工区	214	近北北东 近东西	1～10 最长＞12	1～20	10～50	7	近北 北东	近北 北西	—	—	—	—

1）矽卡岩型接触带控矿。佛子冲最典型的是河三、龙湾矿床，在河三矿床的 2# 矿体，矿体就位于花岗斑岩与糜棱岩化大理岩的接触部位，从新塘花岗斑岩→砂岩→矽卡岩→矿体→矽卡岩（图 9-78），矿体产在矽卡岩中。矿体的形成与花岗斑岩及其接触带关系密切，成矿物质来源于花岗斑岩岩浆，成矿热液就位于矽卡岩中，形成接触交代型铅锌矿床。河三勒寨 3# 矿体（图 9-79）和舞龙岗的 132#、133# 矿体（图 9-80）为代表，矿体形态较复杂，总体呈透镜状、筒状、瘤状、不规则状等。矿体个数少，但厚度较大，一般 10～15 m，延长较小，一般 50～200 m，延深较大，50～300 m。矿床围岩碳酸盐岩的变形非常强烈。勒寨不是简单的矽卡岩型矿床，而是受到后期断裂剪切作用的改造。132# 矿体赋存于志留系灰岩中，沿断层破碎带展布，地表出露标高 440～480 m，矿体长 120 m，厚 4.5～14.99 m，平均厚 8.15 m，最大厚度 14.99 m，矿体沿走向和倾向厚度变化较大，延深至标高 250 m 外被断层切割，工业矿体长约 100 m。矿体呈短轴透镜状，长宽之比为 10：3。走向 350°，倾向西，倾角 60°～70°，表现出与灰岩的产状一致，但倾向大于走向。矿体产于透辉石矽卡岩中，矽卡岩的最大厚度大于 30 m，透辉石晶体粗大，多呈放射状集合体分布，平均品位 Pb 1.37%、Zn 1.68%，铅锌矿已达小型矿床。在龙湾矿床，矿体同样产在花岗斑岩与质纯白色大理岩的接触部位的透辉石矽卡岩中，透辉石矽卡岩中含有石榴子石矽卡岩包体，表明矽卡岩化具有两期，成矿与第二期透辉石矽卡岩化有关。两期矽卡岩都产在花岗斑岩接触带，成矿热液依然利用接触带就位成矿。龙湾矿床的矿体呈多个透镜雁行状排列，矿体发育于灰岩和大理岩中，与石榴子石矽卡岩共生。这种沿着相同方向（近于南北向）透镜状尖灭再现的特征，说明矿体就位受到岩体和走滑构造的双重控制。这也是整个佛子冲-河三-龙湾地区的共同特点，只是佛子冲是深成岩体，表现为热液充填型，成矿热液动力强，运移远，沿着裂隙上移侵位，而河三属于浅成岩，形成矽卡岩型矿，且河三发育于向东逆

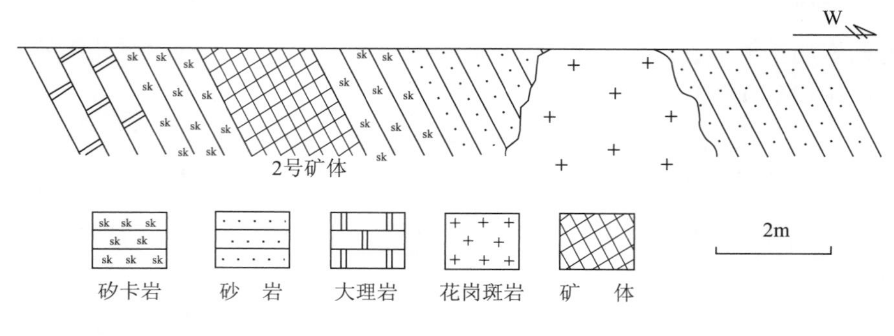

图 9-78　河三 250 m 中段 17 线 2#矿体特征

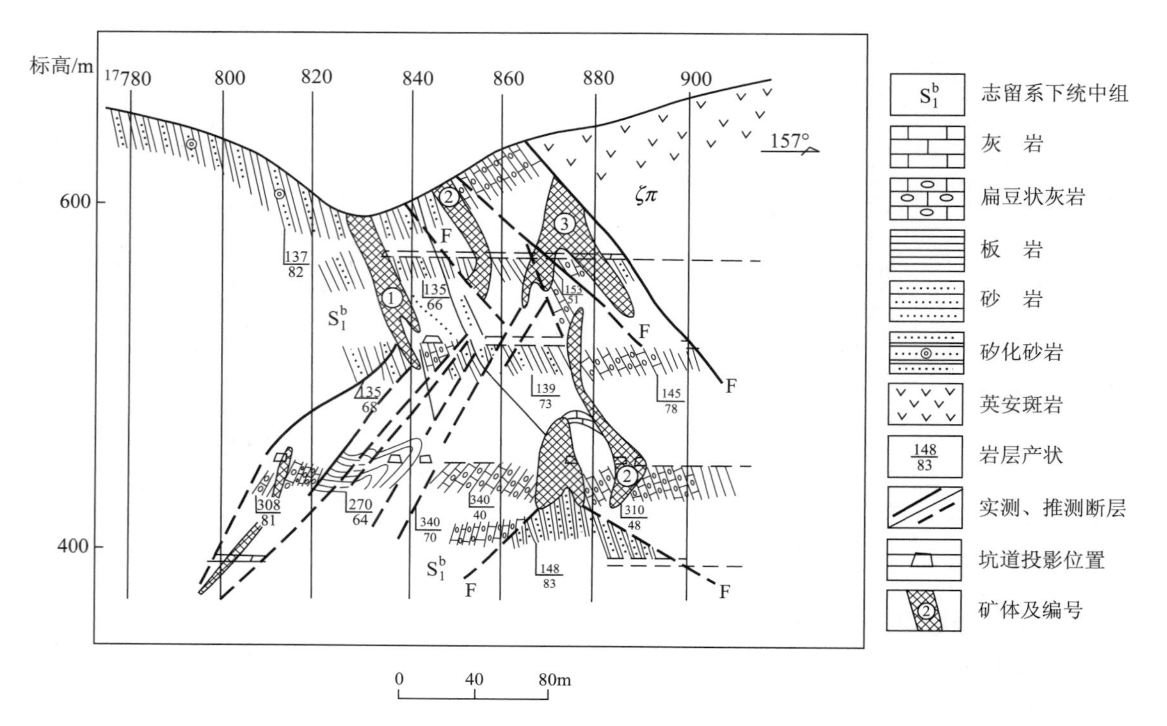

图 9-79　佛子冲矿田牛卫矿段第 5 勘探线剖面图
（据佛子冲铅锌矿，2004）

冲构造的下盘，岩体规模比龙湾大，矿体少而大。龙湾斑岩规模小，形成的矿体小而多。

2）岩体型接触带控矿。在古益 100 m 中段 016 线，矿体产在大冲花岗闪长岩与围岩的接触带，矿体底板是花岗闪长岩，顶板是夹大理岩的砂岩，花岗闪长岩与矿体界线清楚，两者之间有一层薄薄的绿帘石蚀变带，而且，在顶板上可以看出指示右行的断层擦痕，表明成矿作用晚于花岗闪长岩，与花岗斑岩有关的成矿热液只是利用了叠加断层的花岗闪长岩接触带。在古益矿区 138 m 中段 028 线，花岗闪长岩、花岗斑岩、矿体、绿色蚀变岩具有同样的特征（图 9-81），与上述结论一致。

3）花岗闪长岩岩体内部的断裂控矿。在古益矿床 138 m 中段 26 线西翼，39#矿体直接产在花岗闪长岩岩体内部的断裂带中，矿体充填在断裂中，矿体两侧具有绿色透辉石-绿帘石蚀变岩，说明成矿作用晚于花岗闪长岩。因此，花岗岩构造对矿床的控制，在空间上表现为花岗斑岩与碳酸盐岩接触带的矽卡岩，多期矽卡岩更加有利于成矿；花岗闪长岩与围岩的侵入接触带、断裂接触带；花岗闪长岩内部的断裂，在成矿物质来源上表现为花岗斑岩岩浆的后期热液是重要的成矿物质来源。

（2）褶皱控矿

矿区的褶皱主要有佛子冲背斜、塘平向斜和大冲背斜等，构造线以北东向北北东向为主。佛子冲

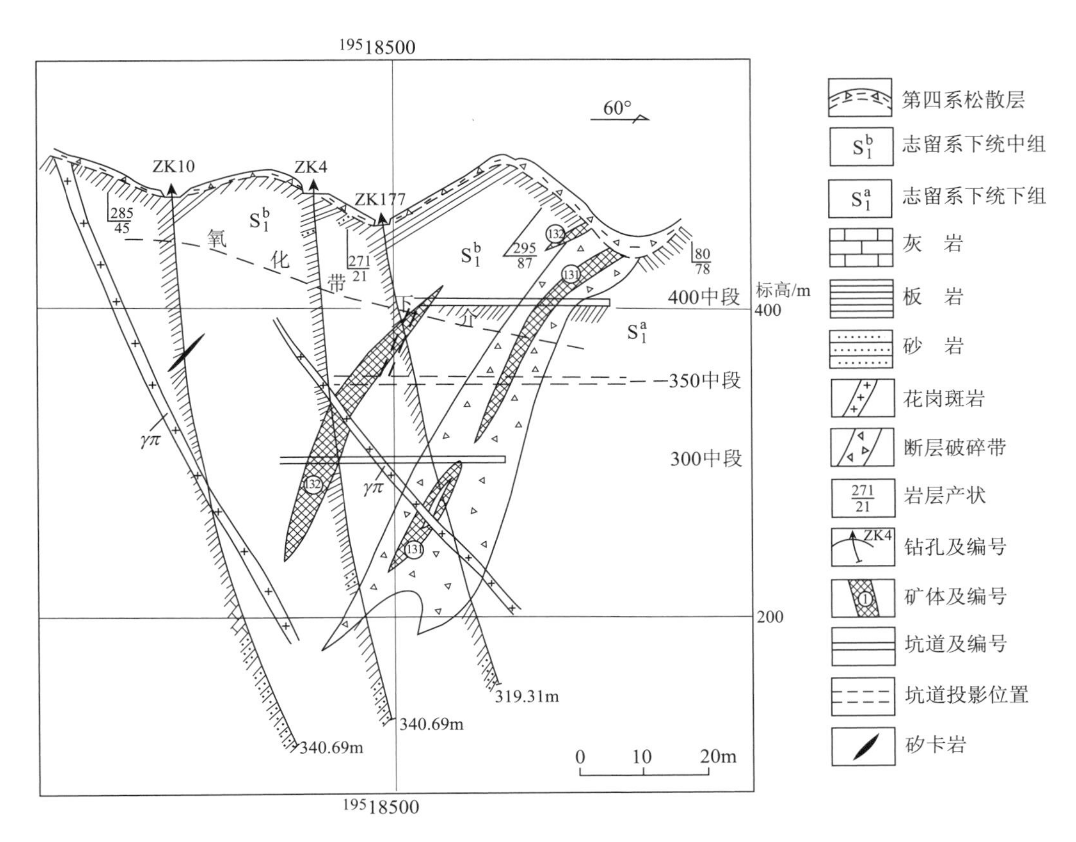

图 9-80 佛子冲矿田舞龙岗矿段第 12 勘探线剖面图

（据佛子冲铅锌矿，2004）

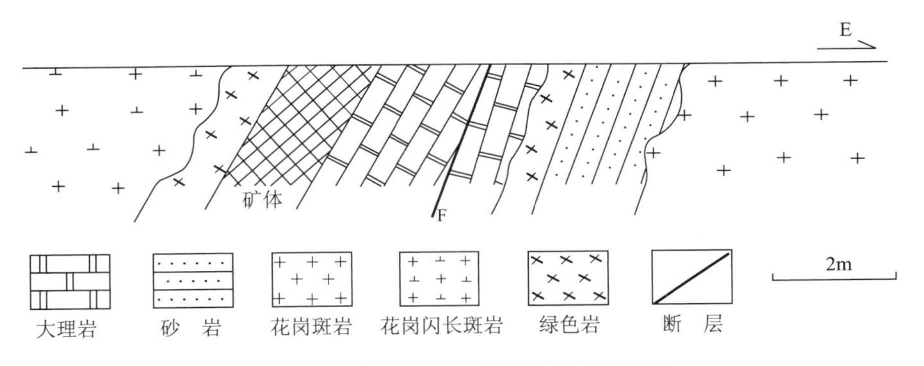

图 9-81 古益 138 m 中段 28 线矿体特征

的褶皱成矿构造主要表现为佛子冲背斜控矿，沿着背斜近轴部发育有一系列北北东向断裂及矿床中部的 F_9 断层。断层和岩浆活动使佛子冲褶皱的北西翼残缺不全，经钻孔验证，在 F_9 断层以南的熔岩下尚有其褶皱形迹存在，矽卡岩化、铅锌矿化均较发育。佛子冲背斜控制了矿床的主要矿体及岩体分布。以佛子冲 103#、104#、105#矿体为代表，矿体产于佛子冲主背斜轴部的奥陶系碳酸盐岩中，呈层状、似层状、透镜状，产状与地层产状一致（图 9-81）。

佛子冲 103#主矿体为矿区主要保有矿体之一。位于矿区北部 0～04 线 100～138 m 中段，矿体埋藏标高 69～152 m，埋深 396～478 m。出现在 104#矿体东 10～40 m 处，在 08～012 线二者斜列平行延伸。矿体北北东向 8°～30°展布，倾向南东，倾角变化大，43°～82°不等，平均倾角 58°，矿体长 312 m，倾斜延深 98 m，主要呈似层状、脉状产出，局部分枝复合。矿体厚度变化大，一般厚 0.8～14.6 m，在 0 线 138 中段因受岩层褶曲影响，厚度膨大至 32.71 m，在此呈现为一囊状体，矿体均厚

9.87 m，厚度变化系数为182%（不稳定）。矿体在02～04线138中段沿花岗闪长岩体外接触带分布，局部穿入花岗闪长岩体内。

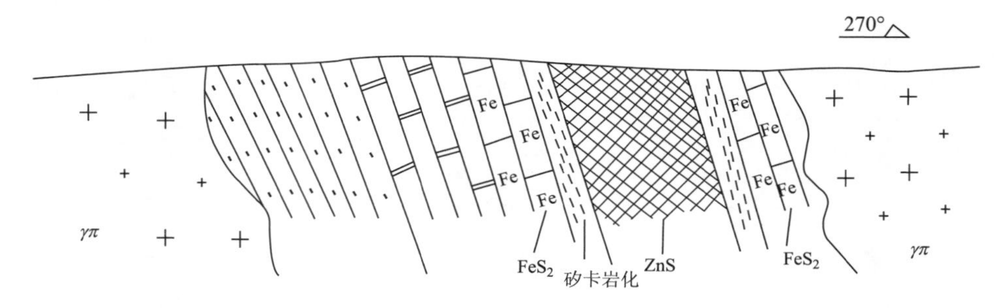

图9-82 河三250 m中段14线133#矿体特征

佛子冲104#主矿体为矿区最大的保有矿体。位于矿区最北部08～015线100～180 m中段，矿体埋藏标高65～182 m，埋深226～342 m。矿体走向22°～37°，倾向南东，倾角56°～88°，平均68°，矿体长406 m，倾斜延深125.56 m，厚1.44～10.47 m，平均3.16 m，厚度变化系数为62.97%（较稳定）。矿体呈似层状、脉状，多顺层产出，局部地段与围岩小角度斜交，矿体在010～014线穿入花岗闪长岩体内，其中部主要为块状、条带状铅锌硫化矿石，两端渐变为细脉浸染状、碎裂（状）铅锌硫化矿石。矿体围岩为砂岩、粉砂岩、灰岩、花岗闪长岩，蚀变主要有硅化、绿帘石化、局部铅锌矿化、矽卡岩化、碳酸岩化（图9-83）。

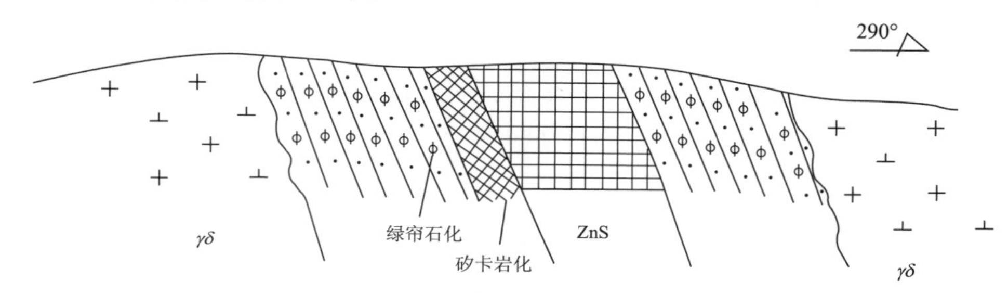

图9-83 古益180中段104号矿体

（3）断裂控矿

佛子冲矿区与成矿有关的断裂主要有4组，即北东向断裂、北北东向、近南北向和北西向断裂。

1）北东向断裂。以牛卫断裂（F_9）为代表，走向45°～55°，倾角52°，倾向南东，延伸长达30 km，北东端延伸进入广平岩体，为本区最主要的重大的导岩导矿断裂。断层中构造角砾岩发育，宽有数十米。角砾成分复杂，主要显压、压扭性和张性特征，表明该断裂具长期、多次的活动性。牛卫断裂是岩浆侵入的通道，也是容岩容矿断裂。其活动演化主要表现为：燕山晚期前为压-压扭性，燕山晚期转为张性，到了燕山中晚期，矿区火山岩沿该断裂喷溢。燕山晚期该断裂与北北东向断裂共同控制了显张性特征的花岗斑岩（雷良奇，1986）。岩浆分异的含矿热液在该断裂和次级断裂以及地层的适当部位充填交代而成矿。

2）北北东向断裂。以走向25°～35°的佛子冲-旺甫断裂为代表，断裂长达60 km，在区域上表现为控岩控矿作用，常被燕山晚期斑岩墙群充填，具多期活动的特点。燕山中期显示为逆冲挤压的性质，之后被浅成-喷出岩充填或覆盖，到了燕山晚期，再次活动而切过火山岩，第三纪转为明显的张性（雷良奇，1986）。受北北东向断裂控制的有201#、202#矿体，该矿体在60 m中段明显沿着北北东向构造带产出，与断裂构造产状一致，矿体与围岩的界限清楚，断层上下盘就是矿体的顶板、底板。与矿体相伴随的是绿帘石化硅质岩，呈条带状、透镜状、揉皱状，与之伴随的条带状大理岩具有明显的韧性变形特征。这种特征应代表成矿热液填充并遭受后期断裂滑移作用的改造，近于同构造充填成矿。在60 m中段，矿体呈现“S”形产状变化，进一步证明了左行剪切作用的存在。

3）近南北向断裂。以勒寨断裂（F_{13}）、水滴断裂（F_{20}）为代表，两者特征相近，倾向西，倾角70°~80°，延长1500 m，延深可达300 m。断层活动性质成矿期显张性特征，形成宽2~24 m的断裂破碎带。如勒寨矿床和舞龙岗矿床就产于该破碎带中和次级断裂与下志留统地层交切处。该方向断裂规模小于北东和北北东向断裂，从产出特征、控岩控矿特征分析，应属北东向构造的派生次级构造。本矿区有较多的花岗斑岩脉沿此方向展布。

4）北西向断裂。不太发育，形成时间晚于北北东向断裂，切割志留系地层和北北东向断裂。走向北西50°~60°，倾向北东或南西，延长约4 km。常见在与北北东向断裂交汇处产出矿体，如塘坪矿化点和旧村口矿化点等。塘坪水库西口出露大面积铁帽，红褐色，呈蜂窝状，岩石硅化较明显，些外铁帽较富集，面积约200 m^2，表面为黑色，新鲜面为红褐色。铁帽的围岩是中-细粒石英砂岩。铁帽下侧有老窿口，窿口很窄，平时被水淹没。铁帽走向近南北向，铁帽成分为褐铁矿、石英、软锰矿和硬锰矿等。

（4）节理控矿

节理在矿田中的发育程度与断裂构造较一致，大部分为剪节理，主要分布在志留系砂岩和各期侵入体中。印支期大冲花岗闪长岩的节理以走向30°~50°为主，100°~140°次之，呈菱形交错，石门矿段F_7断裂附近的构造裂隙与花岗斑岩的节理的优势方位十分吻合，志留系砂岩的节理产状较为紊乱。据野外统计，本区节理以陡倾剪节理居多，且其倾向为北东东-南东东和北西西，表明区内节理以北北东、近南北或北北西向居多。详细的矿床调查表明，佛子冲铅锌矿化具有树形特征，上部（260 m中段以上）是树冠，品位低，储量大，下部是树枝、树干，品位高。下部成矿热液充填到多个树枝状断裂带内，形成脉状、囊状、透镜状矿体；而上部成细脉浸染状，成矿热液充填到细小断裂和节理中。河三400 m平窿入口200 m依然可以见到沿着砂岩节理矿化的细脉浸染型矿化体，但规模小、品位低，不能构成工业矿体。

（5）地层控矿

前人非常强调佛子冲矿床的层控特征，指出矿体定向赋存于奥陶系地层的1~2个层位，有的甚至强调佛子冲矿床是沉积型矿床，形成于奥陶系地层的沉积时期，如果把佛子冲背斜展平，佛子冲矿床的大多数矿体都在同一个层位上，与后期的岩浆作用无关。但是，随着矿床开采的逐步加深，越来越多的证据说明，成矿作用与地层的相关性并不明显，部分地层Pb、Zn、Ag背景值高，不仅不能说明成矿物质来源于该地层，而且可能说明高背景值是成矿作用过程中，成矿热液向围岩迁移造成的。在佛子冲矿田，可以看到以下特征：①古益矿区超过100条大大小小的矿脉分布在奥陶系不同的层位中，有的产于断裂带内，有的直接产于花岗闪长岩内部断裂带中（39#矿体）、破碎带中、矽卡岩中等。②许多矿体就位与大理岩关系密切，如河三2#矽卡岩矿体、龙湾矿体、古益201#、202#等矿体，往往体现出矿体、大理岩、断裂三位一体的关系。③成矿作用与花岗斑岩有关，花岗斑岩年龄为106 Ma，远远晚于奥陶系，中间还经历了印支、燕山期岩浆作用，因此，成矿作用与奥陶系地层关系不大。与其说地层控矿，不如说岩性控矿，碳酸盐岩作为弱碱性的地球化学障，与断裂空间一起，促使成矿热液停止、成矿。

2. 控岩构造

佛子冲矿田内与成矿关系密切、提供成矿物质的花岗斑岩，在新塘为岩株状，在凤凰顶为岩枝状，在矿田其他地方为岩脉状。这些条带状的岩脉走向北北东，相互近于平行，总体上与勒寨-大冲断裂平行。在佛子冲矿田的西侧塘坪-白板一带，花岗斑岩成串珠状沿着断裂分布，这种表面上的串珠分布可能预示地层下部斑岩规模更大。这种特征也表明，勒寨-大冲断裂是一条深断裂，花岗斑岩岩浆具有中心式+裂隙式的侵位方式，花岗斑岩具有岩墙扩展式侵位机制。因此，断裂不仅控矿，而且控岩（花岗斑岩），通过控岩来控矿。在佛子冲矿田，成岩构造与成矿构造相似，又有区别。简单地说，热液富含流体及挥发分，流动性、渗透、交代能力比岩浆强，因此，区域性控岩构造一定是区域大构造，就佛子冲矿田而言就是北东-北北东向透入性大断裂，如牛卫断裂或者是塘坪-白板断裂。

这些断裂往往也是导矿构造，通过控岩作用来控矿。

3. 构造控岩控矿机制

（1）佛子冲主体成矿构造

矿区内构造的多期性特征非常清楚，既有成矿构造，也有破矿构造。成矿构造主要是张剪性断裂、花岗岩的接触带构造，形成主矿体，以铅锌铜组合为特征。破矿构造表现为走滑作用下，由于剪切作用，矿体褶皱、透镜化。

（2）导矿构造分析

断裂构造是本矿区主要的导矿构造和容矿构造。与成矿有关的断裂主要有3组，即北东-北北东向断裂，近南北向断裂和近东西向断裂，铅锌矿体一般沿这些断裂充填或呈串珠状沿断裂分布。佛子冲主要断裂构造由F_1、F_2、F_7、F_8、F_9、F_{11}、F_{14}等断层组成，其中F_1、F_7、F_9对成矿是最有利的导矿构造。

1）主干断裂导矿。属印支—燕山期构造，生成时间较早，活动时间长，分布较广，形迹呈复式褶皱，断裂相伴产出。较主要的有塘坪向斜、六九顶背斜、牛卫断裂（F_9）、大塘断裂（F_{10}）等。它们常被燕山期经向构造体系的断裂切割或改造利用，包容于其他体系之中。F_9断层呈北东走向，倾向西北，断层东翼为白垩系火山岩，西翼为下古生代碎屑岩，地层断距巨大；该断层是本区最重要、规模最大、活动时间最长的导岩、导矿和容矿构造。含矿溶浆和溶液从地壳深部沿F_9上升，牛卫的4个矿体就产于该断层北西盘的志留系角砾中和扁豆（条带）状灰岩中。

2）主干断裂F_1和F_7导矿构造。佛子冲矿床位于廉江-岑溪燕山期构造带的北东段延伸部分，由一系列的断裂、褶皱组成，走向10°～30°，构成明显的北北东向构造带。主要构造形迹有龙树洞断裂（F_1）、太平顶断裂（F_7）等。F_1断裂位于矿区佛子冲背斜西翼，该断裂在矿区北部被呈岩株状大冲岩体充填覆盖，将成矿岩体和赋矿地层有机结合，是矿区内重要的导矿和布矿构造，控制了矿区北部的矿体分布。F_7断裂位于佛子冲背斜东翼，该断裂与F_1断裂联合控制着矿区北部矿体分布，也是重要的导矿和控矿构造。

（3）储（容）矿构造分析

矿区有利于容矿的构造部位主要有：北北东向和北东向主断裂带、北北东向和北西向断裂交汇部位，褶皱与断裂的交汇部位以及褶皱上隆所形成的虚脱部位。

1）北北东向和北东向主断裂带储矿。由于岩性及矿体埋藏深度存在差异，矿床南部和北部的构造控矿特征有所不同。佛子冲矿床北段的赋矿部位主要在北北东向和北东向主断裂带及北北东和北东向断裂带的交汇部位。其中，牛卫断裂（F_9）属区域性深大断裂，走向45°～55°，倾角52°左右，矿田内延长11 km，北东端进入广平岩体，南西经松桥延至区外，直至岑溪新圩，总长大于27 km。断裂控制了石英斑岩的侵入，在晚期冷凝时沿破碎带充填或交代附近的灰岩成矿。如牛卫三中段在牛卫破碎带的“沿脉”坑道中有一段长67 m，含矿破碎带平均宽2.1 m，平均品位Pb1.57%、Zn1.19%，其相应地段断层下盘水平距90 m的S1b-2灰岩中所形成的2#矿体规模大。在该断层附近除牛卫矿床外，南西3 km处的黄茅田在破碎带中也有闪锌矿化，说明牛卫断裂是本区主要的导矿、容矿构造。

2）北北东向和北西向断裂交汇部位储矿。佛子冲背斜翼部和断裂的交汇部位，往往发生较为强烈的构造活动，在这些复合部位岩石软弱易碎，有利于成矿流体的运移以及成矿质的沉淀富集，常形成品位较高，并且具有一定规模的透镜状或者柱状矿体，如180 m中段08线的100#矿体，主要赋存于北北东向和北东向断裂带中。龙湾矿段1#矿体主要受北北东向陡倾断裂和北西向缓倾断裂的复合控制，赋存在两断裂交汇处的矽卡岩内，矿体侧伏方向与断裂透镜体倾向相一致。

3）褶皱上窿部位储矿。褶皱轴部尤其是背斜轴部，在其形成褶皱的过程中，易于上窿形成弯状或在转折部位形成层间虚脱，为成岩、成矿提供了有利空间。在具规模的虚脱构造中，可形成较大的工业矿体，铅锌矿化沿虚脱构造充填成透镜状或扁豆状。

综上，佛子冲矿田北部的赋矿断裂以北东向和北北东向主断裂带为主，矿田南矿体赋存在北（北）东向断裂和北西断裂交汇部位。

4. 构造控矿期次分析

（1）成矿前构造

成矿前北东向断裂构造是指贯穿于整个矿区的北东向深大断裂（岑溪-博白深大断裂的一部分），加里东期以来多期活动。该断裂区域上延伸方向为北东方向，延伸呈辗转曲折状，陆上全长达410 km，宽7～30 km，走向40°～60°。在矿区，岑溪-博白断裂表现为一系列的断裂组成的断裂组。这些断裂组在北北东方向上表现为一系列的平行大断裂，在北西、近东西方向上表现为次一级断裂系。北北东向断裂系是主体断裂系，是岑溪-博白深断裂的具体表现。

成矿前加里东期的构造运动方向为近水平的北北西-南南东向（陈尚迪等，1990），以挤压作用为主。其间形成了北东向的牛卫断裂和矿田外围的塘坪向斜，印支期继承了上述应力场，同时伴有东西向顺扭和近南北向反扭（彭柏兴等，1997）。加里东期的变形特征主要是挤压作用下的剪切变形，构造形迹表现为在广平岩体中形成数十米宽的韧性剪切带。

（2）成矿构造

佛子冲的成矿期主要为燕山期。燕山早期表现为近南北向压剪，以脆-韧性变形为主，大冲岩体在该应力场影响下呈“之”字扭曲。燕山晚期则表现为东西向挤压和南北向引张，东西向压应力场作用下，矿液沿佛子冲背斜引张的层间滑动断裂充填，燕山晚期的岩脉（墙）呈雁列状，追踪张裂状沿构造薄弱带侵位。在岑溪回龙一带侵入岩中大量拉开捕虏体保留着与围岩一致的产状（董宝林，1984），佛子冲矿田 F_7 中张性角砾岩及沿断裂层壁呈梳状对称的石英脉出现，都显示了该期断裂呈张性特征。早期（245 Ma）侵位的大冲岩体，在燕山期构造作用下，成为佛子冲矿田古益矿床的主要成矿构造，成矿结构面是接触带（104 号矿体），也可以是构造滑动过的接触带断裂（36 号矿体等）。从成矿作用离不开碳酸盐岩的特征上看，硅-钙界面是佛子冲矿田最重要的成矿结构面。

（3）成矿后破矿构造

矿区在晚白垩世受到区域剪切走滑作用的影响，矿区早期的矿体在不同程度上受到一定的破坏，先期交代蚀变的绿色蚀变岩、大理岩透镜体、眼球构造及少量的多米诺构造，均在一定程度上反映了矿区剪切走滑作用，使早期交代残余形成的条带状、透镜状矿体遭受破坏（图 9-84）。因此，区域最后一期的走滑作用是矿区的破矿构造。

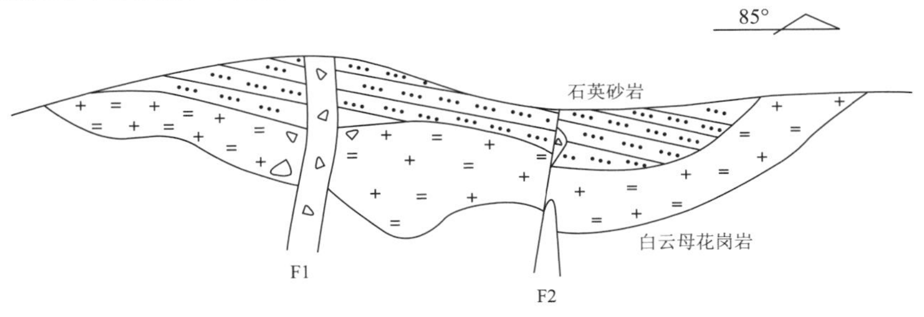

图 9-84　古益 20 中段 9 线白云母花岗岩与围岩、断裂接触关系素描图

5. 构造-岩浆演化与成矿地质体的形成

（1）构造演化与岩浆侵位

作为控矿因素的两个重要方面，构造与花岗岩的演化是相互关联的，简称构造-热事件。

区域上华夏板块与扬子板块的拼合使华南地区构造运动活跃，岑溪-博白深大断裂活动并导致大量次一级北北东向断裂产生，使花岗闪长岩上侵就位。花岗闪长岩在矿区呈条带状沿着北北东向断裂自南向北展布，可见矿区北北东向断裂对岩体具有明显的控制作用。井下可见，花岗闪长岩与大理岩、绿色蚀变岩相间分布，呈条带状并大量出露，体现的是花岗闪长岩构造侵位特点，也就是加里东褶皱基底的破碎带是花岗闪长岩侵位的通道，具有典型的岩墙扩展式侵位特点；其次，花岗闪长岩广泛出露（从大冲向南至河三 220 m、180 m 中段均有发现），说明其实际分布范围远远超过地表出露的范围，展布方向与佛子冲矿田主体构造方向（北北东）一致。在区域上古太平洋板块第一次向西俯冲之后，岩浆房再次活动，沿着北东向岑溪-博白裂谷上侵，形成广平岩体。

早白垩世受古太平洋板块第三次向西的俯冲挤压，云开陆块与桂西陆块之间产生挤压碰撞，使岑溪-博白深大断裂及次一级断裂构造带再次活动，深部岩浆沿北北东向次级构造带上侵就位，形成花岗斑岩脉及石英斑岩脉。矿区花岗斑岩、石英斑岩的分布空间上具有一定的规律性，自南向北，从周公顶、新塘一带大面积的出露，到北端白垌岩小岩脉的出露，体现了由南到北，规模逐渐减小，表明周公顶一带深部为花岗斑岩及石英斑岩的岩浆房，而后期华南的拉伸作用使周公顶一带喷出大面积的流纹斑岩，也进一步证明了其深部存在特大的岩浆房。

出露的粗粒白云母花岗岩与围岩具有明显的侵入接触关系，岩体内部有一张性断裂穿过，断裂由石英脉和石英砂岩角砾组成，产状265°∠70°，粗粒花岗岩沿着断裂向下延伸，表现出粗粒花岗岩为晚期侵位，晚于张性断裂的形成。同时，花岗岩沿断裂上侵，呈岩墙侵位于石英砂岩中，沿断裂附近的岩体及断裂中均可见石英砂岩角砾，大小不一，5～25 cm不等，也进一步证明了花岗岩的侵位晚于张性断裂。断裂明显表现出两期活动的特点，岩体内部断裂表现出平直的错动界限，表明断层先张后剪（图9-85）。

（2）成矿地质体的形成

佛子冲矿区的构造演化可以概括为：①褶皱构造在早加里东期基底形成后基本固定；②加里东期以来作为岑溪-博白断裂组成部分的牛卫断裂多期活动，把加里东基底切割成许多条形块体，使佛子冲矿田成为壳幔通过深断裂连接的高渗透地区；③深断裂多期活动，为多期花岗岩的侵位提供通道，成为重要的控岩构造；④多期花岗岩浆的分异有利于成矿，一方面，岩浆经历多次演化，有利于矿物质聚集，但发展到花岗斑岩这种超浅成花岗斑岩时，热液达到浆液分离，形成矿床；另一方面，早期花岗岩的接触带可以成为晚期重要成矿结构面；⑤作为岩浆中心的新塘，多期岩浆上侵，形成浅成花岗斑岩杂岩体，成为成矿热液活动的中心，岩浆、成矿热液都会沿着深断裂运移，成矿热液既可以在主断裂面（成矿结构面）成矿，也可以在次一级断裂成矿；⑥硅-钙界面是重要的成矿结构面；⑦牛卫断裂的长期活动，晚期（106 Ma以来）从成矿构造转化为破矿构造，使部分矿体被切割或者透镜化。

四、矿田构造对于成矿预测的意义

佛子冲矿田发育的构造体系主干上是两组，即50°～60°和10°～30°，相当于地质力学的华夏构造系、新华夏构造系。矿化特征也符合地质力学的等距性原理。其次是北西向断裂系。构造交叉部位是成矿有利部位。从区域上看，北北东向断裂是岑溪-博白断裂、凭祥-大黎断裂的组成部分，属于特提斯构造域的构造形迹，北北东向断裂是滨太平洋构造域的产物，这个结论有待进一步验证。外围塘坪地区岩浆岩也十分发育，西侧发育广平岩体的同期花岗岩-糯垌岩体，同时发育有印支期基性、超基性岩类，表明断裂切割更深。尤其是在佛子冲矿田广泛发育的、与成矿关系密切的花岗斑岩，在外围区域也同样发育。除了水滴-旧村口花岗斑岩外，发育规模比佛子冲矿田稍小，但明显沿着垌岭-大河北东向断裂分布，虽然规模很小，但依然显示清楚的断裂控岩特征，与佛子冲特征一致。从矿化特征上看，西部矿化点与断裂关系密切，石岗、国橄坪、蓝寨等矿化点都位于国橄坪-蓝寨-白板断裂带上。

针对佛子冲矿田古益矿区深部找矿不断取得进展，广西区域地质调查研究院在六糖、佛子顶等处勘探取得了突破，138中段西侧深部找矿也取得了进展，龙湾深部找矿取得了突破性进展，存在多个矿化点的西部糯垌-塘坪-新地地区找矿得到重视，尤其是矿化迹象清楚的塘坪地区理应认真评价。本次通过测制1：500～1：5000区域地质剖面6条，总长达到6000 m，详细解剖了塘坪、石岗、旧村口、黄茅田4个矿点，得出以下特征：

1）佛子冲矿田西侧外围主干构造是塘坪向斜，同样有近南北向的深断裂通过。

2）岑溪-博白断裂在矿田表现明显，称为牛卫断裂。在佛子冲-大塘剖面，地表表现为一条50 m宽的破碎带，而在河三矿区、龙湾矿区井下表现为30 m宽的方解石、石英填充的破碎带。

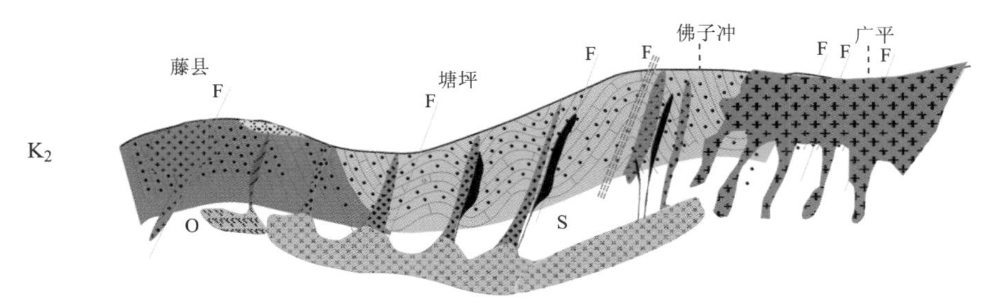

5. 晚白垩世张剪性条件下，周公顶火山岩喷出，岩浆活动结束，进入新构造走滑期

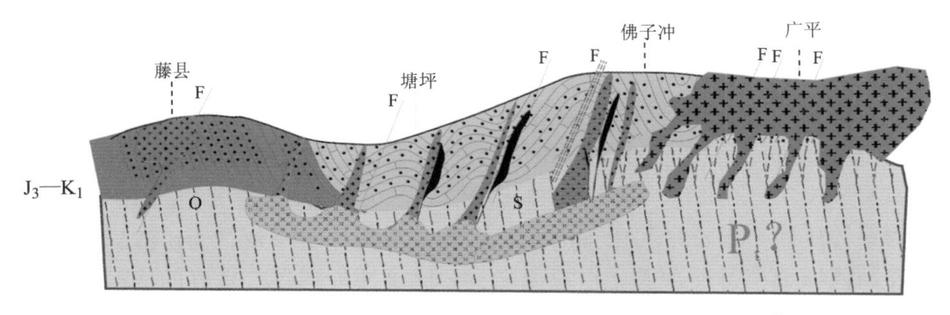

4. 早白垩世压剪性条件下，花岗斑岩被动侵位，形成佛子冲主体矿床

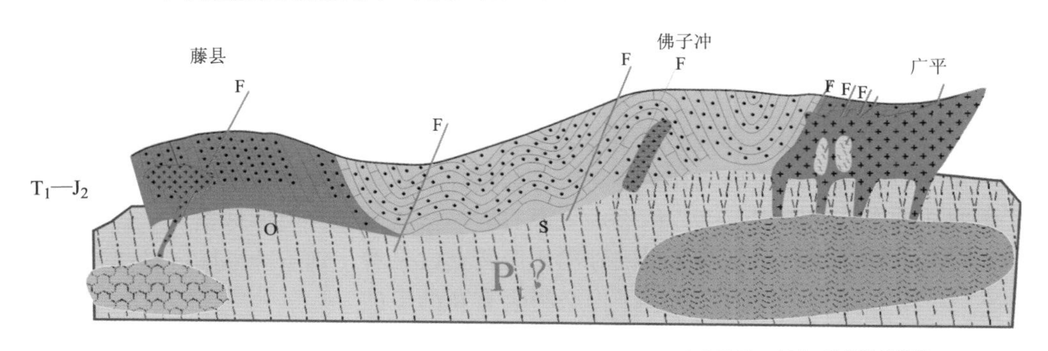

3. 特提斯构造域向太平洋构造域转化完成，NNW向挤压，NEE向是伸展，广平A型花岗岩侵位

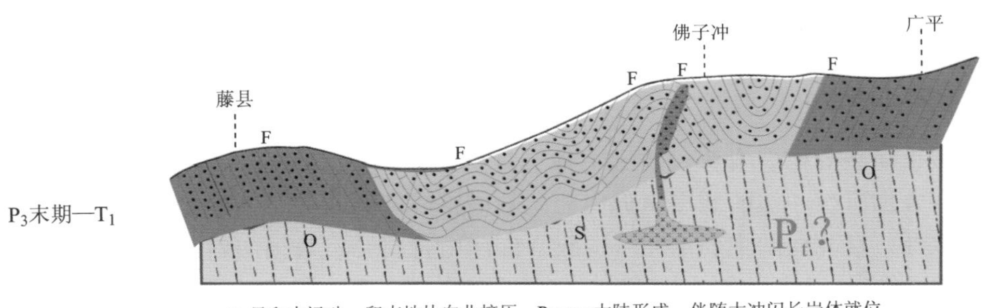

2. 早印支运动，印支地块向北挤压，Pangea大陆形成，伴随大冲闪长岩体就位

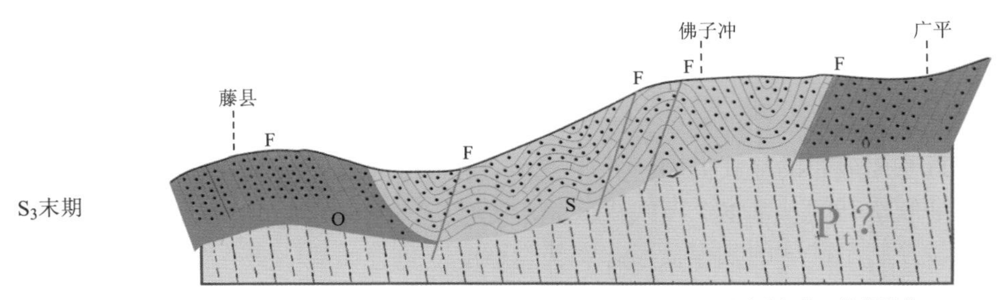

1. 广西运动造成Є-S地层浅变质、褶皱抬升，伴有加里东期花岗岩侵位，基底形成

●—矿化体；S—志留系；O—奥陶系；?—推测的元古宙基底

图 9-85　佛子冲矿田构造演化模式图

3）实测地质剖面表明，除了佛子冲背斜、塘坪向斜之外，还存在大量的次一级褶皱，尤其是塘坪向斜，实际是一个复式向斜，总体表现为一个向斜，但存在一系列宽缓褶皱，如塘坪水库背斜（水库矿化点位于此背斜上），水库西侧往炯岭剖面连续出现4个次一级褶皱。

4）塘坪向斜上也有断裂叠加，塘坪-炯岭断裂规模较大，是牛卫断裂的次一级断裂，方向北北西，且塘坪矿化点、塘坪水库西侧矿化点位于断裂之上。

5）塘坪矿化点以浸染方铅矿为主，位于塘坪向斜的核部，发育碳酸盐岩，没有出露花岗岩。

6）塘坪水库矿化点属于氧化型铁帽，深部可能存在原生矿体，但埋深需要进一步研究。

7）旧村口矿点以浸染状方铅矿为主，断裂发育，花岗斑岩也非常发育，与河三、龙湾属于同一成矿带。

8）石岗矿化点属于条带状闪锌矿，产在细砂岩中，碳酸盐岩不发育。

物化探信息：以石岗为中心，塘坪-石岗-新田1：5万分散流Pb、Zn、Cu、Ag综合异常区带长5 km，宽1.5 km，呈北北东向长条带状展布，异常形态规整，元素套合性好，浓集中心明显，梯度陡，Pb$130\times10^{-6}\sim300\times10^{-6}$，Zn$120\times10^{-6}\sim270\times10^{-6}$，Ag$0.1\times10^{-9}\sim0.4\times10^{-9}$，浓集中心位于塘坪、石岗、新田等铅锌矿床。异常带与已知的铅锌矿脉带空间分布一致，为矿致异常。

从佛子冲西部外围区域地质特征及矿化点特征来看，佛子冲外围具有良好的成矿条件，但与佛子冲既有相似的成矿条件，也有不同的成矿因素：①佛子冲是背斜构造加断裂叠加，而塘坪是复式向斜叠加断裂构造。从铅锌矿的普遍特征看，向斜更有利于大型铅锌矿的形成。②外围矿化点可以分为两大类，一类包括黄茅田、旧村口矿化点，和河三、龙湾属于同一成矿带；另一类是塘坪、石岗矿化点，属于外围特有的矿化点，也可称为西部矿化点，是塘坪复式向斜的小背斜上的矿化点。

综上所述，佛子冲外围地区具备形成铅锌多金属矿床的地质条件，与矿田内典型的铅锌多金属矿床存在着极为相类似的成矿地质环境和矿床特征，如塘坪矿化点、塘坪水库矿化点、旧村口矿化点都发育在北北东向和近南北向断裂带上，虽然地表没有碳酸盐岩出露，但塘坪钻探工程揭露有相当规模的碳酸盐岩，因此，经区域对比以及从目前外围矿区普查成果看，佛子冲外围区域显示出较好的找矿远前景。如果找矿思路及方法得当，找矿工作必将会有新的突破。

第六节　石碌铁矿矿田构造

一、构造基本格架

石碌矿区褶皱、断裂等构造发育。矿区整体表现为一轴向北西-南东至近东西、局部倒转的复式向斜构造形态，并叠加有次一级的北东至近南北向的横跨或斜跨褶皱。该复式向斜向北西扬起、收敛而向南东倾伏、撒开，自北而南主要由北一向斜、红房山背斜、石灰顶向斜等组成。矿区断裂构造也较发育，计有北西-北北西、北东东-东西和北北东-近南北向3组。根据构造级别及其与成矿的关系，这些构造可以分为大型构造、成矿构造和成矿后构造三类。大型构造主要是北东向的戈枕韧性剪切带，成矿构造主要有石碌复式向斜、北西-北北西向和北东东-东西向断裂，成矿后构造有北北东-近南北向断裂。

石碌矿区褶皱和断裂构造及伴随的剪切变形发育，且相互叠加，并严格控制矿体的产出和空间分布。矿区为一轴向近东西展布的复式向斜，并为更次一级近南北向横跨褶皱叠加，且该复向斜西部紧闭并抬起、向东逐渐倾伏开阔，基本上反映矿区先后受过近南北向及近东西向两个不同方向的褶皱挤压。该复式向斜明显控制了矿体的赋存及形态产状与厚度变化，如从空间分布来看，平面上，铁钴铜矿体大致以复向斜轴为中心，可分为位于复向斜槽部的中矿带、位于复向斜北翼的北矿带和复向斜南翼的南矿带；而垂向上，矿体则产于复向斜槽部和两翼向槽部的过渡部位。勘探结果还显示，矿区所发育的北西-北北西向、北西西-近东西向和北北东-近南北向断裂构造对矿床有重要的改造作用，并不同程度地破坏了褶皱与矿体的连续完整。

为了正确理解该矿床的成矿机理、以指导矿区深、边部和近外围找矿勘查和矿体定位预测，近年来，一些学者初步开展了矿区构造与成矿关系的研究，提出了韧性剪切带及其“构造透镜体（箭鞘褶皱）”构造控矿模式（侯威等，2007）。然而，戈枕韧性剪切带形成于 221～230 Ma（陈新跃等，2006b；Zhang et al.，2011），且矿石并未发育北东向的定向构造，该模式既未能清楚阐明矿区的构造形迹特征和变形机制，也未能很好地理解矿区控矿构造系统的组成和演变特点（包括矿形成后的改造/破坏）等，不能令人信服地解释矿区构造系统的发展与铁铜钴富集成矿、特别是与厚大富赤铁矿形成的关系，故戈枕韧性剪切带与成矿的关系并不密切。

二、成矿结构面特征

1. 褶皱-石碌复式向斜

矿区赋矿地层（主要为石碌群）和其内矿体主要受一轴向北西-南东向、倒转的复式向斜控制。该复式向斜向西扬起、收敛，向东南倾伏开阔，自北而南，由北一向斜、红房山背斜和石灰顶向斜等一系次级褶皱组成。褶皱轴部延伸长度 3.8 km，出露宽度 2.4 km，延伸深度 >3.7 km。该向斜为不对称波状透镜结构，表现出压性右行旋扭特征，北翼倾向 220°～245°，倾角 35°～75°，南翼倾向 20°～45°，倾角 55°～75°。组成褶皱构造的演示主要为石碌群地层，核部为第六层，两翼向外依次是第五层、第四层至第一层，构造主应力方位北北东-南南西向，由加里东期南北向的挤压作用形成。

铁矿体、钴铜矿体即赋存在该复式向斜槽部及两翼向槽部过渡的部位，其中北一铁矿主要受北一向斜控制。此外，在该复向斜上还叠加有北北东以至近南北向的次级横跨褶皱，并以在北一向斜中表现最为明显。因而该复向斜总体显示“S”型褶皱构造特征，即褶皱轴线平面上呈“S”型展布，轴面三维空间形态呈麻花状，褶皱中段轴面近于直立、西段轴面倾向北东、东段轴面波状起伏。对此，侯威等（2007）曾认为原始沉积提供了成矿物质，后期褶皱变形及层间滑动致使石碌群第六层发生压溶去硅而使得铁矿质得以大量富集，最终形成了石碌“北一式”富铁矿。本研究根据矿体的产出构造部位、展布形态、厚度变化、矿化富集特点，认为褶皱变形对矿体变质改造起十分重要的作用。

2. 断裂构造

断裂构造也较发育，计有北西-北北西、北东东-东西及北北东-近南北向 3 组。北西-北北西组以 F_{20}、F_{21}、F_{22}、F_{25}、F_{30}等断裂为代表；北北东-东西组以 F_{26}、F_{27}、F_5、F_{23}等断裂为代表；北北东-近南北组以 F_{19}、F_{29}、F_{32}、F_6、F_7 等断裂为代表。

矿区南部的北西西向 F_1 断裂延长 3.5 km，宽度为 0.5～1 m，属中型断层。该断裂走向 290°～310°，倾向北东，倾角 50°～75°，断裂面形态舒缓波状，运动方式为上盘上升，相对运动方向具有上冲特征，断裂力学性质为压扭性逆断层。北西-北北西、北东东-东西及北北东向 3 组断裂构造为同一应力场形成，北西-北北西和北北东向断裂均为压扭性断裂，延伸 0.5～1.5 km，断面宽度 0.1～0.5 m。北西-北北西向断裂显示为右行构造特征，北北东向断层则为左行构造特征，北东东-东西向断裂不甚发育，延长较短，主要表现为小断裂带，显示压型构造特征。矿区最重要的北一区段矿体分布范围内以北北西及北东东（近东西）向两组断裂最发育。近南北向断层为平行线列状的中-小型断层，倾向南东及东，倾角 40°～65°，运动方式为上盘下降，显示张扭性特征。该组断裂不仅在矿区东部横截复向斜，而且使断层东盘矿体滑移、并自西向东逐渐埋深，属成矿后断裂。从矿区控矿构造特征不难发现，区内复式向斜形成最早，可能为加里东期，北东和北西向断层组略早于南北向断层组优先发育，前两者控制了矿体的分布，而南北向断裂对北西向控矿构造有切割和局部改造作用。

矿区内断裂构造对矿体的控制作用较为明显（许德如等，2008）。其中北西西-北西向断裂控制着矿体的空间产出分布特征。矿区内部断裂切穿矿体或褶皱核部的现象普遍，如北一富铁矿体中有两条规模较大的断裂 F_{19}和 F_{20}，将北一矿体切错。局部见到矿体与地层呈断层接触关系，矿体即位于断裂一侧或两组断裂夹持中。许多方解石脉、绿泥石脉沿断裂裂隙充填，并依存于似层状和脉状矿体的旁侧，局部断裂破碎带内可见到原生硫化物表生氧化为孔雀石。

3. 节理统计

在2011年3～4月的野外工作中，对矿区内北一采坑、南六采坑、正美采场、－150 m和－200 m中段7个观测点进行了318组节理测量。观察对象主要有北一向斜（图9-86b-c）、北东和北西向断裂（图9-86a，f－g）、北东向叠加褶皱（图9-86d）和北东东向张扭性断裂（图9-86a，d-e）。但－150 m和－200 m中段中控制钴铜矿体的断裂由于压扭性作用，节理的走向也发生变化，但总体走向为275°～290°。对所获得的数据做成玫瑰花图（图9-86），所得出的应力场与矿区内各期次构造形迹相匹配。根据矿区构造形迹，节理统计数据明显也可分为A、B、C、D 4期。

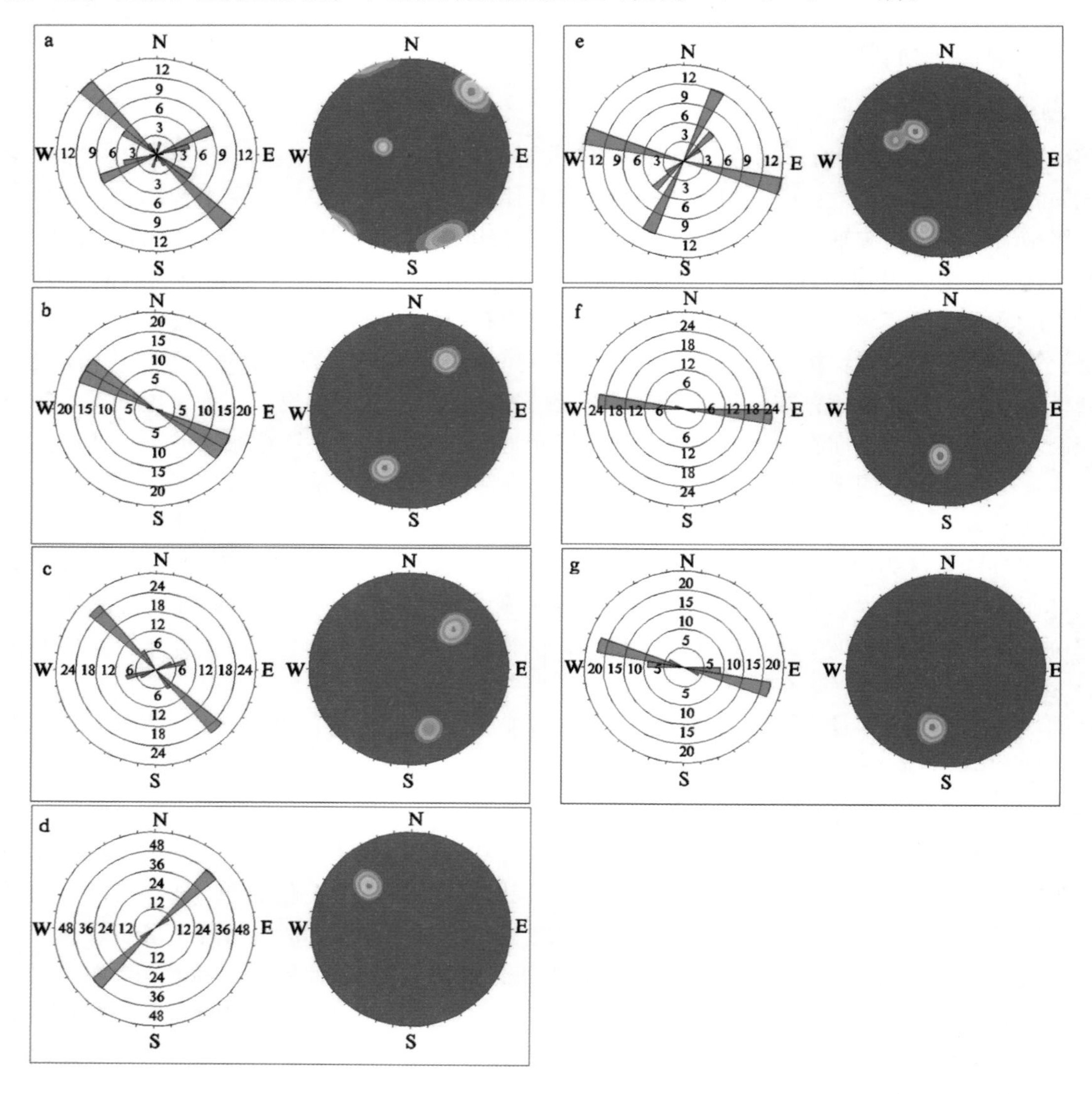

图9-86 各测点节理统计图

a—北一采坑东南端36 m平台；b—北一采坑36 m平台；c—北一采坑西端；d—南六采坑南端；e—正美山采坑；f—－150 m中段；g—－200 m中段

A期节理：主要为北一向斜轴部次级背斜两翼岩层产状，节理走向290°～310°，集中于295°～305°，倾向为北东和南西，倾角为60°～70°。为加里东期区域变质事件的记录，在此过程中石碌群各层因受北北东-南南西方向挤压作用而发生褶皱变形，形成了轴向北西-南东向的石碌复式向斜。

B期节理：该期节理为北东东向、北西向断裂及北东向共轭断裂，但前两者最发育，北东向不发育。北北东向节理走向集中于60°～70°，倾向NW，近直立，倾角83°～89°，表现为压扭性特征。北西向节理走向307°～320°，集中于310°～316°，倾角80°～86°，同样为压扭性特征。为海西—印支期（约270~230 Ma），海南岛因古特提斯洋封闭、弧-陆/陆-陆碰撞，由于受北北东向挤压作用，形成北西-南东向和北东东-南西西向的压扭性控矿断裂。

C期节理：主要为北东向的叠加褶皱及形成的节理。走向40°~50°，但主要为43°~47°，倾向北西，倾角主要为60°~70°，表现出北东翼向北西方向倒转，由南东-北北东向的挤压作用而成。

D期节理：该期节理明显切割上述3期节理，表明其形成最晚，主要表现为北东-北东东向或近南北向正断层，断面呈S型舒缓波状，总体显示张扭性特征。节理总体走向20°~30°，倾向50°~60°。此时海南岛由于受南北向挤压作用，北西和北东向剪切作用强烈并局部伸展所致。

三、成岩构造背景

精确的年代学数据表明，石碌地区自新元古代石碌群中双峰式火山岩形成后，又发生了中二叠世—三叠纪（262~248 Ma）、早侏罗世（186 Ma）、早白垩世（133 Ma）和晚白垩世（93~100 Ma）4期岩浆活动。琼西南地区经历了多期构造作用，但自早三叠世开始与华南内陆具有相似的构造演化（葛小月，2003；陈新跃等，2006b）。

1. 新元古代成岩构造背景

海南岛双峰式火山岩中的玄武岩主要属于MORB和拉斑玄武岩，酸性端元为流纹岩。拉斑玄武岩产出的构造背景是多样的，并非只见于洋脊或洋底。如板内的二叠纪奥斯陆裂谷中发育同类型的玄武岩，是由陆内裂谷向陆间裂谷过渡的类型。

双峰火山岩的稀土和微量元素特征也表明，兰洋和芙蓉田地区玄武岩具LREE明显富集，轻重稀土分馏较明显，玄武岩中的大离子亲石元素亦显示富集的特征。因此，本区玄武岩不属于正常的扩张性洋脊玄武岩，说明该地区没有存在过真正的大洋环境。双峰火山岩构造环境判别图解（图9-87）显示，芙蓉田拉斑玄武岩全部位于板内环境，石碌基性火山岩和酸性火山岩也均靠近板内环境，军营玄武岩属岛弧拉斑玄武岩，兰洋玄武岩位于洋中脊玄武岩区域。表明这些双峰式火山岩形成于板内裂谷环境，可能与全球四堡期大陆裂解有关。

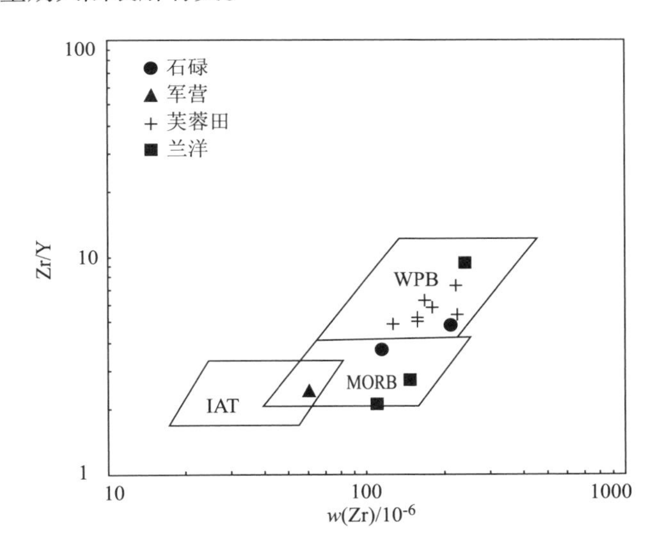

图9-87　双峰式火山岩构造判别图解

（据Pearce and Norry，1979）

WPB—板内碱性玄武岩；MORB—洋中脊玄武岩；IAT—岛弧拉板玄武岩

2. 中二叠世—三叠纪成岩构造背景

海南岛大地构造单元受太平洋构造域和特提斯构造域两大地球动力学系统控制，表现出复杂的构造格局和地质背景（许德如等，2006）。区内已报道较多有二叠纪—三叠纪侵入岩，其成岩构造环境的特征前人持有不同的观点，包括与板片俯冲有关的活动大陆边缘模式（Li et al.，2006；Li et al.，

2007；Maruyama et al.，1996）和陆-陆碰撞模式（云平等，2004，2005；谢才富等，2006；陈新跃等，2011）。Li et al.（2006）认为海南岛五指山二叠纪花岗岩的构造背景为与板片俯冲有关的活动大陆边缘，在二叠纪初（~285 Ma），华南东南缘处于被动大陆边缘，晚二叠世早期（~260 Ma），Izanagi（?）板块开始向华南腹地俯冲，华南东南缘由被动大陆边缘向活动大陆边缘转变，在海南岛形成了与俯冲有关的五指山钙碱性Ⅰ型花岗岩。该观点虽然较好地解释了五指山花岗岩的形成，且符合该岩体形成的时限，但主要还是强调陆弧系统的形成，无法解释印支地块北部同时代蛇绿岩带的形成。

海南岛发育有中-早三叠世琼西南尖峰岭超单元、三亚石榴霓辉石正长岩（谢才富等，2005）和琼中深堀村、麻山田等单元富碱侵入岩体（周佐民等，2011），且这些岩体均受控于北东向的戈枕、白沙和陵水-龙滚深大断裂（谢才富等，2005，2006；周佐民等，2011），形成一条北东向的富碱侵入岩带，甚至延伸到广东罗定-福建明溪地区（谢才富等，2005）。富碱侵入岩带的发现表明中-早三叠世海南岛北东向断裂为张性环境。研究的闪长玢岩脉呈北东向侵入于断裂构造中，受控于高一级的北东向的戈枕断裂，与上述富碱侵入岩体具有相同的构造背景。岩脉与琼中地区正长岩体具有相似的稀土元素配分特征，Nb/Y-Zr/TiO_2 图解显示前者为亚碱性玄武岩-碱性玄武岩，而后者具有英安岩-流纹岩性质。两者可能构成“双峰式”侵入岩，也表明该时期海南岛处于伸展构造背景。但是，公爱等地发育242~250 Ma的北西向右旋剪切带（陈新跃等，2006a；Zhang et al.，2011），其可能的解释也应为晚二叠世印支板块北东向向华南地块俯冲有关（Cai and Zhang，2009）。

微量元素（Y+Nb）-Rb构造环境判别图（图9-88a），石碌花岗闪长岩和五指山花岗岩多落入岛弧花岗岩区和同碰撞花岗岩交界处。（Rb/30）-Hf-（Ta×30）判别图解中（图9-88b），多数样品落入岛弧花岗岩+同碰撞花岗岩区域，表明石碌花岗闪长岩体的形成主要与陆块间的挤压碰撞作用有关。Hf/3-Th-Ta（图9-89a）判别图解显示闪长玢岩脉位于钙碱性火山弧区向板内环境演化的趋势，Zr-Zr/Y图解（图9-89b）中显示岩脉位于板内环境。脉岩与区内同时代的正长岩具有相似的构造环境，可能形成于大陆边缘弧的伸展背景。Ta/Yb-Th/Yb图解也证实了这一观点。正是在晚二叠世印支板块北东向向华南地块俯冲过程中，由于受到北东向的挤压作用，形成具有挤压性质的中二叠世Ⅰ型花岗岩，同时北东向断裂处于张性环境，富集地幔沿张性断裂上升侵位并混染少量的地壳物质，形成早三叠世的闪长玢岩脉。印支板块和华南地块的这种北东向的挤压碰撞作用一直作用到中三叠世（葛小月，2003；陈新跃等，2006b），在云开地区形成大量的印支期S型花岗岩。

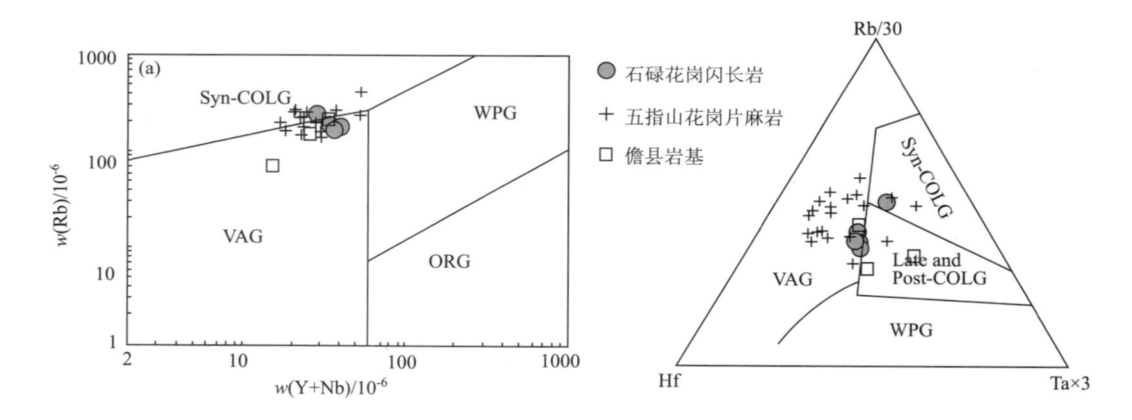

图9-88　石碌花岗闪长岩体Y+Nb-Rb

（a）（据Pearce，1996）和（Rb/30）-Hf-（Ta×3）（b）（据Hairs et al.，1986）判别图解

五指山花岗片麻岩和儋县岩基数据分别引自Li et al.（2006）和葛小月（2003）

3. 早侏罗世成岩构造背景

从华南区域构造演化的特征看，该时期是扬子块体西北缘碰撞造山运动的变质峰期时代（Zhou

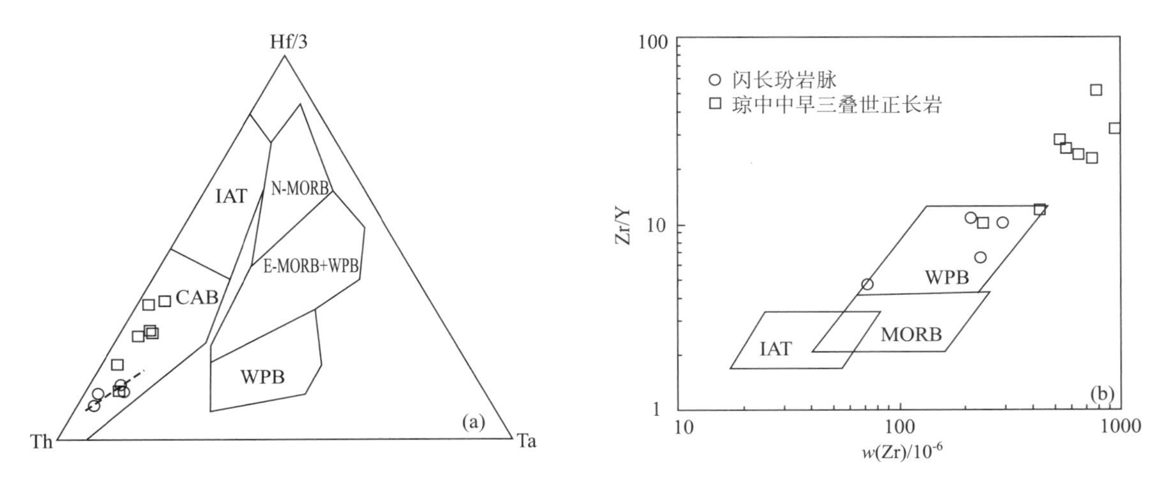

图 9-89　石碌闪长玢岩脉 Hf/3-Th-Ta

(a)（据 Wood et al.，1979）及 Zr－Zr/Y（b）（据 Pearce and Norry，1979）构造判别图解

N－MORB－N 型洋中脊玄武岩，E－MORB＋WPB－E 型洋中脊玄武岩和板内拉斑玄武岩，

WPB—板内碱性玄武岩，CAB—岛弧钙碱性玄武岩，IAT—岛弧拉斑玄武岩

et al，2002），很可能标志着晚古生代-早中生代造山运动的结束阶段。从此，华南进入了（中—晚侏罗纪）后造山-非造山的陆内岩石圈伸展阶段。约 190 Ma，华南软流圈地幔沿区内深大断裂底侵，与岩石圈地幔和下地壳反应，形成赣南柯树北、湘南沩山巷子口、赣南含湖及海南儋县等伸展背景的 I 型花岗岩。并随后形成了湘南-桂东南-赣南 175～160 Ma 裂谷型的碱性玄武岩、双峰式玄武岩/辉长岩－A 型流纹岩/花岗岩和正长岩组合（Li et al.，2003；陈志刚等，2002，2003；陈培荣等，2002）。中晚侏罗纪时，华南因受太平洋板块自东南向北西俯冲的挤压作用（万天丰等，2004；毛景文等，2007，2008b；邢光福等，2008），褶皱变形强烈，断块活动频繁。

4. 白垩纪成岩构造背景

据详细的应力值数据分析，从 135 Ma 开始，中国大陆构造应力场是以北北东-南南西向近水平挤压为主要特征，动力源来自于西南方向，与印度板块快速北移有关（万天丰，2004）。这种应力场也符合该时期沿海北东向断裂（如长乐-南澳带）左旋走滑（舒良树和周新民，2002）与华南西南北西向金沙江-红河断裂右行走滑（万天丰，2004）的匹配组合关系。受印度板块快速北移的影响，晚白垩世古太平洋板块的俯冲作用可能被逐渐减弱并出现反转（Tatsumi et al.，1990；Flower et al.，1998；Ren et al.，2002），导致俯冲角度变大，岛弧岩浆变弱，形成一种弧后引张环境。形成南丹-昆仑关和浙闽沿海晚白垩世两种匹配构造体制下（左行与右行）的两条 A 型花岗岩带（谭俊等，2008）。

四、矿区构造演化

根据区域构造演化、矿床成矿地质条件分析、成矿时代讨论，并结合前人（袁奎荣等，1979；梁金城等，1981；陈国达等，1978；中科院华南富铁科研队，1986；汪啸风等，1991b；侯威等，1996；许德如等，2009）对矿区构造期次和岩浆活动事件的研究，可认为石碌铁矿床在石碌群沉积成岩成矿后，至少经历了 4 次构造活动的影响，其构造演化与多期成矿过程如下（图 9-90）：

在新元古代时，海南岛地壳发生强烈活动形成一些凹陷带并接受沉积，同时深部地壳的中元古代抱板群或花岗质岩等发生熔融而出现强烈的火山喷发活动。在该凹陷带内沉积了一套巨厚的石碌群，其中的第六层可能系一套富铁的火山熔岩与白云质岩互层混合，这一时期是石碌铁矿床的矿源层发育时期，并形成少量的喷流沉积型矿体，张仁杰等（1992）曾用 Sm-Nd 法探讨了石碌铁矿初期成矿年龄为 841±20 Ma。

随后在加里东期，发生了多期次的区域构造活动和变质作用。汪啸风等（1991b）曾获得石碌群第六层黑色炭质板岩 Rb-Sr 全岩等时线年龄为 459 ± 13 Ma 的；伍勤生（1985）测得石碌群第五、六层岩（矿）石的 Rb-Sr 同位素年龄为 588 ~ 499 Ma。590 ~ 450 Ma 可理解为石碌地区加里东期区域变质事件的记录，在此过程中石碌群各层因受北北东-南南西方向挤压作用而发生褶皱变形，形成了轴向北西（西）-南东（东）向的石碌复式向斜（图 9-90a），使得铁成矿物质得到了进一步富集。

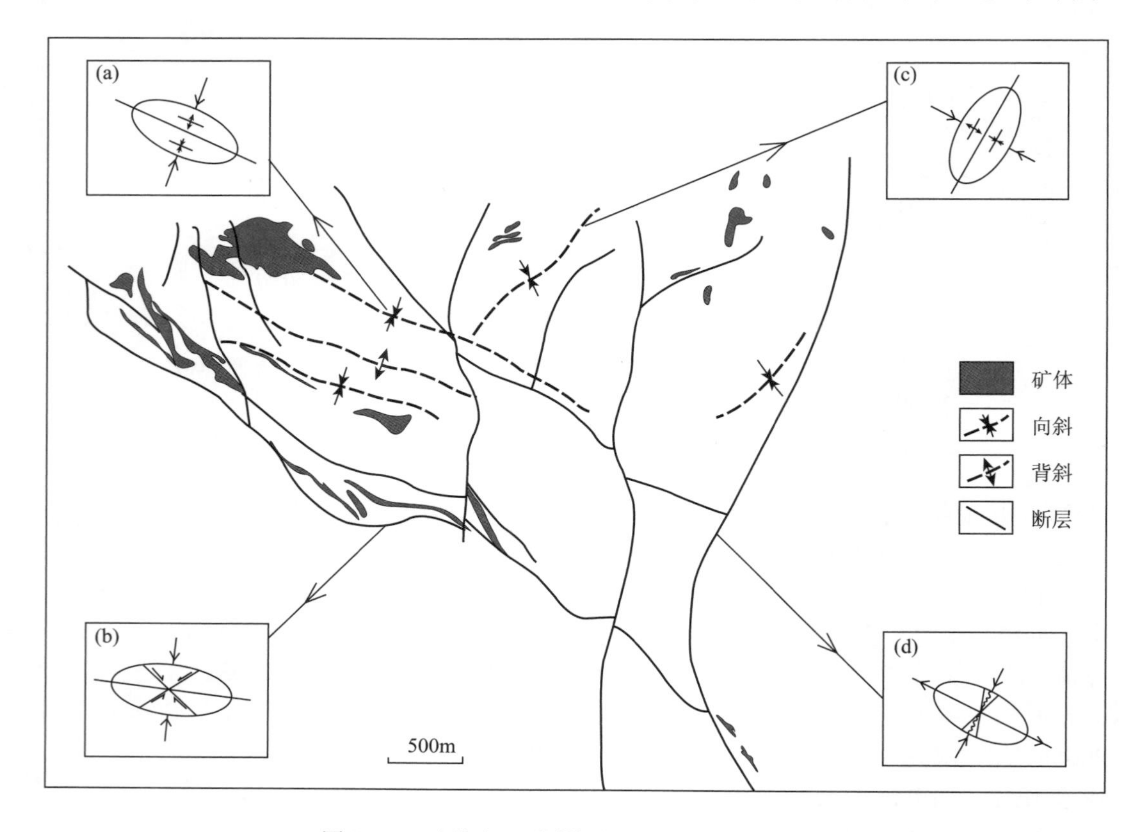

图 9-90　石碌矿区不同构造阶段应力分析示意图

a—加里东期构造应力分析；b—印支—燕山早期构造应力分析；c—中晚侏罗世构造应力分析；d—燕山晚期构造应力分析

海西—燕山早期（约 270 ~ 180 Ma），海南岛因古特提斯洋封闭、弧-陆/陆-陆碰撞，大规模印支—燕山早期挤压伸展型花岗岩在岛内广泛侵位。受近南北向挤压作用，矿区内主要发育有北西（西）-南东（东）向的压扭性控矿断裂（图 9-90b）。因花岗岩侵入而产生的热能驱动含矿热液沿有利的构造和岩性界面上升、运移和渗滤，导致了石碌群第六层发生透闪石化、透辉石化和绿帘石化等蚀变（许德如等，2008），同时使得石碌铁矿床的铁质发生活化迁移和富集，改造了原火山沉积-变质型矿体，局部形成脉状矿体，应为最重要的热液改造期。

中晚侏罗世（180 ~ 140 Ma），海南岛因受太平洋板块自南东向北西俯冲的挤压作用（万天丰，2004），石碌矿区地层再次发生了褶皱作用，形成了北东向叠加褶皱，横跨于早期北西-南东向褶皱上，可能对石碌铁矿床进行了叠加改造作用，使得两个不同方向的褶皱叠加部位矿体比较厚大。

燕山晚期（140 ~ 90 Ma），海南岛由于受南北向挤压作用，北西和北东向剪切作用强烈并局部伸展，构造活动、岩浆侵入和火山喷发十分强烈，并出现多个具有壳-幔成因和具有多岩相类型（侵入相、浅成-超浅成相和喷出相）的火山-侵入岩体（张业明等，1997b；葛小月，2003；许德如等，2006a），在石碌矿区内则发育有北东-北东东向或近南北向张性正断层以及燕山晚期花岗斑岩和辉绿岩脉等。这些构造-岩浆活动沿断裂上升带来新的成矿热液，从而形成新的矿体和新的矿床类型。结合石碌铁矿床地质特征及年代学研究，约 140 ~ 90 Ma 铁及钴、铜等成矿物质在此过程中再次发生了一定程度的改造富集，并最终形成了今日的富铁矿体及可能伴生的铜钴矿体。

第十章 成矿、含矿地质体及其构造背景

成矿地质体指的是直接导致矿床形成或对矿床的形成起决定性作用的地质体，含矿地质体指的是矿体就位所在空间的地质体，不只是含矿围岩，也包括围岩中的断层、褶皱、岩性组合等成矿要素，因而此处的地质体实际上是由地层、构造、岩浆岩等成矿要素组合在一起的一个整体事物。对于不同的矿区，其成矿地质体和含矿地质体可以是同一个事物也可以是不同的，可以是某一成矿要素为主，也可以是多种成矿要素的珠联璧合。如，对于高龙金矿，金矿体所在的地层、岩性和断裂构造共同构成含矿地质体，但其成矿地质体还没有被完全揭示出来；对于德保铜矿，加里东期的钦甲杂岩体就是其成矿地质体但其含矿地质体属于岩体周边的接触带；对于铜坑锡多金属矿，燕山晚期的笼箱盖岩体是其成矿地质体，但含矿地质体除了外接触带构造体系之外，还包括特殊的地层及岩性组合；对于龙头山金矿，浅成-超浅成的次火山岩浆岩既是其成矿地质体，也是含矿地质体；对于佛子冲铅锌矿，成矿地质体以燕山期的岩浆岩为主，含矿地质体则包括断裂构造、奥陶系的有利围岩及目前尚未完全揭露的隐伏的岩体接触带；对于石碌铁矿，目前所见的褶皱构造显然反映的是含矿地质体，而真正的成矿地质体则与元古代的海相双峰式火山沉积岩相对应。因此，当部分矿区成矿地质体由于隐伏、时代不明等原因暂时难以确认之前，先研究含矿地质体是有益的、可操作的，尤其是对危机矿山深部、边部地质找矿的现实指导意义更明显，通过找到更多的矿体再来查明真正的成矿地质体，则是典型矿床理论研究与找矿实践的完美结合。为了突出重点，本章也不面面俱到，仅对各典型矿床的重点成矿地质体、含矿地质体进行研究、分析。

第一节 高龙金矿区的含矿地层

高龙金矿属于典型的卡林型金矿，但研究程度比较低，目前还只能对含矿地质体进行讨论，含矿地质体既包括特定的地层岩性也包括有利的构造组合。

一、含矿浊积岩

高龙矿区及桂西北地区的中三叠统主要为一套陆源碎屑岩。仅在局部地区，在百逢组 T_2b（或板纳组 T_2b）的第四段及河口组 T_2h（或兰木组 T_2l）的第四、五段，夹有薄层和透镜状泥灰岩、灰岩，或含生物碎屑（小壳化石密集层）的钙质泥岩。

吴江（1991）和胡明安等（2003）通过对高龙区内沉积岩标本的研究，认为沉积岩具有浊积特点。浊积岩在碎屑成分的粒级上常是连续的，尤其是细粒浊积岩中，砂（0.05～2 mm），粉砂（0.005～0.5 mm）和泥（<0.005 mm）之间的组合形成了三者之间过渡的岩石类型。依据表10-1中岩石粒度分析结果计算的砂、粉砂的泥质三者的百分含量与岩石定名可知，高龙矿区及整个桂西北地区鲍玛序列的绝大部分粗端为含泥质粉砂质细砂岩或泥质细砂粉砂岩。高龙矿区乃至桂西北地区浊积岩的粒级较细（此处所涉及的“粒度”，并不包括泥砾以及碳酸盐岩碎屑的大小）。

根据对16个粉砂质细砂岩和细砂质粉砂岩的薄片研究，采用统计法统计矿物成分（表10-2）可知，岩石中石英含量在16.20%～41.68%之间，其中，多晶石英为1.79%～9.45%；长石类为1.09%～7.79%；岩屑为12.59%～45.02%，燧石为0.31%～3.19%；云母类为（多为云母或蚀变黑云母）0.47%～9.82%，碳酸盐岩（含假杂基颗粒）为7.93%～32.60%；杂基19.15%～50.57%。对各种长石质碎屑颗粒的电子探针分析表明（表10-3），区内浊积岩中石质碎屑无论是否具有聚片双晶性质，均为钠长石。按其分子式计算可知，少数长石还含有3%的钙（Ca）和2%的钾（K）。

表 10-1 桂西北地区中三叠统浊积岩的粒度百分含量与岩石定名

样号	采样地点	地层层位	砂、粉砂、泥（三者按100%计算）			砂、粉砂（二者按100%计算）		岩石定名	Bouma 段
			砂（%）	粉砂（%）	泥（%）	砂（%）	粉砂（%）		
G44	田林高龙	T_2b	50.40	27.68	21.92	64.55	35.45	含泥质粉砂质细砂岩	Ta
B5	田林八渡	T_2b	23.29	47.68	29.36	32.97	67.03	泥质细砂质粉砂岩	Ta
L34	田林潞城	T_2b	63.33	4.50	32.17	93.65	6.35	泥质含粉砂质细砂岩	Ta
L35	田林潞城	T_2b	20.02	41.10	38.88	29.51	70.49	泥质细砂质粉砂岩	Tb
L42	田林潞城	T_2b	27.31	43.81	28.88	38.40	61.60	泥质细砂质粉砂岩	Tb
L46	田林潞城	T_2l	32.51	42.38	25.11	33.43	66.57	泥质细砂质粉砂岩	Tb
L51	田林潞城	T_2l	16.10	58.79	25.11	21.50	78.50	泥质含细砂质粉砂岩	Tb
L62	田林潞城	T_2l	5.41	63.96	30.63	7.80	92.20	泥质含细砂质粉砂岩	Tb
D4	东兰兰木	T_2l	45.05	23.92	31.03	65.32	34.68	泥质粉砂质细砂岩	Ta
J19	凤山金牙	T_2l	40.52	30.88	28.60	56.75	43.25	泥质粉砂质粉砂岩	Ta
Z2	田东作登	T_2b	14.92	54，56	30.52	21.48	78.52	泥质含细砂质粉砂岩	Tb
L57	田林潞城	T_2l	27.56	28.69	43.75	49.00	51.00	泥质细砂质粉砂岩	Tb
X3	西林石炮	T_2b	7.06	52.93	40.01	11.77	88.19	泥质含细砂质粉砂岩	Tb
N8	那坡百合	T_2b	26.47	51.83	21.70	33.80	66.19	含泥质细砂质粉砂岩	Ta

注：据吴江，1991，修改；“砂”按“细砂”、“中砂”以及“粗砂”级三分，但本区“中砂”含量小于10%，故未参加定名。

表 10-2 桂西北地区中三叠统砂岩矿物成分统计结果（%）

采样地点	样号	层位	岩性	石英	多晶石英	长石	岩屑	燧石	云母	碳酸盐岩颗粒	基质	端元		
												Q 石英	F 长石	R 岩屑
高龙	B42	T_2h	1	25.55	4.21	1.09	45.02	0.31	1.40		22.43	33.54	1.43	65.03
高龙	B44	T_2h	2	27.11	4.29	2.30	41.35	2.60	2.14		20.21	34.91	2.96	62.13
潞城	L5	T_2h	3	37.52	2.64	3.17	13.34	2.51	3.17	18.49	19.15	6.340	5.36	31.24
潞城	L18	T_2h	4	36.89	3.66	7.32	23.17	2.29	4.16	7.93	14.63	5.011	9.98	30.71
潞城	L34	T_2b	5	27.62	4.89	3.15	25.70	0.52	8.22	10.14	19.26	14.63	5.09	50.28
潞城	L42	T_2b	6	27.20	9.45	2.77	19.71	1.47	6.19	9.45	23.78	44.88	4.57	49.45
潞城	L4G	T_2h	7	16.20	3.20	2.40	14.00		2.60	32.60	29.00	45.25	6.70	48.05
潞城	L57	T_2h	8	27.32	2.86	4.11	13.92		4.29	25.71	21.79	56.66	8.52	34.82
石炮	X3	T_2b	9	16.40	3.70	5.79	30.55		3.86		39.71	29.06	1.026	60.68
八渡	B5	T_2b	10	29.35	5.98	7.97	21.38		5.43		29.89	45.38	12.32	42.30
兰木	D2	T_2b	11	27.86	1.79	3.39	27.14		9.82		30.00	46.29	5.63	48.08
百南	N2	T_2h	12	20.51	2.05	4.51	12.59	1.50	8.07		50.57	49.81	1，095	39.24
百合	N8	T_2h	13	41.68	2.48	5.67	20.90	3.19	4.49		21.61	56.39	7.67	35.94
作登	21	T_2b	14	26.57	4.49	4.85	26.75		6.28		31.61	42.40	7.74	49.86
金牙	J30	T_2b	15	33.85	3.90	1.56	26.83		0.47	10.76	22.62	51.18	2.36	46.46
金牙	J19	T_2b	16	35.96	3.46	1.92	26.82		1.15	11.92	18.65	52.68	2.81	44.51

注：据吴江（1991），有修改。岩性为：1—含泥质粉砂质细砂岩；2—含泥质粉砂质细砂岩；3—泥质细砂质粉砂岩；4—含泥质粉砂质细砂岩；5—泥质含粉砂质细砂岩；6—泥质含粉砂质细砂岩；7—泥质含粉砂质细砂岩；8—泥质含粉砂质细砂岩；9—泥质含粉砂质细砂岩；10—含泥质粉砂质细砂岩；11—泥质粉砂质细砂岩；12—泥质含细砂质粉砂岩；13—含泥质粉砂质细砂岩；14—泥质粉砂质细砂岩；15—泥质粉砂质细砂岩；16—泥质粉砂质细砂岩。

表 10-3　桂西北地区中三叠统岩石中长石等碎屑的电子探针分析结果及其定名

采样地点	样号	w_B/%													总质量（%）	定名
		Na_2O	MgO	Al_2O_3	SiO_2	K_2O	CaO	TiO_2	MnO	Cr_2O_3	NiO	FeO	Au	Ag_2O		
石炮	X14	11.17	0.00	18.74	69.79	0.12	0.10	0.10	0.00	0.26	0.00	0.14	0.00	0.00	100.42	钠长石
八渡	B5	10.13	0.05	18.56	69.69	0.09	0.07	0.00	0.00	0.82	0.18	0.10	0.00	0.00	99.69	钠长石
潞坡	L12	10.85	0.00	18.56	69.99	0.09	0.07	0.00	0.00	0.21	0.14	0.14	0.00	0.00	99.65	钠长石
潞坡	L20	0.05	0.54	15.50	75.28	3.81	0.07	0.12	0.00	0.18	0.00	1.04	0.80	0.06	97.45	云母
潞坡	L7	0.03	0.51	2.73	3.03	0.10	52.8	0.00	0.90	0.90	0.00	1.36	0.00	0.04	62.4	方解石
潞坡	L7	0.42	10.48	2.16	4.33	0.09	26.2	0.00	0.45	6.18	0.00	13.25	0.10	0.00	63.66	方解石
兰木	D2	10.27	0.00	18.03	69.21	0.01	0.52	0.04	0.00	0.84	0.00	0.41	0.98	0.00	100.30	钠长石
百南	N5	10.98	0.00	18.51	69.78	0.00	0.05	0.03	0.08	0.12	0.03	0.00	0.13	0.00	99.70	钠长石
百合	N13	11.07	0.00	18.89	70.03	0.14	0.14	0.00	0.00	0.20	0.00	0.15	0.00	0.01	100.63	钠长石
金牙	T19	0.20	10.73	0.03	3.57	0.03	0.56	0.20	0.29	0.12	0.00	44.94	0.00	0.00	60.67	铁白云石
金牙	T19-1	0.87	11.62	0.44	4.35	0.17	0.30	0.45	0.10	0.00	0.15	42.56	0.00	0.17	61.17	铁白云石
金牙	T16	0.00	9.43	0.00	0.02	0.00	29.92	0.00	1.68	0.29	0.05	13.26	0.00	0.14	54.93	方解石
金牙	T16-1	0.30	0.28	13.76	56.14	3.52	0.41	0.00	0.02	2.65	0.00	0.75	0.00	0.00	77.95	粘土基质

据吴江（1991）和胡明安等（2003），有增改。

二、中三叠统地层岩性与岩相学特征

根据中三叠统岩性古地理特征的显著差别，将桂西北地区的中三叠统地层划分为陆源碎屑岩相区和碳酸盐岩相区。前者在桂西北地区大面积出露，广泛分布。后者仅在右江盆地的周边见有分布，即主要在右江盆地南部的德保-平果一带，以及在盆地北部的隆林北部和天峨北部一带南盘江附近。中三叠统百逢组（T_2b）（又称板纳组 T_2b）：岩石地层特征总体呈现灰绿色、深灰色，由中-厚层砂岩、粉砂岩和泥岩、页岩组成频繁互层。该组地层岩性单调，只在其顶部夹有泥晶灰岩层。该组地层又分4个岩性段，自下而上为：①下韵律层段（T_2b^1）：厚256 m，由绿灰、深色中层状粉砂岩、泥岩及两者过渡岩类组成明显而频繁的韵律，偶夹细砂岩和泥晶灰岩薄层。②砂岩段（T_2b^2）：厚427 m，以灰绿色厚层块状细砂岩、粉砂岩为主，上部泥质粉砂岩、粉砂质泥岩增多。砂岩层中底痕发育，普遍可见沟模、槽模、负荷模等，层内还常见粒序特征，层间有大量植物碎片化石。③上韵律层段（T_2b^3）：厚97 m，为灰、深灰色中-薄层泥岩、粉砂岩、细砂岩组成多个韵律，层内鲍玛层序十分发育，其中砂岩层的底面普遍可见沟模、槽模、负荷模等。④泥晶灰岩段（T_2b^4）：厚164 m，为深灰色泥岩、灰色泥岩、粉砂岩与薄层泥晶灰岩互层，此岩性段中仍然发育粒序层和底面印痕槽模、沟模、锥模等。百逢组（即板纳组）在百色百康附近形成中三叠世早期的沉积中心，是本区最大沉积厚度，达3187 m。百逢组内地层中发育了典型而丰富的浊积岩特征。下三叠统顶部为中、薄层钙质泥岩夹泥质、粉晶灰岩薄层。

河口组（T_2h）（又称兰木组 T_2l）：与其下的百逢组呈整合接触，地层特征为深灰色及黄绿色细砂岩、粉砂岩、泥岩及它们的过渡类岩石组成频繁交替出现的韵律层。在云南丘比县羊七沟-平寨剖面上，该组地层总厚可达3143 m，将其分为5个岩性段，自下而上是：①泥岩段：厚126 m，为灰、深灰色厚层-块状灰质泥岩，偶夹泥质粉砂岩，粒序不明显。②下砂岩段：厚1428 m，灰、深灰色中至厚层状砂岩、粉砂岩与泥岩互层，砂岩-粗粉砂岩层厚约占66%，底面槽模构造发育。③下韵律层段：厚1130 m，为灰、深灰色薄至中层粉砂岩、岩屑砂岩、泥岩组成韵律层，夹深灰色粉晶至泥晶灰岩及生物碎屑灰岩薄层或透镜体，底痕构造和鲍玛层序均较发育。④上砂岩段：厚404 m，为灰-深灰色厚层岩屑砂岩-粉砂岩夹薄至中层泥岩，砂-粗粉砂岩层厚占65%左右，粒序层发育，底面偶见槽模等印痕。⑤上韵律层段：厚55 m，为黄灰、深灰色薄至中层粉砂岩、岩屑砂岩、泥岩组成韵律层，见有不完整的鲍玛层序。

由于在整个滇黔桂地区的岩性仍有一定的差别，因此上述岩性段的划分有一定的人为性，尤其是段与段之间的界面位置，在不同的地区还有一定的差别。由于分段的不确定性，在整个大区用岩性段进行横向对比就显得有些困难。

浊积岩中所见的重矿物主要有金红石、电气石、磷灰石、榍石和锆英石，这些重砂矿物均呈圆粒状，磨圆度中等至较好。这种观察结果和吴江（1991）等归纳的重矿物鉴定结果（表10-4）相一致，反映了该区浊积物具有再改造沉积的特点。

表10-4　右江盆地中三叠统浊积岩中重矿物鉴定统计表

矿区	主要	次要	较少
田林高龙鸡公岩	电气石、金红石	锆英石、榍石	锡石、磁铁矿
田林高龙金龙山	电气石、磁铁矿	锆英石、榍石	锆英石、磷灰石
田林潞城	电气石	锆英石、榍石	榍石、金红石
田林利周	金红石	电气石、锆英石	榍石、白钛石
田阳玉凤	金红石	电气石、榍石	锆英石、磷灰石、白钛石
田东作登	金红石	电气石、锆英石	
东兰兰林	金红石	电气石、榍石	锆英石、绿帘石
凌云下甲	金红石	电气石、锆英石	磷灰石、白钛石
那坡百合	金红石	电气石、锆英石	榍石、白钛石、磷灰石
南丹炎幕	金红石	电气石、锆英石	榍石、白钛石
上林塘红	金红石	电气石、锆英石	榍石
武鸣灵马	金红石	电气石、锆英石	榍石、白钛石

注：据方道年等（1989）、吴江（1991）和胡明安等（2003）。

吴江（1991）曾对浊积岩中粒级小于2 μm的10个提纯粘土进行过X线射分析测试（表10-5）。他指出：在这些粘土的矿物成分中，伊利石占90%以上，绿泥石约占1%～6%，个别样品中高岭石占3%，并还有极微量的蒙脱石。这些粘土矿物也在电镜图像上得到了显示。

表10-5　桂西北地区中三叠统浊积岩粘土成分X射线衍射分析结果（%）

采样地点	样号	层位	伊利石	绿泥石	高岭石	蒙脱石	云母	石英	原岩岩性
田林高龙	B7	T_2b	99	1				极少	含矿白云石质粉砂岩
田林高龙	B14	T_2b	100				极少	极少	含矿泥质粉砂岩
田林高龙	B34	T_2b	100	6	4	?		极少	含矿粉砂质泥岩
田林潞城	L43	T_2b	90	6					泥质粉砂岩（Tc）
田林潞城	L44	T_2b	>95	<5				极少	粉矿质泥岩（Td）
田林潞城	L45	T_2b	>95	<5					泥岩（Te）
田林潞城	L64	T_2l	>95	<5					粉矿质泥岩（Td）
田林潞城	L65	T_2l	>95	<5					泥岩（Te）
凤山金牙	J15	T_2b	>95	<5			极少		含矿粉砂质泥岩
凤山金牙	J103	T_2b	>95	<5			极少		含矿粉砂质泥岩

据胡明安等（2003），转引自吴江，1991。

由于这些岩石所处层位较低，主要为百逢组 T_2b（或板纳组 T_2b）和河口组（T_2h）（或兰木组 T_2l）下部，它们经历了深埋作用，尤其重要的是区内的区域岩浆热液作用的影响，造成粘土矿物向着稳定的伊利石和绿泥石方向转化，由此可以推断原始沉积中高岭石和蒙脱石还应更多一些。另外，由于砂岩组成中的长石主要为钠长石，火山碎屑中的长石呈细条状，并见蚀变黑云母，重矿物主要为锆英石、金红石、电气石。

第二节　德保铜矿区的成矿岩体

对于德保铜（锡）矿床的成矿地质体以往存在争议，一种意见认为是寒武系地层，另一种意见认为是钦甲岩体。本次研究除了从地质特征上判断矿体受岩体接触带控制外，还从成矿时代与岩体的同期性，认为钦甲岩体应该是主要的成矿地质体。矿区地表出露的岩浆岩主要为钦甲岩体，岩性为酸性花岗岩，分布于矿区南侧，南到建屯，东界多隆，西到同德，出露面积约45 km^2（图10-1）。钦甲岩体侵位于寒武系地层，两者呈明显的侵入接触，可见花岗岩细脉插入围岩。岩体呈岩株产出，与围岩接触面呈波状起伏，向四周倾斜。矿区附近出露有燕山期石英斑岩、花岗斑岩、辉绿岩等。

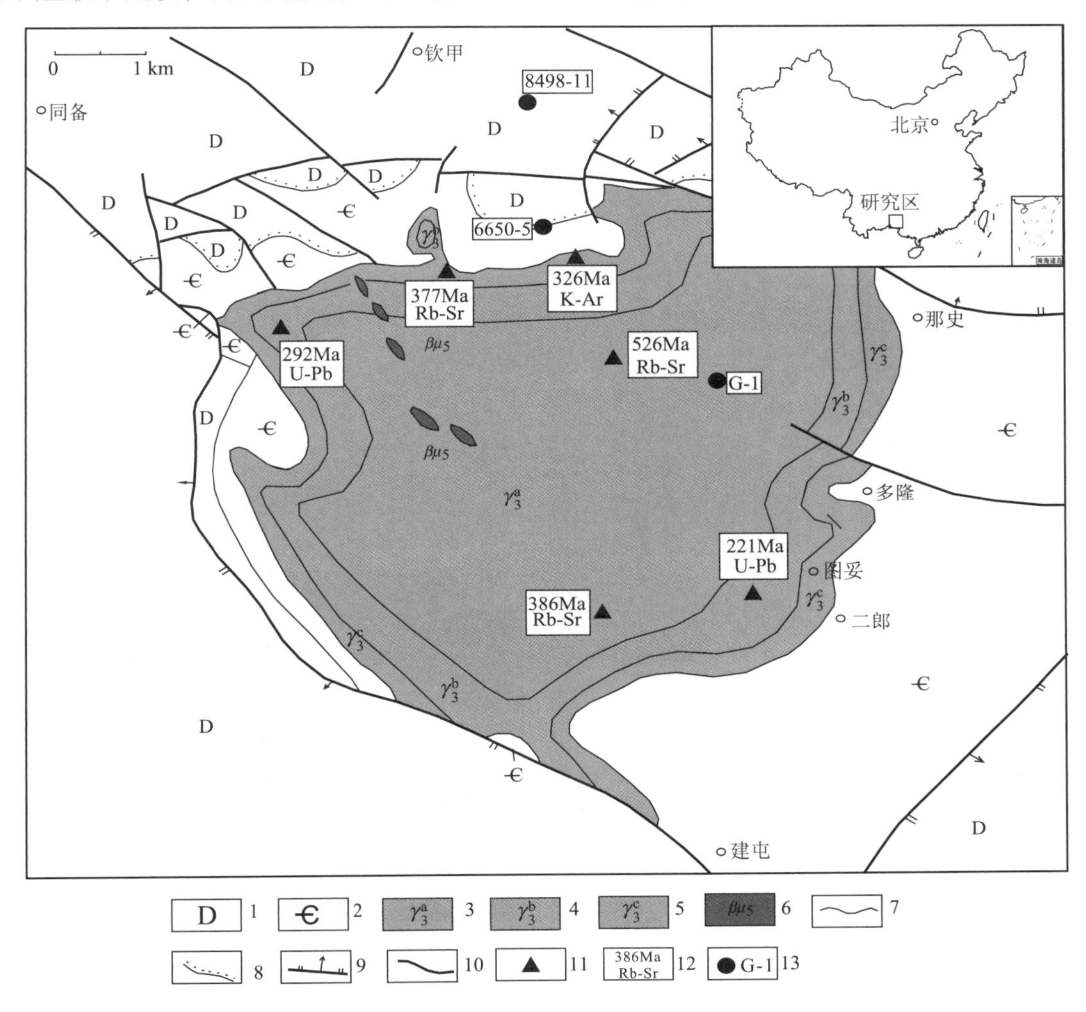

图10-1　钦甲岩体地质简图

1—泥盆系；2—寒武系；3—加里东期花岗岩内部相；4—加里东期花岗岩过渡相；5—加里东期花岗岩边缘相；6—燕山期基性岩；7—岩体相带界线；8—不整合界线；9—正断层；10—性质不明的断层；11—前人同位素年龄样品采集地点；12—同位素年龄及方法；13—本次研究部分样品采集地点及编号

从矿体与岩体的空间关系来看，钦甲岩体对铜锡矿体起着制约作用。矿体均产于钦甲岩体外接触带寒武系特定的层位，且赋存于距岩体接触面数十至200 m范围内。在平面上，岩体凸向围岩如岩舌、岩枝、岩株等枝杈的前缘和两侧部位，岩体与围岩的接触界线呈蛇形弯曲的地段矿体最集中。在剖面上，岩体和围岩接触面倾角由陡变缓的转折凹兜部位成矿最佳，相反接触面倾角过陡或过平，均不利成矿。岩体隆起中的相对凹兜部位，尤以几个穹起的中间洼陷处是最好的成矿地段，在岩体隆起的顶部反而对成矿不利。

一、岩相学特征

根据岩石中矿物组成、结构构造及矿物结晶程度、颗粒大小等特征，前人曾将钦甲岩体划分为3个相带：内部相、过渡相、边缘相，依次渐变。内部相出露于岩体的中部及南部，约占岩体面积的2/3；过渡相环内部相分布，出露宽度200～2000 m；边缘相分布于最外带，其宽窄不一，地表一般为140～180 m，它随标高变低而宽度变窄。本次研究野外未能明显观察到上述三者的地质接触关系，根据地表及坑道观察，共采集到3种岩相的岩石标本，分别为中粗粒黑云角闪花岗岩（图10-2a）、斑状黑云母花岗岩（图10-2c）及黑云钾长花岗岩（图10-2e）。黑云角闪花岗岩出露于地表，灰白色，具花岗结构，主要由石英、斜长石、钾长石、角闪石及少量的黑云母组成（图10-2b）。斑状黑云母花岗岩为隐伏岩体，呈灰白色，似斑状结构，斑晶主要为石英、斜长石，少量碱性长石，其中部分斜长石发生绢云母化蚀变，基质为显微晶质结构，主要有石英、斜长石，少量碱性长石及黑云母（图10-2d）。黑云钾长花岗岩为隐伏岩体，呈肉红色，花岗结构，矿物组成主要为石英、钾长石、斜长石和少量的黑云母（图10-2f）。

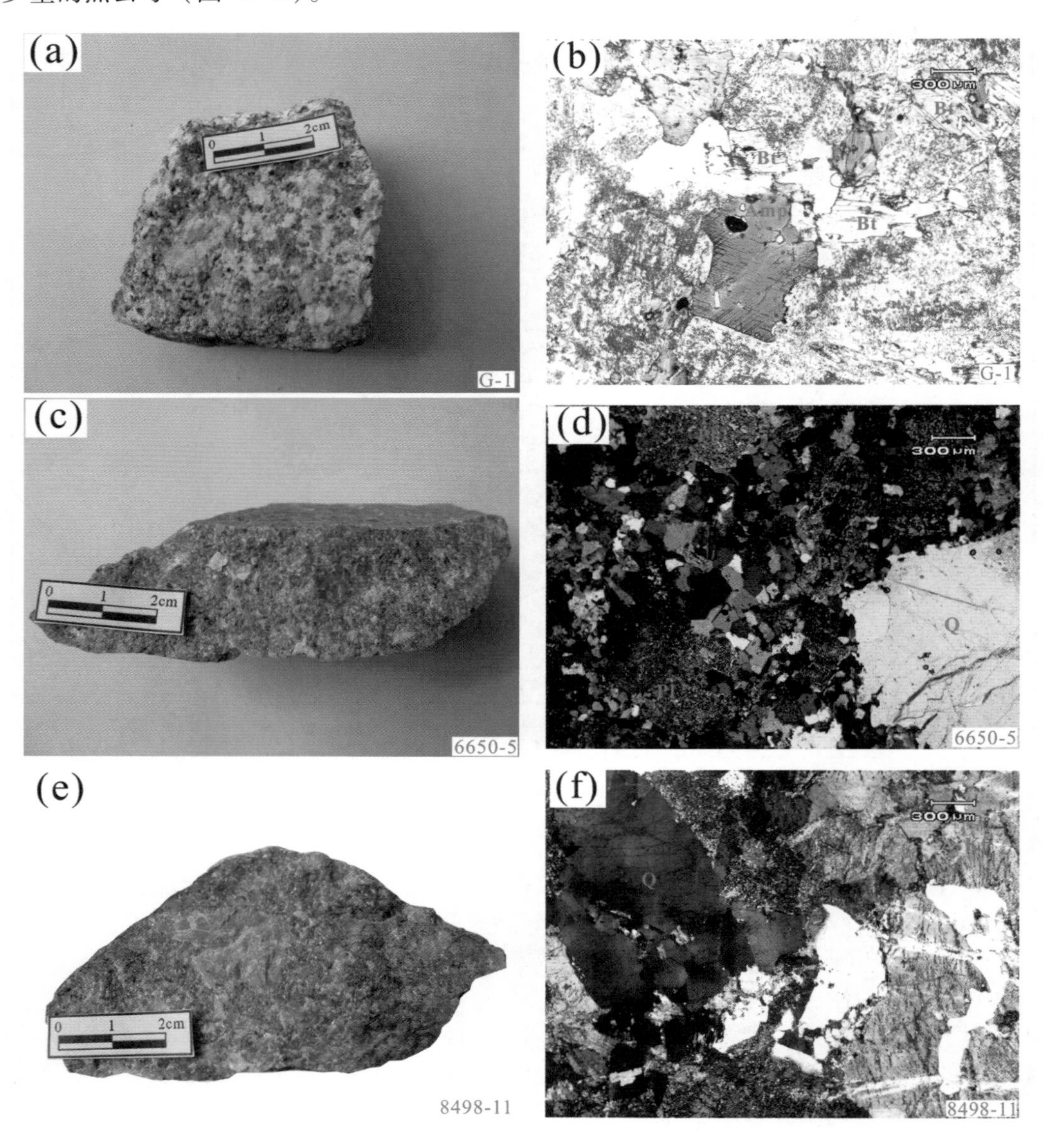

图10-2　钦甲花岗岩体的岩石标本及显微特征

（其中图b为单偏光，图d和图f为正交偏光）Bt—黑云母；Amp—角闪石；Q—石英；Pl—斜长石；Kf—钾长石

二、成矿地质体的成因特征

华南由扬子和华夏两个主要构造单元组成，自元古宙开始经历了多期次的不同规模不同级次构造单元间的弧-弧碰撞、弧-陆碰撞、陆-陆碰撞及构造单元内部的裂解等构造事件，最终导致了扬子和华夏两个构造单元的拼接和焊合。其中加里东运动作为一次强烈而广泛发育的地壳运动，在华南形成了大量的花岗岩，其数目相对较多，规模悬殊（大的有3000余平方千米，小的仅10 km^2），总出露面积约2万余平方千米（周新民，2003），主要分布于湘-赣、湘-桂及桂-粤交界地区，集中于政和-大埔及绍兴-江山-萍乡两条区域性深大断裂构成的喇叭形区域之间，有线状分布的特点。

近年大量的测年数据扩大了加里东期花岗岩的数量和规模，如武功山穹窿式复式花岗岩428～462 Ma（吴富江等，2003；楼法生等，2005）、云开地区混合岩394～449 Ma（王江海等，1999）、万洋山-诸广山花岗岩复式岩基414～443 Ma（李献华，1990；袁正新等，1997）等。舒良树（2006）认为华南加里东期花岗岩的岩浆锆石U-Pb年龄为390～480 Ma，高峰期为400～430 Ma。目前对华南加里东期花岗岩构造动力学背景的认识主要有3种观点：①属沟弧盆构造体系的岛弧花岗岩；②由地体拼贴作用形成的花岗岩；③陆内造山作用形成的板内花岗岩。徐夕生（2008）认为华南古生代的加里东期花岗岩没有大规模同期火山岩系伴生，表明其不具备洋-陆俯冲活动大陆边缘的特征。王德滋和沈渭洲（2003）总结提出，华夏地块与扬子地块之间至少经历了3次大的碰撞拼贴（晋宁期、加里东期和海西—印支期），从而相应形成了3期碰撞型花岗岩。

1. 岩浆源区特征

前人研究表明，过铝质花岗岩的源区较为复杂，一般认为它是地壳物质部分熔融的产物，且沉积岩/变质沉积岩是其主要的源岩（Sylvester，1998）。对于过铝质花岗岩，CaO/Na_2O比值的差异能够反映其源区中粘土含量的差异（Skjerlie et al.，1996；Sylvester，1998），泥质源区生成的花岗岩$CaO/Na_2O<0.3$，而砂质岩成分源区生成的花岗岩$CaO/Na_2O>0.3$。钦甲岩体的样品CaO/Na_2O值>0.3，反映其源岩以砂质成分为主，少量泥质成分。花岗岩的Rb-Ba-Sr元素变化也与其源岩成分有关，Rb/Ba和Rb/Sr体系也能反映其源岩的成分，在Rb/Ba-Rb/Sr判别图（图10-3）上，钦甲岩体的样品绝大多数落入砂质岩区域内，指示其源岩主要由含少量泥质的砂质岩组成。

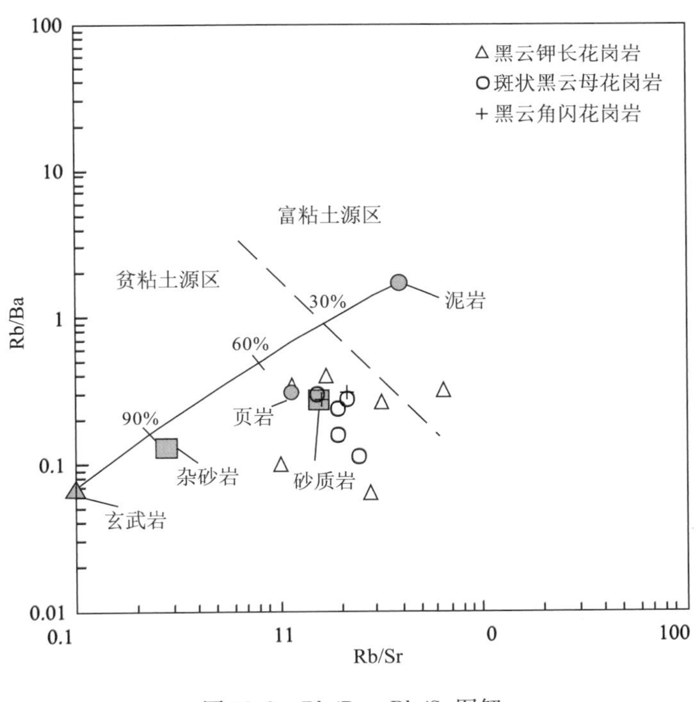

图10-3　Rb/Ba－Rb/Sr图解

（据Sylvester，1998）

钦甲岩体不同单元样品的 δCe 变化范围为 0.67~1.03，绝大部分具有较为显著的 Ce 负异常。对于海水、深海沉积物及风化土壤，Ce 异常比较常见（Taylor and McLennan，1995；Pan and Stauffer，2000），在基性火成岩中仅有少量报道（White and Patchett，1984；Ramsay et al.，1984），此外曾令森等（2005）报道美国加州南 Sierra Nevada 岩基中混合岩的浅色体具有显著 Ce 负异常，而在花岗岩中则鲜有报道。岩浆岩中所观测到的 Ce 异常往往归结为那些曾参与地表过程（沉积作用或风化作用）的组分参与成岩过程，如一些大洋岛弧中具有 Ce 负异常的基性岩浆岩要求沉积物参与部分熔融。目前关于岩浆岩中 Ce 负异常的成因主要有两种观点：一是认为具 Ce 异常的深海沉积物或表壳物质随俯冲作用进入原岩，参与部分熔融，形成具 Ce 负异常的基性岩浆（Hole et al.，1984）；另一种则认为俯冲带发生部分熔融的地幔楔受来自俯冲岩片的脱水交代作用，导致岩浆的源区具有 Ce 负异常（White and Patchett，1984），但至今并没有足够的证据表明俯冲岩片脱水作用所产生的流体具有 Ce 负异常。此外，Ba 是俯冲带流体中非常丰富的元素，高 Ba/Th 比值（>300）一般指示俯冲带流体对岩浆源区的贡献比较显著（Devine，1995），而钦甲岩体的 Ba/Th 比值低于 187，说明俯冲带流体对岩浆源区的影响不很显著。因此，钦甲岩体的形成过程中很可能有具 Ce 异常的深海沉积物或表壳物质参与，也暗示华南新元古代—早古生代可能存在洋盆（刘宝珺等，1993；彭松柏等，2006）。

2. 铅同位素分析结果

本次研究对德保矿区的花岗岩进行了全岩铅同位素测试和分析（表 10-6）。结果显示，花岗岩铅同位素的组成范围为 Pb^{206}/Pb^{204} = 19.04 ~ 19.836，Pb^{207}/Pb^{204} = 15.741 ~ 15.786，Pb^{208}/Pb^{204} = 39.278 ~39.962，其中黑云钾长花岗岩为 Pb^{206}/Pb^{204} = 19.04 ~ 19.836，Pb^{207}/Pb^{204} = 15.741 ~ 15.786，Pb^{208}/Pb^{204} = 39.278 ~39.962，斑状黑云母花岗岩为 Pb^{206}/Pb^{204} = 19.088 ~ 19.836，Pb^{207}/Pb^{204} = 15.741 ~ 15.786，Pb^{208}/Pb^{204} = 39.278 ~ 39.962，黑云角闪花岗岩为 Pb^{206}/Pb^{204} = 19.04 ~ 19.391，Pb^{207}/Pb^{204} = 15.742 ~ 15.754，Pb^{208}/Pb^{204} = 39.348 ~39.489（图 10-4）。

表 10-6 钦甲岩体花岗岩铅同位素测试结果

样号	岩性	$^{208}Pb/^{204}Pb$	Std err	$^{207}Pb/^{204}Pb$	Std err	$^{206}Pb/^{204}Pb$	Std err
8536 - 17	黑云钾长花岗岩	39.642	0.005	15.756	0.002	19.229	0.003
612 - 9	黑云钾长花岗岩	39.676	0.006	15.746	0.002	19.306	0.003
8536 - 18	黑云钾长花岗岩	39.336	0.003	15.751	0.001	19.082	0.002
8574 - - 11	斑状黑云母花岗岩	39.394	0.004	15.751	0.002	19.173	0.002
6612 - - 12	斑状黑云母花岗岩	39.962	0.005	15.786	0.002	19.814	0.002
6612 - 13	斑状黑云母花岗岩	39.548	0.005	15.748	0.002	19.144	0.002
8498 - - 10	斑状黑云母花岗岩	39.333	0.005	15.741	0.002	19.088	0.002
8498 - - 12	斑状黑云母花岗岩	39.278	0.006	15.757	0.002	19.205	0.003
6650 - - 5	斑状黑云母花岗岩	39.813	0.004	15.785	0.001	19.836	0.002
G - 1	黑云角闪花岗岩	39.348	0.004	15.742	0.002	19.04	0.002
G - 2	黑云角闪花岗岩	39.489	0.005	15.754	0.002	19.391	0.003
G - 3	黑云角闪花岗岩	39.373	0.005	15.745	0.002	19.098	0.002

3. 锆石 Hf 同位素

Lu-Hf 同位素体系是一种类似 Sm-Nd 体系的研究壳幔演化和相互作用的示踪工具（Vervoort and Blichert - Toft，1999），而锆石具有高的 Hf 含量和低的 $^{176}Hf/^{177}Hf$ 比值（通常小于 0.002），其 $^{176}Hf/^{177}Hf$ 比值演化类似“普通 Hf”。近年来，锆石 Hf 同位素示踪研究越来越受到人们的重视（Vervoort et al.，1996；Griffin et al.，2002）。华南花岗岩研究历史悠久，积累了大量的地质资料和科研成果，但与华南燕山期花岗岩研究程度相比，对华南加里东期花岗岩类的研究依然较为薄弱，有关加里东期花岗岩 Hf 同位素的报道也较少（曾雯等，2008；王彦斌等，2010；张爱梅等，2010，2011），从而限制了对华南构造框架、动力学性质和地质演化的完整认识（周新民，2003；王鹤年和周丽娅，2006）。

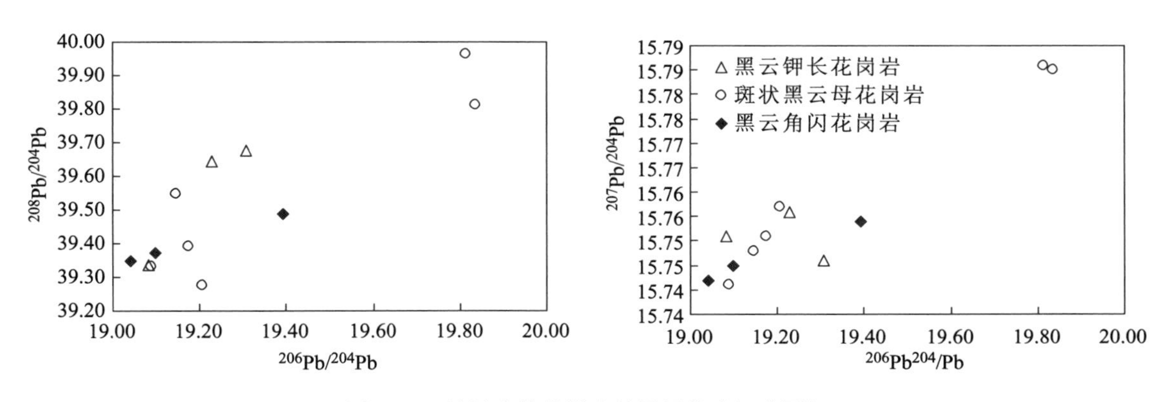

图 10-4　钦甲岩体花岗岩的铅同位素组成图解

钦甲岩体是华南地区加里东期的代表性花岗岩体，本文利用 Hf 同位素组成对其成因进行研究，为进一步讨论桂西南地区花岗岩的岩浆源区及其成因过程，进而为剖析华南加里东期大地构造演化提供了新依据。

钦甲岩体的 Hf 同位素分析结果如表 10-7 所示。测试结果表明，钦甲岩体样品 G－1 的 20 粒锆石的$^{176}Yb/^{177}Hf$和$^{176}Lu/^{177}Hf$比值范围分别为 0. 041857 ~ 0. 122859 和 0. 000947 ~ 0. 003515，样品 6650－5 的 21 粒锆石的$^{176}Yb/^{177}Hf$和$^{176}Lu/^{177}Hf$比值范围分别为 0. 041730 ~ 0. 167616 和 0. 001304 ~ 0. 004907，样品 8498－11 的 20 粒锆石的$^{176}Yb/^{177}Hf$和$^{176}Lu/^{177}Hf$比值范围分别为 0. 047363 ~ 0. 1662374 和 0. 001003 ~ 0. 004548，绝大部分的$^{176}Lu/^{177}Hf$比值非常接近或小于 0. 002，表明这些锆石在形成之后，仅具有较少的放射成因 Hf 的积累。样品 8498－11 的 20 粒锆石的 ε_{Hf}（t）值为－10. 7 ~ ＋4. 9，单阶段模式年龄（T_{DM}）变化范围为 0. 88 ~ 1. 49 Ga，两阶段模式年龄（T_{DM}^{C}）变化范围为 1. 09 ~ 2. 08 Ga。样品 G－1 的 20 粒锆石的 ε_{Hf}（t）值为－4. 9 ~ ＋2. 9，单阶段模式年龄（T_{DM}）变化范围为 0. 95 ~ 1. 26 Ga，两阶段模式年龄（T_{DM}^{C}）变化范围为 1. 24 ~ 1. 73 Ga。样品 6650－5 的 21 粒锆石的 ε_{Hf}（t）值为－17. 0 ~ ＋7. 8，单阶段模式年龄（T_{DM}）变化范围为 0. 75 ~ 1. 87 Ga，两阶段模式年龄（T_{DM}^{C}）变化范围为 0. 93 ~ 2. 49 Ga，其变化范围明显高于数据测试过程中所引起的变化范围（表 10-7）。因此，该岩体样品很可能具有不均一的锆石 Hf 同位素组成，也显示较宽的 Hf 同位素地壳模式年龄（T_{DM}^{C}＝0. 93 ~ 2. 49Ga）。

表 10-7　钦甲岩体锆石 Hf 同位素分析结果

分析点	$^{176}Yb/^{177}Hf$	$^{176}Lu/^{177}Hf$	$^{176}Hf/^{177}Hf$	ε_{Hf}（0）	ε_{Hf}（t）	2s	T_{DM}	T_{DM}^{C}	f_{Lu}/Hf
G－1－1	0. 094284	0. 001965	0. 282562	－7. 4	1. 6	0. 7	1. 00	1. 32	－0. 94
G－1－2	0. 052599	0. 001232	0. 282531	－8. 5	0. 7	0. 6	1. 03	1. 37	－0. 96
G－1－3	0. 048451	0. 001026	0. 282533	－8. 5	0. 8	0. 6	1. 02	1. 37	－0. 97
G－1－4	0. 059935	0. 001629	0. 282485	－10. 2	－1. 1	0. 8	1. 10	1. 49	－0. 95
G－1－5	0. 098182	0. 002284	0. 282487	－10. 1	－1. 2	0. 7	1. 12	1. 49	－0. 93
G－1－6	0. 051911	0. 001149	0. 282514	－9. 1	0. 1	0. 6	1. 05	1. 41	－0. 97
G－1－7	0. 042352	0. 001011	0. 282543	－8. 1	1. 2	0. 5	1. 00	1. 34	－0. 97
G－1－8	0. 050667	0. 001089	0. 282530	－8. 6	0. 7	0. 6	1. 02	1. 37	－0. 97
G－1－9	0. 052671	0. 001155	0. 282540	－8. 2	1. 0	0. 6	1. 01	1. 35	－0. 97
G－1－10	0. 096397	0. 002096	0. 282599	－6. 1	2. 9	0. 7	0. 95	1. 24	－0. 94
G－1－11	0. 070708	0. 001597	0. 282441	－11. 7	－2. 6	0. 6	1. 16	1. 58	－0. 95
G－1－12	0. 077588	0. 001690	0. 282565	－7. 3	1. 8	0. 6	0. 99	1. 31	－0. 95
G－1－13	0. 091260	0. 001948	0. 282552	－7. 8	1. 2	0. 7	1. 02	1. 34	－0. 94
G－1－14	0. 042571	0. 000954	0. 282525	－8. 7	0. 6	0. 6	1. 03	1. 38	－0. 97
G－1－15	0. 079974	0. 001702	0. 282519	－8. 9	0. 1	0. 6	1. 06	1. 41	－0. 95

续表

分析点	$^{176}Yb/^{177}Hf$	$^{176}Lu/^{177}Hf$	$^{176}Hf/^{177}Hf$	$\varepsilon_{Hf}(0)$	$\varepsilon_{Hf}(t)$	2s	T_{DM}	T_{DM}^{C}	f_{Lu}/Hf
G-1-16	0.041857	0.000947	0.282542	-8.1	1.2	0.6	1.00	1.35	-0.97
G-1-17	0.075108	0.001896	0.282505	-9.4	-0.4	0.8	1.08	1.44	-0.94
G-1-18	0.078445	0.001851	0.282511	-9.2	-0.2	0.6	1.07	1.43	-0.94
G-1-19	0.122859	0.003515	0.282418	-12.5	-4.0	1.2	1.26	1.67	-0.89
G-1-20	0.062883	0.001363	0.282374	-14.1	-4.9	0.6	1.25	1.73	-0.96
6650-5-1	0.097923	0.002679	0.282561	-7.5	1.5	1.8	1.02	1.33	-0.92
6650-5-2	0.166695	0.004907	0.282057	-25.3	-17.0	5.3	1.87	2.49	-0.85
6650-5-3	0.099568	0.002195	0.282478	-10.4	-1.3	0.9	1.13	1.51	-0.93
6650-5-4	0.052291	0.001321	0.282497	-9.7	-0.4	0.6	1.08	1.45	-0.96
6650-5-5	0.167616	0.004548	0.282718	-1.9	6.5	3.8	0.83	1.01	-0.86
6650-5-6	0.106189	0.003870	0.282284	-17.3	-8.7	2.1	1.48	1.97	-0.88
6650-5-7	0.086488	0.002888	0.282240	-18.8	-9.9	2.5	1.50	2.05	-0.91
6650-5-8	0.061123	0.001444	0.282576	-6.9	2.4	0.8	0.97	1.27	-0.96
6650-5-9	0.061767	0.001828	0.282474	-10.5	-1.3	1.1	1.12	1.51	-0.94
6650-5-10	0.105102	0.002569	0.282515	-9.1	-0.1	1.5	1.09	1.43	-0.92
6650-5-11	0.090658	0.002575	0.282377	-14.0	-5.0	1.8	1.29	1.74	-0.92
6650-5-12	0.082657	0.002357	0.282530	-8.6	0.5	1.0	1.06	1.39	-0.93
6650-5-13	0.089437	0.002800	0.282316	-16.1	-7.2	2.3	1.39	1.88	-0.92
6650-5-14	0.085280	0.002311	0.282479	-10.4	-1.3	2.5	1.13	1.51	-0.93
6650-5-15	0.041730	0.001304	0.282728	-1.6	7.8	2.8	0.75	0.93	-0.96
6650-5-16	0.098524	0.002068	0.282587	-6.5	2.6	0.9	0.97	1.26	-0.94
6650-5-17	0.068842	0.002087	0.282474	-10.5	-1.4	1.3	1.13	1.51	-0.94
6650-5-18	0.080043	0.002307	0.282463	-10.9	-1.9	1.0	1.15	1.54	-0.93
6650-5-19	0.105994	0.003213	0.282326	-15.8	-7.0	1.6	1.39	1.86	-0.90
6650-5-20	0.122344	0.003312	0.282464	-10.9	-2.1	4.6	1.19	1.56	-0.90
6650-5-21	0.054886	0.001402	0.282194	-20.4	-11.1	3.2	1.51	2.13	-0.96
8498-11-1	0.097585	0.002333	0.282590	-6.4	2.0	0.7	0.97	1.27	-0.93
8498-11-2	0.062649	0.001339	0.282546	-8.0	0.7	0.6	1.01	1.36	-0.96
8498-11-3	0.047363	0.001003	0.282557	-7.6	1.2	0.5	0.98	1.33	-0.97
8498-11-4	0.050482	0.001066	0.282531	-8.5	0.2	0.6	1.02	1.39	-0.97
8498-11-5	0.065658	0.001603	0.282514	-9.1	-0.5	0.6	1.06	1.43	-0.95
8498-11-6	0.114144	0.003134	0.282292	-17.0	-8.8	1.3	1.44	1.96	-0.91
8498-11-7	0.089258	0.002347	0.282231	-19.1	-10.7	0.7	1.49	2.08	-0.93
8498-11-8	0.087209	0.002219	0.282553	-7.8	0.7	0.7	1.02	1.36	-0.93
8498-11-9	0.074518	0.001755	0.282499	-9.7	-1.1	0.7	1.09	1.47	-0.95
8498-11-10	0.053510	0.001161	0.282550	-7.9	0.9	0.5	1.00	1.34	-0.97
8498-11-11	0.052042	0.001128	0.282489	-10.0	-1.2	0.5	1.08	1.48	-0.97
8498-11-12	0.166237	0.004548	0.282689	-2.9	4.9	3.0	0.88	1.09	-0.86
8498-11-13	0.063891	0.001651	0.282473	-10.6	-2.0	0.6	1.12	1.53	-0.95
8498-11-14	0.083000	0.002216	0.282519	-8.9	-0.5	0.8	1.07	1.43	-0.93
8498-11-15	0.073865	0.001707	0.282553	-7.7	0.9	0.6	1.01	1.35	-0.95
8498-11-16	0.051496	0.001169	0.282537	-8.3	0.4	0.6	1.02	1.37	-0.96
8498-11-17	0.130332	0.003689	0.282354	-14.8	-6.7	1.9	1.36	1.82	-0.89
8498-11-18	0.107108	0.002351	0.282485	-10.2	-1.7	0.7	1.13	1.51	-0.93
8498-11-19	0.094634	0.002437	0.282505	-9.4	-1.0	0.8	1.10	1.47	-0.93
8498-11-20	0.065757	0.001449	0.282508	-9.3	-0.7	0.6	1.06	1.44	-0.96

样品G-1为中粗粒黑云角闪花岗岩（t=434.8 Ma），样品6650-5为斑状黑云母花岗岩（t=442.4 Ma），样品8498-11，为黑云钾长花岗岩（t=412.4 Ma）。

由于锆石是一种非常稳定的矿物，封闭温度高，可以容纳大量的Hf，并排斥放射性母体Lu，在其形成后Hf同位素组成基本不变，很少受到后期岩浆热事件的影响，即使在麻粒岩相等高级变质条件下，所测样品的$^{176}Hf/^{177}Hf$基本可以代表其形成时体系的Hf同位素组成（Amelin et al.，1999；吴福元等，2007），而已有的Hf同位素研究表明，$\varepsilon_{Hf}(t)<0$的岩石主要为地壳物质部分熔融的产物（Vervoort et al.，2000；Griffin et al.，2004）。钦甲岩体的Hf同位素组成不均一，变化较大，$\varepsilon_{Hf}(t)$值为-11.1～+7.8，具有宽泛的变化范围，变化幅度达19个ε单位，这一特点说明其源区不可能由单一组分构成，至少应存在两种具有明显不同$\varepsilon_{Hf}(t)$值的岩浆参与成岩过程，显示其多来源的特征。在Hf同位素组成图解上，$\varepsilon_{Hf}(t)$值变化范围很大，既有正值，也有负值，表明扬子板块在这一时期的岩浆活动既有古老地壳物质的重熔，也有幔源物质的加入。加里东运动作为一次强烈而广泛发育的地壳运动，在华南形成了大量的花岗岩，这一时期花岗岩多具有宽泛的$\varepsilon_{Hf}(t)$值变化范围（图10-5），其演化趋势既不同于地壳物质演化趋势，也不平行于亏损地幔演化线，这些特征显示了成岩过程中可能发生了幔源物质的混入，而这些锆石$\varepsilon_{Hf}(t)$值的变化则是由幔源组分不断加入引起的。

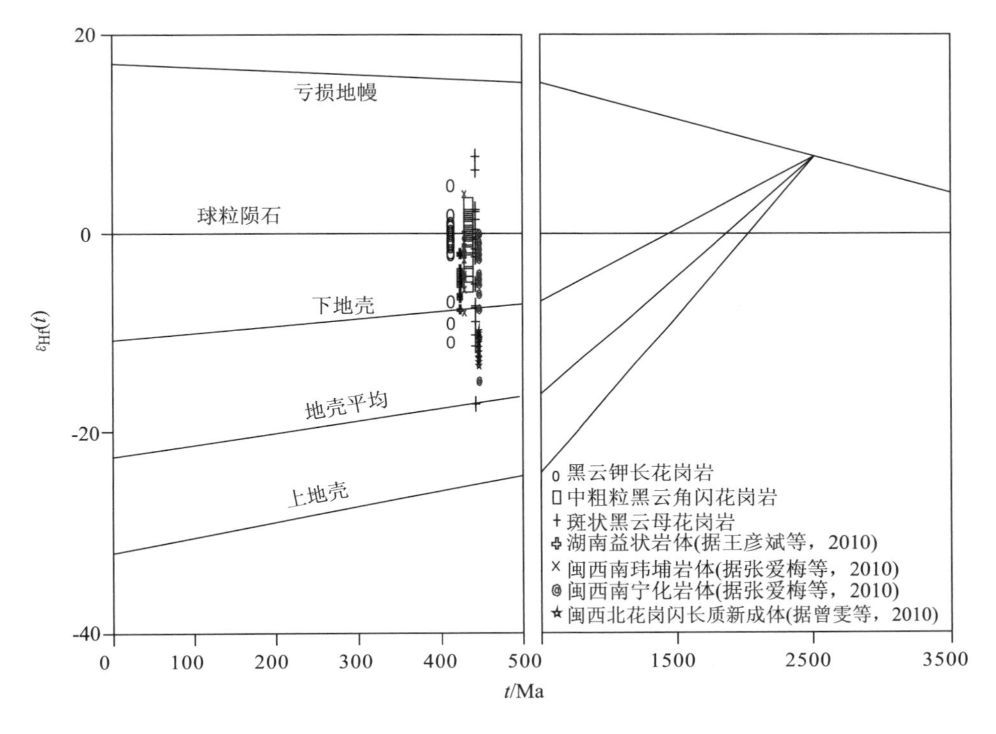

图10-5　钦甲岩体锆石$\varepsilon_{Hf}(t)-t$图解

华南地区加里东期花岗岩Hf同位素模式年龄范围为0.8～2.6 Ga，主要集中在1.2～2.2 Ga（图10-6），与区域上华南加里东期花岗岩获得的Nd同位素T_{DM}模式年龄（1.6～2.0 Ga）基本一致（周新民，2003；Chen and Jahn，1998），反映华南加里东期花岗岩源区以古中元古代基底物质为主。与华夏板块的加里东期花岗岩相比，钦甲岩体的锆石Hf同位素模式年龄范围为1.09～2.49 Ga，主要集中在1.2～1.6 Ga，表明该岩体源区主要来自中元古代地壳物质，而一些学者根据全岩的Nd模式年龄也曾得出华南一些花岗岩由中元古代地壳物质部分熔融形成（王德滋和沈渭州，2003；洪大卫等，1999）。

综上所述，钦甲岩体的$\varepsilon_{Hf}(t)$值的变化范围较大，绝大部分投影点介于亏损地幔线和下地壳演化线之间，靠近球粒陨石Hf同位素演化线的一侧，表明它们的源区应存在有相当比例的来自亏损地幔的物质，同时古老地壳物质的贡献也是很明显的，这也得到了它们的两阶段Hf模式年龄（1.3～1.6 Ga）的支持，同时也说明熔融的地壳物质主要为中元古代地壳，反映钦甲花岗岩体主要来源于地

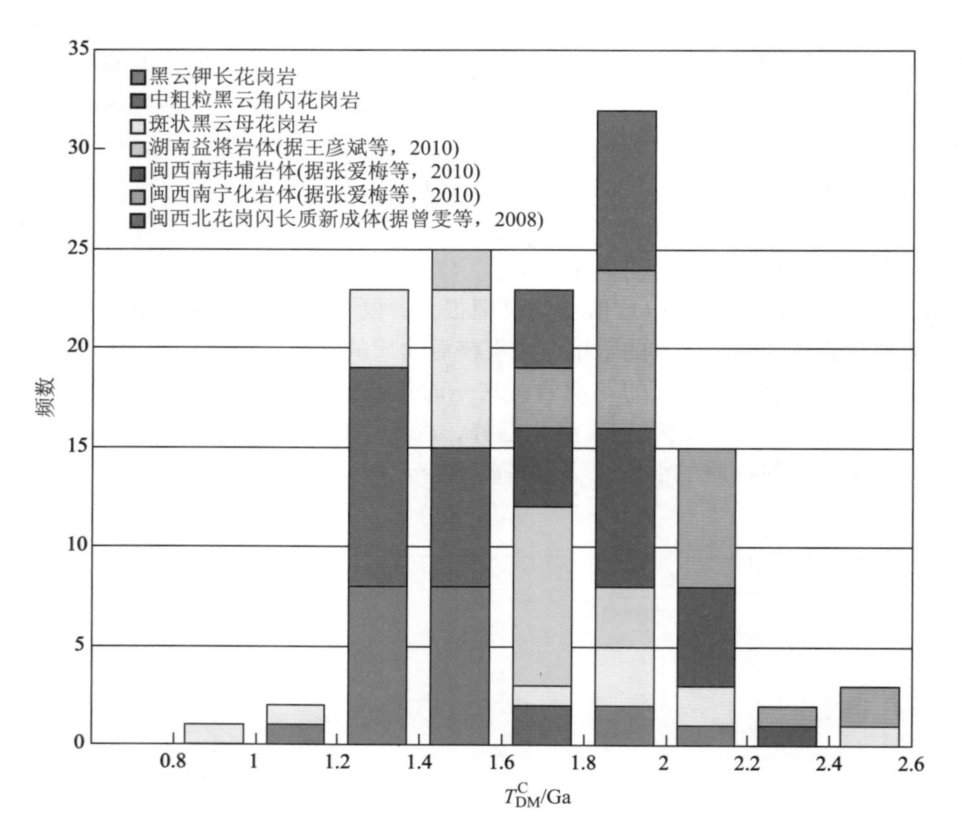

图 10-6　钦甲岩体地壳模式年龄（T_{DM}^{C}）柱状图

壳物质的重熔作用，并可能有亏损地幔物质的参与。

4. 花岗岩的 Zr 温度计

Watson 等（1983a，1983b）从高温实验（700～1300℃）得出锆石溶解度模拟公式。原理是基于花岗岩副矿物锆石中 Zr 在岩浆开始结晶状态下固液两相中的分配系数是温度的函数，假设其活度系数为 1，由 Zr 溶解度公式推导出锆石饱和温度。

$$\mathrm{Ln}D_{Zr}（496000/熔体） = [-3.8-0.85\times(M-1)] + 12900/T$$

$$M = (2Ca+K+Na)/(Si\times Al)$$

$$t_{zr}（℃） = \{12900/[\mathrm{Ln}Dzr（496000/熔体）+0.85\times M+2.951]\} -273.15$$

式中，D_{Zr}为 Zr 分配系数，M 值计算公式中 Ca、Na、K、Si、Al 为锆石寄主岩石主量元素 Si、A1、Fe、Mg、Ca、Na、K、P 原子数归一化计算后的原子分数值。不做 Zr、Hf 校正时纯锆石中 Zr 的含量为 496000×10^{-6}，一般用全岩中的 Zr 含量近似代表熔体中 Zr 的含量。

Watson 等（2003）修订了锆石 Ti 温度的计算公式，原理是基于 TiO_2 饱和条件下，锆石结晶时，Ti^{4+} 加入到锆石中形成钛氧化物（如金红石），含量与温度有关。假设 Ti 活度为 1，其温度计算公式为

$$t（℃） = (5080\pm30)/[(6.01\pm0.03)-\log(Ti)] -273.15$$

该结果的可信度为 90（误差为 ±10℃），误差由 LA－ICP－MS 测定锆石 Ti 含量的精度引起，可通过测定标准物质 91500 锆石 Ti 温度来判断。温度不确定性还受 TiO_2 活度的影响（如活度系数小于 1，则锆石结晶时会彼此偏离。由于锆石 TiO_2 浓度较低，其活度系数近似等于 1。计算结果表明，德保矿区花岗岩的锆石饱和温度为 617～803℃，其中黑云钾长花岗岩的锆石饱和温度为 672～803℃，斑状黑云母花岗岩的锆石饱和温度为 713～802℃，黑云角闪花岗岩的锆石饱和温度为 617～733℃。

岩浆锆石 Th/U 值与 Th、U 在岩浆中的含量及其在锆石-岩浆之间的分配系数有关，由于 Th、U

在锆石-岩浆之间的分配系数之比（D_{Th}/D_{U}）$_{锆石/熔体}$约为0.2，随着岩浆温度持续降低，Th/U逐渐增高。一般而言，Th/U与温度显示较好的线性关系，表明岩浆分异遵从一种相对简单的随温度降低的结晶-分异过程。长英质岩浆由于熔点温度较低，易于被再加热而使Th、U浓度具有高变化特征，热源可能来自高温岩浆（后期一次或多次）侵入或者地幔底侵，表现为Th/U－t关系的不规律性。德保铜锡矿区花岗岩的Th/U－t（℃）无明显相关关系（图10-7），这可能表明存在多期岩浆（熔体-流体）注入事件。

表10-8　德保矿区花岗岩中锆石的Zr温度计算结果

岩性	样号	Zr	M	$\ln D_{Zr}$	t/℃
黑云钾长花岗岩	D－2	159.00	1.17	8.05	803
	8498－11	135.00	1.47	8.21	766
	8536－17	169.00	1.44	7.98	788
	8536－18	157.00	1.41	8.06	784
	8536－19	131.00	2.89	8.24	672
	612－9	145.00	1.36	8.14	781
斑状黑云母花岗岩	8574－11	136.00	1.39	8.20	773
	8498－10	153.00	1.14	8.08	802
	8498－12	65.50	1.42	8.93	713
	6612－12	146.00	1.79	8.13	750
	6612－13	143.00	1.73	8.15	753
	6650－5	130.00	1.34	8.25	772
	612－11	161.00	1.32	8.03	793
黑云角闪花岗岩	G－1	83.90	1.39	8.68	733
	G－2	106.00	1.26	8.45	761
	G－3	16.80	1.46	10.29	617

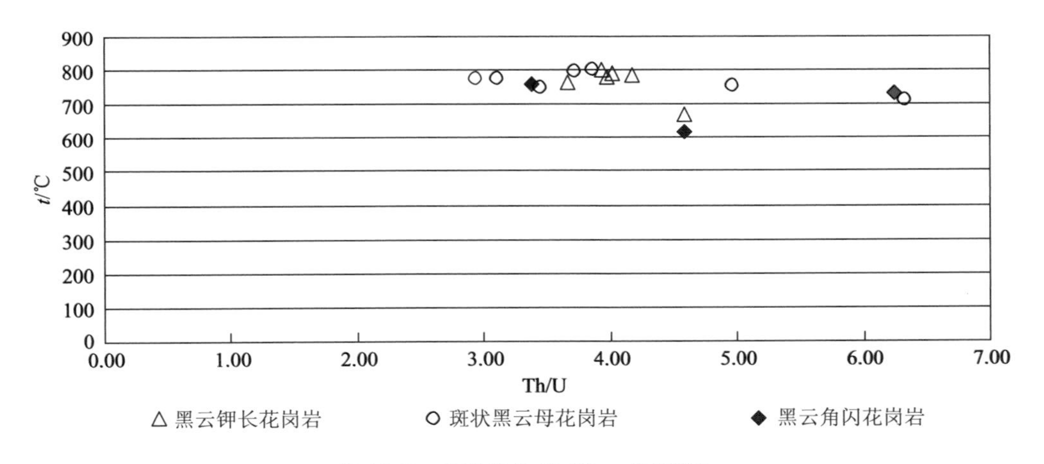

图10-7　花岗岩的Th/U－t/℃图解

在SiO_2对$\lg CaO/(Na_2O+K_2O)$图解中（图10-8），钦甲岩体全岩样品数据点全部落入在挤压型与拉张型花岗岩区的重叠部位，其中黑云钾长花岗岩（412.4 Ma）偏向于拉张型花岗岩区，而斑状黑云母花岗岩（442.4 Ma）偏向于挤压型花岗岩区，黑云角闪花岗岩（434.8 Ma）则位于二者的过渡区，暗示钦甲岩体形成于由挤压逐渐向拉张转变的构造环境。

在奥陶纪末期，华南大地构造格局发生了构造重组（舒良树，2006），钦甲岩体的成岩时代范围

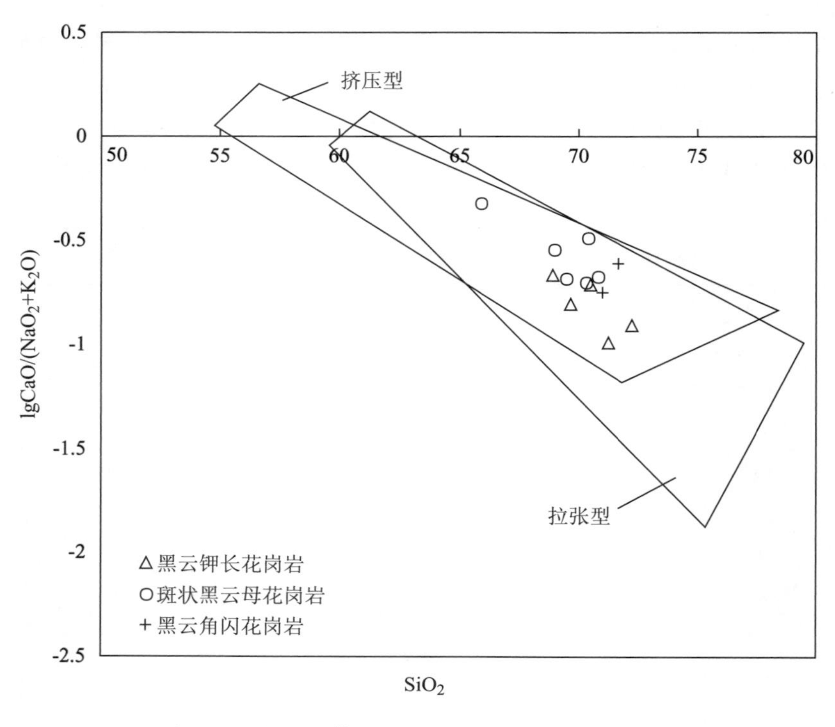

图 10-8　钦甲岩体 SiO_2 - lgCa/（$Na_2O + K_2O$）图

412.4 Ma ~ 442.4 Ma（王永磊等，2011），正是这一时期的岩石记录。奥陶纪是中国南方加里东构造旋回的重要转折阶段，主要发生了两次构造幕：第一幕为郁南运动（寒武纪—奥陶纪）、第二幕为都匀运动（奥陶纪—志留纪）。这两次构造活动导致海平面转为全面下降，构造变革的地质响应是扬子和华夏两个大陆边缘转化为隆起带，并伴有岩浆活动。自寒武纪经奥陶纪到志留纪，钦甲花岗岩体所处的滇黔桂地区从大片海域演变为大片古陆即“滇黔桂古陆”（刘宝珺和许效松，1994），同时研究区的下古生代地层也在加里东期褶皱上升，经受长期的风化剥蚀，以至于缺失了志留系—奥陶系。刘宝珺等（1990）认为从中奥陶世开始，华夏板块向北俯冲，导致了加里东期的碰撞，中国南方的构造性质逐渐转为挤压，使扬子陆块东南缘由西向东、由南向北逐渐褶皱抬升，同时在华夏陆块西北缘抬升形成隆起区。Wang et al.（2007）认为云开地区 400 ~ 450 Ma 的热事件是华夏与扬子两地块碰撞的结果，吴浩若（2003）也提出志留纪早期江南海盆封闭，扬子地块和华夏地块之间形成加里东褶皱带。研究区下泥盆统莲花山组与下伏的寒武系地层呈角度不整合接触，其间缺失了奥陶系和志留系的地层，表明在寒武纪末期就已发生了强烈的构造抬升，这种情况一直延续到泥盆纪初期。梅冥相等（2005）认为从晚奥陶世到志留纪早期，滇黔桂区域呈北东-南西向展布的大致沿柳州至南宁一线的走滑板块边界，演变为碰撞板块边界，使研究区域抬升为古陆。

综上所述，钦甲岩体的形成可能与板块的俯冲碰撞有关，使地壳岩石部分熔融产生花岗质岩浆，壳幔岩浆混合，从而形成钦甲岩体。随着俯冲碰撞的进行，区域应力场渐变，构造体质发生转折，挤压褶皱向拉伸引张转换，钦甲岩体的不同单元则可能对应于俯冲碰撞的不同阶段，而壳幔相互作用是华南地区加里东运动的一个重要方面。

第三节　铜坑锡多金属矿区的成矿岩体

根据区域成矿背景和铜坑矿床产出的地质条件和特征分析，与铜坑锡多金属矿床关系密切的成矿地质作用主要为岩浆侵入作用，岩浆活动为矿床的形成提供了成矿物质和热源。矿区成矿地质体主要为区内燕山期侵入岩及其有关的矽卡岩。

一、岩体的产出特征和主要岩石类型

在大厂矿田，岩浆活动以侵入岩为主，但在地表出露较少，主要为分布在矿田中部笼箱盖地区的笼箱盖复式岩体以及在铜坑矿区出露的花岗斑岩、闪长玢岩岩墙和煌绿玢岩（图 10-9）。

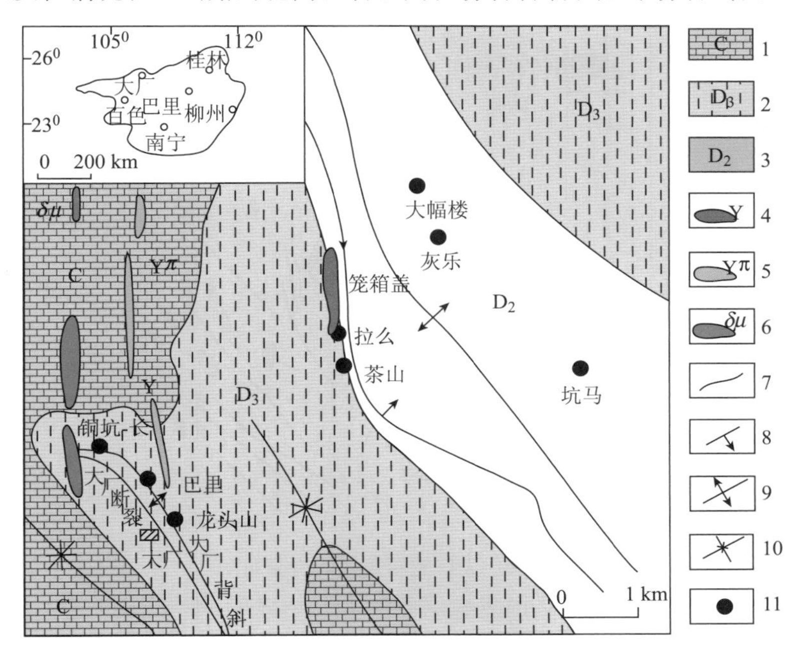

图 10-9　大厂矿田地质图

1—石炭系灰岩；2—上泥盆统条带状、扁豆状灰岩、硅质岩；3—中泥盆统泥灰岩；4—花岗岩；5—花岗斑岩脉；6—闪长玢岩脉；7—地质界线；8—断裂；9—背斜轴；10—向斜轴；11—矿床

1. 笼箱盖复式岩体的产出特征

笼箱盖岩体在大厂矿田中规模最大，分布在广西大厂锡矿田中部的笼箱盖地区，处于北西向与北东向构造的交汇隆起部位，侵位于泥盆系的碳酸盐岩-碎屑岩建造中（图 10-10）。该岩体在地表出露较少，仅见有含斑黑云母花岗岩呈近南北向的脉状和岩枝状，地表出露面积 $<0.5\ km^2$，主体以隐伏岩体形式出现。据钻孔和重力资料，岩体向深部呈巨大的岩基，呈上小下大的锥状，且西陡东缓，向下一直延伸到铜坑-巴黎矿的深部（图 10-11），钻孔控制的面积约 21 km^2（陈毓川，1993）。

隐伏岩体顶面的形态与构造形态具有明显的对应关系。整个岩体的分布走向与主构造线方向一致，为北西向（图 10-12）。岩脊隆起带对应于背斜核部及断裂带，岩沟对应向斜轴部，岩体局部隆起也与局部构造有关。

笼箱盖复式岩体主要由中细粒等粒状黑云母花岗岩、中-细粒含斑黑云母花岗岩、似斑状黑云母花岗岩组成。从拉么坑道 530 水平、590 水平揭露出的岩石之间的相互关系来看，不同岩石接触界线有的清晰分明，有的呈逐渐过渡关系，没有特别明显的穿插关系和冷凝边结构，反映了岩浆脉动侵入活动的时间间隔较短，可能在早期岩浆尚未完全结晶凝固，呈半塑性状态时，后期的岩浆就开始侵入。在侵入体与围岩的接触部位，围岩发生强烈蚀变，与碳酸盐岩接触部位发生强烈的矽卡岩化，与泥质岩的接触部位发生角岩化。

2. 花岗斑岩产出特征

花岗斑岩岩脉因位于铜坑-长坡矿床的东侧而得名“东岩墙”，侵位于泥盆系至二叠系，与围岩接触面清晰，呈左侧雁行式或“川”字形排列，走向北北西或近于南北向，倾向东，倾角 50 °~90°，岩脉共有 10 条，每条长 80 ~3000 m，宽 5 ~80 m（图 10-12）。在铜坑地表出露宽约 20 m，风化强烈。在铜坑井下，可见花岗斑岩墙穿过矿体和围岩地层，与地层之间接触界线清晰。两者的接触

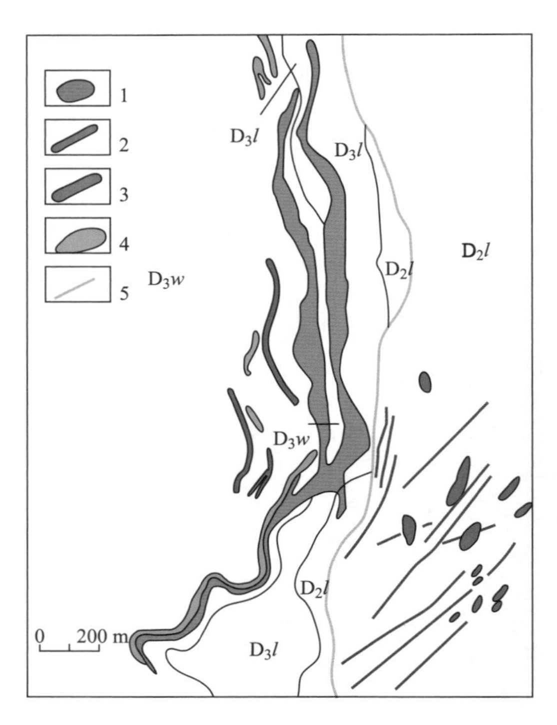

图 10-10　大厂笼箱盖侵入岩分布图

D$_2l$—罗富组；D$_3l$—榴江组；D$_3w$—五指山组；1—花岗岩；2—锡多金属矿脉；3—钨矿脉；4—矽卡岩型锌铜矿体；5—断裂

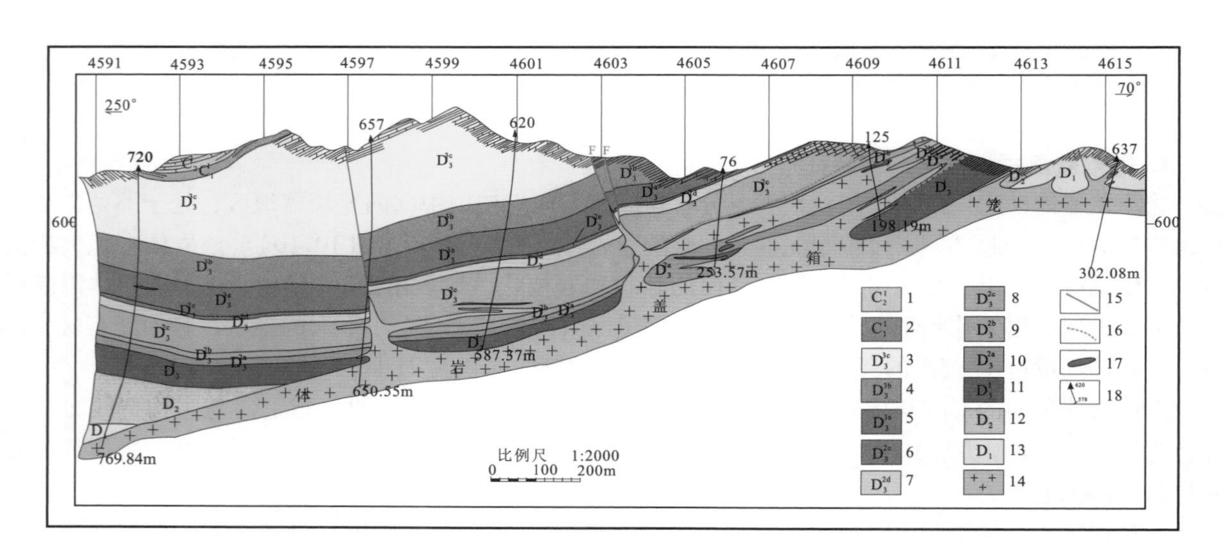

图 10-11　广西大厂笼箱盖-拉么锌铜矿床 2 号勘探线剖面图

（据 215 队资料，1988）

1—石炭系黄龙组灰岩；2—石炭系寺门组砂岩；3—上泥盆统同车江组泥灰岩页岩；4—上泥盆统同车江组炭质页岩；5—上泥盆统同车江组泥灰岩；6—上泥盆统同车江组条纹状硅质泥岩；7—上泥盆统五指山组大扁豆状灰岩；8—上泥盆统五指山组小扁豆状灰岩；9—上泥盆统五指山细条带状硅质灰岩；10—上泥盆统五指山宽条带状灰岩泥灰岩；11—上泥盆统榴江组硅质岩；12—中泥盆统纳标组灰岩页岩硅质岩；13—中泥盆统车河组页岩砂岩灰岩；14—笼箱盖黑云母花岗岩；15—逆断层；16—矽卡岩；17—锌铜矿体；18—钻孔编号及孔深

面并非平直，而是呈锯齿状。在斑岩与围岩的接触部位可见斑岩的边缘含有大量的围岩角砾和黑云母花岗岩的角砾，呈棱角状、次棱角状，局部地段出现星点状黄铁矿化。岩脉受南北向张扭性断裂构造的控制。

A. 花岗斑岩在地表的出露

B. 花岗斑岩墙与围岩接触关系，
铜坑255中段210—212线

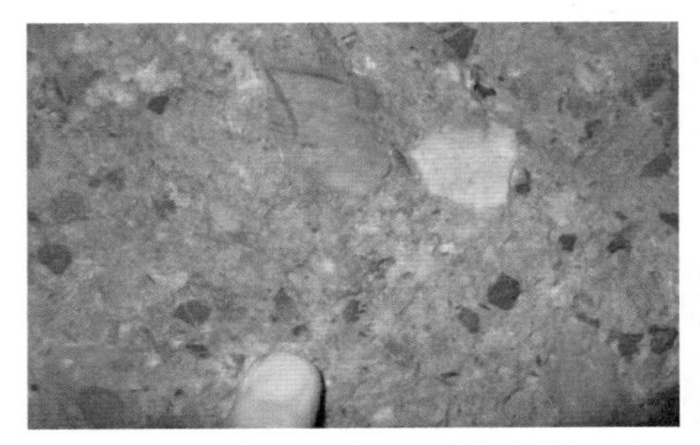

C. 花岗斑岩脉中包裹有围岩及花岗岩团块，呈
棱角状、次棱角状，铜坑355中段210—212线

D. 花岗斑岩中包裹有含矿的条带状硅质岩的包裹体，
说明岩体的侵入应该在矿体形成之后。
铜坑355中段210—212线

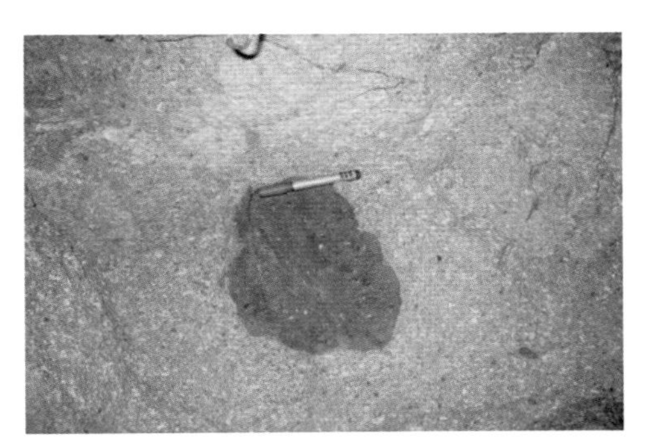

E. 花岗斑岩中的闪长玢岩捕掳体，高峰50m中段

F. 花岗斑岩脉中包裹有围岩及花岗岩团块。
铜坑355中段210—212线

图 10-12　花岗斑岩脉的产出特征

3. 闪长玢岩产出特征

在铜坑矿床，闪长玢岩有 3 种产出状态：

一是以往所说的石英闪长玢岩，颜色呈灰白色（图 10-13），因分布在长坡-铜坑矿西侧而得名“西岩墙”。地表和井下均出现，含有大量的石英斑晶，被溶蚀呈浑圆状，少量长石斑晶呈板条状。穿切倒转背斜的倒转翼地层。以往研究中发现的闪长玢岩脉与“东岩墙”花岗斑岩近于平行排列，断续分布，走向南北，倾向东，倾角 70°~80°。据 215 队资料，岩脉共有 21 条，每条长 80~3000 m，宽 3~130 m。也穿过矿体、围岩，岩体与围岩接触面截然，局部可见零星的黄铁矿化（图 10-13A、C、D）。近年来，随着矿山深部巷道开拓，在 355 中段矿区东部，与东岩墙附近也出现了石英闪长玢岩脉（图 10-14），到 305 水平，就可发现两种岩脉同时并列出现（图 10-13B）。

二是呈灰绿色，呈脉状产出（图 10-15），脉宽在 30~50 cm，在地表未见出露，在铜坑矿床的井下成脉状产出。其中包裹有黑云母花岗岩的捕虏体，也在石英闪长玢岩中呈捕虏体存在。该岩脉中长石斑晶粗大，大的可达 3~5 cm。在铜坑 355 中段、255 中段的单脉中，可见脉体中长石斑晶平行于

A.西岩墙在地表的出露

B.花岗斑岩与闪长玢岩之间接触界限清晰。铜坑305中段206线

C. 闪长玢岩穿过矿体，并其中可见有矿化的捕掳体，铜坑455中段208线

D. 闪长玢岩与围岩界限截然，局部可见玢岩与围岩接触面上有弱褪色边，铜坑455中段208线

图 10-13　闪长玢岩脉的产出特征

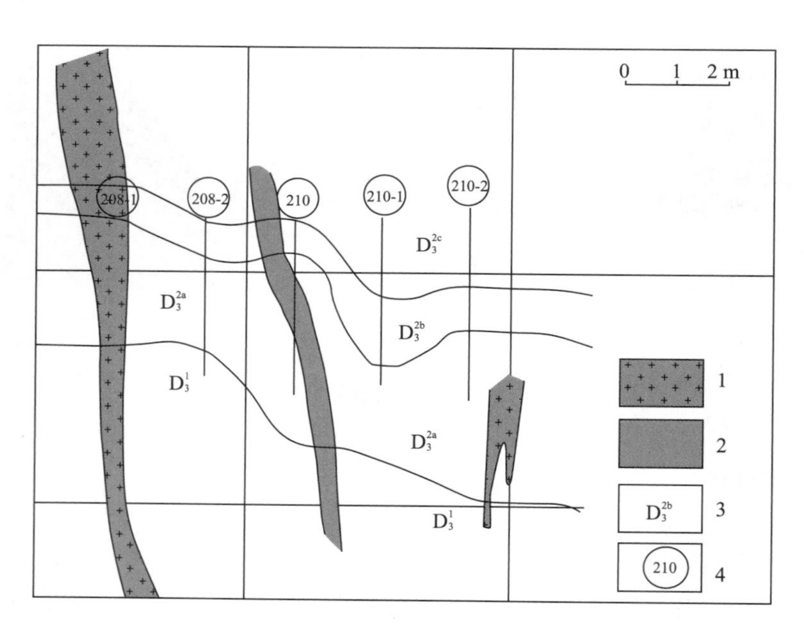

图 10-14　铜坑 355 中段花岗斑岩与石英闪长玢岩脉出露示意图

1—花岗斑岩墙；2—石英闪长玢岩墙；3—地层代码；4—勘探线位置及编号

脉壁定向排列，长轴方向平行于脉体，反映了岩浆的贯入方向。该脉在铜坑矿床深部有多条出现，也可见它与花岗斑岩之间的接触界面是清晰的，局部接触面上包裹有大量的似斑状黑云母花岗岩的捕虏体。在铜坑 255 中段也见到了两种闪长玢岩脉的直接接触关系，接触面是渐变的。从岩石之间的包裹关系来看，两类闪长玢岩的时序应该是灰绿色的闪长玢岩在前，灰白色的石英闪长玢岩在后。花岗闪长斑岩中包裹的闪长玢岩包裹体，应该为早期的灰绿色闪长玢岩。

A. 闪长玢岩脉。铜坑255中段212线

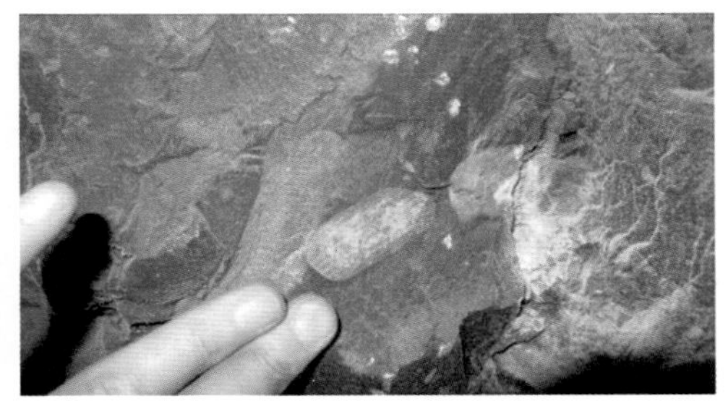

B. 闪长玢岩中钾长石斑晶。铜坑305中段212线

C. 石英闪长玢岩脉中的包含的早期捕虏体。铜坑355中段

D. 闪长玢岩体中的早期黑云母花岗岩的捕虏体。铜坑355中段

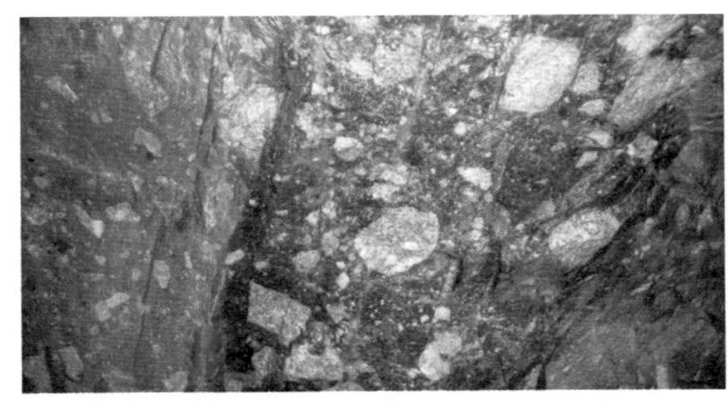

E. 闪长玢岩与花岗斑岩的界限清晰，局部包裹大量的似斑状黑云母花岗岩捕虏体，铜坑355中段210—212线

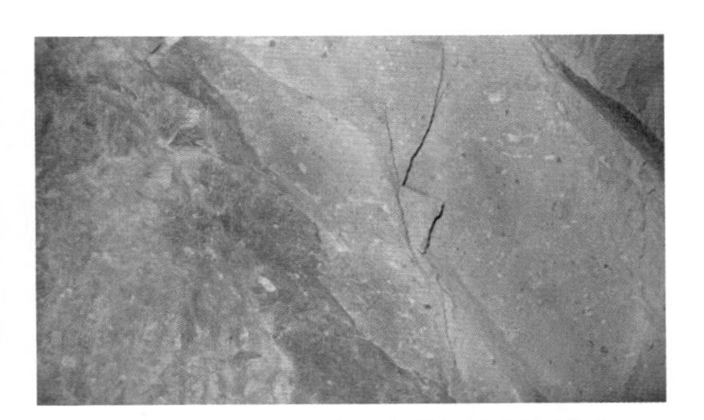

F. 石英闪长玢岩中与灰绿色的闪长岩接触面。铜坑255中段216线

图 10-15　闪长玢岩的产出特征

三是在龙头山钻孔 ZK39－1 中，在花岗斑岩中包裹有灰绿色、杏仁状的闪长玢岩（图 10-16），陈毓川（1993）提出是一种杏仁状的辉绿玢岩。通过显微镜下观察，该岩石中的“杏仁体”主要为浑圆状石英斑晶和方解石的集合体，也可能是原斑晶被碳酸盐交代，基质长石发生强烈的绢云母化、暗色矿物发生绿泥石化、碳酸盐化。从特征上看，应该属于中性岩类。

4. 白岗岩

白岗岩分布于笼箱盖隐伏黑云母花岗岩岩株边上，沿着断裂和层间断裂充填呈岩脉分布。该岩脉在铜坑矿床的深部目前还没有见到。在 2006 年危机矿山接替资源勘查项目中，广西 215 地质队在黑水沟实施的钻孔中见到，规模不大。

二、主要的岩石类型和特征

1. 似斑状黑云母花岗岩

颜色为灰白色，具有似斑状结构（图 10-17），以含有多量的巨大长石斑晶（一般 1 cm×2 cm，最大可达 3 cm×8 cm）、石英斑晶极少为特征。斑晶以钾长石为主（20%～30%），自形程度高，在与

A. 花岗斑岩中闪长玢岩捕虏体，ZK39-1

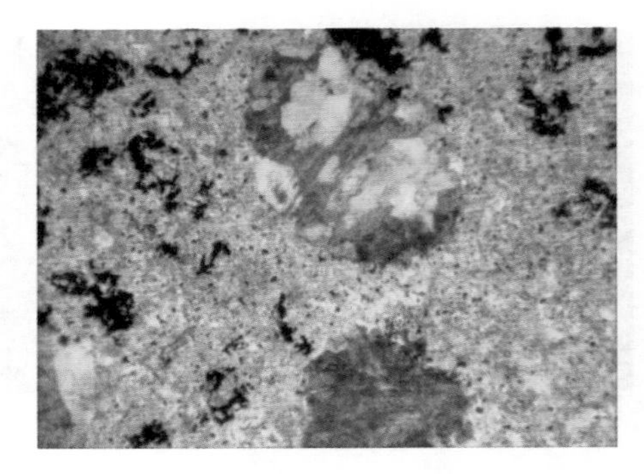

B. A图中左半部分闪长玢岩单偏光镜下特征，*d*=2.5mm

C. 闪长玢岩中石英斑晶和碳酸盐“杏仁体”，正交偏光，*d*=2.5mm

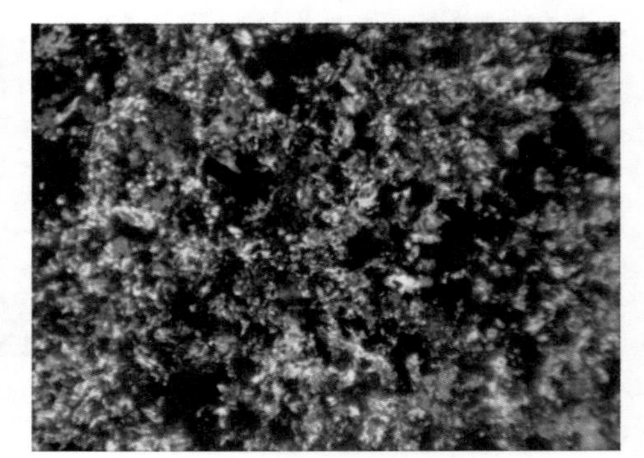

D. 闪长玢岩中基质的微粒状结构，正交偏光，*d*=1mm

图 10-16　“杏仁状”闪长玢岩的产出特征

围岩或中细粒黑云母花岗岩、中细粒含斑黑云母花岗岩的接触面呈定向排列。基质为中细粒花岗结构，主要为石英（30% ~35%）、钾长石（35% ~40%）、斜长石（20% ~25%），次要矿物为黑云母 1% ~5%，白云母 1% ~2%，副矿物为锆石、磷灰石、黄玉、磁铁矿等。岩石具有不同程度的云英岩化。

A. 斑状黑云母花岗岩，拉么530中段主巷道

B. 似斑状黑云母花岗岩中钠长石斑晶，正交偏光，*d*=2.5mm

图 10-17　黑云母花岗岩及显微镜下照片

2. 中细粒等粒状黑云母花岗岩

呈灰白色，具有中粗粒自形粒状结构（图 10-18），含有少量的长石斑晶，该类型为笼箱盖岩体的主体。主要组成矿物为石英（40% ~45%）、钾长石（25% ~30%）、斜长石（20% ~25%），少量的黑云母（4% ~8%）和电气石。副矿物有锆石、磷灰石、钛铁矿、磁铁矿等。岩石蚀变较为强烈，斜长石普遍发生绢云母化、钾长石发生高岭土化。

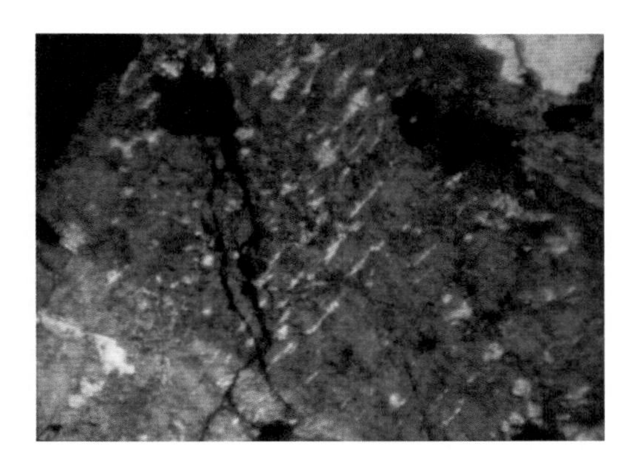

图 10-18　大厂拉么 530 中段主巷道等粒状黑云母花岗岩产出及镜下照片

左：等粒状黑云母花岗岩。右：等粒状黑云母花岗岩条纹长石，正交偏光 $d=2.5$ mm。拉么 530 中段主巷道

3. 细粒-中细粒含斑黑云母花岗岩

岩石呈灰白色，具有细粒状、中细粒状结构（图 10-19）。可含有少量的长石、石英斑晶。主要矿物组成为花岗岩的主要组成为石英（30% ~35%）、斜长石（15% ~20%）、钾长石（35% ~40%），次要矿物有白云母（1% ~5%）、黑云母（1% ~3%）、电气石（1% ~3%）。副矿物有锆石、磷灰石、黄玉、磁铁矿、钛铁矿等。长石普遍发生绢云母化、钾长石发生高岭石化；岩石中发育有石英-电气石脉或电气石脉、或电气石团斑，在石英-电气石脉发育的地段两侧有云英岩化，并伴有紫色的萤石。从显微镜下观察可见，岩石均发生了较为强烈蚀变，主要为云英岩化、其次为碳酸盐化。

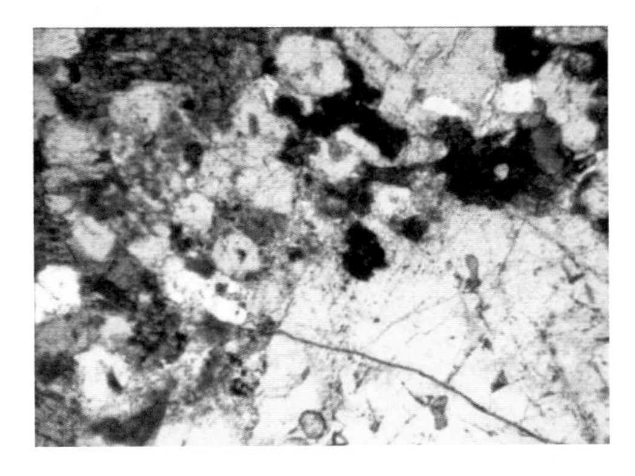

图 10-19　大厂拉么 530 中段主巷道细粒状含斑黑云母花岗岩产出及显微镜下照片

左：细粒含斑黑云母花岗岩，右：细粒状含斑黑云母花岗岩中含有蓝绿色电气石，单偏光，$d=2.5$ mm

4. 花岗斑岩

岩石具有灰白色、浅灰绿色，斑状结构，斑晶主要有石英（20% ±）、钾长石（20% ±）、少量的钠长石（5% ±），白云母（5%）、电气石（1% ±）、其中石英呈他形浑圆粒状，长石成板条状，斜长石发生强烈的绢云母化、钾长石发生高岭土化和叶腊石化。基质为细晶质结构，主要由石英、斜长石、钾长石、黑云母组成，其中斜长石发生强烈的绢云母化、钾长石发生强烈的高岭土化，黑云母发生绿泥石化，副矿物主要为锆石、磷灰石、钛铁矿等。同时在井下可见花岗岩斑岩中星散状的黄铁矿化、磁黄铁矿化等（图 10-20）。

5. 石英闪长玢岩

即所称“西岩墙”主要组成岩石。呈灰白色、灰色，具有斑状结构（图 10-21）。斑晶主要由石英、斜长石和少量角闪石组成，其中石英斑晶被溶蚀呈浑圆状、港湾状（图 10-21A、B），斜长石斑晶为自形-半自形的板条状，粒径约 0.5 ~5 cm，具有环边结构（图 10-21C）。斜长石蚀变强烈，具有

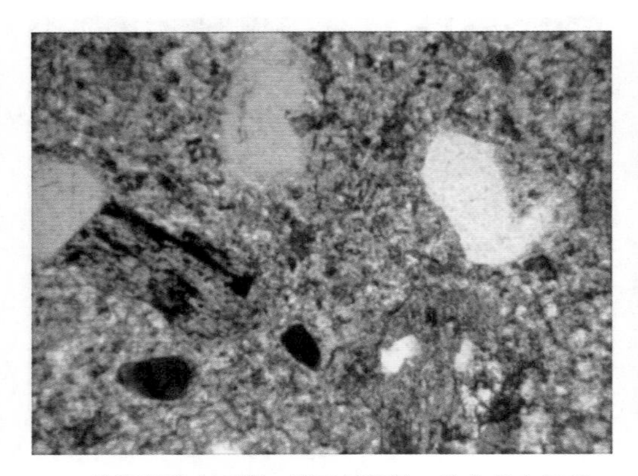

A. 花岗斑岩中石英、黑云母斑晶，并含有电气石 单偏光，d=2.5mm

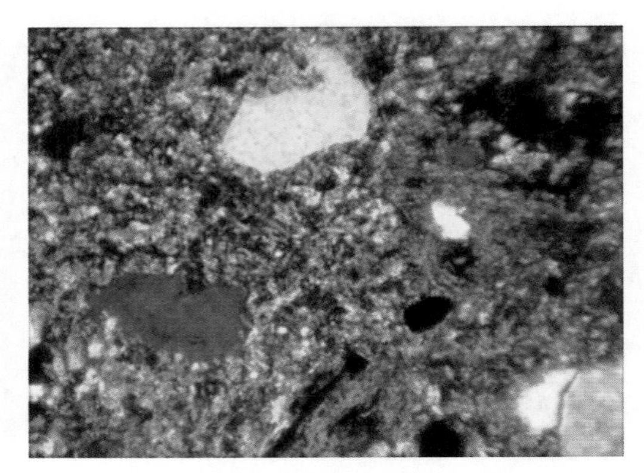

B. 花岗斑岩中石英、黑云母斑晶，并含有电气石，正交偏光，d=2.5mm

图 10-20 大厂花岗斑岩显微镜下照片

强烈的绢云母化、碳酸盐化和高岭土化，黑云母发生强烈的绿泥石化、纤闪石化。石英被熔蚀成浑圆状。基质具有微晶-细晶结构（图 10-21D），主要组成为斜长石（65% ~70%）、石英（5% ~8%），次要矿物钾长石（5% ~10%）、黑云母（5% ~8%）等。其中斜长石发生强烈的绢云母化、钠长石化，黑云母发生绿泥石化和纤闪石化，副矿物锆石、磷灰石、钛铁矿等。

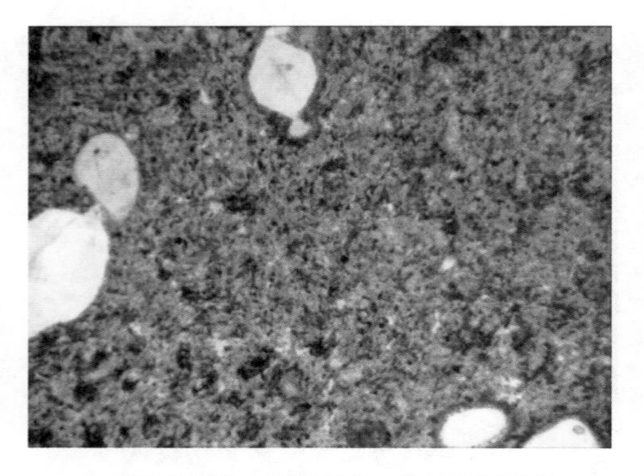

A. 石英闪长玢岩中石英斑晶，溶蚀呈浑圆状，单偏光，d=2.5mm，铜坑305中段，305-2

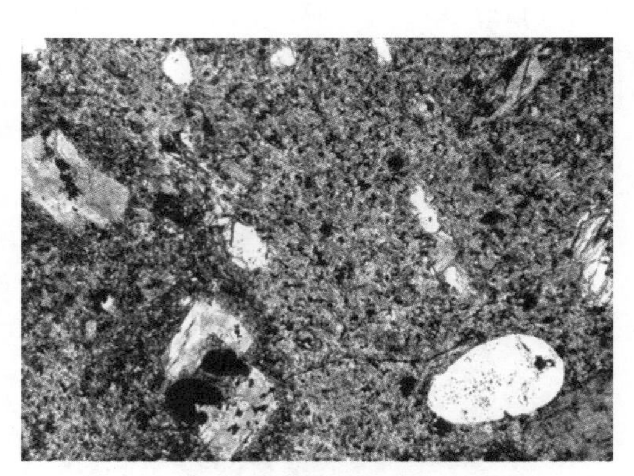

B. 闪长玢岩中石英、绿泥石化角闪石斑晶，单偏光，d=5.8mm

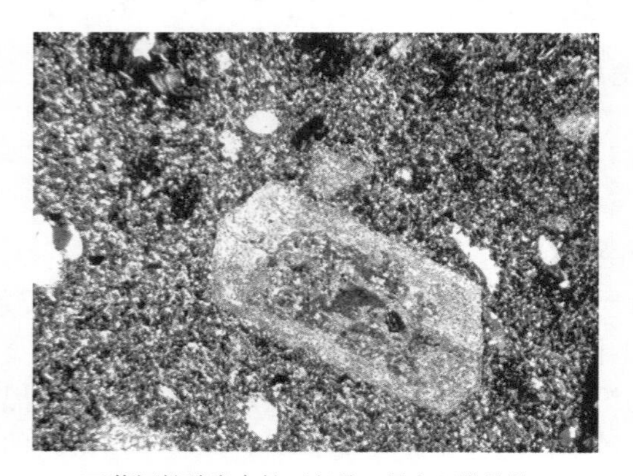

C. 石英闪长玢岩中长石斑晶，具有环带结构。正交偏光，d=2.9mm

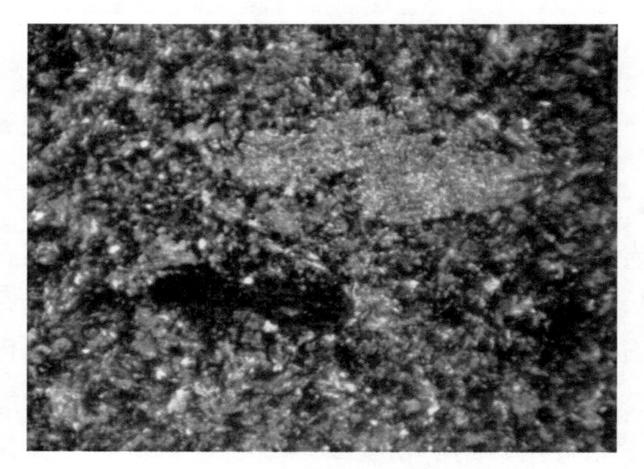

D. 石英闪长玢岩中的基质具有微粒结构，由长石、黑云母等组成，绿泥石化、碳酸盐化强烈。单偏光，d=0.5mm

图 10-21 大厂石英闪长玢岩的显微镜下照片

6. 闪长玢岩

岩石为灰绿色，具有斑状结构，斑晶含量比石英闪长玢岩略少，约5%～10%，且斑晶主要组成为斜长石、钾长石、石英。斜长石斑晶可见环带结构（图10-22A、B），以中－更长石为主。暗色矿物斑晶发生了绿泥石化、碳酸盐化（图10-22C）。基质主要组成为板条状的长石、红褐色的黑云母、绿泥石等，从图10-22D中黑云母的晶形来看，可能为角闪石蚀变形成的，因为保留了角闪石横截面的近六边形晶形特征，而大量的绿泥石可能为角闪石蚀变的产物。岩石中大量的不透明矿物的出现，可能为暗色矿物在蚀变过程中铁质析出形成的。对该类岩石的命名，陈毓川（1993）定名为煌绿玢岩，依据是斑晶矿物组成中有透长石、基质具有交织状结构，暗色矿物有少量棕红色的黑云母。而秦德先等（2008）、杨晓坤等（2011）认为是一套玄武岩或次玄武岩。经过显微镜下鉴定、结合后面的岩石化学分析，我们认为应定为闪长玢岩。

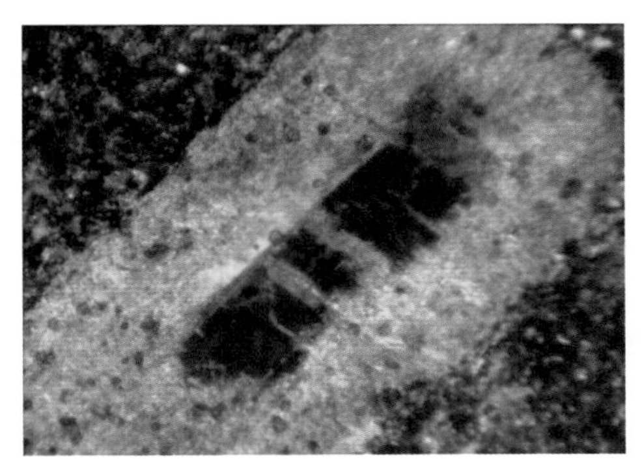

A. 闪长玢岩中长石斑晶的环带结构，正交偏光，*d*=2.5mm，铜坑305中段

B. 闪长玢岩中板条状长石斑晶.正交偏光，*d*=2.5mm, 铜坑305中段

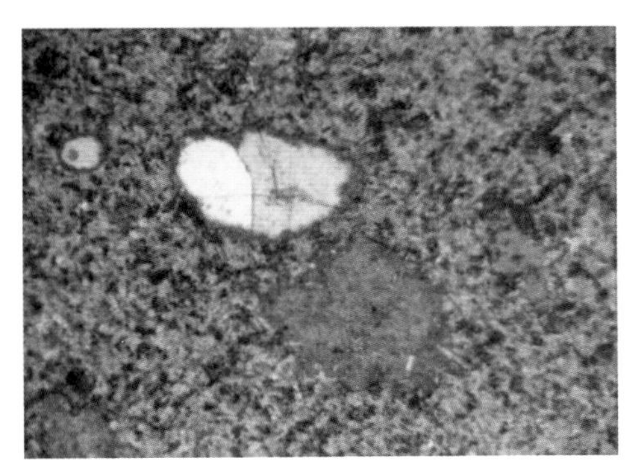

C. 闪长玢岩中浑圆状的石英斑晶和强绿泥石化的暗色矿物的斑晶，单偏光，*d*=2.5mm，铜坑255中段

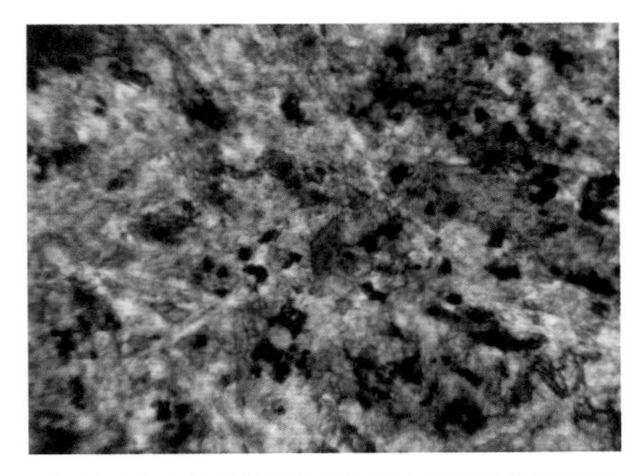

D. 闪长玢岩中微晶状结构的基质中的板条状的长石、红褐色黑云母、绿色的绿泥石，单偏光，*d*=0.5mm，铜坑255中段

图10-22　大厂闪长玢岩的显微镜下特征

7. 白岗岩

在铜坑-长坡矿床的黑云母花岗岩的边缘及其内部，在黑水沟钻孔中也有发现，切穿矿床深部的矽卡岩型锌铜矿体。岩石为白色，细粒花岗结构，主要矿物为石英、条纹长石、钠长石和白云母，其次是黑云母、绢云母，副矿物为锆石、磷灰石、榍石、钛铁矿、电气石等，岩石蚀变较为强烈。

三、花岗岩的成因及形成构造环境讨论

1. 岩石的成因

对大厂花岗岩的成因，陈毓川等（1993）、蔡宏渊等（1986）根据大厂花岗岩产出的地质特征及大厂花岗岩中Sr同位素比值（斑状黑云母花岗岩为0.7159±0.0009，等粒状花岗岩为0.7163±0.0061），一致认为属于陆壳重熔岩浆成因“S”型花岗岩。

岩石化学分析结果显示大厂花岗岩类岩石总体上具有富硅、富铝、富碱，贫镁铁的特点。花岗岩中 K_2O/Na_2O 均大于 1，A/CNK 比值 1.07～1.91，普遍 >1.1，花岗质岩属于高钾钙碱性-钾玄岩系列；利用花岗岩成因系列 SiO_2-K_2O 图解（图 10-23）和花岗岩成因的 Zr-TiO_2 图解（图 10-24），大厂的花岗岩类投影点与中国黑云母花岗岩和世界含锡花岗岩一致，主要投到“S”型花岗岩区域，有个别等粒状的黑云母花岗岩和白岗岩样品投影到“I”型花岗岩区域。同时大部分的投影点也落在 A 区，反映非造山或造山后拉张环境。利用花岗岩的 Rb-Sr-Ba 图解（图 10-25），花岗岩样品均落在蚀变花岗岩（钠长石化和云英岩化花岗岩区）和分异花岗岩区，且与华南和柿竹园等同类花岗岩类似，极富 Rb。这也与显微镜下观察到的花岗岩和石英闪长岩普遍发生云英岩化、钠长石化等一致。

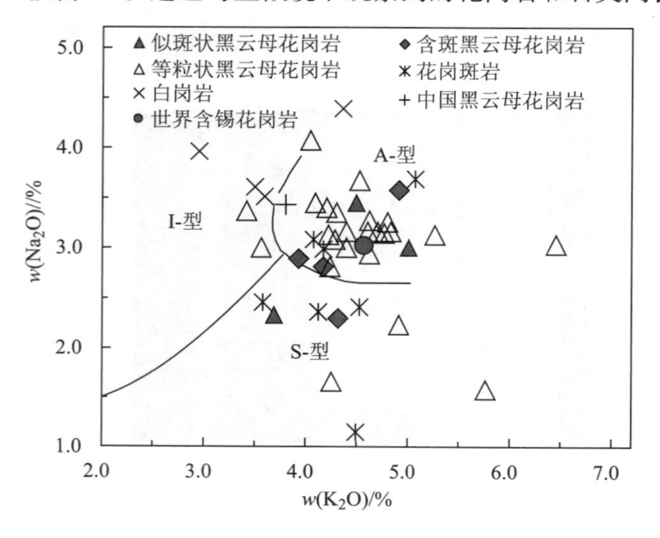

图 10-23　花岗岩成因系列 Na_2O-K_2O 图解

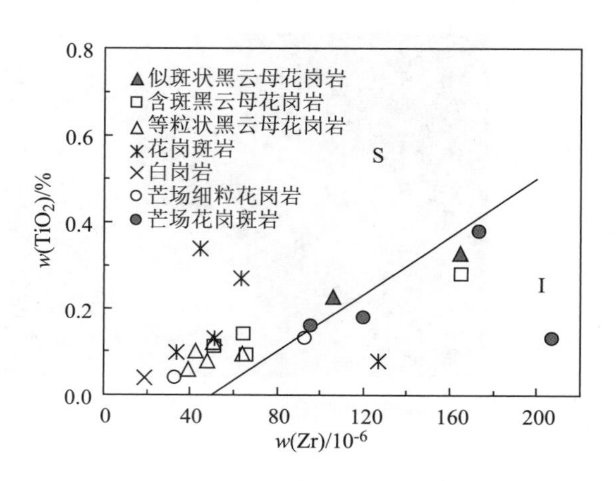

图 10-24　花岗岩成因的 $Zr-TiO_2$ 图解

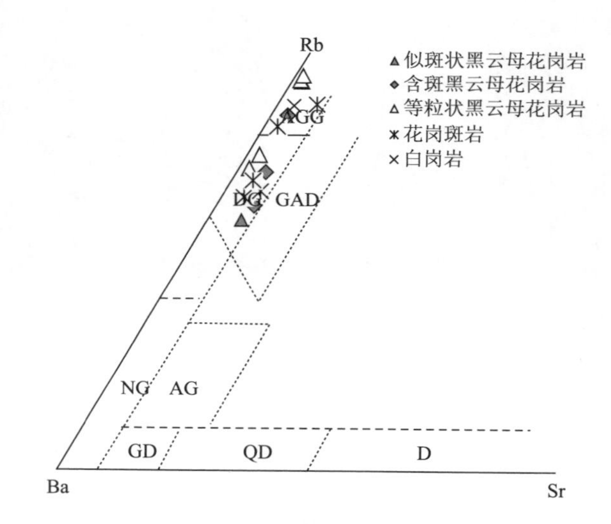

图 10-25　花岗岩的 Rb-Sr-Ba 图解

AGG—钠长石化和云英岩化花岗岩；DG—分异的花岗岩；NG—正常花岗岩；AG—异常花岗岩；GD—花岗闪长岩；QD—石英闪长岩；D—闪长岩；GAD—与 W、Mo、Sn 有关矿化花岗岩

2. 岩石形成的构造环境

岩石化学分析结果显示大厂地区花岗岩 Na_2O/CaO 为 2.65～9.67，Na_2O/K_2O 为 0.31～1.34，平均 0.80，低于中国黑云母花岗岩（0.89）、略高于世界含锡花岗岩（0.65），显示非造山花岗岩的特点。

区内岩浆岩普遍富集 Rb、K、Ta、Hf、P 和轻稀土元素，具有明显的 Rb、Ta、P 的峰以及因分离结晶作用形成的 Ba、Sr、Ti 的谷。利用微量元素 Yb+Nb－Rb、Yb+Ta－Rb、Y－Ta、Y－Nb 图解

（图 10-26），岩体的投点主要落在同碰撞花岗岩和板内花岗岩两个区。在 Rb/10 - Hf - 3Ta、Rb/30 - Hf - 3Ta 图解（图 10-27）中，所有点投到碰撞花岗岩向后碰撞花岗岩的转换部位。综上分析，表明区内花岗岩形成于碰撞造山带向板内环境变化的转化。

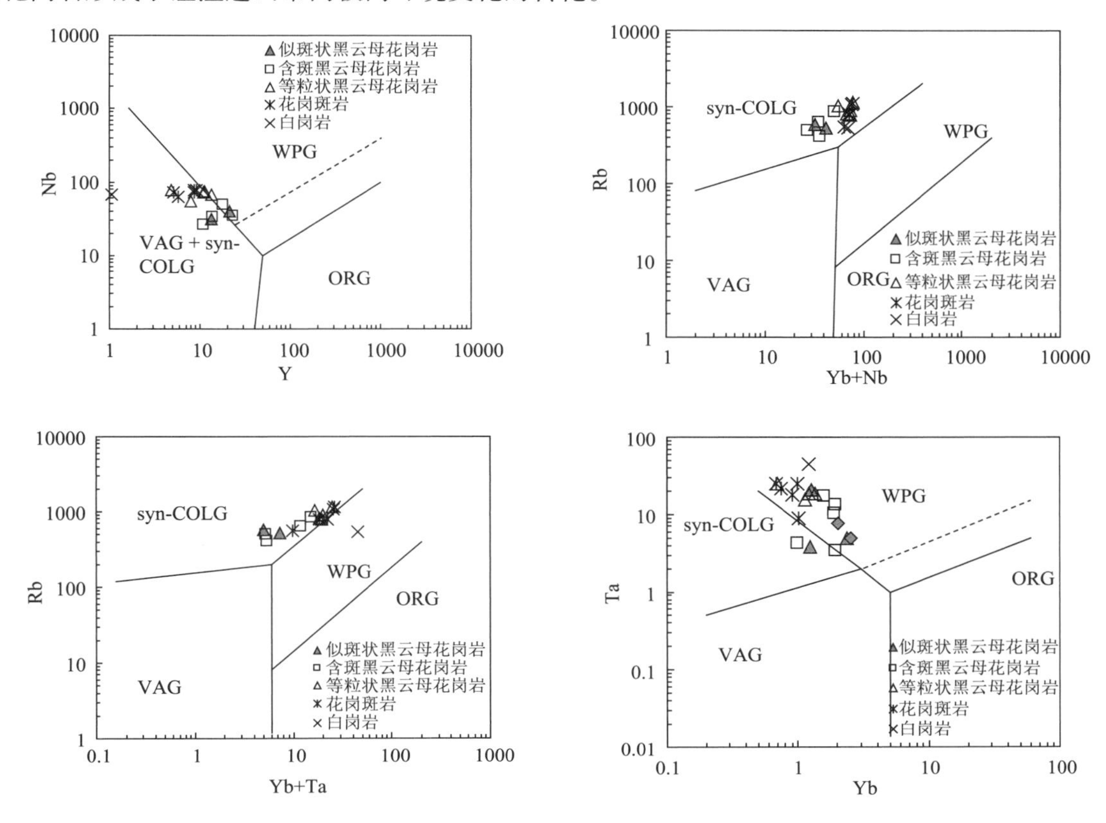

图 10-26　花岗岩 Rb-Y + Nb 、Rb-Nb + Ta、T-Yb 和 Nb-Y 判别图

VAG—火山弧花岗岩；WPG—板内花岗岩；Syn - COLG—同碰撞花岗岩；ORG—洋中脊花岗岩；ORG—异常洋中脊花岗岩

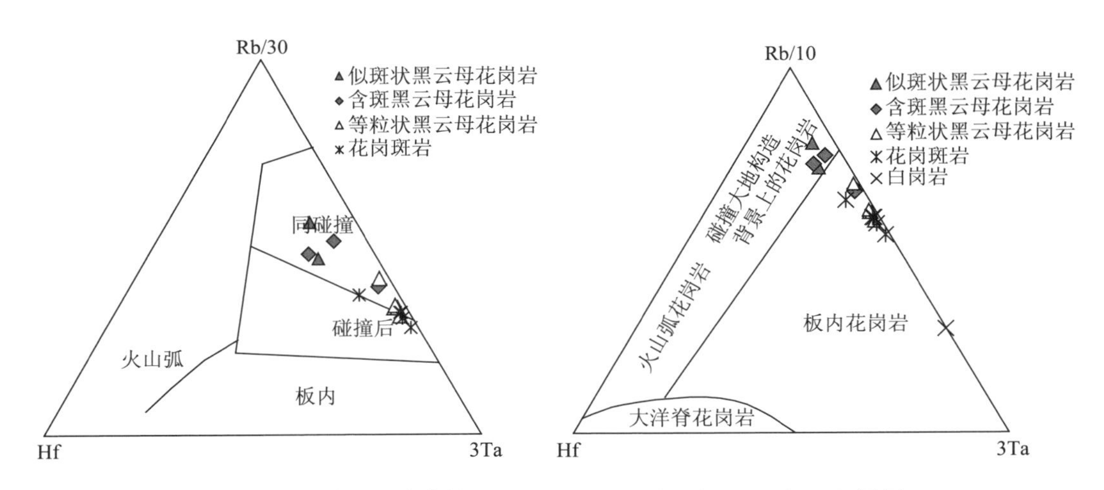

图 10-27　大厂花岗岩的 Rb/10 - Hf - 3Ta 和 Rb/30 - Hf - 3Ta 图解

综上所述，矿区的花岗岩石类型主要有似斑状黑云母花岗岩、含斑黑云母花岗岩、等粒状黑云母花岗岩、花岗斑岩和白岗岩。主要元素均具有富硅、碱、钾，贫镁铁等特征，指示岩石属于过铝质、富钾钙碱性系列。稀土元素配分曲线基本一致，具有明显的 Eu 负异常和无到微弱的 Ce 异常。岩石的主要和微量元素、稀土元素地球化学特征揭示过铝质花岗岩的物源来源于地壳，成因上属于“S”型重熔花岗岩，形成的构造环境形成于碰撞造山带向板内环境的转化阶段。

第四节　龙头山金矿区的浅成超浅成侵入体

一、成矿地质体的地质特征

龙头山金矿的矿体大多赋存于次火山岩中，整个龙头山次火山岩体是主要的成矿地质体。岩体沿龙山鼻状背斜倾没端侵入于莲花山组下、上段，具有爆发、超浅成、浅成岩的特征。岩体平面形态呈不规则的等轴状，长700 m，宽600 m，面积0.46 km^2。岩体垂直方向呈岩筒状，略向北西倾斜，东西两侧倾角陡，局部向内倾斜，与围岩接触面比较规则。岩体周围内外接触带发育，硅化、电气石化强烈，岩石坚硬；中间为绢云母化、高岭石化。由于风化剥蚀的差异，致使周围悬崖峭壁高耸，形成四周高、中间低，似塌陷火山口的地貌景观。

次火山岩体与围岩接触界线比较明显，但在熔蚀、同化、热液蚀变和角砾岩化地段界线比较模糊。次火山岩体周围的岩石，由于受火山爆发作用的影响，形成一定范围的应力——热液矿化蚀变圈，火山颈周围岩石角砾岩发育，碎裂明显，许多大小岩块呈捕虏体或角砾分布在角砾熔岩中，稍远一些岩层被震裂破碎，形成许多断裂、裂隙，其中有爆破角砾岩、热液角砾岩和侵入角砾岩充填，其根部与火山岩连成一体，使火山岩的边界线呈锯齿状，它们经历了相同的热液蚀变和矿化作用，是矿区重要的含矿构造，一些金矿体即产于此中。根据火山机构中岩石定位、产出形态和岩石特征，可将龙头山岩体分为次火山岩相，岩体中部为燕山期侵入岩相，岩性为花岗斑岩（图10-28）。

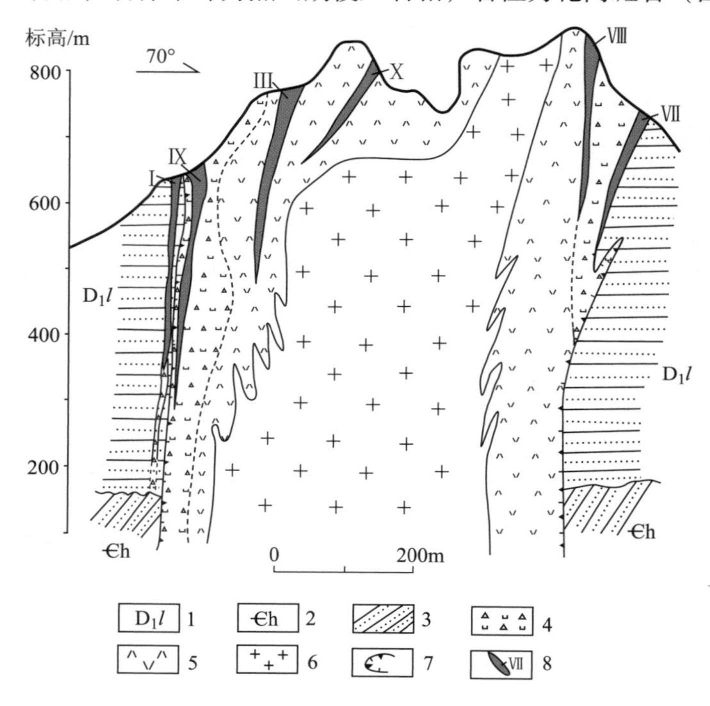

图10-28　龙头山岩体剖面图

1—泥盆系莲花山组；2—寒武系黄洞口组；3—砂岩；4—角砾熔岩；5—流纹斑岩；6—花岗斑岩；7—火山机构边界；8—金矿体及编号

1. 岩相分带

次火山岩：是指与龙头山火山岩体（角砾熔岩、流纹斑岩等）有生成联系的、侵入于火山岩中的花岗斑岩岩体和其他岩脉，如霏细斑岩、石英斑岩、钠长斑岩等。它们是火山后期的侵入岩类，具有超浅成、浅成岩的特征。

花岗斑岩：分布于龙头山火山岩体中部，侵入在流纹斑岩中，呈不规则长形体，东西长320 m，南北宽70～100 m，倾向北。深部宽度增大，在PD580中段，自1线至11线，南北宽增大到300 m，东部边缘未有工程控制，岩体边缘支脉繁多，部分与角砾熔岩侵入接触。绢云母化、高岭石化强烈，电气石化微弱。

脉岩：矿区脉岩普遍分布于龙头山火山岩体内外接触带的断裂中。火山岩体东部霏细斑岩发育。岩脉走向以北西向和近南北向为主，规模也大，最长达400～480 m，厚度几米至几十米，石英斑岩脉分布在外接触带的 D_1l^2 中，呈现南北走向，也有北西走向，长度几十米，最长150 m。在岩体西部2至5线间有一条霏细岩脉穿插Ⅰ和Ⅸ号矿体，对矿体的完整性有一定的影响。岩体南部边缘的石英斑岩脉多呈南北走向，长几十米，厚1 m至几米，沿岩体收缩性张性裂隙充填。

钠长斑岩：见于龙头山北部砷矿沟，沿近南北向断裂充填，围岩为寒武系黄洞口组浅变质砂岩。

矿区众多岩脉也是多期的。早期岩脉与围岩有相同的蚀变和矿化作用，普遍为电气石化、硅化及金矿化；后期岩脉穿插矿体，蚀变多为高岭石化，与金矿化关系不密切，对金矿体有一定的破坏。

2. 岩石特征

1）隐爆角砾岩（图10-29a）：以角砾状构造为特点。主要由角砾和胶结物两部分组成，角砾大小2～25 mm，分布杂乱，多呈尖棱角状、棱角-次棱角状，边缘不平直，成分全是围岩，以石英细砂-中细粒石英砂岩，重结晶石英砂岩及粉砂岩为主，次为泥岩、含粉砂质泥岩和粉砂质泥岩，很少见玉髓质岩屑。碎屑岩中的泥质填隙物和泥岩、粉砂质泥岩已完全被电气石微晶集合体交代；后者仅保存了原岩角砾的假象。胶结物由<2 mm的岩屑（成分与角砾相同）石英晶屑和蚀变矿物电气石和石英集合体组成，构成岩石的角砾状构造。石英晶屑多具波状消光或出现亚晶粒结构，蚀变矿物电气石和石英常共存于角砾间的空洞内，电气石集合体分布于晶洞边缘，石英集合体位于晶洞中。岩石受稍强的电气石化和弱硅化。电气石主要分无色和黑色两种，以前者为主，多呈微晶集合体。

2）流纹斑岩（图10-29b，g，h）：为火山岩体的主要岩石，分布在花岗斑岩体周围、岩体中间及边部。流纹斑岩遭受强烈蚀变而呈灰黑色、暗绿色。多斑状结构、交代假像结构，基质具微晶-隐晶质结构，块状构造。流纹斑岩中斑晶较多，约占岩石体积的一半，斑晶由石英、长石和黑云母组成。石英斑晶大小为0.14～4.7 mm，大颗粒石英斑晶呈双锥状，内部裂纹较多，在正交偏光下晶体被分割呈不同干涉色的几个部分，有的沿裂纹还有位移。边缘受熔蚀呈港湾状、蚕食状，甚至基质沿晶体内裂纹熔蚀进入晶体中心，小颗粒石英斑晶外形呈熔蚀粒状、尖棱状、不规则状。长石斑晶呈宽板状，大小0.33 mm×0.47 mm～1.67 mm×2.31 mm，受熔蚀较弱，但大多被电气石集合体呈假像交代，其中少数可见黄铁矿和石英。黑云母斑晶切面呈板条状，六边形状，大小0.47 mm×0.70 mm～3.5 mm×3.5 mm，已全被电气石集合体呈假像交代，少数晶体中还可见黄铁矿和石英。在一个假像斑晶或一个放射球状电气石集合体中，浅色电气石常分布在中心，外缘为色深的黑电气石。岩石基质主要由微晶-隐晶状长英质矿物集合体组成，大小<0.10 mm，其中可见少量大小为0.23 mm×0.47 mm～0.05 mm×0.13 mm的板条状黑云母微晶（假像），已被电气石和黄铁矿呈假像交代。基质中见两种粒度的锆石，大颗粒锆石呈短柱状，大小0.04 mm×0.11 mm～0.1 mm×0.47 mm，可见环带构造；小颗粒者呈长柱状，大小0.02 mm×0.18 mm～0.02 mm×0.14 mm。岩石蚀变较强，主要是电气石化、黄铁矿和硅化。

3）角砾熔岩（含围岩角砾流纹斑岩）（图10-29e，f）：灰-浅灰色，风化后呈浅褐、灰白等混杂色。斑状结构、交代假象结构，基质具微粒-霏细结构，局部呈碎裂-角砾结构，角砾状构造。角砾熔岩中有很多围岩角砾，大小2.12～17.00 mm，呈次棱角-次圆状，成分有细粒石英砂岩、细粒泥质石英砂岩、粉砂质泥岩、泥岩和重结晶细粒石英砂岩。岩石主要呈斑状结构，斑晶有石英、长石和黑云母。石英斑晶大多受基质熔蚀呈残晶状，边缘呈港湾状、蚕蚀状，少数晶体柱面保存尚好，残晶大小0.28～5.20 mm。个别残晶内部碎裂呈亚晶粒，并具波状消光；长石呈宽板状、板柱状，大小0.23 mm×0.34 mm～1.88 mm×0.23 mm，有的晶体受熔蚀，晶面呈圆滑状、不规则状；黑云母斑晶呈板条状、横切面呈六方板状，大小0.10 mm× 0.37 mm～0.33 mm×0.94 mm。长石和黑云母斑晶已全部被电气石、电气石-黄铁矿集合体（或有石英）呈假像交代。基质由他形-霏细状长英质矿物集合体组成，少数发育呈显微板条状，但板条晶面仍不十分完整。基质也发生弱电气石化、硅化和黄铁矿化。岩石受应力作用局部发生碎裂、角砾化，在碎裂带中可见两种角砾成分：沉积岩围岩角砾和流纹斑岩角砾，形状呈次棱角-次圆状，大小 1.5 ~ 11.7 mm，边缘多不规整，两种成分角砾混杂分布，角砾间被电气石、褐铁矿化黄铁矿、石英集合体胶结。含围岩角砾的流纹斑岩蚀变较强，最普遍、最强的蚀变是电气石化，其次是黄铁矿化和硅化，偶尔还见有绿泥石微脉穿切沉积岩角砾。角砾熔岩是矿区主要的含金银矿石之一，Ⅸ号矿体即产于其中。

4）花岗斑岩（图 10-29c）：分布在岩体中心偏南部，呈岩株与岩脉产出。岩性为灰白色，地表被风化和铁质渲染，呈白色或黄褐色。斑状结构、交代假像结构，基质具微晶结构，块状构造。岩石中斑晶较多，有石英（约 12%）、钾长石（约 10%）、斜长石（约 8%）。石英斑晶可见完整的自形双锥状和六方柱的聚形，受熔蚀后，晶体边缘呈港湾状、蚕食状，以及其他不规则形状的残晶，个别斑晶呈碎屑状，大小 0.5 ~ 3.29 mm。晶体中裂纹发育，有的晶体受应力作用产生参差状的亚晶粒，像破碎的晶体碎块。钾长石肉红色，呈宽板状，大小 0.7 mm × 0.95 mm ~ 4.7 mm × 7.05 mm，被绢云母集合体呈假像交代，绢云母集合体在钾长石中有两组排列方向，可能是沿两组解理交代形成。部分晶体中还见少量电气石集合体和立方体状黄铁矿。斜长石呈板状、板柱状，大小 0.56 mm × 0.8 mm ~ 1.88 mm × 2.82 mm，被电气石柱状集合体（和黄铁矿、石英集合体）呈假像交代。黑云母呈板条状，大小 0.32 mm × 0.61 mm ~ 0.32 mm × 1.03 mm，也被电气石集合体（和黄铁矿、绢云母、石英）呈假像交代。斑岩的基质由微晶状（大小 0.04 ~ 0.1 mm）长英质矿物集合体组成，矿物单体边界尚清楚，互成镶嵌状结合。基质中还见柱状锆石和磷灰石等副矿物。锆石呈短柱状，大小 0.02 ~ 0.1 mm（长柱），磷灰石呈细长柱状，可见在石英斑晶中呈包体产出。这种磷灰石比分布于基质中的细长晶体粒径大得多。斑岩蚀变较强，以电气石化、绢云母化为主，其次是硅化、黄铁矿化和高岭土化。

5）霏细斑岩：呈灰白色，风化后呈浅黄-褐黄色。斑状结构、霏细结构（基质），块状构造。斑晶主要由长石（假像）组成（约占 12%），呈自形宽板状、板柱状，少数呈聚斑状，晶面受基质熔蚀。宽板状晶体大小 0.23 mm × 0.32 mm ~ 1.4 mm × 1.88 mm，板柱状晶体 0.11 mm × 0.25 mm ~ 0.94 mm × 1.98 mm，已被高岭石、绢云母和石英呈假象交代。绢云母集合体多沿长石解理分布。

基质由未完全结晶成个体的长英质隐晶组成，正交偏光下呈不规则的斑点状集合体。斑点中常发育有较多晶形不太完整的板条状长石微晶。立方体状黄铁矿、金红石微粒集合体散布在岩石中，其中金红石主要分布于岩石基质中，呈微粒状、尘点状、短柱状微晶集合体，但含量一般很少。岩石中还可见到不规则状石英小块析出。板条状长石微晶（也被高岭石、绢云母交代）有定向排列趋势，显示出岩浆流动的方向。黄铁矿已褐铁矿化，只保留其假象。岩石中可见少数气孔构造，气孔近圆形，边缘生长绢云母集合体，垂直孔壁向气孔中心生长，气孔内充填有高岭石和绢云母。

6）石英砂岩：中细粒砂状结构，颗粒支撑，孔隙型胶结为主，局部重结晶呈镶嵌粒状变晶结构，块状构造。岩石中碎屑组分几乎全由石英砂屑组成，只见极少的玉髓质岩屑。砂屑呈棱角状-次圆状，大小 0.1 ~ 0.5 mm，属中细粒砂状结构。碎屑颗粒多，相互呈线接触，粒间及粒间孔隙内多被玉髓及重结晶的微粒石英集合体充填、胶结，构成颗粒支撑、孔隙型胶结的结构特点。岩石中局部砂屑变少，出现较多杂基，杂基由泥质及少量粒径 <0.03 mm 的石英碎屑组成，岩石在结构上则过渡为以杂基支撑的基底式胶结类型。在成岩期，石英碎屑发生次生加大，粒间胶结物消失，碎屑轮廓也逐渐消失，岩石变为镶嵌粒状结构。岩石受弱蚀变作用，以电气石为主，硅化和黄铁矿化较弱。热液石英多见于电气石集合体团块中的晶洞内，有的与黄铁矿共生。黄铁矿产于晶洞及沿微裂纹发育的黄铁矿微脉中，多已褐铁矿化，这种黄铁矿微脉还贯入电气石微脉中，构成复脉。岩石局部还见有梳状石英微脉（宽 0.4 ~ 0.9 mm），沿岩石内裂纹生成，其中可见电气石晶簇沿脉壁长入脉中，可能这种梳状石英脉在形成时间上早于电气石。

二、成岩系列及构造环境

整个龙头山岩体岩性复杂，可分为火山岩相和次火山岩相，其形成过程大致为：

a. 隐爆角砾岩　b. 流纹斑岩
c. 花岗斑岩　d. 花岗斑岩镜下照片
e. 角砾熔岩　f. 角砾熔岩镜下照片
g. 流纹斑岩　h. 流纹斑岩镜下照片

图 10-29　龙头山金矿主要岩石类型

火山岩相。前锋岩浆沿着背斜虚脱部位断裂构造发育处的低压带上侵后，因温度降低、压力骤减，岩浆迅速冷凝，形成首期流纹质岩石，使后续的熔浆受阻而发生爆发喷溢，已形成的流纹质岩石及围岩破碎成角砾并被带到地表，形成火山角砾岩、凝灰角砾岩、凝灰熔岩、火山角砾凝灰岩等。由于喷发规模不大，喷发作用较弱，火山岩相不甚发育，加上长期风化剥蚀，火山岩相残存不多，但据火山角砾、凝灰物质、晶屑、气孔构造等现象足以证明火山岩相的存在。上述火山角砾岩中发育含凝灰结构、凝灰碎屑结构、角砾凝灰结构，气孔构造、定向构造、角砾状构造等。角砾成分为粉砂岩、泥岩、熔岩等。胶结物为硅质、电气石、凝灰碎屑和少量熔岩物质。

次火山岩相。指与火山岩相有成因联系而又未出露地表的流纹斑岩、斑流岩、隐爆角砾岩、角砾熔岩及部分早期岩脉如英安流纹斑岩脉、霏细斑岩脉等。在先期岩浆喷出地表后，熔浆继续上侵，形成流纹斑岩等岩石。本次岩浆活动后期，富含挥发组分，当其迅速上冲时，由于地下水的加入，岩浆气化，盈余能量突然释放，引起高温气体的地下爆炸，造成已固结的岩体及围岩在一定范围内发生破碎而形成隐爆角砾岩。至此，龙头山火山-次火山岩体已具形态。经历尔后多阶段的热液蚀变和矿化作用，成为矿区重要含矿岩石，主要矿体产于其中。其岩性特征为：

流纹斑岩为次火山岩相的主要岩石，已强烈蚀变。基质具微粒变晶结构或变余球粒结构的变余斑状结构，流纹状构造。斑晶含量约占岩石总体积的20%～50%，主要成分是石英及电气石和绢云母取代的长石假晶。基质成分与斑晶相同。有石英重结晶现象。

角砾熔岩为变余角砾熔岩结构，角砾成分有砂岩、粉砂岩、流纹斑岩、石英岩等。熔浆胶结物由斑晶和基质组成，主要成分为石英和电气石取代的长石假晶，并有石英重结晶现象。

隐爆角砾岩变作角砾状构造，变余自碎斑结构，角砾成分有砂岩、泥岩、流纹斑岩、石英岩、电英岩等。胶结物为微粒状、粉碎状石英及电气石、铁质。

上述火山-次火山岩、所含副矿物主要有锆石、磷灰石、金红石等，狮子岭岩体外接触带也有类似的隐爆角砾岩。

此外，矿区内少数早期生成的岩脉亦属次火出岩成因，如早期霏细斑岩脉、英安流纹斑岩脉等。

第五节　佛子冲铅锌矿区的岩体

一、成矿地质体的确定

对佛子冲矿田成矿地质体存在3种不同认识：①认为加里东期地层是成矿地质体，海底喷流成矿，成矿物质来源于加里东期地层，主要证据是矿体沿着佛子冲背斜两翼的地层产出，地层中成矿元素具有高背景值；②成矿物质来源于花岗岩，因为河三、龙湾属于矽卡岩型矿床，古益属于岩浆热液型矿床；③成矿物质来源于地层和花岗岩。

越来越多的证据证明，佛子冲矿田成矿与花岗岩关系密切，但佛子冲矿田花岗岩有5期，包括：大冲（花岗闪长岩-石英闪长岩）岩体、广平花岗岩岩体（花岗岩-黑云母花岗岩）、新塘-古益花岗斑岩、古益白云母粗粒花岗岩。到底与哪期花岗岩、或者是哪几期花岗岩有关，是迫切需要解决的问题。本次研究选择大冲岩体、广平岩体、河三、龙湾、古益花岗斑岩、河三英安斑岩为主要研究对象，测定了成岩时代，查明了成矿地质体及其成因。

二、矿田火成岩

1. 周公顶流纹斑岩

周公顶流纹斑岩主要以流纹斑岩为主，含少量英安斑岩。火山岩呈岩被覆盖在南部龙湾一带。流纹斑岩沿断裂带溢流至地表呈熔岩被，出露面积达400 km^2，主体出露于周公顶一带，平面上受断裂控制明显，西侧以博白-岑溪断裂系的牛卫断裂为界，与志留系断层接触，东侧以岑溪-博白断裂带的大溛圩-诚谏断层为界，与东侧的广平花岗岩岩体断层接触。整个周公顶火山岩就挟持在断裂带内，明显受控于断裂带。周公顶流纹斑岩在河三、凤凰顶一带覆盖于志留系地层之上，可见少量下部地层出露形成的“构造窗”，且“构造窗”的展布方向为北北东向，与矿田主构造线方向一致，也同流纹斑岩两侧的断裂构造线方向一致，进一步证明流纹斑岩沿断裂构造带侵位，这与华南晚白垩纪的伸展作用有关。流纹斑岩在矿田东侧志留纪地层之中亦可见少量的“飞来峰”现象，表明了矿田在后期构造活动强烈，不仅有区域上的伸展作用，还有局部的挤压隆起，使后期形成的流纹斑岩被遭受分化剥蚀，使其底部的地层出露，形成“飞来峰”的特点。矿田流纹斑岩表现出的不是真正意义的“飞来峰”与“构造窗”，而只是体现矿田后期构造运动的一个直观现象，代表了熔岩沿断裂溢流的大陆伸展环境以及地壳抬升的陆内局部挤压环境。

2. 大冲（花岗闪长岩-石英闪长岩）岩体

大冲（花岗闪长岩-石英闪长岩）岩体在地表主要出露于六塘矿段以北的大冲-根竹一带，但在井下，大冲花岗闪长岩在整个主巷道广泛出露，30#勘探线以南依然有石英闪长岩出露，南部河三矿区也有石英闪长岩出露，表明大冲石英闪长岩体的实际规模比地表出露规模要大得多，南北延长达到8 km。岩体产状为岩株状、岩脉状，断续尖灭再现，有的地方相连，有的地方（如根竹村）被断裂错断，从井下的观测可以看出，大冲岩体属于不相连的透镜状、脉状，宽度变化大，从几米至几百米，并在总体上表现为左列、右行特征。可见，大冲石英闪长岩具有被动剪切侵位、岩墙扩展式就位特征。从年龄上看，大冲（花岗闪长岩-石英闪长岩）岩体与矿区西北部的大维-回龙街界岩体是同期的，沿着广平岩体西侧边缘新塘-六塘-根竹断裂系的控制，沿着深断裂侵位。

3. 广平花岗岩岩体

广平花岗岩岩体是一个分布面积达850 km^2 的巨大杂岩体，主体年龄444 Ma，而出露于佛子冲矿区的只是广平花岗岩岩体的西部边缘，前人把它划归侏罗纪花岗岩。广平花岗岩岩体在大范围内侵位于寒武系、奥陶系及志留系中，矿区东西两侧全部可以看到，东侧广平地区侵位于志留系浅变质砂岩夹大理岩中，西侧糯垌岩体侵位于奥陶系砂岩、页岩中。如果把广平花岗岩与糯垌花岗岩认作是一个侵入体，那么，佛子冲矿区出露的早古生代加里东基底岩石就残留在广平-糯垌花岗岩体之上，下部是广平花岗岩，上面漂浮着加里东期浅变质基底。早期的广平杂岩体主体部分（444 Ma）侵位于奥陶纪末期，是对广西运动的响应，晚期侏罗纪花岗岩的侵位，表明燕山期太平洋构造域的又一次构造旋回。燕山期多期的构造活动和花岗岩侵位，造成佛子冲矿田成为断裂长期活动、花岗岩多期侵位的高渗透区，是成矿的有利地区。

4. 新塘-古益花岗斑岩

新塘-古益花岗斑岩在佛子冲矿田分布广泛，由于它在空间上与矿床关系密切，因此受到研究人员和地质工作者的高度重视。花岗斑岩总体产状为岩株状、岩枝状和岩脉状3种。在新塘，花岗斑岩为岩株状；在凤凰顶，花岗斑岩呈岩枝状；在其他区域，花岗斑岩呈岩脉状。岩株、岩枝、岩脉呈北北东向0°~10°方向展布，基本上可以相连，体现为同一侵入体的特征，尤其是花岗斑岩脉的走向基本平行，并近于南北向分布，与牛卫断裂的北东向走向不一致，局部穿切牛卫断裂，而与佛子冲铅锌矿矿区内总体的南北向断裂一致，脉体最长可达3 km。细小的花岗斑岩脉体在矿田的塘坪地区零星出现，规模很小。因此，从新塘-古益花岗斑岩的产状上看，岩浆侵位的中心位于新塘-凤凰顶一带，岩浆运移过程中，沿着北北东-南北向断裂呈岩墙扩展式侵位，从南到北依次从岩株→岩枝→岩墙的变化过程，向北西、南东，岩浆侵位也逐渐减弱。

花岗斑岩在矿区，从古益到河三、龙湾均有出露。古益138 m中段30#线东可见其与大冲石英闪长岩的侵入接触关系，亦可见花岗斑岩沿后期断裂破碎带被动侵位以及沿早期石英闪长岩与围岩侵入接触的次生构造上侵（图10-30），花岗斑岩也呈现水滴状零星出露于广平花岗岩岩体中，表明其形成时间晚于广平花岗岩岩体。

5. 英安斑岩

英安斑岩大面积出露于矿田南部河三至周公顶一带，在矿区北起凤凰顶一带，向南至周公顶、黄茅田一带，绵延8 km出矿区，东西宽约12 km，于东侧接广平花岗岩岩体，向西至黄茅田一带，即

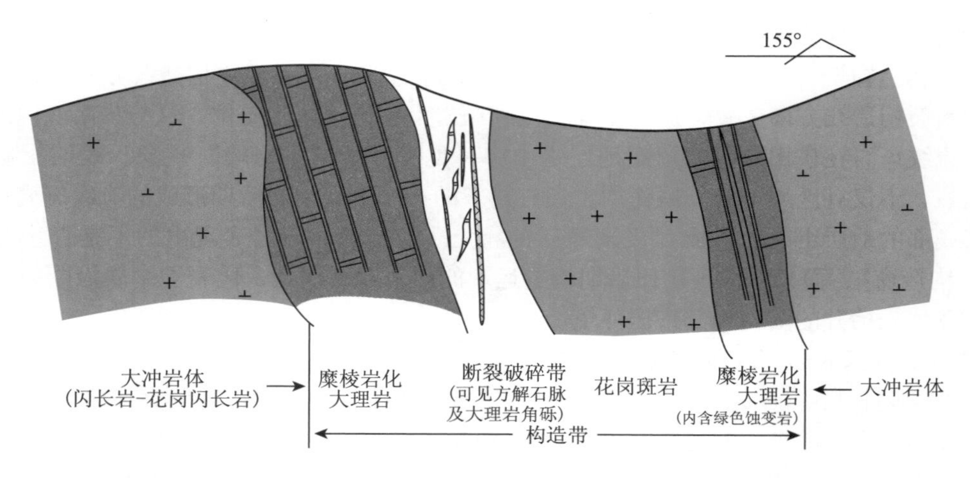

图 10-30　古益矿区 138 中段 26 线大冲岩体、花岗斑岩与断层接触关系示意图

牛卫断裂的东南盘。亦可见少量英安斑岩呈岩墙状沿广平花岗岩岩体内部断裂带上侵，穿插于广平花岗岩岩体中，并伴随有球状风化特征，表明英安斑岩晚于广平花岗岩岩体（图 10-31）；古益井下，208#矿体产在英安斑岩与围岩的接触带，且英安斑岩是沿着石英闪长岩与围岩的接触破碎带上侵，表明英安斑岩晚于石英闪长岩，且与成矿关系密切（图 10-32）；而 209#矿体则直接产在英安斑岩与围岩的断裂接触带上，进一步证明英安斑岩与围岩关系密切（图 10-33）。

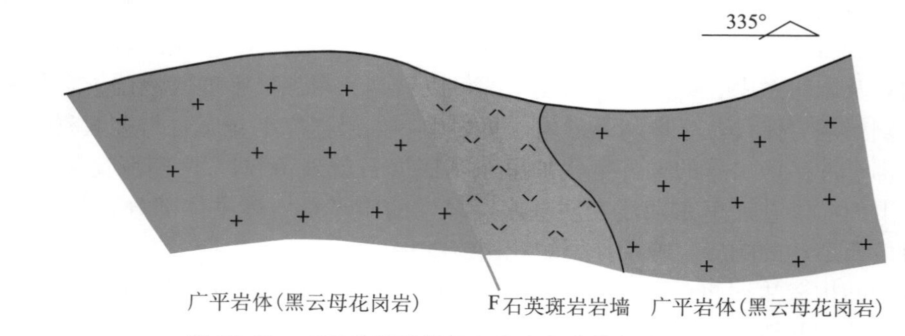

图 10-31　广平花岗岩岩体与英安斑岩接触关系示意图

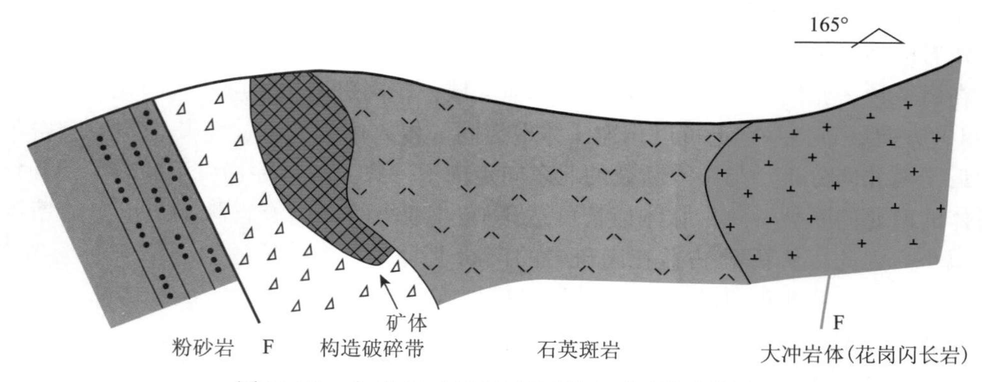

图 10-32　古益 60 中段 02 线西翼 208#矿体素描图

流纹斑岩出露于矿带西北潜汶村一带，呈熔岩被产出，走向北北东，面积 0.5 km^2。浅灰色，斑状结构。斑晶为石英、钾长石；基质为细晶-隐晶质，矿物成分为钾长石、石英、斜长石，以及少量黑云母。伟晶岩主要见于古益 220 中段 018 斜井口，呈岩脉穿插于石英闪长岩中，表明其侵位晚于石英闪长岩。白云母花岗岩与古益 60、20 中段均有出露，多呈岩墙、岩脉状沿断裂上侵与 S_1d^2 中，其主微量及稀土元素地球化学特征与广平花岗岩岩体类似，但含大量白云母（图 10-34）。

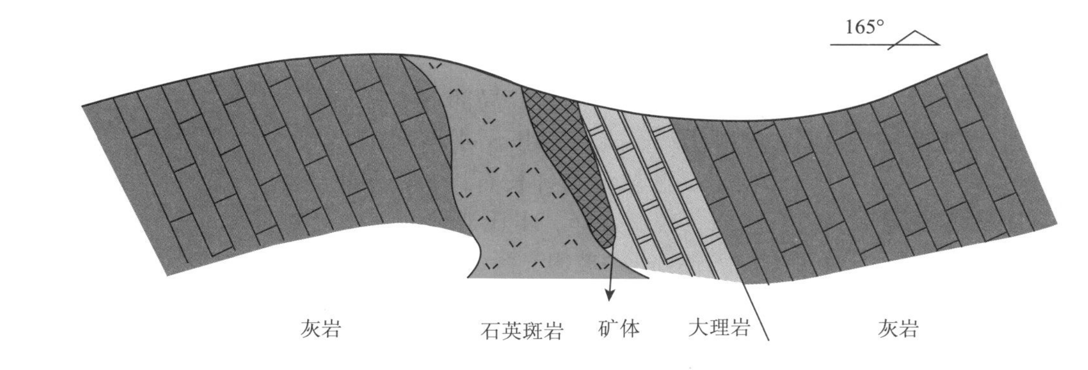

图 10-33　古益 60 中段 02 线西翼 209#矿体素描图

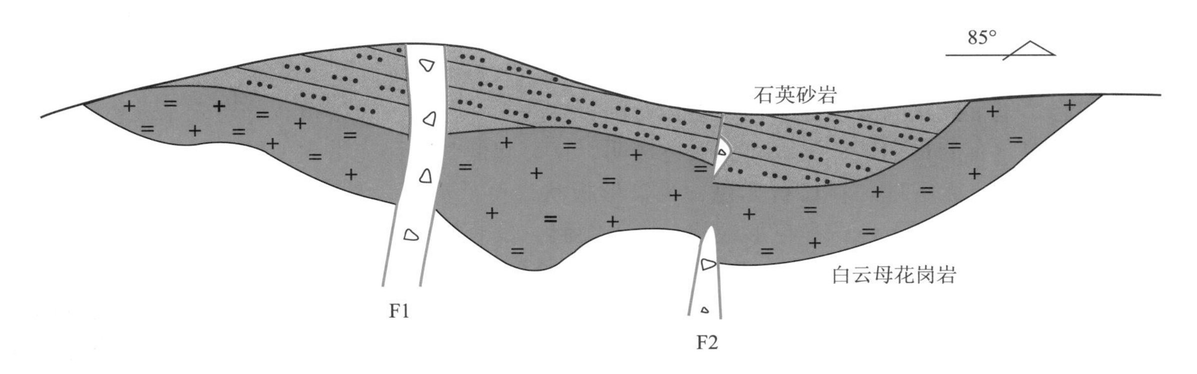

图 10-34　古益 20 中段 9 线白云母花岗岩与围岩、断裂接触关系素描图

三、火成岩的岩相学

1. 大冲（花岗闪长岩-石英闪长岩）岩体

大冲（花岗闪长岩-石英闪长岩）岩体岩性为石英闪长岩-花岗闪长岩，风化面呈黄褐色，新鲜面呈灰白色，中粒花岗结构，块状构造。岩体中有较多的围岩捕虏体和基性岩包体，大小不一，呈角砾状、浑圆状、不规则状。灰绿色，半自形柱状结构，块状构造，主要成分为斜长石和石英，角闪石。斜长石呈灰白色，板柱状，完全解理，玻璃光泽，大小为 1 ~ 5 mm，含量为 60%；石英为浅灰白色，他形粒状，油脂光泽，贝壳状断口，大小为 2 ~ 4 mm，含量为 15%；角闪石呈暗绿色，长柱状，完全解理，玻璃光泽，大部分具有蚀变现象，含量为 15%。

镜下鉴定主要矿物成分为斜长石 20% ~35%；石英 20% ~40%；角闪石 10%；微斜长石 5% ~20%；钾长石 10% ~15%；少量橄榄石、透辉石、普通辉石和黑云母等。局部岩石有轻微蚀变，可见少量绿泥石、绢云母等。斜长石呈无色，半自形板状，负低突起，具有卡-钠复合双晶，干涉色一级灰白至浅黄，基本被绢云母化。角闪石黄褐色，长柱状，中正突起，两组完全解理，多色性明显，最高干涉色二级底部，大多数绿泥石化。石英无色透明，正突起低，表面光滑，他形粒状，干涉色一级白至浅黄，波状消光，无解理。微斜长石无色，半自形板状，负低突起，具有格子双晶，干涉色一级白。钾长石无色，半自形板状，负低突起，具有卡氏双晶，干涉色一级白。橄榄石无色，粒状，高正突起，糙面明显，常见不规则裂纹，最高干涉色二级顶部。普通辉石无色，突起较高，干涉色为二级橙黄，斜消光纵切面见一组完全解理。黑云母在单偏光镜下多色性明显，由黄-褐-黑，他形粒状，一组极完全解理，近平行消光。磁铁矿黑色不透明，颗粒状，全消光。

岩石中见少量基性岩包体，包体与石英闪长岩之间没有明显的界线，渐变过渡。在矿物成分上，基性岩包体中的黑云母、石榴子石含量明显增多，石英含量减少。在化学成分上，基性岩包体与石英闪长岩中的黑云母、斜长石的化学成分基本一致，仅 Ni、Fe 含量呈反比，推测其是石英闪长岩形成后受热液作用发生局部元素迁移所致。

2. 广平花岗岩岩体

岩性主要为中粗粒（或斑状）黑云母二长花岗岩，局部有细粒花岗岩和花岗闪长斑岩的侵入体和岩脉，说明广平花岗岩岩体属多期次活动形成的、由不同类型岩浆岩组成的杂岩体。岩石肉红色，中粒花岗结构，块状构造（图 10-35）。矿物成分为钾长石，斜长石，石英，黑云母。钾长石呈肉红色，半自形到他形，板柱状，完全解理，玻璃光泽，卡氏双晶，大小为 4 ~ 13 mm，含量约为 35%。斜长石呈灰白色，半自形，板柱状，完全解理，玻璃光泽，大小为 2 ~ 5 mm，含量为 20%。石英为浅灰白色，他形粒状，油脂光泽，贝壳状断口，大小为 2 ~ 4 mm，含量为 35%。微斜长石呈灰白色，半自形，板柱状，含量为 5%。黑云母为鳞片状，珍珠光泽，一组极完全解理，有轻微蚀变，含量约 5%。

广平花岗岩岩体中，局部可见有深色铁镁质包体（MME）存在，反映了岩体在成岩过程中有深部幔源物质的混合作用（图 10-35）。

镜下鉴定主要矿物成分含量：条纹长石 35%，石英 30% ~ 35%；斜长石 20%；黑云母 5%；微斜长石 5%；少量白云母 5%。条纹长石无色，他形，板状，因长石泥化，表面较脏并略显很淡的褐色，负低突起。呈卡氏双晶和条纹结构，钠长石细条纹的干涉色呈一级淡黄，分布于干涉色呈一级灰的钾长石主晶中，有的具聚片双晶。石英无色透明，正突起低，表面光滑，他形粒状，干涉色一级白至浅黄，波状消光，无解理。斜长石无色，半自形板状，负低突起，具有卡-钠复合双晶，干涉色一级灰白至浅黄。微斜长石无色，半自形板状，负低突起，具有格子双晶，干涉色一级白。黑云母在单偏光镜下多色性明显，由黄-褐-黑，他形粒状一组极完全解理，近平行消光（图 10-36）。

图 10-35 广平花岗岩及其包体

图 10-36 广平花岗岩镜下特征

3. 花岗斑岩

（1）新塘-古益花岗斑岩

新塘-古益花岗斑岩呈肉红色，斑状结构，块状构造；斑晶主要有钾长石、斜长石和石英。斑晶约占 60%。钾长石呈肉红色，短柱状，自形程度好，大到 15 mm × 25 mm，小到 2 mm × 4 mm，玻璃光泽，硬度大于小刀，解理发育，含量 10%。斜长石呈白色，半自形-他形，大小 2 ~ 5 mm，硬度大，玻璃光泽，含量约占 40%。石英无色透明，他形粒状，粒度大小 2 ~ 6 mm，断口油脂光泽，含量 10%。基质主要由隐晶质斜长石、石英、绿泥石组成，含量约为 40%（图 10-37）。

镜下特征：矿物成分有石英、钾长石、斜长石、绿泥石、绿帘石、褐帘石、榍石和锆石。石英呈无色，他形粒状，大小 1.5 mm 左右，正低突起，表面光滑，无解理，有裂纹，一级灰白干涉色，含量 20%。钾长石无色，负低突起，板状，表面有脏感，大小 0.5 mm × 1 mm 斜消光，具有卡氏双晶，有少量的绿帘石分布在钾长石中，多数钾长石已经蚀变，含量约 10%。斜长石无色，正低突起，他形，多数已经绢云母化，形态轮廓保留，部分可见聚片双晶，斜消光，含量约 5%。绿泥石绿色，鳞片状，多色性明显，中正突起，一级灰干涉色，也有异常蓝干涉色，平行消光，绿泥石由黑云母蚀变

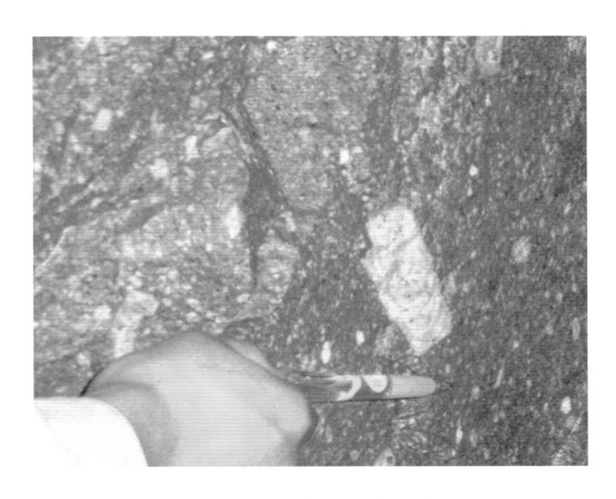

图 10-37　古益花岗斑岩

而来，仍保留黑云母的形态。含量约 10%。绿帘石浅黄色，他形粒状大小 0.1 mm，多色性明显，高突起，干涉色鲜艳，含量 2%。褐帘石褐色，粒状，大小 <0.1 mm，多色性明显，高突起，蓝绿干涉色。含量 <1%。榍石，呈浅褐色，粒状，大小 <0.1 mm，高突起，多色性弱，表面有裂纹，具高级白干涉色，含量 <1%。锆石呈粒状，高突起，边部有粗的黑边，具有鲜艳的干涉色，含量极少。基质主要由长石和石英组成，微晶结构，含量 50%（图 10-38）。

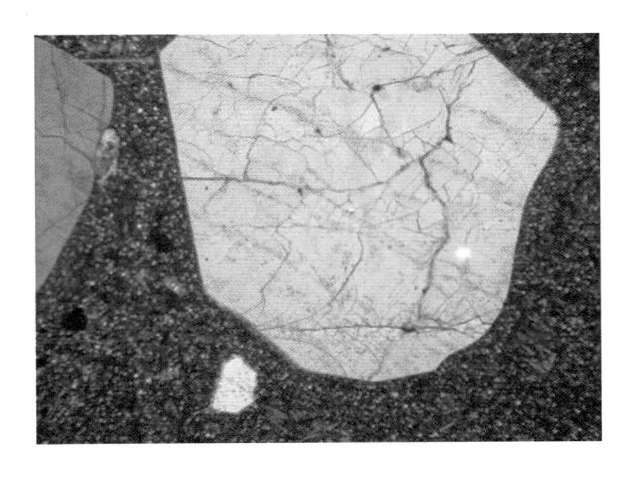

图 10-38　花岗斑岩矿物组成

（2）河三花岗斑岩

河三花岗斑岩的斑晶含量约占 20% ~35%，斑晶主要有斜长石、石英。斜长石呈灰白色，半自形柱状，粒度最大可达 4 mm×7 mm，一般为 2 mm×4 mm，硬度大于小刀，玻璃光泽，可见一组解理，含量约 15%；石英呈无色透明，他形粒状，颗粒大小约 2 ~7 mm，断口具有油脂光泽，硬度大，无解理，含量约 10%。基质主要由斜长石、石英微晶组成，约占 65%。

镜下鉴定主要矿物成分有斜长石、石英、白云母、绿泥石。斜长石呈正低突起，半自形-他形板状，大小为 0.5 mm×1 mm，因蚀变表面具有混浊的脏感，Ⅰ级灰干涉色，具有聚片双晶，斜消光；多数斜长石已经蚀变成绢云母，含量约 10%。石英呈无色，正低突起，他形粒状，大小为 1 ~2 mm，表面光滑，无解理，有裂纹发育，Ⅰ灰白干涉色，有些达到Ⅰ级灰白干涉色，含量约 15%。绿泥石含量 <5%。白云母无色，片状，无多色性，一组极完全解理，平行消光。部分云母绿泥石化，含量 <5%。次生矿物有绿泥石，中正突起，多色性明显，Ⅰ级灰干涉色，具有异常干涉色：蓝褐色。含量 5%。基质主要由斜长石、石英组成，含量 65%。基质微晶结构。

（3）龙湾花岗斑岩

花岗斑岩宏观上呈浅肉红色，斑状结构，块状构造，斑晶约占60%，斑晶主要有钾长石、斜长石和石英，少量角闪石、黑云母、白云母。钾长石呈肉红色，长柱状，自形程度好，大到10 mm×20 mm，小到3 mm×7 mm，玻璃光泽，硬度大于小刀，具有卡氏双晶，发育一组解理，含量约15%。斜长石呈灰白色，半自形-他形，短柱状，大到15 mm，小到3 mm，多数为3～5 mm，具有玻璃光泽，硬度大，发育一组解理，含量约15%，斜长石有轻微蚀变而呈浅绿色。石英呈无色透明，他形粒状，颗粒大到10 mm，小到1 mm，一般多为4～6 mm，石英无解理，有裂纹发育，断口具油脂光泽，硬度大，含量25%。角闪石为黑绿色，他形粒状，大小1～2 mm，硬度大，含量5%。黑云母黑色，细小片状，具有珍珠光泽，硬度小，具有一组极完全解理，含量<1%。白云母呈白色，细小片状，具有珍珠光泽，硬度小，具有一组极完全解理，含量<1%。基质主要有斜长石、钾长石、石英、黑云母、绿泥石组成，由于斜长石绿泥石化，基质呈浅绿色，基质含量40%。

镜下鉴定可见石英、钾长石、斜长石、黑云母、绿泥石和绿帘石等矿物。石英无色透明，他形粒状，大小1～2 mm，正低突起，表面光滑，无解理，干涉色一级白至浅黄，波状消光，含量约15%。钾长石无色，表面较脏，半自形板状，大小3 mm×5 mm，负低突起，具有卡氏双晶，干涉色一级白，钾长石高岭土化强烈，含量10%。斜长石无色，板柱状，半自形，大小2 mm×5 mm，低正突起，多具聚片双晶，少数具卡钠复合双晶，干涉色一级灰白至浅黄，斜长石绿泥石化强烈，仍保留原矿物形态，含量约7%～10%。黑云母呈片状，多色性明显，一组极完全解理，平行消光，干涉色Ⅱ级蓝绿，含量5%。绿泥石呈灰色-浅绿色，细小鳞片状，多色性明显，干涉色多为褐色，也有异常蓝干涉色，含量3%。绿帘石呈浅黄色，他形粒状大小0.1 mm，多色性明显，高突起，干涉色鲜艳，含量2%。褐帘石呈褐色，粒状，大小<0.1 mm，多色性明显，高突起，蓝绿干涉色，含量<1%。榍石呈浅褐色，粒状，大小<0.1 mm，高突起，多色性弱，表面有裂纹，具高级白干涉色，含量<1%。基质主要成分为微晶长石、石英组成，长石约占30%，石英30%。基质呈微晶结构。

本期侵入岩与成矿关系密切，在古益至牛卫一带最为发育，该段为矿田主要矿床所在地，矿（化）体多产于岩体接触带及附近的围岩中。

4. 英安斑岩

英安斑岩呈灰绿色，斑状结构，块状构造。主要成分有石英，钾长石，黑云母。石英为浅灰白色，他形粒状，油脂光泽，贝壳状断口，大小为2～4 mm，含量为18%。钾长石呈肉红色，半自形到他形，板柱状，完全解理，玻璃光泽，卡氏双晶，大小为4～13 mm，含量约为8%。黑云母为鳞片状，珍珠光泽，一组极完全解理，有轻微蚀变，含量约4%。

英安斑岩中含有较多的板岩、灰岩及砂岩角砾。角砾含量一般5%左右，角砾大小一般数毫米至数厘米，少数可达10～30 cm或更大。灰岩角砾常具环带状矽卡岩化现象，并且在角砾中心可见晶形完好的立方体黄铁矿，偶见方铅矿和闪锌矿。在靠近牛卫断裂附近，角砾增多，角砾直径增大，甚至出现巨砾，其走向或长轴方向均与牛卫断裂平行，推测火山熔岩沿着牛卫断裂喷溢，即牛卫断裂及配套构造可能是火山活动的主要通道。在地表熔岩覆盖区，因下伏地层超覆及后期剥蚀作用，熔岩被厚薄不一，局部见有下伏地层出露，形成“天窗”。

镜下鉴定可见基质含量达70%，主要为石英、长石碎片，斑晶为30%，其中石英15%，钾长石10%，黑云母5%。石英呈无色透明，正突起低，表面光滑，他形粒状，干涉色一级白至浅黄，波状消光，无解理。钾长石为无色，半自形板状，负低突起，具有卡氏双晶，干涉色一级白，表面较脏，略微绢云母化。黑云母在单偏光镜下多色性明显，由黄-褐-黑，他形粒状，一组极完全解理，近平行消光，大多绿泥石化。基质70%，在单偏光镜下呈现流纹状，在正交偏光镜下为石英、长石碎片（图10-39）。

在30号勘探线的ZK566孔的英安斑岩中铅锌矿化矽卡岩厚达33 cm，Pb、Zn品位达5.33%，成为工业矿体，说明英安斑岩是含矿母岩之一，在英安斑岩覆盖的钙质岩层中可能有隐伏矿体，是今后找矿方向之一（雷良奇等，2001）。

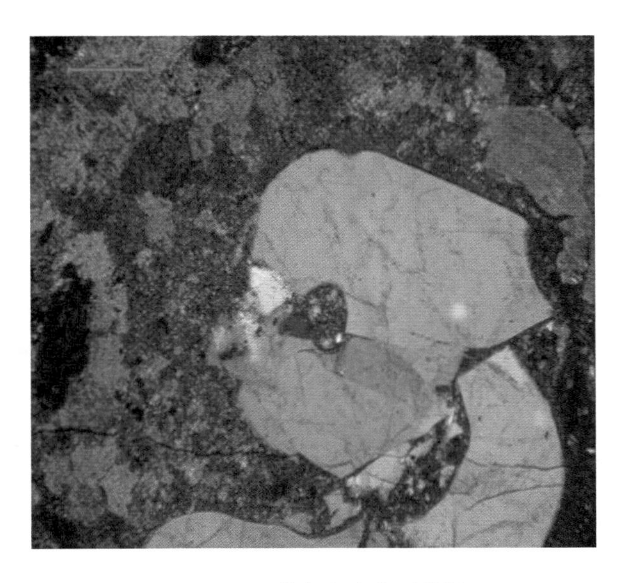

图 10-39　英安斑岩井下特征

5. 其他火成岩

花岗闪长斑岩：常侵入于石英闪长岩和英安斑岩内，含石英闪长岩包体（包体没有明显蚀变），主要产于矿带南部乾箱一带，呈岩株状产出；在石门-刀支口、勒寨、龙湾、五指山等地呈岩脉产出，近南北走向。灰色，斑状结构，基质细粒。以斜长石和石英为主，钾长石次之，含少量黑云母。斜长石与钾长石之比约4：1，帘石化、铅矿化普遍。花岗闪长斑岩的岩石成分、蚀变矿物和含矿性等方面特征与石英闪长岩及地表出露的熔岩被相似，说明其为同源补充侵入体。

细粒花岗岩：仅见于旧村口附近，呈脉状产出，出露长度600 m，宽约40 m，往深部岩脉变大。在水滴矿点深部隐伏产出（水滴 ZK14 和 ZK15 等钻孔均遇到该岩体）。呈灰-灰白色，细粒-中粒等粒结构。以钾长石、斜长石和石英为主，含少量黑云母和白云母，局部云英岩化，含白钨矿。

粗粒花岗岩：见于古益矿区井下，呈岩脉、岩墙状产出，宽5 ~8 m，延伸大于50 m（20、60 中段均有出露）。呈灰白色，中粗粒等粒结构，以斜长石、石英及钾长石为主，含有大量的白云母。

伟晶岩：见于古益矿区井下220 中段018 斜井口，呈岩脉穿插于石英闪长岩中，长约10 m，宽0. 1 ~0. 5 m。呈灰白色，具伟晶结构，条带状构造，分带性明显，边缘带主要有长石和石英组成，呈细晶结构，而中央带多为粗大的长石和石英颗粒。

此外，在胜垌还见有辉绿岩脉发育，但时代不详。

四、岩体的成因类型及构造意义

1. 大冲（花岗闪长岩-石英闪长岩）岩体

源岩成分的判别是研究花岗岩成因的重要环节。Sylvester 等（1998）认为 CaO/Na_2O 可以作为源区的重要判别标志，$CaO/Na_2O<0.3$，代表其源区属于成熟度较高的泥质岩，而 $CaO/Na_2O>0.3$，代表其源区属于砂岩；Al_2O_3/TiO_2 值则反映其形成时的部分熔融温度，一般而言，部分熔融温度愈高，熔体的 Al_2O_3/TiO_2 比值愈低，$Al_2O_3/TiO_2>100$，对应的熔体温度在875℃以下，而 $Al_2O_3/TiO_2<100$ 者，对应的熔融温度在875℃以上。大冲（花岗闪长岩-石英闪长岩）岩体 CaO/Na_2O 为 0. 85 ~39. 26，除高值点（39. 26）外，平均2. 51，远大于0. 3，表明其源区为砂岩，且对应其形成时熔融体温度应该在875℃以上，而 Al_2O_3/TiO_2 区间位于10. 14 ~21. 29，平均13. 29，远小于100，也证明其形成时熔融体温度大于875℃。而 Rb/Sr – Rb/Ba 图解中大冲（花岗闪长岩-石英闪长岩）岩体几乎全部落入含少量粘土的硬砂岩中，但在 mol［$CaO/(MgO+FeO^*)$］—mol［$Al_2O_3/(MgO+FeO^*)$］图解中大冲（花岗闪长岩-石英闪长岩）岩体几乎全部落入基性岩的部分熔融区域，反映了大冲（花岗

闪长岩-石英闪长岩）岩体源于玄武质麻粒岩下地壳的部分熔融（图 10-40）。由此推测，大冲（石英闪长岩-花岗闪长岩）岩体属于高钾钙碱性 I 型花岗岩，起源于玄武质下地壳的部分熔融。

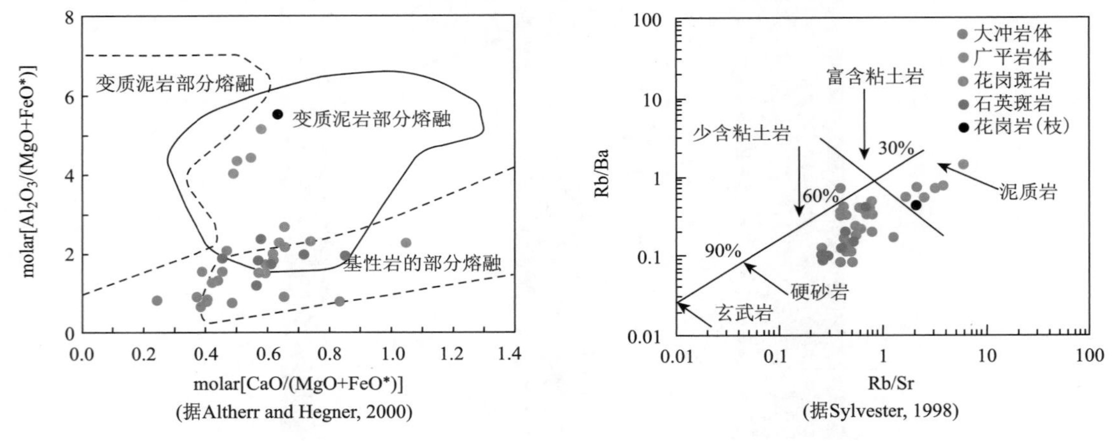

图 10-40　佛子冲花岗岩主量、微量元素源岩判别图解

依据岩石地球化学特点可以判定岩石形成的大地构造背景，在 Pearce 构筑的花岗岩类微量元素构造位置判别图中（图 10-41），大冲（花岗闪长岩-石英闪长岩）岩体均落入岛弧-同碰撞-板内环境中，表明岩体产在一个构造演化序列中，而并非为某一期的产物，这也与其主、微量元素地球化学特征所反映的结晶分异特点一致。在 Hf－Rb/30－Ta×3 图中，大冲（花岗闪长岩-石英闪长岩）岩体

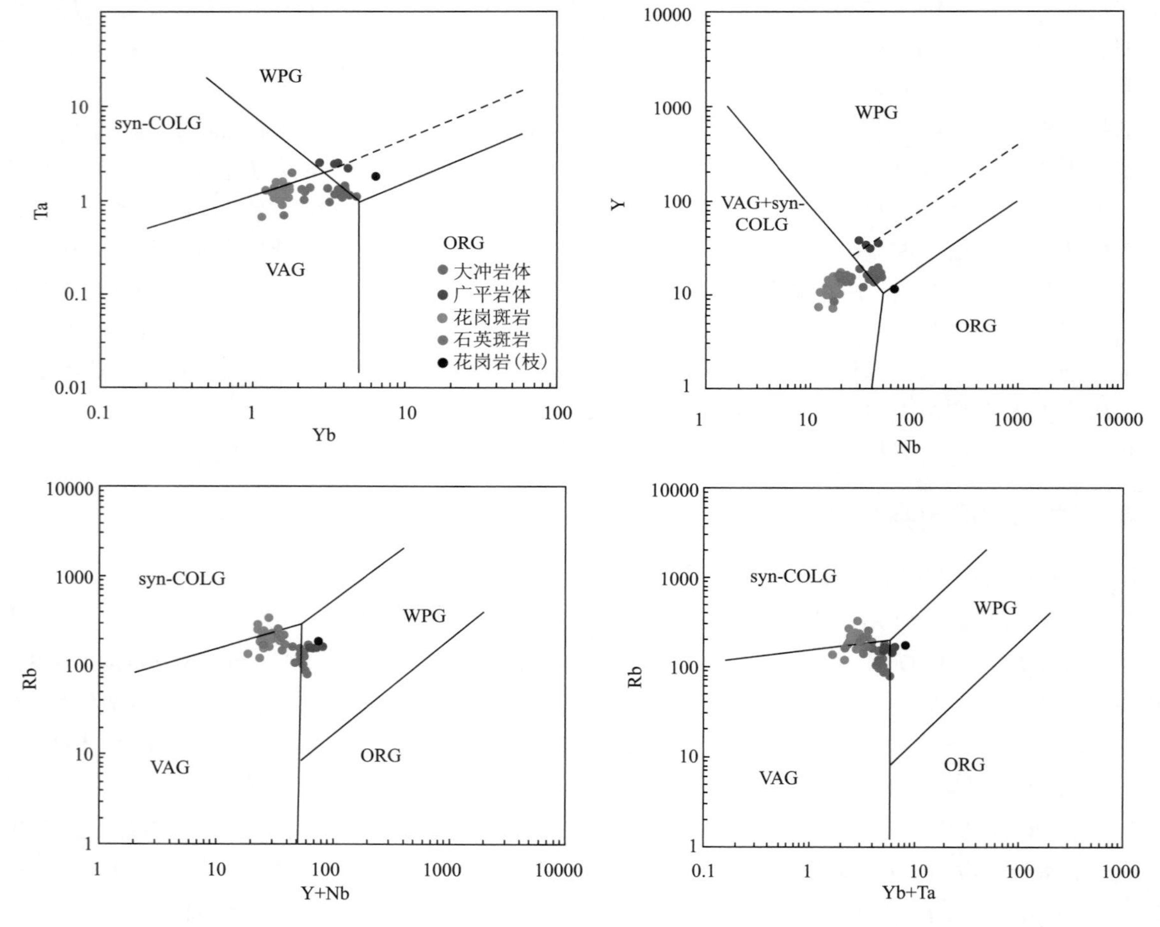

图 10-41　大冲（花岗闪长岩-石英闪长岩）岩体 Pearce 构造环境判别图解

Syn－COLG：同碰撞花岗岩；WPG：板内花岗岩；VAG：火山弧花岗岩；ORG：大洋脊花岗岩

均落入火山弧环境中，而在 Hf－Rb/10－Ta×3 图中，则落入火山弧向碰撞大地构造环境过渡区域，而多数集中在碰撞大地构造环境区域（图 10-42）。在 Maniar 等（1989）构造判别图解（图 10-43）中，大冲（花岗闪长岩-石英闪长岩）岩体分布较为分散，同样表现出一个较长的演化过程：即岛弧→同碰撞→碰撞后。

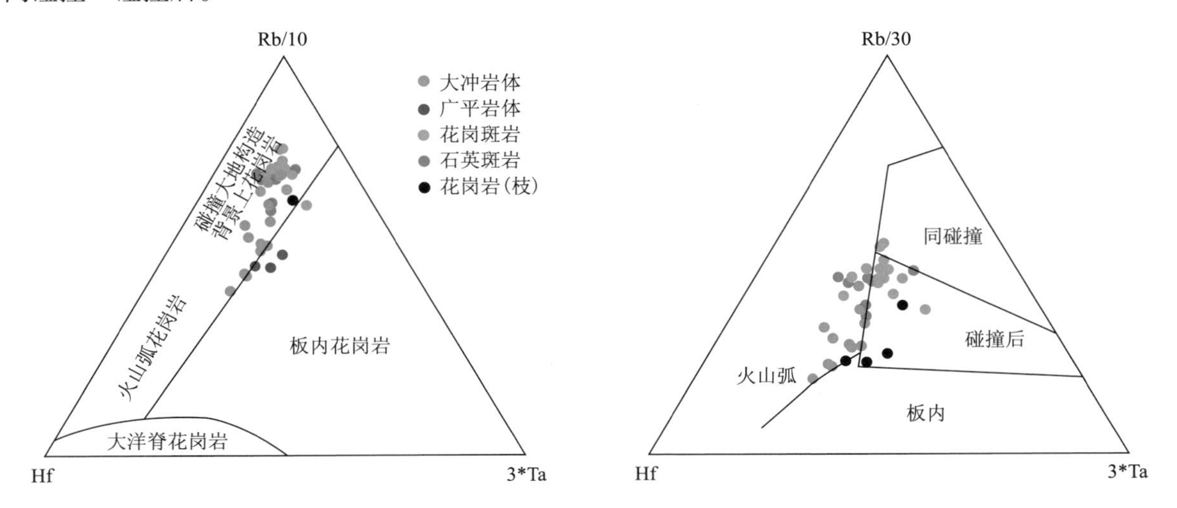

图 10-42 佛子冲花岗岩 Hf－Rb/30－Ta×3、Hf－Rb/10－Ta×3 判别图解

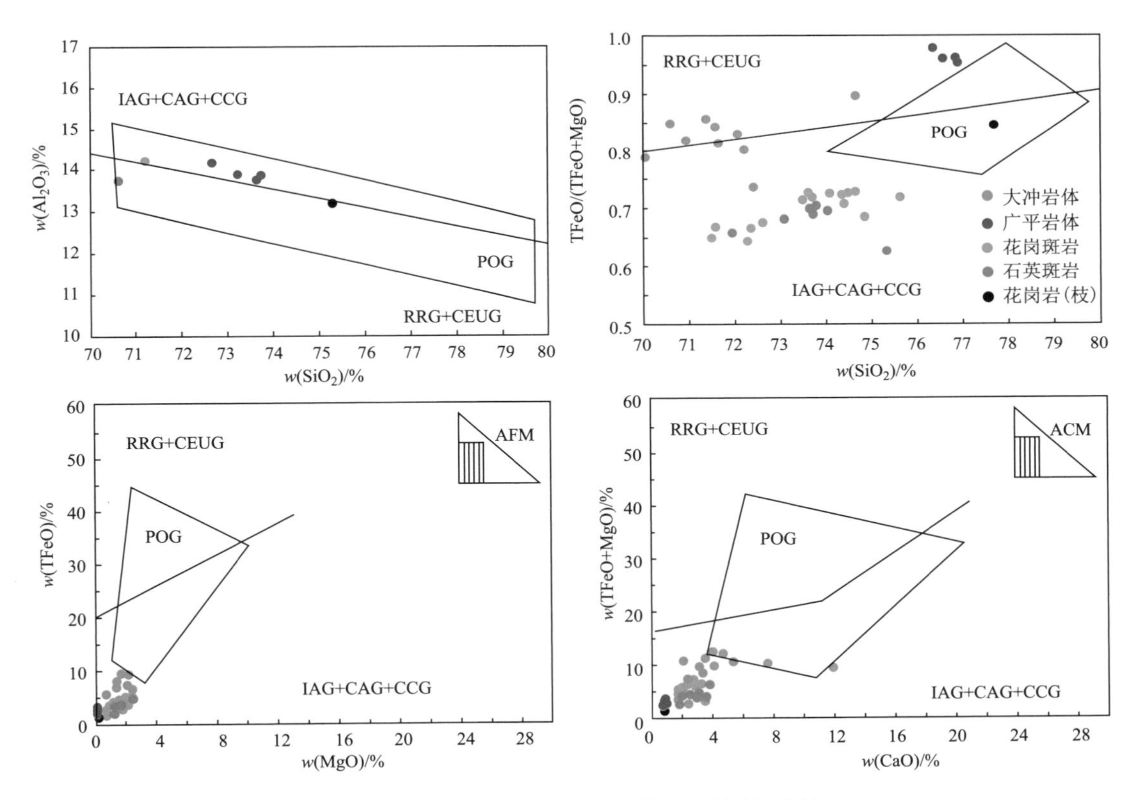

图 10-43 佛子冲花岗岩主元素构造环境判别图解

IAG—岛弧花岗岩类，CAG—大陆弧花岗岩类，CCG—大陆碰撞花岗岩类，POG—后造山花岗岩类，RRG—与裂谷有关的花岗岩类，CEUG—与大陆的造陆抬升有关的花岗岩类

从不同的花岗岩形成环境判别图解可以看出，大冲（花岗闪长岩-石英闪长岩）岩体的形成环境可以归结为与岛弧-同碰撞-板内大地构造环境，结合地球化学特征表明其属于一系列构造环境下长时间演化的陆壳重熔 I 型花岗岩，其源岩为下地壳基性麻粒岩。

2. 广平花岗岩岩体

从不同的花岗岩形成环境判别图解（图 10-41 ~46）可以看出，广平花岗岩岩体的形成环境可以归结为板内、后造山环境，即一个板内伸展作用的过程，则进一步证明了广平花岗岩岩体为 A 型花岗岩，且为产在造山后区域伸展作用下的 A2 型花岗岩。对 A 型花岗岩的成因存在很大争议，一般认为，A 型花岗岩来自火成岩的高温脱水熔融，脱水是由黑云母、角闪石诱发的，比起普通的 I 型、S 型花岗岩，熔融温度高、熔融程度低。因此，广平花岗岩来源于中下地壳或成因高温、低度熔融。Eby 等（1990）认为 A 型花岗岩形成于两种构造环境，一是与陆陆碰撞有关的环境，二是板内裂谷。两种环境分别是超高压地体快速折返（陆陆碰撞环境）、软流圈上涌造成的地壳快速抬升，这两种环境的共同特点是快速抬升造成地壳的减压熔融。佛子冲所在的位置没有陆陆碰撞的证据，不存在与陆陆碰撞有关的超高压岩石，只能是板内裂谷环境。

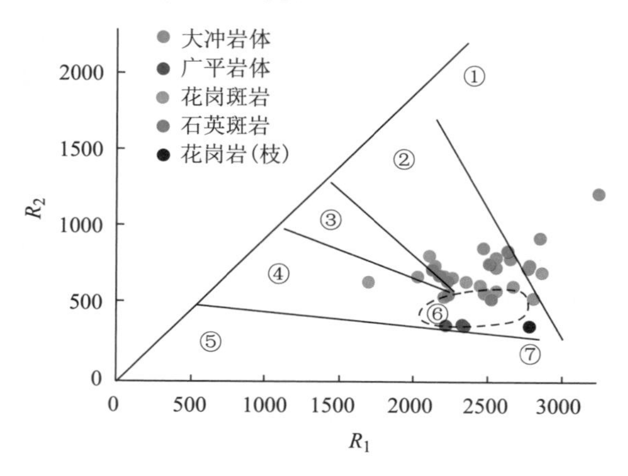

图 10-44 佛子冲花岗岩 R_1-R_2 图解

①地幔斜长花岗岩；②破坏性活动板块边缘（板块碰撞前）花岗岩；③板块碰撞后隆起期花岗岩；④晚造山花岗岩；⑤非造山区 A 型花岗岩；⑥同碰撞（S 型）花岗岩；⑦造山前后 A 型花岗岩

前人大量研究表明，华南印支期以挤压逆冲推覆和地壳加厚为主要特征（Chen，2001，Wang et al.，2002），主体变形时间发生在 258 ~192 Ma（范蔚茗等，2003），至燕山早期则发育有 A 型花岗岩类（176 ~178 Ma）和双峰式火山岩（158 ~179 Ma）（Chen et al.，2002），并在燕山早期发现 OIB 特征的板内拉斑或碱性玄武岩（175 ~178 Ma）（赵振华等，1998；陈培荣等，2002）。晚三叠世 - 白垩纪（200 ~145 Ma），造山过程在华南地区基本结束并开始向板内裂谷环境转换（Cai and Zhang，2009），华南地区在侏罗纪时，岩石圈发生了伸展作用，且一般认为其深层机制与岩石圈拆沉、地幔上涌、壳幔相互作用相关，及直接受控于陆内造山期后的地球动力学过程。广平花岗岩岩体则正是在这一时期，软流圈上涌和岩石圈伸展的大地构造背景环境下形成的，也是这一构造运动最直接的证据。广平花岗岩岩体高硅、高钾、富碱、锆石 U-Pb 年龄为 170.8 Ma、微量元素 Pearce 图解显示的构造环境特征，均证明了其属于华南地区燕山早期产于板内环境的 A 型花岗岩。

3. 花岗斑岩的成因及构造意义

花岗斑岩的 CaO/Na_2O 为 0.65 ~23.06，平均 2.43，大于 0.3，而 Al_2O_3/TiO_2 为 24.52 ~44.33，平均为 33.19，均小于 100，表明其源区为砂岩，且其形成时熔融体温度应该在 875℃以上。地球化学图解（图 10-40）也反映了花岗斑岩源区属于硬砂岩的特征。在 $Al_2O_3/TiO_2-CaO/Na_2O$ 图解中（图 10-47），佛子冲花岗斑岩与澳大利亚 Lachlan 褶皱带花岗岩相似，其源岩属于含少量泥质的硬砂岩。

燕山早期（华南燕山旋回第一幕，约 150 Ma）古太平洋板块（北部鄂霍茨克板块及南部伊佐奈崎板块）向西俯冲挤压，使中国大陆逆时针旋转 20° ~30°（万天丰，2004），壳内低速层及莫霍面发生滑脱，从而使中国东部地壳普遍持续大规模减薄，使得晚古生代中国东部叠加的厚地壳开始逐渐减薄，相应的在东部普遍发生板内褶皱变形，形成北北东向构造体系，出现一系列岩浆活动。本次研究

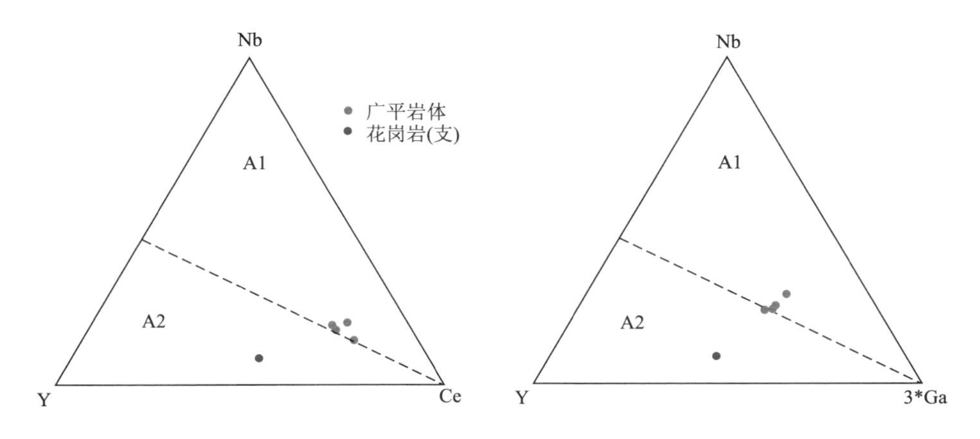

图 10-45　广平花岗岩岩体 Nb－Y－Ce 及 Nb－Y－3*Ga 图解

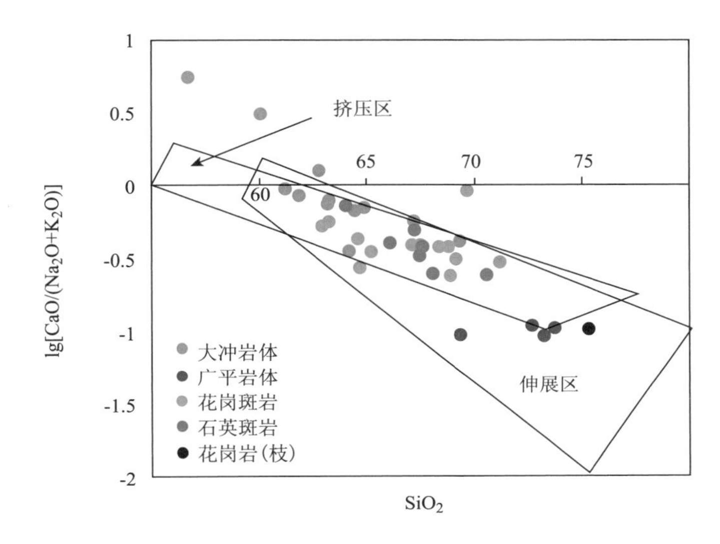

图 10-46　佛子冲花岗岩图解 lg［$CaO/(Na_2O+K_2O)$］－SiO_2 图解

（据 Xu KQ 等，1984）

认为华南晚中生代存在 3 次主要的拉伸作用和 3 次间歇性的挤压作用：

中晚侏罗世（165～155 Ma）：古太平洋板块第二次向华南板块俯冲挤压，相当于中侏罗统卡洛夫阶—上侏罗统牛津阶沉积阶段。太平洋构造域开始起作用，古太平洋板块（伊佐奈崎板块）沿亚洲大陆东南部边缘向大陆之下俯冲，这个时期华南地区的构造性质和岩浆活动规模明显不同于早中侏罗世的伸展型构造-岩浆活动，它代表了另一次重要的构造-热事件（徐先兵等，2009）；华南东部地区整体处于强烈挤压隆升状态，晚侏罗世普遍缺失（陆志刚等，1994）；并且发生大规模的褶皱逆冲作用和大陆地壳的增厚（Isozaki Yukio，1997）。福建沿海地带的平潭-东乡变质带发生挤压增厚作用，地壳物质发生重熔，发育锆石 SHRIMP U-Pb 年龄为 168 Ma 的片麻状混合花岗岩（万天丰，1989；邢光福等，2008）。作为岩浆强烈活动期，本期火山岩的发育仅占小部分，岩浆活动以花岗岩为主。在华南，面状分布的大型花岗岩岩基发育，如湘中的骑田岭花岗岩体和闽西南的和田花岗岩体（张岳桥等，2009）。在南岭地区，中晚侏罗世花岗岩发育 3 条近东西向相互平行的花岗岩带，花岗岩侵位年龄在 165～155 Ma（周新民等，2007），具有低 ε_{Nd}（t）值、高 A/CNK、高 Rb/Sr 比值和 t_{DM}值，指示着当时被挤压加厚的背景（孙涛等，2003）。

晚侏罗世—早白垩世（155～140 Ma）：华南碰撞后伸展作用，相当于国际地层表上侏罗统基末利阶—下白垩统贝里阿斯阶。受古太平洋板块向西俯冲后陆内岩石圈应力释放作用的影响，华南地区此时处于碰撞后伸展环境。任纪舜等（1999）认为，华南从晚侏罗世—早白垩世（约 140 Ma）开始，

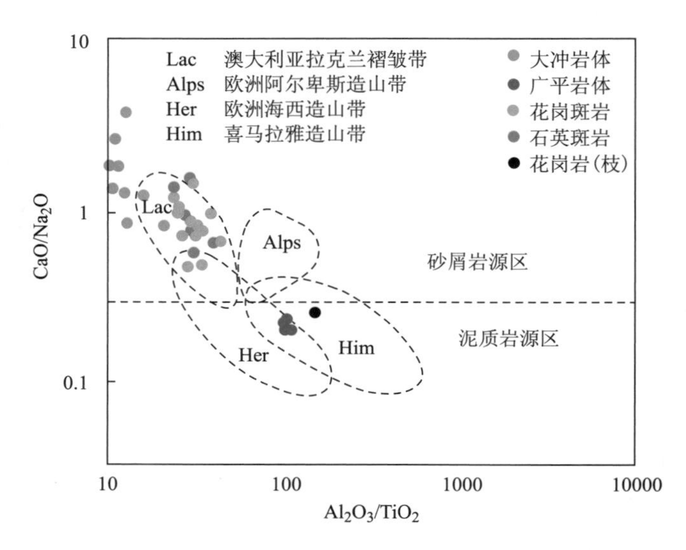

图 10-47 佛子冲花岗岩 $Al_2O_3/TiO_2-CaO/Na_2O$ 图解

（据孙涛，周新民，陈培荣等，2003 改编）

华南构造-岩浆作用受控于古太平洋动力体系；孙涛等（2002）、王德滋等（2003）认为晚中生代东南属于火山岩浆弧环境，与太平洋板块向西俯冲导致的弧后伸展引张有关；毛景文等（2004）认为白垩纪（145~65 Ma）华南为大伸展构造背景，并对华南地区的岩浆存在一定的控制作用；Cai and Zhang（2009）认为早白垩纪（约 145 Ma）华南地区造山过程基本结束并开始向板内裂谷环境转换。受挤压后应力释放作用，华南此时主要表现为区域性伸展作用。

早白垩世（140~130 Ma）：古太平洋板块第 3 次向华南板块俯冲挤压，相当于国际地层表上下白垩统凡兰吟阶—欧特里夫阶。以政和-大埔断裂为界，其南东侧浙闽粤的广大地区火山活动达到高峰，因板块俯冲诱发的大量地幔物质底侵到地壳之中，导致地壳岩石发生部分熔融，形成大面积的高钾钙碱性长英质火山-侵入岩及少量的基性岩（巫建华，2004；周新民等，2000；舒良树等，2006；邢光福等，2008）；万天丰（2004）认为，此时受古太平洋板块放射状运移作用的影响，华南地区第 3 次受到古太平洋板块向西的俯冲，整个华南处于挤压构造环境中。

早白垩世晚期（125~94 Ma）：华南板内云开陆块与扬子地块的挤压碰撞。相当于国际地层表下白垩统阿普特阶—上白垩统塞诺曼阶。徐夕生等（1999）认为，中国东南部晚中生代缝合带的年龄（110~100 Ma）可能代表晚中生代构造-岩浆作用由”挤压-地壳增厚-陆壳重熔“向”拉张-岩石圈减薄-双峰式岩浆作用”机制的转变年龄。矿区大范围花岗斑岩及英安斑岩的侵位，表明此时华南已经处于岛弧-同碰撞环境，而 110~96 Ma 的同位素年龄，则表明此时华南处于同碰撞挤压环境。

晚白垩世（94~65 Ma）：华南区域性伸展作用期。相当于国际地层表上白垩统土仑阶—马斯特里赫特阶。整个华南存在大范围的白垩纪裂谷既是此时伸展作用的产物。在佛子冲矿田北东约 15 km 处及南东约 25 km 处的白垩系沉积地层可以看作是华南白垩纪裂谷化期的一个缩影，周公顶流纹斑岩的大量出露也表明了此时处于华南大规模的伸展作用。

4. 英安斑岩的成因及构造意义

英安斑岩的 CaO/Na_2O 为 0.59~1.55，平均 0.96，大于 0.3，而 Al_2O_3/TiO_2 为 23.88~39.08，平均 30.08，均小于 100，表明其源区为砂岩，且其形成时熔融体温度应该在 875℃以上。地球化学图解（图 10-44，图 10-48）也反映了英安斑岩源区属于硬砂岩的特征。从不同的花岗岩形成环境判别图解可以看出，矿田不同矿区的花岗斑岩具有相同的形成环境，其形成环境可以归结为与岛弧-同碰撞有关的挤压型大地构造环境。矿田英安斑岩和花岗斑岩具有相似的地球化学特征以及相近的同位素年龄，表明它们为同源岩浆，其形成的动力学背景与花岗斑岩一致。龙湾英安斑岩可能代表了区域性构造转化环境，紧随其后的周公顶火山岩代表着伸展环境的开始。

5. Sr – Nd 同位素示踪

为了进一步讨论佛子冲矿田花岗岩的成因，查清花岗岩的来源及源区特征，我们挑选部分样品进行 Sr、Nd 同位素测试。测试工作在中国科学院广州地球化学研究所完成，采用粉末酸溶分离方法，测试工作在 MC-ICP-MS 上完成。测试结果（表 10-9，图 10-49）显示，佛子冲矿田花岗岩$^{87}Sr/^{86}Sr$ 的初始比值大于 0.709，ε_{Sr}（t）都在 +77 以上，显示花岗岩的壳源特征。ε_{Nd}（t）值全部为负值，同样说明花岗岩的壳源成因。但广平岩体的 ε_{Nd}（t）的值只有 –1.2 ~ –1.5，非常接近 0，表明有壳幔相互作用，这与广平花岗岩富含 MME 包体的地质特征是一致的。

表 10-9　佛子冲矿田花岗岩的同位素组成

样品号	岩体单元	Rb	Sr	$^{87}Sr/^{86}Sr$	2σ	$(^{87}Sr/^{86}Sr)_i$	Sr
F10 – 26	广平岩体	157.40	26.0400				
F10 – 29	广平岩体	152.40	47.1500	0.7361	0.000018	0.7135	130.3176
F10 – 20	花岗斑岩	166.30	417.8000	0.7120	0.000014	0.7104	84.9074
F10 – 21	花岗斑岩	166.80	419.5000	0.7115	0.000011	0.7099	77.9767
F10 – 8	大冲岩体	107.70	258.1000	0.7270	0.000013	0.7227	263.2369
F10 – 9	大冲岩体	101.70	190.2000	0.7288	0.000016	0.7233	270.8703
H10 – 5	河三花岗斑岩	170.00	228.1000	0.7164	0.000016	0.7133	126.8501
H10 – 6	河三花岗斑岩	158.20	364.3000	0.7176	0.000013	0.7158	162.6638
L10 – 2	龙湾花岗斑岩	266.20	152.4000	0.7186	0.000013	0.7114	99.9694
L10 – 3	龙湾花岗斑岩	237.80	293.2000	0.7140	0.000014	0.7106	88.6774

样品号	岩体单元	Sm	Nd	$^{143}Nd/^{144}Nd$	2	T_{DM}/Ga	$(^{143}Nd/^{144}Nd)_i$	ε_{Nd}（t）
F10 – 26	广平岩体	14.2400	80.7100	0.5125	0.000008	0.9820	0.5123	–1.5
F10 – 29	广平岩体	9.7690	51.5100	0.5125	0.000007	1.0257	0.5124	–1.2
F10 – 20	花岗斑岩	4.9690	29.3900	0.5121	0.000008	1.4236	0.5120	–9.1
F10 – 21	花岗斑岩	4.8850	26.1600	0.5121	0.000010	1.5527	0.5120	–9.0
F10 – 8	大冲岩体	7.1710	37.7100	0.5118	0.000008	2.1224	0.5116	–14.3
F10 – 9	大冲岩体	7.9350	38.4100	0.5119	0.000010	2.0779	0.5117	–11.4
H10 – 5	河三花岗斑岩	4.8120	25.8800	0.5122	0.000008	1.4975	0.5121	–8.3
H10 – 6	河三花岗斑岩	5.0950	27.3500	0.5121	0.000008	1.5800	0.5120	–9.4
L10 – 2	龙湾花岗斑岩	4.7530	26.6800	0.5120	0.000009	1.5870	0.5120	–10.4
L10 – 3	龙湾花岗斑岩	4.9230	25.9300	0.5121	0.000009	1.6725	0.5120	–10.2

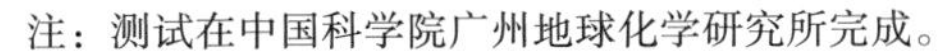
注：测试在中国科学院广州地球化学研究所完成。

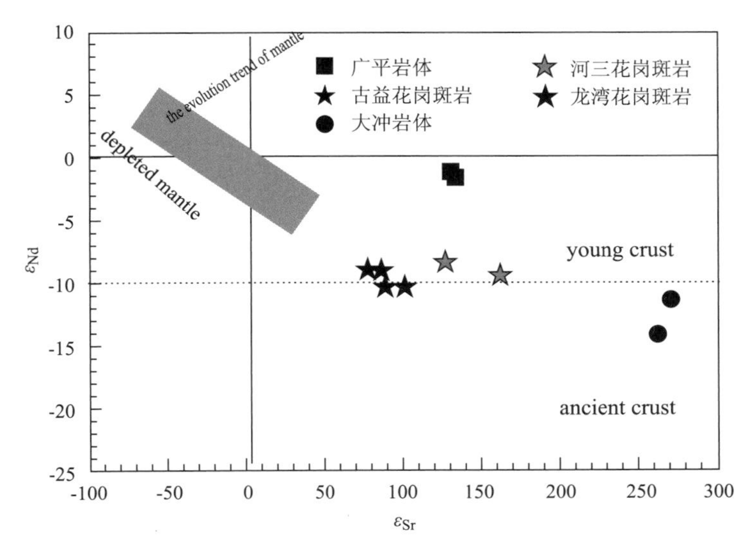

图 10-49　佛子冲矿田花岗岩的 Sr – Nd 同位素组成图解

从原始地幔标准化模式年龄来看，各个岩体的模式年龄具有明显的差别。广平岩体最小，只有10亿年，大冲岩体最老，为20.7～21.2亿年，花岗斑岩模式年龄为：古益花岗斑岩14.2～15.5亿年，河三花岗斑岩为15.0～15.8亿年；龙湾花岗斑岩为15.9～16.7亿年。模式年龄上同样可以清楚分出3期不同的岩浆作用，是不同深度、源区部分熔融的产物。而不同地区的花岗斑岩具有近似的模式年龄，说明他们具有一致的源区。由此，同位素示踪结果进一步表明：①佛子冲花岗岩石属于中下地壳部分熔融的产物；②佛子冲矿田中下地壳存在元古宙基底，比目前见到的加里东基底更加古老，说明佛子冲矿田可能含有云开古陆的基底，属于云开古陆西缘的组成部分；③佛子冲矿田花岗岩不是原地改造型，而是中下地壳部分熔融的产物；④佛子冲矿田的花岗斑岩具有相同的同位素组成和一致的地质、地球化学特征，表明它们是同源的。从火成岩的年龄及地球化学特征可以看出，佛子冲矿区火成岩年龄不同，成因复杂，代表了各自的动力学背景（表10-10）。

表10-10　佛子冲矿区火成岩系列

火成岩	年龄/Ma	成因类型	源岩	动力学背景
周公顶流纹斑岩	92	火山岩	含硬砂岩变火成岩	白垩纪末期的华南伸展作用
英安斑岩	94	I－S型花岗岩	含硬砂岩变火成岩	云开陆块与扬子陆块的碰撞挤压向伸展转换。
新塘-古益花岗斑岩	105.8	I型花岗岩	含硬砂岩变火成岩	云开陆块与扬子陆块间大洋的封闭、云开陆块与扬子陆块碰撞，形成统一华南板块
河三花岗斑岩	106.2	I型花岗岩	含硬砂岩变火成岩	
龙湾花岗斑岩	106	I型花岗岩	含硬砂岩变火成岩	
广平花岗岩岩体	171	A型花岗岩	基性麻粒岩	特提斯构造域向太平洋构造与转换结束后的陆内伸展
大冲岩体	245	I型花岗岩	基性麻粒岩	Pangea超大陆的形成与解体

第六节　石碌铁矿区的海相火山-沉积岩系

一、成矿地质体特征

石碌铁矿体具有层控型、矽卡岩型和断裂充填型3种产状类型。其中，层控型矿体主要为北一矿体，为矿区内主要的矿床类型。矿体位于北一向斜核部的次级背斜构造中，矿体产状与石碌群第六段岩层产状一致，镜下可见鳞片状赤铁矿集合体与压扁状细小的石英一起近定向分布（图10-50a），其伴生的蚀变矿物也发生了扭曲变形（图10-50b），反映矿区存在火山喷流沉积成矿作用并遭受了变形改造。矽卡岩型铁矿体与围岩碳酸盐岩接触带发育石榴子石、绿帘石、阳起石等矽卡岩化，矿体中磁铁矿含量较高。断裂充填型矿体充填于断裂构造中，严格受断裂控制，产状与断裂一致，甚至是多组断裂联合控制。钴铜矿体主要受北西向断裂控制，并见细脉状和网脉状充填于铁矿石裂隙中或包裹铁矿石角砾，显示存在有热液成矿作用。因此，石碌铁矿床经历了多期多阶段成矿作用，成矿地质体既有发生喷流沉积作用的海相火山岩，还有后期叠加成矿的侵入岩体。前人普遍认为是新元古代石碌群第六段中的双峰式火山岩与成矿有关（中科院华南富铁科研队，1986；张仁杰等，1992；覃慕陶等，1998；侯威等，2007；许德如等，2007b，2008，2009；Fang et al.，1992）。

二、石碌群第六段火山岩的特征及成因

1. 空间分布特征

由于晚古生代裂谷作用，海南岛发育了由玄武岩和流纹岩组成的双峰式火山岩（夏邦栋，1991）。双峰式火山岩主要分布在海南岛西北部，呈东西向的带状分布，西起昌江县邦溪，向东经军营、芙蓉田、兰洋等地发育，长约80 km。由于大规模的海西期花岗岩的侵入和吞噬，石碌群仅断续地残留分布在海南岛的昌江-琼海深断裂带中。石碌铁矿床位于该深断裂带西段的南侧，变双峰式火

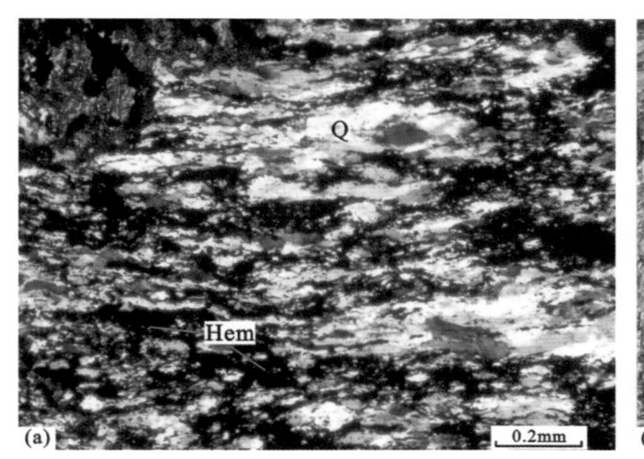

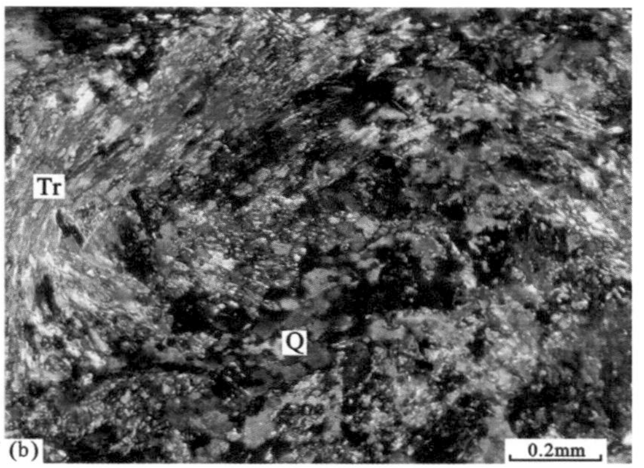

图 10-50　石碌群中压扁状石英与鳞片状赤铁矿近定向分布与透闪石发生了扭曲变形特征

山岩在矿区范围内主要分布在石碌群第六层中，与碳酸盐岩等沉积岩接触。

2. 岩石学特征

双峰式火山岩为玄武岩和流纹岩，火山岩带的西段主要为玄武岩，最大单层厚度超过 140 m，与变质细砂岩、粉砂岩、千枚岩呈韵律互层。东段主要为流纹岩，最大单层厚度超过 20 m，与变质砾岩、砂岩、粉砂岩及千枚岩呈韵律互层。该火山岩分布特征表明，其基性端元属海相喷发，酸性火山岩的层位相对较高，可能属陆相喷发。

基性火山岩主要为粗粒结构，黑或暗绿色的斑状结构，成分主要为斜长石与具辉石假像的阳起石；少见细粒结构，为灰绿色的交织或间隐结构，矿物主要由已蚀变成钠更长石的斜长石组成。酸性火山岩为流纹岩，灰白色，致密块状，斑晶以石英为主，其次为钾长石，约 15%，可见少量黑云母。基质为石英、长石和白云母等。部分流纹斑岩因受韧性剪切作用而出现片理，其中长石、石英等拉长，定向；石英出现亚颗粒，变形纹和波状消光。

石碌群中双峰火山岩的基性端元在军营和石碌地区为细碧岩（Fang et al.，1992；方中等，1993），而在火山岩出露带的中段和东段，即芙蓉田和兰洋地区为阳起石岩和斑状阳起石岩。上述变基性火山岩属拉斑玄武岩。

3. 石碌群第六段火山岩成因

双峰式火山岩的酸性端元组分为流纹岩，主要分布在火山岩带东段，在石碌铁矿区石碌群第五、六层中分别以单层状和多层状与细碧岩相间产出在千枚岩中。流纹岩的 ε_{Nd}（t）值分别为 -6.5、-6.29和 -6.18，具有明显壳源 Nd 同位素特征，它们属于裂谷带中高热流条件下地壳重熔、壳源岩浆喷发的产物。两阶段模式年龄 T_{2DM} 为 1679 Ma、1700 Ma 和 1677 Ma，可能代表海南岛古老地壳的年龄。本书收集了双峰火山岩两种端元组分的 Sm-Nd 同位素数据（表 10-11），根据许德如（2007）测定石碌群碎屑沉积岩锆石 U-Pb 年龄为 960 Ma，计算了火山岩的 ε_{Nd}（t）值。图 10-51 中基性火山岩分布在三大区：①火山岩带西段军营细碧岩位于图右上角，$^{147}Sm/^{144}Nd$ 值最大，为 0.23648，ε_{Nd}（t）为 9.78；②火山岩带中-东段的变拉斑玄武岩位于图左上角，与军营细碧岩大致处在同一水平线上，ε_{Nd}（t）为 8.56、7.52 和 4.84。但 $^{147}Sm/^{144}Nd$ 比值较小；③两个位于海西期花岗岩侵入接触带附近的样品落在图左下角，靠近地壳熔融体分布区，ε_{Nd}（t）为 -4.74 和 -2.9，且 $^{147}Sm/^{144}Nd$ 比值也较小。上述前两类岩石的 Nd 同位素特征反映了其来源于亏损上地幔，且军营细碧岩具有 ΣREE 含量最低，LREE 轻微亏损，较高的 Zr/Nb 和 Y/Nb 值，同位素方面则具较高的 $^{147}Sm/^{144}Nd$ 和 $^{87}Sr/^{86}Sr$ 比值而不同于火山岩带中东段的芙蓉田变拉斑玄武岩，反映了军营细碧岩原先的上地幔部分熔融程度较高，前两类岩石的 ε_{Nd}（t）值相似，表明它们均来自同一亏损上地幔源区。

三、铁碧玉及其成因

前人对矿区碧玉岩的研究，绝大多数限于对其野外产出特征的描述及极少的岩石学、矿物学的观

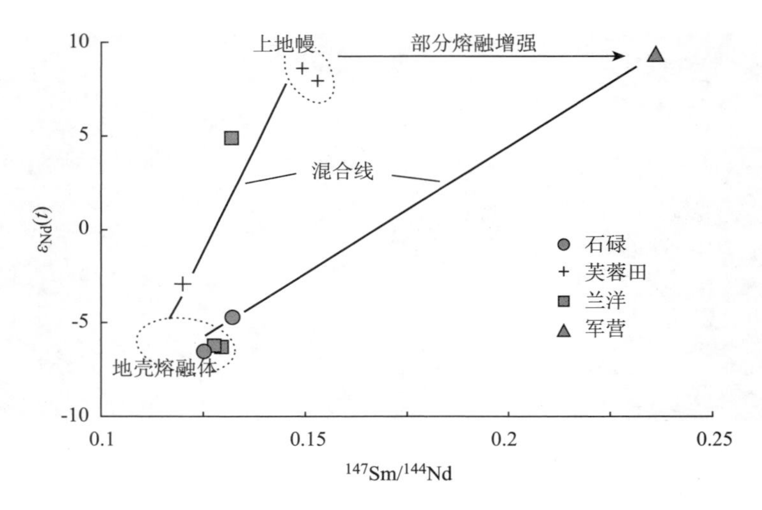

图 10-51　双峰式火山岩 Nd 同位素演化图解

察，有的甚至只是在对含矿岩系和脉石矿物的描述中一提而过。王登红（1992）[1]、杨建民等（1999）在参考、归纳总结国内外关于硅质岩岩石地球化学研究的基础上，对常用的近 20 种比值法、图解法作了初步检验并考察其可行性。比值法中常用的特征比值，图解法则包含了众多的二元、三元图解。并在对作为“镜铁山式铁矿”代表的桦树沟和柳沟峡两个铁矿床的研究中，对碧玉岩的主量元素化学特征进行了分析，运用多种比值法和图解法对碧玉岩的成因及其形成环境进行判别和解释。

1. 碧玉地质特征

矿区内广泛分布有硅质岩，其主要分布于石碌群第六层，其次为第四层。根据其混杂的杂质不同，大致可以分为 4 类：①硅质岩，由较纯的胶体二氧化硅沉积而成，镜下并不显示沉积碎屑结构，而是粒状变晶镶嵌结构、他形晶粒结构。在石碌群第六层中多层产出，成分不太稳定，相变明显；②碧玉岩，它是一种含铁的硅质岩，全铁氧化物含量为 15% ~18%，基本上由硅、铁组成。红色，致密坚硬，呈透镜状、不规律状分布；③铁质硅质岩，石碌铁矿中的硅属多来源，一部分来自于火山作用的胶体硅，它不具沉积碎屑结构，而是显示胶粒结构，胶体变晶结构；④钙-镁质硅质岩，在透辉石透闪石岩内，普遍见到极细粒的胶体变晶结构，有时呈显粒度极细而又很均匀的透辉石、长石类等的层纹，有时呈他形变晶等粒结构。

碧玉岩分布广泛，在南六矿体、石灰顶矿体以及北一矿体的 140 坑、388 采面和 507、539、653 等钻孔的铁矿石、钴铜矿石及近矿围岩中均有发现。通常呈数至数十厘米长的不规则透镜体产出。本次工作在北一矿体采坑（$X=2128133$，$Y=0609647$，$H=80$ m）对多个碧玉岩的出露点进行了观察记录和采样。碧玉岩主要呈透镜状、不规则状、少数为雨滴状分布于块状石英赤铁矿矿石中。典型的碧玉岩可逐渐过渡为块状石英赤铁矿矿石，其中间类型可称为铁质碧玉岩（图 10-52A-D）。

碧玉岩通常呈血红色或棕红色，这是由于其中含有赤铁矿而染色的原因。且碧玉岩含铁量越高，颜色越暗，这就造成了其色调深浅的变化。碧玉岩呈致密块状，具有较平坦的贝壳状断口。本次工作在北一矿体采坑南邦多个观察点共采集碧玉岩样品 5 件，各样品矿物岩石学特征略具差别，大致可以分为两类。一类碧玉岩中碧玉呈血红色，其同周围的赤铁矿有着截然的界线，区别明显，如样品 SL-06（图 10-52F）、SL-111、SL-113。而另一类的碧玉岩中碧玉相对于前一类颜色明显更暗，呈深红色，其同赤铁矿在较小尺度上高度混杂，如样品 SL-110、SL-112（图 10-52E）。

经镜下观察第一类碧玉岩（样品 SL-06），其矿物组成主要为隐晶-微晶状石英，其粒径大部分在 10 ~30 μm 之间，呈显微镶嵌结构。隐晶-微晶状石英颗粒中可见一类粒度明显更大的石英，其粒径

[1] 王登红。1992。广西大厂层状超大型锡多金属矿床与层状花岗岩的特征、成因及成矿历史演化-兼论硅质页岩的成因。中国地质科学院研究生部研究生学位论文，119。

图 10-52　石碌铁矿北一采坑南邦块状石英赤铁矿矿石中的碧玉岩宏观特征

大部分在 100～200 μm 之间（图 10-53A）。这种石英颗粒多呈近椭球状，具较好的分选磨圆，推测可能为陆源碎屑石英。此外，由于碧玉岩遭受了多次变质作用的影响，部分隐晶-微晶状石英颗粒发生了不同程度的变质重结晶，可见石英颗粒之间（近）平直（相邻晶面直接按的面间角约 120°）的颗粒界线（图 10-53B）。

碧玉岩中另一种主要的矿物为碧玉。通过 10×50 倍显微镜观察，在透射光下碧玉为黑色，即为不透明矿物（图 10-53C）；在反色光下呈血红色，粒径大小不等，变化较大，多在 10～30 μm 之间，且大部分呈不规则（角砾）状（图 10-53D、E）。碧玉同隐晶-微晶状石英粒径大致相同，紧密镶嵌。碧玉中含有较多以固态包裹体的形式存在于其中的赤铁矿。赤铁矿呈尘埃状、星点状，粒径总体很小，但变化较大，大者可达 5 μm，小者 <0.1 μm 直至不可见（图 10-53D、E）。此外，碧玉岩中还含有一些少量的其他矿物，如早期自形的黄铁矿和热液期形成的多种蚀变矿物及赤铁矿（图 10-53F）。

第二类碧玉岩（样品 SL-112）主要由陆源碎屑石英（?）及其粒间的赤铁矿组成。陆源碎屑石英

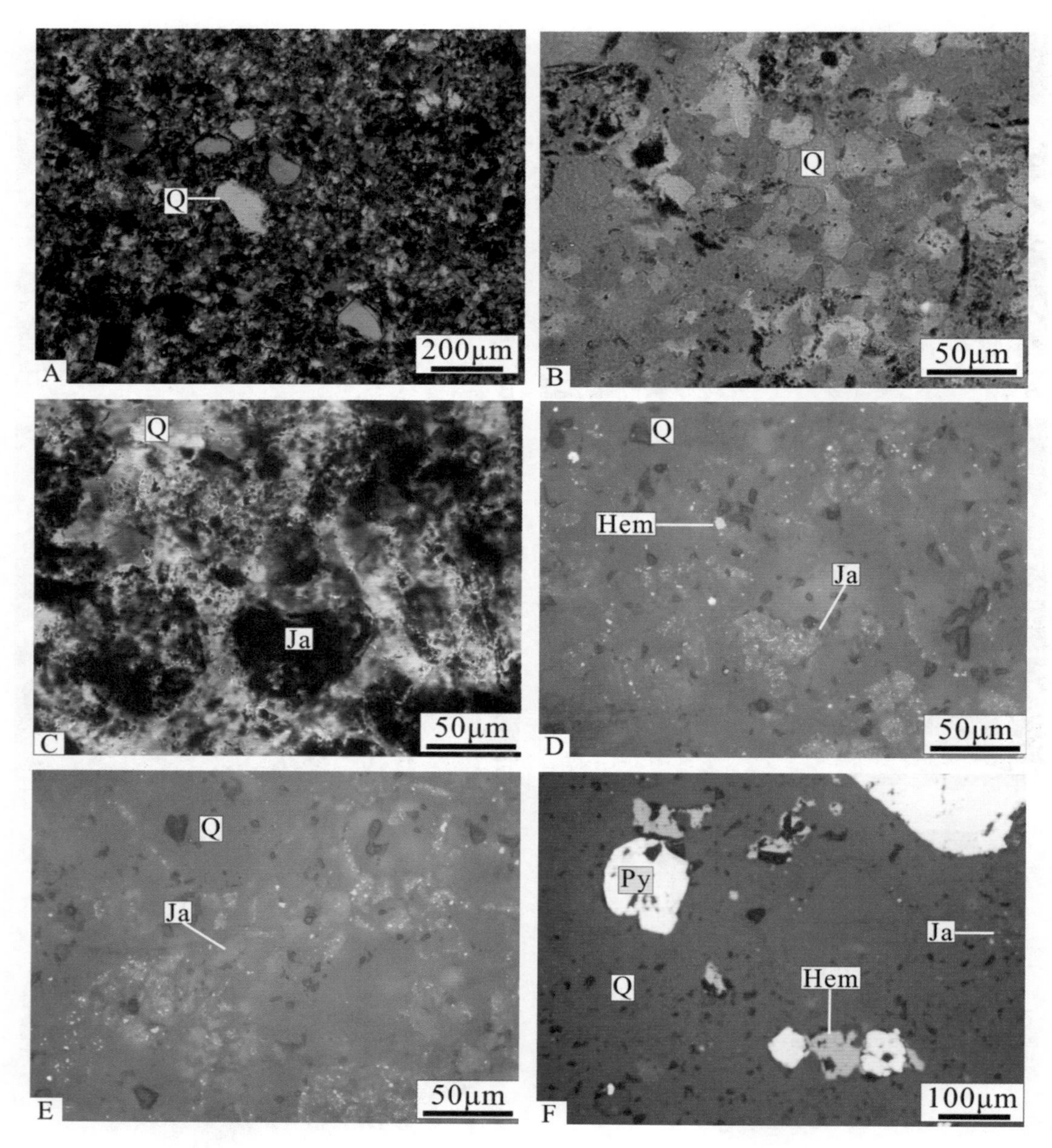

图 10-53　海南石碌铁矿床碧玉岩（样品 SL-06）主要矿物镜下特征

A：碧玉岩隐晶-微晶状石英中的陆源碎屑石英（?）；B：隐晶－微晶状石英经变质作用发生变质重结晶；
C：透射光下紧密镶嵌的石英和碧玉；D、E：反色光下呈血红色的碧玉颗粒，赤铁矿呈尘埃状散布其中；
F：碧玉岩中少量的早期自形黄铁矿和热液期形成的赤铁矿

颗粒粒径大部分在 50～100 μm 之间（图 10-54A、B）；透射光下能清晰地观察到其普遍存在的次生加大边，且经反射光下鉴定发现，陆源碎屑石英（?）颗粒同次生加大边的界面多为夹含尘埃状赤铁矿的碧玉（图 10-54C、D）。反色光下呈血红色的碧玉颗粒相对较为少见，且部分同尘埃状赤铁矿混杂（图 10-54F）。赤铁矿多呈细小鳞片状填充于石英颗粒间，含量约 30%～40%（图 10-54B、D、F）。

两类碧玉岩在野外产状及岩石学特征的差别得到了镜下特征的验证。第一类碧玉岩中碧玉同周围的赤铁矿有着截然的界线，区别明显；而另一类的碧玉岩中碧玉同赤铁矿在较小尺度上高度混杂。

2. 碧玉地球化学特征

为了挑选碧玉岩中的碧玉进行单矿物化学分析，需先将其破碎到一定的粒度以进行体视镜镜下挑选，将破碎粒度定为 <40 目（$d=350$ μm），首先在碧玉岩样品中敲下相对较纯的部分置于洁净的钢罐中进行破碎，将破碎后的样品通过配套的钢筛（底盘 +60 目筛 +40 目筛）进行筛选。然后，在体

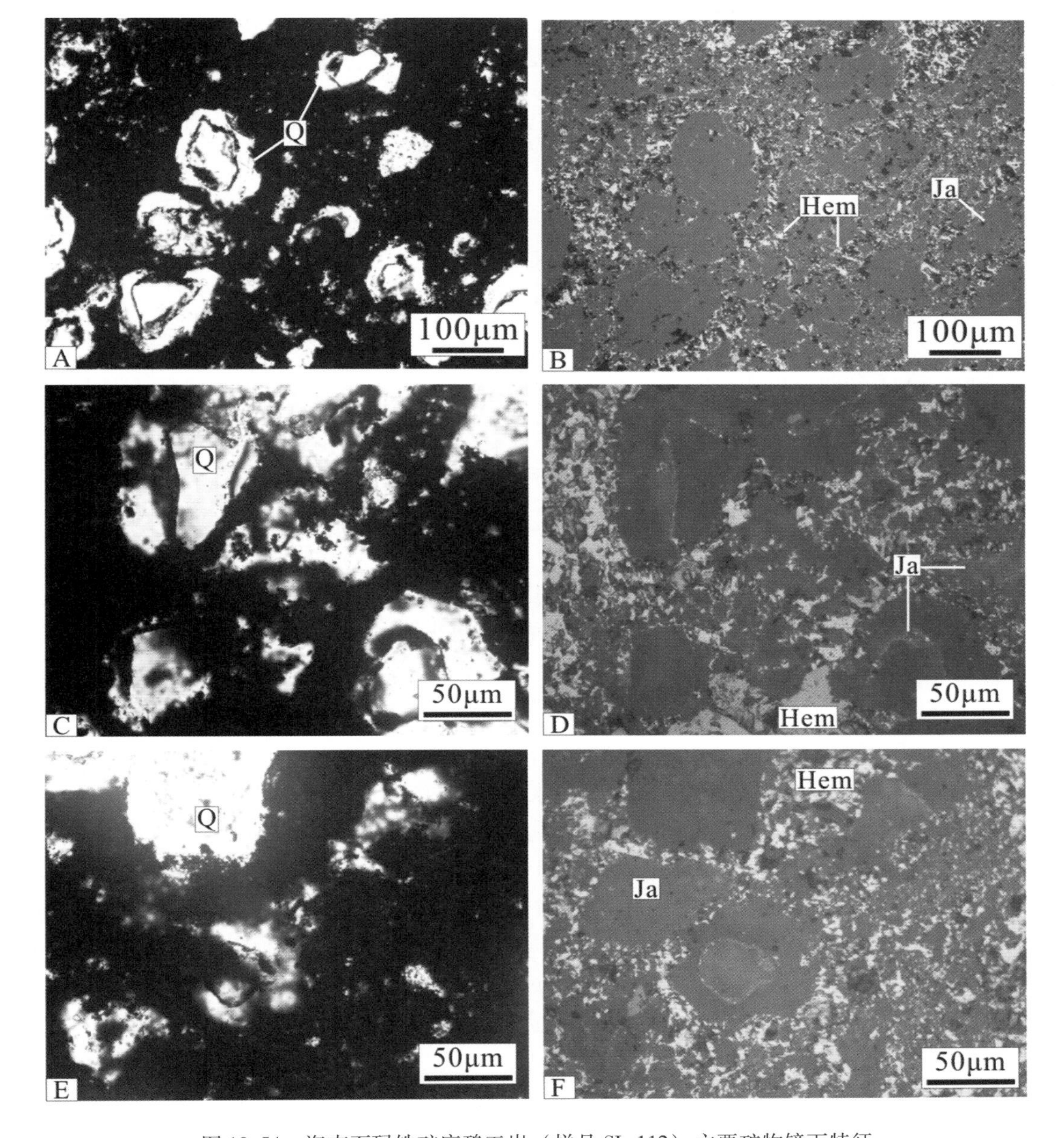

图 10-54 海南石碌铁矿床碧玉岩（样品 SL-112）主要矿物镜下特征

A、B：碧玉岩中陆源碎屑石英（?）颗粒普遍存在次生加大边；C、D：陆源碎屑石英（?）颗粒同次生加大边的界面多为夹含尘埃状赤铁矿的碧玉，赤铁矿填充于石英颗粒间；E、F：反色光下呈血红色的碧玉颗粒，赤铁矿呈尘埃状散布其中

视镜下挑选相对较纯的碧玉单矿物。最后，将挑选好的碧玉置于玛瑙钵中粉碎至 <200 目（74 μm）。

碧玉岩主量元素地球化学测试是在澳实矿物实验室检测中心完成。主量元素采用 X 荧光光谱仪测定（XRF），流程如下：称取 0.9 g 样品，煅烧后加入 9.0 g $Li_2B_4O_7$ - $LiBO_2$ 固体助熔物，充分混匀，放置于自动熔炼仪中，保持 1050 ~ 1100℃ 温度使其熔融；熔融物倒出后形成扁平玻璃片，用 XRF 荧光光谱分析，精度优于 5%。微量元素（含稀土）在中国地质大学（武汉）地质过程与矿产资源国家重点实验室（GPMR）采用美国 Agilent 公司生产的 Agilent 7500a 等离子体质谱仪（ICP - MS）测定。用于 ICP - MS 分析的样品处理如下：①称取粉碎至大约 200 目的岩石粉末 50 mg 于 Teflon 溶样器中；②采用 Teflon 溶样弹将样品用 HF + HNO_3 在 195℃ 条件下消解 48 小时；③将在 120℃ 条件下蒸干除 Si 后的样品用 2% HNO_3 稀释 2000 倍，定容于干净的聚酯瓶。详细的样品消解处理过程、分析精密度和准确度同 Liu et al.（2008）文献描述一致，分析精度（RSD）优于 5%，绝大多数微量元素分析的相对误差（RE）优于 10%。

从主量元素分析结果（表10-12）可以看到：碧玉主要由 SiO_2 和 Fe_2O_3 组成，二者总量在94.36%以上，最高达97.63%，其余11种元素的含量几乎都在1%以下。

表10-12　海南石碌铁矿床碧玉岩主量元素分析结果（w_B/%）

样品（%）	SL-06	SL-110	SL-111	SL-112	SL-113	SL-110*	SL-112*	碧玉岩	铁质碧玉岩	铁质碧玉岩	铁质碧玉岩	铁质碧玉岩	碧玉岩	铁质碧玉岩	铁质碧玉岩	铁质碧玉岩	铁质碧玉岩
SiO_2	85.19	66.8	86.63	46.28	87	87.7	86.1	79.23	75.08	48.65	41.04	77.66	86.99	86.9	80.03	68.97	87.46
Al_2O_3	0.34	0.13	0.2	0.13	0.2	0.17	0.24	0.65	0.1	2.17	6.4	0.37	0.71	0.12	3.57	10.76	0.42
Fe_2O_3	9.17	30.83	9.3	51.23	9.53	9.24	9.42	17.48	21.7	44.85	45.97	19.59	9.33	9.33	9.33	9.33	9.33
CaO	1.2	0.41	0.94	0.38	0.89	0.54	0.71	0.78	0.8	0.56	0.65	0.79	0.86	0.93	0.92	1.09	0.89
MgO	0.69	0.15	0.52	0.34	0.47	0.2	0.63	0.36	0.76	1.05	1.05	0.56	0.4	0.88	1.73	1.76	0.63
Na_2O	<0.01	<0.01	<0.01	<0.01	<0.01	<0.01	<0.01	0.08	<0.02	0.2	0.28	0.05	0.09	<0.02	0.33	0.47	0.06
K_2O	0.05	0.02	0.02	0.01	0.02	0.03	0.02	0.16	0.03	0.76	2.16	0.1	0.18	0.03	1.25	3.63	0.11
TiO_2	0.01	0.03	0.01	0.03	0.01	0.04	0.06	0.17	0.1	0.2	0.48	0.13	0.19	0.12	0.33	0.81	0.15
MnO	0.03	0.04	0.03	0.04	0.04	0.05	0.07	0.06	0.22	0.089	0.07	0.14	0.07	0.25	0.15	0.12	0.16
P_2O_5	0.015	0.011	0.004	0.029	0.006	0.01	0.05	0.04	0.03	0.027	0.014	0.04	0.04	0.03	0.04	0.02	0.05
LOI	1.46	−0.22	0.55	−0.24	0.09	1.05	0.41										
Total	98.17	98.23	98.21	98.25	98.25	99.08	97.75	99.01	98.82	98.556	98.114	99.43	98.85	98.59	97.68	96.96	99.25

注：样品SL-06、SL-100～SL-113为本项目测试样品，其他引自据中科院华南富铁科研队（1986）。

由于稀土元素在成岩过程中的稳定性，硅质岩中的稀土元素已经作为重要的地球化学指示，应用于岩石成因、沉积环境、构造演化及海洋古地理的研究中。在本书测试得到的5组碧玉岩稀土元素数据的基础上，搜集了Slack（2007）对于美国亚利桑那州中部晚二叠世碧玉岩的测试数据以进行对比分析（表10-13）。并结合不同环境的现代大洋海水和海底热液流体，分析碧玉岩的成因及沉积环境。12组碧玉岩稀土元素数据经后太古宙澳大利亚页岩（PAAS）标准化的REE配分图解如图10-55所示。由表10-13可知：石碌碧玉岩中的REE总含量（ΣREE）为 $2.39\times10^{-6}\sim8.14\times10^{-6}$，平均 4.78×10^{-6}；$(La/Yb)_N$ 为0.36～0.76，平均0.54，略微富集HREE；Ce/Ce^* 为0.85～0.9，平均0.88；Eu/Eu^* 为1.84～2.27，平均2.09。由图10-55可见，不仅本次测试的两类碧玉岩配分曲线没有明显的差别，同二叠世碧玉岩的曲线也具有大致相似的走势。它们都具有明显的Eu正异常，但本书碧玉岩具有较小的Ce负异常，而后者总体上具有较小的Ce正异常。

表10-13　海南石碌铁矿床碧玉岩微量元素地球化学特征（$w_B/10^{-6}$）

样品号	Li	Be	Sc	V	Cr	Co	Ni	Cu	Zn	Ga	Rb	Sr	Y	Zr	Nb
SL-06	3.74	0.47	0.83	6.53	12.1	47.3	94.5	451	9.89	1.54	1.7	12	1.05	11.8	0.37
SL-110	4.22	0.45	0.94	2.47	4.63	165	219	672	69.9	1.39	2.67	8.99	1.19	8.04	0.4
SL-111	3.29	0.45	1.03	1.38	7.77	136	388	1155	296	1.44	0.94	8.49	1.04	8.68	0.18
SL-112	2.84	0.47	0.68	1.53	2.85	82.3	133	491	25.4	1.25	0.56	7.12	0.72	6.18	0.17
SL-113	5.82	0.57	1.21	4.03	6.85	44.1	67.6	276	5.24	2.15	4.73	17.4	1.71	12.6	0.65
样品号	Mo	Sn	Cs	Ba	Hf	Ta	Tl	Pb	Th	U	La	Ce	Pr	Nd	Sm
SL-06	21.1	16.3	0.7	117	0.31	0.03	0.058	70.1	0.3	0.14	0.75	1.48	0.19	0.84	0.37
SL-110	1.44	14.1	1.38	53.1	0.21	0.032	0.099	135	0.35	0.1	0.84	1.59	0.2	0.81	0.33
SL-111	0.49	12.7	1.12	97.9	0.24	0.014	0.086	233	0.19	0.16	0.42	0.84	0.11	0.55	0.3
SL-112	0.21	13.5	0.9	88.9	0.16	0.012	0.07	117	0.14	0.068	0.25	0.49	0.069	0.38	0.27
SL-113	0.88	14.1	0.71	114	0.36	0.049	0.071	54.6	0.56	0.19	1.54	2.77	0.37	1.41	0.5
样品号	Eu	Gd	Tb	Dy	Ho	Er	Tm	Yb	Lu	Y	ΣREE	La_N/Yb_N	Y/Ho	δEu	δCe
SL-06	0.19	0.44	0.055	0.24	0.038	0.1	0.012	0.1	0.013	1.05	4.82	0.55	27.63	2.18	0.9
SL-110	0.17	0.47	0.06	0.29	0.042	0.11	0.015	0.098	0.017	1.19	5.04	0.63	28.33	1.96	0.89
SL-111	0.2	0.51	0.059	0.27	0.037	0.095	0.013	0.078	0.012	1.04	3.49	0.4	28.11	2.27	0.9
SL-112	0.16	0.4	0.046	0.17	0.027	0.066	0.0069	0.051	0.007	0.72	2.39	0.36	26.67	2.2	0.86

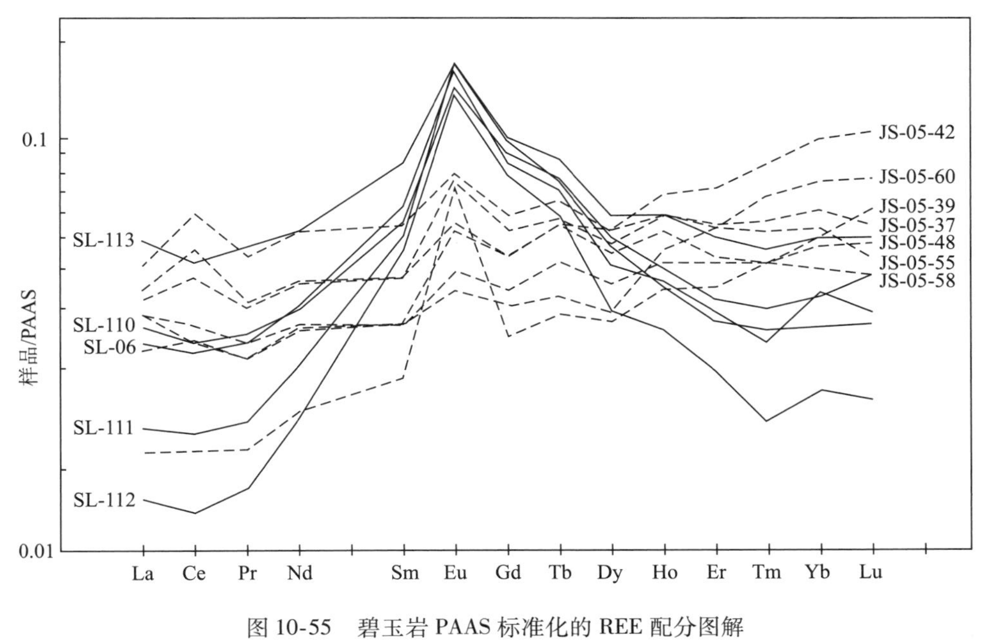

图 10-55　碧玉岩 PAAS 标准化的 REE 配分图解

虚线代表美国亚利桑那州中部晚二叠世碧玉岩（JS－），实线代表本书测试碧玉岩（SL－）

通常情况下，稀土元素作为性质极为相似的地球化学元素组整体活动，但它们在多方面结构上的差异使它们发生分馏，最为显著的便是 Ce 和 Eu 的分离。Ce 和 Eu 除了如其他 REE 显示稳定的正 3 价状态外，分别还具有更高稳定性的 Ce^{4+} 和 Eu^{2+}。当沉积环境为氧化环境时，Ce^{3+} 被氧化为溶解度低的 Ce^{4+} 进而同其他 REE 整体分离，从水体中被清除。在这种环境中形成的碧玉岩便相对富集 Ce。相似的，在还原的沉积环境中形成的碧玉岩则相对富集 Eu。由此推断，具有明显 Eu 正异常的石碌碧玉岩是在一个相对还原的水体环境中形成的。二叠世碧玉岩具有相对较弱的 Eu 正异常和轻微的 Ce 正异常，这可能表明在碧玉岩的形成过程中，沉积环境由原本的还原环境逐渐朝着氧化环境过渡变化。相对还原的环境中先形成的碧玉岩同相对略微氧化环境中后形成的其他矿物共同决定了碧玉岩的 REE 特征。不同环境现代大洋海水的 REE 特征类似：配分曲线整体略微左倾，具有相对明显的 Ce 负异常。Ce 的亏损程度同水体的氧逸度密切相关，以大西洋为代表相对开阔的富氧水体同如黑海这样相对封闭的缺氧水体比较，具有更为显著的 Ce 负异常（图 10-56）。

碧玉岩的 REE 配分曲线同大洋海水的有着明显的差别，而同热液流体的（配分曲线整体略微右倾，显著的 Eu 正异常）具有大致相似的变化趋势（图 10-56）。二者对比，碧玉岩的 Eu 正异常更小，且配分曲线整体左倾，二叠世碧玉岩相对更为明显。由此推断，碧玉岩是在具有类似于大西洋中脊热液特征的流体环境中沉积的。相对而言，这其中还受到了海水的轻微影响，且在一定范围内，海水的影响具有加大的趋势。

3. 碧玉成因及沉积环境探讨

与海底火山喷发有关的铁矿床常常伴生有碧玉。虽然不能就此认为凡是有碧玉的铁矿床都一定与海底火山喷发有关，但碧玉不是一般沉积作用的产物，它不应该出现在古陆风化而成的沉积铁矿床中。碧玉是 SiO_2 负胶体和 Fe（$OH)_3$ 正胶体相聚结的产物。在大陆上，这两种物质的迁移性能有很大的不同：SiO_2 的溶解度随介质碱性的增强而增高，但 Fe（$OH)_3$ 则要求在酸性和还原的环境才容易迁移。它的溶解度在 $pH > 2.3$ 时开始急剧下降，到 $pH = 4.1$ 时就趋近于零。Fe（$OH)_3$ 的溶解度还受温度制约，表生作用中 SiO_2 的淋失在热带比寒带强烈，而在此条件下（此时氧化作用也较强），Fe（$OH)_3$ 却不利于迁移。因此大陆上富 SiO_2 胶体的地方缺 Fe（$OH)_3$ 胶体，而富 Fe（$OH)_3$ 胶体的地方又缺 SiO_2 胶体，两者不能同时具备，碧玉是无法形成的。海底火山喷发则不同，火山喷发物既

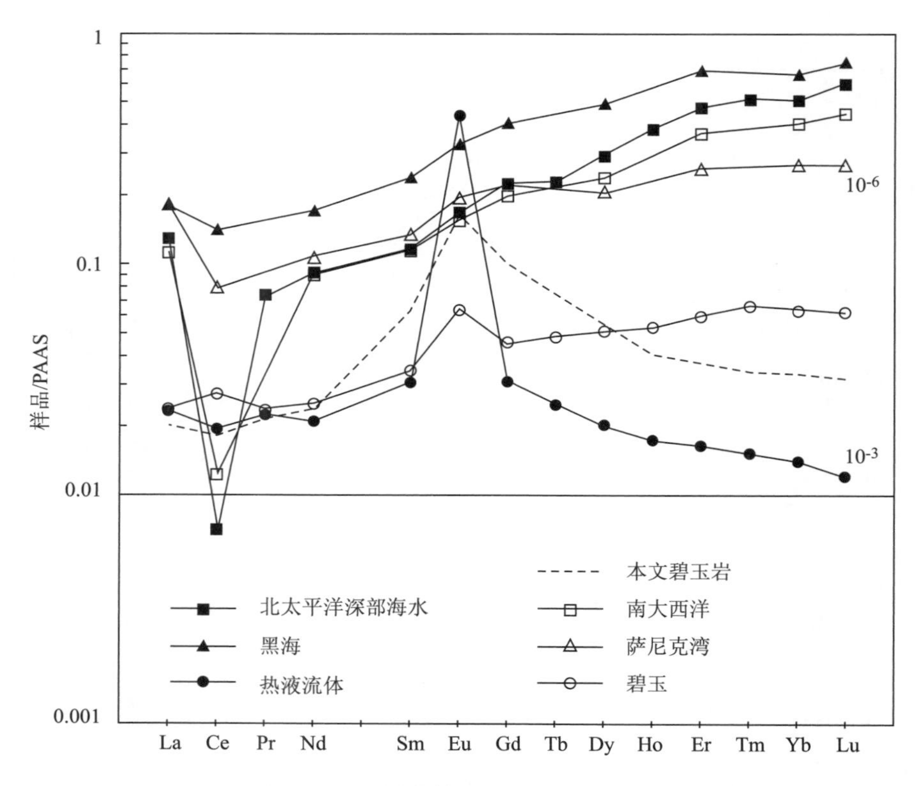

图 10-56　不同流体的稀土元素配分曲线

现代大洋海水（包括北太平洋深部海水，南大西洋，黑海，萨尼克湾）、海底热液流体（大西洋中脊处样品、东太平洋洋中隆处样品以及 Lau Basin 样品（Douville et al.，1999）的平均值）、与海底热液硫化物矿床有关的碧玉和本书碧玉岩 PAAS 标准化的 REE 配分图解

富硅也富铁。当富含 SiO_2 的火山热液与冷的海水相遇，SiO_2 就呈胶体析出，铁的胶体也因海水降温以及 pH、E_h 的增高而得以形成，故海底火山喷发特别容易产生碧玉。

典型的海相火山沉积硅铁建造以低 K_2O、低 P_2O_5、高 TiO_2 为特征。这是因为 K 是陆相元素，P 是亲生物元素，而 Ti 不易形成碳水化合物，难以被生物吸收利用，因而在生物体中贫 Ti。因此，海相火山沉积硅质岩也以低 P 高 Ti 而区别于高 P 低 Ti 的生物成因硅质岩。典型海相火山沉积硅铁建造的另一个特点是高 Si 低 Al（Al_2O_3 1.13%）。

（1）Al－Fe－Mn 三角图与 Fe_2O_3/TiO_2－MnO/TiO_2 图

Al－Fe－Mn 三角图用于区分生物沉积硅质岩和热水沉积硅质岩。Al、Fe 和 Mn 等主要元素的含量对于区分热水沉积与非热水沉积具有重要意义。Bostrom（1973）指出，海相沉积物中 Al/（Al＋Fe＋Mn）比值是衡量沉积物中热水沉积含量的标志，Al/（Al＋Fe＋Mn）值随着沉积物中热水沉积含量的增加而减小。Yamamoto（1987）和 Adachi 等（1986）在研究了热水沉积与非热水沉积硅质岩后认为，Al/（Al＋Fe＋Mn）值由纯热水的 0.01 到纯远海生物沉积 0.60，并由此拟定了判别热水沉积硅质岩和非热水沉积硅质岩的 Al－Fe－Mn 三角判别图解。本次测试的碧玉岩 5 个样品的 Al/（Al＋Fe＋Mn）比值为 0.016～0.027，平均为 0.018，反映出热水沉积的特点（图 10-57）。

Fe_2O_3/TiO_2－MnO/TiO_2 图解（图 10-58）同 Al－Fe－Mn 三角图具有相似之处。其本质是利用 Fe 和 Mn 相对含量（也就是通常所用的 Mn/Fe）来判断硅质岩的成因。通常，Mn/Fe 值随着沉积物中热水沉积含量的增加而减小。石碌所有样品均投影在热水沉积物区内，且相对更靠近富铁端，也就是说本书经过挑纯的碧玉岩相对于碧玉岩全岩，其 Mn/Fe 更低，更靠近热水沉积成因。

（2）Al_2O_3/（Al_2O_3＋Fe_2O_3）-Fe_2O_3/TiO_2 图

硅质岩的成岩作用极有可能使 SiO_2 的含量发生变化，但 Al、Ti 和 Fe 的含量却相对稳定，可以利

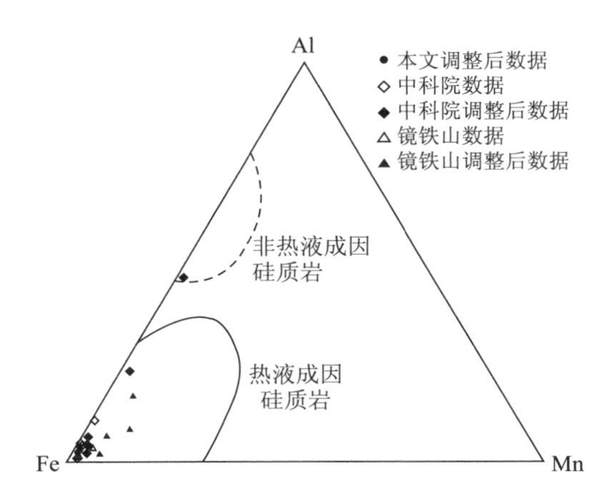

图 10-57　石碌硅质岩 Al - Fe - Mn 三角图解

（据 Adachi 等，1986）

中科院即中科院华南富铁科研队，其测试对象为海南石碌铁矿床碧玉岩；
镜铁山即甘肃镜铁山桦树沟、柳沟峡铁矿床铁碧玉岩

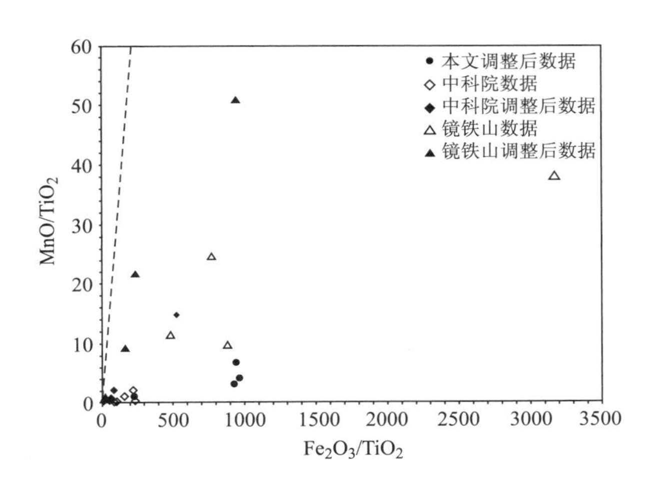

图 10-58　硅质岩 Fe_2O_3/TiO_2 - MnO/TiO_2 判别图解

（据 Adachi 等，1986 修改）

虚线为东太平洋沉积 -3，虚线右边为热水沉积物区

用它们来区分硅质岩形成的沉积环境。Murray（1994）详细研究全球从早古生代到第三纪不同沉积背景下 49 个硅质岩地球化学特征后，提出利用 Fe_2O_3/TiO_2 和 $Al_2O_3/(Al_2O_3+Fe_2O_3)$ 等指标去判别硅质岩的沉积环境（图 10-59）。（铁）碧玉岩相对于硅质岩更加富含 Fe_2O_3，因而其具有相对更高的 Fe_2O_3/TiO_2 比值（11.5 ~ 3172，平均 666.6）和更低的 $Al_2O_3/(Al_2O_3+Fe_2O_3)$ 比值（0.002 ~ 0.535，平均 0.072）。因而，不同（铁）碧玉岩样品均投影在“大洋中脊”区附近，且绝大多数靠近富铁端。

此外，元素 Al 和 Ti 可以作为陆源碎屑混入的指示，而元素 Fe 则富集于洋中脊附近的金属热液沉积物中，可以用来作为热液参与的指标。靠近大陆边缘的硅质岩 $Al_2O_3/(Al_2O_3+Fe_2O_3)$ 均大于 0.5，而大洋中脊附近的硅质岩 Fe_2O_3/TiO_2 比值一般高于 50。因此，该判别图解也可用于分析沉积环境中陆源物质和海底热液物质的相对贡献多少。石碌矿区碧玉岩所有数据的 $Al_2O_3/(Al_2O_3+Fe_2O_3)$ 值远大于 0.5；Fe_2O_3/TiO_2 值远高于 50，通常为 $n\times100$，说明碧玉的热液成因。

（3）U - Th 图

U 和 Th 在沉积物中的含量取决于沉积环境的氧化还原电位。Th 不受水体氧化还原条件的影响，

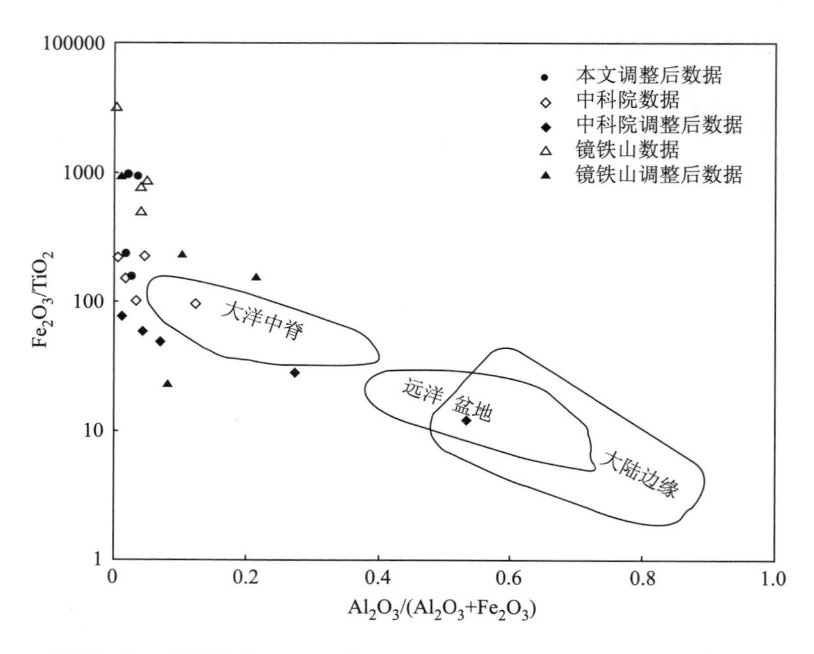

图 10-59 石碌样品 Al_2O_3/（Al_2O_3 + Fe_2O_3） - Fe_2O_3/TiO_2 判别图解

（据 Murray，1994）

常以不溶的 Th^{4+} 形式存在。而 U 在强还原条件下以不溶的 U^{4+} 形式存在，导致沉积物中 U 的富集，在氧化条件下 U 以可溶的 U^{6+} 存在，导致沉积物中 U 的亏损。一般在缺氧条件下 Th/U 值为 0 ~ 2，强氧化环境下为 8。本次测试的碧玉岩 Th/U 值为 1.19 ~ 3.50，平均值为 2.37。这说明，碧玉岩总体上是在还原-弱还原条件下形成的（图 10-60）。

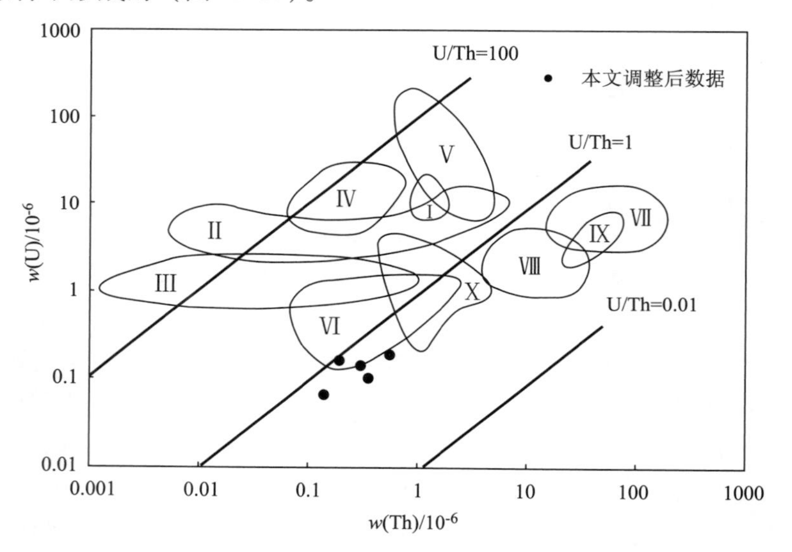

图 10-60 石碌硅质岩的 U - Th 关系图

（底图据 Bostrom，1979）

Ⅰ—TAG 热水沉积物区；Ⅱ—Galapagos 热水沉积物区；Ⅲ—amphitrite 热水沉积物区；Ⅳ—红海热水沉积物区；Ⅴ—中太平洋中脊热水沉积物区；Ⅵ—Langban 热水沉积物区；Ⅶ—普通锰结核区；Ⅷ—普通深海沉积物区；Ⅸ—红土；Ⅹ—古老石化的热水沉积物区

综上所述，石碌铁矿床的碧玉岩是热液沉积的产物。形成碧玉岩的热液具有类似于大洋中脊热液特征，整体上为酸性、还原。具有这样性质的热液富硅富铁，随着热液的迁移，在相对弱碱性、氧化的海水的影响下，热液逐渐朝着碱性、氧化的方向发生变化。在适宜的 pH、E_h 条件下，热液中的

SiO_2 负胶体和 $Fe(OH)_3$ 正胶体就聚结形成碧玉。

四、儋县岩基及其成因

儋县岩基主要分布于海南西北部，呈北东-南西向长条状分布，西南端侵入石碌铁矿区内，与石碌群和石碌花岗闪长岩呈侵入接触关系，并在岩基与石碌群接触部位产生了透辉石透闪石岩等接触变质带岩石（方中等，1993）。儋县花岗岩的岩石类型以二长花岗岩为主，还包括花岗闪长岩、石英二长闪长岩和正长花岗岩等。黑云母二长花岗岩出露面积广泛，是构成儋县岩基的主要岩石类型，主要有斜长石（约25%）、钾长石（35%）、石英（30%）、黑云母（9%）和褐帘石、磷灰石、锆石、钛铁氧化物等副矿物（1%）组成，斑状结构，斑晶由自形-半自形的钾长石组成呈定向排列。总体上，儋县花岗岩的粒度较细，为中细粒斑状结构，岩石发育有暗色矿物、斑晶以及包体定向排列组成的原生片麻状构造（葛小月，2003）。

儋县花岗岩形成于燕山早期（锆石 U-Pb 年龄 186 Ma），属于准铝质 I 型花岗岩，且具有 I 型与 S 型花岗岩的某些过渡特征。岩石的大多数主量元素和部分微量元素与 SiO_2 具有良好的相关关系，显示出明显的斜长石、角闪石、磷灰石、铁钛氧化物等的分离结晶。稀土配分曲线强烈右倾，Ba、Nb、Sr、P 和 Ti 等元素亏损，类似于大陆岛弧花岗岩。儋县花岗岩具有较高的 $^{87}Sr/^{86}Sr$ 初始值和较低的 $\varepsilon_{Nd}(t)$ 值，且 Sr、Nd 同位素组成表现出一定的相关性，说明儋县花岗岩的源岩成分应包含变质火成岩与变质杂砂岩的组合。主量和微量元素构造判别图解表明，儋县花岗岩主要落入火山弧花岗岩和后碰撞花岗岩的重叠区域。在岩石中常见钾长石斑晶、黑云母集合体以及包体呈线状排列组成的定向构造，偶尔也可见矿物（主要是黑云母）组成比例变化所形成的定向条带，这种原生定向构造是岩体结晶晚期阶段处于区域压应力影响下的结果（葛小月，2003）。

第十一章　典型矿床成矿专属性研究

本章所述成矿专属性指的是不同类型的矿床与不同类型地质体之间存在特定的成因联系，而典型矿床的成矿专属性又特指各个典型矿床与特定的地质体之间的成因联系，在逻辑上可以说“有之未必然，无之必不然”。对于高龙金矿来说，离开了中三叠统百逢组及穹状构造边部的断裂系统，即便是有大量成矿物质的供给，所形成的金矿床也不见得是目前这个样子的；对于德保铜矿，离开了钦甲岩体，德保铜矿也就难以形成；对于铜坑锡多金属矿床，也离不开笼箱盖岩体；对于龙头山金矿，龙头山次火山岩体本身的独特性决定了其最终的定位和矿体的分布特征；对于佛子冲铅锌矿，岩体、构造和独特的围岩组合也制约了目前所见各类矿体的形成与定位；对于石碌铁矿，即便是经历了加里东、海西、印支乃至于燕山期多期次构造事件的改造并受到多期次岩浆活动的显著影响，但仍然离不开元古宙的海相火山活动。因此，对不同类型典型矿床的成矿专属性进行研究是必要的。

第一节　高龙金矿区的地层构造成矿专属性

一、含矿围岩的岩石地球化学特征

高龙矿区不同层位微量元素特征（表11-1，图11-1）表明：

表 11-1　高龙矿区龙显、高郭地层剖面微量元素分析表

层位	采样位置	岩性	样品个数	Au	Ag	As	Sb	Hg	Se	Cu	Pb	Zn	Co	Ni	S/%	TFe/%	Ba	资料来源
T_1l^1	矿区		3	0.001	0.10	41.6	6.9	0.129	4.18	122.0	34.3	87.5	3.8	17.87	0.02	1.41	/	国家辉等，1992
P_2c	矿区		2	0.018	0.03	56.52	5.5	2.58	2.12	78.3	13.0	37.65	12.5	18.0	0.16	0.44	/	
T_2b^3	矿区		6	0.009	0.11	157.89	10.85	0.12	0.42	156.63	23.1	94.63	15.08	74.42	0.17	2.69	/	
T_2b^2	矿区		5	0.020	0.08	39.85	9.72	0.18	0.24	88.36	24.36	83.42	20.2	82.2	0.16	3.55	/	
T_2b^1	矿区		2	0.114	0.09	7.78	6.28	0.19	2.47	99.55	24.15	88.25	54.2	544.8	0.03	2.69	/	
T_2b	矿区	炭质泥岩	1	0.107	0.01	8.47	82.3	0.10	/	9.41	/	/	/	/	/	/	6.46	本次测试
T_2b	矿区	炭质砂岩	1	0.002	0.01	1150	45.5	0.001	/	5.45	/	/	/	/	/	/	79.6	
T_2b	外围		14	0.004	0.05	12.31	4.29	0.023	/	29.90	10.20	90.97	/	/	/	3.38	/	胡明安等，2003
T_2l^1	外围		19	0.000	0.11	15.93	0.71	0.026	/	31.35	14.08	94.98	/	/	/	4.53	/	
断裂破碎带	矿区	角砾灰岩	5	0.000	0.035	20.69	80.73	0.16	/	6.24	/	/	/	/	/	/	33.75	本次测试
		硅化灰岩	3	0.002	0.03	12.87	91.63	0.04	/	5.55	/	/	/	/	/	/	18.83	
		硅化岩	2	0.124	0.1	22.3	34.9	0.70	/	7.32	/	/	/	/	/	/	81.25	
		石英	5	0.007	0.08	16.37	142.24	0.10	/	5.85	/	/	/	/	/	/	48.21	
		角砾泥岩	2	0.119	1.315	81.7	809.4	1.92	/	24.6	/	/	/	/	/	/	90.5	
		角砾砂泥岩	1	2.466	0.31	593	173	5.36	/	28.8	/	/	/	/	/	/	224.0	
		角砾砂岩	4	0.112	0.50	425.9	3079.1	1.94	/	21.00	/	/	/	/	/	/	240.5	
		构造石英岩	1	0.016	0.10	17.30	17.10	0.25	0.35	59.9	2.4	8.2	1.4	66.0	0.05	1.03	/	
		硅化构造角砾岩	1	0.029	0.06	15.64	11.16	0.14	0.00	139.5	3.9	27.4	2.1	3.6	0.03	0.88	/	国家辉等，1992
克拉克值				0.004	0.08	2.2	0.6	0.089	0.08	63	12	94	25	8.9	0.04	5.8		黎彤，1976

注：本次测试在国家地质实验中心完成，其中“/”部分表示未进行分析。含量单位除标明者外，其余为10^{-6}。

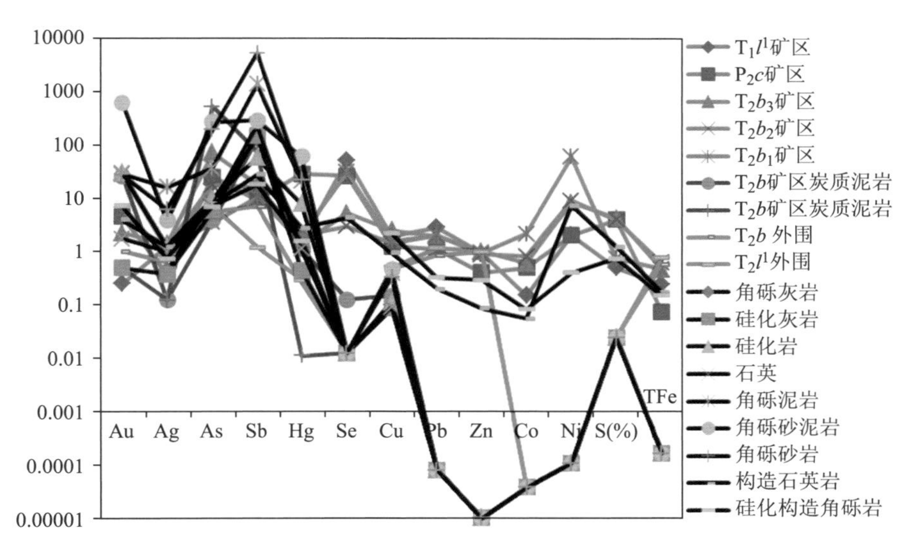

图 11-1　高龙矿区及外围不同层位围岩微量元素特征变化曲线图

1）各层位中 Au（除逻楼组 T_1l^1）、As、Sb、Hg 均明显高于克拉克值，Ag、Cu、Pb、Zn 略高于克拉克值，Co、Ni 仅百逢组（T_2b）高于克拉克值，说明本矿区为 Au、As、Sb、Hg 及多金属高值区，百逢组为较高含量层位，其中的 Co、Ni 尤其是 Ni 含量明显高于克拉克值的特征，可能暗示存在幔源物质的供给；

2）与外围地层相比，矿区内各时代地层 Au、As、Hg、Sb 等元素的含量明显高于矿区外围，说明矿区赋矿围岩中这些异常元素有其他来源。矿区范围内大面积硅化、黄铁矿化、方解石化、辉锑矿化等蚀变现象的存在，说明本区热液活动比较强烈；

3）在构造破碎带内，不同岩性含金性存在差异，金含量由高到低的顺序为：角砾状砂泥岩 > 角砾状灰岩 > 硅化岩 > 石英 > 硅化灰岩 > 灰岩。其中，角砾状砂泥岩和角砾状灰岩的胶结物多为热液石英脉，角砾则为砂泥岩或者灰岩；硅化岩部分实际上为细粒石英，也即前人称之为硅质岩的部分。角砾岩中的金含量之所以较高，可能有两方面的原因，一是热液流体携带 Au 元素，遇到角砾岩时由于水岩反应或者地球物理地球化学条件发生变化而卸载成矿，导致金含量升高；二是由于热液流体流经围岩地层时，活化了地层中的 Au 元素，在与围岩角砾相互作用过程中卸载导致角砾岩中金含量增加。角砾状砂泥岩含金性高于角砾状灰岩的原因有二，一是砂泥岩中原始金的含量较之灰岩高；二是砂泥岩的物理性质使其更具有吸附金的能力，砂泥岩中既有高的孔隙度和渗透率的砂岩存在，能导致流体长距离运移，而泥质岩是很好的隔水层，造成含矿流体的地球物理或地球化学障，在一定程度上阻止了流体向外扩散，有利于金元素在砂泥岩角砾的孔隙中富集、沉淀；灰岩较之砂泥岩具有致密、连通性差的特点，成矿流体很难在灰岩地层中运移和沉淀，加之灰岩地层本身的含金性差，导致灰岩含金性较砂泥岩差。

4）矿区内构造破碎带中的硅化角砾状砂泥岩、硅化角砾状灰岩和细粒硅化岩的 Au、As、Sb、Hg 等元素含量明显高于其他岩石含量，若金元素的富集是区内含金热液活动的结果，断裂破碎带附近则可能就是热液活动的主要场所。

5）在炭质砂岩地层中 As 元素含量异常高，这是取样样品含有大量毒砂矿物所致，这类含毒砂矿物的炭质砂岩样品在矿区范围内并不普遍，因此炭质砂岩高的 As 含量仅是个别现象，不具普遍意义。

6）钻孔微量元素分析结果显示（表 11-2、表 11-3、图 11-2），区内金矿化与 Mo、As、Sb、Hg 之间也存在明显的正相关关系，而与 Zn 元素之间不具相关性。Mo 元素的出现以及 Au 与 Mo 元素的相关性在一定程度上表明高龙金矿成矿流体中存在有像 Mo 这样的中高温元素，其成矿具有中高温的特征，暗示了高龙金矿深部可能有高温热源的存在。

表 11-2　高龙矿区鸡公岩矿段钻孔样品全岩微量元素分析表

钻孔号	深度/m	Zn	As	Mo	Ag	Sn	Sb	Hg	Au
ZK121	111	62.89	45.88	0.23	0.39	2.49	8.37	0.02	0.01
ZK121	116	95.11	3720	0.43	1.83	2.40	19.72	0.03	0.03
ZK121	119	49.48	428	0.38	0.01	2.13	15.16	0.08	0.03
ZK121	122	23.28	1416	2.64	/	3.80	158.53	4.88	7.28
ZK121	125	23.06	128	1.37	2.03	2.48	53.86	1.33	1.1
ZK121	129.8	2.69	69.96	11.43	/	1.01	40.93	1.13	0.82
ZK121	132	56.04	119.10	2.75	1.54	1.21	172.96	0.86	0.15
ZK121	135	217.72	287.31	7.82	0.97	3.94	285.27	76.09	0.2
ZK121	141.5	3.26	6.30	0.14	/	0.16	1.32	1.36	0.01
ZK31	114	64.00	514.10	0.40	0.62	2.26	4.57	0.19	0.02
ZK31	127	126.22	72.16	0.69	/	3.36	4.89	0.20	0.02
ZK31	133	105.73	69.85	0.95	0.09	2.81	3.93	0.26	0.02
ZK31	138	61.87	81.25	3.47	0.45	1.42	8.71	0.15	0.02
ZK31	143	109.98	97.32	0.71	/	2.90	5.96	0.18	0.02
ZK31	148.1	17.99	53.26	0.25	/	0.35	0.66	0.44	0.03
ZK31	153.6	17.67	14.99	0.11	/	0.24	0.84	0.43	0.03
ZK31	162	3.82	22.88	0.07	15.85	0.10	2.62	0.45	0.02

标注“/”为未检测；单位 $\times10^{-6}$；测试单位：注：北京大学造山带与地壳演化教育部重点实验室。

表 11-3　高龙矿区鸡公岩矿段 ZK121 钻孔样品全岩常见元素分析结果

钻孔号	深度/m	Zr	Sr	Rb	Fe	Mn	Cr	V	Ti	Ca	K
121－100	100	0.01	0.016	0.006	2.816	/	0.009	0.049	0.171	1.763	1.899
121－103	103	0.007	0.019	0.007	3.12	0.032	0.008	0.035	0.151	2.175	1.449
121－106	106	0.01	0.023	0.006	3.196	0.045	0.012	0.043	0.211	3.302	1.887
121－108	108	0.012	0.018	0.007	2.878	0.033	0.009	0.048	0.169	2.333	2.188
121－111	111	0.008	0.03	0.005	4.908	0.086	0.005	0.017	0.152	5.529	1.524
121－112	112	0.009	0.031	0.004	4.366	0.113	0.008	0.034	0.156	6.345	2.319
121－113.5	113.5	0.011	0.022	0.004	3.143	0.046	0.011	0.046	0.424	3.604	2.27
121－114.5	114.5	0.005	0.016	0.007	5.921	0	0.007	0.041	0.137	3.12	2.374
121－116	116	0.011	0.021	0.004	3.212	0.024	0.009	0.024	0.144	2.478	1.293
121－118	118	0.009	0.02	0.004	1.532	0.031	0.008	0.024	0.079	1.616	0.696
121－119	119	0.009	0.019	0.003	2.199	0.033	0.007	0.018	0.125	2.999	1.548
121－121	121	0.015	0.019	0.005	2.553	0.041	0.007	0.037	0.365	1.693	1.56
121－122	122	0.011	0.016	0.013	1.335	0	0.012	0.074	0.327	0.234	4.426
121－124	124	0.013	0.003	0.003	6.512	/	0.007	0.028	0.073	0.733	1.02
121－125	125	0.006	0.005	0.006	1.048	/	0.01	0.045	0.101	0.475	2.125
121－127	127	0.01	0.006	0.005	1.574	0	0.01	0.037	0.128	0.166	1.708
121－128	128	0.01	0.013	0.006	3.037	0.084	0.016	0.032	0.144	0.618	1.728
121－129.8	129.5	0.003	0.025	0.003	0.555	0	0.005	0	0.02	12.228	/
121－130.4	130.5	0.006	0.01	0.003	3.716	0.062	0.011	0.04	0.11	3.079	1.298
121－132	132	0.005	0.007	0.004	2.922	0.067	0.009	0.026	0.055	0.592	0.594
121－133	133	0.003	0.004	0.003	1.356	0	0.008	0.026	0.052	1.19	0.867
121－135	135	0.004	0.006	0.003	3.038	0.044	0.008	0.036	0.097	2.595	1.272
121－136.5	136.5	/	0.049	/	0.096	0.038	/	0	0.013	35.69	/
121－140.5	140.5	0.002	0.023	/	0.862	0	/	0.029	0.121	33.978	0.289
121－141.5	141.5	/	0.053	/	/	/	/	0	0	41.866	/

注：由北京大学造山带与地壳演化教育部重点实验室完成测试，其中“/”部分表示未进行分析。含量单位:%。

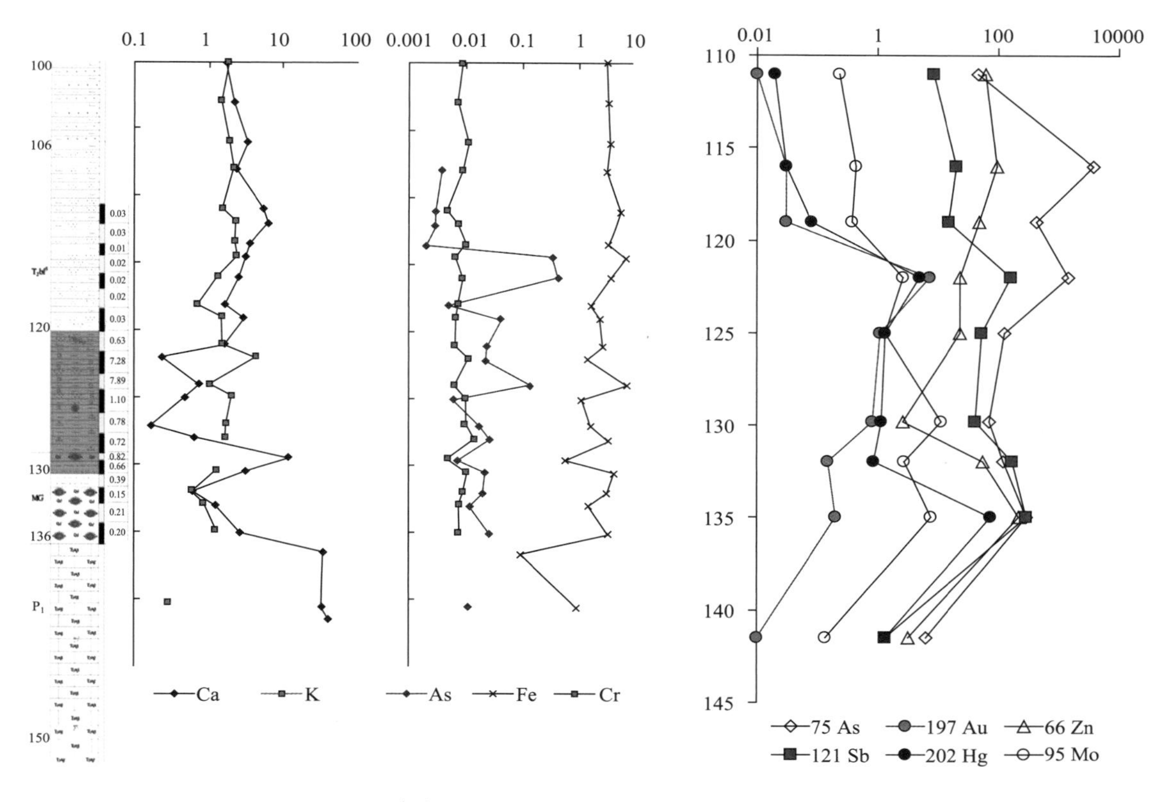

图 11-2　高龙矿区 ZK121 钻孔微量元素含量分布曲线图

7）由 Au 与其他金属微量元素聚类分析谱系图（图 11-3）可见，高龙金矿区围岩微量元素总体分为两组，一组为 Au、Hg、Ba、As、Ag、Sb 组合，Au 与 Hg、Ba、As 关系密切，这些元素为一组低温元素组合，具有相似的地球化学性质，反映这些元素来源的一致性，具有沉积地层来源特征；Fe、Cu、Pb、Zn 及 Co、Ni、Se 等为另一组，这套元素组合具有基性火山碎屑岩来源特征，说明围岩砂泥岩地层中的碎屑组分可能含有基性火山岩成分。Au 元素和第二组重金属元素相关性较差，说明地层中的 Au 与基性火山碎屑成分之间没有直接的成因联系。

高龙矿区不同层位稀土元素特征显示（表 11-4）：

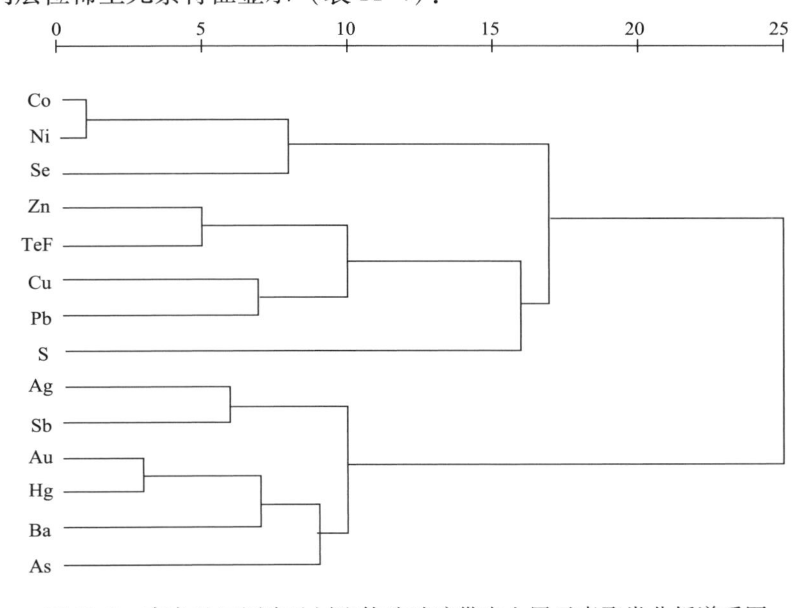

图 11-3　高龙地区围岩地层和构造破碎带中金属元素聚类分析谱系图

表 11-4　高龙矿区不同层位稀土元素分析表

样品号	层位	岩性	La	Ce	Pr	Nd	Sm	Eu	Gd	Tb	Dy	Ho	Er	Tm	Yb	Lu	Y	ΣREE
GL3**	T_2b	炭质泥岩	28.8	61.3	6.68	27.4	6.44	1.52	7.31	0.99	5.51	1.02	2.84	0.43	2.8	0.45	32	153.49
GL76**	T_2b	粉砂质泥岩	29.2	63.3	7.1	27.4	5.18	1.1	4.62	0.74	4.56	0.9	2.75	0.44	2.89	0.46	27	150.64
GL90**	T_2b	粉砂质泥岩	29.8	61.2	6.82	27.5	4.92	1.06	4.5	0.7	4.27	0.87	2.53	0.41	2.7	0.43	24.8	147.71
GL-15*	T_2b	粉砂质泥岩	26.1	52	6.6	30	5.6	1.16	4.92	0.91	4.4	1	2.86	0.47	3	0.44		139.46
G13-13*	T_2b	粉砂岩	30	29	4.3	16.2	3.7	0.65	3.24	0.58	2.53	0.62	1.7	0.27	1.59	0.23		94.61
GL61**	T_2b	泥质粉砂岩	30.2	65.7	7.01	27.4	4.9	1.09	3.83	0.6	3.91	0.79	2.37	0.42	2.57	0.43	23.2	151.22
GL84**	T_2b	泥质粉砂岩	27.9	61.4	6.89	27.6	4.68	1.01	3.67	0.58	3.65	0.78	2.38	0.4	2.64	0.43	22.4	144.01
GL94**	T_2b	泥质粉砂岩	22	51.8	5.57	20.1	3.99	1.73	3.3	0.55	3.27	0.65	1.79	0.3	1.92	0.35	18.9	117.32
GL97**	T_2b	泥质细砂岩	17.6	47	5.06	19.6	3.89	0.95	3.95	0.61	3.63	0.71	2.07	0.33	2.17	0.36	21.8	107.93
GL71**	P_2	灰岩	6.85	5.16	1.24	4.89	0.88	0.22	0.94	0.14	0.7	0.14	0.34	0.05	0.24	0.03		21.82
GG11**	P_2	灰岩	5.2	4.2	0.8	3.6	1.2	0.15	1.1	0.2	1.35	0.2	0.54	0.08	0.19	0.03		18.84
G165**		辉绿岩	23	93	3.8	19	5.3	2.1	6.36	1.08	5.94	1.25	3.41	0.53	3.7	0.59		169.06
GL1-2	断裂破碎带	硅化灰岩	1.58	1.13	0.25	0.99	0.2	0.05	0.29	0.05	0.31	0.08	0.22	0.025	0.17	0.025	3.25	5.37
GL1-10		硅化灰岩	3.94	2.54	0.54	2.23	0.41	0.08	0.39	0.025	0.2	0.025	0.08	0.025	0.05	0.025	1.24	10.56
GL1-4		硅化灰岩	1.23	0.7	0.14	0.51	0.06	0.025	0.06	0.025	0.07	0.025	0.025	0.025	0.025	0.025	0.58	2.945
GL1-24		角砾灰岩	0.81	0.96	0.29	1.81	0.47	0.13	0.49	0.05	0.2	0.025	0.05	0.025	0.025	0.025	0.52	5.36
GL1-27		角砾灰岩	4.39	2.53	0.53	1.98	0.3	0.06	0.31	0.025	0.17	0.025	0.09	0.025	0.05	0.025	1.33	10.51
GL1-41		角砾灰岩	2.25	3.11	0.45	1.61	0.2	0.025	0.27	0.025	0.31	0.06	0.17	0.025	0.19	0.025	2	8.72
GL2-12		角砾灰岩	2.31	1.8	0.32	1.27	0.17	0.025	0.19	0.025	0.12	0.025	0.09	0.025	0.08	0.025	1	6.475
GL2-10		角砾砂岩	3.48	1.77	0.25	0.87	0.13	0.025	0.13	0.025	0.11	0.025	0.06	0.025	0.06	0.025	0.85	6.985
GL2-25		炭质角砾砂岩	0.2	0.32	0.05	0.19	0.07	0.025	0.08	0.025	0.08	0.025	0.025	0.025	0.025	0.025	0.67	1.165
GL87**		角砾岩	21.3	47.4	5.53	21	3.55	0.73	3.05	0.52	3.36	0.74	2.27	0.37	2.42	0.4	24.6	112.64

注：其中“*”号者据国家辉等，1992；“**”号者据胡明安等，2003；其他为本文测试数据，测试单位：国家地质实验测试中心。含量单位为 10^{-6}。

1）矿区内矿化地层中的细碎屑岩样品稀土元素含量具有十分相似的特点（图 11-4），多数（除 G94 号样品外）碎屑岩样品的稀土配分曲线显示明显的负 Eu 异常，说明这些碎屑岩继承了母岩成分特征（如酸性岩浆岩），而个别样品的负 Ce 异常可能受到海水的影响。

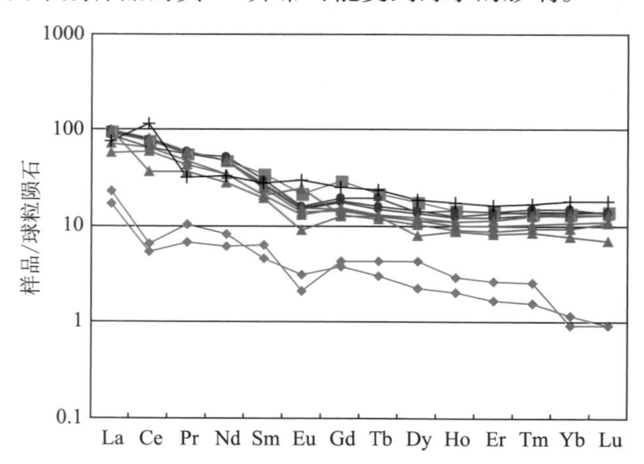

图 11-4　围岩地层各类岩石的稀土配分曲线图

菱形—灰岩，三角—砂岩，圆形—泥岩，正方形—炭质泥岩，+—辉绿岩

2）矿区灰岩样品稀土元素组成与上述细碎屑岩明显不同，稀土元素含量较低，较细碎屑岩低近一个数量级，且不同样品的变化较大，具有明显的负 Ce 异常，这主要是受海水影响较大。

3）辉绿岩样品的稀土配分曲线显示，其稀土含量远高于灰岩的稀土含量，与砂泥岩的稀土总量相类似，但稀土配分与碎屑岩不同，没有明显的负 Eu 异常，但具有明显的正 Ce 异常，说明该辉绿岩与碎屑岩、碳酸盐岩具有明显不同的物源特征。

4）矿区内断裂破碎带中的不同岩性稀土元素分析结果显示（如图11-5）稀土配分大体分为3组，第一组为稀土元素相对亏损的炭质角砾泥岩，这组样品的稀土元素含量低于球粒陨石，所有元素几乎均为最低含量，这可能与炭质的来源或者其经历的地球化学过程有关；第二组为与灰岩有关的硅化灰岩、角砾灰岩，这组样品具有轻稀土轻微富集、重稀土轻微亏损、Ce和Eu亏损的特征，显示了海水作用对稀土元素的影响，其中硅化灰岩和角砾灰岩具有相似的稀土配分特征，是由于两者既具有相同的母岩特征又经历了相似的热液活动（硅化热液流体活动）；第三组样品为与细碎屑岩有关的角砾岩，这组样品表现出明显的稀土富集特征，且轻稀土富集程度优于重稀土。虽然其稀土总量与辉绿岩相似，但不具备辉绿岩的Ce、Eu富集特征，说明角砾岩中流体活动与辉绿岩浆活动不一致。

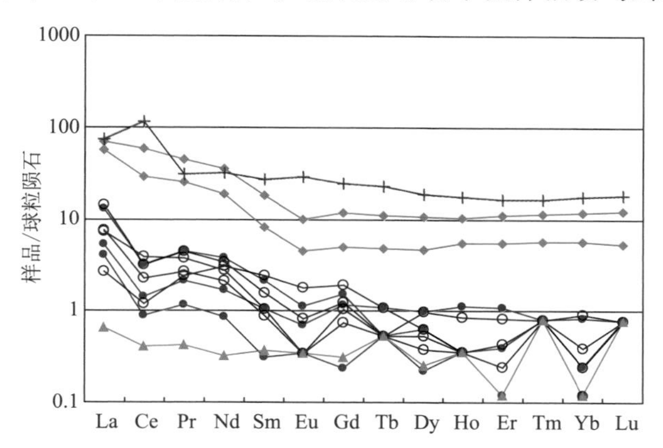

图11-5　高龙矿区构造破碎带中各类岩石的稀土配分曲线图

菱形—角砾砂泥岩，三角—炭质角砾泥岩，实心圆—硅化灰岩，空心圆—角砾灰岩，+—辉绿岩

5）钻孔样品分析结果显示（表11-5、图11-6），取自不同钻孔的样品均具有稀土元素富集特征，且轻稀土富集程度优于重稀土，不论是碎屑岩、含金矿石还是灰岩样品，均显示出较为一致的稀土配分模式，具有Eu的负异常，可能受深部岩浆热液影响。此外，不同钻孔随着深度的增加，有稀土含量明显降低之趋势，说明深部灰岩地层中的稀土含量明显低于上部碎屑岩。

表11-5　高龙矿区不同钻孔样品稀土元素含量表

钻孔号	深度（m）	La	Ce	Pr	Nd	Sm	Eu	Gd	Tb	Dy	Ho	Er	Tm	Yb	Lu
ZK121	111	24.85	48.58	5.77	23.72	5.03	1.22	5.11	0.79	4.55	0.93	2.61	0.41	2.68	0.41
ZK121	116	23.34	46.71	5.46	21.39	4.67	1.05	4.57	0.70	4.04	0.84	2.45	0.38	2.50	0.38
ZK121	119	22.37	44.36	5.29	21.59	4.63	0.98	4.41	0.66	3.72	0.74	2.08	0.31	2.00	0.30
ZK121	122	32.26	65.28	7.78	26.92	4.60	0.78	2.76	0.34	1.98	0.46	1.46	0.26	1.76	0.28
ZK121	125	23.50	43.37	5.45	22.48	5.56	1.17	6.11	1.17	7.55	1.65	4.77	0.69	4.28	0.63
ZK121	129.8	56.07	110.66	11.23	40.09	12.72	3.46	14.97	2.10	10.74	2.05	5.17	0.65	3.67	0.53
ZK121	132	14.64	28.28	3.16	12.86	3.36	0.79	3.62	0.50	2.66	0.52	1.26	0.16	0.92	0.14
ZK121	135	23.20	45.85	5.24	21.42	5.41	1.25	5.74	0.85	4.82	1.01	2.80	0.41	2.50	0.38
ZK121	141.5	2.87	5.56	0.60	2.15	0.53	0.12	0.52	0.08	0.52	0.12	0.31	0.05	0.31	0.05
ZK31	114	21.37	43.41	5.20	21.40	4.64	0.99	4.48	0.66	3.77	0.78	2.18	0.34	2.25	0.35
ZK31	127	24.17	47.98	6.10	25.35	5.48	1.32	5.55	0.85	4.90	1.01	2.86	0.44	2.82	0.43
ZK31	133	26.07	53.24	6.22	25.72	5.72	1.34	5.82	0.88	5.02	1.02	2.87	0.43	2.75	0.42
ZK31	138	10.59	22.03	3.21	13.49	3.98	1.01	3.95	0.63	3.27	0.61	1.56	0.23	1.45	0.22
ZK31	143	25.09	51.79	6.10	22.96	5.07	1.10	4.96	0.77	4.56	0.96	2.72	0.42	2.68	0.41
ZK31	148.1	5.84	11.08	1.22	4.18	0.94	0.20	1.03	0.16	1.05	0.24	0.68	0.11	0.64	0.10
ZK31	153.6	2.03	4.03	0.51	2.01	0.58	0.14	0.64	0.11	0.68	0.15	0.41	0.06	0.34	0.05
ZK31	162	2.34	4.45	0.51	1.82	0.48	0.08	0.40	0.06	0.36	0.08	0.21	0.03	0.18	0.03

测试单位：北京大学造山带与地壳演化教育部重点实验室，含量单位：10^{-6}。

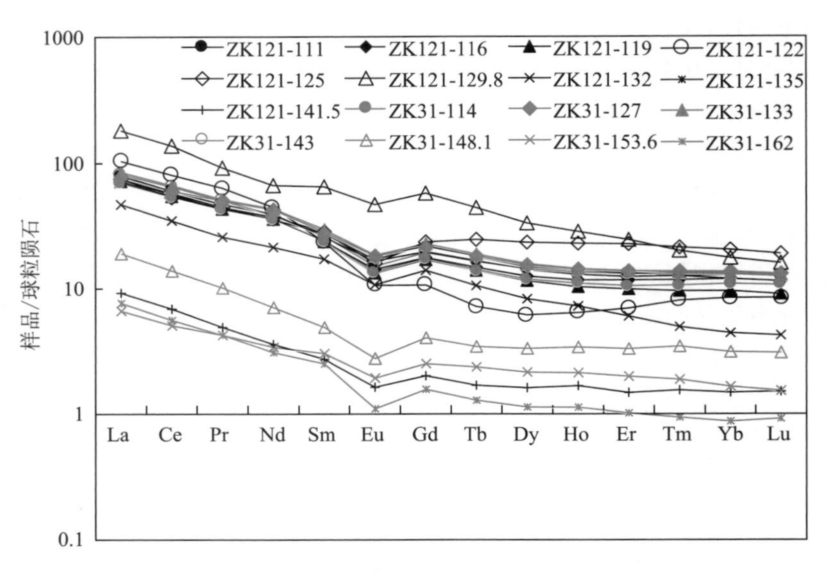

图 11-6　高龙金矿鸡公岩矿段不同钻孔全岩样品稀土配分模式图

二、地层的含金性

由于滇黔桂“金三角”绝大多数金矿均与岩浆岩没有直接的空间关系，故研究者多把沉积地层作为矿源层。但不同的研究者有不同的认识，其中一些研究者认为右江盆地的地层即为矿源层。如苏欣栋（1989）把右江盆地地层细分为4个亚构造层（$D-P_1$，P_2，T_1-T_2，T_3），金丰度分别为8.57×10^{-9}（139），3.56×10^{-9}（50），5.88×10^{-9}（183）和2.2×10^{-9}（5）（括号内为样品数）。整个地层金丰度平均为6.19×10^{-9}（389），比下部加里东构造层高2.65倍。其中细碎屑岩类中金含量高于地壳同类岩石1～3倍。因此，他认为盖层（D—T）均为矿源层。国家辉等（1992）测得高龙—金牙一带三叠系金的丰度为10×10^{-9}～114×10^{-9}，远远高于地壳克拉克值，尤以赋矿层位（T_2b）最高。周永峰等（1998）也系统研究了桂西各时代地层岩石Au的丰度，得出T_{1-2}各种岩性平均为1.75×10^{-9}，其中泥岩含量高于砂岩；T_2浊积岩1.80×10^{-9}，T_1各种岩性（碎屑岩、灰岩）平均1.67×10^{-9}；P_2碳酸盐岩为2.21×10^{-9}，泥岩为3.85×10^{-9}，砂岩为6.5×10^{-9}；D—P_1碳酸盐岩为6.95×10^{-9}，泥岩为12.87×10^{-9}，砂岩为12.56×10^{-9}。这表明地层由老至新，金的丰度降低，并认为桂西地区上古生界金主要来自深源。陈开礼等（2002）也得出了基本相似的结果：泥盆系9.02×10^{-9}，石炭系8.34×10^{-9}，二叠系4.11×10^{-9}，三叠系2.08×10^{-9}，寒武系10×10^{-9}～100×10^{-9}，即盆地下部深水沉积地层序列金丰度较高。李忠等（1996）测得桂西北中三叠统百逢组和河口组浊积岩含金平均值分别为1.98×10^{-9}和1.32×10^{-9}，并发现大部分金矿床及矿点均位于贫化区，而且各金矿床外围地层中多出现金的负异常，甚至出现强烈亏损（如金牙金矿），认为地层中的金发生了活化迁移，为金矿的形成提供了金源。

另外，一些研究者却得出相反结论，如吴江等（1993a，b）专门研究了中三叠统浊积岩，认为地层只有矿化作用造成的元素带入，而无元素被带出后所造成的亏损，因此，桂西北中三叠统浊积岩系并非主要矿源岩，而应为容矿岩系。王国田（1989）、胡安明等（2003）、覃文明等（2003）获得的结果基本类似，Au一般为2×10^{-9}～5×10^{-9}，接近地壳平均值，支持中三叠统并非矿源层的观点。

另外，李文亢等（1989）获得黔西南各时代地层金丰度为：泥盆系1.3×10^{-9}，石炭系0.5×10^{-9}，下二叠统1.3×10^{-9}，上二叠统2.7×10^{-9}，下三叠统1.8×10^{-9}，中三叠统6.27×10^{-9}。变化规律与桂西相反，中三叠统丰度最高。不过，这些数据主要从台地相地层获得，不代表广阔的深水盆地。冉启洋等（1995）总结了扬子大陆边缘碳酸盐岩层序地层的含金量，发现以上二叠统“大厂层”含金最高，其次是上二叠统和中三叠统地层；不同岩石以硅质岩最高（4×10^{-9}），其次是碎屑岩和生物碳酸盐岩，特别是含玄武岩碎屑的岩石；不同沉积相以潮坪相最高（$4\times10^{-9}\sim5\times10^{-9}$），其次是台缘藻滩相、开阔台地相、三角洲相和潟湖相。

由上可见，各家测试数据完全不同，结论也大相径庭。不过，仔细分析前人资料，可以发现有一个共同的特点，即深水相硅质岩、凝灰岩、含碳泥岩层以及二叠系峨眉山玄武岩层，甚至是浊积岩的泥质层，都是金的高含量层（周永峰等，1993；陈开礼，2002；冉启洋等，1995；林草鹰，1996）。因此，右江盆地裂解期间的岩浆活动使大量的幔源富金物质得以上升，并以火山岩碎屑或次火山岩碎屑形式进入泥盆—二叠纪深水盆地，成为原始矿源层。同时，右江盆地部分地层具低的 Au 丰度值，反映原始的富集层分布是不均匀的，部分层位不一定是金属的初生富集层位。另外，由于原始沉积时富集的金可能会部分或大部分迁移，现存岩石的含金量只代表了若干次地质事件后的金丰度，并不代表岩石原始金丰度，而对金矿化最有意义的应是已流失的金的数量。故仅用金的含量来判断矿源岩（层）是不太可靠的（李厚民等，2003，2004），右江盆地地层的含金性还需要更多的地球化学资料来补充和证明。

表 11-6　高龙金矿矿区及外围不同岩石含矿性分析表

层位/岩性	采样地点	样数	Au/$\times10^{-9}$	Au 平均值/$\times10^{-9}$	资料来源	备注
P	高龙Ⅶ剖面	5		1.24	王国田等，1988	
P	金牙、叫曼、田林、西林、凌云、巴马等地	49		3.04	周济元等，1992	
T_1l	高龙Ⅵ剖面	6		2.03	王国田等，1988	$T_2b + P_2h$ 平均 2.39×10^{-9}
T_2b	高龙Ⅵ、Ⅶ剖面	29		3.09	王国田等，1988	
T_2h	高龙Ⅵ、Ⅶ剖面	22		1.47	王国田等，1988	
T_1	金牙、田林、西林、凌云、巴马等地	25		2.90	周济元等，1992	
T_2	金牙、叫曼、田林、西林、乐业、凌云、巴马等地	383		2.38	周济元等，1992	
基性岩	桂西北地区	9		3.19	王国田等，1988；周济元等，1992	
基性火山碎屑岩	田林、西林、凌云、巴马等地	35		3.15	王国田等，1988	
石英斑岩	凌云、巴马	3		1.63	王国田等，1988	
硅化灰岩	矿区内破碎带（Ⅰ期硅化）	3	1.65~2.22	2.0	本书	
硅化角砾灰岩	矿区内破碎带（Ⅱ期硅化）	6	1.76~30.8	14.3	本书	
硅化角砾砂泥岩	矿区内破碎带（Ⅱ期硅化）	5	56.6~2466	623.9	本书	
硅化岩	矿区内破碎带（Ⅱ期硅化）	3	79.3~273	173.7	本书	
石英	矿区内破碎带（Ⅲ期硅化）	5	1.89~13.6	6.8	本书	
含碳砂泥岩	矿区内破碎带	2	1.83~107	54.4	本书	
构造石英岩	矿区内破碎带（Ⅰ期硅化）	8	5~120	26	国家辉等，1992	
硅化构造角砾岩	矿区内破碎带（Ⅱ期硅化）	9	10~1728	1211	国家辉等，1992	
晚期石英	石英脉（Ⅲ期硅化）	4	4~59	25	国家辉等，1992	
方解石	方解石脉	2	13~88	50.5	国家辉等，1992	
地壳中平均含量				4.0	泰勒，1964	
				1.3	Rudnick and Gao，2003	
				3.5	黎彤，1976	
基性岩中含量				4.0	泰勒，1964	
				0.80	迟清华和鄢明才，2007	
酸性岩中含量				4.5	泰勒，1964	
				0.53	迟清华和鄢明才，2007	
粘土（页）岩中含量				1.0	泰勒，1964	
				1.4	迟清华和鄢明才，2007	

注：本书金含量在国家地质实验测试中心测定。

同样，对于桂西北地区和高龙矿区地层含金性的研究也存在类似问题，即依靠地层中金的含量无法准确判断金矿的矿源岩（层）。如桂西北地区二叠系、三叠系与微细浸染型金矿关系最为密切，查明二叠系中含金丰度变化较大，但总体含量均低于地壳克拉克值，三叠系含金丰度与二叠系大致相同，为$1.47\times10^{-9}\sim3.09\times10^{-9}$，同样低于地壳克拉克值（$3.5\times10^{-9}$；泰勒，1964，$4.0\times10^{-9}$，黎彤，1976）。高龙金矿区三叠系百逢组地层虽然略高于其他地层的金含量，金牙金矿矿区及外围中三叠统地层中的含金丰度分别为0.64×10^{-9}和0.90×10^{-9}，远低于其他地区中三叠统地层含金丰度，因此仅通过含矿围岩地层的含金性难以判断金矿中金的来源。从硅化岩的含金丰度统计结果显示（表11-6），高龙金矿区3期硅化热液活动明显地揭示隆起边缘环状断裂控制着3期热液活动，第二期热液活动产物含金最高，其金含量最高可达2466×10^{-9}，已达到工业品位，与金矿化关系最密切；第一期热液含金较高，最高可达120×10^{-9}，可能受二期和三期热液活动的影响；三期金含量较低，最高可达59×10^{-9}，为成矿尾声阶段。此外，区内发育的晚期碳酸盐岩脉（方解石）含金性也较高，最高可达88×10^{-9}，故晚期的方解石可能与成矿有一定关系。

第二节　德保铜矿区的岩浆岩成矿专属性

一、岩浆岩地球化学特征

1. 主量元素

钦甲岩体不同单元的主量元素含量差异并不十分明显（表11-7），SiO_2含量为65.94%～72.23%，在QAP岩石化学分类图解中（图11-7），绝大部分落入花岗岩范围。碱含量普遍较高，（K_2O+Na_2O）值为6.27%～9.11%，K_2O/Na_2O比值大于1。在K_2O-SiO_2图解上（图11-8），大部分样品落入钾玄岩系列，少量落入高钾钙碱性系列。A/CNK值范围为1.02～1.24，总体属于弱过铝质，CIPW标准矿物中出现刚玉，同样也显示了岩体过铝质的特征。CaO/Na_2O较高，介于0.31～6.8，Al_2O_3/Ti_2O为30.91～42.58，大多数为中低含量。

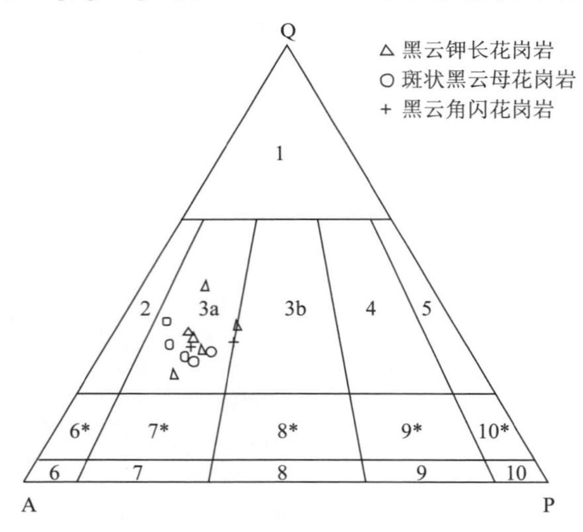

图11-7　钦甲侵入岩的Q－A－P分类图解

1—富石英花岗岩；2—碱长花岗岩；3a—花岗岩；3b—花岗岩（二长花岗岩）；4—花岗闪长岩；5—英云闪长岩、斜长花岗岩；6＊—碱长石英正长岩；7＊—石英正长岩；8＊—石英二长岩；9＊—石英二长闪长岩；10＊—石英闪长岩、石英辉长岩、石英斜长岩；6—碱长正长岩；7—正长岩；8—二长岩；9—二长闪长岩、二长辉岩；10—闪长岩、辉长岩、斜长岩

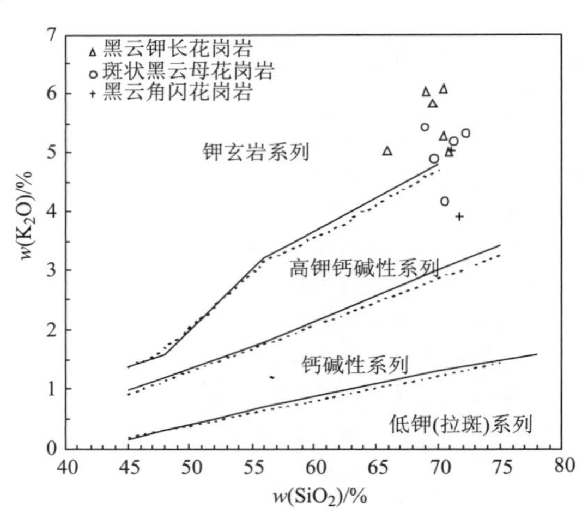

图11-8　钦甲岩体K_2O-SiO_2图解

表 11-7 钦甲岩体主量元素（$w_B/\%$）和微量元素（$w_B/10^{-6}$）分析结果

岩性	黑云钾长花岗岩					斑状黑云母花岗岩						黑云角闪花岗岩	
样品号	8536-17	8536-18	8498-11	D-2	612-9	8574-11	8498-10	6612-13	8498-12	612-11	6650-5	G-3	G-1
SiO_2	70.56	69.68	68.97	71.28	72.23	65.94	70.44	69.03	70.82	69.56	70.39	71.68	71.05
TiO_2	0.39	0.39	0.4	0.33	0.42	0.38	0.38	0.46	0.39	0.41	0.4	0.35	0.4
Al_2O_3	14	14.24	14.36	14.05	14.08	13.77	13.32	14.22	14.26	13.94	13.91	13.58	14.17
Fe_2O_3	0.62	0.39	0.55	0.45	0.51	0.22	0.22	0.47	0.52	1.44	0.36	0.4	0.98
FeO	1.96	2.1	2.1	1.96	1.13	2.39	2.07	0.85	2.1	1.56	1.99	2.14	1.96
MnO	0.05	0.05	0.04	0.03	0.02	0.04	0.1	0.04	0.04	0.03	0.03	0.04	0.05
MgO	0.88	0.78	0.78	0.66	0.42	0.9	0.46	0.4	0.89	0.89	1.05	0.59	0.86
CaO	1.54	1.32	1.8	0.8	1.06	2.97	2.04	2.59	1.7	1.61	1.54	1.85	1.44
Na_2O	3.78	3.47	2.96	2.58	3.3	1.26	0.3	3.09	3.1	1.94	2.54	3.64	3.16
K_2O	4.17	4.88	5.44	5.2	5.33	5.01	6.07	6.02	4.99	5.83	5.28	3.9	5.02
P_2O_5	0.09	0.08	0.09	0.06	0.09	0.09	0.07	0.09	0.08	0.09	0.08	0.07	0.08
LOI	1.37	2.09	1.71	1.81	1.66	6.1	4.51	2.34	1.44	2.78	1.83	0.94	1.02
Total	99.41	99.47	99.2	99.21	100.25	99.07	99.98	99.6	100.33	100.08	99.4	99.18	100.19
A/CNK	1.04	1.06	1.02	1.24	1.07	1.07	1.24	0.87	1.05	1.12	1.10	1.00	1.07
K_2O/Na_2O	1.10	1.41	1.84	2.02	1.62	3.98	20.23	1.95	1.61	3.01	2.08	1.07	1.59
La	20.6	16.8	19.2	16.2	15.1	27.6	26.2	27.1	28.3	27.8	24.3	3.46	9.67
Ce	35.9	28	37.1	34.2	23.1	53.4	35.5	43.2	46.6	52.1	41.2	6.32	20.7
Pr	4.82	3.98	4.48	4.01	3.55	6.07	5.85	6.22	6.55	6.27	5.82	0.81	2.3
Nd	17.3	14.8	16.2	15.2	12.9	22.1	21.5	22.5	22.7	22.2	21	2.92	8.35
Sm	3.44	3.04	3.36	3.68	2.67	4.38	4.57	4.72	4.71	4.64	4.55	0.69	2
Eu	0.66	0.63	0.7	0.65	0.48	0.82	0.76	0.69	0.76	0.93	0.65	0.08	0.33
Gd	3.41	3.24	3.28	4.09	2.79	4.51	4.86	4.85	4.54	5	4.31	0.7	2.02
Tb	0.57	0.49	0.53	0.69	0.4	0.66	0.73	0.73	0.74	0.72	0.66	0.12	0.38
Dy	3.37	2.99	3.01	4.14	2.35	3.43	4.45	4.3	4.14	4.09	3.87	0.75	2.3
Ho	0.72	0.61	0.58	0.87	0.46	0.7	0.96	0.93	0.84	0.78	0.76	0.17	0.47
Er	2.26	1.84	1.78	2.7	1.51	2.11	3.06	2.85	2.61	2.47	2.28	0.5	1.45
Tm	0.33	0.28	0.25	0.42	0.22	0.29	0.48	0.43	0.37	0.38	0.32	0.07	0.22
Yb	2.27	1.69	1.56	2.88	1.44	1.98	3.46	2.84	2.46	2.46	2.21	0.51	1.42
Lu	0.32	0.27	0.25	0.43	0.23	0.28	0.52	0.44	0.35	0.37	0.33	0.08	0.21
Y	21.7	18	17.1	24.3	13.7	21.1	29.1	27.9	25	23.8	22	4.57	13.6
ΣREE	95.97	78.66	92.28	90.16	67.20	128.33	112.90	121.80	125.67	130.21	112.26	17.18	51.82
LREE/HREE	6.24	5.89	7.21	4.56	6.15	8.19	5.10	6.01	6.83	7.00	6.62	4.92	5.12
δEu	0.59	0.61	0.64	0.51	0.54	0.56	0.49	0.44	0.50	0.59	0.45	0.35	0.50
δCe	0.84	0.80	0.94	0.99	0.74	0.97	0.67	0.78	0.80	0.92	0.81	0.88	1.03
Rb	143	164	174	192	193	235	222	195	160	262	183	16.3	99.4
Sr	93	84.5	80.5	98.9	78.9	73.2	34.6	191	139	93.8	106	10	45.7
Ba	487	694	624	1211	1740	874	693	1971	474	4180	453	59.7	330
Zr	169	157	135	159	145	136	153	143	65.5	161	130	16.8	83.9
Hf	4.76	4.7	4.16	5.19	4.3	3.77	4.59	4.16	1.94	4.68	4.05	0.62	2.61
Th	26.3	22.5	21.3	29.1	18.1	20.7	26	17.9	22.1	22.4	23.3	3.58	14.8
U	6.55	5.39	5.82	7.41	4.55	7.03	6.73	3.6	3.49	6.01	7.51	0.78	2.37
Ta	1.2	1.17	1.18	1.69	1.19	1.07	1.14	1.21	0.57	1.22	1.31	0.15	0.69
Nb	9.81	9.33	9.2	10.2	9.72	10.2	9.36	9.9	4.39	9.6	10	1.01	5.07
Rb/Sr	1.54	1.94	2.16	1.94	2.45	3.21	6.42	1.02	1.15	2.79	1.73	1.63	2.18
Rb/Ba	0.29	0.24	0.28	0.16	0.11	0.27	0.32	0.10	0.34	0.06	0.40	0.27	0.30
Ba/Th	18.52	30.84	29.30	41.62	96.13	42.22	26.65	110.11	21.45	186.61	19.44	16.68	22.30

注：国家地质实验测试中心分析。

2. 微量元素

钦甲岩体的稀土元素整体上含量较低，$\Sigma REE = 17.18 \times 10^{-6} \sim 128.33 \times 10^{-6}$，具有轻-中度的铕负异常，$\delta Eu = 0.35 \sim 0.64$，部分样品具有明显的 Ce 负异常，$\delta Ce = 0.67 \sim 1.03$。斑状黑云母花岗岩的稀土元素含量较高，$\Sigma REE = 112.26 \times 10^{-6} \sim 130.21 \times 10^{-6}$，而黑云角闪花岗岩的稀土含量偏低，$\Sigma REE = 17.18 \times 10^{-6} \sim 51.82 \times 10^{-6}$。稀土元素配分模式整体呈右倾型（图 11-9），其中轻稀土相对较为富集，LREE/HREE = 4.56 ~ 8.19，轻重稀土之间的分馏较为明显，$La_N/Yb_N = 3.80 \sim 9.42$，LREE 的分馏程度大于 HREE。在微量元素蛛网上（图 11-10），钦甲岩体的微量元素分布型式基本相似，整体表现为 Rb、Th、U、Zr、Hf、La 富集，Ba、Sr、Nb、P、Ti 亏损，其中 Ba、Sr、Ti、P 等元素的亏损可能是由于斜长石、磷灰石和钛铁矿等矿物的分离结晶作用所致，而 Nb 的亏损则可能暗示了其地壳来源。钦甲岩体的 Rb/Sr 比值为 1.02 ~ 6.02，Rb/Nb 比值为 14.58 ~ 36.45，明显高于全球上地壳的平均值（分别为 0.32 和 4.5，Taylor and McLennan，1985），反映其源自成熟度较高的陆壳物质。

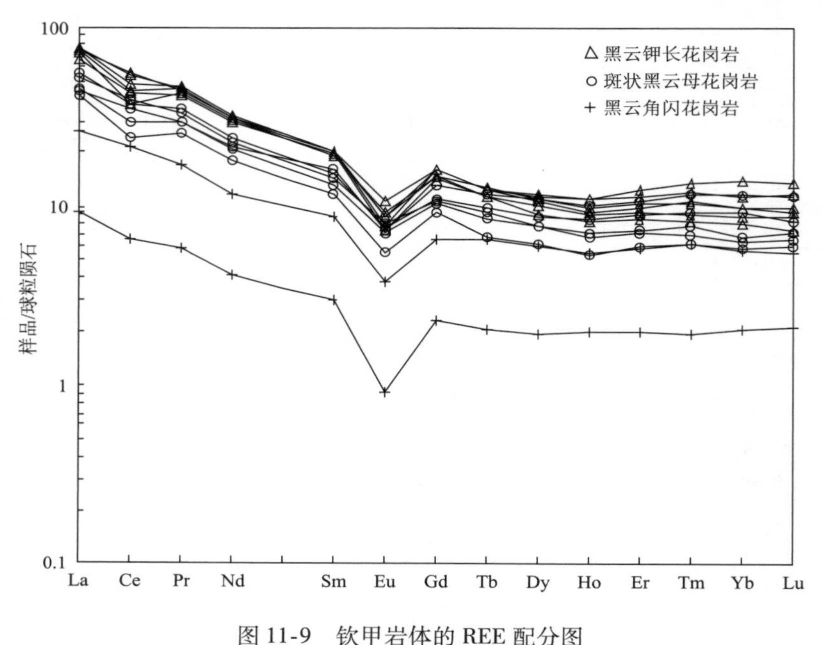

图 11-9　钦甲岩体的 REE 配分图

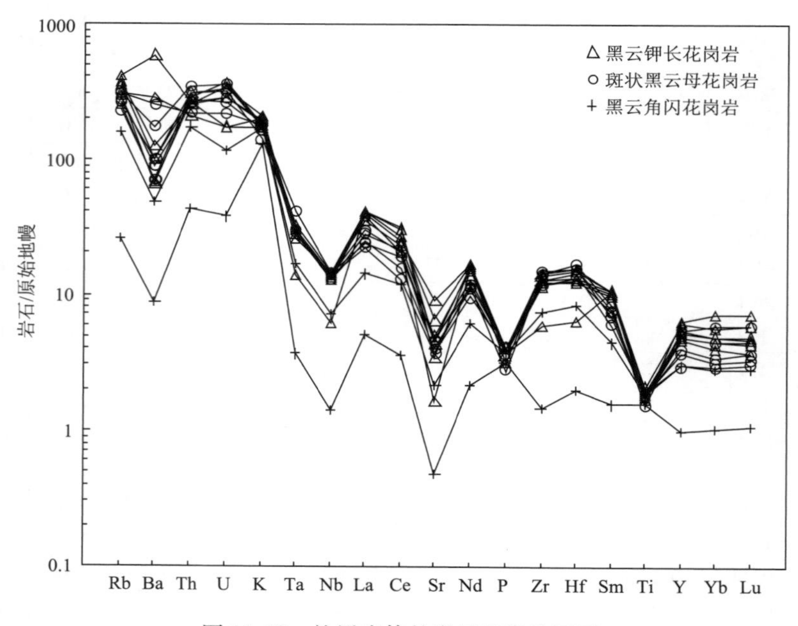

图 11-10　钦甲岩体的微量元素蛛网图

二、岩体的成矿专属性

德保铜矿床与钦甲岩体之间具有密切的成因关系。岩浆的化学成分能反映岩浆的源岩成分、氧化状态和分异程度，而挥发分饱和并溶出对岩浆成矿元素比值的影响是一系列分异事件的结果。一般来说，到了岩浆活动的晚期，花岗岩浆中 F、Cl、B、H_2O、CO_2 等挥发组分富集，这对促使岩浆分异和矿化有着重要作用。各种花岗岩的含矿性与所含挥发分含量也有相应关系，有些挥发分可以降低矿液的溶解度和熔融体的结晶温度，有可能产生低温熔融体，从而增强其活动性，在较浅成的岩体顶部挥

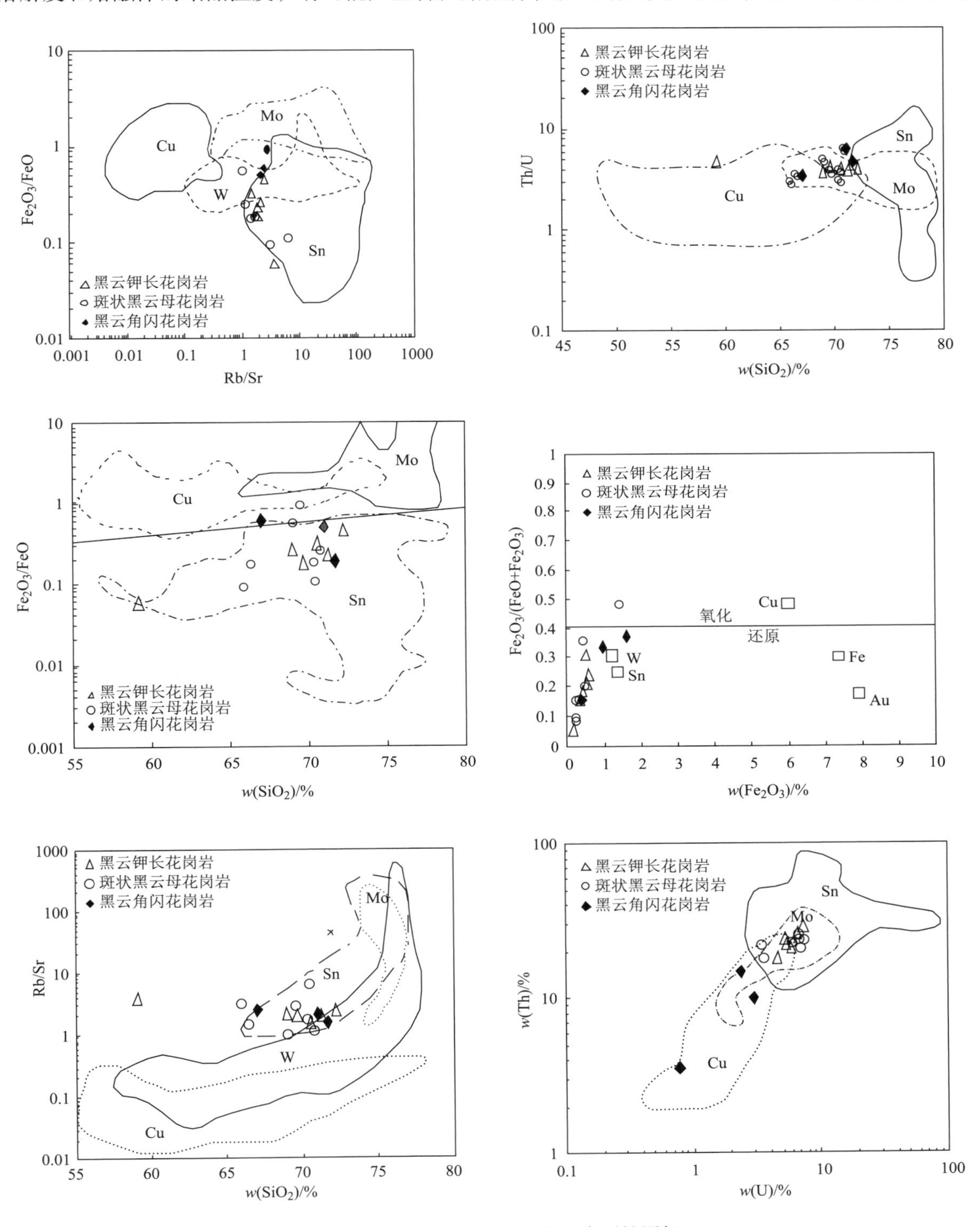

图 11-11 钦甲岩体花岗岩成矿专属性图解

发分聚集，起着促进岩体分异和成矿物质活动聚积的作用。

目前已有的许多资料表明，成矿岩体在某些方面具有一定的特殊性，如矿物组合特征、地球化学特征、成矿元素含量等。花岗岩成分的变化、源岩和结晶分异作用间的关系可视为连续演变系列，而不同成分的花岗岩具有不同的成矿元素组合、相对演化程度（源岩和岩浆 Rb/Sr）和氧化状态（Fe_2O_3/FeO）等。因此，不同花岗岩化学成分的对比可用于判别其是否具有成矿的潜力，并初步判断其成矿专属性。从图 11-11 来看，德保矿区的花岗岩主要落入成锡花岗岩区域，可能暗示其具有一定的成锡潜力。这一专属性与德保铜矿含锡的特点是一致的。

广西区内的寒武系岩石中铜、锡含量的背景值普遍偏高，其岩石中 Cu、Sn 的丰度值普遍超出地壳克拉克值（维氏）数倍至20倍。德保铜矿区不同单元花岗岩中 Cu、Sn 等元素的含量变化范围较大，而角岩中 Cu、Sn 等元素的含量普遍高于花岗岩，说明岩体侵位过程中部分成矿物质转移到了接触带和热变质带。

第三节 铜坑锡多金属矿区的岩浆岩成矿专属性

一、岩石的化学成分

1. 花岗岩的化学成分

在大厂矿田，与成矿关系密切的是笼箱盖复式岩体。对于笼箱盖岩体中不同类型岩石的化学成分分析，是在长安大学成矿作用及其动力学实验室利用 X 荧光光谱完成的（表 11-8）。

岩石化学成分分析结果显示：

SiO_2 含量：与锡矿有关的改造（重熔）的花岗岩大多是高硅的。SiO_2 平均值大于 70%。在大厂笼箱盖复式岩体中，斑状黑云母花岗岩中 SiO_2 含量在 71.06% ~74.32%，平均为 72.44%；中细粒含斑黑云母花岗岩中 $SiO_2$70.94% ~74.00%，平均为 73.04%；等粒状黑云母花岗岩中为 69.98% ~75.44%，平均为 73.41%；平均值均高于中国的黑云母花岗岩 71.99%，与世界含锡花岗岩相当（73.1%）。

表 11-8 大厂岩浆岩的岩石化学成分表（w_B/%）

序	岩性	SiO_2	TiO_2	Al_2O_3	Fe_2O_3	FeO	MnO	MgO	CaO	Na_2O	K_2O	P_2O_5	H_2O^+	烧失	资料来源
1	斑状黑云母花岗岩	74.32	0.13	13.46	0.22	1.36	0.07	0.17	0.51	3.44	4.5		0.65	0.88	蔡宏渊，1986
2		71.06	0.3	13.61	0.7	2.92	0.06	0.48	1.17	2.99	5.01	0.24			叶绪孙，1987
3	似斑状黑云母花岗岩	71.93	0.33	13.26	0	2.31	0.11	0.53	3.31	2.33	3.69	0.25		1.83	本次实测，2010
4	中细粒含斑花岗岩	70.94	0.23	14.16	0.033	1.59	0.1	0.5	3.5	2.3	4.32	0.25		2.10	
5	含斑黑云母花岗岩	73.62	0.11	14.23	0.06	1.20	0.094	0.2	1.84	2.88	3.93	0.28		1.54	
6	细粒含电气石黑云母花岗岩	74.00	0.090	14.66	1.39		0.1	0.17	0.68	3.57	4.92	0.34			梁婷，2008
7		73.58	0.14	14.58	0	1.45	0.081	0.24	1.29	2.81	4.17	0.3		1.11	本次实测，2010
8	粗粒黑云母花岗岩	74.29	0.1	13.98	0.29	1.34	0.12	0.19	1.21	3	3.56	0.32		1.39	
9		73.81	0.06	15.06	0.044	1.31	0.18	0.14	1.01	3.36	3.42	0.48		0.97	
10	云英岩化二长花岗岩	73.73	0.18	13.46	0.08	1.88	0.069	0.26	1.15	3.08	4.28	0.23		1.43	
11	云英岩化二长花岗岩	74.3	0.19	13.35	0	2.11	0.11	0.26	0.95	3.13	4.22	0.25		1.19	
12	黑云母花岗岩	72.62	0.08	13.93	0.59	1.63	0.05	0.24	1.04	3.13	5.27	0.35			
13	等粒状黑云母花岗岩	72.58	0.29	14.06	0.23	2.1	0.04	0.41	0.97	3.16	4.83		0.95	1.14	蔡宏渊，1986
14		72.89	0.17	13.26	0.99	2.27	0.04	0.26	0.87	3.15	4.61	0.2			叶绪孙，1987
15		72.5	0.1	13.49	0.48	0.87	0.09	0.17	1.73	1.57	5.77	0.29			
16		73.05	0.09	13.51	0.79	1.52	0.06	0.19	0.69	3.14	4.77	0.28			
17		73.89	0.11	13.97	0.56	1.7	0.06	0.13	0.58	3.67	4.53	0.3			

续表

序	岩性	SiO_2	TiO_2	Al_2O_3	Fe_2O_3	FeO	MnO	MgO	CaO	Na_2O	K_2O	P_2O_5	H_2O^+	烧失	资料来源
18	黑云母花岗岩	73.28	0.03	15.01	0.08	2.16	0.1	0.49	0.19	2.8	4.23		2.18		215 队
19		69.98	0.17	14.41	1.45	0.09	0.16	1.57	2.86	5.7	0.29	0.93			武汉地院
20		74.1	0.16	13.63	0.25	1.2	0.08	0.21	0.55	3.34	4.3	0.32	0.85	1.19	桂林地研所
21		74.5	0.08	14	0.06	1.3	0.06	0.17	0.46	3.45	4.1	0.31	0.56	0.93	
22		72.38	0.36	14.12	0.66	2.45	0.04	0.45	0.89	3.15	4.7	0.26	0.91	1.13	
23		73.26	0.28	13.86	0.06	2.3	0.04	0.49	1	3	4.4	0.3	0.96	1.09	
24	黑云母花岗岩	72.86	0.16	14.88	0.02	1.4	0.04	0.33	0.62	3.25	4.8	0.32	1.14	1.2	
25		74.09	0.01	13.58	0.05	1.43	0.08	0.89	0.05	2.94	4.62	0.2	0.8		陈学正、周玉林等
26		72.24	0.12	13.87	0.03	1.73	1.1	0.24	0.76	4.06	4.04	0.25	0.35		
27		74.12	0.19	14	0.09	1.23	0.11	0.16	0.73	3.16	4.4	0.25	0.43		
28		74	0.06	13.67	0.03	0.75	0.04	0.12	0.73	3.03	6.46	0.27	0.26		陈毓川，1993
29		75.44	0.04	14.24	0.47	0.63	0.07	0.48	1.03	0.08	3.11	0.302	4.49		
30		73.21	0.06	13.33	1.35	1.35	0.09	0.13	1.07	1.65	4.25	0.43	0.96		
31	中粒黑云母花岗岩	74.16	0.28	13.10	2.11		0.08	0.45	1.18	2.23	4.92	0.26			梁婷，2008
32	粗粒黑云母花岗岩	74.06	0.094	13.97	1.78		0.12	0.16	0.66	3.26	4.62	0.33			
33	黑云母花岗岩	72.62	0.08	13.93	0.59	1.63	0.05	0.24	1.04	3.13	5.27	0.35			
34	等粒状黑云母花岗岩	73.28	0.03	15.01	0.08	2.16	0.1	0.49	0.19	2.8	4.23	0.27			蔡明海，2006
35		74.26	0.12	13.82	1.25	0.16	0.07	0.19	0.51	3.4	4.2	0.32			
36	花岗斑岩	70.41	0.05	14.03	0.04	1.08	0.153	0.55	3.18	0.12	4.98	0.344	2.18		陈学正、周玉林等
37		70.85	0.05	14.51	0.03	0.45	0.06	0.06	2.05	3.68	5.08	0.37		18.35	
38		72.01	0.12	14.9	0.68	0.95	0.13	0.32	1.77	0.16	4.8	0.37	2.7	4.2	桂林地研所
39		73.04	1.48	13.7	0.12	0.9	0.11	0.25	1.88	0.15	4.56	0.52	2.54	4.1	
40		70.59	0.05	15.1	0.19	1.88	0.08	0.32	2.9	0.15	4.8	0.35		3.608	广西地质 7 队
41		71.19	0.07	13.46	0.42	1.47	0.15	0.24	1.26	2.98	4.17	0.39			曹晓琼
42		72.34	0.08	13.56	0.29	1.63	0.15	0.21	1.02	3.07	4.08	0.41			
43		75.6	0.27	13.66	1	1.55	0.02	0.55	0.36	0.15	2.98	0.18			梁婷，2008
44		67.62	0.34	14.86	0.74	2.39	0.15	0.85	2.39	2.35	4.13	0.51			
45		72.58	0.08	14.5	0.55	1.42	0.11	0.22	1.23	2.41	4.52	0.44			
46		70.42	0.23	14.74	0.63	2.23	0.1	1.12	2.24	2.45	3.58	0.56			
47		71.44	0.04	14.9	0.77	2.43	0.16	0.71	1.6	0.85	2.42		3.34	1.05	陈毓川，1993
48		75.98	0.02	15.84	0.06	0.97	0.1	0.33	0.36	0.15	1.07		4.32	0.12	
49		67.52	0.59	16.23	0.63	2.02	0.11	1.32	1.25	0.2	4.73	0.67			叶绪孙，1987
50		70.84	0.097	13.73	0.26	0.99	0.17	0.35	4.64	0.089	3.62	0.43		4.64	本次实测，2010
51		70.75	0.01	12.88	0.75	0.84	0.02	1.17	4.15	0.4	2	1.1			范森葵，2010
52	花岗斑岩	71.44	0.04	14.9	0.77	2.43	0.16	0.7	1.6	0.85	2.24	0.67			范森葵，2010
53		72.82	0.09	14.71	0.4	0.95	0.11	0.25	1.38	1.15	4.49	0.43			

续表

序	岩性	SiO_2	TiO_2	Al_2O_3	Fe_2O_3	FeO	MnO	MgO	CaO	Na_2O	K_2O	P_2O_5	H_2O^+	烧失	资料来源
54	闪长玢岩	52.33	1.48	16.83	1.32	6.3	0.13	5.38	5	3.82	2.6	0.67	3.58	4.66	桂林地研所
55		70.61	0.24	14.83	0.04	1.8	0.17	0.7	1.46	3.5	3.15	0.6	1.16	3.02	
56		57.2	0.76	14.17		4.65	0.13	2.57	5.55	1.8	3.72	0.47	2.85	8.32	
57		59.7	0.8	13.84	0.56	4.95	0.11	2.78	3.54	2.95	3.52	0.46	2.8	6.53	
58		55.53	0.97	14.38	0.43	5.08	0.15	4.12	5.37	2.46	3.47	0.55		7.32	本次实测，2010
59		60.18	0.61	14	0.26	3.4	0.2	2.22	5.16	2.06	3.28	0.46		8.09	
60		59.07	1.19	14.83	7.69	5.02	0.13	2.64	3.39	3	3.76	0.86	2.98	1.3	陈毓川，1993
61		55.3	1.31	16.24	1.1	3.92	0.28	2.1	4.49	1.1	5.04	0.62			叶绪孙，1987
62		56.57	1.31	14.99	2.53	5.85	0.13	2.78	4.18	2.78	3.68	0.82			
63		60.31	0.67	14.04	4.37		0.14	2.60	3.85	2.64	3.96	0.53			梁婷，2008
64		58.58	0.81	14.91	2.46	2.03	2.99	2.99	6.1	0.03	1.6	0.54			范森葵，2010
65		60.54	0.87	14.4	2.85	2.37	0.56	2.35	4.06	2.55	3.69	0.62			
66	灰绿色闪长玢岩	54.44	1.17	15.1	0.3	6.24	0.15	4.24	5.24	2.5	2.92	0.58		7.07	本次实测，2010
67		61.15	0.99	14.45	6.61		0.17	2.07	3.65	3.13	4.08	0.69			
68		58.9	0.9	14.04	2.26	5.04	0.08	4.04	6.57	2.7	2.2		1.32	2.27	陈毓川，1993
69		59.96	0.79	13.89	5.2	4.43	0.13	2.54	3.92	2.43	3.32	0.42	2.8	5.96	
70	白岗岩	71.82	0.04	17.97	0.84	2.43	0.04	0.63	0.5	3.5	3.6		1.03	0.33	
71		72.44	0.07	14.07	0.04	1.98	0.04	0.04	0.66	3.43	3.8	0.2	0.2	1.14	
72		73.44	0.01	13.16	1	1.47	0.13	0.16	1.28	3.95	2.95	0.43	2.18		
73		72.71	0.04	14.29	0.68	2.08	0.07	0.36	0.74	3.6	3.49	0.32			梁婷，2008
74		71.82	0.04	14.97	0.84	2.43	0.08	0.63	0.15	3.5	3.6	0.43			陈毓川，1993
75		72.12	0.08	14.81	0.65	0.77	0.07	0.27	1.23	4.38	4.34	0.39			叶绪孙，1987
76	中国黑云母花岗岩	71.99	0.21	13.81	1.37	1.72	0.12	0.81	1.55	3.42	3.81	0.2			黎彤，1962
77	世界含锡花岗岩	73.1	0.21	13.96	0.91	1.44	0.05	0.55	1.21	3.01	4.58	0.2			

K_2O、Na_2O 含量：笼箱盖岩体中不同类型的岩石中，$K_2O > Na_2O$。其中斑状黑云母花岗岩中 K_2O 为3.69%～5.05%，平均为4.40%，Na_2O 为2.33%～3.44%，平均为2.92%；中细粒含斑黑云母花岗岩中 K_2O 为3.93%～4.92%，平均为4.34%，Na_2O 为2.3%～3.57%，平均为2.89%；黑云母花岗岩中 K_2O 为3.11%～5.27%，平均为4.36%，Na_2O 为1.57%～4.06%，平均为3.03%。利用全碱-硅（TAS）（图11-12）分类，笼箱盖岩体中岩石属于亚碱性系列的花岗岩，利用 SiO_2－AR 图解为钙碱性系列（图11-13）、SiO_2－K_2O 图解（图11-14），属于高钾钙碱性系列。

Al_2O_3 含量：复式岩体中斑状黑云母花岗岩的 Al_2O_3 为13.26%～13.61%，平均为13.44%；中细粒含斑黑云母花岗岩为14.16%～14.66%，平均为14.41%，黑云母花岗岩为13.1%～15.06%，平均为13.95%；与中国黑云母花岗岩（13.81%）和世界含锡花岗岩（13.96%）相当。铝饱和指数A/CNK分别为：斑状黑云母花岗岩为0.958～1.175，平均1.07，中细粒含斑黑云母花岗岩为0.955～1.175，平均1.14；黑云母花岗岩为0.968～1.368，平均为1.27；Al_2O_3/（K_2O＋Na_2O）在斑状黑云母花岗岩为1.7～2.20，3个样平均1.87；中细粒含斑黑云母花岗岩为1.73～2.04，4个样平均为2.01；黑云母花岗岩为1.71～4.46，28个样平均1.96，高于中国黑云母花岗岩的1.91和世界含锡花岗岩的1.84。反映岩石属于过铝质花岗岩。

里特曼指数（δ）：斑状黑云母花岗岩为1.25～2.28；平均为1.85；中细粒含斑黑云母花岗岩为1.51～2.33，平均为1.75；黑云母花岗岩为0.31～2.38，平均为1.84；岩石均属于钙碱性岩石。

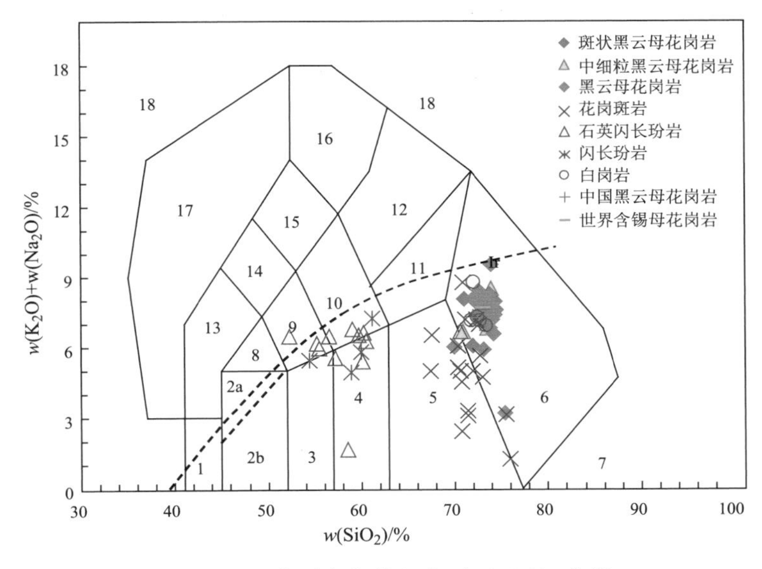

图 11-12 大厂岩浆岩全碱-硅（TAS）分类

1—橄榄辉长岩；2a—碱性辉长岩；2b—亚碱性辉长岩；3—辉长闪长岩；4—闪长岩；5—花岗闪长岩；6—花岗岩；7—硅英岩；8—二长辉长岩；9—二长闪长岩；10—二长岩；11—石英二长岩；12—正长岩；13—副长石辉长岩；14—副长石二长闪长岩；15—副长石二长正长岩；16—副长正长岩；17—副长深成岩；18—霓方钠岩/磷霞岩/粗白榴岩（资料来源：Earth-Science Reviews，vol. 37，（1994）：215－224）；Ir—Irvine 分界线，上方为碱性，下方为亚碱性

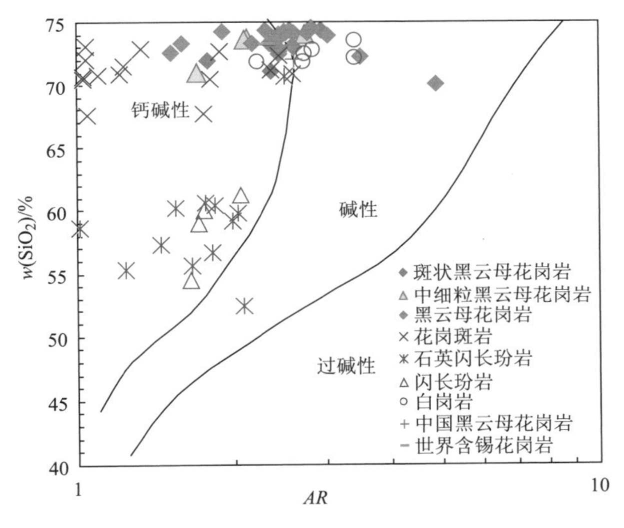

图 11-13 大厂岩浆岩 SiO_2－*AR* 图解

CaO、MgO 的含量：见表 11-9，斑状黑云母花岗岩的 CaO 含量为 0.51%～3.30%，3 个样平均 1.66%，MgO 为 0.17%～0.53%，平均为 0.39%；中细粒含斑黑云母花岗岩中 CaO 的含量为 0.68%～3.50%，3 个样平均 1.83，MgO 为 0.17%～0.5%，平均为 0.28%；黑云母花岗岩中 CaO 的含量为 0.19%～2.86%，28 个样品平均为 0.88%，MgO 为 0.13%～1.57%，平均为 0.34%；均低于中国黑云母花岗岩。中国黑云母花岗岩的 CaO 的含量为 1.55%、MgO 为 0.81%，以及世界含锡花岗岩 CaO 的含量为 1.21%，MgO 为 0.55%。

岩石的固结指数 *SI*：见表 11-9，*SI* 是反映岩石的分异程度或岩石基性程度的岩石化学重要参数之一，斑状黑云母花岗岩中 *SI* 为 1.75～5.98，平均为 3.90；中细粒含斑黑云母花岗岩中为 1.69～5.72，平均 3.15；黑云母花岗岩中为 1.23～17.25，平均为 3.66；岩石由中细粒含斑黑云母花岗岩→黑云母花岗岩→斑状黑云母花岗岩，*SI* 由大到小排列，反映了岩浆演化的顺序。

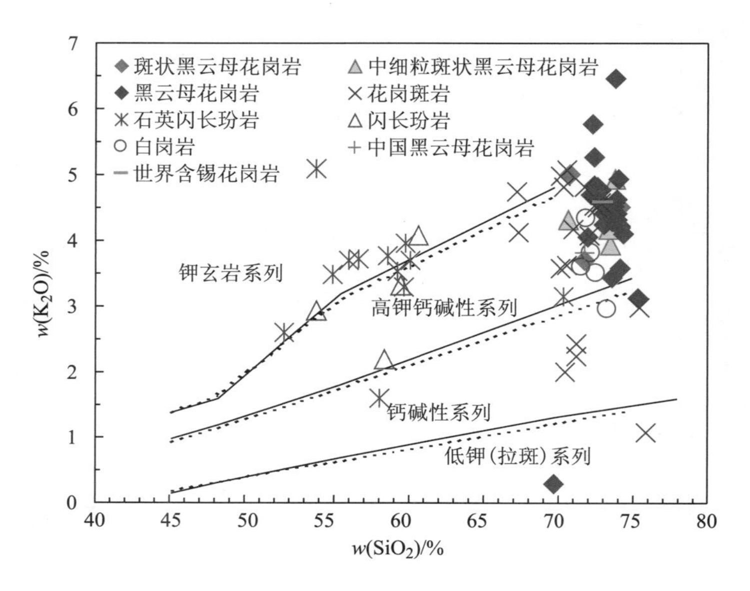

图 11-14　大厂岩浆岩 SiO_2-K_2O 图解

表 11-9　大厂侵入岩中不同岩石的岩石化学参数

序号	σ	AR	SI	A/CNK	K_2O/CaO	K_2O/Na_2O	$Al_2O_3/(K_2O+Na_2O)$	τ	AR	A/MF	C/MF	R_1	R_2
1	2.01	3.63	1.75	1.175	8.82	1.31	1.70	77.08	2.94	5.1	0.35	2678	333
2	2.28	3.36	3.97	1.091	4.28	1.68	1.70	35.40	2.36	2.18	0.34	2429	422
3	1.25	2.14	5.98	0.958	1.11	1.58	2.20	33.12	1.78	2.87	1.3	3088	653
4	1.57	2.20	5.72	0.955	1.23	1.88	2.14	51.57	1.70	3.97	1.79	2907	691
5	1.51	2.47	2.42	1.153	2.14	1.36	2.09	103.18	2.12	6.23	1.46	2970	494
6	1.59	2.57	2.77	1.179	3.23	1.48	2.09	84.07	2.10	6.65	0.56	2477	369
7	2.33	3.48	1.69	1.27	7.24	1.38	1.73	123.22	2.74	5.47	0.88	2923	442
8	1.38	2.52	2.27	1.272	2.94	1.19	2.13	109.80	2.31	5.08	0.8	3052	420
9	1.49	2.46	1.69	1.361	3.39	1.02	2.22	195.00	2.44	6.64	0.81	2917	415
10	1.76	3.03	2.72	1.142	3.72	1.39	1.83	57.67	2.46	3.93	0.61	2802	406
11	1.73	3.12	2.67	1.167	4.44	1.35	1.82	53.79	2.56	3.66	0.47	2819	381
12	2.38	3.56	2.21	1.093	5.07	1.68	1.66	135.00	2.44	3.79	0.51	2457	401
13		3.27	3.82	1.153	4.98	1.53	1.76	37.59	2.45	3.26	0.41	2545	405
14	2.01	3.44	2.30	1.128	5.30	1.46	1.71	59.47	2.61	2.58	0.31	2599	371
15	1.83	2.86	1.92	1.127	3.34	3.68	1.84	119.20	1.52	5.92	1.38	2971	472
16	2.08	3.52	1.83	1.166	6.91	1.52	1.71	115.22	2.59	3.7	0.34	2621	355
17	2.18	3.58	1.23	1.165	7.81	1.23	1.70	93.64	3.04	4.04	0.31	2507	344
18	1.63	2.72	5.02	1.575	22.26	1.51	2.14	407.00	2.17	3.41	0.08	2881	345
19	1.33	2.06	17.25	0.968	0.10	0.05	2.41	51.24	4.88	2.42	0.87	2589	684
20	1.88	3.34	2.26	1.223	7.82	1.29	1.78	64.31	2.78	5.34	0.39	2751	343
21	1.81	3.19	1.87	1.279	8.91	1.19	1.85	131.88	2.83	5.95	0.36	2780	337
22	2.10	3.19	3.94	1.188	5.28	1.49	1.80	30.47	2.45	2.59	0.3	2523	397
23	1.81	2.98	4.78	1.204	4.40	1.47	1.87	38.79	2.35	3.03	0.4	2740	407
24	2.17	3.16	3.37	1.275	7.74	1.48	1.85	72.69	2.44	5.23	0.4	2567	380
25	1.84	3.49	8.96	1.368	92.40	1.57	1.80	1064.0	2.52	3.13	0.02	2812	321
26	2.24	3.48	2.38	1.115	5.32	1.00	1.71	81.75	3.49	4.47	0.45	2408	371
27	1.84	3.11	1.77	1.24	6.03	1.39	1.85	57.05	2.50	6.18	0.59	2780	365
28	2.91	4.87	1.15	1.027	8.85	2.13	1.44	177.33	2.45	9.72	0.94	2335	355
29	0.31	1.53	10.06	2.651	3.02	38.88	4.46	354.00	1.02	5.26	0.69	4420	431
30	1.15	2.39	1.49	1.439	3.97	2.58	2.26	194.67	1.59	3.36	0.49	3326	395

续表

序号	σ	*AR*	*SI*	A/CNK	K_2O/CaO	K_2O/Na_2O	Al_2O_3/K_2O+Na_2O	τ	*AR*	A/MF	C/MF	R_1	R_2
31	1.64	3.01	4.63	1.176	4.17	2.21	1.83	38.82	1.91	3.42	0.56	2977	411
32	2.00	3.33	1.63	1.208	7.00	1.42	1.77	113.94	2.61	5.22	0.45	2676	356
33	2.38	3.56	2.21	1.093	5.07	1.68	1.66	135.00	2.44	3.79	0.51	2457	401
34	1.63	2.72	5.02	1.575	22.26	1.51	2.14	407.00	2.17	3.41	0.08	2873	344
35	1.85	3.26	2.07	1.249	8.24	1.24	1.82	86.83	2.81	6	0.4	2766	341
36	0.95	1.84	8.12	1.234	1.57	41.50	2.75	278.20	1.03	4.72	1.94	3551	662
37	2.76	3.25	0.65	0.95	2.48	1.38	1.66	216.60	2.60	17.51	4.5	2274	522
38	0.85	1.85	4.63	1.717	2.71	30.00	3.00	122.83	1.04	4.92	1.06	3711	517
39	0.74	1.87	4.18	1.593	2.43	30.40	2.91	9.16	1.04	6.64	1.66	3805	499
40	0.89	1.76	4.36	1.409	1.66	32.00	3.05	299.00	1.03	4.06	1.42	3596	646
41	1.81	2.89	2.59	1.15	3.31	1.40	1.88	149.71	2.36	4.17	0.71	2771	429
42	1.74	2.92	2.26	1.198	4.00	1.33	1.90	131.13	2.45	4.22	0.58	2808	398
43	0.30	1.57	8.83	3.31	8.28	19.87	4.36	50.04	1.04	2.81	0.13	4371	347
44	1.71	2.20	8.13	1.172	1.73	1.76	2.29	36.79	1.75	2.29	0.67	2709	612
45	1.62	2.58	2.41	1.307	3.67	1.88	2.09	151.13	1.88	4.43	0.68	2923	435
46	1.33	2.10	11.19	1.231	1.60	1.46	2.44	53.43	1.81	2.17	0.6	2949	594
47	0.38	1.49	9.89	2.151	1.51	2.85	4.56	351.25	1.23	2.39	0.47	3988	523
48	0.05	1.16	12.79	7.691	2.97	7.13	12.98	784.50	1.04	6.92	0.29	4982	385
49	0.99	1.79	14.83	2.102	3.78	23.65	3.29	27.17	1.05	2.32	0.32	3393	543
50	0.49	1.51	6.59	1.098	0.78	40.67	3.70	140.63	1.02	5.24	3.22	3994	822
51	0.21	1.33	22.67	1.242	0.48	5.00	5.37	1248.0	1.10	2.52	1.48	4316	803
52	0.34	1.46	10.01	2.213	1.40	2.64	4.82	351.25	1.23	2.4	0.47	4012	520
53	1.07	2.08	3.45	1.588	3.25	3.90	2.61	150.67	1.33	5.9	1.01	3464	464
54	4.42	1.83	27.70	0.925	0.52	0.68	2.62	8.79	2.08	0.69	0.38	1330	1181
55	1.60	2.38	7.62	1.254	2.16	0.90	2.23	47.21	2.51	3.39	0.61	2746	496
56	2.15	1.78	20.17	0.83	0.67	2.07	2.57	16.28	1.45	1.08	0.77	2364	1098
57	2.51	2.19	18.83	0.917	0.99	1.19	2.14	13.61	2.03	0.94	0.44	2075	846
58	2.81	1.86	26.48	0.819	0.65	1.41	2.42	12.29	1.66	0.79	0.54	1986	1147
59	1.66	1.77	19.79	0.858	0.64	1.59	2.62	19.57	1.55	1.3	0.87	2606	1020
60	2.84	2.18	11.94	0.978	1.11	1.25	2.19	9.94	1.98	0.63	0.26	1607	775
61	3.07	1.84	15.84	1.053	1.12	4.58	2.64	11.56	1.24	1.32	0.66	2125	987
62	3.08	2.02	15.78	0.928	0.88	1.32	2.32	9.32	1.82	0.81	0.41	1737	919
63	2.52	2.17	19.16	0.898	1.03	1.50	2.13	17.01	1.84	1.15	0.58	2184	879
64	0.17	1.17	32.82	1.158	0.26	53.33	9.15	18.37	1.01	1.1	0.82	3635	1177
65	2.22	2.02	17.02	0.925	0.91	1.45	2.31	13.62	1.76	1.11	0.57	2221	879
66	2.57	1.73	26.17	0.899	0.56	1.17	2.79	10.77	1.65	0.76	0.48	1986	1149
67	2.86	2.32	13.03	0.892	1.12	1.30	2.00	11.43	2.06	1.06	0.49	1881	804
68	1.51	1.62	24.88	0.748	0.33	0.81	2.87	12.60	1.71	0.69	0.59	2305	1219
69	1.95	1.95	14.17	0.944	0.85	1.37	2.42	14.51	1.75	0.72	0.37	2148	844
70	1.75	2.25	5.73	1.701	7.20	1.03	2.53	361.75	2.22	2.94	0.15	2574	431
71	1.78	2.93	0.43	1.284	5.76	1.11	1.95	152.00	2.74	4.75	0.41	2749	360
72	1.56	2.83	1.68	1.095	2.30	0.75	1.91	921.00	3.42	3.49	0.62	2789	411
73	1.69	2.79	3.53	1.294	4.72	0.97	2.02	267.25	2.84	3.02	0.28	2716	384
74	1.75	2.77	5.73	1.508	24.00	1.03	2.11	286.75	2.72	2.45	0.04	2649	346
75	2.61	3.38	2.59	1.047	3.53	0.99	1.70	130.38	3.41	5.68	0.86	2213	439
76	1.80	2.78	7.28	1.099	2.46	1.11	1.91	49.48	2.61	2.21	0.45	2628	482
77	1.91	3.00	5.24	1.153	3.79	1.52	1.84	52.14	2.32	3.04	0.48	2682	434

序号同上表，CIWP 计算应用路远发开发的 Geokit 程序。说明：The program for CIPW was written by Kurt Hollocher, Geology Department, Union College, Schenectady, NY, 12308，氧化物在去 H_2O 等以后 重换算为 100%；用 Le Maitre R W（1976）方法按侵入岩调整氧化铁；标准矿物为重量百分含量；R1 = 4Si − 11（Na + K）−2（Fe + Ti）；R2 = 6Ca + 2Mg + Al；A/MF = Al_2O_3/（TFeO + MgO）(mol)；C/MF = CaO/（TFeO + MgO）(mol)。

分异指数 DI：DI 是反映岩浆分异作用和岩浆基性程度的岩石参数。对于笼箱盖岩体来讲，斑状黑云母花岗岩的 DI 为 58.24～62.46，平均为 60.38；中细粒含斑的黑云母花岗岩为 59.05～63.33，平均为 61.61；黑云母花岗岩为 31.85～73.86，平均值为 63.38，高于中国黑云母花岗岩的 55.7，世界含锡花岗岩的 62.02。表现为中细粒含斑黑云母花岗岩（61.61）→岩体主体黑云母花岗岩（63.38）→斑状黑云母花岗岩（60.38），复式岩体主体黑云母花岗岩的分异程度最好。

氧化率（XO）：氧化率（XO）即 Fe_2O_3/（Fe_2O_3+FeO）。按照黎彤（1962）中国黑云母花岗岩为 0.09、世界含锡花岗岩的 0.061 来衡量，大厂的花岗岩的 XO 值较低，斑状黑云母花岗岩为 0.022，中细粒含斑黑云母花岗岩为 0.023；主体的黑云母花岗岩为 0.035。低于脉岩中花岗斑岩（0.031），石英闪长玢岩为（0.105），闪长玢岩为（0.186），白岗岩为（0.043）。联系到大厂花岗岩主要侵位于泥盆系的沉积建造中以富含有机质的还原性黑色建造较为发育，岩浆侵位于这一环境中 XO 可能也受到影响。

从以上笼箱盖复式花岗岩体的岩石化学分析结果来看，具有高硅、高铝、富钾的特征。岩石应该属于过铝质富钾的钙碱性系列。

2. 脉岩的化学成分特征

大厂地区脉状产出花岗斑岩、石英闪长玢岩、闪长玢岩的岩石化学成分分析结果见表 11-10。

表 11-10　大厂矿区侵入岩石的岩石化学成分平均值（w_B/%）

岩性	似斑状黑云母花岗岩	中细粒黑云母花岗岩	黑云母花岗岩	花岗斑岩	石英闪长玢岩	闪长玢岩	白岗岩	中国黑云母花岗岩	世界含锡花岗岩
SiO_2	72.44	73.035	73.41	71.52	58.8	58.61	72.39	71.99	73.1
TiO_2	0.25	0.1425	0.13	0.21	0.9	0.96	0.05	0.21	0.21
Al_2O_3	13.44	14.408	13.95	14.46	14.8	14.37	14.88	13.81	13.96
Fe_2O_3	0.31	0.3708	0.52	0.46	2	3.59	0.68	1.37	0.91
FeO	2.2	1.06	1.38	1.48	3.8	3.93	1.86	1.72	1.44
MnO	0.08	0.0938	0.12	0.11	0.4	0.13	0.07	0.12	0.05
MgO	0.39	0.2775	0.34	0.53	2.8	3.22	0.35	0.81	0.55
CaO	1.66	1.8275	0.88	1.96	4.3	4.85	0.76	1.55	1.21
Na_2O	2.92	2.89	3.03	1.19	2.4	2.69	3.73	3.42	3.01
K_2O	4.4	4.335	4.36	3.79	3.5	3.13	3.63	3.81	4.58
P_2O_5	0.16	0.2925	0.3	0.43	0.6	0.42	0.3	0.2	0.2
σ	1.85	1.75	1.76	1.01	2.4	2.22	1.86	1.8	1.91
AR	3.04	2.68	3.1	1.98	1.9	1.91	2.83	2.78	3
SI	3.9	3.15	3.66	7.64	19.4	19.56	3.28	7.28	5.24
A/CNK	1.07	1.13925	1.27	1.91	1	0.87	1.32	1.099	1.153
K_2O/CaO	4.74	3.46	9.67	2.65	0.9	0.72	7.92	2.46	3.79
K_2O/Na_2O	1.52	1.525	2.86	13.82	5.9	1.16	0.98	1.11	1.52
Al_2O_3/K_2O+Na_2O	1.87	2.0125	1.96	3.65	2.9	2.52	2.04	1.91	1.84
τ	48.53	90.51	160.11	252.86	16.5	12.33	353.19	49.48	52.14
AR	2.36	2.165	2.49	1.45	1.7	1.79	2.89	2.61	2.32
XO	0.022	0.023	0.035	0.031	0.105	0.186	0.043	0.09	0.061
F_1	0.73	0.7325	0.75	0.77	0.6	0.61	0.74	0.72	0.74
F_2	−1.04	−1.045	−1.04	−1.03	−1.2	−1.22	−1.13	−1.12	−1.03
F_3	−2.5	−2.5325	−2.52	−2.45	−2.5	−2.45	−2.54	−2.51	−2.52
A/MF	3.38	5.58	4.45	4.76	1.2	0.81	3.72	2.21	3.04
C/MF	0.66	1.1725	0.5	1.18	0.6	0.48	0.39	0.45	0.48
R_1	2731.67	2819.25	2783.96	3534.28	2218	2080	2615	2628	2682
R_2	469.33	499	391.21	540.06	950.3	1004	395.17	482	434

（1）花岗斑岩

花岗斑岩的 SiO_2 为 67.52% ~73.04%，平均 71.52%，K_2O 为 2.0% ~5.08%，平均 3.79%；Na_2O 在 0.09% ~3.68%，平均 1.19%；且 $K_2O > Na_2O$。里特曼指数为 0.05 ~2.72，平均 1.01。在 $SiO_2 - K_2O$ 图中除了一个点在低钾系列外，大多数点都投在钙碱性-高钾钙碱性系列。在全碱-硅（TAS）分类图上，主要投影在亚碱性系列的花岗闪长岩和花岗岩区域。花岗斑岩中 Al_2O_3 为 12.88% ~16.23%，平均 14.46%；Al_2O_3/（$K_2O + Na_2O$）为 1.66% ~12.98，18 个样平均为 3.65；铝饱和指数 A/CNK 为 0.95 ~2.24，平均 1.91；固结指数 *SI* 为 0.65 ~22.67，平均 7.64，分异指数 *DI* 为 57.83 ~81.95，平均 70.72。均高于中国黑云母花岗岩和世界含锡花岗岩。花岗斑岩中 CaO 的含量为 0.36% ~3.18%，平均 0.96%，MgO 为 0.06% ~1.32%，平均 0.53%。花岗斑岩的氧化率 *XO* 为 0.031，高于大厂笼箱盖花岗岩，表明其成岩深度较浅，氧化程度增高。

（2）闪长玢岩

大厂闪长玢岩的岩石类型有石英闪长玢岩和闪长玢岩之分，前者往往包含有后者的捕虏体。

岩石化学分析成果显示：石英闪长玢岩中 SiO_2 为 52.33% ~70.61%，平均 58.83%，K_2O 为 1.6% ~5.04%，平均 3.46%；Na_2O 为 0.03% ~3.82%，平均 2.39%，$K_2O > Na_2O$；里特曼指数石英闪长玢岩为 0.17 ~4.42，平均 2.42；闪长玢岩 SiO_2 为 54.44% ~59.96%，平均 58.61%。K_2O 为 2.2% ~4.08%，平均 3.13%；Na_2O 为 2.5% ~3.13%，平均 2.69%，也是 $K_2O > Na_2O$。里特曼指数为 1.51 ~2.86，平均 2.22，在全碱-硅（TAS）分类图上，主要投在闪长岩和二长岩区域。$SiO_2 - K_2O$ 图上大多数点都投在钾玄岩-高钾钙碱性岩系列。

石英闪长玢岩中 Al_2O_3 为 13.84% ~16.83%，平均 14.79%；CaO 的含量为 1.46% ~6.1%，平均 4.35%，MgO 为 0.7% ~5.38%，平均 2.77%；Al_2O_3/（K_2O + Na2O）为 1.13 ~9.15，12 个样平均 2.95，高于中国黑云母花岗岩和世界含锡花岗岩，铝饱和指数 A/CNK 为 0.83 ~1.25，平均 1.0。而闪长玢岩中 Al_2O_3 为 13.89% ~15.1%，平均 14.37%，略高于花岗岩。CaO 含量为 3.65% ~6.57%，4 个样品平均 4.85%，MgO 为 2.07% ~4.24%，平均 3.22；Al_2O_3/（$K_2O + Na_2O$）闪长玢岩为 2.00 ~2.87，平均 2.52；与石英闪长玢岩相似，也高于中国黑云母花岗岩和世界含锡花岗岩，铝饱和指数 A/CNK 为 0.892 ~0.944，平均为 0.87。

石英闪长玢岩的固结指数 *SI* 为 7.62 ~32.82，平均 19.43；分异指数 *DI* 为 16.03 ~54.46，平均 40.24；氧化率（*XO*）为 0.105。闪长玢岩固结指数 *SI* 为 13.03 ~26.17，平均 19.56；分异指数 *DI* 为 28.64 ~42.5，平均 34.71；氧化率（*XO*）为 0.186，高于大厂的花岗岩和花岗斑岩。

（3）白岗岩

大厂白岗岩中 SiO_2 为 71.82% ~73.44%，平均 72.39%。K_2O 为 3.6% ~4.34%，平均 3.63%；Na_2O 在 3.5% ~4.38%，平均 3.73%；$K_2O < Na_2O$；里特曼指数为 1.56 ~2.61，平均 1.86，在全碱-硅（TAS）分类图上，主要投影在亚碱性花岗岩中，在 $SiO_2 - K_2O$ 图上大多数点都投在高钾钙碱性岩系列。岩石中 CaO 含量为 0.5% ~1.28%，6 个样平均 0.76，MgO 为 0.04% ~0.63%，平均 0.35%；Al_2O_3 为 3.16% ~17.97%，平均 14.88%；高于笼箱盖花岗岩。铝饱和指数 A/CNK = 1.095 ~1.701，平均 1.32；Al_2O_3/（$K_2O + Na_2O$）= 1.70 ~2.53，6 个样平均 2.03，高于中国黑云母花岗岩的 1.91 和世界含锡花岗岩的 1.84。白岗岩分异指数 *DI* 为 53.83 ~59.81，平均 56.25，固结指数 *SI* 为 0.43 ~5.73，平均 3.28；低于中国黑云母花岗岩的 7.28 和世界含锡花岗岩的 5.24. 氧化度 *XO* 为 0.043，高于大厂花岗岩，低于闪长岩。

3. 侵入岩的岩石化学成分变化总特征

从上述的各类岩石的岩石主量元素的化学成分分析结果看，岩浆岩由笼箱盖复式花岗岩→花岗斑岩和闪长玢岩→白岗岩，均有高硅富碱，富铝、低镁铁的特点，具有壳源重熔型花岗岩的特征。

从岩石形成的顺序看，花岗斑岩、白岗岩的固结指数、氧化率大于笼箱盖岩体，闪长玢岩中固结指数、氧化率更大，反映其形成的深度较浅，基性程度高，这与岩石的侵位顺序是一致的。不同岩石之间的关系见哈克图（图 11-15）。大厂矿区侵入岩石的岩石化学成分平均值见表 11-10。

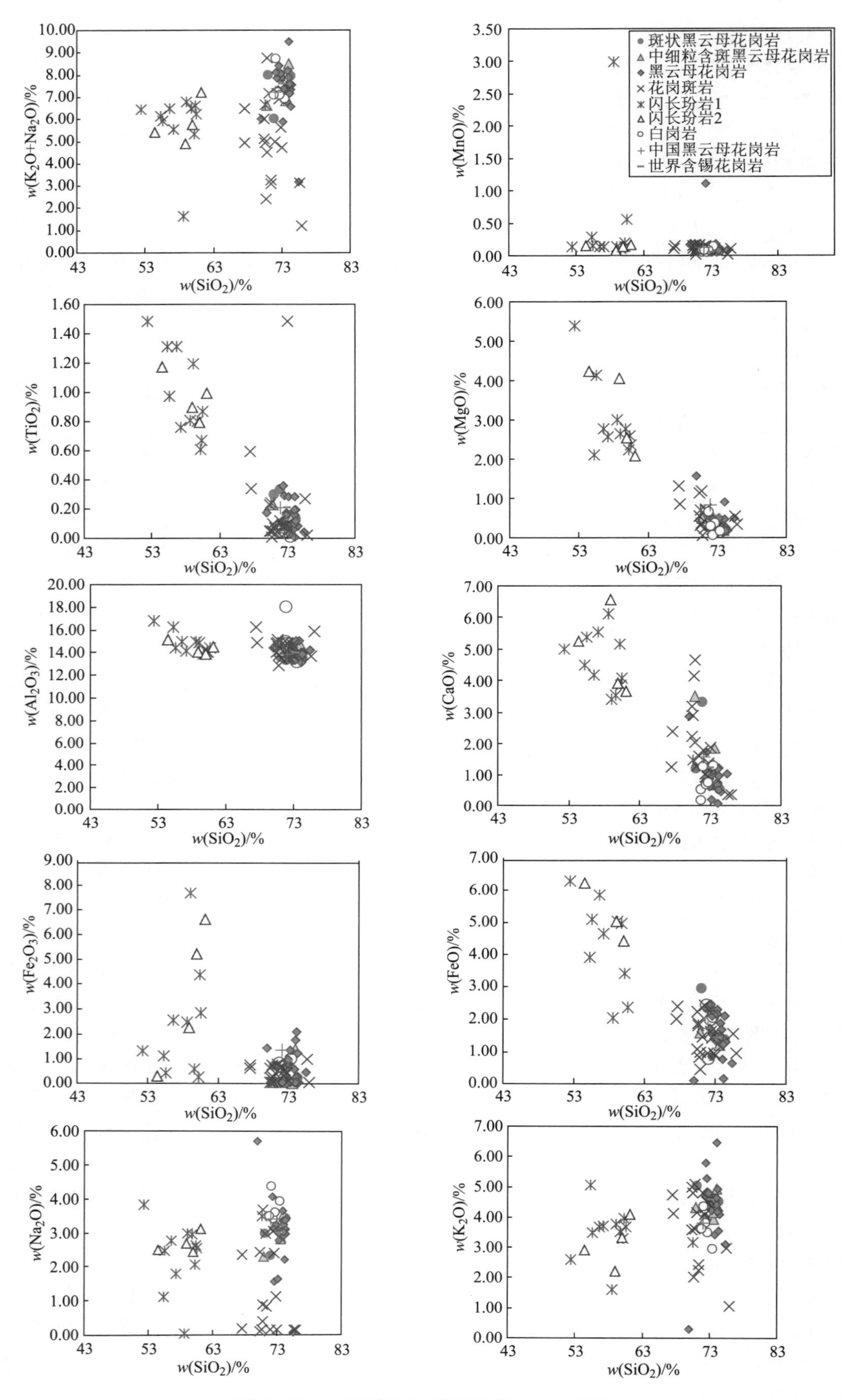

图 11-15　大厂矿田中不同岩石的 Harker 图解

由哈克图上岩石的相关性来分析，笼箱盖复式岩体中 K_2O、Na_2O 的含量高于花岗斑岩，CaO 含量略低于花岗斑岩，这可能与花岗斑岩中强烈的碳酸盐化有关。其他元素的含量基本是一致的，

反映了它们可能是同一来源的岩浆结晶分异作用的结果；而石英闪长玢岩和闪长玢岩在成分上是一致的，但岩石化学组成与花岗岩明显不同，可能也反映其物质来源上的差异。

二、岩石的微量元素和稀土元素特征

岩石中微量元素的含量常常是与岩浆的演化呈规律性的变化，成为花岗岩活动中的示踪标志。综合前人和本次利用 ICP－MS 分析方法获得的分析成果见表 11-11。

表 11-11　大厂笼箱盖花岗岩中微量元素含量（$w_B/10^{-6}$）

岩石	似斑状黑云母花岗岩		含斑黑云母花岗岩				等粒状黑云母花岗岩				
Li	128.4	105.1		175.5		143.7		394.6	362.9		
Be	10.55	9.723		17.21		17.37		34.91	16.45	15.8	15.6
Sc	3.18	1.428		0.946		0.035		0.027	0.051		
V	27.27	17.59		6.387		7.959		7.341	4.64		
Cr	13.28	10.41		9.475		16.21		5.279	16.23		
Co	7.543	6.641	1.41	5.112	2.57	5.755	1.57	5.022	4.755		
Ni	5.458	8.086	8.46	4.006	7.40	5.923	4.79	6.697	5.439		
Cu	6.833	8.501	15.5	6.646	20.5	83.36	15.7	24.02	7.482		
Zn	45.86	121.5	493	59.91	110	48.15	220	126.4	35.84		
Ga	21.13	21.76	25.9	17.49	22.3	16.52	27.5	20.18	19.74	24.8	23.2
Rb	522.3	585.4	855	634.8	411	495.9	816	1019	1161	904	788
Sr	59.47	50.77	34.7	53.04	50.5	35.33	18.6	18.42	21.03	29.7	22.8
Y	21.05	13.5	18.0	13.83	23.2	11.04	13.5	7.884	4.819	11.2	10.8
Zr	164.7	106	65.9	51.49	165	64.98	64.1	42.37	39.25	48.2	50.3
Nb	39.71	30.8	48.7	33	34.9	26.33	66.8	54.89	78.04	73.7	72.9
Cd	0.408	1.099		0.375		0.374		0.985	0.237		
In	0.428	0.769	0.61	0.11	0.22	0.312	0.30	0.302	0.192		
Cs	46.89	52.5	119	42.05	42.2	52.56	98.5	107.8	106.5	82	69
Ba	296.1	234.9	121	203.1	190	218	44.6	55.26	47.65	268	284
La	37.49	26.59	10.4	10.3	31.6	11.2	9.29	8.126	3.543	36.5	9.4
Ce	81.56	60.81	21.4	21.86	67.9	24.9	20.1	18.19	8.051	53.7	19.8
Pr	9.212	7.135	2.33	2.434	7.61	2.837	2.37	2.072	0.846	5.22	2.29
Nd	34.49	27.36	8.11	9.04	27.2	10.79	8.31	7.728	3.202	21.6	7.16
Sm	7.24	6.162	2.07	2.152	6.01	2.808	2.21	1.883	0.878	3.99	1.77
Eu	0.612	0.512	0.32	0.284	0.53	0.282	0.16	0.108	0.072	0.43	0.12
Gd	7.19	6.113	2.30	2.545	5.70	3.134	2.26	1.986	0.99	3.19	2.82
Tb	0.945	0.762	0.47	0.453	0.91	0.509	0.42	0.312	0.176	0.49	
Dy	4.859	3.408	2.93	2.964	4.53	2.814	2.39	1.837	1.141	3.01	
Ho	0.851	0.54	0.57	0.557	0.76	0.455	0.44	0.319	0.197	0.52	0.35
Er	2.406	1.416	1.72	1.747	2.10	1.168	1.23	0.935	0.593	1.36	1.01
Tm	0.338	0.183	0.28	0.264	0.28	0.142	0.21	0.146	0.089	0.22	0.14
Yb	2.37	1.24	1.94	1.885	1.93	0.983	1.57	1.13	0.694	1.36	1.22
Lu	0.334	0.172	0.28	0.258	0.27	0.126	0.23	0.149	0.092	0.19	0.22

续表

岩石	似斑状黑云母花岗岩		含斑黑云母花岗岩				等粒状黑云母花岗岩				
Hf	5.047	3.614	2.17	1.961	4.24	2.384	2.46	1.914	2.106	1.94	2.16
Ta	4.861	3.754	13.4	10.16	3.45	4.323	17.0	15.19	24.4	18.5	18.2
Pb	22.16	94.67	22.6	25.44	30.6	29.02	19.1	22.94	12.16		
Bi	1.716	3.745	9.31	1.704	1.65	2.335	2.17	30.36	22.46		
Th	31.94	27.95	8.73	9.191	28.5	10.94	11.0	9.276	3.324	7.10	6.85
U	21.33	16.38		22.05		22.5		27.55	23.31		
W	189.56	142.2	50.1	56.485	14.2	62.022	60.7	44.772	20.472		
B	133.11	102	390	35.77	91.2	41.617	500	29.981	13.049		
Sn	19.293	13.83	17.3	10.673	21.8	9.331	14.7	6.814	3.972		
Ge			3.04		1.97		2.90				
Sb			5.65		12.7		4.92				
Au			0.001		0.001		<0.0005				
Zr/Hf	32.63	29.3	30.4	26.3	38.9	27.3	26.1	22.1	18.6	24.8	23.3
Gd/lu	21.53	35.5	8.2	9.9	21.1	24.9	9.8	13.3	10.8	16.8	12.8
Nb/Ta	8.17	8.20	3.63	3.25	10.09	6.09	3.93	3.61	3.20	3.98	4.01
Rb/Sr	8.7826	11.53	24.665	11.968	8.13032	14.0362	43.788	55.32	55.2068	30.438	34.56

岩石	花岗斑岩					白岗岩	石英闪长玢岩			闪长玢岩	
Li	485.70						221.70	131.00		152.80	
Be	8.21	18.70	43.20	9.10		16.50	11.14	16.16		8.25	
Sc	1.20						12.51	9.21		11.74	
V	9.67						102.80	66.66		103.40	
Cr	6.93						134.30	80.82		71.17	
Co	6.99	1.50					29.29	20.57	15.60	30.56	13.46
Ni	4.90	5.16					75.22	49.03	57.60	59.66	12.47
Cu	5.07	7.59					39.71	21.61	23.99	33.43	32.23
Zn	222.40	89.57					98.27	150.70	78.25	77.86	560.70
Ga	25.48	30.00	30.30	30.70	25.40	32.00	19.02	20.04	24.85	18.90	26.06
Rb	796.00	793.20	1060.00	1130.00	552.00	535.00	400.70	398.50	519.40	350.00	333.90
Sr	71.66	56.27	116.00	37.70	36.00	21.50	512.00	318.90	288.10	343.30	340.40
Y	5.06	8.72	8.52	9.29	5.80	1.07	17.08	13.60	16.20	17.97	29.10
Zr	33.59	51.30	63.10	44.80	127.00	19.00	134.10	97.50	117.00	149.10	217.00
Nb	71.12	70.67	76.00	78.00	62.50	68.00	72.13	65.07	70.10	66.59	72.17
Cd	1.28						0.57	0.76		0.33	
In	0.42	0.23					0.14	0.15	0.12	0.11	0.20
Cs	131.20	126.50	102.00	103.00	57.80	106.00	91.57	121.00	141.10	137.60	42.27
Ba	42.37	371.7	420.0	207.0	211.0	57.0	1131.0	477.7	499.7	1118.0	1600.0
La	3.77	6.98	11.10	22.10	26.10	4.15	54.61	35.17	35.30	46.29	84.10
Ce	7.76	13.50	15.50	28.30	39.00	9.28	101.70	67.38	65.40	87.76	151.00
Pr	0.89	1.49	1.17	3.00	3.80	1.12	10.15	6.83	6.68	8.98	15.20
Nd	3.33	5.22	5.75	11.30	15.30	3.99	36.34	24.60	23.00	33.00	52.00
Sm	0.89	1.33	1.27	2.21	2.71	1.19	5.59	4.17	3.92	5.41	8.33

续表

岩石	花岗斑岩					白岗岩	石英闪长玢岩			闪长玢岩	
Eu	0.09	0.18	0.16	0.43	0.60	0.11	1.64	1.01	0.99	1.64	1.97
Gd	1.05	1.41	1.35	2.03	2.54	1.39	6.72	4.74	3.76	6.42	7.75
Tb	0.18	0.27	0.24	0.36	0.37	0.25	0.74	0.56	0.58	0.76	1.15
Dy	1.11	1.57	1.58	2.20	2.48	1.66	3.85	3.03	3.02	4.05	5.30
Ho	0.19	0.26	0.31	0.36	0.37	0.31	0.72	0.55	0.56	0.74	0.99
Er	0.57	0.73	0.68	1.03	1.06	0.91	2.02	1.56	1.59	2.17	2.81
Tm	0.08	0.12	0.11	0.16	0.17	0.14	0.27	0.22	0.23	0.29	0.39
Yb	0.74	0.90	0.68	1.00	1.01	1.20	1.89	1.58	1.59	2.01	2.53
Lu	0.09	0.13	0.10	0.15	0.14	0.20	0.26	0.21	0.22	0.30	0.37
Hf	1.54	1.85	2.67	1.90	4.53		3.30	2.69	2.81	3.46	4.72
Ta	21.78	17.66	25.20	25.20	8.85	44.50	8.03	10.93	9.56	7.54	4.88
Pb	72.97	21.89					31.15	54.33	18.50	9.93	17.73
Bi	18.36	1.71					6.72	9.33	11.30	4.15	15.70
Th	3.46	4.92	5.40	3.40	16.60		13.89	11.55	10.23	11.15	22.25
U	35.22						13.15	18.14		10.12	
W	20.66	80.44					226.22	151.40	50.51	199.52	27.17
B	12.96	447.20					155.42	103.98	44.10	136.79	19.70
Sn	4.01	39.37					16.45	12.46	25.25	16.74	11.89
Ge		2.19							2.76		1.96
Sb		9.57							8.85		3.77
Au		0.001							0.001		0.001
Zr/Hf	21.80	27.73	23.63	23.58	28.04		40.62	36.22	41.64	43.04	45.97
Gd/lu	11.68	10.85	13.50	13.53	18.14	6.95	25.83	22.14	17.09	21.77	20.95
Nb/Ta	3.27	4.00	3.02	3.10	7.06	1.53	8.99	5.95	7.33	8.83	14.80
Rb/Sr	11.11	14.10	9.14	29.97	15.33	24.88	0.78	1.25	1.80	1.02	0.98

1. 微量元素的特征

（1）花岗岩石微量元素

在大厂矿区，不同花岗岩岩石中微量元素含量有一定的变化特征。主要表现在：

1）Li 含量：笼箱盖岩体中，在似斑状黑云母花岗岩中含量为 $105.1\times10^{-6}\sim128.4\times10^{-6}$，中-细粒含斑黑云母花岗岩为 $143\times10^{-6}\sim175.5\times10^{-6}$，等粒状黑云母花岗岩为 $362.9\times10^{-6}\sim394.6\times10^{-6}$，花岗斑岩为 485.7×10^{-6}，均高于正常花岗岩的 Li 含量（$30\times10^{-6}\sim50\times10^{-6}$）。Li 在岩浆作用过程中主要呈氯化物或氟化物络合物迁移，岩体中挥发组分的集中有利于其富集，所以倾向于在岩浆结晶的晚期集中，从岩体中 Li 元素含量的变化也可能反映出他们属于同源岩浆不同阶段的产物，从早期到晚期，Li 含量是升高的。

2）Rb、Sr 含量：Rb、Sr 是酸性岩中的特征元素，常随着岩浆份异挥发分及钾含量的增高而富集，在大厂花岗岩中，似斑状黑云母花岗岩的 Rb 含量在 $522.3\times10^{-6}\sim585.4\times10^{-6}$，平均 553.85×10^{-6}，Sr 含量在 $50.77\times10^{-6}\sim59.47\times10^{-6}$，平均为 34.7×10^{-6}；含斑的中-细粒黑云母花岗岩中 Rb 含量在 $411\times10^{-6}\sim855\times10^{-6}$，平均为 599.0×10^{-6}；Sr 含量在 $34.7\times10^{-6}\sim53.04\times10^{-6}$，平均为 43.38×10^{-6}；等粒状黑云母花岗岩中 Rb 含量在 $788\times10^{-6}\sim161\times10^{-6}$，平均为 937.6×10^{-6}；Sr 含量在 $18.42\times10^{-6}\sim29.7\times10^{-6}$，平均为 56.3×10^{-6}；反映了从似斑状黑云母花岗岩→中-细粒含斑黑

云母花岗岩→等粒状黑云母花岗岩，Rb 含量逐渐增大，Sr 含量逐渐减少，反映了同源岩浆不同的演化阶段。相应的 Rb/Sr 比值也是由 10.15→14.7→43.86；而花岗斑岩中 Rb 含量在 $552\times10^{-6}\sim1130\times10^{-6}$，平均 866.2×10^{-6}，Sr 含量在 $36\times10^{-6}\sim116\times10^{-6}$，平均为 63.5×10^{-6}，白岗岩 Rb 含量为 535×10^{-6}，Sr 含量为 21.5×10^{-6}，这可能与岩石的云英岩化蚀变导致 Rb、Sr 淋滤有关。

3）Nb、Ta 含量变化：在测定的样品中，似斑状黑云母花岗岩中 Nb 含量在 $30.8\times10^{-6}\sim39.7\times10^{-6}$，平均 35.255×10^{-6}，Ta 含量 $3.75\times10^{-6}\sim4.86\times10^{-6}$，平均为 4.31×10^{-6}；中-细粒含斑黑云母花岗岩中 Nb 含量在 $26.33\times10^{-6}\sim48.7\times10^{-6}$，平均为 35.71×10^{-6}，Ta 含量在 $3.45\times10^{-6}\sim13.4\times10^{-6}$，平均为 7.83×10^{-6}，等粒状黑云母花岗岩中 Nb 含量在 $54.86\times10^{-6}\sim78.04\times10^{-6}$，平均 69.26×10^{-6}，表现为由似斑状黑云母花岗岩→中-细粒含斑黑云母花岗岩→等粒状黑云母花岗岩，其 Nb、Ta 含量是增高的，且 Nb/Ta 比值也反映在 8.16→5.78→3.75 是逐步降低的。表现正好与 Rb/Sr 比值相反，这也正好反映了岩浆结晶温度是逐渐减低的，反映了岩浆结晶的顺序。

4）作为浅成相的花岗斑岩以及白岗岩，其 Li、Rb、Sr、Nb、Ta 含量的变化，与黑云母花岗岩相比，没有明显的规律性变化特征，可能是与其侵入的环境和条件有关。

5）在球粒陨石标准化图解上（图 11-16），同类型岩石中微量元素的配分模式基本一致，均具有 Ba、Nb、Sr、Ti、Yb 的强烈亏损，Rb、K_2O、Ta、P_2O_5、Y 富集。研究表明，在岩浆结晶过程中，Ba 是趋向于在固相中结晶富集而在残余熔体中贫化，而 Cs 是在残余熔体中富集的，测定的结果正好也反映了岩浆结晶的过程。

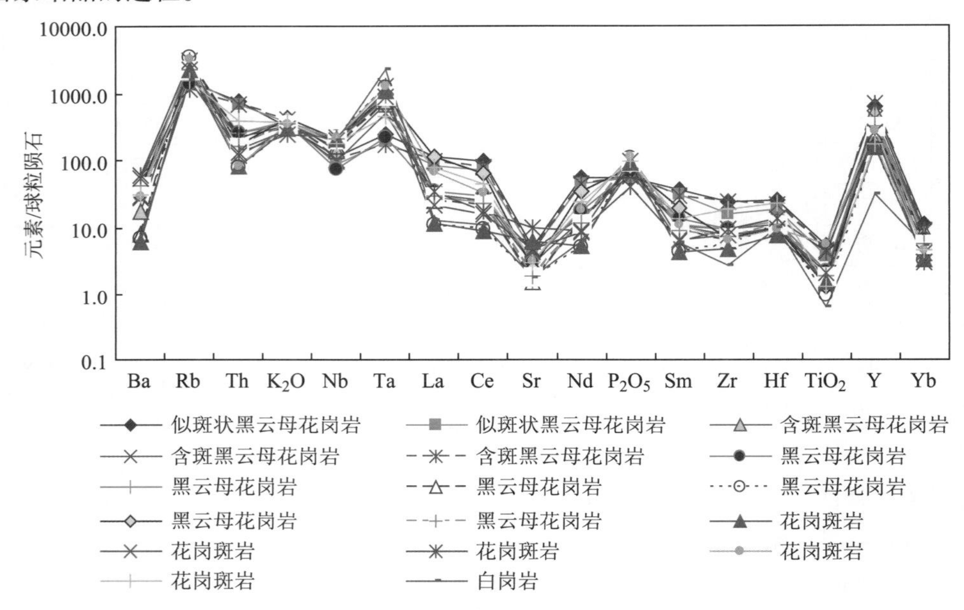

图 11-16　大厂地区花岗岩的微量元素球粒陨石标准化蛛网图

（2）闪长玢岩中微量元素

石英闪长玢岩和闪长玢岩在蛛网图上的变化趋势是一致的。其 Rb 含量低于黑云母花岗岩，为 $334\times10^{-6}\sim400.7\times10^{-6}$，而 Sr 含量高于黑云母花岗岩，为 $218\times10^{-6}\sim512\times10^{-6}$，Zr/Hf 比值、Nb/Ta 比值也是高于黑云母花岗岩，Rb/Sr 比值低，为 0.78～1.80。在球粒陨石标准化蛛网图中（图 11-17），也显示 Rb、Ta、P_2O_5、Y 富集，Ba、Nb、Sr、Ti、Yb 亏损，变化趋势基本上与花岗岩系列相同。但在 Zr/Hf、Gd/Lu、Nb/Ta、Rb/Sr 比值上的差异可能反映其在物质来源上的不同。

2. 成矿元素特征

大厂花岗岩中主要的成矿元素 W、Sn、Pb、Zn、Cu、Co、Ni、Bi、Sb 等的平均含量（表 11-12、图 11-18）高于全国的酸性花岗岩的平均值。似斑状黑云母花岗岩中，W 含量在 $142.2\times10^{-6}\sim189.56\times10^{-6}$，平均 165.9×10^{-6}，中-细粒含斑黑云母花岗岩中为 $14.2\times10^{-6}\sim62.02\times10^{-6}$，平均

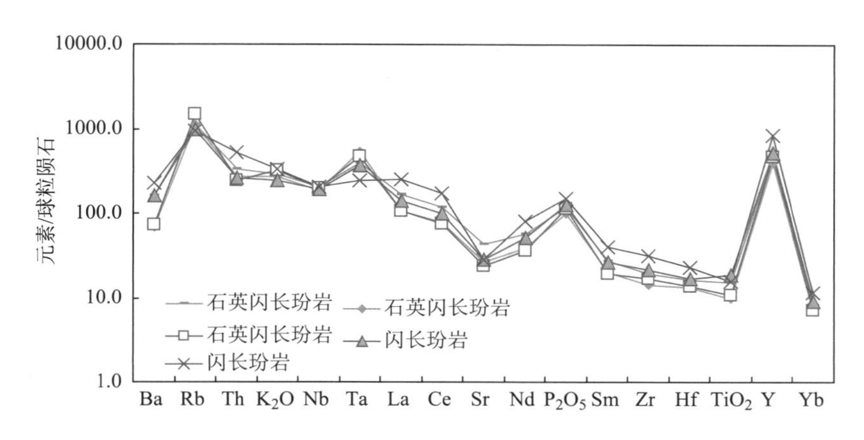

图 11-17　闪长玢岩的量元素球粒陨石标准化蛛网图

45.71×10^{-6}，等粒状黑云母花岗岩为$20.47\times10^{-6}\sim60.7\times10^{-6}$，平均$41.97\times10^{-6}$。Sn含量在似斑状黑云母花岗岩中为$13.83\times10^{-6}\sim19.29\times10^{-6}$，平均$16.56\times10^{-6}$，中-细粒含斑黑云母花岗岩中为$10.67\times10^{-6}\sim21.8\times10^{-6}$，平均$14.77\times10^{-6}$，等粒状黑云母花岗岩中为$3.97\times10^{-6}\sim14.7\times10^{-6}$，平均$8.48\times10^{-6}$。Pb含量在似斑状黑云母花岗岩中为$22.16\times10^{-6}\sim94.67\times10^{-6}$，平均$58.42\times10^{-6}$，中-细粒含斑黑云母花岗岩中为$22.6\times10^{-6}\sim30.6\times10^{-6}$，平均$26.9\times10^{-6}$，等粒状黑云母花岗岩中为（12.16～22.94）$\times10^{-6}$，平均18.1×10^{-6}；反映了从似斑状→含斑状黑云母花岗岩→等粒状黑云母花岗岩含量逐渐降低，同样反映在V、Cr、Co、Ni的变化上。这一特征也反映了岩浆演化的趋势。Zn含量在似斑状黑云母花岗岩中为$45.86\times10^{-6}\sim212.5\times10^{-6}$，平均$83.68\times10^{-6}$，中-细粒含斑黑云母花岗岩中为$48.15\times10^{-6}\sim493\times10^{-6}$，平均$177.6\times10^{-6}$，等粒状黑云母花岗岩中为$35.84\times10^{-6}\sim220\times10^{-6}$，平均$127.55\times10^{-6}$。Cu含量在似斑状黑云母花岗岩中为$6.833\times10^{-6}\sim8.501\times10^{-6}$，平均$7.67\times10^{-6}$，中-细粒含斑黑云母花岗岩中为$6.646\times10^{-6}\sim83.36\times10^{-6}$，平均$31.5\times10^{-6}$，等粒状黑云母花岗岩中为$7.48\times10^{-6}\sim24.02\times10^{-6}$，平均$15.734\times10^{-6}$。这两个元素含量变化趋势是一致的，在中-细粒含斑黑云母花岗岩中含量较高。W在花岗斑岩中为$20.66\times10^{-6}\sim80.44\times10^{-6}$，平均$50.5\times10^{-6}$，低于似斑状黑云母花岗岩，高于含斑及等粒状黑云母花岗岩；Sn为$4.01\times10^{-6}\sim39.4\times10^{-6}$，平均$21.7\times10^{-6}$；高于隐伏花岗岩体；Zn为$89.6\times10^{-6}\sim222.4\times10^{-6}$，平均$156\times10^{-6}$，Cu $5.072\times10^{-6}\sim7.59\times10^{-6}$，平均$6.3\times10^{-6}$；Pb含量$21.9\times10^{-6}\sim72.97\times10^{-6}$，平均$47.4\times10^{-6}$；高于隐伏花岗岩体。

表 11-12　大厂不同侵入岩中成矿元素平均含量（$w_B/10^{-6}$）

岩石名称	似斑状黑云母花岗岩	中粗粒含斑黑云母花岗岩	中粗粒等粒状黑云母花岗岩	花岗斑岩	石英闪长玢岩	闪长玢岩	全国酸性岩	华南燕山晚期
V	22.4	7.2	6.0	9.7	84.7	103.4	40.0	20.5
Cr	11.9	12.8	10.8	6.9	107.6	71.2	25	8.6
Co	7.1	3.7	3.8	4.2	21.8	22.0	5	10
Ni	6.8	6.4	5.6	5.0	60.6	36.1	8	9.3
Cu	7.7	31.5	15.7	6.3	28.4	32.8	20	12
Zn	83.7	177.6	127.5	156.0	109.1	319.3	60	13.6
Ga	21.5	20.6	23.1	28.4	21.3	22.5		
Pb	58.4	26.9	18.1	47.4	34.7	13.8	20	11
W	165.9	45.7	42.0	50.5	142.7	113.3	1.5	8
B	117.6	139.7	108.6	230.1	101.2	78.2		
Sn	16.6	14.8	8.5	21.7	18.1	14.3	3	19.4
Ge	0.0	1.3	0.6	2.2	2.8	2.0		
Sb	-	4.6	1.0	9.6	8.9	3.8	0.3	

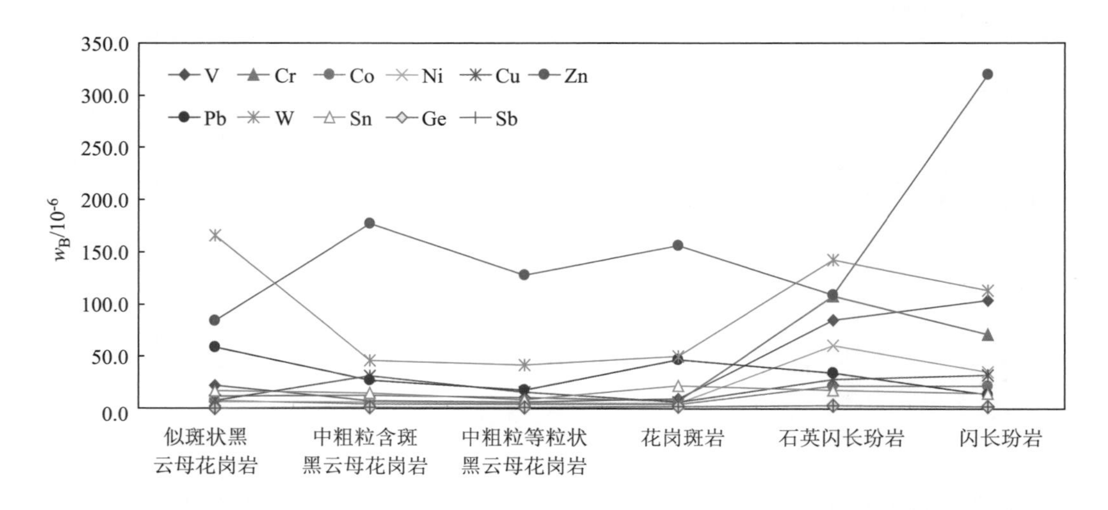

图 11-18　大厂不同侵入岩中成矿元素含量变化趋势

在大厂地区出现的闪长玢岩中，V、Cr、Co、Ni、Cu、Zn 的含量明显高于黑云母花岗岩和花岗斑岩，且其 W、Sn 含量与似斑状黑云母花岗岩相当，尤其是 Zn 在闪长玢岩中含量明显高于石英闪长玢岩。该岩脉对成矿有无贡献？还需要进一步探讨。

将大厂花岗岩与全国酸性花岗岩、华南燕山晚期岩浆岩比较（表 11-12）可知其 W、Pb、Zn 含量是富集的，而 Sn 的含量在隐伏岩体中低于华南燕山期花岗岩，在花岗斑岩中则略有富集。

大厂矿区不同岩石中稀土元素的分析结果及相关参数列于表 11-13。从中可知：①似斑状黑云母花岗岩 ΣREE 在 $189.90\times10^{-6}\sim142.40\times10^{-6}$，平均 166.15×10^{-6}，LREE 含量为 $128.57\times10^{-6}\sim170.60\times10^{-6}$，平均 149.59×10^{-6}，HREE 为 $13.83\times10^{-6}\sim19.26\times10^{-6}$，平均 16.56×10^{-6}，LREE/HREE 为 8.84～9.29，平均 9.07，La_N/Yb_N 为 10.69～14.49，平均 12.59，δEu 为 0.25～0.26，平均 0.26；②含斑黑云母花岗岩中 ΣREE 在 $55.12\times10^{-6}\sim157.33\times10^{-6}$，平均 82.84×10^{-6}，LREE 含量为 $44.63\times10^{-6}\sim140.85\times10^{-6}$，平均 71.09×10^{-6}，HREE 为 $9.33\times10^{-6}\sim16.48\times10^{-6}$，平均 11.74×10^{-6}，LREE/HREE 为 4.25～8.55，平均 5.69，La_N/Yb_N 为 3.62～11.06，平均 6.52，δEu 为 0.28～0.37，平均 0.35；③等粒状黑云母花岗岩中 ΣREE 在 $20.56\times10^{-6}\sim131.78\times10^{-6}$，平均 62.11×10^{-6}，LREE 含量为 $16.59\times10^{-6}\sim121.44\times10^{-6}$，平均 64.64×10^{-6}，HREE 为在 $3.97\times10^{-6}\sim10.34\times10^{-6}$，平均 7.47×10^{-6}，LREE/HREE 为 4.18～11.74，平均 6.59，La_N/Yb_N 为 3.45～18.14，平均 7.61，δEu 为 0.17～0.37，平均 0.25；④花岗斑岩中 ΣREE 在 $20.75\times10^{-6}\sim95.65\times10^{-6}$，平均 53.02×10^{-6}，LREE 含量为 $16.74\times10^{-6}\sim87.51\times10^{-6}$，平均 47.05×10^{-6}，HREE 为在 $4.01\times10^{-6}\sim8.14\times10^{-6}$，平均 5.98×10^{-6}，LREE/HREE 为 4.17～10.75，平均 7.28，La_N/Yb_N 为 3.46～17.46，平均 10.43，δEu 为 0.28～0.70，平均 0.48；⑤白岗岩 ΣREE 在 25.90×10^{-6}，LREE 含量为 19.84×10^{-6}，HREE 为在 6.06×10^{-6}，LREE/HREE 为 3.27，La_N/Yb_N 为 2.34，δEu 为 0.26。

3. 稀土元素地球化学

相比之下：①花岗岩中稀土总量 ΣREE 具有较明显的变化规律，由似斑状黑云母花岗岩（平均 166.15×10^{-6}）→含斑黑云母花岗岩（平均 82.84×10^{-6}）→等粒状黑云母花岗岩（平均 62.11×10^{-6}）→花岗斑岩（平均 53.02×10^{-6}）→白岗岩（25.90×10^{-6}），岩石稀土总量是降低的，这正好也反映了岩浆结晶分异顺序。②均具有强烈的 δEu 负异常和无或微弱的 δCe 异常。③在球粒陨石标准化配分模式图中均显示为轻稀土富集的右倾的“V”型曲线，具陆壳重熔型花岗岩特征（图 11-19）。

表 11-13　大厂侵入岩体中稀土元素含量（$w_B/10^{-6}$）及相关参数

岩石	似斑状黑云母花岗岩		含斑黑云母花岗岩					等粒状黑云母花岗岩			
La	37.49	26.59	10.4	10.3	31.6	11.2	9.29	8.126	3.543	36.5	9.4
Ce	81.56	60.81	21.4	21.86	67.9	24.9	20.1	18.19	8.051	53.7	19.8
Pr	9.212	7.135	2.33	2.434	7.61	2.837	2.37	2.072	0.846	5.22	2.29
Nd	34.49	27.36	8.11	9.04	27.2	10.79	8.31	7.728	3.202	21.6	7.16
Sm	7.24	6.162	2.07	2.152	6.01	2.808	2.21	1.883	0.878	3.99	1.77
Eu	0.612	0.512	0.32	0.284	0.53	0.282	0.16	0.108	0.072	0.43	0.12
Gd	7.19	6.113	2.30	2.545	5.70	3.134	2.26	1.986	0.99	3.19	2.82
Tb	0.945	0.762	0.47	0.453	0.91	0.509	0.42	0.312	0.176	0.49	
Dy	4.859	3.408	2.93	2.964	4.53	2.814	2.39	1.837	1.141	3.01	
Ho	0.851	0.54	0.57	0.557	0.76	0.455	0.44	0.319	0.197	0.52	0.35
Er	2.406	1.416	1.72	1.747	2.10	1.168	1.23	0.935	0.593	1.36	1.01
Tm	0.338	0.183	0.28	0.264	0.28	0.142	0.21	0.146	0.089	0.22	0.14
Yb	2.37	1.24	1.94	1.885	1.93	0.983	1.57	1.13	0.694	1.36	1.22
Lu	0.334	0.172	0.28	0.258	0.27	0.126	0.23	0.149	0.092	0.19	0.22
Y	21.05	13.5	18.0	13.83	23.2	11.04	13.5	7.884	4.819	11.2	10.8
ΣREE	189.90	142.40	55.12	56.74	157.33	62.15	51.19	44.92	20.56	131.78	46.30
LREE	170.60	128.57	44.63	46.07	140.85	52.82	42.44	38.11	16.59	121.44	40.54
HREE	19.29	13.83	10.49	10.67	16.48	9.33	8.75	6.81	3.97	10.34	5.76
LREE/HREE	8.84	9.29	4.25	4.32	8.55	5.66	4.85	5.59	4.18	11.74	7.04
La_N/Yb_N	10.69	14.49	3.62	3.69	11.06	7.70	4.00	4.86	3.45	18.14	5.21
δEu	0.26	0.25	0.45	0.37	0.28	0.29	0.22	0.17	0.24	0.37	0.16
δCe	1.03	1.03	1.02	1.02	1.03	1.04	1.00	1.04	1.09	0.91	1.00

岩石	花岗斑岩					白岗岩	石英闪长玢岩			闪长玢岩	
La	3.772	6.98	11.1	22.1	26.1	4.15	54.61	35.17	35.3	46.29	84.1
Ce	7.76	13.5	15.5	28.3	39	9.28	101.7	67.38	65.4	87.76	151
Pr	0.894	1.49	1.17	3	3.8	1.12	10.15	6.832	6.68	8.98	15.2
Nd	3.328	5.22	5.75	11.3	15.3	3.99	36.34	24.6	23.0	33	52.0
Sm	0.891	1.33	1.27	2.21	2.71	1.19	5.588	4.166	3.92	5.41	8.33
Eu	0.09	0.18	0.16	0.43	0.6	0.11	1.644	1.005	0.99	1.635	1.97
Gd	1.051	1.41	1.35	2.03	2.54	1.39	6.717	4.739	3.76	6.421	7.75
Tb	0.179	0.27	0.24	0.36	0.37	0.25	0.737	0.562	0.58	0.756	1.15
Dy	1.112	1.57	1.58	2.2	2.48	1.66	3.847	3.033	3.02	4.052	5.30
Ho	0.185	0.26	0.31	0.36	0.37	0.31	0.715	0.553	0.56	0.743	0.99
Er	0.572	0.73	0.68	1.03	1.06	0.91	2.022	1.559	1.59	2.173	2.81
Tm	0.084	0.12	0.11	0.16	0.17	0.14	0.267	0.218	0.23	0.288	0.39
Yb	0.737	0.90	0.68	1.00	1.01	1.2	1.885	1.58	1.59	2.009	2.53
Lu	0.09	0.13	0.1	0.15	0.14	0.2	0.26	0.214	0.22	0.295	0.37
Y	5.06	8.72	8.52	9.29	5.8	1.07	17.08	13.6	16.2	17.97	29.1
ΣREE	20.75	34.09	40.00	74.63	95.65	25.90	226.48	151.61	146.84	199.81	333.89
LREE	16.74	28.70	34.95	67.34	87.51	19.84	210.03	139.15	135.29	183.08	312.60
HREE	4.01	5.39	5.05	7.29	8.14	6.06	16.45	12.46	11.55	16.74	21.29
LREE/HREE	4.17	5.32	6.92	9.24	10.75	3.27	12.77	11.17	11.71	10.94	14.68
La_N/Yb_N	3.46	5.24	11.03	14.93	17.46	2.34	19.58	15.04	15.00	15.57	22.46
δEu	0.28	0.40	0.37	0.62	0.70	0.26	0.82	0.69	0.79	0.85	0.75
δCe	0.99	0.98	1.01	0.81	0.92	1.01	1.01	1.02	1.00	1.01	0.99

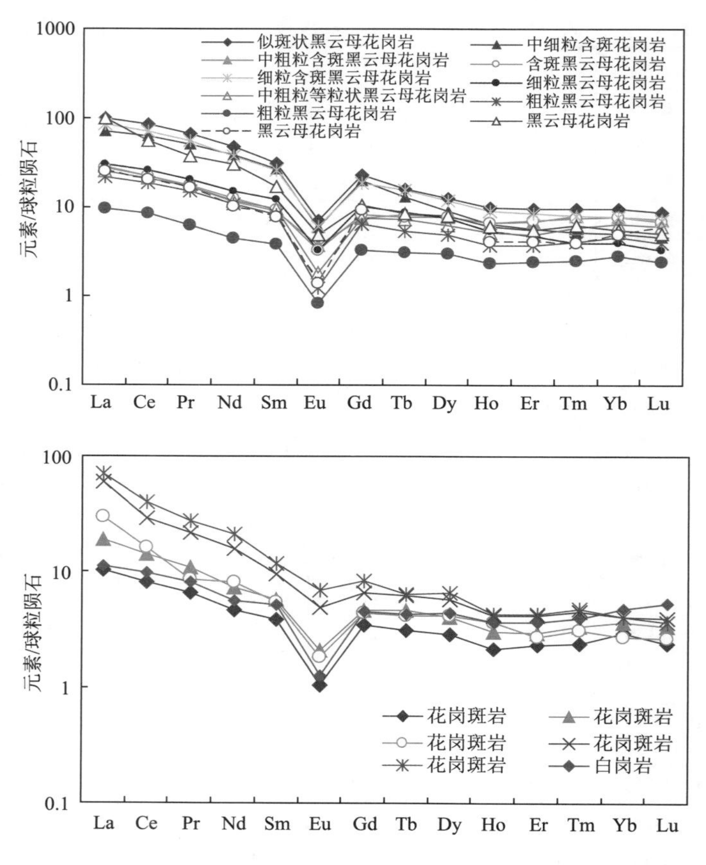

图 11-19　大厂花岗质岩石的稀土元素球粒陨石配分曲线

闪长玢岩中稀土总量较高，在矿区灰白色的石英闪长玢岩中 ΣREE146. 84 $\times10^{-6}$ ~226. 48 $\times10^{-6}$，平均 174. 98 $\times10^{-6}$；LREE 含量为 135. 29 $\times10^{-6}$ ~210. 03 $\times10^{-6}$，平均 161. 49 $\times10^{-6}$，HREE 为在 11. 55 $\times10^{-6}$ ~16. 45 $\times10^{-6}$，平均 13. 49 $\times10^{-6}$，LREE/HREE 为 11. 17 ~12. 77，平均 11. 88，La_N/Yb_N 为 15. 00 ~19. 58，平均 16. 54，δEu 为 0. 69 ~0. 82，平均 0. 77；灰绿色的闪长玢岩中 ΣREE199. 81 $\times10^{-6}$ ~333. 89 $\times10^{-6}$，平均 266. 85. 98 $\times10^{-6}$；LREE 含量为 183. 08 $\times10^{-6}$ ~312. 06 $\times10^{-6}$，平均 247. 84 $\times10^{-6}$，HREE 为 16. 74 $\times10^{-6}$ ~21. 29 $\times10^{-6}$，平均 19. 01 $\times10^{-6}$，LREE/HREE 为 10. 94 ~14. 68，平均 12. 81，La_N/Yb_N 为 15. 57 ~22. 46，平均 19. 02，δEu 为 0. 75 ~0. 85，平均 0. 80。由灰绿色的闪长玢岩→石英闪长玢岩 ΣREE 是减少的，这与岩石的形成阶段是一致的。其配分曲线也呈现轻稀土富集的右倾“V”型，但其 δEu 的亏损程度减弱，为轻微的亏损，δCe 异常无或微弱（图 11-20）。

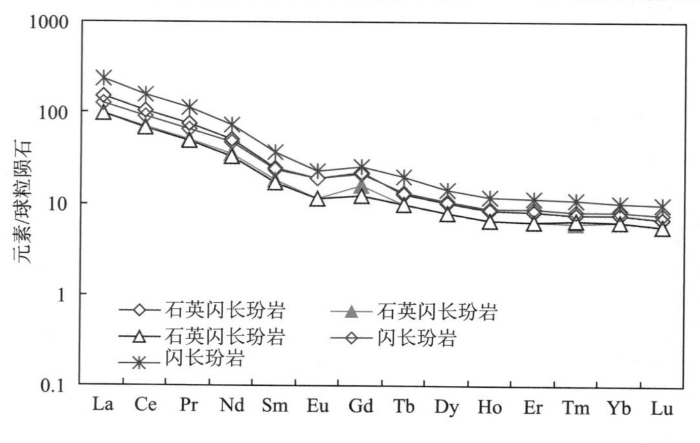

图 11-20　大厂闪长玢岩稀土元素球粒陨石标准化配分曲线

三、岩浆岩的含矿性

大厂笼箱盖花岗岩属于高硅、过铝质、$K_2O > Na_2O$ 的高钾钙碱性系列，贫 Ca、Fe、Mg、Ti，在微量元素上富 Li、Rb、Ta、Y、Cs 而贫 Sr，氧化率（XO）较低。在岩浆的演化上表现为分异程度较好，稀土配分表现为轻稀土富集，具有明显负铕异常的右倾“V”型配分模式，成因上为陆壳重熔型花岗岩，属于含锡花岗岩，形成于碰撞造山带向板内环境的转化部位。

大厂花岗岩中主要成矿元素 W、Sn、Pb、Zn、Cu、Co、Ni、Bi、Sb 等的平均含量高于全国的酸性花岗岩的平均值。在不同的岩石中略有差异。笼箱盖复式岩体黑云母花岗岩中 Sn 含量是全国酸性岩的 2.5 ~5.2 倍，但低于华南燕山期花岗岩；W、Pb、Zn 含量明显高于华南的燕山期的花岗岩。花岗斑岩中 W、Pb、Zn、Sn 明显富集，成矿元素在石英闪长玢岩、闪长玢岩中明显高于酸性岩和华南燕山期花岗岩。其中 Zn 在闪长玢岩中含量达到区内最高值，分别为华南酸性花岗岩的 2.5 ~22 倍，Pb 的含量在花岗斑岩中较高。成矿元素在不同期次岩浆活动中含量不同，这可能与岩浆演化阶段有关。Cu 的含量在笼箱盖中粗粒含斑的黑云母花岗岩中略有富集，即与第二期岩浆的活动有关。

据陈毓川（1993）研究，四堡群富集 W、Sn、V、Fe、Mn、Co 等元素，其中 Sn 富集可达地壳克拉克值的 3 ~18 倍，他们可能是 W、Sn 等成矿元素的原始富集层。这些深部基底地层在重熔过程中发生成矿物质的不均衡调整，形成了含 Sn、W 等成矿物质的花岗质熔浆，并在上升过程中对途经的上部地层发生同化混染作用，并从围岩中汲取部分 Pb、Zn、As、Sb、Mo、Sn 等成矿物质，致使重熔岩浆中不同程度地富集多种成矿元素。Sn 含量随着岩浆演化由早到晚增高，脉岩中 Sn 含量变化也较高。可见，Sn 元素在岩浆演化晚期阶段富集。晚期侵入的石英闪长玢岩中明显富集 Co、Ni、Cu，可能有幔源物质加入。

第四节　龙头山金矿区的陆相火山岩成矿专属性

一、主量元素特征

龙头山地区主要岩体主量元素含量见表 11-14。从中可见，流纹斑岩的 SiO_2 变化于 66.29% ~71.31%，平均 68.36%，低于中国流纹斑岩的平均值 72.06%（黎彤，1976）；$K_2O + Na_2O$ 含量变化大，为 0.85% ~7.36%；K_2O/Na_2O 变化于 0.2 ~9.22，K_2O 含量偏高。A/CNK 为 1.38 ~7.29，属过铝质岩浆。大部分样品的里特曼指数 $1.7 < \sigma < 4$，属钙碱性系列岩石。花岗斑岩的 SiO_2、Na_2O、K_2O 含量偏低，而 CaO 的含量偏高，K_2O/Na_2O 偏高。A/CNK 为 1. 04，$\sigma = 2.19$，属钙碱性系列岩石。

表 11-14　龙头山地区主要岩体常量元素含量

序号	样号	岩体	岩性	SiO_2	Al_2O_3	CaO	MgO	Ka_2O	Na_2O	TiO_2	MnO	Tfe	P_2O_5	H_2O^+	H_2O^-
1	区 1 -8	平天山岩体外部相	花岗闪长岩	69.96	14.31	1.89	1.14	4.06	3.71	0.28	0.05	3	0.14	0.92	0.37
2	贵 1	平天山岩体外部相	花岗闪长岩	66.76	14.64	2.93	1.56	3.56	3.1	0.56	0.17	4.25	0.18	1.12	0.34
3	2	平天山岩体外部相	花岗闪长岩	70.42	13.68	2.12	1.09	4.14	3.2	0.36	0.07	3.33	0.16	0.76	0.2
4	4	平天山岩体外部相	花岗闪长岩	69.6	14.44	2.51	1.09	3.64	3.36	0.35	0.24	3.07	0.15	0.38	0.13
5	GS1	平天山岩体外部相	花岗闪长岩	69.11	14.32	2.4	1.23	3.61	3.71	0.41	0.039	2.75	0.11	0.76	0.26
6	GS8	平天山岩体内部相	花岗岩	70.25	14.65	2.64	1.06	4.24	3.92	0.33	0.03	4.16	0.125	0.52	
7	GS4	平天山岩体内部相	花岗岩	70.52	14.56	1.01	0.82	4.47	3	0.34	0.013	2.31	0.11	1.28	0.27
8	GS6	狮子尾岩体	花岗斑岩	70.76	14.3	2.62	0.98	4.28	3.63	0.293	0.088	3.65	0.125	0.7	0.19
9	GS2	龙头山岩体	流纹斑岩	71.31	12.68	0.23	1.94	0.14	0.71	0.33	0.019	6.6	0.035	0.7	0.13
10	详 2	龙头山岩体	流纹斑岩	66.29	13.65	0.81	1.86	6.64	0.72	0.46	0.05	4.99	0.18	1.54	0.33
11	详 3	龙头山岩体	流纹斑岩	67.49	16.35	0.29	0.6	5.7	0.68	0.48	0.01	2.22	0.11	4.42	2.28
12	GS10 等	龙头山岩体	花岗斑岩	68.47	13.21	1.72	1.29	4.59	2.79	0.37	0.043	4.62	0.179	1.63	0.53
13	PTSM1	平天山岩体内部相	花岗岩	71.78	14.81	1.73	1.28	4.31	4.01	0.42	0.05	2.65	0.17		
14	PTSB1	平天山岩体内部相	花岗岩	69.68	13.93	2.02	1.14	4.12	3.56	0.37	0.055	3.03	0.15		

注：序号 1 据广西区调队，2 ~4 据广西物探队，5 ~12 据广西第六地质队，其余为本次成果。单位:%。

狮子尾岩体的SiO_2偏低，A/CNK为1.04，属过铝质岩浆。$\sigma=2.19$，属钙碱性系列岩石。

平天山岩体分外部相和内部相，总体上除了内部相SiO_2相对较高外，二者的主量元素相差不大，并呈现出SiO_2、Na_2O、K_2O、FeO相对偏高的特点。A/CNK为0.92～1.25，属过铝质岩浆。$\sigma>1.8$，属钙碱性系列岩石。

另外，各岩体的岩浆分异指数DI，龙头山流纹斑岩为78.54，龙头山花岗斑岩为78.97，狮子尾花岗斑岩为82.71，平天山花岗闪长岩为79.53，平天山花岗岩为82.22，龙头山金矿晚期石英斑岩脉则为90.70。可见，从龙头山岩体到平天山岩体再到晚期的各种岩脉，*DI*值逐步增大，表明岩浆向晚期演化，分异作用增强。但与黎彤中国平均值相比较，本区岩浆分异作用仍然相对较弱。

在以SiO_2含量为横坐标的Haker图解中（图11-21），SiO_2与K_2O、MgO、Al_2O_3、CaO、TiO_2呈反相关，而与Na_2O、K_2O+Na_2O呈一定的正相关关系。

二、稀土元素特征

龙头山金矿及外围岩体的稀土元素含量见表11-15，球粒陨石标准化曲线见图11-22。

表11-15　龙头山金矿及外围岩浆岩稀土元素含量

样品号	SD2	SD11	SD7	平天2	SD1	PTSM1	PTSB1	SD3
样品名	龙头山流纹斑岩	龙头山角砾熔岩	龙头山花岗斑岩	平天山花岗岩	平天山花岗闪长岩	平天山花岗岩	平天山花岗岩	狮子尾花岗斑岩
La	18.4	35.3	31.5	41.3	41.5	25.4	31.6	35
Ce	26.8	74.8	50.4	70.3	66.3	50.3	64.7	58.8
Pr	3.5	8.7	6	8.2	7.5	5.78	6.98	6.9
Nd	11.8	27.7	18.8	25.9	25.2	21.5	25.3	22.7
Sm	2.1	6.6	3.7	5.3	4.6	4.53	5.05	4.5
Eu	0.65	1.5	0.74	0.94	0.91	0.82	0.77	0.92
Gd	3.3	5.2	3.6	5.1	4.8	4.22	4.74	4.5
Tb	0.82	1	0.9	1.3	0.89	0.62	0.69	0.99
Dy	3.3	4.5	2.8	4.1	3.8	3.71	3.9	4
Ho	0.75	0.75	0.56	0.84	0.7	0.69	0.73	0.68
Er	1.7	2.4	1.6	2.1	1.7	2.17	2.16	1.7
Tm	0.57	0.58	0.63	0.73	0.73	0.29	0.31	0.66
Yb	2	1.9	1.7	2	2	1.94	2.06	1.8
Lu	0.42	0.2	0.31	0.34	0.32	0.3	0.31	0.37
Y	17.5	20.3	14.3	19.1	18.4	21.8	23.5	17.3
ΣREE	76.11	171.13	123.24	168.45	160.95	122.27	149.30	143.52
LREE	63.25	154.60	111.14	151.94	146.01	108.33	134.40	128.82
HREE	12.86	16.53	12.10	16.51	14.94	13.94	14.90	14.70
LREE/HREE	4.92	9.35	9.19	9.20	9.77	7.77	9.02	8.76
La_N/Yb_N	6.22	12.55	12.52	13.95	14.02	8.85	10.37	13.14
δEu	0.75	0.78	0.62	0.55	0.59	0.57	0.48	0.62
δCe	0.78	1.00	0.86	0.90	0.88	0.97	1.02	0.89

注：除PTSM1、PTSB1为本文数据外，其他数据引自广西第六地质队（1995）。含量单位$\times10^{-6}$。

龙头山流纹斑岩ΣREE为76.11×10^{-6}，LREE/HREE为4.92，La_N/Yb_N为6.22，δEu为0.75。角砾熔岩（含角砾的流纹斑岩）ΣREE为171.13×10^{-6}，相对较高，LREE/HREE为9.35，La_N/Yb_N为12.55，δEu为0.78。花岗斑岩的ΣREE为123.24×10^{-6}，LREE/HREE为9.19，La_N/Yb_N为12.52，δEu为0.62。从这些数据可以看出，龙头山岩体中各岩相的稀土特征有一定的变化，其中的

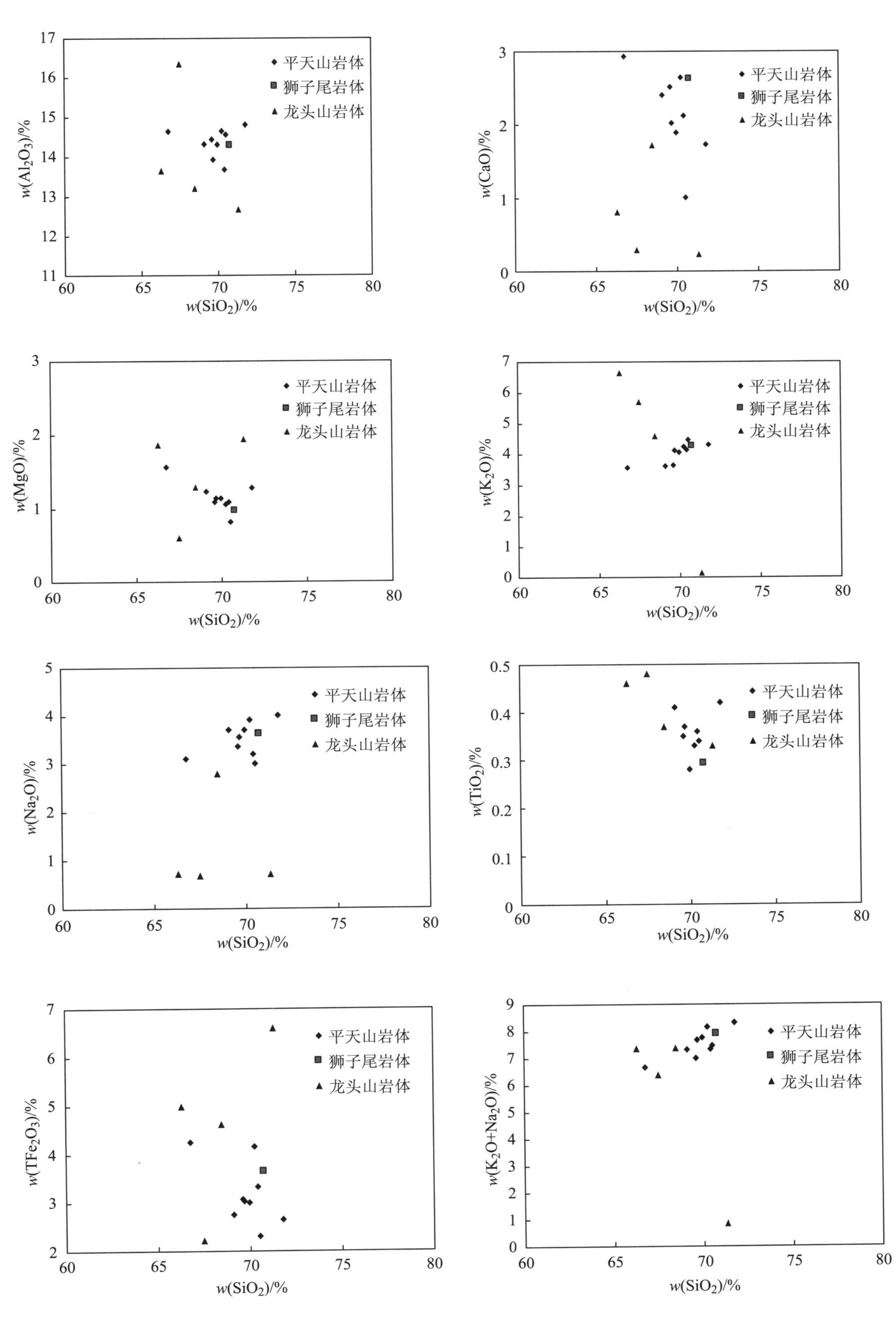

图 11-21　龙头山金矿区主要岩体 SiO_2 与其他氧化物之间的 Hacker 图解

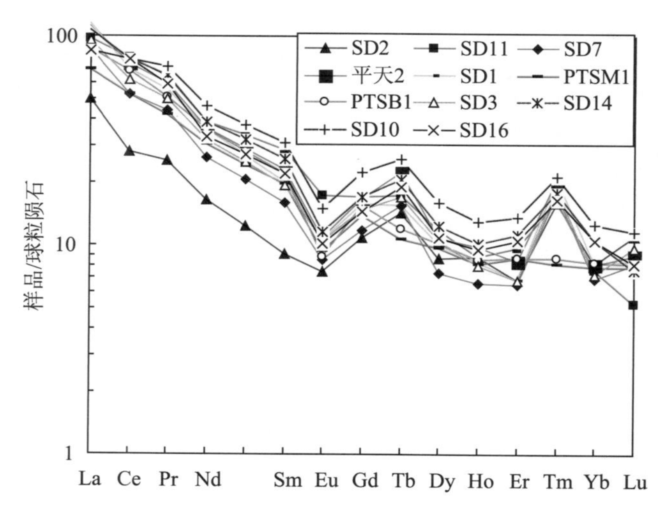

图 11-22 龙头山金矿及外围岩浆岩稀土元素球粒陨石标准化配分模式图

（标准化数据引自 Taylor et al.，1985）

流纹斑岩由于普遍遭受了强烈的热液蚀变，如电气石化、硅化等，发生蚀变以后岩石主要矿物成分为电气石和石英，使得轻稀土的含量减少；各岩相均具有明显的δEu 负异常和无或弱的负δCe 异常；稀土配分模式表现为轻稀土略富集的右倾“V”型曲线，具陆壳重熔型花岗岩的特征。

平天山岩体中的ΣREE 变化于 $122.27\times10^{-6}\sim168.45\times10^{-6}$，平均 150.24×10^{-6}；LREE/HREE 为7.77～9.77，平均值为 8.94；La_N/Yb_N 为 8.85～14.02，平均 11.79；δEu 为 0.55～0.59，平均 0.54。δCe 变化不大，为 0.88～1.02，基本上无δCe 异常。稀土配分模式为轻稀土富集、右倾，具有较为明显的δEu 负异常。

狮子尾岩体ΣREE 为 143.52×10^{-6}，LREE/HREE 为8.76，La_N/Yb_N 为13.14，δEu 为0.62，δCe 为0.89。稀土配分模式为轻稀土富集、右倾，具有较为明显的δEu 负异常。

以上数据说明，区内各类岩浆岩球粒陨石标准化曲线分布型式一致性较好（图 11-22）。为一组大致平行的向右倾斜曲线，轻稀土部分较陡，具负铕异常，重稀土部分略呈锯齿状，属轻稀土富集型。这一曲线特征说明区内各岩体成岩物质来源相同。同时，图 11-22 中，SD14、SD10、SD16 为区域寒武系砂岩样品（稀土数据引自广西第六地质队，1995），可以看出本区岩浆岩曲线型式同本区寒武系黄洞口组细-中粒砂岩和浊积岩曲线型式基本一致，表明成岩物质可能来自寒武系经重熔作用而成。从稀土特征看，球粒陨石标准化图呈左高右低曲线，重稀土部分呈锯齿状，变化较大，弱铕亏损，具 S 型特征；Sm/Nd 比值 0.165～0.24，远小于 0.3，表明成岩物质来自壳源；以及前面提到的一些稀土参数值都同陆壳值相近，特别是这些特征同本区寒武系黄洞口组的稀土元素特征非常近似，因此岩浆物质可能来自寒武系经重熔而成，属 S 型花岗岩类。

第五节 佛子冲铅锌矿区的岩浆岩成矿专属性

本次研究共采集佛子冲矿区样品 52 件，其中花岗岩类 38 套全部测试完成。采集全部为新鲜花岗岩样品，全岩加工至 200 目，送至中国科学院广州地球化学研究所同位素年代学和地球化学重点实验室，完成主量元素、微量元素数据测定工作，主量元素的测试在 X 射线荧光光谱分析仪（XRF）上完成，分析精度优于 5%～10%；微量元素的分析则在 PE Elan6000 型电感耦合等离子体质谱（ICP－MS）完成，分析精度优于 5%；分析方法及原理详见梁细荣等（2003），分析结果见表 11-16。

表 11-16 佛子冲矿田主量和微量元素含量

岩体	大冲	大冲	大冲	大冲	大冲	大冲	大冲	大冲	大冲	大冲	大冲	广平	广平	广平
样品号	F10-1	F10-2	F10-3	F10-7	F10-8	F10-9	F10-10	F10-12	F10-16	F10-17	F10-25	F10-26	F10-27	F10-28
SiO_2	64.44	61.91	63.30	64.13	63.19	64.85	61.27	60.08	56.81	62.82	69.29	72.67	73.22	73.69
TiO_2	0.92	1.33	1.11	1.06	1.10	1.26	1.26	1.14	0.71	1.10	0.63	0.13	0.13	0.13
Al_2O_3	14.41	13.51	12.35	13.70	13.67	13.57	13.89	13.65	11.46	13.86	13.37	14.14	13.87	13.82
Fe_2O_3	2.58	3.32	2.63	2.82	2.97	2.29	3.27	2.70	2.51	2.83	2.03	0.82	0.61	0.70
FeO	5.17	6.64	5.27	5.65	5.94	4.57	6.54	5.39	5.01	5.67	4.06	1.65	1.22	1.40
MnO	0.15	0.12	0.17	0.11	0.13	0.09	0.12	0.27	0.17	0.19	0.13	0.06	0.04	0.05
MgO	1.82	2.11	1.74	1.64	1.57	2.35	1.66	2.10	1.36	1.35	0.66	0.05	0.07	0.10
CaO	3.14	4.01	4.12	2.07	3.56	3.37	4.68	7.53	11.90	5.37	2.42	0.95	0.86	0.94
Na_2O	2.39	2.11	1.49	2.36	2.65	2.38	2.44	0.86	0.30	1.38	2.84	4.05	4.22	4.09
K_2O	2.18	2.46	3.80	3.33	2.18	2.35	2.16	1.49	1.78	2.73	2.79	4.81	4.81	4.60
P_2O_5	0.27	0.39	0.36	0.43	0.37	0.21	0.42	0.37	0.24	0.37	0.18	0.00	0.01	0.01
LOI	2.62	2.09	3.65	2.72	2.72	2.76	2.29	4.40	8.05	2.28	1.68	0.88	1.15	0.69
Total	100.07	99.99	99.99	100.02	100.05	100.05	100.01	99.97	100.30	99.94	100.08	100.22	100.21	100.23
A/CNK	1.20	1.00	0.88	1.22	1.03	1.08	0.93	0.82	0.48	0.92	1.10	1.04	1.01	1.03
K_2O/Na_2O	0.91	1.17	2.55	1.41	0.82	0.99	0.89	1.73	5.88	1.98	0.98	1.19	1.14	1.12
CaO/Na_2O	1.31	1.90	2.77	0.88	1.34	1.42	1.92	8.75	39.26	3.90	0.85	0.24	0.20	0.23
Al_2O_3/TiO_2	15.68	10.14	11.16	12.98	12.43	10.74	11.03	12.00	16.25	12.63	21.19	105.22	103.48	104.91
Cr	165	194	128	143	141	175	147	138	133	162	146	182	149	163
Mn	1083	969	1256	810	1062	703	928	2040	1358	1411	945	448	332	379
Co	11.36	18.97	8.18	10.34	11.55	15.30	14.06	11.51	6.44	10.56	4.29	0.50	0.41	0.63
Ni	18.26	16.36	10.62	9.28	11.70	28.22	11.20	15.30	7.46	10.30	8.50	3.53	2.63	2.39
Ga	19.62	19.78	16.15	19.58	19.49	18.10	20.46	19.22	18.17	19.91	18.40	25.43	24.18	23.06
Rb	108	126	167	157	95	108	102	90	176	127	81	157	152	150
Sr	233	222	134	202	191	258	190	342	462	324	164	26.04	39.74	61.64
Zr	226	185	174	192	179	338	198	259	371	266	311	393	250	248
Nb	15.97	14.87	12.02	14.68	14.79	18.09	14.37	14.63	18.14	14.48	15.62	34.96	36.14	31.53
Ba	794	535	917	726	767	610	531	654	238	1438	940	110	199	284
Hf	6.16	5.02	4.66	5.46	4.93	8.39	5.46	7.00	8.83	7.01	8.09	10.69	7.65	7.51
Ta	1.34	1.27	1.02	1.24	1.20	1.44	1.17	1.27	1.29	1.21	1.18	2.21	2.51	2.45
Th	13.77	13.49	14.46	13.04	14.72	14.33	13.56	16.47	15.00	15.19	20.41	25.83	28.68	21.81
U	3.52	2.81	2.57	3.09	3.87	2.63	2.78	3.57	3.43	3.15	3.80	5.28	6.49	5.05
La	36.58	34.91	34.76	38.30	35.62	42.65	39.07	49.34	43.38	38.91	52.19	94.35	65.96	61.45
Ce	72.77	72.69	71.13	81.65	75.84	85.85	82.11	99.76	90.69	77.30	104.69	192.30	127.58	122.96
Pr	9.00	9.09	9.05	10.21	9.54	10.02	10.22	11.80	11.27	9.78	12.53	23.05	15.30	14.39
Nd	33.87	35.06	34.39	38.87	37.01	37.71	38.41	43.98	43.14	37.64	46.51	80.71	53.15	50.83
Sm	6.99	7.42	7.01	7.79	7.96	7.17	7.94	8.48	9.05	7.75	9.30	14.24	9.31	9.80
Eu	1.76	2.01	1.59	1.71	2.01	2.05	2.13	2.01	2.36	2.07	2.08	0.75	0.71	0.80
Gd	6.72	7.66	6.83	7.84	8.28	6.75	8.00	8.41	9.10	7.88	9.16	11.43	7.68	8.61
Tb	1.12	1.26	1.04	1.28	1.36	0.98	1.26	1.31	1.43	1.32	1.52	1.68	1.11	1.31
Dy	6.70	7.37	5.99	7.11	7.93	5.49	7.28	7.56	8.09	7.38	8.81	8.91	5.78	6.91
Ho	1.35	1.46	1.19	1.47	1.60	1.12	1.50	1.51	1.60	1.53	1.74	1.64	1.08	1.34

续表

岩体	大冲	大冲	大冲	大冲	大冲	大冲	大冲	大冲	大冲	大冲	大冲	广平	广平	广平
样品号	F10－1	F10－2	F10－3	F10－7	F10－8	F10－9	F10－10	F10－12	F10－16	F10－17	F10－25	F10－26	F10－27	F10－28
Er	3.69	4.00	3.32	4.03	4.37	3.08	3.98	4.08	4.28	4.10	4.73	4.40	2.97	3.51
Tm	0.56	0.60	0.48	0.57	0.64	0.45	0.57	0.58	0.62	0.61	0.71	0.62	0.42	0.52
Yb	3.65	3.94	3.14	3.73	4.22	3.08	3.84	3.93	3.99	3.91	4.69	4.16	2.76	3.41
Lu	0.57	0.59	0.49	0.57	0.62	0.46	0.57	0.59	0.64	0.60	0.68	0.62	0.42	0.52
Y	37.02	38.99	33.05	39.11	43.35	29.86	40.36	41.65	44.32	41.63	45.93	44.59	29.49	36.84
Eu/Eu*	0.78	0.81	0.70	0.67	0.76	0.90	0.82	0.73	0.79	0.81	0.69	0.18	0.26	0.26
$(La/Yb)_N$	6.80	6.02	7.52	6.97	5.73	9.42	6.91	8.53	7.39	6.77	7.57	15.40	16.21	12.23
(Ga×10000)/Al	2.57	2.77	2.47	2.70	2.69	2.52	2.78	2.66	3.00	2.71	2.60	3.40	3.29	3.15

岩体	广平	广平	河三	河三	河三	河三	河三	新-古	新-古	新-古	新-古	新-古	新-古
样品号	F10－29	F10－18	H10－1	H10－2	H10－3	H10－5	H10－6	F10－19	F10－20	F10－21	F10－22	F10－23	F10－24
SiO_2	73.65	75.28	65.29	64.61	63.07	63.29	67.30	64.74	67.45	67.15	68.33	68.96	68.77
TiO_2	0.13	0.09	0.54	0.54	0.59	0.63	0.47	0.53	0.47	0.46	0.44	0.41	0.44
Al_2O_3	13.71	13.18	15.23	15.42	15.54	15.40	14.73	15.52	15.07	15.24	15.03	14.75	15.13
Fe_2O_3	0.71	0.44	1.33	1.13	1.33	1.60	1.39	1.30	1.21	1.18	1.12	1.04	1.02
FeO	1.42	0.88	2.66	2.27	2.66	3.19	2.78	2.59	2.41	2.35	2.23	2.07	2.03
MnO	0.06	0.04	0.07	0.09	0.16	0.18	0.22	0.06	0.05	0.05	0.05	0.05	0.05
MgO	0.09	0.23	1.88	1.82	2.12	2.36	1.56	1.92	1.39	1.38	1.24	1.16	1.14
CaO	0.87	0.83	2.59	3.10	3.53	2.99	3.07	2.19	2.80	2.83	2.65	1.85	2.58
Na_2O	4.10	3.16	3.66	3.27	3.68	2.56	2.19	4.78	3.80	3.80	3.66	3.87	3.31
K_2O	4.54	4.73	4.01	4.08	3.15	3.14	3.38	3.57	3.43	3.57	3.55	4.03	3.83
P_2O_5	0.01	0.04	0.16	0.15	0.17	0.18	0.14	0.17	0.15	0.15	0.14	0.13	0.13
LOI	0.93	1.24	2.77	3.71	4.27	4.62	2.82	2.89	1.91	1.98	1.69	1.86	1.72
Total	100.22	100.13	100.19	100.19	100.26	100.13	100.05	100.26	100.15	100.15	100.14	100.18	100.14
A/CNK	1.03	1.11	1.01	1.00	0.98	1.18	1.15	0.99	1.00	1.00	1.02	1.05	1.06
K_2O/Na_2O	1.11	1.50	1.09	1.25	0.86	1.23	1.54	0.75	0.90	0.94	0.97	1.04	1.16
CaO/Na_2O	0.21	0.26	0.71	0.95	0.96	1.17	1.40	0.46	0.74	0.75	0.73	0.48	0.78
Al_2O_3/TiO_2	107.41	153.26	27.96	28.72	26.35	24.52	31.09	29.16	31.81	32.92	34.07	35.59	34.68
Cr	147	158	121	118	99	100	94	61	162	161	166	162	177
Mn	396	267	539	692	1165	1372	1673	361	405	412	379	363	357
Co	0.51	1.17	8.81	7.84	9.20	9.89	7.37	7.19	7.03	7.15	6.37	6.01	5.71
Ni	2.48	3.00	9.78	9.10	10.24	9.90	7.80	4.62	7.63	9.42	7.41	6.82	5.56
Ga	23.25	19.30	17.89	17.42	16.91	17.50	17.04	14.13	18.92	18.93	18.85	18.73	19.24
Rb	152	177	188	196	117	170	158	128	166	167	176	207	193
Sr	47.15	83.14	277.80	276.30	187.20	228.10	364.30	227	418	420	423	342	430
Zr	336	102	129	133	141	135	126	122	135	140	135	151	124
Nb	32.51	11.08	10.30	10.85	7.01	9.14	11.45	6.96	10.31	10.40	11.12	11.31	12.56
Ba	214	413	533	607	523	445	1309	547	500	544	438	514	598
Hf	9.49	4.50	3.72	3.83	3.89	3.83	3.77	3.38	3.86	3.94	3.88	4.31	3.64
Ta	2.52	1.81	1.13	1.26	0.70	0.92	1.37	0.66	1.09	1.13	1.19	1.26	1.51
Th	20.85	20.86	15.31	15.29	12.19	12.47	18.35	10.60	18.24	16.11	19.63	18.64	20.38
U	6.44	8.66	4.78	5.34	3.82	4.10	6.30	2.94	5.59	5.55	6.29	6.85	6.71

续表

岩体	广平	广平	河三	河三	河三	河三	河三	新-古	新-古	新-古	新-古	新-古	新-古
样品号	F10 - 29	F10 - 18	H10 - 1	H10 - 2	H10 - 3	H10 - 5	H10 - 6	F10 - 19	F10 - 20	F10 - 21	F10 - 22	F10 - 23	F10 - 24
La	57.26	34.28	30.58	27.91	24.33	28.07	31.54	24.47	36.87	29.96	34.91	29.79	33.78
Ce	113.60	72.80	60.77	58.18	49.50	56.52	62.52	47.23	70.11	58.96	68.71	58.50	67.72
Pr	14.34	9.53	7.66	7.06	6.19	7.07	7.49	5.80	8.51	7.36	8.26	7.20	8.64
Nd	51.51	33.43	27.04	26.07	22.73	25.88	27.35	20.84	29.39	26.16	29.03	25.68	31.28
Sm	9.77	8.63	4.86	4.88	4.20	4.81	5.10	3.77	4.97	4.89	5.11	4.83	6.11
Eu	0.74	0.40	1.03	1.03	0.96	1.05	0.98	0.83	0.92	0.99	0.92	0.86	1.04
Gd	8.39	9.26	4.10	4.18	3.69	4.07	4.38	3.21	4.07	4.07	4.12	4.09	5.00
Tb	1.24	1.88	0.60	0.62	0.54	0.60	0.61	0.45	0.55	0.57	0.56	0.57	0.69
Dy	6.79	11.71	3.14	3.18	2.92	3.15	3.16	2.37	2.80	2.89	2.80	2.80	3.39
Ho	1.31	2.37	0.60	0.61	0.57	0.61	0.61	0.45	0.52	0.53	0.51	0.52	0.63
Er	3.40	6.60	1.59	1.68	1.56	1.63	1.65	1.21	1.40	1.42	1.36	1.42	1.66
Tm	0.51	0.98	0.25	0.24	0.23	0.24	0.25	0.18	0.21	0.22	0.20	0.21	0.24
Yb	3.58	6.35	1.67	1.65	1.60	1.59	1.69	1.17	1.42	1.40	1.38	1.43	1.55
Lu	0.52	0.91	0.25	0.26	0.24	0.25	0.25	0.18	0.21	0.22	0.21	0.22	0.24
Y	35.42	65.48	17.46	18.06	16.76	16.79	17.80	12.74	15.64	15.77	15.52	15.49	18.67
Eu/Eu^*	0.25	0.14	0.70	0.70	0.74	0.72	0.63	0.73	0.62	0.67	0.61	0.59	0.57
$(La/Yb)_N$	10.87	3.67	12.48	11.47	10.32	11.99	12.66	14.26	17.70	14.50	17.21	14.15	14.77
(Ga * 10000) / Al	3.20	2.77	2.22	2.13	2.06	2.15	2.19	1.72	2.37	2.35	2.37	2.40	2.40

岩体	龙湾	龙湾	龙湾	龙湾	龙湾	龙湾	龙湾	龙湾	龙湾	龙湾	龙湾
样品号	L10 - 3	L10 - 16	L10 - 17	L10 - 1	L10 - 5	L10 - 7	L10 - 9	L10 - 10	L10 - 11	L10 - 12	L10 - 2
SiO_2	69.22	69.75	71.26	66.11	70.62	63.95	68.01	67.40	67.56	67.23	68.84
TiO_2	0.40	0.37	0.32	0.57	0.35	0.62	0.47	0.50	0.49	0.51	0.36
Al_2O_3	14.34	13.69	14.14	15.66	13.69	14.92	14.66	15.11	14.83	15.03	14.27
Fe_2O_3	0.93	0.81	0.76	1.19	0.69	1.57	1.06	1.12	1.04	1.05	0.87
FeO	1.86	1.62	1.53	2.38	1.37	3.14	2.12	2.24	2.08	2.10	1.75
MnO	0.05	0.20	0.07	0.05	0.06	0.28	0.04	0.06	0.05	0.07	0.11
MgO	1.03	1.10	0.88	1.62	1.19	2.39	1.34	1.45	1.27	1.32	1.05
CaO	2.27	3.53	1.96	3.04	1.85	3.85	1.92	2.58	2.96	3.57	2.54
Na_2O	3.07	0.15	3.00	3.24	2.86	2.76	3.24	3.29	3.61	2.30	2.72
K_2O	4.03	3.80	3.73	4.42	4.91	2.55	4.66	4.39	4.16	4.72	4.10
P_2O_5	0.13	0.12	0.08	0.17	0.10	0.17	0.14	0.15	0.14	0.16	0.12
LOI	2.79	4.80	2.44	1.64	2.38	3.90	2.42	1.83	1.94	1.95	3.34
Total	100.11	99.95	100.17	100.08	100.08	100.11	100.10	100.12	100.14	100.01	100.08
A/CNK	1.06	1.27	1.13	1.00	1.02	1.04	1.05	1.02	0.94	0.97	1.05
K_2O/Na_2O	1.31	24.80	1.24	1.36	1.71	0.93	1.44	1.34	1.15	2.05	1.51
CaO/Na_2O	0.74	23.06	0.65	0.94	0.65	1.39	0.59	0.79	0.82	1.55	0.94
Al_2O_3/TiO_2	35.55	37.29	44.33	27.35	39.08	23.88	30.88	29.98	30.09	29.28	39.78
Cr	163	167	172	166	201	119	177	180	150	146	184
Mn	371	1538	489	343	493	2178	326	452	412	553	878
Co	5.05	4.03	4.05	4.11	3.82	6.01	4.55	4.90	5.93	3.39	4.71
Ni	7.14	6.76	7.76	11.27	8.84	14.70	7.55	8.29	7.06	7.03	7.17

续表

岩体	龙湾	龙湾	龙湾	龙湾	龙湾	龙湾	龙湾	龙湾	龙湾	龙湾	龙湾
样品号	L10－3	L10－16	L10－17	L10－1	L10－5	L10－7	L10－9	L10－10	L10－11	L10－12	L10－2
Ga	18.43	17.52	17.20	17.98	16.92	18.64	17.56	18.65	17.74	18.01	18.49
Rb	238	313	174	192	251	160	200	164	141	212	266
Sr	293	139	220	730	374	379	401	577	540	531	152
Zr	150	181	120	210	130	171	180	202	195	187	142
Nb	11.62	13.50	16.01	13.91	15.28	8.35	14.27	14.81	14.25	14.33	10.68
Ba	496	431	548	1875	617	781	1291	1677	1624	1731	497
Hf	4.32	5.14	3.86	5.56	4.01	4.56	4.93	5.42	5.09	5.14	4.14
Ta	1.36	1.51	2.13	1.02	1.98	0.69	1.30	1.33	1.26	1.27	1.28
Th	20.11	23.15	24.61	19.89	25.09	14.36	22.77	23.18	23.61	21.67	20.35
U	7.13	6.84	9.87	4.03	8.16	3.35	4.75	5.06	4.87	4.82	6.01
La	30.58	41.01	29.11	71.34	30.31	37.56	71.54	71.41	82.72	64.26	33.41
Ce	60.09	79.68	56.90	132.20	63.92	73.65	137.80	133.20	153.60	122.20	64.61
Pr	7.43	9.48	6.93	14.81	8.00	9.16	15.04	15.02	17.15	14.01	7.79
Nd	25.93	32.87	24.01	48.95	28.21	32.24	50.41	51.66	55.65	47.93	26.6
Sm	4.92	5.79	4.65	7.46	5.19	5.48	7.56	8.03	8.17	7.40	4.75
Eu	0.82	0.77	0.70	1.62	0.81	1.12	1.52	1.70	1.66	1.60	0.80
Gd	3.89	4.52	3.95	5.90	4.45	4.39	5.93	6.40	6.16	5.91	3.74
Tb	0.55	0.61	0.62	0.78	0.64	0.64	0.76	0.83	0.80	0.82	0.52
Dy	2.73	3.10	3.37	4.06	3.32	3.22	3.72	4.40	4.11	4.23	2.48
Ho	0.50	0.53	0.66	0.79	0.63	0.61	0.72	0.84	0.78	0.82	0.45
Er	1.38	1.41	1.78	2.16	1.75	1.64	1.96	2.32	2.15	2.25	1.22
Tm	0.20	0.21	0.28	0.33	0.28	0.23	0.30	0.35	0.32	0.33	0.18
Yb	1.42	1.46	1.90	2.15	1.81	1.59	2.06	2.33	2.19	2.22	1.25
Lu	0.21	0.22	0.30	0.33	0.28	0.23	0.31	0.35	0.34	0.33	0.20
Y	15.24	15.84	19.82	22.88	19.40	17.15	21.54	24.55	23.32	23.60	13.39
Eu/Eu*	0.57	0.46	0.50	0.74	0.51	0.70	0.69	0.72	0.71	0.74	0.57
$(La/Yb)_N$	14.61	19.12	10.39	22.55	11.39	16.10	23.63	20.78	25.61	19.66	18.20
(Ga×10000)/Al	2.43	2.42	2.30	2.17	2.33	2.36	2.26	2.33	2.26	2.26	2.45

分析单位：中国科学院广州地球化学研究所。新-古即新塘-古益花岗斑岩。常量元素单位为%，微量元素为10^{-6}。

一、大冲岩体

大冲（花岗闪长岩-石英闪长岩）岩体的主量元素具有以下特征：

1）在花岗岩 Q－A－P 图中样品大多都落入花岗岩、花岗闪长岩到英云花岗闪长岩区域中（图 11-23），而 An－Ab－Or 图解中落入二长花岗岩及石英闪长岩区域（图 11-24）。综合判断，大冲（花岗闪长岩-石英闪长岩）岩体属于石英闪长岩-英云花岗闪长岩，局部可达花岗闪长岩；

2）岩石相对富钾、低碱、高钙、富铁而相对贫镁。岩石 SiO_2 含量 56.81%～69.29%，平均 62.92%，除 F10－16（56.81%）、F10－25（69.29%）外，其余变化范围较窄；K_2O 含量 1.49%～3.80%，平均 2.48；K_2O+Na_2O＝2.09%～5.69%，平均 4.40；CaO 含量 2.07%～11.90%，平均

4.74%；FeO^*含量5.88%~9.62%，平均7.90%；MgO含量0.66%~2.35%，平均1.67%，FeO^*/Mg=2.82~8.89，平均5.10；岩石的铝碱指数（AKI）为0.21~0.58，平均0.43，小于0.9，按洪大卫等（1987）建议的钙碱性、偏碱性和碱性花岗岩AKI值分界线（<0.9、0.9~1.0、>1.0）属钙碱性系列；岩石的碱度率指数（A.R.）为1.20~2.13，平均1.71，SiO_2-AR图解中全部落入钙碱性系列（图11-25）；里特曼指数σ值为0.31~1.53，平均1.00，远小于3.3，亦显示其属钙碱性岩石；样品主量元素数据及其他特征表明，广平花岗岩岩体属于中钾钙碱性系列（图11-26）。

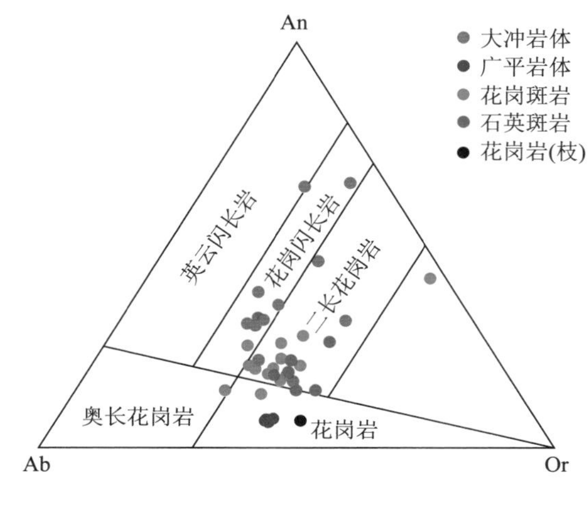

图11-24 花岗岩An-Ab-Or分类图

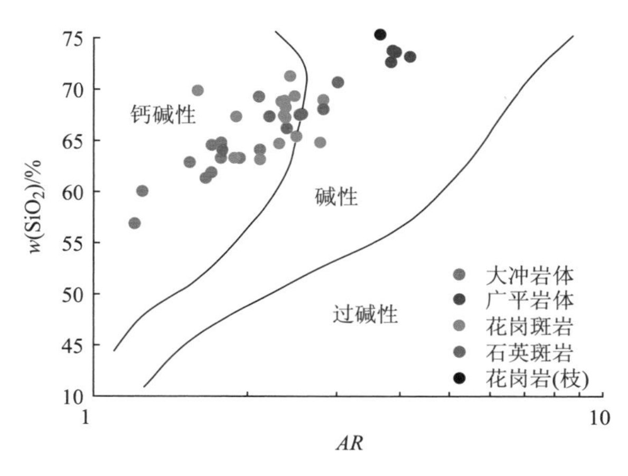

图11-25 岩浆系列SiO_2-*AR*（碱度率）图解
（据J. B Wright，1969）

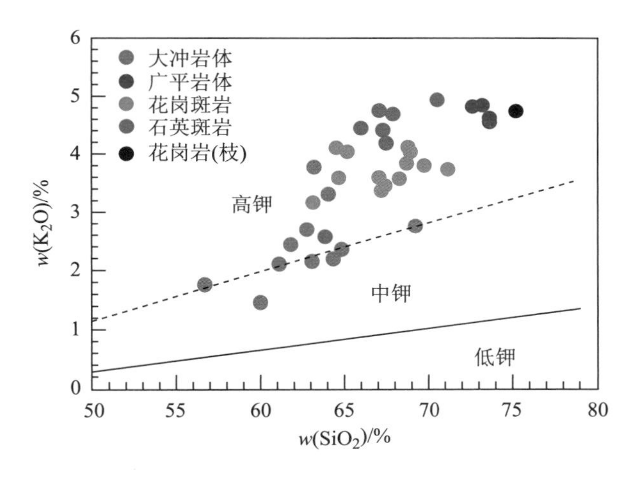

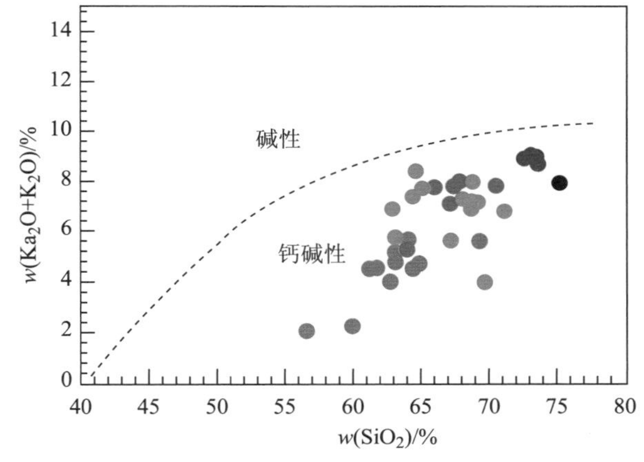

图11-26 岩浆系列SiO_2-K_2O、SiO_2-K_2O+Na_2O图解

3）相对高的TiO_2和P_2O_5，较低的分异指数*DI*。岩石TiO_2含量0.63%~1.33%，平均1.06%，P_2O_5含量0.18%~0.43%，平均0.33%；岩石分异指数*DI*为41.24~71.75，平均60.99，表明岩浆在演化过程中结晶分异作用比较弱。

4）准铝-弱过铝质。岩体铝指数A/CNK=0.48~1.22，除个别点（0.48）外，平均为1.02，为准铝质-弱过铝质-强过铝质，在A/NK-A/CNK图解（图11-27）样品均投在准铝质与过铝质界限两侧。综合分析结果及判别图解，大冲（花岗闪长岩-石英闪长岩）岩体属于准铝-弱过铝质-强过铝质花岗岩，表明其具有较长的演化过程。

5）在哈克图解中，SiO_2与K_2O及微量元素Rb、Ba呈较好的正相关，而与Fe_2O_3、CaO、MgO以及Eu、Sr、Co、Zr具有明显的负相关（图11-28）。良好的线性关系表明岩浆演化过程中具有相似的

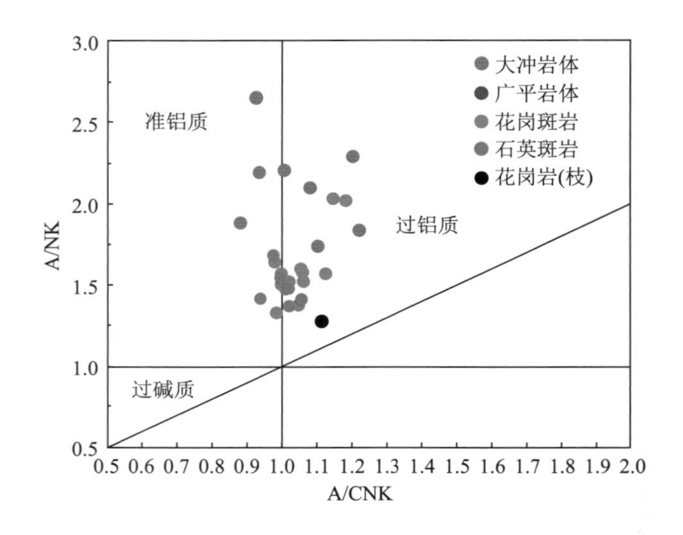

图 11-27　铝质-准铝花岗岩 A/NK – A/KNC 判别图

成因和演化趋势，体现出结晶分异作用，存在斜长石的结晶分离。P_2O_5、Pb 在弱过铝质和强过铝质岩浆中随 SiO_2 增加变化趋势不同，可用以区分 I、S 型花岗岩（图 11-29）。S 型花岗岩两者呈正相关，I 型花岗岩两者呈负相关；同样 Pb 元素也表现出较好的线性关系，但其刚好与 P_2O_5 的变化趋势相反，即 S 型花岗岩两者呈负相关，I 型花岗岩两者呈正相关（Li et al.，2007；Chappell，1999；Wu et al.，2003；Li et al.，2006；李献华等，2007）。大冲（花岗闪长岩-石英闪长岩）岩体更倾向于 I 型花岗岩，尽管也具有某些 S 型的特征，但这也可诠释其较长的演化过程（表 11-17）。另外，在花岗岩 K_2O-Na_2O 图解（图 11-30）中大部分样品落入 I 型花岗岩中，两个落在 S 型花岗岩区域，表明了其不同的演化背景。综合判断大冲（花岗闪长岩-石英闪长岩）岩体可能属于准铝质-弱过铝质-强过铝质 I 型花岗岩。

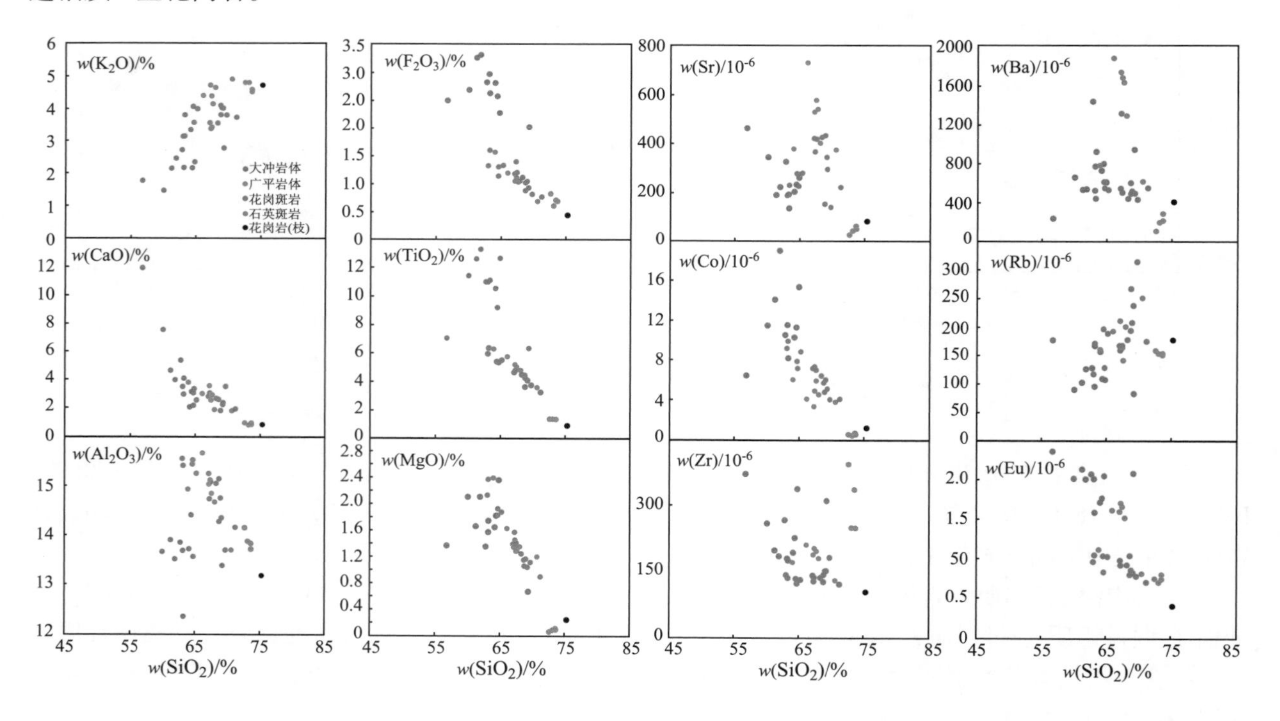

图 11-28　佛子冲花岗岩主量、微量变异图解

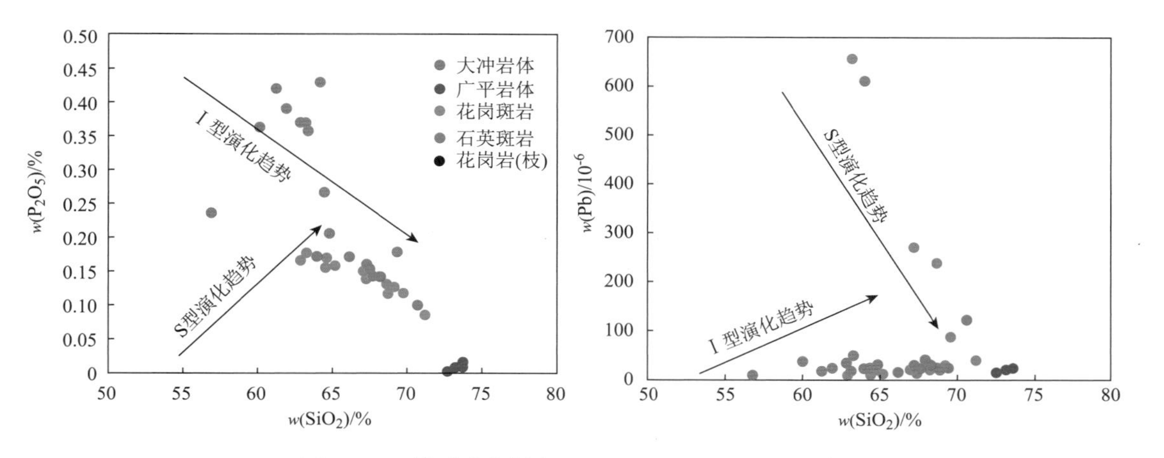

图 11-29 佛子冲花岗岩 $SiO_2-P_2O_5$、SiO_2-Pb 图解

表 11-17 佛子冲矿田花岗岩与世界典型花岗岩主微量元素对比表

元素	M 型	I 型	S 型	A 型	大冲岩体	广平岩体	花岗斑岩	英安斑岩	粗粒花岗岩
SiO_2	67. 24	69. 17	70. 27	73. 81	62. 92	73. 31	67. 10	67. 27	75. 28
TiO_2	0. 49	0. 43	0. 48	0. 26	1. 06	0. 13	0. 47	0. 50	0. 09
Al_2O_3	15. 18	14. 33	14. 1	12. 4	13. 40	13. 89	14. 95	14. 84	13. 18
Fe_2O_3	1. 94	1. 04	0. 56	1. 24	2. 72	0. 71	1. 16	1. 10	0. 44
FeO	2. 35	2. 29	2. 87	1. 58	5. 45	1. 42	2. 32	2. 20	0. 88
MnO	0. 11	0. 07	0. 06	0. 06	0. 15	0. 05	0. 10	0. 09	0. 04
MgO	1. 73	1. 42	1. 42	0. 2	1. 67	0. 08	1. 50	1. 51	0. 23
CaO	4. 27	3. 2	2. 03	0. 75	4. 74	0. 91	2. 79	2. 82	0. 83
Na_2O	3. 97	3. 13	2. 41	4. 07	2. 22	4. 11	3. 08	3. 04	3. 16
K_2O	1. 26	3. 4	3. 96	4. 65	2. 66	4. 69	3. 64	4. 26	4. 73
P_2O_5	0. 09	0. 11	0. 15	0. 04	0. 33	0. 01	0. 14	0. 15	0. 04
A/CNK	0. 97	0. 98	1. 18	0. 95	0. 97	1. 03	1. 07	1. 01	1. 11
K_2O/Na_2O	0. 32	1. 09	1. 64	1. 14	1. 34	1. 14	1. 11	1. 32	1. 50
CaO/Na_2O	1. 08	1. 02	0. 84	0. 18	2. 51	0. 22	0. 85	0. 96	0. 26
Al_2O_3/TiO_2	30. 98	33. 33	29. 38	47. 69	13. 29	105. 26	32. 44	30. 08	153. 26
Ba	263	538	468	352	741	202	582	1371	413
Rb	17. 5	151	217	169	122	153	185	189	177
Sr	182	247	120	48	247	44	311	505	83
Pb	5	19	27	24	29. 4	21. 2	97. 0	124. 1	30. 1
Th	1	18	18	23	14. 9	24. 3	17. 9	21. 5	20. 9
U	0. 4	4	4	5	3. 2	5. 8	6. 0	5. 0	8. 7
Zr	108	151	165	528	245	307	137	182	102
Nb	1. 3	11	12	37	15. 2	33. 8	11. 2	13. 6	11. 1
Y	22	28	32	75	39. 6	36. 6	17. 0	21. 8	65. 5
Ce	16	64	64	137	83. 1	139. 1	62. 3	116. 7	72. 8
Sc	15	13	12	4	16. 5	1. 9	6. 2	6. 2	6. 0
V	72	60	56	6	86. 6	17. 2	67. 1	65. 5	19. 5
Ni	2	7	13	<1	13. 4	2. 8	8. 2	9. 2	3. 0
Cu	42	9	11	2	22. 2	2. 7	8. 2	21. 0	14. 2
Zn	56	49	62	120	105. 8	64. 9	67. 4	258. 8	19. 9
Ga	15	16	17	24. 6	19. 0	24. 0	18. 0	17. 9	19. 3
K/Rb	598	187	151	229	175	254	169	190	222
Rb/Sr	0. 06	0. 61	1. 81	3. 52	0. 55	3. 89	0. 71	0. 40	2. 13
Rb/Ba	0. 07	0. 28	0. 46	0. 48	0. 21	0. 86	0. 35	0. 17	0. 43
10000 * Ga/Al	1. 87	2. 1	2. 28	3. 75	2. 68	3. 26	2. 28	2. 28	2. 77
A. I.	0. 52	0. 62	0. 59	0. 95	0. 48	0. 85	0. 63	0. 65	0. 78

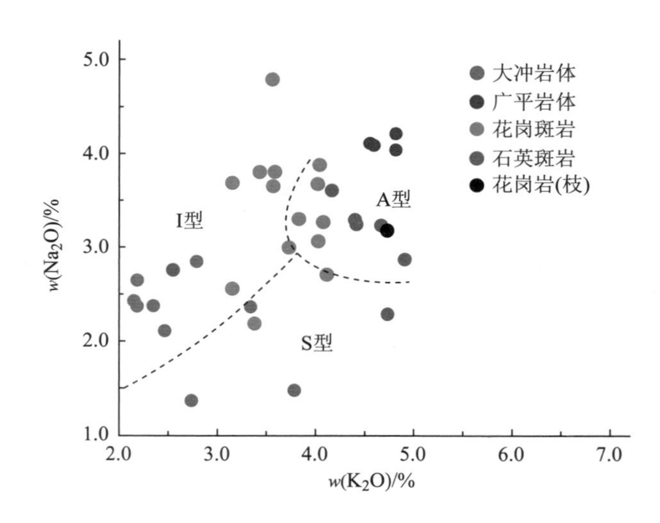

图 11-30　大冲（花岗闪长岩-石英闪长岩）岩体 K_2O-Na_2O 图解

综上所述，大冲（花岗闪长岩-石英闪长岩）岩体的主量元素特征显示其属于花岗闪长岩-英云花岗闪长岩，高钾钙碱性、准铝-弱过铝-强过铝质 I 型花岗岩。

大冲（花岗闪长岩-石英闪长岩）岩体稀土（REE）及微量元素分析结果表见表 11-16。从表中可以看出岩体稀土总量高（$\Sigma REE = 180\times10^{-6}\sim259\times10^{-6}$，平均 209×10^{-6}），且 LREE 强烈富集达 50～150 倍，HREE 轻度富集，为 20～30 倍，$(La/Yb)_N=6.05\sim9.01$，平均 7.64，反映了较强的轻重稀土分异特点。具有相对较弱的 Eu 负异常，$Eu/Eu^*=0.67\sim0.90$，平均 0.77（图 11-31）。

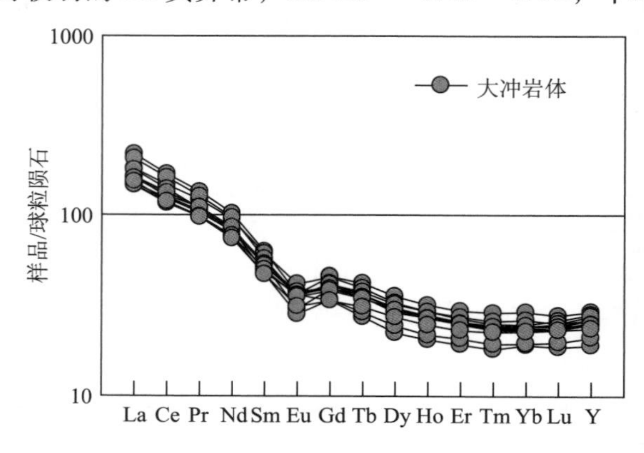

图 11-31　大冲（花岗闪长岩-石英闪长岩）岩体稀土元素球粒陨石标准化分布型式图
（标准化数据据 McDonough and Sun，1989）

岩体微量元素原始地幔蛛网图（图 11-32）显示：Ce 以及左侧相容性更强的元素强烈富集，达到原始地幔的 20～300 倍，Nb、Ta、Ba、Sr、P、Ti 明显负异常，Pb 则正异常达原始地幔的 300 倍。上述岩石地球化学特征，反映了大冲（花岗闪长岩-石英闪长岩）岩体属地壳同熔的产物，而 P、Ti 的负异常则表明在岩浆结晶分异过程中有磷灰石以及金红石的分离结晶作用。蛛网图中的 Nb、Ta 亏损，表明岩浆的形成过程为陆壳重熔。Nb/Ta = 11.57～14.02，除高点（14.02、13.26）外，平均 11.99，远低于原始地幔而近似于大陆地壳（Green，1995），表明其岩浆物质为地壳重熔。

二、广平花岗岩岩体

广平花岗岩岩体主量元素（表 11-16）具有以下地球化学特征：

1）广平花岗岩岩体属于典型的花岗岩。在花岗岩 Q－A－P 图中广平花岗岩岩体全部落入花岗岩区域中的二长花岗岩，在 An－Ab－Or 图解中全部落入花岗岩区域。

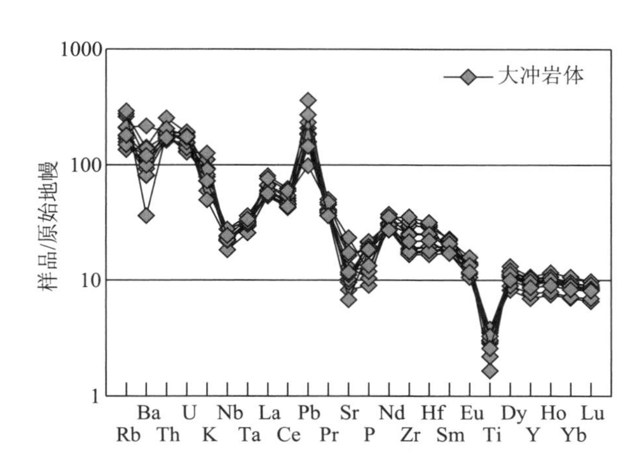

图 11-32　大冲（花岗闪长岩-石英闪长岩）岩体微量元素原始地幔标准化蛛网图

（标准化数据据 McDonough and Sun，1989）

2）岩石高硅、高钾、富碱、贫镁、贫钙。岩石的 SiO_2 含量为 72.67% ~75.28%，平均 73.31%，变化范围较窄；K_2O 含量 4.54% ~4.81%，平均 4.69%；K_2O+Na_2O =8.64% ~9.02%，平均 8.80；MgO 含量 0.07% ~1.00%，平均 0.08%，FeO^*/Mg =20.89 ~47.29，平均 29.16，极度贫镁；CaO 含量 0.86% ~0.95%，平均 0.91%；岩石的铝碱指数（AKI）为 0.84 ~0.88，平均 0.85，小于 0.9，属钙碱性系列；岩石的碱度率指数（*AR*）为 3.84 ~4.17，平均 3.95，在 SiO_2-AR 图解中全部落入碱性系列；里特曼指数 σ 值为 2.44 ~2.69，平均 2.56，小于 3.3，则显示其属钙碱性岩石；样品主量元素数据及其他特征表明，广平花岗岩岩体属于高钾钙碱性系列。

3）贫 TiO_2 和 P_2O_5，而具有高的分异指数 *DI*。岩石 TiO_2 含量 0.13%，P_2O_5 含量 0.00% ~0.01%，岩石分异指数 *DI* 为 90.81 ~92.56，平均 91.64，表明岩浆在演化过程中经历了较强的结晶分异作用。而 P_2O_5 的强烈亏损则表明在岩浆结晶分异过程中磷灰石的结晶分异作用较强；TiO_2 的负异常则表明成岩过程中 Ti－Fe 氧化物，即钛铁矿和金红石的分离结晶作用。

4）准铝-弱过铝质。岩体铝指数 A/CNK =1.01 ~1.04，平均为 1.03，为准铝质-弱过铝质，在 A/NK－A/CNK 图解，样品均投在准铝质与过铝质界线靠过铝质一侧，刚玉分子 0.17% ~0.55%。标准矿物计算结果表明，该岩体主要组成矿物为石英、钾长石和斜长石，大多属于弱过铝质花岗岩。

5）哈克图解中常量与微量元素之间的含量关系，SiO_2 与 TiO_2、Fe_2O_3、Al_2O_3、Rb 呈负相关，而与 MgO、Sr、Ba 等具有明显的正相关。良好的线性关系说明广平花岗岩岩体具有相似的成因和演化趋势。由于 Al、Ca 等元素主要赋存在斜长石中，因此广平花岗岩岩体所展示的相关性可能与斜长石和 Ti－Fe 氧化物的分离结晶有关，这也与前面的论证相一致。K_2O 和 Rb 含量随分异程度的增强而降低，说明广平花岗岩岩体存在碱性长石的分离结晶作用，也进一步证明了广平花岗岩岩体在 Q－A－P 图解中全部落入二长花岗岩的特点。

另外在花岗岩 K_2O-Na_2O 图解中全部落入 A 型花岗岩中，综合佛子冲花岗岩与世界典型花岗岩主微量元素对比表（表 11-17），表明广平花岗岩岩体应该属于准铝质-弱过铝质 A 型花岗岩。

综上所述，广平花岗岩岩体的主量元素特征显示其属于高钾钙碱性、准铝-弱过铝质 A 型花岗岩。

广平 A 型花岗岩体稀土（REE）及微量元素分析结果见表 11-16。从表中可以看出岩体稀土总量高（$\Sigma REE=273\times10^{-6}\sim439\times10^{-6}$，平均 323×10^{-6}），且 LREE 强烈富集达 100 ~450 倍，HREE 轻度富集，为 20 ~30 倍，$(La/Yb)_N$ =10.87 ~16.21，平均 13.68，反映了较强的轻重稀土分异的特点。具有较强的 Eu 负异常，Eu/Eu^* =0.18 ~0.26，平均 0.24，表明在岩浆结晶分异过程中存在较强的斜长石结晶分异作用。稀土元素球粒陨石标准化配分模式图总体表现为向右缓倾斜的海鸥式，表现出 A 型花岗岩的基本特征（图 11-33）。

岩体微量元素原始地幔蛛网图（图 11-34）显示：强烈富集 Rb、Th、U、Pb，亏损 Ba、Sr、P、

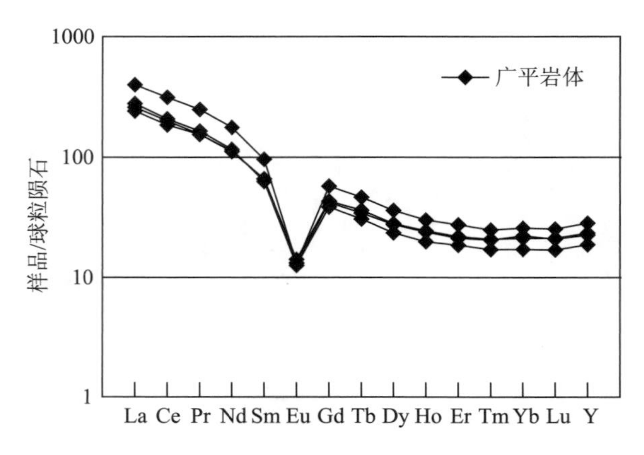

图 11-33　广平花岗岩岩体稀土元素球粒陨石标准化分布型式图

Ti、Eu，表现出下地壳的特点，这说明岩浆来源于下地壳，可能存在少量的地幔物质混入，属于壳幔混合岩浆，代表着一种张性构造环境。Eu 亏损则说明岩浆在上侵过程中存在斜长石结晶分异作用，而 P 的强烈亏损则表明在岩浆结晶分异过程中磷灰石的结晶分异作用较强。Ti 的负异常则表明成岩过程中 Ti－Fe 氧化物，即钛铁矿和金红石的分离结晶作用。总体体现出广平花岗岩的下地壳起源。

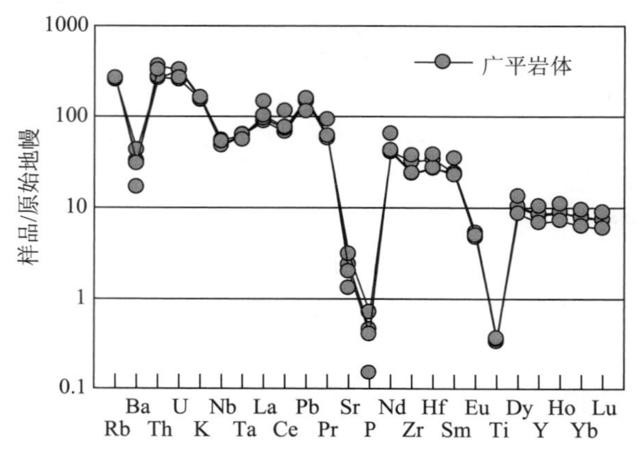

图 11-34　广平花岗岩岩体微量元素原始地幔标准化蛛网图

（标准化数据据 McDonough and Sun，1989）

蛛网图中 Nb、Ta、Zr、Hf 等高场强元素含量较高，达到原始地幔的 50～100 倍，MgO 的平均含量达到 1.67%，这种富集高场强元素和 MgO 的特点具有 A 型花岗岩特征。Nb/Ta＝12.85～15.79，平均 13.98，低于原始地幔而高于大陆地壳（Green，1995），表明其为壳源，但有少量地幔物质的混入。

Whalen 等（1987）认为，A 型花岗岩 10000×Ga/Al 平均值为 3.75，则 Zr＋Nb＋Ce＋Y 大于350×10^{-6}，广平花岗岩岩体微量元素特征表现出高的 10000×Ga/Al＝3.15～3.40，平均 3.24，低于 A 型花岗岩 3.75 的平均值，但明显高于 A 型花岗岩下限 2.80。Zr＋Nb＋Ce＋Y＝443×10^{-6}～664×10^{-6}，平均516×10^{-6}远远大于350×10^{-6}，在 10000×Ga/Al－（Na_2O+K_2O）/CaO、10000×Ga/Al－Na_2O+K_2O、10000×Ga/Al－Nb、10000×Ga/Al－Y（图 11-35）以及 Zr＋Nb＋Ce＋Y－（Na_2O+K_2O）/CaO、Zr＋Nb＋Ce＋Y－TFeO/MgO 图解中（图 11-36）均落入 A 型花岗岩区域，表明广平花岗岩岩体属于 A 型花岗岩。

三、花岗斑岩

矿田内花岗斑岩大量分布，多呈岩脉、岩墙状产出，与成矿关系密切。其地球化学特征为：

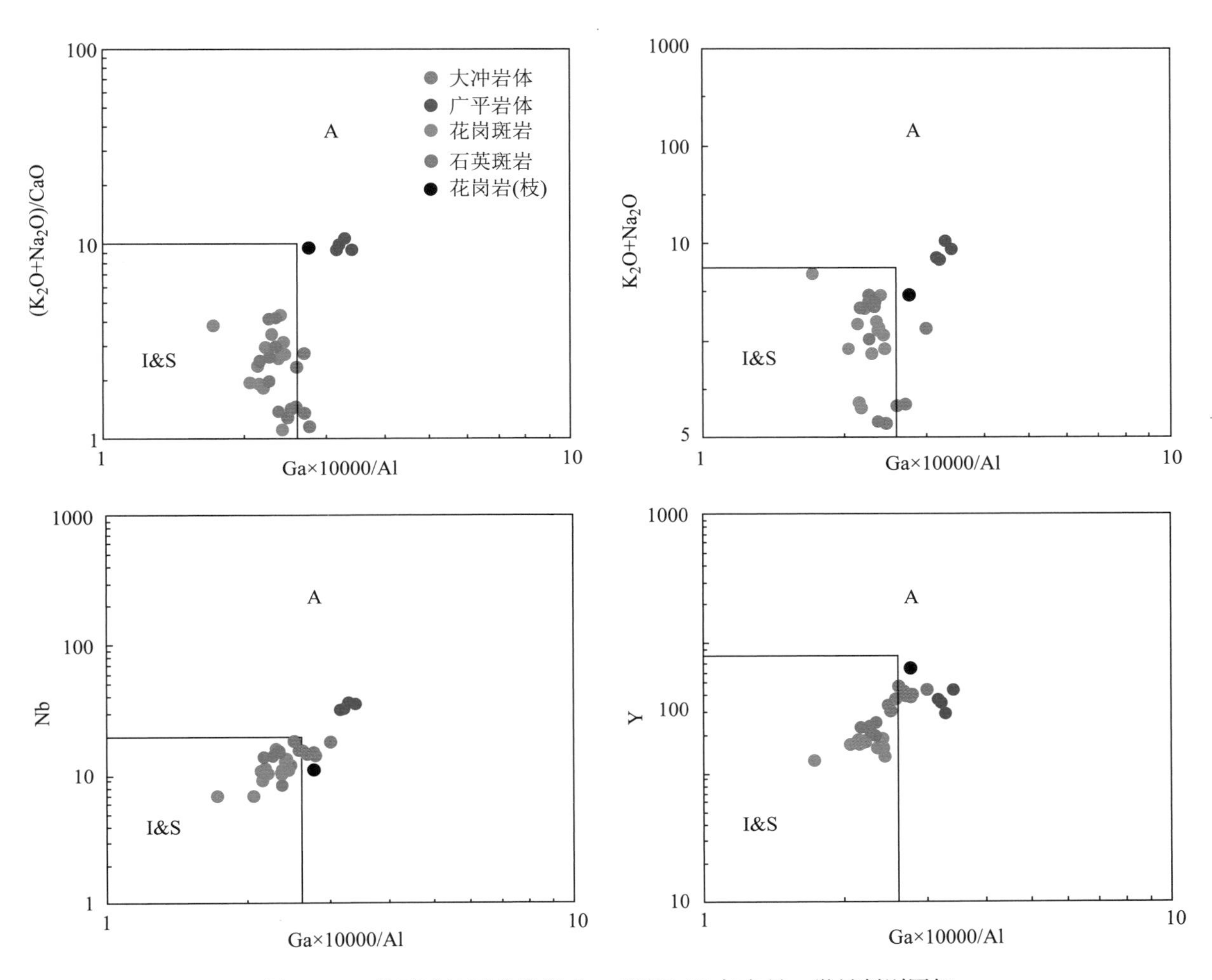

图 11-35　佛子冲地区花岗岩 Ga × 10000/Al 与主量、微量判别图解

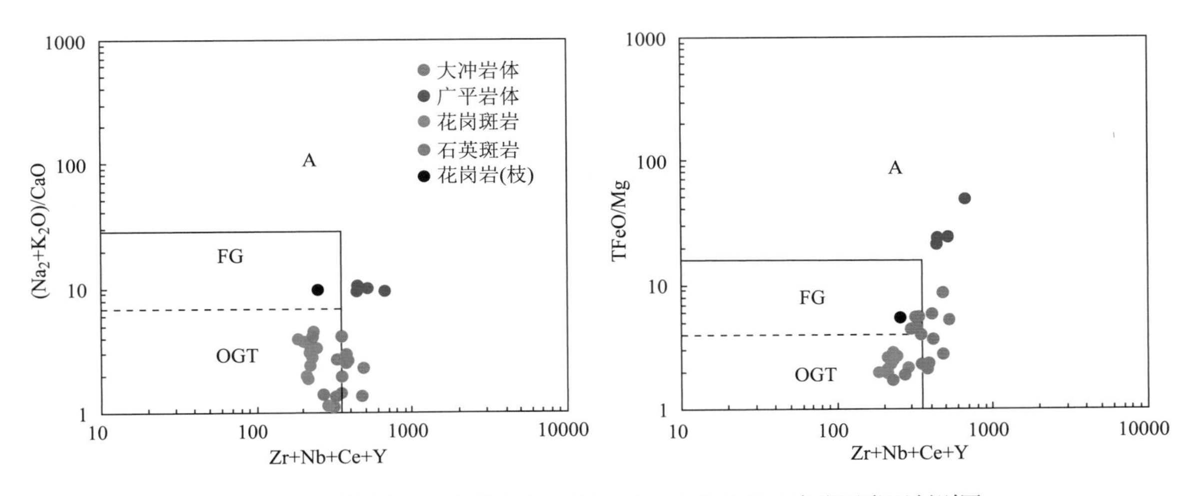

图 11-36　佛子冲地区花岗岩 Zr + Nb + Ce + Y 与主量元素成因类型判别图

1）在花岗岩 Q－A－P 图中花岗斑岩大部分落入石英闪长岩，少量落入二长花岗岩中（图 11-23），An－Ab－Or 图解中则大部分部落入二长花岗岩区域，少量散落在花岗岩、石英闪长岩中（图 11-24），因此，矿田花岗斑岩属于二长花岗岩-石英闪长岩系列。

2）岩石高硅、高钾、富碱、富钠、富钙、相对富铁而贫镁。岩石 SiO_2 含量 64.74% ~71.26%，平均67.38%，变化范围较窄；K_2O 含量3.14% ~4.10%，平均3.64%，Na_2O 含量2.19% ~3.87%，

平均3.28%（除L10－16，0.15%极低值外）；$K_2O + Na_2O = 3.95\% \sim 8.35\%$，平均6.75%，$K_2O/Na_2O = 0.75 \sim 1.51$，平均1.16（除L10－16，24.80外）；MgO含量0.88%～2.36%，平均1.44%，$FeO^*/Mg = 1.81 \sim 2.63$，平均2.33；CaO含量0.86%～0.95%，平均0.91%，在$SiO_2 - K_2O$图解中全部落入高钾区域。岩石的铝碱指数（AKI）为0.32～0.76，平均0.63，小于0.9，属钙碱性系列。岩石的碱度率指数（*AR*）为3.84～4.17，平均3.95，在$SiO_2 - AR$图解中全部落入碱性系列（图11-25）。里特曼指数σ值为0.58～3.20，平均1.93，小于3.3，则显示其属钙碱性岩石。样品主量元素数据结合相关图解表明，矿田花岗斑岩属于高钾钙碱性系列（图11-26）。

3）相对贫TiO_2和P_2O_5，而具有较高的分异指数*DI*。岩石TiO_2含量0.32%～0.53%，平均0.47%，P_2O_5含量0.08%～0.11%，平均0.14%，岩石分异指数*DI*为68.41～82.45，平均75.68，表明岩浆在演化过程中经历了较强的结晶分异作用。P_2O_5及TiO_2亏损则表明在岩浆结晶分异过程中磷灰石及Ti-Fe氧化物的结晶分异作用；花岗斑岩相对于大冲（花岗闪长岩-石英闪长岩）岩体具有较高的分异指数DI，而TiO_2和P_2O_5则相对较低，而相对于广平花岗岩岩体，分异指数较低，而TiO_2和P_2O_5则相对较高，表明其在结晶分异及演化过程中介于两者之间。

4）岩体铝指数A/CNK＝0.98～1.24，平均为1.07，为准铝质-弱过铝质-强过铝质，在A/NK－A/CNK图中（图11-27）样品均大部分投在准铝质与过铝质界限靠过铝质一侧，有少量在强过铝质区域。通过CIPW标准矿物计算，刚玉分子0.00%～3.30%。标准矿物计算结果表明，该岩体主要组成矿物为石英、钾长石和斜长石，属于准铝质-弱过铝-强过铝质花岗岩。

5）哈克图解中SiO_2与TiO_2、Fe_2O_3、Al_2O_3、CaO、MgO、Co、Eu、Ba呈明显负相关，而与K_2O、Rb、Sr等具有明显的正相关（图11-28）。良好的线性关系说明花岗斑岩具有相似的成因和演化趋势，3个矿区的花岗斑岩具有同样的成因及演化趋势，结合年代学，表明其属于同一岩浆库。

总之，矿田花岗斑岩的主量元素特征显示其属于高钾钙碱性、准铝-弱过铝-强过铝质花岗岩。

矿田不同矿区的花岗斑岩稀土及微量元素分析结果岩体稀土总量高（$\Sigma REE = 112 \times 10^{-6} \sim 185 \times 10^{-6}$，平均$147 \times 10^{-6}$），且LREE中度富集，30～200倍，HREE轻度富集，为10～20倍，$(La/Yb)_N = 10.90 \sim 20.19$，平均14.67，反映了较强的轻重稀土分异的特点。具有中等Eu负异常，$Eu/Eu^* = 0.46 \sim 0.74$，平均0.63，Eu^*与*DI*图解中，Eu^*随分异指数*DI*增加而降低，显示出明显的负相关，表明在岩浆结晶分异过程中存在斜长石结晶分异作用。在La-La/Sm图解中，岩石具有很好的相关性，具有明显的部分熔融的相关性（韩吟文等，2003）（图11-37）。在$\delta Eu-(La/Yb)_N$图（图11-38）中，花岗斑岩全部落入壳源区域，显示了其为陆壳重熔的特点。

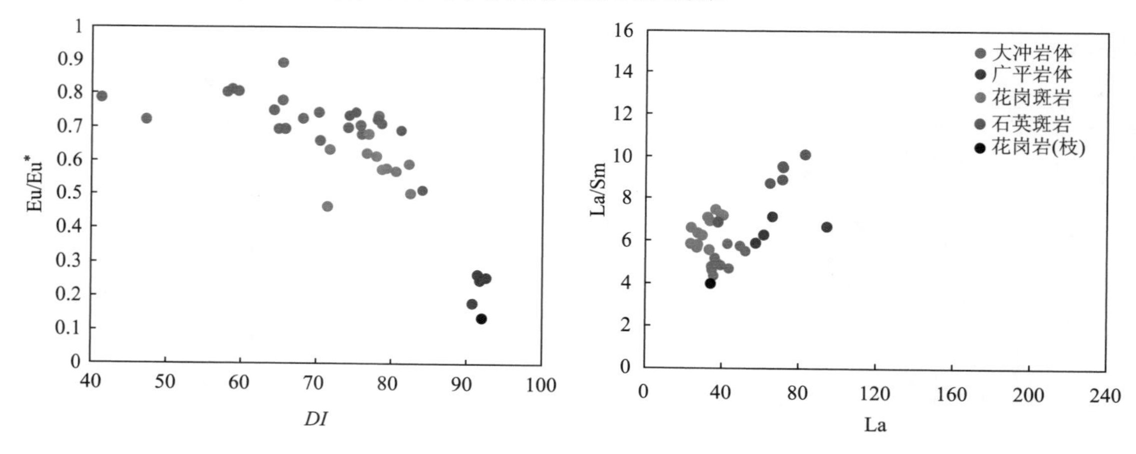

图11-37 佛子冲花岗岩稀土元素Eu/Eu* －*DI*及La－La/Sm图解

岩石的稀土元素球粒陨石标准化分配模式呈右陡倾斜犁状，LREE一侧较陡，而HREE一侧则显示平缓，表明LREE分馏明显，HREE分馏不明显。3个地区的花岗斑岩具有一致的稀土元素球粒陨石标准化配分模式，表明不同矿区花岗斑岩可能为同源花岗斑岩（图11-39）。

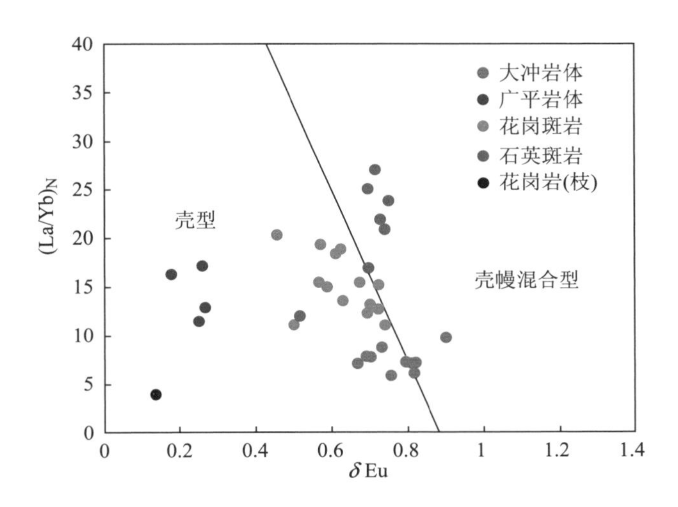

图 11-38　佛子冲花岗岩稀土元素 δEu－（La/Yb）$_N$ 图解

（据吴继承等，2010）

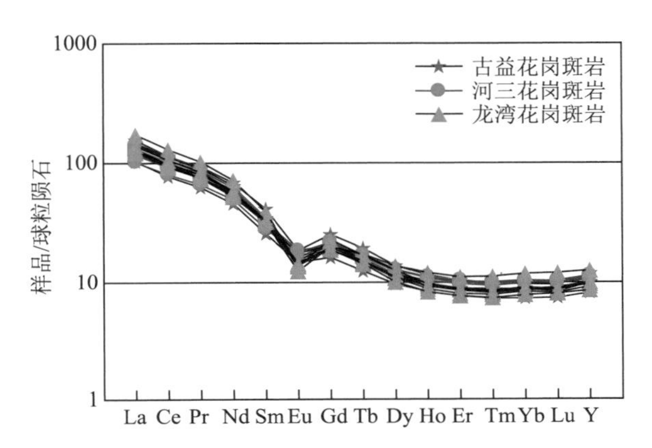

图 11-39　花岗斑岩稀土元素球粒陨石标准化分布型式图

（标准化数据据 McDonough and Sun，1989）

岩石的微量元素数据表（表 11-16）及原始地幔蛛网图（图 11-40）显示其具有以下特征：

1）大离子亲石元素（Rb、Ba、Th、U）、LREE 及 Pb 强烈富集。Rb 含量 $117\times10^{-6}\sim313\times10^{-6}$，平均 185×10^{-6}，是原始地幔 200～500 倍；Ba 含量 $445\times10^{-6}\sim1309\times10^{-6}$，平均 582×10^{-6}，为原始地幔 60～200 倍；Th 含量 $10.6\times10^{-6}\sim24.6\times10^{-6}$，平均 17.9×10^{-6}，为原始地幔 100～300 倍；U 含量 $2.94\times10^{-6}\sim9.87\times10^{-6}$，平均 6.00×10^{-6}，为原始地幔 100～500 倍；Pb 含量 $6.33\times10^{-6}\sim651.40\times10^{-6}$，平均 97×10^{-6}，为原始地幔 100～10000 倍；La、Ce 均高于原始地幔，为 30～50 倍；Ba、Sr 在原始地幔蛛网图中表现为负异常，说明在岩浆部分熔融过程中源区有碱性长石、斜长石残留或者是岩浆演化过程中存在碱性长石及斜长石的结晶分异。

2）高场强元素（Nb、Ta、Zr、Hf、P、HREE）富集不明显。Nb 含量 $6.96\times10^{-6}\sim16.01\times10^{-6}$，平均 11.16×10^{-6}，为原始地幔 9～20 倍；Ta 含量 $0.66\times10^{-6}\sim2.13\times10^{-6}$，平均 1.27×10^{-6}，为原始地幔 10～50 倍；Zr 含量 $120\times10^{-6}\sim150\times10^{-6}$，平均 150×10^{-6}，为原始地幔 10 倍左右；Hf 含量 $3.38\times10^{-6}\sim5.14\times10^{-6}$，平均 3.97×10^{-6}，为原始地幔 10 倍左右；P 含量为原始地幔的 3～8 倍；而 HREE 元素较原始地幔几乎不存在富集情况，约 1～2 倍。而 P、Ti 在蛛网图中表现出强烈的负异常，表明在岩浆结晶分异过程中存在磷灰石及金红石的结晶分离作用。

3）在原始地幔标准化蛛网图中，各岩体均表现出同样的右倾不相容元素富集型，表明其同源性质，三者都均存在 Ba、Nb、Ta、P、Ti 的负异常以及 Pb 的正异常，反映其为下地壳部分熔融的产

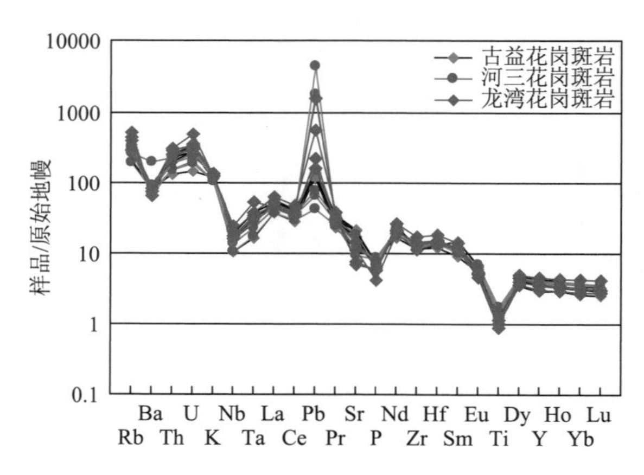

图 11-40　花岗斑岩微量元素原始地幔标准化蛛网图

（标准化数据据 McDonough and Sun，1989）

物。Eu 负异常不明显，显示在岩浆结晶分异过程中斜长石的结晶分异作用不是很强。

4）原始地幔标准化蛛网图中 Nb、Ta 相对亏损，表明在岩浆的形成过程中有陆壳组分的加入。Nb/Ta = 8.32 ~ 10.55，平均 8.99，远低于原始地幔接近大陆地壳（Green，1995），亦表明其为地壳部分熔融的产物。

四、英安斑岩

龙湾英安斑岩主要分布在龙湾矿区一带，河三和古益矿区井下亦可见少量呈岩脉状产出（表 11-16），其地球化学特征为：

1）在花岗岩 Q－A－P 图中英安斑岩除一个样品落入石英正长岩外，其余均落入二长花岗岩区域（图 11-23），An－Ab－Or 图解中则全部落入二长花岗岩区域，故英安斑岩属于二长花岗岩系列。

2）岩石高硅、高钾、富碱、富钠、富钙、相对富铁而贫镁。岩石 SiO_2 含量 63.95% ~ 70.32%，平均 67.27%，变化范围较窄；K_2O 含量 2.55% ~ 4.91%，平均 4.26%，Na_2O 含量 2.30% ~ 3.61%，平均 3.04%；$K_2O + Na_2O$ = 5.31% ~ 7.91%，平均 7.30%，K_2O/Na_2O = 0.93 ~ 2.05，平均 1.43；MgO 含量 1.27% ~ 2.39%，平均 1.51%，FeO^*/Mg = 1.67 ~ 2.37，平均 2.13；CaO 含量 1.85% ~ 3.85%，平均 2.82%，在 $SiO_2 - K_2O$ 图解中全部落入高钾区域。岩石的铝碱指数（*AKI*）为 0.49 ~ 0.71，平均 0.65，小于 0.9，属钙碱性系列。岩石的碱度率指数（*AR*）为 1.79 ~ 2.82，平均 2.47，SiO_2－AR 图解中大部落入钙碱性区域，有两个样品落入碱性区域（图 11-24）。里特曼指数 σ 值为 1.34 ~ 2.54，平均 2.21，小于 3.3，则显示其属钙碱性岩石。总之，矿田英安斑岩属于高钾钙碱性系列（图 11-26）。

3）相对贫 TiO_2 和 P_2O_5，具有较高的分异指数 *DI*。岩石 TiO_2 含量 0.35% ~ 0.62%，平均 0.50%，P_2O_5 含量 0.10% ~ 0.17%，平均 0.15%，岩石分异指数 *DI* 为 65.78 ~ 84.05，平均 76.69，表明岩浆在演化过程中经历了较强的结晶分异作用。P_2O_5 及 TiO_2 亏损则表明在岩浆结晶分异过程中磷灰石及 Ti－Fe 氧化物的结晶分异作用；英安斑岩与矿田花岗斑岩具有极其相似的主量元素特征以及相近的同位素年龄，表明两者之间存在一定的联系，判断其可能与花岗斑岩为同源岩体。

4）准铝-弱过铝质。岩体铝指数 A/CNK = 0.94 ~ 1.05，平均为 1.01，在 A/NK－A/CNK 图解（图 11-27）样品大部分投在准铝质与过铝质界线两侧。CIPW 标准矿物计算，该岩体主要组成矿物为石英、钾长石和斜长石，刚玉分子 0 ~ 1%。因此，矿田英安斑岩属于准铝质-弱过铝质系列。

5）哈克图解中，SiO_2 与 TiO_2、Fe_2O_3、Al_2O_3、CaO、MgO、Sr、Zr、Ba 呈明显负相关，而与 Rb 具有明显的正相关（图 11-28）。良好的线性关系表明英安斑岩具有相似的成因和演化趋势。矿田英安斑岩在哈克图解上大多数元素均和花岗斑岩一致，但 Zr、Ba、Eu 3 种元素在哈克图解中和花岗斑岩存在较大差异，都位于矿田花岗斑岩上部，Ba、Eu 主要与斜长石的结晶分异作用有关，而 Zr 主要与锆石等副矿物的结晶有关，因此，相对于花岗斑岩，矿田英安斑岩在斜长石及副矿物的结晶分异作用明显较花岗斑岩弱。

总之，龙湾英安斑岩的主量元素特征显示其属于高钾钙碱性、准铝-弱过铝质花岗岩系列。

龙湾英安斑岩的稀土（REE）及微量元素分析结果见表11-16。从表中可以看出岩体稀土总量高（$\Sigma REE=150\times10^{-6}\sim336\times10^{-6}$，平均$260\times10^{-6}$），且LREE强烈富集，100～400倍，HREE轻度富集，为10～20倍，$(La/Yb)_N=12.03\sim27.04$，平均21.08，反映了较强的轻重稀土分异的特点（图11-41）。具有中等Eu负异常，$Eu/Eu^*=0.51\sim0.74$，平均0.69，Eu^*与*DI*图解中，Eu^*随分异指数*DI*增加而降低，显示出明显的负相关（除L10-7外），表明在岩浆结晶分异过程中存在斜长石结晶分异作用，但结晶作用较弱。在La-La/Sm图解（图11-37）中，岩石显示部分熔融的成因特征。

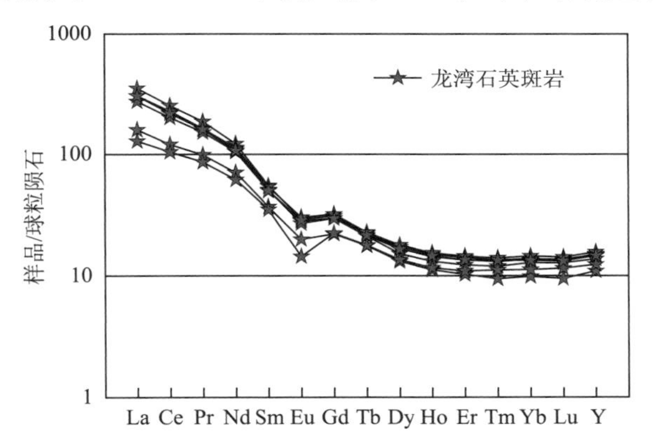

图11-41　英安斑岩稀土元素球粒陨石标准化分布型式图
（标准化数据据McDonough and Sun，1989）

在δEu-$(La/Yb)_N$图（图11-38）中，英安斑岩几乎全部落入壳幔混合区，显示了其在岩浆上侵过程中存在深部岩浆的加入，表明其与华南大规模的伸展作用有关。

岩石的微量元素（表11-16）及其原始地幔蛛网图（图11-42）显示其具有以下特征：

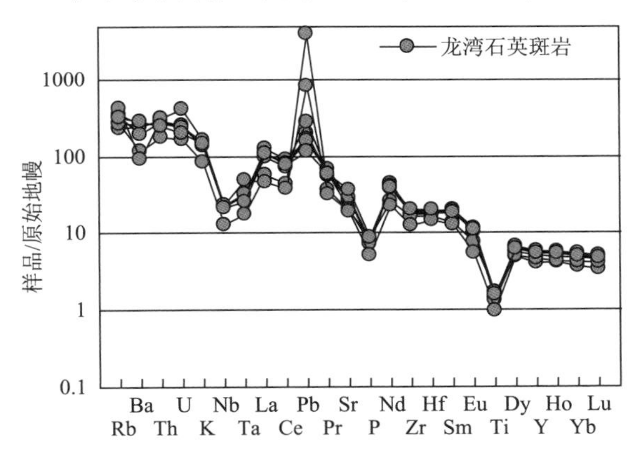

图11-42　英安斑岩微量元素原始地幔标准化蛛网图
（标准化数据据McDonough and Sun，1989）

1）大离子亲石元素（Rb、Ba、Th、U）、LREE及Pb强烈富集。Rb含量$141\times10^{-6}\sim251\times10^{-6}$，平均$189\times10^{-6}$，是原始地幔的200～400倍；Ba含量$617\times10^{-6}\sim1875\times10^{-6}$，平均$1371\times10^{-6}$，为原始地幔100～300倍；Th含量$13.46\times10^{-6}\sim24.61\times10^{-6}$，平均$21.51\times10^{-6}$，为原始地幔150～300倍；U含量$3.35\times10^{-6}\sim8.16\times10^{-6}$，平均$5.00\times10^{-6}$，为原始地幔150～400倍；Pb含量$17.5\times10^{-6}\sim606.4\times10^{-6}$，平均$124.1\times10^{-6}$，为原始地幔300～10000倍；La、Ce均高于原始地幔，为40～100倍；Ba、Sr在原始地幔蛛网图中表现为负异常，但Ba的负异常不明显，表现在岩

浆部分熔融过程中岩浆演化过程中存在碱性长石结晶分异作用，但结晶作用较弱，这与哈克图解及稀土元素所反应的现象一致。

2）高场强元素（Nb、Ta、Zr、Hf、P、HREE）富集不明显。Nb 含量 $8.35\times10^{-6}\sim15.28\times10^{-6}$，平均 13.60×10^{-6}，为原始地幔 10 ~ 20 倍；Ta 含量 $0.69\times10^{-6}\sim1.98\times10^{-6}$，平均 1.27×10^{-6}，为原始地幔 15 ~50 倍；Zr 含量 $130\times10^{-6}\sim202\times10^{-6}$，平均 182×10^{-6}，为原始地幔 10 倍左右；Hf 含量 $3.38\times10^{-6}\sim5.14\times10^{-6}$，平均 3.97×10^{-6}，为原始地幔 10 ~20 倍左右；P 含量为原始地幔的 4 ~8 倍；而 HREE 元素较原始地幔几乎不存在富集情况，约 3 ~5 倍。P、Ti 在蛛网图中表现出强烈的负异常，表明在岩浆结晶分异过程中存在磷灰石及 Ti - Fe 氧化物的结晶分离作用。

3）龙湾英安斑岩原始地幔标准化蛛网图中存在 Ba、Nb、Ta、P、Ti 的负异常以及 Pb 的正异常，反映了其为下地壳部分熔融的产物。而 Eu、Ba 的负异常不明显，则显示在岩浆结晶分异过程中钾长石和斜长石的结晶分异作用较弱。

4）原始地幔标准化蛛网图中 Nb、Ta 在图中有个相对亏损，表明在岩浆的形成过程中有陆壳组分的加入。Nb/Ta = 7.72 ~13.65，平均 11.15，远低于原始地幔 17.5，接近大陆地壳 11，亦表明其为地壳部分熔融的产物。

第六节 石碌铁矿区的海相火山岩成矿专属性

一、火山岩地球化学特征

综合前人研究石碌矿区火山岩的地球化学资料（表 11-18）可见，岩石 SiO_2 含量 44.64% ~79.54%，并具双峰式火山岩特征。MgO 含量变化较大，为 0.22% ~12.93%，Na_2O+K_2O 含量较高（1.5% ~ 6.47%）。岩石具高 Al_2O_3（10.72% ~ 23.51%）、低 TiO_2（0.13% ~ 2.45%）和 P_2O_5（0.02% ~0.44%）等特征。在 Nb/Y - Zr/TiO_2 图解中，样品主要位于拉斑玄武岩-碱性玄武岩区域和流纹岩-英安岩区域（图 11-43），呈现明显的双峰式火山岩特征，基性端元为玄武岩，酸性端元为流纹岩。

表 11-18 石碌群双峰式火山岩主量元素含量表（w_B/%）

样号	SiO_2	TiO_2	Al_2O_3	$Fe_2O_3^t$	MnO	MgO	CaO	Na_2O	K_2O	P_2O_5	LOI	Total
JYVR	49.95	1.02	16.4		0.14	6.6	3.35	3.27	0.16	0.06	7.56	99.48
SL - 6 - A	50.85	2.13	23.51		0.04	1.93	0.67	0.23	1.27	0.28	11.25	98.83
SL - 5 - 3Km	71.92	0.13	15.14		0.05	1.53	0.02	0.01	5.88	0.02	3.09	99.6
FR - SK - 6	48.94	1.97	15.91	13.14	0.2	6.75	7.5	3.04	0.49	0.23	1.53	99.7
FR - SK - 9	47.06	1.59	14.82		0.22	5.77	8.48	3.31	0.72	0.22	1.82	97.16
FR - SK - 10	45.16	2.45	15.68		0.21	7.32	10.52	2.51	0.7	0.36	1.43	98.43
FR - SK - 12	45.58	1.71	14.54		0.18	12.93	7.12	1.75	0.43	0.22	3.27	98.55
FR - SK - 13	45.63	1.95	14.7	13.59	0.18	8.89	11.06	1.63	0.48	0.2	1.64	99.95
FR - SK - 14	44.64	1.96	15.52	15.08	0.16	9	9.32	1.9	0.18	0.23	1.85	99.84
FR - SK - 17	59.48	1.25	20.14	8.76	0.1	1.43	1.02	1.6	3.09	0.2	3.95	101.2
LY - 23 - 8	49.95	2.39	14.13		0.16	5.3	8.41	3.18	1.11	0.44	2.09	98.97
LY - 18 - 1	75.39	0.26	14		0.07	0.53	0.08	0.15	4.64	0.04	2.79	99.78
LY - 18 - 6	79.54	0.18	10.72		0.03	0.22	0.03	0.05	6.42	0.07	1.14	99.47

据 Fang et al.，1992；夏邦栋，1991。

在微量和稀土元素方面（表 11-19），Fang 等（1992）认为基性火山岩的 REE 配分型式可分为两种类型：①军营细碧岩（JYVR）具有 N - MORB 特征，LREE 略微亏损，总稀土含量低，Eu/Eu* 为正异常；②芙蓉田（FR - SK - 10，12）和兰洋（LY - 23 - 8）变拉斑玄武岩则具有 E - MORB 性质。

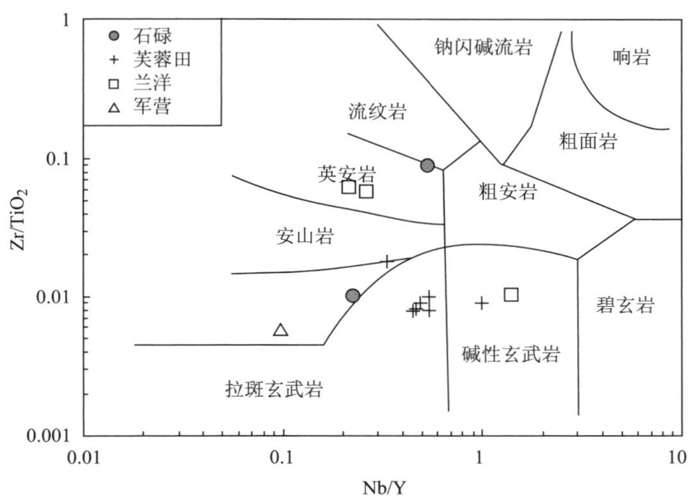

图 11-43　石碌双峰式火山岩的 Nb/Y - Zr/TiO_2 判别图解

（据 Winchester and Floyd, 1976）

LREE 较富集，ΣREE 较高，为 $79.15\times10^{-6}\sim118.8\times10^{-6}$，LREE/HREE 为 4.1 ~ 6.71，配分曲线呈右倾斜型式，Eu/Eu* 为正异常。酸性端元 REE 配分型式表现为，石碌（SL-6-A，SL-5-3Km）流纹岩和兰洋（LY-18-1，6）英安岩配分曲线呈右倾斜式，Eu/Eu* 为负异常（图 11-44）。

表 11-19　双峰式火山岩微量和稀土元素含量及特征表

样号	JYVR	SL-6-A	FR-SK-10	FR-SK-12	LY-23-8	SL-5-3Km	LY-18-1	LY-18-6
Rb	4.88	53.7	47.2	19	35.6	535.9	240.85	333.6
Sr	183.2	59.5	458.6	218.7	489.1	18.5	11.93	27.6
Y	24.7	43.5	30.1	26.6	26.2	30.8	54.5	52.8
Zr	59.7	212.3	220.9	168.9	242.7	115.2	148.5	110.6
Nb	2.4	9.9	29.7	14.3	36.9	16.7	14.3	11.4
Ba	80	1294	344	54	374	1634	554	394
Ni	298.8	51.6	127.8	317.2	66.4	4.6	3.7	6.9
V	253.2	220.4	263.7	230.8	222.3	14.1	17.8	11.9
Li	38.3	169.9	37.9	149.9	15.4	39.6	8.4	15.2
Cs	3	4.1	17.1	25.6	6.4	17.9	19.3	13.6
La	1.94	12.8	23.17	15.36	22.2	17.1	32.4	15.3
Ce	5.42	22.8	40.89	25.58	35.8	32.6	60.2	27.7
Pr		2.55			4.67	2.97	5.81	2.97
Nd	5.85	13.7	25.32	17	20.6	14.6	27.4	13.7
Sm	2.29	3.1	6.25	4.3	4.66	2.93	5.69	3.79
Eu	0.99	0.85	2.03	1.38	1.9	0.48	0.4	0.21
Gd	3.5	3.47	6.84	4.84	4.34	2.43	5.38	3.3
Tb		0.68			0.66	0.49	1.02	0.77
Dy	4.36	4.36	6.65	4.94	4.18	3.66	6.27	5.4
Ho		0.79			0.54	0.47	0.96	0.86
Er	2.92	2.62	3.73	2.84	1.75	1.57	3.32	2.8
Yb	2.73	1.76	3.42	2.55	1.76	1.23	2.63	2.11
Lu	0.4	0.32	0.52	0.36	0.15	0.17	0.19	0.26
LREE/HREE	1.19	3.99	4.62	4.1	6.71	7.05	6.67	4.11
La/Sm	0.85	4.13	3.71	3.57	4.76	5.84	5.69	4.04
Eu/Eu*	1.19	0.87	1.04	1.02	1.27	0.53	0.22	0.18
ΣREE	30.4	69.8	118.8	79.15	103.2	80.7	151.7	79.17

注：据 Fang et al., 1992；夏邦栋，1991。含量单位：10^{-6}。

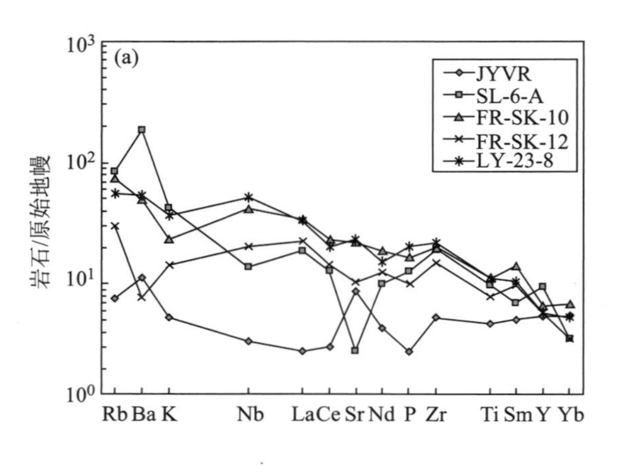

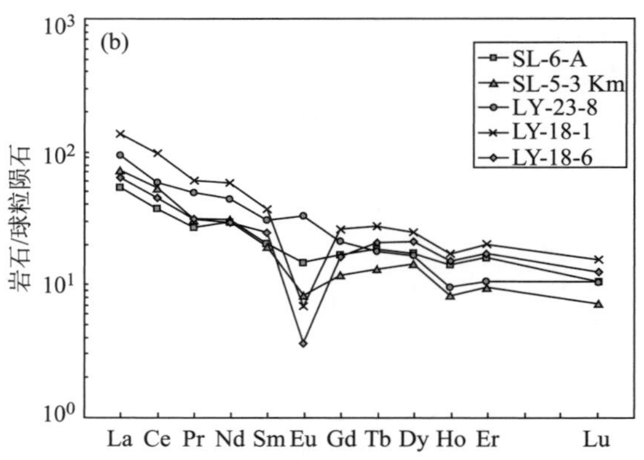

图 11-44　石碌双峰式火山岩微量元素蛛网图与稀土配分曲线

（原始地幔和球粒陨石标准数据引自 Sun and McDonough，1989）

微量元素方面，大离子亲石元素 Rb、Sr、Ba 含量较高，分别为 $19\times10^{-6}\sim53.7\times10^{-6}$，$59.5\times10^{-6}\sim489.1\times10^{-6}$和 $54\times10^{-6}\sim1294\times10^{-6}$。火山岩呈现明显的 Ba、Nb 正异常和 Ti 负异常（图 11-44a）。在石碌铁矿区石碌群第六层中的细碧岩（SL－6－A）因靠近花岗岩侵入接触带和铁矿体，受后期岩浆热液活动的影响而不同于军营细碧岩。所有这些基性火山岩均有 Ba 正异常，也是裂谷型玄武岩的特征之一。

二、成矿地质体的含矿特征

新元古代石碌群是石碌铁矿床的主要赋矿围岩，其原岩属于一套含钙镁质、铁质、泥砂质、硅质和硫酸盐（石膏或重晶石）组合的典型火山-碎屑沉积岩建造和碳酸盐岩建造（中科院华南富铁科研队，1986）。石碌群第六层的中下层位则是铁矿体的主要赋矿岩性段，其主要岩性包括条带状透辉石透闪石岩、含石榴子石条带状透辉石透闪石岩、透辉石透闪石化白云岩或白云质铁英岩、白云岩，其次是含铁千枚岩和含铁石英（砂）岩，尤其是铁矿体与第六层中、下层位透辉石透闪石岩明显具有依存关系。石碌铁矿床主要矿体表现出一定的层控型特征，且铁矿体主要赋存于石碌群第六层中、下层位特定的岩性中，反映铁矿体的形成与石碌群第六层具有密切的成因联系。由表 11-20 可见，石碌群第六层中的 Fe、Cu、Ba、Sn 含量明显高出地壳克拉克值，其中 Fe 含量高出地壳克拉克值一到两个数量级，Cu 含量也是地壳克拉克值的 3～5 倍，Ba 含量是地壳克拉克值的 3～25 倍，反映出主成矿元素 Fe、Cu 在石碌群第六层十分富集，这也说明在含矿热液运移成矿过程中，石碌群地层很可能为成矿提供了主要的物质来源。

表 11-20　石碌群第六层各地质体主要成矿元素含量

地质体	样品数/个	Fe	Cu	Co	Ni	Zn	Ge	Ba	Pb	Sn
石碌群第六层白云岩	13	1054666	150	3	15	39	6	1470	18	26
石碌群第六层石英（砂）岩	9	2498222	270	8	40	24	6	5730	12	10
石碌群第六层透辉石透闪石岩	73	5710444	260	9	60	40	6	5390	20	60
铁矿石	125	49959777	300	10	11	17	15	10500	10	17
地壳丰度（Taylor，1964）		56300	55	25	75	70	1.5	425	12.5	2

注：数据来自中科院富铁科研队（1986）。含量单位：10^{-6}。

矿区内富铁矿与 N－MORB 型细碧岩紧密共生（方中等，1993），主矿体位于细碧岩上盘，另外有部分透辉石透闪石岩呈夹层状赋存在铁矿体中，原岩恢复被认为是基性火山岩的蚀变产物（中科院华南富铁科研队，1986；许德如等，2009）。石碌群中双峰式火山岩中的基性端元组分在常量、微量、稀土元素和Sm-Nd同位素性质方面，与红海裂谷双峰火山岩的地球化学特征非常相似，都处在初始洋壳扩张期，有海底喷发的N－MORB玄武岩。两地区在成矿系列和元素组合方面亦接近，石碌铁矿上有锰土和重晶石矿层，铁矿石中Mn、Ba含量较高；铁矿之下共生了钴铜硫化物矿床，从而构造Fe－Si－Mn－Ba建造，矿石中普遍含有Ge、Cu、Co、Sn、Sn等元素。石碌铁矿床与裂谷成矿元素组合颇为一致（方中等，1993），显示双峰式火山岩具有良好的含矿性。

第十二章　典型矿床成矿机制与成矿模式

所谓的成矿机制，指的就是成矿物质聚集在一起形成矿床的原因和条件，一般也称为成矿机理。对于本次研究的几个典型矿床来说，其成矿机制可以扼要地概括为：高龙金矿——构造引导热液成矿，德保铜矿——岩基近接触带沿层交代成矿（拉么铜锌矿也是具有相似的成矿机制），铜坑锡多金属矿——岩基远接触带沿层交代成矿，龙头山金矿——火山机构热液成矿，佛子冲铅锌矿——岩体外接触带充填-交代成矿，石碌铁矿——海相火山沉积-变质改造成矿。

第一节　高龙金矿的成矿机制与成矿模式

一、成矿物质来源

1. 金的围岩来源

一般来说在卡林型金矿中赋矿围岩是金的主要来源，但高龙金矿围岩能否构成金的唯一来源尚不能肯定。针对此，我们对矿区范围的含矿围岩（包括石炭系、二叠系灰岩和三叠系细碎屑岩）进行了含金性分析，结果发现，虽然三叠系百逢组中的金含量略高于区内其他地层，但仍不能完全确定该地层即为高龙金矿的唯一“矿源层”。矿区范围内石炭系和二叠系灰岩的含金性和其他地球化学特征均显示不具备提供Au、As、Sb等金属元素的能力。另一方面，断裂带石英单矿物中的含金量虽然未达到工业品位，但高于其他地区的石英。结合Au的迁移方式分析，可认为硅化流体具有一定的携带Au元素的能力。此外，通过对硅化带中浸染状辉锑矿金含量的分析，发现其中金含量已经达到边界品位。野外和镜下观察显示，辉锑矿与石英具有明显的共生关系，两者具有同源、不同时的特征，辉锑矿的形成应略晚于硅化石英；本次对比了隆起区内与灰岩、方解石共生的辉锑矿（地层中辉锑矿）和断裂带内与石英共生的辉锑矿（断裂带中辉锑矿），结果显示隆起区和断裂带内辉锑矿S同位素之间存在明显的差异，两者应具有不同来源，同时也说明断裂带中硫化物的S同位素组成有别于隆起区灰岩中的硫化物，可能还有其他来源。

胡明安等（2003）研究表明细碎屑岩与金矿石具有相似的稀土元素组成。区内发育多期石英脉和黄铁矿，一部分石英脉及黄铁矿的稀土元素组成与金矿石的相同，另一部分石英脉的稀土元素组成则与金矿石的明显不同。前人研究表明高龙等卡林型金矿床中的载金矿物主要是粒径小于0.1 mm的微细粒他形黄铁矿（李甫安，1990），而不是结晶完好的五角十二面体和立方体粗晶黄铁矿（侯宗林和杨庆德，1989；刘建明和刘家军，1998）。本次测试结果显示，矿体中细粒黄铁矿和毒砂含金量普遍较高，是金的主要载体，与金矿化关系密切，而结晶完好的粗晶黄铁矿不是金的载体矿物。辉绿岩稀土元素组成表明它与成矿作用有一定的联系。总之，围岩并非金的唯一来源。

2. 金的热液来源

高龙金矿区围岩蚀变普遍发育，主要有硅化、黄铁矿化、毒砂化、绢云母化等，局部地段有辉锑矿化，载金矿物主要为黄铁矿、褐铁矿、辉锑矿、毒砂、粘土矿物等。虽然石英不是主要的载金矿物，但与其他卡林型金矿一样，硅化作为主要的蚀变与金矿化关系十分密切（Dickson and Radtke，1986；Rytuba，1986），而毒砂化的存在则是形成大型卡林型金矿床的重要标志（God and Zemann，2000；Zhu et al.，2011）。表12-1显示，硅化砂泥岩和硅化岩石含金量远大于未发生硅化的岩石，硅化可作为一种明显的蚀变找矿标志。

表 12-1 高龙金矿矿区及外围不同岩石金含量分析结果表

层位/岩性	采样地点	样数	Au	Au 平均值	资料来源
P	高龙Ⅶ剖面	2		2.73	广西壮族自治区地质矿产局，1989
T_1l	高龙Ⅵ剖面	6		2.03	广西壮族自治区地质矿产局，1989
T_2b	高龙Ⅵ、Ⅶ剖面	29		3.09	广西壮族自治区地质矿产局，1989
T_2h	高龙Ⅵ、Ⅶ剖面	22		1.47	广西壮族自治区地质矿产局，1989
基性岩	桂西北地区	8		2.82	广西壮族自治区地质矿产局，1989
基性火山碎屑岩	田林、西林、凌云、巴马等地	35		3.15	广西壮族自治区地质矿产局，1989
石英斑岩	凌云、巴马	3		1.63	广西壮族自治区地质矿产局，1989
硅化灰岩	矿区内破碎带	3	1.65～2.22	2.0	本文
硅化角砾灰岩	矿区内破碎带	6	1.76～30.8	14.3	本文
硅化角砾砂泥岩	矿区内破碎带	5	56.6～2466	623.9	本文
硅化岩	矿区内破碎带	3	79.3～273	173.7	本文
石英	矿区内破碎带	5	1.89～13.6	6.8	本文
含碳砂泥岩	矿区内破碎带	2	1.83～107	54.4	本文

注：本文金含量在国家地质实验测试中心完成。金的含量单位为 10^{-9}。

前文研究结果表明早期的硅化细粒石英与成矿作用关系较为密切，而晚期粗粒石英阶段的石英主脉的形成与成矿关系并不十分密切。虽然石英金含量不高，但形成石英的热液活动可能是金矿再次活化富集的重要因素，热液活动不但为矿化富集提供热能，同时也带来了成矿物质——金。

微量元素和中子活化分析结果显示，石英中含量最高的几种元素为 Sb、Fe、Mg、Rb、Sr、Cu、Zn 等，其中 Sb 和 Fe 是主要元素，与石英脉中多见辉锑矿和黄铁矿的现象相一致；与 Au 相关性较好的 Hg 元素含量较高，说明石英中只要有与 Au 相关的组合元素存在，Au 富集的可能性就比较大。中子活化分析验证了这一点，石英中含 Au 量范围为 $0.94\times10^{-9}\sim36.2\times10^{-9}$，Sb 和 As 的含量也较高（各为 $1.35\times10^{-6}\sim107\times10^{-6}$ 和 $0.42\times10^{-6}\sim36.1\times10^{-6}$）。Sb 和 As 这两个元素与 Au 均为低温元素组合，在地球化学性质上具有相似性，石英脉中辉锑矿和毒砂矿物含金量较高的事实也证实了这一点。结合前人对 Au 的活化迁移方式的研究，Au 能以 SiO_2 配合物的形式进行迁移，说明石英热液具有含 Au 和迁移 Au 的能力。然而纯石英脉中金的含量往往较低，这可能是后期石英的形成温度较高，热液流体持续时间较长，在结晶的过程中金与 SiO_2 化学性质的差异，导致金元素很难以类质同象或者晶格金的形式存在于石英晶体内；同时，由于石英热液本身的含金性不高，也很难像石英脉型金矿那样形成与石英共生的自然金颗粒。石英主脉中的金属矿物辉锑矿和黄铁矿被证实为重要的含金矿物，并且根据它们与石英的共生组合关系，可认为它们与晚期石英为同一阶段的产物，晚期石英热液所携带的金元素很可能以辉锑矿和黄铁矿为寄主矿物。鉴于此，我们推断尽管石英不是金的主要寄主矿物，但含硅热液本身携带有一定量的金元素。

二、金的迁移和沉淀

1. 金的迁移

通常，金主要以胶体、简单卤化物和络合物等形式进行迁移，一般以络合物形式最为常见。已有研究认为，在高温、富氯、氧化性较强的中酸性溶液中，金通常以氯络合物 $[AuCl]^-$、$[AuCl_4]^-$ 形式迁移，且金的溶解度有随着 T、P 的增高和 pH 值的降低而增高的趋势；而在中低温（$<300℃$）或高温高压、还原性较强、还原硫活度较高的中、弱碱或碱性溶液中，金主要以硫氢络合物 $[Au_2(HS)_2S]^{2-}$、$[Au(HS)_2]^-$、$[Au(HS)]^-$ 形式迁移，且随着碱度的增加，络合物携带金的能

力有增强趋势（Helgeson，R. W.，1973；Seaward，T. M.，1973，1981；Baranova，N. N. et al.，1981；Lewis，A.，1982）。在特殊情况下，尚有 [Au (SO_4)$_2$]$^-$、[Au (HCO_3)$_2$]$^-$、[$AuAsO_4$]^0、[Au (AsO_4)$_2$]$^{3-}$、[Au (AsS)$_3$]$^{3-}$、[Au (SbS_3)]$^{3-}$ 以及各种天然络合物形式迁移。络合物的溶解和运移形式变化较多，如有卤素络合物通常以 [AuCl]$^-$、[$AuCl_2$]$^-$、[AuF_2]$^-$ 形式迁移，$Au + 2Cl^- \rightleftharpoons AuCl_2^- + e$；或 $Au + Cl_2 \rightleftharpoons AuCl_2$；硫氢化合物通常以 [Au (HS)$_2$]$^-$、[Au (HS)] 形式迁移，碳和硫的氧配合物通常以 [Au (SO_4)$_2$]$^-$、[Au (HCO_3)$_2$]$^-$ 等形式迁移（广西地质矿产局，1992；胡明安等，2003）。

Helgeson 等（1968）据实验结果认为：在高温、酸性、含 NaCl 溶液中，金主要以可溶性 [$AuCl_2$] 形式存在，随着温度增高 [$AuCl_2$]$^-$、[$AuCl_4$]$^-$ 的溶解度相应增加。Seward T. M.（1973）实验结果认为：[Au (HS)$_2$]$^{2-}$ 溶解度最大值出现在偏碱性，氧逸度小于一定值（$f_{O_2} < 10^{-30}$）介质的还原性较弱的环境，有利于金呈硫氢络合物进入金溶液；相反，在偏酸性和还原性较强的环境，易于使矿液中的金还原和析出。在桂西北地区，岩层遭受挤压或压剪（扭）作用，使其中的裂隙水、封存水和矿物晶格水析出，由于岩层裂隙水中掺有天水，岩浆岩矿物晶格水为岩浆水，故在构造水中混有天水和岩浆水，金元素等矿质活化进入溶液而成为矿液。在构造力驱动下，由高温、高压部位向低温、低压部位迁移过程中，矿质及有关元素不断活化而加入、解离变化而析出。桂西北金矿显示出早期温度高、酸性、富氯、氧化性较强，晚期则温度低、碱性、富硫氢、还原性较强。可以认为，在温度较高（300℃以上）、酸性、富氯、氧化性较强时，以 [$AuCl_2$]$^-$、[$AuCl_4$]$^-$ 形式迁移为主，随着温度降低、碱性提高，还原性较强，则以 [Au_2S (HS)$_2$]$^{2-}$、[Au (HS)$_2$]$^-$ 形式迁移为主（广西地质矿产局，1992）。

从高龙矿石中存在大量毒砂、方解石、白云石及少量辉锑矿、雄黄矿等分析，金矿的迁移尚可能有 [Au (AsS)$_3$]$^{2-}$、[Au (HCO_3)$_2$]$^-$、[Au (SbS)]$^{2-}$、[Au (HS)$_4$]$^-$、[AuS_2]$^{3-}$ 等。Grigoeyeva T. A. et al.，(1981) 实验表明，在碱性溶液中加入 As、Sb 的硫化物，如辉锑矿、雄黄等之后，金的溶解度将增加 2 ~ 3 个数量级。这就启示人们，在碱性溶液中 As、Sb 硫化物的存在，对金的迁移可起显著作用。因此，有理由相信矿区中沉积岩层中 Sb、As 等元素与金一起进入矿液，最终形成毒砂和辉锑矿。

此外，近年来人们注意到在低温条件下（<200℃），金和 SiO_2 配合物在盆地流体中的成矿作用。实验表明，AuH_3SiO_4 是 Au 在流体中的一种重要迁移形式，即 $Au + 1/2O_2 + H_4SiO_4 \rightleftharpoons AuH_3SiO_4 + 1/2H_2O$，这种迁移方式通常是在较为氧化的富硅条件下才稳定，在一般成矿条件下（$f_{O_2} = -25 \sim -45$，$pH = 4 \sim 8$）AuH_3SiO_4 的浓度远远超过 $AuCl^-$ 的浓度，$AuH_3SiO_4/AuCl^-$ 浓度比值为 10^6（pH = 4）至 10^9（pH = 8），在绝大多数情况下，AuH_3SiO_4 的活化迁移比 $AuCl^-$ 的活化迁移重要得多。虽然对许多金矿化来说，[Au_2 (HS)$_2$S]$^{2-}$、[Au (HS)$_2$]$^-$、[Au (HS)]$^-$ 起着直接作用，然而这种作用很可能是在成矿前 SiO_2 已经对 Au 进行了广泛的预富集基础上完成的（胡明安等，2003）。

高龙金矿热液蚀变主要为硅化、黄铁矿化、毒砂化和碳酸盐化，流体包裹体显示流体温度以中高温为主。矿物包裹体组分结果显示，富含 SO_4^{2-}、H_2、CO_2、Cl^-、F^- 络合剂或者络合剂的变体以及 Na^+、Ca^{2+}、K^+、Mg^{2+} 等配位体，矿床内流体中氯离子浓度不高，包裹体中未能发现石盐及其他含氯族元素的子晶，其中 $SO_4^{2-}/(Cl^- + F^-)$ 值介于 0.7 ~ 12.3 之间，众数介于 2.0 ~ 4.0 之间，其按照离子所带核电荷数比值将更大，CO_2 和 H_2 含量也较高。一般来说，Au 等成矿元素与 HS^- 形成的络合物的稳定性按 Au→Ag→Cu→Pb→Zn 的顺序减少，而与 Cl^- 结合形成的络合物的稳定性则依次增大（Henley，1990），Au 只有在 H_2S 含量极低、Cl^- 含量较高且 pH 值小于 4.5 时，Au 的氯络合物才比较重要（Hayashi and Ohmoto，1991）（胡明安等，2003），根据矿物流体包裹体成分测定结果和物理化学参数计算分析，高龙金矿床（点）的成矿热液具中-碱性、中-低温、还原性强等特点，显然 Au - Cl 络合物并不是高龙金矿主要的迁移形式，而以 [Au (SO_4)$_2$]$^-$、[Au (HCO_3)$_2$]$^-$、[Au_2 (HS)$_2$S]$^{2-}$、[Au (HS)$_2$]$^-$、[Au (HS)]$^-$ 等络合物的形式迁移，是高龙金矿金迁移的主要方式。

结合区内硅化强度与金矿化常呈正相关关系，往往硅化愈强，金矿化愈好，因此，高龙金矿金以 SiO_2 配合物形式迁移在成矿作用过程中发挥着重要作用。

2. 金的沉淀

在成矿早期阶段，成矿热液具有中温、高浓度、富含 SiO_2、携带少量金的特点，金主要以 Au-SiO_2 配合物和 Au-Cl 络合物的形式进行迁移，随着成矿热液的温度、压力下降，E_h 值降低，SiO_2 结晶和络合物的分解，导致部分金的沉淀：

其中部分金沉淀，部分形成 $[Au(HS)_2]^-$、$[Au(SO_4)_2]^-$ 继续进行迁移，SiO_2 的沉淀导致区内灰岩和碎屑岩的硅化，剩余含矿溶液继续迁移，含 $[Au(HS)_2]^-$ 和 AuH_3SiO_4 的热液向低压扩容带渗滤扩散，随着温度的继续降低，特别是和还原性较强的砂泥岩介质相遇时，发生中和反应，AuH_3SiO_4 与地层中的还原硫发生反应，形成 $[Au(SO_4)_2]^-$、硅化和酸性溶液。

在主成矿期，成矿热液仍然保持着高温、高压，富含各种金的络合物的特点。当含金热液进入低压扩容带时，与弱酸性、强还原性的介质相接触时，pH、Eh 值降低趋势明显，各种络合物受到物理化学条件的变化而发生分解，导致金的释放、还原和沉淀聚集成矿（广西地质矿产局，1992）。

该阶段 Au 主要以 $[Au(HS)_2]^-$、$[Au(SO_4)_2]^-$ 形式进行迁移，影响这种形式金解离的主要因素是溶液中还原硫活度和氧逸度的降低以及温度、压力和 pH 值的显著降低，地层中有机质和黄铁矿的发育，以及 T、P 和 pH 值的降低是导致高龙金矿金富集沉淀的关键因素。

成矿晚期，热液流体总量减少，温度压力降低，$[Au(HCO_3)_2]^-$、$[Au(SbS_3)]^{2-}$ 等成为流体中主要的载金配合物，虽然此时溶液中深部补给的 SiO_2 热液较多，但因与地层反应形成的 CO_2 含量剧增，且其活动性较大，$[Au(HCO_3)_2]^-$ 活性表现出较强优势，在接近地表条件下，温度、压力的降低以及氧化条件，导致溶液中 SiO_2 的结晶和少量含金络合物的分解、沉淀（广西地质矿产局，1992）。

三、流体来源及演化

为获取成矿热液来源和成矿作用方式等信息，按成矿阶段分别收集了高龙金矿的石英、方解石和黄铁矿等矿物的 H、O 同位素组成。结果均表明矿区标本的 H 同位素 δD 变化在 $-79.7‰ \sim -8.46‰$ 间，在大气降水 δD 值（$-79.7‰ \sim +50‰$）范围内；金矿石的 O 同位素 $\delta^{18}O_{H_2O-SMOW}$ 变化在 $-27.0‰ \sim +16.7‰$ 间，也与大气降水 $\delta^{18}O_{H_2O-SMOW}$ 值（$-40‰ \sim +10‰$）的性质相近。

由于 O 同位素值有石英和方解石包裹体中水的 O 同位素值，以及主矿物 O 同位素与包裹体中水的 O 同位素之间要发生分馏交换，因此根据石英和方解石的 $\delta^{18}O$ 值以及形成温度，利用 Clayton et al.（1972）的石英 H_2O 同位素分馏方程，以及 O'Neil 等（1969）的方解石 H_2O 同位素分馏方程，求得成矿溶液的氢、氧同位素值。所用公式为：

$$\delta^{18}O_Q - \delta^{18}O_{H_2O} = 3.38 \times 10^6 T^{-2} - 3.4$$

$$\delta^{18}O_{Cal} - \delta^{18}O_{H_2O} = 2.78 \times 10^6 T^{-2} - 3.39$$

其中 T 根据本次测定统计结果平均值，石英取 290℃、方解石取 220℃计算，结果显示高龙金矿成矿热液以大气降水为主，可能混有岩浆热液。石英-黄铁矿主成矿阶段热液 δD 平均值为 $-78.1‰$；晚期热液 δD 平均值为 $-72.35‰$；成矿期后方解石包裹体水的 δD 值为 $-57.7‰$。显然，从成矿主期到成矿后期热液水的 δD 值呈递升规律。高龙金矿成矿热液水的 δD 值很接近桂西北地区中生代大气降水的 δD 值，推测中生代大气降水参与成矿。

黄铁矿的形成与金的聚集、沉淀关系十分密切，它是高龙金矿主要载金矿物。由于黄铁矿为不含氧矿物，形成温度又较低，包裹体水与主矿物之间基本无氧同位素交换，所以黄铁矿包裹体中水能较好地保留成矿热液的本来面目。黄铁矿包裹体中水的 H、O 同位素值投影点接近雨水线，基本上接近雨水线，说明金成矿热液主要由雨水即大气降水构成，并可能混有其他来源的水。

随着成矿作用的进行，高龙金矿成矿热液水的 δD 值呈升高和 $\delta^{18}O_{H_2O}$ 值降低之趋势，反映出高龙金矿是在开放环境中成矿的，愈到成矿后期，其开放程度愈大。这与高龙金矿观察到的地质现象十分吻合，如高龙矿区赋矿部位断裂、节理、裂隙十分发育，赋矿层位又是渗透性较好的砂泥岩；成矿晚期含辉锑矿，方解石石英脉中晶洞、晶簇构造广泛发育。

总之，高龙金矿矿物包裹体水的氢、氧同位素特征为：主成矿阶段 δD 变化范围很小，$\delta^{18}O_{H_2O}$ 变化范围较大。有学者研究认为，雨水来源的地下热水的特点是，δD 值几乎保持不变，而 $\delta^{18}O_{H_2O}$ 值变化较明显。所以据高龙金矿成矿热液 H、O 同位素组成特征、变化规律，判定高龙金矿成矿热液主要由大气降水组成，并可能混有岩浆水来源的深循环地下热水；成矿环境是开放的，成矿时代大约为中生代。此外，矿区矿物包裹体中还含有 CO_2 和 CH_4 等不混溶流体，它们具有深部物质加入的特征，而非单纯来源于围岩地层。

四、典型矿床成矿模式

基于对深部隐伏岩体存在的推断，结合地质、地球化学特征分析，初步得出以下成矿模式（图 12-1）：泥盆纪—晚二叠世，右江盆地发生大规模张裂，在拉张应力作用下，导致了隆起与坳陷交错出现，形成了孤岛、半孤岛状的小隆起区。印支—燕山碰撞造山阶段，区内岩浆活动频繁，在岩浆上涌的应力作用下，小隆起区进一步上隆，同时在小隆起区边缘多形成断裂系统，围限小隆起。正是这些断裂为热液上涌提供了通道。热液在流经沉积地层过程中不断萃取 Au、Ag、As、Sb、Hg 等元素，形成含矿热液流体。同时，隆起区边缘断裂又是深部热液与地表水相遇的混合地带，物理化学条件在这里发生明显变化，有利于成矿物质的沉淀，成为热水成矿物质沉淀的有利场所。

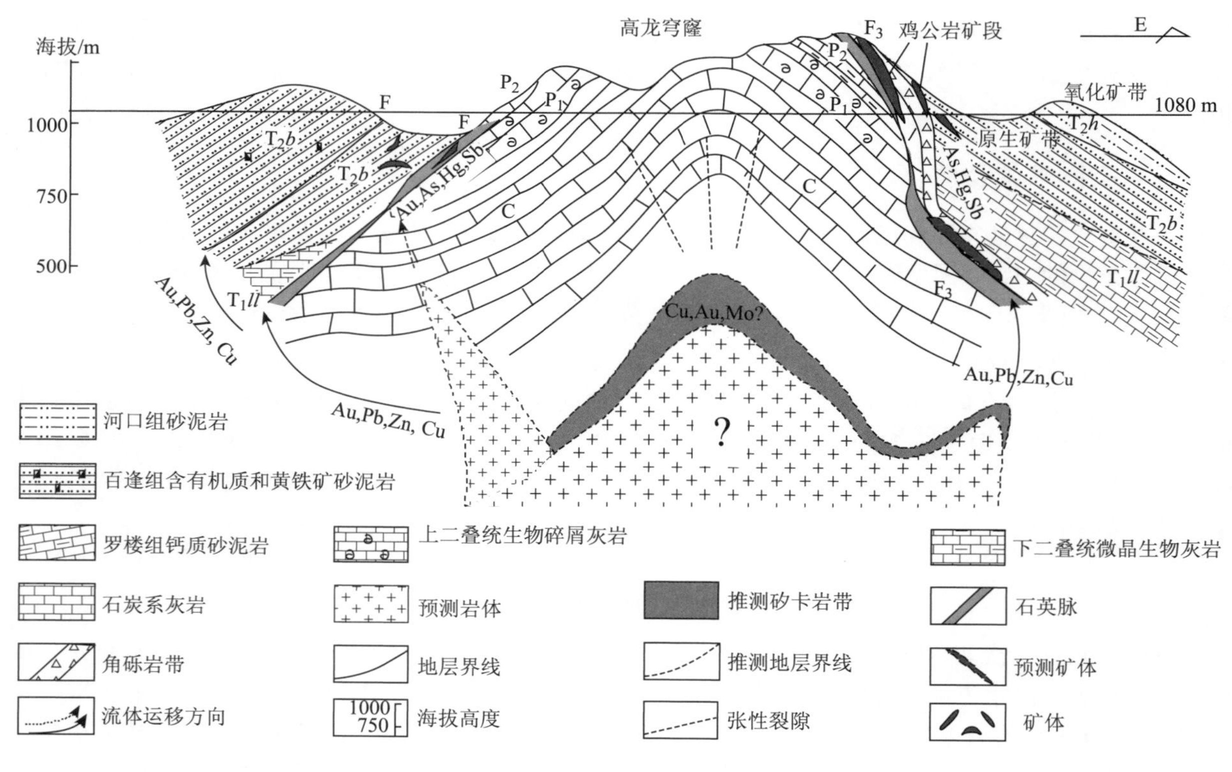

图 12-1　广西高龙金矿矿床成矿模式图

五、区域成矿模式

1. 区域成矿对比

高龙金矿是滇黔桂金三角最重要金矿床之一，区域上具有一定的代表性。通过区域内的代表性金矿的对比（表 12-2）可见，滇黔桂金矿床发育于地壳活动较为强烈的不同大地构造单元的结合部位，

表 12-2　滇黔桂各卡林型金矿的对比

矿床名称		高龙	金牙	水银洞	紫木凼	戈塘	烂泥沟	板其	泥堡
矿床规模		大型	中型	特大型	大型	大型	特大型	中型	小型
控矿构造	矿田构造	高龙隆起	凌云隆起	灰家堡背斜	灰家堡背斜	戈塘穹隆	赖子山背斜	纳板背斜	泥堡背斜
	矿床（体）构造	隆起周边的多期活动断层	那阮-拉地-内郎沟背斜核部许多部位及附近断裂发育部位	背斜翼部低角度纵向逆断层破碎带、层间断裂、层间滑脱面	背斜翼部低角度纵向逆断层破碎带、层间断裂	层间不整合面及层间滑脱面	纵向逆断层及伴生横向正断层破碎带	高角度纵向断层破碎带	层间断裂
赋矿岩石	时代、组名	中三叠统百逢组	中三叠统百逢组	二叠系龙潭组，龙潭组与茅口组之间的构造不整合面	三叠系夜郎组；二叠系大隆组；二叠系长兴组	龙潭组与茅口组之间的构造不整合面	二叠系边阳组；新苑组	二叠系紫云组	二叠系峨眉山玄武岩
	岩性	砂岩、粉砂岩、泥岩	细砂岩、粉砂岩夹泥岩	不纯碳酸盐岩、粉砂岩、粘土岩	粉砂质粘土岩；钙质粉砂岩、粘土岩；不纯碳酸盐岩	硅化角砾状粘土岩及硅化灰岩角砾岩	细砂岩、粉砂岩、粘土岩；粘土岩、粉砂岩、细砂岩	粘土岩、粉砂岩	沉凝灰岩、凝灰岩
矿体形态		透镜状、似层状	脉状、透镜状、似层状、马鞍状	层状、似层状、透镜状	似板状、似层状、透镜状	似层状、透镜状、饼状、带状	透镜状、似板状	透镜状、似层状	透镜状
矿石特征	矿石构造	块状、角砾状、网脉状、层状、土块状、蜂窝状、微细浸染状	角砾状、浸染状、网脉状、团块状构造等	浸染状、纹层状、脉（网脉）状、晶洞状、生物遗迹、角砾状、薄膜状构造	浸染状、脉状、网脉状、角砾状、假角砾状	多为氧化矿石呈角砾状、肾状、皮壳状、尘点状构造	浸染状、脉状、条带状、角砾状、多孔状、土状构造	浸染状、层状、角砾状构造	条纹状、浸染状，角砾状构造
	矿石结构	草莓状、粒状、环带状、包含和交代结构	压碎、环边包含、周边丛生、粒状结构等	草莓状、球状、自形，半自形、交代、假象、碎裂结构	自形-半自形、环带、包含、重结晶、交代、碎裂、填隙结构	自形-半自形、生物碎屑、环边、假象、胶状、交代、包含结构	溶蚀交代、它形-自形、包含、环边、碎裂、胶状、假象结构	自形-半自形、胶体重结晶、交代、环边结构	砂状、交代、泥质结构
	矿石矿物	黄铁矿（褐铁矿）、石英、毒砂、辉锑矿，方解石、白云石、粘土矿物	黄铁矿、毒砂、辉锑矿、雄黄、石英等	黄铁矿、毒砂，次为雄黄、雌黄、辰砂、辉锑矿，非金属矿物主要为石英、方解石、白云石、粘土矿物	黄铁矿（褐铁矿）、毒砂、砷黄铁矿、白铁矿、黄铜矿、辰砂、闪锌矿、方铅矿、自然金	黄铁矿（褐铁矿）、毒砂、白铁矿、辉锑矿、辰砂、辉钼矿、闪锌矿、方铅矿、黄铜矿	黄铁矿、毒砂、白铁矿、砷黄铁矿、闪锌矿、辉锑矿、辰砂、自然金	黄铁矿、毒砂、白铁矿、砷黄铁矿、辉锑矿、黄铜矿、闪锌矿、方铅矿、自然金	黄铁矿、自然金

续表

矿床名称	高龙	金牙	水银洞	紫木凼	戈塘	烂泥沟	板其	泥堡
矿床规模	大型	中型	特大型	大型	大型	特大型	中型	小型
原生矿石中金的赋存状态	金呈超显微粒自然金状态存在，金的载体主要为粘土矿物、褐铁矿、毒砂、黄铁矿、石英、辉锑矿	金以显微、超显微状自然金、胶体吸附金、类质同象晶格金等形式存在；金的载体主要为硫化物、砷硫化物。毒砂是最主要的载金矿物，次为黄铁矿、粘土矿物和炭质	以亚微米至纳米级的颗粒金赋存于含砷黄铁矿中；金以显微次显微的自然金颗粒分布与含砷黄铁矿内核与外环的裂隙，或赋存于石英-黄铁矿表面或其边缘	原生矿石中超显微金（<1μm）分布于黄铁矿、毒砂等硫化物相中。	游离金占83.2%，其中可见金占2%。氧化物、碳酸盐中包体金占13.3%，硫化物中包体金占1.75%，硅酸盐中包体金占1.75%	原生矿石中呈超显微金，主要分布在硫化物相中（80%），次为硅酸盐相（17%～18%）	原生矿石中呈次显微金分布在水云母中（>92.99%），次为黄铁矿（5.03%），石英、碳酸盐（占1.55%）	以超显微金分布在黄铁中（62.13%）次为粘土矿中（35.01%）
元素组合	Au、As、Hg、Sb、Mo	Au、Hg、As、Sb、Cu、W	Au、As、Hg、Sb、W	Au、As、Hg、Cu、Zn	Au、As、Sb、Hg、F、Mo	Au、As、Ti、Cr、Cu	Au、As、Sb、Cu、Mo	Au、As、Sb
围岩蚀变	硅化、黄铁矿化、褐铁矿化、毒砂化、白铁矿化、辉锑矿化、粘土化、碳酸盐化	黄铁矿化、毒砂化、硅化、碳酸盐化、辉锑矿化、雄黄化、粘土化	黄铁矿化、白云石化、硅化、毒砂化、雄（雌）黄化、方解石化、辉锑矿化、萤石化、辰砂化	硅化、黄铁矿化、毒砂化、白铁矿化、高岭石化、辉锑矿化、重晶石化、碳酸盐化、雄黄化	硅化、黄铁矿化、毒砂化、白铁矿化、高岭石化、辉锑矿化、重晶石化、碳酸盐化、雄黄化	硅化、黄铁矿化、毒砂化、白铁矿化、高岭石化、辉锑矿化、重晶石化、碳酸盐化、石膏化	硅化、黄铁矿化、毒砂化、高岭石化、辉锑矿化、重晶石化、碳酸盐化、雄黄化、辰砂化	硅化、黄铁矿化、粘土化
资料来源	本文	国家辉等，1992	王成辉，2008	钱建平，2000 朱裕生等，1997	钱建平，2000	钱建平，2000	钱建平，2000	钱建平，2000

注：据王成辉，2008 修改。

即稳定大陆边缘的裂谷带；区内金矿具有相似的成矿特点，如控矿构造均以“褶皱＋断裂”组合为主，控矿构造为与褶皱平行的断层及破碎带、区域性层间滑脱面、层间剥离带及破碎带；容矿岩石均以碎屑岩和不纯碳酸盐岩为主；围岩蚀变是以硅化、黄铁矿化为主的一套低温热液蚀变，主要有硅化、黄铁矿化、白云石化、碳酸盐化、粘土化等；金大多以显微、次显微的包裹金形式赋存于硫化物之中，少量以显微可见金的形式存在；元素组合多为 Au、As、Hg、Sb 组合。这些都反映了滇黔桂地区金矿床具有相似的成矿地质构造背景和成矿作用过程。

1）成矿背景。滇黔桂金三角位处扬子地台西南缘与华南褶皱系右江褶皱带的交界部位，属扬子古陆、江南地块与越北地块的交界部位，大致经历了拉张-裂陷-沉降、沉积-挤压、褶皱-伸展-隆升的地质构造演化过程。晋宁运动使得扬子板块与华夏板块合为一体，基底由此形成并固结；加里东运动形成华南褶皱系；海西运动经历了拉张、裂陷、凹陷（印支海盆），并伴有大规模地幔物质的侵入和溢流，发育泥盆系的磨拉石建造和石炭系—三叠系的碳酸盐岩建造；燕山早期，经受了明显的挤压作用，裂谷关闭，酸性岩浆侵入，陆壳抬升；燕山晚期，转为拉张状态，此时已存基底深大断裂再度复活，并深切地幔，成为深部偏碱性超基性岩脉的运移通道，并形成大规模热液活动和相关元素的迁移富集；新生代，本区发生强烈的升降作用，形成山间盆地。

2）地层。区内出露地层以泥盆系、石炭系、二叠系及三叠系为主，寒武系零星出露。寒武系构成隆起或短轴背斜的核部。含矿、容矿岩层有：① 下泥盆统郁江组粉砂岩、泥岩（坡岩、八渡金矿床）；② 石炭系生物碎屑灰岩（叫曼金矿床）；③ 二叠系大厂组碳酸盐岩（戈塘、雄武金矿床）；④中、下三叠统粉砂岩、泥岩等（紫木凼、板其、金牙、高龙等金矿床）。其中，中-下二叠统的粘土岩层和凝灰岩层是本区金矿的主要含矿层位。

3）构造。以右江断裂为界，西南部构造线以北西西-近东西向呈帚状向南东收敛于右江断裂带，而东北部构造线则呈北北东向至南北向。弧形断裂及由古生代地层构成的大小不等的短轴背斜或隆起为本区共同特点，金矿主要产于隆起、短轴背斜轴部及其周边、次级挠曲、古侵蚀面、层间断裂及挤压破碎带等处。

4）岩浆岩。区内名浆岩不甚发育，侵入岩和喷发岩零星分布，喷出岩主要是玄武岩，为玄武质熔岩和玄武质火山碎屑岩，夹层状产出。金、银本底值较高，玄武岩可能为本区金矿成矿物质来源之一。区内零星出露的中酸性岩体以及可能存在的隐伏岩体与金矿床的形成可能存在密切关系。

5）矿体特征。金矿床赋存在高角度的断裂、层间破碎带、古剥蚀面、古溶洞系统等各种构造薄弱带中。矿体按产状可分为层状整合型、与地层呈斜交的脉状断裂型以及二者的过渡型，分别呈层状、似层状、囊状、管状、脉状、透镜状等。如紫木凼金矿产在高角度断裂构造中，矿体呈脉状；戈塘金矿产在上、下二叠统之间的古剥蚀面，矿体呈似层状；高龙金矿产于隆起边缘的硅化断裂破碎带中，矿体呈似层状、透镜状。

6）矿石矿物。原生矿石主要有硅化型、黄铁矿型、富砷（毒砂）型和辉锑矿型、辰砂型及碳质型；矿物组合为自然金、黄铁矿、砷黄铁矿、毒砂、辉锑矿、雄黄、辰砂、石英、方解石、白云石、重晶石、萤石和粘土矿化；矿石结构构造以浸染状、细脉浸染状构造，胶状结构、交代结构为主。

7）矿化蚀变类型。尽管各矿床容矿岩石、赋矿层位和矿体产状不同，但他们矿化蚀变特征是基本一致的，蚀变主要为硅化、黄铁矿化、毒砂化、辉锑矿化、白铁矿化、雄黄矿化、汞矿化、碳酸盐化、粘土化等，次为萤石化、高岭石化，其中常见的是硅化和黄铁矿化，蚀变具多期次特征。

8）物理和化学特征。滇黔桂各金矿在成矿物理化学条件及同位素方面也有相似的特点，如成矿流体具中低温（220～350℃），低盐度（2%～10%），中低密度（0.79～0.94g/cm^3），成矿压力偏高（0.33～0.60 kPa 或 1.0～2.0 kPa），偏还原（$E_h=-0.21\sim0.68$V），弱酸-碱性（pH＝4.2～8.5），低氧逸度；硫同位素（$\delta^{34}S$）变化范围大，在 -24‰到 +18‰之间；碳同位素（$\delta^{13}C_{PDB}$）为 -6.38‰～ +2.2‰和氧同位素（$\delta^{18}O$）在 -10.55‰～ +18.7‰（陈毓川等，2001），相对集中。

9）成矿时代。滇黔桂地区卡林型金矿的同位素年龄研究一直以来都受到普遍的关注，蚀变矿物及流体包裹体 Rb-Sr 法、硫化物 Pb-Pb 法、石英裂变径迹法和石英的顺磁共振等先后被应用到成矿年代学的研究中，获得了 276～259 Ma，206 Ma，157～82 Ma 和 60～50 Ma 等 4 组跨度很大的年龄，这些年龄虽然为矿床成因的研究提供了有利证据，但由于测试精度低，重复性较差，时间跨度大，甚至有部分年龄结果与实际地质现象相悖，给数据的地质解释带来很大困难。最近几年，陈懋弘（2007）和 Su et al.（2009）先后采用载金矿物毒砂 Re-Os 法和脉石方解石的 Sm-Nd 法分别对烂泥沟和水银洞金矿进行了年代学的研究工作，并各自获得成矿年龄为 193 Ma 和 134～136 Ma，本次研究获得了高龙金矿成矿年龄应晚于 255 Ma；胡瑞忠（2007）认为我国西南地区的低温成矿与大规模成矿作用应发生在燕山中期。王登红等（2012）测得贵州紫木凼矿区金矿石中方解石的 Sm-Nd 等时线年龄为 250 Ma，表明成矿作用发生在古生代与中生代的过渡时期。此外，通过野外地质观察认为绝大部分矿床发育在两期构造叠加而形成的构造高点上，造山期构造仅提供了一个成矿前的有利构造格架，并不是真正的成矿构造。综合目前研究成果，滇黔桂地区的卡林型矿床成矿作用应发生在晚印支—燕山中期碰撞挤压向拉张过渡的构造体制转换阶段。

上述地质特征、地球化学特征和成矿时代特征表明，滇黔桂金矿可能具有统一的矿床成因，其成矿物质和成矿流体可能是多来源。

2. 区域成矿模式

滇黔桂地区微细浸染型金矿床，作为同一类型的金矿床，具有相近的成矿条件和成矿过程，这些金矿床应为同一地质作用下，不同构造部位成矿的同一成矿系列类型。滇黔桂地区金矿床明显具有层控和断控两种产出状态，东南部金矿床赋矿层位和剥蚀程度明显高于西北部。由于不同矿床所处的具体构造位置、围岩条件、断裂或者褶皱发育情况不同，不同矿床在就位形式上各具特色。区内由东南到西北，矿体产出层位由新变老，桂西北为中三叠统，黔西南为二叠系，随着区内构造活动强度的减弱，地层剥蚀程度的降低，由东南部的以隆起边缘断裂控矿为主变为西北部宽缓背斜控矿为主（图 12-2）。深部可能存在隐伏岩体，其形成时限尚不能确定，推测具有多期多阶段特点，隐伏岩体即可能成为金矿床形成的动力，也可为局部隆起构造的形成起着积极作用。根据矿体产出构造位置、赋矿层位、剥蚀程度、控矿构造等特点，结合本次推断的有关隐伏岩体存在的可能，初步得出区域成矿模式如图 12-2 所示。

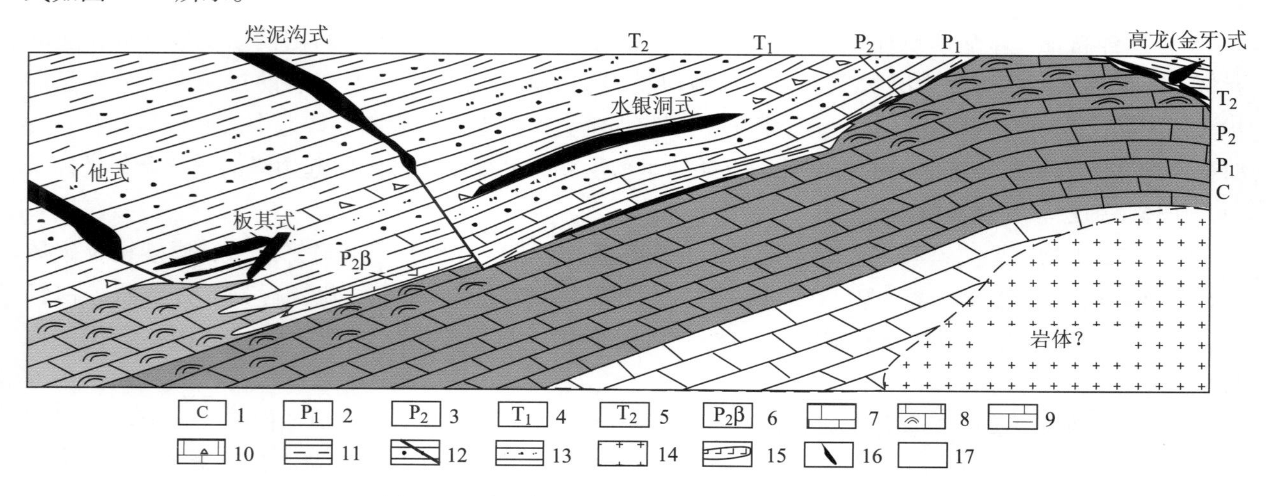

图 12-2　滇黔桂地区金矿床区域成矿模式示意图

1—石炭系；2—下二叠统；3—上二叠统；4—下三叠统；5—中三叠统；6—晚二叠世火山岩；7—灰岩；8—礁灰岩；9—泥灰岩；10—硅化灰岩；11—泥岩；12—砂岩；13—粉砂岩；14—隐伏岩体；15—玄武岩；16—矿体；17—断层

第二节　德保铜矿的成矿机制与成矿模式

一、典型矿床成矿模式

在德保矿区，矿体主要产于岩体周边，显示岩体对德保铜矿床起着关键性的控制作用。

德保铜矿床的矿石具有明显的薄层、微层、条带状构造，铜锡矿与不含矿的角岩呈薄层相间产出，表明成矿还与围岩岩性关系密切，由矿体中矿石的结构、构造、物质成分等可判断成矿原岩成分较复杂，有适量泥质的灰岩或含钙质较高的泥岩对成矿有利。矿区赋矿的寒武系分 3～9 层，为钙质泥岩、钙质页岩夹泥灰岩或灰岩透镜体，呈互层产出，控矿原岩由薄层状泥质灰岩与钙质页岩互层夹硅质条带组成，岩组含硅、铝、镁、钙均高，渗透性强，同时赋矿岩层的岩石多为薄至微层状，岩性不一的互层，层理发育，受应力作用最易发生层间滑动，因而本身及其顶、底部在一定范围内产生滑动和节理裂隙使矿液易于畅通，顶、底板有单层厚度大的泥岩，形成了良好的封闭系统，又为矿液沉淀富集创造了适宜的条件，导致矿体均产于钦甲岩体外接触带寒武系特定的层位，而特定层位中有利于成矿元素活动、富集与赋存的岩石组合的存在，是矿化富集的基本条件。

德保铜矿的矿体规模与岩体侵入面的产状也有一定关系，一般接触面平缓，呈波状起伏或岩体隆起区内洼处，有利于矿物质富集。德保铜矿的成矿模式如图 12-3 所示。

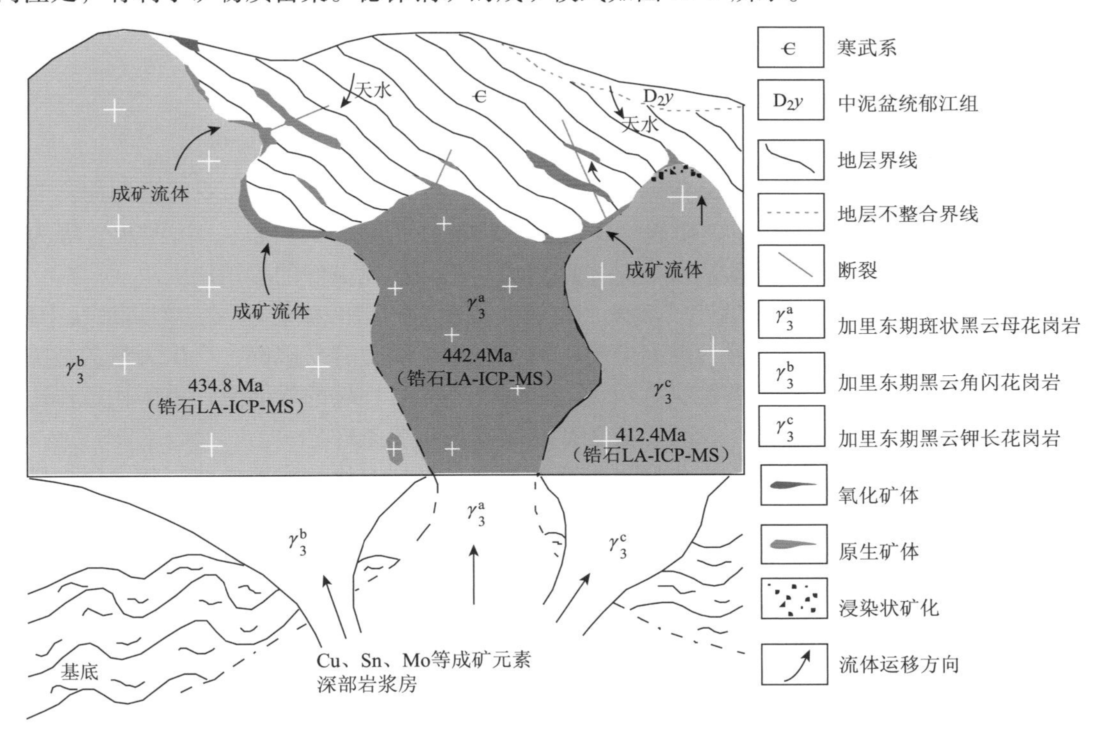

图 12-3　广西德保铜矿成矿模式

二、区域成矿模式

加里东运动是波及整个华南的重大地质构造事件，然而，华南加里东期花岗岩不如燕山期花岗岩那样分布广泛且有多期次、多旋回，因此，加里东期花岗岩及其成矿作用尚未得到人们太多的关注。加里东期成矿作用，是广西重要的内生矿成矿时期之一，主要见于桂北、桂东北、桂西和桂东南，与加里东晚期中酸性、酸性岩浆活动有关，主要为岩浆热液型的锡、铜、铅锌、金、银、黄铁矿等矿床，但目前我们对右江褶皱带乃至华南地区加里东期的构造岩浆演化及成矿作用尚未有一个全面的认识。最近几年，广西加里东期的成矿作用不断有新的发现，如陈懋弘等（2011）报道了大瑶山隆起南侧社洞钨钼矿床的辉钼矿年龄为437.8 Ma，李晓峰等（2009）报道了大瑶山突起北缘白石顶钼矿的辉钼矿年龄为424.6 Ma。这都表明加里东期的成矿作用值得引起重视，而加里东期的相关成矿岩体可能为隐伏岩体，因此也应注意隐伏岩体的预测。

此外，岩浆侵入过程中，由于发生顶蚀（magmatic stoping）、顶沉（roof - foundering）等构造作用，形成各种类型的侵入接触构造。侵入接触构造是一个构造薄弱带，有利于含矿流体的运移和聚集，常常是成矿物质重要的堆积场所，因而是一种重要的控矿构造类型，如钦甲、一洞、新路等矿区均是如此。由于岩浆沿围岩断裂、裂隙、层理等构造薄弱面侵入形成岩枝、岩舌等从而使岩体边界呈凹槽状的转折接触构造，就形态而言，这些凹向岩体的转折接触构造由于岩体的屏蔽作用而构成明显的半圈闭构造。由于这类构造有利于热质和岩浆期后含矿气液、挥发组分大量聚集，并与碳酸盐岩发生充分的交代作用，常常是Sn、Cu金属堆积的良好场所。当岩枝、岩舌较发育时，使得侵入岩体常常呈蘑菇状、塔松状、形状复杂的凹槽状等。转折接触构造亦常常呈“S”形和“W”形等形态复杂的半圈闭构造，从而控制着多层、多个矿体和厚大矿体的产出，矿体形态多呈囊状、透镜状、不规则状等。一般来讲，转折接触构造的形态越复杂、岩枝或岩舌的厚度越大、向岩体内凹越深对成矿越有利，所形成的矿体越富、规模也越大。

第三节　铜坑锡多金属矿的成矿机制与成矿模式

一、成矿条件

1. 地层条件

铜坑矿床主要的赋矿围岩为泥盆系的一套碳酸盐岩-碎屑岩建造，其中D_2^2罗富组的泥灰岩、灰岩等为锌铜矿体主要的赋矿地层；D_3^1l硅质岩、D_3^2w条带状灰岩、扁豆状灰岩、D_3^3t泥灰岩等为锡多金属矿体的主要赋矿围岩，石炭系的炭质页岩是矿区内成矿热液矿化极好的隔挡层。

在岩性上，矿区内的围岩是化学性质活泼、物理性质较脆的碳酸盐岩地层，尤其是其中硅质岩、硅质岩夹灰岩构成的条带状灰岩、扁豆状灰岩等，软硬互层，受力容易破碎，产生大量的裂隙，导致岩石的渗透性强，有利于矿液的运移和交代沉淀。同时在不同岩性层的界面上，由于构造作用，产生层间滑脱、有利于矿液的沿层充填、交代，成为矿化富集的重要条件之一。

矿区大量的地质现象观察表明，在细脉带发育的地段，沿层交代、充填的似层状、层面脉状也发育，而细脉不发育的地段，沿层交代和充填不发育。91号、92号矿体就是在赋矿围岩硅质岩、细条带状灰岩中性脆、裂隙发育密集的前提下形成的。

在矿床中，随赋矿围岩的岩性不同，形成的矿石类型、矿物组合、元素的分布等均有差异；在硅质成分含量高、层理和裂隙发育的硅质岩、细条带灰岩中，以锡石-石英-硫化物组合为主，形成细脉状、网脉状、浸染状等矿石；在钙质成分高的宽条带灰岩、大小扁豆灰岩中，沿层交代发育，形成条带状、扁豆状，交代强烈形成致密块状矿石。

围岩除了能够提供部分成矿物质和有利于成矿的空间外，围岩介质的地球化学性质对岩浆演化和成矿热液的演化也有重要的意义。泥盆系在岩石化学成分上具有硅高、富硫、有机碳含量高等显著特征。其中，S含量在上泥盆统为0.55%～1.16%、中泥盆统为0.34%、下泥盆统为0.78%。Fe^{3+}和Fe^{2+}含量也有明显的变化规律，其中，下泥盆统和上泥盆统同车江组含Fe^{3+}高，Fe_2O_3含量最低为0.70%，最高为7.31%，平均2.72%，Fe^{2+}含量很低；中泥盆统和上泥盆统榴江组、五指山组Fe^{2+}含量高于Fe^{3+}，氧化系数Fe^{3+}/（Fe^{2+} Fe^{3+}）多低于0.3。带内的矿化主要赋存在D_2～D_3w这一大套具有还原特征的地层中。本区泥盆系岩石的颜色普遍较深，其原因与岩石中普遍含有机碳有关，各层位地层有机碳含量分别为：下泥盆统1.75%、中泥盆统0.20%～0.36%、上泥盆统0.30%～3.88%。在铜坑矿床，赋矿地层富含有机质、S含量也较高，还原性较强。当矿液在还原性较强的围岩中流动时，溶液的氧逸度f_{O_2}相应较低，从富S的围岩中取得丰富的S和Fe，随着温度的降低，H_2S便大量离解，迅速提高了硫逸度f_{S_2}，不利于锡石的形成和晶出，但使得硫化物大量析出。早期温度较高，f_{S_2}不可能很大，早期析出的硫化铁主要为磁黄铁矿形式，随温度下降有利于黄铁矿析出。所以，在大厂矿床形成的早期，在近岩体围岩中主要形成矽卡岩型锌铜矿体。随着大量硫化物的析出，引起溶液中硫逸度f_{S_2}降低，转变为有利于锡石析出的地球化学环境。所以锡石发育空间与其他大型的锡石-硫化物矿床（如柿竹园、个旧）不同，并未与笼箱盖岩体直接接触，而是与岩体保持一定距离。

2. 岩浆条件

在大厂矿田中，燕山晚期的花岗质岩浆、沿着北西向与北东向断裂的交汇部位、南北向的张性断裂等部位侵入，呈浅成的岩株、岩墙、岩脉产出，在成分上属于过铝质富硅高钾钙碱性岩浆岩。从成因上属于陆壳重熔的“S”型岩体。与矿化关系密切的笼箱盖岩体，经过多期次的侵入，分异较好，形成了早期的似斑状黑云母花岗岩→含斑中、细粒黑云母花岗岩→等粒状黑云母花岗岩。笼箱盖黑云母花岗岩岩体形成于85.1～103 Ma，即岩浆活动在102～103.8 Ma开始，上升侵位在笼箱盖地区的时间在93.86～96.6 Ma，最后一期在85.1～91 Ma，该期活动可能是与花岗斑岩、闪长玢岩的岩墙（脉）的侵入一致（岩体的成岩时代在91 Ma左右），形成于锡多金属矿体和锌铜矿体成矿之后。

在大厂矿田，锌铜矿体的成矿在95～101 Ma，91、92号锡多金属矿体的成矿年龄主要在91～95 Ma，可以说笼箱盖岩体的成岩年龄与锡多金属矿体、锌铜成矿的成矿年龄是相近的，从位置上在近岩体形成矽卡岩型的锌铜矿体，在远离岩体形成锡多金属矿体；矿区外围的钨、锑矿床可能形成于花岗斑岩、白岗岩的侵入之后。这反映了岩浆系列演化与成矿系列的演化是有密切关系的。

3. 构造条件

矿田内多期构造运动的叠加，产生了复杂的构造形变，不仅控制了岩体的侵入、也控制着矿化的部位、矿体的规模和形态。笼箱盖岩体上拱侵位，在岩体的局部凸起部位，与围岩的接触带以及中泥盆统泥灰岩层中层间滑动破碎带是深部似层状锌铜矿体成矿的构造条件。

矿床内褶皱、断裂构造发育，除了北西向的逆冲断层外，还有北东向、南北向的断裂活动，他们控制着不同部位、不同类型的锡石-硫化物矿体。其中在大厂背斜轴部的局部隆起地段产生各种张性裂隙和层间虚脱空间，充填形成大脉状矿体；大厂背斜北东翼平缓，在燕山晚期伸展剪切的构造过程中易于形成层内剪切褶皱、层间滑脱破碎带、层内细-网脉状裂隙构造等，它为成矿提供了成型的构造空间，是形成具一定规模似层状、网脉状等矿体；一系列的次级背斜的倾伏端、特别是枢纽由缓变陡的部位为容矿的良好空间，形成块状、透镜状富矿包；同时，岩层的性质、破碎程度、渗透性等控制着矿体的规模和形态。因此，在铜矿矿区，掌握各种褶皱的复合部位和断裂-裂隙的分布等情况对指导进一步找矿具有重要意义。

二、成矿物质来源

1. 地层中的成矿元素

矿床中成矿物质的来源主要有两种，一是由岩浆热液从深部带来，二是由围岩提供。季克俭等（1989）提出使用围岩中成矿元素含量变化来查明成矿物质来源的基本思路：同一层位或同一地质体的同种岩石具有相对稳定性，其造岩元素和微量元素的含量也是较稳定的。在这些层位和岩石形成热液矿床，若成矿物质来自岩浆或深部，则成矿元素含量仅在矿体及其附近增高，往外应无明显变化，基本上是稳定的。若成矿物质来自周围围岩层位或岩石，则成矿元素除在矿体及其附近显著增高外，在增高区外围必然存在一个降低区。再向外，成矿元素不会发生变化。

陈毓川（1993）对桂北地区各时代地层单元中（表12-3，表12-4），按照同类岩石中成矿元素出现的高背景含量频率比较，总结出在桂北地区，下泥盆统富集W、Sn、Au、As、Pb、Th、V；中泥盆统纳标组富集V、Ni、Sb、Zn；上泥盆统榴江组富集Sn、Cu、Au、Sb、V、Th、Mn、P；而基底四堡群中富集W、Sn、V、Fe、Mn、Co，丹洲群为Th、Fe、Cr、Co，寒武系地层富集Th、P、Au、As、Sn、Pb，下奥陶系富集Cu、Ni、Mo、V，依此提出基底地层具有向上覆地层提供成矿物质的条件。

表 12-3　桂北地区泥盆系地层主要成矿元素（$w_B/10^{-6}$）

元素		W	Sn	Mo	Cu	Pb	Zn	Sb	As	Au	S
地层（平均）		1.3	3.0	3.5	20.3	20.7	60.2	1.04	11.5	0.86	283
泥质岩		1.2	3.9	2.9	27.6		82.8	1.41	20.86	1.94	84
碳酸盐岩		1.4	1.4	1.2	22.9		61.5	0.32	2.28	0.16	382
碳质页岩		1.2	3.9	8.1	24.3		65	1.14	9.39	0.67	661
硅质岩		0.3	1.9	2.9	16.9		44.9	2.93	2.83	1.16	260
世界平均（涂和费）	碳酸盐岩	0.6	0.*n*		4	9	20	0.2	1		1200
	页岩	1.8	0.*n*		45	20	95	1.5	13		

表 12-4　大厂矿区及其外围元素含量对比（$w_B/10^{-6}$）

地层	塘丁组		纳标组		罗富组		榴江组		五指山组							
岩性	页岩、泥灰岩、杂砂岩		灰岩、生物礁灰岩		灰岩、泥灰岩、页岩		硅质岩		宽条带灰岩		细条带灰岩		小扁豆灰岩		大扁豆灰岩	
	矿区	外围	矿区	外围	矿区	外围	矿区	外围	矿区	外围	矿区	外围	矿区	外围	矿区	外围
样数	24	7	5	14	25	8	20	5	15	3	25	1	24	3	15	2
Sn	19.38	1.7	23	1.4	6.68	1.4	6.16	1	8.27	3.33	12.77	2.8	6.83	2.2	12.01	2.65
Cu	45.78	16.69	24.84	30.2	45.55	39.8	36.12	34.94	33.75	37.5	35.18	7.8	28.42	17.83	33.22	21
Pb	14.96	39	137.4	15	14.25	18.09	21.73	16.18	23.46	14.87	17.05	4.5	16.43	10.97	20.7	7.7
Zn	145.19	49.6	33.26	89	212.05	212.7	115.45	172	53.79	107.2	56.55	70	30.29	30.5	45.29	154
Ag	1.64	<0.5	1	0.32	<0.5	<0.05	0.47	0.37	<0.5	<0.5	0.76	0.08	<0.5	<0.5	1.076	0.12
W	1.53	2.1	0.88	1.3	3.26	<2	1.9	<2	1.74	3.67	2.5	1	<2	<2	2.4	<1
Rb		141.4		70.7	190.88	70.5	26.1	32	78.36	110	84.08	57	73.96	40	100.88	52.5
Ni	24.04	9.7	11.4	30	32.28	22.85	15.14	32.78	22.06	58.67	19.46		18.1	10.83	23.94	
Co	6.35	2.84	5.48	6	6.63	236	2.98	4.3	5.6	14.47	6.91		7.68	<2	8.06	
V	97.95	20.6	23.9	145.7	167.5	123.24	87.7	75.14	51.7	86.67	43.06		21.09	7.77	36.84	
Cr	38.63	85.5	8.44	39	63.7	55.8	20.51	16.74	26.72	59.1	32.6		24.37	6	31.61	
Mn	1053.4	65.03	209.7	306.7	303.79	243.86	134.85	92.76	1303.4	756.67	1259.7	600	>1500	1048	832.36	600
Sr	575.23	134.3	381.5	919	676.58	492	15.64	25.38	208.7	33.87	119.95		136.14	113.9	125.45	
Ba	293.5	585.2	68.94	283.6	432.74	513.9	103.2	132.4	108.46	655.4	172.45		141.94	140.8	271.33	
As	15.21	29.14	7.87	6.6	37.26	10.4	18.1	<4	16.79	4.7	19.78	<30	14.13	<4	<4	<30
F		612.9	<190	676.4	842.37	678.8	382.2	728	579.2	1353.3	604.39		541.75	360	665.33	
Cl		<180	<180	<180	<180	<180	<180	<180	<180	<180	<180		<180	<180	<180	
P	1144	214.3	260	275.7	694.8	190	551.1	1314	279.3	270	211.45		196.55	150	269.33	
Hg	<0.05	0.22	<0.05	0.04	<0.05	0.096			0.11	0.11	0.5		0.13	0.09	0.43	
S/%	0.74	0.04	0.03	403.8	0.2	0.036	0.2	0.025	0.63	<0.01	0.45	0.01	0.23	<0.01	0.46	0.01
Sb		<5	7.38	<5	<5	<5	13.5	<5	6.75	<5	7.54	<10	7.94	<5	5.28	<10
有机碳/%	4.18	0.13	0.16	0.53	0.52	0.258	0.21	0.185	0.12	0.112	0.2		0.11	<0.05	0.31	

Sn是大厂矿区最主要的成矿金属元素，桂北地区泥盆系Sn含量高，尤其是在泥质岩和碳质页岩中达到3.9×10^{-6}，对于矿区而言，赋矿地层中Sn含量明显高于外围。在以往研究中，韩发（1999）、秦德先等（2002）提出了海底喷流成矿的认识，提出区内硅质岩为热水沉积成因，为成矿

的母岩。但经岩石成分分析可见，在大厂的硅质岩中 Sn 的含量很低，是难以负担如此巨量的金属成矿，何况在大厂矿区赋矿的围岩跨度较大，从下泥盆统的塘丁组到上泥盆统的同车江组，并不仅仅局限于上泥盆统底部榴江组的硅质岩。

矿区的岩浆岩中 Sn 的含量与全酸性岩相比，均有富集，但与华南燕山期花岗岩相比，以花岗斑岩中含量最高。研究表明，区内花岗岩属于陆壳重熔型含 Sn 花岗岩。重熔中成矿物质有两种来源，一是源区物质重熔过程中聚集形成；二是可能是未被重熔的物质在动力变质过程中因热液循环活化，部分物质归并到岩浆分泌物中混合，包括围岩在岩浆上侵过程中被熔化交代的部分。陈毓川等（1993）提出大厂花岗岩的矿源层可能为基底四堡群、寒武系地层，它们富含 Sn，具有提供成矿物质的条件。Sn 具有亲硫性、强亲氧性，在地壳深部或封闭性较好的缺氧环境下，因岩浆中氧元素含量有限，氧可被亲氧性比 Sn 强得多、含量也高于 Sn 的 Si、Al、Ti、Ca、K、Na、P 等元素牢牢结合，使 Sn 无法氧化而不能沉析，可以继续向上迁移分异，富集到侵位较浅、或封闭性比较差的地方富集。另外，当分异到一定程度的“残余”熔浆进入到较为开放的环境中或地壳浅部时，氧的供给徒然增加，使得 Sn 元素易于形成氧化物而沉析，造成矿化富集（黄瑞华等，1989）。所以我们认为 Sn 主要来自黑云母花岗岩，并以花岗斑岩中最为富集，相对含 Sn 较高的地层可能提供部分来源。

Zn 在大厂地区花岗岩中含量较高，平均含量均高于华南燕山晚期花岗岩和全国酸性岩的平均值。但在石英闪长玢岩，尤其是闪长玢岩中明显偏高，平均含量为 319.3×10^{-6}。在桂北的泥盆系地层中，Zn 含量并不高，在泥质岩和碳酸盐岩中略有富集，在硅质岩中是最低的。在矿区范围内，区内赋矿地层中 Zn 含量以罗富组地层中含 Zn 最高，在矿区外围和矿区范围基本一致。而塘丁组、五指山组条带灰岩是高于矿区外围，其他组地层中含量是低于外围的。目前的 Zn 矿体主要赋矿围岩为罗富组泥灰岩、泥页岩。Zn 具有亲硫性，在岩浆中结晶较少，有向岩浆期后作用中聚集的趋势。从硫同位素分析的结果显示，在大厂地区硫主要为岩浆硫，并具有从岩浆岩体向外 $\delta^{34}S$ 降低的趋势。据此，认为区内 Zn 可能一部分是在岩浆上升的过程中，从富含 Zn 地层中萃取一部分成为含 Zn 的岩浆岩体，另一部分可能是从泥盆系地层（如罗富组）中活化迁移的（图 12-4）。

2. 成矿物质来源的同位素示踪

对矿区硫同位素分析结果显示，长坡-铜坑矿床的矽卡岩型锌铜矿体中闪锌矿 $\delta^{34}S$ 为 −6.1‰ ~ 0.1‰，平均为 −1.03‰，与笼箱盖黑云母花岗岩的 −1.0‰一致，矿体中的硫为岩浆硫来源；锡矿体无论是层状还是脉状矿体，闪锌矿的硫同位素变化范围基本一致，从 2.6‰ ~ −7.9‰，平均 −3.43‰。从产出位置上，长坡-铜坑锡矿体位置上远离笼箱盖隐伏岩体，在层位中位于矽卡岩型锌铜矿体之上，与锌铜矿相比，轻硫富集。由笼箱盖花岗岩→矽卡岩型锌铜矿→铜坑锡多金属矿体，$\delta^{34}S$ 值降低，重硫减少，轻硫富集，这种变化趋势在不同类型或产状的矿体中或单一矿体内部的表现是一致的，说明物质来源与锌铜矿体一样，与下部隐伏岩体有关。可见，同位素组成的变化反映了成矿物质在由下向上运移的过程中，轻、重同位素本身存在分馏效应，成矿早期矽卡岩型锌铜矿阶段以岩浆硫为主，锡矿形成阶段可能有地层硫的加入，为混合硫。

铅同位素研究表明，区内岩浆岩、铜坑锡多金属矿体、锌铜矿体的铅同位素组成相近，说明具有相同的铅源或演化历史。根据 $^{208}Pb/^{204}Pb$、$^{207}Pb/^{204}Pb$、$^{206}Pb/^{204}Pb$ 的组成与不同地质单元平均演化曲线的关系，均属于造山带与上地壳的混合来源，矿石中铅主要为地壳来源，也有地幔组分的加入。

Re − Os 同位素体系，在壳幔分异和地球化学循环过程中，Os 趋于在地幔富集，Re 相对亲地壳，混入越多的地壳物质产生放射性 ^{187}Os 含量越高，相应 $^{187}Os/^{188}Os$ 初始值发生变化。由此可以使用 Re/Os 和普通 Os 判断成岩成矿物质的来源。铜坑毒砂和黄铁矿样品的 $^{187}Os/^{188}Os$ 初始比值分别为 0.60 ± 0.28 和 0.56 ± 0.12，明显高于地幔的 $^{187}Os/^{188}Os$ 初始比值 0.12 ~ 0.13（Shirey S B，1998），$^{187}Os/^{188}Os$ 比值毒砂为 0.798 ~ 3.516，黄铁矿中除了一个为 1.4 外，其余样品介于 0.468 ~ 1.069 之间，高于各类地幔的 $^{187}Os/^{188}Os$ 值（0.105 ~ 0.152）（Shirey et al.，1998；Walker et al.，1989；Meisel et al.，1996；Snow et al.，1995），但低于平均大陆地壳值的 3.63。反映成矿物质应该为壳幔混合来源。大厂矿石硫化物的 γ_{Os} 变化范围比较大，从 197.46 ~ 465.96，平均值达到 325.86。其中毒砂的

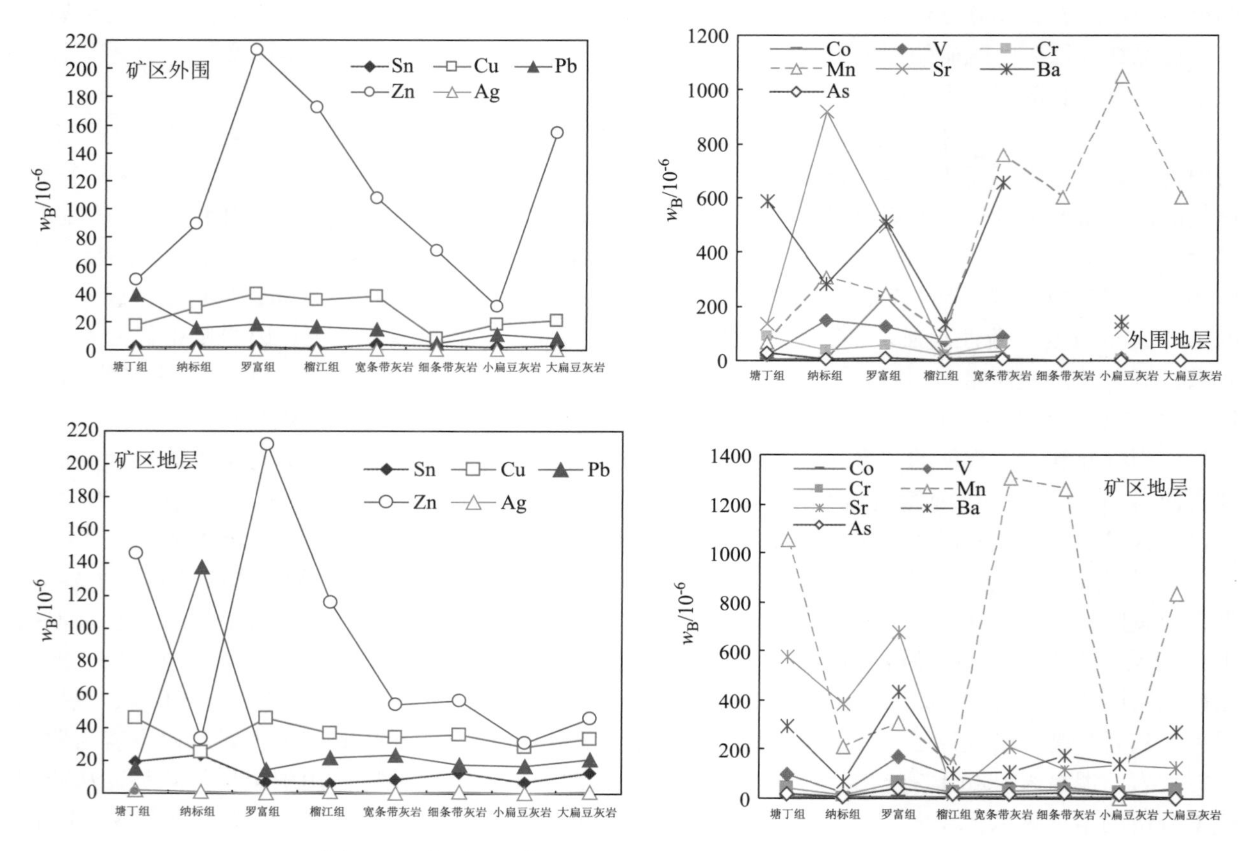

图 12-4 大厂矿区外围和矿区赋矿地层主要成矿元素对比

γ_{Os}值范围 275.9～465.96，平均为 377.65，黄铁矿的 γ_{Os}值为 197.46～394.16，平均值为 293.49。同时毒砂（89 Ma）、黄铁矿（122 Ma）的$^{187}Os/^{188}Os$（t）分别为 0.375～0.623、0.475～0.715，远高于同期的球粒陨石$^{187}Os/^{188}Os$（t）的 0.12642 和 0.126076，显示了矿物形成中地壳的高放射元素^{187}Os的加入，反映成矿物质可能来源于壳幔混合。

三、成矿流体的来源和性质

1. 成矿流体的来源

通过对矿区碳酸盐岩和方解石中碳、氧同位素以及不同矿物中 $\delta^{18}O$、δD 同位素组成的研究，认为，在大厂矿床的成矿过程中，岩浆水与大范围的大气降水在有利的构造、岩性条件下，形成一个完整的对流循环系统。花岗质岩浆的侵入为对流循环提供热能，在与围岩进行物质交换过程中，同位素组成也发生了规律性的变化，以矿田中部笼箱盖岩体为矿化中心，在近岩体的含锡矽卡岩型锌铜矿体中成矿的流体是以岩浆水为主，有少量大气降水的混入；在远离岩体的锡多金属硫化物矿体中是岩浆水和大气降水的混合热液，据研究资料，到更晚期的钨锑矿形成时，是以大气降水为主混合流体。碳酸盐岩和方解石碳、氧同位素显示随着远离岩体，$\delta^{18}O$ 值由拉么锌铜矿→铜坑锡多金属矿有增大的趋势，并向灰岩方向演化，而 $\delta^{13}C$ 值低于灰岩和花岗岩，且 $\delta^{13}C$、$\delta^{18}O$ 之间的呈现一定的正相关关系，反映其具有同源性，从同位素特征上分析，矿体中的碳主要由岩浆来源，从 $\delta^{13}C$、$\delta^{18}O$ 的组成是从近岩体→远离岩体，从近矿→远矿，也反映了成矿热液运移方向。

对矿体中不同矿物中 He、Ar 同位素分析研究表明，锡矿体中^{4}He 为 0.015～6.71 cm^3 STP/g，平均为 1.41cm^3 STP/g，$^{3}He/^{4}He$ 比值为 0.21～3.35Ra，平均为 1.49Ra，即高出地壳$^{3}He/^{4}He$ 比值 1～2 个数量级，显示成矿流体中存在幔源氦。同时，所测得的值又低于地幔$^{3}He/^{4}He$ 比值，指示了流体中壳源氦的普遍存在，因此，成矿流体中的氦同位素是地幔和地壳两种流体的混合，样品中$^{40}Ar/^{36}Ar$

数值范围接近，为266~327，平均为316.24，与大气饱和水同位素组成（$^{40}Ar/^{36}Ar=295.5$）接近，大大低于地壳放射成因（$^{40}Ar/^{36}Ar\geqslant45000$）和地幔放射成因（$^{40}Ar/^{36}Ar>45000$）的比值，反映了成矿流体中有大气降水流体的加入，且随着成矿有早期到晚期，大气降水流体参与成矿的作用可能加强。通过进一步对不同类型矿体中He、Ar、同位素组成的研究显示，不同类型矿体中He、Ar组成是相似的，显示参与成矿的地壳流体主要为燕山晚期岩浆流体，即成矿的流体主要为岩浆流体与地幔流体混合产物，且有大气水的加入。这一点是与铅、硫同位素分析的结果是一致的。

2. 成矿流体的成分和性质

铜坑-长坡矿床流体包裹体研究表明，区内不同产出状态的矿体中流体包裹体具有相同特征。矿体中普遍发育CO_2-H_2O型包裹体，这类包裹体中CO_2的体积分数变化较大，介于20%~80%之间，构成了一个连续的变化系列。与其共生的包裹体组合有两相$NaCl-H_2O$包裹体和含子晶的多相包裹体，它们均为同成矿阶段的原生包裹体。富CO_2包裹体均一于CO_2相，均一温度为280~365℃；富H_2O包裹体均一于$NaCl-H_2O$相，均一温度范围为210~370℃，集中于275~365℃。这两种充填度相差很大的包裹体具有相近的均一温度，而且它们的均一压力也基本相同（李荫清等，1988），表明成矿早阶段CO_2-H_2O和$NaCl-H_2O$可能产生了不混溶作用，并与盐水溶液相共存，使成矿流体由均匀相成为非均匀相。铜坑-长坡矿床Ⅰ和Ⅱ成矿阶段的富CO_2包裹体和富H_2O包裹体是CO_2和$NaCl-H_2O$的不混溶包裹体组合，是成矿过程中从不混溶的CO_2低盐水溶液中捕获的，它们的均一温度可以代表这些包裹体的捕获温度，亦即成矿温度。根据包裹体的均一温度，矿床中成矿阶段成矿温度范围为340~380℃；Ⅱ成矿阶段成矿温度范围为270~370℃；Ⅲ成矿阶段温度范围170~290℃。由此可见，铜坑-长坡矿床成矿作用由早阶段至晚阶段是一个连续的变化过程，成矿温度由高到低。

流体包裹体成分分析表明，不同成矿阶段中，成矿流体的性质有一定的变化。成矿流体中主要为CO_2、H_2O，少量的H_2S、CH_4以及微量的气相CO、N_2、H_2，盐水溶液中可含有Cl^-、CO_3^{2-}、HCO_3^-。CO_2主要集中在包裹体中气相中，相对摩尔百分数为63.74%~1.29%；液相中CO_2含量很少（CO_2的相对摩尔百分数为0.13%~4.85%）。H_2O主要在液相中存在，所有样品中H_2O的摩尔百分数高达95.08%~9.87%；CH_4主要在气相中出现，相对摩尔百分数变化较大，为6.09%~92.78%，液相中只有3个样品中含有微量的CH_4，相对摩尔百分数为0.03%~0.07%；另外有的样品中含有不等量的气相H_2S、CO、N_2、H_2。

包裹体的盐度和密度分析显示，CO_2-H_2O型包裹体水溶液的盐度$w(NaCl_{eq})$为0.62%~14.67%，主要为1%~7%，流体的总密度为0.300~0.866g/cm^3，$NaCl-H_2O$的盐度为0.35%~21.11%，众值在2%~14%，密度为0.353~1.03g/cm^3。对于不同的矿体而言，矽卡岩型锌铜矿体与锡多金属矿体中盐度是相近的，为中等盐度，密度是相近的，随着不同阶段温度的下降，溶液的密度有增高的趋势。对于锌铜矿体而言，近岩体→远离岩体，密度是升高的。在成矿流体的演化过程中，流体组成发生了较大的变化，但流体盐度变化不明显。

四、成矿物理化学条件

利用CO_2-H_2O体系包裹体、锡石微量元素地质压力计、矿物共生组合等，对成矿的深度、压力进行估算，并利用热力学公式，对成矿溶液中pH、Eh、硫逸度（f_{S_2}）、氧逸度（f_{O_2}）及二氧化碳逸度（f_{CO_2}）进行了计算（黄民智，1988），结果如下：

长坡-铜坑矿床成矿的深度大致在1~3 km或更浅，成矿的压力平均在65.46~83.09 MPa。pH在4.7~5.4、Eh值为-0.6347~-0.6202，反映铜坑矿床形成主要温度在300~400℃时，矿化是在弱酸性至中性的介质条件下，还原的环境中形成的。在矿床中锡石-硫化物成矿期硫化物形成温度在450~150℃间，f_{S_2}在$10^{-1}\sim10^{-11.5}$Pa间；而大量硫化物产出在中期阶段，即温度在350~200℃，f_{S_2}在$10^{-8}\sim10^{-10}$Pa为最佳条件，各矿物组合在不同温度条件下形成时所需的氧逸度，随着成矿温度的下降，$\lg f_{O_2}$随之减小。

五、含矿热液的运移和沉淀方式

含矿热液的运移和聚集是矿石堆积、定位和富集的重要因素之一。含矿热液的就位和聚集与成矿过程中构造活动和围岩的性质有关。矿区含矿热液以早期岩浆水（以壳源为主，并有幔源加入）为主，到晚期以大气降水为主的混合热液。由于受到构造活动的影响，岩石产生断裂和破碎带，大气降水沿着断裂带和破碎带下渗到地壳深部，受深部地热梯度和岩浆热源的影响，与高温、富含成矿物质的、富含挥发分、内压力较高的岩浆期后热液混合。在构造活动下，由深部高压、高温区向上部低温、低压区沿着断裂、裂隙、破碎带渗透、迁移，当途经渗透性好的碳酸盐岩围岩时发生交代作用，形成似层状、层状矿体，当受到渗透性差的炭质泥页岩时，含矿热液受到阻碍，再向裂隙带聚集。

对矿区的构造特征研究表明，区内成矿主要是以充填和交代的方式，在有利的构造部位，如隐伏岩体局部凸起、背斜轴部转折端、次级褶皱的转折端、燕山晚期伸展剪切的构造过程中因层间滑动形成层间滑动破碎带、北西向和北东向断裂的交汇、北东向张及张扭性裂隙、南北向的张性断裂等聚集成矿。对矿床中不同矿体的矿物组成、矿石的结构构造、化学组分、微量元素、稀土元素地球化学以及矿石矿物在时空上的组成、同位素组成特征、成矿溶液的成分和性质等的研究，均体现出不同矿体在成矿物质来源上的一致性。在空间上表现出明显的演化规律，即成矿物质的运移是由近岩体→远离岩体，由矿床的深部→浅部。

六、主要成矿元素的迁移

在铜坑矿床，主要的矿体为深部的锌铜矿体和上部锡多金属硫化物矿体，主要的成矿元素为 Sn 和 Zn。锡石-硫化物成矿阶段是铜坑矿床重要的成矿期，不同的成矿阶段，形成不同的矿物组合。早期锡石与石英-钾长石、电气石共生，并含有一定量毒砂等硫化物。中期是锡石-硫化物-石英组合或锡石-方解石组合，晚期为锡石-硫化物-硫盐组合；从矿物的共生组合看，Sn 的搬运形式可能不同。

对于 Sn 的搬运形式，有不同的认识，有的认为是作为 F 的络合物，有的认为是 Cl 的络合物搬运。黄民智等（1988）研究认为早期是以 $K_2[Sn(F、OH)_6]$ 的络合物的形式迁移、随着温度的降低，在与围岩作用时，由于钾化蚀变，K 的浓度不断降低，溶液的 pH 值降低，当溶液变到中性或弱酸性时，通过水解作用析出锡石。反应式为：$K_2[Sn(F、OH)_6] \rightleftharpoons SnO_2\downarrow + 2HF + 2KF$。

在 HF、KF 作用与富含 Al、Si 的围岩时，可形成白云母化、钾长石化、石英、锡石等的共生，少见锡石与萤石共生。当 F 的活度减少时，Sn 还可以氧的络合物 SnO_3^{2-} 或氢氧络阴离子$[Sn(OH)]_6^{2-}$的形式在高温的偏碱性的溶液中搬运，当温度下降、pH 值中性或弱酸性时，分解形成锡石，形成锡石、石英、钾长石组合。而在高温时，H_2S 以未离解的中性分子存在，不参加化学反应，在矿物组合中以毒砂等单硫化物存在。

$$K_2Sn(OH)_3 + 2H_2O \rightleftharpoons SnO_2 + 2K(OH)$$

$$K_2Sn(OH)_6 \rightleftharpoons 2K(OH) + SnO_2\downarrow + 2H_2O$$

$$2K(OH) + 2H_2O \cdot Al_2O_3 \cdot 2SiO_2 + 4SiO_2 \rightarrow 2KAlSi_3O_8 + 3H_2O$$

到了锡多金属硫化物成矿的中、晚期，以 K_2SnS_3 形式搬运、在碱性环境下析出锡石。

$K_2SnS_3 + 8H_2O \rightarrow 4K(OH) + 2SnO_2\downarrow + 6H_2S$。

K（OH）作用于围岩，产生绢云母化。

傅民禄（1984）应用模拟实验及热力学方法，提出了 Sn 的主要搬运形式为 $Sn(OH)_3F_3^{2-}$ 及 $SnCl_3^-$ 的络合物。锡石的结晶受到介质的 pH、E_h、f_{O_2}、CO_3^{2-} 浓度以及体系压力等条件的控制。笼箱盖花岗岩岩浆在冷却过程中析出大量的 F、Cl、B 等挥发分的酸性热液，围岩地层中普遍含有有机碳，构成了一个相对封闭的还原环境。依据傅金宝等人的研究，笼箱盖岩体结晶时压力达到 1420 大气压，这样的条件下，Sn 不能形成锡石，而是以络合物或胶态 Sn 存在于溶液中，具有很大的迁移能力。这样也就解释了为什么在笼箱盖花岗岩体附近没有形成锡的工业矿体，在近岩体附近，Sn 是以类质同像的形式赋存在矽卡岩矿物石榴子石、硅灰石等矽卡岩矿物中。

当成矿溶液沿着有利构造薄弱带（如断裂带、层间滑脱带等）向上部低压地段运移时，由于氧逸度的升高，同时碳酸盐岩围岩对热液的不断改造，使得热液的 pH 值升高，碳酸根离子不断增加，Sn 在热液中发生如下氧化-还原反应：

$$Sn^{2+} + CO_3 + H_2O \rightleftharpoons SnO_2 + CO_2 + H_2$$

$$Sn^{2+} + CO_3^- + 3H_2O \rightleftharpoons Sn(OH)_4 + CO_2 + H_2$$

当有 F 存在时，$Sn^{2+} + CO_3^- + 3H_2O + 3F^- \rightleftharpoons Sn(OH)_3F_3^{2-} + CO_2 + H_2 + OH^-$

在铜坑矿区，矿床上部同车江组顶部的泥灰岩、页岩中孔隙度及裂隙度较差，形成了一个较好的封闭层。在成矿早期，成矿介质保持在较高的压力下，并不是锡石的主要沉淀阶段；随之矿区构造活动产生大量的裂隙或层间滑脱空间，使得体系的压力降低，气体迅速逸出，$Sn(OH)_4$ 水解析出锡石，所以在锡石硫化物中期成矿阶段中，锡石含量较高。锡石主要以充填、充填交代的方式成矿。

七、成矿模式

综上所述，大厂矿床的形成与燕山期花岗岩有密切的联系。成矿物质是多来源的，既有岩浆来源、也有地幔来源、地层来源。成矿流体的来源也是多来源的，既有壳源、也有幔源和大气降水的加入。岩浆活动为成矿提供了成矿物质和热源，有利的地层和构造条件为成矿提供了物质运移的通道和空间。岩浆活动、地层、构造三者有机的、“非常罕见”的耦合，促成矿床的形成。基于以上的认识，建立矿床的成矿模式图（图 12-5）。

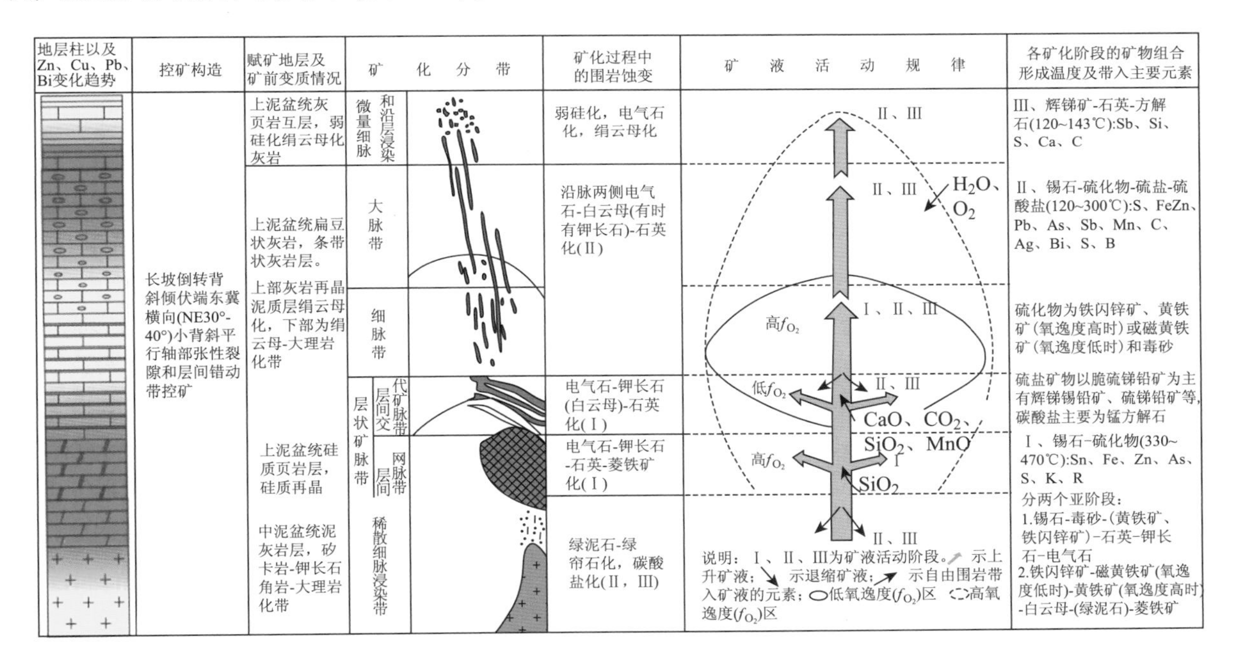

图 12-5 长坡-铜坑矿床的成矿模式

（据陈毓川等修改，1993）

第四节 龙头山金矿的成矿机制与成矿模式

一、控矿因素

1. 地层与成矿的关系

龙头山矿区内各类沉积岩中的金平均含量见表 12-5。矿区各层位中，以下泥盆统莲花山组泥岩含金量最高。但是，仅仅依据矿区地层 Au 含量高并不能断定地层是“矿源层”，也有可能是岩浆的矿化作用导致矿区地层 Au 含量增高。因此，考虑“矿源层”等问题时，应该充分研究区域上以及矿区的成矿元素背景，并进行比较，尔后才能进行客观的判断。

表 12-5　龙头山金矿矿区地层含金量一览表

序号	层位	岩性	w（Au）$/10^{-6}$	w（Au）/Au 的克拉克值
1	寒武系黄洞口组	砂岩	0.019	4.75
2	寒武系黄洞口组	泥岩	0.016	4
3	下泥盆统莲花山组	砂岩	0.16	40
4	下泥盆统莲花山组	泥质粉砂岩	0.26	65
5	下泥盆统莲花山组	泥岩	0.38	95

（据李福春等，1998）

从龙头山矿区及外围各地层中微量及矿化元素的分析结果（表 12-6）看，Au 在矿区地层中的丰度高于在区域地层中的丰度，特别是莲花山组、中寒武统和上寒武统 3 个层位比区域地层高出6.65～39.02 倍，这与金矿主要产在这 3 个岩性段中的地质特征是一致的。Ag、Cu、As 等元素亦有类似情况。W、Bi、Ba、As、Sb 等元素在区域地层中丰度很高，甚至高过矿区地层的丰度，高出陆壳丰度值 32～12550 倍。这也说明这些地层中微量元素初始丰度很高。Au 元素的均方差亦是矿区大于区域，又以寒武系中段、上段和莲花山组中更大，这与 Au 矿主要出现在这 3 个地层中是吻合的。据广西第六地质队（1995）的统计，杂砂岩含 Au 丰度矿区比区域高很多（13.92～25.86 倍）；含碳质泥页岩的 Au 丰度则是矿区大大低于区域。说明区域原岩 Au 初始丰度很高，碳质对 Au 元素有较强的吸附作用，经区域变质还不能使其大量活化释放，只有在矿区有构造应力、岩浆热力等叠加作用时才能活化释放，再由于其本身结构致密，对含矿溶液无渗滤富集作用，故含金变低。

加里东运动使广西大部分地区上升为陆，泥盆系是加里东褶皱基底上的第一个盖层，基底应属于下古生界至前寒武系。目前，在龙头山-龙山地区探明的金矿有 3/4 以上赋存在寒武系上统黄洞口组，整个大瑶山地区该层位也有大量矿床、矿点分布。同时，作为 Au 等成矿元素载体的次火山岩、花岗岩等的地球化学特征与寒武系较为相似，初步推测本区岩浆岩为寒武系等老地层经重熔作用形成。从区域上看，寒武系厚度 >6800 m。据广西地质志（1984），在北流县隆盛一带分布有一套变粒岩、浅粒岩和混合岩，厚度 2474 m，据岩石化学推测原岩为一套酸性火山岩或火山碎屑岩。据贺县鹰阳关剖面资料，震旦系厚度 >2700 m，以海相泥质岩为主，其中部有 3 层厚约 300 m 的含 K 较高且含 Fe、Cu 硫化物的细碧-石英角斑岩，具有岛弧安山-玄武岩特点（广西第六地质队，1995）。寒武系等老地层的 Au 背景值高，即使经过区域演化导致 Au 元素的迁出，目前测得的 Au 背景值也仍然高达地壳值的 4～5 倍。因此，本区的地层尤其是老地层可能为成矿提供了大量的成矿物质。

2. 岩浆岩与成矿的关系

前文岩浆岩及其岩石化学特征研究表明龙头山矿区岩浆岩为高挥发分元素的钙碱性系列岩石，属轻稀土富集型，可能为地壳物质经重熔形成的花岗质岩石，其中 Au 等成矿元素、矿化剂元素均为富集和特别富集元素，本区岩浆岩是矿田内成矿物质的重要来源。

岩体与矿体的空间关系也很密切。具体来说，源于深部隐伏花岗岩岩基的次火山岩体控制了矿床，岩体与矿体在空间上紧密共生，热液蚀变强烈，局部矿化现象明显。次火山岩筒中的岩石含金量高，既是金元素的载体，也是成矿母岩，工业矿体多分布在岩体边部及其周围的应力构造-热液蚀变圈内，分布在岩体边缘相的角砾熔岩、凝灰角砾岩和震碎角砾岩中，这些岩石位于边界较明显倾角较陡的岩筒边缘，岩石孔隙度高，有利于成矿热液的运移和矿体富集。

成矿时代上，成岩与成矿几乎同时，龙头山金矿化即是岩浆侵入和演化所形成；平天山钼矿点也有这样的对应关系。

表 12-6　龙头山地区区域和矿区地层中微量元素的丰度值对比表

地层	位置	Au	Ag	Cu	Pb	Zn	W	Sn	Bi	Mo	As	Sb	Co	Ni	Ba	B	Fe	样品数	Au 矿区/区域
D_1y	区域	1.05	0.30	55.00	32.00	150.00	50.00	4.00	0.90	4.00	45.00	0.40	30.00	100.00	1000.00	500.00	3.00	2	2.14
	矿区	2.25	0.21	32.50	565.00	66.25	19.25	2.08	0.30	0.60	12.50	0.40	15.25	30.75	850.00	400.00	3.00	4	
D_1n	区域	13.53	0.10	280.00	7.25	12000	200.00	3.00	0.60	30.00	47.50	1.65	92.50	75.00	875.00	450.00	2.13	4	1.94
	矿区	26.20	0.75	135.00	11.00	70.50	155.00	2.60	5.65	2.75	62.50	6.50	25.00	30.00	400.00	300.00	3.5	2	
D_1l^2	区域	1.83	0.28	133.33	23.33	80.00	383.33	3.33	0.30	14.00	11.67	5.27	53.33	76.67	3000.00	433.33	3.33	3	14.95
	矿区	27.36	2.02	76.72	34.13	15.41	105.41	41.34	51.06	2.45	829.13	46.97	8.97	8.26	256.25	15878.1	3.78	32	
D_1l^1	区域	2.92	0.21	20.42	13.33	35.83	484.08	1.75	0.63	12.73	23.75	10.62	123.33	58.92	616.67	308.33	2.08	12	38.97
	矿区	113.78	5.72	68.33	28.33	30.00	434.83	16.17	561.22	3.33	446.67	50.83	16.33	7.33	383.33	12883.33	3.17	6	
$∈h^3$	区域	1.35	0.04	27.83	27.13	39.61	61.61	1.48	0.49	1.43	12.43	1.44	9.78	25.00	1073.91	188.04	3.09	23	39.02
	矿区	52.68	0.29	32.19	22.00	51.48	52.58	2.09	1.32	1.38	95.48	5.43	13.48	27.03	500.00	290.32	2.33	31	
$∈h^2$	区域	1.51	0.05	34.56	25.93	31.81	41.48	2.23	0.67	1.21	21.33	1.60	10.88	18.85	1366.67	180.74	3.11	27	6.60
	矿区	10.04	0.73	36.53	187.59	75.65	85.29	2.13	1.19	1.29	162.50	3.48	10.65	20.01	510.88	238.20	2.27	34	
$∈h^1$	区域	3.10	0.06	30.71	30.81	62.24	32.29	2.59	0.70	6.69	36.19	6.28	14.90	27.14	1161.98	189.08	4.38	21	4.76
	矿区	14.76	1.36	80.00	226.67	67.67	144.33	6.92	39.34	7.00	324.89	24.78	14.89	14.11	1033.33	3588.89	3.33	9	
平均值	区域	2.54	0.11	44.61	24.95	49.21	120.37	2.17	0.62	5.95	24.15	3.90	31.33	33.80	1172.83	217.17	3.22	92	32.75
	矿区	83.20	1.63	66.80	120.68	62.57	100.46	13.17	45.18	2.52	532.43	19.99	15.55	18.38	471.12	5112.00	2.95	125	
均方差	区域	4.711	0.23	104.89	24.43	48.32	206.40	1.63	0.50	16.05	33.38	8.81	61.40	36.71	91.66	141.89	1.51	92	55.56
	矿区	252.30	5.38	111.43	283.02	106.69	168.30	46.94	205.81	4.69	1322.43	42.24	46.12	18.57	420.65	9678.37	1.77	125	
变异系数	区域	1.85	2.06	2.35	0.98	0.98	1.71	0.75	0.82	2.79	1.38	2.26	1.96	1.09	0.77	0.65	0.47	92	2.29
	矿区	4.23	3.29	1.67	2.35	1.71	1.68	3.57	4.56	1.88	2.48	2.11	2.97	0.9	0.89	1.89	0.60	125	
富集系数	区域	0.75	1.56	0.83	1.92	0.58	109.43	1.27	170.89	4.79	10.98	7.79	1.57	0.47	2.93	15.51	0.63	92	32.63
	矿区	24.47	23.35	1.24	92.28	0.74	91.32	7.74	12549.56	2.10	242.02	39.98	0.78	0.26	1.18	365.14	0.58	125	
桂东∈	区域	3.86	0.92	36.56	53.31	155.86			1.33	1.98	20.48	2.15	14.44	33.81				17	
陆壳丰度值（黎彤 1984）		3.40	0.07	54	13	85	1.1	1.7	0.0036	1.20	2.2	0.5	20	71	400	14	5.1		

据广西第六地质队（1995），含量单位除 Fe 为%外，其余为 10^{-6}。

3. 构造与成矿的关系

构造是成矿的基本控制因素，是成矿作用的有机组成部分。构造与成矿的关系主要表现在3个方面：一是使成矿物质活化转移，二是为成矿提供赋存空间，三是为导矿提供通道（翟裕生等，1993）。对龙头山金矿来说，构造控矿主要有以下几个特点。

1）深大断裂控矿。凭祥-大黎深大断裂是一条通达上地幔的深断裂，它是燕山期岩浆侵入活动的通道，是主要控岩、控矿构造，龙山金矿田处于该深断裂中段的北侧。

2）背斜控矿。龙山鼻状背斜核部及其倾伏端是有利的成岩、成矿部位、控制着矿田内各矿床（点）的分布。次级背斜的核部，因断裂发育，对成矿较有利，是控制矿体的重要部位。如山花（12）-1、（12）-2矿体就是产于背斜核部。

3）断裂控矿。北北西向（近南北向）组断裂是主要控矿断裂，其次是北西向组和北东向组。控矿断裂的性质主要为张扭性，断裂沿走向转变或分支复合处，两组断裂交会处是矿化富集部位。

4）岩体接触带控矿。次火山岩岩筒周边的环状接触带，以及接触带与北西向和北北西向断裂构造复合部位，是龙头山金矿床的主要控矿构造。

5）节理裂隙控矿。龙头山岩体中的金矿体与节理、裂隙有一定关系，产于流纹斑岩和角砾熔岩中的金矿主要富集于节理裂隙较发育处。

二、金的迁移和沉淀方式

1. 金的迁移形式和条件

金的电离势、电负性和氧化还原电位较高，从而决定了金的化学惰性。金常呈原子状态（Au^0）存在，也有Au^+、Au^{3+}的氧化态出现，并具有较强的极化力。尽管它们的离子电位不很高，但因属过渡性元素，其特定的电子构型使其具有很强的络合物倾向，特别是Au^{3+}的酸性度较Au^+强，在热液中能与Cl^-、HS^-、S^{2-}、HCO_3^{2-}等多种配位体结合形成稳定的络阴离子，并与阳离子Na^+、K^+或Ca^{2+}、Mg^{2+}、Fe^{2+}等结合成$M^+[AuCl_4]^-$、$M^+[Au(HS)_4]^-$等易溶络合物，导致金在热液中具有较强的活动能力。从本区各类矿床中流体包裹体成分特点可见，金的迁移形式主要有以下两种：

1）氯络合物。氯多以Cl^-出现，具有很高的电子亲和力，属强氧化剂。它是热液成矿作用中主要的矿化剂之一。在高温高压热液系统中，Au可溶解形成Au的氯络合物。随着温度、HCl浓度的增高，Au的溶解也随着增高。它可以稳定于酸性偏高温的介质中。一般可呈$AuCl_3$的挥发物形式和$[AuCl_4]^-$、$[AuCl_2]^-$、$[AuCl(OH)]^-$络阴离子形式迁移，多数情况下，其外配位体为Na^+，还可有K^+、Ca^{2+}、Fe^{2+}等。

2）硫络合物。金的硫络阴离子$[AuS]^-$、$[Au(HS)_2]^-$、$[Au(HS)_4]^-$等是在中、低温、碱-中性条件下迁移的。一般可随温度的增高和热液中NaHS浓度的提高而增大。但溶液中的$[HS]^-$、S^-浓度取决于H_2S的溶解度，当温度在400℃时为一种未解离的电性中和的H_2S气体分子存在，当温度高于400℃以上时H_2S即分解为H_2及S_2而呈挥发性的气态，因而，Au呈硫的络合物形式迁移的可能性很小。因此，在400℃以下的中、低温条件下，随温度的增高，溶液中H_2S的溶解度增大。在中到碱性条件下，溶液中S^{2-}离子增多，金的硫络合物在溶液中稳定存在，使之迁移。

金在热液中可呈多种络合物形式迁移，但因其性质不同，迁移条件也不相同。这一问题已引起人们的广泛注意。近期有许多学者以不同试验条件下对金在溶液中的溶解度进行了试验，其结果均有相似之处。

H. L. Barnes（1979）指出，Au的主要配体是Cl^-及HS^-，其中Cl^-只有酸性介质条件下起作用，而在中性到碱性条件下，形成金的络合物的主要配体是HS^-和S^{2-}。D. R. Cole和S. E. Drummond（1986）对$t=150\sim300$℃，$Cl=0.1\sim1.0$ m，$pH=4\sim6$，$\Sigma H_2S=0.1\sim10^{-5}$ m和$\Sigma H_2S/\Sigma SO_4^{2-}=10\sim10^{10}$时进行了多种热力学模型的计算，认为在低温（$t<250$℃），低Cl（0.1 m），中到高pH（>5），$\Sigma H_2S>10^{-3}$ m及高$\Sigma H_2S/\Sigma SO_4^{2-}$比值（$>10^{-5}$）时，金主要以$[Au(HS)_2]^-$形式迁移；而在高温

($t > 250℃$)，高 Cl^-（1.0 m），低 ΣH_2S（$< 10^{-3}$ m）低到中等 pH（<5）和低的 $\Sigma H_2S/\Sigma SO_4^{2-}$ 比值（$< 10^5$）时，$[AuCl_2]^-$是 Au 的主要迁移形式。

T. M. Seward（1984）提出了热水硫化物中，当 pH = 3 ~ 10，温度高达 300℃和 $P = 1.5 \times 10^8$Pa 时，$[AuCl_2]^-$→（酸性），$[Au(HS)_2]^-$和 $[Au(HS)_2]^{2-}$（碱性）分别为其主要迁移形式。在总硫浓度 0.001 m 时，$Cl^- = 1.0$ m 时，以 $[Au(HS)_2]^-$形式迁移的 Au 比 $[AuCl_2]^-$形式高出一个数量级。此外，有的实验还表明，在 160 ~ 300℃条件下，黄铁矿-磁黄铁矿缓冲体系中硫化物溶液内的 Au 深解度在近中性下出现极大值。在碱性溶液中 $[Au_2(HS)_2S]^{2-}$占主导地位，在中性-酸性溶液中 $[Au(HS)_2]^-$居主导地位。实验还表明，在酸性条件下出现 $[AuCl_2]^-$、$[AuCl_4]^-$等络合物，在高温条件下溶解度增高，增加 HCl 的浓度有利于增高金的溶解度。在碱性条件下出现 $[AuS]^-$、$[Au(HS)_4]^-$和 $[Au(HS)_2S]^-$，在中性-弱酸性溶液中出现 $[Au(HS)_2]^-$的络合物，Au 在中、低温溶液中的溶解度随着温度的增高和 NaHS 浓度的增加而增加。因此，金的碱金属氯络合物和硫络合物在不同条件下各自具有高度的溶解性和迁移能力。

2. 金的沉淀方式和条件

影响金沉淀的因素是溶液的物理化学条件的改变，主要取决于溶液中 pH、Eh、温度、压力以及溶液中有关离子的成分和浓度的改变。当成矿热液的酸碱度发生变化时，使金络合物发生分解而引起金的沉淀。例如溶液的酸度降低，可发生以下反应：

$$2H[AuCl_2] + OH^- \rightarrow H[AuCl_4]^- + Au\downarrow + H_2O$$

$$[Au(HS)_2]^- + OH^- \rightarrow Au\downarrow + H_2O + S_2$$

在金析出沉淀的同时，一般都可以释放出较多的水。

金的溶解度受氧化还原反应的影响较大，金的溶解度随氧化反应增强而增高，随还原反应增强而降低，可发生以下反应：

$$[AuCl_4]^- + 3e \rightarrow Au + 4Cl^-$$

$$[Au(HS)_2]^- + e \rightarrow Au + 2HS^-$$

在绝大多数金属中 Au 的惰性最大，在元素氧化-还原电位序列中居最低位置，因而 Au 可被绝大多数的金属阳离子还原成金属，特别是当氧化-还原电位降低，铁等离子浓度增大，它们破坏络合物，成为金的还原剂。可发生以下反应。

$$2[AuS_3]^{3-} + 3Fe^{2+} + 2e \rightarrow 3FeS_2 + Au\downarrow$$

热液中已析出的硫化矿物，如黄铁矿、黄铜矿、闪锌矿、方铅矿等常可作为 Au 的沉淀剂。例如黄铁矿反应引起的 Au 沉淀有以下两种方式：

1）当酸性溶液溶解黄铁矿，通过消耗 H^+而使 Au 沉淀

$$4(FeS_2) + 6H^+ + 4H_2O \rightarrow 4Fe^{2+} + 7H_2S + SO_4^{2-};$$

$$[AuCl_2]^- + 1/2H_2 \rightarrow [Au] + 2Cl + H^+$$

2）当 $[AuCl]^-$被 Fe^{2+}还原时

$$[AuCl_2]^- + Fe^{2+} \rightarrow [Au] + Fe^{3+} + 2Cl^-$$

贺潜飞（1984）提出了金的后生溶蚀沉淀，如含金溶液贯入黄铁矿的微裂隙，解络出的 Au^+或 Au^{3+}具有很强的氧化能力，可以分别与 Fe^{3+}和 S_2^{2-}反应，夺取它们的电子，使 Au^+或 Au^{3+}还原为金原子，其离子反应式为：

$$Fe^{2+} + Au^+ \rightarrow Au^0 + Fe^{3+}$$

$$S_2^{2-} + 2Au^+ \rightarrow Au^0 + 2S^0$$

其反应的结果使黄铁矿解体，Au 取代黄铁矿被溶解的空间而沉淀。这一现象在许多的含硫化物金矿床的矿石光片中观察到。在氧化-还原反应过程中，低价态的变价元素作为还原剂，是金产生沉淀不可缺少的条件。

金在氯化物溶液中的溶解度明显地受到压力的影响，随着成矿热液压力的降低，氯组分减少时，

可引起金的沉淀：

$$[AuCl_4]^- \rightarrow Cl^- + AuCl_3$$

$$2AuCl_2 \rightarrow 2AuCl_2 + Cl_2 \uparrow$$

$$AuCl_2 \rightarrow Au + Cl_2 \uparrow$$

成矿作用过程中伴随构造活动，有利于金的富集。由于成矿期的构造活动造成局部的负压地段，Au 的络合物溶液向低压的扩容带运移，络合物遭到破坏，Au 离解沉淀。这种现象也十分普遍。例如早阶段形成的黄铁矿、石英都是脆性矿物，受力易碎，当应力释放时压力减小，金即在这些矿物的裂隙中析出，因此，在一定程度上金的富集程度决定于它们的破碎程度。

三、成矿模式

综合前述研究成果和前人资料（广西壮族自治区第六地质队，1995；陈业清等，1992；谢伦司等，1993；陈开礼等，2002），龙头金矿的成矿模式可以概括为（图 12-6）：

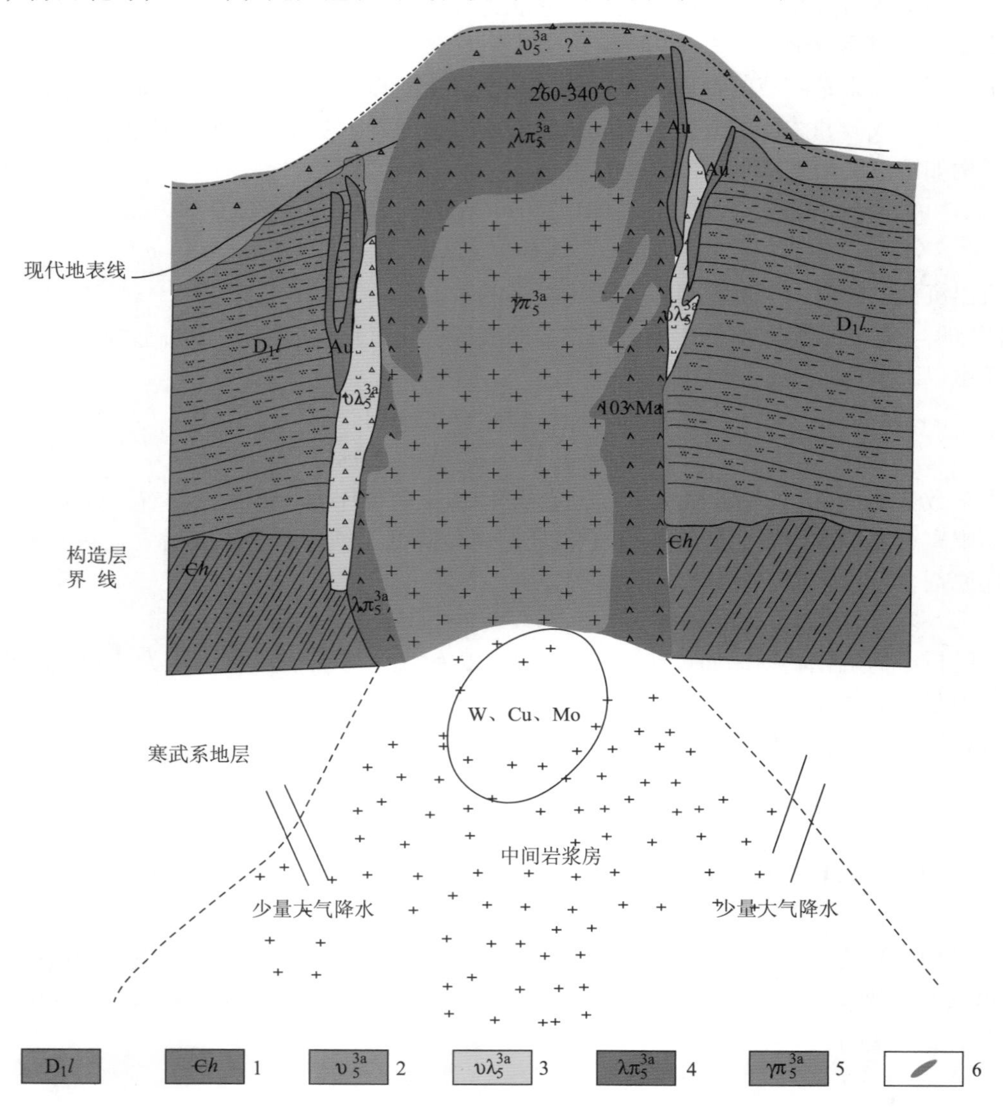

图 12-6　龙头山金矿成矿模式

1—泥盆系莲花山组；2—寒武系黄洞口组；3—角砾熔岩；4—流纹斑岩；5—花岗斑岩；6—金矿体

1）大瑶山地区内水口群下伏的更老地层（如邻区鹰扬关组、云开群）为一套地槽型复理石砂页岩建造，并夹有变质火山岩（细碧-角斑岩）（广西地矿局，1985），其厚度近千米，它们形成之后，经加里东及其后多次构造活动（如陆内古板块的俯冲、挤压或板内深断裂滑移等构造活动）使这部分岩石潜伏到地壳深处。在地幔高热流体上升和强烈构造活动所产生的热能，以及在相伴产生的减压作用影响下，使地壳深部基底岩石发生深熔-混熔作用，形成中酸性或酸性的岩浆。

2）重熔岩浆沿着深大断裂上侵至地壳，在特定空间（如张性裂隙等）逐渐聚集形成岩浆房；此时，地层封存水和天水断续加入岩浆岩中，形成岩浆再生平衡水，并不断汲取围岩（主要为寒武系）中的成矿元素，形成含矿熔浆。随着岩浆房内熔浆增多，温度和压力不断增大，在压力驱使下部分熔岩沿着岩浆房顶部由于冷凝收缩形成的裂隙上侵，由于此时的裂隙规模较小，上侵的熔浆逐渐堵塞通道口及裂隙系统，并逐渐形成了一个低渗透性岩石和构造的局部圈闭系统。

3）由于压力减小，温度降低，岩浆冷凝结晶、分异，熔体中的水含量逐渐增多，并达到饱和，此后熔体的进一步冷却与结晶，将使残余熔体发生“二次沸腾”，致使熔体体积膨胀，流体、气体向岩体顶部汇集，内压增大，在局部封闭条件下，气液流体的内压力大于围岩的抗张强度和岩石静压力时，隐爆作用发生，使熔体顶部围岩震碎、塌陷，形成角砾和通道。熔浆在上升过程中裹挟并胶结因震碎作用解体的围岩碎屑和晶屑，形成上部以围岩角砾成分为主的围岩角砾岩，隐爆作用，进一步可形成陡倾的张性裂隙，或使先存的断裂重新张开或进一步扩大，成为后续岩浆上侵的空间。

4）由于隐爆而形成的破裂向低压、浅处不断扩展，造成岩体顶部的瞬间降低，促使更多的流体从岩浆中析出，以及围岩、岩粉基质形成碎屑物质不同程度地向上移动，从而导致岩筒边部的不同角砾的混合和磨圆，出现似“卵石”形状的角砾，形成角砾熔岩。由于岩浆的二次沸腾作用（饱和水岩浆→结晶相＋蒸气相），岩浆中富含的大量 B、Cl、CO_2、H_2O、H_2S、SO_2，等挥发组分，在热流体经降压沸腾后形成了一个相对开放体系，发生了气体-高温热液的蚀变矿化现象，首先在流纹斑岩、角砾熔岩及附近围岩中进行了广泛而强烈的 B 交代作用，形成了典型的气成矿物——电气石的面型蚀变，随着温度、压力的不断降低，酸碱度及氧化还原电位的变化，晚阶段的电气石、石英和黄铁矿化沿着陡倾的张裂隙、角砾熔岩、流纹斑岩中的网脉状裂隙发育地段发育，随后有自然金的沉淀，富集地段形成了多种产状的金矿体（康先济等，1999）。

5）随着隐爆作用的发生和能量的释放，岩浆房中压力骤减，后续岩浆沿着爆破形成的裂隙缓慢上侵，形成岩体中心相花岗斑岩。在岩浆继续冷凝结晶过程中，重新聚集能量，经过饱和岩浆水的二次沸腾，分馏出富含 H_2O、Cl、B、F、H_2S、SO_2、CO_2 等挥发组分的热流体进行比较广泛的钾质自交代作用，形成大量的钾长石和绢云母、白云母化，主要发育于斑岩体内。由于热液蚀变的产生，引起岩石膨胀，透水率急剧降低，从而抑制了热流体的循环而造成自封闭过程，促使热流体聚集了更大的能量，在后续岩浆不断上涌造成顶部和边部原有网状裂隙系统重新启开，大量的铜等金属硫化物沉淀于花岗斑岩体上部及其附近围岩的网状裂隙中，局部富集形成含金的网脉浸染状矿石。

第五节 佛子冲铅锌矿的成矿机制与成矿模式

一、控矿因素

佛子冲矿床的控矿因素复杂，涉及地层岩性因素（高成矿元素背景值地层，碎屑岩中火山凝灰质岩夹层，矽卡岩夹层，薄层条带状灰岩夹层）、构造因素（侵入接触带构造、北北东向构造破碎带、褶皱组合、断裂网络等）以及岩浆岩因素（花岗闪长岩、花岗斑岩、英安斑岩）等。

1. 地层岩性控矿

野外调查得知，矿区内 S_1^b、O_3、O_2^{b-2} 碎屑岩中均有灰岩和钙泥质粉砂岩夹层，其中 O_3、O_2^{b-2} 层位分布于矿区北部，S_1^b 层位分布于南部牛卫、勒寨等地。大部分铅锌矿体（所有具一定规模的铅锌矿体）位于蚀变灰岩（条带状大理岩或矽卡岩）或蚀变泥质粉砂岩中。在井下调查可发现，矿体产出的地方或其附近无一例外地均能找到“绿色岩”等矽卡岩类和碳酸盐岩（灰岩、大理岩或钙-泥质粉砂岩），而“绿色岩”等矽卡岩类和碳酸盐岩产出的地方不一定能见到矿体，表明灰岩和泥质粉砂岩夹层是成矿的必要条件，也体现了选择性交代成矿的特点（选择地层，选择成矿有利物质），具有灰岩、泥质灰岩或泥质粉砂岩夹层也往往是找矿的重要标志。

佛子冲矿山以往的勘查资料表明，佛子冲矿田内的控矿层位主要为奥陶系中统上组上段（O_2^{b-2}）、奥陶系上统上组上段（O_3^{b-2}）及志留系下统中组（S_1^b）。奥陶系中统上组上段岩性为细砂岩、砂岩、钙质粉砂岩夹白云质泥质灰岩或泥质灰岩，六塘矿段、石门-刀支口矿段、大罗坪矿段的矿体均赋存于该层中。奥陶系上统上组上段岩性主要为粉砂岩，泥质粉砂岩夹少量的板岩及泥质灰岩，龙湾矿段的矿体赋存于此层位中。志留系下统中组岩性为板岩，砂质板岩夹角砾状，扁豆状含白云质或泥质灰岩，是牛卫、勒寨、舞龙岗矿床的含矿层位。

佛子冲矿田铅锌矿床（段）赋于一定层位，矿体产状与围岩基本一致，并且沿一定层位呈带状分布。从各地层中历年探明的储量表明（表12-7），O_2^{b-2} 层位是迄今为止最主要的含矿层位，铅锌矿石占全区的45%，金属量占全区的53%；其次为 O_3^{b-2} 层位，矿石占全区的35%，金属量占全区的32%；其他层位及脉状矿体总量不到全区的2%。不同地层含矿性的差异，主要取决于岩性，因此，地层对成矿的控制实质上表现为特定岩性（灰岩）及其他碳酸盐岩对成矿的控制。O_2^{b-2}、O_3^{b-2} 地层由于灰岩夹层较多，厚度较大，分布较稳定，容易被交代成矿。但是，地层岩性并非控矿的唯一因素，许多灰岩在本区的分布和延伸是稳定的，然而在其中的矿化却是断续的或局部的，只有在有利地层岩性条件，同时又处于适当的构造及岩浆岩条件下才能形成厚、大、富矿体。

表12-7　佛子冲矿田各层位铅锌储量统计表

赋矿层位	累计探明储量（万吨）		占总量比例（%）		备注
	矿石量	金属量	矿石	金属	
O_2^{b-2}	1038.48	89.03	45.00	53.14	似层状矿体
O_3^{b-2}	816.67	53.79	35.39	32.11	似层状矿体
S_1^b	428.30	23.17	18.56	13.83	筒柱状、不规则状矿体
其他	24.38	1.55	1.05	0.92	其他层位及脉状矿体难以利用部分
合计	2307.83	167.54			金属量为铅、锌的金属总量

（据徐海，1996）

2. 岩浆岩控矿

岩浆岩是佛子冲矿床的主导成矿地质体，佛子冲矿床体现了明显的岩浆岩控矿特征。其中，古益、河三矿区发育的岩浆岩主要有燕山早期的花岗闪长岩，次为燕山晚期的花岗斑岩。矿区中花岗闪长岩一般以岩枝出现，常见矿体产于花岗闪长岩与碳酸盐岩（灰岩、大理岩或钙质粉砂岩）的接触部位以及花岗闪长岩与碳酸盐岩接触带的“绿色岩”中，花岗闪长岩与碳酸盐岩的接触带为成矿提供空间。花岗闪长岩是否也为成矿提供物质来源呢，这个问题争议已久。笔者野外调查发现，局部可见（如60 m中段04线东翼）矿体产在花岗闪长岩与灰岩接触部位，具有硅化、绿帘石化、方解石化等特征，却并未见到矽卡岩，表明成矿热液仅利用接触带构造，而花岗闪长岩不是成矿热液的提供者。偶见花岗闪长岩中间有矿脉穿插，表明成矿比花岗闪长岩晚，成矿热液沿着破碎贯入（如180 m中段015线）。矿区中花岗斑岩属于脉岩类，局部可呈岩株状，延长达2 km，产状近直立，侵入到砂岩或灰岩中。如180 m中段015线，由西往东可见东侧为花岗斑岩，花岗斑岩与钙质粉砂岩侵入接触关系清楚，有烘烤边和边缘大颗粒白云母。往西过渡为钙质粉砂岩，出现矿化带，而围岩中出现与花岗斑岩产状一致的石英脉群，方铅矿赋存于绿帘石化的蚀变岩中，其位置为花岗闪长岩与钙质粉砂岩的接触带，矿体局部还可直接产在花岗闪长岩中，花岗闪长岩绿帘石化蚀变清楚，并具有大量钙质粉砂岩包体。由此可推断：①花岗闪长岩比蚀变岩早；②成矿热液侵入到花岗闪长岩与钙质粉砂岩接触部位，一次成矿和蚀变时间在花岗闪长岩之后，成矿可能与花岗斑岩关系密切。

龙湾一带矿体产于花岗斑岩与大理岩的接触带，矿体呈多个透镜雁行状排列，矿体发育于灰岩和大理岩中，与石榴子石矽卡岩共生。这种矿体沿着相同方向（近于南北向）透镜状尖灭再现的特征，说明了矿体就位受到花岗斑岩与走滑构造的双重控制。

岩浆岩体的侵入接触带是制约矿床空间定位的主控因素。佛子冲矿床的矿体主要有呈顺层条带状（脉状）、顺层透镜状产出，少量切层细脉状。不同产状的矿体在空间上与容矿的侵入岩体接触带构造密切相关，顺层展布的侵入接触带控制层状矿体，切层展布的侵入接触带控制脉状矿体。侵入接触带构造是岩浆岩侵入地层的产物，受岩体侵位方式的制约，因此，岩浆岩体控制了矿体的发育。

3. 构造控矿

佛子冲铅锌矿床构造控矿主要体现在构造对铅锌矿体的导矿和容矿上。矿床中矿化强度与构造变形程度呈正相关关系，构造变形程度越大矿化则越强（冯佐海等，1999）。

从区域上看，佛子冲铅锌矿位于云开隆起的西坡与博白凹陷的过渡部位。许多研究成果表明，博白-岑溪断裂是位于云开古陆边缘的多期活动的深断裂，活动时间长，从前寒武纪以来长期活动，目前依然是一条活动断裂。在佛子冲矿床，博白-岑溪断裂表现为断裂组。这些断裂组在北北东方向上表现为一系列的平行大断裂，在北西、近东西方向上表现为次一级断裂系。北北东向断裂系是主体断裂系，是博白-岑溪深断裂的具体表现。博白-岑溪断裂深达上地幔，它为壳幔相互作用、深部热能、物质上升提供条件，进而为花岗质岩浆的形成、演化与成矿提供了条件。

从矿区构造特征看，博白-岑溪断裂系的主体断裂为牛卫断裂，牛卫断裂与佛子冲背斜构成佛子冲铅锌矿床的构造格架。佛子冲矿床断裂分为3组，北北东向、北西向、北东东向。其中北北东向断裂带是主体深断裂，北西、北东东断裂是次一级断裂。矿床中断裂构造活动多期，构造样式也是丰富多样的，构造作用各不相同，形成了一个张剪性、压剪性、张性、走滑剪切并存；成矿构造、破矿构造并存；早期成矿构造与晚期矿化构造并存，褶皱与断裂并存的复杂成矿构造体系。

二、矿床成因

自20世纪50年代至今，佛子冲矿床先后吸引了许多勘查单位、科研院校到此开展矿床成因研究，认识上也众说纷纭，主要有：接触交代矽卡岩成矿（广西地勘局204队，1973）、高-中温岩浆热液-断裂充填交代成矿（赵晓鸥，1990；雷良奇，1994、1995；王猛等，2007）、多因复合成矿（李玉平等，1993）、层控成矿（朱上庆等，1982；张来新等，1990）、热水沉积-叠生改造成矿（杨斌，2000、2002；吴烈善，2004）等。本次研究认为：

1）矿床受地层、岩浆岩和构造联合控制。矿体主要产于奥陶系和志留系的灰岩（大理岩）与钙质粉砂岩中，受北东向、北北东向、南北向断裂或岩体与围岩的侵入接触带控制，矿体主要呈条带状（层状）、脉状（似层状）、块状、透镜状（扁豆状）、囊状和不规则状等，具尖灭再（侧）现及分支复合等现象，形态较为复杂。大量矿体发育在灰岩夹层中或就位于硅钙界面（灰岩与砂岩的岩性界面，灰岩与岩浆岩的岩性界面）。井下常见矿体穿插、切割和交代地层，指示了明显的热液充填交代成矿作用。矿石矿物组成较简单，围岩蚀变强度较弱，但具有一定的分带性。矿床中广泛发育的绿色蚀变岩类属矽卡岩，是岩浆期后热液交代的产物，且与成矿关系十分密切。

2）初始成矿流体为岩浆期后热液，并在演化晚期不同程度地混入了天水。主要依据如下：①矿物流体包裹体水的H、O同位素分析表明，成矿期流体δD和$\delta^{18}O$值分别$-74.80‰\sim-41‰$，$-7.41‰\sim6.20‰$，在$\delta D-\delta^{18}O$图解上有部分样品落在原生岩浆水区，其余大多落在原生岩浆水区与雨水线之间；②方解石脉和大理岩C、O同位素分析表明，$\delta^{18}O_{smow}$值分布于$9.7‰\sim13.2‰$范围，$\delta^{13}C_{PDB}$值分布于$-0.1‰\sim2.7‰$之间，其中$\delta^{18}O_{smow}$值大大低于正常海相灰岩（$\delta^{18}O_{smow}$为$22‰\sim30‰$）和大理岩（$\delta^{18}O_{smow}$为$15‰\sim27‰$），在$\delta^{18}O-\delta^{13}C$图解上佛子冲碳酸盐岩样品投点均远离正常沉积碳酸盐，与岩浆-地幔源C、O同位素范围较接近，表明这种大理岩或大理岩化灰岩形成于较高温度，推断受燕山期岩浆热液强烈改造的结果；③流体包裹体气液相成分分析表明，成矿流体中阳离子以Ca^{2+}、K^+、Na^+为主要成分，$K/Na>1$，阴离子中SO_4^{2-}含量占明显优势，显示与岩浆源流体的亲缘关系，从早阶段到晚阶段岩浆源成分所占比例呈下降趋势。

3）成矿热液经历复杂的演化过程，其蚀变及成矿作用的物理化学环境变化很大。流体包裹体及特征矿物微量元素分析表明，矿区内进变质矽卡岩阶段（透辉石矽卡岩、钙铁辉石矽卡岩、石榴子石矽卡岩）温度约400~600℃，退变质矽卡岩阶段（绿帘石矽卡岩、绿帘石-绿泥石矽卡岩）阶段温度约450~300℃，硫化物阶段流体包裹体均一温度多介于180~320℃，其中早期硫化物阶段矿物爆裂温度接近300℃（磁黄铁矿285~330℃，黄铜矿286~296℃），而晚期硫化物阶段成矿温度降至200℃左右（如方铅矿205~295℃，闪锌矿262~295℃），指示硫化物沉淀的温度区间在200~300℃之间。佛子冲铅锌矿床的成矿流体逸度从早期矽卡岩阶段到主成矿期热液硫化物阶段到晚期石英-方解石阶段具有先升高再降低的趋势，成矿过程具有相当的复杂性，与成矿温度的变化趋势以及矿质沉淀的规律一致。成矿流体的酸碱度呈弱酸性，从早期到晚期成矿环境由还原环境向弱还原环境转变。从矽卡岩阶段到晚期石英-方解石阶段，总硫活度依次降低，说明硫化物含量依次增加，而总碳活度先降低后升高，说明碳酸盐矿物的含量是先升高后降低的过程，主成矿阶段成矿与碳酸盐密切相关，也反映了佛子冲铅锌矿床成矿阶段的复杂性。

4）佛子冲和河三两个矿段在成矿物理化学环境方面存在显著差异。佛子冲式的铅锌矿体埋藏标高较低，生成深度较大，具有良好的封闭、高压、稳定的成矿环境，有利于矿液沿层交代、沉淀，形成似层状矿体。牛卫式矿床形成标高较高，埋深不大，构造断裂发育，不具备良好的封闭条件、高压及稳定的成矿环境，所以矿化仅限于断裂与灰岩相交部位，形成沿层矿化范围很小的柱状及不规状矿体。

5）矿床的形成与燕山晚期岩浆岩（尤其是花岗斑岩）成因关系密切。成矿物质主要来自岩浆岩，部分来自围岩地层。主要依据如下：①矿床的形成和分布具有明显的岩浆热液成矿演化规律，成矿带内中酸性岩浆岩分异良好，构成岩浆-热液-成矿演化的有机统一体；②铅同位素分析表明（表12-8），不同矿体中矿石铅的同位素特征比较接近和集中，说明矿石中铅的来源相似或具有继承性。矿石铅与岩浆岩长石铅同位素比值特征相似，而与地层铅同位素比值相差甚远。在铅同位素演化图上，不同岩性单元样品多落在造山带与上地壳演化曲线附近。结合模式年龄分析，指示铅的来源与燕山期岩浆活动尤其与花岗斑岩侵入活动联系紧密；③硫同位素分析表明，矿田内不同矿段中硫化物矿

表12-8　佛子冲矿田铅同位素组成及模式年龄计算结果

序号	样号	采样位置	$^{206}Pb/^{204}Pb$	$^{207}Pb/^{204}Pb$	$^{208}Pb/^{204}Pb$	$\Delta\alpha$	$\Delta\beta$	$\Delta\gamma$	Φ值	μ值	Th/U
1	F020	佛子冲180中段40#矿脉	18.68	15.75	39.22	66.99	20.61	42.17	0.582	9.73	3.94
2	F026-1	佛子冲180中段38#矿脉	18.79	15.86	39.58	73.33	28.13	51.82	0.587	9.94	4.05
3	F042	佛子冲138中段201#矿脉	18.69	15.74	39.18	67.56	19.83	41.16	0.580	9.70	3.92
4	F065	佛子冲100中段201#矿脉	18.71	15.76	39.25	68.65	21.19	42.94	0.581	9.74	3.94
5	H096	勒寨150中段4#矿脉	18.63	15.68	39.03	64.19	16.27	37.12	0.578	9.60	3.88
6	H106	水滴14线132#矿脉	18.68	15.74	39.17	66.59	19.83	40.79	0.581	9.70	3.92
7	G05-2	佛子冲100中段206#矿体	18.59	15.65	38.91	61.79	14.13	33.99	0.577	9.54	3.84
8	F057	佛子冲100中段102#矿脉	18.69	15.75	39.20	67.39	20.41	41.78	0.581	9.72	3.93
9	82F-36	方铅矿	18.74	15.80	39.36	70.07	23.85	46.05			
10	82F-39	方铅矿	18.70	15.74	38.17	68.08	20.22	14.40			
11	82F-40	方铅矿	18.59	15.73	39.24	61.85	19.18	42.76			
12	82F-41	方铅矿	18.64	15.68	39.02	64.25	16.46	36.94			
13	82F-8	花岗斑岩中的长石	18.48	15.66	38.69	55.51	15.10	28.20			
14	82F-23	二长花岗岩中的长石	18.08	15.59	38.42	32.55	10.11	21.10			
15	82F-33	二长花岗岩中的长石	18.36	15.36	38.65	48.32	12.83	27.19			
16	82F-33-1	二长花岗岩中的长石	18.22	15.61	38.54	40.43	11.47	24.16			
17	82F-2	下志留统砂岩	19.18	15.88	39.44	95.49	29.23	48.18			
18	82F-19	下志留统灰岩	19.26	15.90	39.61	99.94	30.52	52.64			
19	82F-19	下志留统灰岩	19.47	15.93	39.57	112.1	32.15	51.55			

测试单位：宜昌矿产地质研究所。1~8为本次成果（H096为方铅矿，F057为黄铁矿，余为闪锌矿），9~19据张乾（1993）。

石矿物的硫同位素比值非常接近，$\delta^{34}S$ 值主要集中在 -0.43‰~4.3‰，直方图上表现为陡立的塔式分布特征，与岩浆活动相关的深源硫特征非常吻合；④稀土元素分析表明，矿化剖面上矿石与蚀变岩的稀土元素特征变异较大，但总体体现出对围岩地层的继承性和受岩浆源热液作用改造的复合特征；⑤围岩地层中矿质元素含量相对偏高，可能在热液运移过程中提供部分矿质。

6）流体的混合作用是硫化物矿质沉淀的主要机制。佛子冲铅锌矿床中高温高盐度流体与低温低盐度流体同时存在，其中主成矿期为高温高盐度流体，流体密度属低密度。成矿温度介于 142℃~361℃，可分为 150℃~210℃和 260℃~320℃（主成矿期）两个区间。其中岩浆源高温流体是成矿作用发育的主导因素，高温流体与天水低温流体的混合作用是硫化物矿质沉淀的主要机制。

7）充填交代成矿作用是本矿区的主要成矿作用方式，主要依据是：①矿化和蚀变作用在发育空间上对围岩地层有选择性。矿体主要集中在碳酸盐岩夹层发育部位，矿体规模和钙质围岩夹层厚度有一定正相关性，常形成层状、似层状厚大矿体，而在砂岩和岩浆岩内部仅有限分布于断裂破碎带内，规模小延伸有限，形态不规则主要是细脉状；②野外可以直接观察到成矿热液对钙质围岩交代作用的前锋面，以及交代残余透镜体；③发育典型的矽卡岩矿物，包括进变质阶段的透辉石矽卡岩、钙铁辉石矽卡岩和石榴子石矽卡岩，以及退变质阶段的绿帘石矽卡岩等，这些矽卡岩矿物在显微镜下都可以发现典型的显微尺度交代作用证据；④矿石中硫化物发育阶段多期次，通过矿相显微观察发现大量的早期金属矿物被晚期不同类型硫化物交代的现象；⑤稀土元素地球化学特征指示，矿石和蚀变岩继承了钙质围岩的地球化学特征，同时叠加了岩浆源蚀变流体的改造信息。

综上所述，本研究认为佛子冲铅锌矿床应为中低温岩浆热液充填交代型铅锌矿床。

三、成矿模式

博白-岑溪深大断裂的长期活动是区域成矿的主导背景。该深大断裂控制了矿田发育的宏观地质格架，在多旋回的演化过程中造成了加里东基底的切割和渗透性提高，诱发了多期多阶段的岩浆、构造和流体成矿事件（图 12-7）。

在印支及前印支期，区内岩浆构造作用活跃，奠定了矿田内的基础地质格架。奥陶纪末期—志留纪早期，响应于广西运动和华南加里东基底的最终形成，广平岩体的主体（444 Ma）侵入。二叠纪末期至三叠纪早期，响应于 Pangea 超大陆形成和解体过程，具有高钾钙碱性、准铝-弱过铝-强过铝质 I 型花岗岩性质的大冲岩体侵入（245 Ma）。这期间，区内成矿作用不显著，但受特提斯构造域的影响，牛卫断裂发育，它为期后成矿作用的爆发提供了重要的导矿构造。

进入燕山期，区内岩浆构造活动达到顶峰，为区域金属成矿作用提供了良好的地质条件。中侏罗世，在特提斯构造域向太平洋构造域转化的伸展背景下，具有高钾钙碱性、准铝-弱过铝 A 型花岗岩性质的广平正长花岗岩体（171 Ma）侵入矿田西部；晚侏罗世—早白垩世，响应于太平洋板块第三次向西俯冲致使云开地块进一步向桂西地块挤压碰撞，具有高钾钙碱性、准铝-弱过铝-强过铝质 I 型花岗岩性质的古益、河山龙湾花岗斑岩体侵入（106 Ma）矿田大部。在中晚白垩世，响应于华南区域伸展作用，具有高钾钙碱性、准铝-弱过铝质 I 型花岗岩性质的龙湾石英斑岩-流纹斑岩体侵入（94 Ma）矿田南部。与之同时，受太平洋构造域的影响，北北东、南北向断裂系大量发育。

燕山晚期的两次岩浆事件伴随有强烈的流体作用，直接促成矿田内成矿作用的大爆发。随着矿区南部的花岗斑岩和英安斑岩的侵入，大量流体从浅层岩浆体系中分异，形成了以河三矿区为中心的岩浆期后成矿流体系统。初始成矿流体以岩浆源高温高盐度热液（260~320℃，7.6%~17.5% $NaCl_{eq}$）为主，但后期随着天水流体的混入逐步演变为中低温低盐度热液（150~210℃，1.3%~17.5% $NaCl_{eq}$）。在长期演化过程中，成矿流体与区内奥陶系、志留系地层内的碳酸盐岩夹层产生了显著的水岩作用，产生了热变质、蚀变及矿化的地质记录。该过程可大致划分为“三期四阶段”。热变质期，主要表现为矿区地层内的碳酸盐岩夹层发生普遍大理岩化；矽卡岩期，包括早晚两个阶段。早期进变质矽卡岩阶段，主要表现为干矽卡岩矿物（矿区主要为石榴子石和辉石）的大量出现。晚期退变质矽卡岩阶段，主要表现为湿矽卡岩矿物（矿区主要为绿帘石和绿泥石）的大量出现；硫化物期，主

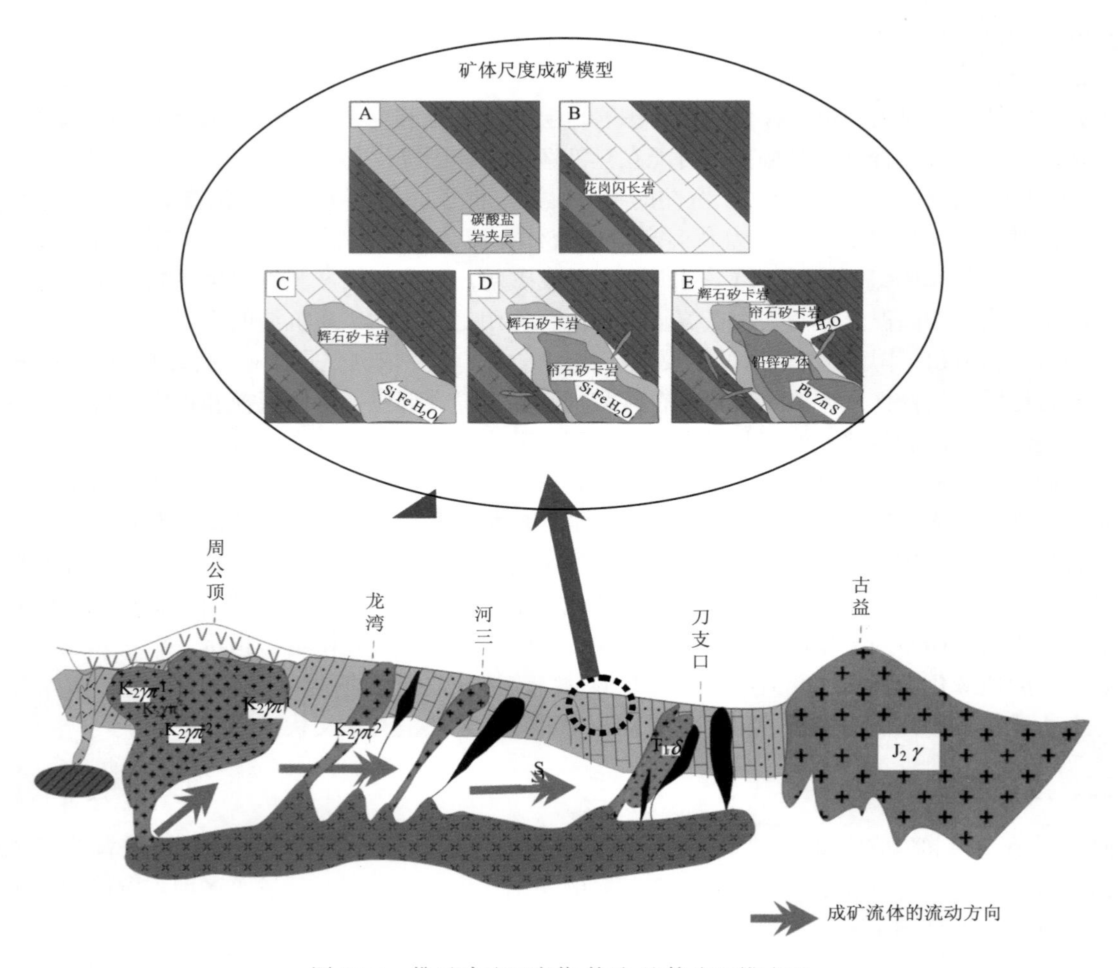

图 12-7　佛子冲矿田岩浆-构造-流体成矿模式图

要为方铅矿、闪锌矿、黄铜矿、雌黄铁矿等金属硫化物随同石英、方解石等脉石矿物的大量沉淀。矿床的发育代表了流体系统演化中晚期的产物，岩浆源流体自深部向浅部运移造成的降温减压，及其与浅表天水流体的混合作用应该是硫化物沉淀的主导因素。

古益、河三、龙湾 3 个矿区是同源成矿流体在不同成矿环境下形成的一套成矿系列。成矿流体系统自南而北沿北北东向和南北向构造破碎带运移。河三和龙湾接近流体库中心，热液运移距离短，流体温度高，导致进变质矽卡岩阶段的发育时限长且强度大，晚期硫化物金属矿物直接充填夹裹于石榴子石或钙铁辉石矽卡岩中，形成典型矽卡岩型矿床。古益矿区离岩浆热液中心较远，在成矿流体的长距离运移过程中较多地混入了天水流体，导致流体温度偏低，产生进变质弱而退变质强的现象，加之良好的封闭、高压环境，产生了大规模以“绿色岩”为典型标志的蚀变岩与条带状硫化物矿体共生发育的特殊现象。此外，基于 Pb、Zn 在成矿热液演化系统中易于在晚期富集的地球化学习性，其分布区域一般远离热源，加之古益矿区的地层中碳酸盐岩夹层大量发育，利于热液选择交代成矿作用的发育，因此古益矿段的蚀变和成矿规模大于河山和龙湾。

第六节　石碌铁矿的成矿机制与成矿模式

一、矿床成因类型

1. 前人对成因的认识

数十年来，对海南石碌铁矿的成因，提出过多种观点，如沉积成矿、高温热液接触交代、沉积变质-热液交代、卤水成矿及火山沉积-变质，甚至 IOCG 类型等不同成因观点（黎鉴廷，1976；喻茨玫等，1980；中科院华南富铁科研队，1986；张仁杰等，1992；覃慕陶等，1998；许德如等，2007b，2008，2009；毛景文等，2008a）。目前较为主流的观点是偏向于火山沉积-变质成因，该观点又有两种不同解释：一种是原始沉积的贫铁矿在韧性剪切带构造透镜体形成过程中经过塑性流动富集、压溶去硅，使贫铁变富铁，形成厚大的“北一”式矿体（侯威等，2007）。此观点强调了构造变形，忽略了中生代构造-岩浆活动的热液改造作用；另一种是矿床在海底火山沉积后遭受了区域变质及后期热液交代而形成（Yu and Lu，1983），但其认为后期热液改造仅是海西—印支期花岗岩活动造成的（喻茨玫等，1980；许德如等，2008，2009）。

许多证据表明石碌铁矿床的物质来源与原始海底火山作用关系紧密。如王寒竹（1983）在石碌群第五层中发现富钾流纹质熔结凝灰岩，指出成矿物质来源于海底火山喷发；王寒竹（1985）又对石碌铁矿床的石英进行成因矿物学研究，认为石英既有火山成因也有热液成因。赋矿围岩的变余沉积结构和代表火山活动的玻璃包裹体、变杏仁状和火焰状构造以及碧玉的出现（袁奎荣等，1977；中科院华南富铁科研队，1986；杨开庆等，1988）均暗示与火山作用有关；刘裕庆（1981）通过硫同位素研究，认为硫主要来自海水硫酸根，并接受了火山硫的混合，Fe、Co、Cu 成矿元素为海水搬运来的海相火山喷发物质；胡志高（1998）明确提出热液为海底火山热液、区域变质热液和地下水的混合来源。中科院华南富铁科研队（1986）根据矿区 O、S 同位素和包裹体分析数据，推测该类型矿床的含矿热液主要来源于火山热液；吕古贤（1988）推测成矿物质主要来自海底近源火山喷发作用。熔融包裹体的发现以及成矿物质和成矿流体的示踪，共同反映了铁成矿与火山活动和深部流体活动有关（赵劲松等，2008；许德如等 2009）。笔者在石碌群第六层中发现许多碧玉和重晶石以及室内鉴定出磁铁矿、赤铁矿与碧玉共生，推测原始火山沉积提供了铁质。根据岩矿石稀土元素和 S、O、Nd 等同位素的分析，也证实成矿物质主要由火山作用提供。因此火山喷发作用为石碌铁矿床提供了初始铁质来源，并形成了贫矿体。

2. 矿床成因类型对比

国内外主要铁矿床类型有岩浆型、沉积型、沉积变质型（BIF 型）、矽卡岩型、火山岩型、海相火山沉积型、IOCG 型等（程裕淇等，1994；赵一鸣，2004；许德如等，2008a；谢承祥等，2009b），论文根据石碌铁矿床成矿特征与以上各类型的典型铁矿床进行对比，以期分析和阐明石碌铁矿床的成因归属。各典型铁矿床特征见表 12-9。

（1）矽卡岩型铁矿床

石碌铁矿床与矽卡岩型铁矿床（以大冶铁山铁矿床为例）相比，相似点为：①矿体主要呈层状、透镜状，厚度大，矿体内常有围岩残留体，交代现象显著；②发育与成矿有关的闪长质或花岗质侵入岩体（石碌矿区深部发育 135 Ma 的隐伏花岗闪长岩）；③围岩有显著的热液蚀变，如透辉石化、透闪石化、绿帘石化、硅化、绿泥石化，矿体也与围岩有密切的空间关系；④二者磁铁矿的 O 同位素值均与火成岩较为接近，暗示 O 主要来自深部岩浆。不同点是：①矽卡岩型铁矿床的成矿热液主要来源于中基性至中酸性岩浆，而石碌铁矿床矿石和赋矿围岩硫同位素组成与岩浆热液来源的矽卡岩型矿床差别较大；②石碌矿区铁矿石以鳞片状赤铁矿为主，但矽卡岩矿化发育的部位磁铁矿明显增多，与大冶铁山典型矽卡岩型铁矿床以磁铁矿为主并不完全相同。尽管石碌铁矿床与矽卡岩型铁矿床有一定的差异性，但矽卡岩型矿石的蚀变矿物组合等与矽卡岩型矿床基本一致，表明石碌铁矿床中存在部分矽卡岩型铁矿体。

（2）岩浆型铁矿床

相比较于岩浆型铁矿床（以攀枝花基性-超基性钒钛磁铁矿床为例），石碌铁矿床：①没有发现与成矿有关的基性岩体；②矿体基本产于复式向斜核部和与翼部过渡部位，且受断裂改造控制，并不是基性岩体的底部；③主要矿石矿物为赤铁矿，少量磁铁矿，钛含量较低，也不同于岩浆型矿床富含的钛特征；④岩浆型矿床成矿温度一般为 800℃以上，而石碌铁矿成矿温度较低，为 250～460℃。因此，石碌铁矿床不可能是岩浆型铁矿床。

表 12-9　石碌铁矿床与国内外典型铁矿床特征对比

矿床类型	矽卡岩型	基性-超基性岩浆岩型	沉积变质型	沉积型	IOCG 型	陆相火山岩型	海相火山沉积型	海南石碌铁矿床
代表性矿床	湖北铁山铁矿床	攀枝花钒钛磁铁矿床	辽宁弓长岭铁矿床	湖南大坪铁矿床	澳大利亚奥林匹克坝铁矿床	江苏姑山铁矿床	甘肃镜铁山铁矿床	
矿床规模	约2亿吨	51.6亿吨	超大型	大型	矿石储量至少有20亿吨，铁、Cu、U、Au 和 REE 资源量巨大	大型	达5亿吨	达4.17亿吨以上、平均品位51.15%
大地构造背景	网状构造和隆坳相间的台褶区	大陆裂谷区	华北地台北缘东段断隆区	较稳定的扬子准地台	大陆扩张区，大陆裂谷	扬子准地台凹陷边缘	北祁连加里东褶皱带西段	华南褶皱系五指山褶皱带西段裂谷
主要控矿构造	北西西向、北北东向两组断裂及接触带构造控制	岩体层状构造和攀西裂谷构造	古火山-沉积盆地及其边缘断裂	海相、海陆交互相、河湖相沉积	地堑内局部隆起，受断裂围限	火山断陷盆地和网格状断裂	受北西向线性同斜褶皱和 F_{10} 同生断裂控制	轴向近东西的复式向斜及北西西向断裂
赋矿地层/岩体、岩性、时代	中-酸性侵入岩体与碳酸盐岩接触带	海西期辉长岩体	地台隆起区古老变质岩系，变质级别达麻粒岩相-角闪岩相-绿片岩相	泥盆系中上统砂页岩	中元古界奥林匹克坝组与格林菲尔德组碱性花岗岩、花岗质角砾岩-赤铁矿角砾岩-长英质火山-沉积建造	中生代中酸性、中基性、基性火山岩	下震旦统镜铁山群火山-碎屑岩沉积建造：千枚岩、硅质脉体、碧玉岩，围岩变质程度低	蓟县—青白口系石碌群火山-碎屑沉积岩和碳酸盐岩建造，变质达绿片岩相
成矿时代	晚侏罗世—早白垩世	海西—印支期	太古宙、中元古代—新元古代	中-晚泥盆世	中—新元古代	晚侏罗世—早白垩世	晋宁—加里东期	新元古代、加里东期、燕山期
矿体赋存部位	岩体与围岩的接触带	主要在岩体底部	多在复式向斜的翼部和倒转翼	中、上泥盆统和上泥盆统—下石炭统地层	由赋矿角砾的构造控制	主矿体大多产于次火山岩体顶部及其侧翼	与地层整合且同步褶曲，并与上下地层有相似的沉积韵律	矿体主要产于复式向斜核部及与翼部转折部位
矿体产状	受接触带控制，似层状、透镜状、鞍状和不规则状	层状、似层状、透镜状	厚层状、似层状，与赋矿围岩多呈整合接触关系	层状、透镜状、不规则状、囊状	层状、似层状/透镜状、交切脉状	层状、似层状、透镜状、囊状、脉状、网脉状	主要为层状、少量为透镜状	呈层状、似层状、透镜体及少量脉状
矿石矿物	磁铁矿和赤铁矿为主，其次为黄铜矿、黄铁矿、菱铁矿、镜铁矿等	钛磁铁矿和钛铁矿为主，少量磁黄铁矿、黄铜矿、镍黄铁矿	磁铁矿、假象赤铁矿	鲕状赤铁矿、菱铁矿	赤铁矿、磁铁矿、黄铁矿、黄铜矿、斑铜矿、辉铜矿等	以赤铁矿、磁铁矿和镜铁矿为主，其次黄铜矿、黄铁矿、方铅矿、闪锌矿等	镜铁矿、赤铁矿、黄铁矿、黄铜矿、菱铁矿	赤铁矿、磁铁矿、含钴黄铁矿、黄铜矿、磁黄铁矿等
脉石矿物	石榴石、透辉石、符山石、方柱石、金云母、透闪石、钠长石、绿泥石	橄榄石、辉石、黑云母、斜长石、角闪石	石英、角闪石、绿泥石、黑云母等	方解石、白云石、鲕绿泥石、粘土和石英	石英、绢云母、钾长石、萤石、重晶石	方柱石、磷灰石、石英、重晶石、透辉石、硬石膏、金云母、碳酸盐等	碧玉、石英、白云石、方解石、重晶石	石英、绢云母、透辉石、透闪石、绿帘石、绿泥石、白云石和重晶石等

续表

矿床类型 代表性矿床	矽卡岩型 湖北铁山铁矿床	基性-超基性岩浆岩型 攀枝花钒钛磁铁矿床	沉积变质型 辽宁弓长岭铁矿床	沉积型 湖南大坪铁矿床	IOCG 型 澳大利亚奥林匹克坝铁矿床	陆相火山岩型 江苏姑山铁矿床	海相火山沉积型 甘肃镜铁山铁矿床	海南石碌铁矿床
矿石组构	块状、浸染状、条带状构造，中粗粒结晶结构	层状、块状、斑杂状构造，海绵陨铁、格状结构	条纹状、细粒鳞片变晶结构，条带状、块状构造	层纹状、凝块状构造	块状、细脉状、中细粒浸染状构造，多产于角砾岩胶结物中，见少量铜硫化物碎屑存在	块状、浸染状、层纹状、角砾状构造，自形-半自形粒状、斑状结构	浸染状、条纹状、块状、角砾状构造；鳞片状、他形粒状、交代、包含结构	片状、块状、条带状、角砾状构造；细鳞片状、鳞片变晶、交代溶蚀、它形填隙结构
围岩蚀变	金云母化、绿泥石化、阳起石化、透闪石化等	广泛区域变质	绿泥石化、白云母化、阳起石化、绢云母化、黄铁矿化和碳酸盐化	无	赋矿围岩蚀变强烈，深部以钠质蚀变为主、中浅部以钾质蚀变为主、浅部以绢云母化和硅化为主	下部浅色钠长石化蚀变、中部深色蚀变带（方柱石化、透辉石化、石榴石化带）、上部浅色蚀变带（硅化、泥化、硬石膏化、黄铁矿化）	硅化、绢云母化、碳酸盐化、黄铁矿化和绿泥石化	透辉石化、透闪石化、绿帘石化、绿泥石化、碳酸盐化、蛇纹石化等
伴生矿床	铜矿床、金矿床	铜镍硫化物矿床，铌、铍、稀土矿床	金矿		铜、金、铀矿床	磷矿、黄铁矿、铜或铜金矿床	铜、重晶石矿床	钴、铜矿床
成矿温度	320～720℃	800～1250℃	487～556℃		200～600℃	200～800℃	100～290℃	250～460℃
流体盐度	16.5%～45%				7.3%～50%			6.2%～11.8%
$\delta^{34}S$/‰	-0.3～5.9	接近于陨石值	-4～9.7		硫酸盐-5～2、金属硫化物5～10	矿床和火成岩-3～10、石膏、碳酸盐10.4～61	矿石2.2～19.7、重晶石24.5～32.0	铁矿体3.1～19.5；围岩-3.8～20.9
$\delta^{13}C$/‰						-2～-9	菱铁矿-5.0～-6.5	
$\delta^{18}O$/‰	磁铁矿3.4～8.8	全岩5.55～6.91	磁铁矿-4.5～1.8		7.7～12.8	磁铁矿1～5.9	赤铁矿1.6～12.7、碳酸盐16.1～17.5	赤铁矿1.1～10.7，磁铁矿2.4～10.87
资料来源	裴荣富（1995）；翟裕生等（1983）	田竞亚等（1986）；李文臣（1992）；裴荣富（1995）	裴荣富（1995）；王可南等（1992）；陈江峰等（1985）；刘军等（2010）	裴荣富（1995），赵一鸣等（2000）	Hitzman et al.（1992）；Williams et al.（2005）；毛景文等（2008a）；Bastrakov et al.（2009）	中科院地球化学研究所（1987）；裴荣富（1995），李秉伦等（1984）	薛春纪等（1997）、Sun et al.（1998）、刘华山等（1998）	刘宏英（1982）；中科院华南富铁科研队（1986）；许德如等（2009）

（3）陆相火山岩型铁矿床

石碌铁矿床与陆相火山岩型铁矿床（以姑山铁矿床为例）相比，主要不同点是：①陆相火山岩型铁矿床多与中生代中基性火山岩、次火山岩密切相关，且明显受火山机构控制，矿体产在岩体的顶部或接触带中；而石碌铁矿床与新元古代海相火山岩相关，且后来受到印支—燕山期中酸性侵入岩的影响，矿体受北西向复式向斜及北西-北西西向断裂控制，主要矿体与地层同步褶曲；②陆相火山岩型铁矿床矿体多为透镜状、似层状、脉状、网脉状。石碌铁矿床的矿体则以层状、似层状为主，并有少量脉状矿体；③陆相火山岩型铁矿床存在广泛的钠质蚀变，其与矿化密切相关；石碌铁矿床没有见到明显的钠质蚀变。因此石碌铁矿床应不归为陆相火山岩型铁矿床。

（4）沉积型铁矿床

相对于沉积型铁矿床（以宁乡式大坪铁矿床为例），石碌铁矿床与其具有一定的相似性：①铁矿体均呈层状、似层状赋存于一定的层位；②矿体与围岩产状一致，局部可见沉积韵律；③硫同位素组成范围较大，与沉积型铁矿床范围相似；④矿石矿物均主要为赤铁矿，矿石化学组成简单。不同点是：①宁乡式大坪铁矿床大地构造背景为较稳定的地台区，其形成于泥盆系海相、海陆交互相、河湖相沉积盆地中，铁矿层产于海进序列中，处于碎屑岩向碳酸盐岩过渡阶段；石碌铁矿床产于华南褶皱系五指山褶皱带西段裂谷，为先期海相火山喷发后沉积并经变质和热液改造，保留了沉积构造；②宁乡式大坪铁矿床矿石成分主要为沉积成因的鲕状赤铁矿，少量磁铁矿、菱铁矿、褐铁矿等；而石碌铁矿床后期发生了褶皱变形及热液改造，赤铁矿以鳞片状为主，且伴生有磁铁矿及多种硫化物。因此石碌铁矿床亦不属于沉积型。

（5）海相火山沉积型铁矿床

石碌铁矿床与海相火山沉积型铁矿床（以镜铁山铁矿床为例）具有较多的相似性：①二者成矿环境均经历了裂谷火山喷溢阶段；②铁矿体均主要呈层状、似层状，与地层整合产出，并受复式向斜控制；③含矿地层均有火山碎屑沉积建造；④矿石矿物均以赤铁矿（镜铁矿）为主，矿石组构有鳞片状结构、条带状构造等；⑤矿石硫同位素组成范围相近（2‰～20‰）；⑥矿区内赋矿地层均含有碧玉岩等火山沉积岩。不同点为：①镜铁山铁矿床的后期改造作用较弱，而石碌铁矿床后期改造作用较强烈，先后经历了加里东期变质改造和燕山期的热液改造；②石碌铁矿床有特征的鳞片变晶结构以及交代结构等；③镜铁山铁矿床主成矿温度为100～290℃，相对较低，而石碌铁矿床的主成矿温度则较高，为250～460℃。尽管石碌铁矿床与镜铁山铁矿床在成矿构造背景、赋矿地层特征和硫同位素等方面有较大的相似性，但在矿石结构、成矿温度等方面仍有明显差异，因此不能将石碌铁矿床归为单一的海相火山沉积矿床。

（6）沉积变质型铁矿床

石碌铁矿床与沉积变质型铁矿床（以鞍山弓长岭铁矿床为例）相比，相似点为：①二者均是原始海相火山物质喷发沉积形成了铁矿层的初步富集；②矿床初步形成后均经受了区域变质作用，使得矿体进一步富集；③矿体主要呈层状、似层状，层位稳定，并与地层同步褶曲；④矿石具条带状构造，细鳞片结构；⑤围岩蚀变均发生了透闪石（阳起石）化、绿帘石化、绿泥石化等。不同点：①沉积变质型多形成于前寒武纪地盾区、地台隆起区的古老变质岩系（麻粒岩相-角闪岩相，变质级别为中高级），弓长岭铁矿床即形成于太古宙的古火山沉积盆地及边缘断裂，岩石建造为基性、中偏基性火山岩建造、泥质和硅质沉积建造；石碌铁矿床赋矿地层石碌群形成于新元古代裂谷环境，为一套海相火山喷发的碎屑岩与碳酸盐沉积建造，之后发生了变质，但变质程度较低（绿片岩相）；②弓长岭铁矿床在遭受元古宙强烈变质作用后，后期的热液改造作用较弱，条带状铁矿物为磁铁矿，赋矿围岩为磁铁石英岩；而石碌铁矿床的矿体受后期构造热液改造富集显著，并形成少量脉状矿体，条带状铁矿物为鳞片状赤铁矿，赋矿围岩为透辉石透闪石岩及透辉石透闪石化白云岩；③弓长岭铁矿床磁铁矿 $\delta^{18}O$ 为 －4.5‰～1.8‰，石碌铁矿床赤铁矿和磁铁矿的 $\delta^{18}O$ 分别为 1.1‰～10.7‰ 和 2.4‰～10.87‰，高于弓长岭铁矿床。因此石碌铁矿床特征与沉积变质型铁矿床更为相似，但可能由于其区域变质作用程度相对较低，未能直接富集为厚大的富铁矿，而是直到后期遭受强烈的热液改造作用，才形成了厚大的富铁矿，也使得铁主成矿期不是在元古宙而是在中生代。

（7）IOCG 型矿床

石碌铁矿床与 IOCG 型矿床（以奥林匹克坝矿床为例）也具有一定的相似性：①产于元古宇变质地层内，储量大，且以富赤铁矿为主；②主要受复式向斜等构造控制；③矿体主要为层状、似层状、透镜状，其次为脉状和角砾状；④晚期石英脉出现极少；⑤发生广泛的绿帘石化、绢云母化、绿泥石化、碳酸盐化等。石碌铁矿床不具备 IOCG 型矿床的以下特征：①普遍的钠质或钾质蚀变；②Cu、Au、Co、Ni、As 和 REE 元素的典型成矿元素组合；③大量出现磷灰石、REE 等矿物；④Au 品位较高；⑤蚀变分带明显，从较深部的钠质蚀变，到中至较浅部的钾质蚀变，及到浅部的绢云母化和硅化。因此可排除该矿床为典型的 IOCG 型矿床。

前已指出，石碌铁矿床中铁矿体具有层控型、矽卡岩型和断裂充填型 3 种产状，前者主要与新元古代的双峰式火山岩有关，后两者与中生代侵入岩浆活动有关，成矿地质作用明显与矽卡岩型、岩浆型、陆相火山岩型、沉积变质型和 IOCG 矿床不同。石碌富铁矿床具有一定的特殊性，成因较为复杂，多期构造活动及伴随的热液活动和变质作用对其形成起主要控制作用，即它是在新元古代火山沉积的基础上，后经加里东期变质改造及燕山期热液叠加改造富化而最终形成的。难以简单地将石碌铁矿床划分为某种单一类型矿床，故将其定义为喷流沉积-变质改造-多期热液叠加型矿床。

二、控矿因素

1. 地层与成矿的关系

新元古界石碌群是石碌铁矿床的主要赋矿围岩，其原岩属于一套含钙镁质、铁质、泥砂质、硅质和硫酸盐（石膏或重晶石）组合的典型火山-碎屑沉积岩建造和碳酸盐岩建造，往往可见变余沉积结构和变余沉积韵律，在成因上可能与浅海相、浅海相-泻湖相和/或滨海相火山沉积作用有关（中科院华南富铁科研队，1986）。石碌群第六层的中下层位则是铁矿体的主要赋矿岩性段，其主要岩性包括条带状透辉石透闪石岩、含石榴子石条带状透辉石透闪石岩、透辉石透闪石化白云岩或白云质铁石英岩、白云岩，其次是含铁千枚岩和含铁石英（砂）岩，尤其是铁矿体与第六层中、下层位透辉石透闪石岩明显具有依存关系。在产出特征上，铁矿体主要呈层状、似层状，与围岩大多呈整合接触，并出现同步褶皱变形特征。可见，石碌铁矿床主要矿体表现出一定的层控型特征，且铁矿体主要赋存于石碌群第六层中、下层位特定的岩性中，反映铁矿体的形成与石碌群第六层具有密切的成因联系。主成矿元素 Fe、Cu 在石碌群第六层十分富集，也说明在含矿热液运移成矿过程中，石碌群地层很可能为成矿提供了主要的物质来源。

2. 构造与成矿的关系

（1）褶皱与成矿的关系

石碌铁矿床主要受一轴向北西-南东向、局部倒转、且向北西翘起闭合而向南东倾伏开阔的复式向斜控制，铁矿体多赋存在向斜的槽部和/或两翼向槽部过渡的部位。矿体多呈层状、似层状，延伸方向与褶皱轴向一致，背斜的鞍部未见矿体存在。由于挤压作用，伴随北一向斜、红房山背斜和石灰顶向斜等褶皱构造形成的同时，石碌群及矿体不同层位间也发育有大量小型背斜和向斜等层间褶皱构造，甚至一个露头标本中也可见微型褶皱。这些大小褶皱的形成可能促使铁质成分从褶皱两翼向核部流动迁移富集，从而呈现出褶皱愈强烈、凹陷愈深，矿体规模愈大的趋势。此外，在该复式向斜东延还叠加有北北东以至近南北向的次级横跨褶皱，该叠加褶皱控制着保秀山-正美山一带铁矿体的产出，铁矿体走向与褶皱轴方向一致，可能对矿体形成具有后期叠加改造作用（侯光汉等，1979）。侯威等（2007）曾认为原始沉积提供了成矿物质来源，后期褶皱变形及层间滑动致使石碌群第六层发生压溶去硅而使得铁矿质得到大量富集，最终形成了石碌“北一式”富铁矿体。许德如等（2008）认为印支—燕山期同剪切构造变形在成矿中起着相当重要的作用。根据矿体的产出构造部位、展布形态、厚度变化、矿化富集特点，褶皱变形对改造矿体富集具有十分重要的作用。

（2）断裂与成矿的关系

矿区内断裂构造对矿体的控制作用较为明显。其中北西西-北西向断裂控制着矿体的空间产出分布特征，尤其是北西西向断裂 F_1 则可能为一横贯全区的主导矿构造，应为成矿早期断裂；一系列近南北（北北西/北北东）向断层则不仅在矿区东部横截复向斜，而且使断层东盘矿体滑移、并自西向东逐渐埋深，应为成矿后断裂。矿区内部断裂切穿矿体或褶皱核部的现象普遍，如北一富铁矿体中有两条规模较大的断裂 F_{19} 和 F_{20}，将北一矿体切错。局部见到矿体与地层呈断层接触关系，矿体即位于断裂一侧或两组断裂夹持中，反映断裂构造对矿体形成具有一定程度的控制和改造。许多方解石脉、绿泥石脉沿断裂裂隙充填，并依存于似层状和脉状矿体的旁侧，局部断裂破碎带内可见到原生硫化物表生氧化为孔雀石。推测这些断裂应为主成矿期后发育的断裂。由于石碌铁矿露天开采多年，许多构造现象已被破坏，不能够被有效发现，因此这些后期断裂对主矿体的叠加改造作用强度如何，尚有待进一步探讨。

3. 岩浆侵入岩与成矿的关系

矿区内岩浆侵入活动虽强烈而广泛，但矿体空间上并不依岩浆侵入岩的分布而存在，特别是印支—燕山早期花岗岩，仅有一些燕山晚期岩脉切穿矿体。岩浆岩侵入石碌群，而主要铁矿体又与围岩发生同步褶皱变形，反映原始矿体的形成应早于岩浆侵入。但在正美、保秀区段，燕山晚期的花岗岩呈枝杈状侵入，切穿石碌群第六层或包围透镜状铁矿体，并且从花岗岩经接触带至矿体，铁矿体呈现由贫变富的趋势。此外，岩脉、岩脉就位的断裂和赋矿地层及矿体呈现的“S”型形态，显示岩浆侵入很可能对矿体和围岩进行了改造作用。

根据矿区部分钻孔资料，如 ZK1201 钻孔在孔深约 210 m 处揭露到中细粒灰白色花岗斑岩脉；ZK1901 钻孔在孔深约 890 m 处已揭露中细粒灰白色花岗闪长斑岩但未揭穿深部岩体；ZK2101 钻孔分别在孔深约 440 m 处和 480 m 处揭露灰白色-白色花岗闪长斑岩；ZK2303 在孔深 766～862 m 已揭露厚达约 96 m 的灰白色中细粒花岗闪长岩，岩体与围岩接触带发育石榴子石等矽卡岩矿物及相关的铁矿体。许德如等（2009）曾根据深部岩体、岩脉整体上呈脉状、枝状的产出特征，推测深部岩浆主要沿不同构造岩性界面侵入，且其酸度具有从上部至下部逐渐增加的趋势，推测矿区深部应存在隐伏岩体，且这些岩体可能与印支—燕山早期花岗岩连为一体，在深部控制着热液改造型矿体的形成。

另外，矿区内广泛发生蚀变作用，如透辉石、透闪石以及石榴子石等高温矿物（$>450℃$）的形成显然与矿区石碌群具低绿片岩相变质的温度条件不符，同时反映这些蚀变和矿化发生时应不仅仅只有地下水参与，还至少有岩浆提供的高热能参与。据此推测燕山早期花岗岩和燕山晚期中酸性岩体侵入有关的热液活动改造了石碌群围岩和贫铁矿体以及改变原先金属元素的赋存状态，促进成矿物质的活化迁移（中科院华南富铁科研队，1986），最终在有利的地球化学障下进一步沉淀富集成为厚大的富矿体，从而间接地对原始矿体起到一定的改造富集作用。

三、元素迁移机制

在成矿过程的研究和解释中，中国科学院华南富铁科学研究队（1986）在考虑到富铁溶液在海水中难以长距离搬运，以及矿床的水平和垂直分带现象，提出了近源迁移分异机制来解释矿床的各种现象。但也不能完全排除一定铁质来自盆外的可能性。根据现代海洋与湖盆的研究资料，元素与化合物的沉淀分异，是化学沉积作用的一个特征。如果有一个好的储集环境，那么分异作用一般都会在沉积物中反映出来。分异的一般规律是：在横向上，自近源至远源，形成由 $Fe^{3+}\rightarrow Mn^{4+}$，由硫化物→氧化物、硅酸盐矿物→碳酸盐矿物→硫酸盐矿物的水平分带；在纵向上，自下而上形成硫化物→铁的硅酸盐矿物→铁氧化物→锰氧化物，或者形成网状矿石→浸染状矿石→致密块状硫化矿石→硫化物、赤铁矿、硅质岩的三相构造。

以海底热液活动中铁锰的分异作用为例。铁锰的良好分异作用是石碌铁矿床成矿的一个特点。空间上，Mn/Fe 比值有从北西向南东递增的趋势；时间上，锰的沉积滞后于铁，这是化学分异的标志。

铁锰虽是同周期的相邻元素，但二者在溶液介质中的行为却差别较大。由 $Fe^{2+} \rightarrow Fe^{3+}$ 相对于 $Mn^{2+} \rightarrow Mn^{4+}$，其氧化还原电位更低，$Fe^{3+}$ 同 Mn^{4+} 的离子电位相比较也较低。因此，在溶液中 Mn^{4+} 比 Fe^{3+} 有较强的活动和迁移能力，并在更高 Eh 和 pH 介质中沉淀（图 12-8）。岩系上层铁矿 Fe_2O_3/FeO 及 MnO 含量都比下层高。在矿区，自北一矿体附近的石碌岭向南东，铁矿石 Fe/Mn 比值递增，说明含铁锰成矿溶液是由北西向南东方向迁移的。

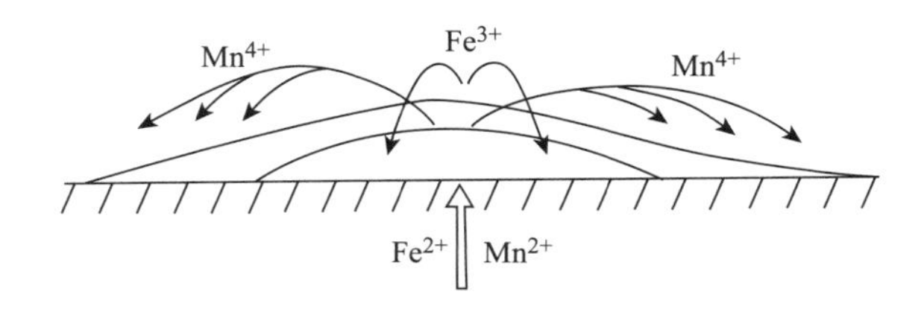

图 12-8　海底热液活动 Fe、Mn 分异作用简图

石碌铁矿床的水平和垂直带状分布都比较显著。横向上，自西向东，由北一矿体的赤铁矿层逐渐为铁、镁、钙、锰硅酸盐矿物、硅质层、碳酸盐矿物及硫酸盐矿物的互层所代替，东部铁矿层变薄变贫，锰增多，出现含锰石榴子石以及重晶石层与石膏层。垂向上以北一矿体较明显，自下而上：铜、钴黄铁矿体→赤铁矿体→富锰的赤铁矿体，这是一个比较完整的沉积系列。石碌矿区的水平和垂直分带证明：①铁矿成矿的主要方式是化学沉积，石碌铁矿是一种热液沉积矿床；②成矿溶液的运移方向是由西向东（或北西西向南东东），这在包裹体测温结果中得到了验证。此外，还有一个重要现象就是矿区陆源碎屑有从西向东由粗变细的分带。这表明陆源物质的搬运也是由西向东的方向。

石碌矿体的南、北边缘，原是两条东西向的礁体长垣，它在主要方向上阻隔了海浪的冲击。然而北部礁垣已剥蚀或为岩体吞没。东部亦为礁体所封闭。由于有较好的封闭环境，所以东部出现石膏和重晶石层。西部则是半开放的，不单地下火山热液而且陆源物质也主要来自西部。石碌矿区现在的构造是一个北西西向复式向斜，西端紧缩褶皱并抬升。一部分北一铁矿及其西北部与之同层位的硫化矿体和礁体已被剥蚀。根据现代洋中脊两侧热液矿床的位置（离中脊几百米）及石碌矿区矿石分带展布情况，推测火山热液的主要涌出口大约在北一矿体之北西西方向 100 ~ 1000 m 内。两种明显不同来源的含矿溶液及携带的碎屑物自西向东注入盆地，一是陆源与海源物质由海水搬运经盆地西部出入口或跨过水中礁垣进入盆地，另一是火山喷气热液自盆地西北部作为主要涌出口源源涌出进入盆地。西部相对开放，东部相对封闭，表明西部朝海，或者附近可能有小块陆地。物质自西向东运移，可能与东部相对是一个较深的凹槽有关。加上东部有较强的蒸发作用，使海水中较重物质不断卸在东部。在东部较封闭条件下产生了较西部更高盐度的海水，通过沉积作用可以形成碳酸盐及石膏、重晶石等硫酸盐沉淀，可以形成沉积成因的钠闪石、钾长石、白云石，甚至可能形成透闪石一类矿物。当然在沉积及成岩阶段形成的这些矿物是微晶、准晶及非晶态的。

综上所述可以初步总结出石碌式海底火山喷流沉积成矿的可能模式（表 12-10）：①成矿物质的来源可能包括火山酸性喷气和热液中的原始铁质。高温海水对基性火山熔岩、凝灰物质的淋滤和火山酸性喷气和热液对这些物质的溶解可使其活化离析出来；②成矿物质的搬运形式主要为胶体化学搬运，海水对于上述来源的铁质形成的 $Fe(OH)_3$ 胶体并获得搬运的条件是理想的水体介质；③导致成矿物质沉积富集的主要因素为强电介质提供的带电粒子（Ba^{2+}，Ca^{2+}，Mg^{2+}，SO_4^{2-}，CO_3^{2-}）的电性中和，其次是外来碎屑物质的掺杂对 $Fe(OH)_3$ 胶体的吸着作用等。

四、成矿动力学过程

前已叙述，石碌铁钴铜矿床经历了新元古代喷流沉积、加里东期变质改造、早侏罗世和早白垩世热液叠加的过程，矿床成因为喷流沉积-变质改造-多期热液叠加型矿床，成矿流体和成矿物质具有多来源特征。其成矿过程如下：

表 12-10　海底火山沉积铁矿的成矿过程及与陆源沉积铁矿的比较

成矿过程	特征及因素	海底火山沉积铁矿	陆源沉积铁矿
第一阶段（铁质来源阶段）	作用	基性海底火山物质（熔岩、凝灰、喷气、热液）中铁质的析离和分解	陆源岩石的风化析离
	营力	内营力，海底火山作用的热能和化学能	外营力的地质作用
	原理	高温海水、酸性火山气液对基性火山物质中铁质的分解、淋滤和溶蚀能力	大气、地表水的剥蚀、风化
	性质	地球化学作用	地球化学作用及地球物理作用
第二阶段（铁质搬运及分异阶段）	作用	Fe（OH）$_3$ 胶体溶液的形成，胶体化学搬运和胶体化学分异	载铁碎屑物质的机械搬运、机械分异，原始分散铁矿层的形成
	营力	海水 NaCl 电解质的中和水解作用，海流	地表水的机械动力
	原理	海水 NaCl 电解质有利于形成带电的 Fe（OH）$_3$ 胶体溶液，带电胶体溶液在海水中性介质中具有动力稳定性	地表水的 pH 都在 6.0 到 9.0 之间，而 Fe^{3+} 在 pH > 3 时发生沉淀，且地表水，尤其是河流中携有大量悬浮物
	性质	胶体地球化学作用	地球物理作用
第三阶段（铁质富集阶段）	作用	铁矿的胶体化学沉积	成岩作用及伴随铁的重新转化富集
	原理	强电解质（Ba^{2+}、SO_4^{2+} 等）的电性中和；溶胶的浓度变化；机械粉屑的吸着作用等	潜水的，空隙的以及细菌有机物的化学及生物化学过程
	性质	胶体地球化学作用	地球化学，生物有机地球化学作用

1）1300～841 Ma，海南岛地壳发生强烈活动形成了一些凹陷带并接受沉积，同时深部地壳的中元古界抱板群或花岗质岩等发生熔融而出现强烈的火山喷发活动。在该凹陷带内沉积了一套巨厚的石碌群，其中的第六层可能系一套富铁的火山熔岩与白云质岩互层混合，这一时期是石碌铁矿床的矿源层发育时期并形成喷流沉积型矿体，张仁杰等（1992）曾用 Sm-Nd 法探讨了石碌铁矿初期成矿年龄为 841 Ma 并形成含磁铁矿的铁碧玉岩（许德如等，2007，2008）；

2）加里东造山运动（约 450 Ma）（汪啸风等，1991；Xu et al.，2007）期间，石碌群各层因受北北东-南南西方向挤压作用而发生褶皱变形，形成了轴向北西（西）-南东（东）向的石碌复式向斜，并形成（低）绿片岩相变质，并使喷流沉积的成矿元素预富集，局部形成沉积-变质型贫矿体；

3）在 270～180 Ma 期间的海西—印支时期，古特提斯洋封闭导致弧-陆、陆-陆碰撞（Li et al.，2002；Xu et al.，2007），陆弧性质的花岗岩大面积侵位（Li et al.，2006），不仅造成海南全岛的前寒武系地层隆升、剥蚀，而且在该矿区内出现北东和北西向高角度剪切正断层、南北向的张性断层和东西向的压性断层。因花岗岩侵入而产生的热能驱动导致含矿热液沿有利的构造和岩性界面上升、运移和渗滤，石碌群第六层发生透闪石化、透辉石化和绿帘石化，同时使得石碌铁矿床的铁质发生活化迁移和富集，改造了原火山沉积-变质型矿体，局部形成脉状矿体，应为最重要的热液改造期；

4）中晚侏罗世（180～140 Ma），受太平洋板块自南东向北西俯冲的挤压作用（万天丰，2004），石碌矿区地层再次发生了褶皱作用，形成了北东向叠加褶皱，横跨于早期北西-南东向褶皱上，使得两个不同方向的褶皱叠加部位矿体比较厚大。

5）135 Ma 左右，矿区发生又一次岩浆活动，含铜钴的热液充填及交代于铁矿体底部的断裂和石碌群第六段（和/或第二段）裂隙中，沉淀形成矽卡岩型铁矿体和铜钴矿体。

五、成矿模式

石碌铁矿床属于喷流沉积-变质改造-多期热液叠加型矿床，根据其矿床地质特征、矿物共生组合和交代关系、成岩成矿时代、成矿物质来源及构造演化特征，建立了石碌铁矿床的多期多阶段成矿模式（图 12-9）。这一模式可划分为以下 5 个成矿作用阶段：

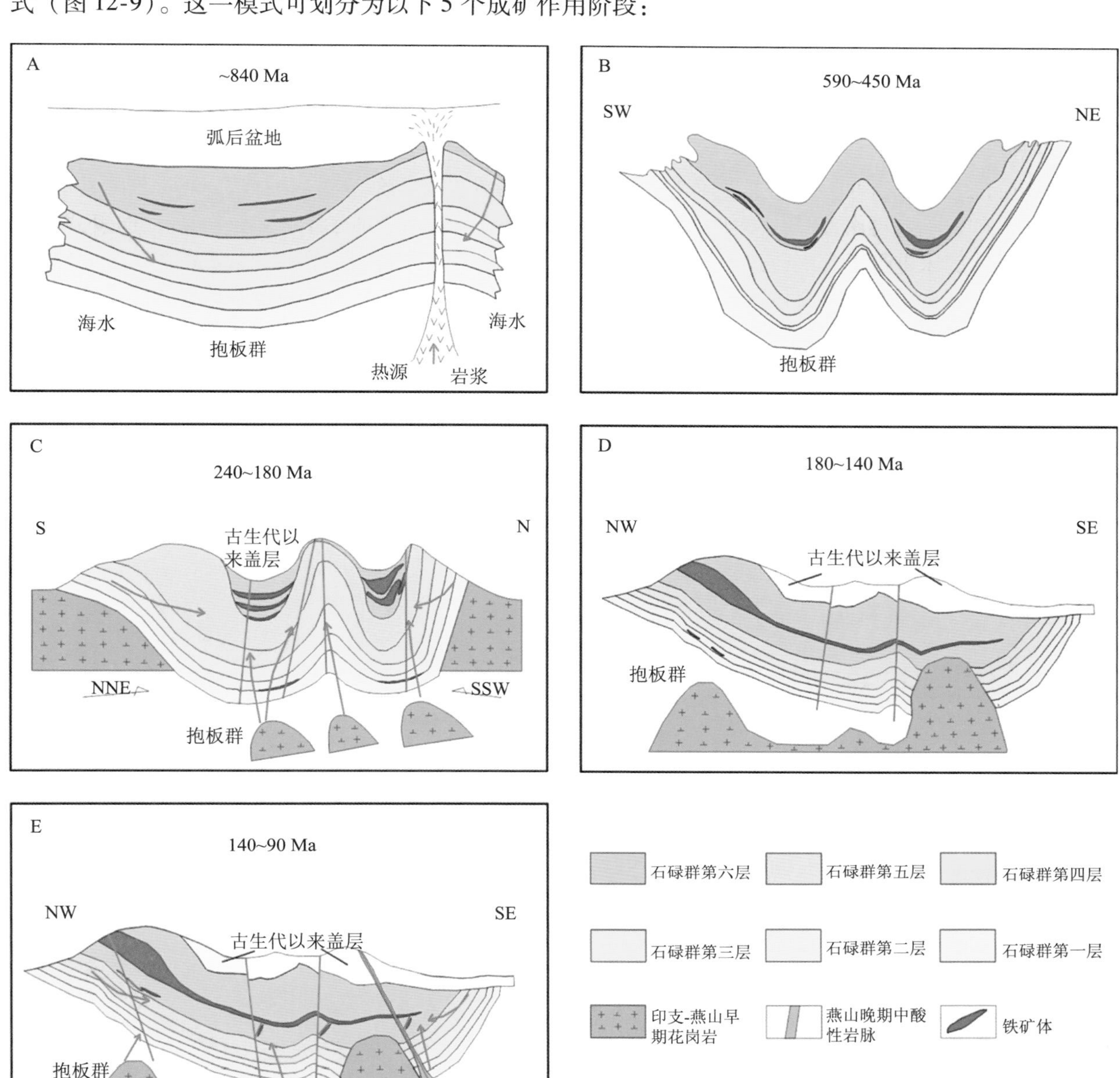

图 12-9　石碌铁矿床成矿模式图

A—新元古代海底火山喷流沉积阶段；B—加里东期变质改造成矿阶段；C—印支—燕山早期热液叠加成矿作用富化阶段；D—侏罗纪—早白垩世叠加褶皱改造阶段；E—燕山晚期热液叠加矿化阶段

第一阶段为海底火山喷流沉积作用阶段（约 840 Ma）。新元古代时期，因弧或弧后裂解，因地壳强烈活动弧地壳来源的含成矿物质的中酸性火山熔浆在沿断裂上升和喷溢过程中，在坳陷带内沉积了一套富铁成矿元素的火山-碎屑沉积岩和碳酸盐岩，形成富铁、钴、铜成矿元素的矿源层及石碌群（许德如等，2009）；为石碌铁矿床奠定了铁等成矿物质的基础，并形成喷流沉积型矿体。

第二阶段（约 590～450 Ma）为变质改造阶段。加里东期先后发生的北北东-南南西向挤压作用及伴随的区域变质作用，导致了石碌群北西（北西西）向褶皱构造变形及矿区绿片岩相变质，石碌群和喷流沉积成因的铁钴铜矿体同步褶皱改造、变质；原始沉积的贫铁矿经过塑性流动富集、压溶去硅等构造-成矿作用，使贫铁变富铁（侯威等，2007），从而形成了火山喷流-沉积变质型矿体。

第三阶段（约 240 ~ 180 Ma）为印支—燕山早期热液改造富化阶段。在因古特提斯洋封闭导致的弧-陆/陆陆碰撞晚期发生了印支—燕山早期挤压-伸展型花岗岩的广泛侵入，受近南北向挤压作用发育北西至北西西向压扭性断裂。因花岗岩侵入而产生的热能驱动含矿热液沿有利构造和岩性界面上升、运移和渗滤，导致了石碌群第六层发生透闪石化、透辉石化和绿帘石化等蚀变，在原火山沉积喷流-变质型矿体基础上叠加形成矽卡岩型矿体，使得石碌铁矿床发生了重要的叠加富集作用。

第四阶段（180 ~ 140 Ma）为侏罗纪—早白垩世叠加褶皱改造阶段，海南岛因受南东-北西向挤压作用，石碌矿区地层再次发生了褶皱作用，形成了北东向褶皱，叠加于加里东期的北西向复式褶皱上，对石碌铁矿床进行了叠加改造作用。

第五阶段（约 140 ~ 90 Ma）为燕山晚期热液叠加富化阶段。此阶段矿区内发生了多次构造-岩浆活动，并形成北东-北东东向或近南北向张性正断层以及燕山晚期隐伏花岗闪长岩、花岗斑岩和煌斑岩脉等，这些构造-岩浆活动携带的含矿热液或驱使矿源层和/或先成矿床中的矿物质再次活化，同时又沿断裂上升带来新的成矿热液，使得原来矿体发生改造富集，并形成了脉状、角砾状铁矿体及伴生的铜钴矿体。

第十三章　成矿规律总结与成矿预测建议

如第一章所述，泛北部湾地区的矿产资源外环好于内环。本次研究选择的矿种涉及铁、铜铅锌、金、锡、锑等，具有广泛的代表性，矿床类型包括沉积-变质型、矽卡岩型、火山热液型、卡林型等，涵盖的成矿期新老均有（石碌属于元古代，德保属于早古生代，大厂、佛子冲和龙头山属于中生代），空间上跨特提斯和环太平洋两大成矿域，对于探索不同成矿域、成矿省和成矿带过渡条件下的成矿机制具有意义。

第一节　区域成矿构造背景演化

泛北部湾广西、广东西部和海南地区位于扬子地块、华夏地块和南海地块的交接地带，总体上是一个卷入了古陆壳（四堡群、丹州群、云开群、高州群、抱板群、石碌群）的加里东褶皱带，属华南褶皱带主体。区内经历了太古宙—古元古代古陆核和古陆壳的形成、古元古末—中元古代大陆裂解-碰撞造山、新元古代陆内裂解，以及加里东期和印支期的碰撞造山、燕山—喜马拉雅期陆内活化的构造演化过程，形成了复杂的构造格局。

由于区内前寒武系基底大部分被覆盖，因此，对前寒武纪构造特征及其演化的认识存在分歧，但海南石碌铁矿的存在意味着元古宙尤其是新元古代时期该地区存在有裂谷拉张环境。这样的环境对于新元古代来说形成海底喷流沉积型铁矿、铜多金属矿床都是屡见不鲜的，尤其是在古陆边缘的裂谷环境。华北古陆边缘的白云鄂博超大型稀土-铁矿，云南康滇古陆边缘的大红山式铁铜矿，都形成于类似的环境。对于泛北部湾地区而言，除了海南的石碌铁铜矿之外，广东的云浮大降坪硫铁矿和粤西-桂东交界地区的鹰阳关式铁矿，也形成于类似环境。因此，对于石碌式铁铜矿成矿环境的进一步研究，将有助于地质找矿工作。

古生代以来的构造作用特征明显，主要经历了以下演化过程：

早奥陶世，华夏地块向北移动，与扬子地块相互作用形成近南北向挤压，区内寒武系地层普遍产生了近东西向的线形褶皱，并造成了部分地区奥陶系和志留系的缺失（丘元禧，1993），该期构造运动相当于莫柱荪提出的郁南运动。志留纪末的加里东运动使华夏地块与扬子地块拼贴，产生了近东西向挤压，前泥盆纪地层形成了近南北向、北北东向褶皱，区内的钦甲岩体和德保铜锡矿为该期构造作用产物。加里东构造运动在北部湾地区无疑是非常重要的，本次对于德保铜矿成矿时代的准确厘定，弥补了以往对于加里东旋回成矿规律研究之不足，对今后找矿也有帮助。

从早泥盆世晚期开始，随着古特提斯洋的打开，区内裂陷构造发育，形成了诸多坳陷盆地（如右江盆地等）和隆拗相间的构造格局。一系列坳陷盆地和/或裂陷槽的形成，使泛北部湾地区呈现出“裂而不洋”的大致格局，即虽然地壳发生了拉张减薄但没有演化到大洋的程度，而这样的构造格局尤其是沉积地层中成矿物质的初步富集，为中生代大规模成矿作用奠定了物质基础。

在中三叠世末期的“印支运动”期间，Sibumasu 地块向印支-华南地块斜向汇聚，主碰撞期为 258 ~243 Ma（Carter et al.，2001），其作用方式以挤压为主，泥盆系至中三叠统盖层中普遍发育有纵弯褶皱及其伴生的逆冲断裂系。区内的大容山岩套属该期产物（邓希光等，2007）。印支运动的主体发生在四川西部等地，但明显波及到川滇黔。虽然平面上波及范围广泛，但成矿作用发生的深度可能主要是地壳层次的，富集的成矿元素以铅锌为主，如会泽式的铅锌矿，在海南发育大规模的金矿成矿作用，如抱伦金矿即形成于印支期（陈毓川等，2007）。但贵州的浅成低温热液型金矿可能形成于多个时代（王登红等，2012），桂西的高龙金矿从地质特征看也形成于印支期—燕山期。

侏罗纪和白垩纪的燕山运动在区内表现得最为强烈，以伸展断陷作用为主，形成了一系列北东、北北东向或南北向张（扭）性断裂构造、顺层滑动破碎带和断陷盆地，早先存在的一些深大断裂带在该期构造作用过程中进一步下切，导致部分幔源物质加入到上地壳参与成岩成矿，该期是区内成岩、成矿的集中爆发期。显然，早期构造带的再次“复活”并且深度加大，引发了地幔物质参与成矿作用，有助于形成大型、超大型矿床。丹池断裂带之大厂、岑溪-博白断裂带之佛子冲以及北西向和北东向断裂交叉处的龙头山等重要矿床，均形成于这样的构造环境。

喜马拉雅运动在本区也有所表现，但其影响范围及强度远不及燕山运动，广东的高枨银矿（矿脉切割上白垩系地层）和广西大厂的茶山钨锑矿（45 Ma?）可能与该期构造作用有关。

第二节　典型矿床成矿规律总结

一、广西高龙金矿

高龙金矿地处广西田林县境内，产于滇黔桂裂谷中的晚古生代坳陷区中的一个小隆起内——高龙隆起。1990 年 12 月，由广西二队提交了《广西田林县高龙金矿区鸡公岩矿段勘探地质报告》，探明金 1.2 t 金属量；查明高龙金矿属微细粒型金矿床，产于高龙穹窿核部碳酸盐岩周边的环状断裂带中。对于该矿床的成因存在不同的看法：地下热（卤）水溶滤型（广西地质二队，1990）、地下热水渗滤型、中低温渗滤热液成因的微细浸染型（李存有，1994；李力僧，1995；谢卓熙，2000；陈开礼等，2000）、海底热水沉积型（陈大经等，2003；2004；陈翠华等，2003；2004）和卡林型（胡明安，2003；庞保成等，2005）。存在的关键科学问题包括：到底是同生的沉积成矿，还是后生的热水淋滤成矿？同沉积构造与矿石沉淀环境的相关性如何？若是热水淋滤成矿，则地下水运移、搬运和卸载金属离子的方式怎样？基底隆起对矿体的分布起着怎样的控制作用？本次通过对有利含矿层位和岩性段、基底隆起对矿体的控制作用、同生沉积构造与成矿环境之间的关系、含矿流体搬运、迁移、金属离子卸载过程等的研究，取得了如下成果：

1）通过遥感热液环状晕、构造热液蚀变晕、地球化学异常场、热液流体中温、高盐度特征以及流体组分的特征推断高龙金矿所在隆起底部可能存在有隐伏岩体或者岩枝，是成矿的关键地质体。

隐伏岩体可能存在的依据包括：构造破碎带具有构造热液充填特征；包裹体均一温度在 180～270℃和 330～380℃之间；盐度众值为 2.50%～8.68%；高温、低盐度的特征很难用喷流沉积的低温、高盐度的流体来解释，又与目前流行的盆地流体普遍具有中温、中高盐度的性质存在一定的差异；出现深部高温元素，如 Cu、Mo、Zn 等；岩浆热液流体有时具有高温、低盐度的特征。

2）通过矿田构造研究，明确指出滇黔桂地区上古生界拗陷中的小隆起（穹窿）及其边缘断裂构造和/或剪切带是控矿的关键。

滇黔桂地区许多金矿床均受到穹窿和剪切带的控制，高龙隆起就是区内古隆起构造控矿的典型代表，这一构造变形和成矿作用可能与右江盆地的断裂系统活动有关。

3）通过岩相古地理的研究，指出高龙矿区在三叠纪位于台盆相沉积环境。

区内发育有大量的浊流沉积，盆地水深在 300～500 m 左右，与传统意义上的海底喷流沉积矿床的成矿水深出入较大，因而用喷流沉积难以解释高龙金矿的成因。

4）通过矿床地质特征的研究，指出高龙各矿段均发育硅化，与金矿化关系最为密切。

除了硅化外，同时伴随有黄铁矿化、褐铁矿化、粘土化，局部有毒砂化、辉锑矿化等，热液活动明显，常见原生矿石被后期石英脉所切穿，早期细粒石英脉被后期粗粒石英脉穿切，大多数角砾具有明显可拼接性，说明硅化具有多期、多阶段的热液活动特征。

成矿可分为热液期和表生期两个成矿期，其中热液期又可以分为 4 个阶段：细粒石英-黄铁矿阶段、中粒深灰色石英阶段、粗粒石英-黄铁矿-辉锑矿阶段和石英-碳酸盐岩阶段。

5）通过流体包裹体的深入研究，发现成矿流体具有诸多特殊性。

如均一温度变化范围较大，自石英主脉向外，温度逐渐降低，但盐度变化不大。流体包裹体的高温、低盐度特征很难用沉积喷流的低温、高盐度特征来解释，同时又与目前流行的盆地流体普遍具有中低温的流体性质存在一定差异。

流体包裹体以气液两相包裹体为主，偶见含 CO_2 的包裹体；部分方解石和砂泥岩样品含有有机包裹体，这与矿区范围内灰岩中的沥青和砂泥岩中存在炭质等地质现象相一致；硅质岩的形成温度低于石英的形成温度，但它们的盐度变化不大，说明二者可能形成于同一流体系统，只是硅质岩可能受到围岩地层的影响，导致温度低于结晶程度较高的石英；流体包裹体温度和盐度随着深度变化均有增加趋势，但两者之间没有相关关系。成矿流体早期为 SO_4^{2-}-Na^+-Ca^{2+}-$Cl^-$$H_2O$ 型；成矿期为 SO_4^{2-}-Na^+-Ca^{2+}-H_2-H_2O 型；成矿晚期为 CO_2-Ca^{2+}-Mg^{2+}-H_2O 型。

6）探讨了金的迁移形式，指出高龙金矿中的金并非以传统氯族元素络合物形式迁移，而是以硫氢化合物和 SiO_2 配合物以及 $[Au(SO_4)_2]^-$、$[Au(HCO_3)_2]^-$、$[Au(AsS)_3]^{3-}$、$[Au(SbS_3)]^{3-}$ 等络合物形式迁移。温度、压力的降低和还原条件的变化是导致金沉淀的主导因素。

7）通过成矿时代的尝试性研究，探索了卡林型金矿定年办法，虽未解决问题，但可根据赋矿层位推断高龙金矿应晚于百逢组地层，并根据区域构造运动演化历史推断高龙隆起应为印支期构造运动的产物，结合石英流体包裹体 Rb-Sr 等时线年龄，对比滇黔桂卡林型金矿的已有资料，指出区内金矿成矿年龄应集中在 130 ~ 206 Ma 之间，即：印支期造山挤压向燕山期伸展的转换期。

8）通过围岩蚀变的研究，指出了硅化对金富集的重要作用。

石英微量元素和中子活化分析显示，与成矿有关的石英中金的含量较高，对金矿的形成有一定贡献，含硅质的热液流体具有携带 Au 元素的能力。硅化是高龙金矿最明显的蚀变找矿标志，特别是石英脉发育地段往往是金矿体富集的主要地段。

硅化与金的关系密切，体现为：石英中 Au 的含量明显高于围岩地层的含金量，金的含量从角砾砂泥岩→角砾灰岩→硅化岩→石英→硅化灰岩→灰岩逐渐升高；与金相关的元素为 Hg→As→Sb→Ag→Rb→Cu→ Ba→K 等，说明金的富集成矿作用与 Ag、As、Sb、Hg 以及 Cu、Ba 和 K 等元素成正相关性，这些元素很可能是与金一起被成矿溶液携带的；部分与石英共生的辉锑矿和黄铁矿含金较高，说明金与石英可形成于同一热液事件；金可以以 SiO_2 配位体形式进行迁移。

9）建立了典型矿床成矿模式和区域成矿模式，指出了找矿方向。

总之，高龙金矿属于滇黔桂地区典型的卡林型金矿，其成矿规律可以概括为：隆起（穹窿）构造及其边缘断裂构造和/或剪切带控制矿床就位；含矿围岩属于浅水沉积，与传统的喷流沉积不同；热液活动明显，具有多期、多阶段特征；成矿流体具有特殊性；成矿时代为印支期造山挤压向燕山期伸展的转换期；含金流体迁移具有非传统性；硅化对金的富集发挥重要作用。

二、广西德保铜矿床

德保铜矿位于驰名中外的八角之乡百色市德保县，是广西最大的铜矿生产基地。1956 年，中南地质局由铁而发现部分铜矿露头，曾认为其价值不大。到 1972 年，累计探明金属储量铜 13×10^4t，其中工业储量 10×10^4t，锡 3×10^4t，伴生铁矿石 44×10^4t，硫铁矿石 27×10^4t，砷矿物 5×10^4t。矿山经过 40 多年的勘查、开发，积累了大量的地质勘查和生产资料，但是公开发表的研究成果很少。对于矿床的成因认识主要有矽卡岩型（梁有彬等，1984；李艺等，1990；赖来仁；1989）和沉积变质-岩浆热液型（杨冀民，1989）两种。其关键问题包括：是否存在早期成矿作用？加里东期构造旋回对于区域成矿有何意义？德保是否已经剥蚀得差不多了？等。对于第一个问题，可以通过成矿时代的研究来解决；对于加里东期成矿是否具有区域性意义的问题，非常值得研究，因为我国除了西北地区的白银厂、东北地区的多宝山等著名铜矿之外，其他地区的加里东期铜矿还发现得不多；对于剥蚀程度问题，可以通过研究侵入接触构造体系与成矿的关系来探讨。

围绕上述问题，2009、2010 及 2011 年度，项目组成员多次前往矿山进行野外地质调查工作，对德保铜矿Ⅵ号矿段的 574 m 中段、612 m 中段、650 m 中段及Ⅷ号矿段的 498 m 中段、536 m 中段、

574 m中段、612 m中段等进行了全方位的调查和采样工作，对钦甲岩体进行了地表路线地质调查，同时对钦甲岩体周边的几个矿床（点）进行了实地调研，重点开展了成岩成矿时代、矿田构造等的研究工作，取得以下成果：

1. 确定钦甲岩体为成矿地质体，成矿作用并非海底喷流而与加里东期中酸性岩浆侵入活动有关。

钦甲岩体由地壳岩石部分熔融产生花岗质岩浆，壳幔岩浆混合而成。随着俯冲碰撞的进行，区域应力场渐变，构造体制发生转折，挤压褶皱向拉伸引张转换，钦甲岩体的不同单元可能对应于俯冲碰撞的不同阶段，而壳幔相互作用是华南地区加里东运动的一个重要方面。通过锆石温度计的研究，获得德保铜锡矿区花岗岩的锆石饱和温度为617～803℃，其中，黑云钾长花岗岩为672～803℃，斑状黑云母花岗岩为713～802℃，黑云角闪花岗岩为617～733℃。

2. 精确测定成矿地质体和矿床均形成于加里东期。

钦甲岩体的锆石LA-ICP-MS测年结果为412.4～442.4 Ma，为晚奥陶世—志留纪，将岩浆活动的时间范围从前人的526～221 Ma约束到O/S与S末两期，相当于加里东旋回的两个阶段（早加里东运动和晚加里东运动）。但是，地球化学演化特征显示由黑云母角闪石花岗岩→黑云母花岗岩→钾长石花岗岩，但时间次序却是黑云母花岗岩→黑云母角闪石花岗岩→钾长石花岗岩，说明很可能存在岩浆脉动事件，即深部岩浆房中结晶分异之后的熔浆由于其物理化学性质和状态的不同，其到达定位空间的时间和冷却结晶的步调是不一致的。辉钼矿Re－Os模式年龄加权平均值为435 Ma，也属于加里东期。

3. 探讨了成岩成矿的大地构造背景。

前人对华南加里东期花岗岩构造动力学背景的解释有3种观点：①属沟弧盆构造体系的岛弧花岗岩；②由地体拼贴作用形成的花岗岩；③陆内造山作用形成的板内花岗岩。徐夕生（2008）认为华南加里东期花岗岩没有大规模同期火山岩系伴生，表明其不具备洋-陆俯冲活动大陆边缘的特征。王德滋和沈渭洲（2003）总结提出，华夏地块与扬子地块之间至少经历了3次大的碰撞拼贴（晋宁期、加里东期和海西—印支期），从而相应形成了3期碰撞型花岗岩。本次研究发现，德保加里东期花岗岩的Hf同位素模式年龄为0.8～2.6 Ga，集中在1.2～2.2 Ga。与区域上华南加里东期花岗岩的Nd同位素T_{DM}模式年龄（2.0～1.6 Ga）基本一致，源区以早中元古代基底物质为主。成岩过程发生在由挤压逐渐向拉张转变的构造环境，可能与板块碰撞有关。成矿地质体源自陆源碎屑岩的重熔，而地幔物质的参与对于加里东期成岩成矿来说具有普遍性。

4. 系统研究了矿石特征及其物质组成。

原生矿石包括阳起石矽卡岩型铜锡矿石、石榴子石矽卡岩型铜锡矿石、磁铁矿矽卡岩型铜锡矿石、方解石-石英脉型铜锡矿石、块状硫化物型矿石等。金属矿物主要是磁铁矿、黄铁矿、毒砂、磁黄铁矿、黄铜矿，未见明显的锡石。氧化带中锡得到富集。矿石组构包括致密浸染状、不规则团块状、星点浸染状、条带状、微层状、脉状、角砾状等原生矿石构造，其中致密浸染状构造最重要，以阳起石矽卡岩型铜锡矿石和石榴子石矽卡岩型铜锡矿石为主，黄铜矿、黄铁矿、锡石、磁黄铁矿、毒砂等矿物聚成不规则的星点状浸染于矽卡岩中。氧化矿石构造呈皮壳状、葡萄状、网格状、孔洞状等。原生矿石结构有他形、自形或半自形、交代溶蚀、共边、包含、放射状、充填结构等，氧化矿石结构有胶状、放射状及纤维状。金属矿物主要有黄铜矿、黄铁矿、磁铁矿、锡石、毒砂、磁黄铁矿、闪锌矿等，局部地段见有少量的辉钼矿；非金属矿物有钙铁石榴子石、透辉石、阳起石、方解石、石英等。

5. 通过流体包裹体地球化学的研究，基本查明了成矿流体的性质。

流体包裹体研究表明：均一温度为113℃～304℃，集中在140℃～240℃；盐度4.43wt%～54.51wt%，集中在7wt%～23wt%；流体密度0.85～1.1g/cm^3。早期成矿流体的盐度偏低，密度较小，晚期成矿流体的盐度偏高，密度较大。方解石盐度普遍较低，一般小于13wt% NaCl，其变化范围为4.43wt%～12.16wt%，但其均一温度变化范围较宽（141℃～304℃）。石英盐度普遍较高，一般大于13wt% NaCl，其变化范围为9.60wt%～54.51wt%，均一温度范围较窄（140℃～200℃）。花岗岩石英斑晶的盐度为32.39wt% ~54.51wt%。绿帘石盐度为13.07wt% ~13.94wt%，均一温度为214℃ ~237℃。石榴子石盐度和均一温度存在两个区域，部分石榴子石盐度偏高（20.07wt% ~21.89wt%），均一温度为222℃ ~234℃，部分石榴子石盐度偏低（7.45wt% ~10.39wt%），均一温度为201℃ ~251℃。将均一温度和盐度投影到相关图解求得方解石中流体密度为0.85 ~1g/cm^3，石英中流体密度为0.95 ~1.1g/cm^3，绿帘石中流体密度为0.9 ~0.95g/cm^3，石榴子石中盐度高的流体密度为0.97 ~1g/cm^3，盐度低的流体密度为0.85 ~0.95g/cm^3。

6. 通过同位素地球化学研究，查明成矿物质主要来自于壳源。

矿石铅同位素研究表明，不同矿体中同种矿石矿物以及相同矿体中不同矿石矿物的Pb同位素组成差别不大，其相应的比值基本一致，表明它们之间具有同源性，主要来自于壳源。矿石铅的同位素模式年龄为195 ~421 Ma，主要集中在300 ~410 Ma。矿石铅的模式年龄比较接近，也暗示着这些金属矿物为同一时期形成。

7. 研究了矿田构造的演化历史，指出：

德保矿田主要经历了郁南运动、加里东期的广西运动、印支运动和燕山期多旋回构造演化历史，区内成岩和成矿作用主要发生在加里东期。其中，成矿前（郁南运动）的压应力方向为北东-南西向，成矿期（加里东期）则以北西-南东方向挤压为主，成矿后经历了印支期和燕山期构造叠加，主应力方向分别为北东-南西向和北北西-南东东向。北西向黑水河断裂至少经历3期活动，早期以压性为主，形成挤压片理和构造透镜体；后期为压扭性，擦痕近于水平；晚期为张（扭）性活动，导致上盘向南东方向斜落，并有基性岩脉充填。区域上北东向断裂大多向南东倾斜，倾角40° ~70°，断裂性质以压扭性为主，晚期张扭性再活动；近南北向断裂大多向东倾斜，倾角50° ~70°，断裂性质以（压）扭性为主；近东西向断裂倾向南或北，切割了北东向和北西向断裂，表明其形成时代较晚。

对矿田内不同产状、期次的断裂进行了系统研究，对今后找矿有很大帮助，其中相当一部分属于成矿后破坏性断裂，并指出接触构造为本矿区主要构造型式。泥盆系中共轭节理统计所得出的主应力优势方位应代表成矿后应力作用特征，由有孔雀石充填的共轭节理统计的主应力方位代表了成矿期应力作用特征。成矿前主应力优选方位为53°左右，成矿期为300°左右，成矿后为68°左右和170°左右。

8. 研究了控矿构造的型式，建立了矿田构造控矿模式。

寒武系中沿钙质层发育的顺层破碎带、北北西或近南北向断裂为容矿构造，北东向断裂为导矿构造，北西向断裂既是导矿构造又是容矿构造。北西向和北东向两组断裂密布地段，矿石品位明显增加，矿体厚度增大。不同方向的断裂在成矿后均发生了张性或张扭性活动，切割矿体，造成矿体在垂向和平面上发生位移。构造对成岩成矿的控制作用表现为：岩体接触带、层间破碎带、节理裂隙带和断裂破碎带均不同程度地控制着成矿作用的进行，其中，北东向构造导矿，北西向构造既导也容，顺层破碎带和北北西-南北向断裂容矿，南北向和东西向断层则起破坏作用。

9. 从岩浆岩成矿专属性、矿体定位方向、热接触变质等方面建立了成矿流体运移的轨迹，指出了找矿方向。

由于不同方向的断裂在成矿后发生了张性或张扭性活动，切割矿体，造成矿体在垂向和平面上的位移，增加了找矿难度。这也是德保铜矿的特色之一。本次研究了成矿地质体的含矿特征，指出了其成矿专属性可与四川的岔河锡矿相比。通过围岩蚀变，尤其是对角岩的研究，指出其对预测隐伏岩体的意义。围岩蚀变主要有矽卡岩化、角岩化、大理岩化、碳酸盐化、硅化、钾化或钠化等，其中矽卡岩化与铜锡矿化关系密切，复杂的矽卡岩体多数本身就是铜锡矿体，它是区内铜锡矿最重要的间接找矿标志。角岩化在钦甲穹窿附近寒武系的泥质岩石中普遍存在，呈层状或条带状产出，其中薄层者多呈条带，厚层者多具斑点特征。角岩化的程度和岩石所含变质矿物种类，与原岩物、化特征及其距岩体的远近有着明显的差别。角岩中Cu、Sn等元素的含量普遍高于花岗岩，可以作为找矿标志。通过对有矿化充填的20组共轭节理的测量和统计分析，求得交线优势产状为171°∠80°，由此推测，区内矿体向南侧伏，成矿流体来自南侧的钦甲岩体，即矿液自南而北、由深部岩体向上运移。可见，岩浆侵入接触构造体系对德保铜矿矿体的分布具有重要的控制作用。

总结了矿化富集的实用规律，即：阳起石矽卡岩型铜锡矿石的含铜量一般比钙铁石榴子石矽卡岩型铜锡矿石高；凡有石英脉或后期矿脉充填的地方或接近断裂带的地方铜都比较富集；钙铁石榴子石型矽卡岩比其余的矽卡岩含锡高；符山石矽卡岩、钙铝石榴子石矽卡岩仅含微量铜锡；氧化带的铜含量一般比原生的低，仅在下部变富；氧化带的锡含量一般比原生的增高；北西向与北东向断裂密集交汇处易成富矿。

10. 总结了成矿规律，建立了成矿模式。

德保式铜矿的成矿期为加里东期；构造运动为早加里东运动（广西运动）期间结束地槽、进入地台的历史转折阶段；成矿事件为构造转换期间的岩浆侵入事件；成矿单元为桂西-黔西南-滇东南北部成矿区（全国统一编号为Ⅲ－88）；所属矿床成矿系列为“右江与加里东期花岗岩类有关的 Sn、Cu、Au 矿床成矿系列”。

三、广西铜坑锡矿床

铜坑锡多金属矿床位于丹池成矿带的中部，属于著名的大厂锡矿的组成部分。自 1954 年以来，广西二一五地质队及其他兄弟单位、科研院所在铜坑矿区内开展了大量的地质勘查和地质科研工作，取得了丰硕的地质成果。截至 1992 年底，大厂矿田累计探明：锡 116×10^4t，锌 471×10^4t，铅 107×10^4t，锑 91.8×10^4t，三氧化钨 2×10^4t，银 4900 t，铟 5660 t，镉 2.09×10^4t，是世界上最富的超大型锡多金属矿区。尽管经过了半个多世纪的持续研究，对其成因认识仍然存在不同看法，有人认为属于与燕山期花岗岩有关的岩浆热液矿床，有人认为属于与岩浆无关、而与海底火山（热液）有关的热水沉积矿床，有人认为属于多期次、多阶段、多成因，早期为热水沉积，晚期为燕山期岩浆热液改造。本次认为该矿床在成因上属于燕山晚期岩浆热液交代-充填成因无疑，成因已经不是值得争论的话题，值得进一步研究的关键性问题应包括：矿化分带研究程度较高，但在以往工程控制深度之下“第二找矿空间”的矿化分带是如何的，与 1000 m 以浅有什么变化？整个矿区范围内是否存在多阶段成矿作用？有无早于 94 Ma 的成矿作用？有无新生代的成矿作用？幔源物质对矿床的形成有无贡献，体现在哪些方面？另外，对于侵入接触构造的研究也是不够的，直接影响到勘查工程的部署。

为解决上述关键问题，本次重点研究了以下内容：①通过精确定年，进一步厘定了成岩与成矿的成因联系；②通过对区内侵入接触构造的分析，总结了侵入接触构造的控矿特征；③通过导、运、储及构造圈闭等多方面的综合研究，分析了区内成矿的构造条件；④通过对构造垂向分带特点、控制因素等的归纳，总结了铜坑矿床构造控矿模式；⑤通过对矿床地球化学、同位素、成矿年代学等资料的综合，反演了成矿过程，建立了成矿模式。取得的具体进展如下：

1. 通过对矿床地质特征的研究，明确了沿层交代和充填作用是主要成矿机制，尤其是沿层交代最为典型。

大厂矿区的沿层交代作用不但是非常典型的，而且极其强烈，不但形成了超大型规模的层状-似层状、条带状（91 号）和网脉状锡石硫化物矿体（92 号），也形成了层状的矽卡岩型锌铜矿体，甚至形成了层状“花岗岩”（陈毓川等，1996）。充填作用形成的矿体包括规则的脉状矿体（大脉带、细脉带和层面脉等），也包括不规则的 100 号矿体。实际上 100 号矿体的形态类似于螺旋状、楼梯状，形态完全取决于被充填的原始空间之形态。位于大、小扁豆灰岩之间的 79 号层面脉、位于小扁豆灰岩与细条带灰岩之间的 75 号层面脉以及细条带与宽条带灰岩之间 77 号矿体，则兼具充填与交代双重特征。对不同类型矿体中锡石、毒砂、方解石及电气石等各类金属矿物和非金属矿物的标型特征研究，也表明其具有交代、充填的成因特征。

构造环境的差异制约了矿体的垂向分带特征。矿床上部处于背斜轴局部隆起地段，上覆岩层压力较小，处于相对开放的体系，因此，构造变形多以北东向张及张扭性裂隙为主，裂隙规模相对较大；矿床下部由于有上覆岩层的压力作用，同时地层岩性又是硅质岩和灰岩互层，产生了一系列层间滑动和微裂隙组合，从而形成上部充填为主、下部沿层交代为主的格局。

2. 通过对成矿地质体的研究，重新厘定了大厂矿田内岩浆岩的侵入序次，总结了其演化规律和成岩构造环境。

大厂矿区各类矿床的形成与燕山期岩浆活动密切相关，岩浆活动为成矿提供了物质和能量。笼箱盖岩体可分为 3 个侵入阶段，即岩浆最早开始活动时间在 102 ~ 103.8 Ma，主要侵位时间在 93.86 ~ 96.6 Ma，85.1 ~ 91 Ma 则为第三期活动。从岩浆侵入次序看，岩浆活动可能分为 4 期，最早为笼箱盖复式岩体，第二期为闪长玢岩的侵入，第三期为花岗斑岩的活动，第四期为白岗岩的侵入，整个大厂地区岩浆活动的时限应该在 81 ~ 103 Ma 左右。各类岩浆岩的锆石 U-Pb 年龄分别为：等粒状黑云母花岗岩 96.1 Ma；中细粒含斑黑云母花岗岩 103.5 Ma、96.1 Ma；细粒含斑黑云母花岗岩 102 Ma、94.3 Ma；似斑状黑云母花岗岩 102 Ma、93.86 Ma；花岗斑岩脉 91 Ma；石英闪长玢岩 91 Ma。总之，晚白垩世属于成矿古构造活动强烈期（陈毓川等，2007；2012），对于大厂等矿区岩浆活动和成矿作用的发生具有重要意义。

3. 通过对成矿构造的研究，总结了矿田、矿区的基本构造格架和组合方式，分析了构造作用下成矿元素迁移、矿体形成的构造控制因素，建立了构造控矿模型。

对矿田构造的基本格架、矿田构造的组合样式等进行分析，提出构造的垂向分带，即矿床上部以陡倾斜的裂隙和断裂构造为主，下部以层间滑动破碎带为主。通过应力分析，提出大厂矿田内盖层主要经历了印支期（T_2）挤压和燕山晚期（K_2）伸展剪切两期构造作用。对不同时期的构造变形层和不同方向的断裂构造开展了构造地球化学剖面测量，探讨了构造作用过程中元素地球化学行为，认为矿田内 W、Sn、Pb、Zn、As、Sb 等成矿元素的迁移富集与燕山晚期的伸展剪切构造活动关系密切，主要受张扭性断裂构造及层间滑脱构造、剪切褶皱、剪切劈理等的控制，没有燕山晚期构造作用的叠加则难以形成工业矿体。构造作用不仅形成了有利的导矿、容矿空间，而且还引起了成矿元素的迁移富集，构造作用本身也是成矿作用之一部分。

区内构造以浅表层次构造变形为主，表现为两套完全不同的变形样式和变形组合：早期挤压变形，表现为北西向大厂背斜、北西向大厂断裂的逆冲作用及北东向断裂的压扭性活动；晚期拉张作用表现为层内伸展剪切褶皱、层间滑动破碎带、北西向和北东向断裂的张扭性再活动、南北向张性断裂及北北东向小规模褶皱。因此，北西向大厂断裂和大厂背斜是区内主干构造，另外还有岩浆侵位形成的接触带构造。

构造对成矿作用的控制具体体现为：①伸展剪切与成矿关系密切。构造地球化学剖面测量表明，挤压变形层中 Sn、Pb、Sb 等成矿元素无富集趋势，伸展变形层中 Sn、Pb、Sb 等成矿元素富集。Sn、Pb、Sb 的含量变化与 Zn、Cu 并不同步，锡品位在伸展变形层（层间滑动破碎带）中显著增高；②在北西向断裂中，成矿元素具有迁移特征。北西向断裂是矿田内的主干断裂构造，其与成矿的关系也最密切。该组方向的断裂经历了印支期挤压逆冲作用和燕山晚期张扭性改造，在断裂的局部张开地段赋存有工业矿体，如大厂断裂中的 190 号矿体。③南北向断裂带也出现成矿元素的迁移现象。南北向断裂是矿田内燕山晚期的主要张性构造，为岩脉所充填，这些岩脉总是与锡多金属矿体交织在一起并穿切矿体，岩脉本身虽没有发生明显的矿化，但在岩脉与地层围岩的接触面附近以及岩脉中的裂隙构造内发育有黄铁矿化，这说明岩脉的形成在主成矿阶段之后，但二者的相隔时间不会太长。

不同尺度、不同层次的构造分别对矿田、矿床及矿体的定位起到控制作用。其中，①北西向和北东向两组断裂构造的交汇部位控制了矿田的定位。由于北东向断裂发育的等距性，形成了芒场、大厂和五圩 3 个大致等距分布、间距为 35 km ± 的矿田；②北西向断裂和褶皱的拐弯部位是成矿的有利空间。如，大厂断裂和大厂背斜在长坡段由北北西向→近东西向→北西向拐弯处，呈反“S”型，在成矿期张扭性应力作用下，近东西向的转折部位属局部张开地段，形成了有利的构造空间，铜坑锡多金属矿床正好位于这一转折部位；③背斜轴部的局部隆起有利于成矿。北西向大厂背斜总体向北西倾伏，倾伏角 4° ~ 26°，但在长坡段背斜轴部，同车江组泥砂质地层向四周倾斜，同标高上局部出露有下部五指山组扁豆灰岩，形成一个局部穹状隆起，铜坑矿床即产在这一隆起部位。巴里和龙头山矿床也同样位于巴里-龙头山局部隆起段。

矿体的定位同样受到构造控制。其中，锡多金属矿体受到北西向背斜 + 北西向断裂 + 北东东向褶皱+伸展剪切变形层（层间滑脱带）的联合控制，如铜坑91号、92号锡多金属矿体；背斜轴部局部隆起段的北东向张扭性断裂及裂隙控制了浅部的脉状矿体。对于拉么的锌铜矿，主要受到岩体接触带构造+岩凸+层间滑脱带的复合控制。对于钨锑矿体，隐伏岩体的上拱作用在其周边形成了呈环状分布的张性裂隙构造，并与早先断裂和裂隙相叠加，控制了含钨锑萤石-方解石脉的产出。

4. 通过对成矿流体和成矿热力学的研究，探讨了矿床的物理化学条件、成矿物质的来源和运移特征，计算了各项参数，查明了成矿流体的性质，示踪了成矿物质的来源。

成矿流体和成矿热力学研究显示，区内的流体包裹体有 $NaCl-H_2O$ 体系、CO_2-H_2O 体系。成矿温度范围有340~380℃、270~370℃、170~290℃3个区段，与铜坑-长坡矿床锡多金属矿体成矿的3个阶段吻合，反映了成矿作用由早阶段至晚阶段是一个连续的变化过程，成矿温度由高到低。流体包裹体的成分主要为 CO_2、H_2O，少量 H_2S、CH_4 以及微量的气相 CO、N_2、H_2，盐水溶液中可含有 Cl^-、CO_3^{2-}、HCO_3^-，具有中等盐度。密度在0.3~1.03g/cm^3，随着不同阶段温度的下降，溶液的密度有增高的趋势。通过矿物中流体包裹体氢氧同位素研究，提出成矿的流体在早期以岩浆水为主，有少量大气降水的加入，到成矿晚期则以大气降水为主。成矿流体早期主要为岩浆来源，$\delta^{18}O$ 值由拉么锌铜矿→铜坑锡多金属矿有增大的趋势，$\delta^{13}C$、$\delta^{18}O$ 的组成具有从近岩体→远离岩体，从近矿→远矿的相关变化，也反映了成矿热液运移方向。金属硫化物中的He、Ar同位素组成显示成矿流体主要来自地壳，但同时有地幔流体、晚期有大气降水的参与。

与铜坑相比，拉么锌铜矿体的盐度、密度仅高于铜坑深部的锌铜矿体，从空间位置上，拉么锌铜矿体靠近花岗岩体，这可能反映了成矿流体由近岩体→远离岩的变化。

硫化物的He、Ar同位素分析结果显示：^4He 为0.015~6.71 cm^3 STP/g，平均为1.41cm^{3}STP/g，$^3He/^4He$ 比值为0.21~3.35Ra，平均1.49Ra，高出地壳 $^3He/^4He$ 比值1~2个数量级，显示成矿流体中存在幔源氦。同时，所测得值又低于地幔 $^3He/^4He$ 比值，指示了流体中壳源氦的普遍存在。经计算，长坡-铜坑锡矿体矿物中幔源He所占的比例为2.55%~37.34%，平均为19.71%。

硫同位素分析表明，不同矿体中硫同位素组成是相似的，以岩浆硫为主，在空间上，硫同位素组成具有一定的变化规律，即从锌铜矿体→锡多金属矿体、从近岩体→远离岩体，从92号矿体→上部大脉状矿体，$\delta^{34}S$ 呈现降低趋势。铅同位素分析结果显示，区内不同矿体中铅同位素组成是一致的，具有同源性，铅的来源是造山带与上地壳的混合来源，主要是地壳来源，也有地幔组分的加入。对区内热液黄铁矿、毒砂的Re-Os同位素体系分析结果显示成矿物质可能来源于壳幔混合。

5. 通过对成矿分带、围岩蚀变分带等的研究，全面分析了成矿条件、成矿物质的源、运、聚的方式，总结了成矿规律，建立了铜坑式超大型锡多金属矿床岩浆热液沿层交代成矿模式。

在大厂矿区，成矿元素在垂向上清晰地表现为自下而上由Zn、Cu→Sn、Zn→Sn多金属→Pb、Zn、Ag的分带性，显示了岩体对成矿的控制作用。实际上，大厂矿区的成矿分带是全方位的，不但存在元素的分带，还存在矿物分带、矿石结构构造的分带，甚至单个矿物的成分也是分带的，同位素组成也是分带的。这种分带性，显示了成矿机制的统一性，概括而言即是：

沿层交代是全方位的，不但形成矿体，甚至于交代形成“类岩浆岩体”（花岗质交代岩）；

沿层交代是受到硅钙界面制约的；

沿层交代在两组深大断裂之间更易成好矿、大矿；

沿层交代实际上也是“地下室”；

沿层交代对于德保、佛子冲等地寻找隐伏矿体也具有重要的指导意义。

近年来在黑水沟-大树脚通过ZK1507等钻孔发现的96号锌铜矿体也是沿层交代形成的。

四、广西龙头山金矿床

广西龙头山金矿位于广西贵港市北部龙头山一带，交通便利，开发条件非常好，但找矿进展一直没有取得大的突破，到1988年，控制储量只有5839 kg。近年来虽然有些新进展，如危机矿山资源接替项目在ZK1405钻孔474.0~478.39 m及501.51~514.05 m处分别见两层铜矿，含铜0.274%~

0.294%，但不能缓解资源危机之燃眉之急。对于矿床成因的认识，也存在不同看法，有的认为龙头山属于与火山-次火山岩有关的气成-高温热液型金矿床，有的认为属于与花岗斑岩有关的斑岩型金矿，有的认为多期活动的构造-热液作用在区域找矿中具重要意义。无论如何，目前迫切需要解决的关键科学问题众多，包括：成矿地质体与矿体在时、空分布上有何联系？成矿作用发生的时限、过程怎样？火山-次火山机构如何控矿？龙头山鼻状构造与其他构造的相互关系？不同类型岩体、矿体之间差异何在？流体演化及其与成矿的关系也有待研究。

为研究上述问题，本次确定的研究思路和工作重点为：重点研究成矿地质体与矿体在时间、空间上的关系；研究成矿地质作用发生、发展的过程，确定成矿作用发生的时代；研究火山-次火山机构及其控矿作用；研究鼻状构造与其他构造的相互关系及其控矿作用；进行不同岩体、不同矿体类型之间的对比，查明其成矿时代及“三源”特征。通过上述研究，取得如下成果：

1. 在区域地质背景研究方面，确定了岩浆岩是主要的成矿地质体，查明矿区及区域上寒武系的Au背景值较高，可能是重要矿源层。

2. 通过系统的岩相学、同位素年代学工作，建立了龙头山岩体的岩相分带，厘定了岩浆演化的序次。

对隐爆角砾岩、角砾熔岩、流纹斑岩、花岗斑岩分别进行了岩相学、地球化学和年代学的研究，结果表明这种岩浆岩都是陆壳重熔的产物（其源岩应该是寒武系的碎屑岩），具有很好的岩浆演化特点，从龙头山流纹斑岩（103 Ma）→龙头山岩体中心相花岗斑岩、狮子尾花岗斑岩（100 Ma）→平天山花岗闪长岩（96 Ma）。这样的岩浆岩属于同一期次、不同阶段的产物。鉴于龙头山岩体具有较高的I_{Sr}（>0.721）、低的$\varepsilon_{Nd(t)}$而平天山岩体和狮子尾岩体则具有相对较低的I_{Sr}（<0.721）、相对较高的$\varepsilon_{Nd(t)}$值，意味着龙头山岩体源自演化程度更高的地壳物质，而平天山和狮子尾可能有下地壳或者更深源物质组分的加入。由于Sr、Nd同位素随时间的演化是有规律的，即越晚的岩浆岩起源深度越大，反映了壳幔相互作用的结果，地幔的热导致地壳浅部重熔，然后是深部岩浆的跟进。这表明，龙头山地区的岩浆活动先是地壳层次，随后深入到地幔层次。虽然地幔层次物质和能量的输入究竟是主动的还是被动的，目前尚无定论，但这一现象无论是在龙头山还是在大厂等重要矿区都是常见的，也可以看作是一种大规模成矿作用的规律，值得重视。

3. 在典型矿床研究方面，查明了元素的垂向分带，测定了成矿时代，厘定了成矿期次，重点研究了电气石化围岩蚀变与成矿的关系。

根据产出特征，将龙头山的矿体分为3类：产于次火山岩（流纹斑岩和角砾熔岩等）中的金矿体、产于岩体接触带与断裂构造复合部位的矿体和产于围岩（砂岩或泥岩）断裂裂隙中的充填型金矿体。对于矿化分带，水平方向上表现为Au→W→PbZn，垂向表现为上金银下铜。矿石的自然类型可分为：次火山岩型矿石、角砾岩型矿石、裂隙充填型矿石及氧化矿石。矿石的结构主要有：半自形、自形、他形晶粒状，变余微晶、粒状变晶、细粒花岗变晶镶嵌结构，斑状（似斑状、碎斑状）、交代假像、熔蚀和填隙结构等；矿石的构造主要有：角砾状、块状，浸染状、蜂窝状、碎裂状、条带状和砂状构造等。自然金在氧化矿石中以单体自然金为主，在原生矿石中有自然金及含银自然金两种，以含银自然金为主（占70%）。原生矿石中的自然金主要呈包裹金、晶隙金和裂隙金3种形式存在，以包裹金为主，次为晶隙金和裂隙金。

矿区围岩蚀变异常强烈，整个火山岩体由于蚀变作用而改观。主要有电气石化、黄铁矿化、硅化、钾长石化、绢云母化、高岭石化、绿泥石化，局部有透闪石化、阳起石化、绿帘石化和碳酸盐化、角岩化等。电气石化是龙头山金矿最普遍的一种多期热液蚀变，矿区广泛发育面型电气石化。矿石中常见电气石-石英细脉。沉积岩、喷出岩、次火山岩乃至成矿后的各种酸性岩脉均不同程度地发育电气石化，在火山-次火山岩中，电气石主要交代长石、黑云母，有时完全交代长石斑晶和基质。在外接触带，电气石交代泥、砂岩及粉砂岩中的泥质胶结物，并往往见金红石和电气石相伴出现。电气石的标型意义表现为：与矿化有关的电气石均富铁；电气石含金高，暗示高温阶段Au的络合物可能与B一起从岩浆房中带出。黄铁矿较为普遍，主要发育于流纹斑岩、角砾熔岩、花岗斑岩以及围岩当中。黄铁矿化贯穿整个热液成矿带，也与金矿化关系密切。

运用辉钼矿 Re-Os、锆石 SHRIMP U-Pb、石英流体包裹体 Rb-Sr 等时线等方法，精确测定了矿区内平天山、狮子尾岩体的成岩年龄以及龙头山矿区辉钼矿、矿脉中脉石矿物的形成年龄，确立了成岩与成矿的关系，厘定了矿田内的岩浆侵入次序；指出矿区内的主要岩体均侵入于燕山晚期，龙头山金矿和平天山钼矿的形成与岩浆活动密切相关，均属于燕山晚期构造-岩浆-成矿事件的同期产物。利用石英 Rb-Sr 同位素测年方法获得龙头山矿区范围内产于寒武系破碎蚀变岩型金矿等时线年龄为 368 Ma，代表老一期金矿成矿时代；龙头山矿区火山岩中含金石英脉中石英的 Rb-Sr 等时线年龄为 101 Ma；获得矿区范围的辉钼矿等时线年龄为 96.8 Ma。可见，成矿时代（101 Ma）与龙头山岩体流纹斑岩（103 Ma）较为吻合，而平天山的辉钼矿与平天山岩体花岗闪长岩 96.5 Ma 也较为吻合。

将成矿期次划分为 3 期 6 阶段。即：Ⅰ. 气成-热液期（次火山岩侵入阶段），进一步分为 I_{1-1}石英-电气石阶段、I_{1-2}金-黄铁矿-电气石-石英阶段、I_{1-3}金-石英-多金属硫化物阶段；Ⅱ热液期（花岗斑岩侵入阶段），进一步分为II_{2-1}石英-绢云母-黄铁矿-含金电气石阶段、II_{2-2}石英-多金属硫化物阶段；II_{2-3}石英-碳酸盐阶段；Ⅲ表生期。

4. 在矿田构造研究方面查明了构造与成矿的关系，指出北东和北西向断裂交汇部位控制了龙头山火山－次火山岩的定位，金矿体则受火山机构和断裂构造联合控制，并探讨了富矿体的成因。

构造对成岩成矿的控制作用表现为：区域性断裂交汇带控岩、背斜容岩、火山机构控矿及断裂裂隙容矿。北北西向（近南北向）断裂是主要控矿断裂，其次是北西向和北东向断裂。控矿断裂的性质主要为张扭性，断裂沿走向转变或分支复合处、两组断裂交汇处是矿化富集部位；区域上不同级别的构造对成岩、成矿的控制各有特点，即深大断裂控制岩体和矿田，背斜控制矿床的产出，小断裂则控制了矿体的分布。对断裂裂隙容矿，又具体体现为：规模较大的北西-北北西向张（扭）性断裂控矿、南北向断裂控矿、火山机构内的断裂叠加控（富）矿、顺层滑动破碎带控矿、节理与矿的关系并非正相关。富金矿体的产出规律为：金矿体叠加有北西、北北西、南北、北东和东西等不同方向的张性断裂或形态不规则的张性裂隙构造时，矿化强度增高，形成富矿包；北西向断裂为区内主要控矿断裂，区内矿体具有向南东方向侧伏的特点，侧伏角在25°左右。矿体向南东侧伏的特点可能与火山机构向南东陡倾斜及成矿过程中北西向张（扭）性断裂的北东盘往南东方向斜落有关。

5、在成矿流体研究方面，查明龙头山金矿成矿流体的性质和金的迁移方式。

成矿流体属中温（320～180℃）、中高盐度（30wt%～40wt% NaCl）、中密度（0.9～1.10g/cm^3）$NaCl-KCl-H_2O$ 体系，估算成矿深度约 427～1152 m。pH 值为 4.48～4.41，在 420℃时，pH = 4.48，$E_h = -0.623$；在 300℃时，pH = 4.41，$E_h = -0.507$。选择沸腾包裹体作为压力计，求得龙头山金矿床不同类型矿石和不同空间高度（从 540～340 m 中段）样品的压力范围大致是 90×10^5 ～ 136×10^5 Pa，平均 113×10^5 Pa。在高温高压热液系统中，Au 可溶解形成 Au 的氯络合物。随着温度、HCl 浓度的增高，Au 的溶解也随着增高，一般可呈 $AuCl_3$ 的挥发物形式和 $[AuCl_4]^-$、$[AuCl_2]^-$、$[AuCl(OH)]^-$络阴离子形式迁移，而金的硫络阴离子 $[AuS]^-$、$[Au(HS)_2]^-$、$[Au(HS)_4]^-$等则是在中低温、碱-中性条件下迁移的。

6. 在成矿物质来源方面，通过 S、C、H、O、Pb、Sr、Nd、Hf 同位素地球化学和岩体地球化学研究，指出岩浆岩系寒武系重熔之产物，成矿物质多种来源，成矿流体以岩浆水为主，外接触带含金石英脉和破碎带中金矿的成矿流体随远离岩体，非岩浆水的比例逐渐增加。

通过 Sr、Nd、Hf 同位素地球化学和岩体地球化学研究，探讨了岩浆岩物质来源，指出矿区范围内的岩浆岩主要是寒武系经重熔作用演化形成；S、Pb 同位素研究表明成矿物质主要来源于老地层，同时可能存在其他来源；C、H、O 同位素特征表明产于次火山岩中的金矿，成矿流体多以岩浆水为主，产于外接触带围岩中的含金石英脉和破碎带蚀变岩型金矿，其成矿流体随着离岩体距离的增加，大气降水的成分逐渐增多，甚至以大气降水为主。

7. 在成矿机制研究方面，总结了成矿规律，认为龙头山金矿属大陆内部深断裂构造活动过程中浅成超浅成岩浆活动的产物，并建立了龙头山式隐爆角砾岩型金矿成矿模式。

矿区岩浆岩为高挥发分元素的钙碱性系列岩石，Au 等成矿元素、矿化剂元素均富集或特别富集，本区岩浆岩是矿田内成矿物质的重要来源。构造与成矿的关系（构造样式）表现为：深大断裂对成矿带的控制、背斜对矿田的控制、断裂对成矿的控制、岩体接触带控矿及节理裂隙控矿。

五、广西佛子冲铅锌矿床

佛子冲铅锌矿位于广西岑溪市和苍梧县交界处。自 1953 年该区开展地质勘探工作以来，探明的铅锌储量已构成大型矿床规模；先后有广西 271 地质队、204 地质队、广西区域地质调查院等在佛子冲从事勘探工作。到 1996 年，累计探明金属储量：铅 29×10^4t，其中工业储量 19×10^4t；锌 38×10^4t，其中工业储量 22×10^4t；铜 1.4×10^4t，其中工业储量 1.0 万多吨。2007 年在佛子冲矿田南西的旧村口、塘坪及北东缘六塘地区实现了找矿新突破，但随着矿山产能的扩大，寻找更多的接替资源迫在眉睫。对于成矿理论的研究也同样至关重要，究竟是岩浆热液成矿还是海底喷流沉积－改造成矿，一直存在争议。存在的关键问题还有：花岗岩对成矿有无贡献，是矽卡岩矿床还是沉积－变质矿床？矿田中火山岩、浅成岩是否同源？两者之间有无亲缘关系？火成岩形成于何时？

为解决上述问题，本次重点研究了以下内容：①岩浆岩与构造、矿体的关系，火成岩就位方式；②矿床的空间分带、蚀变分带，矿体就位规律等；③成岩成矿时代；④成岩与成矿的成因联系；⑤总结成矿规律与成矿机制，建立佛子冲成岩成矿模型，具体如下：

1. 确立了佛子冲矿田内花岗岩的序列及其形成的地球动力学背景。

利用 LA-ICP-MS 等先进方法对花岗岩锆石进行 U-Pb 定年，建立了佛子冲矿田内岩浆岩的演化序列，明确了岩浆岩为主导成矿地质体，为成矿模式的修订奠定了基础。佛子冲矿田内 5 类花岗岩的年龄系列依次为：大冲（闪长岩-花岗闪长岩）岩体：245 Ma；广平正长花岗岩岩体：171 Ma；新塘-古益花岗斑岩：106 Ma；河三花岗斑岩：105.8 Ma；龙湾花岗斑岩：106 Ma；龙湾石英斑岩：94 Ma。

结合花岗岩的成因类型、华南的大地构造演化过程，推测花岗岩形成的地球动力学背景为：①245 Ma形成的大冲闪长岩岩体为高钾钙碱性、准铝-弱过铝-强过铝质 I 型向其他类型过渡的花岗岩，是下地壳重熔的产物；产在岛弧-同碰撞-碰撞后大地构造背景下，是对二叠纪末期—三叠纪早期 Pangea 超大陆形成及解体过程的响应；②171 Ma 形成的广平岩体为高钾钙碱性、准铝-弱过铝 A 型花岗岩，属于下地壳重熔的产物，但存在少量幔源物质的加入，富含 MME 包体，壳幔相互作用特征明显，产在板内区域伸展的大地构造背景下，预示着特提斯构造域向太平洋构造域的转化已经完成；③形成于 106 Ma 的新塘-古益花岗斑岩为高钾钙碱性、准铝-弱过铝-强过铝质 I 型花岗岩，属下地壳重熔的产物。产于古益矿床、龙湾矿床、河三矿床内的花岗岩斑岩具有相同的形成年龄、岩相学特征、地球化学特征，属于同一岩浆源。花岗斑岩产在岛弧-同碰撞构造背景下，是太平洋板块向西俯冲，致使云开地块进一步向桂西地块挤压碰撞的响应，标志着华南板块晚白垩世构造格局的形成；④形成于 94.2 Ma 的英安斑岩属于准铝-弱过铝质 I 型花岗岩，与花岗斑岩同源，亦属下地壳重熔产物，是对白垩纪末期华南区域伸展作用的响应。与其同期，发育一系列北东向狭长的白垩纪沉积盆地。

2. 查明了佛子冲矿田的主要控矿因素，建立了区域构造演化模式和矿田构造演化模式。

矿床的形成与就位是地层、构造、岩浆岩等主要控矿因素综合作用的结果。通过详细的井下观察，结合花岗岩的地质地球化学特征，初步查明：①花岗斑岩、大冲石英闪长岩接触带构造及断裂构造、地层中的碳酸盐岩是主要的控矿要素，其中厚大矿体的控矿要素是花岗斑岩＋石英闪长岩接触带＋碳酸盐岩，而小矿体的控矿要素是花岗斑岩＋断裂＋碳酸盐岩。在三大控矿要素中，花岗斑岩的岩浆源是主成矿期的成矿物质来源及成矿岩浆动力。断裂是导岩、导矿、控岩、控矿构造，不管是在河三、龙湾，还是古益，花岗岩与围岩尤其是碳酸盐岩的接触带，都是最重要的成矿构造。碳酸盐岩作为成矿热液的地球化学障，与成矿热液发生交代形成矽卡岩，造成矿体的最终就位。②部分矿体产在大冲石英闪长岩体的断裂内，并对石英闪长岩进行蚀变，表明成矿作用发生在大冲岩体形成之后，成矿物质不是来源于大冲闪长岩，但石英闪长岩与围岩的接触带为后期厚大矿体的形成奠定了基础，是古益矿区最重要的成矿构造。③佛子冲矿田内，河三、龙湾、古益3个矿床的成矿物质来源于花岗斑岩，主成矿期为106 Ma前后。河三、龙湾矿区靠近花岗斑岩的岩浆主通道，碳酸盐岩发育，形成典型的矽卡岩型矿床，古益矿区远离花岗斑岩的主通道，形成岩浆热液充填型矿床，总体体现出河三、龙湾抬升高，古益抬升低的特点。因此，古益矿区下部具有寻找矽卡岩型厚大矿体的空间，河三、龙湾外围具有寻找热液充填型矿床的前景。④作为矿物质来源的花岗斑岩，空间上呈条带状分布，具有明显的同构造岩墙扩展式侵位特征，因此，断裂控制了花岗斑岩的侵位和矿床的定位，具有明显的控岩控矿作用。⑤剖面测量、钻孔、井下观察表明，虽然佛子冲矿集区地表碳酸盐岩少见，但深部常见，且碳酸盐岩在南部的河三、龙湾矿区比北部的古益矿区更发育。地表碳酸盐岩少见的原因与剥蚀程度有关。⑥从控矿构造的角度分析，佛子冲存在多期成矿，构造多期活动，既有成矿构造，也有破矿构造。可将成矿分为3期：与大冲闪长岩有关的第一期矿化；与花岗斑岩有关的第二期矿化；与后期伸展构造有关的第三期矿化。成矿构造为早期张剪性断裂、节理、花岗岩接触带，破矿构造是白垩纪之后的走滑剪切断裂。

3. 深入研究了矿床基本特征，明确了矿床成矿机制以沿层交代和沿构造破碎带充填为主。

将矿体类型划分为牛卫式、佛子冲式和龙湾式，将围岩蚀变类型划分为矽卡岩化（透辉石化、帘石化、阳起石化）、硅化、钾化、绿泥石化、碳酸盐化，局部可见萤石化，将成矿期次划分为矽卡岩阶段、硫化物阶段（进一步分早、晚期两次）和碳酸盐阶段，指出成矿过程经历了从闪长岩侵入→东西向褶皱变形→绿色矽卡岩蚀变→成矿的演化历史，明确指出成矿作用晚于绿色岩蚀变。

4. 系统研究了成矿流体的特征，分析了成矿流体的来源，计算了相关成矿物理化学参数，为成矿机制的重新构建提供了依据。

流体包裹体气液相成分分析表明，成矿流体中阳离子以Ca^{2+}、K^+、Na^+为主，$K^+/Na^+>1$，阴离子中SO_4^{2-}含量占明显优势，显示与岩浆源成矿流体的亲缘关系，从早阶段到晚阶段岩浆源成分所占比例呈下降趋势。

成矿流体的逸度：从早期矽卡岩阶段到主成矿期热液硫化物阶段再到晚期石英-方解石阶段，具有先升高再降低的趋势，成矿过程相当复杂，与成矿温度的变化趋势以及矿质沉淀的规律一致。

成矿流体的酸碱度：成矿流体的酸碱度呈弱酸性，从早期到晚期成矿环境由还原向弱还原转变。从矽卡岩阶段到晚期石英-方解石阶段，总硫活度依次降低，说明硫化物含量依次增加，而总碳活度先降低后升高，对应于碳酸盐矿物含量先升高后降低，说明主成矿阶段成矿与碳酸盐密切相关，也反映了佛子冲铅锌矿床成矿阶段的复杂性。

查明了流体的混合作用是硫化物矿质沉淀的主要机制。充填、交代成矿作用是本矿区的主要成矿方式。佛子冲铅锌矿床中高温高盐度流体与低温低盐度流体同时存在，其中主成矿期为高温高盐度流体，流体密度低。成矿温度介于142～361℃，可分为150～210℃和260～320℃（主成矿期）两个区间。其中岩浆源高温流体是成矿作用发生的主导因素，高温流体与低温流体的混合是硫化物矿质沉淀的主要机制。

基本搞清楚了成矿物理化学条件：矿区内进变质矽卡岩阶段（透辉石矽卡岩、钙铁辉石矽卡岩、石榴子石矽卡岩）的温度约为400～600℃；退变质矽卡岩阶段（绿帘石矽卡岩、绿帘石-绿泥石矽卡岩）的温度约为450～300℃；硫化物阶段流体包裹体均一温度多介于180～320℃，其中早期硫化物阶段矿物爆裂温度接近于300℃（磁黄铁矿285～330℃，黄铜矿286～296℃，闪锌矿262～295℃），而晚期硫化物阶段成矿温度降至200℃左右（方铅矿205～295℃），指示硫化物沉淀的温度区间在200～300℃之间。佛子冲矿段的成矿温度多介于143～361℃，而河三127～440℃，它们对应的成矿压力区间分别为：佛子冲31.27～80.31 MPa，河三43.39～69.82 MPa；成矿深度分别为佛子冲1.25～3.21 km，河三1.64～2.79 km，说明佛子冲矿段属低温高压，而河三矿段属高温低压。

5. 通过同位素地球化学的研究，明确了成矿物质、成矿流体主要来自于岩浆活动，为找矿方向的重新确立提供了依据。

初始成矿流体为岩浆期后热液，并在演化晚期不同程度地混入了天水。主要依据如下：①矿物流体包裹体水的H、O同位素分析表明，成矿期流体D和^{18}O值分别为$-74.80‰\sim-41‰$和$-7.41‰\sim6.20‰$，在$\delta D-\delta^{18}O$图解上有部分样品落在原生岩浆水区，其余大多落在原生岩浆水区与雨水线之间；②方解石脉和大理岩C、O同位素分析表明，$\delta^{18}O_{SMOW}$值分布于$9.7‰\sim13.2‰$之间，$\delta^{13}C_{PDB}$值分布于$-0.1‰\sim2.7‰$之间，其中$\delta^{18}O_{SMOW}$值大大低于正常海相灰岩（$\delta^{18}O_{SMOW}$为$22‰\sim30‰$）和大理岩（$\delta^{18}O_{SMOW}$为$15‰\sim27‰$）。在$\delta^{18}O-\delta^{13}C$图解上，佛子冲碳酸盐岩样品投点均远离正常沉积碳酸盐，与岩浆-地幔源C、O同位素范围较接近，表明这种大理岩或大理岩化灰岩受到了燕山期岩浆热液的强烈改造。

铅同位素研究表明，不同矿体中矿石铅的同位素特征比较接近和集中，暗示铅的来源相似或具有继承性。矿石铅与岩浆岩长石铅的同位素比值相似，而与地层铅同位素比值相差甚远，指示铅的来源与燕山期岩浆活动尤其与花岗斑岩侵入活动联系紧密。

矿田内不同矿段中硫化物矿石中矿物的S同位素比值非常接近，$\delta^{34}S$值主要集中在$-0.43‰\sim4.3‰$，塔式效应显著，表明硫为与岩浆活动相关的深源硫。

稀土元素分析表明，矿化剖面上矿石与蚀变岩的稀土元素特征变异较大，但总体体现出对围岩地层的继承性和受岩浆源热液作用改造的复合特征。

微量元素特征也显示广平岩体的Pb含量属于正常范围，但其他岩体富集Pb；围岩地层中矿质元素含量相对偏高，可能在热液运移过程中提供了部分矿质。

总之，成矿物质主要来自岩浆岩，部分来自围岩地层，矿床的形成和分布具有明显的岩浆热液成矿的演化规律，成矿带内中酸性岩浆岩分异良好，构成岩浆-热液-成矿演化的有机统一体。

6. 通过对各个中段的全面调研、分析对比和室内综合研究，认为“绿色岩”属于沿层交代成因而不是喷流沉积成因，成矿机制也是交代+充填，从而解决了长期争论的问题。

矿区广泛发育的“绿色岩”是“蚀变岩”而非“喷流岩”。其证据主要为：①该类岩石主要发育在侵入接触带，与侵入岩浆岩体的边部相邻、相伴，产状和规模严格受侵入接触带构造的制约；②所谓的喷流岩或“与围岩同生”的证据不足，所谓同沉积组构多为正常沉积纹层残留或被热液选择性交代的结果，在坑道内多处可见“层状绿色岩”走向上渐变过渡为纹层状碳酸盐岩；③公认的喷流岩以硅质岩、重晶石岩、钠长石岩等岩类为主，佛子冲的绿色岩常常是透辉石岩，而透辉石岩不太可能由喷流沉积形成；④存在明显的矽卡岩矿物组合；⑤矽卡岩蚀变分带现象发育；⑥成矿地质背景可与若干典型矽卡岩型矿床对比；⑦利用电子探针对各类蚀变矿物的化学成分进行了测试，结果表明，龙湾矽卡岩中石榴子石属钙铁榴石；在佛子冲古益矿区条带状绿色岩中，辉石族矿物属透辉石或次透辉石；在河三矿区块状绿色岩中辉石族矿物属钙铁辉石。

7. 总结了成矿规律，建立了成矿模式。

成矿规律可概括为：①博白-岑溪深大断裂控制了矿田发育的宏观地质背景，它在演化过程中诱发了多期多阶段的岩浆、构造和成矿事件；②成矿地质作用主要与矿区南部的花岗斑岩和英安斑岩的活动有关，与这两期岩浆作用有关的深部岩浆库提供了主要的矿质和热源，是形成成矿流体的核心要素；③尽管佛子冲、牛卫、龙湾3个矿段在成矿特征上差异较大，但它们可归属于同一个的成矿热液系统，是同源成矿流体在不同地质环境下的产物；④受矿区南部燕山晚期深部岩浆库的驱动，成矿流体系统自南向北沿北北东向和南北向构造破碎带运移，河三和龙湾接近流体库中心，热液运移距离短，流体温度高，产生对富含碳酸盐岩围岩地层的高温进变质矽卡化作用，佛子冲地区远离流体库中心，热液运移距离长，成矿流体温度降低，交代变质作用以中高温进变质和退变质矽卡岩化为主；⑤矿区内广泛分布的“绿色岩”是矽卡岩而非“喷流岩”，其发育与矿化具有时空成因联系，为同源热液流体在同一空间不同演化阶段与围岩作用的产物；⑥基于Pb、Zn在成矿热液演化系统中易于在晚期富集的地球化学习性，其分布区域一般远离热源，加之佛子冲地区碳酸盐岩夹层大量发育，利于交代作用的发生，因此佛子冲矿段的蚀变和成矿规模大于河三和龙湾；⑦充填交代作用是矿床发育的主要方式，岩浆源成矿流体与天水流体的混合可能是矿质沉淀的主要机制。总的成矿规律表现在矿体受地层中碳酸盐岩、断裂与花岗岩接触带构造、花岗斑岩三者的共同制约，成矿有利地层为泥灰岩或

（钙）泥质粉砂岩，容矿和导矿构造为北东和北北东方向断层，近矿岩浆岩为花岗闪长岩和花岗斑岩。基于此，将成矿构造演化模式概括为：

1）广西运动造成寒武系—志留系浅变质、褶皱抬升，伴随有加里东期花岗岩的侵位和基底的形成；

2）早印支运动期间，印支地块向北挤压，Pangea 大陆形成，伴随大冲闪长岩体就位；

3）特提斯构造域向太平洋构造域转化完成，北北西向挤压，北东东向伸展，广平花岗岩侵位；

4）在早白垩世压剪性条件下，花岗斑岩被动侵位，形成佛子冲主矿床。

8. 分析了成矿条件，指出了找矿方向，为下一步探边摸底工作提出了具体建议。

1）成矿条件是多种因素的综合。佛子冲矿床的成矿特征非常复杂，涉及地层岩性（高成矿元素背景值地层，碎屑岩中火山凝灰质夹层，矽卡岩夹层，薄层条带状灰岩夹层）、构造（侵入接触带构造、北北东构造破碎带、褶皱组合、断裂网络等）以及岩浆岩（花岗闪长岩，花岗斑岩，英安斑岩）等因素。如果厚层灰岩在花岗闪长岩附近，且在灰岩中有北东或北北向断裂通过时，往往形成规模较大、品位较高的铅锌矿。矿体产状与岩层基本一致，多呈北北东向展布。

2）成矿热液经历复杂的演化过程，其蚀变及成矿作用的物理化学环境变化很大。佛子冲铅锌矿床的成矿流体逸度从早期矽卡岩阶段到主成矿期热液硫化物阶段再到晚期石英-方解石阶段具有先升高再降低的趋势。佛子冲和河三两个矿段的成矿物理化学环境有所差异，佛子冲矿段属低温高压，而河三矿段属高温低压。与此相对应，佛子冲式矿床的铅锌矿体埋藏标高较低，生成深度较大，具有良好的封闭、高压、稳定的成矿环境，有利于矿液沿层交代、沉淀，形成似层状矿体。牛卫式矿床形成标高较高，埋深不大，而且构造断裂发育，不具备良好的封闭条件、高压及稳定的成矿环境，所以造成矿化仅限于断裂与灰岩相交部位，形成沿层矿化范围很小的柱状及不规状矿体。

3）流体的混合作用是硫化物矿质沉淀的主要机制，充填交代成矿作用是本矿区的主要成矿作用方式。主要依据是：①矿化和蚀变作用在空间上对围岩具有选择性。矿体主要集中在碳酸盐岩夹层发育部位，矿体规模和钙质围岩夹层厚度有一定正相关性，常形成层状、似层状厚大矿体，而在砂岩和岩浆岩内部仅有限分布于断裂破碎带内，规模小而延伸有限，形态不规则，主要是细脉状；②野外可以直接观察到成矿热液对钙质围岩交代作用的前锋面，以及交代残余透镜体；③发育典型的矽卡岩矿物；④硫化物的发育呈多阶段，通过矿相显微观察发现大量的早期金属矿物被晚期不同类型硫化物交代的现象；⑤稀土元素地球化学特征指示，矿石和蚀变岩继承了钙质围岩的地球化学特征，同时叠加了岩浆源流体的改造信息。

4）不同类型矿体的产出方式（形成环境）受到不同地质条件的制约。其中，河三、龙湾、古益的成矿物质可能主要来源于花岗斑岩，主成矿期为 106 Ma 前后，属同一成矿系列，但河三、龙湾矿区更靠近花岗斑岩的岩浆主通道，附近围岩中碳酸盐岩发育，总体体现出河三、龙湾抬升高，古益埋藏深的特点；河三陡立矿体边部大理岩及大理岩化灰岩中蚀变很弱的特点，也类似于大厂矿田的高峰 100 号矿体，说明其成矿机制主要是沿断裂带的充填成矿，而其深部仍然具有很大的找矿空间。外围可寻找热液充填型矿床，在深部可寻找矽卡岩型厚大矿体。古益深部 20 m 中段厚大富矿体的发现，说明深部仍然具有很好的找矿前景。矿田外围的塘坪地区是寻找铅锌矿的有利地区；北侧的 W、Mo 矿化带也值得进一步工作，佛子冲有望成为重大矿集区，但需要进一步工作。

六、海南石碌铁矿床

海南昌江石碌铁矿是我国华南地区少有的大型富铁矿，在泛北部湾地区矿业经济中占有重要的地位。该矿床属于典型的受变质沉积矿床，呈似层状，其主矿体在地表延长达 1154 m，西端向斜轴部矿体增厚，品位增高，向东延伸，向斜开阔并向地下隐伏，矿体变薄，品位变贫。累计探明储量 3.98×10^8t，包括已采完的 1764×10^4t 坡积矿共计 4.16×10^8t。矿区除铁矿外尚有铜、钴、白云岩、石英岩、黄铁矿、重晶石等矿产可以开发利用。自 1957 年投产以来，逐年扩建成年产铁矿石 460×10^4t 的大型现代化露天矿山，是我国富铁矿主要生产基地之一。矿石供应武钢、鞍钢、宝钢、上钢、首钢、重钢等一百多家钢铁企业。截至1991年，共采出矿石9100×10^4t。目前海拔0 m标高以上露采矿范围内尚保有储量6000×10^4t，其余部分需要地下开采。新建铜矿选厂可年产铜精矿300多吨。

石碌铁矿的矿体赋存于新元古界石碌群第六层浅变质岩系中，主矿体和富铁矿体及铜、钴矿体多赋存在石碌复式向斜的褶皱紧密、流动构造发育、变形强烈的地段。矿体形态呈层状、似层状，并随向斜褶皱形态的变化而变化。这些特征表征其沉积变质成因，但仍然有矽卡岩型（401地质队，1957；许德如等，2007；赵劲松等，2008）、沉积变质型（401地质队，1964）、沉积变质-热液改造型（中国矿床发现史·综合卷编委会，2001；许德如等，2009）、火山沉积-改造（Yu和Lu，1983；胡志高，1998；侯威等，2007）、火山沉积-变质（张仁杰等，1992；覃慕陶等，1998）及IOCG型（许德如等，2007b，2008；毛景文等，2008）等不同看法。

本次研究认为石碌矿区所存在的关键科学问题主要有：石碌群第六层是否是唯一含矿层位？形成特富矿石的原因？矿体的深部变化规律怎样？侵入岩、火山岩和火山沉积物质与铁矿形成之间的关系是什么？北一复向斜作为主要的控矿因素，其形成机制是怎样的？如何用于指导找矿？铁矿体与铜钴矿体在空间上和成因上是否存在内在联系？是否具有正相关性？对此，本次重点开展了以下工作：通过矿山深部地质编图，查明矿体深部的定位规律；研究矿田及区域上侵入岩、火山岩的性质及其与成矿的关系；分析复向斜形成的原因，构造对矿体的控制作用，进而指导深部找矿工作；研究铁矿体与铜矿体在空间上和成因上的内在联系。取得了以下成果：

1. 在成矿地质体和地质背景研究方面，理清了矿区石碌群的岩性特征，指出成矿与海相火山作用关系密切，后期岩浆侵入起改造、叠加作用。

深入研究了矿区石碌群的岩性特征，认为石碌群为一套（低）绿片岩相变质为主的（局部达角闪岩相）浅海相、浅海-泻湖相和/或浅海相-海滨相（含铁）火山-碎屑沉积岩和碳酸盐岩建造，第二段和第六段的原岩为碳酸盐岩，并指出第六段中的“二透岩”应为透辉石透闪石化大理岩或白云岩，原岩为碳酸盐岩，同时根据野外地质调查和地质勘查进展，推断矿区东部石炭—二叠系之下存在有石碌群，为下一步找矿指出了方向。

对成矿起关键作用的火山岩在西段主要为N－MORB型玄武岩，在东段主要为流纹岩。玄武岩来自亏损上地幔，流纹岩属于裂谷带中高热流条件下地壳重熔、壳源岩浆喷发的产物（Fang et al.，1992）。

矿区岩浆岩主要有：矿区南北部中粗粒斑状花岗闪长岩；闪长岩脉、辉绿岩脉等中基性脉岩；深部隐伏花岗闪长岩体；花岗闪长斑岩脉。它们对矿体往往起穿插、破坏、叠加作用。

石碌铁矿体具有层控型、矽卡岩型和断裂充填型3种产状类型，相对应的成矿地质体既有对应于喷流沉积的海相火山岩（新元古界石碌群第六段双峰式火山岩，中科院华南富铁科研队，1986；张仁杰等，1992；覃慕陶等，1998；侯威等，2007；许德如等，2007b，2008，2009；Fang et al.，1994），又有后期叠加、改造成矿的侵入岩体。

2. 在矿田构造研究方面，强调了断裂构造对富铁矿的控制作用。

前人认为石碌铁钴铜矿床主要受轴向北西-南东、倒转的石碌复式向斜控制，铁矿体、钴铜矿体即赋存在该复式向斜槽部及两翼向槽部过渡的部位，铁钴铜矿体不仅受石碌群第六段原岩（碳酸盐岩石）的控制，而且受石碌向斜和不同方向断裂构造的联合控制。在石碌群第六段与次级褶皱构造及断裂交汇部位形成厚大富矿体。矿区构造经历了加里东期北北东向挤压褶皱、海西—印支期近南北向挤压、燕山早期北西向挤压叠加褶皱和燕山晚期北北东向剪切4期构造作用。铁矿体主要受褶皱构造和断裂构造的联合控制，钴铜矿体主要以脉状形式充填于断裂构造中。

3. 在矿床地质研究方面，重点研究了矿体特征，划分了成矿期次。

矿石结构主要有自形-半自形粒状结构、脉状充填结构、脉状交代结构、交代残余结构等。矿石构造主要为脉状构造、团块状构造和致密块状构造，其次为条带状、网脉状和浸染状构造，局部为角砾状构造。目前的铁矿体主要受褶皱构造和断裂构造的联合控制，钴铜矿体主要以脉状形式充填于断裂中。通过详细研究铁矿体和钴铜矿体的矿物组成、结构构造和围岩蚀变等特征，尤其是深入研究了铁碧玉这一喷流沉积成矿的证据，将该矿床划分为喷流沉积期、变质改造期、叠加期和表生期等。蚀变主要有绿泥石化和硅化，其次为透辉石化、透闪石化和绢云母化等。并以矿体为中心向外，蚀变由硅化、绿泥石化逐渐变为透辉石透闪石化。

4. 在矿床地球化学研究方面，通过成岩、成矿年龄的测定，理清了成岩、成矿演化的历史。

石碌群地层的时代属于中新元古代，侵入岩则从古生代到中生代有多个期次。应用LA-ICP-MS锆石U-Pb定年法对矿区北部的花岗闪长岩和矿区内的闪长岩脉进行了精确定年，其中花岗闪长岩中锆石的$^{206}Pb/^{238}U$年龄变化于259～265 Ma之间，加权平均年龄为262 Ma；闪长岩脉锆石的$^{206}Pb/^{238}U$年龄变化于245～251 Ma之间，加权平均年龄为248 Ma；矿区钻孔ZK2303揭露的隐伏花岗闪长岩的锆石$^{206}Pb/^{238}U$年龄变化于126～137 Ma，加权平均年龄为133 Ma。花岗闪长斑岩脉为93 Ma。利用LA-ICP-MS锆石U-Pb法尝试对石碌矿区致密块状铁矿石中的热液锆石进行了年龄测定，其中7个点的锆石$^{206}Pb/^{238}U$年龄为177～186 Ma，加权平均年龄为182 Ma，3颗热液锆石年龄为135～136 Ma，加权平均年龄为135 Ma，与矿区外围的儋州岩体及深部隐伏花岗闪长岩年龄一致，可能代表矿区两次叠加成矿的时代。

5. 在成矿流体及成矿热（动）力学方面，通过对石榴子石等标型矿物的研究、对铁碧玉等标志性地质体的解剖和硫、铅同位素的运用，示踪了成矿物质迁移的轨迹，探讨了矿化富集的机制。

沉积变质型铁矿石、铜钴矿石的S可能来源于火山岩地层。岩浆热液改造型矿石属于岩浆热液活动的结果，其S主要来自岩浆热液。铁矿石和铜钴矿石与矿区内的围岩白云岩、花岗闪长岩和闪长玢岩也具有明显不同的Pb同位素组成，表明成矿物质来源与这3个地质体无关。一种可能的解释就是：成矿物质来源于石碌群中双峰式火山岩。成矿物质的主要搬运形式为胶体化学搬运。导致成矿物质沉积富集的主要因素为强电介质提供的带电粒子（Ba^{2+}，Ca^{2+}，Mg^{2+}，SO_4^{2-}，CO_3^{2-}）的电性中和，其次是外来碎屑物质的掺杂，对海水中的$Fe(OH)_3$胶体起吸着作用。

6. 在成矿机制研究方面，分析了成矿大地构造背景，总结了成矿规律，认为石碌铁铜钴矿床属于喷流沉积-多期热液叠加型矿床，建立了成矿模式，指出了找矿方向。

石碌铁钴铜矿床的成因主要为喷流沉积-多期热液叠加，其成矿过程为：①在新元古代，海南地壳发生强烈活动并形成凹陷带，同时，位于其深部的中元古界抱板群或花岗质岩石等发生熔融而形成岩浆，导致强烈的火山喷发。在凹陷带内沉积了一套巨厚的石碌群，形成了原始的铁钴铜矿体；②在加里东期，受北北东-南南西方向挤压而发生褶皱变形，形成了轴向北西-南东向的石碌复式向斜。变质改造作用使得贫矿体通过变质、变形而富集；③在海西—印支期，因古特提斯洋封闭、弧-陆/陆-陆碰撞，受近南北向挤压，矿区内主要发育有北西（西）-南东（东）向的压扭性控矿断裂。热液叠加改造使得矿物质进一步富集而形成富铁矿体；④在中晚侏罗世（180～140 Ma），矿区受到古太平洋板块自南东向北西俯冲挤压作用的影响而进一步复杂化；⑤在燕山晚期（140～90 Ma），受南北向挤压，北西向和北东向剪切作用强烈并局部伸展，热液叠加导致原矿体再次富集，并新形成了脉状、角砾状矿体。

第三节　成矿预测建议

综观石碌、铜坑、佛子冲、德保、高龙和龙头山6个典型矿床，泛北部湾地区具有成矿物质来源多元化、物质迁移多样性和物质组合多样性（多类型）的特点。成矿构造背景也具有多样性，矿田构造也是多样式的：如穹窿控金（龙头山、高龙），古火山盆地控铁（石碌），接触构造体系控锡铅锌铜矿（平面上如德保、佛子冲；剖面上如拉么、甚至于整个大厂矿田）。具体来说，以笼箱盖岩体为核心的侵入接触构造体系控制了大厂式锡多金属矿床，以龙头山岩体为核心的火山-侵入接触构造体系控制了龙头山式金矿，以广平复式岩体为核心的侵入接触构造体系控制佛子冲式铅锌多金属矿床。成矿演化历史则具有长期性与突发性并存的特点，燕山晚期的成矿作用最为强大。大厂、龙头山、佛子冲等矿区具有明显的“异地同期”特点，成矿作用集中于某一个阶段“大爆发”的规律在华南地区具有普遍性，有助于指导找矿。

对于每一个具体典型矿床的成矿预测，需要在成矿规律研究的基础上，结合成矿条件和各种矿化信息的综合分析来给出具体的意见和工作部署。这一工作实际上是大比例尺成矿预测的内容，已超出本书范畴，故此处只给出一些概略性的意见和建议。

一、高龙矿区

对于滇黔桂卡林型金矿与深部构造和壳幔相互作用的联系，王登红等（1999）曾以“试论地幔柱对于我国两大金矿集中区的控制意义”为题作过讨论。高龙金矿作为卡林型金矿之一，可概括为：

微细浸染看不见，断裂条条通地幔，

穹窿处处有金矿，山崩地裂靠热点。

综合研究表明，高龙金矿热液成矿特征显著，并不属于沉积型的同生矿床。高龙矿区各个矿段均发育有不同程度的硅化，同时伴随有黄铁矿化、褐铁矿化、粘土化，局部有毒砂化、辉锑矿化等，热液活动明显，且与金矿化关系密切。矿石表现为原生矿石被后期石英脉所切穿，早期细粒石英脉被后期粗粒石英脉所穿切，大多数角砾具有明显的可拼接性，说明矿区硅化具有多期、多阶段的热液成因特征。这一特点对于隐伏岩体和矿体的预测具有重要意义。通过遥感热液环状晕、构造热液蚀变晕、地球化学异常场、热液流体中温、高盐度特征以及流体组分的特征推断高龙金矿所在隆起底部可能存在有深部隐伏的岩体或者岩枝，深部岩体的存在成为金矿床形成的关键。

二、德保矿区

德保矿区具备形成矽卡岩型铜锡矿床的岩浆岩条件，但围岩主要是碎屑岩，因而寻找碳酸盐岩也就成了找矿的目标之一。除了碳酸盐岩之外，需要特别注意角岩化带，同时要注意区分区域变质形成的角岩和隐伏岩体外围热接触变质形成的角岩。这一点不妨借鉴西藏甲玛的经验，同时也要注意硅钙界面的找矿意义。概言之，德保铜矿：

早已闻名在钦甲，喷流沉积或矽卡？

沿层交代加里东，大瑶山东岔河西。

高度剥蚀没有矿？最后结论尚难下。

三、大厂矿区

对于大厂矿区，由于对成矿构造条件研究得比较深入，找矿方向也很明确，即：①北西向断裂构造：北西向断裂构造是深源流体运移的前提条件，因而也是锡多金属矿成矿的主导因素和必要条件；②北西向断裂构造拐弯地段：北西向断裂构造拐弯地段在燕山晚期张扭性作用下形成局部张开空间，有利于矿液充填和交代成矿；③北西向背斜轴部局部隆起地段：背斜轴部局部隆起地段在构造作用下易随应力释放而形成有利的构造空间；④燕山晚期张剪性构造系统：燕山晚期张剪性构造系统是矿液充填的有利条件，特别是层状-细网脉状组合构造（层内剪切褶皱、层间滑脱构造、剪切劈理、层内细-网脉状裂隙构造)，它为成矿提供了成型的构造空间，是形成规模矿床的重要条件。另一方面，岩浆活动所起的关键性作用也是找矿过程中必须考虑的，因为：①W、Sn、Pb、Zn、As、Sb等成矿元素的迁移富集与燕山晚期的伸展剪切构造关系密切；②海西期拉张拗陷、印支期挤压和燕山晚期伸展剪切3个旋回的构造演化，导致了北西向大厂背斜的南西翼近轴部发育多条逆冲断裂和一系列倒转褶皱，组成了北西向叠瓦状构造带；③成岩成矿受燕山晚期的张剪性构造系统控制。尽管如此，大厂矿田深部找矿的难度还是不言而喻的，概言之：

爆发成矿好奇怪，丹池矿带美名扬。

锡锑铅锌镓锗铟，个个都是超大型。

有色金属聚一堆，成因争论几十场。

沿层交代属它强，纳米成矿非狂想。

硅钙界面是经典，成矿系列写辉煌。
资源危机成难题，危矿专项帮大忙。
综合利用显奇效，攻深找盲囧大厂。

四、龙头山矿区

对于广西龙头山金矿，其独特性集中表现为：在一个非岛弧火山岩区形成了火山-次火山岩热液型的金矿。虽然目前规模不大，但其意义与众不同。即：

拔地而起龙头山，气球膨胀拱上来。
两组交叉好定位，一种矿化真奇怪！

本次研究在野外编录过程中，查明次火山岩在300 m标高左右趋于尖灭，往深部主要是花岗斑岩及莲花山组中段的细砂岩（越往深部蚀变越强）。编录过程中还首次发现矿床深部花岗斑岩及其周围蚀变砂岩中出现一些细脉浸染状的黄铜矿脉，伴随有零星的钼矿化，手持式分析仪测试结果也表明部分样品的Cu可达边界品位。从找矿效果看，Au的矿化主要集中在250 m标高以上，往下则品位骤降，基本上没有矿化现象。Ag与Au元素相似，基本上也是往深部矿化减弱。龙头山金矿外围莲花山组中已打到铜矿层，局部地区矿体厚达几十米，初步验证了本次研究的预测。鉴于龙头山含矿岩体已经剥蚀，深部是否存在第二个、第三个隐伏岩体、外围是否存在类似的未剥蚀或浅剥蚀岩体，则是需要注意的。

五、佛子冲矿区

前述研究表明，佛子冲矿区主成矿期后的构造演化非常复杂，自加里东运动（广西运动）起，构造至少经历了挤压→伸展→挤压→伸展→剪切多个阶段，对应的岩浆事件分别为大冲岩体、广平岩体、花岗斑岩、石英斑岩，成矿作用对应于前成矿期（170 Ma）、主成矿期（106 Ma）、后成矿期（96 Ma）、走滑剪切期（96 Ma）。虽然成矿物质主要来源于与成矿同期的花岗斑岩，河三矿床、佛子冲矿床、龙湾矿床属于同一成矿系列，但不同类型的矿体形成于不同的环境。其中，佛子冲矿段属低温高压（交代为主），而河三矿段属高温低压（充填）成矿。前者铅锌矿体埋藏深度较大，具有良好的封闭、高压、稳定的成矿环境，有利于矿液沿层交代，形成似层状矿体。牛卫式矿床则埋深不大，构造断裂发育，不具备良好的封闭条件、高压及稳定的成矿环境，矿化仅限于断裂与灰岩相交部位，形成沿层矿化范围很小的柱状及不规则状矿体，围岩蚀变较弱甚至“未蚀变”，类似于大厂100号矿体。

野外观察表明，对于佛子冲矿床可以概括为：

沿层交代加充填，垂向分带铜锌铅；
多期构造先后叠，各向应力把乱添；
纵横交错等距排，攻深找盲外围先；
岩体凹兜兜大矿，成矿规律应超前。

2012年6月14日，课题组王登红、杨启军、梁婷、付伟等在佛子冲古益矿段和河三矿段调研时，认为矿区大量的方解石脉不是可有可无的，应该作为找矿标志来研究。如，古益矿段260 m中段的方解石脉中有白色和浅红色两种方解石，河三250 m中段的方解石晶洞中还含有黄铜矿的晶体（图13-1，图13-2）。这表明，碳酸盐流体不是单一性质、单一期次的，而一般形成于高温阶段的黄铜矿出现在低温的晶洞中，则意味着铜的物质来源还是比较充分的。此外，在勒寨250 m中段明显可见采空区的边部灰岩中也出现了“围岩没有蚀变”的现象（图13-3），这种现象是大厂100号矿体的显著特征，表明其成矿作用以充填为主。这一现象也说明深部找矿是大有可为的，结合方解石晶洞中黄铜矿的出现，我们认为深部找矿、尤其是寻找铜矿是不可忽视的。但矿山地质工作以往对“方解石脉”甚少关注，研究人员也“视而不见”。野外考察期间，在古益20 m中段，矿山坑探工作也的确新发现了块状富铜铅锌矿石（图13-4）。上述看法已经向矿山领导作了汇报，并建议借鉴大厂的成矿规律、运用“五层楼+地下室”勘查模型，打几个深孔以探索深部除了陡立矿体之外是否还存在层状矿体，刘炜副矿长当场表示这是第一次听到这样的“新认识”，值得矿山重视。

图 13-1 佛子冲古益矿段 260 m 中段 60 ~ 70 线之间的方解石脉

图 13-2 佛子冲河三矿段 250 m 中段含黄铜矿的方解石晶洞

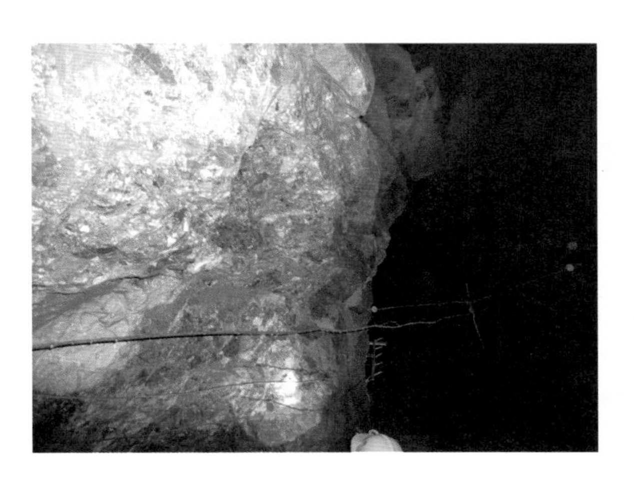

图 13-3 佛子冲勒寨矿段 250 m 中段的围岩无蚀变现象

图 13-4 佛子冲古益矿段 20 m 中段的块状富矿体

总之，佛子冲矿区的地质找矿工作，不妨参考大厂矿区的某些规律，结合当地的实际情况，要取得找矿新突破是完全可能的。

六、石碌矿区

海南石碌铁矿经过半个多世纪的开发利用和探边摸底的地质找矿工作，目前也面临着很大的找矿难题。目前来看，一方面要在矿区深部及外围判明是否还有潜力、进而加大就矿找矿的力度；另一方面则是：石碌式的富铁矿，在区域上还能不能找到第二个。鉴于石碌铁矿形成于元古代古陆边缘的裂陷拉张环境，这样的裂谷带不可能囿于石碌之狭小一角。那么，区域对比则是寻找类似矿床的关键，而对于变质火山岩系的仔细鉴定与双峰式火山岩组合的识别也许至关重要（王登红等，2001）。因此，

华南富铁在石碌，上铁下铜还有钴；
海底喷流叠改造，千变万化品位富；
探边摸底仔细找，类似环境比区域；
细碧角斑双峰式，物探化探来帮助。

第四节　存在问题和今后工作建议

本次研究是在前人工作基础上，运用矿床地质学、构造地球化学、矿床地球化学、流体包裹体学、同位素地球化学、区域成矿学等理论和相关研究方法完成的，虽然取得了一些新的认识，但因部分矿区地质情况复杂，对一些关键问题研究的深度和广度尚有一定的局限，如广西铜坑锡矿床He-Ar、Pb、Re-Os同位素分析结果均显示成矿过程中有幔源物质的加入，那么幔源物质如何而来，对成矿的影响到底有多大；海南石碌铜矿床的钴铜矿体是铁成矿的延续，还是另一次成矿事件；广西高龙金矿成矿时代及滇黔桂地区大规模成矿时代的精确厘定；广西龙头山金矿区矿化类型多样，目前已发现了白钨矿化，其与金、铜等是否为同一次成矿事件的产物？这些问题都还值得深入研究。此外，在南岭乃至于整个华南地区，加里东期的成矿作用无论是成矿强度还是见矿几率都无法与燕山期相比，但寻找德保钦甲式Sn－Cu矿应该引起重视，尤其要注意小岩体及隐伏岩体的预测。对于区域成矿规律的系统总结，也将随着南岭区域性成矿规律的系统研究而进一步深化。

参考文献

广西地质勘查局204队. 1990. 广西岑溪县佛子冲铅锌多金属矿区物化探详查报告[R].

广西区域地质调查研究院. 1994. 广西区域地质1993－1994合刊. 广西区域地质编委会. 1～58.

广西冶金地质勘探公司204队. 1980. 广西岑溪县佛子冲铅锌矿床大罗坪矿段地质评价报告[R].

广西冶金地质勘探公司204队. 1982. 广西岑溪县河三矿田水滴、牛卫铅锌矿床地质找矿评价报告[R].

广西有色地质勘查局204队. 1998. 广西壮族自治区岑溪市佛子冲铅锌矿田六塘矿段普查地质报告[R].

广西有色地质勘查局204队. 1993. 新村-糯垌区物化探普查成果报告书[R].

广西壮族自治区地质矿产局. 1985. 广西壮族自治区区域地质志. 北京：地质出版社，853.

广西壮族自治区地质矿产局. 1992. 桂西北地区微细浸染型金矿成矿构造条件研究报告[R].

广西壮族自治区第二地质大队. 1990. 广西田林县高龙金矿区鸡公岩矿段勘探地质报告. 报告编写人：谢家盈、潘有泰、杨永周等，164.

中国科学院华南富铁科学研究队. 1986. 海南岛地质与石碌铁矿地球化学[M]. 北京：科学出版社，1～376.

毕诗健，李建威，赵新福. 2008. 热液锆石U-Pb定年与石英脉型金矿成矿时代评述与展望. 地质科技情报，27(1)：69～76.

卜云彤，肖伟俐. 1997. 北部湾经济圈：跨世纪构想能否实现？《瞭望》新闻周刊，(12)：14～22.

蔡宏渊. 1991. 稀土元素地球化学在锡矿床成因及找矿研究中的应用[J]. 矿产与地质，23(4)：P262～271.

蔡宏渊. 1991. 香花岭锡多金属矿田成矿地质条件及矿床成因探讨[J]. 矿产与地质，23(5)：272～292.

蔡宏渊，杨佑，张国林. 1983. 大厂锡矿田地层控矿作用初步探讨[J]. 冶金工业部地质研究所学报，(8)：69～74.

蔡宏渊，张国林. 1986. 广西大厂隐伏花岗岩体发育特征及其含矿性评价[J]. 矿产与地质，17(4)：1～11.

蔡宏渊，张国林. 1983. 试论广西大厂锡多金属矿床海底火山热泉(喷气)成矿作用[J]. 矿产地质研究院学报，4：13～21.

蔡明海，何龙清，刘国庆，等. 2006. 广西大厂锡矿田侵入岩SHRIMP锆石U-Pb年龄及其意义. 地质论评，52(3)：409～414.

蔡明海，梁婷，韦可利，等. 2006. 大厂锡多金属矿田铜坑－长坡92号矿体Rb-Sr测年及其地质意义[J]. 华南地质与矿产，(2)：31～35.

蔡明海，梁婷，吴德成. 2005. 广西大厂锡多金属矿田亢马矿床地质特征及成矿时代[J]. 地质学报，79(2)：262～268.

蔡明海，梁婷，吴德成，黄惠民. 2004. 广西大厂矿田花岗岩地球化学特征及其构造环境[J]. 地质科技情报，23(2)：57～62.

蔡明海，毛景文，梁婷，吴德成. 2004. 广西大厂锡多金属矿床氦、氩同位素特征及其地质意义[J]. 矿床地质，23(2)：225～231.

陈翠华，何彬彬，顾雪祥，刘建明. 2003. 一种典型的同生沉积型微细浸染型金矿床——桂西北高龙金矿床. 吉林大学学报：地球科学版，33(3)：290～295.

陈翠华，何彬彬，顾雪祥，刘建明. 2004. 桂西北高龙金矿床含矿硅质岩成因及沉积环境分析. 沉积学报，22(1)：54～58.

陈富文，李华芹，梅玉萍. 2008. 广西龙头山斑岩型金矿成岩成矿锆石SHRIMP U-Pb年代学研究. 地质学报，82(7)：921～926.

陈光远，孙岱生，殷辉安. 1987. 成因矿物学与找矿矿物学[M]. 重庆：重庆出版社，694～767.

陈国达，关尹文，邓景，等. 1978. 海南岛石碌式铁矿的大地构造成矿条件初探. 大地构造与成矿学，(2)：1～12.

陈洪德，曾允孚. 1989. 广西丹池盆地上泥盆统榴江组硅质岩沉积特征及成因探讨[J]. 矿物岩石，(4)：22～28.

陈骏. 1988. 论华南层控锡矿的地质特征与形成机制. 地质论评，(6)：524～531.

陈开礼. 2002. 广西金矿地质. 广西南宁：广西科学技术出版社，1～357.

陈开礼，徐智常. 2000. 高龙鸡公岩金矿床成因新认识及找矿意义. 广西地质，13(2)：17～22.

陈懋弘，莫次生，黄智忠，李斌，黄宏伟. 2011. 广西苍梧县社洞钨钼矿床花岗岩类锆石LA－ICP－MS和辉钼矿Re－Os年龄及其地质意义. 矿床地质，30(6)：963～978.

陈培荣，华仁民，章邦桐，等. 2002. 南岭燕山早期后造山花岗岩类：岩石学制约和地球动力学背景[J]. 中国科学(D辑)，32(4)：279～289.

陈尚迪，孙寅. 1990. 广西云开地区金矿化类型及其地球化学特征. 南方国土资源，3(4)：33～41.

陈新跃，王岳军，范蔚茗，等. 2006b. 琼西南北东向韧性剪切带构造特征及其$^{40}Ar-^{39}Ar$年代学约束. 地球化学，35(5)：479～488.

陈新跃，王岳军，蔚茗，等. 2011. 海南五指山地区花岗片麻岩锆石LA-ICP-MS U-Pb年代学特征及其地质意义. 地球化学，40(5)：454～463.

陈毓川. 1965. 广西某矿带矿床原生带状分布[J]. 地质论评，23(1)：29～41.

陈毓川，黄民智，等. 1993. 大厂锡矿地质[M]. 北京：地质出版社.

陈毓川，黄民智，徐珏，艾永德，李祥明，唐绍华，孟令库. 1987. 广西大厂锡石-硫化物多金属矿带地质特征、成矿规律及成矿模式及成矿系列[J]. 锡矿地质讨论会论文集. 北京：地质出版社，110～122.

陈毓川，黄民智，徐珏，等. 1985. 大厂锡石-硫化物多金属矿带地质特征及成矿系列. 地质学报，3：228～240.

陈毓川，毛景文. 1995. 桂北地区矿床查看系列和成矿历史演化轨迹[M]. 南宁：广西科学技术出版社. 410.

陈毓川，王登红，等. 2010. 重要矿产和区域成矿规律研究技术要求[M]. 北京：地质出版社，1～179.

陈毓川，王登红. 1996. 广西大厂层状花岗质岩石地质、地球化学特征及成因初探[J]. 地质论评，42(6)：523～530.
陈毓川，王登红. 2012. 华南地区中生代岩浆成矿作用的四大问题. 大地构造与成矿学，36(3)：315～321.
陈毓川，王登红，朱裕生，徐志刚，任纪舜，翟裕生，常印佛，汤中立，裴荣富，滕吉文，邓晋福，胡云中，任天祥，沈保丰，王世称，肖克炎，彭润民，钱壮志，梅燕雄，杜建国，施俊法，张晓华，朱明玉，徐珏，薛春纪. 2007. 中国成矿体系与区域成矿评价[M]. 北京：地质出版社.
陈毓川. 1964. 一个锡石多金属矿带中闪锌矿的成矿期与成矿特征[J]. 地质论评，22(2)：111～125.
陈志刚，李献华，李武显. 2002. 全南正长岩的地球化学特征及成因. 地质论评，(增刊)：77～83.
陈志刚，李献华，李武显，等. 2003. 赣南全南正长岩的 SHRIMP 锆石 U-Pb 年龄及其对华南燕山早期构造背景的制约[J]. 地球化学，32(3)：223～229.
程裕淇，赵一鸣，林文蔚. 1994. 见:宋叔和主编《中国矿床》中册[M]. 北京：地质出版社,386～479.
单惠珍，俞受鋆，秦联. 1991. 海南岛石碌地区地层的新认识. 地球科学进展，6(4)：87～88.
邓希光，陈志刚，李献华，等. 2007. 桂东南地区大容山—十万大山花岗岩带 SHRIMP 锆石 U-Pb 定年[J]. 地质评论，50(4)：426～431.
丁悌平. 1997. 中国某些特大型矿床的同位素地球化学研究. 地球学报，18(4)：373～381.
丁悌平，彭子成，黎红，等. 1988. 南岭地区几个典型矿床的稳定同位素研究[M]. 北京：北京科学技术出版社，21～44.
丁振举，刘丛强，姚书振，周宗桂. 2000. 海底热液沉积物稀土元素组成及其意义[J]. 地质科技情报，19(1)：27～35.
杜安道，赵敦敏，王淑贤，孙德忠，刘敦一. 2001. Carius 管熔样和负离子热表面电离质谱准确测定辉钼矿铼-锇同位素地质年龄[J]. 岩矿测试，20(4)：247～252.
范森葵，黎修旦，成永生. 2010. 广西大厂矿区脉岩的地球化学特征及其构造和成矿意义[J]. 地质与勘探，46(5)：828～835.
范森葵，王登红，梁婷. 2010. 广西大厂 96 号矿体的成矿元素地球化学特征与成因[J]. 吉林大学学报，40(4)：781～790.
范蔚茗，王岳军，郭峰，等. 2003. 湘赣地区中生代镁铁质岩浆作用与岩石圈伸展. 地学前缘，10(3)：159～169.
方中，许士进，陈克荣，等. 1993. 海南岛石碌群中双峰火山岩 Sm-Nd 同位素特征兼论石碌铁矿成矿背景. 地球化学,(4)：326～336.
方中，于津海，夏邦栋，等. 1995. 海南岛海西—印支期花岗岩和暗色包体的 Sm-Nd 同位素特征[J]. 南京大学学报(自然科学版),31(2)：338～343.
冯建良，王静纯. 1980. 论海南石碌铁矿成因. 地质与勘探，16(12)：21～28.
冯建良，王静纯，何双梅. 1981. 石碌铁矿成因矿物学研究. 矿物学报，(3)：145～152.
冯佐海，雷良奇，张起钻，等. 1999. 佛子冲铅锌矿田火山岩覆盖区构造控矿特征[J]. 有色金属矿产与勘查，8(6)：423～427.
付建明，赵子杰. 1997. 海南岛加里东期花岗岩的特征及构造环境分析[J]. 矿物岩石，17(1)：29～34.
傅金宝，许文渊，周卫宁，李达明. 1987. 大厂锡矿田笼箱盖岩体黑云母的特征及其地质意义[J]. 锡矿地质讨论会论文集. 北京：地质出版社，140～148.
高计元. 1999. 大厂锡石多金属硫化物矿床铅同位素演化及其矿床成因的意义[J]. 地质地球化学，27(2)：38～43.
高计元. 1998. 桂西北盆-山构造系与大厂锡石多金属成矿作用[J]. 大地构造与成矿学，22(4)：332～338.
郜兆典. 2002. 大厂锡多金属矿床成矿模式及成矿远景[J]. 广西地质，15(3)：25～36.
葛小月. 2003. 海南岛中生代岩浆作用及其构造意义[D]. 中国科学院研究生院(广州地球化学研究所)博士论文，1～87.
郭福祥. 1995. 广西内生有色-贵金属大地构造成矿单元[J]. 桂林工学院学报，15(4)：328～337.
郭福祥. 1994. 华南大地构造演化的几点认识[J]. 广西地质，7(7)：1～12.
国家辉，黄德保，施立达，等. 1992. 桂西北超微粒型金矿及其成矿和找矿模式. 北京：地震出版社，1～166.
韩发，R. W. 哈钦森. 1989. 大厂锡多金属矿床热液喷气沉积的证据—含矿建造及热液沉积岩[J]. 矿床地质，8(2)：25～31.
韩发. 1990. 大厂锡-多金属矿床热液喷气沉积成因证据-矿床地质、地球化学特征[J]. 矿床地质，9(4)：309～323.
韩发. 1989. 大厂锡-多金属矿床热液喷气沉积成因证据-容矿岩石的微量元素及稀土元素地球化学[J]. 矿床地质，8(3)：209～323.
韩发，孙海田. 1999. Sedex 型矿床成矿系统[J]. 地学前缘，(1).
韩发，赵汝松，沈建忠，Richard W，Hutchinson，等. 1997. 大厂锡多金属矿床地质及成因[M]. 北京：地质出版社.
韩吟文，马振东，张宏飞，等. 2003. 地球化学[M]. 北京：地质出版社，228.
洪大卫，谢锡林，张季生. 1999. 从花岗岩的 Sm-Nd 同位素探讨华南中下地壳的组成、性质和演化. 高校地质学报，5(4)：361～371.
侯光汉，李公时. 1979. 用趋势面分析法探讨海南石碌铁矿地质构造演变及其与铁矿体的分布关系. 中南矿冶学院学报，(3)：129～134.
侯威，陈惠芳，王可伏，等. 1996. 海南岛大地构造与金成矿学[M]. 北京：科学出版社，1～229.
侯威，肖勇，陈翻身. 2007. 海南岛石碌韧性剪切带的主要特征与“北一”式铁矿的成因. 地质科学，42(3)：483～495.
侯宗林，杨庆德. 1989. 滇黔桂地区微细浸染型金矿成矿条件及成矿模式. 地质找矿论丛，4(3)：1～13.
胡明安，庄新国，赵颖弘. 2003. 广西高龙卡林型金矿的成矿与找矿. 武汉：中国地质大学出版社，1～238.
胡瑞忠，毕献武，邵树勋，Turner G，Burnard P. 1997. 云南马厂菁铜矿床 He 同位素组成研究[J]. 科学通报，42(17)：1542～1545.
胡瑞忠. 1997. 成矿流体氦，氩同位素地球化学[J]. 矿物岩石地球化学通报，16(2)：120～124.

胡志高. 1998. 热液对石碌矿床的影响. 海南矿冶, (2): 20 ~ 23.
黄汲清, 陈廷愚. 1986. 华南钨锡矿之多旋回成矿问题[J]. 地质论评, 32(2): 138 ~ 143.
黄民智, 陈伟十, 李蔚铮, 许仿实, 李先粤. 1999. 广西龙头山次火山-隐爆角砾岩型金矿床. 地球学报, 20 (1): 39 ~ 46.
黄民智, 陈毓川, 唐绍华, 李祥明, 陈克樵, 王文瑛. 1985. 广西大厂长坡锡石-硫化物矿床硫盐矿物系列及其共生组合研究[J]. 中国地质科学院矿床地质研究所所刊, 15(3): 110 ~ 148.
黄民智, 唐绍华. 1988. 大厂锡矿矿石学概论[M]. 北京:地质出版社, 1 ~ 100.
黄瑞华, 杜方权, 王伏泉, 吴堑虹. 1989. 中国东南部锡的构造地球化学[M]. 北京: 科学出版社.
黄选高. 2004. 环北部湾战略与广西发展研究. 改革与战略, 12: 22 ~ 27.
黄耀平, 马义泰. 2008. 广西龙山金矿田黄铁矿特征及成因. 南方国土资源(9): 46 ~ 48.
季克俭, 吴学汉, 张国柄. 1989. 热液矿床的矿源、水源和热源及矿床的分布规律[M]. 北京: 北京科学技术出版社.
蒋少涌, 杨竞红, 赵葵东, 于际民. 2000. 金属矿床 Re - Os 同位素示踪与定年研究[J]. 南京大学学报(自然科学), 36(6): 669 ~ 677.
蒋少涌, 于际民, 倪培, 凌洪飞. 2000. 电气石—成岩成矿作用的灵敏示踪剂[J]. 地质论评, 46(6): 594 ~ 604.
康先济, 杨世义. 1994. 广西大瑶山地区斑岩体的地质特征及斑岩型金矿找矿前景. 内部研究报告, 1 ~ 112.
赖来仁, 李艺. 1989. 在广西德保发现的墨绿砷铜石和羟砷铜石[J]. 岩石矿物学杂志, 8(1): 72 ~ 78.
雷良奇. 1986. 大厂长坡锡多金属矿床成因刍议[J]. 矿床地质, 5(3): 87 ~ 96.
雷良奇, 冯佐海, 程志平. 2001. 广西佛子冲铅锌(银)矿床[M]. 成都: 天地出版社.
雷良奇. 1995. 广西佛子冲铅锌(银)矿田岩浆岩的时代及地球化学特征[J]. 岩石学报, 11(1): 77 ~ 82.
雷良奇. 1994. 广西河三铅锌(银)矿床成矿规律及成因[J]. 桂林冶金地质学院报, 14(1): 24 ~ 30.
雷良奇, 宋慈安, 冯佐海. 2002. 佛子冲火山岩区隐伏铅锌矿床的类型归属及成矿远景[J]. 地质与勘探, 38(1): 9 ~ 14.
雷裕红, 丁式江, 马昌前, 等. 2005. 海南岛地壳生长和基底性质的 Nd 同位素制约. 地质科学, 40(3): 439 ~ 456.
黎彤. 1976. 化学元素的地球丰度. 地球化学, (3): 167 ~ 174.
李存有. 1994a. 高龙金矿地质-地球化学特征及找矿意义. 贵金属地质, 3(4): 278 ~ 288.
李存有. 1994b. 高龙金矿同位素地球化学特征及其地质意义. 贵金属地质, 3(2): 123 ~ 130.
李达明, 傅金宝, 周卫宁. 1987. 广西大厂锡矿田磁黄铁矿的标型特征及其地质意义[J]. 矿产与地质, 1(1): 67 ~ 77.
李福春, 朱桂田, 朱金初. 1998. 关于广西龙头山金矿矿质来源的讨论[J]. 矿床地质, 17(增刊), 335 ~ 338.
李甫安. 1990. 桂西北主要金矿床地质特征. 广西地质, 3(3): 49 ~ 64.
李华芹, 刘家齐, 魏琳. 1993. 热液矿床流体包裹体年代学研究及其地质应用[M]. 北京: 地质出版社, 1 ~ 27.
李华芹, 王登红, 陈富文等. 2008. 湖南雪峰山地区铲子坪和大坪金矿成矿作用年代学研究. 地质学报, 82(7): 900 ~ 905.
李华芹, 王登红, 梅玉萍, 梁婷, 郭春丽, 应立娟. 2008. 广西大厂拉么锌铜多金属矿床成岩成矿作用年代学研究[J]. 地质学报, 82 (7): 912 ~ 920.
李力, 姜云武. 1995. 高龙式金矿地质特征及成矿机理. 沈阳黄金学院学报, 14(4): 301 ~ 307.
李蔚铮, 许仿实, 李先粤. 1998. 龙头山 - 镇龙山地区金(银)铜铅锌矿成矿规律和成矿预测. 华南矿产与地质, (4): 34 ~ 46.
李文达, 译. 1987. 稀土元素在矿床研究中的应用[M]. 北京: 地质出版社, 1 ~ 148.
李锡林. 1986. 大厂矿田脆硫锑铅矿族矿物研究的新进展[J]. 矿物学报, 6(4): 371 ~ 374.
李锡林, 王冠鑫. 1990. 大厂矿田产黝铜矿族矿物的研究[J]. 矿物学报, 10 (2): 119 ~ 126.
李献华. 1990. 万洋山-诸广山花岗岩复式岩基的岩浆活动时代与地壳运动. 中国科学(B 辑), 7: 747 ~ 755.
李献华, 李武显, 王选策, 等. 2009. 幔源岩浆在南岭燕山早期花岗岩形成中的作用: 锆石原位 Hf - O 同位素制约[J]. 中国科学 D 辑: 地球科学, 39(7): 872 ~ 887.
李献华. 1996. 扬子南缘沉积岩的 Nd 同位素演化及其大地构造意义[J]. 岩石学报, 12(3): 359 ~ 369.
李晓峰, 冯佐海, 李荣森, 唐专红, 屈文俊, 李军朝. 2009. 华南志留纪钼的矿化: 白石顶钼矿锆石 SHRIMP U-Pb 年龄和辉钼矿 Re - Os 年龄证据. 矿床地质, 28(4): 403 ~ 412.
李秀华, 陈尚迪, 周云霞. 1999. 新疆沙尔布拉克金矿床中的层状电气石岩特征及成因[J]. 成都理工大院学报, 23(1): 1 ~ 7.
李艺, 赖来仁. 1990. 广西德保铜-锡矿床氧化带砷酸盐矿物组合特征及其成因的初步研究[J]. 地质学报, 4: 337 ~ 343.
李荫清, 马秀娟, 魏家秀. 1988. 流体包裹体在矿床学和岩石学中的应用[M]. 北京: 北京科学技术出版社, 1 ~ 52.
李玉平. 1993. 广西佛子冲铅锌矿田含矿围岩稀土元素地球化学特征与矿床成因探讨[J]. 广西地质, 6(4): 53 ~ 61.
李志才. 1982. 广西加里东运动的特征及其对区域地质区域成矿的重要意义[J]. 地质通报, (1): 48 ~ 54.
李忠, 刘铁兵. 1996. 华南右江盆地中三叠统微细粒浸染型金矿的盆控性. 地质地球化学(1): 47 ~ 51.
梁金城, 袁奎荣. 1981. 海南岛石碌铁矿的显微构造研究和动力学分析. 桂林工学院学报, (1): 28 ~ 37.
梁锦叶, 冯佐海, 雷良奇, 等. 2000. 佛子冲铅锌矿田火山岩覆盖区接触-断裂带控矿特征[J]. 桂林工学院学报, 20(2): 128 ~ 131.
梁婷, 陈毓川, 王登红, 蔡明海. 2008. 广西大厂锡多金属矿床地质与地球化学[M]. 北京: 地质出版社, 1 ~ 235.
梁婷, 王登红, 蔡明海, 等. 2008. 广西大厂锡多金属矿床 S、Pb 同位素组成对成矿物质来源的示踪[J]. 地质学报, 82(7): 967 ~ 977.
梁婷, 王登红, 李华芹, 黄惠明, 王东明, 于萍, 蔡明海. 2011. 广西大厂石榴子石 REE 含量及 Sm-Nd 同位素定年[J]. 西北大学学报:

自然科学版，41(4)：676～681.
梁新权. 1995. 海南岛前寒武纪花岗岩-绿岩系 Sm-Nd 同位素年龄及其地质意义. 岩石学报，11(1)：71－76.
廖震，王玉往，王京彬，等. 2011. 论中生代岩浆活动对海南石碌富铁矿床的改造作用. 矿床地质，30(5)：903～909
廖宗廷，杨斌. 1995. 古海水中的热水喷口——广西大厂为例[J]. 同济大学学报，23(5)：564～567.
林草鹰. 1996. 黔西南"大厂层"含金性刍议. 黄金，17(2)：12～15.
刘宝珺，许效松. 1994. 中国南方岩相古地理图集[M]. 北京：科学出版社，1～339.
刘宝珺，许效松，潘杏南，等. 1993. 中国南方古大陆沉积、地壳演化与成矿[M]. 北京：科学出版社，1～236
刘宝珺，周名魁，王汝植. 1990. 中国南方早古生代古地理轮廓与构造演化[J]. 中国地质科学院院报，20：97～98.
刘斌，沈昆等. 1999. 流体包裹体热力学. 北京：地质出版社，1～290.
刘姤群，杨世义，黄圭成. 1997. 华南武夷-云开地区铜铅锌金(银)矿床区域成矿规律[J]. 华南地质与矿产，(1)：1～4.
刘宏英. 1982. 海南石碌铁矿硫、氧同位素组成特征及矿床成因分析. 矿产与地质，(1)：133～138.
刘建明，刘家军. 1998. 微细浸染型金矿床的稳定同位素特征与成因探讨. 地球化学. 27(6)：585～591.
刘裕庆. 1981. 海南石碌铁钴铜矿床硫同位素研究和矿床成因讨论[A]. 中国地质科学院矿床地质研究所文集[C]. 2(1)：49～63.
刘元镇，钟铿，马林清. 1987. 广西锡矿地质特征及成矿规律[J]. 锡矿地质讨论会论文集. 北京：地质出版社，74～83.
柳淮之，钟自云，姚明. 1986. 右江裂谷带初探[J]. 桂林冶金地质学院学报，6(1)：9～19.
楼法生，舒良树，于津海，等. 2002. 江西武功山穹隆花岗岩岩石地球化学特征与成因[J]. 地质论评，48(1)：80～88.
楼亚儿，戴自希. 2004. 火山岩型金矿的地质特征及勘查准则. 现代地质，18(1)：17～23.
卢焕章. 1990. 包裹体地球化学. 北京：地质出版社，131～161.
卢焕章，范宏瑞，倪培，等. 2004. 流体包裹体. 北京：科学出版社，1～487.
卢焕章著. 1997. 成矿流体[M]. 北京：北京科学技术出版社.
卢文华. 1987. 大厂长坡层面脉型富矿体成矿规律及找矿方向的探讨[J]. 广西地质，12(2)：85～90.
卢重明. 1986. 扬子准地台西南陆缘的活化与右江地槽的形成. 贵州地质，1.
吕古贤. 1988. 海南岛石碌铁矿含矿岩系中火山岩类的新发现与研究. 中国区域地质，(1)：53～56.
罗德宣，张起钻，廖宗廷. 1993. 大厂锡矿田海底热水沉积、后期岩浆热液叠加改造成矿的依据. 矿产与地质，(5)：313～319.
罗年华. 1978. 从地球化学特征看海南铁矿的成因. 地质与勘探，14(2)：23～28.
马大铨，黄香定，陈哲培，肖志发，张旺驰，钟盛中. 1997. 海南岛抱板群研究的新进展. 中国区域地质，16(2)：130～136.
马国良，祁思敬，李英，薛春纪. 1996. 甘肃厂坝铅锌矿床喷气沉积成因研究. 地质找矿论丛，11(3)：36～44.
毛景文，程彦博，郭春丽，杨宗喜，冯佳睿. 2008. 云南个旧锡矿田：矿床模型及若干问题讨论[J]. 地质学报，82(11)：1455～1467.
毛景文，王平安，王登红，毕承思. 1993. 电气石对成岩成矿环境的示踪性及应用条件[J]. 地质论评，39(6)：497～507.
毛景文，谢桂青，郭春丽，等. 2007. 南岭地区大规模钨锡多金属成矿作用成矿时限及地球动力学背景. 岩石学报，23(10)：2329～2338.
毛景文，谢桂青，李晓峰，等. 2004. 华南地区中生代大规模成矿作用与岩石圈多阶段伸展. 地学前缘，11(1)：45～55.
梅冥相，马永生，邓军，等. 2005. 加里东运动构造古地理及滇黔桂盆地的形成-兼论滇黔桂盆地深层油气勘探潜力[J]. 地学前缘，12(3)：227～236.
倪师军，刘显凡，金景福，卢秋霞著. 1997. 滇黔桂三角区微细粒浸染型金矿成矿流体地球化学. 成都：成都科技大学出版社，122.
庞保成，胡云沪，毛军强，范旭光. 2005. 高龙金矿金品位统计分布特征及其对深部矿化信息的指示. 矿产与地质，19(3)：294～295.
裴荣富，吴良士. 1995. 矿物共生和矿物共生组合研究与成矿年代学. 矿床地质，14(2)：185～188.
彭柏兴，陈世益. 1997. 广西佛子冲铅锌矿田构造发育过程探讨[J]. 广西地质，10(3)：7～13.
彭松柏，金振民，付建明，等. 2006. 两广云开隆起区基性侵入岩的地球化学特征及其构造意义[J]. 地质通报，25(4)：434～441.
彭永岸. 1998. 北部湾经济圈的形成和开发设想. 热带地理，18(1)：1～6.
钱建平，陈宏毅，吴小雷，等. 2011. 胶东望儿山金矿成矿构造分析和成矿预测[J]. 大地构造与成矿学，35(2)：221～231.
钱建平，陈宏毅，谢彪武，等. 2009. 桂东南地区区域成矿特征和找矿方向[J]. 矿物学报，S1 期，455～457.
秦德先，洪托，田毓龙，陈建文. 2002. 广西大厂西矿 92 号矿体矿床地质与技术经济[M]. 北京：地质出版社.
丘元禧，陈焕孤. 1993. 云开大山及其邻区地质构造论文集(C). 北京：地质出版社.
屈文俊，杜安道. 2003. 高温密闭溶样电感耦合等离子体质谱准确测定辉钼矿铼-锇地质年龄[J]. 岩矿测试，22(4)：254～257.
冉启洋，杨忠贵. 1995. 兴仁县紫木的凼金矿外围地区基岩含金量与地层，岩石和沉积相的关系. 贵州地质，12(3)：208～214.
邵洁涟. 1988. 金矿找矿矿物学. 北京：中国地质大学出版社，1～158.
邵洁涟，梅建明. 1986. 浙江火山岩区金矿床的矿物包裹体标型特征研究及其成因与找矿意义. 矿物岩石，6(3)：103～111.
沈渭洲，舒良树，向磊，等. 2009. 江西井冈山地区早古生代沉积岩的地球化学特征及其对沉积环境的制约[J]. 岩石学报，25(10)：2442～2458.
沈渭洲，张芳荣，舒良树，等. 2008. 江西宁冈构造意义岩体的形成时代、地球化学特征及其构造意义[J]. 岩石学报，24(10)：2244～2254.

沈渭洲，朱金初，刘昌实，等. 1993. 华南基底变质岩的 Sm-Nd 同位素及其对花岗岩类物质来源的制约[J]. 岩石学报，9(2)：115～122.
舒良树，周新民. 2002. 中国东南部晚中生代构造作用. 地质论评，48(3)：249～260.
舒良树，周新民，邓平，等. 2006. 南岭构造带的基本地质特征[J]. 地质评论，52(2)：251～265.
宋彪，张玉海，万渝生，简平. 2002. 锆石 SHRIMP 样品靶制作、年龄测定及有关现象讨论. 地质论评，48(增刊)：26－30.
孙涛，周新民，陈培荣，等. 2003. 南岭东段中生代强过铝花岗岩成因及其大地构造意义[J]. 中国科学 D 辑：地球科学，33：1209～1218.
孙涛，周新民. 2002. 中国东南部晚中生代伸展应力体制的岩石学标志[J]. 南京大学学报(自然科学版)，38(6)：737～746.
覃慕陶，刘师先，朱淮江. 1998. 广东-海南成矿带成矿系列地质特征及其演化规律. 地球化学，27(4)：391～399.
覃文明，何志美. 2003. 桂西北与辉绿岩类岩石有关的金矿地质特征——以百色龙川金矿为例. 黄金地质，9(3)：49～54.
覃小锋，夏斌，周府生，等. 2007. 广西云开地区元古代不整合事件的确定及其构造意义[J]. 现代地质，21(1)：22～30.
谭俊，魏俊浩，李水如，等. 2008. 广西昆仑关 A 型花岗岩地球化学特征及构造意义. 地球科学(中国地质大学学报)，33(6)：734～745.
涂光炽. 1987. 广西大厂矿床成因并兼论锡石硫化物矿床形成条件[J]. 锡矿地质讨论会论文集. 北京：地质出版社，105～109.
万天丰. 2004. 中国大地构造学纲要[M]. 北京：地质出版社，1～387.
万天丰，朱鸿. 1989. 中国白垩纪—始新世早期构造应力. 地质学报，14～25.
汪啸风，马大铨，蒋大海. 1991a. 海南岛地质：(二)岩浆岩[M]. 北京：地质出版社，1～274.
汪啸风，马大铨，蒋大海. 1991b. 海南岛地质：(三)构造地质[M]. 北京：地质出版社，1～140.
王成辉. 2012. 广西龙头山金矿区成矿模式及成矿预测[D]. 中国地质科学院，博士论文，1～188.
王成辉. 2008. 贵州水银洞金矿地质特征及成矿规律研究[D]. 中国地质科学院，硕士论文，1～86.
王德滋，沈渭洲. 2003. 中国东南部花岗岩成因与地壳演化. 地学前缘，10(3)：209～219.
王登红，陈富文，张永忠，等. 2011. 南岭地区有色-贵重金属成矿潜力及综合探测技术示范研究. 北京：地质出版社，1～472.
王登红，陈毓川. 1996. 广西大厂电气石的成分与成因初探. 岩石矿物学杂志，15(3)：280～287.
王登红，陈毓川. 2001. 与海相火山作用有关的铁-铜-铅-锌矿床成矿系列类型及成因初探. 矿床地质，20(2)：112～118.
王登红，陈毓川. 2009. 加强成矿年代学研究，深化成矿规律认识，指导地质找矿. 岩矿测试，28(3)(文前).
王登红，陈毓川，陈文，等. 2004. 广西南丹大厂超大型锡多金属矿床的成矿时代. 地质学报，78(1)：132～139.
王登红，陈毓川，陈文，桑海清，李华芹，路远发，陈开礼，林枝茂. 2004. 广西南丹大厂超大型锡多金属矿床的成矿时代[J]. 地质学报，78(1)：132～138.
王登红，陈郑辉，陈毓川，等. 2010. 我国重要矿产地成岩成矿年代学研究新数据. 地质学报，84(7)：1030～1040.
王登红，李华芹，陈毓川，屈文俊，梁婷，应立绢，韦可利，刘孟宏. 2005. 桂西北南丹地区大厂超大型锡多金属矿床中发现高稀土元素方解石[J]. 地质通报，24(2)：176～180.
王登红，林文蔚，杨建民，闫升好. 1999. 试论地幔柱对于我国两大金矿集中区的控制意义. 地球学报，20(2)：157～162.
王登红，秦燕，王成辉，陈毓川，高兰. 2012. 贵州低温热液型汞、锑、金矿床成矿谱系—以晴隆大厂、兴仁紫木凼和铜仁乱岩塘为例. 大地构造与成矿学，36(3)：330～336.
王国田. 1989. 桂西北微细粒浸染型 JY 金矿床形成机理初探. 广西地质，2(2)：15～24.
王国田. 1992. 桂西北地区三条铷-锶等时线年龄. 广西地质，5(1)：29～35.
王寒竹. 1983. 广东海南岛石碌铁矿富钾流纹质熔结凝灰岩的发现及其意义. 地球科学-中国地质大学学报，8(2)：99～103.
王寒竹. 1985. 广东海南岛石碌铁矿石英的研究及其意义. 地球科学-中国地质大学学报，10(2)：77～83.
王鹤年，周丽娅. 2006. 华南地质构造的再认识[J]. 高校地质学报，12(4)：457～465.
王江海，涂湘林，孙大中. 1999. 粤西云开地块内高州地区深熔混合岩的锆石 U-Pb 年龄. 地球化学，28 (3)：231～238.
王婧，李梅，毕肖华. 2009. 环北部湾背景下中越有色金属资源开发的资金合作模式选择. 企业科技与发展，(4)，13～15.
王猛. 2007. 广西佛子冲铅锌矿床的控矿条件研究[D]. 中国地质科学院.
王思源. 1990. 芒场矿田锡多金属成矿构造解析. 地球科学，4.
王砚耕. 1994. 试论黔西南卡林型金矿区域成矿模式. 贵州地质，11(1)：1～7.
王砚耕. 1996. 贵州主要地质事件与区域地质特征. 贵州地质，13(2)：99～104.
王彦斌，王登红，韩娟，等. 2010. 湖南益将稀土-钪矿的石英闪长岩锆石 U-Pb 定年和 Hf 同位素特征：湘南加里东期岩浆活动的年代学证据. 中国地质，37(4)：1062～1070.
王永磊，王登红，张长青，等. 2011. 广西钦甲花岗岩体单颗粒锆石 LA-ICP-MS U-Pb 定年及其地质意义[J]. 地质学报，85(4)：475～481.
王智琳，许德如，张玉泉，等. 2011. 海南石碌铁矿床花岗闪长斑岩的锆石 LA-ICP-MS U-Pb 定年及地质意义. 大地构造与成矿学，2：292～299.
韦昌山，蔡明海，蔡锦辉，等. 2004. 华南地区中生代构造控矿规律探讨[J]. 地质力学学报，10(2)：113～121.

韦昌山，车勤建，杜海燕，等. 2003. 华南成矿区成矿规律和找矿方向综合研究项目报告[M]. 宜昌地质矿产研究所.
吴福元，李献华，郑永飞，等. 2007. Lu-Hf同位素体系及其岩石学应用. 岩石学报，23(2)：185～220.
吴富江，张芳荣. 2003. 华南板块北缘东段武功山加里东期花岗岩特征及成因探讨. 中国地质，30(2)：166～172.
吴根耀，马力，钟大赉，等. 2001. 滇桂交界区印支期增生弧型造山带：兼论与造山作用耦合的盆地演化. 石油实验地质，23(1)：8～11.
吴浩若. 2000. 重新解释广西运动[J]. 科学通报，(45)：555～558.
吴浩若. 2003. 赣东北蛇绿岩带相关地质问题的构造古地理分析. 古地理学报，5(3)：328～342.
吴厚泽，樊玉勤，池上荣. 1984. 岩浆热液型铅锌矿床生成条件的实验研究. 矿产地质研究院学报，3：11～21.
吴江. 1991. 桂西北区中三叠统含金浊积岩系沉积学及微细浸染型层控金矿床成矿背景. 博士学位论文. 中国地质大学(北京)，1～154.
吴江. 1993. 金矿床矿源岩分析的新思路. 地质科技情报，12(3)：57～60.
吴江，李思田. 1993. 桂西北区中三叠统含金浊积岩系沉积学. 现代地质，7(2)：127～137.
吴江，李思田，王灿，李甫安，谢家盈，李正海. 1993. 桂西北微细粒浸染型金矿成矿作用分析. 广西地质，6(2)：39～51.
吴江，思田. 1992. 广西中三叠统浊流流向及坡向. 广西地质，5(4)：15～25.
吴烈善，彭省临，石士定，等. 2004. 桂东南佛子冲铅锌矿田成矿预测研究[J]. 南方国土资源，(9)：18～20.
伍勤生. 1985. 中国南方部分中浅变质岩系的Rb-Sr年龄及其意义的探讨. 大地构造与成矿学，9(3)：245～262.
夏邦栋，施光宇，方中，等. 1991. 海南岛晚古生代裂谷作用. 地质学报，65(2)：103～115.
谢才富，张开明，黄照先，等. 1999. 琼东乐来地区侵入岩岩石谱系单位的地质特征及同位素年代学研究. 华南地质与矿产，(1)：26～37.
谢才富，朱金初，丁式江，等. 2006. 海南尖峰岭花岗岩体的形成时代、成因及其与抱伦金矿的关系. 岩石学报，22(12)：2493～2508.
谢才富，朱金初，赵子杰，等. 2005. 三亚石榴霓辉石正长岩的锆石SHRIMP U-Pb年龄：对海南岛海西—印支期构造演化的制约. 高校地质学报，11(1)：47～57.
谢承祥，李厚民，王瑞江，等. 2009a. 中国查明铁矿资源储量的数量、分布及保障程度分析. 地球学报，30(3)：387～394.
谢承祥，李厚民，王瑞江，等. 2009b. 中国已查明的铁矿资源的结构特征. 地质通报，28(1)：80～84.
谢抡司，孙邦东. 1993. 广西贵港市龙头山火山-次火山岩型金矿床地质特征[J]. 广西地质，6(4)：27～42.
谢卓熙. 2000. 广西高龙公司微细粒型金矿矿山地质工作回顾和展望. 岩土工程界，(Z1)：44～45.
邢光福，卢清地，陈荣，等. 2008. 华南晚中生代构造体制转折结时限研究——兼与华北燕山地区对比. 地质学报，82(4)：451～463.
徐逢贤. 1998. 加快环北部湾经济圈建设的设想. 经济学动态，(8)：44～48.
徐海. 1995. 广西佛子冲地区成矿模式与找矿模式研究[J]. 有色金属矿产与勘查，4(6)：341～345.
徐海. 1996. 广西佛子冲铅锌矿田地质特征及找矿背景[J]. 广西地质，9(4)：43～52.
徐珏，杨礼才. 1988. 广西笼箱盖—拉麽地区铜锌金属矿床的侵入接触构造体系[J]. 矿床地质，7(1)：64～75.
徐林. 1992. 再论海南石碌矿区地层的划分及时代. 地质与勘探，28(10)：22～25.
徐文炘，伍勤生. 1986. 大厂锡多金属矿田同位素地球化学初步研究[J]. 矿产地质研究院学报，(2)：31～41.
徐夕生. 2008. 华南花岗岩-火山岩成因研究的几个问题. 高校地质学报，14(3)：283～294.
徐夕生. 2008. 华南花岗岩-火山岩成因研究的几个问题[J]. 高校地质学报，14(3)，283～294.
徐先兵，张岳桥，贾东，等. 2009. 华南早中生代大地构造过程[J]. 中国地质，36(3)：573～593.
徐新煌，蔡建明，陈洪德. 1991. 广西丹池矿带锡-多金属矿床地质地球化学特征及成矿作用[J]. 成都地质学院学报，4(18)：12～25.
许德如，陈广浩，黄智龙，等. 2001. 海南岛中元古代花岗岩地球化学及成因研究. 大地构造与成矿学，25(4)：420～433.
许德如，陈广浩，夏斌，等. 2006. 湘东地区板杉铺加里东期埃达克质花岗闪长岩的成因及地质意义[J]. 高校地质学报，12(4)：507～521.
许德如，梁新权，唐红峰. 2002. 琼西抱板群变质沉积岩地球化学研究. 地球化学，31(2)：153～158.
许德如，马驰，李鹏春，等. 2007a. 海南岛变碎屑沉积岩锆石SHRIMP U-Pb年龄及地质意义. 地质学报，81(3)：282～294.
许德如，王力，肖勇，等. 2008. “石碌式”铁氧化物-铜(金)-钴矿床成矿模式初探. 矿床地质，27(6)：681～694.
许德如，肖勇，马驰，等. 2007b. 海南岛元古宙花岗岩绿岩带基本特征及其与铁多金属矿产关系. 中国地质，34(增刊)：84～96.
许德如，肖勇，夏斌，等. 2009. 海南石碌铁矿床成矿模式与找矿预测[M]. 北京：地质出版社，1～331.
杨斌. 2001. 广西佛子冲多金属矿田热水沉积-叠加改造成矿与找矿模式[D]. 成都理工大学.
杨斌. 2001. 广西佛子冲铅锌矿田绿色岩特征及成因[J]. 成都理工学院学报，28(4)：355～359.
杨斌，李保华，张芳. 2002. 桂东南地区早志留世热水沉积矿床流体包裹体地球化学[J]. 矿产与地质，16(88)：47～49.
杨斌，骆良羽，罗世金. 2000. 广西佛子冲铅锌矿田成因刍议[J]. 广西地质，13(1)：21～27.
杨冀民. 1986. 对钦甲铜锡矿床中伴生金、银的初步认识. 地质与勘探，(5)：22～25.
杨冀民. 1989. 略论广西原生锡矿成矿特征及成矿条件. 广西地质，2(1)：11～20.
杨建民，王登红，毛景文，等. 1999. 硅质岩岩石化学研究方法及其在“镜铁山式”铁矿床中的应用. 岩石矿物学杂志. 18(2)：

108 ~ 120.
杨进辉，周新华. 2000. 胶东地区玲珑金矿矿石和载金矿物 Rb-Sr 等时线年龄与成矿时代. 科学通报，14.
杨开庆，董法先，王建平，等. 1988. 海南石碌矿区铁、金、铜、钴矿构造动力成矿作用的研究. 地质力学学报，(1)：83 ~ 152.
杨晓坤，秦德先，姜华，伍伟. 2011. 大厂铜锌矿床成因初论[J]. 有色金属：矿山部分，63(3)：42 ~ 46.
叶俊，徐克勤，周怀阳，陈诸麒. 1989. 广西大厂锡矿田泥盆系蚀变海相火山岩[J]. 地质论评，35(3)：249 ~ 253.
叶俊，周怀阳，等. 1985. 广西大厂锡石硫化物矿床的成矿机制[J]. 矿产地质研究院学报，3：40 ~ 45.
叶绪孙，潘其云. 1994. 广西南丹大厂锡多金属矿田发现史[J]. 广西地质，7(1)：84 ~ 95.
叶绪孙，严秀云. 1987. 试论大厂锡石-硫化物矿田围岩介质的地球化学作用[J]. 地球化学，2：123 ~ 130.
叶绪孙，严云秀，何海州. 1999. 广西大厂超大型锡矿成矿条件与历史演化[J]. 地球化学，28(3)：213 ~ 218.
尹国栋. 1985. 广西骨架构造的划分及其控矿特征[J]. 桂林冶金地质学院学报，5(1)：9 ~ 18.
尹意求. 1990. 广西大厂隐伏花岗岩体的成因. 桂林冶金地质学院学报，10(4)，381 ~ 388.
喻茨玫，卢焕章. 1980. 包裹体研究与石碌铁矿成因的探讨. 地球化学，(4)：356 ~ 368.
袁洪林，吴福元，高山，等. 2003. 东北地区新生代侵入体的锆石激光探针 U-Pb 年龄测定与稀土元素成分分析. 科学通报，14(7).
袁奎荣，候光汉，李公时，等. 1977. 海南石碌铁矿的成因和富铁矿与构造的关系. 中南大学学报(自然科学版)，(3)：26 ~ 43.
袁奎荣，梁金城. 1979. 从海南石碌铁矿六、七层的构造分析谈石碌铁矿的几个地质问题. 中南大学学报(自然科学版)，(3)：22 ~ 35.
袁正新，钟国芳，谢岩豹，等. 1997. 华南地区加里东期造山运动时空分布的新认识. 华南地质与矿产，4：19 ~ 25.
云平，莫位任，李孙雄，等. 2002. 海南岛中部侏罗纪基性小岩体岩石地球化学特征及其构造意义. 广东地质，17(4)：9 ~ 16.
曾雯，张利，周汉文，等. 2008. 华夏地块古元古代基底的加里东期再造：锆石 U-Pb 年龄、Hf 同位素和微量元素制约. 科学通报，3.
曾允孚，王正瑛，田洪均. 1983. 广西大厂龙头山泥盆纪生物礁的研究[J]. 地质论评，2(4)：321 ~ 329.
翟丽娜，王建辉，韦昌山，等. 2008. 广西佛子冲铅锌矿田成岩成矿时代研究[J]. 华南地质与矿产，(3)：46 ~ 49.
翟裕生，等. 1999. 区域成矿学[M]. 北京：地质出版社.
翟裕生，邓军，宋鸿林，等. 1998. 同生断层对层控超大型矿床的控制. 中国科学，28(3)：214 ~ 218.
张爱梅，王岳军，范蔚茗，等. 2011. 福建武平地区桃溪群混合岩 U-Pb 定年及其 Hf 同位素组成：对桃溪群时代及郁南运动的约束. 大地构造与成矿学，35(1)：64 - 72.
张爱梅，王岳军，范蔚茗，等. 2010. 闽西南清流地区加里东期花岗岩锆石 U-Pb 年代学及 Hf 同位素组成研究. 大地构造与成矿学，34(3)：408 - 418.
张国林，蔡宏渊. 1987. 广西大厂锡多金属矿床成因探讨[J]. 地质论评，33(5)：426 ~ 436.
张会琼. 2007. 佛子冲铅锌矿田构造控矿特征与成矿预测[D]. 中国地质大学(北京).
张乾. 1993. 广西河三铅锌矿田同位素和微量元素特征及矿床成因[J]. 有色金属矿产与勘查，2(4)：245 ~ 263.
张仁杰，冯少南，马国干，等. 1990. 海南岛石碌群研究的新进展. 地层学杂志，14(2)：136 ~ 139.
张仁杰，冯少南，徐光洪，等. 1989. Chuaria-Tawuia 生物群在海南岛石碌群的发现及意义. 中国科学(B 辑)，(3)：304 ~ 313.
张仁杰，马国干，冯少南，等. 1992. 海南石碌铁矿的 Sm-Nd 法年龄及其意义. 地质科学，(1)：38 ~ 43.
张小文，向华，钟增球，等. 2009. 海南尖峰岭岩体热液锆石 U-Pb 定年及微量元素研究：对热液作用及抱伦金矿成矿时代的限定. 地球科学-中国地质大学学报，34(6)：921 ~ 930.
张永忠，李蘅，刘悟辉，徐文炘，戴塔根. 2008. 广西高龙微细浸染型金矿床同位素地球化学研究. 地球学报，29(6)：697 ~ 702.
张岳桥，徐先兵，贾东，等. 2009. 华南早中生代从印支期碰撞构造体系向燕山期俯冲构造体系转换的形变记录[J]，地学前缘(中国地质大学(北京)：北京大学)，16(1)：234 ~ 247.
章程. 2000. 广西河池五圩矿田构造应力场划分及力源探讨. 广西地质，13(2)：7 ~ 11.
赵斌，赵劲松，刘海臣. 1999. 长江中下游地区若干 Cu(Au)、Cu-Fe(Au)和 Fe 矿床中钙质矽卡岩的稀土元素地球化学[J]. 地球化学，28(2)：113 ~ 125.
赵劲松，夏斌，丘学林，等. 2008. 海南岛石碌矽卡岩铁矿石中石榴子石的熔融包裹体及其意义. 岩石学报，24(1)：149 ~ 160.
赵葵东，蒋少涌，肖红全，倪培. 2002. 大厂锡-多金属成矿流体来源的氦同位素证据[J]. 科学通报，47(8)：632 ~ 635.
赵晓鸥，雷良奇，王林江. 1990. 广西河三铅锌矿矿床成因及成矿条件分析[J]. 广西地质，3(2)：47 ~ 56.
赵一鸣. 2004. 中国铁矿资源现状、保证程度和对策. 地质论评，50(4)：396 ~ 417.
赵一鸣，毕承恩，李大新. 1983. 中国主要矽卡岩铁矿床的挥发组分和碱质交代特征及其在成矿中的作用. 地质论评，29(1)：66 ~ 74.
赵一鸣. 1986. 交代岩分类及其含矿性初探. 矿床地质，5(4)：1 ~ 13.
赵一鸣，李大新，蒋崇俊. 1990. 云南个旧锡矿床的氟硼质交代岩及某些罕见交代矿物的发现. 中国地质科学院院报，20：70 ~ 72.
赵一鸣. 2002. 矽卡岩矿床的某些重要新进展. 矿床地质，21(2)：113 ~ 136.
赵振华，包志伟，张伯友. 1998. 湘南中生代玄武岩类地球化学特征. 中国科学，28(增刊)：7 ~ 14.
周怀阳，徐克勤，叶俊. 1987. 广西大厂层控锡石-硫化物多金属矿床的地质特征及形成机制探讨[J]. 南京大学报，23(3)：533 ~ 544.
周卫宁，傅金宝，李达明. 1986. 广西大厂拉么矿区萤石的稀土元素特征[J]. 矿产地质研究院学报，1：52 ~ 56.
周卫宁，傅金宝，李达明. 1988. 大厂矿田锡石的标型特征研究[J]. 矿产与地质，2，增刊：120 ~ 127.

周卫宁，傅金宝，李达明．1987．广西大厂矿黄铁矿的标型特征研究[J]．岩石矿物学杂志，6(1)：673～680．

周卫宁，傅金宝，李达明．1989．广西大厂矿田铜长坡矿区铜坑—长坡闪锌矿的标型特征研究[J]．矿物岩石，9(2)：67～71．

周卫宁，傅金宝，许文渊，等．1989．广西成锡花岗岩黑云母的标型特征[J]．矿山地质，12(4)：63～69．

周新民．2003．对华南花岗岩研究的若干思考[J]．高校地质学报，9(4)：556～565．

周毅，杨鹏．2005．环北部湾经济圈发展战略思考．桂海论丛，21(6)：27～31．

周永峰．1993．区域重力资料研究在广西深部地质和成矿预测中的应用．广西地质，6(2)：15～24．

周中坚．1991．北部湾经济圈构想．改革与战略，(3)：66～70．

周佐民，谢才富，徐倩，等．2011．海南岛中三叠世正长岩-花岗岩套的地质地球化学特征与构造意义．地质论评，57(4)：515～531．

朱桂田．2002．广西龙头山金矿床地质特征及成因研究．矿产与地质，16 (5)：266～272．

朱坚真，师银燕，乔俊果，张庆霖．2007．环北部湾海洋经济增长与主导产业选择初探。经济研究参考，(40)：21～38．

朱赖民，胡瑞忠．1999．黔西南微细浸染型金矿床中金和锑共生分异现象及其热力学分析．中国科学，29(6)：481～488．

朱三光．1989．含 Sn 花岗岩类岩石化学特征与找矿．江苏地质科技情报，(2)：14～15．

朱文风，朱桂田．2005．广西龙头山金矿床黄铁矿特征与金矿化的关系．矿产与地质，19 (2)：155～158．

Adachi M, Yamamoto K, Suigiski R. 1986. Hydrothermal chert and associated siliceous rocks from the Northern Pocific: Their Geological significance as indication of ocean ridge activity. Sedimentary Geology, 47(1－2): 125～148.

Amelin Y, Lee D C, Hailiday AN. 2000. Early-middle Archean crustal evolution deduced from Lu-Hf and U-Pb isotopic studies of single zircon grains. Geochim. Cosmochim. Acta, 64:4205～4225.

Barnes I, McCoy G A. 1979. Possible role of mantle-derived CO_2 in causing two "phreatic" explosions in Alaska. Geology, 7:434～435.

Bau M. 1991. Rare-earth element mobility during hydrothermal and metamorphic fluid-rock interaction and the significance of the oxidation state of europium[J]. ChemicalGeology, 93(3/4):219～230.

Bodnar R J. 1993. Reviced equation and table for determining the freezing point depression of H_2O-NaCl solution. Geochim Cosmochim Acta, 57: 683～684.

Bostrom K. 1973. Provenance and accumulation rates of opsaline silica, Al, Fe, Ti, Mn, Cu, Ni, and Co in pacifc pelagic sediment. Chemical Geology, 11(1－2):123～148.

Burnard P G, Hu R, Turner G, et al. 1999. Mantle, crustal and atmosphere noble gases in Ailaoshan Gold deposits, Yunnan Province, China. Geochim Cosmochim Acta, 63:1595～1604.

Cai J X, Zhang K. J. 2009. A new model for the Indochina and South China collision during the Late Permian to the Middle Triassic. Tectonophysics, 467:35～43.

Carter A, Roques D, Bristow C, et al. 2001. Understanding Mesozoic accretion in Southeast Asia: Significance of Triassic thermotectonism (Indosinian orogeny) in Vietnam. Geology, 29(3): 211～214.

Chappell B W. 1999. A lum in ium saturation in I-and S-type granites and the characterization of fractionated granites[J]. Lithos, 46: 535～551.

Chen J F, Jahn B M. 1998. Crustal evolution of southeastern China: Ndand Sr isotopic evidence[J]. Tectonophysics, 284:101～133.

Connelly J N. 2000. Degree of preservation of igneous zonation in zircon as a signpost for concordancy in U/Pb geochronology. Chemical Geology, 172:25～39.

Corfu F, Hanchar J M, Hoskin P W O, et al. 2003. Altas of zircon textures. Reviews in Mineralogy and Geochemistry, 53(1): 469～500.

Devine J D. 1995. Petrogenesis of the basalt-andesite-dacite association of Grenada, Lesser Antilles island arc, revisited. Journal of Volcanology and Geothermal Research, 69(1－2):1～33.

Dickson F W, Radtke A S. 1986. Physical chemical processes affecting deposition of silica in Carlin-type gold deposits. Journal of Geochemical Exploration, 25(1－2): 238.

Dietrich R V. 1985. The tourmaline group. New York: Van Nostrand Reinhold, 300.

Douville E, Bienvenu P, Charlou J L, et al. 1999. Yttrium and rare earth elements in fluids from various deep-sea hydrothermal systems. Geochimica et Cosmochimica Acta, 63(5): 627～643.

Dubinska E, Bylina P, Kozlowski A, et al. 2004. U-Pb dating of serpentinization: Hydrothermal zircon from a metasomatic rodingite shell (Sudetic ophiolite, SW Poland). Chemical Geology, 203 (3－4): 183～203.

Eby G N. 1992. Chemical subdivision of the A-tpy granitoids: petrogenetic and toetonie implications[J]. Geology, 20:641～644.

Ewan P, Alain C, Dominique G, et al. 2007. Hydrothermal zircons: A tool for ion microprobe U-Pb dating of gold mineralization (Tamlalt－Menhouhou gold deposit-Morocco). Chemical Geology, 245: 135～161.

Fang Z, Xu S J, Chen K R, et al. 1994. Minerogenesis of Shilu iron ores with special reference to Sm-Nd isotope geochemical characteristics of Shilu Group bimodal volcanic rocks in Hainan Island. Chinese Journal of Geochemistry, 13(3): 223～235.

Flower M F J, Tamaki K, Hoang N. 1998. Mantle extrusion: a model for dispersed volcanism and DUPAL-like asthenosphere in east Asia and the western Pacific. In: Flower M F J, Zhung Sunlin, Lo Chinghua, Lee Tungyi (eds). Mantle Dynamics and Plate Interactions in East Asia.

Geodynamics, 27: 67 ~ 88.

Franco Pirajno. 1992. The FeO/(FeO + MgO) ratio oftourmaline: a useful indicator of spatial variationsin graniterelated hydrothemal mineral deposits. Journal of Geochemical Exploration, 42: 371 ~ 381.

Fu M., A. Changkakotl, H. R. Krouse, J. Gray and T. A. P. Kwak. 1991. An Oxygen, Hydrogen, Sulfur, and Carbon Isotope Study of Carbonate-Replacement (Skarn) Tin Deposits of Dachang Tin Field, China[J]. Economic Geology, 86: 1683 ~ 1703.

Fu M. T. A. P. Kwak and T. P. Mernagh. 1993. Fluid Inclusion of Zoning in the Dachang Tin-Polymetallic Ore Field, People's Republic of China [J]. Economic Geology, 88: 283 ~ 300.

Fyfe W S, Price N J and Thompson A B. 1978. Fluids in the earth,s Crust. Amsterdam: Elsterdam, 1 ~ 383.

God R and Zemann J. 2000. Native arsenic-realgar mineralization in marbles from Saualpe, Carinthia, Austria. Mineralogy and Petrology, 70: 37 ~ 53.

Green T H and Pearson N J. 1989, An experimental study of Nb and Ta partitioning between Ti-rich minerals and silicate liquids at high pressure and temperature[J]. Geochemi. Cosmochim. Acta, 51: 55 ~ 62.

Griffin WL, Wang X, Jackson SE, et al. 2002. Zircon chemistry and magma mixing, SE China: In-situ analysis of Hf isotopes, Tonglu and Pingtan igeous complexea. Litbos, 61: 237 ~ 269.

Hass J R, Shock E L, Sassani D C. 1995. Rare earth elements in hydrothermal systems: Estimates of standard partial molal thermodynamic properties of aqueous complexes of the rare earth elements at high pressures and temperatures[J]. Geochimica et Cosmochimica Acta, 59(21): 4329 ~ 4350.

Henry D J, Guidotti C V. 1985. Tourmaline as a petrogenetic indicator mineral: An example from the staurolite-grade metapelites of NW Maine. American Mineralogist, 70: 1 ~ 15.

Hole M J, Saunders A D, Marriner G F, et al. 1984. Subduction of pelagic sediments: Implications for the origin of Ce-anomalous basalts from the Mariana Islands [J]. Journal of Geological Society, London, 141: 453 ~ 472.

Hoskin P. W. O. 2005. Trace-element composition of hydrothermal zircon and the alteration of Hadean zircon from the Jack Hills, Australia. Geochimica. Cosmochimica. Acta, 69(3): 637 ~ 648.

Jiang S Y, Palmer M R, Slack J F, et al. 1999. Chemical and Rb-Sr, Sm-Nd isotopic systematic of tourmaline from the Dachang Sn-polymetallic ore deposit, Guangxi Province, P. R. China. Chemical Geology, 157: 49 ~ 67.

Klinkhammer G P, Elderfield H, Mitra A. 1994. Geochemical implications of rare earth element patterns in hydrothermal fluids frommid-ocean-ridges[J]. Geochimicaet Cosmochimica Acta, 58(23): 5105 ~ 5113.

Li S G, Xiao Y L, Liou D L, et al. 1993. Collision of the North China and Yangtse Blocks and formation of coesite—bearing eclogites: Timing and Processes[J]. Chem Geol, 109: 89 ~ 111.

Li X H, Li Z X, Li W X, et al. 2006. Initiation of the Indosinian orogeny in South China: evidence for a Permian magmatic arc on Hainan Island. The Journal of Geology, 114: 341 ~ 353.

Ludwig K. 1999. Isoplot/Ex version2. 0: A geochronological toolkit for Microsoft Excel. Geochronology Center, Berkeley, Special Publication 1a.

Maniar P D, Piccoli P M. 1989. Tectonic discrimination of granitoids[J]. GSA Bull, 101(5): 635 ~ 643.

Marty, Jambon A and Sano Y. 1989. Helium isotope and CO_2 in volcanic gases of Japan[J]. Chemical Geology, 76: 25 ~ 40.

Mezger K, Krogstad E J. 1997. Interpretation of discordant U-Pb zirconages: An evaluation. Journal of Metamorphic Geology, 15: 127 ~ 140.

Murray R W. 1994. Chemical criteria to identify the depositional environment of chert: General principles and applications. Sediment Geol, 90: 213 ~ 232.

Pan Y and Stauffer M R. 2000. Cerium anomaly and Th/ U fractionation in the 1.85 Ga Flin Flon Paleosol: clues from REE-and Urich accessory minerals and implications for paleoatmospheric reconstruction [J]. American Mineralogist, 85: 898 ~ 911.

Plimer I R. 1988. Tourmalinites associated with Australian Proterozoic submarine exhalative ores. Can. J. Earth Sci. 24: 826 ~ 829.

Ramsay W R H, Crawford A J, Foden J D. 1984. Field setting mineralogy chemistry and genesis of arc picrites New Georgia SolomonIslands [J]. Contributions to Mineralogy and Petrology, 88: 336 ~ 402.

Ren Jianye, Tamaki K, Li Sitian, et al. 2002. Late Mesozoic and Cenozoic rifting and its dynamic setting in eastern China and adjacent areas. Tectonophysics, 344: 175 ~ 205.

Ren J S. 1990. On the geotectonics of Southern China. Acta Geologica Sinica, 4: 275 ~ 288.

Roedder E. 1972. Barite fluid inclusion geothermometry, Cartersvile mining district, Georgia, northwest Georgia: A discussion. Econ. Geol. 67: 821 ~ 827.

Roedder E, Bodnar R J. 1979. Fluid inclusion studies of hydrothermal ore deposits. In: Barnes, H. L. (Ed.), Geochemistry of Hydrothermal Ore Deposits. Wiley, New York, 657 ~ 697.

Rytuba J J. 1986. Arsenic minerals as indicators of conditions of gold deposition in Carlin-type gold deposits. Journal of Geochemical Exploration, 25(1 - 2): 237 ~ 238.

Sheaver C K, et al. 1986. Pegmatite-wallrock interactions, Black Hills, South Dakota: interation between pegmatite-derived fluids and quartz-mica shist wallrock. American Mineralogis, 71(3/4): 518 ~ 539.

Shirey S. B, Walker R. J. 1995. Carius tube digestion for low-blank rhenium-osmium analysis[J], Anal. Chem. 67: 2136 ~ 2141.

Shirey S B, Walker R J. 1998. The Re-Os isotope system in cosmochemistry and high-temperature geochemistry[J]. Annual Review of Earth Planetary Sciences, 26: 423 ~ 500.

Skjerlie K P, Johnson A D. 1996. Vapour-absent melting from 10 to 20 kbar of crustal rocks that contain multiple hydrous phases: Implications for anatexis in the deep to very deep continental crust and active continental margins. Journal of Petrology, 37(3): 661 ~ 691.

Slack J F. 1982. Tourmaline in Appalachian-Caledonian massive sulfide deposits and its exploration significance. Trans. lnst. Min. Metall, 91: 81 ~ 89.

Slack J. F, Grenne T, Bekker A, et al. 2007. Suboxic deep seawater in the late Paleoproterozoic: Evidence from hematitic chert and iron formation related to seafloor-hydrothermal sulfide deposits, central Arizona, USA. Earth and Planetary Science Letters. 255: 243 ~ 256.

Smoliar M L, Walker R J, Morgan J W. 1996. Re/Os ages of group ⅠA, ⅡA, ⅣA and ⅣB iron meteorites[J]. Science, 271: 1099 ~ 1102.

Stuart F M, Burnard P G, Taylor R P, Turner G. 1995. Resolving mantle and crustal contribution to ancient hydrothermal fluids: He – Ar isotopes in fluid inclusions from Dae Hwa W-Mo mineralization, South Korea[J]. Geochimica et Cosmochimica Acta, 59: 4663 ~ 4673.

Stuart F M, Turner G, Duckworth R C, Fallick A E. 1994. Helium isotope as tracers of trapped hydrothermal fluids in ocean-floor sulfides[J]. Geology, 22: 823 ~ 826.

Sun S S, McDonough W F. 1989. Chemical and isotopic systematics of oceanic basalts: implications for mantle composition and processes. In: Saunders A D, Norry M J, eds. Magmatism in the Ocean Basin. Geol. Soc. Special Publ. 42: 313 ~ 345.

Sylvester P J. 1998. Post-collision strongly peraluminous granites[J]. Lithos, 45: 29 ~ 44.

Tatsumi Y, Maruyama S, Nodha S. 1990. Mechanism of backarc opening in the Japan Sea: Role of asthenospheric injection. Tectonophysics, 181: 299 ~ 306.

Taylor S R. 1964. Abundance of chemical elements in the continental crust: a new table. Geochim. Cosmochim. Acta, 28: 1273 ~ 1285.

Taylor S R, McLemann S M. 1985. The Continental Crust: Its Composition and Evolution. Blackwell: Oxford Press, 312.

Taylor S R, McLennan S M. 1995. The geochemical evolution of the continental crust [J]. Reviews of Geophysics, 33: 241 ~ 265.

Tayor B E and Slack J S. 1984. Tourmalines from applachian-Caledonian massive sulfide deposits: textural, chemical and isotopic reletionship. Econ. Geol., 79: 1 703 ~ 1726.

Terakado Y, Masuda A. The coprecipitation of rare-earth elements with calcite and aragonite[J]. Chem. Geol., 1988, 69: 103 ~ 110.

Ting VK. 1929. The orogenic movements in China. Bul. Geo. Soe. China, 8(2): 151 ~ 170.

Turner G, Burnard P B and Ford J L. 1993. Tracing fluid sources and interaction[J]. Phil. Trans. R. Soc. Lond. A, 344: 127 ~ 140.

Valley P M, Hanchar J M, Whitehouse M J. 2009. Direct dating of Fe oxide-(Cu-Au) mineralization by U-Pb zircon geochronology. Geology, 37: 223 ~ 226.

Vervoort J D, Pachelt P J, Gehrels G E, et al. 1996. Constraints on earth differentiation from hafnium and neodymium isotopes. Nature, 379: 624 ~ 627.

Walker R J, Morgan J W, Horan M F, et al. 1994. Re-Os isotopic evidence for an enriched-mantle source for the Noril'sk-type, ore-bearing intrusions, Siberia[J]. Geochimica et Cosmochimica Acta, 58: 4179 ~ 4197.

Wang Y J, Fan W M, Guo F, et al. 2003. Geochemistry of Mesozoic mafic rocks around the Chenzhou-Linwu fault in South China: Implication for the lithospheric boundary between the Yangtze and the Cathaysia Blocks. Inter[J]. Geol Rev, 45(3): 263 ~ 286.

Wang Y J, Fan W M, Peng T P, et al. 2005. Element and Sr-Nd systematics of early Mesozoic volcanic sequence in southern Jiang Province, South China: Petrogenesis and tectonic implications[J]. International Journal of Earth Sciences, 43(1): 53 ~ 65.

Wang Y J, Fan W M, Zhao G C, et al. 2007. Zircon U-Pb geochronology of gneissic rocks in the Yunkai massif and its implications on the Caledonian event in the South China Block. Gondwana Research, 12: 404 ~ 416.

Wang Y L, Pei R F, Li J W, Qu W J, Li L, Wang H L and Du A D. 2008. Re-Os dating of molybdenite from the Yaogangxian tungsten deposit, South China, and its significance[J]. Acta Geologica Sinica, 84(4): 820 ~ 825.

Whalen J B, Carrie K L, Chappell B W. 1987. A-tpygranites: Geochemical eharaeteristics, discrimination and petrogenesis[J]. *Contr. Mineral. petrol.*, 95: 407 ~ 419.

White W M and Pactchett J. 1984. Hf-Nd-Sr isotopes and incompatible element abundances in island arcs: implications for magma origins and crust-mantle relations [J]. Earth and Planetary Science Letters, 67: 167 ~ 185.

Wu Y B, Zheng Y F, 2004. Genesis of zircon and it s constraints on interpretation of U-Pb age. Chinese Science Bulletin, 49(15): 1554 ~ 1569.

Yamamoto K. 1987. Geochemical characteristics and deposition environment of cherts and associated rocks in the Franciscan and Shimena terranes. Sediment Geology, 52: 65 ~ 108.

Yu C M, Lu H Z. 1983. An investigation into the genesis of the Shilu iron deposit with special reference to its fluid inclusions. Chinese Journal of Geochemistry, 2(2): 127 ~ 141.

Zhang Feifei, Wang Yuejun, Chen Xinyue, et al. 2011. Triassic high-strain shear zones in Hainan Island(South China) and their implications on the amalgamation of the Indochina and South China Blocks: Kinematic and $^{40}Ar/^{39}Ar$ geochronological constraints. Gondwana Research, 19: 910 ~ 925.

Zhou YQ and Wang KR. 2003. Gold in the Jinya Carlin-type deposit: Characterization and implications. Journal of Minerals & Materials Characterization & Engineering, 2(2): 83 ~ 100.

Zhu Y F, An F and Tan J J. 2011. Geochemistry of hydrothermal gold deposits: A review. Geoscience Frontiers, 2(3): 367 ~ 374.